plurall

CB134578

Parabéns!
Agora você faz parte do **Plurall**, a plataforma digital do seu livro didático!
Acesse e conheça todos os recursos e funcionalidades disponíveis para as suas aulas digitais.

Baixe o aplicativo do **Plurall** para Android e IOS ou acesse **www.plurall.net** e cadastre-se utilizando o seu código de acesso exclusivo:

AASPNBEUP

Este é o seu código de acesso Plurall.
Cadastre-se e ative-o para ter acesso aos conteúdos relacionados a esta obra.

@plurallnet

@plurallnetoficial

SOMOS EDUCAÇÃO

CIÊNCIAS DA NATUREZA
E SUAS TECNOLOGIAS

conecte
LIVE

VOLUME ÚNICO

CÉSAR DA SILVA JR.

Licenciado em História Natural pela Faculdade de Filosofia, Ciências e Letras da Universidade de São Paulo (FFCL-USP).

Professor de Biologia na rede particular de ensino de São Paulo.

SEZAR SASSON

Licenciado em Ciências Biológicas pelo Instituto de Biociências da Universidade de São Paulo (IB-USP).

Ex-professor e ex-supervisor de curso pré-vestibular em São Paulo.

Professor de Biologia nas redes pública e particular de ensino de São Paulo.

TEREZA COSTA

Bacharela e licenciada em Ciências Biológicas pela Universidade Federal de São Carlos (UFSCar-SP).

Mestra em Ecologia e Recursos Naturais pela Universidade Federal de São Carlos (UFSCar-SP).

Ex-professora de Biologia na rede pública de ensino do estado de São Paulo.

Tecnologista em Saúde Pública na Fundação Oswaldo Cruz (Fiocruz).

PARTE I

Biologia

Editora Saraiva

Editora Saraiva

Presidência: Mario Ghio Júnior
Direção de soluções educacionais: Camila Montero Vaz Cardoso
Direção editorial: Lidiane Vivaldini Olo
Gerência editorial: Viviane Carpegiani
Gestão de área: Julio Cesar Augustus de Paula Santos
Edição: Bruno Rodrigues Vieira, Rodrygo Martarelli Cerqueira e Sabrina Nishidomi
Planejamento e controle de produção: Flávio Matuguma (coord.), Felipe Nogueira, Juliana Batista e Anny Lima
Revisão: Kátia Scaff Marques (coord.), Brenda T. M. Morais, Claudia Virgilio, Daniela Lima, Malvina Tomáz e Ricardo Miyake
Arte: André Gomes Vitale (ger.), Catherine Saori Ishihara (coord.), Daniel Hisashi Aoki e Renato Luiz Silva (edição de arte)
Diagramação: ED5
Iconografia e tratamento de imagem: André Gomes Vitale (ger.), Claudia Bertolazzi e Denise Kremer (coord.), Evelyn Torrecilla (pesquisa iconográfica) e Fernanda Crevin (tratamento de imagens)
Licenciamento de conteúdos de terceiros: Roberta Bento (ger.), Jenis Oh (coord.), Liliane Rodrigues, Flávia Zambon e Raísa Maris Reina (analistas de licenciamento)
Ilustrações: Daniel das Neves, Dawidson França, Erika Onodera, Mauro Nakata e Selma Caparroz
Cartografia: Eric Fuzii (coord.) e Robson Rosendo da Rocha
Design: Erik Taketa (coord.) e Adilson Casarotti (proj. gráfico e capa)
Foto de capa: aslysun/Shutterstock / rusm/Getty Images / Hadrian/ Shutterstock

Avenida Paulista, 901, 6º andar – Bela Vista
São Paulo – SP – CEP 01310-200
http://www.somoseducacao.com.br

Dados Internacionais de Catalogação na Publicação (CIP)

Silva Junior, Cesar da
Conecte live : Biologia : volume único / Cesar da Silva Jr., Sezar Sasson, Tereza Amorim Costa. -- 1. ed. -- São Paulo : Saraiva, 2020.
(Conecte)

ISBN 978-85-4723-760-8 (aluno)
ISBN 978-85-4723-761-5 (professor)

1. Biologia (Ensino Médio) I. Título II. Sasson, Sezar III. Costa, Tereza Amorim IV. Série

20-2103 CDD 574.07

Angélica Ilacqua CRB-8/7057

2024
Código da obra CL 801853
CAE 721912 (AL) / 721911 (PR)
ISBN 978 85 4723 760 8 (AL)
ISBN 978 85 4723 761 5 (PR)
OP: 247787 (AL)
1ª edição
10ª impressão
De acordo com a BNCC.

Impressão e acabamento: EGB Editora Gráfica Bernardi Ltda.

Uma publicação SOMOS EDUCAÇÃO

Apresentação

Caro estudante,

Em meio às grandes transformações que estão ocorrendo na educação, em especial no Ensino Médio, apresentamos o novo **Conecte LIVE Biologia - Volume Único**, dimensionado em razão da organização do **Novo Ensino Médio** e estruturado a partir de parâmetros sugeridos na **Base Nacional Comum Curricular (BNCC)**.

Para auxiliá-lo nessa transição, os conteúdos disciplinares de Biologia dialogam com os demais componentes das Ciências da Natureza por meio do trabalho com **competências** e **habilidades** previstas para a área. Além disso, preservamos as características de excelência que sempre destacaram esta obra: rigor conceitual, visão ampla e precisa dos temas biológicos, linguagem clara e didática, variedade de imagens e atualização - atributos fundamentais no ensino de Biologia.

Considerando que o mundo se transforma rapidamente para vários aspectos (tecnologia, mundo do trabalho, relações pessoais, etc.) e vagarosamente para outros (pobreza, desigualdade social, questões ambientais, etc.), esta obra foi feita para jovens como você, com sonhos, ideias e desejos em constante transição. Por isso, ela tem dois objetivos principais: mapear e trilhar caminhos que o levem à concretização de seu **projeto de vida**; conscientizá-lo de seu **papel cidadão** nas questões que envolvem o mundo a sua volta (família, escola, comunidade, país, ambiente) e nas ações que pode tomar para transformar positivamente o meio em que vive.

São muitas as contribuições das Ciências da Natureza para enfrentar os desafios relacionados a esses dois objetivos: busca de uma vida saudável, socialmente responsável e ambientalmente sustentável; criação e utilização de novas tecnologias de forma crítica e ética; combate às *fake news*; entre outras. E para auxiliá-lo a tomar decisões que acompanharão sua vida pessoal, cidadã e profissional, propomos diversos tipos de atividade que promoverão **conhecimento** e **protagonismo**.

Esta obra, portanto, não pretende ser um "ponto de chegada", e sim uma janela para o mundo que amplie seu universo.

Os autores.

Conheça seu livro

Conheça a seguir as partes que compõem este livro, as seções e os boxes, além do material complementar.

Este livro está distribuído em três partes (I, II e III), que podem ser utilizadas ao longo do Ensino Médio de modos variados, de acordo com a opção de sua escola e seus professores.

Abertura de unidade

A **abertura** de cada unidade propõe reflexões que serão construídas por meio de imagem, textos e questões problematizadoras, considerando o contexto do tema e sua relação com as Ciências da Natureza.

Capítulos

O **capítulo** se inicia com um breve texto que introduz o conteúdo.

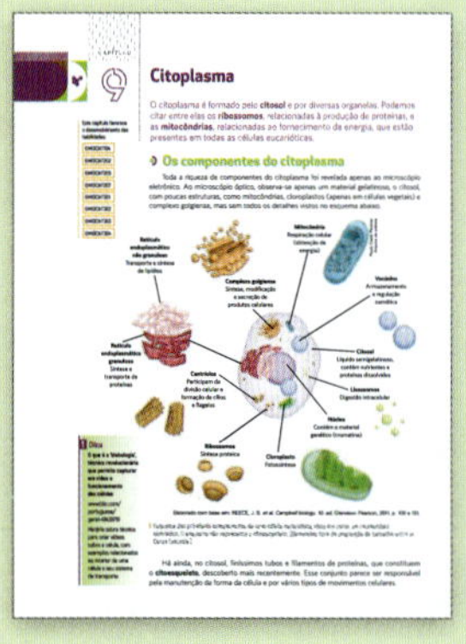

Atividade prática

Atividades práticas que mobilizam os processos e as práticas de investigação, enfatizando a dimensão investigativa das Ciências da Natureza.

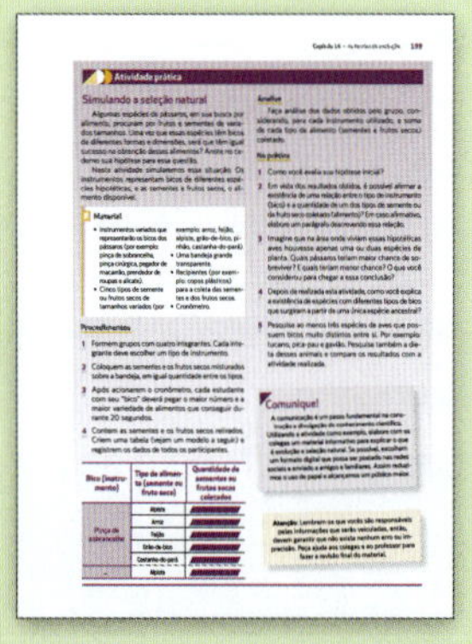

Dica

Boxe com sugestões de *sites*, textos, tecnologias digitais, entre outros recursos, que podem auxiliar você a compreender, ampliar ou aprofundar seus estudos ao longo dos capítulos.

Ferramentas digitais

O boxe **Ferramentas digitais** traz propostas de produção e/ou disseminação de informações por meio de tecnologias digitais de informação e comunicação (TDIC).

Desenvolvendo habilidades

Atividades elaboradas com o objetivo de promover o desenvolvimento de habilidades da BNCC.

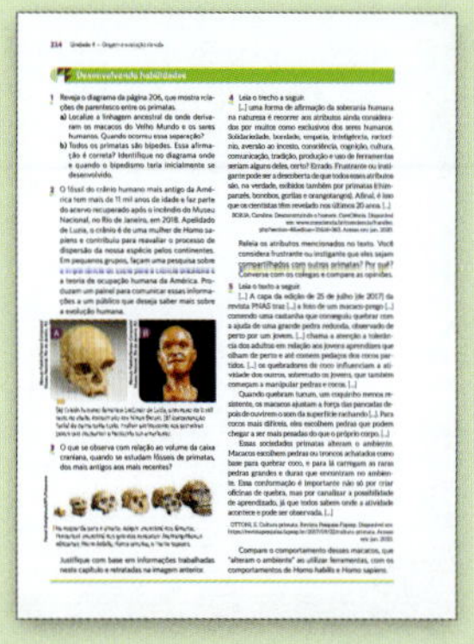

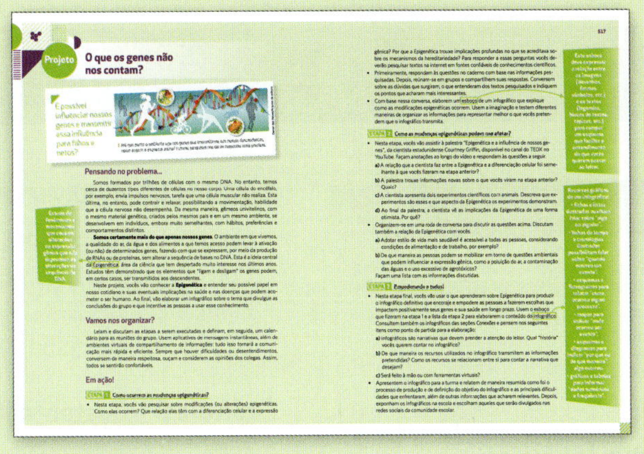

Projeto

A seção **Projeto**, por meio de questões e situações-problema, oferece a oportunidade de você e seus colegas colocarem em prática conhecimentos e habilidades seguindo um percurso construído coletivamente.

plurall

Este ícone indica que há conteúdo adicional no Plurall.

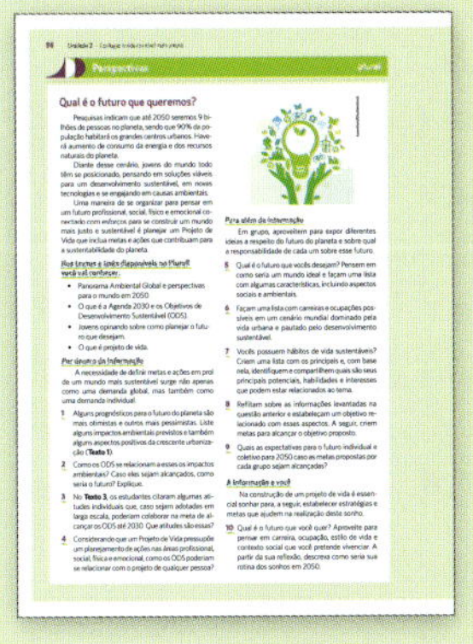

Perspectivas

A seção **Perspectivas** ajuda você a refletir sobre seu projeto de vida por meio de leituras e atividades que abordam temas contemporâneos importantes para o convívio social e o mundo do trabalho.

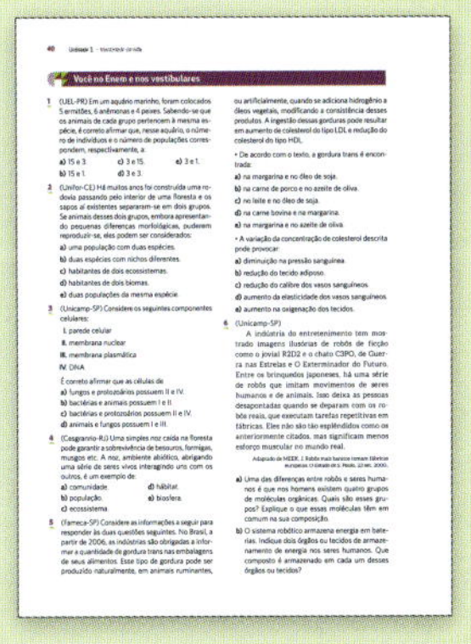

Você no Enem e nos vestibulares

Ao final de cada unidade, a seção **Você no Enem e nos vestibulares** apresenta questões dissertativas e testes selecionados para você praticar, aplicando o que aprendeu.

Diálogos

As atividades da seção **Diálogos** estimulam reflexões e produções em suportes diversos com foco nas múltiplas culturas juvenis e na transformação do espaço escolar em ambiente democrático e acolhedor das diversidades.

Em contexto

Os textos selecionados e as atividades da seção **Em contexto** proporcionam o desenvolvimento de habilidades por meio da interpretação, da reflexão crítica e do diálogo com fontes diversas.

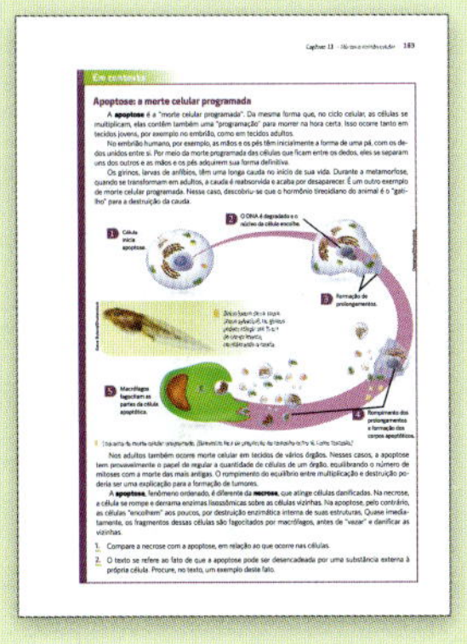

Conexões

Por meio de textos, recursos visuais diversificados e atividades, a seção **Conexões** traz assuntos pertinentes à Biologia, relacionando-os a outros campos de saber da área de Ciências da Natureza e suas Tecnologias ou de outras áreas de conhecimento.

Caderno de Atividades

Acompanha o livro do estudante um **Caderno de Atividades**. Você pode utilizar esse material para continuar a desenvolver os conhecimentos e as habilidades abordados no livro, além de se preparar para o Enem e os principais vestibulares do Brasil.

Sumário

PARTE II

Unidade 4

Origem e evolução da vida

Unidade 5

Diversidade da vida

Unidade 6

Diversidade das plantas

UNIDADE 1

Identidade da vida

A palavra *Biologia* tem origem no grego, *bios* = "vida" e *logos* = "estudo". Assim, é comum defini-la como a ciência que estuda os seres vivos. Mas o que, de fato, define um ser vivo? Hoje, sabemos que existem seres vivos de todos os tamanhos, desde os microscópicos, compostos de apenas uma célula, até sequoias-gigantes, que chegam a medir mais de 100 metros de altura. Além do tamanho, há também grande diversidade na forma, nos hábitos de vida e nos ambientes que ocupam.

Então, como definir o que é um ser vivo? Em outras palavras, que características seres tão diversos têm em comum?

Nesta unidade, vamos buscar respostas a essas perguntas, estudando algumas características dos seres vivos.

Christopher Godfrey/Shutterstock

Lobo-guará (*Chrysocyon brachyurus*), 80 cm de altura.

1 Você já parou para pensar o que diferencia os seres vivos dos elementos não vivos do planeta? Que aspectos você acha que caracterizam todos os seres vivos?

2 Você provavelmente já estudou as células nas a ulas de Ciências dos anos finais do Ensino Fundamental. Mas o que mantém essas células funcionando? Que substâncias são essenciais para o funcionamento das células?

3 Duas ideias podem ser utilizadas quando se fala de seres vivos: diversidade e unidade. Discuta com os colegas como esses dois atributos, aparentemente contraditórios, se aplicam aos seres vivos.

CAPÍTULO 1

Seres vivos: características e níveis de estudo

Este capítulo favorece o desenvolvimento das habilidades:

EM13CNT201

EM13CNT202

EM13CNT207

EM13CNT301

EM13CNT302

O que há em comum entre você, uma bactéria microscópica e uma sequoia-gigante? Estima-se que existam cerca de 8 milhões de espécies de seres vivos no mundo todo. Embora esses seres vivos sejam encontrados nas mais diversas formas e nos mais diversos ambientes, há algumas características que são compartilhadas por todos eles.

! Dicas

Museu Biológico do Instituto Butantan
http://www.butantan.gov.br/atracoes/museu-biologico
Para estimular sua curiosidade científica, acesse o *site* para mais informações e agende uma visita!

Uma jornada na busca por identidade e propósito
https://www.youtube.com/watch?v=yYshSRXnN_E
Veja a palestra de Juliana Luna, artista, dançarina e ativista negra que, na TEDx UERJ, inspira jovens a buscar sua identidade, consciência e propósito.

A ciência que estuda os seres vivos

A Biologia está presente no nosso cotidiano: alimentos que ingerimos, animais e plantas com os quais convivemos todos os dias, condições de saúde humana, transmissão de doenças, fontes de energia que utilizamos, preservação do planeta em que vivemos. Tudo isso é objeto de estudo da Biologia.

Para dar conta de tantos objetos de estudo, a Biologia pode ser dividida em diversas áreas do conhecimento, como: Ecologia, Genética, Zoologia, Botânica, Fisiologia, Biologia Evolutiva, etc. Estas, por sua vez, subdividem-se em áreas ainda mais especializadas.

A Biologia é, como já foi dito, uma **ciência**. O conhecimento científico é historicamente construído e dinâmico. Isto significa que os resultados obtidos em um estudo científico podem não se encerrar em si mesmos, mas responder a algumas perguntas e levantar diversas outras. Tudo o que se sabe hoje sobre as mais diversas formas de vida não foi descoberto de uma só vez. Esse conhecimento foi construído coletivamente ao longo da história. E certamente ainda há muito a ser descoberto.

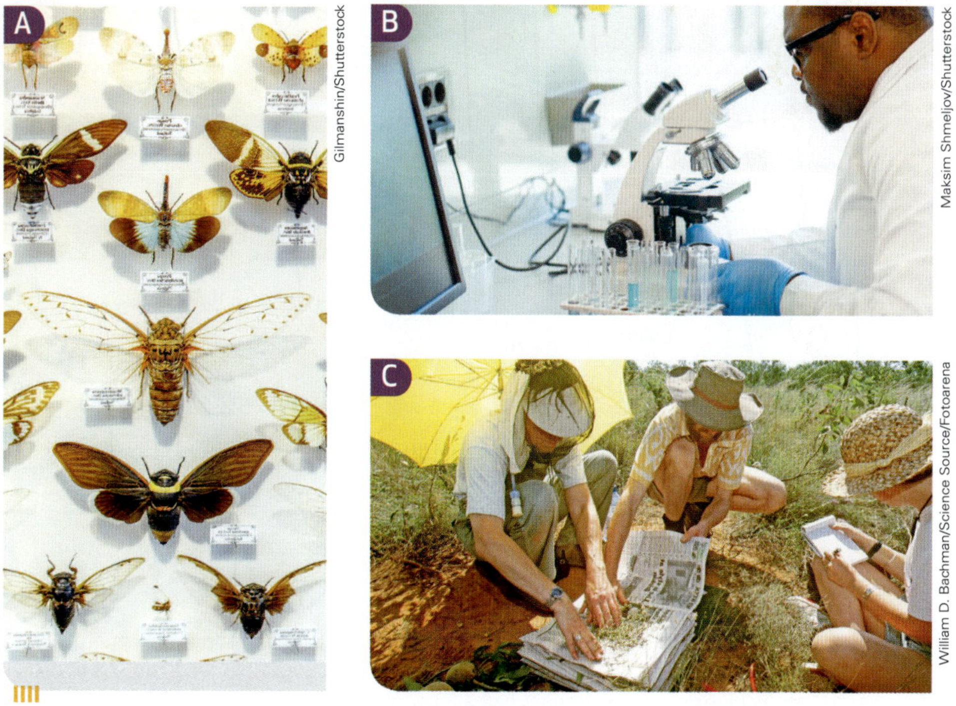

(A) Coleção zoológica de insetos da Universidade Estatal de Moscou, Rússia, 2020. (B) Pesquisador conduzindo análise de experimentos na área de Genética. (C) Botânicos realizando coletas de campo de amostras de plantas, no Parque Nacional Judbarra, Austrália.

Os seres vivos têm organização celular

Células são unidades constituintes dos seres vivos. Em geral, são microscópicas e constituídas por membrana, citoplasma e material genético. São consideradas unidades básicas da vida, ou seja, as menores partes de um ser vivo nas quais se reconhecem as características da vida.

Todos os organismos apresentam **organização celular**. Podem ser unicelulares, isto é, constituídos por uma única célula, como uma ameba ou uma bactéria; ou multicelulares, formados por muitas células que trabalham em conjunto, como nós. Os vírus não apresentam organização celular, tendo um arranjo muito mais simples.

Existem dois padrões celulares: a célula eucariótica, de organização mais complexa, e a procariótica, mais simples. A célula eucariótica tem seu material genético envolvido por uma membrana, chamada de membrana nuclear, e o conjunto constitui o núcleo celular. Esse tipo de célula é encontrado em seres chamados **eucariontes**, como as plantas e os animais. Já na célula procariótica, de organização mais simples, não há envoltório nuclear; assim, não há um núcleo delimitado por membrana e o material genético fica imerso no citoplasma. Organismos chamados **procariontes**, como bactérias e cianobactérias, são constituídos por esse tipo celular.

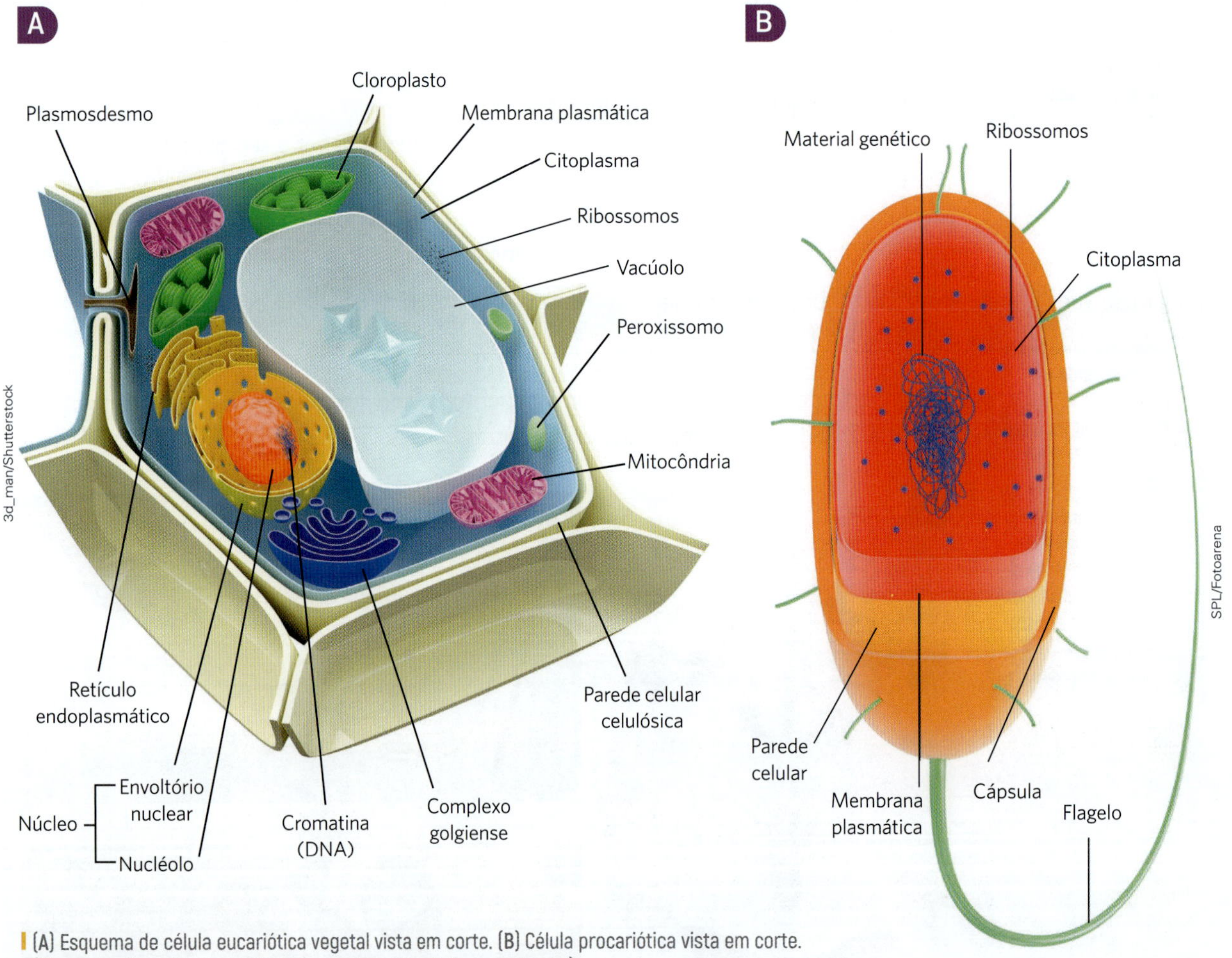

(A) Esquema de célula eucariótica vegetal vista em corte. (B) Célula procariótica vista em corte. (Elementos fora de proporção de tamanho entre si. Cores fantasia.)

Vírus: a exceção à regra

Vírus são partículas muito simples. Não apresentam estrutura celular, por isso muitos cientistas discutem se eles devem ser definidos como seres vivos. Veremos adiante, na Unidade 5, que os vírus são constituídos por algumas moléculas e necessariamente parasitam células de outros seres vivos. Em razão dessa característica, os vírus em geral causam doenças a seus hospedeiros, como é o caso do vírus da gripe, do coronavírus e do vírus da imunodeficiência humana (HIV), que contaminam seres humanos.

Os seres vivos requerem energia

Os seres vivos adquirem energia por meio da nutrição. Essa energia permitirá que eles realizem muitas atividades, como a síntese de nova matéria viva, como células e tecidos, e a manutenção da atividade metabólica.

Os tipos de nutrição

Há dois tipos fundamentais de nutrição dos seres vivos: a autotrófica e a heterotrófica. O termo trófico se refere a alimentação: assim, organismos **autótrofos** produzem seu próprio alimento, enquanto os **heterótrofos** se alimentam de outros seres vivos.

A maioria dos organismos autótrofos é representada pelos organismos clorofilados. Eles retiram do ambiente substâncias simples, como a água e o gás carbônico, e as transformam, em presença de luz, em substâncias complexas que lhes servem de alimento, como açúcares. Esse processo é chamado de **fotossíntese**.

Os organismos heterótrofos, como os animais, também necessitam de alimento, que não produzem diretamente: precisam obtê-lo, nutrindo-se de outros seres vivos. Todos os seres heterótrofos dependem assim, direta ou indiretamente, dos organismos autótrofos.

A obtenção de energia

Todos os seres vivos, sejam autótrofos, sejam heterótrofos, dependem da energia contida no alimento para realizar atividades vitais.

A maioria dos organismos obtém essa energia por meio do mesmo processo, a **respiração celular**. Nesse processo, que ocorre no interior das células, a glicose (um açúcar) participa de um conjunto de reações químicas em presença do gás oxigênio e é convertida, por fim, em substâncias mais simples (gás carbônico e água). Esse conjunto de reações gera energia para a realização das atividades celulares.

Assim, tanto um cambará quanto uma capivara e uma onça-pintada necessitam de glicose, que é usada na respiração celular. A diferença entre o cambará (autótrofo), e a capivara e a onça (heterótrofas) está na forma como a glicose é obtida, ou seja, nos tipos de nutrição.

Mauricio Simonetti/Pulsar Imagens

A maioria das plantas, como o cambará (*Gochnatia polymorpha*, 6 m a 8 m de altura), obtém alimento por meio da fotossíntese.

l i g h t p o e t/Shutterstock

Uwe Bergwitz/Shutterstock

Os animais são seres heterótrofos. (A) Capivara (*Hydrochoerus hydrochaeris*, 1,20 m de comprimento), animal herbívoro que se alimenta de plantas. (B) Onça-pintada (*Panthera onca*, 1,80 m de comprimento), animal carnívoro perseguindo uma capivara para obter seu alimento.

Os seres vivos têm metabolismo

Nas células vivas ocorre uma série de transformações químicas, que são chamadas de **metabolismo**. Essas transformações permitem, por exemplo, que o alimento seja convertido em compostos orgânicos (metabolismo de construção); permitem ainda que a célula obtenha a energia necessária, pela respiração celular, para crescer, dividir-se e movimentar-se (metabolismo energético).

O esquema a seguir mostra, de forma simplificada, alguns eventos dos metabolismos energético e de construção.

Nas células, os nutrientes obtidos por meio dos alimentos atuam basicamente na produção de compostos orgânicos e na liberação de energia para as atividades vitais.

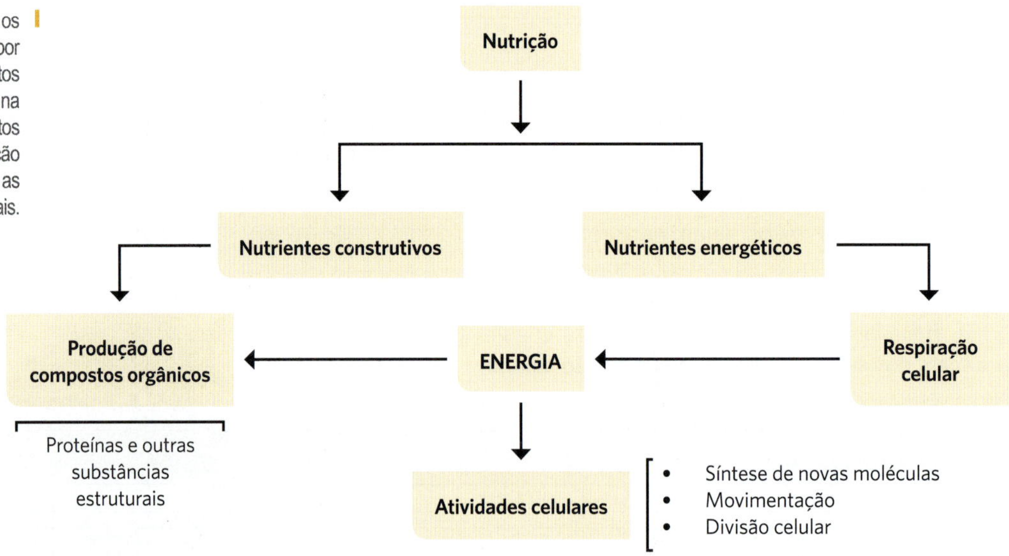

Os seres vivos respondem a estímulos

A percepção do mundo é essencial para todos os seres vivos: os organismos recebem constantemente informações do meio e reagem a elas. Isso acontece com qualquer ser vivo, desde uma bactéria até uma planta ou um animal.

Por meio do olfato, do tato, da visão e da audição, os animais percebem a proximidade de alimento e de predadores. É também pelos sentidos que temos noção da passagem do dia e da noite e dos perigos que nos cercam.

As plantas também respondem aos estímulos do meio, como a luz ou o toque de outro ser vivo.

(A) As plantas tendem a crescer em direção a uma fonte de luz. Na imagem, brotos de tomateiro (*Solanum lycopersicum*, cerca de 10 cm de altura) que recebem luz do lado esquerdo. (B) A planta carnívora (*Dionaea* sp., cuja folha mede cerca de 3 cm de comprimento) reage ao contato com insetos, fechando suas folhas e aprisionando-os.

Os seres vivos têm material genético

O material genético dos organismos é constituído por uma ou mais moléculas de ácidos nucleicos, como o DNA (ácido desoxirribonucleico) e o RNA (ácido ribonucleico). O material genético é o responsável pela hereditariedade: é por ele que as características típicas de uma espécie são transmitidas de uma geração a outra.

Conceito de espécie

Uma espécie pode ser definida como um grupo de organismos capazes de se cruzar e de gerar descendentes férteis.

O DNA apresenta duas características fundamentais. Uma delas é a sua capacidade de replicação, produzindo cópias idênticas de si mesmo. Isso garante a **estabilidade** da informação genética de uma espécie, quando transmitida de geração a geração. Dessa forma, organismos da mesma espécie mantêm suas características básicas ao longo do tempo. A outra característica é ser passível de **mutações**, isto é, alterações casuais e acidentais na sua estrutura, que permitem a variabilidade genética, um importante fator evolutivo.

Marie Read/Science Source/Fotoarena

Gansos da espécie *Branta canadensis*. Duas gerações da mesma espécie que compartilham informações genéticas transmitidas dos pais para os filhotes.

Os seres vivos se reproduzem

Por meio da reprodução, os seres vivos dão origem a novos seres semelhantes a eles, perpetuando suas linhagens. Isso é válido para todas as espécies vivas, desde uma simples bactéria até uma planta ou um animal. O que varia, no entanto, é a maneira como isso é feito: existem muitos tipos diferentes de reprodução.

Na **reprodução assexuada**, um único indivíduo produz descendentes sem a participação de um parceiro da mesma espécie. As bactérias e os protozoários, seres unicelulares, podem se reproduzir dividindo sua única célula ao meio. Dessa forma, uma bactéria ou uma ameba deixa de existir como indivíduo, mas, ao fazê-lo, dá origem a dois seres iguais ao original, apenas de menor tamanho, e que vão crescer até chegar ao momento de também se dividirem.

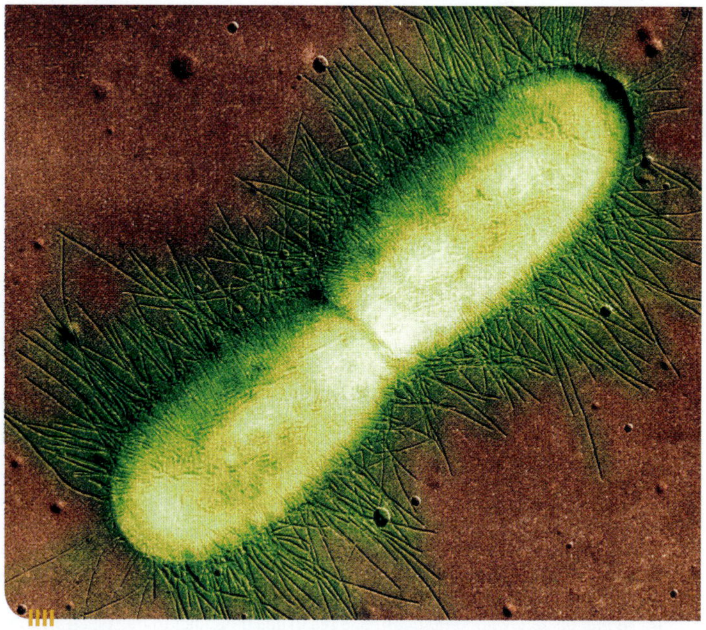

CNRI/SPL/Fotoarena

Reprodução assexuada em bactéria da espécie *Escherichia coli*. Fotografia obtida em microscópio óptico. (Aumento aproximado de 25 000 vezes. Cores artificiais.)

O brotamento, em algumas espécies de plantas e animais, é outro exemplo. Nesse processo, um pequeno indivíduo se desenvolve a partir do organismo adulto ligado a ele. Mais tarde, pode desligar-se de seu progenitor, tornando-se independente, ou permanecer ligado a ele, iniciando uma colônia de organismos (como nas esponjas e nos corais).

Já na **reprodução sexuada**, dois indivíduos da mesma espécie produzem células reprodutivas, os gametas. A união dos gametas masculino e feminino resulta na formação de um zigoto ou célula-ovo, que então se desenvolve para dar origem a um novo indivíduo, que apresentará características hereditárias condicionadas pelas informações genéticas de seus genitores.

rui vale sousa/Shutterstock

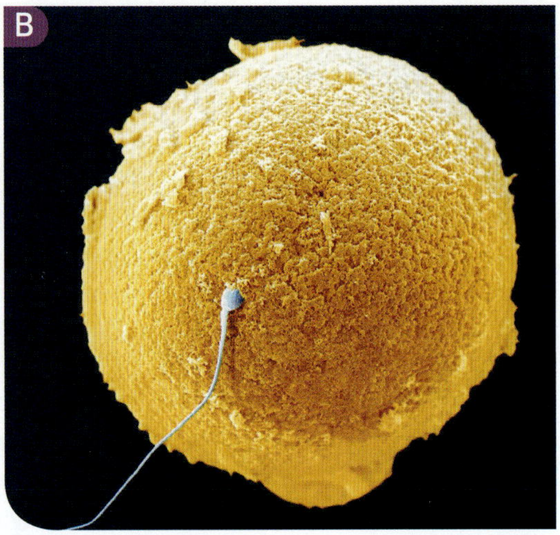

Eye Of Science/SPL/Fotoarena

(A) Tubérculo de batata com broto. (B) Fotografia de espermatozoide humano fecundando um óvulo obtida em microscópio eletrônico de varredura. (Aumento aproximado de 525 vezes. Cores artificiais).

Os seres vivos evoluem

Evolução é mudança

As linhagens de seres vivos modificam-se no decorrer do tempo, ou seja, **evoluem**. Geralmente, devido à replicação do DNA, as espécies são bastante estáveis. No entanto, suas linhagens podem acumular modificações acidentais - as mutações, que ocorrem ao acaso - e, eventualmente, podem dar origem a novas espécies, ao longo de centenas de milhares de anos.

Roman Garcia Mora/Stocktrek Images/Getty Images

R. Maximiliane/Shutterstock

(A) Ilustração de *Glyptotherium arizonae* (1,8 m de comprimento) pertencente a uma provável linhagem ancestral dos tatus atuais, que viveu durante o período Pleistoceno no continente norte-americano. (B) Fotografia de tatu da espécie *Dasypus novemcinctus* (50 cm de comprimento), Flórida (EUA).

Evolução é adaptação

Como vimos, as linhagens de seres vivos sofrem mudanças, entre outros fatores, em virtude de mutações no seu material genético; no entanto, elas geralmente mantêm apenas as características que as tornam mais aptas a sobreviver e se reproduzir. Assim, as mudanças que permitem maior **adaptação** da espécie ao ambiente são, além de mantidas, transferidas de uma geração para outra.

Não é de estranhar, portanto, que as espécies de seres vivos atuais se mostrem muito adaptadas ao ambiente específico em que vivem.

Glass and Nature/Shutterstock

honeyedG/Shutterstock

(A) O beija-flor (*Colibri thalassinus*, 12 cm de comprimento) tem um bico cuja forma permite que retire o néctar de flores em forma de cálice.
(B) Plantas de ambientes secos, como os cactos, têm folhas transformadas em espinhos, que apresentam superfície pequena e evitam, assim, a transpiração excessiva. Essas especializações ocorreram ao longo de milhares de anos.

A vida sob diversos pontos de vista

Da mesma forma que em um país existem estados, em um estado existem cidades, nas cidades existem bairros, e assim sucessivamente; de forma análoga, o estudo dos seres vivos pode ser feito em vários níveis, que estão inseridos um dentro do outro.

Certos cientistas, os bioquímicos, estudam exclusivamente as reações químicas que ocorrem entre as moléculas no interior das células. Outros se interessam pela estrutura das células e pelas pequenas estruturas (organelas) que as compõem. No esquema, veja alguns exemplos de níveis de organização do estudo da vida: cada um deles está embutido no nível seguinte. Esses níveis podem ser divididos entre aqueles abaixo de organismo (átomos, moléculas, organelas, células, tecidos, órgãos e sistemas) e aqueles acima de organismo (populações, comunidades, ecossistemas e biosfera).

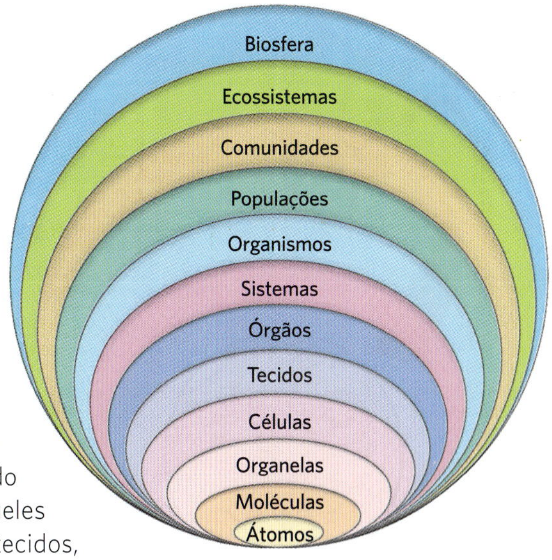

Banco de imagens/Arquivo da editora

Esquema dos níveis de organização do estudo dos seres vivos. (Cores fantasia.)

Nem todos os níveis...

Note que esses níveis de organização não estão necessariamente presentes em todos os seres vivos. Em organismos unicelulares (como uma bactéria), o nível de organismo coincide com o nível de célula. Nesse caso, inexistem os níveis de tecidos, órgãos e sistemas; há apenas os níveis abaixo da célula (organelas, moléculas e átomos). Em esponjas, animais marinhos, não há formação de tecidos verdadeiros nem, consequentemente, de órgãos e sistemas.

Conexões

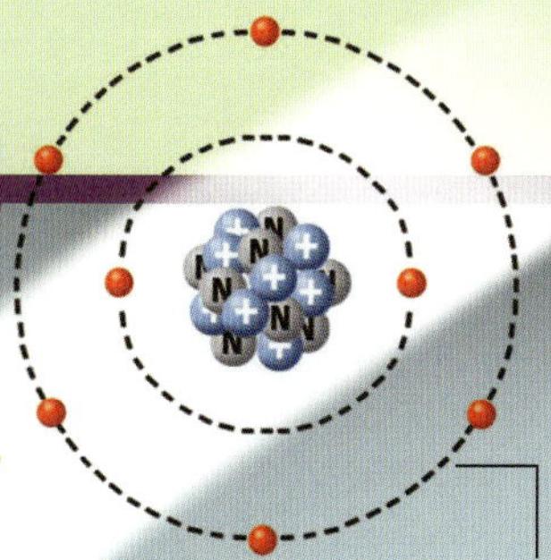

Átomos e moléculas

Toda matéria existente no Universo é composta de **átomos**. Átomos iguais entre si formam um elemento químico. Dessa forma, os seres vivos são constituídos por átomos de vários elementos químicos, sendo os principais: hidrogênio (H), oxigênio (O), carbono (C), nitrogênio (N), fósforo (P) e enxofre (S). Os átomos se combinam, geralmente formando **moléculas**. Na imagem, dois átomos de hidrogênio combinam-se com um de oxigênio, originando uma molécula de água.

Organelas e células

As moléculas dos organismos formam as **células**, as unidades fundamentais que constituem a maioria dos seres vivos. Como exemplo, temos a célula óssea. Na célula, é possível encontrar algumas variedades de estruturas chamadas **organelas** ou orgânulos, cada uma com uma função diferente. No caso ilustrado, temos a mitocôndria, uma organela que participa dos processos de obtenção de energia em uma célula.

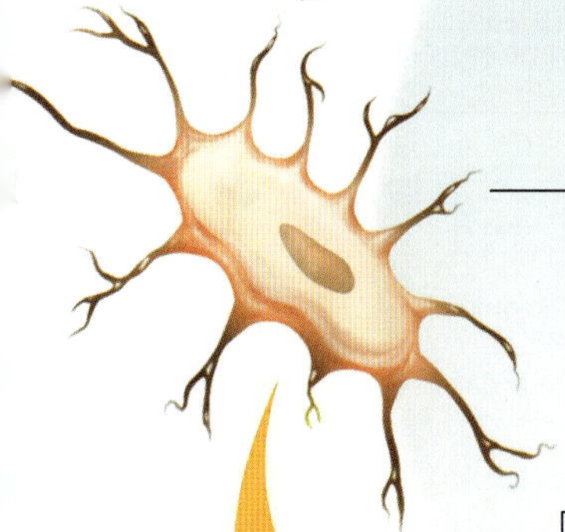

Níveis de organização da vida

Os níveis de organização dos seres vivos são importantes para estruturar o estudo, classificar e relacionar os componentes que constituem os seres vivos, os organismos e o ambiente.

Nesta sequência, o lobo-guará é utilizado como exemplo para descrever os principais níveis de organização, tanto inferiores ao organismo quanto os níveis ecológicos dos quais ele faz parte.

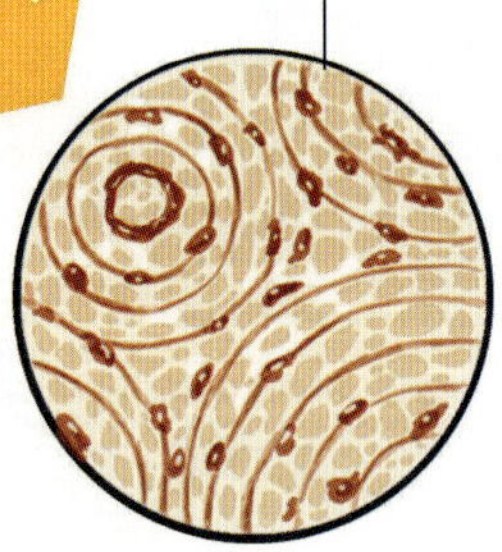

Tecido

Como exemplo, temos o **tecido** ósseo, composto de várias células ósseas dispostas de forma concêntrica, isto é, em círculos ao redor do mesmo centro, e que produzem uma substância dura, rica em cálcio, localizada entre elas. Além desse tecido, temos outros exemplos, como os tecidos muscular e nervoso.

Sistema

A união de vários órgãos que trabalham de forma associada para executar determinada função constitui um **sistema**. Na figura, todos os diferentes ossos do lobo-guará, em conjunto, compõem seu sistema esquelético, cuja função é dar sustentação ao corpo do animal.

Órgão

São compostos de vários tipos de tecidos; neste caso temos o osso, que, além do tecido ósseo, é composto de tecido nervoso e tecido sanguíneo, entre outros. Há diversos tipos de órgãos em um organismo, como olhos, intestino e pele.

Elementos fora de proporção de tamanho entre si. Cores fantasia.

Biosfera

Os biólogos denominam **biosfera** ou **ecosfera** o conjunto de todos os ecossistemas do planeta. O termo significa "esfera da vida" e refere-se, evidentemente, às partes do planeta Terra onde existe vida.

Ecossistema

Quando em certa área, além da comunidade, são considerados os fatores não vivos (abióticos), como a luz, a água, a temperatura, os minerais do solo e os gases presentes no ar, falamos em **ecossistema**. Portanto, em um ecossistema existem fatores bióticos e abióticos intimamente relacionados.

Luiz Iria/Arquivo da editora

Comunidade

Em regiões de Cerrado, assim como as populações de lobos-guarás, são comuns populações de tatus, raposas-do-campo, emas, formigas e cupins, além de diversas espécies de plantas. Assim, chamamos de **comunidade** o conjunto de populações existentes em uma certa área, em determinada época.

População

Uma **população** é o conjunto de indivíduos de uma mesma espécie que vive em determinado lugar e em determinada época. Assim, todos os lobos-guarás, adultos e filhotes, que vivem em determinada região do Cerrado, num certo período de tempo, constituem a **população** de lobos-guarás da região.

Organismo

Os sistemas esquelético, muscular, digestório, nervoso e todos os demais constituem o **organismo** do lobo-guará. São também organismos um pé de alface, uma macieira e uma ameba. No caso da ameba, que é unicelular, alguns níveis de organização não existem.

1 Agora que você sabe o que é um ecossistema, dê outro exemplo citando as populações ali viventes e explicando a importância da existência dessa comunidade para esse ambiente.

2 Discorra sobre a importância da manutenção dos ecossistemas para o planeta.

Diálogos

Jovens, quem somos nós?

Classificar, identificar e organizar. Essas são algumas características que marcam a história da humanidade e o modo como interagimos com o mundo a nossa volta. Pense na imensidão do universo até uma partícula atômica, ou então na longa história humana até a história única de cada um de nós. Há tanta complexidade e tanto a ser estudado. Talvez o maior desafio seja esse: conhecer os seres vivos, o mundo e a si mesmo. Entender-se como indivíduo, parte de um mundo em constante mudança, é uma tarefa difícil e que exige o esforço em diferenciar o "eu" do "nós" e dos "outros". Qual é a sua identidade? Como você se define? Será que essas características são permanentes?

Rawpixel.com/Shutterstock

A identidade das diferentes juventudes se forma nas relações sociais e no cotidiano. Cada jovem cria sua autoimagem com base na interação com outros jovens, familiares, instituições e meios de comunicação.

Ser jovem também significa construir a própria identidade. Significa expressar sentimentos e opiniões, além de mostrar ao mundo como você se entende. A escola também participa desse processo e auxilia as pessoas a se construírem e se reconstruírem continuamente.

A Lei nº 12.852, de 5 de agosto de 2013, institui o Estatuto da Juventude, que estabelece os direitos dos jovens. Além de declarar o direito à saúde, educação e profissionalização, outras medidas foram incluídas para assegurar a livre expressão e a identidade das diferentes juventudes. Por exemplo, "o jovem tem direito à comunicação e à livre expressão, à produção de conteúdo, individual e colaborativo, e ao acesso às tecnologias de informação e comunicação". Além disso, a participação juvenil na sociedade deve visar a "inclusão do jovem nos espaços públicos e comunitários a partir da sua concepção como pessoa ativa, livre, responsável e digna de ocupar uma posição central nos processos políticos e sociais".

Em ação!

1 Assista à palestra "Uma jornada na busca por identidade e propósito", sugerida no boxe *Dicas* na abertura deste capítulo. Com base nos temas discutidos pela palestrante Juliana Luna, e usando suas palavras, como você define identidade?

2 Juliana Luna fala em multiplicidade na formação do indivíduo e questiona o público. Quanto vocês exploram essa multiplicidade de talentos que existe em vocês e como criam, a partir disso, momentos de descoberta, criação e aceitação?

3 Você sabe o que é um manifesto? Caracterizado como um gênero textual argumentativo, o manifesto é a expressão, geralmente coletiva, de ideias e argumentos sobre uma problemática, por exemplo social, política ou cultural. Com base nas conversas em sala de aula e em suas vivências na escola, organizem um manifesto coletivo em defesa da identidade dos jovens da escola. Esse documento deverá ser produzido com base no debate entre a turma, de modo democrático, e destinado a toda comunidade escolar. O manifesto deve incluir os princípios e as orientações relacionados ao respeito e à expressão das múltiplas identidades, que caracterizam a diversidade dos estudantes da escola.

Desenvolvendo habilidades

1 Diferencie os seres vivos apresentados nas imagens a seguir quanto ao tipo de nutrição. Explique, por meio de um pequeno texto, as características que justificam essa diferença.

nito/Shutterstock

Ser vivo 1

Eric Isselee/Shutterstock

Ser vivo 2

2 Tanto as células procarióticas quanto as eucarióticas possuem três elementos fundamentais. Que elementos fundamentais são esses? Há alguma diferença na organização de um desses elementos, quando comparamos os dois tipos celulares?

3 Quanto aos níveis de organização estudados em Biologia, no que difere um protozoário, como a ameba, de um lobo-guará? Prepare um pequeno texto que justifique sua resposta e apresente-o para a turma.

4 O texto a seguir está relacionado ao estudo da vida. Leia-o e identifique os níveis de organização a que correspondem as palavras em negrito.

Em uma lagoa, a vida depende de uma infinidade de fatores, todos intimamente relacionados. Vamos examinar alguns de seus aspectos sob o ponto de vista de um **peixe**. Primeiro, a necessidade de respirar: deve haver **gás oxigênio** dissolvido na água, que será absorvido pelas **brânquias** do peixe e carregado pelo seu sangue. **Coração** e **vasos** se encarregam de levar o **sangue** aos demais tecidos e, consequentemente, gás oxigênio a cada uma das células. Nas **mitocôndrias**, esse gás será usado em reações de "queima" de substâncias, como a **glicose**, e haverá liberação de energia.

5 O Pantanal está localizado na região Centro-Oeste do país e é caracterizado por uma intensa dinâmica de cheias e secas nos rios da região. Os seres vivos do Pantanal têm de adaptar suas atividades a essa dinâmica. Observando a fotografia abaixo, responda:

a) Quantas populações de animais podem ser vistas na fotografia?

b) O Pantanal pode ser considerado uma comunidade ou um ecossistema? Justifique sua resposta.

Erich Sacco/Shutterstock

Capivaras (cerca de 1 m de comprimento) e jacarés-do-pantanal (cerca de 2 m de comprimento) em fotografia tirada na região pantaneira de Mato Grosso do Sul.

CAPÍTULO 2

A química da vida

Este capítulo favorece o desenvolvimento das habilidades:

EM13CNT202

EM13CNT303

Além de água e sais minerais, os organismos vivos apresentam várias moléculas complexas, como carboidratos (açúcares), lipídios (óleos e gorduras), proteínas e, por fim, ácidos nucleicos (DNA e o RNA). Quais são as características e as funções das moléculas que compõem os seres vivos?

As substâncias dos seres vivos

Vimos, no capítulo anterior, que seis elementos químicos principais compõem grande parte dos seres vivos. São eles: o hidrogênio (H), o oxigênio (O), o nitrogênio (N), o carbono (C), o enxofre (S) e o fósforo (P). Em seu conjunto, normalmente correspondem a mais de 99% da massa de uma célula viva.

Mas que substâncias compõem um organismo? A resposta a essa pergunta pode ser dada com base na análise de uma parte de um organismo qualquer. Vamos analisar, por exemplo, as substâncias que compõem um pedaço de fígado de boi, indicadas no quadro a seguir.

Dica

Estrutura das principais substâncias orgânicas e inorgânicas que compõem as células vivas

www.guiadoestudante.abril.com.br/estudo/biologia-estruturadas-principais-substancias-organicas-e-inorganicas-que-compoem-as-celulas-vivas-parte-1/

Site que reúne as principais características dos elementos químicos e estruturas que constituem um ser vivo.

Relação de algumas das substâncias encontradas no fígado de boi

Substâncias inorgânicas	Substâncias orgânicas
Água e sais minerais	· Carboidratos, como a glicose e o glicogênio · Lipídios, como óleos e gorduras · Aminoácidos e proteínas · Ácidos nucleicos

Substâncias **inorgânicas**, como a água e os sais minerais, têm estrutura molecular simples, isto é, são formadas por moléculas pequenas e encontradas facilmente fora do corpo dos seres vivos.

Substâncias **orgânicas**, como as proteínas e os lipídios, têm estruturas mais complexas, apresentando moléculas de tamanho maior, nas quais existem fileiras ou cadeias de átomos de carbono. As substâncias orgânicas encontram-se em geral associadas aos seres vivos.

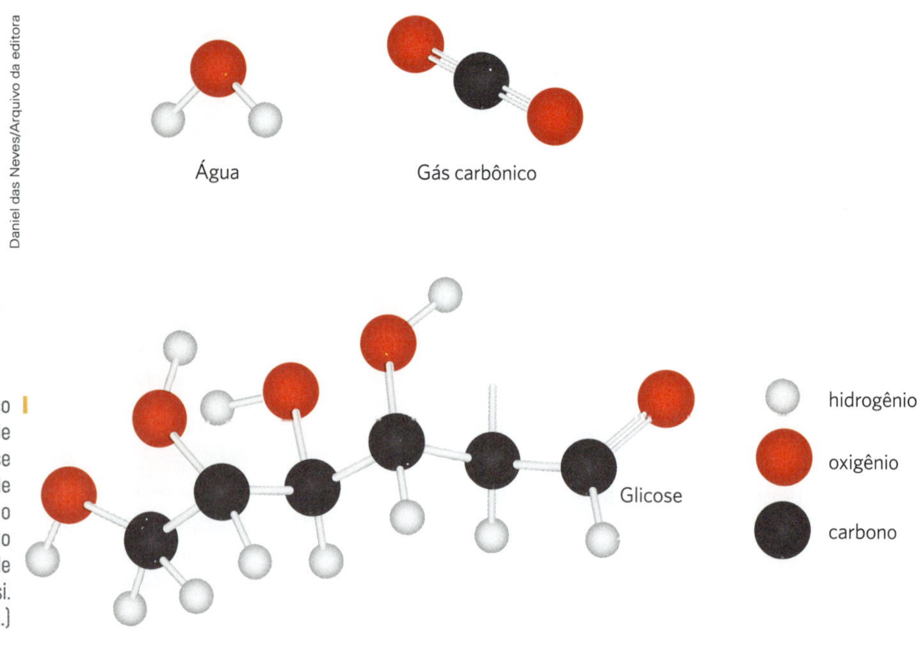

A água (H_2O) e o gás carbônico (CO_2) são exemplos de substâncias inorgânicas. A glicose é uma substância orgânica, de fórmula geral $C_6H_{12}O_6$. Confira o número de átomos no modelo apresentado. (Elementos fora de proporção de tamanho entre si. Cores fantasia.)

Veja a seguir a composição química de uma célula bacteriana. A composição química de uma célula animal é bastante semelhante.

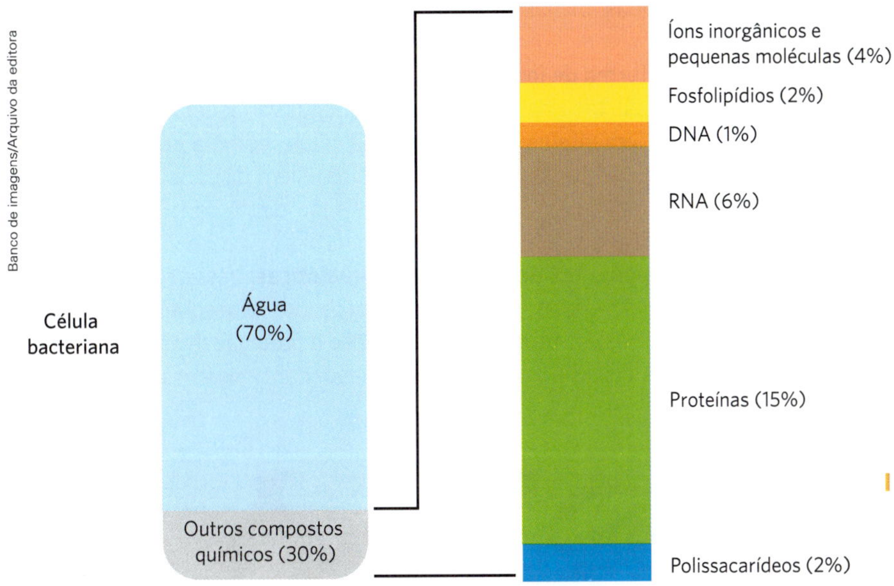

Esquema representando a composição química aproximada da célula bacteriana.

Elaborado com base em: ALBERTS, B. *et al.* *Essential cell biology*. Nova York: Garland Science, Taylor & Francis Group, 2013.

Moléculas orgânicas

No passado, os químicos acreditavam que as moléculas orgânicas só poderiam ser fabricadas no interior de organismos vivos, daí o termo orgânico. Em 1828, porém, o alemão Friedrich Wöhler (1800-1882) produziu, em laboratório, ureia - uma substância encontrada na urina de alguns animais - a partir de uma substância inorgânica, o cianato de amônia. Hoje, entendemos por substância orgânica aquela constituída por cadeias de carbono.

Substâncias inorgânicas

Água: o solvente por excelência

Nas especulações sobre a existência de vida em outros planetas, um dado obrigatório é a disponibilidade de água em estado líquido. Isso porque essa substância é considerada condição fundamental para a vida como a conhecemos.

Por que a água é tão fundamental? Ela é um dos melhores solventes da natureza, pois dissolve uma infinidade de substâncias. Por causa dessa característica, ela é capaz de transportar substâncias tanto dentro das células quanto entre uma célula e outra. Nutrientes, gases da respiração e excretas difundem-se na água e são por ela transportados.

A água favorece também a ocorrência de reações químicas, pois as moléculas em solução estão em constante movimento, podendo chocar-se umas com as outras e reagir quimicamente. Para que as reações do metabolismo aconteçam, é essencial a presença de água.

No organismo como um todo, a água é fundamental para a manutenção da temperatura de animais e plantas. De fato, a evaporação desse líquido na superfície do corpo, chamada de transpiração, é um dos mecanismos que promovem a redução da temperatura corporal de muitos seres vivos terrestres.

De modo geral, quanto mais jovem for o organismo, maior será a taxa de água nos seus tecidos. O encéfalo de um embrião, por exemplo, tem ao redor de 90% de água, enquanto no adulto essa porcentagem é de, aproximadamente, 75%. Um tecido de alto metabolismo, como o muscular, apresenta cerca de 75% de água, enquanto o tecido ósseo, de atividade menor, tem em torno de 45% de água.

Sais minerais: funções diversificadas

Os sais minerais são encontrados tanto em seres vivos como na matéria não viva. Existem nos seres vivos em duas formas básicas: dissolvidos em água e na constituição dos esqueletos.

- **Dissolvidos em água, na forma de íons (partículas carregadas positiva ou negativamente):** os íons minerais são tão importantes que pequenas variações na sua porcentagem modificam profundamente as propriedades da célula, como a permeabilidade da membrana e a capacidade de responder a estímulos. Além disso, a concentração total dos íons minerais nos líquidos celulares tem relação direta com a entrada e a saída de água na célula.
- **Imobilizados, como componentes de estruturas esqueléticas:** nesse caso, são pouco solúveis. É o caso dos esqueletos, das cascas de ovos, dos exoesqueletos de insetos e caranguejos, e de outras estruturas de sustentação e proteção. Nos vertebrados, por exemplo, o fosfato de cálcio é um componente abundante nos ossos, nos quais ele é armazenado.

CrispyPork/Shutterstock

O cálcio é um componente básico das conchas de moluscos. Nos seres humanos e em outros animais vertebrados, esse componente está presente principalmente nos ossos.

No quadro a seguir são apresentadas algumas funções que essas substâncias desempenham nos seres vivos.

Alguns íons de importância biológica

Íon	Observações
Sódio (Na^+) e potássio (K^+)	A diferença de concentração desses íons dentro e fora das células ocorre devido ao fato de a membrana celular transportar ativamente o sódio para fora e o potássio para dentro. Essa dinâmica é fundamental, por exemplo, para a condução do impulso nervoso nos neurônios.
Cálcio (Ca^{2+})	É necessário em algumas reações químicas, como as que ocorrem na coagulação.
Magnésio (Mg^{2+})	É encontrado na molécula de clorofila, sendo, portanto, necessário no processo de fotossíntese.
Ferro (Fe^{2+})	Está presente na molécula de hemoglobina, que transporta o oxigênio. Faz parte dos citocromos, substâncias importantes que participam do processo de respiração celular.
Fosfato (PO_4^{3-})	É fundamental para as transferências de energia dentro da célula.

Substâncias energéticas

Os **carboidratos**, como os açúcares, e os **lipídios**, como óleos e gorduras, são dois tipos de substâncias orgânicas fundamentais para a vida.

Os carboidratos são a principal fonte de energia imediata para a célula, enquanto os lipídios têm importante papel de reserva energética. No decorrer do capítulo, contudo, você vai perceber que nem todo carboidrato tem função energética, da mesma forma que nem todo lipídio tem como função a reserva de energia.

Carboidratos: principal fonte de energia

Pão, papel, mel, macarrão, farinha, madeira, batata, arroz, celofane e açúcar são muito diferentes entre si – alguns são comestíveis, outros não –, mas todos contêm em sua composição principalmente carboidratos.

Os carboidratos são constituídos fundamentalmente por átomos de carbono, hidrogênio e oxigênio. Também conhecidos por hidratos de carbono, são os principais produtos da fotossíntese, e muitos deles são utilizados como combustíveis por células animais e vegetais.

Podem ser classificados de acordo com o tamanho da molécula: os de moléculas menores são os **monossacarídeos**; já os carboidratos que apresentam moléculas maiores, formadas por vários monossacarídeos reunidos, são os **oligossacarídeos** e os **polissacarídeos**.

CrispyPork/Shutterstock

Cereais, massas, pães, tubérculos, mel e frutas são alimentos ricos em carboidratos.

Os monossacarídeos

Os monossacarídeos têm normalmente a fórmula $C_n(H_2O)_n$, em que **n**, de modo geral, varia de três a sete. Assim, eles são classificados de acordo com o número de átomos de carbono. Os monossacarídeos mais frequentes nos organismos são as pentoses (com 5 carbonos) e as hexoses (com 6 carbonos).

Veja na tabela algumas informações sobre o papel biológico de algumas pentoses e hexoses.

Alguns monossacarídeos de importância biológica

Carboidrato		Papel biológico
Pentoses	Ribose ($C_5H_{10}O_5$)	Matéria-prima necessária à produção de ácido ribonucleico (RNA).
	Desoxirribose ($C_5H_{10}O_4$)	Matéria-prima necessária à produção de ácido desoxirribonucleico (DNA).
Hexoses ($C_6H_{12}O_6$)	Glicose	Molécula mais usada pelas células na obtenção de energia. É fabricada na fotossíntese pelos organismos clorofilados e é abundante em plantas, no sangue de animais e no mel.
	Frutose	Presente nas frutas, seu papel é fundamentalmente energético.
	Galactose	Um dos monossacarídeos que compõem a lactose do leite; também tem papel energético.

Os oligossacarídeos e os polissacarídeos

Os oligossacarídeos (do grego *oligos* = pouco) são moléculas constituídas pela reunião de dois a dez monossacarídeos. Essa união se dá por uma reação em que ocorre a saída de uma molécula de água (desidratação) em cada ligação entre os monossacarídeos. Os oligossacarídeos mais importantes para os seres vivos são os dissacarídeos, como a **sacarose** (açúcar comum), a **lactose** (açúcar do leite) e a **maltose** (açúcar do malte).

Os polissacarídeos (do grego *polus* = numeroso) são macromoléculas, ou seja, moléculas muito grandes, às vezes ramificadas, constituídas por numerosos monossacarídeos ligados quimicamente entre si. Os exemplos mais comuns são o amido, o glicogênio e a celulose.

Alguns dissacarídeos e polissacarídeos de importância biológica

Carboidrato		Monossacarídeos constituintes	Ocorrência	Função biológica
Dissacarídeos	Sacarose	Glicose + frutose	Encontrada em muitas plantas, é abundante na cana-de-açúcar e na beterraba.	Função energética
	Lactose	Glicose + galactose	Encontrada no leite.	Função energética
	Maltose	Glicose + glicose	Encontrada em algumas plantas; provém também da digestão do amido no tubo digestório de animais.	Função energética
Polissacarídeos	Amido	Muitas moléculas de glicose	Encontrado em raízes, caules e folhas. O excesso de glicose produzido na fotossíntese é armazenado na forma de amido.	Reserva energética das plantas
	Celulose	Muitas moléculas de glicose	Componente estrutural presente na parede de células vegetais, é o carboidrato mais abundante na natureza.	Reforço da parede celular
	Glicogênio	Muitas moléculas de glicose	Encontrado no fígado e nos músculos.	Reserva energética dos animais e dos fungos

Apesar de o amido, a celulose e o glicogênio serem constituídos pelas mesmas unidades (moléculas de glicose), a diferença entre eles está no tipo de ligação das glicoses e na forma espacial das moléculas. O papel biológico desses três polissacarídeos também é bastante diferente. O amido, além de ser uma reserva energética de plantas, é um importante alimento para os animais. A celulose, porém, é de difícil digestão, sendo raros os organismos que produzem a enzima celulase, necessária à sua hidrólise (quebra de uma molécula com a participação da água). O ser humano, por exemplo, não produz celulase. O glicogênio, por sua vez, é um polissacarídeo usado como reserva energética pelos animais.

Observe os modelos de moléculas no esquema a seguir.

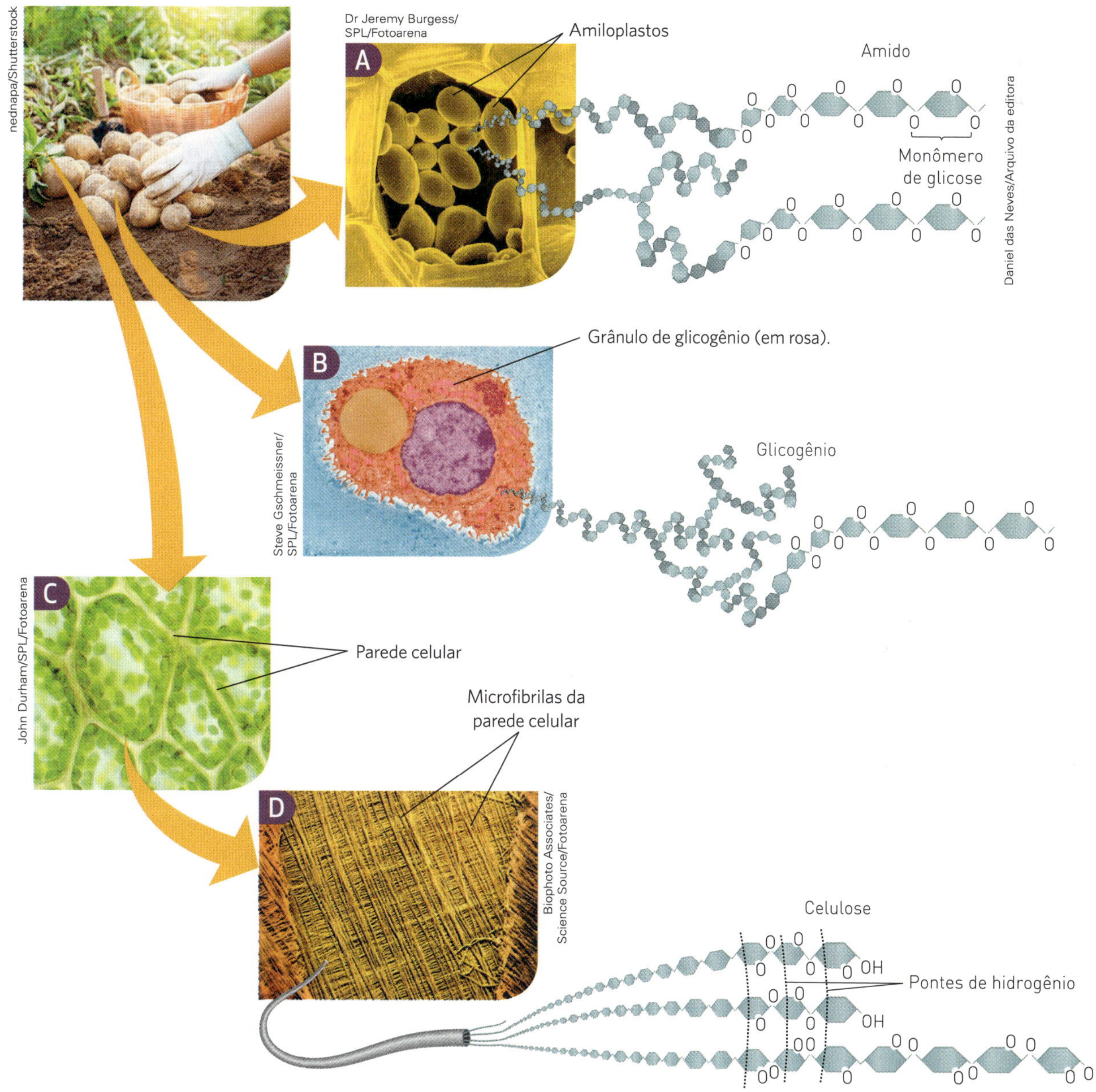

Os polissacarídeos mais comumente encontrados em plantas e animais são macromoléculas constituídas por unidades semelhantes – moléculas de glicose (representadas por hexágonos azulados) – ligadas entre si de forma diferente. (Elementos fora de proporção de tamanho entre si. Cores fantasia.). **(A)** Fotografia de corte de batata crua mostrando amiloplastos (estruturas que contém grânulos de amido) obtida em microscópio eletrônico de varredura. (Aumento aproximado de 129 vezes. Cores artificiais.). **(B)** Fotografia de célula de cartilagem da traqueia obtida em microscópio eletrônico de transmissão. (Aumento aproximado de 1450 vezes. Cores artificiais.). **(C)** Fotografia de células vegetais obtida em microscópio óptico. (Aumento aproximado de 250 vezes. Cores artificiais.). **(D)** Fotografia de parede celular obtida em microscópio eletrônico de varredura. (As miofibrilas de celulose têm entre 5 nm e 15 nm de diâmetro.).

Lipídios: construção e reserva de energia

Os lipídios são substâncias muito abundantes em animais e plantas. As principais fontes de lipídios são os óleos, as gorduras, as ceras, os lipídios compostos (fosfolipídios, por exemplo) e, finalmente, os esteroides, que, apesar de estruturalmente diferentes dos demais, ainda assim são considerados lipídios. Veja a tabela a seguir.

Alguns lipídios de importância biológica

Tipos de lipídio	Exemplos	Papel biológico
Lipídios simples	Óleos e gorduras (glicerídeos)	Reserva energética de animais e plantas. Nas aves e nos mamíferos, funcionam como isolante térmico, reduzindo a perda de calor para o ambiente. Funcionam também como amortecedores contra impactos mecânicos.
	Ceras	Impermeabilização de superfícies vegetais sujeitas a desidratação, como de folhas e frutos. As abelhas produzem cera a partir do mel, que são utilizadas na construção dos favos.
Lipídios compostos	Fosfolipídios	Abundantes no tecido nervoso e nas membranas plasmáticas.
Esteroides	Colesterol	Componente das membranas celulares, dá origem a outros esteroides.
	Testosterona, progesterona e estradiol	Hormônios relacionados com atividade sexual, caracteres sexuais secundários e gravidez.

Lipídios simples

Originam-se da reação entre duas substâncias orgânicas: um álcool e um ácido graxo. Óleos e gorduras constituem substâncias de reserva de energia em plantas e animais. Mesmo quando armazenados no tecido adiposo, os lipídios são removidos e repostos em curto espaço de tempo.

Lipídios compostos

Na formação de um lipídio composto, além do ácido graxo e do álcool, há uma substância adicional, como o fósforo, no caso dos fosfolipídios. São componentes importantes das membranas das células animais e vegetais.

Esteroides

Os esteroides têm estrutura molecular diferente da dos demais lipídios. São semelhantes à molécula de colesterol, da qual derivam. Além de serem componentes das membranas celulares animais, funcionam como importantes hormônios no metabolismo animal. Os hormônios sexuais, por exemplo, são esteroides.

O colesterol é uma substância fundamental para os animais, incluindo o ser humano. No entanto, é frequentemente relacionado a doenças do coração. Quando em excesso no sangue, ele se deposita na parede interna das artérias que irrigam o músculo cardíaco, entupindo-as e dificultando a passagem do sangue. Essa condição é chamada de **aterosclerose**. Um simples coágulo em uma artéria pode interromper o fluxo sanguíneo, levando o tecido cardíaco à morte por falta de oxigênio (infarto do miocárdio).

O colesterol é obtido de duas maneiras: por meio da alimentação, pois é abundante em carnes, queijos, gema de ovo e gorduras animais, ou fabricado diretamente pelo fígado. Às vezes, seja por excesso de ingestão de gorduras, seja por motivos hereditários, o nível de colesterol aumenta no sangue, o que representa um risco para a saúde humana.

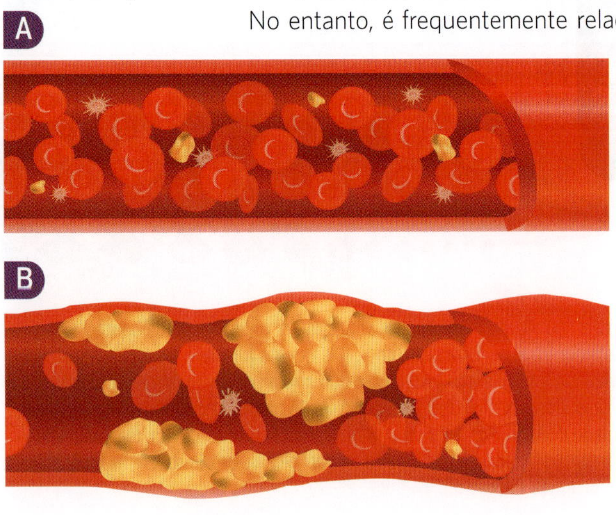

Lars Poyansky/Shutterstock

(A) Representação de uma artéria saudável. (B) Representação de uma artéria com colesterol depositado em sua parede, dificultando a passagem do sangue. (Elementos fora de proporção de tamanho entre si. Cores fantasia.)

O "bom colesterol" e o "mau colesterol"

O colesterol é transportado pelo sangue na forma de lipoproteínas - lipídios associados a proteínas. As duas formas mais conhecidas são o LDL (em inglês *low density lipoprotein* = lipoproteína de baixa densidade) e o HDL (*high density lipoprotein* = lipoproteína de alta densidade). Quando em excesso, o LDL se deposita nas artérias, justificando o nome popular de "mau colesterol". Por sua vez, o HDL, o dito "bom colesterol", tende a retirar o colesterol das artérias, levando-o ao fígado, onde é convertido em bile. São, portanto, desejáveis taxas baixas de LDL e altas de HDL no sangue.

As proteínas

As proteínas são componentes de todos os seres vivos. Uma das funções das proteínas está relacionada à **construção** da matéria viva. Assim, a reposição de material celular e o crescimento do organismo dependem da fabricação de proteínas pelas células.

Outra função está relacionada com a **regulação** do metabolismo celular, como é o caso das enzimas e dos hormônios.

Uma terceira função, desempenhada pelos anticorpos, proteínas especiais, relaciona-se à **defesa** do organismo contra invasões de agentes externos, como vírus e bactérias.

Há também proteínas **transportadoras**, como a hemoglobina do sangue, que transporta o gás oxigênio. Já as proteínas **contráteis** (actina e miosina) promovem a contração dos músculos.

Antonina Vlasova/Shutterstock

Algumas leguminosas (como o feijão e a lentilha) e vegetais (como o brócolis e as sementes) e alimentos de origem animal (como o leite, a carne e os ovos) são exemplos de alimentos ricos em proteínas.

Aminoácidos: as unidades de construção da proteína

As proteínas são moléculas grandes e de estrutura complexa. Uma molécula de proteína é constituída por muitas unidades menores, ligadas entre si: os **aminoácidos**.

Qualquer molécula de aminoácido tem um grupo ácido carboxílico ou carboxila (-COOH) e um grupo amina (-NH_2) ligados a um átomo de carbono. A esse mesmo carbono ficam ligados ainda um átomo de hidrogênio e um radical (R).

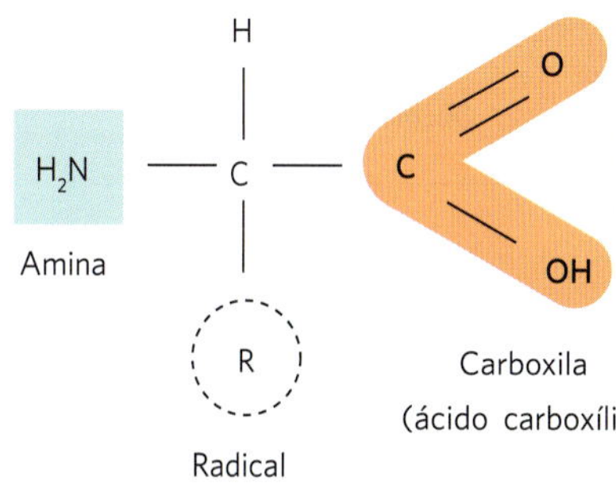

Banco de imagens/Arquivo da editora

Fórmula química geral estrutural de um aminoácido.

Você pode observar, nas figuras a seguir, que o radical pode ser um átomo de hidrogênio (na glicina), um -CH_3 (na alanina) ou grupos mais complexos. Assim, os vinte aminoácidos existentes na natureza diferem uns dos outros apenas quanto ao seu radical.

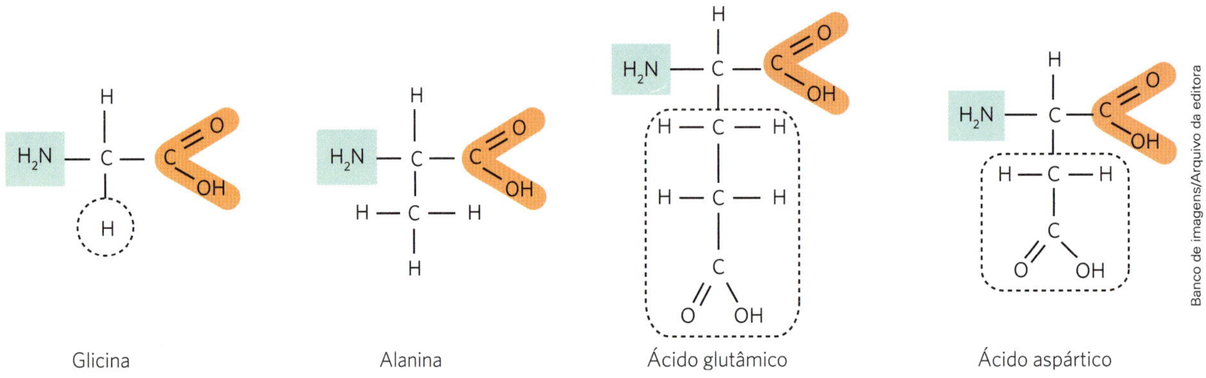

Fórmulas de quatro aminoácidos, que diferem entre si pelo tipo de radical (indicado pelo tracejado).

Aminoácidos naturais e essenciais

As plantas fabricam os vinte aminoácidos necessários à produção de suas proteínas. Já as células animais não sintetizam todos, por isso os animais obtêm alguns por meio da ingestão de alimentos. Chamamos de **naturais** os aminoácidos que um organismo animal é capaz de produzir. Já aqueles que devem ser ingeridos são ditos **essenciais**, porque são necessários para a síntese das proteínas e a sobrevivência do organismo. A espécie humana produz somente doze dos vinte aminoácidos, portanto precisa obter dos alimentos os outros oito.

A ligação peptídica

Dois aminoácidos se unem na molécula de proteína por meio de uma ligação peptídica. A reação ocorre entre a carboxila de um aminoácido e a amina de outro, havendo perda de uma molécula de água: trata-se de uma reação de síntese por desidratação.

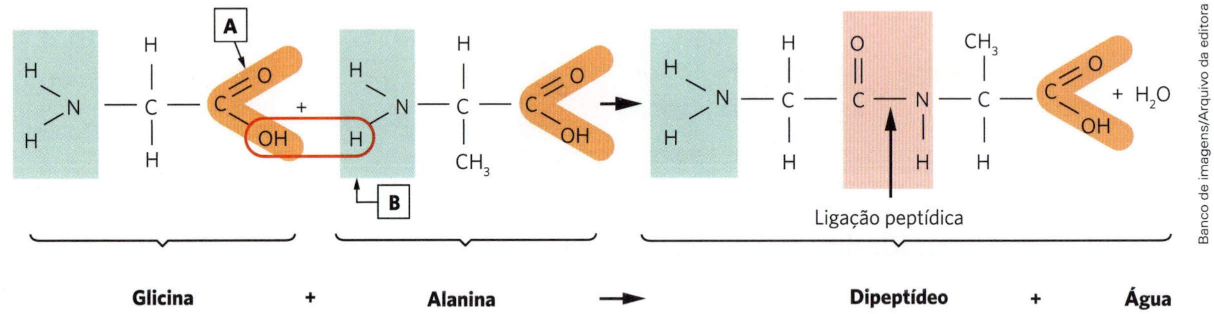

No esquema, o grupo carboxila (**A**) da glicina reage quimicamente com o grupo amina (**B**) da alanina. Há perda de uma molécula de água e forma-se uma ligação peptídica.

O produto formado quando dois aminoácidos se ligam é chamado de dipeptídeo. Um tripeptídeo e um tetrapeptídeo são formados, respectivamente, por três e quatro aminoácidos. Quando é constituído por maior número de aminoácidos na molécula, chama-se polipeptídeo. Geralmente usamos o termo proteína para designar peptídeos com número superior a setenta aminoácidos.

A estrutura das proteínas

As proteínas são constituídas por apenas vinte tipos de aminoácidos diferentes. Mesmo assim, o número de tipos de proteínas existentes na natureza é extremamente grande. De fato, além de o número de aminoácidos existentes nas moléculas de proteína variar de setenta a alguns milhares, as diferentes sequências que esses aminoácidos podem formar são praticamente infinitas.

As proteínas podem ser estudadas sob dois enfoques: a constituição do fio proteico e a forma da molécula.

- **Constituição do fio proteico:** trata-se dos tipos de aminoácidos que formam o fio e que compõem a proteína. A análise de uma proteína quanto aos tipos de aminoácidos e à sequência em que estão ordenados é o estudo de sua **estrutura primária** (figura **A**). São conhecidas hoje as estruturas primárias de vários polipeptídeos e proteínas, como a insulina, hormônio do pâncreas; a ocitocina, hormônio do parto; e a hemoglobina das hemácias. A sequência exata dos aminoácidos em uma proteína é extremamente importante para o desempenho de sua função. Às vezes, devido a eventuais erros no DNA, acontecem falhas durante a síntese de proteínas. Por exemplo, a troca de um aminoácido por outro no filamento proteico pode alterar a função da proteína, causando sérias doenças.
- **Forma da molécula:** as proteínas não são fios esticados. A cadeia de aminoácidos fica torcida, formando uma hélice, denominada **estrutura secundária** (figura **B**). Em muitos casos, a própria hélice se torce sobre si mesma (figura **C**), adquirindo uma forma espacial complexa. É a **estrutura terciária** da proteína, que corresponde à sua forma definitiva. Essa forma depende da sequência dos aminoácidos; assim, proteínas com sequências diferentes têm formas, ou estruturas terciárias, também diferentes. Essa forma, por sua vez, determina quase sempre, a função da proteína.

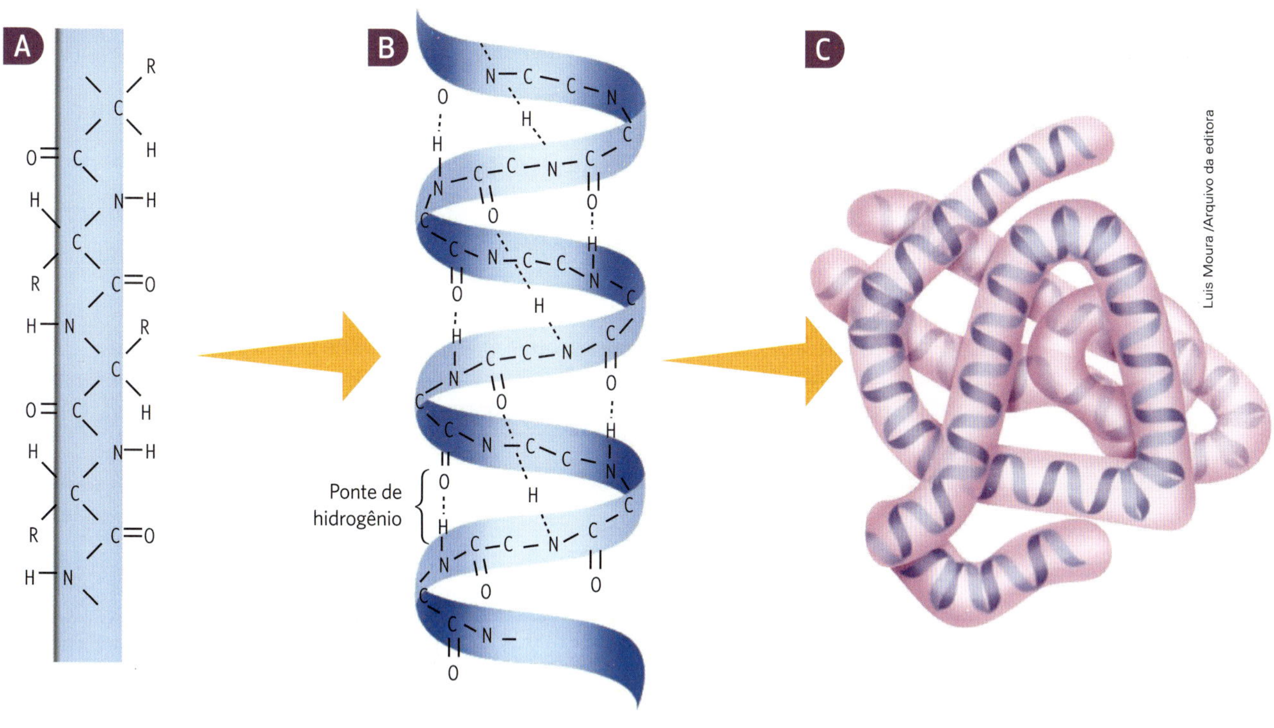

Elaborado com base em: JUNQUEIRA, L. C.; CARNEIRO, J. *Biologia celular e molecular*. Rio de Janeiro: Guanabara Koogan, 2012.

Representação esquemática da estrutura das proteínas. (A) Estrutura primária. (B) Estrutura secundária. (C) Estrutura terciária. As letras representam: C = carbono; H = hidrogênio; N = nitrogênio; R = radical. (Elementos fora de proporção de tamanho entre si. Cores fantasia.)

Proteína "deformada" perde a função

Quando uma proteína é submetida a certos tratamentos químicos ou a temperaturas elevadas, sua estrutura se altera, muitas vezes de modo permanente. Esse processo, chamado **desnaturação**, acontece quando o tratamento empregado rompe certas ligações químicas que mantêm a forma da molécula.

É por esse motivo que a maioria das células não sobrevive em temperaturas superiores à faixa de 45 °C a 50 °C. Nessas temperaturas, suas proteínas celulares se deformam e perdem sua função.

Um ótimo exemplo de desnaturação é observado quando cozinhamos um ovo: a clara, rica em albumina (uma proteína), logo endurece, e não volta a se liquefazer após o resfriamento. A albumina, nesse caso, sofreu modificação definitiva na forma de sua molécula, e, portanto, se desnaturou.

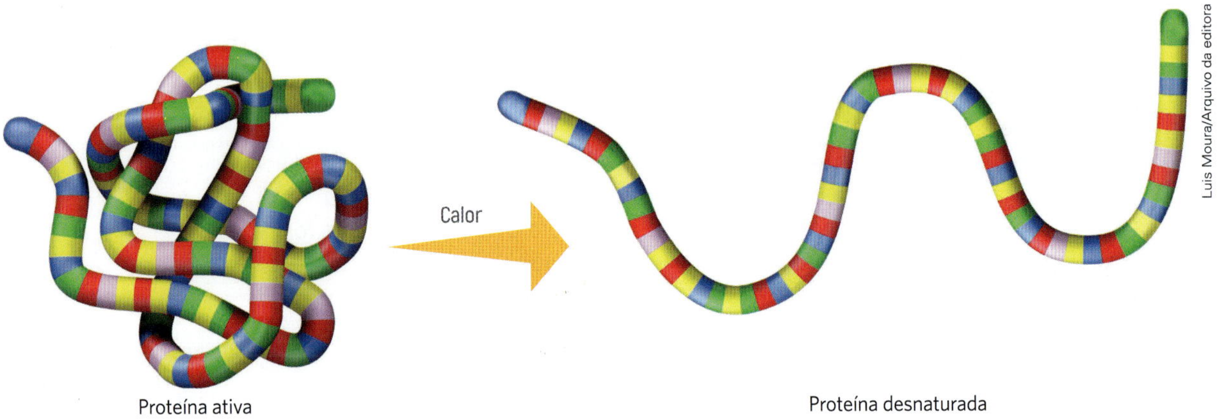

Elaborado com base em: ALBERTS, B. *et al. Biologia molecular da célula.* Porto Alegre: Artmed, 2017.

Esquema de desnaturação de uma proteína. (Elementos fora de proporção de tamanho entre si. Cores fantasia.)

Proteínas: material de construção

As proteínas têm uma importante função estrutural, ou seja, fazem parte da estrutura da matéria viva. A parte líquida do citoplasma, por exemplo, é constituída principalmente por água e proteínas. Nas membranas celulares sempre estão presentes proteínas associadas a lipídios.

O quadro a seguir cita algumas proteínas estruturais (de construção).

Caracterização de algumas proteínas estruturais essenciais

Proteínas estruturais	Ocorrência	Papel biológico
Colágeno	É abundante nos tendões, nas cartilagens e nos ossos. Está presente também na pele.	É responsável pela resistência dos tendões, das cartilagens, dos ossos e da pele. Nos ossos, o cálcio determina sua rigidez.
Queratina	É encontrada na superfície da pele, nas garras, nas unhas, nos bicos e nos pelos dos vertebrados.	Tem importante papel na impermeabilização das superfícies dos vertebrados terrestres em contato com o ar.
Actina e miosina	São os principais componentes dos músculos.	São proteínas contráteis, fundamentais para o movimento.
Albumina	É a proteína mais abundante do plasma, a parte líquida do sangue. Está presente também na clara do ovo.	No plasma, é responsável pela viscosidade do sangue. Na clara do ovo, serve de reserva alimentar para o embrião de aves e répteis.

Enzimas: proteínas que facilitam reações

Em uma célula, a manutenção da vida depende da ocorrência de reações químicas variadas e simultâneas. O tempo todo, moléculas grandes são sintetizadas; açúcares, como a glicose, são oxidados, fornecendo, assim, energia; moléculas grandes são desmontadas, como ocorre no tubo digestório.

Essas reações dependem em grande parte da presença de proteínas especiais, as **enzimas**, que facilitam e aceleram os processos. Em Química, chamamos de **catalisador** qualquer substância que facilite uma reação. As enzimas são, assim, proteínas catalisadoras que agem na célula, e até fora dela, como no tubo digestório.

Reações químicas podem ocorrer sem a presença de catalisadores, porém serão muito lentas. Assim, se não houvesse enzimas nas células, as reações do metabolismo seriam tão vagarosas que dificultariam a existência de vida.

A função de uma dada enzima é muito específica. Assim, cada enzima facilita a ocorrência de determinada reação.

Enzima: encaixe induzido

Para que a enzima facilite determinada reação, ela precisa primeiro ligar-se quimicamente aos reagentes, também chamados de **substratos**. É aí que entra a importância da forma das moléculas. A reação entre a enzima e o substrato somente ocorre se as formas de suas moléculas forem **complementares**. Assim, o substrato induz uma mudança na conformação da enzima, o que permite o encaixe entre eles. Esse processo é conhecido como encaixe induzido.

Veja a figura a seguir, que ilustra o processo de uma reação catalisada por uma enzima.

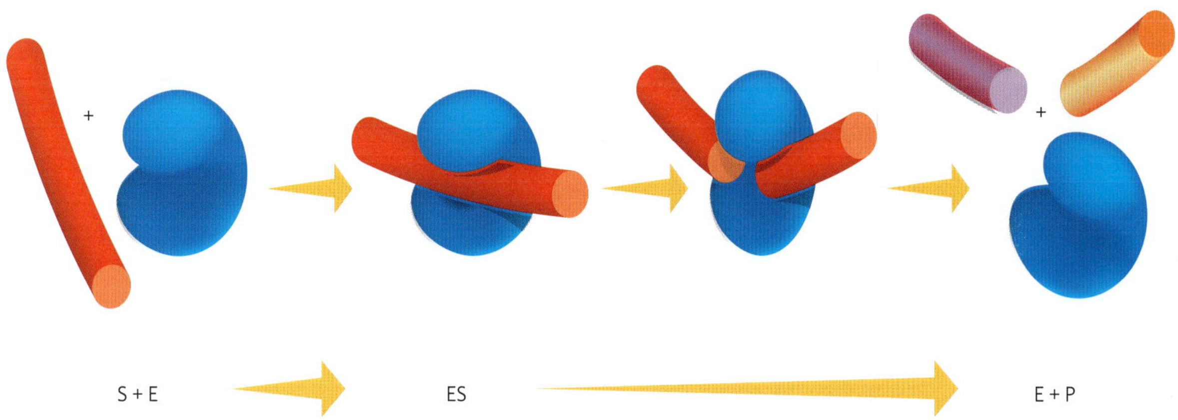

Daniel das Neves/Arquivo da editora

Esquema de uma enzima (azul) catalisando uma reação, a partir de um substrato (vermelho), que resulta em dois produtos. (Elementos fora de proporção de tamanho entre si. Cores fantasia.)

As reações enzimáticas

As reações que as enzimas catalisam podem ser descritas assim:

$$E + S \leftrightharpoons ES \rightleftharpoons E + P$$

Na equação acima, E representa a enzima; S, o substrato; ES, o chamado complexo enzima-substrato; e P, os produtos da reação. Note que a enzima não se altera durante a catálise de reações e que as reações são reversíveis.

Sabe-se muito sobre o funcionamento das enzimas, pois é possível reproduzir em tubo de ensaio as mesmas reações que acontecem na célula viva. Em vários desses experimentos, verificou-se que a eficiência de uma enzima é influenciada pelo **pH** do meio e pela **temperatura**.

Os valores de pH, que variam de 0 a 14, são utilizados para indicar maior ou menor acidez ou basicidade de uma solução. Cada enzima funciona melhor em determinado valor de pH, que é chamado ótimo. Acima ou abaixo do ótimo, ela é menos eficiente. A amilase salivar, que inicia a digestão do amido na boca, tem ótimo desempenho em pH em torno de 7,0 (neutro) e deixa de funcionar em condições de grande acidez, como ocorre no estômago. Já a pepsina, enzima do estômago que digere proteínas, é mais eficaz em pH ácido (ao redor de 2,0). No gráfico abaixo, você vê uma curva que retrata a velocidade de reação de uma enzima qualquer, em função do pH.

Efeito do pH sobre a velocidade da reação

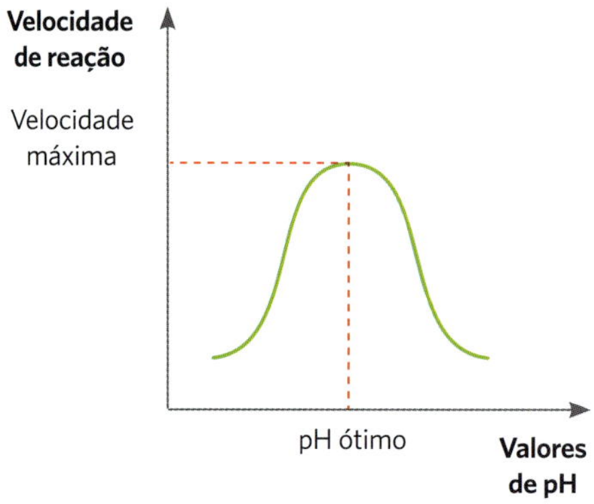

No pH ótimo, a velocidade da reação é máxima.

Da mesma forma que o pH, cada enzima tem uma temperatura ótima de funcionamento. A velocidade da reação é máxima na temperatura ótima, diminuindo sua eficiência abaixo ou acima dela. Dependendo da enzima, a temperatura ótima varia bastante: ela pode estar ao redor de 0 °C, no caso de enzimas presentes em certos peixes árticos, ou em torno de 40 °C, em bactérias e algas que vivem em fontes termais.

Em temperaturas superiores a 50 °C, a maioria das enzimas perde a função, pois sofre desnaturação.

Efeito da temperatura sobre a velocidade da reação

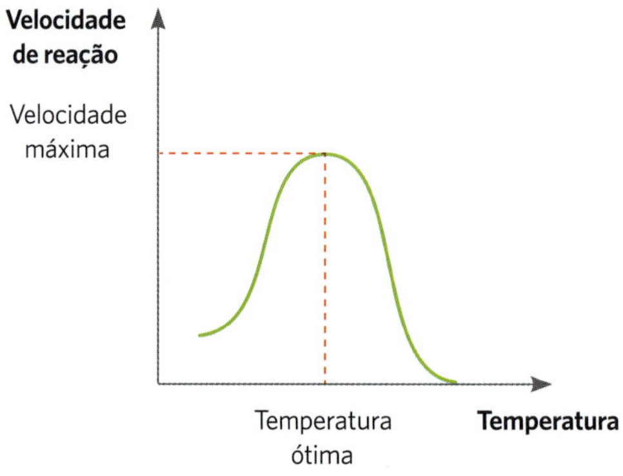

Na temperatura ótima, a velocidade da reação é máxima.

Proteínas de defesa: os anticorpos

Substâncias estranhas a um organismo animal, como moléculas de proteínas ou de polissacarídeos, são chamadas de **antígenos**. Geralmente a penetração do antígeno induz o organismo a produzir proteínas de defesa chamadas **anticorpos**. A molécula de anticorpo liga-se quimicamente ao antígeno, neutralizando seu efeito.

Os anticorpos são **específicos**. Assim, determinado anticorpo atua somente contra aquele antígeno que induziu sua formação.

Desde que certo antígeno tenha invadido um organismo uma primeira vez, provocando a fabricação de anticorpos, o organismo forma uma espécie de memória. Assim, invasões posteriores do mesmo antígeno são prontamente repelidas, porque o mecanismo de produção do anticorpo já está instalado. Dizemos, então, que o organismo ficou **imunizado**. É por causa da imunização que certas doenças típicas da infância, como a caxumba e o sarampo, são contraídas apenas uma vez.

Os ácidos nucleicos: DNA e RNA

Sabe-se hoje que o DNA (ácido desoxirribonucleico) é o material genético da maioria dos seres vivos. O outro ácido nucleico, o RNA (ácido ribonucleico), tem, por sua vez, importante papel no controle da atividade da célula.

Foi somente em 1953, com os trabalhos dos cientistas James Watson (1928-), estadunidense, e Francis Crick (1916-2004), britânico, com base nos resultados das pesquisas da britânica Rosalind Franklin (1920-1958), que foi proposto o modelo em dupla-hélice da molécula de DNA. Esse modelo permitiu que se entendessem muitas das propriedades do DNA, entre elas a capacidade de replicação, organizando moléculas idênticas a si própria, e a de servir de "molde" para a produção de RNA.

Os ácidos nucleicos são conhecidos há mais de um século. No entanto, o entendimento da sua importância é muito mais recente. Hoje, sabemos que o DNA de cada ser vivo é único. Amostras de tecidos de uma pessoa, como fragmentos de pele, manchas de sangue, raízes de cabelos, saliva contendo células da mucosa bucal, esperma e até fragmentos ósseos podem fornecer amostras de DNA para a identificação humana. Em alguns casos a análise pode confirmar ou excluir a possibilidade de parentesco entre dois indivíduos ou, ainda, a paternidade de um indivíduo em relação a outro.

A estrutura dos ácidos nucleicos

As pequenas unidades que formam os ácidos nucleicos são chamadas de nucleotídeos. A molécula de DNA e a de RNA são, portanto, **polinucleotídeos**. Cada nucleotídeo, por sua vez, é constituído por um grupo fosfato (P), ligado a uma pentose (desoxirribose no DNA ou ribose no RNA). Esta, por sua vez, está ligada a uma base nitrogenada. No DNA, as bases são a adenina (A), a timina (T), a guanina (G) e a citosina (C). Na molécula de RNA, não há timina. Ela apresenta uma base nitrogenada exclusiva, a uracila.

Polinucleotídeo **Dupla-hélice de DNA**

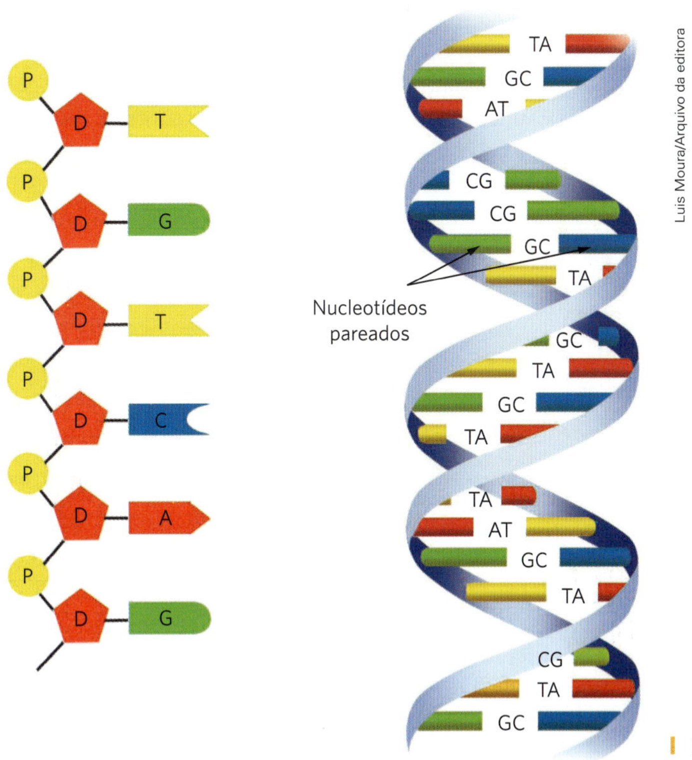

P = fosfato	**A** = adenina	**C** = citosina
D = desoxirribose (pentose)	**T** = timina	**G** = guanina

Representações da estrutura do polinucleotídeo e da molécula de DNA. (Elementos fora de proporção de tamanho entre si. Cores fantasia.)

Repare que, no caso do DNA, a molécula é constituída por duas cadeias de polinucleotídeos enroladas uma sobre a outra, formando uma dupla-hélice, semelhante a uma escada em caracol, cujos degraus são pares de bases nitrogenadas (A com T, e C com G). Já a molécula de RNA é constituída por apenas uma cadeia (diz-se que ela é formada por uma fita simples).

Já dissemos que em qualquer molécula de DNA, de qualquer ser vivo, existem sempre os mesmos quatro tipos de nucleotídeos. No entanto, o número de **tipos de moléculas** existentes é praticamente infinito, já que a sequência de nucleotídeos é variável. Essa ideia é muito importante: as inúmeras moléculas de DNA existentes nos mais diferentes seres vivos são iguais quanto à estrutura e variam, não nos tipos de bases, que são sempre as mesmas, mas quanto à sua **sequência** e ao seu **número**.

A replicação do DNA mantém as características hereditárias

Gatos têm um determinado conjunto de características que são transmitidas ao longo de várias gerações e não sofrem mudanças facilmente perceptíveis. O mesmo pode ocorrer com tomateiros, com um pinheiro ou, ainda, com a espécie humana: todos mantêm estáveis suas características básicas há milhares de anos. Essa estabilidade das espécies - já dissemos antes - está relacionada com a transmissão de informações de geração a geração, por meio dos genes, que são "pedaços" de DNA. A explicação está no fato de que a molécula de DNA é capaz de replicar-se, originando uma nova molécula de DNA, idêntica à primeira. Assim, as informações hereditárias e, consequentemente, as próprias espécies, mantêm-se relativamente estáveis ao longo das gerações. Inversamente, mutações no DNA, que ocorrem de forma acidental e ao acaso, garantem as mudanças evolutivas características dos seres vivos.

O DNA produz RNA

As moléculas de DNA participam do controle das atividades químicas do metabolismo celular por meio da fabricação das enzimas, que são - conforme foi visto - proteínas indispensáveis à ocorrência de reações químicas na célula. O mesmo controle ocorre com a síntese dos hormônios proteicos, na regulação de muitas funções no organismo.

De que jeito o DNA, um ácido nucleico, participa do controle da produção de outra categoria de substâncias, a proteína? Na verdade, isso ocorre em mais de uma etapa.

O DNA serve de molde para a produção de moléculas de RNA, que migram para o citoplasma levando a informação para a montagem de proteínas, isto é, a sequência e a quantidade de aminoácidos. Isso garante a produção de uma proteína específica.

Veja um exemplo. Nas células da pele humana existe um gene (ou seja, um trecho de molécula de DNA) que serve de molde para a produção de um RNA específico. Este participa, no citoplasma, da produção da enzima que permite a fabricação de melanina, pigmento responsável pela cor da pele.

DNA (gene) —a partir dele é produzido→ **RNA** —que codificará uma→ **enzima** (proteína) —catalisadora da produção de→ **melanina** (pigmento da pele)

Assim, a cor da pele está relacionada com a produção de melanina, cuja fabricação ocorre somente na presença da enzima específica. Por sua vez, produzir essa enzima depende da presença de uma molécula de RNA específica, produzida a partir de um gene, que é uma parte da molécula de DNA.

Em uma pessoa albina, o gene para a produção de melanina tem uma pequena diferença em relação ao gene comum. Esse gene produz um RNA um pouco diferente, que fabrica uma enzima também um pouco diferente e que é inativa na hora de produzir melanina.

Replicação, transcrição e tradução

O DNA sofre **replicação** (ou duplicação), processo que permite a distribuição de informação hereditária **idêntica** nas células-filhas e nos descendentes.

Além disso, o DNA serve de molde à produção de RNA, processo chamado **transcrição**. O RNA, no citoplasma, participa da síntese de proteínas, no processo chamado **tradução**. Por fim, a mutação é, muitas vezes, uma replicação que envolve um "engano" casual e que pode levar ao surgimento ou perda de uma ou mais características.

O metabolismo dos ácidos nucleicos e o papel dessas substâncias na regulação da atividade celular serão discutidos com mais detalhe na unidade de Genética.

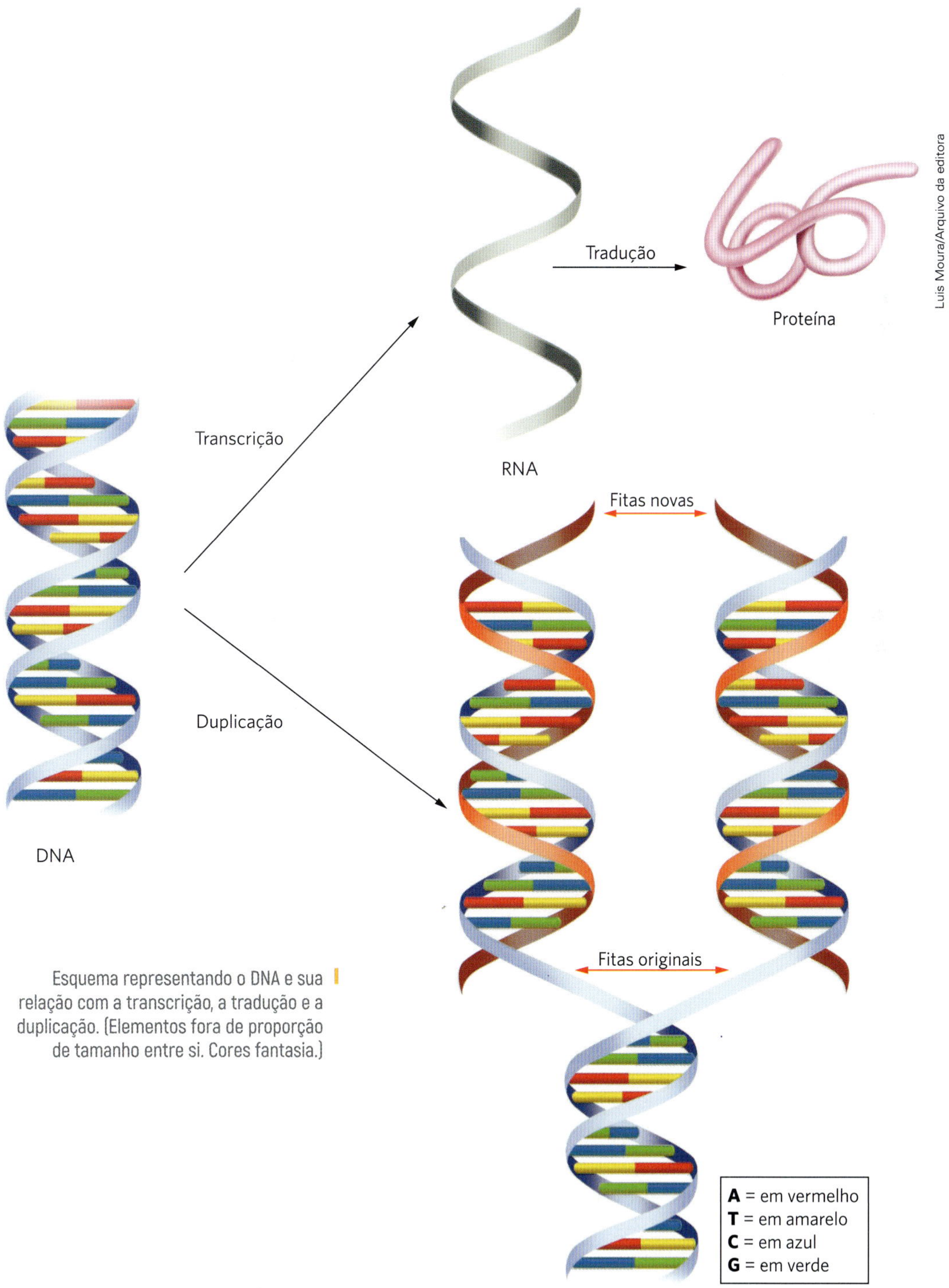

Esquema representando o DNA e sua relação com a transcrição, a tradução e a duplicação. (Elementos fora de proporção de tamanho entre si. Cores fantasia.)

Desenvolvendo habilidades

1 Assuma que o gráfico A, abaixo, represente a quantidade de água existente em tecidos dos dentes, dos ossos, dos rins e dos músculos de um animal. O gráfico B mostraria o consumo de oxigênio desses tecidos, sem, no entanto, identificá-los.

Gráfico A

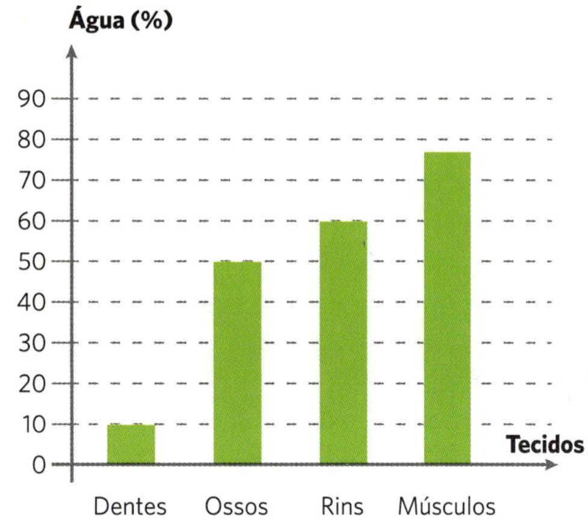

Gráfico B

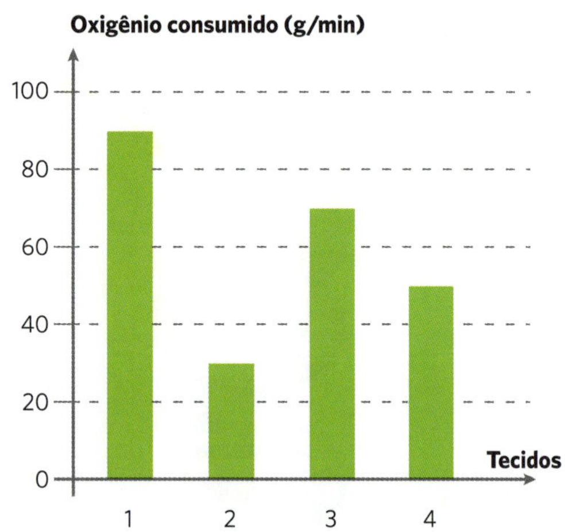

Com base no que você aprendeu neste capítulo sobre os fatores que influem na quantidade de água em um tecido, identifique os tecidos 1, 2, 3 e 4 do gráfico B e justifique a sua opção.

2 Gatos siameses, como o da fotografia, têm uma cor de pelagem bastante característica. As patas, as orelhas, a cauda e o focinho são escuros, enquanto as demais regiões do corpo são claras. Leve em consideração as informações seguintes:

a) Existe uma enzima, em todas as células da pele do gato, que catalisa a produção de um pigmento escuro.

b) Algumas enzimas deixam de funcionar adequadamente quando a temperatura se eleva de alguns graus.

Considere essas informações e converse a respeito com os colegas; depois, tente elaborar uma hipótese que explique as diferenças na cor do pelo dos gatos siameses nas diferentes partes de seu corpo. Apresente, em seguida, sua hipótese para a turma.

Iakov Filimonov/Shutterstock

3 De modo geral, os carboidratos têm um papel energético. No entanto, um dos carboidratos mais abundantes na natureza tem um papel estrutural. Que carboidrato é esse?

4 Diversas espécies de baleias e de aves realizam migrações anuais. Alguns desses animais acumulam gordura no corpo, fazendo uso dessa substância ao longo de seu trajeto. Nesses animais, a gordura desempenha função semelhante à de uma substância presente nos vegetais. Que substância é essa? Cite um exemplo de alimento no qual ela pode ser encontrada.

5 Por que motivo as plantas não têm aminoácidos que possam ser considerados essenciais?

6 Considere as características da enzima pepsina, típica do sistema digestório humano, descritas a seguir.

Local de ação: estômago
pH ideal: aproximadamente 2,0
Temperatura ideal: 38°

Analise os dados acima, e procure justificar a frase: "A parede do estômago, além de produzir alguns tipos de enzimas digestivas, secreta uma grande quantidade de ácido clorídrico".

7 Elabore um pequeno texto utilizando corretamente os seguintes termos: DNA, RNA, proteína, replicação, transcrição, tradução.

Em contexto

Somos todos metabolismo

Alicia Kowaltowski é médica formada pela Unicamp. Atua como cientista na área de metabolismo energético. É professora do Instituto de Química da USP, membro da Academia Brasileira de Ciências e da Academia de Ciências do Estado de São Paulo.

[...] Metabolismo é o conjunto de reações químicas que transforma moléculas em outras moléculas dentro dos nossos corpos. Nós somos todos compostos por moléculas, e, incrivelmente, as nossas moléculas estão em constante transformação dentro de nós por meio de reações químicas - embora a gente, ao menos na aparência, não mude tanto assim com o passar do tempo. Essas transformações acontecem a todo momento por dois motivos principais.

Um é que moléculas grandes como as que nos compõem têm prazo de validade e se degradam sozinhas [...]. Nossas moléculas precisam, portanto, ser repostas constantemente. [...]. Quem faz essa reposição é o metabolismo, que constrói novas moléculas a partir de outras dentro de nós, ou a partir de nossa comida, constantemente nos renovando.

O segundo motivo pelo qual o metabolismo é necessário é para gerar energia [...]. Precisamos de energia para tudo, para pensar, andar e simplesmente para manter as nossas células e corpos vivos. A energia para isso vem de uma molécula única, que é uma espécie de moeda energética da célula, a adenosina trifosfato (ou ATP, para facilitar).

O ATP possui um tipo de ligação química que, quando quebrada, libera energia que pode convenientemente ser usada por quase qualquer processo do corpo, incluindo contrair seus músculos para se movimentar, ou ativar seus neurônios para pensar. [...].

A maior parte do que comemos é quebrado em gás carbônico (CO_2) e água através do nosso metabolismo energético, gerando ATP para nos manter funcionando. Esse CO_2 é então eliminado dos nossos corpos pela nossa respiração. [...].

Esses processos nos unem como seres vivos, pois estamos constantemente adquirindo moléculas vindas das plantas e animais que comemos, e incorporando-as em nossos corpos ou liberando-as em forma de CO_2 e água. E esse carbono que nós eliminamos pode novamente ser incorporado pelo metabolismo de plantas, gerando moléculas que as fazem crescer, com ajuda da energia do sol. Desse modo, trocamos constantemente moléculas com os organismos vivos que nos cercam. [...].

Dada a importância do metabolismo, [...] foi sediado no Rio de Janeiro [...] um evento completamente voltado para discutir as fronteiras da ciência em metabolismo, reunindo mais de 200 pesquisadores do mundo todo para discutir e levar a área adiante. [...]

Desse congresso trago de volta ao laboratório novo conhecimento vindo das excelentes palestras e discussões com os colegas de todos os cantos do mundo. [...] Sei que meus colegas que visitaram o Brasil para esse evento farão o mesmo e, juntos, levaremos nosso conhecimento sobre o metabolismo à frente, ajudando a entender como funcionamos, e também como deixamos de funcionar em doenças metabólicas. Iremos assim pavimentar futuros caminhos para tratar melhor uma variedade de doenças metabólicas altamente complexas. É assim que toda ciência progride, em redes mundiais de ganho e troca de conhecimento, empurrando constantemente as fronteiras do conhecimento, e nos trazendo desenvolvimento.

KOWALTOWSKI, A. Somos todos metabolismo. *Nexo Jornal*. Disponível em: https://www.nexojornal.com.br/colunistas/2019/Somos-todos-metabolismo. Acesso em: jun. 2020.

1 O segundo e o terceiro parágrafos do texto se referem a dois tipos de metabolismo. Releia e identifique no Capítulo 1 deste livro, o trecho que se refere a esses dois tipos de metabolismo.

2 No final do texto, a autora se refere a um evento para discutir o metabolismo que reuniu pesquisadores do mundo todo. Qual é a importância desses encontros para o desenvolvimento da ciência?

Você no Enem e nos vestibulares

1 (UEL-PR) Em um aquário marinho, foram colocados 5 ermitões, 6 anêmonas e 4 peixes. Sabendo-se que os animais de cada grupo pertencem à mesma espécie, é correto afirmar que, nesse aquário, o número de indivíduos e o número de populações correspondem, respectivamente, a:

a) 15 e 3.
b) 15 e 1.
c) 3 e 15.
d) 3 e 3.
e) 3 e 1.

2 (Unifor-CE) Há muitos anos foi construída uma rodovia passando pelo interior de uma floresta e os sapos aí existentes separaram-se em dois grupos. Se animais desses dois grupos, embora apresentando pequenas diferenças morfológicas, puderem reproduzir-se, eles podem ser considerados:

a) uma população com duas espécies.
b) duas espécies com nichos diferentes.
c) habitantes de dois ecossistemas.
d) habitantes de dois biomas.
e) duas populações da mesma espécie.

3 (Unicamp-SP) Considere os seguintes componentes celulares:

I. parede celular
II. membrana nuclear
III. membrana plasmática
IV. DNA

É correto afirmar que as células de

a) fungos e protozoários possuem II e IV.
b) bactérias e animais possuem I e II.
c) bactérias e protozoários possuem II e IV.
d) animais e fungos possuem I e III.

4 (Cesgranrio-RJ) Uma simples noz caída na floresta pode garantir a sobrevivência de besouros, formigas, musgos etc. A noz, ambiente abiótico, abrigando uma série de seres vivos interagindo uns com os outros, é um exemplo de:

a) comunidade.
b) população.
c) ecossistema.
d) hábitat.
e) biosfera.

5 (Fameca-SP) Considere as informações a seguir para responder às duas questões seguintes. No Brasil, a partir de 2006, as indústrias são obrigadas a informar a quantidade de gordura trans nas embalagens de seus alimentos. Esse tipo de gordura pode ser produzido naturalmente, em animais ruminantes, ou artificialmente, quando se adiciona hidrogênio a óleos vegetais, modificando a consistência desses produtos. A ingestão dessas gorduras pode resultar em aumento de colesterol do tipo LDL e redução do colesterol do tipo HDL.

• De acordo com o texto, a gordura trans é encontrada:

a) na margarina e no óleo de soja.
b) na carne de porco e no azeite de oliva.
c) no leite e no óleo de soja.
d) na carne bovina e na margarina.
e) na margarina e no azeite de oliva.

• A variação da concentração de colesterol descrita pode provocar:

a) diminuição na pressão sanguínea.
b) redução do tecido adiposo.
c) redução do calibre dos vasos sanguíneos.
d) aumento da elasticidade dos vasos sanguíneos.
e) aumento na oxigenação dos tecidos.

6 (Unicamp-SP)

A indústria do entretenimento tem mostrado imagens ilusórias de robôs de ficção como o jovial R2D2 e o chato C3PO, de Guerra nas Estrelas e O Exterminador do Futuro. Entre os brinquedos japoneses, há uma série de robôs que imitam movimentos de seres humanos e de animais. Isso deixa as pessoas desapontadas quando se deparam com os robôs reais, que executam tarefas repetitivas em fábricas. Eles não são tão esplêndidos como os anteriormente citados, mas significam menos esforço muscular no mundo real.

Adaptado de MEEK, J. Robôs mais baratos tomam fábricas europeias. *O Estado de S. Paulo*, 23 set. 2000.

a) Uma das diferenças entre robôs e seres humanos é que nos homens existem quatro grupos de moléculas orgânicas. Quais são esses grupos? Explique o que essas moléculas têm em comum na sua composição.

b) O sistema robótico armazena energia em baterias. Indique dois órgãos ou tecidos de armazenamento de energia nos seres humanos. Que composto é armazenado em cada um desses órgãos ou tecidos?

7 (UFPE) Os seres vivos apresentam em sua composição química tanto substâncias orgânicas quanto inorgânicas. Tomando como referencial a distribuição ilustrada na figura a seguir, para a bactéria *Escherichia coli*, assinale a alternativa que inclui as frações representativas de água, proteínas e sais minerais, nesta ordem.

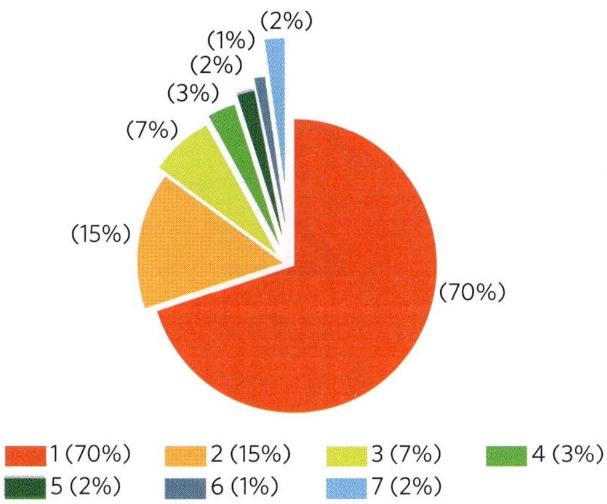

a) 1, 2 e 3.
b) 2, 3 e 6.
c) 1, 2 e 6.
d) 2, 3 e 1.
e) 3, 2 e 4.

8 (UFMS) Os processos biológicos indicados como 1, 2 e 3, no esquema que segue, correspondem, respectivamente, a:

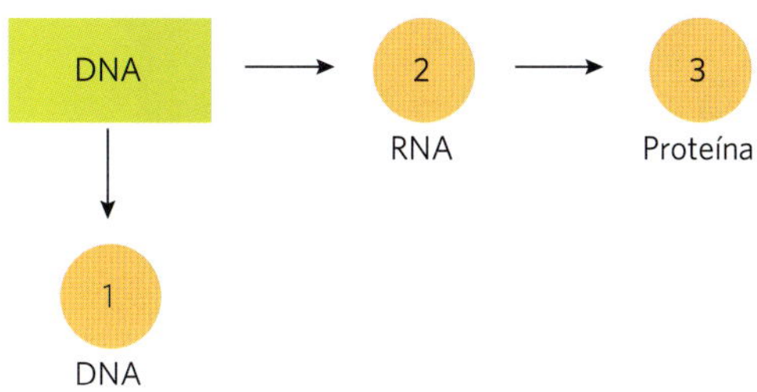

a) replicação, transcrição e tradução.
b) transcrição, replicação e tradução.
c) replicação, tradução e transcrição.
d) transcrição, tradução e replicação.
e) tradução, replicação e transcrição.

9 (Enem-MEC) Nas recentes expedições espaciais que chegaram ao solo de Marte, e através dos sinais fornecidos por diferentes sondas e formas de análise, vem sendo investigada a possibilidade da existência de água naquele planeta. A motivação principal dessas investigações, que ocupam frequentemente o noticiário sobre Marte, deve-se ao fato de que a presença de água indicaria, naquele planeta:

a) a existência de um solo rico em nutrientes e com potencial para a agricultura.
b) a existência de ventos, com possibilidade de erosão e formação de canais.
c) a possibilidade de existir ou ter existido alguma forma de vida semelhante à da Terra.
d) a possibilidade de extração de água visando ao seu aproveitamento futuro na Terra.
e) a viabilidade, em futuro próximo, do estabelecimento de colônias humanas em Marte.

10 (PUC-SP) Analise a tira de quadrinhos abaixo:

Reprodução/PUC-SP, 2015.

Folha de S.Paulo

Sobre os "tijolinhos" que o leão não consegue fabricar foram feitas três afirmações:

I. Eles são obtidos a partir da ingestão de proteínas de outros animais.
II. As ligações que unem esses tijolinhos começam a ser quebradas no estômago do leão, por ação da enzima pepsina.
III. Os tijolinhos que ele não consegue sintetizar são aminoácidos essenciais.

Assinale:

a) Se apenas uma das afirmações for correta.
b) Se apenas as afirmações I e II forem corretas.
c) Se apenas as afirmações I e III forem corretas.
d) Se apenas as afirmações II e III forem corretas.
e) Se as três afirmações forem corretas.

UNIDADE 2

Ecologia: a vida em nível mais amplo

Ao pé da letra, a palavra *ecologia* significa "estudo da casa" (do grego, *oikos* = "casa" e *logos* = "estudo"), que nesse caso é a natureza ou o próprio planeta. Assim, Ecologia é o ramo da Biologia que procura entender como os seres vivos interagem entre si e com os componentes não vivos do ambiente.

Atualmente, as atividades do ser humano interferem nessas relações, pondo em risco a sobrevivência de várias espécies, inclusive a nossa. Mudanças climáticas, escassez de água potável e outras questões ambientais não podem ser ignoradas. Conhecer o "funcionamento" da natureza é o primeiro passo para entender e lidar com esses grandes desafios.

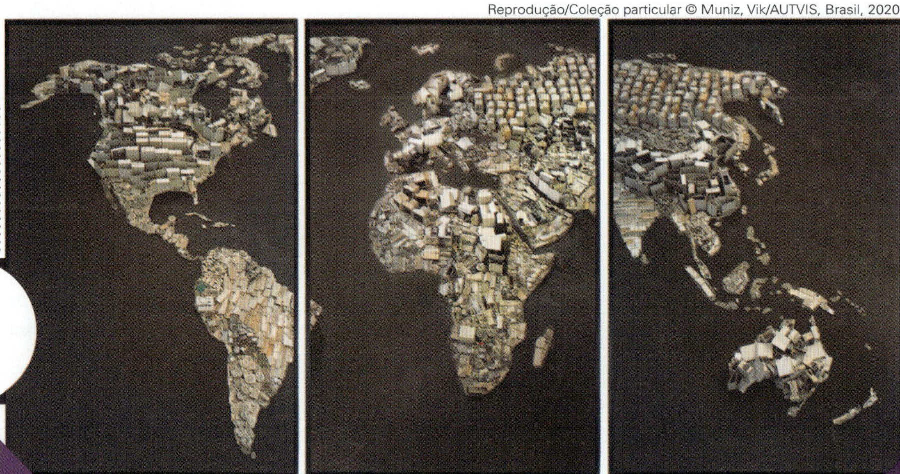

Obra *WWW (Mapa-múndi)*, do artista brasileiro Vik Muniz (1961-), de 2008.

1 A palavra *ecologia* foi criada em 1866 pelo médico alemão Ernst Haeckel (1834-1919) para designar o conjunto de conhecimentos relacionados com a economia da natureza. É interessante notar que a palavra *economia* tem origem semelhante: *oikos* = "casa" e *nomos* = "cuidado". Em sua opinião, a Economia e a Ecologia são campos de estudo relacionados?

2 A obra acima de Vik Muniz faz parte de uma série de obras de arte feitas com sucata de computadores, celulares, televisores e outros produtos tecnológicos. No mundo, milhões de toneladas desses produtos são transformadas por ano em lixo eletrônico. Considerando a composição química, por exemplo, das peças de um computador, discuta com os colegas quais as consequências do descarte inadequado desses materiais e o que poderia ser feito para reduzir a quantidade desse tipo de lixo.

3 Em sua opinião, as questões ambientais são um problema apenas para cientistas e governantes? Quem deve participar das discussões sobre esses assuntos?

CAPÍTULO 3

Conceitos básicos em Ecologia

O ambiente está relacionado com processos essenciais à vida, como renovação do oxigênio do ar, manutenção do regime de chuvas, decomposição de resíduos, entre outros.

Este capítulo favorece o desenvolvimento das habilidades:

EM13CNT101
EM13CNT104
EM13CNT105
EM13CNT202
EM13CNT203
EM13CNT206
EM13CNT301
EM13CNT302
EM13CNT309

O que a Ecologia estuda?

A Ecologia estuda as relações dos seres vivos (fatores bióticos) entre si e com os fatores não vivos (abióticos) do ambiente. Apesar de ser considerada um dos ramos mais recentes da Biologia, milhares de anos antes do seu estabelecimento, os seres humanos já estudavam o "funcionamento" do ambiente. Desde a Pré-História, as pessoas observavam a natureza e aprenderam a reconhecer plantas comestíveis, animais perigosos e a melhor época para pescar, por exemplo.

A Ecologia abrange outros ramos da Biologia, como Genética e Evolução, além de conceitos de Física, Química, Geologia, Matemática, Meteorologia e muitas outras ciências necessárias ao entendimento dos componentes vivos e não vivos do ambiente. E por estar relacionada com o bem-estar das populações humanas, dialoga também com as Ciências Humanas, como a Economia, e com questões de ética, filosofia e política.

A Ecologia geralmente estuda os níveis de organização da vida (retome a figura da seção *Conexões* das páginas 18 e 19, do Capítulo 1 - Seres vivos: características e níveis de estudo), a partir do **organismo**. Tanto as **populações** como as **comunidades** e os **ecossistemas** estão sujeitos a processos delicados, que controlam e mantêm vários tipos de equilíbrio na natureza.

Dica

Efeito estufa e aquecimento global

https://www.mma.gov.br/informma/item/195-efeito-estufa-e-aquecimento-global

Página do Ministério do Meio Ambiente com informações sobre o efeito estufa, os principais gases relacionados a esse efeito e o aquecimento global.

Renato Luiz/Arquivo da editora

Esquema dos níveis de organização da vida estudados em Ecologia. (Elementos fora de proporção de tamanho entre si. Cores fantasia.)

Ecossistema: unidade de estudo da Ecologia

Do alto das montanhas cobertas de neve até as regiões profundas do oceano, a vida se espalha por diversos ambientes do planeta. Em cada local, seres vivos interagem entre si e com fatores não vivos, como luz, água, ar, calor, etc. O conjunto dos seres vivos, dos fatores não vivos do ambiente e das relações entre eles é chamado de **ecossistema**.

O ecossistema é uma unidade de estudo. Ele não é um lugar nem tem tamanho definido. Pode ser pequeno como uma poça de água ou grande como uma floresta inteira ou até mesmo como toda a biosfera. As cidades e as plantações podem ser consideradas ecossistemas artificiais, criados pelos seres humanos a partir de modificações de ecossistemas naturais. Nosso próprio corpo também pode ser considerado um ecossistema, pois é o ambiente de trilhões de microrganismos que se relacionam entre si e com o nosso organismo.

Esquema representando uma lagoa como exemplo de ecossistema. Os seres vivos da lagoa interagem entre si e com os fatores não vivos. (Elementos fora de proporção de tamanho entre si. Cores fantasia.)

Plâncton

A palavra *plâncton* vem do grego antigo *planktos*, que significa "errante, sem direção". Esse termo é usado para designar pequenos seres vivos aquáticos que vivem próximos à superfície e são levados pelas correntes, incapazes de nadar contra ela. Os seres que compõem o plâncton em geral são divididos em dois grupos. O fitoplâncton (do grego *phyton* = "planta") é composto de seres pequenos fotossintetizantes, como algumas algas e certas bactérias. O zooplâncton (do grego *zoon* = "animal") inclui protozoários e pequenos animais.

Ferramentas digitais

A Ecologia é uma área relativamente nova; alguns termos usados podem não estar totalmente consolidados, ou são utilizados com um significado diferente por diversos ecólogos. A proposta, aqui, é que você forme um grupo com os colegas e elabore um pequeno dicionário de termos ecológicos. Cada um dos grupos poderá se encarregar, por exemplo, de um dos capítulos da unidade, escolhendo os termos específicos da Ecologia que aparecem nele. A definição desses termos poderá ser feita com base no próprio texto do capítulo; será útil consultar também outros livros de Biologia, dicionários e fontes confiáveis na internet. As eventuais dúvidas poderão ser esclarecidas pelo professor e debatidas com a turma. Pensem, ainda, na possibilidade de enriquecer o dicionário, ilustrando alguns dos verbetes com exemplos de imagens que podem ser obtidas no livro ou na internet.

O dicionário pode ser produzido em um editor de texto *on-line* em um arquivo compartilhado com toda a turma, por meio de algum serviço de armazenamento na nuvem.

Habitat e nicho ecológico

O lugar em que um organismo vive, no ecossistema, é chamado de ***habitat***. Por exemplo, em uma lagoa, o *habitat* de uma alga microscópica e de uma larva de inseto é a superfície da água; o de determinado peixe são as águas próximas às margens, entre a vegetação.

Cada organismo que vive na lagoa desempenha um papel no ecossistema, ou seja, tem um **nicho ecológico**. Na ideia de nicho ecológico estão incluídas várias informações: o que o organismo come; onde, como e em que momento do dia isso ocorre; a forma e a época do ano em que se reproduz, entre outras. Por meio dessas informações, é possível definir a "atividade" da espécie no ecossistema. O nicho ecológico representa, assim, todas as condições e recursos que uma espécie requer para sobreviver e se reproduzir.

Cathy Keifer/Shutterstock

A lagarta e a borboleta ocupam nichos ecológicos diferentes no mesmo *habitat*. Buscando folhas, no caso da lagarta, e néctar, no caso da borboleta, elas não competem por alimento.

Organismos de espécies diferentes podem ter o mesmo *habitat* e ocupar nichos ecológicos muito distintos. As algas microscópicas e os seres do zooplâncton, por exemplo, vivem nas águas superficiais da lagoa; a alga, porém, produz seu alimento, enquanto os seres do zooplâncton consomem outros seres. Na natureza raramente encontramos espécies com nichos muito parecidos vivendo em um mesmo *habitat*.

Degradação dos *habitat*

Grande parte dos *habitat* naturais do planeta foi destruída ou modificada para a construção de cidades, lavouras, pastagens e outras atividades humanas. Mesmo em regiões aparentemente intocadas, como ambientes gelados e o fundo dos oceanos, é possível encontrar vestígios da presença humana, como fragmentos de plástico e substâncias poluentes.

Matéria e energia nos ecossistemas

Os ecossistemas não funcionam isoladamente. Vento, chuva, seres vivos e outros fatores carregam matéria e energia de um ponto a outro da biosfera, às vezes por distâncias enormes. Cada ecossistema é parte de uma gigantesca rede interligada por fluxos de matéria e energia. Impactos que afetem um ecossistema podem se espalhar até atingir regiões distantes da rede.

A matéria inclui tudo o que forma o Universo: as rochas, a água, os gases atmosféricos, as substâncias que compõem os seres vivos, etc. Os mesmos elementos químicos presentes em uma rocha, por exemplo, podem ser encontrados em seres vivos.

A energia também está nos seres vivos e nos componentes não vivos do ambiente. Ela está ao nosso redor (e dentro do nosso próprio corpo), mas, em geral, só percebemos isso quando ela está sendo transferida ou transformada: sentimos o calor do fogo e o movimento do vento, por exemplo. A energia provoca mudanças na matéria.

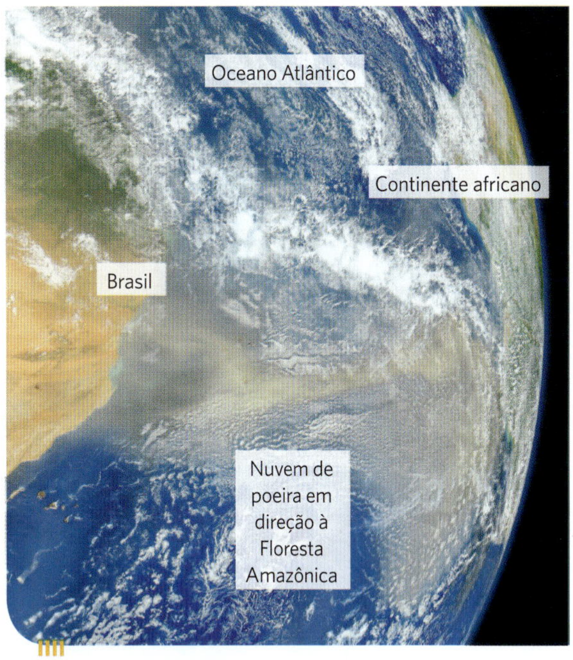

Norman Kuring/Ocean Color/NASA

Imagem de satélite mostrando nuvem de poeira indo do continente africano para a Floresta Amazônica. Levadas pelo vento, as partículas de poeira vindas do deserto do Saara facilitam a formação de nuvens sobre a Floresta Amazônica, a mais de 5 mil quilômetros de distância.

A todo momento, os seres vivos recebem, transformam e devolvem matéria e energia ao ambiente. Essas trocas obedecem a leis da Física e da Química.

A matéria é reciclada

A matéria não é criada nem destruída. Essa ideia é conhecida como a **lei da conservação da massa**. Como a matéria não aparece ou desaparece, ela é reciclada, passando de um componente do ambiente (vivo ou não vivo) a outro.

Assim, podemos pensar que a matéria nos conecta a outros componentes do ambiente, vivos ou não. Por exemplo, seu corpo tem trilhões de átomos de carbono. Ao longo de bilhões de anos, cada um deles esteve em outras partes do ambiente: uma planta, uma molécula de gás carbônico do ar, talvez uma rocha.

A reciclagem (ou ciclagem) da matéria é um conceito-chave no estudo da Ecologia. Vamos falar sobre ela em muitos pontos desta unidade.

A energia flui

A energia também não é criada ou destruída, e pode se transformar de uma forma em outra. A conservação da energia é a **primeira lei da termodinâmica**.

Seres vivos são transformadores de energia: por exemplo, seu corpo transforma a energia das ligações químicas contida no alimento em movimento (energia cinética), energia térmica e outras formas de energia.

Porém, a cada transformação, uma parcela da energia original se transforma em calor, conforme afirma a **segunda lei da termodinâmica**. O calor em geral se espalha pelo ambiente e não pode ser aproveitado em novas transformações.

Em quase todos os ecossistemas da Terra, a vida se mantém porque nosso planeta recebe um fluxo constante de energia solar, que flui através dos seres vivos, como será visto mais adiante no item cadeias alimentares (página 50). A exceção são os ecossistemas que existem próximo a fendas na crosta terrestre, no fundo dos oceanos. Nesses locais, a fonte de energia não é o Sol, mas o calor vindo do interior do planeta.

Estima-se que, do total de energia que chega à Terra proveniente do Sol, cerca de 30% são refletidos e retornam ao espaço. O restante é absorvido pela atmosfera e pela superfície dos continentes e dos oceanos. A energia absorvida aquece o ar, a água e a superfície do planeta, impulsionando o ciclo da água e determinando muitos fatores do clima, entre outros efeitos.

Uma fração da energia absorvida - entre 1% e 10% - é usada na fotossíntese por plantas, algas e certas bactérias. Estima-se que apenas um décimo dessa fração seja armazenada na forma de açúcar, pois a maior parte é dissipada na forma de calor. Note que, mesmo recebendo grande quantidade de energia a cada segundo, a temperatura no planeta se mantém mais ou menos constante porque dissipa continuamente calor para o espaço.

Andre Dib/Pulsar Imagens

Vista de drone da Usina Hidrelétrica Santo Antônio no rio Madeira, em Porto Velho (RO), 2019. Nas usinas hidrelétricas, as turbinas hidráulicas estão associadas a geradores que transformam a energia cinética do movimento da água em energia elétrica. Durante essa transformação também ocorre perda de calor para o ambiente.

Matéria e energia nos seres vivos

A alimentação transfere matéria e energia de um ser vivo a outro. Ela é tão importante que, em Ecologia, é comum classificar os seres vivos de um ecossistema de acordo com seu tipo de alimentação, em diferentes **níveis tróficos**.

- **Produtores:** seres autótrofos, ou seja, produzem seu próprio alimento a partir de fatores não vivos do ambiente. A maioria dos autótrofos faz fotossíntese, como as plantas, as algas e certas bactérias. Há também as bactérias quimiossintetizantes, que utilizam a energia de compostos químicos para produzir seu alimento.
- **Consumidores:** seres heterótrofos, incapazes de produzir seu alimento. Alimentam-se consumindo outros seres vivos. Seres do zooplâncton, os caramujos e os peixes herbívoros são **consumidores primários**, pois se alimentam diretamente dos produtores. Os peixes carnívoros são **consumidores secundários** porque se alimentam dos consumidores primários. As aves da margem, quando se alimentam desses peixes, são **consumidores terciários**. Uma serpente que se alimente das aves seria um **consumidor quaternário**. Esse último nível é pouco comum na natureza.

Laguna Design/SPL/Fotoarena

Fotografia de pequenos crustáceos do zooplâncton, consumidores primários, obtida em microscópio óptico. (Aumento aproximado de 30 vezes.)

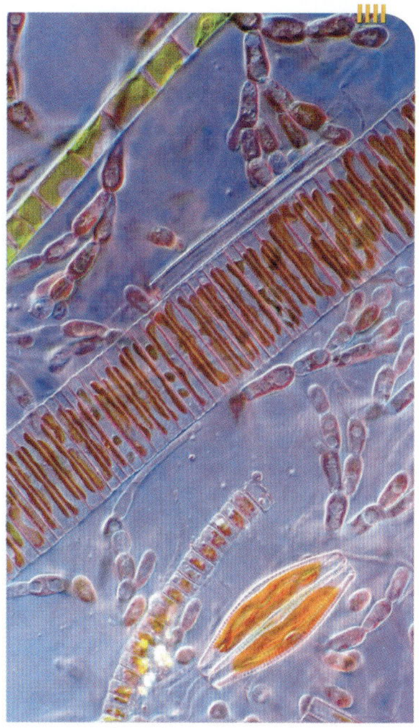
Marek Mis/SPL/Fotoarena

Fotografia de representantes do fitoplâncton obtida em microscópio óptico. A maioria deles é constituída por algas e cianobactérias. (Aumento aproximado de 15 vezes.)

- **Decompositores:** fungos e bactérias heterótrofos que digerem e se alimentam de plantas mortas, fezes, cadáveres e outros restos de seres vivos. Ao degradar esses materiais, transformam a matéria orgânica em substâncias mais simples, como gás carbônico e sais minerais, que podem ser reutilizados pelos produtores. Sem os decompositores, os átomos de carbono, de nitrogênio e de outros elementos ficariam retidos nos restos de seres vivos, não sendo reaproveitados no ecossistema. No ecossistema da lagoa (página 46), os decompositores estão presentes na água e também na lama do fundo.

Nataliaova/Shutterstock

Cogumelo do gênero *Morchella*, parte de um fungo, organismo decompositor. (Cerca de 10 cm de altura.)

Cadeias alimentares

As cadeias alimentares são uma maneira simples, porém parcial, de descrever as relações alimentares nos ecossistemas. Cada cadeia é composta de uma sequência de seres vivos ligados por setas, que vão sempre da espécie que serve de alimento para aquela que consome esse alimento.

A ilustração a seguir representa uma das várias cadeias alimentares que existem na lagoa de exemplo da página 44: algas servem de alimento a caramujos, que, por sua vez, são ingeridos por peixes carnívoros, que são comidos pela garça.

Algas macroscópicas → **Caramujos** → **Peixe carnívoro** → **Garça**

Mauro Nakata/Arquivo da editora

Esquema representando uma cadeia alimentar simples em uma lagoa. (Elementos fora de proporção de tamanho entre si. Cores fantasia.)

Os organismos decompositores atuam nos restos de todos os níveis tróficos, mas nem sempre são representados. Veja abaixo a cadeia alimentar anterior com os decompositores representados.

Algas macroscópicas → **Caramujos** → **Peixe carnívoro** → **Garça**

(Algas macroscópicas, Caramujos, Peixe carnívoro e Garça) → **Decompositores**

Desequilíbrios nas cadeias e teias alimentares

Como outros animais, o ser humano ocupa a posição de consumidor nas cadeias e teias alimentares. Porém, diversas atividades humanas geram desequilíbrios nas relações tróficas, como a pesca excessiva, que pode eliminar populações inteiras. Mesmo a produção de alimentos por meio da agricultura e da pecuária utiliza fertilizantes, agrotóxicos e outros produtos que poluem o ambiente, interferindo em teias alimentares das quais nem participamos.

Teias alimentares

Em geral, em um ecossistema existem várias cadeias alimentares interligadas. Em conjunto, essas cadeias compõem uma **teia alimentar**. Observe a figura a seguir.

As algas servem de alimento aos caramujos e aos peixes herbívoros. O peixe carnívoro come não apenas caramujos, mas também girinos e peixes herbívoros, por exemplo.

Note que a mesma espécie pode ocupar ao mesmo tempo níveis tróficos diferentes, de acordo com o alimento que ela ingere. Por exemplo, quando a garça come um peixe herbívoro (consumidor primário), ela está se comportando como consumidor secundário. No entanto, ao se alimentar de um peixe carnívoro (consumidor secundário), ela é considerada um consumidor terciário.

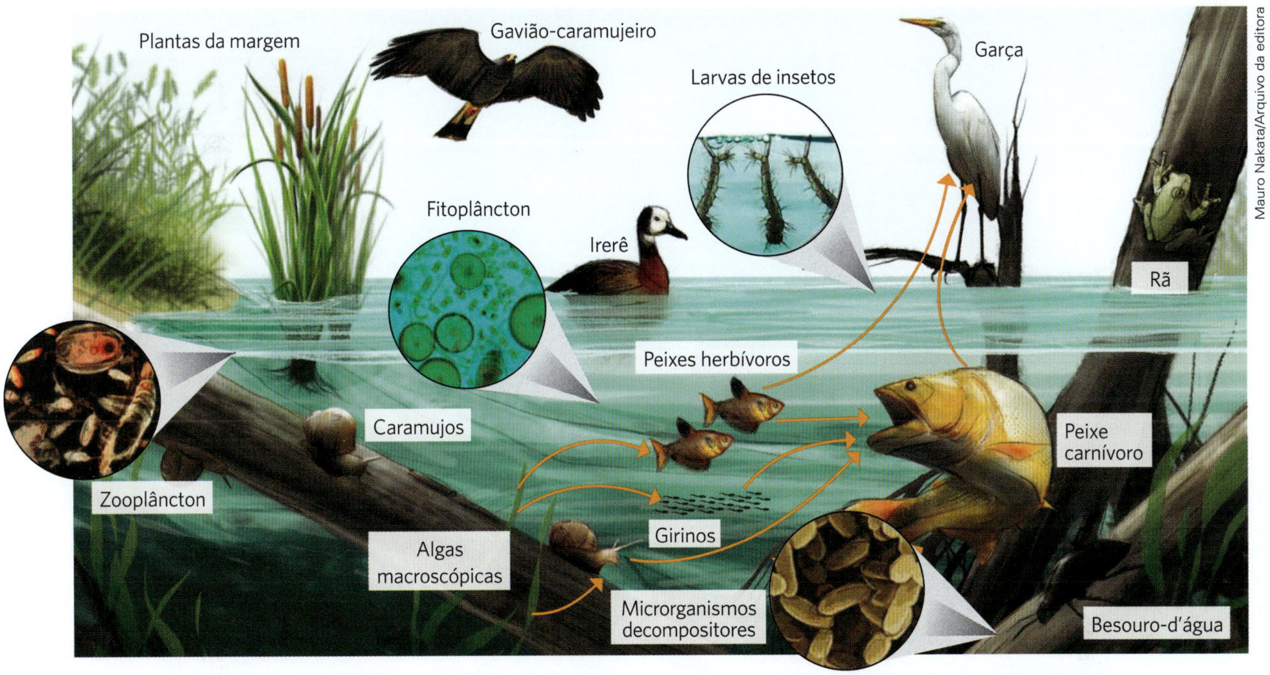

Esquema representando parte da teia alimentar em uma lagoa. (Elementos fora de proporção de tamanho entre si. Cores fantasia.)

Veja abaixo a teia alimentar feita com base na figura acima. Os decompositores não foram representados.

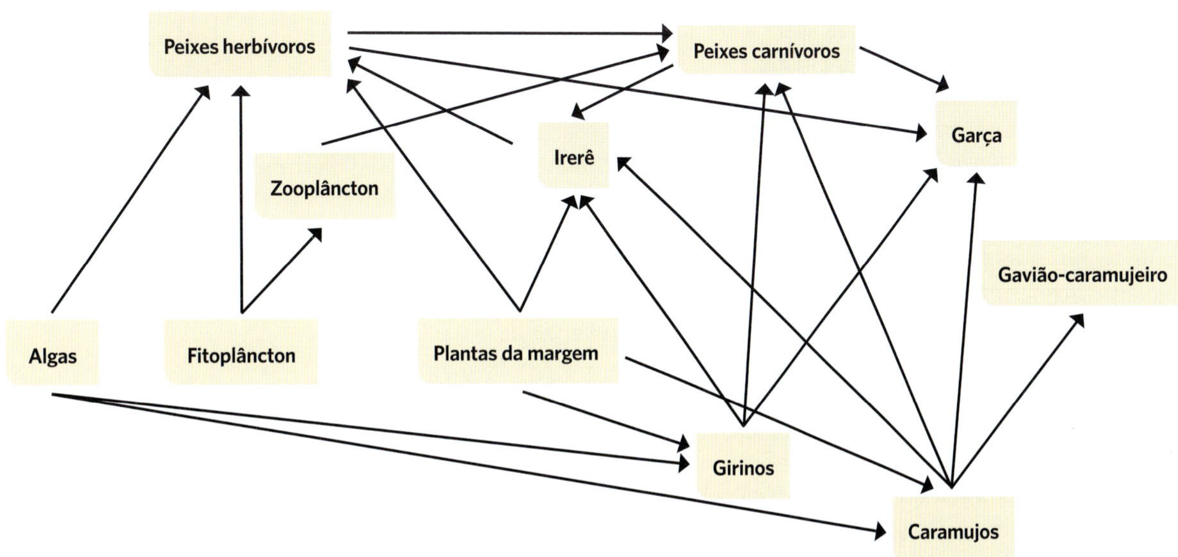

Fluxo de energia nas cadeias e teias alimentares

Por meio da alimentação, matéria e energia são transferidas de um ser vivo a outro nas cadeias e teias alimentares. A matéria é reciclada, mas a energia é transferida em um fluxo unidirecional que parte da fonte de energia (quase sempre o Sol), passa pelos seres vivos e é dissipada como calor.

Os produtores utilizam energia da luz (na fotossíntese) ou de compostos químicos (na quimiossíntese) e transformam moléculas inorgânicas (como água e gás carbônico) em moléculas orgânicas (como açúcares). O total de biomassa (quantidade de matéria orgânica) produzido pelos produtores em certa área e período de tempo é chamado de **produtividade primária bruta**.

Os produtores armazenam energia nas ligações químicas do açúcar. Parte da energia armazenada é usada pelo produtor para se manter vivo. O que sobra permanece em seu corpo e pode ser transferido aos consumidores e decompositores. A produtividade primária bruta menos a biomassa (ou a energia) consumida pelos produtores durante sua vida (energia perdida na respiração celular) é chamada **produtividade primária líquida**.

Imagine uma cadeia alimentar simples como a representada a seguir.

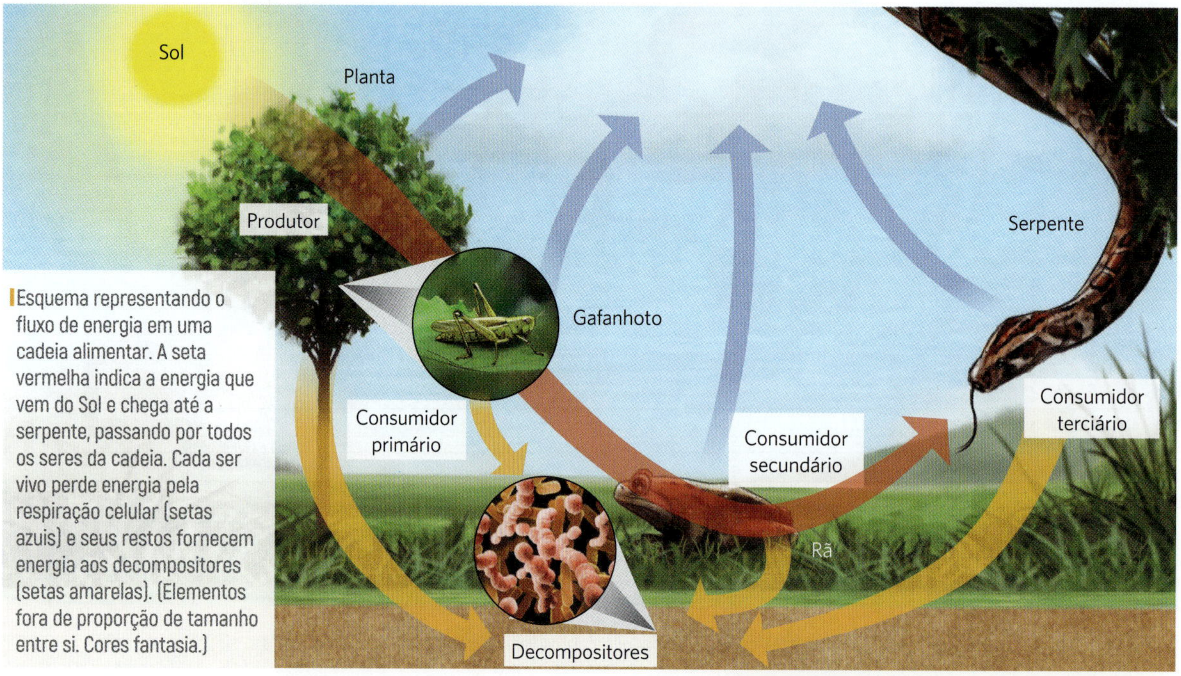

Esquema representando o fluxo de energia em uma cadeia alimentar. A seta vermelha indica a energia que vem do Sol e chega até a serpente, passando por todos os seres da cadeia. Cada ser vivo perde energia pela respiração celular (setas azuis) e seus restos fornecem energia aos decompositores (setas amarelas). (Elementos fora de proporção de tamanho entre si. Cores fantasia.)

Mauro Nakata/Arquivo da editora

Por meio da fotossíntese, a planta armazena parte da energia do Sol em moléculas de açúcar, que são seu alimento. Grande parte do alimento fabricado durante a vida da planta é consumido no processo de respiração celular, que libera a energia necessária para mantê-la viva. Além disso, parte da matéria — e, portanto, parte da energia — existente nas plantas é perdida em partes mortas. Assim, ao se alimentar de uma planta, um gafanhoto recebe apenas uma pequena parte da energia que ela armazenou durante sua vida.

Esquema representando o destino da energia obtida por um gafanhoto: a maior parte é perdida nas fezes e na respiração; apenas uma pequena parcela é incorporada ao inseto. (Elementos fora de proporção de tamanho entre si. Cores fantasia.)

K Hanley CHDPhoto/Shutterstock

Da mesma forma, ao longo de sua vida, o gafanhoto perde grande parte da energia que recebe de seu alimento. Para a rã, portanto, sobra apenas a energia contida no corpo do gafanhoto no instante da predação. O mesmo ocorre na relação alimentar entre a rã e a serpente. Os decompositores podem receber energia de todos os níveis tróficos do ecossistema.

A cada transferência de um nível trófico para outro, a quantidade de energia disponível diminui drasticamente. De forma aproximada, considera-se que cada elo da cadeia alimentar receba 10% da energia recebida pelo elo anterior em sua alimentação, mas esse número varia de um ecossistema a outro. São necessárias, assim, muitas plantas para alimentar um único gafanhoto; muitos gafanhotos para alimentar uma única rã; e muitas rãs para alimentar uma única serpente.

Pirâmides ecológicas

As pirâmides ecológicas são diagramas usados para representar informações de um ecossistema. Nas pirâmides ecológicas, os níveis tróficos são representados por retângulos, cujo tamanho corresponde a um valor. Um dos inconvenientes de qualquer tipo de pirâmide ecológica é o fato de não representar os decompositores, que são importantes componentes dos ecossistemas. Há três tipos de pirâmides ecológicas: a de **números**, a de **biomassa** e a de **energia**.

Pirâmides de números

Indicam a quantidade de organismos em cada nível trófico de uma cadeia alimentar. Assim, na pirâmide **A**, a seguir, vemos que 5 000 plantas são necessárias para alimentar 500 gafanhotos, que, por sua vez, alimentam uma única ave.

Uma pirâmide de números tem o inconveniente de igualar os organismos, sem levar em conta seu tamanho e sem representar adequadamente a quantidade de matéria orgânica existente nos diversos níveis. Algumas pirâmides de números podem ter formato invertido (com a base mais estreita). Isso ocorre quando o produtor corresponde a uma árvore de grande porte, por exemplo. Observe os exemplos abaixo.

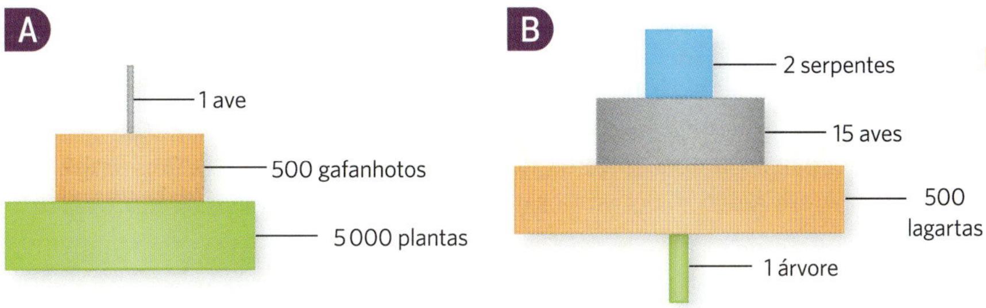

Exemplos de pirâmides de número: (**A**) com formato tradicional, de uma cadeia alimentar formada por plantas, gafanhotos e ave; (**B**) com formato invertido, neste caso, uma única árvore de grande porte é suficiente para alimentar centenas de lagartas.

Pirâmides de biomassa

Indicam uma estimativa da biomassa de cada nível trófico de uma cadeia, ou seja, da quantidade de matéria orgânica por área ou volume. Na maioria dos ecossistemas, a biomassa de produtores é maior do que a de consumidores. Porém, em certos casos, a pirâmide de biomassa pode apresentar-se invertida. Um exemplo ocorre em ecossistemas aquáticos em que a biomassa de fitoplâncton é bem menor do que a de zooplâncton. Isso porque as taxas de reprodução e de mortalidade do fitoplâncton são muito mais elevadas que as do zooplâncton. Assim, quando a análise ocorre considerando um momento específico, o valor da biomassa dos produtores se mostra menor.

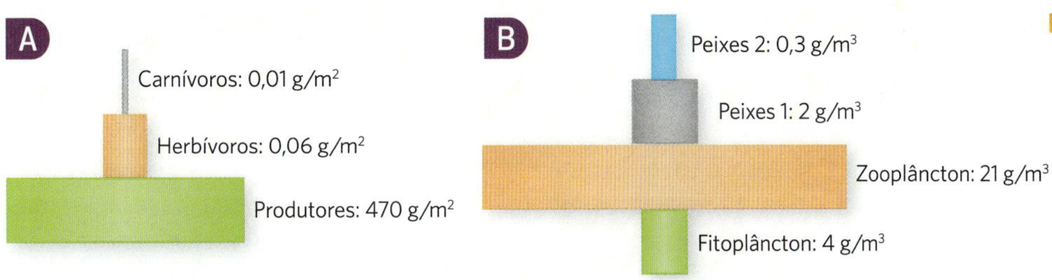

Exemplos de pirâmides de biomassa: (**A**) com formato tradicional; (**B**) com formato invertido. Nestes casos, a biomassa é medida em grama por metro quadrado ou metro cúbico.

Pirâmides de energia

Indicam a quantidade de energia de cada nível trófico de uma cadeia alimentar. Essas pirâmides nunca são invertidas, ou seja, a energia sempre vai diminuindo com o aumento do nível trófico. Elas evidenciam a perda de energia que ocorre em cada nível trófico.

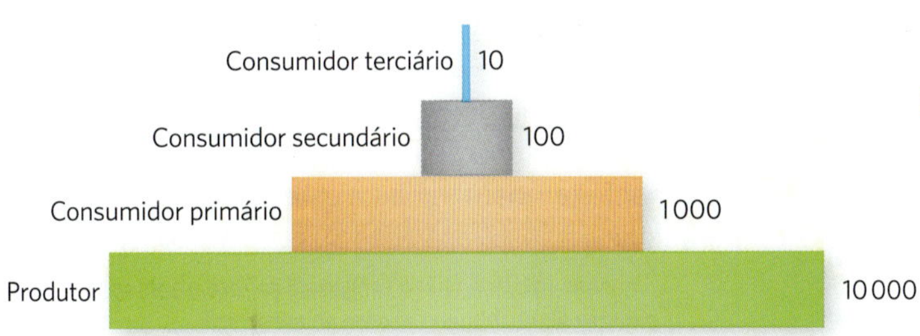

Exemplo de pirâmide de energia. Neste caso, os valores são expressos em quilocalorias por metro quadrado por ano: $\frac{\text{kcal}}{\text{m}^2 \cdot \text{ano}}$.

Os ciclos da matéria

No planeta Terra, átomos como os de nitrogênio, carbono e oxigênio não são criados, destruídos nem transformados uns nos outros. A matéria que constitui os componentes vivos e não vivos dos ecossistemas é constantemente **reciclada**.

Os ciclos da matéria, ou **ciclos biogeoquímicos**, vêm sendo afetados por atividades humanas. Você vai estudar mais sobre as interferências humanas no ambiente no Capítulo 6 — Sustentabilidade.

O ciclo da água

O calor do Sol faz com que a água de mares, rios, lagoas, outros corpos de água e até mesmo a que se encontra no solo evapore constantemente. O vapor de água que fica na atmosfera se condensa formando as nuvens e volta à superfície sob a forma de chuva, granizo ou neve, recompondo o volume dos corpos de água.

Os seres vivos também participam do ciclo da água. As raízes das plantas absorvem água do solo e parte dessa água é usada na fotossíntese; outra parte volta à atmosfera pela transpiração. A maioria da água que evapora da superfície dos continentes vem da transpiração das plantas.

Os animais, incluindo o ser humano, ingerem água diretamente ou a obtêm por meio do alimento. Dessa água, parte retorna à atmosfera pela transpiração, pela urina e pelas fezes.

A respiração celular de todos os seres que realizam esse processo também libera água no ambiente. Além disso, a decomposição de todos os organismos após a morte devolve a água ao ambiente.

Julio Dian/Arquivo da editora

Esquema representando o ciclo da água na natureza. (Elementos fora de proporção de tamanho entre si. Cores fantasia.)

Se toda a água do planeta fosse reunida, formaria uma esfera (em azul na imagem abaixo) com cerca de 700 km de raio, o que é muito menor que o raio da Terra, que tem cerca de 6 370 km. A Terra e a esfera formada pela água estão em proporção real na imagem. Apenas uma pequena parte desta água, cerca de 3%, é adequada para o consumo.

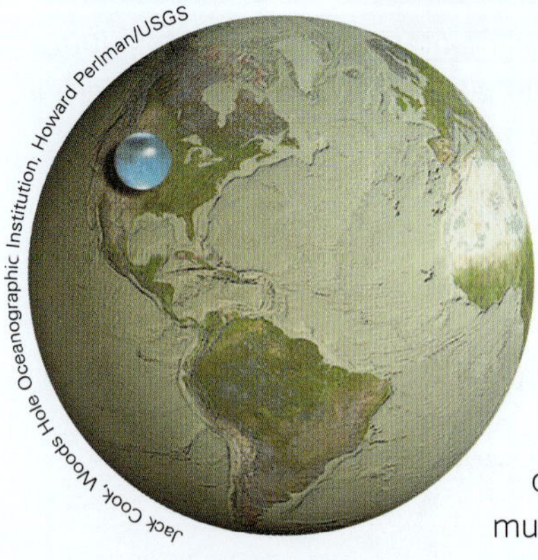

Jack Cook, Woods Hole Oceanographic Institution, Howard Perlman/USGS

Embora a quantidade de água do planeta seja praticamente constante, sua qualidade tem sido enormemente afetada por atividades humanas, como a liberação de esgoto doméstico, resíduos industriais e agrícolas e derramamento de petróleo em corpos de água, poluindo-os. Fragmentos de plásticos são encontrados em diferentes pontos do mar, mesmo em regiões muito distantes da costa, mostrando o impacto global de nossas ações.

O desmatamento também impacta este ciclo, pois reduz a quantidade de água evaporada pela transpiração das plantas. As consequências incluem o desaparecimento de nascentes e pequenos rios, alteração do clima local e mudança no regime de chuvas.

O ciclo do carbono

A maior parte do carbono existente no planeta está armazenada em rochas. Outros reservatórios são: oceano (por exemplo, na forma de ácido carbônico), atmosfera (gás carbônico e monóxido de carbono), solo (por exemplo, em restos de animais e plantas em decomposição), seres vivos (todas as moléculas orgânicas têm átomos de carbono em sua composição) e combustíveis fósseis, como petróleo, carvão mineral e gás natural.

O esquema abaixo mostra, resumidamente, como os átomos de carbono circulam entre alguns reservatórios, tanto nos seres vivos como nos componentes não vivos do ambiente.

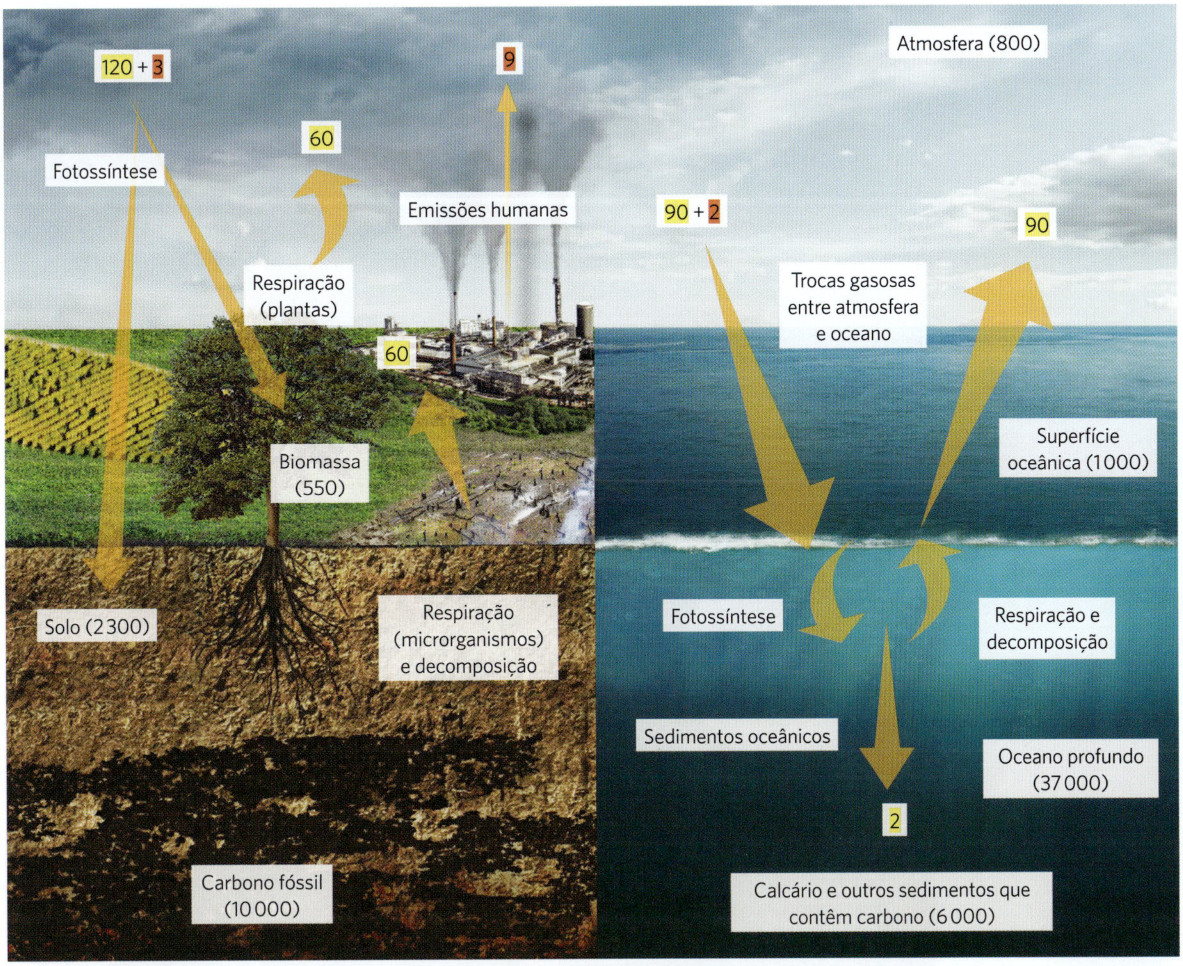

Julio Dian/Arquivo da editora

Elaborado com base em: Nasa. *Earth observatory*. Disponível em: https://earthobservatory.nasa.gov/features/CarbonCycle. Acesso em: mar. 2020.

Representação esquemática do ciclo do carbono, entre solo, atmosfera e oceanos. Os números em amarelo correspondem ao ciclo natural e os em vermelho à contribuição humana. Números entre parênteses indicam a quantidade de carbono armazenado em cada componente em gigatoneladas (1 gigatoneladas = 1 milhão de toneladas). (Elementos fora de proporção de tamanho entre si. Cores fantasia.)

O gás carbônico do ar é absorvido pelas plantas, algas e certas bactérias fotossintetizantes e o carbono em sua constituição é incorporado às moléculas de açúcar. O carbono é transferido aos consumidores ao longo das cadeias alimentares. O processo de respiração celular que ocorre nesses seres vivos libera gás carbônico no ar ou na água. Os decompositores também produzem gás carbônico, que retorna ao ambiente.

Veja, no esquema anterior, que tanto a queima de lenha como a de combustíveis fósseis, como o petróleo, liberam gás carbônico. No caso do petróleo e de outros combustíveis fósseis, trata-se do carbono que ficou soterrado durante milhões de anos, sem circular na natureza, e que está sendo agora devolvido à atmosfera, intensificando o efeito estufa e contribuindo para o aquecimento global.

A intensificação do efeito estufa e o aquecimento global

Você sabe o que é o efeito estufa? Quando entramos em um carro que tenha ficado exposto ao sol com os vidros fechados, sentimos o aumento da temperatura no seu interior. Isso acontece porque a luz penetra através dos vidros transparentes, aquecendo o interior do veículo. Porém, o calor não atravessa o vidro, permanecendo dentro do carro. Isso também ocorre no interior de estufas de vidro, usadas para o cultivo de plantas que exigem temperaturas mais altas.

Alguns gases na atmosfera, como o metano e o gás carbônico, além do vapor de água, atuam como o vidro do carro ou da estufa. Eles possibilitam a passagem de parte da energia solar. Parte dessa energia é absorvida pela superfície terrestre e parte é refletida. Mas esses gases dificultam a saída dessa energia para o espaço, aprisionando-a próximo à superfície da Terra. Esse fenômeno é chamado **efeito estufa**, justamente pela semelhança com efeito que ocorre nas estufas de cultivo de plantas.

O efeito estufa tem grande importância para a vida no planeta; sem ele, a temperatura da superfície da Terra seria, em média, de –18 °C, o que não possibilitaria a existência da vida como a conhecemos.

Fica claro, assim, que o clima do planeta depende da presença desses gases: o aumento ou o decréscimo na sua concentração poderiam provocar a elevação ou a redução das temperaturas.

Desde a Revolução Industrial, as taxas de gás carbônico no ar têm aumentado significativamente. Isso está ligado à queima crescente de combustíveis fósseis, como carvão mineral e petróleo, mas também ao desmatamento e às atividades que alteram o uso do solo, como a pecuária. Com isso, ocorre um desequilíbrio entre o consumo e a liberação de gás carbônico na atmosfera, causando a intensificação do efeito estufa, que tem consequências no clima, como o aquecimento global.

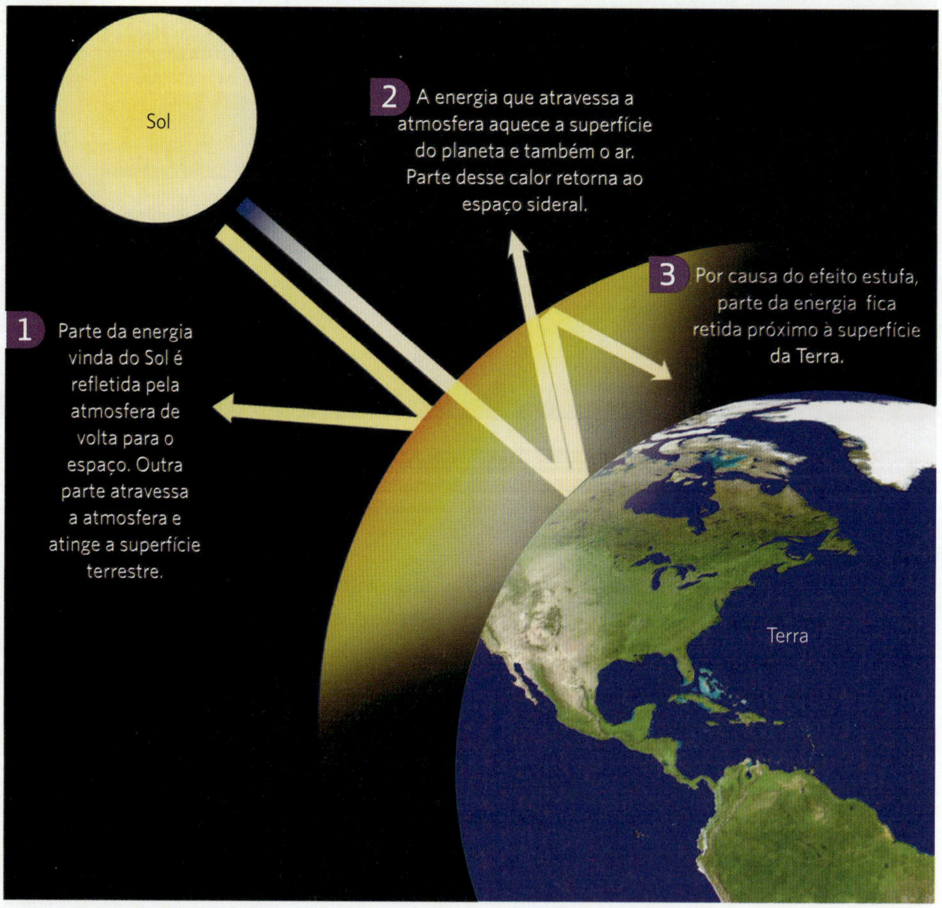

Monica Schroeder/Science Source/Fotoarena

Representação esquemática do efeito estufa. (Elementos fora de proporção de tamanho entre si. Cores fantasia.).

O ciclo do nitrogênio

O elemento nitrogênio está presente nas moléculas dos aminoácidos, unidades proteicas; e nas bases nitrogenadas, componentes dos ácidos nucleicos. Portanto, é um elemento indispensável aos seres vivos.

O ar atmosférico tem, na sua composição, 78% de nitrogênio molecular (N_2), representando, assim, um imenso reservatório desse gás. No entanto, a maior parte dos seres vivos é incapaz de utilizar diretamente o nitrogênio do ar e incorporá-lo às suas moléculas biológicas. Algumas poucas espécies de microrganismos retiram o nitrogênio do ar, transformam-no em substâncias utilizáveis pelos seres vivos e o devolvem à atmosfera, fechando o ciclo. Sem os microrganismos que participam no ciclo do nitrogênio, a vida na Terra não seria possível.

Para compreender o ciclo do nitrogênio, acompanhe o esquema a seguir.

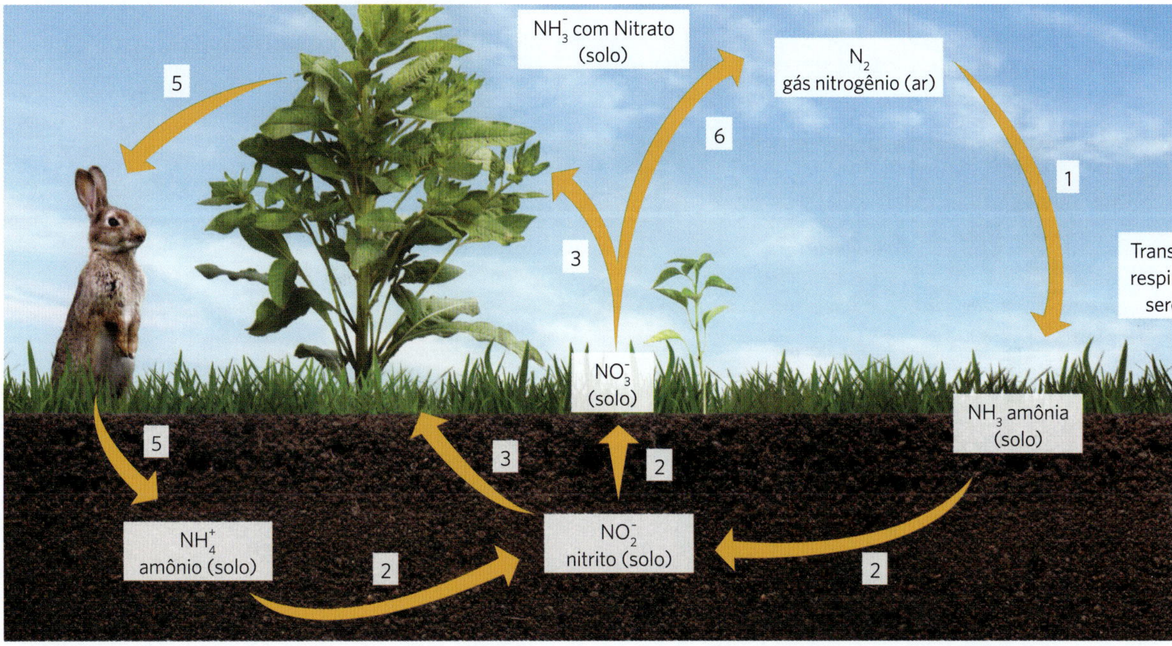

Julio Dian/Arquivo da editora

Representação esquemática das etapas do ciclo do nitrogênio. (Elementos fora de proporção de tamanho entre si. Cores fantasia.)

1 **Fixação de nitrogênio**: o gás nitrogênio (N_2) presente no ar é transformado em amônia (NH_3) por **bactérias fixadoras**, como as do gênero *Azotobacter* (que vivem no solo), *Rhizobium* (que formam nódulos nas raízes de plantas como feijão e soja), e, nos ambientes aquáticos, as do gênero *Anabaena*.
A fixação também pode ser causada, em pequena escala, por raios. A descarga elétrica transforma o N_2 em óxidos de nitrogênio.
Além disso, atualmente, o nitrogênio atmosférico é fixado por meio de processos industriais empregados na produção de fertilizantes.

2 **Nitrificação**: no solo, a amônia produzida por bactérias fixadoras ou vinda da decomposição de matéria orgânica e da excreção animal (amônia, ureia e ácido úrico) é convertida em nitritos (NO_2^-) e nitratos (NO_3^-) pela ação das **bactérias nitrificantes**. As plantas absorvem nitritos e nitratos mais facilmente do que absorvem amônia.

3 **Assimilação**: o nitrogênio é incorporado pelas plantas.

4 **Nutrição**: o nitrogênio das plantas passa para os animais e para outros organismos por meio da alimentação.

5 **Amonificação**: o nitrogênio das moléculas orgânicas é transformado em amônio (NH_4^+), que também pode ser absorvido pelas plantas.

6 **Desnitrificação**: **bactérias desnitrificantes** extraem o nitrogênio de compostos nitrogenados, como nitratos e nitritos, e o devolvem à atmosfera na forma gasosa (N_2), fechando assim o ciclo.

Nitrogênio e fertilizantes

Desde a década de 1930, são empregados processos industriais capazes de utilizar o nitrogênio do ar para a produção de fertilizantes agrícolas. Contudo, o uso excessivo desses produtos contamina o ar, o solo e, sobretudo, a água.

Desenvolvendo habilidades

1 Uma cadeia alimentar é constituída por capim, gafanhotos e ratos. Foi feita a desratização da região, praticamente eliminando a população de ratos. Cite as consequências dessa mudança sobre os demais níveis tróficos.

2 Veja a seguir uma breve descrição de dois experimentos do biólogo russo Georgii Frantsevich Gause (1910-1986):

Gause colocou duas espécies de protozoários (*Paramecium caudatum* e *Paramecium aurelia*) em tubos de ensaio diferentes, que continham o mesmo meio de cultura, obtendo os resultados mostrados nos gráficos A e B.

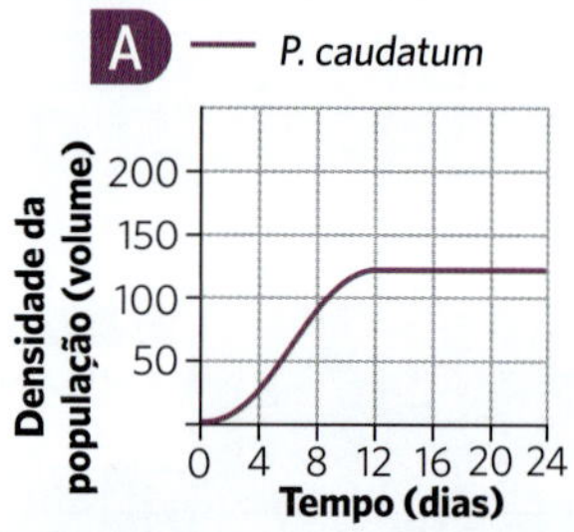

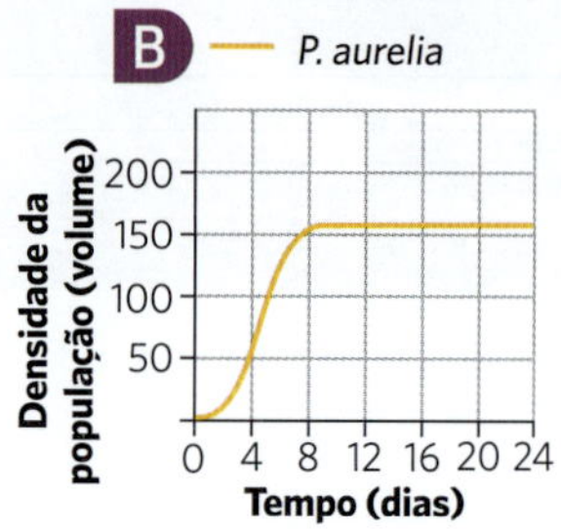

Gause colocou protozoários de ambas as espécies no mesmo tubo de ensaio e obteve um resultado diferente, como mostra o gráfico C.

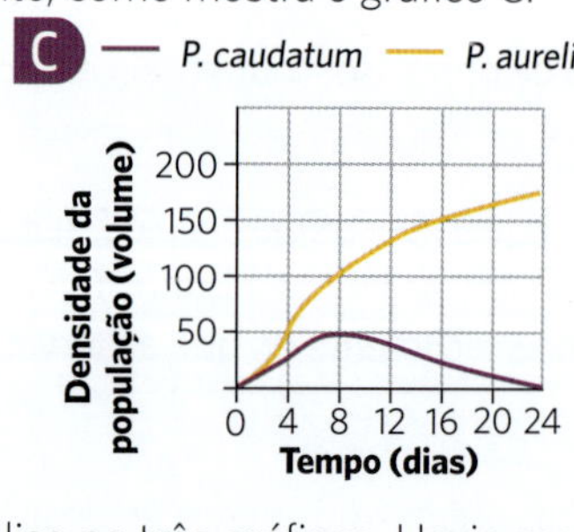

a) Analise os três gráficos. Havia protozoários de ambas as espécies vivos no 24º dia?

b) Qual o *habitat* dos protozoários neste experimento? E o nicho ecológico?

c) Em qual(is) dos experimentos as espécies compartilharam o mesmo nicho ecológico? E o mesmo *habitat*?

d) De acordo com os dados destes experimentos, o que acontece com espécies que ocupam o mesmo *habitat* e têm o mesmo nicho ecológico?

e) Os experimentos de Gause ficaram muito conhecidos e deram origem a uma ideia chamada princípio da exclusão de Gause. Faça uma pesquisa em livros ou *sites* para descobrir o que diz esse princípio.

3 O gás oxigênio é constantemente consumido na respiração e reposto pelo processo de fotossíntese. O gráfico a seguir representa a proporção de oxigênio produzida por diferentes seres.

Produtores de gás oxigênio

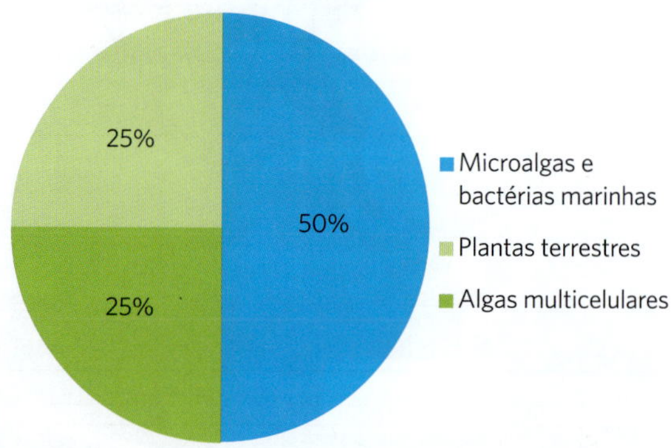

Em sua opinião, a destruição de algas e bactérias marinhas afetaria a vida de pessoas que vivem longe do mar? (Não se esqueça de levar em consideração a importância dos produtores nas cadeias alimentares.)

4 A Agroecologia estuda como os conhecimentos de Ecologia podem ser aplicados nas técnicas agrícolas, buscando reduzir os impactos gerados pelo uso de fertilizantes e agrotóxicos.

Na adubação verde, espécies como feijão, guandu ou ervilha são plantadas em meio a outros cultivares com a intenção de aumentar o teor de nitrogênio no solo. A adubação orgânica, isto é, a incorporação de matéria orgânica (esterco e folhas secas), também melhora a fertilidade do solo.

Após a colheita, o novo plantio pode ser feito diretamente sobre os restos secos do cultivo anterior. Essa técnica, conhecida como plantio direto na palha, mantém o solo sempre coberto e evita o arado, preservando a atividade dos microrganismos.

Por que as técnicas mencionadas melhoram a fertilidade do solo?

CAPÍTULO 4

Populações e comunidades

Este capítulo favorece o desenvolvimento das habilidades:

EM13CNT202

EM13CNT203

EM13CNT302

EM13CNT305

EM13CNT309

Os organismos de um ecossistema enfrentam desafios como a obtenção de alimento e de abrigo. Da mesma maneira, as populações e a comunidade têm seus próprios desafios, alguns dos quais você vai conhecer neste capítulo.

Populações passam por mudanças

Os cientistas estudam as mudanças que acontecem nas populações, ou seja, a **dinâmica das populações**.

Para isso, eles precisam conhecer a **estrutura populacional** - a partir de parâmetros como o número total de indivíduos, sua distribuição no ambiente, as diferenças de idade, a proporção entre os sexos, entre outros - e a **densidade populacional** - número de indivíduos da espécie que vive em determinada área.

Veja na figura a seguir fatores que influenciam na densidade de uma população (considerando que o tamanho do local em que vivem não seja alterado).

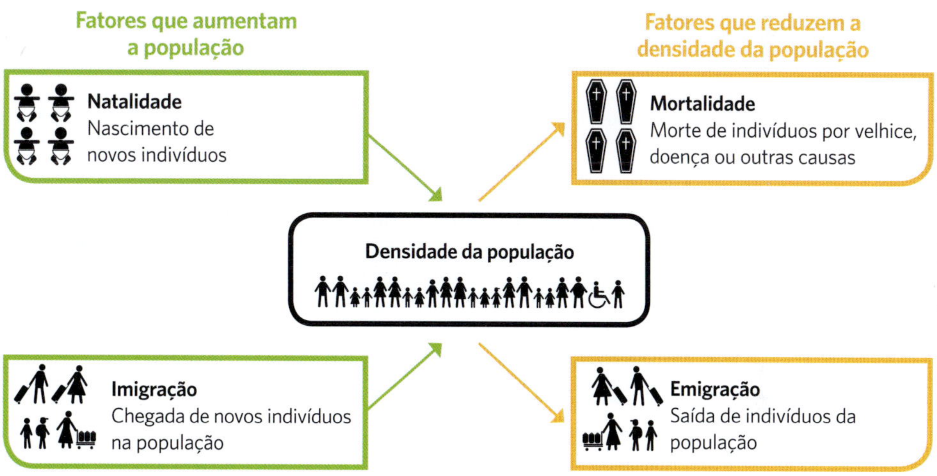

Banco de imagem/Arquivo da editora

Conhecer a dinâmica de uma população é importante para prever o que irá acontecer com ela no futuro, se haverá crescimento ou extinção, por exemplo.

Diversos fatores podem aumentar, diminuir ou mesmo eliminar uma população. Em geral, esses fatores são classificados em dois grupos:

- **dependentes da densidade:** quanto maior for a densidade, maior será o efeito desses fatores. Exemplos: competição por alimento ou espaço e doenças que se disseminam em aglomerações de indivíduos.
- **independentes da densidade:** o efeito desses fatores é o mesmo em populações muito densas ou pouco densas. Exemplos: geadas, inundações, secas prolongadas, deslizamentos de terra, terremotos e incêndios.

Limites ao crescimento das populações

Imagine um casal de moscas criado em laboratório, isolado de outros indivíduos. As fêmeas da espécie produzem cerca de 120 ovos, metade dos quais origina novas fêmeas. Além disso, ao longo do ano, a espécie se reproduz sete vezes. Vamos supor que cada casal se reproduza apenas uma vez, morrendo em seguida. Se todos os descendentes do casal inicial sobrevivessem e se reproduzissem, a população de moscas seria de, aproximadamente, 5 trilhões e 600 bilhões ao final de um ano, todas descendentes do primeiro casal!

Dica

Populações e comunidades

https://www.youtube.com/watch?v=8c3JjqgCn0w

Videoaula produzida pela Univesp (Universidade Virtual do Estado de São Paulo) para o curso de Licenciatura em Ciências e Matemática.

Na realidade, isso não acontece, pois qualquer população está submetida a fatores ambientais que limitam seu aumento, como predadores, clima desfavorável, doenças, falta de alimento, água ou espaço. O conjunto de fatores que limita o crescimento da população é chamado de **resistência ambiental**. O potencial de crescimento de uma população em condições ambientais ideais, sem limites, é chamado **potencial biótico**.

O **crescimento real** de uma espécie é resultado do seu potencial biótico influenciado pela resistência do meio. Além disso, existe um limite máximo de indivíduos que cada ambiente consegue suportar de acordo com a quantidade de espaço, água, comida, etc., que corresponde à **capacidade máxima de suporte do meio**. Veja o gráfico a seguir.

Curvas de crescimento de uma população

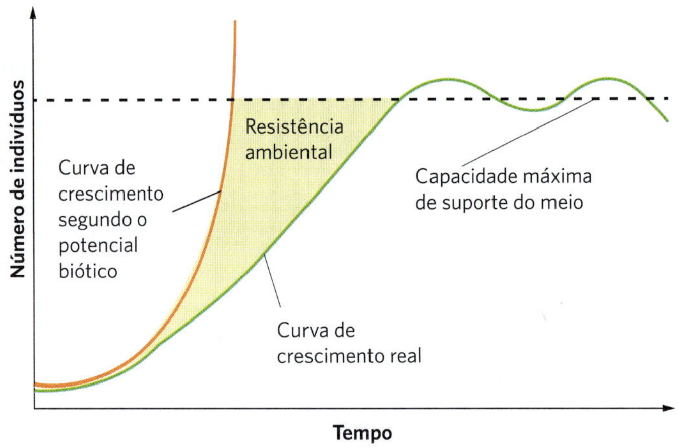

Populações humanas

Considerando a população humana, no passado, a resistência ambiental foi muito maior do que hoje: doenças, fome, guerra e epidemias resultavam em uma taxa de mortalidade mais alta. No entanto, avanços da Medicina e das tecnologias melhoraram as condições de vida e resultaram na redução dessa taxa: de modo geral, as pessoas vivem mais hoje do que antigamente.

Como consequência, a população mundial cresceu muito durante o século XX. De modo geral, o crescimento tem sido mais lento no século XXI, porém a taxa de crescimento das populações não é a mesma em todas as regiões do mundo. África, América Latina e Ásia são regiões que têm apresentado crescimento populacional mais rápido do que as populações da América do Norte e da Europa. Veja na tabela.

Crescimento da população mundial
(em milhões – os valores a partir de 2040 são projeções)

Local	1950	1980	2010	2040	2070	2100
Mundo	2536	4458	6956	9198	10459	10875
África	227	476	1039	2076	3307	4280
Ásia	1404	2649	4209	5188	5206	4719
Europa	549	693	736	727	666	629
América Latina e Caribe	168	361	591	742	758	679
América do Norte	172	254	343	410	454	490
Oceania	12	23	36	52	65	74

ONU. *World Population Prospects 2019.*
Disponível em: https://population.un.org/wpp/. Acesso em: mar. 2019.

A explosão populacional humana ocorrida no século XX não tem precedentes. O aumento no número de pessoas gera impactos no ambiente, como maior demanda por recursos finitos - como energia, água, alimentos, produtos industrializados - e maior geração de resíduos.

Existem previsões - mais ou menos otimistas - sobre o número de habitantes que a Terra pode suportar, ou seja, a capacidade máxima de suporte do meio. Porém, o impacto de nossa espécie não depende apenas do número de indivíduos, mas também do estilo de vida e de consumo das pessoas. De modo geral, um habitante de país mais desenvolvido consome mais recursos naturais e gera mais resíduos que um morador de país com menor desenvolvimento. É preciso repensar a maneira como as sociedades usam recursos naturais e buscar tipos de desenvolvimento mais sustentáveis e menos danosos e injustos. O uso de tecnologias e de fontes de energia menos poluentes é um dos grandes desafios deste século.

Tamanho das populações

Um dos problemas de ecólogos que trabalham em campo é avaliar ou estimar o tamanho de determinada população, por exemplo, de aves ou mamíferos. Isso pode ser feito capturando-se indivíduos da população desejada e marcando-os (com um colar, anel ou chip, por exemplo). Em seguida os indivíduos são soltos.

Depois de algum tempo o pesquisador retorna ao mesmo lugar e faz nova captura. Dessa vez, ele conta quantos indivíduos já haviam sido capturados anteriormente. Da análise desses dados, o pesquisador pode estimar o tamanho daquela população.

Veja o exemplo a seguir.

Um cientista precisava avaliar o tamanho de uma população de aves em um determinado bosque. Para isso, espalhou armadilhas que permitiam capturar somente aves daquela espécie. Cada ave capturada foi marcada com um anel, colocado ao redor de uma das pernas, e, em seguida, foi novamente solta no ambiente. O cientista conseguiu capturar e marcar 50 aves.

Alguns dias depois, as mesmas armadilhas foram colocadas, tendo sido capturadas 100 aves daquela espécie, 10 das quais tinham o anel ao redor da perna. Com base nesses dados, o cientista fez um cálculo e estimou 500 indivíduos para a população total de aves daquela espécie no bosque.

Greg Dimijian/Science Source/Fotoarena

Ave (*Aphelocoma ultramarina*, cerca de 17 cm de envergadura) com anel de identificação na perna.

Interações na comunidade

No capítulo anterior, você viu como matéria e energia são transferidas dentro da comunidade biológica por meio da alimentação nas cadeias e teias alimentares. Agora você vai conhecer outros tipos de interações entre os seres vivos de uma comunidade.

Essas interações podem ser classificadas em **intraespecíficas** (quando ocorrem entre seres da mesma espécie) ou **interespecíficas** (quando envolvem seres de espécies diferentes). Também podem ser classificadas em **positivas** (ou harmônicas) e **negativas** (ou desarmônicas). Nas relações positivas, não há prejuízo para os envolvidos e, além disso, há vantagem para pelo menos um deles. Nas relações negativas, pelo menos um dos envolvidos é prejudicado. No entanto, mesmo as relações negativas para um indivíduo podem ser benéficas para a comunidade. A predação, por exemplo, regula o tamanho das populações de presas e de predadores e também pode ser um fator de seleção natural ao remover indivíduos menos aptos.

No caso das relações interespecíficas, costuma-se empregar uma simbologia especial. Usa-se um sinal de mais (+) para designar vantagem, de menos (−) para indicar prejuízo e zero (0) quando a espécie não é afetada. Por exemplo, se usarmos os símbolos "+/−" para descrever uma interação, estamos indicando que uma das espécies é beneficiada e a outra é prejudicada.

Relações positivas (ou harmônicas)

Interespecíficas

Mutualismo (+/+)

Associação de duas espécies na qual ambas se beneficiam. **Mutualismo obrigatório:** há relação de dependência entre as espécies para sobreviverem. **Mutualismo facultativo (ou protocooperação):** a relação de dependência é menor ou inexistente; as espécies sobrevivem isoladas umas das outras.

Anêmona-do-mar

John A. Anderson/Shutterstock

Mutualismo facultativo entre caranguejo-eremita (*Dardanus pedunculatus*; até 10 cm de comprimento) – que recebe proteção da anêmona contra predadores – e anêmona-do-mar – que se beneficia por se movimentar junto do caranguejo e por consumir restos de seu alimento.

Comensalismo (+/0)

Relação em que uma espécie se beneficia, sem prejudicar a outra.

Alexander Machulskiy/Shutterstock

Relação de comensalismo entre rêmoras e tubarão-tigre (*Galeocerdo cuvier*; cerca de 4 m de comprimento). As rêmoras economizam energia para locomoção, obtêm proteção e, às vezes, restos de alimento ao se fixar no corpo do tubarão.

Guta Timmen/Shutterstock

Relação de comensalismo entre orquídea (*Cattleya intermedia*; cerca de 10 cm de diâmetro) e árvore. A orquídea se fixa no alto do tronco de árvores e consegue obter luz com mais facilidade sem, para isso, prejudicar a árvore.

Intraespecíficas

Colônias

Associações entre indivíduos da mesma espécie que se mantêm ligados entre si. Em uma colônia, pode haver ou não divisão de trabalho.

Peter Scoones/SPL/Fotoarena

A caravela-portuguesa (*Physalia physalis*) é formada por vários organismos que não sobrevivem isoladamente: organismos urticantes, que formam os tentáculos (cerca de 30 cm de comprimento) e capturam presas; um organismo flutuador, que permite a flutuabilidade da colônia; e por organismos responsáveis pela digestão e reprodução.

Sociedades

Grupo de indivíduos da mesma espécie que se organizam de modo cooperativo, mas não são ligados por seus corpos.

Nas sociedades de abelhas, formigas e cupins, apenas os indivíduos dominantes (rainhas e também rei, no caso dos cupins) podem se reproduzir. Os outros milhares realizam tarefas diversas em prol da organização e manutenção da sociedade.

Ivan Marjanovic/Shutterstock

As abelhas-africanas (*Apis mellifera*) formam sociedades. No centro da fotografia, está a abelha-rainha (cerca de 2 cm de comprimento).

Relações negativas (ou desarmônicas)

Interespecíficas

Predação (+/-)

Em geral, um ser vivo (predador) mata e alimenta-se de outro (presa). **Herbivoria** é uma relação semelhante à predação entre um animal herbívoro e uma planta.

Chris Moody/Shutterstock

Louva-a-deus da espécie *Miomantis caffra* (até cerca de 5 cm de comprimento) predando uma mosca.

Parasitismo (+/-)

Relação em que o parasita vive sobre (ectoparasitismo) ou dentro (endoparasitismo) do hospedeiro, alimentando-se dele, porém sem causar sua morte (ao menos imediata).

HerathMK/Shutterstock

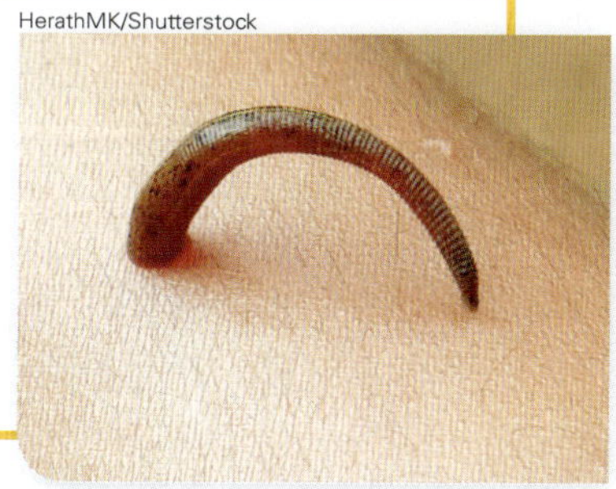

As sanguessugas (cerca de 5 cm de comprimento) são ectoparasitas. Nesse caso, o ser humano é o hospedeiro.

Amensalismo (0/-) ou (+/-)

Relação em que a população de uma espécie inibe o crescimento ou a reprodução de populações de outras espécies. A espécie que causa a inibição pode ou não se beneficiar disso.

Gr-Siamidis/Shutterstock

Na maré vermelha, certas algas planctônicas proliferam de maneira exagerada, liberando toxinas que acarretam a morte de outros seres.

Intraespecíficas

Competição (-/-)

Disputa por recursos (luz, água, nutrientes, alimento, parceiro sexual, entre outros) necessários à sobrevivência. Pode ocorrer entre indivíduos da mesma espécie (competição intraespecífica) ou de espécies diferentes (competição interespecífica). Os dois tipos regulam o tamanho da população e são parte da resistência ambiental.

Ana Dracaena/Shutterstock

Competição intraespecífica por alimento entre urubus-de-cabeça-vermelha (*Cathartes aura*; 1,8 m de envergadura).

Competição interespecífica por alimento entre pombos e pardais em ambiente urbano.

Boris Maximov MSKRU1953/Shutterstock

Sucessão ecológica

Os ecossistemas naturais estão em constante modificação. **Sucessão ecológica** é o nome que se dá à série de mudanças nas comunidades que compõem o ecossistema.

Nas sucessões, a comunidade que existe em um dado momento modifica condições do ecossistema, favorecendo o desenvolvimento de outra comunidade, diferente da primeira. As diversas comunidades se sucedem, até que se atinja um estágio de relativa estabilidade e equilíbrio, denominado **comunidade clímax**, que se instala de forma duradoura.

Imagine uma rocha nua, um ambiente particularmente árido, pois toda água que cai sobre ela escorre ou evapora com facilidade. Os liquens, associações entre algas e fungos, são considerados **organismos pioneiros** sobre as rochas. Eles desagregam a superfície da rocha pela ação física de suas hifas e pela eliminação de ácidos orgânicos, formando uma pequena camada de solo onde as primeiras plantas, em geral musgos, podem se estabelecer. Essa camada se desenvolve gradualmente conforme a rocha é alterada pela exposição ao clima e pelo acúmulo de matéria orgânica resultante da decomposição dos primeiros colonizadores. Aos poucos, a rocha fica recoberta por um tapete de vegetação e de solo. Em algumas regiões, acumula-se maior quantidade de solo, permitindo o enraizamento gradativo de arbustos e até árvores.

Nesse exemplo, a colonização por novas comunidades biológicas começou em um local inóspito, sem vida. Fala-se, nesses casos, em **sucessão primária**.

Quando a sucessão ocorre em uma área já ocupada, como um campo abandonado ou uma floresta após um incêndio, trata-se de uma **sucessão secundária**. É importante ressaltar que as espécies da sucessão secundária não são necessariamente as mesmas da floresta original.

Michael P. Gadomski/Science Source/Fotoarena

Liquens (*Xanthoria parietina*, até 10 cm de comprimento) e musgos (cerca de 5 mm de altura) são considerados organismos pioneiros em sucessões terrestres.

DreamerAchieverNoraTarvus/Shutterstock

Estágio de sucessão ecológica secundária em lago originado por uma barragem construída por castores, nas montanhas Pocono, Pensilvânia (EUA). Cinco anos depois este lago passou a ser ocupado por novas espécies de plantas e por mais camadas de solo.

Do estado inicial até a comunidade clímax, os ecossistemas sofrem profundas mudanças em diversos aspectos. Durante a sucessão, a produtividade primária bruta e a biomassa tendem a aumentar, porém estabilizam no estágio clímax. Neste estágio, a produtividade líquida tende a zero, pois a taxa de fotossíntese e de respiração se equilibram.

Desenvolvendo habilidades

1 Uma população de corruíras - pássaros predominantemente insetívoros - foi transportada por biólogos para uma ilha em que essa espécie não existia previamente. Em intervalos de tempo regulares, foram feitas contagens para determinar o número de indivíduos que compunha a população.

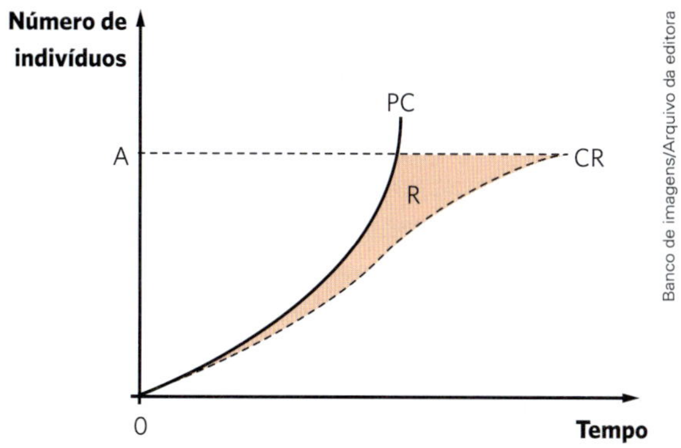

O gráfico acima foi construído pelos pesquisadores; considere, nele, que a curva PC do gráfico representa o potencial de crescimento de uma população dessa espécie de pássaros, enquanto a curva CR representa seu crescimento real. A área R, finalmente, representa a resistência do meio.

a) Qual é o significado biológico do valor A?

b) Dê exemplo de dois fatores que possam constituir a resistência do meio.

2 As figuras abaixo representam três populações de espécies diferentes. Cada círculo representa um indivíduo.

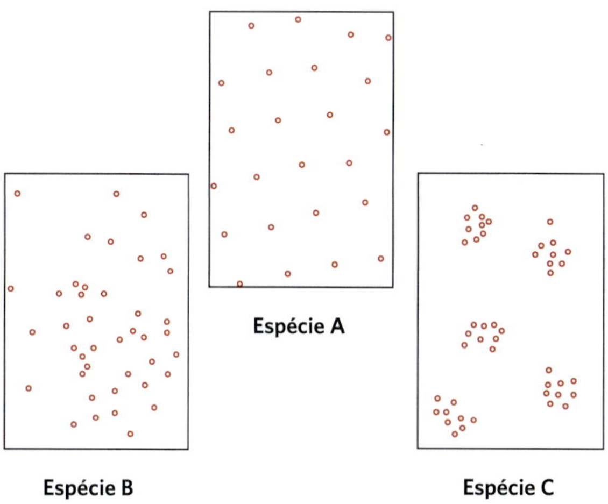

a) As populações têm a mesma densidade? Justifique.

b) As frases a seguir se referem a qual população?

I. Os indivíduos dessa espécie vivem isolados. Cada indivíduo vive em seu próprio território, impedindo a aproximação de rivais.

II. Os indivíduos dessa espécie vivem em grupos ou famílias.

III. Os indivíduos dessa espécie distribuem-se aleatoriamente pelo ambiente.

3 A densidade de populações humanas é medida em número de habitantes por quilômetro quadrado (hab/km²). De acordo com o censo demográfico de 2010 do IBGE (Instituto Brasileiro de Estatística), no Brasil, o município de Diadema (SP) tem a maior densidade populacional do país: 12 519,10 hab/km². Entre as capitais, Porto Velho (RO) é a menos densa: 12,57 hab/km². Os dados sobre as populações são coletados pelo IBGE durante o Censo Demográfico e também pelos municípios. No *site* do IBGE (https://cidades.ibge.gov.br/; acesso em: 16 mar. 2020) você pode encontrar informações sobre a densidade populacional do município em que vive. Ela está crescendo, diminuindo ou se mantém igual? Levante hipóteses que justifiquem o resultado encontrado. Se necessário, faça pesquisas para complementar as hipóteses levantadas.

4 Relações ecológicas em que uma das partes é prejudicada, como predação e parasitismo, podem ser benéficas para a população como um todo. Explique por quê.

5 Um agricultor cultiva produtos orgânicos, ou seja, livres de agrotóxicos. Ele notou a presença de pulgões alimentando-se da seiva de couves e outras hortaliças. Com a consulta de biólogo, ele liberou dezenas de joaninhas em seus canteiros, a fim de realizar o controle biológico. Essa técnica utiliza predadores ou parasitas para controlar populações de espécies que causam prejuízos agrícolas.

a) Que tipo de relação existe entre os pulgões e a couve e entre os pulgões e a joaninha?

b) Que vantagens o controle biológico pode trazer para o ambiente? Ele pode provocar algum risco também?

CAPÍTULO

5

Biodiversidade e conservação

As várias espécies de seres vivos, seja de grandes animais, seja de bactérias microscópicas, são fundamentais para a continuidade da vida na Terra. As formas de vida estão amplamente interligadas e dependem umas das outras, de diferentes maneiras. Às vezes, a perda de uma única espécie pode acarretar profundas modificações em toda a dinâmica ambiental.

Este capítulo favorece o desenvolvimento das habilidades:

- EM13CNT105
- EM13CNT202
- EM13CNT203
- EM13CNT206
- EM13CNT301
- EM13CNT302
- EM13CNT303

O que é biodiversidade?

A biodiversidade, ou diversidade biológica, está relacionada com a variedade da vida no planeta Terra. Ela abrange a diversidade de espécies, mais conhecida, e também a diversidade de genes e de ecossistemas.

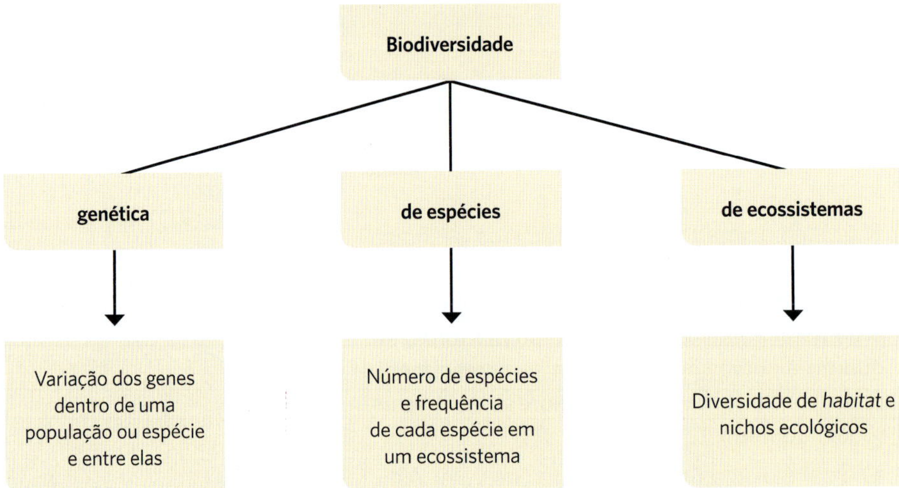

! Dicas

Parques do Brasil
https://tvbrasil.ebc.com.br/parquesdobrasil
Série de TV sobre parques nacionais e outras unidades de conservação brasileiras.

Unidades de conservação (UC)
https://uc.socioambiental.org/pt-br
Portal que reúne informações sobre biodiversidade e unidades de conservação. Utilize os filtros de pesquisa para fazer consultas sobre cada unidade em um mapa interativo.

Por que a biodiversidade importa?

Atualmente, existem cerca de 1,8 milhão de espécies conhecidas, mas estimativas indicam que o número total de espécies existentes supere 10 milhões. De acordo com o Ministério do Meio Ambiente, o Brasil é considerado um dos países com maior biodiversidade do mundo, abrigando entre 10% e 15% das espécies que existem.

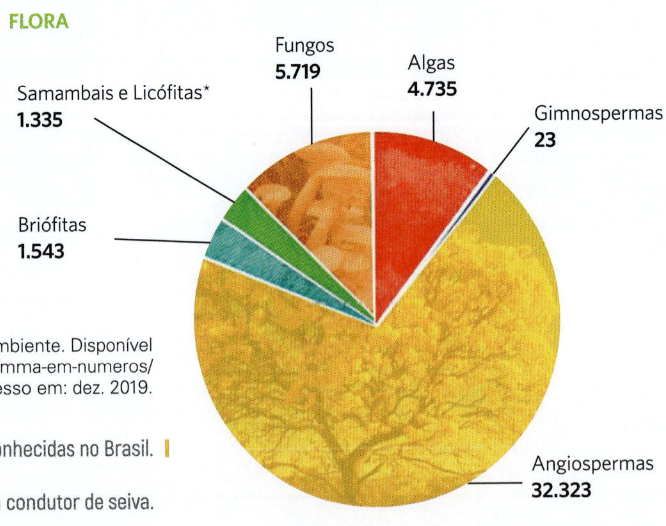

Fonte: Ministério do Meio Ambiente. Disponível em: www.mma.gov.br/mma-em-numeros/biodiversidade-flora. Acesso em: dez. 2019.

Número de espécies de plantas, fungos e algas conhecidas no Brasil.

*Um dos primeiros grupos de plantas a ter sistema condutor de seiva.

Mas por que a biodiversidade é tão importante? Entre os vários argumentos possíveis, um dos mais conhecidos considera a possibilidade de envolver seres vivos na produção de medicamentos, combustíveis, entre outros materiais úteis aos seres humanos. Nesta visão, a biodiversidade é considerada um recurso natural que pode ser explorado e gerenciado pelo ser humano.

Em outra argumentação possível, pode-se dizer que todas as espécies têm o direito de habitar a Terra. Estima-se que a vida tenha surgido no planeta há cerca de 4 bilhões de anos e se diversificado desde então. Cada espécie é um ramo único na história evolutiva da vida e ao longo dela, novas espécies surgem e outras são extintas. A espécie humana, que surgiu cerca de 300 mil anos atrás, é bastante recente quando comparada a espécies que existem há milhões de anos. Apesar do pouco tempo, o ser humano já causou alterações consideráveis aos ecossistemas do planeta, acelerando o ritmo de extinção das espécies.

Reprodução/Ministério do Meio Ambiente/Governo Federal

Fonte: Ministério do Meio Ambiente. Disponível em: www.mma.gov.br/mma-em-numeros/biodiversidade. Acesso em: dez. 2019.

Diversidade de espécies animais conhecidas no Brasil.

Não podemos nos esquecer de que somos dependentes da biodiversidade (e não apenas das espécies que consideramos "úteis"). Dependemos de outros seres vivos para a renovação do gás oxigênio do ar, ciclagem da matéria, polinização, manutenção do solo e dos regimes de chuva, entre outros exemplos. Assim, a redução da biodiversidade interfere nesses fenômenos. De modo geral, ambientes com alta diversidade são mais estáveis, resistindo melhor às perturbações.

Ilustrações: Mauro Nakata/Arquivo da editora

Representação de duas áreas de um ambiente natural. Acima existe maior diversidade de seres vivos. Abaixo, a perda de espécies impacta, entre outros aspectos, as cadeias alimentares e a dispersão de sementes por animais (note que não há árvores jovens).

Impactos humanos na biodiversidade

Não faltam motivos para proteger a biodiversidade. No entanto, em diversos locais do planeta, a ação antrópica (humana) continua provocando impactos negativos sobre o ambiente e os seres que o habitam.

Destruição e modificação de *habitat*

Um dos principais impactos antrópicos é a destruição e modificação de *habitat*. Em geral, a vegetação natural é retirada para construir cidades, estradas, fazendas, extrair minérios, obter energia, entre outras atividades. Além da destruição direta do *habitat* local, todas essas atividades envolvem a utilização de recursos naturais e geram resíduos que podem chegar aos ambientes naturais, prejudicando seres vivos, interferindo nas cadeias alimentares, na ciclagem da matéria e outros processos naturais. A intensificação do efeito estufa, discutida no Capítulo 3, pode causar graves alterações em *habitat* de todo o planeta, incluindo derretimento em regiões geladas e alteração do clima em diversas regiões do globo.

Atualmente, mais da metade da população mundial vive em áreas urbanas, fenômeno que também acontece no Brasil. Embora essas áreas ocupem uma pequena parte do globo terrestre, causam intensos impactos ambientais na região em que estão instaladas. Estima-se que, para cada metro quadrado de área urbana, sejam necessários vários metros quadrados de ambientes naturais para que ocorra a renovação do ar e da água, reciclagem dos resíduos produzidos e outros fenômenos.

Delfim Martins/Pulsar Imagens

Obra de duplicação da rodovia dos Tamoios no Parque Estadual Serra do Mar, em Caraguatatuba (SP), 2019. A modificação de áreas naturais para a construção de cidades, estradas ou pela extração de recursos naturais, geralmente, resulta na alteração ou redução da biodiversidade local. Em casos mais graves, pode levar espécies encontradas apenas neste *habitat* à extinção.

Exploração excessiva dos recursos naturais

A caça ilegal e abusiva, a pesca de enormes quantidades de animais, inclusive com técnicas agressivas ao ambiente (como as redes de arrasto e o uso de explosivos), o tráfico de animais silvestres a extração ilegal de espécies vegetais para obtenção de madeira e a retirada de certas palmeiras (palmito) e samambaias (xaxim) de seu ambiente nativo são apenas alguns exemplos de atividades humanas que têm empobrecido a biodiversidade mundial.

Reprodução/twitter.com/sosma

Em 10 anos (2009-2019), a Mata Atlântica perdeu grande parte de seus remanescentes originais por desmatamento.

A **biopirataria**, retirada de uma espécie de seu ambiente natural, de maneira ilegal, sem o conhecimento e/ou consentimento do povo ou da nação a quem pertence aquele bem biológico, também é um exemplo de exploração descontrolada do ambiente. Infelizmente, muitas nações em desenvolvimento não dispõem dos recursos econômicos necessários para defender, conservar ou explorar adequadamente o seu rico patrimônio de fauna e flora.

Zanone Fraissat/Folhapress

Insetos apreendidos pelo Instituto Brasileiro do Meio Ambiente e dos Recursos Naturais Renováveis (Ibama). Muitas vezes, a biopirataria tem por fim levar espécies brasileiras ilegalmente ao exterior para a realização de pesquisas científicas voltadas para a produção de medicamentos.

Introdução de espécies exóticas

A introdução de espécies exóticas em um ambiente pode ocasionar, por várias razões (como o estabelecimento de relações de competição e predação e a transmissão de doenças), a diminuição das populações nativas ou mesmo a extinção de algumas dessas espécies. Em termos ecológicos, podemos considerar que uma espécie é nativa se ocorrer naturalmente em determinado local e exótica se for originária de outros locais.

O mexilhão-dourado (*Limnoperna fortunei*) é um exemplo de animal exótico inadvertidamente introduzido nos estuários da foz do rio da Prata, na Argentina. Originário de países asiáticos, o animal espalhou-se por boa parte da América do Sul dentro dos tanques de água de lastro de navios comerciais. Veja a seguir outros exemplos de espécies introduzidas no Brasil.

Vladimir Wrangel/Shutterstock
Mark Brandon/Shutterstock
Cesar Diniz/Pulsar Imagens

(A) Peixe-leão (*Pterois volitans*), até 30 cm de comprimento. (B) Caramujo-gigante-africano (*Lissachatina fulica*), até 20 cm de comprimento. (C) Leucena arbustiva (*Leucena leucocephala*), até 5 m de altura. Espécies exóticas podem representar uma grande ameaça para a biodiversidade.

O risco de extinção de espécies

Por volta de cinquenta anos atrás, a União Internacional para a Conservação da Natureza (IUCN, na sigla em inglês) começou a elaborar as primeiras listagens (conhecidas como "listas vermelhas") das espécies ameaçadas de extinção. Essas listas são feitas com base nos estudos de especialistas, utilizando um conjunto de critérios que servem para avaliar o risco de extinção de milhares de espécies de animais e de plantas em todo o mundo. Com base nessa avaliação, a espécie é classificada segundo o nível de ameaça.

- **Vulnerável (VU)**: espécie enfrentando um risco alto de extinção na natureza.
- **Em perigo (EN)**: espécie enfrentando um risco muito alto de extinção na natureza.
- **Criticamente em perigo (CR)**: espécie enfrentando um risco extremamente alto de extinção na natureza.
- **Extinta (EX)**: espécie extinta na natureza.

No Brasil, uma associação de entidades, incluindo o Ministério do Meio Ambiente (MMA), o Instituto Chico Mendes de Conservação da Biodiversidade (ICMBio) e o Instituto Brasileiro do Meio Ambiente e dos Recursos Renováveis (Ibama), elaborou listas das espécies da fauna e flora brasileiras ameaçadas de extinção. Segundo dados de 2018, existem 1173 espécies de animais e 2113 espécies de plantas em alguma categoria de ameaça.

Palê Zuppani/Pulsar Imagens
Fabio Colombini/Acervo do fotógrafo

O tatu-canastra (*Priodontes maximus*), até 1 m de comprimento, e o jequitibá-rosa (*Cariniana legalis*), até 50 m de altura, são exemplos de espécies brasileiras classificadas como vulneráveis (VU), ou seja, que atualmente enfrentam alto risco de extinção.

Conservação da biodiversidade

Existem diversas iniciativas que buscam proteger a biodiversidade. Muitas delas são voltadas para a conservação de determinadas espécies, como a baleia-jubarte (que com as medidas adotadas já saiu da lista de animais ameaçados de extinção) e o mico-leão-dourado. Medidas que protegem uma espécie ameaçada em geral beneficiam toda a comunidade pela conservação do *habitat* e pelo restabelecimento do equilíbrio ecológico.

Há também iniciativas que visam conservar os ecossistemas (em vez de espécies ameaçadas). Uma delas é a criação de **unidades de conservação (UC)**, que são grandes áreas delimitadas pelo poder público para proteção da biodiversidade e dos recursos naturais.

Sebastião Moreira/Agência EFE

Coletor de ostra da comunidade quilombola Mandira, localizada dentro de uma reserva extrativista (Resex) em Cananeia (SP). Esse tipo de unidade de conservação concilia preservação com o desenvolvimento econômico de suas populações tradicionais.

Existem mais de 2 370 unidades de conservação atualmente no Brasil. Essas UC têm funções e objetivos variados, obedecendo a diferentes modos de funcionamento. Entre elas, existem as:

- **Unidades de proteção integral**: visam a proteção integral do ambiente, sem extração de recursos.
- **Unidades de uso sustentável**: permitem o uso sustentável dos recursos naturais.

Quais áreas precisam ser conservadas?

Um dos critérios utilizados para selecionar áreas a serem conservadas leva em conta a presença de alta biodiversidade, grande número de espécies endêmicas (que não existem em outros lugares da Terra) e de espécies ameaçadas de extinção. Áreas que reúnem essas características são chamadas de ***hotspots* de biodiversidade** (veja no mapa a seguir a localização dessas regiões no mundo).

Muitos *hotspots* situam-se em biomas presentes na região tropical da Terra. Assim, medidas que visem a conservação prioritariamente desses biomas contribuem para a manutenção da biodiversidade no planeta. A seguir, você vai conhecer as características dos biomas do Brasil e do mundo.

Hotspots de biodiversidade

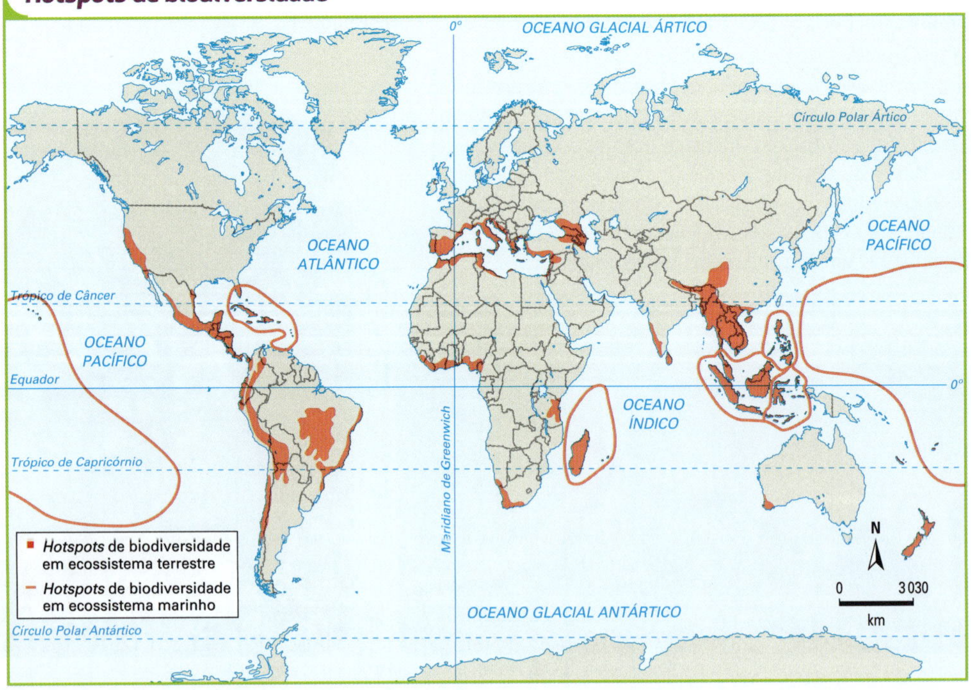

Banco de imagens/Arquivo da editora

Elaborado com base em: MYERS, N. *et al.* Biodiversity hotspots for conservation priorities. Nature, 403, 24 fev. 2000. Disponível em: www.nature.com/articles/35002501/figures/1. Acesso em: dez. 2019.

No Brasil, o Ministério do Meio Ambiente (MMA) instituiu, por meio da portaria número 444 de 26 de novembro de 2018, a Estratégia Nacional para Conservação de Espécies Ameaçadas de Extinção, que visa identificar ações de proteção que contemplem todas as espécies nativas ameaçadas de extinção até 2022. Baseado nesse estudo, o mapa a seguir mostra 146 locais considerados prioritários para conservação por abrigarem espécies em perigo ou criticamente em perigo de extinção.

Proteção da biodiversidade: locais prioritários

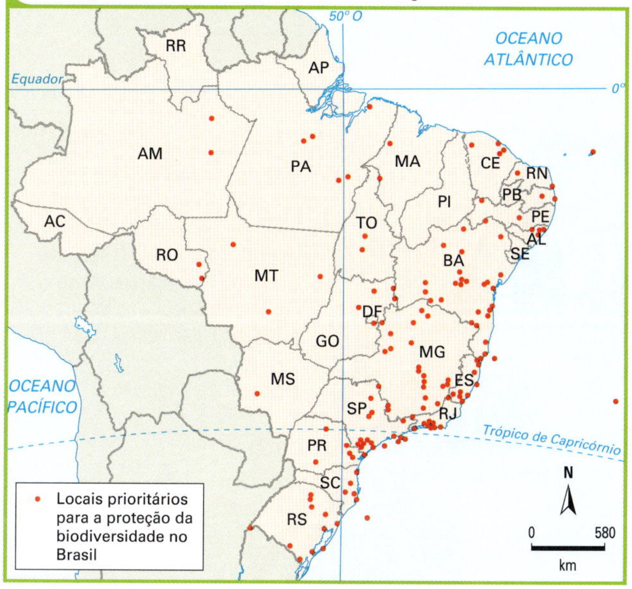

Banco de imagens/Arquivo da editora

Elaborado com base em: BAZE (Aliança Brasileira para Extinção Zero). Disponível em: www.mma.gov.br/images/arquivo/80046/Especies/Mapa_sitios_BAZE_2018_final.pdf. Acesso em: dez. 2019.

Mapa de locais prioritários (indicados pelos pontos em vermelho) para a proteção da biodiversidade no Brasil. Esses locais se espalham pelos vários biomas que ocorrem em nosso país.

Biomas

Biomas são grandes áreas da biosfera que compartilham semelhanças de clima, relevo, tipo de vegetação e outras características. Alguns ecólogos preferem usar essa palavra para designar apenas os ecossistemas terrestres; outros a utilizam também para ecossistemas aquáticos. Há diferenças ainda em relação ao número de biomas, que varia de cinco a vinte, dependendo da classificação.

O tipo de bioma que existe em cada lugar é condicionado por fatores não vivos. Para os biomas terrestres, são especialmente importantes a quantidade de luz, de chuvas e a altitude.

Os fatores não vivos e os biomas

A luz do Sol não atinge todas as partes da Terra com a mesma intensidade por causa do formato esférico do planeta. Uma área na região do Equador recebe mais luz que outras de mesmo tamanho localizadas próximas aos polos, por exemplo. As estações do ano são outro fator importante relacionado à quantidade de luz recebida, pois, em virtude da inclinação do eixo da Terra, há meses no ano em que um hemisfério recebe mais luz do que o outro.

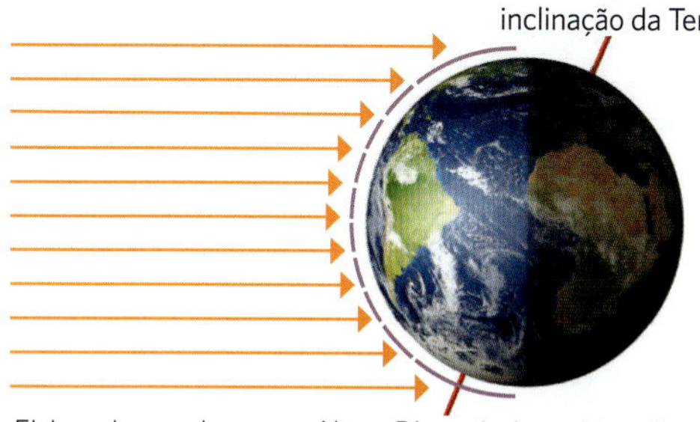

Mikkel Juul Jensen/SPL/Fotoarena

Representação dos raios solares que chegam à Terra. Os traços roxos indicam áreas de diferentes tamanhos na superfície do planeta; cada uma dessas áreas recebe a mesma quantidade de energia solar. Note que um feixe luminoso próximo aos polos distribui-se por uma área maior do que na região do equador. (Elementos fora de proporção de tamanho entre si. Cores fantasia.)

Elaborado com base em: Nasa. Disponível em: https://earthobservatory.nasa.gov/features/EnergyBalance/page1.php. Acesso em: dez 2019.

A quantidade de chuvas de uma região depende de vários fatores, como temperatura, ocorrência de ventos, quantidade de vapor de água no ar e relevo do terreno. As maiores precipitações ocorrem nas regiões vizinhas à linha do Equador, o que, juntamente com as altas temperaturas e outros fatores, possibilita a presença das florestas tropicais – que apresentam grande biodiversidade – nessas áreas.

O esquema a seguir mostra a maneira como se distribuem os principais biomas, em decorrência da temperatura e do regime de chuvas. Veja que nas regiões tropicais (base da pirâmide) existem desde desertos até floresta pluviais tropicais, que divergem principalmente na quantidade de chuvas. Nas zonas muito frias do planeta, como o Ártico e o Subártico, ocorrem poucos tipos de biomas, que divergem principalmente nas temperaturas que atingem.

A altitude também influencia na temperatura e no regime de chuvas. A cada 200 m de altitude, a temperatura baixa cerca de 1 °C. Isso explica, por exemplo, por que existe neve no alto de montanhas localizadas na zona tropical do planeta.

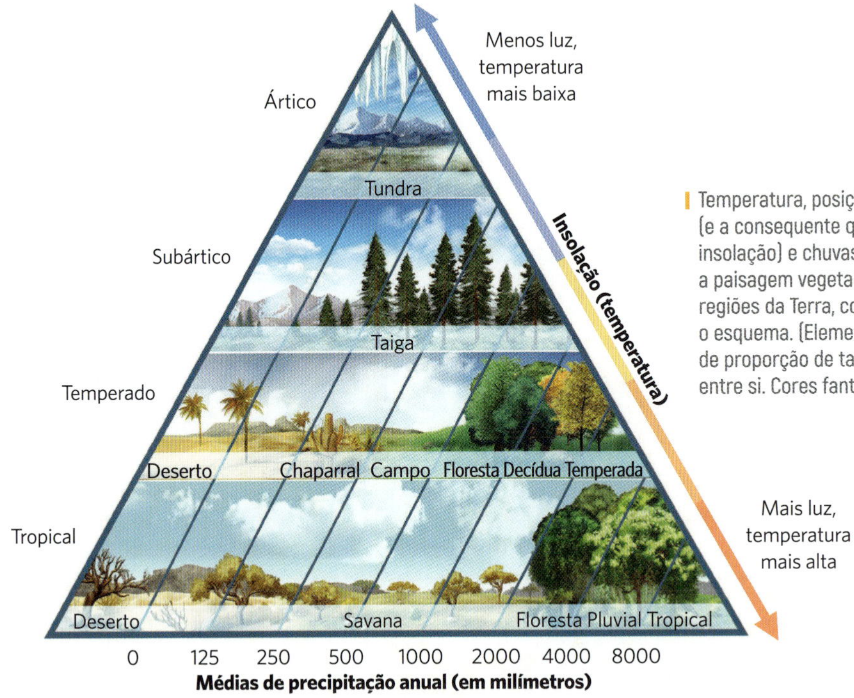

Temperatura, posição geográfica (e a consequente quantidade de insolação) e chuvas determinam a paisagem vegetal das diferentes regiões da Terra, como mostra o esquema. (Elementos fora de proporção de tamanho entre si. Cores fantasia.)

Elaborado com base em: PETERSON, J. F., SACK, D., GLABER, R. E. *Fundamentos de Geografia Física*. São Paulo: Cengage, 2015. p. 158.

Principais biomas do mundo

O mapa a seguir apresenta os biomas mundiais, de acordo com a classificação adotada nesta obra. Nas páginas seguintes serão apresentadas de forma sucinta as características dos principais biomas e as ameaças às quais estão submetidos.

Distribuição original dos biomas terrestres

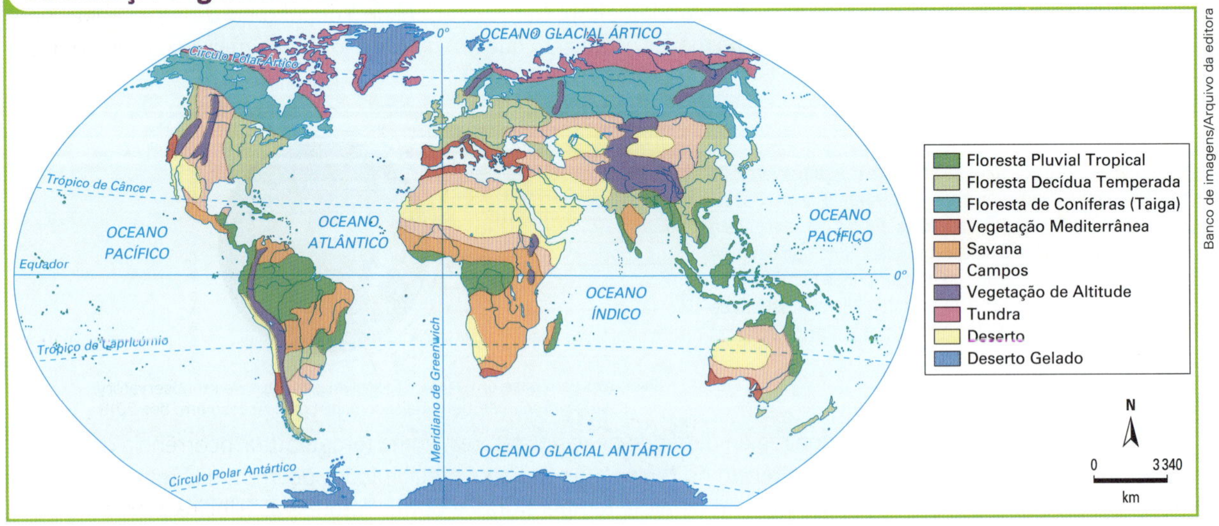

Elaborado com base em: ÍSOLA, I.; CALDINI, V. L. M. *Atlas geográfico Saraiva*. São Paulo: Saraiva, 2013. p. 172.

Floresta Pluvial Tropical

As áreas de Floresta Pluvial Tropical se localizam na faixa equatorial do planeta. No Brasil, este bioma é representado pela Floresta Amazônica e pela Mata Atlântica. É uma floresta de crescimento rápido e sempre verde, isto é, não há um período em que as árvores ficam sem folhas. Abriga grande biodiversidade de plantas, animais e outros seres vivos.

Grandes áreas desse bioma estão sob risco de desmatamento para extração de madeira ou para plantação de pastagens destinadas à pecuária. A destruição das florestas afeta diretamente o clima e o regime de chuvas de vastas regiões.

Banco de imagens/Arquivo da editora

Edson Grandisoli/Pulsar Imagens

Mata Atlântica no Parque Estadual Carlos Botelho, em São Miguel Arcanjo (SP), 2019.

Floresta Decídua Temperada

Característica do hemisfério norte, a vegetação da Floresta Decídua Temperada é mais esparsa e suas árvores, em geral, perdem as folhas no outono. Por causa disso, as árvores desse bioma são chamadas de decíduas (*decidus* = caído) ou caducifólias (do latim *caducus* = que cai e *folia* = folha). Grande parte dos animais migra no inverno e os que permanecem hibernam ou possuem adaptações que os permitem sobreviver sob baixas temperaturas.

A conversão de áreas de floresta decídua em áreas urbanas ou agrícolas é uma das principais ameaças a esse bioma.

Banco de imagens/Arquivo da editora

autthaporn pradidpong/Shutterstock

Floresta Decídua Temperada em Quebec, Canadá, 2014. Observe a grande quantidade de folhas sobre o solo, que caem durante o outono.

Taiga: a Floresta de Coníferas ou Floresta Boreal

A Taiga estende-se pela Sibéria, pelo norte da Europa e pelo Canadá. As formações florestais desse bioma caracterizam-se pela presença de gimnospermas (grupo ao qual pertencem os pinheiros). Suas árvores são sempre verdes e com adaptações relacionadas ao clima proporcionado pelo inverno longo e com neve: a forma da copa reduz o acúmulo de neve e as folhas em formato de agulha evitam a perda de água. O desmatamento é a principal ameaça a esse bioma.

Banco de imagens/Arquivo da editora

Sarit Richerson/Shutterstock

Floresta de coníferas no Alasca, EUA, 2019.

Tundra

As áreas de Tundra estão localizadas em uma faixa ao redor e um pouco abaixo do Polo Norte. No curto verão, a camada superior do solo descongela e a camada inferior, chamada de *permafrost*, se mantém permanentemente congelada. Nesta estação, gramíneas, alguns poucos arbustos, liquens e musgos dominam a paisagem, além da presença de diversos animais. Com a chegada do inverno, parte das espécies animais migra, enquanto outras refugiam-se no próprio bioma. As regiões de Tundra são pouco ocupadas por seres humanos, no entanto, a grande exploração de minerais e petróleo põe em risco esse bioma.

Banco de imagens/Arquivo da editora

Sarit Richerson/Shutterstock

Região de Tundra na Islândia, outono de 2019. Observe a vegetação rasteira que cobre o solo.

Campos

Os Campos cobrem uma grande parte dos Estados Unidos (Pradarias), da Ásia (Estepes), da Austrália e da América do Sul (Pampas do sul do Brasil, do Uruguai e da Argentina). Muita luz, muitos ventos e baixa umidade relativa são características desse bioma, sujeito a períodos de seca. A vegetação é constituída principalmente de plantas herbáceas e alguns poucos arbustos. A fauna inclui herbívoros de grande porte, roedores, insetos e aves de rapina. Os principais impactos humanos sobre este bioma são seu uso como pastagem, introdução de gado exótico e destruição da vegetação natural para o plantio de culturas.

Banco de imagens/Arquivo da editora

Sarit Richerson/Shutterstock

Região de campos em Torres del Payne, na Patagônia chilena, 2019. A vegetação rasteira é predominante nesse bioma.

Savanas

As Savanas localizam-se principalmente em regiões tropicais. Neste bioma, plantas herbáceas e arbustos se alternam com a presença de árvores esparsas. No continente africano, ocupa uma grande área povoada por animais de grande porte, como girafas, rinocerontes e leões. Na América do Sul, a maior área de Savana é o Cerrado, que será estudado mais adiante neste capítulo.

A caça excessiva, as queimadas e a retirada da vegetação para plantio de culturas e pastagens são os principais impactos provocados pelos seres humanos nesse bioma.

Banco de imagens/Arquivo da editora

Edson Grandisoli/Pulsar Imagens

Reserva Masai Mara, Quênia, 2018. A seca prolongada é característica da Savana africana.

Desertos

A distribuição dos desertos concentra-se na faixa de 30° de latitude norte ou sul. Esse bioma caracteriza-se pelo baixo regime de chuvas (menos de 25 mm por ano). A temperatura cai muito durante a noite, podendo sofrer variações de até 30 °C em um dia. As plantas são esparsas e apresentam adaptações à seca, como os espinhos (folhas modificadas) dos cactos. A fauna inclui insetos, aracnídeos, répteis e alguns mamíferos com adaptações especiais que aumentam sua resistência à desidratação.

Os principais impactos sobre esse bioma são ocupação para o estabelecimento de áreas urbanas e o plantio de culturas irrigadas, que modificam o ambiente e destroem os *habitat* das espécies nativas.

Banco de imagens/ Arquivo da editora

emilyz21/Shutterstock

Deserto do Atacama, Chile, 2019. A vicunha (*Vicugna vicugna*), até 1,3 m de altura, é um dos poucos mamíferos que habitam esse bioma.

Principais biomas do Brasil

Embora não exista um consenso quanto à questão, a maioria dos estudiosos admite que o território brasileiro apresenta sete biomas principais: a Floresta Amazônica, o Cerrado, a Caatinga, a Mata Atlântica, o Complexo do Pantanal, os Campos Sulinos (ou Pampas) e a Zona Costeira; além disso, existem ainda as zonas de transição entre os biomas.

Ecótono

As fronteiras entre dois ou mais ecossistemas não são rígidas ou bem definidas. Na zona de transição entre dois ecossistemas - denominada ecótono -, existem espécies tanto de um ecossistema como do outro, podendo também haver espécies exclusivas do ecótono.

No Brasil, há três grandes zonas de transição entre os biomas Amazônia-Cerrado, Cerrado-Caatinga e Amazônia-Caatinga. Essa última, correspondente a uma extensa área no norte do Maranhão e parte do Piauí, onde se encontram as Matas de Cocais. Estas são extensas florestas formadas, basicamente, por duas espécies de palmeira, o babaçu (de cujas sementes é extraído um óleo utilizado na fabricação de margarinas, sabões e gordura de coco) e a carnaúba (de cujas folhas obtém-se uma cera de excelente qualidade).

Mauro Nakata/Arquivo da editora

Representação de ecótono entre um Campo e uma Floresta. Repare que no ecótono há espécies de ambos os ecossistemas. (Elementos fora de proporção de tamanho entre si. Cores fantasia.)

Cada bioma brasileiro abriga certa diversidade de formações vegetais e ecossistemas; a Mata de Araucárias, existente no sul do país, por exemplo, é aqui incluída no bioma da Mata Atlântica, embora alguns estudiosos prefiram atribuir-lhe o status de um bioma específico.

O mapa ao lado mostra os limites aproximados de cada um dos biomas brasileiros. Nas páginas seguintes serão apresentadas de forma sucinta as principais características desses biomas e as ameaças às quais estão submetidos.

Distribuição original dos biomas brasileiros

Elaborado com base em: WWF Brasil. Disponível em: www.wwf.org.br/natureza_brasileira/questoes_ambientais/biomas/. Acesso em: dez. 2019.

Floresta Amazônica

A Floresta Amazônica é composta de um mosaico de paisagens: matas de terra firme, regiões alagadas parte do ano (várzeas) ou o ano todo (mata de igapó), campos, áreas de cerrado, manguezais, entre outras. Dado o grande número de *habitat* e nichos ecológicos distintos que oferece, é um dos locais com maior biodiversidade no planeta.

Igarapé em floresta da Terra Indígena Raposa-Serra do Sol, em Uiramutã (RR), 2018.

Sabe-se, hoje, que a maior parte do solo da Floresta Amazônica é pouco fértil. Folhas e outras partes de plantas que caem ao solo são rapidamente decompostas, disponibilizando sais minerais prontamente reabsorvidos pelas raízes próximas. Em áreas desmatadas pela ação do ser humano, no entanto, ocorre rápido empobrecimento do solo. Desmatamento e queimadas, especialmente para conversão da área em lavouras e pastagens e construção de obras de grande porte, como barragens e usinas, são algumas das ameaças a esse bioma.

Em agosto de 2019, a quantidade de queimadas registrada na Amazônia foi bem acima da média histórica para o mês, que corresponde à 25 853 focos entre os anos de 1998 e 2018. Segundo dados do Instituto Nacional de Pesquisas Espaciais (Inpe), foram 30 901 focos de incêndio ao longo do mês, quase o triplo do número de focos registrados em agosto de 2018, que teve 10 421 focos (alta de 196%), atingindo unidades de conservação (UC) e terras indígenas.

As análises e dados levantados pelo Inpe, pela Nasa e pelo Instituto de Pesquisa Ambiental da Amazônia (Ipam), indicaram que as causas do aumento dos incêndios florestais poderiam estar relacionadas ao crescimento do desmatamento das áreas de floresta, que no período de janeiro a junho daquele ano aumentou 88% - cerca de 920,4 km² de floresta devastados.

Cerrado

O bioma Cerrado é considerado um tipo de Savana, pois em sua maior parte é constituído de campos herbáceos, com arbustos e árvores baixas esparsas. Existem, porém, regiões com árvores mais altas (cerradão), veredas (agrupamentos de buritis) e as matas ciliares, que margeiam os solos úmidos dos rios. No Cerrado estão localizadas as nascentes de grandes bacias hidrográficas, como as do Araguaia-Tocantins, do São Francisco e do Paraná.

A vegetação do Cerrado muitas vezes tem aparência semelhante à das plantas de locais secos (como galhos tortuosos, folhas endurecidas e cascas grossas). No entanto, a água não é um fator limitante no Cerrado, uma vez que existe bastante umidade no solo a partir de alguns metros de profundidade. A aparência dessas plantas pode ser explicada pelo solo ácido e rico em ferro e alumínio e pelos incêndios naturais.

As monoculturas extensivas (principalmente de soja), a criação de gado, a expansão urbana desordenada, a mineração, o garimpo e a derrubada das árvores para a produção de carvão vegetal são os principais fatores de impacto sobre esse bioma.

Sandra Moraes/Shutterstock

Banco de imagens/Arquivo da editora

Parque Nacional da Chapada das Mesas (MA), 2019, com vegetação típica do Cerrado.

Anan Kaewkhammul/Shutterstock

Lobo-guará (*Chrysocyon brachyurus*), até 1 m de altura. A fauna do Cerrado é rica e variada.

Complexo do Pantanal

Fabio Colombini/Acervo do fotógrafo

Banco de imagens/Arquivo da editora

Pantanal de Poconé (MT), na época das cheias, em fevereiro de 2018. A mesma região na época das secas, em setembro.

O Complexo do Pantanal estende-se por uma imensa planície que recebe as águas de vários rios da região. Nesse bioma há dois períodos característicos: o das cheias, que ocorre geralmente de novembro a março, e o das secas, que se estende, geralmente, de abril a outubro. A água das cheias escorre lentamente, originando inúmeros corixos (ribeirões) que pouco a pouco se reúnem, alagando áreas de vegetação e formando lagoas maiores. Com a plenitude da cheia, esses corpos d'água se misturam às águas dos grandes rios, carregando toneladas de sedimentos, que fertilizam o solo desse rico bioma. O Complexo do Pantanal tem uma biodiversidade riquíssima, sendo considerado uma das maiores reservas ecológicas do planeta.

A ocupação de áreas para a agricultura e a pecuária tem causado grande impacto nesse bioma, além da construção de hidrelétricas, o turismo desorganizado, o garimpo, o tráfico de animais silvestres e a caça e a pesca predatórias.

Mata Atlântica

Originalmente a Mata Atlântica ocupava toda a extensão da faixa litorânea que vai do Rio Grande do Norte ao Rio Grande do Sul. Esse bioma apresenta uma das maiores biodiversidades do mundo, abrigando espécies endêmicas, muitas delas gravemente ameaçadas de extinção, como o samambaiaçu, a palmeira juçara, mico-leão-dourado e mono-carvoeiro.

Desde a chegada dos colonizadores portugueses, esse bioma foi alvo de destruição constante, primeiro com a exploração do pau-brasil e posteriormente em razão do desmatamento de áreas de floresta para dar lugar às lavouras de cana-de-açúcar e de café. No último século, o maior impacto sobre este bioma se deu pela intensa ocupação humana. O resultado de séculos de ocupação e destruição desse bioma é que atualmente a Mata Atlântica está reduzida a apenas 7% de sua área original.

Banco de imagens/Arquivo da editora

Luciana Whitaker/Pulsar Imagens

Mata Atlântica no Parque Nacional do Itatiaia, em Resende (RJ), 2019. Na Mata Atlântica encontra-se o maior número de espécies ameaçadas de extinção em nosso país.

JohannesOehl/Shutterstock

Preguiça-de-garganta-marrom (*Bradypus variegatus*), até 40 cm de altura.

Mata de Araucárias

Por muito tempo, o desmatamento de áreas da Mata de Araucárias (ou Floresta de Araucárias) deu lugar a lavouras e pastagens e alimentou a indústria madeireira. Como resultado, hoje resta pouco mais de 1% da cobertura original dessa vegetação.

A árvore característica dessa formação vegetal, a araucária (*Araucaria angustifolia*), pode atingir até 30 m de altura e precisa de muita luz solar. Sua copa tem aspecto de prato ou guarda-sol e suas folhas têm forma de agulha. As sementes, os pinhões, caem no solo, servindo de alimento para muitos animais. Nessas regiões também prosperam outros tipos de plantas, como a erva-mate, o cedro, a canela, a imbuia, entre outras que crescem à sombra das araucárias.

Banco de imagens/Arquivo da editora

Antonio Meneghini/Shutterstock

Diego Grandi/Shutterstock

Vegetação da Mata de Araucárias, em Garibaldi (RS), 2020. No detalhe, a gralha-azul (*Cyanocorax caeruleus*), cerca de 40 cm de comprimento, ave da família dos corvídeos que auxilia na dispersão de sementes de araucária.

Caatinga

Gerson Gerloff/Pulsar Imagens

Banco de imagens/ Arquivo da editora

Cabaceiras (PB), 2019, com vegetação típica da Caatinga.

O clima característico do bioma Caatinga é o tropical semiárido, que apresenta elevada temperatura ao longo de todo o ano e chuvas escassas e irregulares, com baixa umidade relativa do ar. Os rios são temporários ou intermitentes (secam na época de estiagem). O solo é raso e pedregoso, vulnerável à desertificação (processo em que o solo torna-se árido e infértil).

A vegetação da Caatinga é formada por árvores baixas, arbustos, cactos e ervas rasteiras. O nome "caatinga" tem origem indígena e significa "mata branca" em língua tupi, devido ao aspecto que a vegetação adquire na época de seca, quando as plantas perdem suas folhas e a mata fica com um tom acinzentado muito claro.

Nas florestas da Caatinga vivem várias espécies de invertebrados, anfíbios, répteis, aves e mamíferos.

O desmatamento para produção de lenha e carvão vegetal é uma grande ameaça a esse bioma. A destruição de *habitat* e o tráfico de animais causaram a extinção da ararinha-azul (*Cyanopsitta spixii*) na natureza. Atualmente, só existem cerca de 160 exemplares dessa espécie em todo o mundo, vivendo em cativeiro. Buscando reverter essa situação, existem projetos de reintrodução desta ave em seu *habitat* a partir de 2020.

Campos Sulinos

Gerson Gerloff/Pulsar Imagens

Banco de imagens/ Arquivo da editora

Foto 4440/Shutterstock

São Borja (RS), 2017, com vegetação típica dos Campos sulinos.

Também conhecidos como Pampas, os Campos Sulinos estão localizados no extremo sul do país. É uma região de verão quente e inverno rigoroso, com chuvas bem distribuídas ao longo de todo o ano.

A paisagem é composta de vastas áreas de campos e coxilhas (extensões onduladas de terreno) recobertos por uma vegetação herbácea (gramíneas e plantas rasteiras), com alguns arbustos e árvores de pequeno porte. Esse bioma abriga uma grande variedade de mamíferos, aves e outros animais.

A maior parte desses campos já se encontra totalmente descaracterizada pelo uso para a agricultura e pecuária.

Zona Costeira

Gerson Gerloff/Pulsar Imagens

Banco de imagens/ Arquivo da editora

Rio das Contas, em Itacaré (BA), 2017, com área de mangue à sua margem, uma paisagem típica da Zona Costeira.

A Zona Costeira brasileira é uma das mais extensas do mundo. O país possui uma linha contínua de costa litorânea com mais de 8 mil km de extensão, ao longo da qual são encontradas paisagens e formações diversas, como praias, dunas e manguezais. Tudo isso é resultado da enorme variação no relevo e nas condições climáticas reinantes ao longo de um litoral tão extenso. São ecossistemas com enorme riqueza da flora e da fauna, especialmente como *habitat*, fonte de alimento e local de reprodução de inúmeras espécies de animais, tanto aquáticos (marinhos ou de água doce) quanto terrestres.

O esgotamento da fauna, o lançamento de esgotos e dejetos industriais não tratados, o derramamento de petróleo e o aterramento para expansão da área urbana são os principais problemas enfrentados na conservação desse rico bioma.

Dudarev Mikhail/Shutterstock

Caranguejo guaiamum (*Cardisoma guanhumi latreille*), 8 cm de comprimento.

Ferramentas digitais

Nosso país tem grande extensão de territórios cobertos por vegetação. As **queimadas**, tão faladas nos meios de comunicação, podem significar perdas importantes de espécies animais e vegetais, por modificar profundamente os ecossistemas. Atualmente, podemos contar com ferramentas digitais para monitorar queimadas nos biomas brasileiros.

1. Pesquise em fontes confiáveis na internet as principais consequências das queimadas para os ecossistemas brasileiros e organize seus resultados em forma de uma apresentação digital, ilustrada e, se possível, com o uso de vídeos, que possa ser exibida aos colegas. Outra possibilidade, a ser discutida com o professor, é preparar um *blog* com todos esses dados.

Os sistemas de monitoramento disponíveis no *site* do Programa Queimadas do Instituto Nacional de Pesquisas Espaciais (Inpe) (http://queimadas.dgi.inpe.br/queimadas/portal, acesso em: jun. 2020) permitem verificar a situação atual das queimadas no Brasil. Os gráficos, tabelas e mapas, entre outros recursos disponíveis, auxiliam nessa análise.

2. Ao acessar o *site*, observe primeiro a "Situação atual", na aba "Informações atuais", que fornece dados dos dois últimos dias. O mapa pode ser definido sob vários aspectos, dos quais os três seguintes podem ser mais relevantes para o objetivo da nossa pesquisa: "Risco de fogo", "Fumaça" e "Vegetação". Verifique a situação desses parâmetros para o Brasil como um todo. Percebe-se alguma coincidência entre eles?

3. Retorne à página principal, clique na aba "Risco de fogo" e localize os estados em que há maior risco de queimada. Em seguida, elabore uma hipótese para explicar o maior risco de fogo nesses estados e registre-a no caderno. Pesquise em *sites* e jornais se há notícias relacionadas a queimadas nesses locais e identifique os principais problemas mencionados.

4. Amplie no mapa a sua região e verifique o "Risco de fogo" para os próximos 3 dias.
Pesquise em *sites* e jornais locais se foram noticiadas recentemente queimadas no estado em que você vive.

5. Com os colegas de grupo, pensem em medidas práticas que poderiam ser sugeridas para reduzir o número de queimadas na sua região. Para apresentar suas ideias, vocês podem gravar um telejornal com o auxílio de uma câmera de *smartphone* ou criar um *blog* para divulgação.

Desenvolvendo habilidades

1 Leia o texto a seguir.

A expansão de atividades produtivas insustentáveis, como a agropecuária intensiva, é uma das causas do desaparecimento da biodiversidade no mundo, o que por sua vez poderá comprometer a produção de alimentos e o próprio desempenho do setor agrícola no futuro. A conclusão é de relatório divulgado [...] [em 2019] pela Organização das Nações Unidas para a Alimentação e a Agricultura (FAO). [...]

[...] das cerca de 6 mil espécies de plantas cultivadas para alimentação, menos de 200 contribuem substancialmente para a produção global de alimentos e apenas nove respondem por 66% da produção agrícola total. [...]

A expansão insustentável de práticas produtivas associadas a essas espécies agrava a dependência do ser humano de um conjunto restrito de plantas e animais para se alimentar [...].

A FAO também analisa o estado da biodiversidade associada, isto é, de espécies de seres vivos que não chegam à mesa do consumidor, mas que fornecem serviços essenciais para a alimentação e a agricultura – os chamados serviços ecossistêmicos. É o caso, por exemplo, dos polinizadores, que fazem parte do equilíbrio ecológico por trás da reprodução de espécies vegetais. [...]

O relatório também destaca o papel que o público em geral pode desempenhar na redução das pressões sobre a biodiversidade. Os consumidores podem optar por produtos cultivados de forma sustentável, comprar em mercados agrícolas ou boicotar alimentos considerados insustentáveis. Em vários países, "cientistas cidadãos" já têm um papel importante no monitoramento da biodiversidade para os alimentos e a agricultura.

ONU. *FAO alerta que desaparecimento da biodiversidade ameaça produção de alimentos*. Disponível em: nacoesunidas.org/fao-alerta-que-desaparecimento-da-biodiversidade-ameaca-producao-de-alimentos/. Acesso em: dez. 2019.

a) Apenas nove espécies de plantas fornecem 66% da produção agrícola mundial. Você tem ideia de que espécies são essas? Por que é arriscado que tão poucas espécies produzam a maior parte dos alimentos?

b) Que outros serviços ecossistêmicos estão associados à biodiversidade, além da polinização?

2 O gráfico a seguir representa as condições de temperatura e a quantidade de chuva de três biomas mundiais. Quais são eles? Como você explica sua escolha?

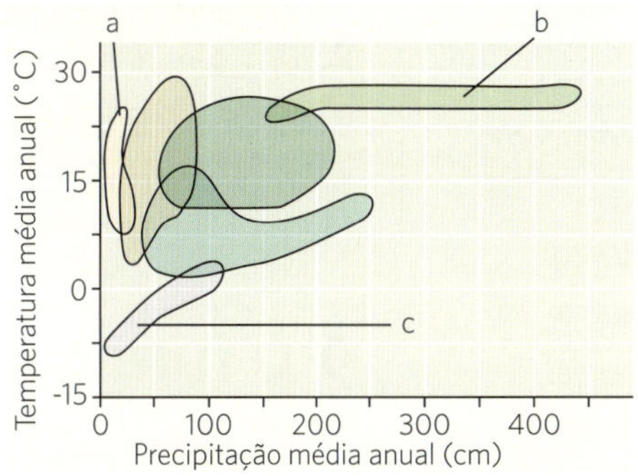

3 Em março de 2020, 50 ararinhas-azuis criadas em cativeiros na Alemanha chegaram ao país. Após um período de adaptação, elas serão liberadas em UC localizadas em seu *habitat* natural, na região norte Bahia, onde a espécie não existia mais desde o ano 2000.

Danny Ye/Shutterstock

Ararinhas-azuis (*Cyanopsitta spixii*), até 57 cm de comprimento.

a) Discuta a importância das Unidades de Conservação para projetos de reintrodução de espécies em seu *habitat* natural.

b) Pesquise: em qual categoria de ameaça está a ararinha-azul?

c) Discuta: caso a reintrodução seja bem sucedida e a aves voltem a se reproduzir na natureza, podemos dizer que houve perda de diversidade genética? Esse tipo de perda pode ser uma ameaça para a continuidade da espécie?

4 A araucária é encontrada em estados da região Sul e Sudeste. No Rio Grande do Sul, essa árvore pode ser encontrada em altitudes a partir de 400 m; em Santa Catarina e no Paraná, acima de 500 m; no estado de São Paulo, acima de 800 m; e em Minas Gerais, somente a partir dos 1 000 m.

a) Elabore uma explicação para a influência da altitude na distribuição desta espécie nestes locais.

b) Qual é a principal ameaça para essa árvore?

CAPÍTULO

6

Sustentabilidade

Todas as espécies de um ecossistema interagem entre si e com o ambiente. Porém, a espécie humana - devido à sua capacidade de refletir, conhecer e prever - controla e modifica intensamente o ambiente. Em razão dessas características o impacto de nossas ações e nossa responsabilidade com o planeta são grandes.

Este capítulo favorece o desenvolvimento das habilidades:

EM13CNT101
EM13CNT102
EM13CNT103
EM13CNT104
EM13CNT105
EM13CNT106
EM13CNT203
EM13CNT206
EM13CNT207
EM13CNT301
EM13CNT302
EM13CNT303
EM13CNT304
EM13CNT309
EM13CNT310

O futuro depende do que é feito agora

Vimos, nos capítulos anteriores, que o aumento da população humana e o modelo de desenvolvimento adotado pela maioria das sociedades causam grandes impactos ao ambiente e, em última análise, ameaça a vida neste planeta. Durante grande parte de sua história, a espécie humana utilizou os recursos naturais sem grandes preocupações, pois havia a ideia de que não seria possível esgotá-los. Há décadas, percebemos que esse não é o caso.

Em 1987, a Comissão Mundial sobre Meio Ambiente e Desenvolvimento, da Organização das Nações Unidas (ONU), propôs uma definição para **desenvolvimento sustentável**: "o desenvolvimento que satisfaz as necessidades da presente geração sem comprometer a capacidade das gerações futuras de satisfazer suas próprias necessidades", a fim de diferenciá-lo do modelo de desenvolvimento vigente.

Em outras palavras, é necessário que o desenvolvimento econômico e os hábitos de vida das populações humanas não promovam o esgotamento dos recursos do planeta, de maneira que as pessoas, hoje e no futuro, possam viver com qualidade. Em 2015, os 193 Estados-membros da ONU firmaram um acordo e foram estabelecidos 17 Objetivos do Desenvolvimento Sustentável. Eles abrangem diversos aspectos relacionados ao bem-estar da população humana e à proteção e uso sustentável dos recursos naturais.

Reprodução/ONU

Os 17 Objetivos do Desenvolvimento Sustentável incluem ações que conciliam o bem-estar humano e a sustentabilidade ambiental.

A proposta de desenvolvimento sustentável implica todo um conjunto de medidas a serem tomadas em níveis individual, coletivo e governamental. É fundamental que passemos a questionar nossos hábitos e necessidades de produzir e de consumir, o desperdício inerente ao modelo de desenvolvimento atual, bem como nosso próprio estilo de vida.

Os próximos tópicos exploram três grandes desafios atuais para o desenvolvimento sustentável: poluição, obtenção e consumo de energia e aquecimento global.

Dicas

Conheça os novos 17 Objetivos do Desenvolvimento Sustentável da ONU
https://nacoesunidas.org/conheca-os-novos-17-objetivos-de-desenvolvimentosustentavel-da-onu/
Link da ONU para os novos ODS que devem ser implementados por todos os países do mundo até 2030. Acesso em: jun. 2020.

Publicações Associação Caatinga
www.acaatinga.org.br/publicacoes/
Link da Associação Caatinga que permite *download* gratuito de cartilhas sobre construção de cisternas, forno e fogão solares, criação de abelhas sem ferrão entre outras práticas sustentáveis. Acesso em: jun. 2020.

Poluição

A **poluição** - seja ela do ar, da água ou do solo - é o acréscimo de material ou de energia ao ambiente que altera suas características e pode prejudicar os seres vivos. Ao fator que causa a poluição chamamos **poluente**.

Os poluentes são, quase sempre, resíduos de atividades humanas, como a agricultura, a indústria e a produção de resíduos biológicos (urina e fezes, por exemplo).

Muitas embalagens descartáveis - garrafas de plástico e latas de alumínio, por exemplo - são consideradas poluentes porque sua decomposição é muito lenta. Assim, esse material fica acumulado no ambiente por centenas de anos ou mais.

Poluição do ar

Indústrias, veículos, usinas de transformação de energia termoelétrica e queimadas são algumas das fontes de poluição do ar. Há poluentes que formam partículas que podem ser visíveis como uma camada cinzenta no céu de grandes centros urbanos. Outros são invisíveis, como o monóxido de carbono (CO). Esse gás liga-se à hemoglobina e prejudica o transporte de gases pelo sangue.

designbydx/Shutterstock

Poluição do ar em Bangkok, Tailândia, janeiro de 2020. Os poluentes liberados por veículos são um dos principais fatores que afetam a qualidade do ar em grandes cidades.

A poluição do ar afeta a saúde de diversos seres vivos, inclusive a nossa. Estima-se que milhares de pessoas morram todos os anos em consequência de doenças respiratórias e cardíacas causadas ou agravadas pela poluição do ar.

Grande parte dos poluentes do ar vem, direta ou indiretamente, da queima de combustíveis fósseis para obter energia, como o carvão mineral e o petróleo e seus derivados (gasolina, óleo *diesel*, etc.). A queima desses combustíveis libera gás carbônico (CO_2), um dos gases relacionados à intensificação do efeito estufa.

Além dos danos à saúde e da intensificação do efeito estufa, outros efeitos da poluição do ar são as chuvas ácidas e a rarefação da camada de ozônio.

Daniel Cymbalista/Pulsar Imagens

Chafariz com as figuras de Anfitrite e Tritão no Parque Buenos Aires, São Paulo (SP), 2015. As chuvas ácidas têm danificado monumentos de mármore de valor histórico, causando corrosão acelerada.

Chuva ácida

A água pura é neutra, com pH igual a 7,0. A água da chuva costuma ser ligeiramente ácida, com pH 5,6. Isso porque, ao se combinar com o gás carbônico (CO_2) do ar, forma-se ácido carbônico (H_2CO_3). Em várias partes do planeta têm ocorrido chuvas com valores de pH ao redor de 4,0, ou seja, mais ácida que o normal.

A chuva ácida está ligada à queima de combustíveis fósseis. Automóveis e indústrias liberam na atmosfera óxidos de enxofre (SO_2) e de nitrogênio (NO_2); esses gases reagem com a água da chuva, formando ácido sulfúrico (H_2SO_4) e ácido nítrico (HNO_3), que a acidificam fortemente.

Seus efeitos prejudicam ecossistemas terrestres e aquáticos, afetando o desenvolvimento e a sobrevivência de seres vivos. Como os ventos podem espalhar os poluentes por milhares de quilômetros, a chuva ácida pode afetar regiões distantes da fonte poluidora.

Rarefação da camada de ozônio

A radiação ultravioleta do Sol é muito prejudicial aos seres vivos, pois causa alterações no material genético e pode provocar câncer de pele, entre outras doenças. Parte dessa radiação que chega à superfície da Terra é filtrada pela camada de ozônio (O_3) da estratosfera, camada atmosférica situada entre 15 km e 50 km da superfície do planeta.

Na atmosfera, o gás ozônio é produzido a partir de moléculas de oxigênio (O_2) em presença de radiação ultravioleta, mas constantemente se transforma novamente em oxigênio. Quando as duas reações ocorrem com mesma intensidade, há equilíbrio entre o ozônio fabricado e o que é destruído naturalmente.

Em 1985, observou-se, pela primeira vez, uma região rarefeita na camada de ozônio, pouco acima do polo sul, cuja quantidade desse gás havia sido reduzida em 50%. Observou-se também, mais tarde, que outras regiões do planeta haviam sido afetadas. A principal causa desse fenômeno foi a liberação de gases CFC (clorofluorcarbonos), na época usados em geladeiras, condicionadores de ar e aerossóis (*sprays*), entre outros produtos. Na atmosfera, os CFC liberam átomos de cloro; estes reagem com moléculas de ozônio, transformando-as em oxigênio – o que provoca queda na concentração de ozônio na atmosfera.

Em 1987 foi firmado um acordo internacional em que diversos países – incluindo o Brasil – se comprometeram a deixar de fabricar gases do tipo CFC. Porém, ainda em 2018, foram detectadas emissões ilegais desses gases, que se acredita terem origem no leste da Ásia.

Mesmo com o fim do uso de CFC, serão necessárias décadas até que a camada de ozônio seja totalmente recuperada.

Katy Mersmann/Goddard Space Flight Center/NASA

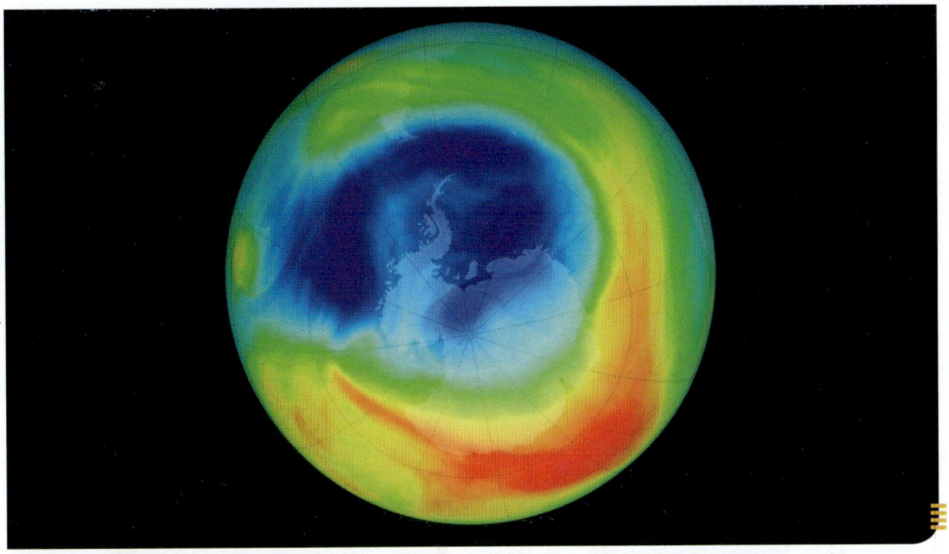

Imagem do "buraco" da camada de ozônio (mancha azul) sobre a Antártida, em setembro de 2019. Satélites que monitoram a camada de ozônio fornecem dados para a criação de imagens como esta.

Poluição da água

A água é um dos recursos naturais mais preciosos, e seu uso também passou a ser fonte de preocupação nos dias atuais. A necessidade de água doce e potável está aumentando constantemente, pois o crescimento populacional humano leva ao aumento do consumo e da contaminação de rios, lagos e lagoas.

A Organização das Nações Unidas para a Alimentação e a Agricultura (FAO, sigla em inglês) relata que o consumo de água dobrou no último século em relação ao crescimento populacional. Segundo a FAO, a irrigação de culturas agrícolas seria responsável pelo consumo de dois terços da água retirada de lagos, lagoas e reservatórios.

Além da água usada para satisfazer necessidades básicas (beber, cozinhar, lavar louça, tomar banho, etc.), consumimos quantidades imensas de **água virtual** (utilizada na produção de alimentos e de produtos industrializados). A fabricação de uma camiseta de algodão, por exemplo, requer cerca de 2 000 litros de água, usados na irrigação da lavoura, em processos industriais etc. Embora parte dessa água possa ser reutilizada – **água de reúso** –, outra parte retorna ao ambiente contaminada por poluentes (como agrotóxicos e metais pesados).

Uso da água no mundo por setor (2019)

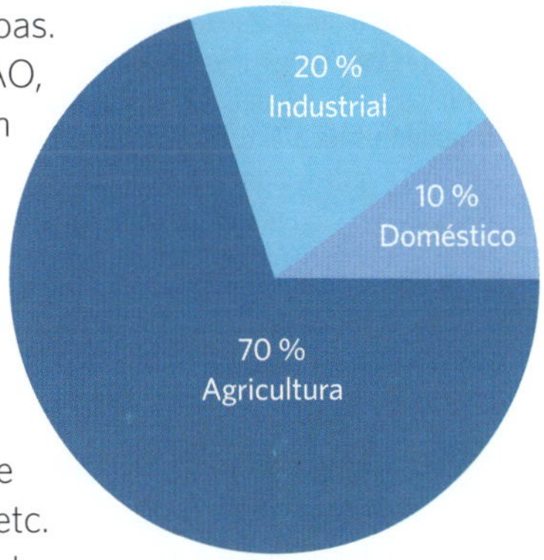

Elaborado com base em: Organização das Nações Unidas para a Alimentação e a Agricultura (FAO), 2019. Disponível em: https://twitter.com/ FAOLandWater/status/1186236076094119938. Acesso em: dez. 2019.

Outra fonte comum de poluição da água é o despejo de esgoto não tratado em rios e em outros corpos d'água. Além de aumentar a quantidade de matéria orgânica na água, esse descarte pode contaminá-la com vírus, bactérias, protozoários, ovos e larvas de parasitas, favorecendo a transmissão de várias doenças.

Os ambientes aquáticos também podem receber poluentes não biodegradáveis, isto é, que não são decompostos pelos seres vivos, como os plásticos, que, entre outros impactos, agravam o problema das enchentes e que, se ingeridos, podem causar a morte de seres vivos.

Até mesmo o aumento da temperatura da água é considerado um poluente. Diversas indústrias e usinas nucleares usam água de rios para resfriar equipamentos. A água é devolvida ao rio ainda quente, o que reduz a solubilidade e, consequentemente, a concentração do gás oxigênio na água, causando impactos (inclusive morte) a diversos seres vivos.

Cadu Rolim/Fotoarena

Rio Tietê poluído na cidade Pirapora do Bom Jesus (SP), 2013. Detergentes e sabões liberados com o esgoto favorecem a formação de grande quantidade de espuma.

Manchas de óleo na praia da Pituba, Salvador (BA), outubro de 2019. Nesse ano, manchas de óleo surgiram em centenas de praias brasileiras, causando um dos maiores desastres ambientais do país.

Cartaz do Instituto Ecofaxina sobre o impacto de sacolas plásticas nas populações de tartarugas. É frequente o número de mortes de aves, tartarugas e outros animais marinhos em consequência da ingestão de fragmentos de plásticos que poluem rios, mares e outros ambientes aquáticos, ao confundi-los com alimento.

Eutrofização e derramamento de petróleo

Lagoa eutrofizada em ambiente de Caatinga, Jardim do Seridó (RN).

A eutrofização é um processo que leva à morte de um grande número de seres vivos que habitam lagos, represas e outros corpos d'água.

O processo se inicia com o despejo de esgoto doméstico, detergentes e fertilizantes, que causam o aumento da quantidade de matéria orgânica na água, fonte de nutrientes para algas e cianobactérias. Esses produtores passam a se reproduzir em grande velocidade, tornando a superfície da água esverdeada e turva, o que diminui a penetração da luz solar.

Isso leva à morte de produtores no fundo, favorecendo: aumento da população de microrganismos decompositores, aumento do consumo de gás oxigênio e diminuição da fotossíntese no fundo (o que diminui ainda mais a concentração de gás oxigênio dissolvido na água). Vários organismos aquáticos sensíveis à diminuição desse gás (como peixes e invertebrados) morrem, favorecendo ainda mais a proliferação de microrganismos decompositores. Sobrevivem principalmente microrganismos anaeróbios, que muitas vezes produzem substâncias de odor desagradável, como sulfetos - que têm o cheiro característico de ovo podre - e gás metano.

O derramamento de petróleo é um dos mais sérios problemas de poluição marinha. Às vezes, a contaminação ocorre por meio da lavagem do reservatório de petroleiros com água do mar; outras vezes, por causa de acidentes com petroleiros. Formam-se manchas muito extensas na superfície do mar, que dificultam a penetração da luz na água, prejudicando a fotossíntese nesse ambiente. A passagem do oxigênio entre o ar e a água também é afetada; além disso, o petróleo adere à pele de aves e às brânquias dos peixes, impedindo funções como as trocas gasosas com o ambiente e a locomoção, dependendo da espécie. Muitas vezes, o petróleo é arrastado até as praias, tornando-as impróprias para o banho. Esse poluente também atinge, frequentemente, zonas de mangue, impactando esses ricos ecossistemas, considerados "berçários" de várias espécies.

Atividade prática

Investigando a poluição da água

Nesta atividade, você vai investigar a poluição da água na região em que vive. O(a) professor(a) dividirá a turma e indicará os locais que cada grupo vai pesquisar, além de orientar os procedimentos necessários para a realização da atividade. **Atenção**: visitem o local em companhia de um responsável e evitem contato com a água ou com materiais do local pesquisado.

Pesquisa e análise

1 Pesquise os indícios de poluição do corpo d'água (rio, lago, lagoa) em questão. Verifique a lista abaixo para saber identificá-los. Anote esses indícios e, se possível, fotografe-os ou grave-os em vídeo.

Alguns indícios que revelam poluição da água

- Existência de lixo ou de objetos estranhos à beira da água ou flutuando nela, como garrafas PET ou latas de alumínio.
- Ausência de peixes na água ou de insetos e de aves próximos a ela.
- Coloração esverdeada, que indica a presença de grande quantidade de algas microscópicas, que se desenvolvem muito em águas poluídas por matéria orgânica.
- Coloração escura, que pode ser causada pelo despejo de resíduos tóxicos.
- Cheiro ruim, causado por gases produzidos por certas bactérias.
- Presença de espuma, que indica a existência de grande quantidade de detergentes.
- Existência de manchas multicoloridas, que são, provavelmente, de óleo.

2 Tente levantar hipóteses e investigue que tipo de fator está poluindo o local, considerando seu aspecto e os sintomas de poluição identificados. Por exemplo, despejo direto de esgoto doméstico (urina, fezes, água com detergente utilizada para lavagem) ou, ainda, despejo de lixo ou de esgoto industrial de alguma fábrica.

Na prática

Entreviste duas ou três pessoas que vivem próximo ao local, de idades diferentes, para saber mais sobre a poluição desse ambiente. Veja a seguir alguns exemplos de perguntas que podem ser feitas na entrevista.

a) Você consegue perceber que a água está poluída? De que maneira?

b) Você saberia reconhecer o fator principal de poluição da água neste local?

c) Que efeitos tem essa poluição na sua vida e na de sua família?

d) Houve uma época em que a água não estava poluída? O local hoje está diferente de como era antigamente? Em que aspectos?

e) Você e seus familiares tentaram, de alguma maneira, combater o problema da poluição? Exemplos: associações de bairro que acionam as autoridades locais e solicitam a construção de redes de esgoto ou de fiscalização do despejo de resíduos das indústrias. Caso alguma dessas medidas tenha sido tomada, houve resultado?

Anote as respostas dos entrevistados e, se possível, grave as entrevistas, utilizando áudio ou vídeo, que poderão ser disponibilizados à turma. Não se esqueça de pedir autorização por escrito para o uso de imagens e falas das pessoas entrevistadas.

Comunique!

Ao final da coleta de dados, deve-se preparar um relatório cuidadoso, que poderá ser enviado à Câmara Municipal ou ao prefeito, relatando a situação e questionando o que será feito para resolver o problema. Nesse relatório, devem constar:

- os "sintomas" de poluição percebidos na região pesquisada, incluindo fotografias, vídeos e áudios, quando for o caso;
- as hipóteses do grupo sobre a causa da poluição no local e os motivos que permitiram levantar essas hipóteses;
- o resultado completo da entrevista realizada com as pessoas do local, incluindo gravações de depoimentos, se houver.

Nereu Jr./Pulsar Imagens

Com o rompimento da barragem da mineradora Vale em Brumadinho (MG), em 2019, a lama tóxica atingiu diversas propriedades rurais, contaminando o solo desses locais com metais pesados, como chumbo, mercúrio e níquel.

Poluição do solo

O aumento da população humana e sua maior demanda por recursos naturais nos últimos tempos vêm também provocando a poluição do solo. São exemplos do uso não sustentável do solo: a derrubada da vegetação natural para a ampliação das áreas de lavoura e pecuária ou para a expansão urbana e da malha viária e a utilização abusiva de agrotóxicos e de fertilizantes.

Em zonas urbanas, a impermeabilização de grandes áreas de solo - pelo uso do asfalto nas ruas de uma cidade, por exemplo - constitui sério problema que contribui para aumentar o risco de enchentes e inundações.

No campo, a mecanização da lavoura e o próprio pisoteio do gado promovem a compactação do solo, tornando-o impróprio para a agricultura. Nesses locais, a camada mais superficial do solo se perde, levada pela água das chuvas (em um processo chamado lixiviação) e pelos ventos. Podem ser perdidas, assim, as camadas férteis do solo, e, com o tempo, levar ao processo de desertificação.

As queimadas causam a morte dos microrganismos do solo e provocam a perda de grandes quantidades de material, que são levadas pelo vento para outros locais, mais afastados.

O problema do lixo

O descarte do lixo e seu acúmulo no ambiente são problemas que tendem a se tornar mais graves à medida que a população cresce. A responsabilidade por esse problema é compartilhada por fabricantes, comerciantes, consumidores e serviços públicos. As estratégias para minimizar os impactos do lixo sobre o ambiente geralmente têm três abordagens principais.

- **Redução**: diminuição do consumo de materiais (como pratos de papel, roupas, copos descartáveis e sacolas plásticas) e o conserto de objetos e máquinas, o que permite que sejam utilizados por mais tempo, são medidas que reduzem a produção de lixo.
- **Reutilização**: utilizar novamente embalagens plásticas, caixas de madeira e de papelão.
- **Reciclagem**: "reciclar" é recuperar os materiais que compõem o lixo e utilizá-los como matéria-prima para fabricar novos produtos. São recicláveis certos tipos de papéis, plásticos, metais e vidros. A primeira etapa da reciclagem é separar os materiais e encaminhá-los para a coleta seletiva, realizada por empresas ou catadores de material reciclável. O material coletado é levado para centros de triagem e posteriormente para as indústrias que fazem a reciclagem.

De modo simplificado, o que chamamos de lixo pode ser dividido em quatro categorias. No entanto, salientamos que há várias maneiras diferentes de classificar o lixo.

- **Lixo seco**: formado por material reciclável, deve ser destinado à coleta seletiva.
- **Lixo úmido**: restos de comida e outros resíduos orgânicos; podem ser encaminhados à compostagem. Neste processo, o material é decomposto pela ação de fungos e bactérias, formando-se húmus - composto rico em nutrientes, que pode ser utilizado como adubo. É possível fazer ou comprar composteiras pequenas, que podem ser utilizadas em casas e apartamentos.
- **Lixo seco não reciclável**: formado por material não reciclável que pode ser destinado à coleta comum. Inclui isopor, papel higiênico, fraldas, cotonetes, etc.
- **Lixo tóxico**: pilhas, lâmpadas fluorescentes, medicamento vencidos e outros produtos que causem danos ao ambiente são coletados separadamente e, em geral, destinados aos fabricantes para que recebam o tratamento adequado.

Descarte ilegal de restos de aparelhos eletrônicos na margem da rodovia BR-030, Brumado (BA), 2019. De acordo com a Organização Internacional do Trabalho, apenas 20% dos equipamentos eletrônicos descartados são reciclados.

Luciana Whitaker/Pulsar Imagens

O destino do lixo no Brasil

De acordo com o estudo Panorama de Resíduos Sólidos no Brasil, em 2018, foram produzidas no país cerca de 79 milhões de toneladas de resíduos sólidos urbanos (RSU), número que vem aumentando ano a ano, especialmente pelo uso de objetos descartáveis. Embora cerca de três quartos dos municípios do país tenham programas de coleta seletiva, a quantidade de material coletado e reciclado é muito pequena e não tem evoluído significativamente com o passar dos anos. O Brasil é considerado o quarto maior produtor mundial de plástico, mas recicla menos de 5% desse material descartado. Por outro lado, a reciclagem de latinhas de alumínio, material mais lucrativo, atinge índices acima de 90%.

Em relação aos RSU produzidos em 2018, apenas cerca de 92% foi coletado. Um em cada 12 brasileiros não tem acesso ao serviço de coleta regular de lixo na porta de casa.

Apenas 59,5% do lixo coletado foi destinado a locais preparados para esse fim, os **aterros sanitários**. Nesses locais, o lixo é depositado sobre uma camada impermeável, que impede a infiltração dos líquidos, o que poderia contaminar os depósitos subterrâneos de água. O lixo é esparramado e comprimido por tratores e depois coberto por uma camada de solo. O gás metano produzido pela decomposição do lixo é queimado, e, em alguns casos, sua combustão é utilizada para a obtenção de energia elétrica. Apesar das recomendações, os aterros sanitários acabam recebendo todo o tipo de lixo, incluindo os materiais que poderiam ser encaminhados para reciclagem ou compostagem. Assim, lotam rapidamente, exigindo novas áreas para esse fim.

De acordo com a Política Nacional de Resíduos Sólidos, aprovada em 2010 pelo Congresso Nacional, os lixões - depósitos de lixo a céu aberto, sem os devidos cuidados para evitar a contaminação do ambiente - estão proibidos desde 2014. Entretanto, eles ainda ocorrem no país. Em 2018, 17,5% dos RSU foram destinados a lixões.

O restante do lixo coletado, ou seja, 23%, foi para aterros controlados, intermediários entre o lixão e o aterro sanitário. Esses locais recebem cobertura de argila e grama e, às vezes, são selados por uma manta impermeável. Parte do chorume - líquido resultante da decomposição do lixo - produzido é drenado e coletado, diminuindo sua absorção pelo solo.

79 milhões
DE TONELADAS DE RESÍDUOS FORAM GERADAS EM 2018

380 kg/ano
FOI A GERAÇÃO MÉDIA DE RSU POR PESSOA

1 em cada 12
BRASILEIROS NÃO TEM COLETA REGULAR DE LIXO NA PORTA

100 milhões
DE TONELADAS DE RESÍDUOS É A PREVISÃO PARA 2030

Disposição final de RSU, por tipo de destinação (toneladas/dia) em 2018

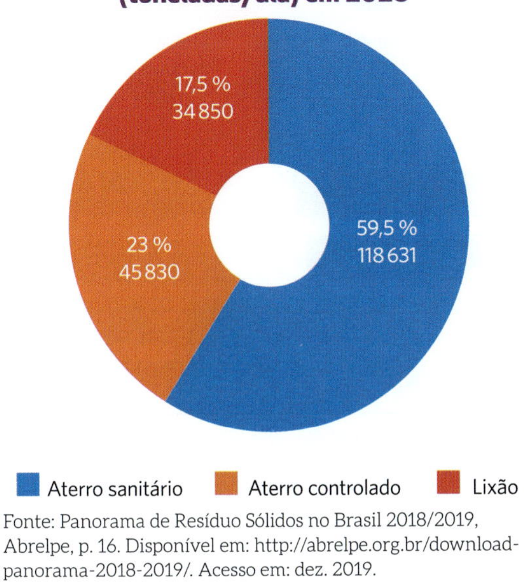

Fonte: Panorama de Resíduo Sólidos no Brasil 2018/2019, Abrelpe, p. 16. Disponível em: http://abrelpe.org.br/download-panorama-2018-2019/. Acesso em: dez. 2019.

Lixo e resíduos sólidos

Muitas vezes esses termos são utilizados como sinônimos. Entretanto, o conceito de **resíduo sólido** é mais abrangente e refere-se, de forma geral, à "todo material, substância, objeto ou bem descartado resultante de atividades humanas em sociedade", segundo a Política Nacional de Resíduos Sólidos (PNRS). Dependendo de suas características, os resíduos sólidos podem ser empregados ou reaproveitados em outras atividades. Já a palavra **lixo** é mais associada ao que resulta também de atividades humanas, mas que não possui valor social, econômico ou ambiental, e deve ser descartado.

Obtenção e consumo de energia

As demandas por energia aumentaram com o crescimento da população mundial e com mudanças nos hábitos de vida. De modo geral, em países desenvolvidos, as pessoas consomem mais energia elétrica do que nos países em desenvolvimento. No entanto, o impacto gerado por esse consumo depende também das fontes de energia utilizadas.

As fontes de energia podem ser classificadas em **renováveis** (quando podem ser repostas) ou **não renováveis** (quando não podem ser repostas ou o tempo de reposição é da ordem de milhões de anos). Por ser uma fonte abundante e duradoura, a energia solar é considerada renovável. Na verdade, quase todas as fontes de energia (com exceção da nuclear e do calor do interior do planeta) são, em alguma medida, provenientes da energia solar. Vêm do Sol: a luz necessária à fotossíntese da cana-de-açúcar (biomassa), a energia que mantém a dinâmica do ciclo da água (por meio da evaporação da água dos corpos d'água e da movimentação de massas de ar na atmosfera), etc.

Uso de energia no Brasil

A oferta interna de energia (OIE) representa as fontes de energia que estão disponíveis para os mais variados fins: obter eletricidade, mover veículos, esquentar comida, etc. Observe os gráficos a seguir e compare o uso de fontes renováveis de energia no Brasil e no mundo. Apesar do grande potencial para aproveitamento de energia eólica e solar no nosso país, essas fontes renováveis atualmente representam uma parcela muito pequena da nossa matriz, embora exista uma tendência de crescimento.

Daniel das Neves/Arquivo da editora

[1]Inclui importação de eletricidade oriunda de fonte hidráulica.
[2]A lixívia, ou licor negro, é um líquido residual das indústrias de papel e celulose que pode ser usado como combustível.
[3]Organização para a Cooperação e o Desenvolvimento Econômico, foro composto por 35 países, do qual o Brasil faz parte, dedicado à promoção de padrões convergentes em vários temas, como questões econômicas, financeiras, comerciais, sociais e ambientais.

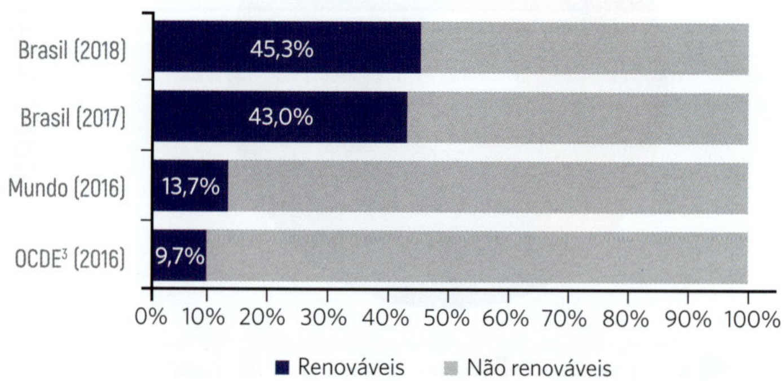

Fonte: Relatório síntese do Balanço Energético Nacional 2019. Disponível em: http://www.epe.gov.br/pt/publicacoes-dados-abertos/publicacoes/balanco-energetico-nacional-2019. Acesso em: dez. 2019.

De acordo com o Balanço Energético Nacional, em 2018, cerca de 43,5% da energia usada no país veio de fontes renováveis, especialmente dos derivados da cana-de-açúcar (etanol combustível) e da energia transformada nas usinas hidrelétricas.

Considerando apenas as fontes de energia usadas para obter eletricidade, o Brasil utiliza 83,3% de fontes renováveis, especialmente a hidráulica. Nesse caso, a proporção da energia solar e eólica é maior.

Matriz elétrica brasileira (2018)

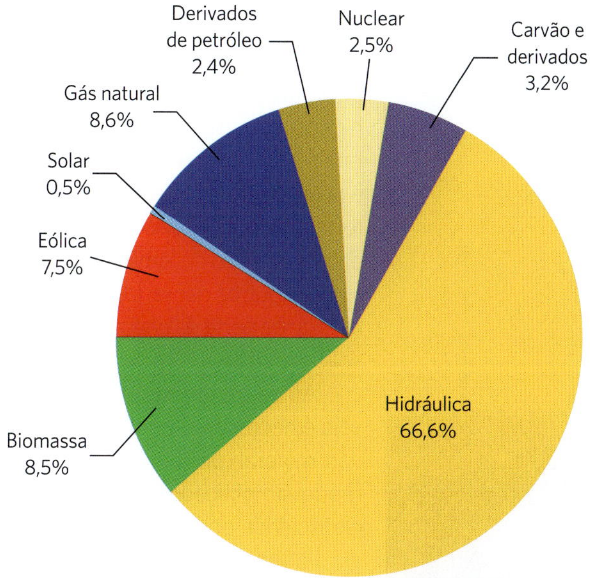

Fonte: Relatório síntese do Balanço Energético Nacional 2019. Disponível em: http://www.epe.gov.br/pt/publicacoes-dados-abertos/publicacoes/balanco-energetico-nacional-2019. Acesso em: dez. 2019.

A figura a seguir mostra os principais usos da energia no Brasil. Mais de 64% é consumida por indústrias e transportes de cargas e de passageiros.

Daniel das Neves/Arquivo da editora

Principais setores que utilizaram energia no Brasil em 2018.

Fonte: Relatório síntese do Balanço Energético Nacional 2019. Disponível em: http://www.epe.gov.br/pt/publicacoes-dados-abertos/publicacoes/balanco-energetico-nacional-2019. Acesso em: dez. 2019.

* "Não energético" considera o consumo de derivados de petróleo para outros fins que não a queima, como a produção de asfalto, solventes para tintas, além de lubrificantes, graxas e parafinas, utilizados em maquinário industrial. Também considera o gás natural utilizado na produção de fertilizantes para a agricultura.

Impactos da obtenção e consumo de energia

As fontes não renováveis de energia, como petróleo, carvão mineral e gás natural, produzem grandes quantidades de GEE - gases que intensificam o efeito estufa, como gás carbônico, metano, óxido nitroso, entre outros. Nesse sentido, a matriz elétrica brasileira emite menos GEE do que a de muitos outros países.

Luis Salvatore/Pulsar Imagens

Parque gerador de energia eólica, em Beberibe (CE), 2017. É a maior usina eólica da América Latina.

No entanto, as fontes de energia renováveis também causam impactos no ambiente e podem ser dependentes de petróleo em certa medida. As usinas hidrelétricas, por exemplo, geram grande impacto durante sua implementação, causando desmatamento e alagamento de imensas áreas para a construção do reservatório. O plantio de cana-de-açúcar geralmente demanda o uso de fertilizantes, óleo *diesel* (para os tratores) e outros derivados de petróleo. De maneira geral, grande parte da energia usada para produzir usinas eólicas e solares vêm de fontes não renováveis.

Ainda assim, o investimento em fontes renováveis é necessário, uma vez que os estoques de carvão mineral, petróleo e gás natural são finitos. De modo simplificado, existe uma tendência de obter eletricidade por meio de fontes renováveis de energia. Porém, o setor de transportes ainda é muito dependente de combustíveis fósseis.

Atualmente, as duas principais fontes renováveis de energia no Brasil são a hidráulica (para obtenção de energia elétrica) e os combustíveis derivados de biomassa, como etanol e biodiesel de soja adicionados, respectivamente, à gasolina e ao *diesel*.

Por outro lado, existe a preocupação de que o uso de espécies alimentícias, como a soja, para produção de combustível provoque desabastecimento desses alimentos. Há também o risco de que lavouras usadas para produzir alimentos básicos, como arroz e feijão, sejam substituídas por plantações de espécies para produção de biodiesel.

A produção de etanol a partir da cana-de-açúcar sofre críticas em alguns aspectos relacionados ao uso de grandes extensões de solo para monocultura, às condições de vida dos trabalhadores em certas localidades e à queima da palha para facilitar a colheita manual (a queima gera poluição atmosférica, anulando boa parte dos benefícios atribuídos ao uso do etanol). A lei da queima da cana, de 2002, estabelece as normas dessa prática, que deve ser extinta até 2031.

Além de buscar novas fontes de energia, existe a preocupação de melhorar a eficiência energética, isto é, o aproveitamento da energia. Nesse sentido, há pesquisas constantes visando produzir lâmpadas e eletrodomésticos que funcionem com menor consumo energético, por exemplo.

Atitudes individuais praticadas por um grande número de pessoas podem levar a uma atenuação significativa de impactos. Assim, podemos adotar comportamentos simples que evitem o desperdício de energia, como aproveitar iluminação e ventilação naturais, evitando o uso excessivo de luz artificial e aparelhos de ar condicionado. Dependendo das condições de moradia, é possível usar a energia solar para aquecer a água ou mesmo obter eletricidade por meio de células fotovoltaicas. Se a energia obtida for superior ao consumo da residência, o excedente é passado à rede elétrica local e o consumidor recebe desconto em sua conta de eletricidade.

Por outro lado, a economia doméstica não basta. Como mostrado nos gráficos da página anterior, as indústrias e os transportes consomem a maior parte da energia obtida no país. Portanto, é preciso estabelecer medidas que reduzam o impacto causado por esses setores.

Energia para todos

A energia elétrica transformada pelas usinas é transportada por grandes distâncias até ser distribuída às casas e a outros estabelecimentos. Porém, existem milhares de comunidades no país sem acesso à rede de distribuição elétrica. Sem eletricidade não é possível usar geladeiras (nem para conservar vacinas e medicamentos), carregar celulares ou usar bombas para retirar água de poços. Para cozinhar, em geral usa-se lenha, o que pode gerar problemas à saúde e ao ambiente, pela retirada da madeira.

Para contornar o problema, muitas comunidades usam geradores à base de óleo *diesel* para garantir o fornecimento de eletricidade por algumas horas. Uma alternativa mais sustentável é a instalação de geradores solares compostos de células fotovoltaicas, que transformam a energia solar em eletricidade. Diversas iniciativas têm produzido geradores mais simples e de menor custo para uso residencial. Alguns projetos distribuem fornos solares para habitantes da Caatinga. A luz do Sol é refletida no interior do forno e se concentra no centro, onde é colocado o alimento. Iniciativas como essa permitem ferver água (evitando doenças) e cozinhar sem usar lenha. Dessa maneira, a energia é produzida e utilizada localmente.

Chico Ferreira/Pulsar Imagens

A energia solar que incide sobre estes painéis é transformada em eletricidade e pode ser armazenada em baterias, abastecendo a residência durante a noite. Santarém, (PA), 2017.

Luis Salvatore/Pulsar Imagens

Forno solar em escola municipal, Crateús (CE), 2016.

Combustíveis e ciclo do carbono

Que vantagens ecológicas existem em queimar álcool no lugar de gasolina? Afinal, ambos os combustíveis produzem CO_2 na sua queima, que intensifica o efeito estufa.

Considere, no entanto, que a cana-de-açúcar das plantações realiza fotossíntese. Dessa maneira, estabelece-se um ciclo em que o gás carbônico produzido na queima do álcool é consumido pela fotossíntese e, pelo menos teoricamente, não haveria acréscimo desse gás que estava fora de circulação à atmosfera. Por outro lado, parte do carbono presente na planta volta rapidamente para o ar, se houver queima antes da colheita. Além disso, a produção e a distribuição do etanol usa fertilizantes, óleo diesel e outros produtos derivados do petróleo.

A queima da gasolina, por sua vez, acrescenta carbono ao ar (na forma de gás carbônico). Esse carbono adicional, que havia ficado soterrado na forma de petróleo durante milhões de anos, intensifica o efeito estufa e contribui para o aquecimento global.

Conexões

Lixo eletroeletrônico (e-lixo)

Com o desenvolvimento tecnológico, os **equipamentos eletroeletrônicos** (**EEE**) estão cada vez mais presentes em nosso dia a dia e revolucionaram nosso modo de vida. No entanto, assim como outros produtos, eles têm seu ciclo de fabricação, consumo e descarte, o que tem se tornado uma questão ambiental grave quando consideramos a **obsolescência programada** e o destino dado a esses aparelhos.

E-lixo

Ou REEE (resíduos de equipamentos eletroeletrônicos) são dispositivos ou utensílios eletroeletrônicos que se tornam indesejados por qualquer razão (podem ter baterias, plugues, pilhas, etc.).

Composição química

O e-lixo pode conter metais preciosos ou raros, bem como substâncias potencialmente tóxicas, como metais pesados presentes em pilhas e baterias, por exemplo. Portanto, o descarte de EEEs deve ser feito em locais específicos, onde seus componentes são separados e processados.

	Um aparelho celular contém	Todos os aparelhos produzidos no mundo em um ano contêm
prata	250 mg	300 toneladas
ouro	24 mg	56 toneladas
cobre	9 g	128 000 toneladas

Tipos de e-lixo

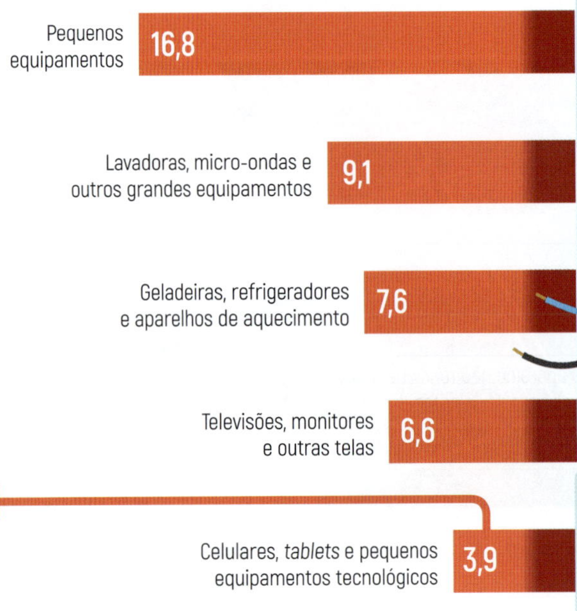

44,7 milhões de toneladas de e-lixo foram produzidas em 2016 em todo o mundo

Obsolescência programada

Ocorre quando um produto é fabricado para durar menos tempo do que poderia, apresentando defeito após certo tempo ou quando o sistema operacional deixa de ser atualizado em modelos mais antigos (computadores ou celulares). Isso induz o consumidor a comprar um produto novo.

Um estudo mostrou que no Brasil

49% das geladeiras são usadas por mais de 10 anos

54% dos celulares são trocados antes dos 3 anos de uso

81% trocam de celular sem antes recorrer à assistência técnica

Destino do e-lixo no mundo

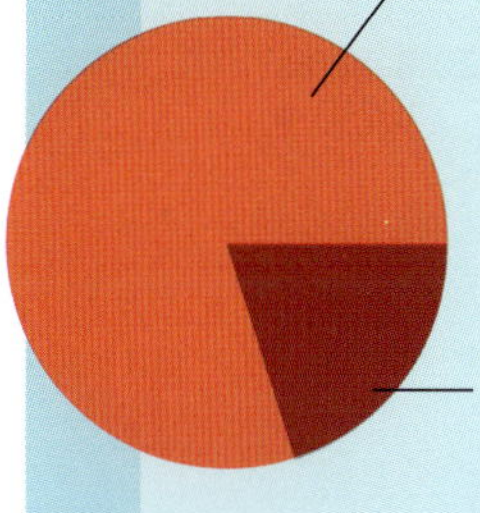

80%
não é encaminhado para reciclagem adequada (talvez vire sucata, reciclado em locais irregulares ou descartado no lixo doméstico)

20%
descartado em postos de coleta para reciclagem adequada

Como reduzir o lixo eletrônico?

Obsolescência percebida é o desejo de substituir aparelhos que funcionam, como trocar o celular por um modelo mais novo. Antes de comprar ou trocar um produto, reflita sobre a necessidade daquele objeto e sobre o uso que você fará dele. **"Não compre por impulso."**

Caso seu aparelho não funcione mais, **considere consertá-lo** antes de comprar um novo. Comprar um aparelho usado também pode ser uma boa opção.

Ao descartar um EEE, procure um centro de coleta especializado. No Brasil, a **Política Nacional de Resíduos Sólidos (PNRS)** estabelece que fabricantes de EEE são responsáveis pela destinação adequada dos produtos que produzem.

55 bilhões de euros
valor estimado dos materiais presentes no e-lixo produzido no mundo em um ano.

Mario Kanno/Arquivo da editora

1 Analise os dados abaixo e faça o que se pede.

Produção primária e valor potencial de resíduos de equipamentos elétricos e eletrônicos no Brasil em 2016

Metais	Mineração tradicional	Mineração urbana	
	Quantidade (kt)	Quantidade (kt)	Valor aproximado (milhões de reais)
Cobre	226	74	1 344
Alumínio	793	84	506
Ouro	81	17	2 664
Prata	67	54	124

Consumo de energia e uso de água na mineração tradicional e na mineração urbana

Metais	Mineração tradicional		Mineração urbana	
	Energia (MJ/kg)	Água (m³/t)	Energia (MJ/kg)	Água (m³/t)
Cobre	31 - 2 040	40 - 200	14	15
Alumínio	238 - 925	11 - 320	10	2
Ouro	13 300 - 52 300	120 000 - 420 000	140 - 230	30
Prata	480 - 4 280	60 - 200	80 - 180	20 - 40

Elaborado com base em: Mineração Urbana de resíduos eletroeletrônicos: uma nova fronteira a explorar no Brasil. Centro de Tecnologia Mineral (CETEM). Disponível em: https://www.cetem.gov.br/images/periodicos/2018/mineracaourbana.pdf. Acesso em: mar. 2020.

a) Você já ouvir falar em "mineração urbana"? Faça uma pesquisa e descreva os principais processos dessa atividade.

b) Analise as tabelas acima e avalie as vantagens da "mineração urbana" em relação a mineração convencional, considerando aspectos econômicos e ambientais, como a exploração e o uso de recursos naturais.

c) Como o governo e a sociedade podem atuar para priorizar a recirculação ou reciclagem dos materiais encontrados no e-lixo?

2 Faça um levantamento dos EEE que existem na residência em que você mora. Quais critérios foram considerados ao adquirir cada um deles? Quais critérios devem ser avaliados antes de se adquirir um produto?

Elaborado com base em: BALDÉ, C. P. *et al. The Global E-waste Monitor 2017. Quantities, Flows, and Resources.* United Nations University (UNU), International Telecommunication Union (ITU) & International Solid Waste Association (ISWA), Bonn/Geneva/Vienna. Disponível em: https://globalewaste.org/wp-content/uploads/2018/10/Global-E-waste-Monitor-2017.pdf, *A new circular vision for eletronics. Time for a global reboot 2019.* World Economic Forum, Platform for Accelerating the Circular Economy (PACE). Disponível em: http://www3.weforum.org/docs/WEF_A_New_Circular_Vision_for_Electronics.pdf, *Recycling – From e-waste to resources: sustainable innovation and technology transfer industrial sector studies.* Programa das Nações Unidas para o Meio Ambiente (Pnuma) e Universidade das Nações Unidas, 2010. Disponível em: http://unep.fr/shared/publications/pdf/DTIx1192xPA-Recycling%20from%20ewaste%20to%20Resources.pdf, *Ciclo de vida de eletroeletrônicos.* Idec e Market Analysis, 2014. Disponível em: http://www.idec.org.br/uploads/testes_pesquisas/pdfs/market_analysis.pdf, *The world's e-waste is a huge problem. It's also a golden opportunity.* World Economic Forum. Disponível em: https://www.weforum.org/agenda/2019/01/how-a-circular-approach-can-turn-e-waste-into-a-golden-opportunity/. Acessos em: mar. 2020.

Aquecimento global

No Capítulo 3, você viu que o efeito estufa é um fenômeno natural e necessário à existência da vida. Sem ele, o planeta seria muito frio e a água, congelada. A manutenção da temperatura da Terra está relacionada às concentrações de gás carbônico (CO_2) e outros gases de efeito estufa (GEE) na atmosfera

Nos últimos 150 anos, houve grande aumento na liberação de gás carbônico em consequência do crescente uso dos combustíveis fósseis, do desmatamento e do uso do solo, entre outros fatores.

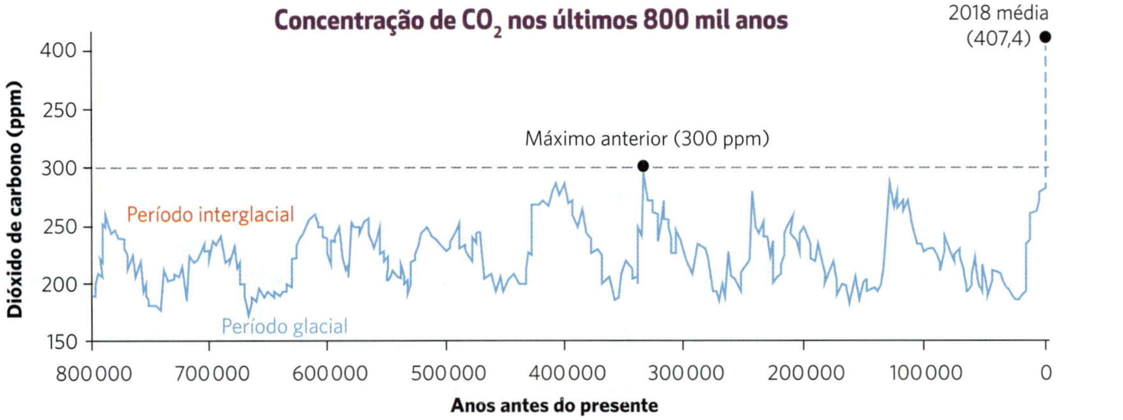

Fonte: NOAA Climate.gov. Disponível em: https://www.climate.gov/news-features/understanding-climate/climate-change-atmospheric-carbon-dioxide. Acesso em: jun. 2020.

Observando longos períodos de tempo, percebemos que a concentração de CO_2 na atmosfera é variável, sem nunca ter passado em 300 ppm (partes por milhão). Recentemente, a concentração aumentou drasticamente em poucos anos, chegando a 418,4 ppm em 2018.

Relatórios do IPCC

Milhares de pesquisas científicas são analisadas pelo Painel Intergovernamental sobre Mudanças Climáticas (IPCC, sigla em inglês), ligado à ONU. O quinto relatório do IPCC, divulgado em 2013, mostrou que a temperatura média global aumentou 0,85 °C entre 1880 e 2012. Pode parecer pouco, mas pense em toda a quantidade de calor necessária para aquecer, mesmo que pouco, a água dos oceanos e a atmosfera. Entre 1901 e 2010, a média global do nível do mar aumentou 19 cm em consequência do derretimento de geleiras. As mudanças climáticas também põem em risco diversos biomas, incluindo a Floresta Amazônica.

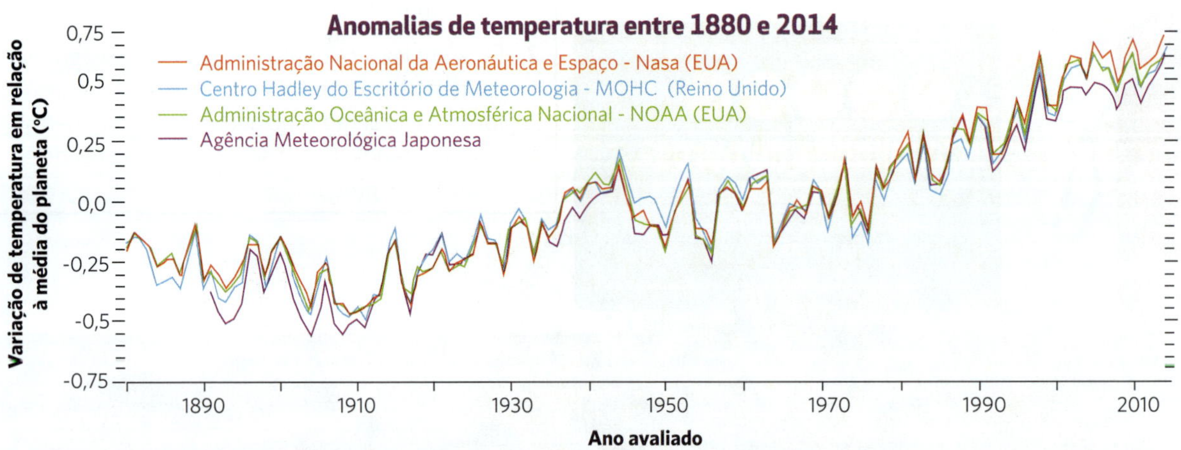

Fonte: Earth observatory. *Nasa.* Disponível em: https://earthobservatory.nasa.gov/world-of-change. Acesso em: mar. 2020.

As anomalias são os desvios da temperatura para cima ou para baixo da média, indicadas pelo nível zero. A partir da década de 1980, temperaturas acima da média ocorrem em todos anos, em um aumento crescente. Pesquisas realizadas por quatro agências independentes (indicadas por cores diferentes) chegaram a resultados muito semelhantes.

Em outubro de 2018, o IPCC publicou um relatório especial concluindo que é preciso aplicar medidas imediatas para limitar o aquecimento global a 1,5 °C acima da média do planeta.

As medidas imediatas incluem reduzir as emissões globais líquidas de CO_2 (diferença entre a quantidade de CO_2 que vai para a atmosfera e a que sai dela) em 45% até 2030 para atingir o "zero líquido" até 2050. O cumprimento dessas medidas implica grandes desafios de ordem tecnológica, econômica, social e institucional. Implica também esforço conjunto de países do mundo todo.

Acordos internacionais

Em 1997, várias nações assinaram, em Kyoto, no Japão, um acordo visando à redução das emissões de GEE para a atmosfera. Este entrou em vigor em 2005; ratificado por 184 países, o acordo se propunha a reduzir, em sua primeira etapa (entre 2008 e 2012), as emissões de GEE em uma medida de 5,2% em relação ao total que fora emitido em 1990.

Em 2015 o protocolo de Kyoto completou 10 anos. Dados divulgados na ocasião apontam que o acordo não atingiu seus objetivos iniciais, pois entre os anos de 2005 e 2012 houve, na realidade, aumento da emissão mundial desses gases em 16,2%. Assim, em 2012 o acordo teve sua validade prorrogada, com o estabelecimento de novas metas que deverão ser alcançadas até o ano de 2020.

Em 2016 foi firmado o Acordo de Paris, assinado por 175 países. Em setembro de 2019, foi realizada a Cúpula de Ação Climática, reunindo líderes de vários países, representantes do setor privado e da sociedade civil. Buscando mais ações e menos discursos, essa Cúpula discutiu planos concretos e realistas sobre que já foi feito e o que ainda falta fazer até a próxima conferência do clima, em 2020. Um evento histórico foi a primeira Cúpula da Juventude para o Clima, em 21 de setembro de 2019, com o objetivo de dar espaço às demandas dos jovens de todo o mundo comprometidos a lidar com a emergência global. Em dezembro do mesmo ano foi realizada a Cúpula do Clima em Madri para debater efeitos da crise climática, entre outros assuntos.

Selcuk Acar/NurPhoto/Getty Images

A jovem ativista ambiental sueca Greta Thumberg, participando de mesa na Cúpula da Juventude para o Clima, realizada em setembro de 2019 na sede da ONU, em Nova York.

Entre as providências a serem adotadas por todos os países signatários, dentro de suas possibilidades, destacam-se: a otimização de sistemas de transformação e consumo de energia e de transporte; a busca por fontes de energias alternativas, não poluentes ou que poluam menos do que a queima de combustíveis fósseis (biocombustíveis, energia solar, energia eólica, entre outras); e a proteção e a exploração racional das florestas e de outras áreas verdes.

Cada um de nós contribui de variadas maneiras para a liberação de GEE na atmosfera: ao utilizarmos meios de transporte que se valem da queima de combustíveis fósseis (automóveis, ônibus, aviões) e, principalmente, ao consumir a maioria dos produtos industrializados, uma vez que diversos estágios de sua produção (fabricação, embalagem, transporte, distribuição) emitem esses gases. Assim, cada cidadão pode fazer sua parte, ao diminuir o consumo de energia e a aquisição de bens de consumo que se valem da exploração desenfreada de recursos naturais.

Reprodução/ONU

A ONU criou o *ActNow*, uma campanha *on-line* e voltada para as mídias sociais para estimular a adoção de ações individuais contra o aquecimento global.

Perspectivas

plurall

Qual é o futuro que queremos?

Pesquisas indicam que até 2050 seremos 9 bilhões de pessoas no planeta, sendo que 90% da população habitará os grandes centros urbanos. Haverá aumento de consumo da energia e dos recursos naturais do planeta.

Diante desse cenário, jovens do mundo todo têm se posicionado, pensando em soluções viáveis para um desenvolvimento sustentável, em novas tecnologias e se engajando em causas ambientais.

Uma maneira de se organizar para pensar em um futuro profissional, social, físico e emocional conectado com esforços para se construir um mundo mais justo e sustentável é planejar um Projeto de Vida que inclua metas e ações que contribuam para a sustentabilidade do planeta.

Nos textos e *links* disponíveis no Plurall você vai conhecer:

- Panorama Ambiental Global e perspectivas para o mundo em 2050.
- O que é a Agenda 2030 e os Objetivos de Desenvolvimento Sustentável (ODS).
- Jovens opinando sobre como planejar o futuro que desejam.
- O que é projeto de vida.

Por dentro da informação

A necessidade de definir metas e ações em prol de um mundo mais sustentável surge não apenas como uma demanda global, mas também como uma demanda individual.

1 Alguns prognósticos para o futuro do planeta são mais otimistas e outros mais pessimistas. Liste alguns impactos ambientais previstos e também alguns aspectos positivos da crescente urbanização (**Texto 1**).

2 Como os ODS se relacionam a esses os impactos ambientais? Caso eles sejam alcançados, como seria o futuro? Explique.

3 No **Texto 3**, os estudantes citaram algumas atitudes individuais que, caso sejam adotadas em larga escala, poderiam colaborar na meta de alcançar os ODS até 2030. Que atitudes são essas?

4 Considerando que um Projeto de Vida pressupõe um planejamento de ações nas áreas profissional, social, física e emocional, como os ODS poderiam se relacionar com o projeto de qualquer pessoa?

kowition/Shutterstock

Para além da informação

Em grupo, aproveitem para expor diferentes ideias a respeito do futuro do planeta e sobre qual a responsabilidade de cada um sobre esse futuro.

5 Qual é o futuro que vocês desejam? Pensem em como seria um mundo ideal e façam uma lista com algumas características, incluindo aspectos sociais e ambientais.

6 Façam uma lista com carreiras e ocupações possíveis em um cenário mundial dominado pela vida urbana e pautado pelo desenvolvimento sustentável.

7 Vocês possuem hábitos de vida sustentáveis? Criem uma lista com os principais e, com base nela, identifiquem e compartilhem quais são seus principais potenciais, habilidades e interesses que podem estar relacionados ao tema.

8 Reflitam sobre as informações levantadas na questão anterior e estabeleçam um objetivo relacionado com esses aspectos. A seguir, criem metas para alcançar o objetivo proposto.

9 Quais as expectativas para o futuro individual e coletivo para 2050 caso as metas propostas por cada grupo sejam alcançadas?

A informação e você

Na construção de um projeto de vida é essencial sonhar para, a seguir, estabelecer estratégias e metas que ajudem na realização deste sonho.

10 Qual é o futuro que você quer? Aproveite para pensar em carreira, ocupação, estilo de vida e contexto social que você pretende vivenciar. A partir da sua reflexão, descreva como seria sua rotina dos sonhos em 2050.

O conceito de pegada ecológica

Como resultado de uma crescente preocupação em conhecer, com o máximo de precisão possível, a magnitude do impacto ambiental ocasionado por um indivíduo, surgiu o conceito de pegada ecológica. Trata-se de um instrumento de avaliação que utiliza dados dos hábitos de consumo de uma pessoa para medir as quantidades de solo e água necessárias para produzir os recursos que utiliza e assimilar os resíduos gerados por ela. O conceito pode ser estendido para se calcular o impacto provocado por uma cidade ou por toda uma nação. Em outras palavras, a pegada ecológica traça uma comparação entre o consumo humano e a capacidade da natureza de suportá-lo.

O conceito de pegada ecológica passou a ser utilizado como um indicador da sustentabilidade dos hábitos de vida de um indivíduo, de um povo, de uma instituição ou mesmo de produtos e serviços específicos. A ideia é que, uma vez estabelecidos esses parâmetros e identificados quais fatores provocam maior impacto ambiental, pode-se alterar este ou aquele fator a fim de "melhorar" a pegada ecológica.

Ferramentas digitais

O *#MoveTheDate* é um movimento global criado pela Global Footprint Network para incentivar as pessoas a adotarem ações que ajudem a "atrasar" o Dia de Sobrecarga da Terra. Este dia representa a data em que esgotamos os recursos que a Terra pode repor em um ano. Saiba mais sobre esse movimento acessando o *site* https://www.overshootday.org/steps-to-movethedate/. Utilize o recurso de tradução do seu navegador para acessar a página em língua portuguesa. Acesso em: mar. 2020.

1 Adote uma ação, como reduzir o desperdício de alimento ou conversar com outras pessoas sobre o Dia de Sobrecarga da Terra. Há vários exemplos de ações na própria página que podem ser utilizados como referência.

2 Poste sua contribuição nas redes sociais com a *hashtag* "*#MoveTheDate*".

O consumo consciente

Tudo o que é consumido, seja um alimento, seja um objeto, causa certo impacto no ambiente.

A sociedade atual valoriza o consumo e o ato de comprar é estimulado por estratégias de marketing, que fomentam novos desejos e falsas necessidades. Além da obsolescência programada (veja texto a seguir), há a obsolescência psicológica ou percebida, mencionada na seção *Conexões*, que é o desejo de comprar um novo produto, mesmo quando o anterior funciona perfeitamente. Celulares e outros produtos tecnológicos são bons exemplos dessa prática.

Na contracorrente dessa visão, o consumo consciente propõe o consumo necessário, evitando desperdícios de recursos naturais e dinheiro. No dia a dia, reavalie seus hábitos e divulgue o consumo consciente.

Obsolescência programada

O desgaste natural dos produtos é normal. [...] O que não é natural é que a própria fabricante planeje o envelhecimento de um produto, ou seja, programar quando determinado objeto vai deixar de ser útil e parar de funcionar, apenas para aumentar o consumo.

[...] hoje nossos eletrodomésticos são piores, em questão de durabilidade, do que há 50 anos. Os produtos são fáceis de comprar, mas são desenhados para não durar. [...]

IDEC. Entenda o que é obsolescência programada. Disponível em: https://idec.org.br/consultas/dicas-e-direitos/entenda-o-que-e-obsolescencia-programada. Acesso em: dez. 2019.

Desenvolvendo habilidades

1 Qual das ações a seguir pode ser considerada mais sustentável: cortar uma castanheira-do-pará para obter a madeira ou colher suas sementes (de grande valor nutritivo) por longos anos?

2 "Enquanto houver pobreza, não podemos pensar em poupar recursos naturais." Analise essa frase de acordo com os ODS e construa argumentos a favor ou contra, de acordo com a sua opinião.

3 O gráfico a seguir representa a quantidade de CO_2 emitida para obter 1 megawatt hora (MWh) de energia elétrica em alguns países.

Emissões de CO_2 por MWh gerado (2015)

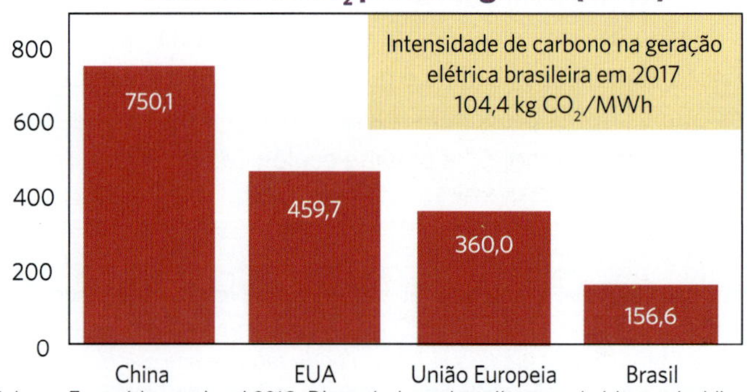

Fonte: EPE. Balanço Energético nacional 2018. Disponível em: http://epe.gov.br/sites-pt/publicacoes-dados-abertos/publicacoes/PublicacoesArquivos/publicacao-303/topico-397/Relat%C3%B3rio%20S%C3%ADntese%202018-ab%202017vff.pdf. Acesso em: dez. 2019.

Como você explica o resultado do Brasil?

4 Observe agora o gráfico de algumas atividades que liberam CO_2 no Brasil.

Emissões totais (2017), em Mt CO_2

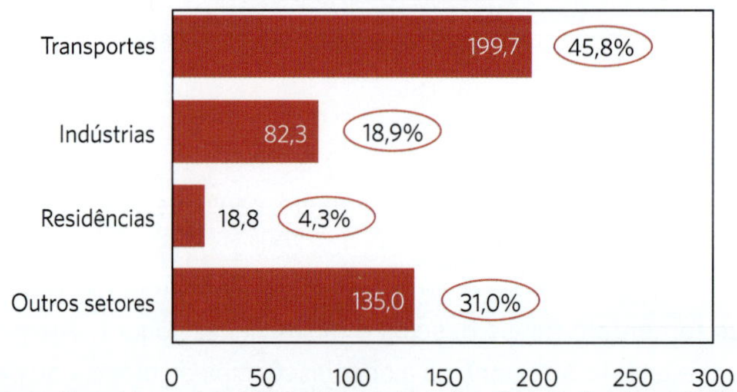

Fonte: EPE. Balanço Energético nacional 2018. Disponível em: http://epe.gov.br/sites-pt/publicacoes-dados-abertos/publicacoes/PublicacoesArquivos/publicacao-303/topico-397/Relat%C3%B3rio%20S%C3%ADntese%202018-ab%202017vff.pdf. Acesso em: dez. 2019.

a) Explique por que os transportes lideram as emissões de CO_2.
b) Converse com os colegas sobre o que pode ser feito para reduzir essas emissões.
c) Explique por que consumir produtos locais é considerado uma atitude sustentável.

5 A exploração da energia eólica está crescendo no Brasil. No entanto, a instalação de parques eólicos acarreta intervenções no ambiente que podem trazer prejuízos aos seres vivos. Pesquise: Quais os principais critérios para a instalação de parques eólicos e quais os possíveis impactos de sua instalação e funcionamento.

6 As datas a seguir indicam o *Dia de Sobrecarga da Terra* em alguns anos.

2000 - 5 de outubro
2005 - 6 de setembro
2010 - 31 de agosto
2015 - 13 de agosto
2019 - 29 de julho

a) Relacione as datas com o uso de recursos naturais neste período.
b) Qual deveria ser data do *Dia de Sobrecarga da Terra* em termos de sustentabilidade?

Em contexto

ONU Meio Ambiente destaca benefícios de mais árvores nas cidades

Em nossas vidas urbanas muito agitadas, um parque urbano é um ótimo lugar para relaxar. Árvores e espaços verdes trazem benefícios para a saúde mental e o bem-estar, além de serem ótimos para relaxamento e recreação.

As árvores também ajudam a reduzir a poluição do ar. De acordo com o estudo "Árvores e os efeitos da floresta na qualidade do ar e na saúde humana nos Estados Unidos", o material particulado, que é prejudicial aos pulmões, é retido na superfície das árvores, enquanto as folhas atuam como filtros, absorvendo gases poluentes.

[...]

O efeito de resfriamento das árvores

As árvores também podem esfriar significativamente as temperaturas nas cidades. [...]

"As árvores poderiam reduzir a temperatura das cidades em até 8 °C, reduzindo o uso de ar-condicionado e as emissões relacionadas em até 40%", diz Simone Borelli, engenheira agroflorestal e urbana da Organização das Nações Unidas para a Alimentação e a Agricultura (FAO). [...]

O plantio de árvores urbanas tem que ser feito corretamente. As espécies plantadas devem ser aquelas mais eficazes na captura de poluição, normalmente aquelas com folhas grandes. As autoridades também precisam levar em conta questões como padrões de vento e espaçamento entre as árvores. Se a água é escassa, precisarão considerar as variedades tolerantes à seca, e evitar as árvores que aumentam o pólen e as alergias.

A ação é ainda mais importante considerando que a urbanização está se acelerando – a proporção de pessoas que vivem nas cidades será de 60% em 2030 e de 66% em 2050. [...]

Em 1º de março de 2019, a Assembleia Geral da ONU estabeleceu a Década das Nações Unidas para a Restauração dos Ecossistemas 2021-2030, que deve dar um novo impulso aos esforços de plantio de árvores. [...]

ONU Brasil. Disponível em: https://nacoesunidas.org/onu-meio-ambiente-destaca-beneficios-de-mais-arvores-nas-cidades/. Acesso em: dez. 2019.

1 É comum encontrarmos ilhas de calor em cidades com grande urbanização, pois a temperatura de muitas de suas regiões é maior que a temperatura ao redor.

a) Por que as cidades produzem tanto calor? (Dica: lembre-se da segunda lei da Termodinâmica).

b) Como as árvores podem ajudar a reduzir a temperatura?

2 Memes, frases de impacto e charges são comuns nas redes sociais e outros meios digitais. O texto curto associado a uma imagem cria uma comunicação ágil e, em geral, bem-humorada. Veja os exemplos abaixo.

a) Algumas dessas imagens "viralizaram" nas redes sociais, isto é, se espalharam rapidamente (uma alusão aos vírus). Você postaria alguma dessas imagens? Qual é a mensagem que ela transmite? A imagem representa uma situação que pode acontecer ou um exagero?

b) Nas redes sociais, todas as pessoas podem produzir, modificar e postar conteúdos. Produza uma charge ou meme sobre alguma questão ambiental presente em sua realidade.

Você no Enem e nos vestibulares

1 (Enem) Insetos podem apresentar três tipos de desenvolvimento. Um deles, a holometabolia (desenvolvimento completo), é constituído pelas fases de ovo, larva, pupa e adulto sexualmente maduro, que ocupam diversos *habitat*. Os insetos com holometabolia pertencem às ordens mais numerosas em termos de espécies conhecidas.

Esse tipo de desenvolvimento está relacionado a um maior número de espécies em razão da

a) proteção na fase de pupa, favorecendo a sobrevivência de adultos férteis.

b) produção de muitos ovos, larvas, pupas, aumentando o número de adultos.

c) exploração de diferentes nichos, evitando a competição entre as fases da vida.

d) ingestão de alimentos em todas as fases da vida, garantindo o surgimento do adulto.

e) utilização do mesmo alimento em todas as fases, otimizando a nutrição do organismo.

2 (Uerj) Em determinados casos, populações de consumidores terciários são menores do que as populações de consumidores primários e secundários. Observe a imagem, que representa a relação entre o número de cada um dos membros de uma mesma cadeia alimentar.

Reprodução/UERJ, 2019.

A população de falcões é reduzida em comparação com a de tordos e a de caramujos em função do seguinte fator:

a) perda energética ao longo dos níveis tróficos

b) demanda elevada de vegetais pelos herbívoros

c) digestão lenta de celulose pelos decompositores

d) competição interna por recursos entre os predadores

3 (Fuvest-SP) Analise as três afirmações seguintes sobre ciclos biogeoquímicos.

I. A respiração dos seres vivos e a queima de combustíveis fósseis e de vegetação restituem carbono à atmosfera.

II. Diferentes tipos de bactérias participam da ciclagem do nitrogênio: as fixadoras, que transformam o gás nitrogênio em amônia, as nitrificantes, que produzem nitrito e nitrato, e as desnitrificantes, que devolvem o nitrogênio gasoso à atmosfera.

III. Pelo processo da transpiração, as plantas bombeiam, continuamente, água do solo para a atmosfera, e esse vapor de água se condensa e contribui para a formação de nuvens, voltando à terra como chuva.

Está correto o que se afirma em

a) I, apenas.

b) I e II, apenas.

c) II e III, apenas.

d) III, apenas.

e) I, II e III.

4 (Enem) Um pesquisador investigou o papel da predação por peixes na densidade e tamanho das presas, como possível controle de populações de espécies exóticas em costões rochosos. No experimento colocou uma tela sobre uma área da comunidade, impedindo o acesso dos peixes ao alimento, e comparou o resultado com uma área adjacente na qual os peixes tinham acesso livre. O quadro apresenta os resultados encontrados após 15 dias de experimento.

Espécie exótica	Área com tela		Área sem tela	
	Densidade (indivíduos/m^2)	Tamanho médio dos indivíduos (cm)	Densidade (indivíduos/m^2)	Tamanho médio dos indivíduos (cm)
Alga	100	15	110	18
Craca	300	2	150	1,5
Mexilhão	380	3	200	6
Ascídia	55	4	58	3,8

O pesquisador concluiu corretamente que os peixes controlam a densidade dos(as)

a) algas, estimulando seu crescimento.

b) cracas, predando especialmente animais pequenos.

c) mexilhões, predando especialmente animais pequenos.

d) quatro espécies testadas, predando indivíduos pequenos.

e) ascídias, apesar de não representarem os menores organismos.

5 (Uerj) As imagens abaixo retratam besouros de espécies distintas transportando ácaros.

I

II

Na imagem I, a relação estabelecida entre os ácaros e o besouro é de comensalismo e, na imagem II, de parasitismo.

Diferencie os dois tipos de relação ecológica e indique duas vantagens para os ácaros na relação de comensalismo.

6 (Enem) O fenômeno da piracema (subida do rio) é um importante mecanismo que influencia a reprodução de algumas espécies de peixes, pois induz o processo que estimula a queima de gordura e ativa mecanismos hormonais complexos, preparando-os para a reprodução. Intervenções antrópicas nos ambientes aquáticos, como a construção de barragens, interferem na reprodução desses animais.

MALTA, P. Impacto ambiental das barragens hidrelétricas. Disponível em: http://futurambiental.com. Acesso em: 10 maio 2013 (adaptado).

Essa intervenção antrópica prejudica a piracema porque reduz o(a)

a) percurso da migração.

b) longevidade dos indivíduos.

c) disponibilidade de alimentos.

d) período de migração da espécie.

e) número de espécies de peixes no local.

7 (Fuvest-SP) A tabela lista características bióticas e abióticas associadas a alguns biomas brasileiros.

Bioma	Tipo de vegetação predominante	Volume de chuvas	Zona climática
I	Arbóreo	Moderado a grande	Tropical, subtropical
II	Herbáceo	Moderado	Temperada
III	Arbóreo	Grande	Equatorial, tropical
IV	Arbóreo, arbustivo e herbáceo	Moderado	Tropical, subtropical

Escolha a alternativa que lista os biomas corretos, na ordem em que aparecem nas linhas da tabela (I a IV).

a) I-Floresta Amazônica; II-Cerrado; III-Mata Atlântica; IV-Caatinga.

b) I-Floresta Amazônica; II-Pampas; III-Mata Atlântica; IV-Cerrado.

c) I-Mata Atlântica; II-Cerrado; III-Floresta Amazônica; IV-Caatinga.

d) I-Mata Atlântica; II-Pampas; III-Floresta Amazônica; IV-Cerrado

e) I-Pampas; II-Mata Atlântica; III-Cerrado; IV-Floresta Amazônica.

8 (Enem) O Painel Intergovernamental de Mudanças Climáticas (na sigla em inglês, IPCC) prevê que nas próximas décadas o planeta passará por mudanças climáticas e propõe estratégias de mitigação e adaptação a elas. As *estratégias de mitigação* são direcionadas à causa dessas mudanças, procurando reduzir a concentração de gases de efeito estufa na atmosfera. As *estratégias de adaptação*, por sua vez, são direcionadas aos efeitos dessas mudanças, procurando preparar os sistemas humanos às mudanças climáticas já em andamento, de modo a reduzir seus efeitos negativos.

IPCC, 2014. Climate Change 2014: synthesis report. Disponível em: http://w5-syr.ipcc.ch. Acesso em: 22 out 2015 (adaptado).

Considerando as informações do texto, qual ação representa uma estratégia de adaptação?

a) Construção de usinas eólicas.

b) Tratamento de resíduos sólidos.

c) Aumento da eficiência dos veículos.

d) Adoção de agricultura sustentável de baixo carbono.

e) Criação de diques de contenção em regiões costeiras.

9 (Unesp-SP) Examine o mapa.

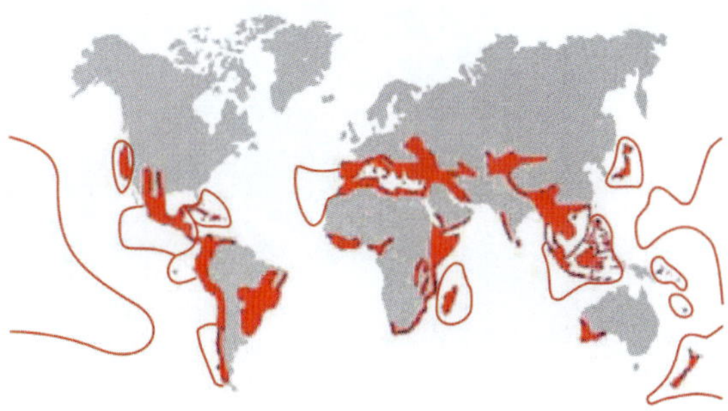

(www.bsienvis.nic.in.Adaptado)

O mapa destaca a ocorrência de

a) cinturões biotecnológicos, como a Bacia do Mediterrâneo na Europa.

b) monoculturas, como a soja no Brasil.

c) bacias hidrográficas, como a Bacia do Nilo na África.

d) *hotspots*, como a Mata Atlântica no Brasil.

e) enclaves sustentáveis, como os povos tradicionais na Europa.

UNIDADE 3

Biologia celular: a vida no nível microscópico

Como vimos na Unidade 1 - Identidade da vida, um dos atributos dos seres vivos é o fato de terem estrutura celular. A célula pode ser considerada a menor parte de um ser vivo. Assim, de maneira geral, todas as características dos seres vivos deveriam ser encontradas também na célula. Vamos tentar identificar essas características?

Anne Weston/Francis Crick Institute/SPL/Fotoarena

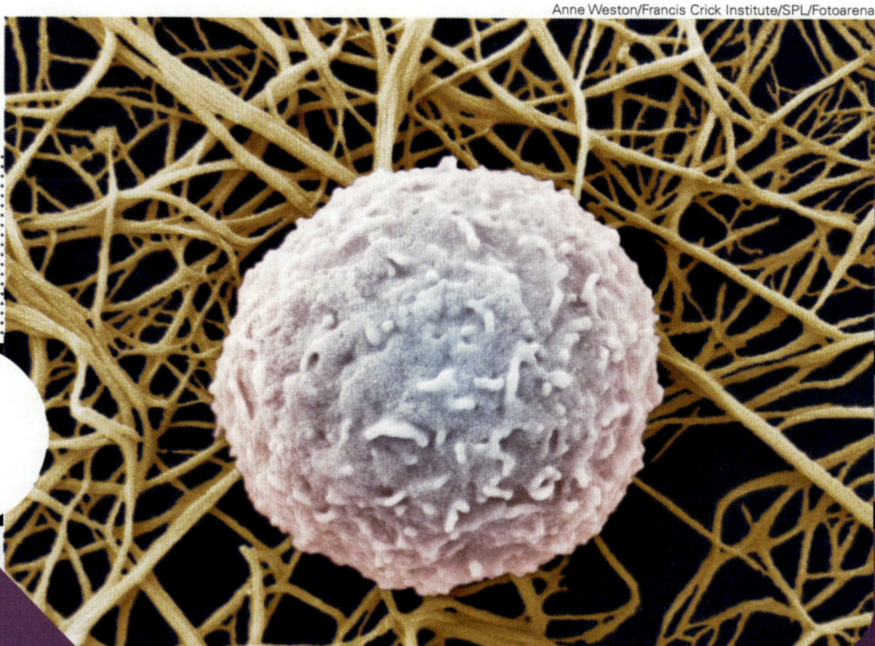

Fotografia de leucócito obtida em microscópio eletrônico de varredura. (Aumento aproximado de 11 650 vezes. Cores artificiais.)

1. A imagem de abertura corresponde a uma célula humana observada em microscópio. Você conhece o funcionamento desse instrumento? Como ele possibilita a observação de células com tantos detalhes?
2. A célula é recoberta por uma membrana, a estrutura visualizada na imagem de abertura, que delimita seu interior do ambiente externo. Como você acha que ocorrem as trocas de substâncias entre a célula e o meio?
3. O leucócito é uma célula eucariótica. Quais são os componentes desse tipo celular?

CAPÍTULO

7

A célula, unidade fundamental dos seres vivos

Este capítulo favorece o desenvolvimento das habilidades:

EM13CNT202

EM13CNT205

EM13CNT301

EM13CNT308

O avanço do conhecimento científico está muitas vezes atrelado ao desenvolvimento da tecnologia. Dessa forma, a invenção do microscópio possibilitou a descoberta de um mundo desconhecido. O avanço continua atualmente com a observação de células, organelas e suas funções, bem como o reconhecimento de patógenos que levam à compreensão de diversas doenças.

Microscópio óptico e coloração

As células são normalmente invisíveis a olho nu. Assim, sua descoberta e seu estudo começaram a partir da construção dos primeiros microscópios (microscópios ópticos, ou de luz), há mais de 300 anos. A evolução desses instrumentos, assim como de outras técnicas, permitiu melhor compreensão da estrutura e do funcionamento das células.

A microscopia óptica baseia-se no seguinte princípio: um feixe de luz atravessa um material muito fino a ser observado e é recolhido por um sistema de lentes (objetiva e ocular) que ampliam a imagem. Assim, objetos espessos não podem ser observados ao microscópio óptico, uma vez que a luz não os atravessa. Nesse caso, geralmente cortam-se fatias muito finas do material com um instrumento especial, o micrótomo. Certos tecidos "moles" são inicialmente impregnados em parafina, adquirindo uma consistência mais firme, o que permite fatiá-los sem que se quebrem.

As estruturas celulares são quase sempre transparentes. Assim, a luz as atravessa de maneira quase uniforme, sem que se consiga diferenciar uma da outra: núcleo e citoplasma, por exemplo, confundem-se. Para dar **contraste** às estruturas e facilitar sua observação, os citologistas utilizam métodos especiais de coloração. Certos corantes, por causa de sua natureza química, têm afinidades diferentes pelas diversas partes da célula, tingindo-as ou não. O corante **hematoxilina**, por ser básico, cora de azul (arroxeado) as regiões **ácidas** da célula, como o núcleo e algumas estruturas citoplasmáticas ricas em ribossomos. Já a **eosina**, corante ácido, cora em rosa a maior parte do citoplasma, que é **básico**. Células tratadas com hematoxilina e eosina, observadas ao microscópio óptico, terão o núcleo corado de azul rodeado de citoplasma róseo.

! Dicas

Microscópio caseiro com *laser* (Experiência de Física e Biologia) / Manual do Mundo

https://www.youtube.com/watch?v=7HAdiWkltvA

Vídeo que mostra como criar um microscópio caseiro usando apenas uma seringa e uma caneta *laser*.

Exposição Célula / Fiocruz

http://www.invivo.fiocruz.br/cgi/cgilua.exe/sys/start.htm?UserActiveTemplate=english&infoid=1040&sid=17

Exposição digital e interativa sobre a história do microscópio, a teoria celular e a estrutura e a organização da célula.

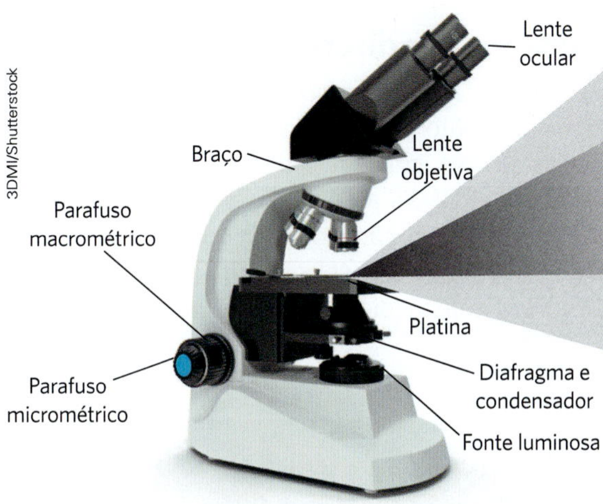

Microscópio óptico e alguns de seus componentes.

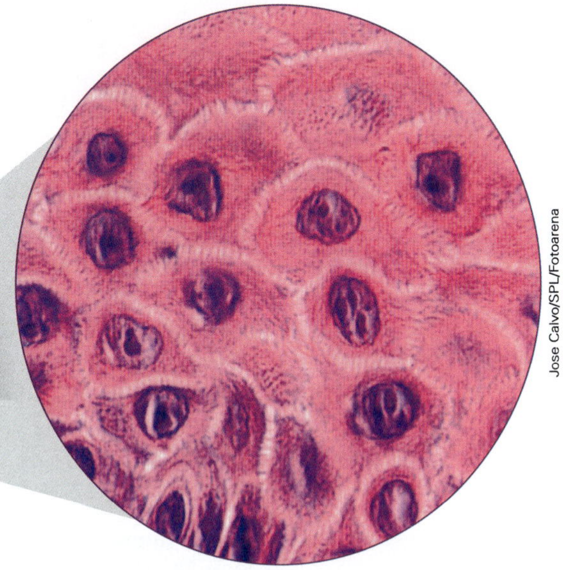

Fotografia de células epiteliais humanas tratadas com a coloração hematoxilina-eosina e obtida em microscópio óptico. (Aumento aproximado de 450 vezes. Cores artificiais.)

Fixação de material biológico

Antes de um material biológico ser submetido à coloração, ele precisa ser **fixado**, ou seja, passar por um tratamento que possibilite conservar ao máximo o aspecto das estruturas celulares. Há muitos métodos de fixação: alguns são físicos, como o calor, outros são químicos. Nesse caso, podem ser usados, por exemplo, os aldeídos (como o formol), o ácido acético ou o tetróxido de ósmio, este último em preparações para a microscopia eletrônica.

Em geral, identificam-se na célula poucas estruturas ao microscópio óptico (ou microscópio de luz), já que ele permite aumentos de até 2 000 vezes apenas. Durante muito tempo, a compreensão que tínhamos das células e de seus componentes não ultrapassava muito o que se observa na fotografia da página anterior. Assim mesmo, uma das grandes vantagens do microscópio óptico é permitir a visualização de células vivas, mesmo sem muitos detalhes.

O microscópio eletrônico: uma revolução na Citologia

O microscópio eletrônico começou a ser usado no estudo das células desde o início da década de 1950. Por usar feixes de elétrons, e não luz, o **poder de resolução**, que é a capacidade do microscópio distinguir dois pontos próximos separados um do outro, aumentou bastante com a microscopia eletrônica; passando de até 2 000 vezes para até 300 mil vezes ou mais. Graças a ele, foram descobertas novas organelas e muitas ideias sobre organelas já conhecidas foram reformuladas.

Power And Syred/SPL/Fotoarena

Fotografia de ameba (*Amoeba proteus*) (em turquesa claro) alimentando-se, obtida em microscópio eletrônico de varredura, que permite uma visão tridimensional dos objetos. (Aumento aproximado de 170 vezes. Cores artificiais.)

Os aumentos proporcionados por diferentes instrumentos

O esquema na página seguinte dá a você uma noção comparativa do tamanho de algumas estruturas, partindo do átomo até chegar a uma sequoia, árvore gigante da California. Ele também dá uma ideia das estruturas que estão dentro das seguintes faixas de percepção: as visíveis a olho nu, as que necessitam de microscópio óptico para serem vistas e as que são visíveis apenas ao microscópio eletrônico. Para que seja possível compreender todas as informações do esquema, é importante retomar algumas unidades de medida usadas em microscopia, todas elas derivadas do metro.

1 mm (milímetro) = 1 m/1 000, ou, ainda, 0,001 m
1 μm (micrômetro) = 1 m/1 000 000, ou, ainda, 0,001 mm
1 nm (nanômetro) = 1 m/1 000 000 000, ou, ainda, 0,001 μm

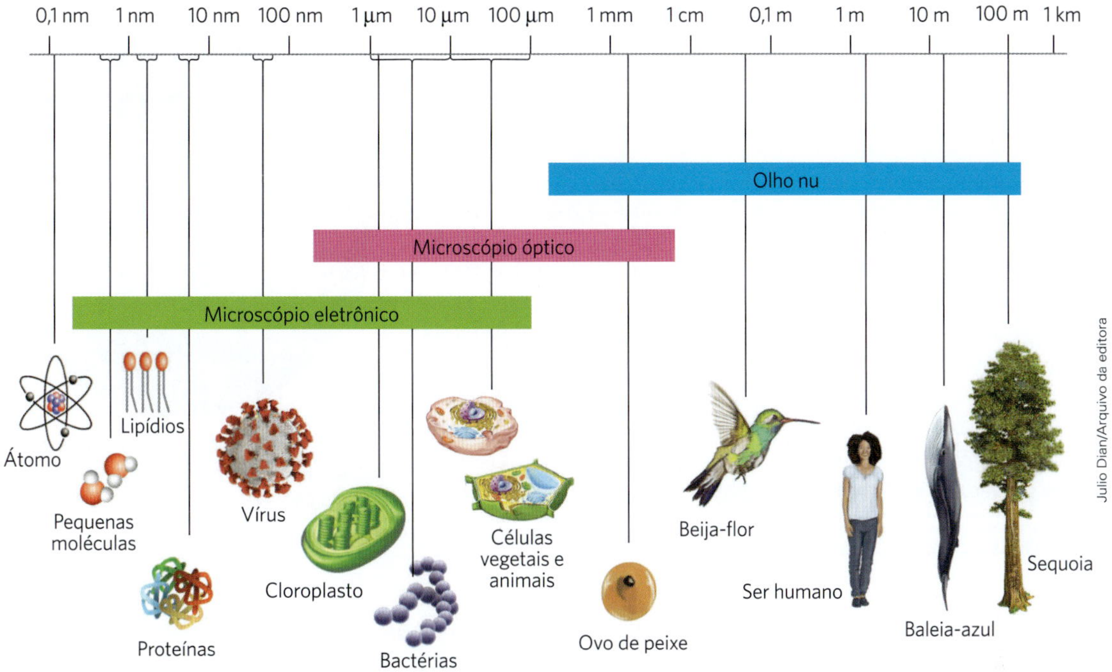

Representação comparativa do tamanho de diferentes estruturas e organismos, e dos instrumentos que permitem visualizá-los. (Elementos fora de proporção de tamanho entre si. Cores fantasia.)

Célula, a unidade da vida

A célula é a estrutura mais simples capaz de desempenhar todas as atividades típicas de um organismo vivo. Os organismos mais complexos, como as plantas e os animais, são todos multicelulares, ou seja, constituídos de muitas células. Isso também é verdadeiro para determinadas espécies de fungos e de algas. Em contrapartida, muitos dos menores organismos – como as bactérias, os protozoários, certas algas e certos fungos – são unicelulares, e apenas com essa única célula conseguem desempenhar todas as funções vitais.

Fotografia de alga verde (*Chlamydomonas* sp.) obtida em microscópio eletrônico de varredura. (Aumento aproximado de 2 350 vezes. Cores artificiais.)

As células também podem variar bastante de tamanho. Em alguns poucos casos – como óvulos de alguns animais (ser humano, por exemplo) e a bactéria *Thiomargarita namibiensis* (cerca de 0,75 mm de comprimento) –, uma célula pode ser grande o suficiente para que a enxerguemos sem o auxílio de instrumentos. Mas, na maioria das vezes, células só podem ser vistas por meio de um microscópio.

A teoria celular

O inglês Robert Hooke fez em 1663 pela primeira vez uma descrição de células, observando uma fatia de cortiça ao microscópio óptico. Relatou que o material era constituído por pequenos "poros" ou "células". Na verdade, Hooke estava vendo apenas as **paredes** de células mortas, já que a cortiça é um tecido morto. Ainda no século XVII, o holandês Van Leeuwenhoek observava e descrevia protozoários, bactérias, espermatozoides e hemácias. Nos séculos subsequentes, inúmeras observações, feitas por vários cientistas, pareciam confirmar que os seres vivos, sem exceção, têm estrutura celular. No século XIX, por fim, os trabalhos de três cientistas, T. Schwann, M. Schleiden e R. Virchow, embasaram a elaboração da **teoria celular**, uma generalização que propõe três fundamentos básicos:

- Todas as formas de vida são constituídas de uma ou mais células.
- Toda célula se origina de uma célula preexistente.
- A célula é a menor forma de vida.

Os **vírus** constituem exceção a essas regras, pelo fato de sua estrutura ser ainda mais simples do que a mais simples das células. Por essa razão, para muitos cientistas, os vírus não são considerados seres vivos.

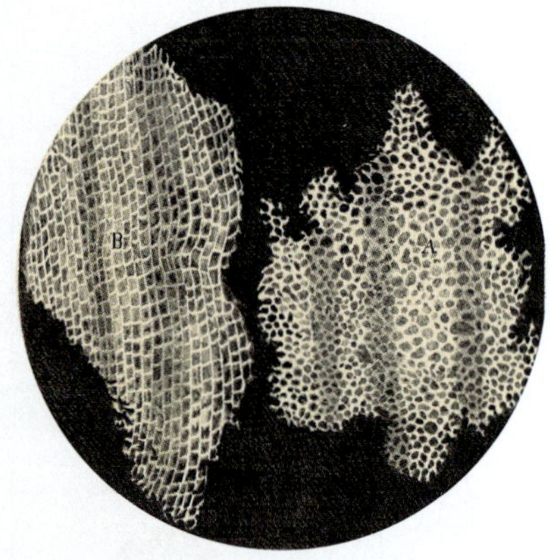

Desenho feito por Hooke com base na observação de finas fatias de cortiça, em 1665.

Reprodução/Museu de História Natural, Londres, Reino Unido.

Dois tipos de células: as procarióticas e as eucarióticas

Basicamente, temos dois tipos celulares: as células **procarióticas**, de organização mais simples; e as células **eucarióticas**, de estrutura mais complexa. Neste capítulo, faremos uma análise das principais características de cada um desses tipos celulares.

Toda célula, seja ela procariótica, seja eucariótica, é sempre constituída de três partes fundamentais.

- Uma **membrana plasmática**, que separa a célula do ambiente, é responsável pela manutenção da composição química celular. Isso ocorre porque a membrana controla o fluxo de substâncias que entram e saem da célula.
- O **citoplasma**, um meio aquoso semigelatinoso no qual se encontram muitas moléculas, partículas, ribossomos e, no caso das células eucarióticas, várias organelas membranosas.
- O **material genético**, que nas células procarióticas está mergulhado diretamente no citoplasma. Nas células eucarióticas, ele é envolvido por uma membrana (o envoltório ou membrana nuclear), caracterizando o **núcleo celular**.

Organização de uma célula procariótica

As células procarióticas são encontradas nos organismos procariontes, agrupados no Reino Monera (bactérias e arqueobactérias). Eles são unicelulares e vivem geralmente isolados uns dos outros, embora possam formar colônias. Nas imagens abaixo, vemos dois tipos de bactérias - **cocos** (de forma arredondada) e **bacilos** (na forma de bastonetes) -, observadas ao microscópio eletrônico de varredura; e uma espécie de cianobactéria, vista ao microscópio óptico.

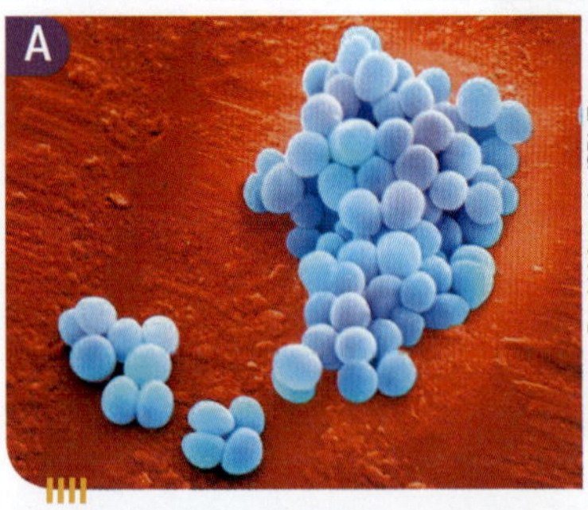

David Mccarthy/SPL/Fotoarena

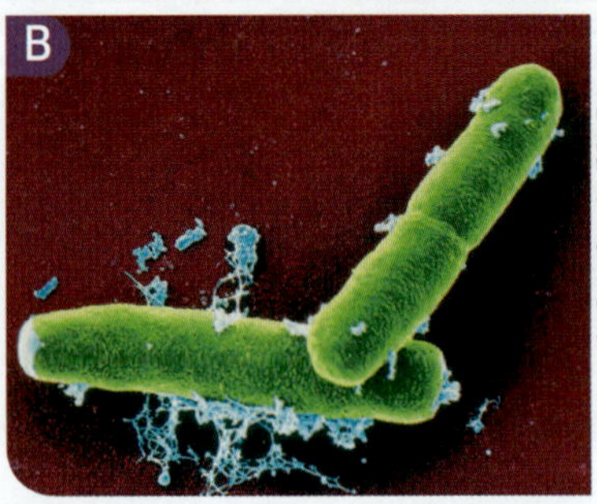

Dr Gary Gaugler/SPL/Fotoarena

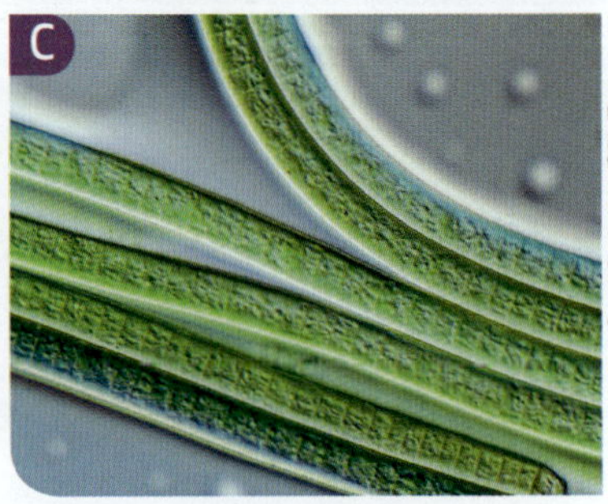

Gerd Guenther/SPL/Fotoarena

Alguns exemplos de células procarióticas. (A) Fotografia de bactérias do tipo cocos (*Staphylococcus aureus*, 0,75 μm de diâmetro) obtida em microscópio eletrônico de varredura. (Aumento aproximado de 2 590 vezes. Cores artificiais.) (B) Fotografia de bactérias do tipo bacilo (*Bacillus anthracis*, 2 μm de comprimento) obtida em microscópio eletrônico de varredura. (Aumento aproximado de 13 700 vezes. Cores artificiais.) (C) Fotografia de cianobactérias (*Oscillatoria* sp.) obtida em microscópio de contraste de fase. (Aumento aproximado de 432 vezes.)

Ainda que exista uma grande variedade de formas e tamanhos entre as bactérias, apresentamos abaixo um modelo geral para a estrutura das células procarióticas.

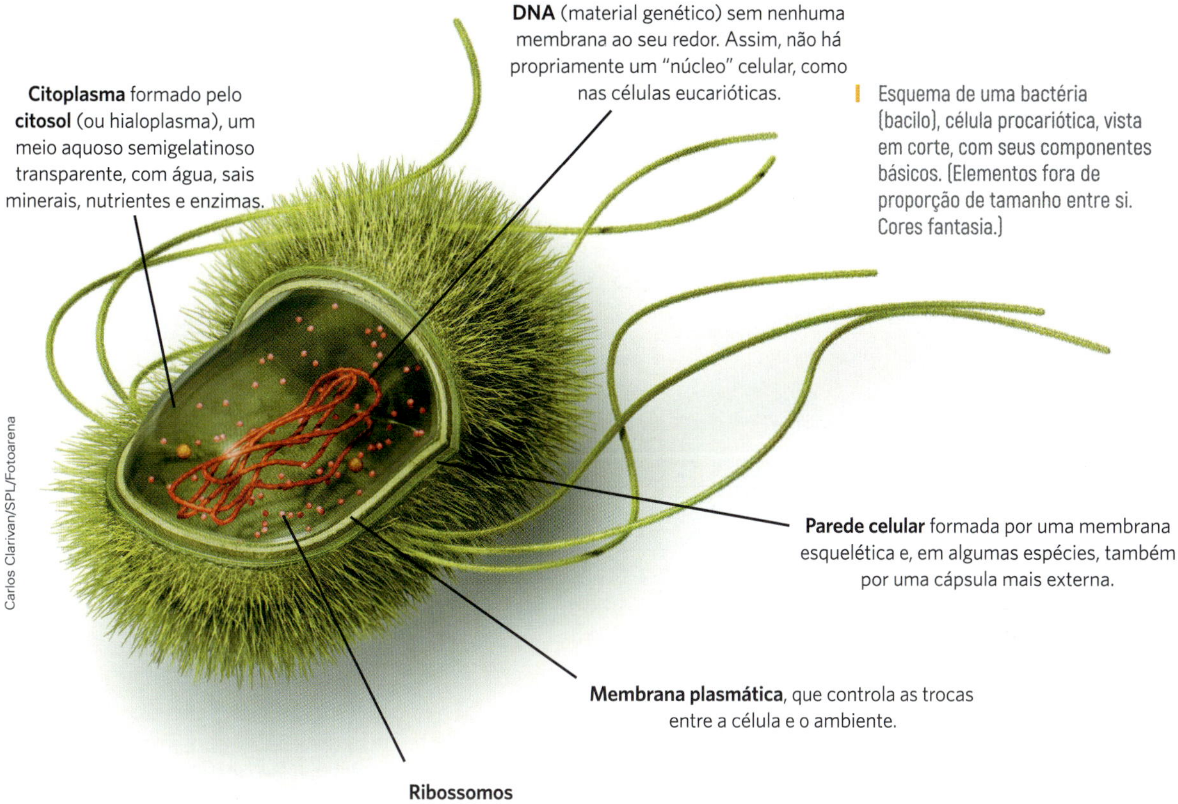

Esquema de uma bactéria (bacilo), célula procariótica, vista em corte, com seus componentes básicos. (Elementos fora de proporção de tamanho entre si. Cores fantasia.)

Organização de uma célula eucariótica

A célula eucariótica é o tipo celular encontrado nos organismos pertencentes aos reinos Protista, Fungi, Animalia e Plantae. Embora exista nesses seres uma enorme variedade de formas, tamanhos e estruturas corporais, é possível fazer algumas generalizações sobre suas células.

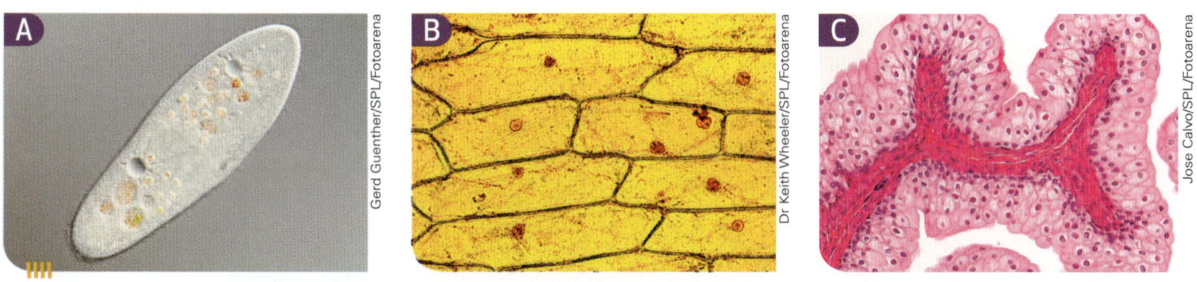

Fotografias obtidas em microscópio óptico mostrando a variedade de células eucarióticas. (A) Protozoário (*Paramecium caudatum*, 330 μm de comprimento). (Aumento aproximado de 140 vezes.) (B) Células da epiderme de alho-poró (*Allium porrum*). (Aumento aproximado de 7 vezes.) (C) Células do epitélio de bexiga urinária humana. (Aumento aproximado de 87 vezes. Cores artificiais.)

Tal qual a célula procariótica, a célula eucariótica apresenta uma **membrana plasmática**, um **citoplasma** com ribossomos e **material genético** (DNA).

As características da célula eucariótica que a distinguem da procariótica são:

- a existência de um **núcleo** "verdadeiro", organizado - no qual o material genético é envolvido por uma membrana;
- a ocorrência de muitas **organelas**, a maioria delas de natureza membranosa;
- a presença de um **citoesqueleto**, formado por finíssimos microfilamentos e microtúbulos mergulhados no citosol, parte fluida do citoplasma.

As organelas membranosas dividem a célula eucariótica em vários compartimentos, cada um com funções específicas. Assim, a célula eucariótica é considerada mais complexa do que a procariótica.

Observe os dois esquemas a seguir, que representam, respectivamente, uma célula animal e uma célula vegetal hipotéticas. Embora ambas sejam eucarióticas, há algumas diferenças marcantes, como mostradas nos esquemas a seguir.

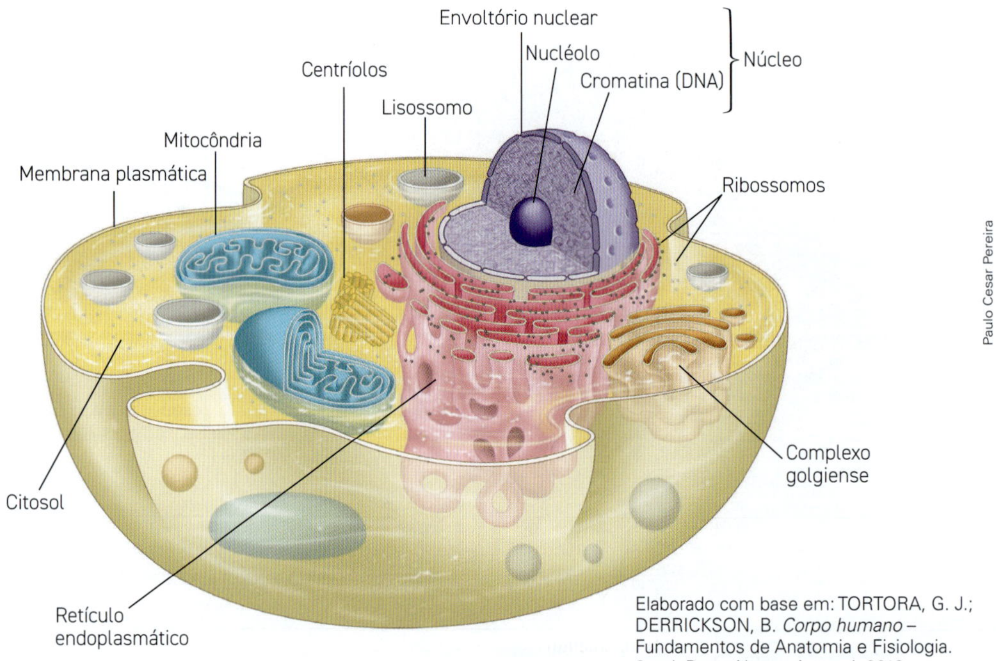

Elaborado com base em: TORTORA, G. J.; DERRICKSON, B. *Corpo humano – Fundamentos de Anatomia e Fisiologia*. 8. ed. Porto Alegre: Artmed, 2012.

Esquema de célula eucariótica animal vista em corte e transparência, com alguns de seus componentes identificados. Note a abundância de estruturas membranosas em seu interior. O citoesqueleto não foi representado. (Elementos fora de proporção de tamanho entre si. Cores fantasia.)

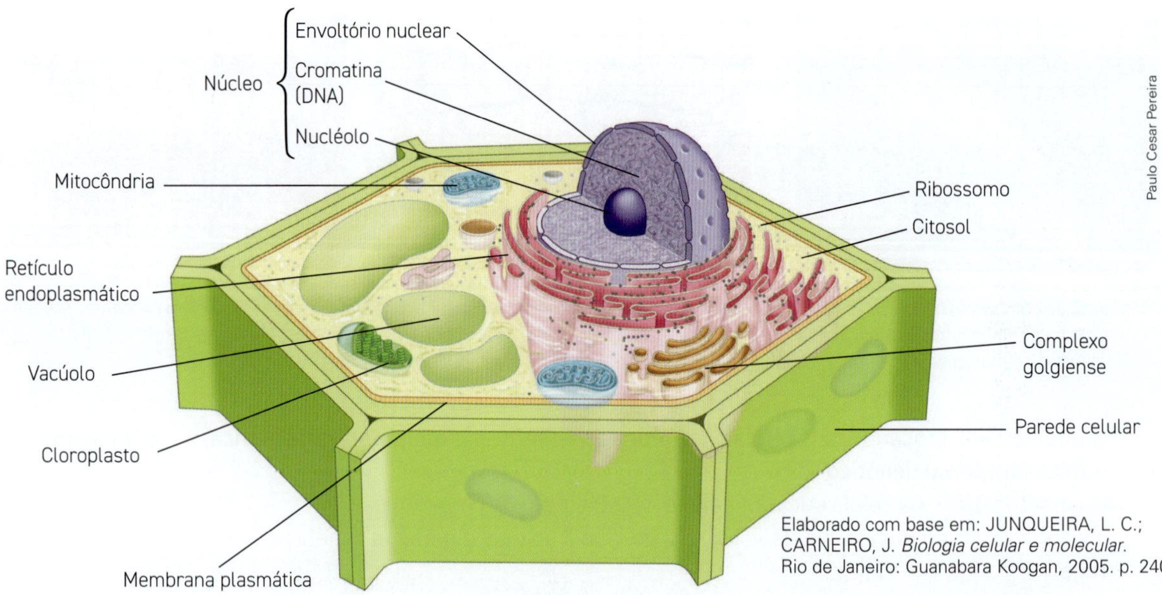

Elaborado com base em: JUNQUEIRA, L. C.; CARNEIRO, J. *Biologia celular e molecular*. Rio de Janeiro: Guanabara Koogan, 2005. p. 240.

Esquema de célula eucariótica vegetal, vista em corte e transparência. Note a presença da parede celular, de cloroplastos e de vacúolos de grande tamanho, característicos da célula vegetal. O citoesqueleto não foi representado. (Elementos fora de proporção de tamanho entre si. Cores fantasia.)

Veja como algumas das estruturas apresentadas anteriormente são vistas nas células animal e vegetal quando observadas ao microscópio.

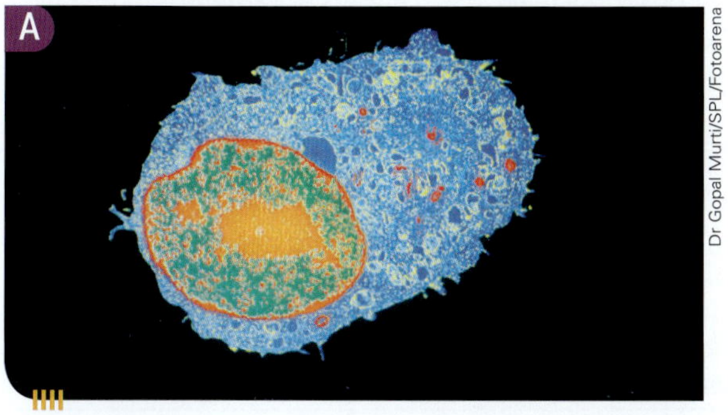

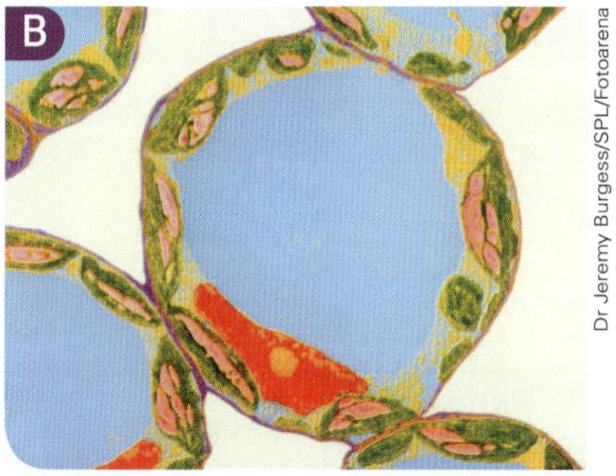

Fotografias de célula animal e célula vegetal, obtidas em microscópio eletrônico de transmissão. (A) Célula de mama humana. Núcleo corado em vermelho (no contorno), nucléolo em laranja e citoplasma em azul. (Aumento aproximado de 265 vezes. Cores artificiais.) (B) Célula de folha da planta zínia (*Zinnia elegans*). Núcleo corado em vermelho e cloroplastos em verde. (Aumento aproximado de 2290 vezes. Cores artificiais.)

Comparação entre células procarióticas e eucarióticas

Na tabela a seguir, estão listadas algumas das principais diferenças encontradas entre as células procarióticas e eucarióticas. Muitas dessas diferenças só serão estudadas nos capítulos a seguir, à medida que nos detivermos no funcionamento das várias partes das células.

Comparação entre diferentes tipos celulares

	Célula procariótica	Célula eucariótica
Tamanho	Pequeno (em geral, poucos micrômetros de diâmetro ou de comprimento)	Grande (em geral, 10 a 50 vezes o tamanho de uma célula procariótica)
Complexidade	Célula única, ocasionalmente colônias	Organismos unicelulares e pluricelulares
Material genético	Uma grande molécula de DNA e plasmídeos (anéis de DNA dispersos no citoplasma)	Geralmente muitos cromossomos (estruturas formadas por uma molécula de DNA associada a proteínas)
Núcleo organizado	Não	Sim
Estruturas membranosas intracitoplasmáticas	Nas bactérias, nenhuma; algumas membranas internas nas cianobactérias	Organelas (retículo endoplasmático, complexo golgiense, lisossomos, peroxissomos, mitocôndrias, cloroplastos, vacúolos) e envoltório nuclear
Ribossomos	Livres no citoplasma	Maiores que os das células procarióticas; livres no citoplasma ou aderidos às membranas do retículo
Citoesqueleto	Ausente	Microtúbulos e microfilamentos dispersos no citosol
Parede celular	Presente, eventualmente com uma cápsula adicional mais externa	Ausente nas células animais; presente em plantas, algas e na maioria dos fungos
Mobilidade	Flagelos simples em algumas espécies de bactérias	Undulipódios (flagelos e cílios de estrutura mais complexa) em alguns tipos celulares específicos
Endocitose e exocitose (mecanismos de transporte)	Ausentes	Presentes
Divisão celular	Por divisão simples, sem fuso de divisão	Mitose e meiose (processos de divisão celular com auxílio de uma estrutura complexa, o fuso de divisão)
Processos sexuados	Nenhum	Frequente, envolvendo a fusão de gametas haploides
Diferenciação	Geralmente ausente	Em muitas espécies, as células se diferenciam para formar tecidos e órgãos

Desenvolvendo habilidades

1 Vários materiais, antes de serem observados ao microscópio óptico, recebem alguns tratamentos, como fixação, corte de fatias com um micrótomo e coloração. Explique, de forma sucinta:

a) a necessidade de cada um desses processos.

b) de que maneira o material seria observado ao microscópio na ausência de cada um desses procedimentos.

2 Ao revisar este capítulo para uma avaliação, um estudante construiu uma tabela que comparava a célula animal, a célula vegetal e a célula bacteriana, quanto a seus componentes. A presença das estruturas foi por ele assinalada por (+), e a ausência por (–). Quais erros o estudante cometeu?

	Retículo endoplasmático	Cloroplastos	Material genético	Centríolos	Mitocôndrias	Membrana plasmática
Célula animal	+	–	+	+	+	+
Célula vegetal	+	+	+	+	–	–
Célula bacteriana	–	+	+	–	+	–

3 Numa revista de divulgação científica, um estudante leu, em um artigo que tratava do metabolismo dos seres vivos, a frase seguinte:

"Os autótrofos, como os organismos clorofilados, produzem a glicose de que necessitam, utilizando a luz solar e substâncias simples que retiram do meio, como a água e o gás carbônico. Os heterótrofos, por sua vez, precisam buscar seus alimentos, incluindo a glicose, alimentando-se de outros seres vivos."

Há uma diferença básica entre células animais e vegetais, que justifica esses dois modos de nutrição. Que diferença é essa? Comente, indicando qual trecho do texto o ajudou a responder à questão.

4 Verificou-se que, em uma célula viva, a concentração do íon sódio no seu interior era muito menor do que no líquido em que estava mergulhada. No entanto, após a morte dessa célula uma medição mostrou que as concentrações de sódio dentro e fora da célula se igualaram.

Segundo você, que parte da célula acima foi responsável, enquanto viva, pela baixa taxa de sódio de sua composição interna?

5 Leia o texto a seguir:

A maioria dos seres vivos é constituída de unidades microscópicas, as células. Alguns, como os organismos mais simples (bactérias, algas e protozoários), consistem simplesmente de uma célula única. Outros, como nós mesmos, começamos como uma única célula, mas crescemos até formar um complexo de muitos tipos de células, cada uma desempenhando uma função especializada. Independentemente da grande variabilidade de formas de vida e de tipos celulares, todas as células apresentam certas características em comum. As mesmas estruturas básicas e princípios de organização aplicam-se igualmente a células em plantas, por exemplo, e células em seres humanos.

Também as cidades variam grandemente em tamanho e, independentemente do país em que se encontram, todas elas apresentam algumas características em comum. Vista a partir do espaço, é difícil perceber como a vida humana nas cidades é organizada. Apenas quando chegamos mais perto é possível divisar as estruturas de comunidades individuais: bairros, quarteirões, edifícios... Mais perto ainda, e podemos ver que essas comunidades são altamente organizadas, com um fluxo constante de pessoas e materiais adaptando-se a um ambiente em constante mudança.

The cell like a city. Tradução dos autores. Disponível em: www.biopic.co.uk/cellcity/cell.htm. Acesso em: abr. 2020.

a) Podemos afirmar que as células vegetais e células animais, apesar de diferentes, apresentam as mesmas estruturas básicas e princípios de organização? Dê exemplos.

b) Considerando a comparação entre cidade e célula, cite duas necessidades que ambas têm em comum.

CAPÍTULO 8

Membranas celulares

A membrana plasmática é a interface entre a célula e o ambiente. Ela define os limites da célula e mantém as diferenças essenciais entre o citosol e o meio. A manutenção dessas diferenças é fundamental para a sobrevivência da célula.

Este capítulo favorece o desenvolvimento das habilidades

- EM13CNT101
- EM13CNT104
- EM13CNT202
- EM13CNT203
- EM13CNT301
- EM13CNT302
- EM13CNT303
- EM13CNT307

! Dica

Jardim químico (Experiência sobre osmose) /Manual do Mundo

https://www.youtube.com/watch?v=NRhPyBYkpMc

Vídeo sobre como usar conhecimentos de osmose e membrana semipermeável para montar um jardim de produtos químicos.

Estrutura da membrana plasmática

Todas as células, sem exceção, têm membrana plasmática, que só é visível ao microscópio eletrônico (em média, mede cerca de 5 nm ou 0,000005 mm de espessura).

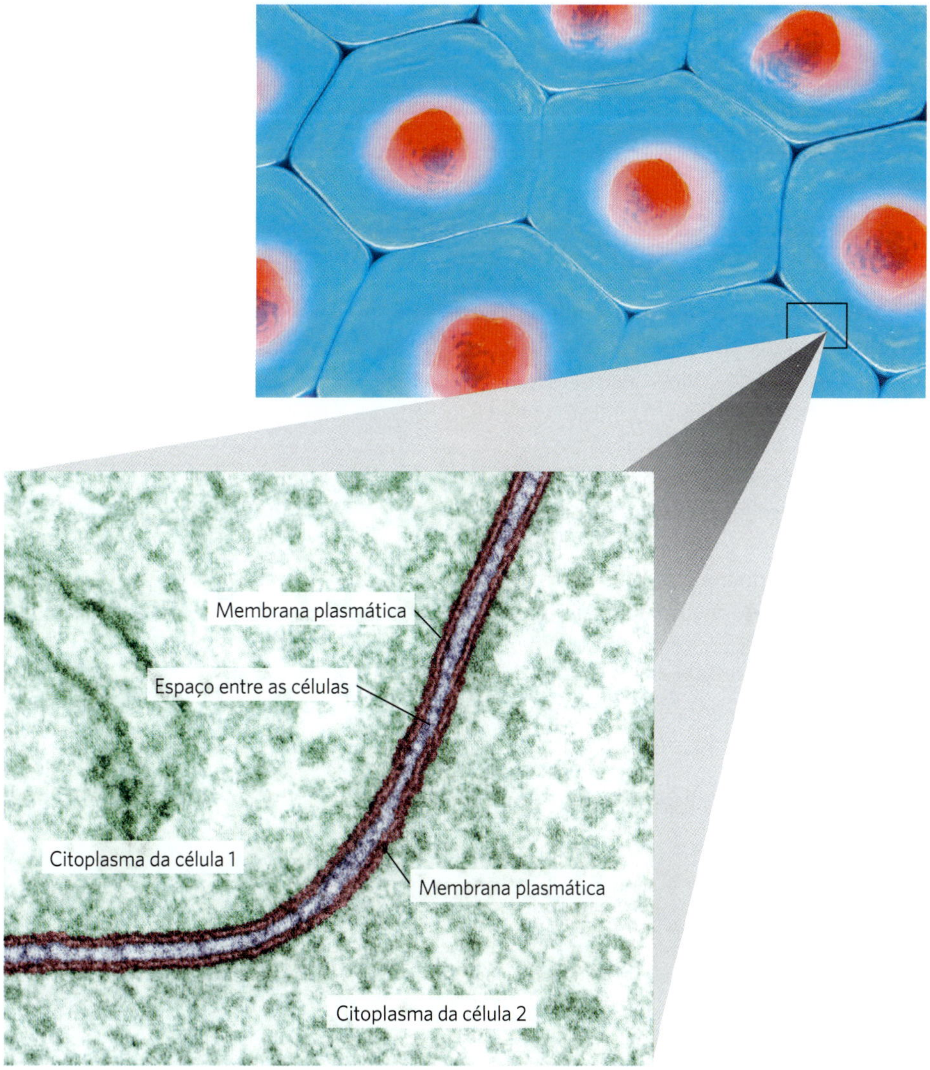

Christoph Burgstedt/SPL/Fotoarena

Don W. Fawcett/Science Source/Fotoarena

Acima, esquema de células. (Elementos fora de proporção de tamanho entre si. Cores fantasia.) Ao lado, fotografia de membranas plasmáticas de duas células vizinhas obtida em microscópio eletrônico de transmissão. (Aumento aproximado de 240 mil vezes. Cores artificiais.)

A membrana plasmática é constituída basicamente de lipídios e proteínas. O modelo **mosaico fluido**, de Singer e Nicholson (1972), explica como essas moléculas se organizam na membrana. Nesse modelo, a membrana é constituída de uma bicamada lipídica (duas camadas de fosfolipídios), na qual estão inseridas moléculas de proteínas que desempenham funções muito variadas. Elas estão distribuídas entre os lipídios, de forma irregular, lembrando as peças de um mosaico. Já as moléculas de lipídios mudam de posição constantemente, fluindo como uma camada de óleo sobre a água. Por isso esse modelo ficou conhecido como mosaico fluido.

Veja no esquema a seguir uma representação do modelo mosaico fluido.

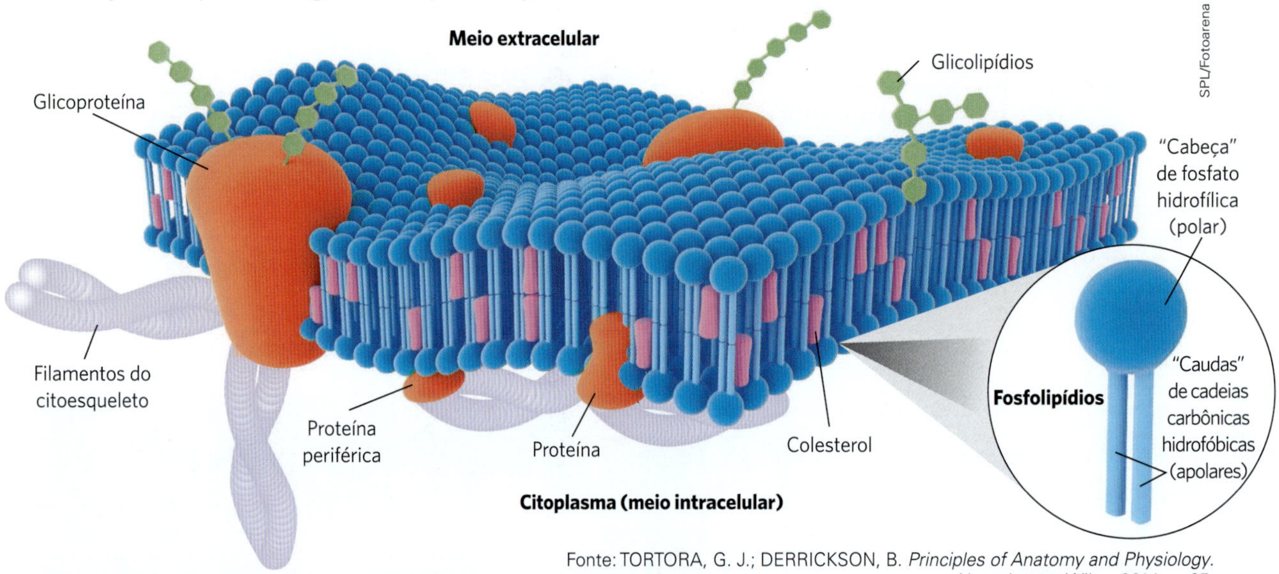

Fonte: TORTORA, G. J.; DERRICKSON, B. *Principles of Anatomy and Physiology.* Nova Jersey: Wiley, 2014. p. 65.

Esquema representando o modelo mosaico fluido da membrana plasmática com destaque para uma molécula de fosfolipídio mostrando a região da "cabeça" e das "caudas". (Elementos fora de proporção de tamanho entre si. Cores fantasia.)

Na bicamada lipídica (que compõe membranas celulares), há duas camadas de fosfolipídios. A molécula de fosfolipídio apresenta uma "cabeça" de fosfato - altamente hidrofílico (com afinidade pela água) ou polar - ligada a duas "caudas" de cadeias carbônicas - hidrofóbicas (repelidas pela água) ou apolares. Na membrana plasmática, as "cabeças" estão em contato com a água dos meios externo e interno (citoplasma) da célula, enquanto as "caudas" estão voltadas para dentro.

Na face externa da membrana de alguns tipos de célula encontramos cadeias de carboidratos aderidas às proteínas (formando glicoproteínas) ou aos lipídios (formando glicolipídios). Trata-se do **glicocálix** (ou glicocálice - do grego *glykys* = "açúcar" e *kályx* = "envoltório"), que atua no reconhecimento e adesão de células de mesmo tecido e na proteção da superfície celular contra lesões mecânicas e químicas.

A estrutura da membrana plasmática permite a ela controlar o tipo de substância que entra ou sai da célula. Por isso, uma de suas principais características é a **permeabilidade seletiva**: permeável porque substâncias podem atravessá-la; seletiva porque seleciona o que entra e o que sai.

Núcleo e organelas citoplasmáticas, como mitocôndrias, cloroplastos e retículo endoplasmático, também apresentam membranas lipoproteicas, que mantêm as diferenças entre o citosol e o interior de cada organela.

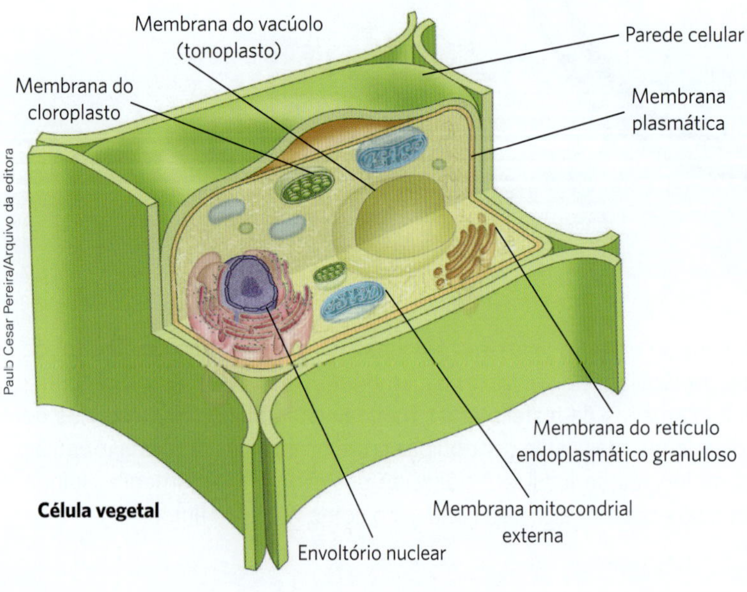

Podem existir paredes adicionais, externas à membrana plasmática, como a membrana esquelética celulósica, da célula vegetal. Essas paredes, no entanto, não participam da "seleção" das substâncias. (Elementos fora de proporção de tamanho entre si. Cores fantasia.)

Algumas funções das proteínas na membrana plasmática

- **Proteínas transportadoras:** algumas proteínas atuam como transportadoras. Em alguns casos, elas formam poros, ou canais. Essas proteínas regulam a passagem específica de moléculas de água, de íons, de aminoácidos, etc.

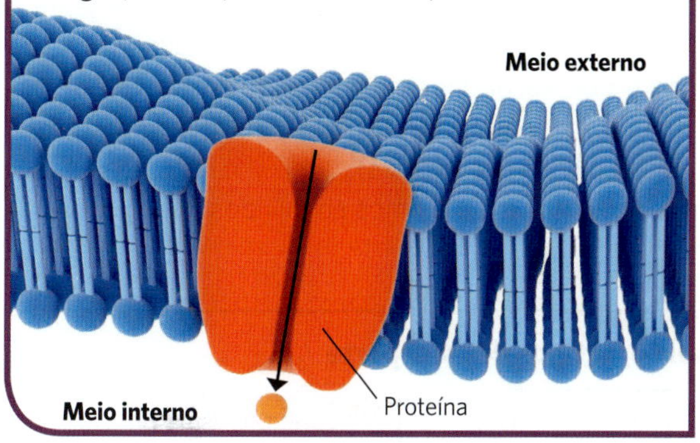

- **Enzimas:** são proteínas que têm ação enzimática (enzimas); quando dispostas lado a lado na membrana, garantem maior eficiência nas reações em cadeia do metabolismo que dependem de uma sequência.

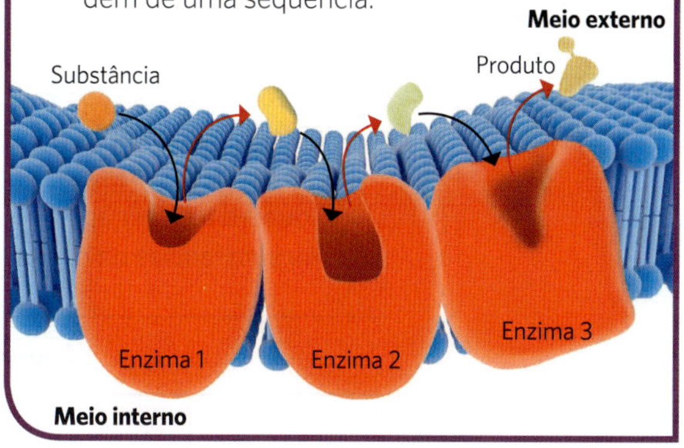

Ilustrações: SPL/Fotoarena

- **Marcadores de identidade celular:** são proteínas que conferem identidade específica à célula, distinguindo-a de outros tipos. Por exemplo, certas glicoproteínas presentes na superfície das hemácias que caracterizam os tipos sanguíneos do sistema ABO.

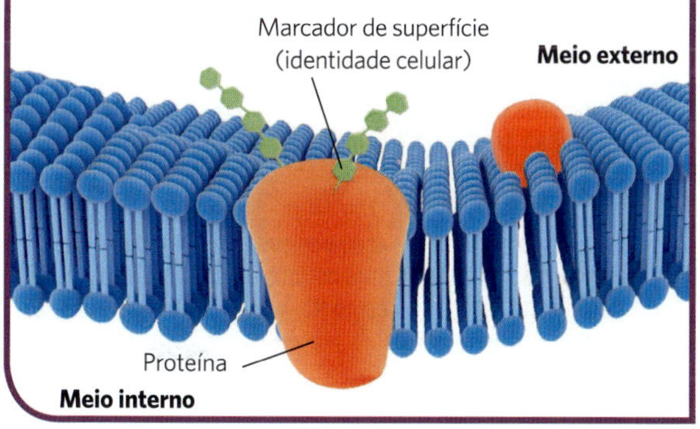

- **Adesão intercelular:** algumas proteínas de membrana atuam especificamente na adesão entre células vizinhas, um importante mecanismo na manutenção da organização dos tecidos.

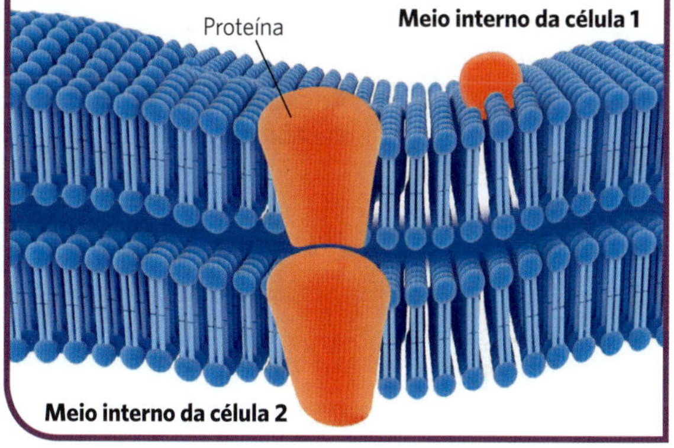

- **Receptores de superfície:** substâncias específicas ligam-se a determinadas proteínas em um reconhecimento do tipo encaixe induzido. Com isso, sinais específicos podem chegar até a célula, provocando uma resposta interna da própria célula. Isso ocorre, por exemplo, com os receptores hormonais.

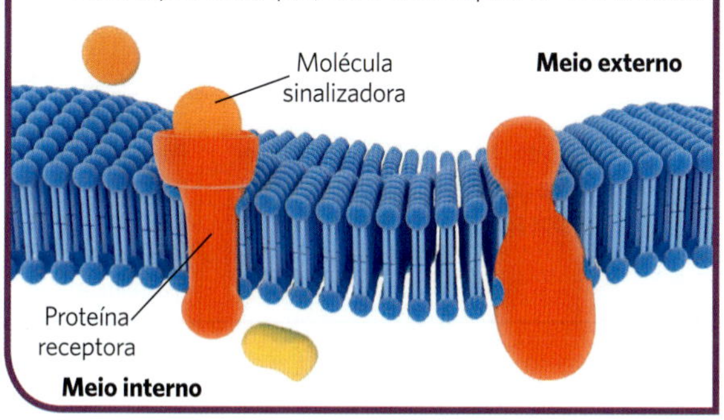

- **Adesão ao citoesqueleto:** algumas proteínas interagem com elementos do citoesqueleto, atuando na manutenção do formato da célula e nos seus movimentos.

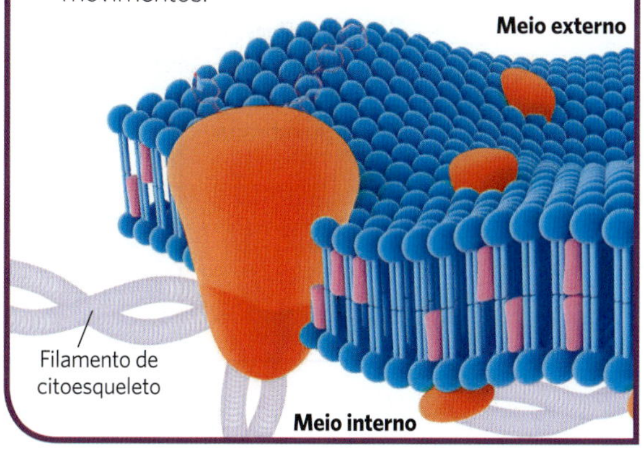

Elaborado com base em: REECE, J. B. *et al. Campbell Biology*. 10. ed. Glenview: Pearson, 2011. p. 128.

Esquemas representando as diferentes funções das proteínas de membrana. (Elementos fora de proporção de tamanho entre si. Cores fantasia.)

Troca de substâncias entre a célula e o meio

Embora a membrana plasmática tenha permeabilidade seletiva, há alguns limites para essa seletividade:

- moléculas pequenas passam através da membrana de acordo com seu **gradiente de concentração**, que é a diferença de concentração entre o meio externo e o meio interno.
- moléculas pequenas com **carga elétrica**, como íons, não atravessam diretamente a bicamada lipídica, mas podem fazê-lo por meio de canais (poros) proteicos.
- macromoléculas (como proteínas e polissacarídeos), devido ao seu **tamanho**, não atravessam a membrana. Esta, no entanto, pode capturar ou secretar macromoléculas por meio de vesículas (pequenas bolsas lipoproteicas).

O quadro a seguir apresenta um resumo dos mecanismos envolvidos na entrada e na saída de substâncias da célula.

A membrana e os tipos de transporte

	Processo		Condição	Exemplos	Como ocorre
Através da membrana	Transporte passivo	Difusão simples e osmose	Existir uma diferença (um gradiente) de concentração. A célula não gasta energia.	O_2; CO_2; substâncias solúveis em lipídios; água.	Diretamente, através da membrana.
		Difusão facilitada	Existir uma diferença de concentração e uma proteína transportadora. A célula não gasta energia.	Açúcares simples e aminoácidos.	Por meio canais proteicos (poros) ou proteínas transportadoras.
	Transporte ativo		Existir uma proteína transportadora e haver gasto de energia por parte da célula.	Açúcares simples; aminoácidos; íons, como Na^+ e K^+.	Por meio de proteínas transportadoras.
Por envolvimento e captura pela membrana	Endocitose (entrada)	Pinocitose (partículas, pequenas, geralmente líquidas)	Formação de vesículas e gasto de energia por parte da célula.	Macromoléculas; gotículas de lipídios.	Por invaginação da membrana plasmática.
		Fagocitose (partículas grandes, geralmente sólidas)	Formação de vacúolo e gasto de energia por parte da célula.	Vírus; células estranhas, como bactérias; restos de estruturas celulares.	Pela formação de pseudópodes.
	Exocitose (saída)		Formação de vesículas e gasto de energia por parte da célula.	Secreção celular; eliminação de resíduos da digestão intracelular.	Por meio da fusão de vesículas com a membrana plasmática.

Transporte passivo

O transporte passivo é a passagem de substâncias através da membrana plasmática quando não há gasto de energia por parte da célula.

Difusão

A difusão é um exemplo de transporte passivo que pode ocorrer em uma solução ou em um meio gasoso. Nesse fenômeno, puramente físico, as partículas tendem a mover-se da área de maior concentração para a de menor concentração, até que as concentrações se igualem. A partir daí, a passagem continua a ocorrer para ambos os lados, porém com a mesma velocidade. Veja no esquema abaixo um exemplo de difusão simples.

Daneil das Neves/Arquivo da editora

Um pouco de corante é colocado em um copo com água, sem mexer no líquido. As partículas de corante se difundem aos poucos, do local em que estão em maior concentração para os demais locais, até que todo o líquido fique homogeneamente colorido. (Elementos fora de proporção de tamanho entre si. Cores fantasia.)

Quando uma célula é colocada em um meio rico em determinado soluto, as moléculas desse soluto passam por difusão para o interior da célula, desde que a membrana plasmática seja permeável a essas moléculas. A velocidade de passagem da partícula pela membrana depende de diversos fatores, como tamanho da célula, diferença do gradiente de concentração e interação da partícula com a membrana. Macromoléculas, como as proteínas e o amido, normalmente não atravessam a membrana diretamente.

Um bom exemplo de difusão através da membrana plasmática é a entrada e saída de gases em uma célula.

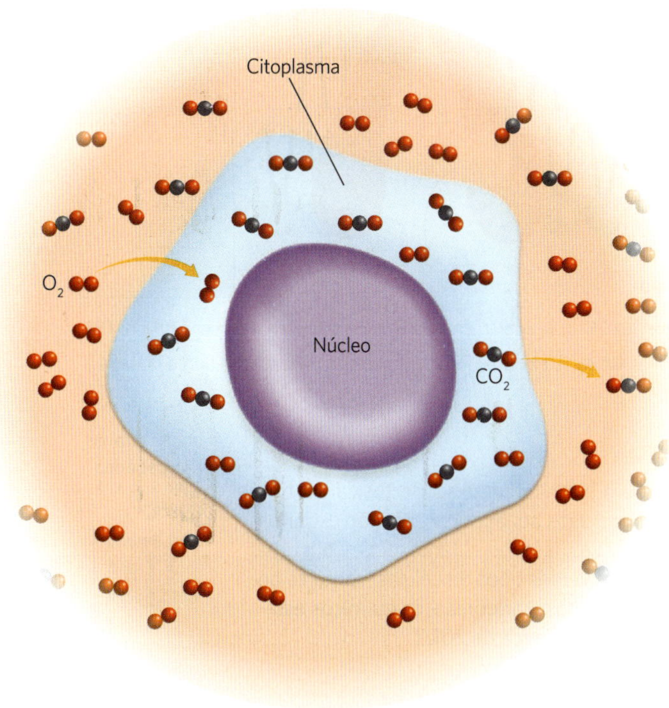

Studio Caparroz/Arquivo da editora

O_2

O gás oxigênio é consumido constantemente pelas mitocôndrias na respiração.

CO_2

O gás carbônico, um resíduo da respiração, está sempre em alta concentração no interior da célula.

Esquema ilustrando a difusão do gás oxigênio e do gás carbônico através da membrana plasmática. Enquanto a célula permanecer viva ela consumirá oxigênio, mantendo o gradiente de concentração e garantindo o fluxo desse gás para seu interior. (Elementos fora de proporção de tamanho entre si. Cores fantasia.)

Pela diferença de concentração (gradiente de concentração) entre a célula e o meio, as moléculas de gás oxigênio tendem a mover-se do meio externo, onde se encontram em maior concentração, para o citosol, onde estão em concentração menor. Inversamente, as moléculas de gás carbônico no interior da célula se difundem constantemente para o exterior, onde se encontram em menor concentração.

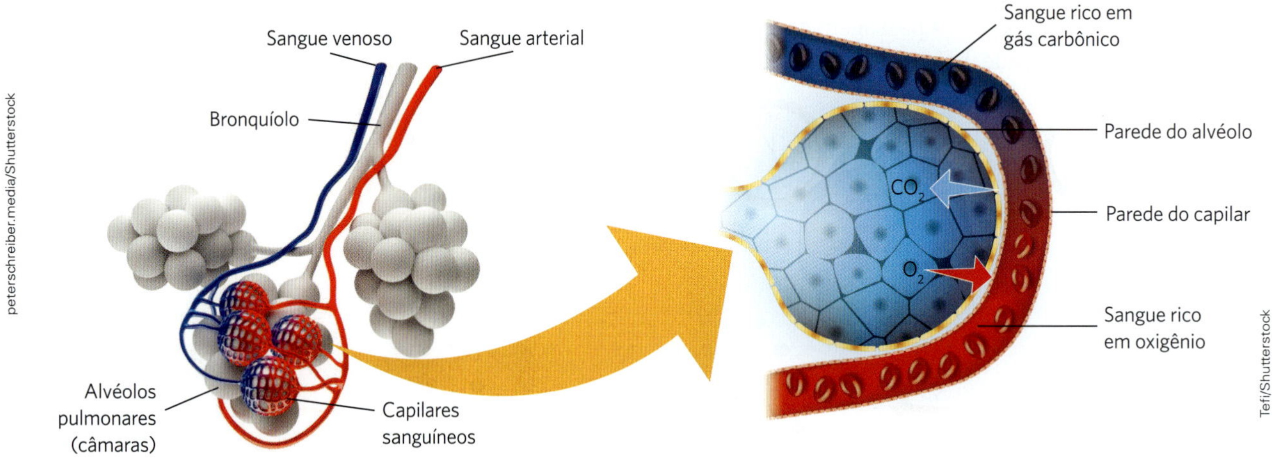

O intercâmbio de gases respiratórios entre o ar e o sangue, nos alvéolos pulmonares, ocorre por difusão. (Elementos fora de proporção de tamanho entre si. Cores fantasia.)

Difusão facilitada

Na difusão facilitada, o transporte de certas substâncias pode ser auxiliado por canais proteicos (poros) ou por proteínas transportadoras da membrana. Esse processo não consome energia – a proteína de membrana auxilia o movimento espontâneo das moléculas a favor do gradiente de concentração.

A proteína formadora de canal ou poro forma um corredor que conecta o meio externo à membrana plasmática. Nesse caso, as moléculas têm afinidade pelo canal e simplesmente o atravessam.

Já a proteína transportadora se liga à molécula a ser transportada, em um reconhecimento do tipo "chave-fechadura", e a encaminha por meio de uma mudança conformacional (isto é, alterando sua configuração molecular). Esse processo está representado no esquema a seguir. É dessa forma, por exemplo, que ocorre a entrada de muitos aminoácidos e de moléculas de açúcares pequenas, como a glicose, em nossas células.

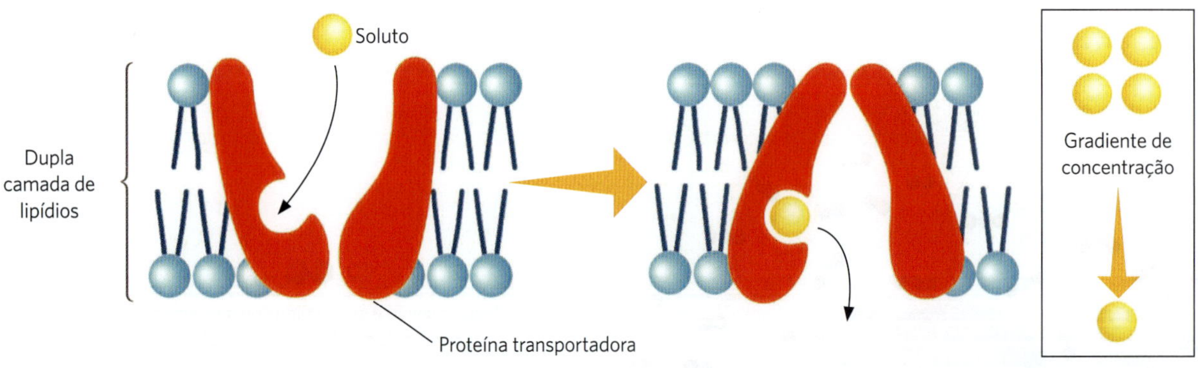

Elaborado com base em: REECE, J. B. *et al. Campbell Biology*. Glenview: Pearson, 2011. p. 133.

Esquema do funcionamento de uma proteína transportadora na difusão facilitada. (Elementos fora de proporção de tamanho. Cores fantasia.)

Aquaporinas: canais especiais para a água

A água pode atravessar a membrana plasmática. No entanto, em 1992, foram descobertos canais que facilitam essa passagem por difusão facilitada. Esses canais, chamados aquaporinas, são tão estreitos que permitem a passagem de apenas uma molécula de água por vez. Isso, no entanto, ocorre em uma velocidade que pode ser muito alta. As aquaporinas existem em diversos tipos de células, como as de plantas, de animais e bactérias. Essa descoberta valeu para os seus descobridores – os químicos estadunidenses Peter Agre e Roderick MacKinnon – o Prêmio Nobel de Química de 2003.

Osmose através de aquaporina

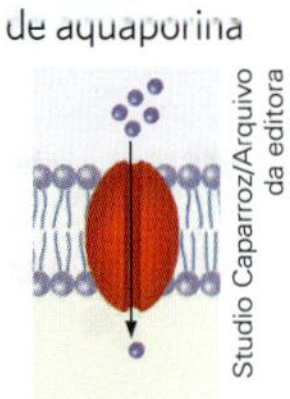

Osmose: um caso especial de difusão

Imagine uma situação, como no esquema a seguir, em que o tamanho dos poros de uma membrana permita a passagem das moléculas de água (solvente), porém impeça a passagem de soluto (representado pelas esferas vermelhas). Uma membrana desse tipo é chamada **semipermeável**.

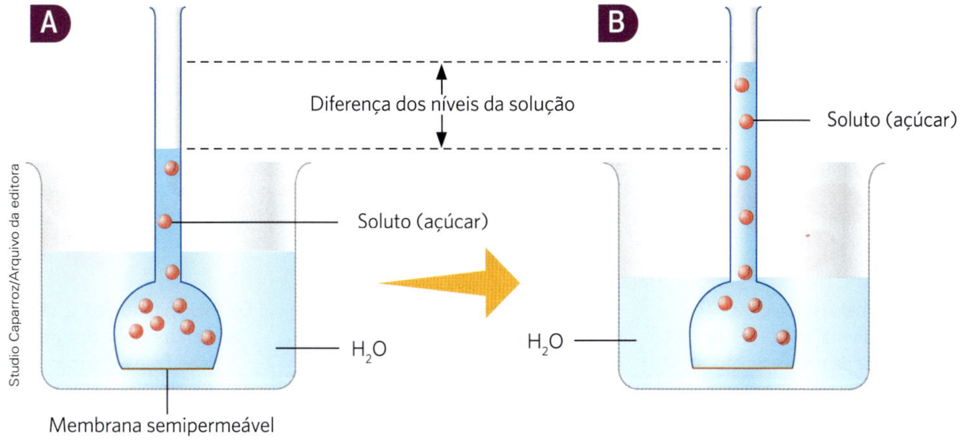

Representação esquemática da osmose. No momento (**A**) a solução de água e açúcar (mais concentrada) é colocada em contato com água pura. Em (**B**), após certo tempo, observa-se que a água se difundiu para onde havia solução mais concentrada em soluto, fazendo o nível da solução subir no tubo. (Elementos fora de proporção de tamanho entre si. Cores fantasia.)

A osmose pode ser caracterizada como a difusão da água por uma membrana semipermeável, do local de menor concentração de soluto para o local de maior concentração. Portanto, para que esse fenômeno ocorra, deve haver uma diferença de concentrações - ou seja, um gradiente de concentrações - entre os dois lados da membrana.

Desidratação dos alimentos

A desidratação é uma forma de conservação dos alimentos conhecida desde a Antiguidade. Um dos métodos mais comuns desse processo é a impregnação por sal - no caso de carnes ou peixes, como o bacalhau - ou por açúcares, em geleias, compotas e frutas em calda.

Quando o alimento é colocado em um meio com uma concentração muito alta de solutos, a água tende a sair do alimento por osmose, e ele se desidrata. Assim, a carne, os peixes e as frutas em calda se conservam, pois o processo de decomposição natural, causado pelas enzimas da própria célula quando morre, diminui muito. Além disso, bactérias e fungos decompositores, ao entrarem em contato com meio hipertônico, com alta concentração de sais ou de açúcares, também se desidratam e morrem.

Muitos alimentos têm a sua conservação assegurada pela adição de açúcar (como a geleia da fotografia) ou de sal (como o bacalhau).

Osmose nas células

A membrana plasmática não é uma membrana semipermeável perfeita, uma vez que admite a passagem de soluto. Mesmo assim, considera-se que ocorre osmose através dela. Isso porque a passagem da água é preferencial e ocorre em velocidade muitas vezes maior do que a de qualquer soluto. Assim, a passagem de soluto pode ser considerada desprezível, em muitas situações.

Nas células vegetais, a parede celular (membrana celulósica) não participa da osmose, por ser totalmente permeável à água e aos sais; seu papel é exclusivamente de sustentação. A osmose ocorre entre a solução salina do interior do vacúolo e o meio externo. Nessas células, o conjunto formado por citoplasma e membrana plasmática faz o papel de membrana semipermeável.

Se uma célula se encontra imersa em um meio em que a concentração de soluto é aproximadamente a mesma que a do seu meio interno, diz-se que a célula e o meio são **isotônicos** um em relação ao outro. Nesse caso, as moléculas de água têm igual tendência a entrar e a sair da célula. Não há ganho nem perda de água, e o volume da célula não se altera.

Quando as células são postas em meio **hipertônico**, com maior concentração de soluto do que elas, tendem a perder água para o meio. Nesse caso, diz-se que o meio exerce maior pressão osmótica em relação às células. Inversamente, quando em meio **hipotônico** (com menor concentração), as células ganham água.

Veja na página seguinte o comportamento de uma célula animal e de uma célula vegetal em soluções de diferentes concentrações.

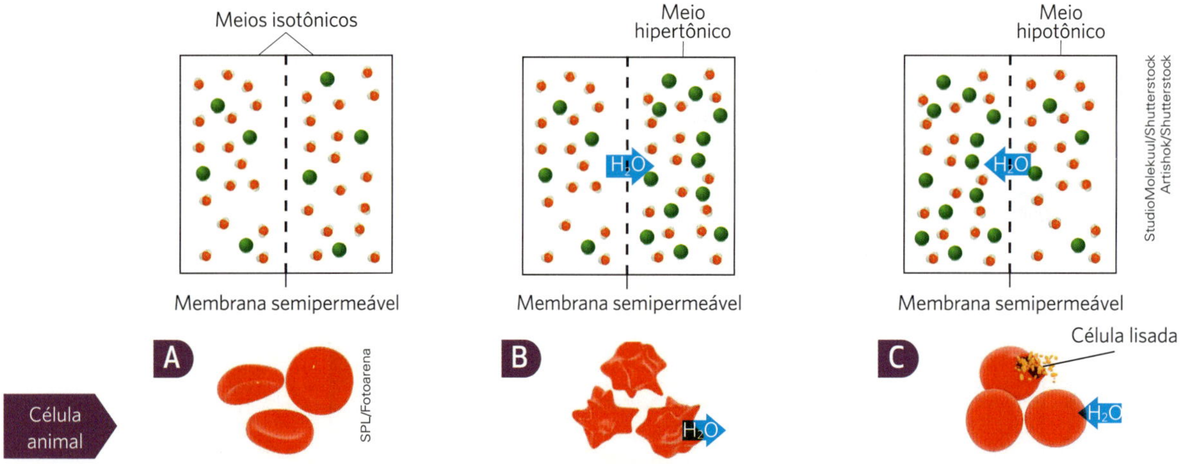

Em meio isotônico, a célula animal mantém sua integridade e seu aspecto.

Em meio hipertônico, perde água para o meio, seu volume diminui e fica com aspecto enrugado.

Em meio hipotônico, ganha água, seu volume aumenta e pode ocorrer o rompimento da membrana, chamada de **lise celular**.

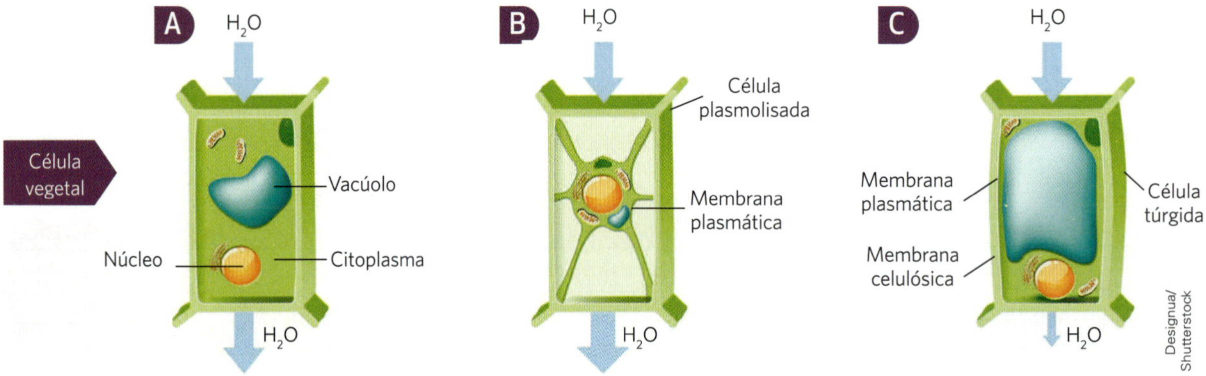

Em meio isotônico, a célula vegetal fica "flácida", ou seja, com a parede celular "frouxa", pois não sofre pressão do meio.

Em meio hipertônico, a célula vegetal se torna **plasmolisada**. Na plasmólise, o vacúolo diminui de volume e arrasta o citoplasma e a membrana plasmática, que se descola da membrana celulósica.

Em meio hipotônico, a célula ganha água, seu volume aumenta; mas não se rompe devido à resistência da membrana celulósica. Neste caso, diz-se que a célula está **túrgida**.

Elaborado com base em: REECE, J. B. *et al. Campbell Biology*. 10. ed. Glenview: Pearson, 2011. p. 132.

Esquema representando células animal e vegetal (em corte) em meios com diferentes concentrações em relação às células: meio isotônico (**A**), meio hipertônico (**B**) e meio hipotônico (**C**). (Elementos fora de proporção de tamanho entre si. Cores fantasia.)

O transporte ativo

Há situações, no caso da permeabilidade celular, em que certas substâncias migram do local onde estão em menor concentração para um local de maior concentração, contrariando a tendência natural da difusão. Para isso, no entanto, ocorre gasto de energia por parte da célula.

Diferentemente da difusão e da osmose - processos apenas físicos e que não consomem energia - o **transporte ativo** é um fenômeno biológico, que ocorre somente em células vivas e consome energia. Por exemplo: em uma hemácia (glóbulo vermelho do sangue), verifica-se uma concentração de íons sódio (Na^+) muito menor do que no plasma (parte líquida do sangue). Na verdade, o sódio entra na célula por difusão, já que sua concentração externa é maior. No entanto, ao mesmo tempo, a membrana expulsa o sódio por transporte ativo. Dessa forma, enquanto a hemácia estiver viva, a concentração de Na^+ no seu interior permanece baixa, porém, à custa de um trabalho constante da célula.

Inversamente, a concentração de potássio (K^+) na hemácia é muito superior à do plasma. Embora o potássio esteja sempre saindo da célula por difusão, a membrana o reabsorve constantemente, "forçando" a sua passagem do plasma (local de menor concentração) para a hemácia (local de maior concentração), o que também implica consumo de energia.

A bomba de sódio e potássio

O sistema de transporte ativo de íons de sódio (Na^+) e potássio (K^+) através da membrana parece ser simultâneo, e é conhecido como **bomba de sódio e potássio**. Aparentemente, uma única proteína transportadora da membrana carrega tanto o sódio como o potássio.

A energia necessária para a manutenção desse processo vem da molécula de ATP (trifosfato de adenosina), que é a principal transportadora de energia química nas células e que estudaremos no Capítulo 10 - Metabolismo energético.

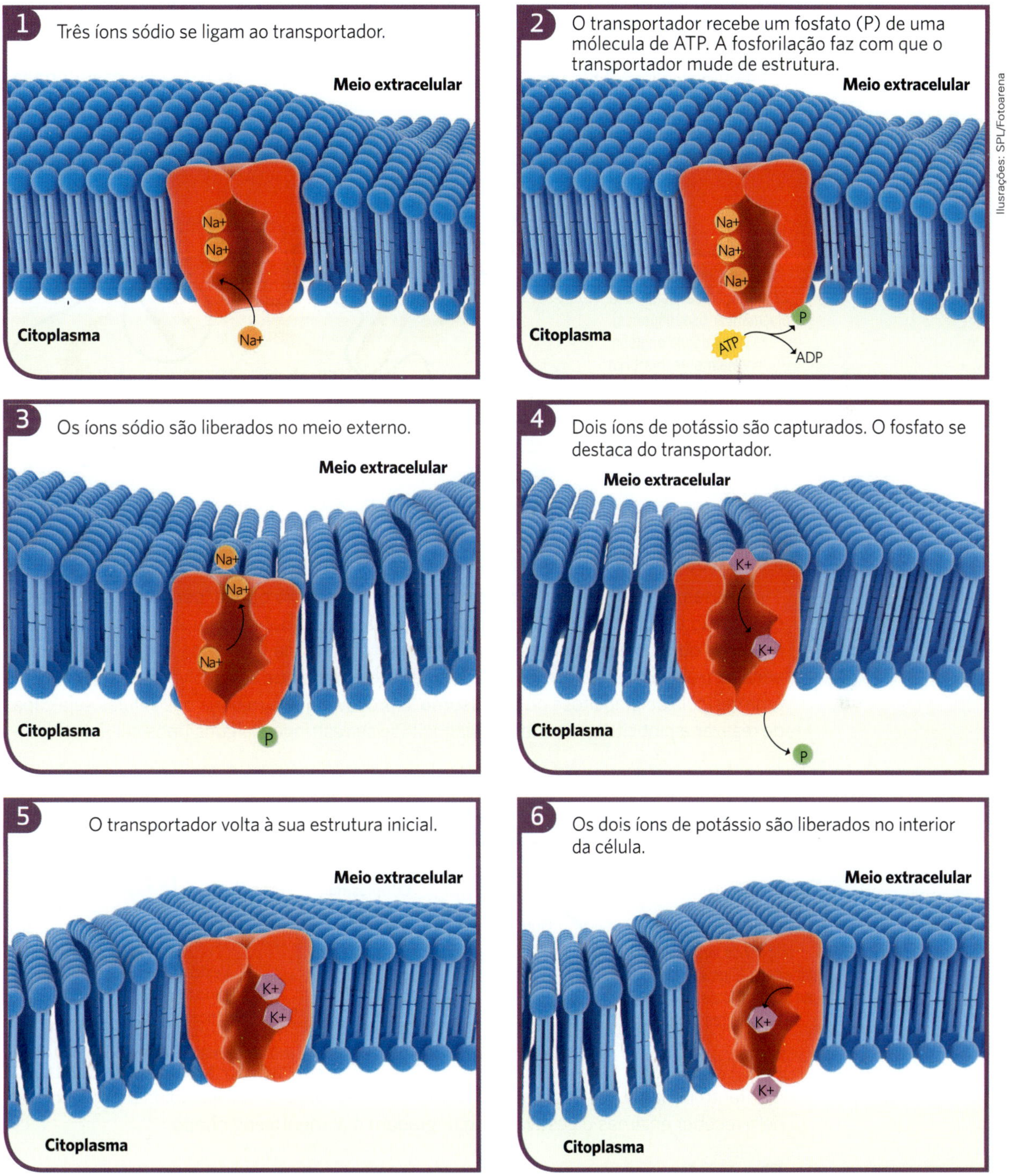

TORTORA, G. J.; DERRICKSON, B. *Principles of Anatomy and Physiology*. Nova Jersey: Wiley, 2014. p. 74.

Esquema representando o mecanismo da bomba de sódio e potássio - tipo de transporte ativo através da membrana plasmática. Muitos processos biológicos, como a condução do impulso nervoso, a contração muscular e a filtração renal, dependem do transporte ativo. (Elementos fora de proporção de tamanho entre si. Cores fantasia.)

Transporte por envolvimento e captura pela membrana

Além dos mecanismos de transporte através da membrana plasmática que vimos até agora, substâncias ou partículas também podem ser "capturadas" e transportadas por movimentos da membrana - para dentro da célula por **endocitose** (fagocitose ou pinocitose) ou para fora dela por **exocitose** (clasmocitose). Esses casos ocorrem por meio da formação de vesículas (pequenas bolsas), o que requer gasto de energia.

Fagocitose

Nesse processo, a célula engloba partículas sólidas relativamente grandes. Ao entrar em contato com a partícula, a célula produz expansões fluidas chamadas **pseudópodes** (do grego *pseudos* = "falsos" e *podos* = "pés"), que englobam a partícula, formando um vacúolo alimentar (**fagossomo**).

A fagocitose é observada principalmente em células isoladas, como amebas e leucócitos.

Esquema de célula fagocitando bactéria por deformação da membrana plasmática (pseudópodes). A célula engloba, normalmente, material sólido, dando origem a um vacúolo alimentar. (Elementos fora de proporção de tamanho entre si. Cores fantasia.)

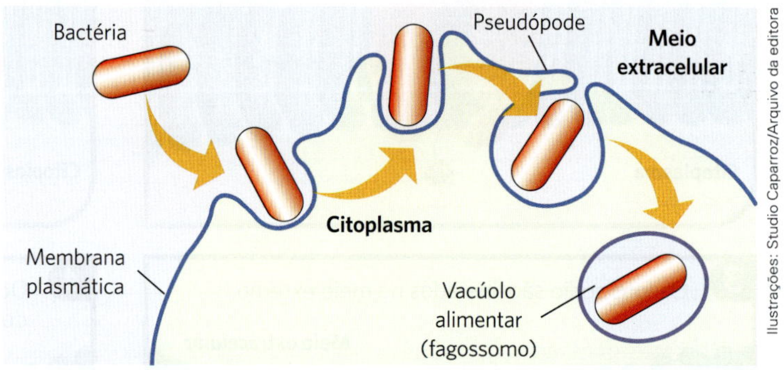

Elaborado com base em: TORTORA, G. J.; DERRICKSON, B. *Principles of Anatomy and Physiology*. Nova Jersey: Wiley, 2014. p. 77.

Pinocitose

Nesse processo, de difícil observação ao microscópio óptico, pequenas partículas líquidas são envolvidas pela membrana. Na região de contato, a membrana plasmática se invagina, ou seja, aprofunda-se no interior do citoplasma formando um canal por onde penetram as partículas. Por fim, o pedaço de membrana que as envolve se solta, formando uma vesícula de pinocitose ou **pinossomo**. É provável que a maioria das células seja capaz de realizar a pinocitose, enquanto a fagocitose se restringe a alguns tipos celulares.

Na pinocitose, a membrana plasmática se invagina e engloba gotículas líquidas, originando vesículas de pinocitose. (Elementos fora de proporção de tamanho entre si. Cores fantasia.)

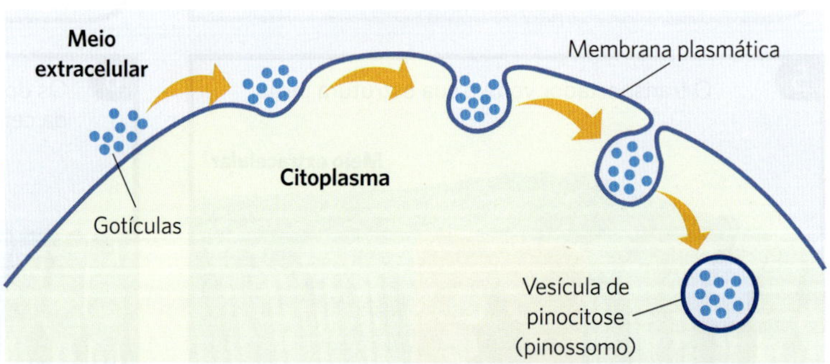

Elaborado com base em: TORTORA, G. J.; DERRICKSON, B. *Principles of Anatomy and Physiology*. Nova Jersey: Wiley, 2014. p. 77.

Tanto na fagocitose como na pinocitose as vesículas ou os vacúolos produzidos podem receber enzimas digestivas, que degradam o alimento englobado.

Clasmocitose

Nesse processo de exocitose, uma vesícula formada no interior da célula aproxima-se da membrana plasmática até que suas membranas se fundem, possibilitando que seu conteúdo interno seja lançado no meio externo. Por meio desse processo, a célula elimina produtos de secreção, como hormônios e enzimas digestivas, ou resíduos da digestão intracelular.

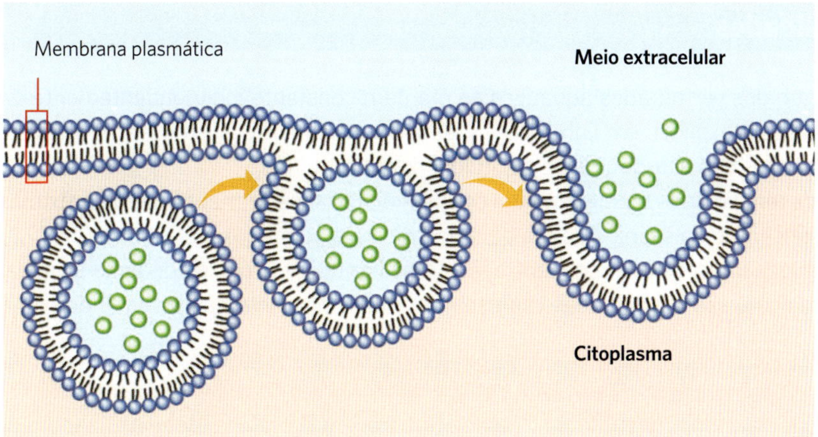

Esquema representando o processo de clasmocitose (exocitose). (Elementos fora de proporção de tamanho entre si. Cores fantasia.)

Tipos de transporte através da membrana

Veja no esquema abaixo um resumo dos tipos de transporte que ocorrem através da membrana plasmática.

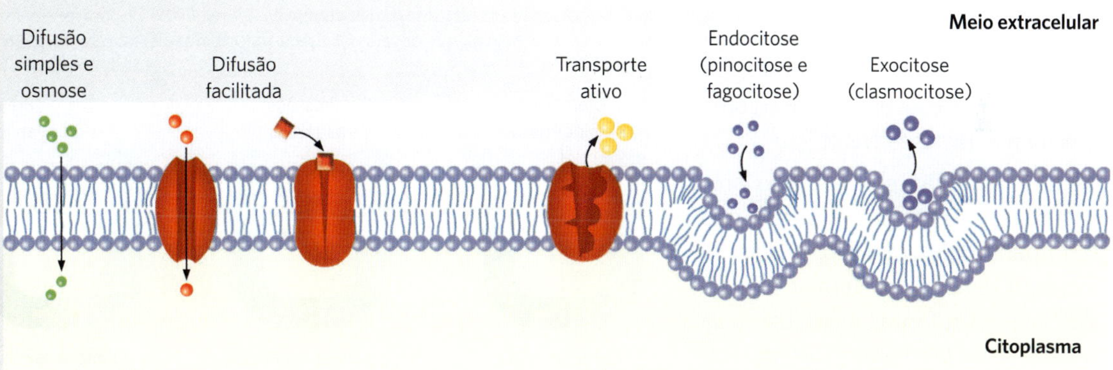

Representação esquemática de seis tipos de transporte de substâncias através da membrana plasmática. (Elementos fora de proporção de tamanho entre si. Cores fantasia.)

Ilustrações: Studio Caparroz/Arquivo da editora

Diferenciações da membrana plasmática

Modificações da membrana plasmática têm funções especiais nas células. Veja alguns exemplos de diferenciações de modo simplificado.

- **Microvilosidades**: dobras da membrana plasmática na superfície das células voltadas para a cavidade do intestino; elas aumentam a superfície de absorção.
- **Desmossomos**: regiões resistentes nas membranas de células vizinhas; funcionam como "presilhas", aumentando a adesão entre uma célula e outra.
- **Interdigitações**: dobras nas membranas plasmáticas de duas adjacentes. Como os desmossomos, desempenham papel na adesão de células vizinhas.

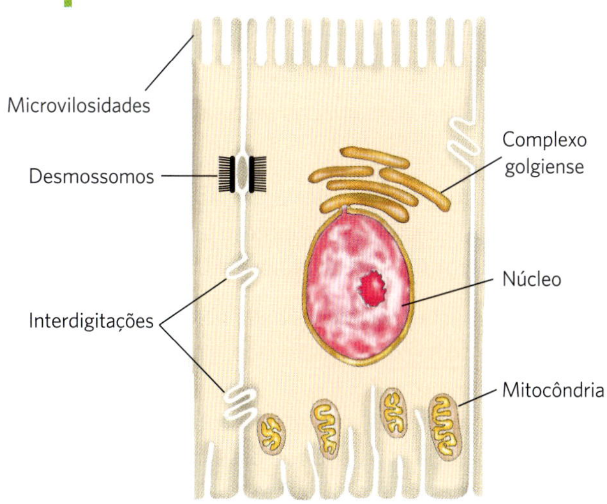

Elaborado com base em: REECE, J. B. *et al. Campbell Biology*. 10 ed. Glenview: Pearson, 2011. p. 120.

Esquema representando diferenciações da membrana plasmática em uma célula epitelial: microvilosidades, desmossomos e interdigitações. (Elementos fora de proporção de tamanho entre si. Cores fantasia.)

Desenvolvendo habilidades

1 A concentração de sais no sangue dos vertebrados aquáticos se mantém constante independentemente da água do meio. Crie uma hipótese para explicar, em linhas gerais, essa dinâmica nos casos descritos a seguir. Dica: cite pelo menos dois fenômenos que estudou neste capítulo.

a) Peixes ósseos de água salgada têm líquidos biológicos cuja concentração salina se mantém em aproximadamente 1%, no entanto, a concentração salina da água do mar é de mais ou menos 3,5%.

b) Peixes de água doce têm líquidos internos com concentração semelhante à dos peixes de água salgada, assim, as células do seu organismo são hipertônicas (apresentam maior concentração de sais) do que a água do meio em que vivem.

2 Leia a notícia abaixo.

A usina de dessalinização que vai ser construída na Praia do Futuro, em Fortaleza, deve utilizar a tecnologia por osmose reversa – também conhecida como osmose inversa – para obtenção de água potável. De acordo com os estudos divulgados pela Companhia de Água e Esgoto do Ceará (Cagece), o processo de dessalinização por osmose reversa é o mais indicado para a planta cearense.

[...]

DIÁRIO do Nordeste. Negócios. Conheça a tecnologia que deverá ser usada na usina de dessalinização, 23 out. 2019. Disponível em: https://diariodonordeste.verdesmares.com.br/editorias/negocios/conheca-a-tecnologia-que-devera-ser-usada-na-usina-de-dessalinizacao-1.2165738. Acesso em: 12 abr. 2020.

Agora, veja no esquema ao lado como funciona a osmose reversa.

A dessalinização por meio do processo de osmose reversa é uma ferramenta concreta no desenvolvimento regional do semiárido nordestino; entretanto, além da água tratada esse processo gera um resíduo altamente salino.

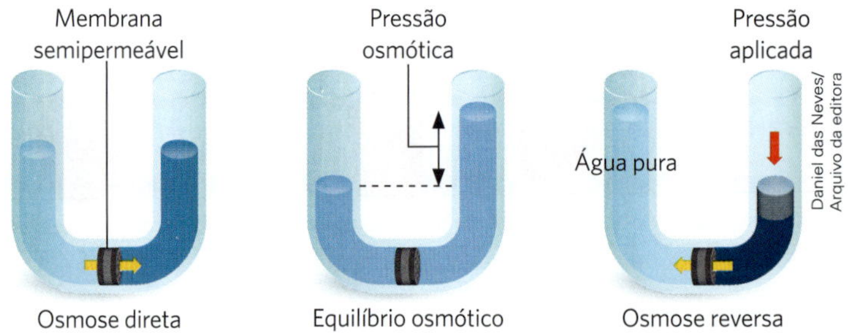

a) Descreva algumas consequências para os seres vivos e o ambiente do descarte incorreto do resíduo proveniente da osmose reversa, com base no que estudou neste capítulo.

b) Proponha um sistema de descarte responsável para os rejeitos da usina que vai ser construída na Praia do Futuro, em Fortaleza.

3 Tanto a difusão facilitada como o transporte ativo envolvem a participação de proteínas transportadoras. Sendo assim, explique o que diferencia um processo do outro.

4 Em alimentos conservados pelo sal ou pelo açúcar, a maioria dos microrganismos não sobrevive. Explique o motivo.

5 Sabe-se que, além da desidratação, a refrigeração também é bastante efetiva em relação à conservação de alimentos. Levante uma hipótese que explique como isso é possível e apresente-a ao(à) professor(a). Se necessário, consulte os capítulos da Unidade 1.

6 Uma hemácia viva, mergulhada no plasma sanguíneo, apresenta concentração de íons Na^+ muito mais baixa do que a do meio. Por outro lado, a concentração de íons K^+ é mantida sempre muito mais alta do que no meio externo.

a) Que processo(s) mantém(mantêm) essas concentrações constantes? Prepare, com os colegas de grupo, um material que explique esse mecanismo, considerando o formato mais adequado para descrevê-lo (esquema visual em cartaz; texto ilustrado; *podcast*; videoaula; etc.). Compartilhe seu material com a turma e conversem sobre os demais formatos escolhidos pelos outros grupos.

b) O que ocorre com a concentração do íon sódio na hemácia, caso esta célula morra? Justifique.

CAPÍTULO

9

Citoplasma

Este capítulo favorece o desenvolvimento das habilidades:

EM13CNT104
EM13CNT202
EM13CNT205
EM13CNT207
EM13CNT301
EM13CNT302
EM13CNT303
EM13CNT304

O citoplasma é formado pelo **citosol** e por diversas organelas. Podemos citar entre elas os **ribossomos**, relacionadas à produção de proteínas, e as **mitocôndrias**, relacionadas ao fornecimento de energia, que estão presentes em todas as células eucarióticas.

Os componentes do citoplasma

Toda a riqueza de componentes do citoplasma foi revelada apenas ao microscópio eletrônico. Ao microscópio óptico, observa-se apenas um material gelatinoso, o citosol, com poucas estruturas, como mitocôndrias, cloroplastos (apenas em células vegetais) e complexo golgiense, mas sem todos os detalhes vistos no esquema abaixo.

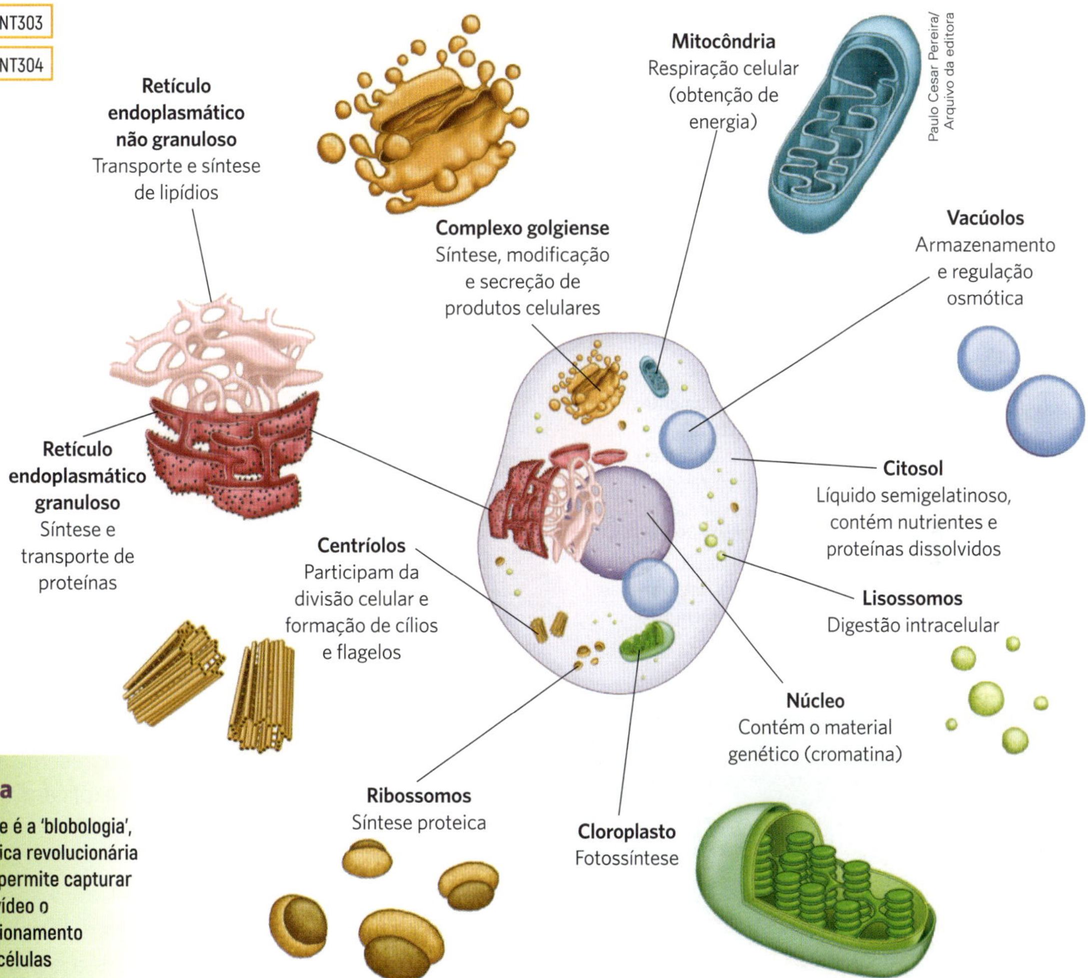

Elaborado com base em: REECE, J. B. *et al. Campbell biology. 10. ed.* Glenview: Pearson, 2011. p. 100 e 101.

Esquema dos principais componentes de uma célula eucariótica, vista em corte, ao microscópio eletrônico. O esquema não representa o citoesqueleto. (Elementos fora de proporção de tamanho entre si. Cores fantasia.)

! Dica

O que é a 'blobologia', técnica revolucionária que permite capturar em vídeo o funcionamento das células

www.bbc.com/portuguese/geral-49438719

Matéria sobre técnica para criar vídeos sobre a célula, com exemplos relacionados ao interior de uma célula e seu sistema de transporte.

Há ainda, no citosol, finíssimos tubos e filamentos de proteínas, que constituem o **citoesqueleto**, descoberto mais recentemente. Esse conjunto parece ser responsável pela manutenção da forma da célula e por vários tipos de movimentos celulares.

O citosol

O **citosol** (ou hialoplasma) é um coloide - tipo de mistura em que as partículas imersas (normalmente macromoléculas) se dispersam no sistema (no caso, a célula). Ele é composto principalmente de água e diversos componentes diluídos nela (aminoácidos, lipídios, proteínas e outros).

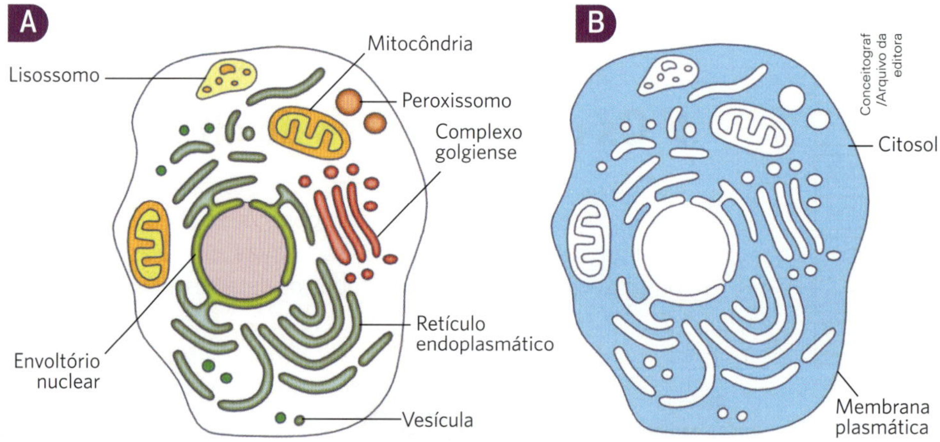

(A) Esquema do sistema de endomembranas do citoplasma, composto pela membrana plasmática, o envelope nuclear e as membranas de diferentes organelas, em uma célula eucariótica. (B) O restante do citoplasma é chamado citosol, local de muitas atividades vitais. (Elementos fora de proporção de tamanho entre si. Cores fantasia.)

O citoesqueleto

O citosol está repleto de finíssimas fibras de proteína, que formam uma verdadeira teia tridimensional, chamada de **citoesqueleto**. Essa teia é constantemente desmontada e reconstruída.

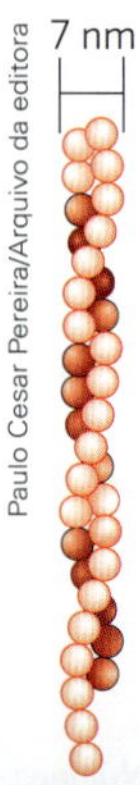

Microfilamentos de actina
Fibras contráteis compostas de duas cadeias de actina enfileiradas e torcidas uma sobre a outra, relacionadas a movimentos celulares.

Microtúbulos
Tubos ocos formado por treze cadeias de tubulina, relacionados ao movimento e à manutenção da forma celular (centríolos, cílios, flagelos e fibras do fuso de divisão).

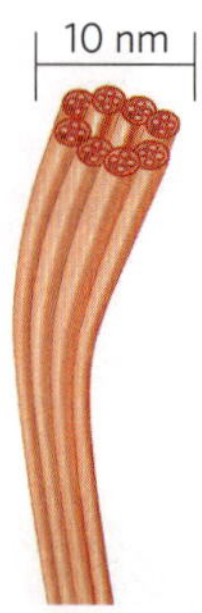

Filamentos intermediários
Elementos estáveis e resistentes do citoesqueleto, de tamanho intermediário entre os demais, relacionados à manutenção da forma da célula.

Elaborado com base em: TORTORA, G. J.; DERRICKSON, B. *Principles of Anatomy and Physiology*. 14. ed. Nova Jersey: Willey, 2014. p. 80.

Esquema dos três componentes do citoesqueleto. (Elementos fora de proporção de tamanho entre si. Cores fantasia.)

Alguns dos elementos do citoesqueleto são contráteis, podendo se movimentar; outros apresentam grande resistência. Essas características explicam as duas funções principais dessa rede.

Manutenção da forma da célula

Na célula animal - que não tem parede celular -, o citoesqueleto permite a sustentação e a manutenção da forma da célula. Além disso, certas organelas ficam ancoradas, isto é, fixadas em determinada posição, pelo citoesqueleto.

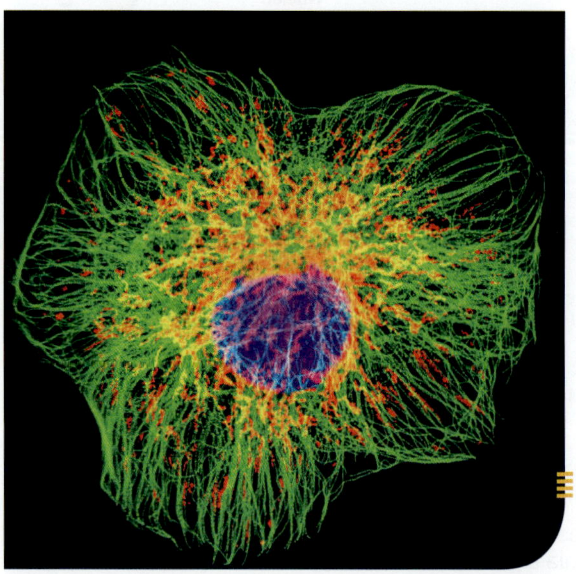

Jennifer Waters/Science Source/Fotoarena

Fotografia de célula animal obtida em microscópio óptico, evidenciando sua rede de microtúbulos (em verde), seu DNA (azul) e suas mitocôndrias (laranja). (Aumento aproximado de 2110 vezes. Cores artificiais.)

Movimentos celulares

No interior da célula, fenômenos como a ciclose, a migração dos cromossomos no processo de divisão, o deslocamento de vesículas e de organelas dependem todos do citoesqueleto. O batimento de cílios e flagelos também é atribuído ao citoesqueleto. Além disso, os movimentos da célula no ambiente e no tecido também são controlados pelo citoesqueleto, como o movimento ameboide e a contração muscular.

Eye Of Science/SPL/Fotoarena

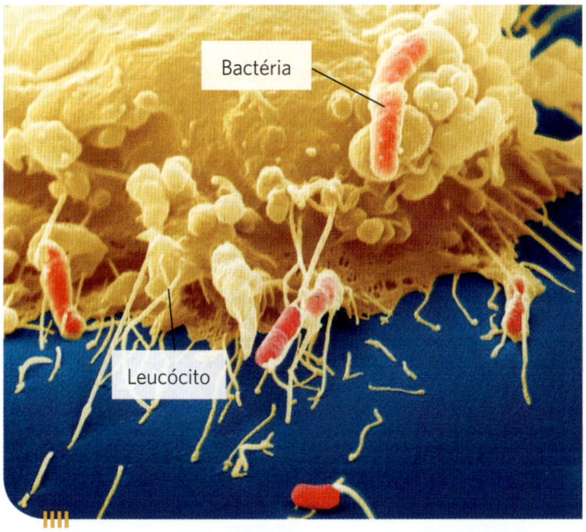

Leucócito, em movimento ameboide, atacando bactérias (*Escherichia coli*). Fotografia obtida em microscópio eletrônico de varredura. (Aumento aproximado de 4 260 vezes. Cores artificiais.)

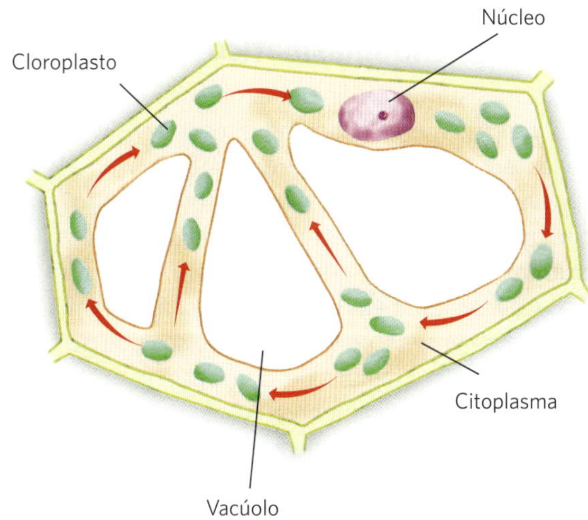

Selma Caparroz/Arquivo da editora

Esquema representando a ciclose em célula de planta aquática, *Elodea* sp. Na ciclose, os cloroplastos são levados pelo movimento do citoplasma. (Elementos fora de proporção de tamanho entre si. Cores fantasia.)

Os ribossomos

Ribossomos são pequenos grânulos constituídos por moléculas de RNA (RNA-ribossômico, ou RNAr) conjugadas a moléculas de proteínas (proteínas ribossomais). Sua função é realizar a "leitura" de uma molécula de RNA mensageiro (RNAm) e promover a ligação entre os aminoácidos durante a síntese de proteínas, que será estudada posteriormente.

Esta é uma organela que está presente tanto em células procarióticas quanto em células eucarióticas. Em uma célula eucariótica, os ribossomos podem ser encontrados livres (dispersos no citosol) ou aderidos às membranas do retículo endoplasmático e do envoltório nuclear. Quando vários ribossomos estão "lendo" simultaneamente uma mesma molécula de RNA mensageiro, formam-se os chamados **polissomos** ou **polirribossomos**. Observe o esquema abaixo, de um polissomo em funcionamento.

Vagner Coelho/Arquivo da editora

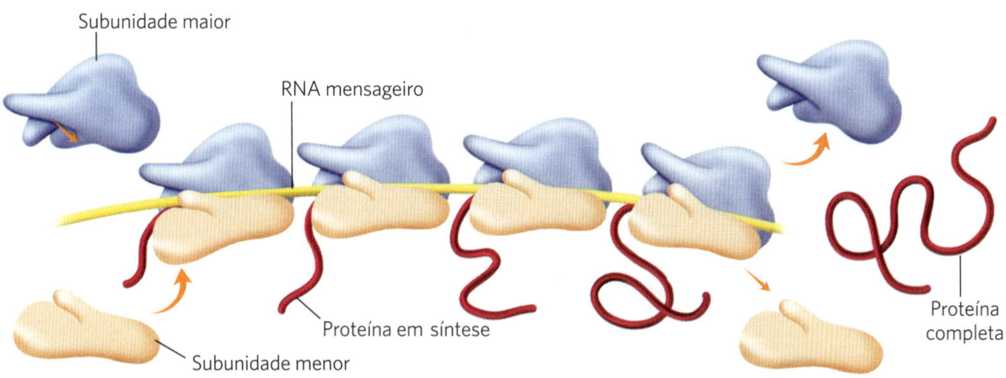

Elaborado com base em: MESCHER, A. L. *Junqueira's basic Histology*. 14. ed. Nova York: McGraw-Hill Education, 2016. p. 28.

Esquema simplificado da síntese de proteínas por um polissomo (cerca de 0,2 μm de comprimento). À esquerda, as duas subunidades de um ribossomo encaixam-se sobre a fita de RNA mensageiro. À medida que se desloca para a direita, cada ribossomo vai acrescentando aminoácidos até formar uma unidade da proteína. Na extrema direita, separam-se as subunidades e a proteína, já completa. (Elementos fora de proporção de tamanho entre si. Cores fantasia.)

Ribossomos de bactérias

Os ribossomos de uma célula procariótica têm composição diferente dos ribossomos da célula eucariótica. Essas diferenças possibilitam que alguns antibióticos inibam o funcionamento dos ribossomos bacterianos, mas não os das células eucarióticas. Dessa maneira, esses antibióticos podem ser usados pelo ser humano para combater infecções bacterianas, sem danificar as próprias células.

O retículo endoplasmático

É um sistema de finas membranas duplas, lipoproteicas, mergulhadas no citosol e visíveis apenas ao microscópio eletrônico. Forma uma rede que varia bastante na sua organização. Pode apresentar sacos achatados, denominados **cisternas**; e **vacúolos**, que armazenam substâncias. Veem-se também **túbulos**, que comunicam as cisternas entre si, e **vesículas**, bolsas que se destacam das membranas e transportam substâncias. Essa rede de membranas está em constante mudança e seus elementos se transformam facilmente um no outro; uma cisterna, por exemplo, ao armazenar material, tem sua membrana dupla distendida e toma o aspecto de um vacúolo.

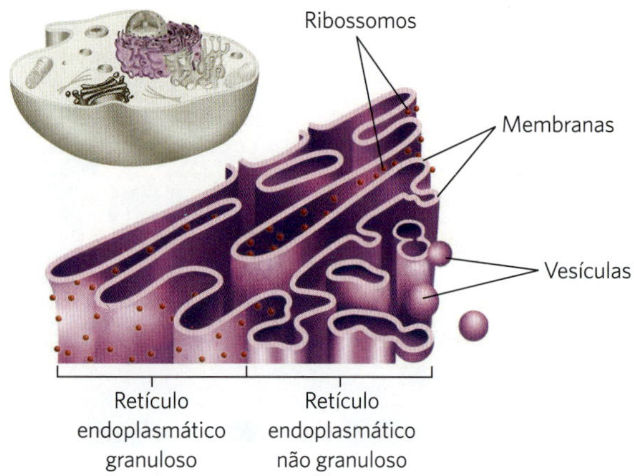

Elaborado com base em: REECE, J. B. *et al. Campbell biology. 10. ed.* Glenview: Pearson, 2011. p.106.

Esquema de célula animal com retículo endoplasmático bem desenvolvido, com destaque para os detalhes do retículo endoplasmático granuloso e não granuloso. A membrana que constitui as cisternas tem espessura de cerca de 7 nm. (Elementos fora de proporção de tamanho entre si. Cores fantasia.)

O **retículo endoplasmático não granuloso** (também chamado **não granular** ou **liso**) é constituído apenas de membranas; no **retículo endoplasmático granuloso** (também chamado **granular** ou **rugoso**), há ribossomos aderidos ao lado externo das membranas, voltado para o citosol.

Além de armazenar substâncias, o retículo endoplasmático não granuloso também as transporta no interior da célula. Ele também tem funções especiais, como destruição do álcool e de algumas drogas nas células do fígado. Também sintetiza lipídios (como hormônios sexuais nas células de testículos e ovários) e carboidratos (nas células do fígado).

Já no retículo endoplasmático granuloso, ocorre uma intensa síntese de proteínas. Ele é bem desenvolvido em células secretoras de proteínas, como as que produzem enzimas digestivas (como no tecido pancreático) ou as que produzem anticorpos (em certas células do sangue).

As proteínas produzidas no retículo endoplasmático granuloso, como mostra a figura, penetram no interior das cisternas por poros da membrana do retículo e são, normalmente, secretadas pela célula para serem usadas fora dela. Já as proteínas sintetizadas nos polissomos do citosol geralmente permanecem no interior da célula.

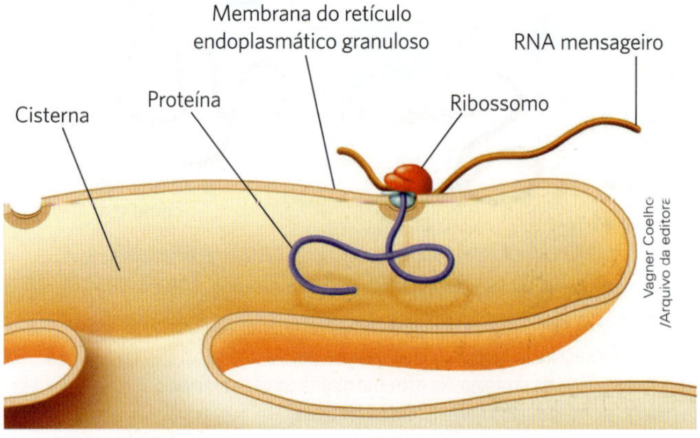

Elaborado com base em: MESCHER, A. L. *Junqueira's basic Histology*. 14. ed. Nova York: McGraw-Hill Education, 2016. p. 28.

Esquema da produção de proteínas por um ribossomo do retículo endoplasmático granuloso, e sua incorporação a uma cisterna. (Elementos fora de proporção de tamanho entre si. Cores fantasia.)

O complexo golgiense

O **complexo golgiense** (ou sistema golgiense) tem estrutura membranosa semelhante à do retículo endoplasmático, porém com um arranjo mais ordenado e sem ribossomos. Cada unidade, chamada **dictiossomo**, é formada por cisternas dispostas de forma regular. Nas bordas das cisternas pode haver vesículas em brotamento, que podem se destacar e ir para outras regiões. O complexo golgiense está relacionado principalmente à função de **secreção celular**.

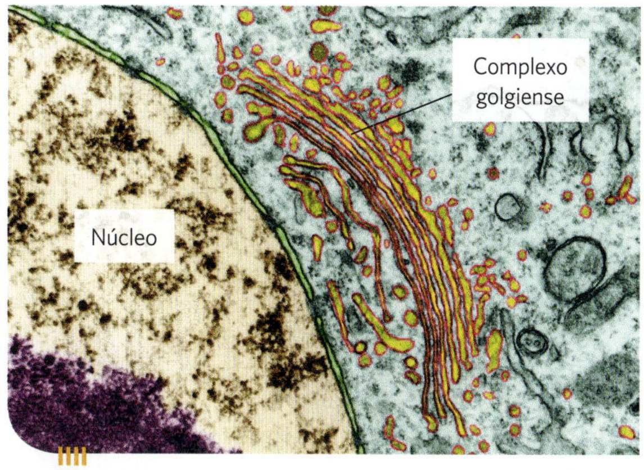

Dennis Kunkel Microscopy/SPL/Fotoarena

Fotografia do complexo golgiense de célula nervosa obtida em microscópio eletrônico de transmissão. (Aumento aproximado de 28 500 vezes. Cores artificiais.)

Secreção celular

Veja a figura a seguir. Os dictiossomos do complexo golgiense, pela sua face *cis* (voltada para o retículo endoplasmático), recebem materiais do retículo endoplasmático (1) por meio de vesículas de transporte (2). Em seu interior, esses materiais são processados de diferentes maneiras (3): por exemplo, uma proteína recebe uma ou mais moléculas de carboidrato, transformando-se em uma glicoproteína. É inserido em **vesículas de secreção** (4), que são lançadas no citoplasma pela face trans do dictiossomo. Elas podem eventualmente atuar no interior da célula, como é o caso dos **lisossomos** (vistos a seguir), ou ser direcionadas para a membrana plasmática (5), transportando seu conteúdo para fora da célula (em um processo de exocitose).

> **Secretar ou excretar?**
>
> **Secretar** é produzir substâncias que muitas vezes saem da célula e são usadas em outras regiões do organismo (como acontece com os hormônios) ou mesmo fora dele (caso do leite, do muco e da saliva). É diferente de **excretar**, em que as substâncias produzidas são consideradas resíduos do metabolismo a serem eliminados pela célula e pelo organismo. A produção de urina, por exemplo, é uma forma de eliminar os produtos de excreção das células.

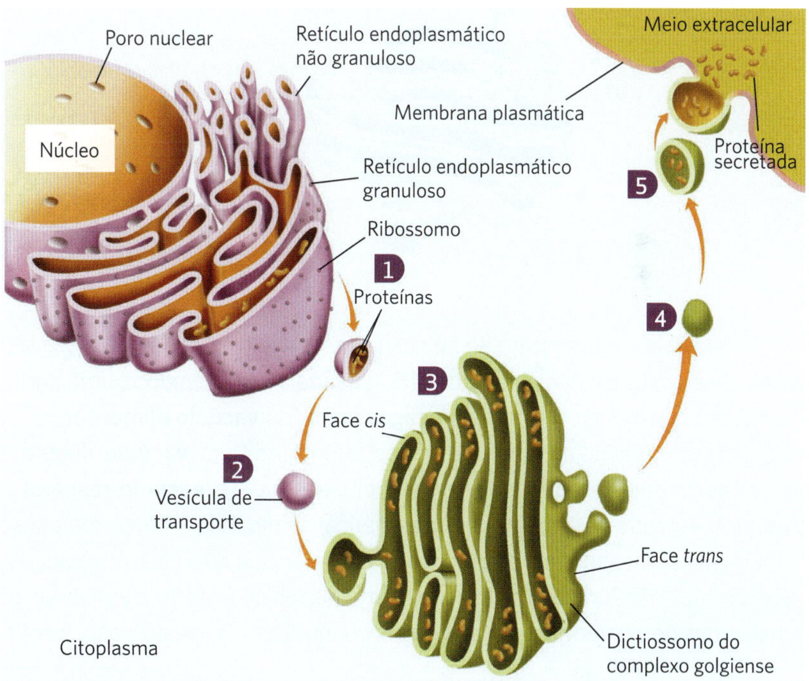

Osni de Oliveira/Arquivo da editora

Elaborado com base em: MESCHER, A. L. *Junqueira's basic Histology*. 14 ed. Nova York: McGraw-Hill Education, 2016. p. 33.

Esquema do processo de secreção celular. (Elementos fora de proporção de tamanho entre si. Cores fantasia.)

O complexo golgiense está envolvido na secreção de proteínas e de várias outras substâncias. Ele secreta a lamela média, a primeira estrutura que separa células vegetais em divisão; o acrossomo, vesícula do espermatozoide que contém enzimas necessárias à penetração no óvulo; e produz os lisossomos celulares.

Tanto no caso do acrossomo quanto no dos lisossomos, o material das vesículas do complexo golgiense permanece na célula, diferentemente do que ocorre no caso das enzimas digestivas liberadas no intestino.

Os lisossomos

Os lisossomos são pequenas vesículas lipoproteicas com enzimas digestivas de diversos tipos: carboidrases, lipases, proteases, nucleases, fosfatases, etc. Apesar disso, a membrana lisossômica não é digerida pelas enzimas, por motivos ainda não totalmente esclarecidos.

Essas enzimas digerem os materiais que a célula engloba e, ocasionalmente, elementos da própria célula. O esquema abaixo mostra alguns detalhes da ação dos lisossomos, bem conhecida em protozoários e leucócitos.

Osni de Oliveira/Arquivo da editora

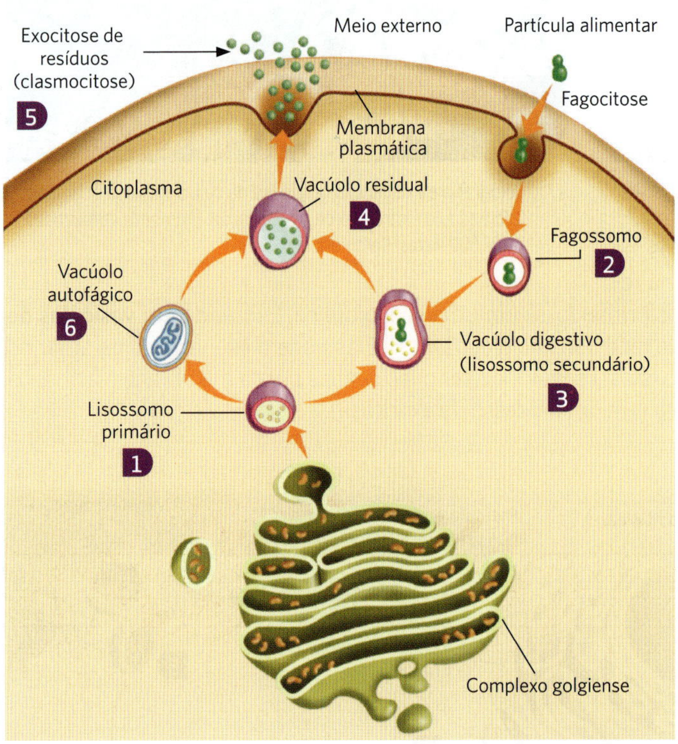

Elaborado com base em: MESCHER, A. L. *Junqueira's basic Histology*. 14. ed. Nova York: McGraw-Hill Education, 2016. p. 36.

Esquema do ciclo lisossômico. Os itens (1) a (5) demonstram a formação de um vacúolo digestivo e a eliminação dos resíduos que se encontram na célula. A sequência referente aos itens (1) e (6) mostra a formação de um vacúolo autofágico. (Elementos fora de proporção de tamanho entre si. Cores fantasia.)

As enzimas lisossômicas são fabricadas no retículo endoplasmático granuloso, direcionadas para o complexo golgiense e posteriormente liberadas (1). Quando a célula engloba uma partícula de alimento por invaginação da membrana plasmática, forma-se um **fagossomo** (ou **vacúolo alimentar**) (2). Um ou mais lisossomos se fundem ao fagossomo, despejando nele enzimas e formando um **vacúolo digestivo** (3). As moléculas menores provenientes da digestão difundem-se pelo citoplasma, e o **vacúolo residual** (4) — que contém os resíduos não digeridos — funde-se à membrana plasmática, eliminando o conteúdo para o meio externo (5).

Os lisossomos podem digerir material celular que não está mais sendo utilizado pela célula, por exemplo, mitocôndrias não funcionais (6), ou mesmo partes do próprio citoplasma, possibilitando que a célula recicle as substâncias de componentes danificados ou inutilizados. Nesse caso, forma-se um **vacúolo autofágico**.

Lisossomos e danos à célula

As enzimas lisossômicas agem em pH ácido, ao redor de 5,0. Íons H^+ são absorvidos ativamente pelo lisossomo, de forma que seja mantido esse pH no seu interior. Se a membrana de um lisossomo se romper, as enzimas serão despejadas no citosol, que tem pH aproximado de 7,0. Devido a essa diferença de pH, normalmente essas enzimas não serão muito ativas e a célula não terá grandes danos. No entanto, o vazamento de muitos lisossomos ao mesmo tempo pode pôr em risco a integridade da célula.

Logo após a morte de uma célula, seus lisossomos se rompem aos poucos e degradam o material celular. Assim, a degradação da matéria orgânica, após a morte, ocorre tanto pela decomposição realizada por microrganismos quanto por enzimas das próprias células.

Os peroxissomos

São vesículas semelhantes aos lisossomos, com enzimas que atuam sobre substâncias tóxicas, anulando seus efeitos sobre a célula, além de oxidar diversos substratos, como aminoácidos e ácidos graxos. Nessa organela são normalmente transferidos átomos de hidrogênio de diferentes substratos ao oxigênio, o que origina, como resíduo, H_2O_2 (peróxido de hidrogênio, ou água oxigenada). A própria água oxigenada produzida nessas reações é tóxica. No entanto, a enzima **catalase**, também presente nos peroxissomos, facilita a decomposição da água oxigenada em água e oxigênio, substâncias inócuas para a célula. Os grandes peroxissomos existentes nas células do fígado e dos rins têm importante papel na degradação de moléculas tóxicas, como o álcool.

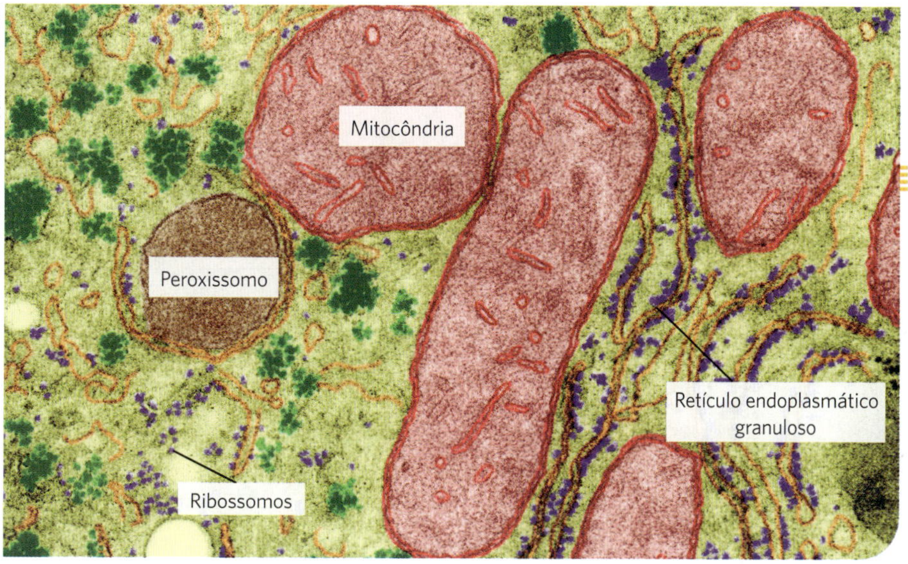

Dennis Kunkel Microscopy/SPL/Fotoarena

Fotografia de parte de célula do fígado, obtida em microscópio eletrônico de transmissão, com um grande peroxissomo. Os peroxissomos são muito importantes para a degradação de moléculas tóxicas do organismo. Eles costumam ser esféricos, muito pequenos, da ordem de 0,2 μm a 1 μm de diâmetro. (Aumento aproximado de 52 620 vezes. Cores artificiais.)

Peroxissomos nas células de sementes em germinação transformam ácidos graxos armazenados em açúcar, fonte de energia para a planta.

Os peroxissomos, contrariamente aos lisossomos, não se originam do complexo golgiense. Eles absorvem proteínas e lipídios diretamente do citosol, crescem e dividem-se, originando novos peroxissomos.

Mitocôndrias e cloroplastos

São organelas membranosas diretamente relacionadas a processos energéticos celulares, que serão discutidos de forma detalhada no próximo capítulo deste livro, dedicado ao metabolismo energético.

Os centríolos, os cílios e os flagelos

Ao contrário da maioria das organelas da célula eucariótica, os **centríolos** não são constituídos de membranas, e sim de cilindros de microtúbulos proteicos dispostos de maneira ordenada. Presentes em células animais; em geral, há dois desses cilindros por célula, próximos um do outro e dispostos perpendicularmente. Esse par de centríolos é chamado de **centrossomo**.

Os centríolos estão intimamente relacionados ao citoesqueleto. Têm um importante papel durante a divisão celular nas células animais, ao orientar a formação das fibras do fuso de divisão - feixes de microtúbulos relacionados à distribuição dos cromossomos para cada uma das células resultantes da divisão. Esse assunto será detalhado no *Capítulo 11 - Núcleo e divisão celular.*

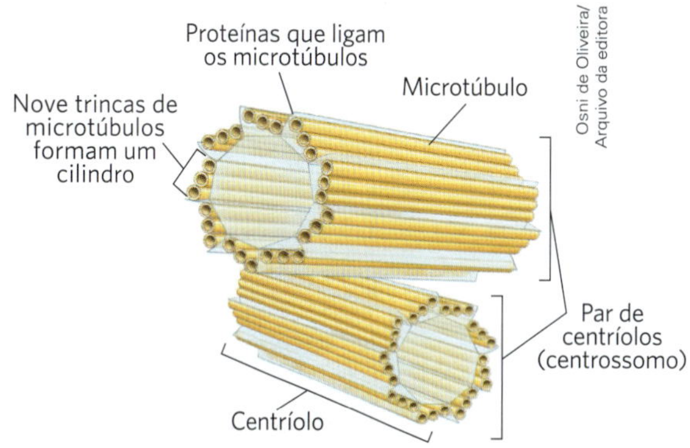

Osni de Oliveira/ Arquivo da editora

Elaborado com base em: MESCHER, A. L. *Junqueira's basic Histology*. 14. ed. Nova York: McGraw-Hill Education, 2016. p. 45.

Esquema de centrossomo (par de centríolos). (Elementos fora de proporção de tamanho entre si. Cores fantasia.)

Os centríolos também são responsáveis pela formação de **cílios** e **flagelos**, estruturas móveis, formadas por expansões da membrana plasmática, em cujo interior localizam-se túbulos proteicos. Podem ser encontrados tanto em organismos unicelulares (como protozoários, por exemplo) quanto em células de organismos multicelulares.

Os cílios são geralmente curtos e numerosos; já os flagelos são longos, e há poucos deles ou apenas um por célula.

Cílios e flagelos apresentam a mesma organização interna com uma região basal chamada **cinetossomo** que apresenta 9 grupos de 3 microtúbulos periféricos. A partir do cinetossomo, de cada um dos 9 grupos, 2 microtúbulos se alongam e empurram a membrana plasmática; no centro, se forma um par de microtúbulos centrais. Observe a estrutura de um cílio na figura a seguir.

Conceitograf/ Arquivo da editora

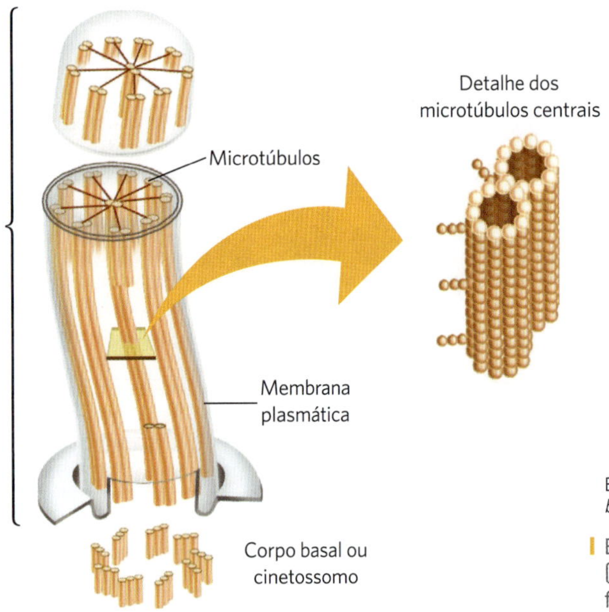

Elaborado com base em: REECE, J. B. *et al. Campbell biology*. 10. ed. Glenview: Pearson, 2011. p. 116.

Esquema da estrutura de um cílio, com seu corpo basal. (Elementos fora de proporção de tamanho entre si. Cores fantasia.)

Os cílios e os flagelos podem permitir a locomoção da célula ou do organismo em meio líquido. De fato, muitos protozoários e várias larvas de invertebrados locomovem-se por meio de cílios. Algas unicelulares, alguns protozoários e os espermatozoides se movem por meio de flagelos.

Steve Gschmeissner/SPL/Fotoarena

Power And Syred/SPL/Fotoarena

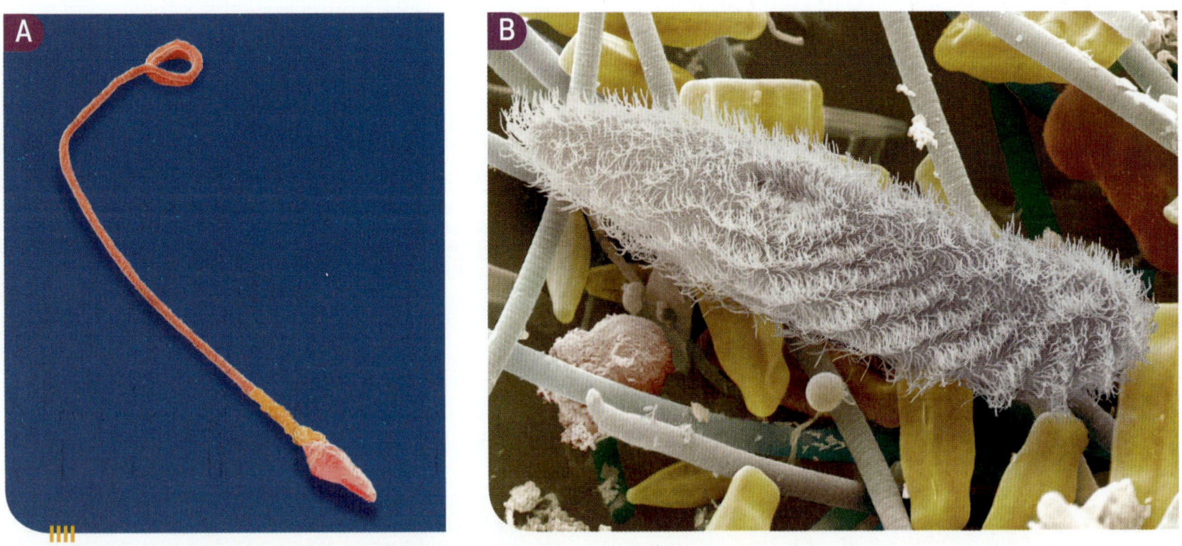

(A) Espermatozoide, com seu grande flagelo. (Aumento aproximado de 2400 vezes. Cores artificiais.) (B) Paramécio, protozoário ciliado com inúmeros cílios na superfície corporal. (Aumento aproximado de 80 vezes. Cores artificiais.) Fotografias obtidas em microscópio eletrônico de varredura.

Em organismos aquáticos fixos, como esponjas e mexilhões, os batimentos dessas estruturas produzem uma corrente de água constante, imprescindível para a nutrição, a respiração e a excreção desses animais. Na traqueia de mamíferos, o epitélio é ciliado e lubrificado por muco, no qual ficam aderidas as impurezas do ar. O batimento constante dos cílios provoca uma corrente do muco, eliminando assim essas impurezas.

Flagelos em bactérias

Existem flagelos também em organismos procariontes, como as bactérias. No entanto, sua estrutura é totalmente diferente daquela dos cílios e dos flagelos dos organismos eucariontes.

Alguns biólogos, para marcar claramente a diferença entre os dois tipos de estruturas, preferem chamar os cílios e os flagelos de eucariontes de **undulipódios**.

Os vacúolos

Os vacúolos são espaços (cavidades) do citoplasma delimitados por membrana lipoproteica, e diferem das vesículas apenas por seu tamanho maior. As variedades mais comuns de vacúolos são:

Vacúolos relacionados à digestão intracelular: o fagossomo; o vacúolo digestivo, que é um fagossomo ao qual se funde um lisossomo; o vacúolo autofágico; e, finalmente, o vacúolo residual, todos eles relacionados aos lisossomos.

Vacúolos contráteis (ou pulsáteis): em protozoários de água doce, a entrada de água por osmose é constante. Neles, existem vacúolos que se contraem ritmicamente, expulsando do citoplasma a água em excesso, evitando que a célula se rompa.

Michael Abbey/Science Source/Fotoarena

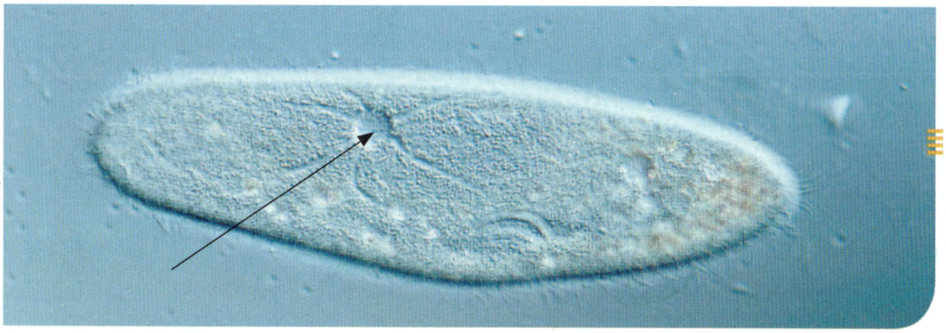

Fotografia de paramécio (*Paramecium caudatum*, 0,33 mm) obtida em microscópio óptico, com seu vacúolo contrátil cheio de água (indicado pela seta). (Aumento aproximado de 120 vezes.)

Vacúolos vegetais

As células vegetais adultas têm vacúolos particularmente bem desenvolvidos – na realidade, são partes do retículo endoplasmático que armazenam água e nutrientes – e com importante papel osmótico, como vimos no Capítulo 8 – Membranas celulares.

Biophoto Associates/SPL/Fotoarena

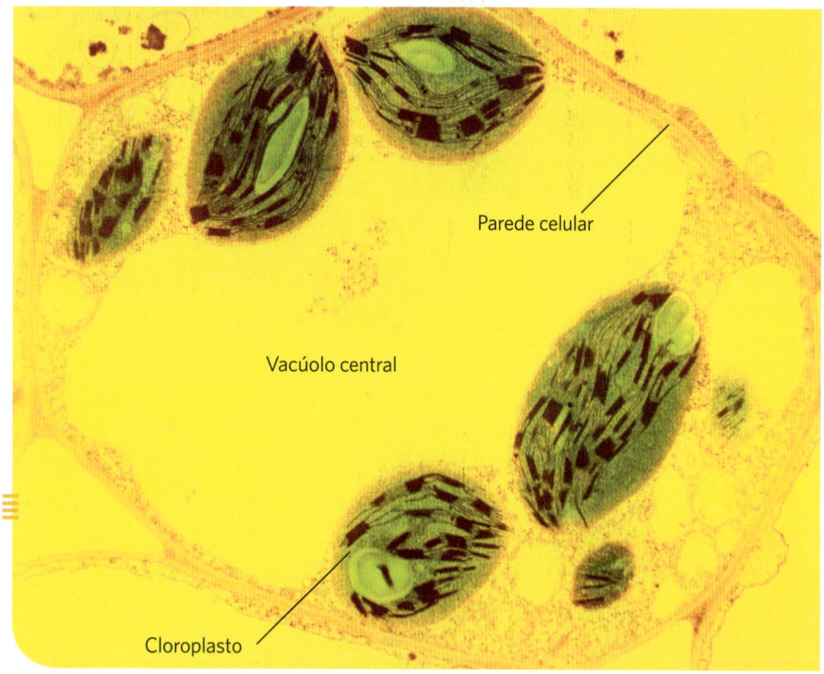

Célula vegetal adulta, vista ao microscópio eletrônico de transmissão, evidenciando seu grande vacúolo. (Aumento aproximado de 5 300 vezes. Cores artificiais.)

Diálogos

Escola: nosso espaço democrático

A organização celular é baseada na ação integrada do material genético, de centenas de organelas e de milhões de moléculas. Todos esses componentes atuam de forma coordenada para o funcionamento da unidade estrutural: a célula. Considerando o cotidiano de cada um de nós, é possível estabelecer uma analogia em que a unidade é a escola. De modo similar à organização celular, a ação coordenada de diferentes componentes é fundamental para o bem-estar geral. Reconhecer a participação dos estudantes, funcionários, corpo docente e direção é fundamental para construir um espaço saudável e inclusivo.

KreativKolors/Shutterstock

Ter voz e ser ouvido nem sempre é uma tarefa fácil. Todos têm direito à expressão e à representatividade. É preciso esforço coletivo para que a escola seja um espaço aberto ao diálogo.

Como ajudar a melhorar essa unidade tão importante que é a escola? Uma possibilidade é a organização de coletivos, como grêmios, de modo que os estudantes tenham condições de se expressar e dialogar. A Lei do Grêmio Livre, sancionada em 1985, garante a livre organização dos estudantes secundaristas. Por exemplo, a lei define os Grêmios Estudantis como entidades representativas dos interesses dos estudantes, com finalidades educacionais, culturais, cívicas, desportivas e sociais.

Como um exercício fundamental de democracia, as atividades dos Grêmios devem ser estabelecidas nos seus Estatutos, aprovados em Assembleia Geral. Além disso, a aprovação dos Estatutos e a escolha dos representantes devem ser realizadas pelo voto direto e secreto de cada estudante.

Letícia Moreira/Folhapress

De vários indivíduos a uma só voz. A organização dos estudantes é um recurso valioso para o exercício da cidadania e da construção escolar. Na fotografia, estudantes do grêmio estudantil de um colégio localizado no Jardim Taquaral, em São Paulo (SP).

Em ação!

1 Compare a estrutura e funções da célula com a comunidade escolar. Em seguida, identifique como a ação de cada componente é fundamental para o funcionamento geral.

2 Como problemas que envolvem os estudantes são tratados em sua escola? Com auxílio dos colegas, reflita sobre a participação dos diferentes segmentos da escola na resolução de problemas escolares.

3 Existe um Grêmio em sua escola? Caso ainda não exista, esta pode ser uma boa oportunidade para sua criação. Conversem com os professores e membros da coordenação para saber mais sobre o assunto. Caso haja um Grêmio atuante, façam uma discussão para avaliar a gestão e expor pontos que podem ser melhorados ou revistos.

Desenvolvendo habilidades

1 De que maneira o complexo golgiense e o retículo endoplasmático podem ser diferenciados um do outro, em termos morfológicos?

2 Considere os termos *complexo golgiense*, *lisossomo*, *vacúolo alimentar*, *vacúolo digestivo* e *vacúolo residual*. Agora, usando cada um desses termos, elabore uma frase que sirva para comunicar aos colegas a função dos lisossomos.

3 Objetivando detectar o caminho dos aminoácidos no metabolismo de células pancreáticas, grandes produtoras de proteínas enzimáticas, foram injetados aminoácidos radioativos em três camundongos. O fato de terem sido usados aminoácidos radioativos relaciona-se à possibilidade de serem detectados, por observação, nas diversas regiões da célula. Em cada um dos casos, preparou-se material para observação do tecido pancreático ao microscópio. Foram retiradas amostras das cobaias:

- 3 minutos após a injeção
- 20 minutos após a injeção
- 90 minutos após a injeção

Detectou-se, em cada caso, que a radioatividade se concentrava em uma destas regiões: cisternas do complexo golgiense, vesículas golgienses de secreção e retículo endoplasmático granuloso.

Pelo que você aprendeu sobre o metabolismo celular, em que organela foi encontrada a radioatividade, nas três preparações? Justifique sua resposta.

4 Que evidência morfológica reforça a ideia de que centríolos, cílios e flagelos são estruturas relacionadas?

5 A carne cozida se conserva melhor do que a carne crua. Um dos motivos é a morte dos microrganismos existentes, o que diminui por um tempo a decomposição. Você conseguiria levantar uma hipótese sobre um segundo motivo para esse fato? Para isso, utilize seus conhecimentos sobre o metabolismo das organelas do citoplasma.

6 Observe o esquema de um espermatozoide.

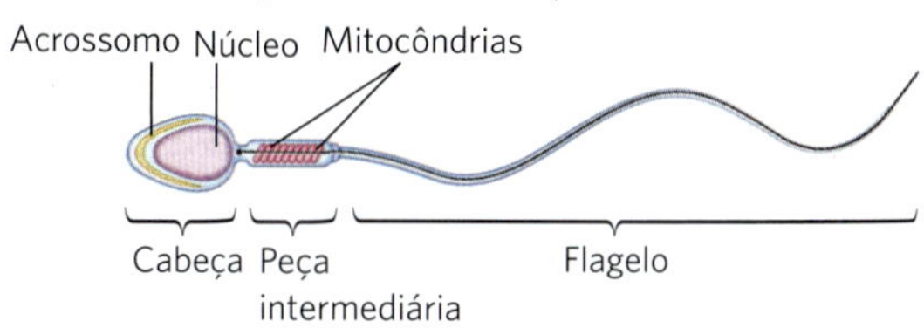

(Elementos fora de proporção entre si. Cores fantasia.)

a) De qual organela se origina o acrossomo?

b) Como as mitocôndrias concentradas na peça intermediária contribuem com as funções desempenhadas pelo espermatozoide?

7 As células da mucosa intestinal produzem o muco, um material composto em grande parte por glicoproteínas. Explique como as glicoproteínas são formadas e quais organelas estão envolvidas nesse processo.

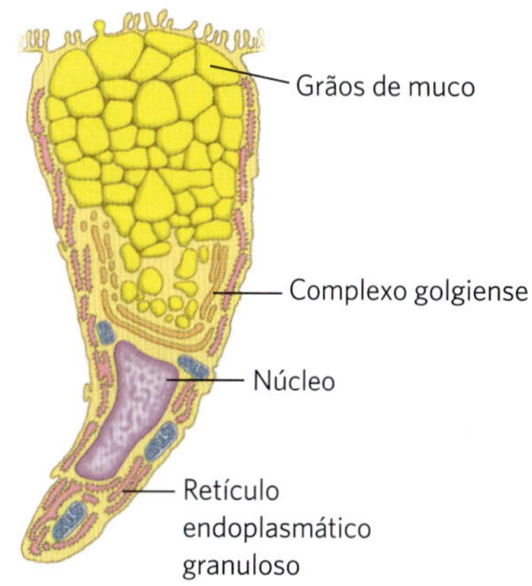

(Elementos fora de proporção entre si. Cores fantasia.)

8 A silicose é uma doença pulmonar causada por inalação de pó de sílica, comum em trabalhadores de pedreiras e minas. As partículas de sílica provocam a destruição da membrana lisossômica.

a) Cite uma possível consequência dessa doença para as células pulmonares.

b) Pesquise mais informações sobre essa doença e como é possível evitá-la.

9 Os cientistas isolaram cada organela celular para que fosse possível estudar as características e as funções de cada uma. Sobre esse procedimento, responda as questões a seguir.

a) Como as organelas podem ser isoladas da célula? Pesquise qual é o método utilizado para promover a separação diferencial de organelas e organize as informações encontradas na forma de uma representação esquemática.

b) Com base no conhecimento sobre a morfologia e a função das organelas celulares, em grupos, escolham uma dessas organelas e montem um modelo tridimensional dela. Vocês podem optar por modelos físicos ou digitais. Caso optem por um modelo físico, é importante dar preferência ao uso de material reaproveitado ou reciclável.

CAPÍTULO 10

Metabolismo energético

Para realizar as atividades do cotidiano, todos os organismos precisam de energia. Os processos de obtenção dessa energia ocorrem nas células, a partir de certos nutrientes obtidos dos alimentos, como a glicose. Isto é comum a todos os seres vivos, mas o modo de obter alimentos varia, caso o organismo seja autótrofo ou heterótrofo.

Este capítulo favorece o desenvolvimento das habilidades:

- EM13CNT101
- EM13CNT105
- EM13CNT202
- EM13CNT301
- EM13CNT302

O fluxo de energia nos ecossistemas

Aprendemos, em Ecologia, que a energia do Sol é captada apenas pelos organismos clorofilados - autótrofos - e armazenada nos compostos orgânicos - produzidos na **fotossíntese** -, que são transferidos por meio da alimentação aos seres heterótrofos, ou seja, os consumidores das diversas ordens e os decompositores. Assim, o alimento e a energia que ele contém (transformada a partir da energia solar) fluem, nas cadeias alimentares, de um nível trófico para outro, possibilitando a vida no planeta.

Dica

Cientistas encontram vida 'adormecida' há mais de 10 mil anos em caverna de cristal/ BBC Brasil.

https://www.bbc.com/portuguese/geral-39015089

Reportagem sobre formas de vida capazes de sobreviver por longos períodos sem compostos orgânicos.

divedog/Shutterstock

As algas são seres autótrofos que captam energia solar e, por meio da fotossíntese, produzem moléculas orgânicas.

Energia química: a energia "escondida" nos alimentos

Na fotossíntese, a **energia luminosa** é transformada em **energia química**, que fica armazenada em moléculas que os organismos clorofilados produzem, como a glicose.

Mas o que é essa energia química? Sabemos que os átomos de uma molécula estão ligados entre si por determinadas forças. Essas forças podem ser chamadas de **energia de ligação** ou **energia química**. As moléculas produzidas na fotossíntese são ricas em energia química. Essa energia provém, na verdade, da transformação da energia luminosa captada pela planta.

Para utilizar a **energia química** contida nas moléculas orgânicas, como os açúcares, os organismos recorrem muitas vezes a um processo chamado de **respiração celular**. A energia obtida pode ser transformada em calor, como é o caso de aves e de mamíferos cuja temperatura pode se manter constante, apesar da temperatura no ambiente; movimento, como ocorre na atividade muscular e no transporte de substâncias pela membrana; eletricidade, quando um impulso nervoso é transmitido ao longo de um neurônio; luz, em organismos bioluminescentes (como vagalumes); ou ainda ser transferida, como energia química, para outras moléculas que estejam sendo sintetizadas. Em todos os casos, a vida celular depende da energia química presente nas moléculas orgânicas, como a glicose.

As relações entre a fotossíntese e a respiração

O quadro abaixo mostra as relações existentes entre esses dois processos fundamentais na natureza.

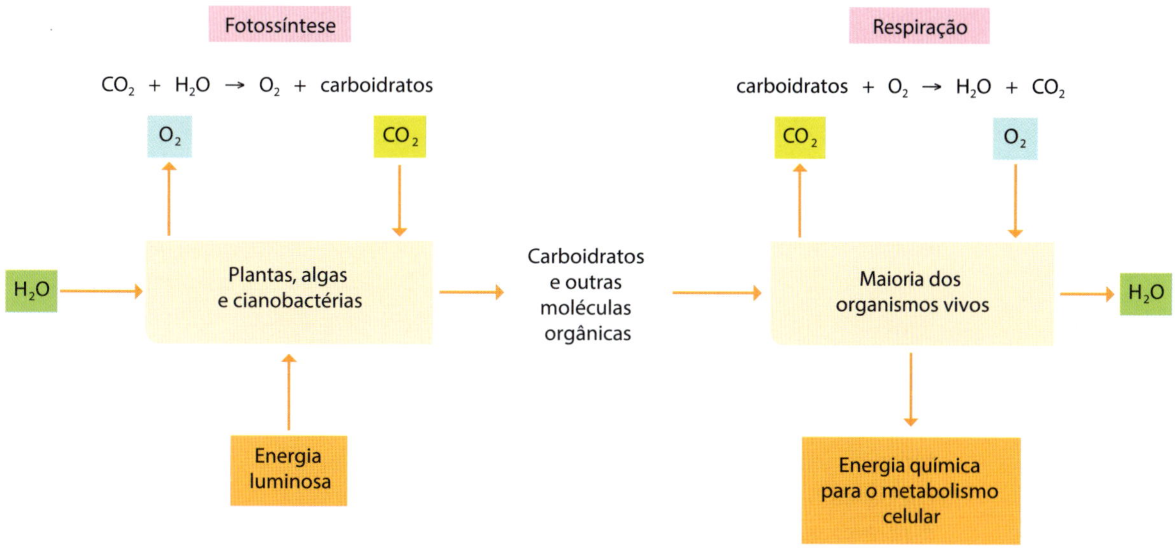

Esquema da relação entre a fotossíntese e a respiração celular, que são processos que se complementam. Na fotossíntese, a energia luminosa é transformada em energia química pelos autótrofos e armazenada nos carboidratos. A respiração utiliza carboidratos (como glicose) e oxigênio, que são produzidos na fotossíntese. As matérias-primas da fotossíntese – gás carbônico e água – são, por sua vez, produtos da respiração.

Respiração celular e trocas gasosas

A expressão **respiração celular** designa o processo de quebra da glicose em presença do oxigênio, com disponibilização de energia, que ocorre nas células da maioria dos organismos vivos. É comum, no entanto, pensarmos em respiração como aquilo que acontece nos pulmões quando animais terrestres inspiram e expiram o ar ou, ainda, nas brânquias de animais aquáticos. Embora haja uma profunda relação entre os dois fenômenos, é preferível referir-se a esse segundo processo como **trocas gasosas** entre o organismo e o meio.

Fermentação: uma alternativa à respiração celular

Existem basicamente dois processos pelos quais as células obtêm a energia química das moléculas do alimento. Um deles, a já citada respiração celular, é mais ampla na natureza. O outro é a **fermentação**. Em ambos, moléculas como a glicose são convertidas em moléculas menores, o que disponibiliza parte da energia das ligações químicas para a célula. A principal diferença está no fato de que a respiração celular é um processo **aeróbio**, que usa o gás oxigênio, enquanto a fermentação é um processo **anaeróbio**, que independe de oxigênio. A maioria dos organismos celulares, incluindo os clorofilados, realiza um ou outro processo e, muitas vezes, os dois.

Veja, a seguir, a equação geral da respiração celular, processo com dezenas de reações químicas sequenciais, catalisadas por enzimas. Na equação, são mostrados apenas o "início" da série de reações – o consumo de glicose e gás oxigênio – e o "final" do processo – a produção de gás carbônico e água.

$$\underset{\text{(glicose)}}{C_6H_{12}O_6} + \underset{\text{(gás oxigênio)}}{6\,O_2} \longrightarrow \underset{\text{(gás carbônico)}}{6\,CO_2} + \underset{\text{(água)}}{6\,H_2O} + \text{energia}$$

Veja, agora, equações que descrevem, também de modo geral, os processos da **fermentação alcoólica** (em que os resíduos são moléculas de álcool etílico e gás carbônico) e da **fermentação láctica** (em que o resíduo é o ácido láctico).

$$\underset{\text{(glicose)}}{C_6H_{12}O_6} \longrightarrow \underset{\text{(álcool etílico)}}{2\,C_2H_5OH} + \underset{\text{(gás carbônico)}}{2\,CO_2} + \text{energia}$$

$$\underset{\text{(glicose)}}{C_6H_{12}O_6} \longrightarrow \underset{\text{(ácido láctico)}}{2\,C_3H_6O_3} + \text{energia}$$

Compare as equações: os resíduos da respiração - gás carbônico e água - têm moléculas muito menores do que as dos resíduos da fermentação - álcool etílico ou ácido láctico. A respiração celular, portanto, desfaz maior quantidade de ligações químicas das moléculas da glicose e, assim, fornece à célula mais energia do que qualquer tipo de fermentação.

Que organismos fermentam e que organismos respiram?

Muitas bactérias vivem em ambientes pobres em gás oxigênio e são **anaeróbias obrigatórias**, ou seja, só obtêm energia por fermentação. Alguns fungos, ou ainda vermes parasitas que habitam o intestino de outros animais, vivem em condições semelhantes, mas ainda podem respirar ou fermentar, conforme as condições; são organismos **anaeróbios facultativos**.

A maioria dos eucariontes, no entanto, são **organismos aeróbios**, quer dizer, realizam a respiração, como as plantas e os animais; embora suas células também sejam capazes, às vezes, de obter energia por meio da fermentação. A fermentação láctica, por exemplo, ocorre nas células musculares dos animais, permitindo obter energia quando o suprimento de oxigênio é insuficiente. É o que acontece quando realizamos um esforço físico intenso e prolongado. No entanto, o ácido láctico (ou lactato) é uma substância tóxica para as células, e seu acúmulo nas células musculares é um dos fatores relacionado ao fenômeno da **fadiga muscular** - que se traduz em uma sensação de cansaço, desconforto e eventualmente dor muscular e incapacidade de o músculo se contrair. Em condições normais, o ácido láctico é encaminhado ao fígado, onde é metabolizado.

A fermentação láctica também pode ocorrer em muitas espécies de bactérias, como os **lactobacilos**, por exemplo; esse processo é importante para a espécie humana, por ser utilizado na produção de coalhadas, iogurtes, certos queijos e conservas do tipo picles e chucrute (repolho fermentado).

No caso da fermentação alcoólica, ela pode ocorrer em muitos fungos, em algumas bactérias e nas células vegetais.

Africa Studio/Shutterstock

Queijos são produzidos com auxílio da fermentação láctica.

A espécie humana se aproveita dos resíduos da fermentação alcoólica há milhares de anos. A espécie de fungo chamada *Saccharomyces cerevisiae*, também conhecida como lêvedo, levedura de cerveja ou fermento biológico, é um fungo microscópico, unicelular, conhecido desde a Antiguidade. Esse fungo é utilizado na produção de pães - o gás carbônico gerado pela fermentação faz a massa crescer. O *Saccharomyces* é ainda utilizado na produção de bebidas alcoólicas, como vinhos e cervejas. Nesse segundo caso, o resíduo que aproveitamos é o álcool etílico. Um bom exemplo da utilização desse fungo é a produção de etanol (álcool etílico), combustível para automóveis e máquinas, realizada pela fermentação de açúcares da cana-de-açúcar e do milho e sua posterior destilação.

Além das leveduras, algumas bactérias e células vegetais são capazes de realizar a fermentação alcoólica.

janetleerhodes/Shutterstock

Jim Parkin/Shutterstock

Pães são alimentos produzidos com o auxílio da fermentação alcoólica. Já as usinas de etanol utilizam os resíduos da fermentação alcoólica para a produção de combustíveis.

Ferramentas digitais

O desafio será você idealizar com os colegas de grupo um experimento simples, que mostre a produção de gás carbônico na fermentação alcoólica. No experimento é importante verificar não apenas a produção desse gás, mas também planejar uma forma de identificá-lo como gás carbônico.

1. Pesquise um experimento por meio do qual seja possível observar a produção de gás carbônico. Se necessário, converse com seu(sua) professor(a) de Biologia ou de Química sobre isso.
2. Busque maneiras de identificar a natureza do gás produzido pelo experimento. Faça uma análise crítica desses procedimentos e avalie possíveis riscos, bem como os cuidados necessários durante esses procedimentos.
3. Uma vez realizados os experimentos, o terceiro passo será a produção de um pequeno vídeo que mostre os experimentos e seus resultados, o qual poderá ser exibido para a classe ou disponibilizado na internet. Lembre-se de **testar o experimento** e de preparar as falas antes de iniciar as gravações do vídeo.

Dicas:

- Escolha um local com pouca interferência de ruídos e bem iluminado.
- Verifique se os equipamentos para a filmagem estão com a bateria carregada.
- Busque os melhores ângulos para filmar o experimento, de modo que seja possível compreender o que está acontecendo na cena.

O detalhamento dos processos energéticos

ATP, a moeda energética dos seres vivos

A energia liberada pela respiração celular ou pela fermentação nunca é usada **diretamente** no trabalho celular; no início ela é armazenada em uma molécula muito especial, o ATP (sigla, em inglês, para *adenosine triphosphate*, ou seja, **trifosfato de adenosina**), sob a forma de ligações químicas ricas em energia.

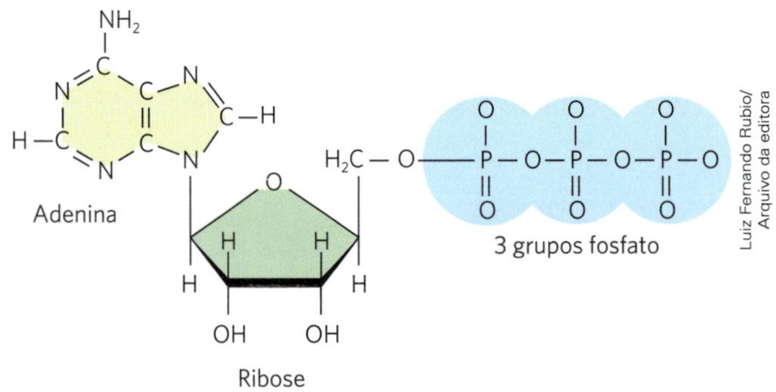

Estrutura do trifosfato de adenosina, ATP. (Elementos fora de proporção de tamanho entre si. Cores fantasia.)

Como seu nome indica, na molécula de ATP há três grupos fosfato ligados a uma adenosina (substância formada por uma adenina ligada a uma ribose). As ligações entre os grupos fosfato são ricas em energia. Quando uma dessas ligações é desfeita, a energia disponível pode ser usada pela célula para realizar trabalho. Veja o esquema abaixo e acompanhe a explicação pelo texto.

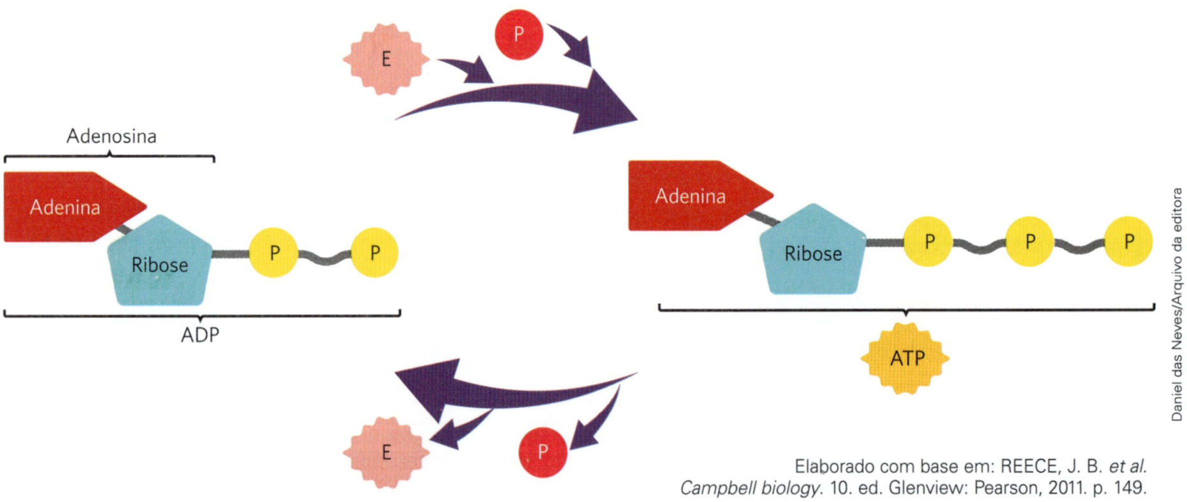

Elaborado com base em: REECE, J. B. *et al.* *Campbell biology*. 10. ed. Glenview: Pearson, 2011. p. 149.

Esquema da conversão de ADP em ATP e vice-versa. (Elementos fora de proporção de tamanho entre si. Cores fantasia.)

O esquema mostra uma reação **reversível**, ou seja, que pode ocorrer nos dois sentidos. Se você olhar a seta superior, verá que existe energia (o "E" no esquema) disponível, que provém da respiração ou da fermentação. Essa energia permite que o ADP (difosfato de adenosina) se ligue a um P (fosfato) suplementar e se transforme em ATP (trifosfato de adenosina). A seta de baixo mostra, inversamente, uma reação em que um dos fosfatos do ATP se desliga e disponibiliza a energia de sua ligação, que é usada para as atividades da célula, sendo formados ADP + P.

Assim, o sistema ADP/ATP funciona como um intermediário entre a degradação de uma molécula orgânica (por fermentação ou respiração) e o trabalho celular. Havendo energia disponível (proveniente da respiração ou da fermentação), o ADP se transforma em ATP. Havendo necessidade de energia, o ATP se transforma em ADP, e cede energia ao trabalho celular.

Eficiência energética da respiração celular

Aprende-se, em Física, que nenhuma transferência de energia é totalmente eficiente, havendo sempre perdas. No caso do metabolismo celular, uma grande parcela da energia é perdida para o ambiente na forma de calor. Assim mesmo, a respiração celular é um processo considerado eficiente, já que cerca de 45% da energia contida nos alimentos é transferida para moléculas de ATP.

Mitocôndrias: o local da respiração celular

A maior parte do processo de respiração celular, nas células eucarióticas, ocorre nas mitocôndrias, compartimentos celulares com enzimas necessárias ao processo.

As mitocôndrias estão presentes em células de animais, vegetais, fungos e protistas. Com o uso de certos corantes especiais, elas podem ser observadas em células vivas, ao microscópio óptico. No entanto, sua estrutura foi mais bem compreendida quando estudada ao microscópio eletrônico. Observe a fotografia e a figura correspondente, acompanhando a explicação pelo texto.

Uma mitocôndria é constituída de duas membranas de composição lipoproteica. A membrana apresenta várias dobras, as **cristas mitocondriais**, nas quais ficam moléculas importantes para a respiração celular, como a **ATP sintase**, enzima responsável pela síntese de ATP. Durante a respiração celular, as moléculas de ATP produzidas migram para o citosol e são usadas nos locais da célula que necessitam de energia. Os citologistas costumam afirmar, assim, que as mitocôndrias equivalem às usinas ou casas de força que abastecem uma cidade de energia.

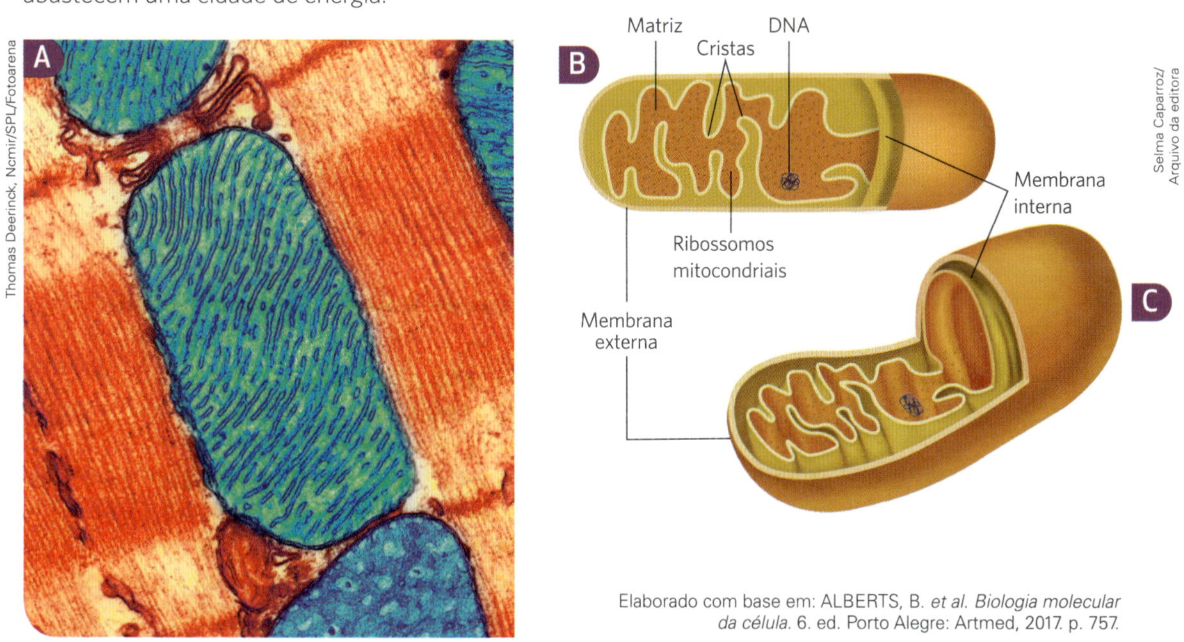

Elaborado com base em: ALBERTS, B. *et al. Biologia molecular da célula.* 6. ed. Porto Alegre: Artmed, 2017. p. 757.

(A) Fotografia de corte longitudinal de mitocôndria obtida em microscópio eletrônico de transmissão. Observe as numerosas cristas. A mitocôndria da foto encontra-se rodeada por grande quantidade de retículo endoplasmático granular. As mitocôndrias medem entre 0,5 μm e 1,0 μm. (Aumento aproximado de 12 000 vezes. Cores artificiais.) (B) Esquema de mitocôndria em corte longitudinal. (C) Esquema de mitocôndria com seção removida para visualizar seu interior. (Elementos fora de proporção de tamanho entre si. Cores fantasia.)

O espaço interno da mitocôndria é preenchido por um material de consistência fluida, a **matriz mitocondrial**. Na matriz também estão mergulhadas outras enzimas necessárias ao processo da respiração celular.

Respiração celular em bactérias

Muitas espécies de bactérias também são capazes de realizar a respiração celular. No entanto, sendo procariontes, não possuem mitocôndrias em suas células. Como podem, então, efetuar as reações químicas características da respiração?

A resposta é que essas bactérias possuem em suas células todo o equipamento necessário (enzimas e outras substâncias) para realizar a respiração celular. Em outras palavras, essas bactérias funcionam como verdadeiras mitocôndrias.

Respiração celular: o processo

A respiração celular compreende uma série de reações em cadeia. Parte delas ocorre no citosol; no entanto, a maioria delas acontece no interior da mitocôndria. Veja o esquema a seguir e acompanhe a explicação dele pelo texto.

Selma Caparroz/Arquivo da editora

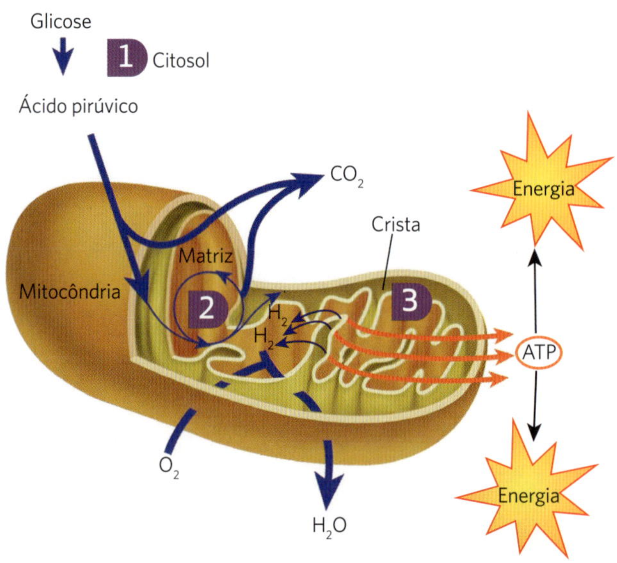

Elaborado com base em: REECE, J. B. *et al. Campbell biology*. 10. ed. Glenview: Pearson, 2011. p. 167.

Esquema da localização das etapas da respiração celular nas mitocôndrias. (Elementos fora de proporção de tamanho entre si. Cores fantasia.)

As reações iniciais de degradação da glicose, chamadas em conjunto de **glicólise** (1), acontecem no citosol e são idênticas às etapas iniciais de uma fermentação. Em seguida, o produto da glicólise (o **ácido pirúvico**) é transformado, entra na mitocôndria e sofre uma série de reações que caracterizam o chamado **ciclo de Krebs** (2), na matriz mitocondrial, e do qual são liberadas moléculas de gás carbônico (CO_2), um dos resíduos do processo de respiração.

Em vários momentos das reações, átomos de hidrogênio e elétrons são liberados pelas moléculas de açúcar. Esses elementos são levados às cristas mitocondriais e reagem com o gás oxigênio, que serve como aceptor final de hidrogênios e elétrons para formar água. Isso caracteriza a **cadeia respiratória** (3). Em vários momentos, ao longo dessa cadeia de reações, é disponibilizada energia, que se encontra armazenada no ATP, o qual pode ser distribuído às regiões da célula que dele necessitam.

A respiração anaeróbia

Na respiração anaeróbia, processo diferente da fermentação, algumas bactérias não utilizam o oxigênio como aceptor final de hidrogênio e elétrons, como ocorre na respiração celular. Algumas espécies de bactérias, por exemplo, combinam hidrogênio com carbonato, formando metano (CH_4); outras, do ciclo do nitrogênio, utilizam nitrato.

Fermentação e respiração: os mesmos passos iniciais

Quando se estuda a fermentação e a respiração celular, nota-se que os passos iniciais de ambos os processos são exatamente os mesmos. Veja o esquema a seguir.

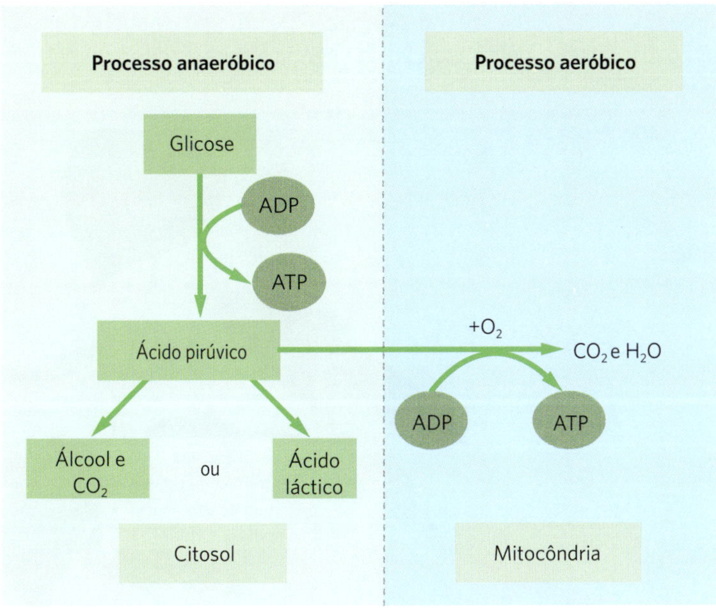

CONCEITOGRAF/Arquivo da editora

Esquema das etapas anaeróbia – da fermentação (láctica e alcoólica) e da respiração celular – e aeróbia da respiração celular.

Essas reações iniciais, tanto na fermentação como na respiração, ocorrem no citosol, e são chamadas de **glicólise**. Na glicólise, uma molécula de glicose origina duas moléculas de **ácido pirúvico** (ou piruvato). Todas as enzimas necessárias para esse processo estão no citosol, assim, a glicólise não exige nenhuma organela específica para ocorrer; além disso, essa etapa não requer a presença de oxigênio. A glicólise rende a produção de duas moléculas de ATP para cada molécula de glicose utilizada.

Uma vez terminada a glicólise, o ácido pirúvico pode ter diferentes destinos em uma célula:

Na ausência do gás oxigênio, pode ser transformado no citosol em:

- **álcool etílico** (etanol) e em **gás carbônico**: é a fermentação alcoólica;
- **ácido láctico**: é a fermentação láctica.

O tipo de fermentação realizada, alcoólica ou láctica, dependerá das enzimas de que o organismo dispõe. Células musculares produzem ácido láctico; já o fungo *Saccharomyces cerevisiae* produz álcool como resíduo.

Se houver oxigênio, o ácido pirúvico é transformado, entra na mitocôndria e são produzidas moléculas de gás carbônico e água a partir dele, no ciclo de Krebs e na cadeia respiratória, respectivamente. Como vimos, o conjunto das reações na mitocôndria permite a obtenção de uma quantidade adicional de moléculas de ATP.

O rendimento energético da fermentação e da respiração

Na fermentação e na respiração o rendimento energético não é o mesmo. Enquanto a quebra de uma molécula de glicose por fermentação (seja ela alcoólica, seja láctica) permite que a célula obtenha **2 ATP**, a oxidação completa dessa mesma glicose, por meio da respiração celular, fornece uma quantidade de energia muito maior. Cálculos tradicionais apontavam um rendimento de **38 ATP** para a respiração aeróbia, incluindo a glicólise; depois, esse valor foi revisto para **36 ATP** e, mais recentemente, para um valor máximo de apenas **30 ATP**. De qualquer forma, percebe-se que a respiração celular rende algo entre 15 e 19 vezes mais energia do que uma fermentação por molécula de glicose consumida.

Fotossíntese

Até este ponto, ficou claro que todos os seres vivos necessitam da energia química presente nas moléculas dos alimentos, como os carboidratos. Essa energia química provém, em quase todos os ecossistemas, da transformação da **luz** (energia luminosa) feita pelos organismos clorofilados. Nessa transformação de um tipo de energia em outro, a clorofila – pigmento responsável pela absorção da energia luminosa – tem papel fundamental.

Cris Alencar /Arquivo da editora

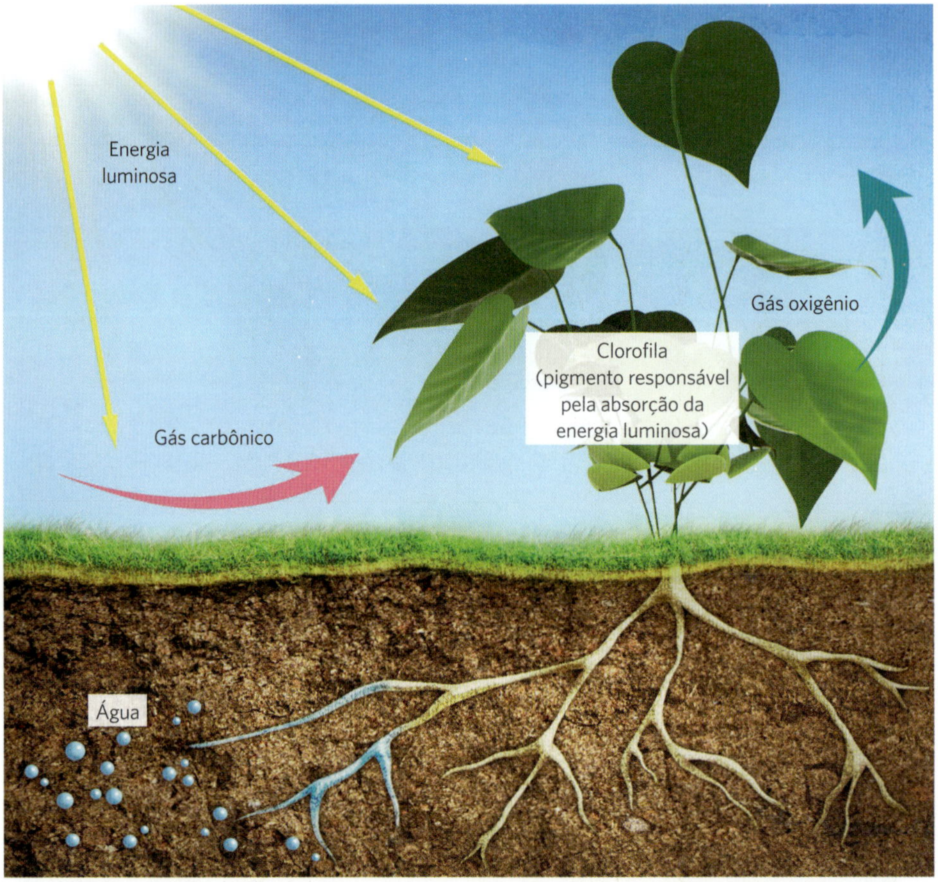

Esquema simplificado do processo de fotossíntese. Não foram representadas as moléculas orgânicas produzidas no processo. O gás carbônico, o gás oxigênio e a clorofila são moléculas invisíveis a olho nu, no entanto, foram indicados na imagem em função dos importantes papéis que desempenham no processo fotossintético. (Elementos fora de proporção de tamanho entre si. Cores fantasia.)

Fotossíntese: a equação

A equação que descreve o processo de fotossíntese, em linhas gerais, é a seguinte:

$$\underset{\text{(gás carbônico)}}{6\,CO_2} + \underset{\text{(água)}}{6\,H_2O} + \text{luz} \longrightarrow \underset{\text{(glicose)}}{C_6H_{12}O_6} + \underset{\text{(gás oxigênio)}}{6\,O_2}$$

Da mesma forma que a fermentação ou a respiração, a equação da fotossíntese não mostra todas as etapas do processo, apenas as substâncias iniciais – os reagentes – e as substâncias finais – os produtos.

A análise da equação acima mostra alguns fatos:

- O carbono que uma planta obtém do ambiente, sob a forma de gás carbônico, é utilizado inicialmente na produção de carboidratos simples, como a glicose. A partir desses carboidratos, mais tarde, podem ser produzidas outras substâncias orgânicas, como proteínas, lipídios e ácidos nucleicos.
- O hidrogênio proveniente das moléculas de água, retirada do ambiente, também é utilizado na síntese de carboidratos.

Cloroplastos: onde a fotossíntese acontece

Como os cloroplastos são relativamente grandes e têm um pigmento natural em seu interior, a **clorofila**, eles podem ser observados com certa facilidade ao microscópio óptico.

No entanto, sua estrutura é mais bem compreendida quando estudada ao microscópio eletrônico. Observe as figuras a seguir.

Vistos em corte longitudinal, percebe-se que os cloroplastos são formados por duas membranas lipoproteicas: a externa envolve a organela; já a interna forma várias dobras, chamadas **lamelas**, que se estendem ao longo de toda a organela. Entre as lamelas podem ser vistas muitas vesículas membranosas achatadas e discoides, os **tilacoides**. Uma pilha de tilacoides constitui um ***granum*** (no plural, *grana*). As moléculas de clorofila ficam presas às membranas dos *grana* e das lamelas.

O espaço interno de um cloroplasto é preenchido por um material amorfo, o **estroma**, no qual estão dissolvidas muitas enzimas envolvidas no processo da fotossíntese.

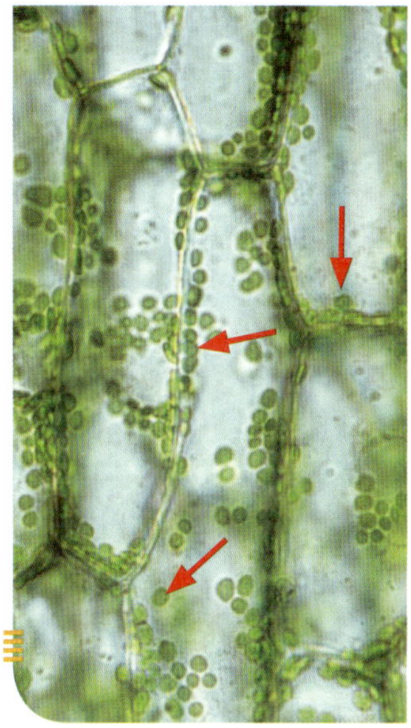

Claude Nuridsany & Marie Perennou/SPL/Fotoarena

Fotografia de cloroplastos (setas vermelhas) nas células da folha de planta aquática (*Elodea canadensis*) obtida em microscópio óptico. (Aumento aproximado de 1 050 vezes. Cores fantasia.)

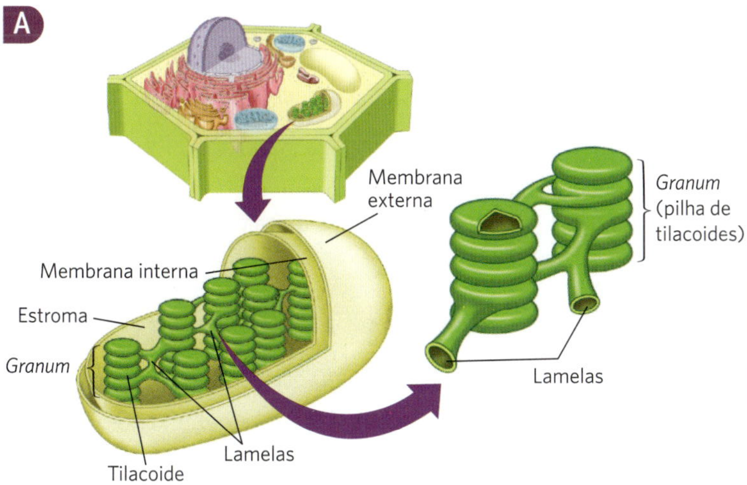

Paulo Cesar Pereira /Arquivo da editora

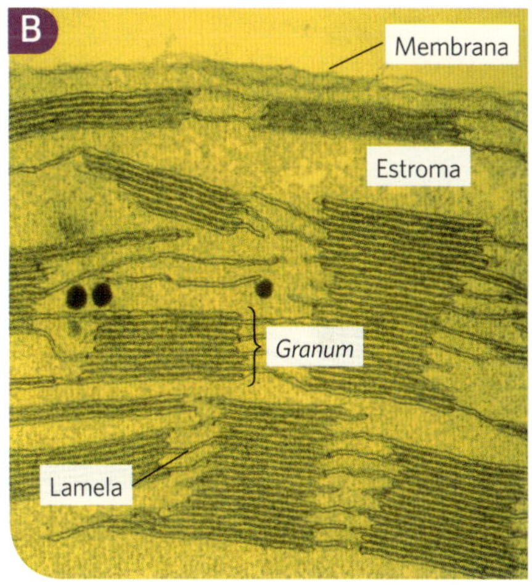

Dr Kenneth R. Miller/SPL/Fotoarena

Elaborado com base em: ALBERTS, B. *et al. Biologia molecular da célula*. Porto Alegre: Artmed, 2004. p. 796.

(A) Esquema da estrutura de um cloroplasto. (Elementos fora de proporção de tamanho entre si. Cores fantasia.). (B) Fotografia de cloroplasto em corte obtida em microscópio eletrônico de transmissão. (Aumento de 17 400 vezes. Cores artificiais.)

Localização das etapas no cloroplasto

Algumas das reações da fotossíntese dependem de luz, e, portanto, de clorofila. Outras reações independem de luz.

Na etapa **fotoquímica** (**fase clara**), que depende de luz, as moléculas de água sofrem uma quebra (**fotólise da água**), que resulta em átomos de hidrogênio e oxigênio. Além disso, há produção de ATP (fotofosforilação), que junto com os íons H+ será utilizado na fase química, enquanto o oxigênio é liberado para o ambiente na forma de gás. As reações fotoquímicas dependem da **clorofila**, presente nas lamelas e nas *grana*.

As reações da etapa **química** (**fase escura**), que não dependem diretamente da luz, acontecem no estroma e são chamadas de **ciclo de Calvin**. Nelas, o gás carbônico obtido do ambiente associa-se aos hidrogênios produzidos na fase clara, e utilizando a energia do ATP, o conjunto origina carboidratos, como a glicose. Essa conversão do gás carbônico em compostos orgânicos, como a glicose, é chamada de **fixação do carbono**.

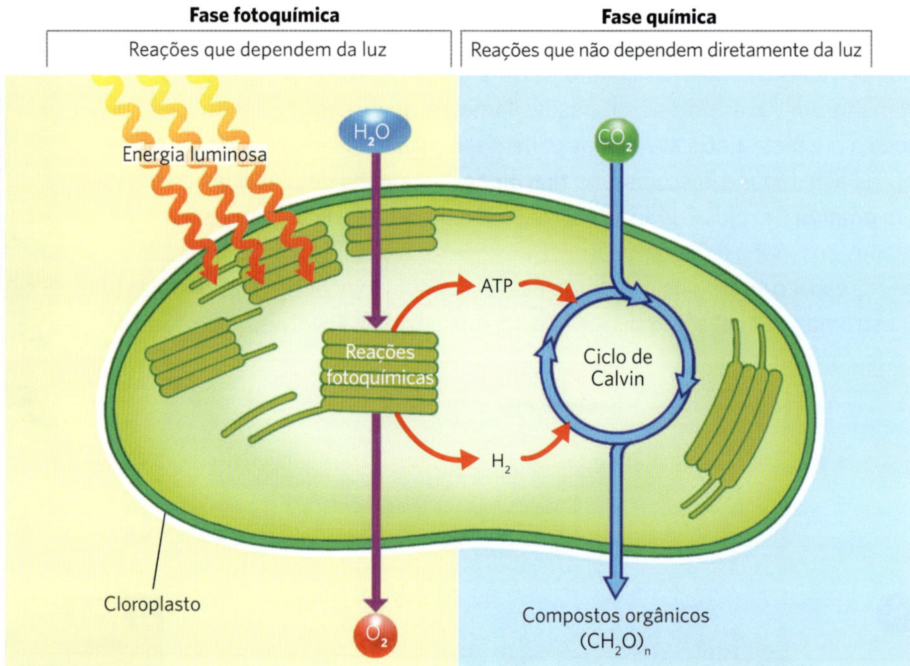

Rodval Matias /Arquivo da editora

Elaborado com base em: REECE, J. B. *et al. Campbell biology*. 10. ed. Glenview: Pearson, 2011. p. 189.

Esquema da fase fotoquímica e da fase química da fotossíntese, que ocorrem no cloroplasto. (Elementos fora de proporção de tamanho entre si. Cores fantasia.)

Quimiossíntese

Há organismos capazes de produzir matéria orgânica utilizando outras fontes de energia que não a energia luminosa. Esses seres, chamados **quimiossintetizantes**, obtêm a energia de que precisam a partir da oxidação de certas moléculas inorgânicas, como amônia, nitritos, metano ou sulfetos de hidrogênio. Essas reações fornecem a energia necessária para outro conjunto de reações que leva à síntese de compostos orgânicos.

A quimiossíntese é realizada exclusivamente por certas espécies de bactérias, como algumas daquelas que participam do ciclo do nitrogênio (*Nitrosomonas* spp., *Nitrobacter* spp.) e bactérias que vivem em fontes hidrotermais no fundo dos oceanos.

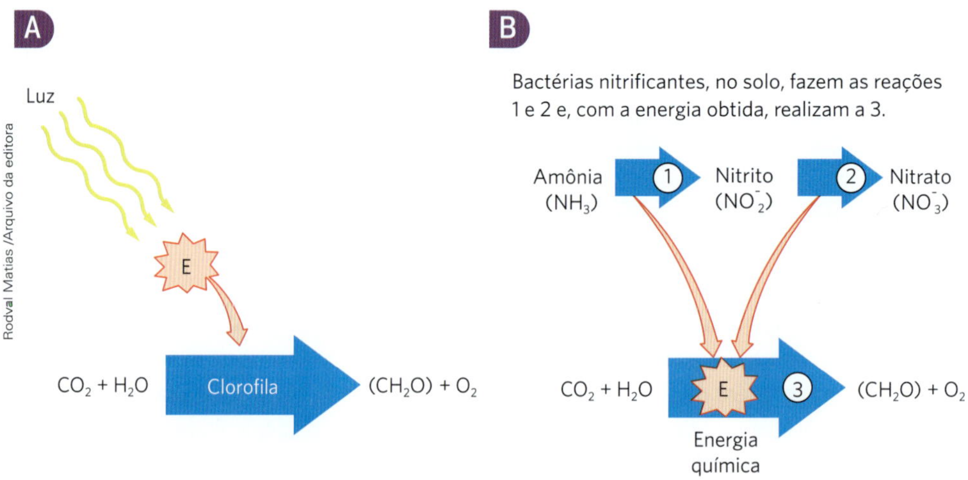

Rodval Matias /Arquivo da editora

Esquemas dos processos de fotossíntese (A) e quimiossíntese (B).

Desenvolvendo habilidades

1 Em uma prova escolar que versava sobre o metabolismo energético dos organismos em geral, um estudante afirmou que “os organismos autótrofos, como as plantas, diferem dos heterótrofos por utilizar a luz diretamente para o trabalho celular”. Você concorda com essa afirmação? Justifique sua resposta.

2 A figura abaixo mostra algumas transformações de energia que ocorrem nos seres vivos. Observe-a com cuidado e cite as transformações que você identificou.

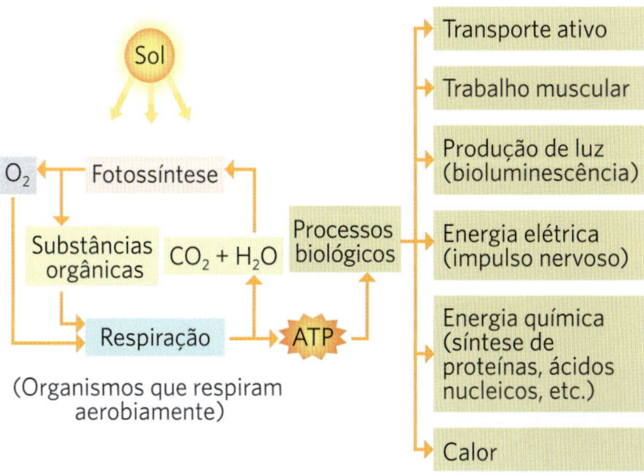

Banco de imagens/Arquivo da editora

3 Quando preparamos massa para pizza, colocamos uma bolinha dessa massa em um copo com água. No início, a bolinha afunda e, após algum tempo, ela passa a flutuar. Sabemos, assim, que a massa pode ir ao forno. Como você explica esse fato?

4 Suco de uvas fermentado pelo *Saccharomyces cerevisiae* transforma-se em vinho. Sabe-se que esse organismo é um anaeróbio facultativo. Um produtor de vinho ouviu dizer que a respiração disponibiliza muito mais energia para as células do que a fermentação, e, objetivando acelerar o processo de multiplicação do *Saccharomyces*, teve a ideia de borbulhar ar nos tanques em que ocorria a fermentação alcoólica. Você concorda com a ideia? Converse com os colegas.

5 O esquema a seguir mostra que o processo de fotossíntese, na verdade, é subdividido em uma fase que depende de luz e outra que não depende desse fator. No entanto, um estudante chegou à conclusão de que os dois processos, diretamente ou indiretamente, sempre dependem de luz. Você concorda com ele? Troque opinião com os colegas.

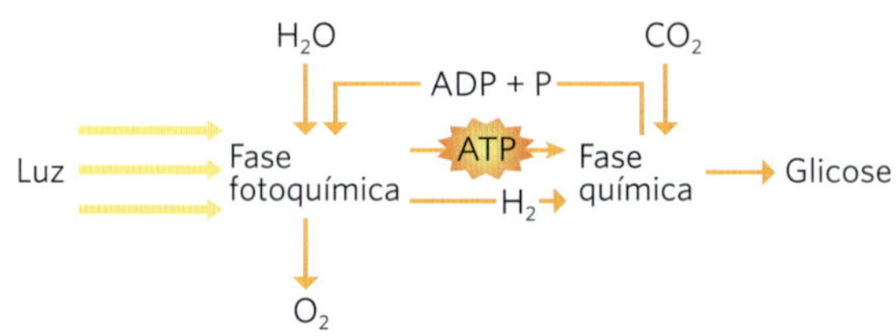

Banco de imagens/Arquivo da editora

6 Observe o esquema que mostra os locais relacionados à fotossíntese em um vegetal.

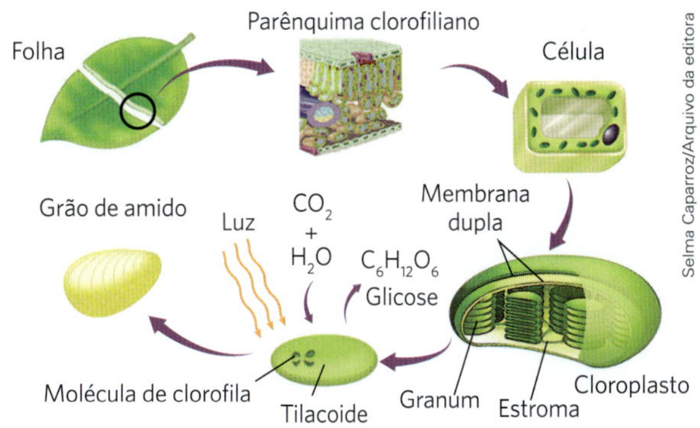

Selma Caparroz/Arquivo da editora

(Elementos fora de proporção de tamanho entre si. Cores fantasia.)

a) O que são tilacoides?

b) Sai uma seta do tilacoide, em direção ao grão de amido. O que essa seta significa?

7 O esquema a seguir mostra algumas das trocas de alimento e de energia que ocorrem nos ecossistemas.

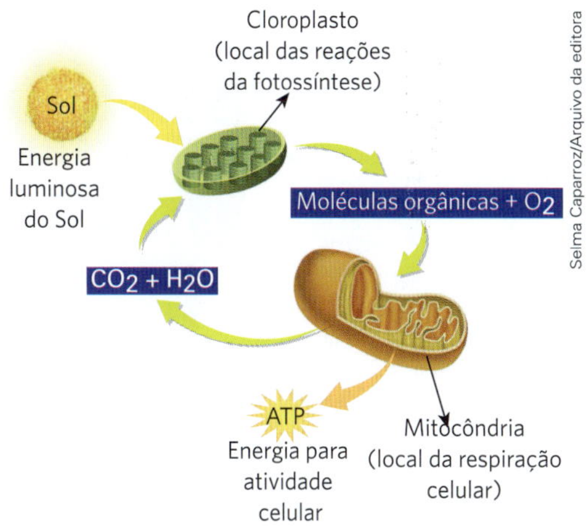

Selma Caparroz/Arquivo da editora

(Elementos fora de proporção de tamanho entre si. Cores fantasia.)

a) Que organismos, no ecossistema, possuem cloroplastos nas células? Eles são obrigatórios para ocorrer a fotossíntese?

b) Que organismos, no ecossistema, possuem mitocôndrias? Elas são obrigatórias para ocorrer a respiração?

8 Comente a frase seguinte: “Em qualquer ecossistema, os produtores são sempre organismos fotossintetizantes”.

CAPÍTULO

11

Núcleo e divisão celular

Conhecer os componentes do núcleo celular é essencial para compreender a replicação do material genético, os processos de divisão celular e eventos que promovem aumento da variabilidade genética, fator fundamental para a evolução dos seres eucariontes.

Este capítulo favorece o desenvolvimento das habilidades:

EM13CNT202

EM13CNT301

EM13CNT302

O núcleo e seus componentes

O núcleo contém o material genético, também chamado **cromatina**, e é composto pelo **envelope nuclear**, pelo **nucleoplasma** e pelo **nucléolo**.

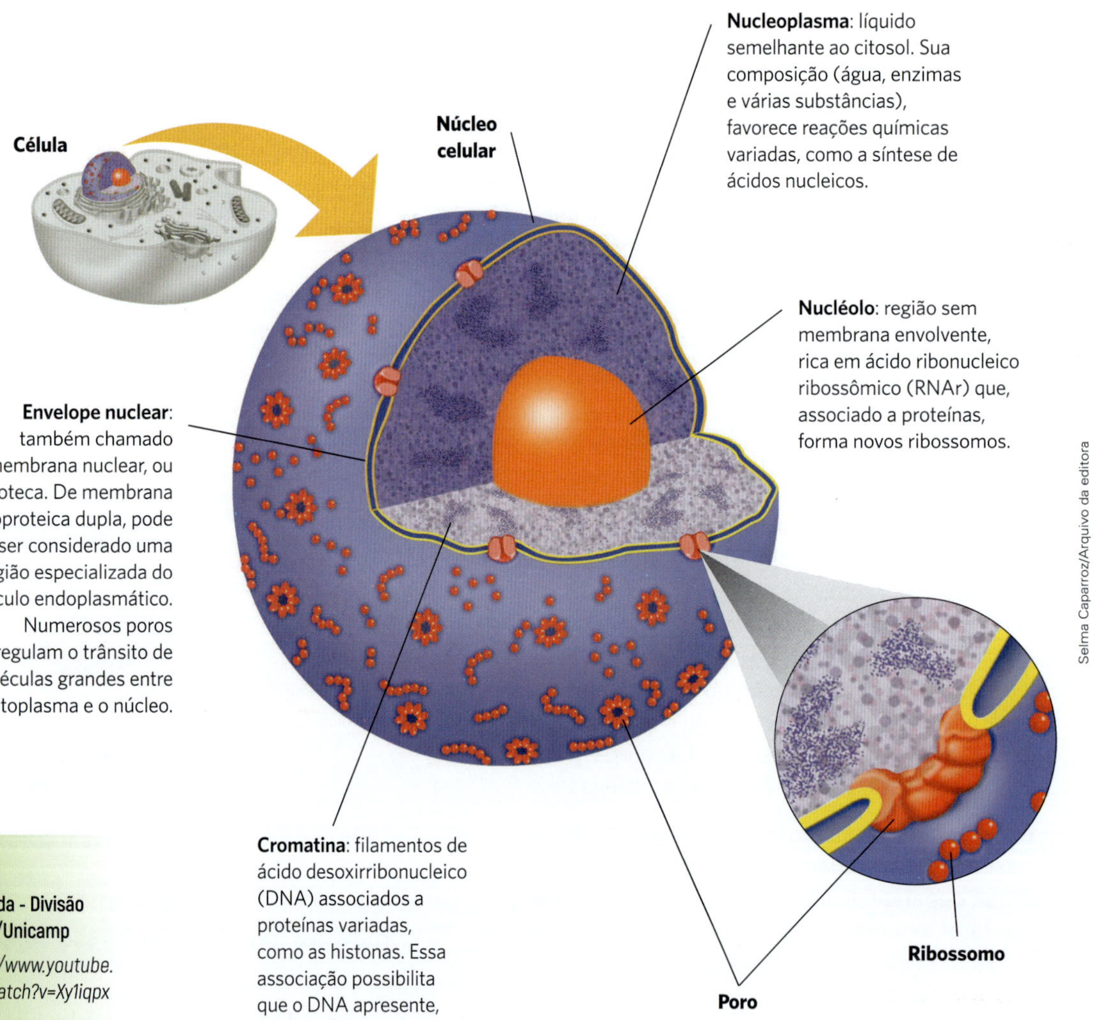

Elaborado com base em: REECE, J. B. *et al. Campbell biology*. Glenview: Pearson, 2011. p. 103.

Esquema do núcleo celular (5 a 10 μm de diâmetro), feito com base em observações ao microscópio eletrônico, em corte, para evidenciar sua organização interna. (Elementos fora de proporção de tamanho entre si. Cores fantasia.)

! Dica

Bio é vida - Divisão celular/Unicamp

https://www.youtube.com/watch?v=Xy1iqpxQBDY

Da série *Viagem à Célula*, esse vídeo apresenta as fases do ciclo celular.

Segundo o **dogma central da Biologia Molecular**, a informação genética é transmitida do DNA para a molécula de RNA, servindo, em seguida, para a produção de proteínas, que desempenham diferentes funções celulares. Veja a representação dessas etapas no esquema abaixo.

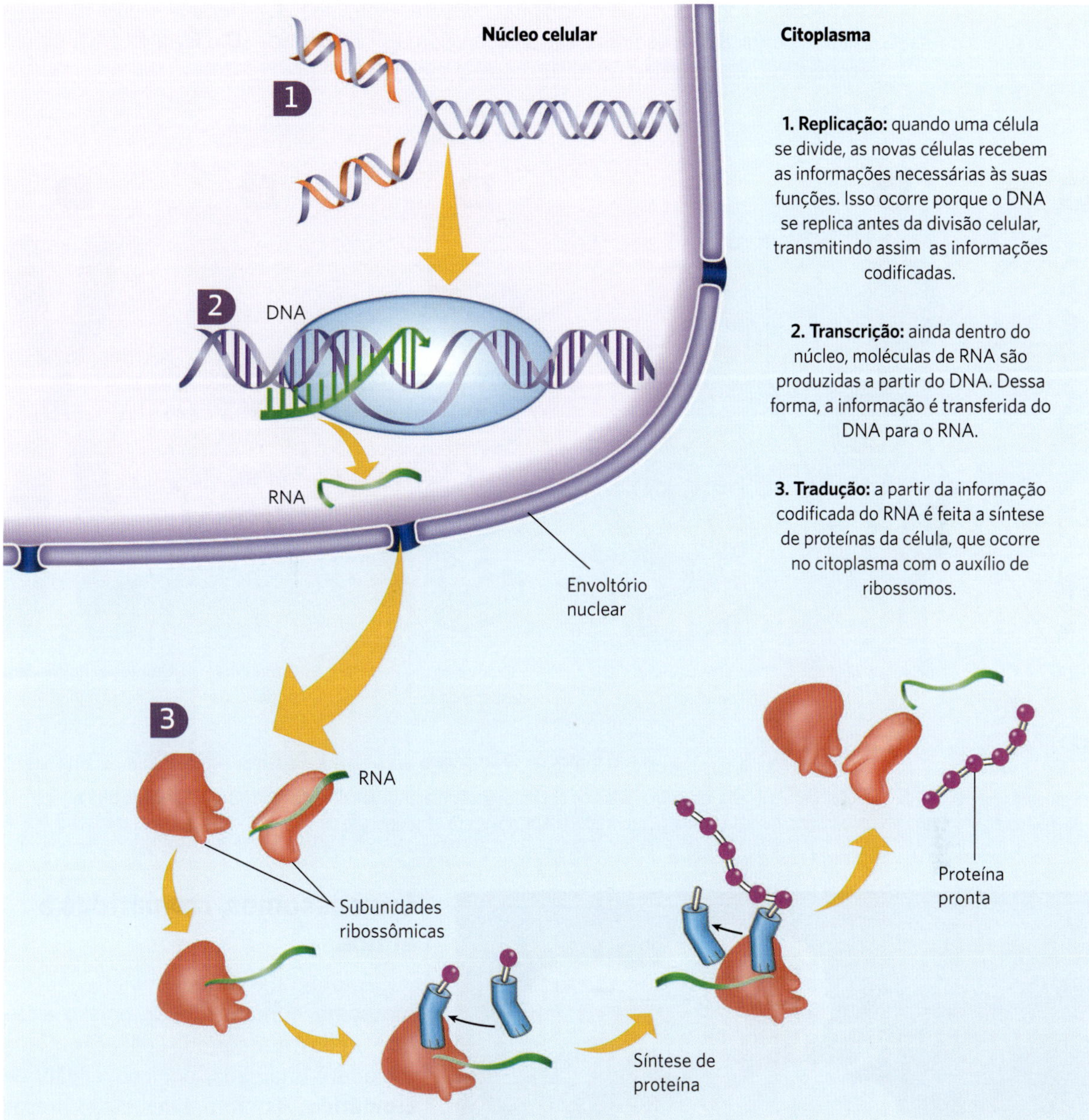

Selma Caparroz/Arquivo da editora

Elaborado com base em: REECE, J. B. *et al. Campbell biology*. Glenview: Pearson, 2011. p. 337.

Esquema das etapas estabelecidas pelo dogma central da Biologia Molecular. (Elementos fora de proporção de tamanho entre si. Cores fantasia.)

O material genético

A **cromatina** corresponde ao material genético da célula. Na microscopia óptica, é um material de aspecto relativamente homogêneo, que se tinge com certa facilidade (daí o seu nome, pois o radical grego *khrome* significa "cor") com o uso de corantes básicos, como a hematoxilina. Ao microscópio eletrônico, percebe-se a natureza filamentosa da cromatina.

Antes da divisão celular, a cromatina tem a aparência de um emaranhado de filamentos. Ao longo da divisão celular, cada filamento espirala-se, enrolando-se sobre si mesmo, e torna-se mais curto e mais espesso, ou seja, ele se condensa. Cada filamento agora pode ser visto ao microscópio óptico, e recebe o nome de **cromossomo**. Acredita-se que essa condensação facilite a distribuição do material genético para as células-filhas no momento da divisão celular.

O esquema a seguir mostra a organização de um cromossomo eucariótico. Cada cromossomo é uma única molécula de DNA, muito longa (**A**), que passa por algumas fases de "empacotamento". Primeiro, as moléculas de DNA se enrolam em torno das histonas, formando "nozinhos" chamados **nucleossomos** (**B**). Estes, por sua vez, enrolam-se sobre si mesmos, constituindo a cromatina ainda desespiralada (**C**). Durante a divisão, a cromatina começa a se espiralar e fica cada vez mais condensada (**D** e **E**), até constituir um cromossomo bem visível ao microscópio óptico (**F**).

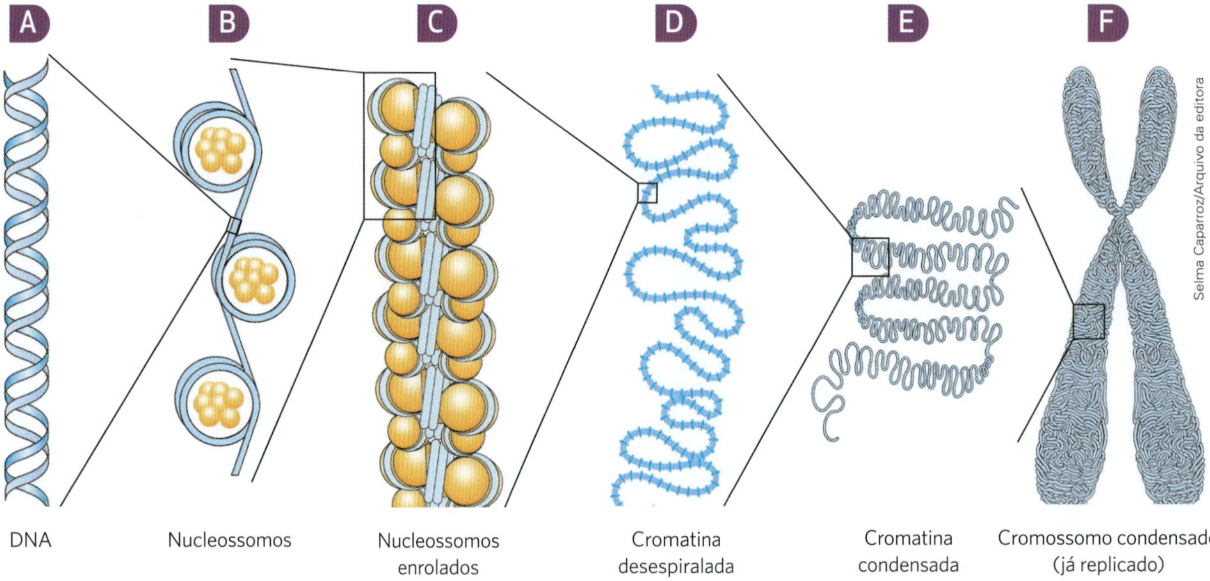

Elaborado com base em: ALBERTS, B. *et al. Biologia molecular da célula*. Porto Alegre: Artmed, 2017. p. 215.

Esquema que mostra, da esquerda para a direita, os vários níveis de organização do material genético, partindo da molécula de DNA e chegando ao cromossomo condensado, no caso acima, já replicado. (Elementos fora de proporção de tamanho entre si. Cores fantasia.)

SPL/Fotoarena

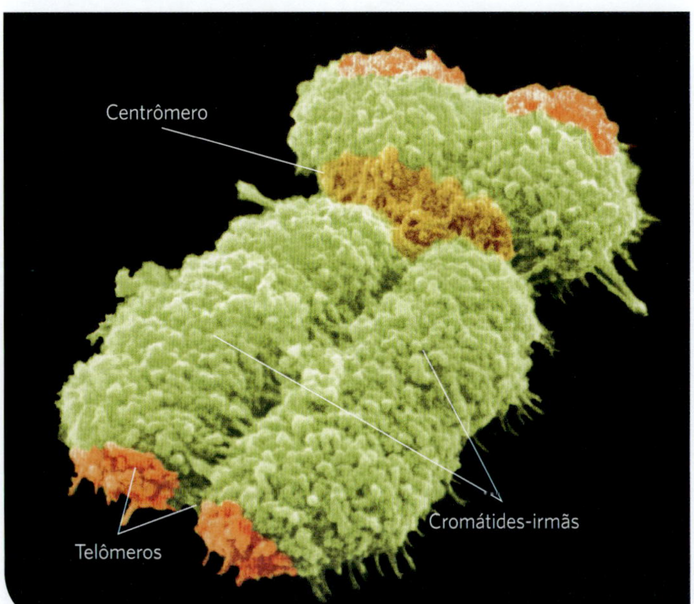

Fotografia de cromossomo humano replicado (cerca de 5 μm de comprimento), obtida em microscópio eletrônico de varredura. (Cores artificiais.)

Cromossomos, cromátides e alelos

A fotografia ao lado mostra um cromossomo humano duplo, pois o DNA que o constitui sofreu replicação. Cada metade é chamada, por convenção, de **cromátide.** As cromátides estão presas uma à outra por uma região estreitada, o **centrômero**, com importante função na divisão celular. As extremidades são chamadas de telômeros. As duas cromátides são absolutamente idênticas e são chamadas **cromátides-irmãs**. Na divisão, essas cromátides vão se separar e migrar cada uma para uma célula-filha. Uma vez separadas, as cromátides, também por convenção, são chamadas de cromossomos.

As células de um organismo apresentam sempre o mesmo número de cromossomos, que é característico da espécie. Todas as células do corpo humano (exceto as reprodutoras), por exemplo, têm 46 cromossomos.

As células podem ser classificadas em **diploides** ou **haploides**. Na maioria das espécies, cada célula contém pares de **cromossomos homólogos**, ou seja, dois cromossomos de cada tipo, idênticos na forma, no tamanho e com o centrômero na mesma posição. Um dos cromossomos é de origem materna e outro de origem paterna. Essas células são ditas diploides.

Veja os esquemas a seguir do núcleo de uma célula diploide e de uma célula haploide. Na primeira, há três pares de cromossomos homólogos: 1 e 1', 2 e 2', 3 e 3'. Por ter dois conjuntos cromossômicos - um herdado do pai e outro herdado da mãe -, trata-se de uma célula diploide. Pode-se dizer também que essa célula é $2n$, em que "n" representa o número de tipos de cromossomos. A célula é $2n = 6$ cromossomos. Na segunda, há 3 cromossomos e ela é, portanto, haploide (n), com apenas um cromossomo de cada par, nesse caso, $n = 3$.

Óvulo ou ovócito?

Para muitos seres vivos que realizam reprodução sexuada (inclusive a maior parte dos grupos de animais), a célula reprodutora feminina que será fecundada pelo espermatozoide é o óvulo, pois já está completamente desenvolvida. No ser humano e em alguns outros mamíferos, a célula que será fecundada pelo espermatozoide está em um estágio anterior ao do óvulo e é chamada de ovócito secundário, ou ovócito II.

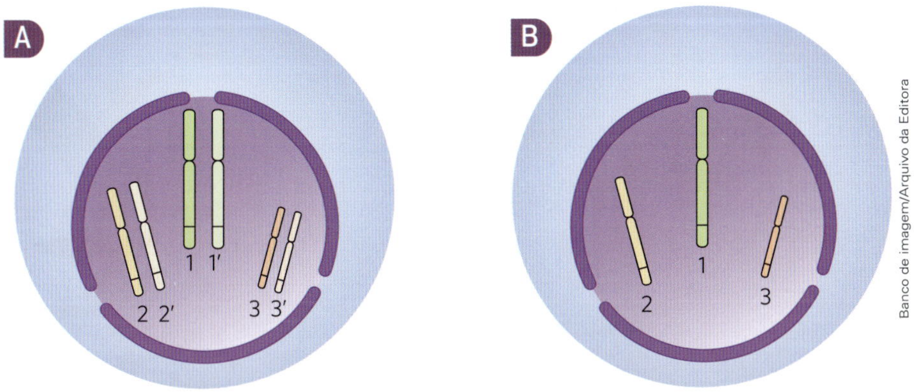

(A) Esquema do núcleo de uma célula diploide, com dois cromossomos de cada tipo (1 e 1', 2 e 2', 3 e 3').
(B) Esquema do núcleo de uma célula haploide, com três tipos de cromossomos (1, 2 e 3).
(Elementos fora de proporção de tamanho entre si. Cores fantasia.)

Nos seres humanos, os gametas são células haploides. O **espermatozoide**, gameta masculino, tem 23 cromossomos, assim como o óvulo, gameta feminino. A fusão do espermatozoide com o **óvulo** na fecundação restabelece o número diploide ($2n$) de 46 cromossomos, característico de nossa espécie.

Ao longo dos dois homólogos, em uma mesma sequência, existem **genes** - as unidades hereditárias que determinam as características dos indivíduos e das espécies em geral. Cada gene pode existir, na mesma espécie, em formas ligeiramente diferentes umas das outras, denominadas **alelos**. Assim, na mesma posição de cada par de homólogos, existe um determinado alelo. Esses alelos podem ser iguais ou diferentes, no entanto, sempre condicionam o mesmo **tipo de característica**.

Veja o exemplo da figura a seguir: o cromossomo 1, cedido pelo pai, carrega o alelo para olho claro; o cromossomo 1', fornecido pela mãe, apresenta, na mesma posição, o alelo para olho escuro. Neste caso particular, o indivíduo recebeu alelos diferentes de seus pais (olho claro e olho escuro) - embora ambos se relacionem à mesma característica: cor dos olhos.

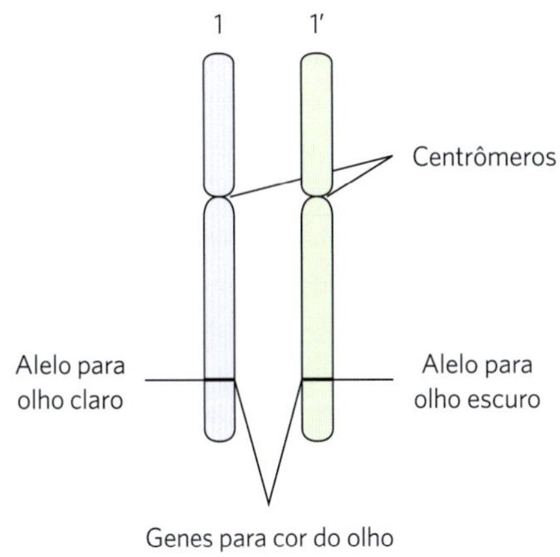

Esquema de par de cromossomos homólogos. Os alelos que determinam um mesmo caráter ficam na mesma posição dos cromossomos homólogos. Essa posição é chamada de *locus gênico*. (Elementos fora de proporção de tamanho entre si. Cores fantasia.)

O estudo dos cromossomos humanos

O estudo dos cromossomos é feito em células cultivadas em laboratório, como os leucócitos. São usadas substâncias especiais, como a **colchicina**, que bloqueiam a divisão quando os cromossomos estão no grau máximo de sua espiralação, sendo, portanto, mais visíveis. As células são coradas e em seguida fotografadas, evidenciando o conjunto de cromossomos característico de cada espécie, chamado **cariótipo**. Depois, os cromossomos da fotografia são recortados, ordenados e numerados, sendo os homólogos colocados lado a lado, em ordem decrescente de tamanho. Veja o esquema a seguir.

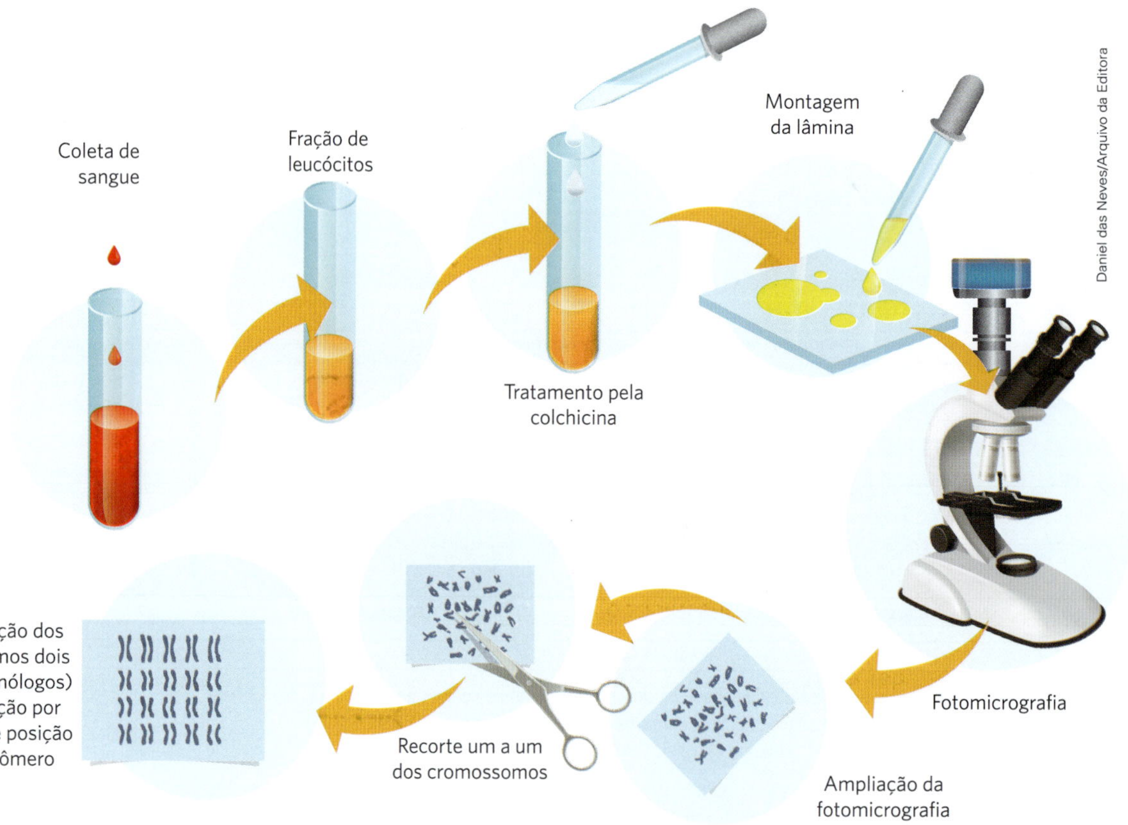

Elaborado com base em: REECE, J. B. *et al. Campbell biology*. 10. ed. Glenview: Pearson, 2011. p. 254.

Esquema das etapas da montagem de um cariótipo desde a coleta da amostra de sangue até a organização dos homólogos e dos cromossomos sexuais. (Elementos fora de proporção de tamanho entre si. Cores fantasia.)

Para reconhecer os cromossomos homólogos, usam-se alguns critérios, como **tamanho**, **posição do centrômero** e localização das estrias, ou **bandas**, que aparecem com colorações especiais. As bandas são características de cada cromossomo da espécie e o identificam de forma segura.

Observe ao lado uma representação fotográfica de um cariótipo humano. Os cromossomos estão classificados e arrumados aos pares (homólogos). Embora isso não esteja aparente na imagem, cada cromossomo está replicado, com suas duas cromátides presas pela região do centrômero.

A análise de uma fotografia desse tipo permite constatar anomalias no número, no tamanho ou na forma dos cromossomos de um indivíduo, como ocorre em indivíduos com a síndrome de Down.

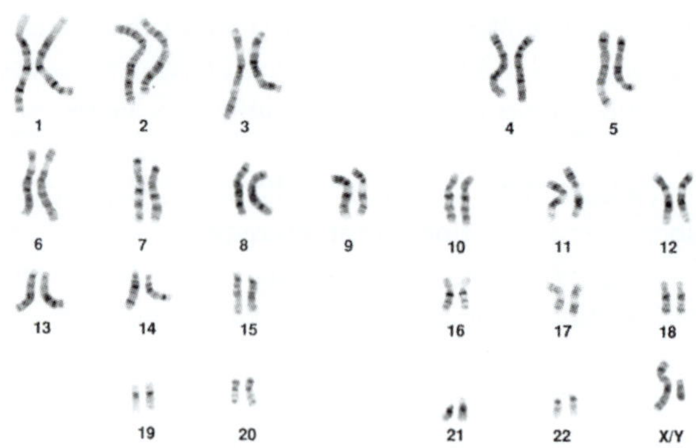

Fotografia dos cromossomos de um indivíduo humano do sexo masculino observados ao microscópio óptico, com 22 pares de cromossomos homólogos, os **autossomos**. O último par (23), à direita em baixo, mostra um cromossomo **sexual X**, maior, e um **Y**, menor, que caracterizam o sexo masculino. O cariótipo de indivíduo humano do sexo feminino apresenta dois cromossomos X.

Ciclo celular

O tempo de vida de uma célula é muito variável, conforme a espécie à qual pertence o organismo e, principalmente, em função do tipo celular considerado. No ciclo celular há basicamente dois momentos: **interfase** e **divisão celular** - que pode ser a **mitose** ou a **meiose**.

Interfase

A interfase é um período com duração bem variável - de algumas horas, no caso de células de um tecido em crescimento, como o da ponta da raiz de uma planta, até vários anos, como é o caso de algumas de nossas células nervosas. Após esse período, a célula poderá entrar em divisão celular, processo no qual uma célula se divide e dá origem a duas células-filhas.

É na interfase que o DNA se replica. Costuma-se dividir a interfase em três fases, denominadas $\mathbf{G_1}$, **S** e $\mathbf{G_2}$ (G é a inicial da palavra inglesa *gap*, que significa intervalo, e S é a inicial de *synthesis*, ou fabricação, referente à replicação do DNA).

A fase $\mathbf{G_1}$ antecede à replicação do DNA. Nesse momento a célula está metabolicamente mais ativa, absorve nutrientes, produz proteínas e outras substâncias e aumenta de tamanho. Em **S**, as moléculas de DNA sofrem replicação, formando duas cópias de cada informação genética. Assim, cada cromossomo passa a ser constituído de duas cromátides idênticas, presas por um centrômero único. A fase $\mathbf{G_2}$, por fim, representa o intervalo de tempo entre a replicação do DNA da célula e o início da divisão.

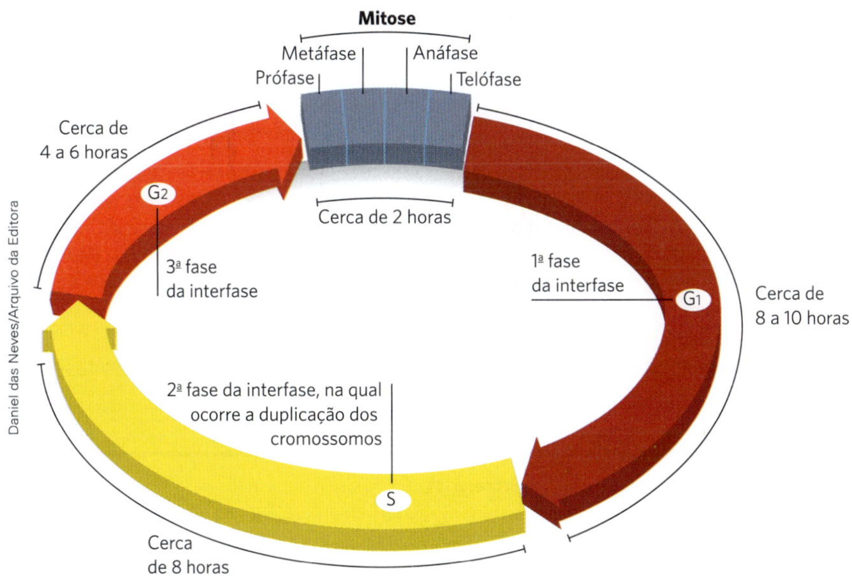

Esquema do ciclo celular e o tempo estimado de cada fase. Tenha em mente, mais uma vez, que o tempo transcorrido em cada etapa é característico desse tipo de célula, mas pode ser bem diferente em outros tipos celulares. (Elementos fora de proporção de tamanho entre si. Cores fantasia.)

Elaborado com base em: TORTORA, G. J.; DERRICKSON, B. *Principles of Anatomy and Physiology*. 13. ed. New Jersey: Wiley, 2014. p. 96.

Os dois tipos de divisão celular

Na **mitose**, uma célula origina duas células-filhas, exatamente iguais na qualidade e na quantidade de material genético. É por meio da mitose que os organismos multicelulares crescem, aumentando o número de suas células. Mitoses ainda possibilitam a substituição de células mortas, como se observa na pele, por exemplo.

A **meiose**, por sua vez, ocorre somente em células destinadas à reprodução. Ela sempre parte de uma célula diploide que faz duas divisões, ao final das quais se obtêm quatro células haploides com a metade dos cromossomos da célula-mãe. Óvulos e espermatozoides, nos animais, e esporos, nos vegetais, são produzidos por meiose.

Telômeros e envelhecimento

Os telômeros são regiões especializadas dos cromossomos que evitam danos ao material genético. A cada ciclo da replicação do DNA, nas divisões celulares, uma pequena sequência de nucleotídeos dos telômeros se perde. Uma enzima, a telomerase, catalisa a adição de novos nucleotídeos à região dos telômeros, compensando assim essa perda.
Nos vertebrados, a telomerase age apenas em células germinativas, relacionadas à reprodução, mas não nas células somáticas, ou células do corpo em geral. Por esse motivo, o telômero diminui de tamanho a cada divisão celular, até o momento em que a célula não consegue mais replicar seu DNA e morre. Acredita-se que esse fenômeno esteja relacionado ao envelhecimento e à morte celular.

Mitose

A mitose é um processo de divisão celular em que ocorre **uma** replicação cromossômica para cada divisão da célula. Assim, o número e a qualidade dos cromossomos da célula-mãe são mantidos nas células-filhas. O esquema a seguir mostra o processo mitótico resumidamente.

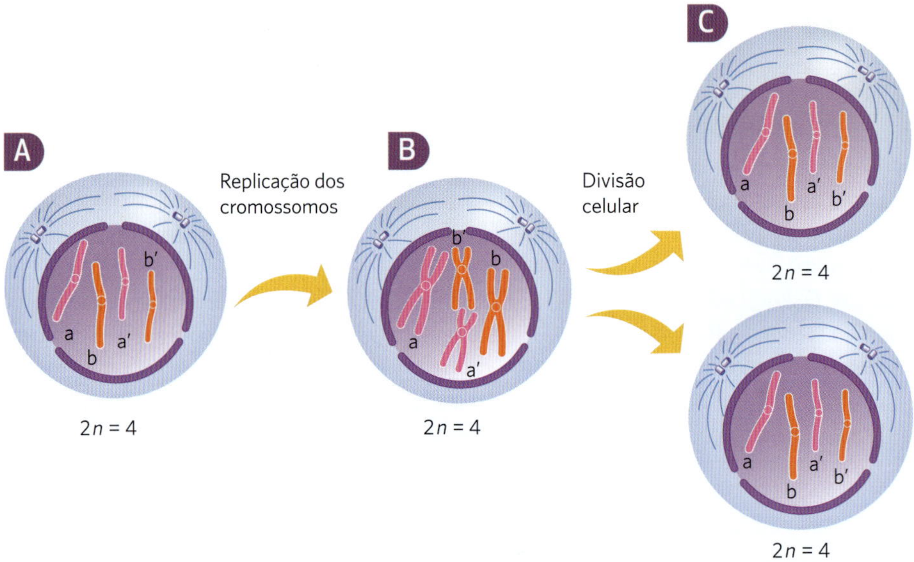

Selma Caparroz/Arquivo da editora

Elaborado com base em: TORTORA, G. J.; DERRICKSON, B. *Principles of Anatomy and Physiology*. New Jersey: Wiley, 2014. p. 98.

Esquema da distribuição dos cromossomos no processo de mitose. (**A**) A célula está em interfase e há dois pares de homólogos representados: a e a' e b e b' (os cromossomos não são visíveis na interfase, mas, por motivos didáticos, foram ilustrados). (**B**) Ainda na interfase, ocorre a replicação dos cromossomos, sendo cada um constituído de duas cromátides idênticas, presas por um centrômero único, que ainda não se dividiu. (**C**) As duas células-filhas, com o mesmo número de cromossomos da célula-mãe. (Elementos fora de proporção de tamanho entre si. Cores fantasia.)

A mitose é um processo contínuo, mas, por razões didáticas, ela é dividida em fases. Observe o esquema a seguir, que mostra as fases da mitose.

Ilustrações: Luis Moura/Arquivo da editora

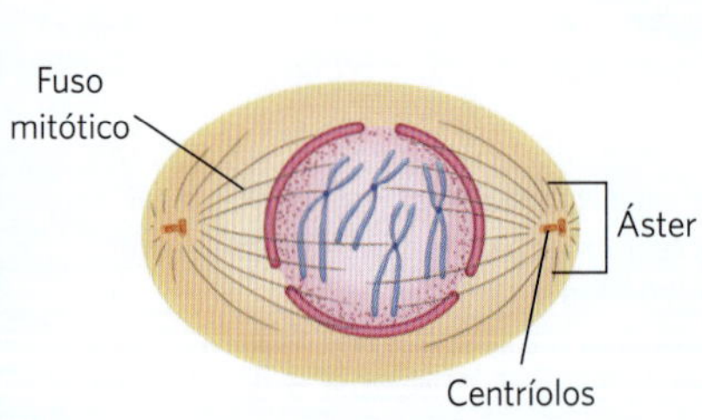

• **Prófase**: os centríolos, já duplicados na interfase, afastam-se gradativamente, atingindo os polos da célula. Em torno deles, aparecem fibras que constituem o **áster**. Entre os centríolos que se afastam, formam-se as fibras do **fuso mitótico**. Tanto as fibras do áster como as do fuso são microtúbulos do citoesqueleto. O nucléolo fica cada vez menos visível e acaba se desintegrando. O núcleo aumenta de volume e a membrana nuclear se desorganiza. Os cromossomos, já replicados, sofrem um processo de condensação crescente. As cromátides ficam visíveis. Por fim, os cromossomos prendem-se às fibras do fuso pelo centrômero.

• **Metáfase**: os cromossomos atingem seu grau máximo de condensação e deslocam-se para o plano equatorial da célula. No final dessa fase, as cromátides se separam, tendo agora cada uma delas um centrômero próprio e sendo consideradas, agora, dois **cromossomos-irmãos**.

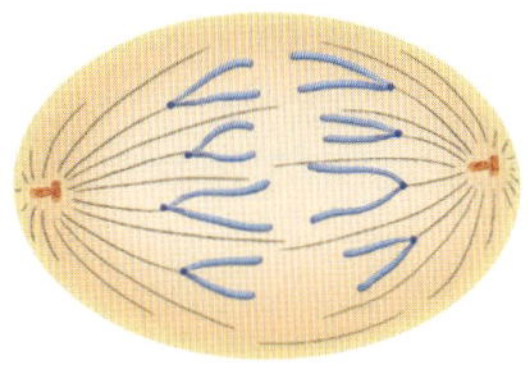

• **Anáfase:** as fibras do fuso encurtam; com a separação das cromátides, os cromossomos-irmãos migram cada um para um dos polos da célula.

Ilustrações: Luis Moura/Arquivo da editora

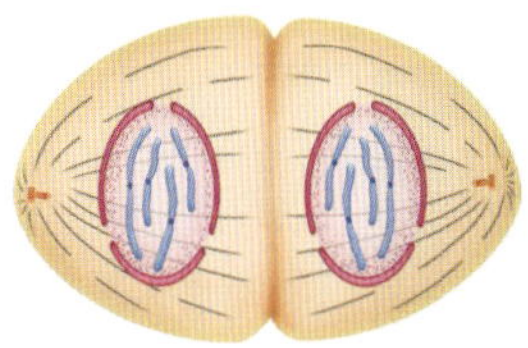

• **Telófase**: cada conjunto cromossômico atinge um dos polos. Os cromossomos desespiralam-se gradativamente, e os dois novos envelopes nucleares reconstituem-se a partir de membranas produzidas pelo retículo endoplasmático. Novos nucléolos são sintetizados. A membrana plasmática se invagina, formando um sulco. Termina a divisão dos núcleos e inicia-se a divisão do citoplasma, com distribuição mais ou menos equitativa das organelas entre as células-filhas.

Elaborado com base em: REECE, J. B. *et al. Campbell biology*. Glenview: Pearson, 2011. p. 236-237.

Esquema das etapas da mitose. (Elementos fora de proporção de tamanho entre si. Cores fantasia.)

Já na mitose de células vegetais, há duas diferenças fundamentais em relação às células animais. Inicialmente, não há centríolos nem ásteres; mesmo assim, ocorre a formação das fibras do fuso. Isso demonstra que o papel dos centríolos na divisão ainda não foi totalmente compreendido, já que células sem centríolos podem formar o fuso e dividem-se normalmente.

Outra diferença é a divisão do citoplasma que não acontece por estrangulamento, como na célula animal; em vez disso, aparece, no equador da célula, um esboço de parede, a **lamela média** (secretada pelo complexo golgiense), constituída por pectina, um polissacarídeo. Mais tarde, formam-se duas paredes celulares, uma de cada lado da lamela média.

Selma Caparroz/Arquivo da editora

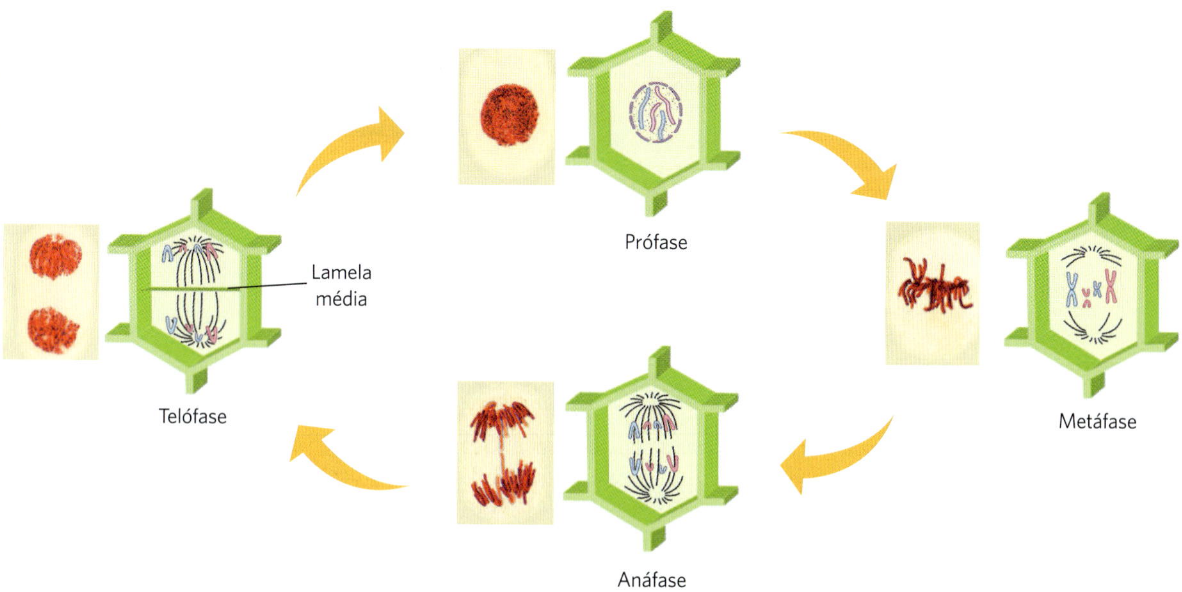

Elaborado com base em: REECE, J. B. *et al. Campbell biology*. Glenview: Pearson, 2011. p. 241.

Esquema com fotografias do processo de mitose em célula de raiz de cebola (*Allium* sp.). (Fotografias obtidas em microscópio óptico. Aumento desconhecido. Elementos fora de proporção de tamanho entre si. Cores artificiais.)

Variação na quantidade de DNA da célula durante a mitose

Observe o gráfico a seguir. No período G_1, a quantidade de DNA (2C) ainda não aumentou. Durante o período S, ela dobra (4C), e assim permanece no terceiro momento da interfase (G_2). Ao longo da mitose, quando os núcleos das duas células em formação começam a se organizar, a quantidade de DNA volta a ser 2C.

Variação da quantidade de DNA no ciclo de vida celular

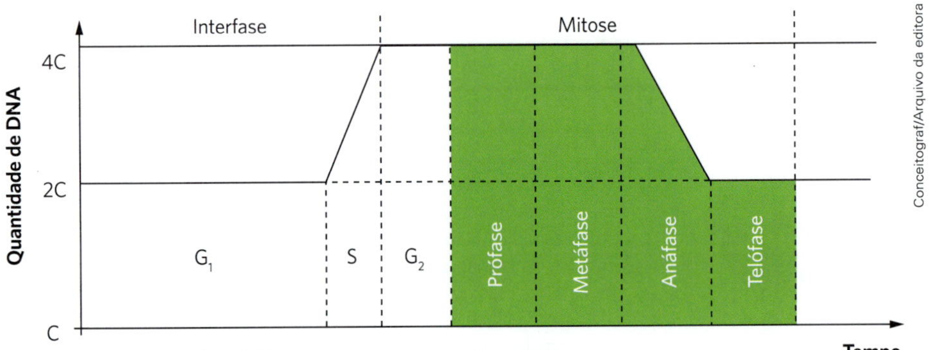

C = quantidade de DNA presente em uma célula haploide.

Câncer e multiplicação celular

Nas células cancerosas, o ciclo celular é alterado. O esquema abaixo representa o que acontece com as células normais e as cancerosas.

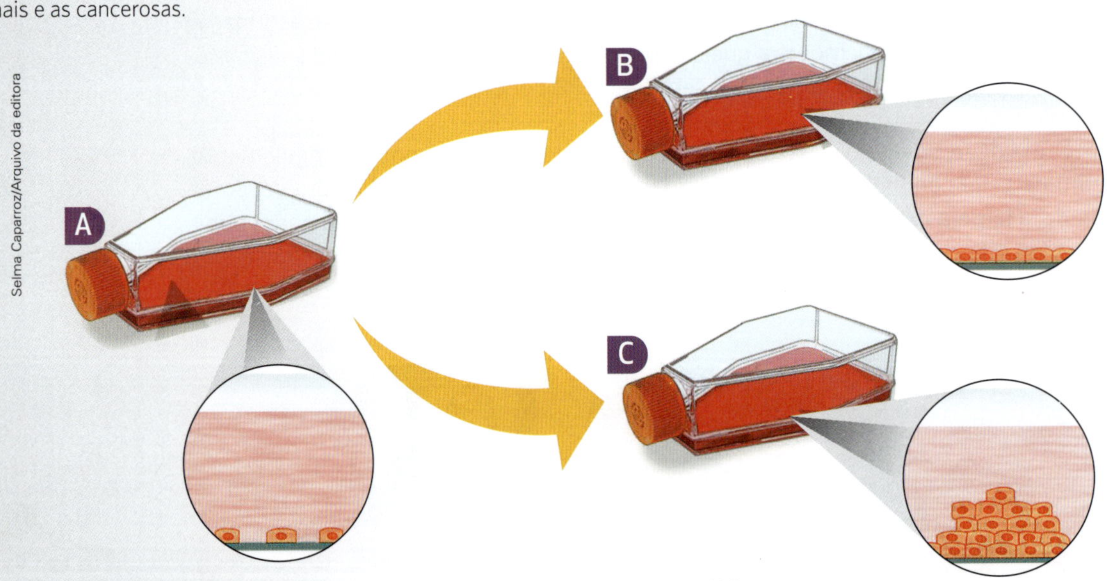

Esquema de células em meio de cultura. Em **A** e **B**, células normais. Em **C**, células cancerosas. (Elementos fora de proporção de tamanho entre si. Cores fantasia.)

Em **A**, células normais se multiplicam em meio de cultura, parando a multiplicação quando se forma uma única camada de células (**B**). Já as células cancerosas continuam se dividindo em meio de cultura, mesmo que várias camadas se formem (**C**). Enquanto células normais podem se multiplicar entre 20 e 50 vezes num meio de cultura, esse limite parece não afetar as células cancerosas, que se dividem de forma desordenada.

No corpo humano, às vezes, uma célula se transforma em célula cancerosa. O sistema imunitário geralmente reconhece essa célula e a destrói. Quando isso não ocorre, a célula se multiplica de forma desordenada, formando um tumor. Nos tumores malignos, algumas células se destacam e migram para outras regiões do corpo, no processo chamado metástase.

É provável que células cancerosas apresentem alterações em alguns de seus genes, possivelmente naqueles relacionados ao ciclo celular.

Meiose

Enquanto a mitose **mantém** o número de cromossomos nas células-filhas, o processo de meiose o **reduz à metade**. A meiose acontece em células diploides destinadas à reprodução e dá origem a quatro células haploides.

A importância da redução dos cromossomos fica evidente quando lembramos que, na fecundação, os gametas masculino e feminino, haploides, se fundem e restabelecem o número diploide característico da espécie. Nos animais, o processo de meiose origina gametas. De certa forma, a meiose pode ser considerada o "inverso" do processo de fecundação, já que ela reduz o número de cromossomos à metade. A meiose, na maioria das plantas, origina esporos haploides (*n*), também relacionados à reprodução.

No processo de meiose, ocorre uma única replicação cromossômica e duas divisões celulares. Isso faz com que o número de cromossomos se reduza à metade.

A meiose pode ser dividida em **meiose I** e **meiose II**. Cada uma delas é subdividida nas mesmas fases da mitose. O esquema a seguir é uma simplificação da meiose, que o ajudará a entender o processo.

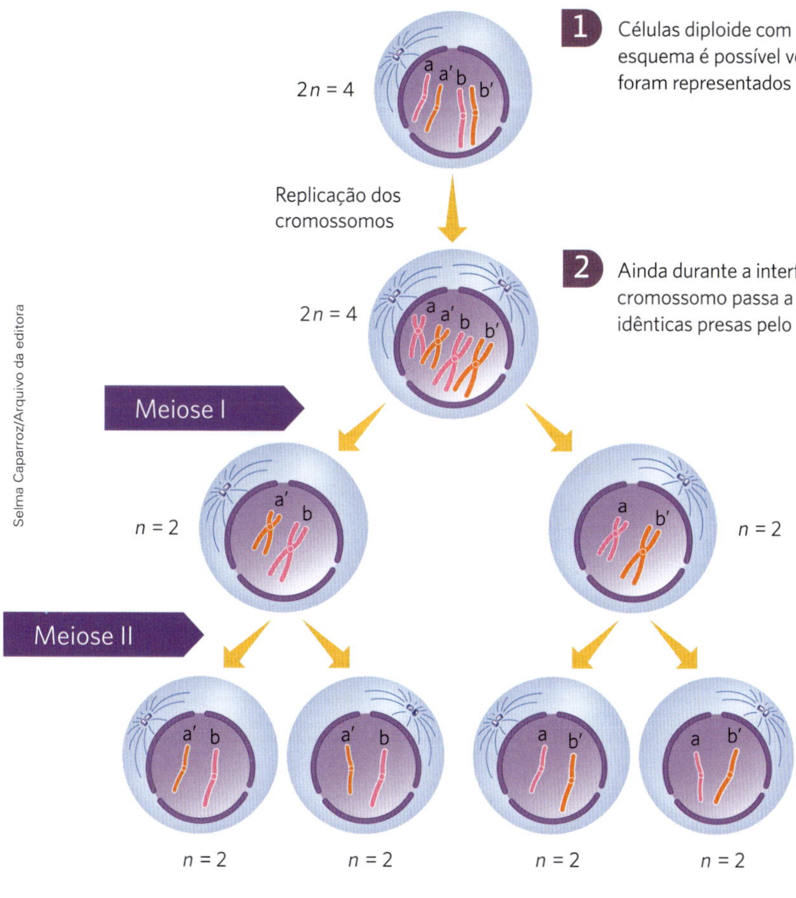

1 Células diploide com $2n = 4$ cromossomos, em interfase. No esquema é possível ver os pares de homólogos a e a' e b e b'. Eles foram representados apesar de não serem visíveis nesta fase.

2 Ainda durante a interfase ocorre a replicação do DNA. Cada cromossomo passa a ser constituído de duas cromátides idênticas presas pelo mesmo centrômero.

3 Na primeira divisão da meiose, ocorre a separação dos cromossomos homólogos, e cada célula recebe um único cromossomo duplicado de cada par. Logo, as células resultantes são haploides. Não há replicação do centrômero e as cromátides-irmãs continuam juntas.

4 Na segunda divisão meiótica, ocorre a separação das cromátides-irmãs, que são distribuídas para as células-filhas. Cada célula tem dois cromossomos, como no estágio anterior. No que se refere ao número de cromossomos, a segunda divisão meiótica é semelhante a uma mitose.

Selma Caparroz/Arquivo da editora

Elaborado com base em: TORTORA, G. J.; DERRICKSON, B. *Principles of Anatomy and Physiology*. New Jersey: Wiley, 2014. p.101.

Esquema da distribuição dos cromossomos no processo de meiose. (Elementos fora de proporção de tamanho entre si. Cores fantasia.)

Meiose I

Nesta primeira divisão, ocorre o **pareamento dos cromossomos homólogos** e, em seguida, a separação deles, tornando as células haploides. Por esse motivo, essa fase é chamada de **reducional** e pode ser representada por **R!**.

A meiose I é dividida em prófase I, metáfase I, anáfase I e telófase I.

- **Prófase I**: A prófase I é mais complexa do que uma prófase comum e divide-se em cinco períodos (leptóteno, zigóteno, paquíteno, diplóteno e diacinese). Para facilitar a representação dos processos da prófase I, somente o núcleo foi ilustrado.

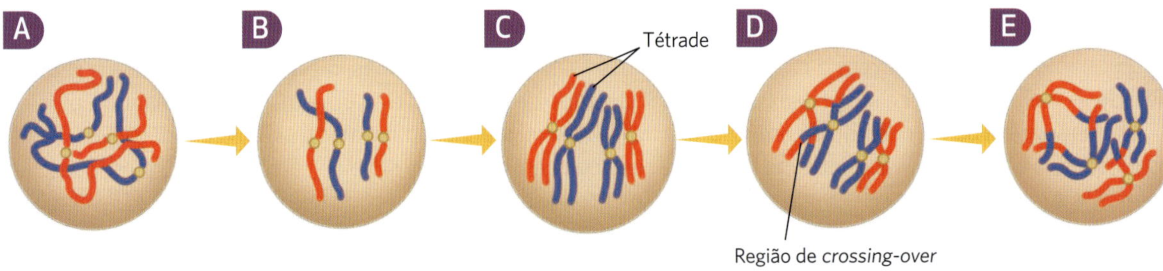

Ilustrações: Osni de Oliveira/ Arquivo da editora

(A) Leptóteno: (do grego, *leptos* = fino, delgado) por causa de sua espiralação, os cromossomos ficam visíveis. Apesar de replicados desde a interfase, eles aparecem ainda como filamentos simples, bem individualizados.

(B) Zigóteno: (do grego, *zygon* = par) os cromossomos homólogos emparelham-se. Esse pareamento é conhecido como sinapse e ocorre ponto por ponto. O pareamento de cromossomos homólogos não ocorre na mitose.

(C) Paquíteno: (do grego, *pachys* = espesso) as duas cromátides de cada cromossomo tornam-se visíveis. Os dois homólogos pareados mostram, então, quatro filamentos; este conjunto é chamado **tétrade**.

(D) Diplóteno: (do grego, *diploos* = duplo) nessa fase (ou talvez ainda no paquíteno), podem ocorrer quebras em regiões correspondentes das cromátides homólogas, e os pedaços quebrados unem-se em posição trocada. Esse fenômeno, chamado ***crossing-over*** ou **permutação**, aumenta a variabilidade genética das células formadas, pois reúne em um mesmo cromossomo alelos vindos da mãe, presentes em uma cromátide, e alelos vindos do pai, presentes em outra cromátide. Ou seja, surgem cromossomos com sequências novas de alelos, originados da combinação entre sequências paternas e maternas. Os homólogos afastam-se, permanecendo em contato apenas pelos pontos nos quais ocorreu permutação, chamados **quiasmas**.

(E) Diacinese: (do grego, *dia* = separar; *kinesis* = movimento) os pares de homólogos estão praticamente separados. Os quiasmas "deslizam" para as extremidades dos cromossomos. Aumenta ainda mais a espiralação dos cromossomos.

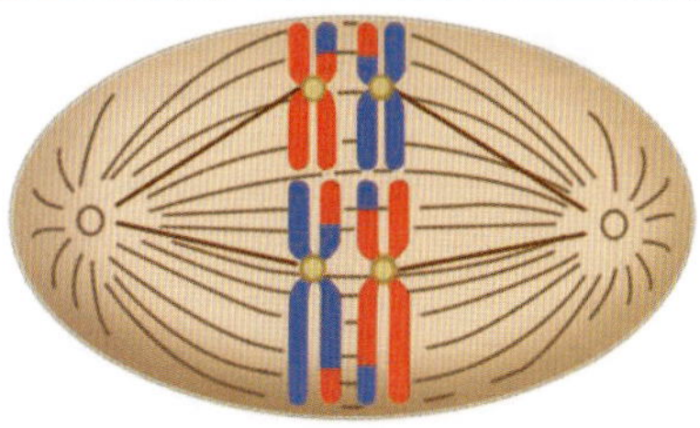

- **Metáfase I**: a membrana nuclear desaparece. As fibras do fuso já haviam se formado na prófase I. Os pares de cromossomos homólogos se organizam no plano equatorial da célula. Os centrômeros dos homólogos ligam-se às fibras que partem de centríolos opostos. Assim, cada componente do par de homólogos migrará para cada um dos polos em razão do encurtamento das fibras do fuso.

- **Anáfase I**: não há divisão dos centrômeros. Ocorre separação dos homólogos, e cada componente do par migra em direção a um dos polos, por encurtamento das fibras do fuso.

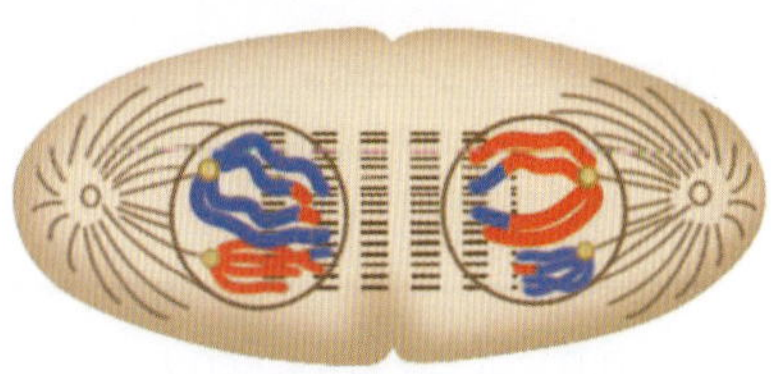

- **Telófase I**: a membrana nuclear se reorganiza; os cromossomos se desespiralam, os nucléolos são formados e o fuso se desintegra. O citoplasma sofre divisão (citocinese).

Elaborado com base em: REECE, J. B. *et al. Campbell biology*. Glenview: Pearson, 2011. p. 258.

Esquemas das fases da meiose I. (Elementos fora de proporção de tamanho entre si. Cores fantasia.)

Após a meiose I, dependendo do tipo de célula que está sofrendo meiose, pode existir a **intercinese**, uma fase na qual não há nova replicação do material genético.

Meiose II

A meiose II é muito similar ao processo mitótico e, como ela não reduz o número de cromossomos, pode ser chamada também de **equacional**, representada por **E!**. Observe o esquema a seguir e a descrição das fases.

Ilustrações: Osni de Oliveira/Arquivo da editora

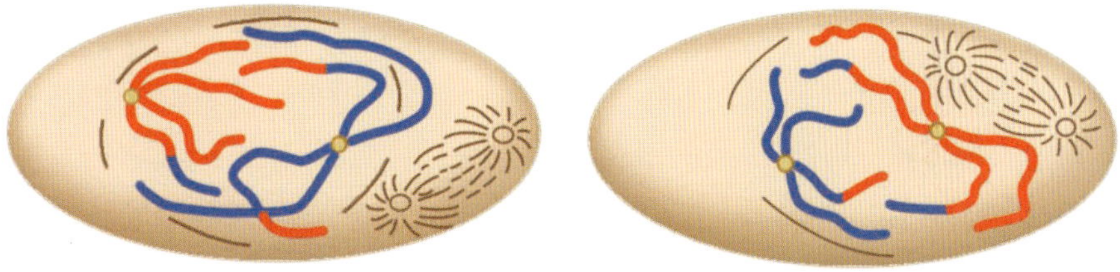

- **Prófase II**: essa etapa é mais rápida que a prófase I. Forma-se o fuso, às vezes perpendicular ao anterior, a membrana nuclear se desintegra, assim como os nucléolos, e os cromossomos voltam a se condensar.

- **Metáfase II**: os cromossomos se dispõem no plano equatorial e ligam-se às fibras do fuso. Ao final da metáfase II, há a divisão do centrômero e a disjunção das cromátides-irmãs, que passam a constituir, cada uma, um cromossomo com centrômero próprio.

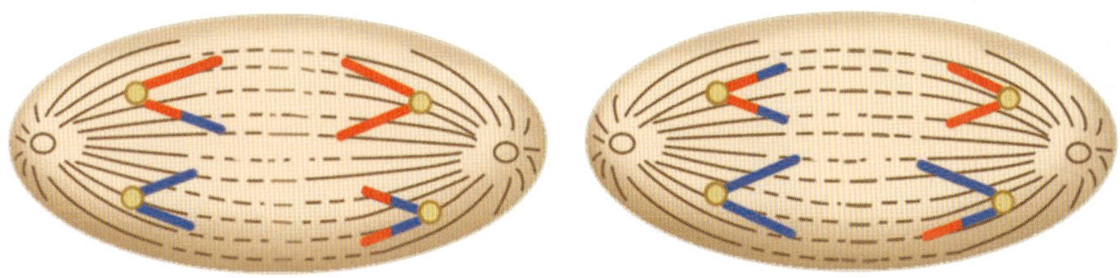

- **Anáfase II**: os cromossomos-filhos migram para polos opostos.

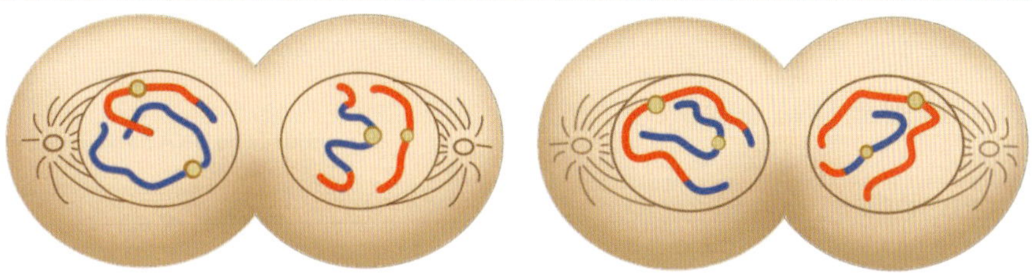

- **Telófase II**: já nos polos, os cromossomos se desespiralam, os nucléolos reaparecem e a membrana nuclear é reorganizada. O citoplasma se divide: são agora quatro células *n*, originadas a partir da célula 2*n* que iniciou o processo.

Elaborado com base em: REECE, J. B. *et al. Campbell biology.* Glenview: Pearson, 2011. p. 259.

Esquema das fases da meiose II. (Elementos fora de proporção de tamanho entre si. Cores fantasia.)

A importância do *crossing-over*

O *crossing-over* (também chamado permutação) é bem conhecido pela observação ao microscópio. Esse fenômeno acontece de maneira casual, sem que se possa prever em quais cromossomos pode ocorrer e em que ponto desses cromossomos pode acontecer.

As figuras **A** e **B** do esquema a seguir comparam os resultados da meiose sem e com ocorrência de *crossing-over*, em uma célula com dois cromossomos. Foram representados somente dois pares de alelos, **A** e **a** e **B** e **b**.

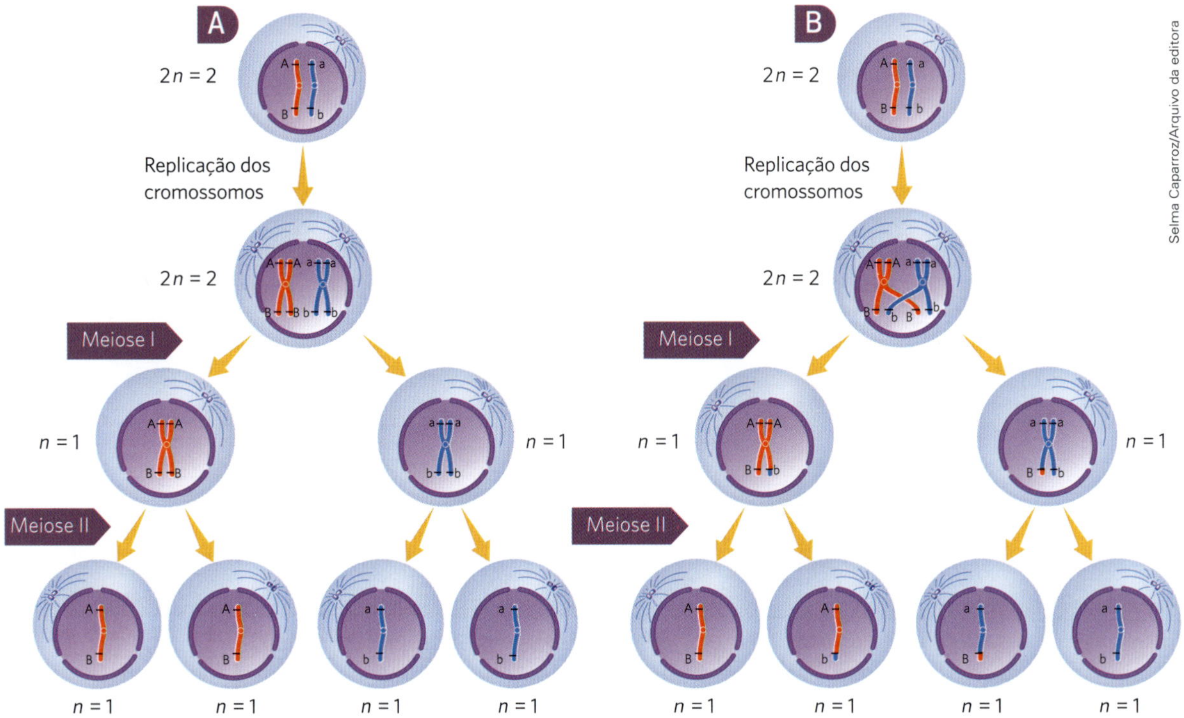

Elaborado com base em: REECE, J. B. *et al.* Campbell biology. Glenview: Pearson, 2011. p. 263-264.

Esquema do processo de meiose sem ocorrência de *crossing-over* (A) e com ocorrência de *crossing-over* (B). (Elementos fora de proporção entre si. Cores fantasia.)

Na figura **A**, não houve troca de segmentos cromossômicos durante o pareamento. Como resultado da meiose, temos quatro células (que podem ser gametas), duas delas com constituição genética **AB**, e duas com constituição **ab**. Na figura **B**, ocorreu um *crossing-over* entre os genes **A** e **B**, e as cromátides homólogas trocaram pedaços. No final, há quatro células de constituições genéticas diferentes: **AB**, **Ab**, **aB** e **ab**.

Assim, o *crossing-over* permitiu o aparecimento de cromossomos com combinações gênicas diferentes – **Ab** e **aB** –, que não existiam na célula-mãe. É como se esse processo tivesse embaralhado os genes dos cromossomos originais **AB** e **ab**. Dizemos, então, que houve **recombinação genética**. Por aumentar a variabilidade genética dos gametas, o *crossing-over* é um importantíssimo fator no mecanismo da evolução.

Variação na quantidade de DNA durante a meiose

Observe que, na meiose, as células produzidas ao final do processo apresentam uma quantidade de DNA equivalente à metade (C) daquela encontrada nas células iniciais (2C), já que não ocorre uma nova replicação do DNA antes da meiose II.

Quantidade de DNA na meiose

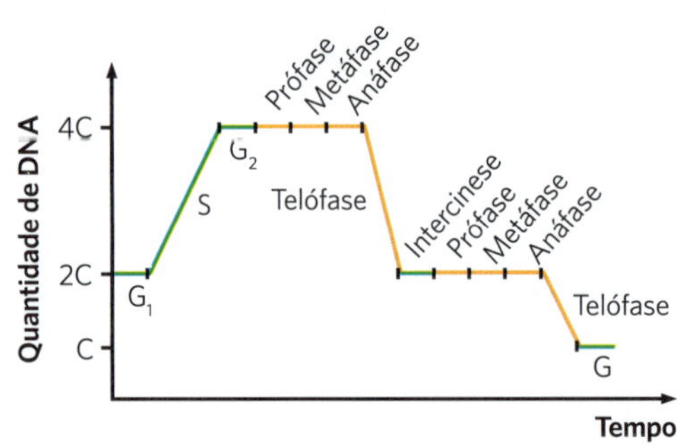

Durante a meiose, a quantidade de DNA na célula sofre variação.

Alterações nos cromossomos

As alterações genéticas podem ser causadas por modificações no número ou na estrutura dos cromossomos do indivíduo.

Alterações cromossômicas numéricas

Alterações numéricas que alteram conjuntos cromossômicos inteiros, ou seja, o número de genomas (3*n*, 4*n* etc.) são chamadas **euploidias**. Fala-se em triploidia, tetraploidia, ou então, genericamente, em **poliploidia**. Esta última é bastante comum em plantas cultivadas.

As **aneuploidias** envolvem acréscimo ou diminuição de um ou alguns cromossomos: um indivíduo diploide (2*n*) que tenha um cromossomo a mais é representado como $2n + 1$; se tiver um cromossomo a menos, $2n - 1$; e assim por diante.

As aneuploidias se originam durante a meiose. Se um par de cromossomos homólogos não se separar na meiose I, haverá alteração no número de cromossomos das células-filhas. Na meiose II pode ocorrer evento semelhante, caso não ocorra separação das cromátides antes da formação das células-filhas. Qualquer um desses eventos é chamado de **não disjunção**.

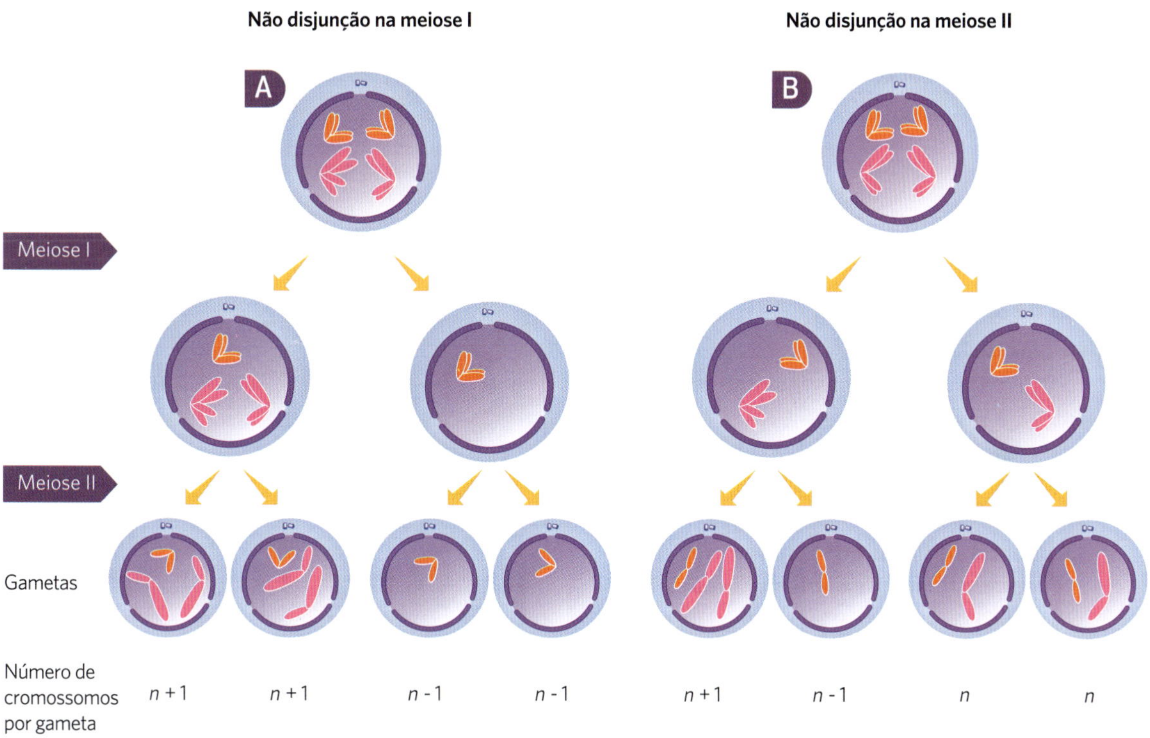

Selma Caparroz/Arquivo da editora

Elaborado com base em: REECE, J. B. *et al. Campbell biology*. Glenview: Pearson, 2011. p. 305.

Esquema da não disjunção na (A) primeira e na (B) segunda divisões meióticas. (Elementos fora de proporção de tamanho entre si. Cores fantasia.)

A não disjunção pode ocorrer em autossomos e com cromossomos sexuais. Por exemplo, uma não disjunção do cromossomo **X** durante a ovogênese produz óvulos com 2 cromossomos **X** ou óvulos sem cromossomo **X**. Veja os resultados na tabela a seguir.

Encontros entre espermatozoides (♂) normais e óvulos (♀) de ovogênese com não disjunção

♂ \ ♀	XX	0
X	XX	X0
Y	XXY	Y0 (inviável)

Observe no quadro a seguir as aneuploidias sexuais humanas mais comuns. Os indivíduos com três cromossomos do mesmo tipo são chamados de trissômicos e os que têm apenas um são denominados monossômicos.

Constituição cromossômica	Tipo de aneuploidia	Nome clínico	Descrição
47, **XXX**	Trissomia	Síndrome do triplo **X**	Mulheres férteis, embora com distúrbios sexuais e, às vezes, deficiência intelectual.
47, **XXY**	Trissomia	Síndrome de Klinefelter	Homens de estatura geralmente maior que a média. Órgãos genitais pouco desenvolvidos, ausência de espermatozoides, desenvolvimento das mamas e alterações sexuais secundárias.
47, **XYY**	Trissomia	Síndrome do duplo **Y**	Homens férteis, fenotipicamente normais, um pouco mais altos que a média, podendo apresentar deficiência intelectual.
45, **XO**	Monossomia	Síndrome de Turner	Mulheres geralmente estéreis, baixa estatura, pescoço alargado, com pouco desenvolvimento das glândulas mamárias e dos ovários.
45, **YO**	Monossomia	-	Não são formados embriões viáveis, devido à falta do cromossomo **X**, portador de vários genes indispensáveis ao desenvolvimento.

Síndrome de Down

A **síndrome de Down** é uma aneuploidia bastante conhecida; ocorre em razão de **trissomia do cromossomo 21** (homens 47, **XY** + 21; mulheres 47, **XX** + 21).

A frequência de nascimentos de crianças com essa síndrome é de aproximadamente 1 : 700.

Incidência de bebês com síndrome de Down em função da idade materna

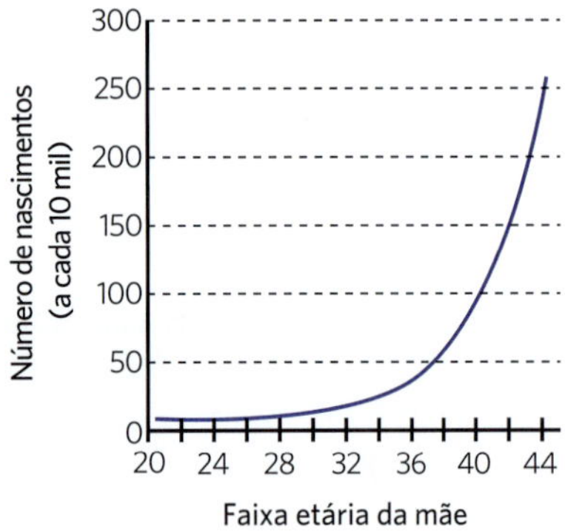

Fonte: MORRIS, J.; MUTTON, D.; ALBERMAN, E. Corrections to maternal age-specific live birth prevalence of Down's syndrome. *Journal of Medical Screening*, 2005.

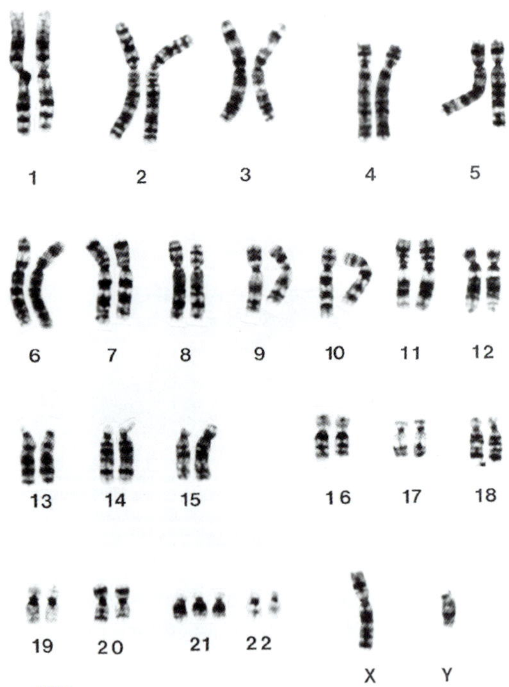

L. Willatt/East Anglian Regional Genetics Service/SPL/Fotoarena

Fotografia ao microscópio óptico de cariótipo de homem com síndrome de Down. Repare nos três pequenos cromossomos 21. (Aumento desconhecido.)

A síndrome de Down manifesta-se por sintomas que variam de indivíduo para indivíduo. Algumas das características mais conhecidas são: deficiência intelectual, prega palpebral, língua com fissura, alterações nas impressões digitais, prega transversal contínua na palma da mão.

Denis Kuvaev/Shutterstock

Criança com síndrome de Down e sua irmã.

Alterações cromossômicas estruturais

As alterações estruturais quase sempre implicam problemas sérios, até na produção de gametas: durante a meiose, o cromossomo que tem a alteração não pareia corretamente com seu homólogo (que não sofreu alteração), afetando a sequência da meiose.

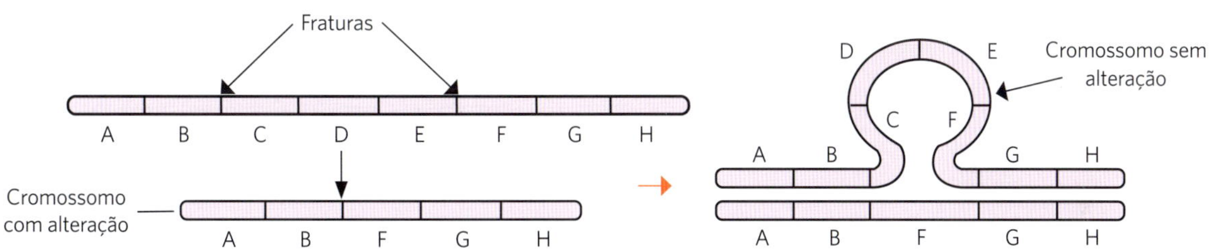

Esquema de pareamento entre cromossomo com alteração estrutural e cromossomo sem alteração.

A seguir, apresentamos os tipos de alterações cromossômicas estruturais.

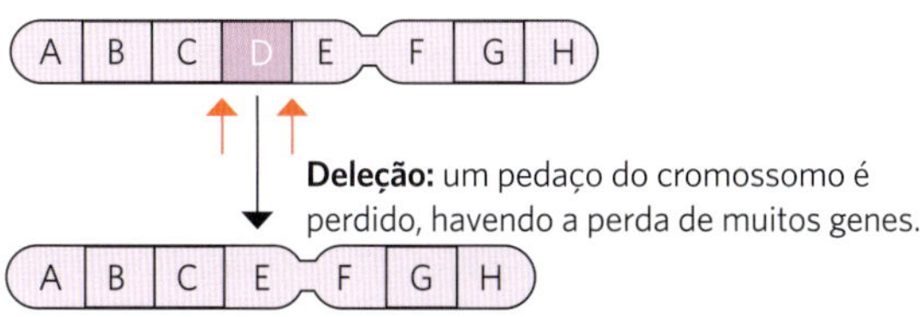

Esquema de cromossomo com deleção da região D.

Esquema de cromossomo com inversão da região BCD.

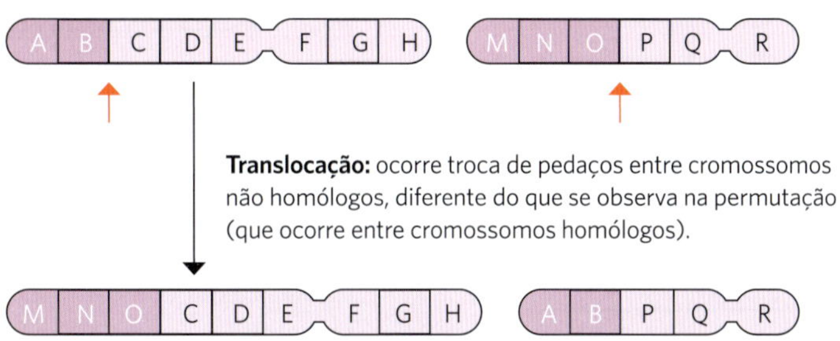

Esquema de cromossomos com translocação entre dois cromossomos não homólogos das regiões MNO e AB.

Desenvolvendo habilidades

1 João fez a afirmação seguinte: "Cada cromossomo de uma célula da minha pele tem um cromossomo homólogo a ele nas células de Alice, minha namorada". Você concorda com esta afirmação?

2 Imagine, numa espécie animal, a sequência: meiose, fecundação, meiose, fecundação; ao longo de várias gerações. Elabore um pequeno texto, usando as palavras gametas, haploide, diploide, meiose, fecundação, zigoto, número cromossômico da espécie.

3 O esquema abaixo representa um corte de raiz de cebola, na região de crescimento, com células em vários estágios de divisão celular. Use-o para responder às questões seguintes.

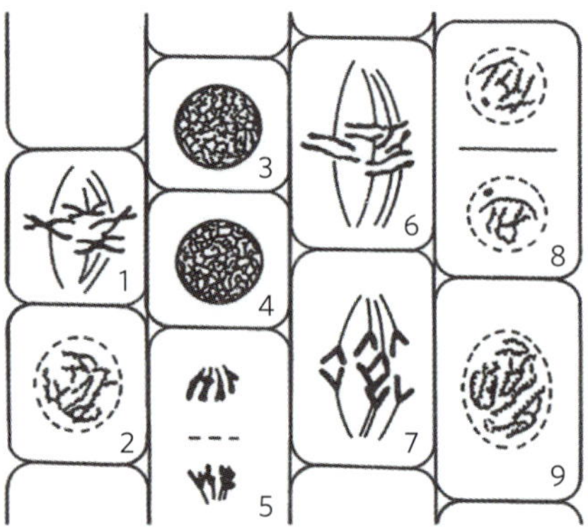

Conceitograf

a) As células 3 e 4 estão em interfase. Que características elas apresentam, com relação ao aspecto, que permitem que façamos essa afirmação?

b) Por que as figuras 5, 7 e 8 não poderiam ser visualizadas nesta preparação se as células da raiz fossem tratadas com colchicina?

4 O gráfico abaixo representa a evolução do conteúdo celular em DNA, durante o processo meiótico.

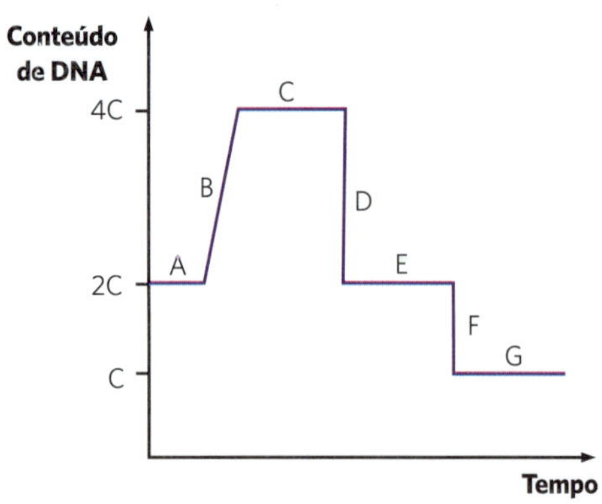

a) Em que estágio se encontra a célula no trecho A do gráfico? Que fenômeno ocorre nesse estágio?

b) Que fenômenos, respectivamente, as letras B e D descrevem? Em que fase (ou fases), aproximadamente, isso ocorre?

c) Que letras do gráfico representam fase em que as células são haploides?

5 Observe o esquema abaixo, feito com base em um tecido animal.

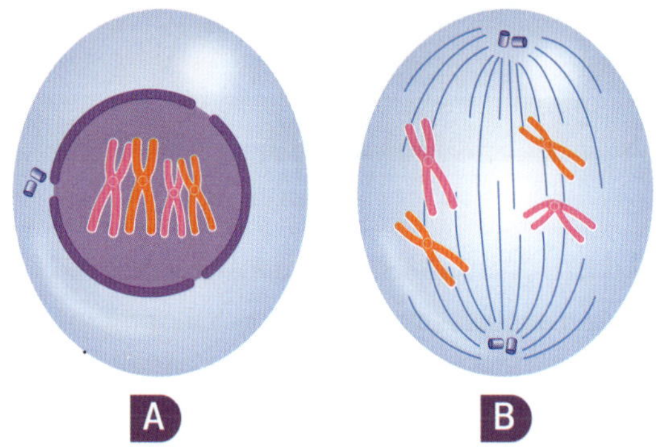

Selma Caparroz/Arquivo da editora

a) Considerando o que você aprendeu no capítulo, que tipo de divisão estaria sofrendo a célula representada em A? E a representada em B? Justifique suas respostas.

b) Quantos cromossomos poderiam ser visualizados na metáfase de uma célula da pele, nessa espécie?

6 A frase abaixo contém um erro conceitual; reescreva-a de forma correta.
"O fenômeno do *crossing-over*, que ocorre na prófase I da meiose, é um importante fator da variabilidade genética, já que origina cromossomos com genes novos, que não existiam antes".

7 Considerando a frase da questão anterior, pesquise que mecanismo pode fazer com que apareçam "genes novos" em uma sequência, o que também seria um segundo fator de variabilidade? Compartilhe os resultados de sua pesquisa na sala de aula.

8 Nos embriões dos vertebrados, aparece precocemente, no dorso, um eixo de sustentação chamado de notocorda, que logo desaparece, sendo substituído por uma coluna vertebral. Levante uma hipótese plausível sobre como a coluna vertebral é formada. Caso necessário, consulte o texto da página seguinte.

Em contexto

Apoptose: a morte celular programada

A **apoptose** é a "morte celular programada". Da mesma forma que, no ciclo celular, as células se multiplicam, elas contêm também uma "programação" para morrer na hora certa. Isso ocorre tanto em tecidos jovens, por exemplo no embrião, como em tecidos adultos.

No embrião humano, por exemplo, as mãos e os pés têm inicialmente a forma de uma pá, com os dedos unidos entre si. Por meio da morte programada das células que ficam entre os dedos, eles se separam uns dos outros e as mãos e os pés adquirem sua forma definitiva.

Os girinos, larvas de anfíbios, têm uma longa cauda no início de sua vida. Durante a metamorfose, quando se transformam em adultos, a cauda é reabsorvida e acaba por desaparecer. É um outro exemplo de morte celular programada. Nesse caso, descobriu-se que o hormônio tireoidiano do animal é o "gatilho" para a destruição da cauda.

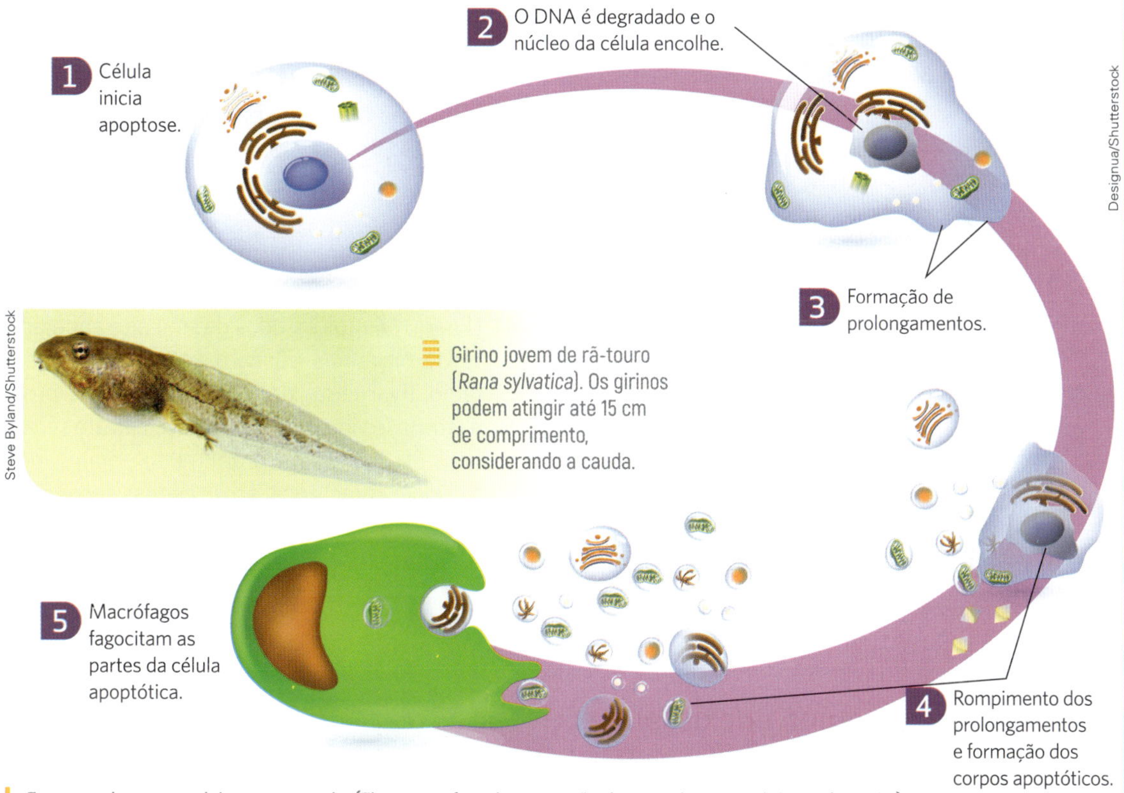

Girino jovem de rã-touro (*Rana sylvatica*). Os girinos podem atingir até 15 cm de comprimento, considerando a cauda.

Esquema da morte celular programada. (Elementos fora de proporção de tamanho entre si. Cores fantasia.)

Nos adultos também ocorre morte celular em tecidos de vários órgãos. Nesses casos, a apoptose tem provavelmente o papel de regular a quantidade de células de um órgão, equilibrando o número de mitoses com a morte das mais antigas. O rompimento do equilíbrio entre multiplicação e destruição poderia ser uma explicação para a formação de tumores.

A **apoptose**, fenômeno ordenado, é diferente da **necrose**, que atinge células danificadas. Na necrose, a célula se rompe e derrama enzimas lisossômicas sobre as células vizinhas. Na apoptose, pelo contrário, as células "encolhem" aos poucos, por destruição enzimática interna de suas estruturas, Quase imediatamente, os fragmentos dessas células são fagocitados por macrófagos, antes de "vazar" e danificar as vizinhas.

1. Compare a necrose com a apoptose, em relação ao que ocorre nas células.
2. O texto se refere ao fato de que a apoptose pode ser desencadeada por uma substância externa à própria célula. Procure, no texto, um exemplo deste fato.

Você no Enem e nos vestibulares

1 (Unicamp-SP) O desenvolvimento da microscopia trouxe uma contribuição significativa para o estudo da Biologia. Microscópios ópticos que usam luz visível permitem ampliações de até 1000 vezes, sendo possível observar objetos maiores que 200 nanômetros.

a) Cite dois componentes celulares que podem ser observados em uma preparação que contém uma película extraída da epiderme de uma cebola, utilizando-se um microscópio de luz.

b) Quais células podem ser observadas em uma preparação de sangue humano, utilizando-se um microscópio de luz?

2 (Vunesp) Leia o trecho da sentença condenatória de Joaquim José da Silva Xavier, o Tiradentes.

> Portanto condenam ao Réu Joaquim José da Silva Xavier por alcunha o Tiradentes Alferes que foi da tropa paga da Capitania de Minas a que com baraço e pregão seja conduzido pelas ruas públicas ao lugar da forca e nela morra morte natural para sempre, [...] e a casa em que vivia em Vila Rica será arrasada e salgada, para que nunca mais no chão se edifique [...].
>
> (http://bd.tjmg.jus.br)

Como se verifica, além da condenação à morte, a sentença determinava ainda que a casa em que o inconfidente vivia fosse demolida e a terra salgada, tornando-a, assim, improdutiva.

Referindo-se aos processos de transporte de substâncias através da membrana, os quais permitem às células dos pelos absorventes das raízes obterem água e minerais do solo, explique por que salgar a terra torna o solo improdutivo.

3 (Fuvest-SP) Nas figuras abaixo, estão esquematizadas células animais imersas em soluções salinas de concentrações diferentes. O sentido das setas indica o movimento de água para dentro ou para fora das células, e a espessura das setas indica o volume relativo de água que atravessa a membrana celular.

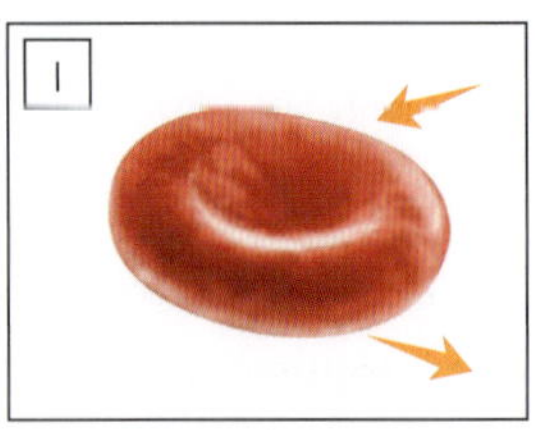

Luis Moura

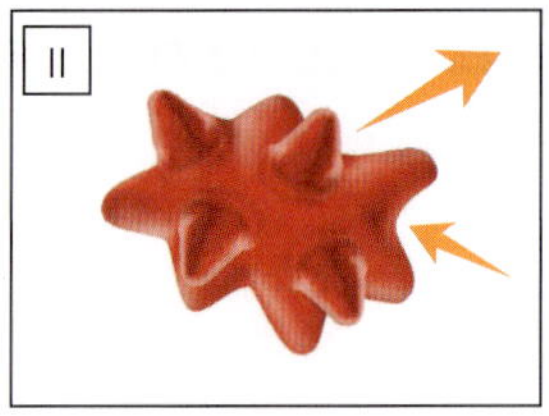

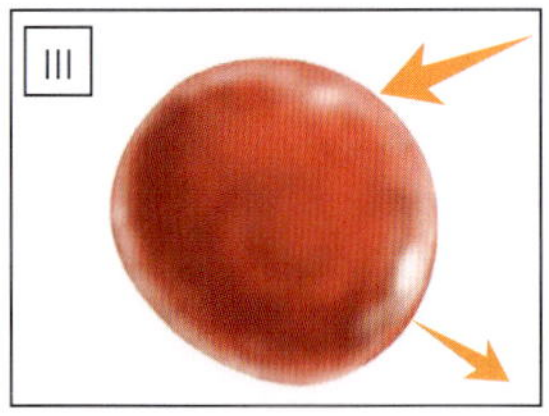

A ordem correta das figuras, de acordo com a concentração crescente das soluções em que as células estão imersas, é:

a) I, II e III.
b) II, III e I.
c) III, I e II.
d) II, I e III.
e) III, II e I.

4 (Enem) Muitos estudos de síntese e endereçamento de proteínas utilizam aminoácidos marcados radioativamente para acompanhar as proteínas, desde fases iniciais de sua produção até seu destino final. Esses ensaios foram muito empregados para estudo e caracterização de células secretoras.

Após esses ensaios de radioatividade, qual gráfico representa a evolução temporal da produção de proteínas e sua localização em uma célula secretora?

a)

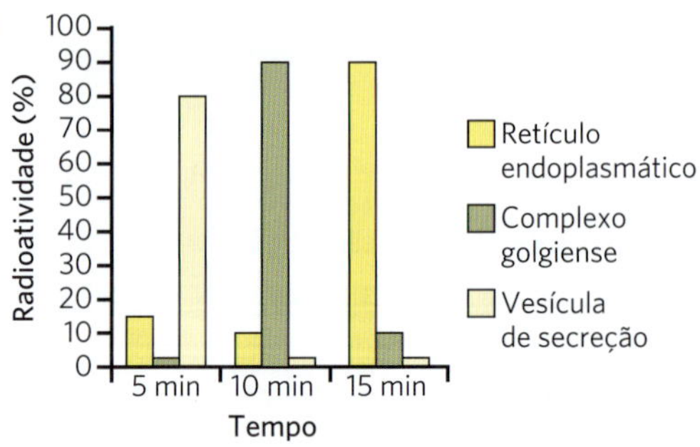

Reprodução/ENEM, 2015.

b)

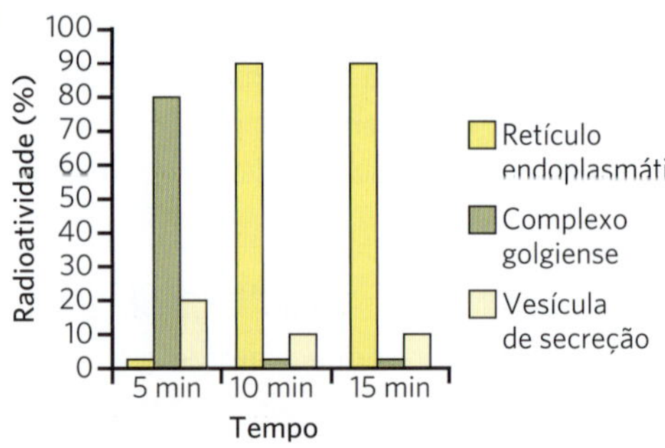

c)

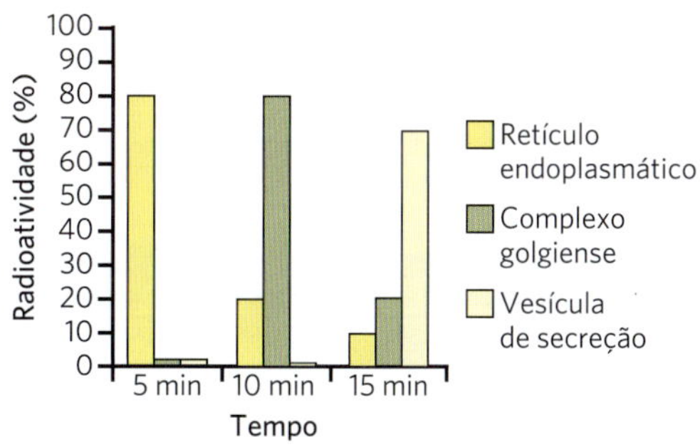

d)

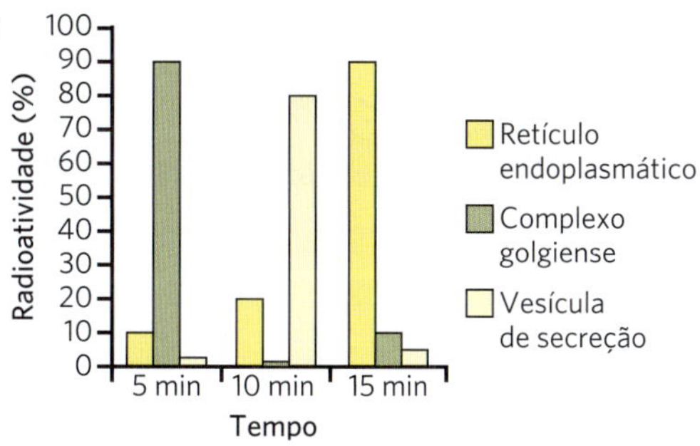

e)

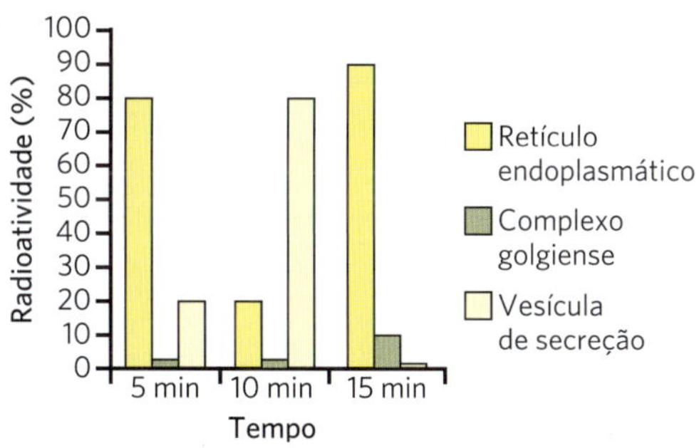

5 (Enem) Há milhares de anos o ser humano faz uso da biotecnologia para a produção de alimentos como pães, cervejas e vinhos. Na fabricação de pães, por exemplo, são usados fungos unicelulares, chamados de leveduras, que são comercializados como fermento biológico. Eles são usados para promover o crescimento da massa, deixando-a leve e macia. O crescimento da massa do pão pelo processo citado é resultante da:

a) liberação de gás carbônico.

b) formação de ácido lático.

c) formação de água.

d) produção de ATP.

e) liberação de calor.

6 (Enem) Normalmente, as células do organismo humano realizam a respiração aeróbica, na qual o consumo de uma molécula de glicose gera 38 moléculas de ATP. Contudo, em condições anaeróbicas, o consumo de uma molécula de glicose pelas células é capaz de gerar apenas duas moléculas de ATP.

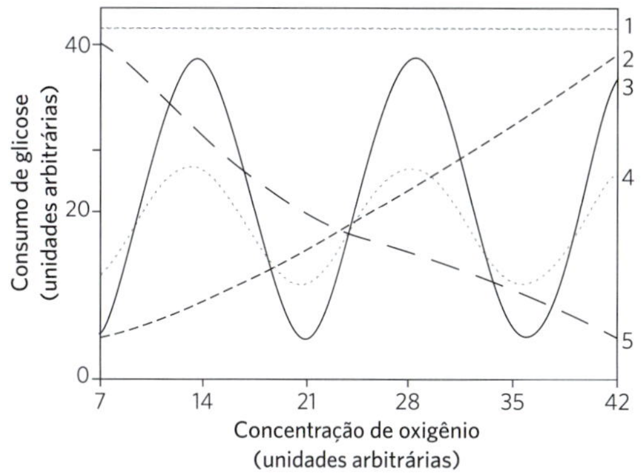

Qual curva representa o perfil de consumo de glicose para manutenção da homeostase de uma célula que inicialmente está em uma condição anaeróbica e é submetida a um aumento gradual da concentração de oxigênio?

a) 1

b) 2

c) 3

d) 4

e) 5

7 (Fuvest-SP) Células de embrião de drosófila (2n=8), que estavam em divisão, foram tratadas com uma substância que inibe a formação do fuso, impedindo que a divisão celular prossiga. Após esse tratamento, quantos cromossomos e quantas cromátides, respectivamente, cada célula terá?

a) 4 e 4.

b) 4 e 8.

c) 8 e 8.

d) 8 e 16.

e) 16 e 16.

8 (Enem) No ciclo celular atuam moléculas reguladoras. Dentre elas, a proteína p53 é ativada em resposta a mutações no DNA, evitando a progressão do ciclo até que os danos sejam reparados, ou induzindo a célula à autodestruição.

ALBERTS, B. *et al. Fundamentos de biologia celular*. Porto Alegre: Artmed, 2011 (adaptado).

A ausência dessa proteína poderá favorecer a

a) redução da síntese de DNA, acelerando o ciclo celular.

b) saída imediata do ciclo celular, antecipando a proteção do DNA.

c) ativação de outras proteínas reguladoras, induzindo a apoptose.

d) manutenção da estabilidade genética, favorecendo a longevidade.

e) proliferação celular exagerada, resultando na formação de um tumor.

Projeto Desastres ambientais

Quais os impactos de desastres ambientais e o que posso fazer para evitar ou minimizar seus efeitos no meu estado ou município?

Nereu Jr./Pulsar Imagens

Imagem aérea da devastação em Brumadinho (MG) após rompimento de barragem.

Pensando no problema...

Desastres ambientais são resultados de eventos adversos, sejam eles naturais ou antrópicos, em um território ou ecossistema, provocando danos e evidenciando vulnerabilidades sociais e ambientais. Os desastres podem ser organizados em quatro categorias de eventos - meteorológicos, hidrológicos, climatológicos e geofísicos/geológicos -, e seus impactos dependem da localização, além da magnitude, da frequência e do estado em que sua escola e sua residência se localizam e discutir alguns aspectos da gestão de riscos.

Vamos nos organizar?

Cada estudante apresenta qualidades e características diferentes, que muitas vezes se complementam - como ter maior facilidade para organizar dados em planilhas, escrever textos com linguagem acessível mantendo adequação conceitual, ou desenvolver um cronograma de atividades adequado a todos os integrantes do grupo. Que tal somar essas qualidades? Atuar em grupo, de forma colaborativa, irá ajudá-los a encontrar as melhores soluções e sobretudo, as mais originais.

Todas as etapas deste projeto promoverão levantamento de informações que podem enriquecer os materiais produzidos ao final, quando todos terão que decidir o que é interessante incluir ou não, a partir dos dados reunidos pelo grupo.

Neste projeto será importante refletir sobre a atuação de diversos componentes da sociedade e questioná-la - desde a das instituições públicas até a dos cidadãos (como vocês) - nos impactos pesquisados. Busque fontes de informações confiáveis para, junto aos colegas, desenvolver conclusões adequadas à realidade de sua cidade ou estado.

Em ação!

ETAPA 1 Conhecendo os seres vivos de seu município ou de seu estado

- Depois de conhecer as características comuns aos seres vivos e seus níveis de organização, faça um levantamento dos seres vivos da região ou do estado em que a escola e a sua residência se localizam. Lembre-se de que o registro padronizado e colaborativo aumentará os dados disponíveis para análise. Utilize *softwares* de edição de texto e ferramentas e ambientes colaborativos para criar textos e tabelas, entre outros elementos que poderão enriquecer esta pesquisa.

- Com base no levantamento de seres vivos feito no item anterior, estabeleça padrões que permitam classificá-los e organizá-los considerando a maneira como eles interagem entre si e com o ambiente.

ETAPA 2 Conhecendo os possíveis desastres ambientais de seu município ou de seu estado

- Quais tipos de desastres ambientais podem ocorrer no Brasil? Quais desastres já ocorreram em seu município ou estado? Procure notícias e textos de divulgação para acompanhar e analisar a cobertura da mídia sobre esses acontecimentos.
- Em grupos de 3 ou 4 alunos, escolha, em conjunto com os colegas, um desastre ambiental, preferencialmente resultante de eventos antrópicos. Utilize as perguntas abaixo para analisar o desastre escolhido.

a) Como esse desastre afetou o ambiente e os seres vivos do seu município ou de seu estado? Como a população humana foi afetada? Complemente as informações pesquisadas para o ambiente e os seres vivos com a pesquisa realizada na etapa 1, relacionando os ecossistemas, recursos e fatores ambientais impactados.

b) Medidas foram tomadas para minimizar e recuperar os efeitos e consequências desse desastre? Quais? E para evitar que outros desastres como esse aconteçam?

c) Analise os impactos socioambientais decorrentes de práticas de instituições governamentais, de empresas e de indivíduos e a relação desses impactos com o desastre ambiental selecionado.

d) Organize as informações obtidas pelo seu grupo e compartilhe com o resto da turma da maneira que o grupo achar mais adequada, utilizando diferentes recursos: textos, ilustrações, fotografias, gráficos, etc.

e) Selecione, incorpore e promova práticas que favoreçam a consciência e a ética socioambiental.

ETAPA 3 Pensando em gestão de risco de desastres

A gestão de risco de desastres envolve ações de redução do risco (antes da ocorrência), de manejo do desastre (durante a ocorrência) e de recuperação dos seus efeitos (após a ocorrência), e planejamento de ações intersetoriais.

- Agora, será realizada a gestão de risco do desastre pesquisado na Etapa 2. Debata com os colegas as medidas e atitudes que podem ser tomadas, pelos diversos setores da sociedade (instituições governamentais, empresas e indivíduos), para:

a) reduzir o risco desse desastre ocorrer;

b) realizar o manejo do desastre;

c) recuperar o ecossistema após o desastre.

- Construa, com os colegas, uma maquete para simular o desastre ambiental escolhido, suas causas e impactos nos seres vivos e no corpo humano. Se possível, avalie se as medidas propostas no item anterior para reduzir os riscos e para recuperar os danos ao ecossistema podem ser previstas nesse modelo construído.
- Existe alguma medida que possa ser tomada individualmente para minimizar os efeitos ou evitar que outros desastres como esses se repitam?

ETAPA 4 Comunicando e colocando em prática

Organize as informações de todas as etapas anteriores e apresente-as, com o auxílio de sua maquete, aos seus colegas. Depois da apresentação de todos os grupos, reúna informações para elaborar:

I) Uma carta à câmara dos vereadores, à prefeitura de seu município, aos deputados estaduais ou ao governador do estado, com os possíveis desastres ambientais levantados pela turma e as sugestões para reduzir o risco, realizar o manejo e recuperar o ecossistema depois da ocorrência desses desastres.

II) Materiais informativos e de conscientização para a comunidade, com medidas individuais para reduzir os riscos de alguns desastres ambientais e estratégias a serem praticadas durante os efeitos desses desastres a fim de reduzir os impactos na vida da comunidade e no ambiente.

Você no Enem e nos vestibulares – Respostas

Unidade 1

1 a

2 e

3 a

4 c

5 d e c

6 a) Os grupos de moléculas orgânicas são: carboidratos, proteínas, lipídios e ácidos nucléicos. Todas são constituídas por cadeias de carbono.

b) Músculos, tecido adiposo e fígado armazenam energia. Músculos e fígado armazenam glicogênio; tecido adiposo armazena lipídios.

7 c

8 a

9 c

10 e

Unidade 2

1 c

2 a

3 e

4 c

5 Ambas as interações ocorrem entre organismos de espécies diferentes: no comensalismo uma das partes obtém benefícios sem prejudicar a outra, já no parasitismo, uma parte obtém benefícios, porém a outra é prejudicada. Exemplos de vantagens: con quista de novos ambientes, proteção contra predadores e parasitas, redução da competição em novos ambientes, aumento do fluxo gênico e diversificação da população.

6 a

7 d

8 e

9 d

Unidade 3

1 a) Podem ser citados a parede celular, o núcleo, o vacúolo e os cloroplastos.

b) Hemácias e leucócitos.

2 Ao salgarmos a terra, tornamos a solução do solo fortemente hipertônica, ou seja, mais concentrada em sais que os fluídos de qualquer vegetal. Dessa forma, qualquer vegetal que queiramos cultivar nesse solo se desidrataria, não conseguindo se desenvolver.

3 c

4 c

5 a

6 e

7 d

8 e

CIÊNCIAS DA NATUREZA
E SUAS TECNOLOGIAS

conecte LIVE

VOLUME ÚNICO

CÉSAR DA SILVA JR.

Licenciado em História Natural pela Faculdade de Filosofia, Ciências e Letras da Universidade de São Paulo (FFCL-USP).

Professor de Biologia na rede particular de ensino de São Paulo.

SEZAR SASSON

Licenciado em Ciências Biológicas pelo Instituto de Biociências da Universidade de São Paulo (IB-USP).

Ex-professor e ex-supervisor de curso pré-vestibular em São Paulo.

Professor de Biologia nas redes pública e particular de ensino de São Paulo.

TEREZA COSTA

Bacharela e licenciada em Ciências Biológicas pela Universidade Federal de São Carlos (UFSCar-SP).

Mestra em Ecologia e Recursos Naturais pela Universidade Federal de São Carlos (UFSCar-SP).

Ex-professora de Biologia na rede pública de ensino do estado de São Paulo.

Tecnologista em Saúde Pública na Fundação Oswaldo Cruz (Fiocruz).

PARTE II

Biologia

Editora Saraiva

Sumário

PARTE I

PARTE II

Unidade 4

Origem e evolução da vida

Unidade 5

Diversidade da vida

Unidade 6

Diversidade das plantas

Unidade 7

Diversidade dos animais

PARTE III

Origem e evolução da vida

"Nada na Biologia faz sentido exceto à luz da evolução." Foi assim que o cientista Theodosius Dobzhansky (1900-1975) reafirmou o papel da teoria evolutiva no século XX e as contribuições dela para estudos genéticos, moleculares e ecológicos. O diagrama a seguir representa o modelo proposto por Charles Darwin (1809-1882) de ancestralidade e diversificação dos organismos ao longo do tempo.

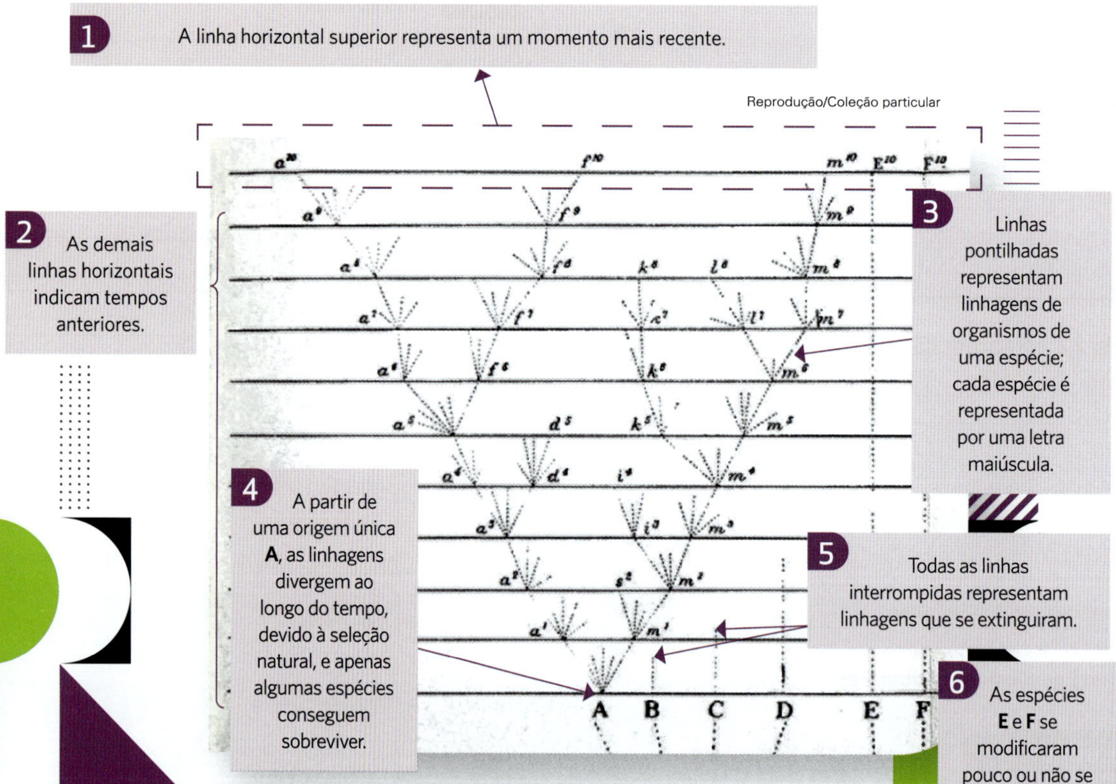

Diagrama presente no livro *Origem das espécies*, de Charles Darwin, publicado em 1859. Apesar da aparente simplicidade, o diagrama de especiação resume ideias impactantes para a ciência do século XIX e que revolucionaram nosso entendimento sobre a evolução biológica.

1 O que você, uma árvore e uma bactéria têm em comum? Como essas semelhanças podem ser relacionadas ao diagrama de Darwin?

2 Se no diagrama de Darwin todas as letras minúsculas representassem espécies diferentes, onde você posicionaria o tiranossauro?

3 Em sua opinião, como é possível investigar a origem e a evolução da vida na Terra, considerando eventos que ocorreram no passado, há milhares e até milhões de anos?

CAPÍTULO 12

Origem do Universo e da vida na Terra

O que as estrelas, as rochas e os seres humanos têm em comum? Somos todos formados por elementos químicos que derivam de uma longa história de transformações. A busca pela compreensão da origem do Universo e da vida representa um dos temas mais complexos e estimulantes das Ciências da Natureza.

Este capítulo favorece o desenvolvimento das habilidades:

- EM13CNT101
- EM13CNT103
- EM13CNT201
- EM13CNT202
- EM13CNT204
- EM13CNT209
- EM13CNT301
- EM13CNT302
- EM13CNT303

Dica

Stellarium

https://stellarium.org/pt/

Planetário virtual em que é possível acompanhar a movimentação de planetas e estrelas, simular supernovas do passado e saber como é o céu visto de outros planetas e da Lua.

Origem e composição química do Universo

Atualmente, a teoria científica mais aceita explica que o Universo se originou de uma grande expansão que também deu origem à matéria, à radiação, ao espaço e ao tempo. Essa expansão, conhecida como ***big bang***, teria ocorrido há cerca de 14 bilhões de anos. Formou-se uma densa e superaquecida nuvem de gases e poeira cósmica, constituída principalmente por partículas subatômicas. Após centenas de milhares de anos, surgiram os **elementos químicos** mais simples: hidrogênio (H) e hélio (He) e traços de lítio (Li). Levaria ainda centenas de milhões de anos para que esses elementos dessem origem às primeiras estrelas. No interior desses astros, temperaturas enormes possibilitaram o processo de **fusão nuclear**, no qual elementos químicos mais simples são transformados em outros, mais pesados. Assim surgiram o oxigênio (O), o carbono (C), o nitrogênio (N), entre outros. Após a "morte" das estrelas, os elementos químicos que as constituíam são espalhados pelo espaço.

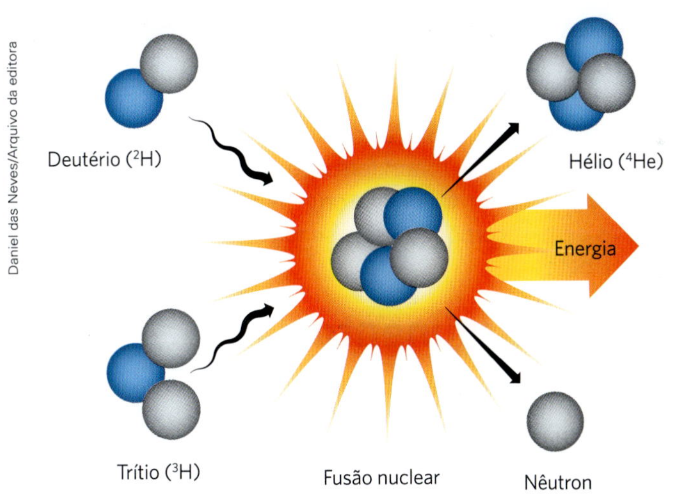

Esquema representando a fusão nuclear de um átomo de deutério e um átomo de trítio (dois isótopos do elemento hidrogênio), resultando em um átomo de hélio e um nêutron (partícula subatômica). Durante a fusão nuclear, parte da massa dos átomos é transformada em enorme quantidade de energia, que é liberada na forma de luz, calor e outras formas de radiação. (Elementos fora de proporção de tamanho entre si. Cores fantasia.)

Nos estágios iniciais, o Universo era composto de hidrogênio, hélio e traços de lítio. Ao longo de bilhões de anos, a fusão nuclear nas estrelas originou outros elementos químicos, que hoje representam cerca de 2% da matéria existente. O restante é composto de cerca de 23% de hélio e 75% de hidrogênio.

Isso significa que, com exceção do hidrogênio e do hélio, a grande maioria dos elementos químicos que hoje formam os planetas e os corpos que os habitam, incluindo os seres humanos e os demais seres vivos, foram originados no interior de uma estrela.

A expansão do Universo persiste até hoje. Em Astronomia, olhar para longe também significa olhar para o passado. A luz que vemos da estrela mais próxima da Terra (com exceção do Sol) foi emitida há cerca de quatro anos. Ao analisar a luz e outras formas de radiação provenientes de galáxias distantes, os cientistas obtêm informações de como o Universo era há bilhões de anos.

O ciclo de vida das estrelas

As estrelas nascem, evoluem e morrem. Agora imagine que a evolução estelar ocorre em todas as estrelas de bilhões de galáxias, disponibilizando assim elementos químicos por todo o Universo.

As estrelas são formadas a partir de **nebulosas**, que são grandes nuvens de hidrogênio, hélio e poeira. Por ação da gravidade, parte dos gases da nuvem se compactam, concentrando massa.

Space Telescope Science Institute/NASA

Nebulosas são nuvens de gases e poeira cósmica. A imagem, obtida pelo telescópio espacial Hubble, da Nasa, em 2018, revela a gigantesca nebulosa Laguna, conhecida por abrigar milhares de estrelas em surgimento e destruição.

Acompanhe o processo de **evolução estelar** na seção *Conexões*, nas páginas 176 e 177. Note que o destino de uma estrela será determinado por características como massa, diâmetro e temperatura.

O Sol e os componentes do Sistema Solar foram formados a partir de uma única e gigantesca nebulosa proveniente da explosão de uma estrela anterior. O Sol teve origem na região central mais densa, quente e de grande força gravitacional, enquanto os demais corpos celestes se formaram orbitando a estrela, agregando matéria e, eventualmente, formando os planetas.

Condições para o surgimento da vida

A vida como a conhecemos depende fundamentalmente de um meio líquido para sua existência.

A água líquida é necessária a todas as formas de vida conhecidas, mesmo sem fornecer calorias ou nutrientes orgânicos. Além disso, todo ser vivo possui material genético hereditário, capaz de regular seu metabolismo e passar informações aos descendentes.

Como você já estudou, os seres vivos são constituídos de moléculas **orgânicas** complexas, como carboidratos, lipídios, proteínas e ácidos nucleicos. Essas moléculas, por sua vez, são compostas de unidades menores, como os aminoácidos das proteínas e os nucleotídeos do DNA e do RNA. Mesmo essas pequenas unidades são muito mais complexas do que as substâncias **inorgânicas** encontradas na natureza - a água, os íons minerais e os óxidos de ferro e de silício, por exemplo.

Até o século XIX, acreditava-se que as substâncias orgânicas fossem exclusivas dos seres vivos e que só pudessem ser produzidas dentro deles. Como, então, as substâncias simples existentes na Terra primitiva deram origem às moléculas complexas dos primeiros seres vivos?

Em 1828, o químico Friedrich Wöhler (1800-1882) conseguiu produzir, em laboratório, a partir de substâncias simples, a **ureia**, substância orgânica encontrada na urina.

A experiência de Wöhler abriu mais tarde o caminho para várias especulações: se o inorgânico, em laboratório, pôde de fato dar origem ao orgânico, compostos simples da Terra primitiva poderiam também originar açúcares, aminoácidos e nucleotídeos, contanto que as condições fossem favoráveis.

Vida fora da Terra

[...] Durante toda a minha vida, sempre me perguntei sobre a possibilidade de haver vida em algum outro lugar. Que aspecto ela teria? De que seria feita? [...] E nos inumeráveis outros planetas que podem estar circulando outros sóis, será que existe vida também? Será que a vida extraterrestre, se é que existe, tem como base as mesmas moléculas orgânicas, como a vida na Terra? Será que os seres de outros mundos se parecem com os do nosso? Ou serão incrivelmente diferentes – outras adaptações para outros contextos ambientais? O que mais é possível? A natureza da vida na Terra e a busca por vida em outro lugar são lados da mesma questão – a busca por saber quem somos nós. [...]

SAGAN, C. *Cosmos*. São Paulo: Companhia das Letras, 2017.

Como bem colocou o cientista e astrônomo Carl Sagan (1934-1996), cada vez mais nos voltamos para a pesquisa de vida fora da Terra. E por quê? Bem, se encontrássemos vida em outros planetas, além da satisfação de saber que não estamos sós no Universo, muito provavelmente teríamos a possibilidade de responder a importantes perguntas sobre a origem da vida em nosso próprio planeta. Isso porque, se encontrarmos vida em outros corpos celestes que se assemelham à Terra primitiva, é bem possível que as condições em que essas formas de vida se originaram revelem algo sobre nossa própria história evolutiva.

JPL-Caltech/MSSS/NASA

Fotografia tipo *selfie* produzida em 2019 pelo robô Curiosity, da Nasa, enviado em 2011 com a missão de explorar a superfície de Marte e investigar indícios de vida microscópica no planeta.

As notícias que tivemos nas últimas décadas são bastante animadoras. Elas vão desde a existência de planetas fora do Sistema Solar até a comprovação de que existe água líquida em outros locais do Universo. Além disso, em cometas e meteoroides já foram encontradas substâncias orgânicas, como aminoácidos – matérias-primas das proteínas –, e bases nitrogenadas – necessárias para formar os ácidos nucleicos. Isso mostra claramente que a formação de substâncias orgânicas no Universo, passo necessário para o surgimento de vida como a conhecemos, é muito mais comum do que se pensava no passado. A **exobiologia** – a procura pela existência de vida fora do planeta Terra – cada vez mais se apoia em fatos, indicativos de que a vida, afinal, talvez não seja um atributo exclusivo da Terra.

Exoplanetas

Os exoplanetas são planetas localizados fora do Sistema Solar, há dezenas ou centenas de anos-luz da Terra. Milhares de exoplanetas apresentam características bastante similares às da Terra, incluindo diâmetro, distância da estrela a qual orbita, e condições favoráveis à manutenção da água em estado líquido. Muitos desses exoplanetas já foram mapeados e poderiam abrigar diferentes formas de vida, como é o caso de Kepler-22b, representado na figura ao lado.

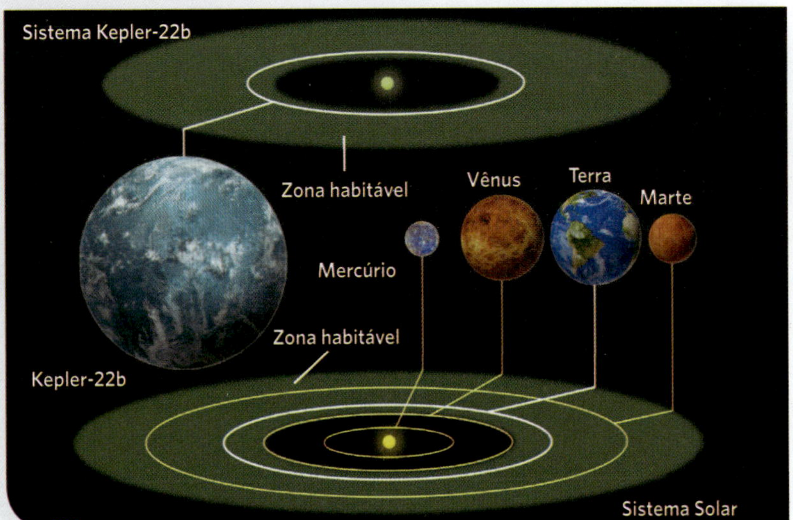

Julio Dian/Arquivo da editora

Esquema comparativo da localização da órbita do exoplaneta Kepler-22b no Sistema Kepler-22, e da órbita da Terra no Sistema Solar, respectivamente. Ambos os planetas orbitam na chamada zona habitável de estrelas que têm características semelhantes. (Elementos fora de proporção de tamanho entre si. Cores fantasia.)

Conexões

Evolução estelar

Após a formação do Universo, há cerca de 14 bilhões de anos, a matéria começou a se aglomerar devido a sua própria gravidade, formando as primeiras "protogaláxias" e, com elas, as primeiras estrelas. O Sol e o Sistema Solar se formaram bem depois, há aproximadamente 4,6 bilhões de anos, a partir de detritos e restos deixados pelas primeiras gerações de estrelas. A vida surgiu na Terra há apenas 3,6 bilhões de anos, na forma de células muito simples.

Estima-se que existam 2 trilhões de galáxias, cada uma formada por milhões a trilhões de estrelas. No entanto, o "ciclo de vida" das estrelas, apesar de longo, é finito. Acompanhe a sequência a seguir para conhecer um pouco mais da evolução das estrelas.

As estrelas da primeira geração eram compostas de hidrogênio, hélio e lítio.
As estrelas da segunda geração passam a conter também elementos mais pesados, como oxigênio, carbono, nitrogênio e ferro. Nas estrelas das gerações seguintes, a porcentagem de elementos mais pesados é maior, embora sempre predominem hidrogênio e hélio.

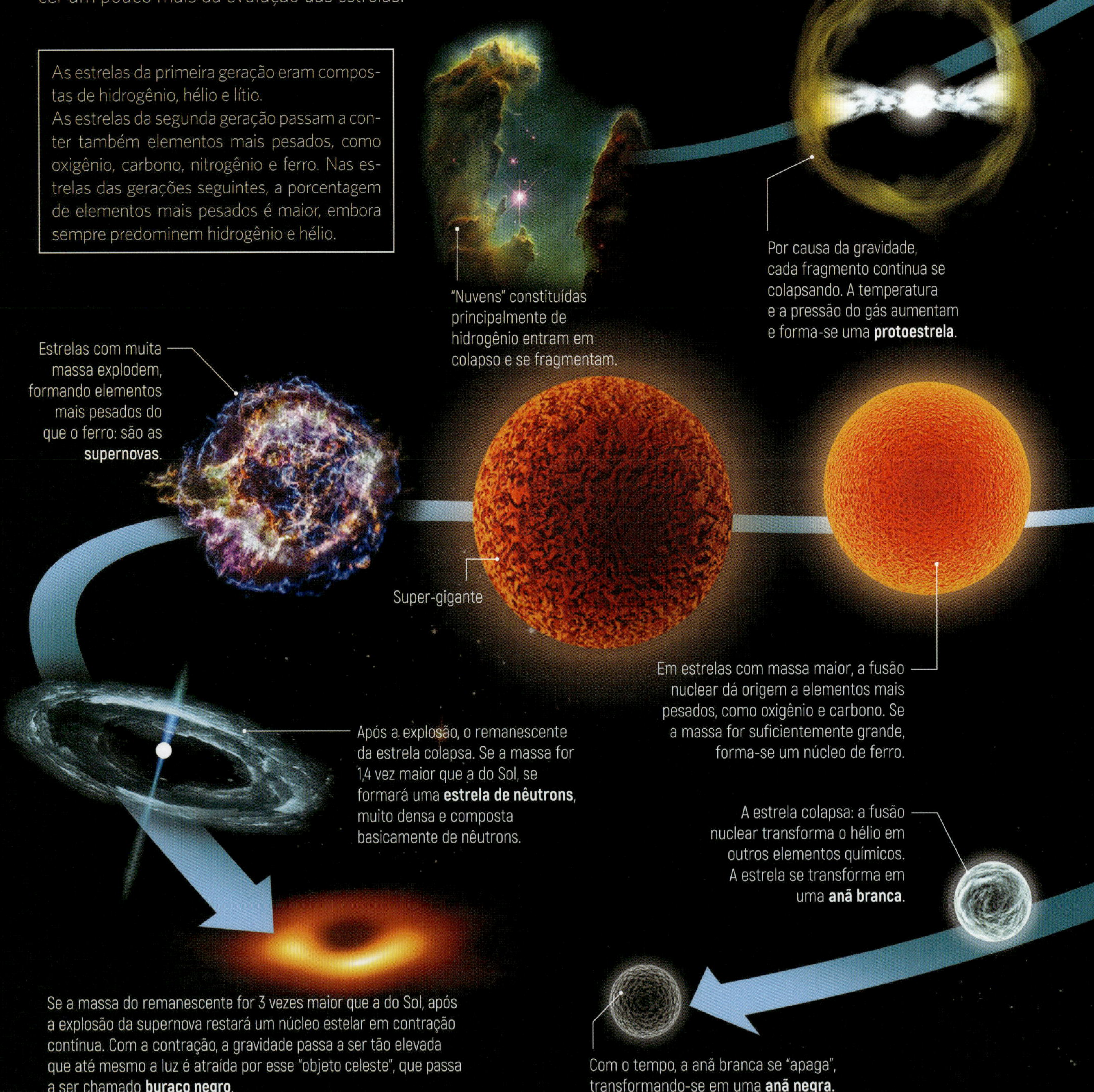

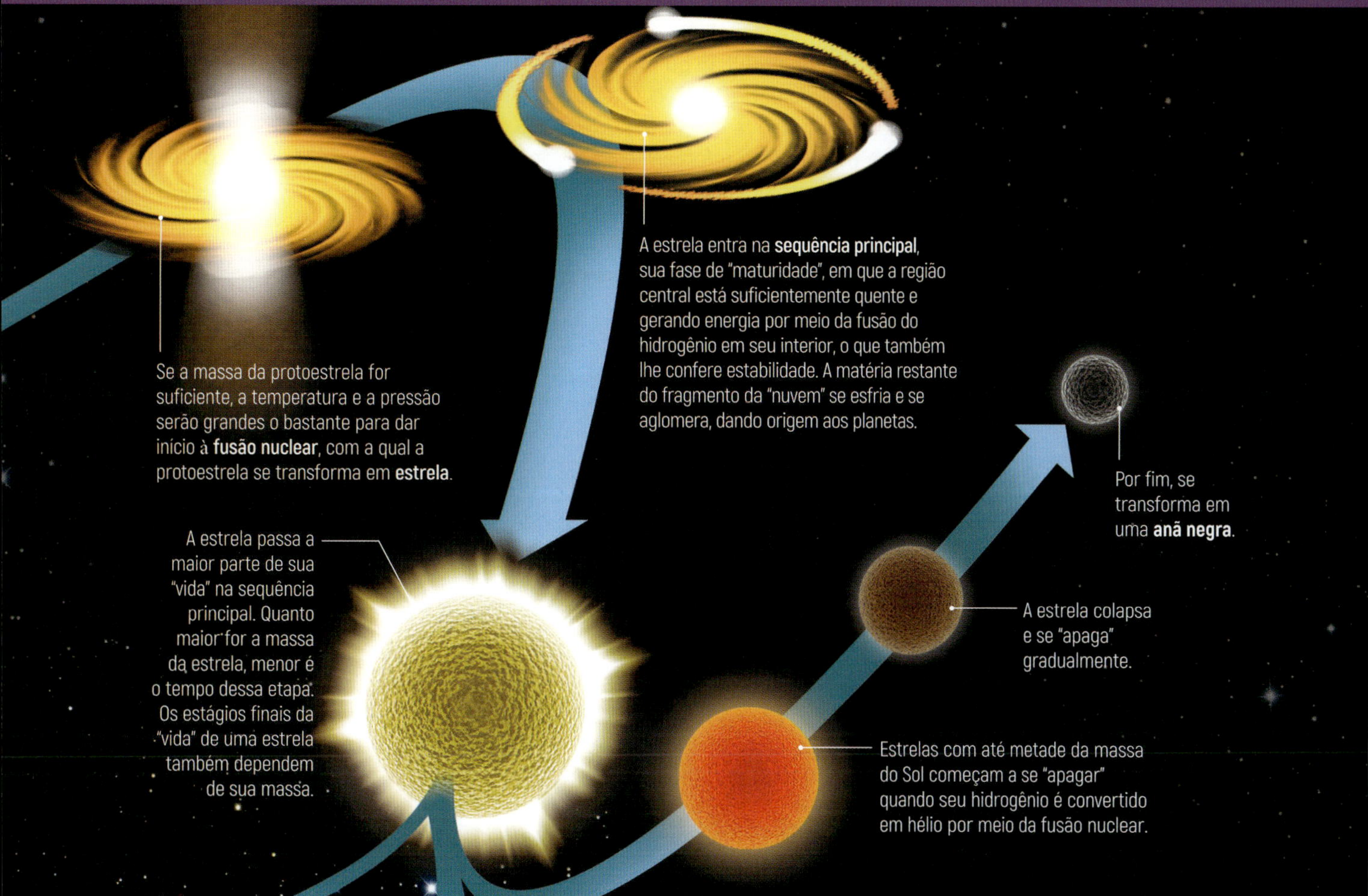

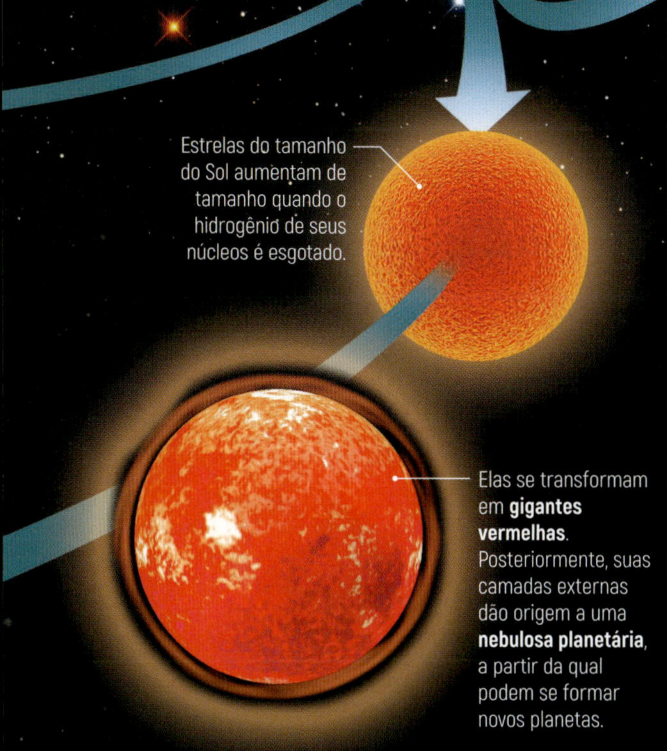

1 Conhecer a composição química das estrelas é importante para compreender os processos de formação do Universo. Faça uma pesquisa sobre os métodos empregados para se obter essa informação e compare a composição química de algumas estrelas conhecidas.

2 Com base no conhecimento da química da vida, da composição dos seres vivos e considerando os processos de formação e a composição das estrelas, explique o que esses astros, as rochas e os seres humanos têm em comum.

3 Vimos que a formação e a evolução das estrelas e das galáxias dependem bastante da massa e da gravidade. Faça uma pesquisa sobre a aceleração da gravidade e responda:

a) Como a gravidade da Terra influencia nosso dia a dia?

b) Qual é a relação entre gravidade e os satélites artificiais que são colocados em órbita em torno da Terra? Esses satélites precisam de combustível o tempo todo para realizar esse movimento? Por que os satélites não caem na superfície do planeta?

Elaborado com base em: OLIVEIRA FILHO, K. S.; SARAIVA, M. F. O. O diagrama cor-magnitude Hestzprung-Russel. Disponível em: http://astro.if.ufrgs.br/estrelas/node2.htm; GRESHKO, M. Galaxies, explained. *National Geographic*. Disponível em: www.nationalgeographic.com/science/space/universe/galaxies/; HETEM, J. C. G. *Evolução estelar*. Universidade virtual do Estado de São Paulo. Disponível em: https://edisciplinas.usp.br/pluginfile.php/4416246/mod_resource/content/1/Evolucao-Estelar.pdf. Acesso em: fev. 2020.

Origem da vida no planeta Terra

Atualmente, a **teoria da origem da vida por evolução química** é a ideia mais aceita pela comunidade científica, porém meteoritos também podem ter participado do processo trazendo moléculas orgânicas simples vindas do espaço. A vida teria surgido de forma espontânea na Terra, por evolução química das moléculas orgânicas. Muitos dados da Química, da Biologia e da Geologia reforçam essa hipótese. Os cientistas, além disso, conseguiram reproduzir em laboratório algumas das condições primitivas, testando se elas poderiam ter favorecido o aparecimento da vida. É a ideia que vamos examinar a seguir.

Mark Garlick/SPL/Fotoarena

Representação artística da Terra primitiva. (Elementos fora de proporção de tamanho entre si. Cores fantasia.)

Abiogênese × biogênese

Até meados do século XIX, acreditava-se que a vida poderia surgir espontânea e continuamente da matéria bruta.
Essa concepção ficou conhecida como **abiogênese** (do grego *a* = "sem", *bios* = "vida", *genesis* = "origem") ou **geração espontânea**. Algumas observações feitas por pessoas comuns, no dia a dia, pareciam reforçar essas ideias: o fato de aparecerem larvas de inseto sobre o lixo em decomposição, por exemplo, alimentou a ideia de que as larvas teriam "brotado" do lixo (não se conheciam, na época, os detalhes da reprodução dos insetos). Após inúmeros experimentos, como os dos italianos Francesco Redi (1626-1697) e Lazzaro Spallanzani (1729-1799), a crença na geração espontânea foi definitivamente rejeitada pelo microbiologista francês Louis Pasteur (1822-1895), por meio de alguns experimentos simples.
Na época de Pasteur, o aparecimento dos microrganismos em líquidos nutritivos (como um caldo de carne, por exemplo) era creditado à geração espontânea. Ele realizou uma série de experimentos, entre os quais o famoso experimento do "pescoço de cisne" (frasco com gargalo curvado), para mostrar que os microrganismos que decompõem o líquido provêm do ar e não espontaneamente do líquido.
Pasteur, o principal defensor da **biogênese** (teoria que propõe que um ser vivo só se origina a partir de outro preexistente), demonstrou que nas circunstâncias atuais a vida não nasce da matéria bruta. No entanto, pelo menos uma vez – no surgimento do primeiro ser vivo –, a vida deve ter surgido da matéria bruta, em circunstâncias muito especiais.

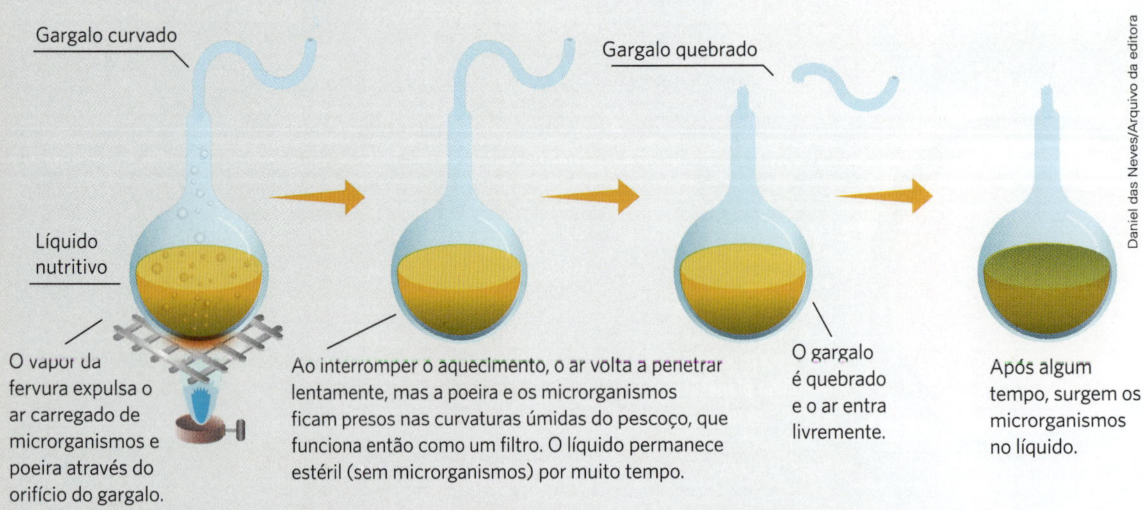

Daniel das Neves/Arquivo da editora

Esquema da experiência do "pescoço de cisne", de Pasteur. (Elementos fora de proporção de tamanho entre si. Cores fantasia.)

As ideias de Oparin e Haldane

Na década de 1920, dois cientistas, o químico russo A. I. Oparin (1894-1980) e o cientista britânico J. B. S. Haldane (1892-1964), de maneira independente, levantaram hipóteses sobre a origem da vida na Terra. Dessa forma, ambos desenvolveram as especulações que teriam partido das experiências de Wöhler. Tanto Oparin quanto Haldane supunham que a atmosfera primitiva da Terra era um ambiente em que não havia gás oxigênio (O_2) nem gás nitrogênio (N_2), mas continha muitos elétrons livres. Essa atmosfera seria composta de metano (CH_4), amônia (NH_3), hidrogênio e vapor de água (H_2O).

À medida, então, que a Terra esfriava, o vapor de água se condensava, caía sobre a crosta e evaporava novamente, constituindo um ciclo de chuvas bastante intensas, acompanhadas por fortes descargas elétricas. Essas descargas, junto à radiação ultravioleta, atuavam sobre as moléculas inorgânicas simples da atmosfera, modificando suas ligações químicas e originando moléculas e **compostos orgânicos**. A água das chuvas arrastava esses compostos da atmosfera para a crosta. Eles, então, formavam uma camada cada vez maior sobre a superfície das rochas. O calor das rochas teria favorecido as reações entre as moléculas e os compostos, que, assim, se tornavam ainda mais complexos.

Quando a temperatura das rochas diminuiu, a água em forma líquida pôde permanecer e se acumular nas depressões da superfície. Surgiram, assim, os mares e os oceanos, os lagos e as lagoas. Foi Haldane quem se referiu aos primeiros oceanos da Terra com a expressão "sopa primitiva", de onde teria surgido a vida.

Na hipótese de Oparin, moléculas orgânicas simples teriam se aglomerado e formado precipitados no fundo dos oceanos. Eram os **coacervados**, que seriam capazes de absorver e transformar substâncias de seus ambientes em um processo que poderia ser interpretado como um metabolismo celular rudimentar. Para Haldane, as moléculas orgânicas teriam formado cadeias cada vez maiores, mas não necessariamente aglomerados. Essas cadeias, assim como os coacervados, usariam recursos do meio. Dessa forma, essas inúmeras "tentativas químicas", casualmente, podem ter resultado na complexidade e organização de organismos muito simples. Está claro que, para serem considerados vivos, esses coacervados ou grandes moléculas orgânicas teriam que ter adquirido a capacidade de se reproduzir.

Qualquer ser vivo é mais complexo do que eram os supostos coacervados, simples agregados de proteínas e outras moléculas orgânicas. No entanto, após centenas de milhões de anos, alguns coacervados podem ter atingido o grau de complexidade necessário para ter as propriedades de um ser vivo muito simples. Essa ideia não foi comprovada de modo experimental, principalmente em função da impossibilidade de se reproduzir em um laboratório as dimensões e a complexidade dos mares primitivos, e de realizar essa experiência em uma escala temporal similar.

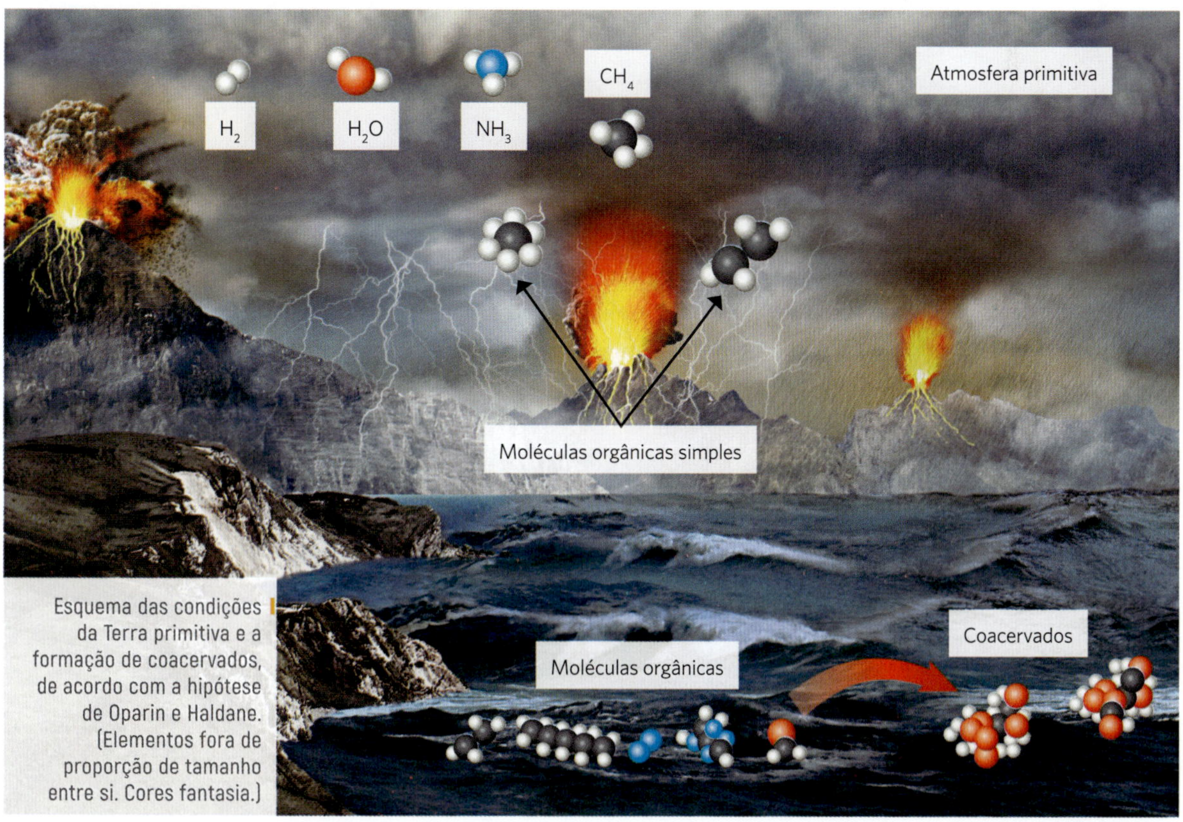

Julio Dian/Arquivo da editora

Esquema das condições da Terra primitiva e a formação de coacervados, de acordo com a hipótese de Oparin e Haldane. (Elementos fora de proporção de tamanho entre si. Cores fantasia.)

Miller-Urey e Fox: contribuições experimentais

Na década de 1950, Stanley Miller (1930-2007) e Harold Urey (1893-1981), bioquímicos estadunidenses, fizeram circular em um aparelho fechado uma mistura de vapor de água, metano, amônia e gás hidrogênio, que submeteram a descargas elétricas contínuas durante uma semana. Ao fim do experimento, a água que circulou pelo aparelho foi analisada. A mistura, além de outras moléculas orgânicas, continha também alguns aminoácidos, matéria-prima das proteínas, comprovando que as condições postuladas por Oparin e Haldane possibilitavam o surgimento das moléculas precursoras da vida.

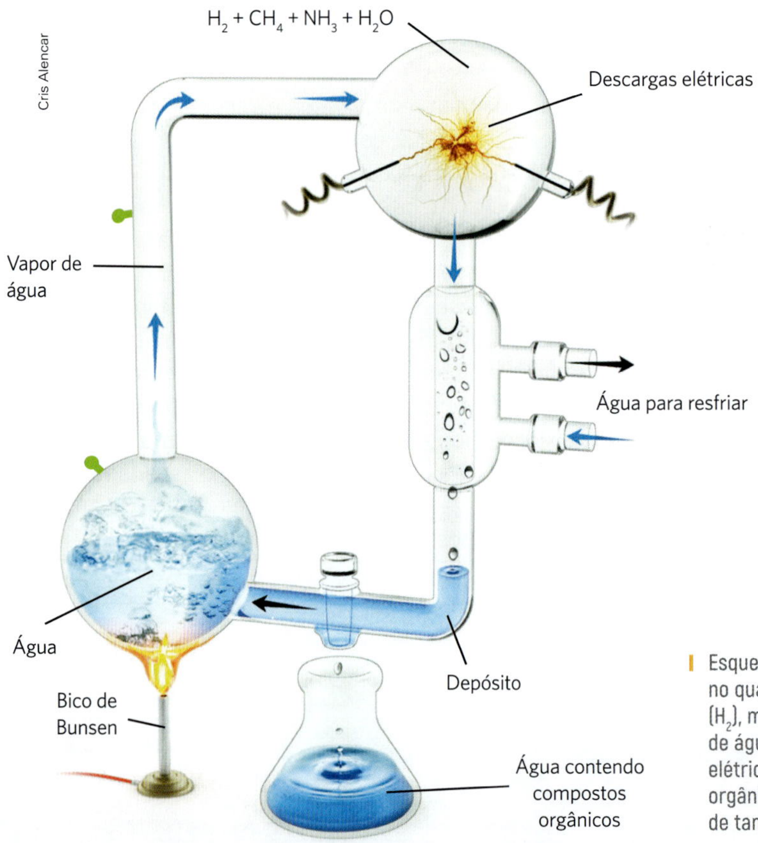

Esquema do experimento de Miller-Urey, no qual uma mistura de gás hidrogênio (H_2), metano (CH_4), amônia (NH_3) e vapor de água (H_2O) foi submetida a descargas elétricas, originando algumas moléculas orgânicas. (Elementos fora de proporção de tamanho entre si. Cores fantasia.)

Em 1957, outro cientista estadunidense, Sidney Fox (1912-1998), deu um passo adiante: aqueceu uma mistura seca de aminoácidos e verificou que muitos deles se ligavam, originando moléculas semelhantes às de uma proteína. Haviam se formado ligações peptídicas por perda de moléculas de água. Nesse caso, Fox estava simulando a parte das ideias de Oparin que propunha que os aminoácidos trazidos pelas chuvas, ao entrar em contato com as rochas quentes da superfície, teriam se combinado, formando moléculas semelhantes a proteínas: os proteinoides.

Experimentos semelhantes ao de Miller foram realizados com vários tipos de misturas gasosas. Em todos os casos, com a condição de haver uma fonte de carbono e de nitrogênio, além de energia, foram obtidas substâncias orgânicas, como aminoácidos, nucleotídeos e até mesmo ATP, caso se acrescentasse fosfato à mistura.

Condições da atmosfera primitiva

Dados mais recentes indicam que o intenso vulcanismo da época produziu grandes quantidades de gás carbônico (CO_2) e de vapor de água (H_2O). Além disso, na composição da atmosfera deveria haver os gases monóxido de carbono (CO), hidrogênio (H_2) e nitrogênio (N_2). Não estariam presentes o metano (CH_4) nem a amônia (NH_3). Entretanto, apesar de evidências recentes mostrarem que a atmosfera primitiva tinha uma composição diferente da proposta por Oparin e Haldane, esses dados ainda suportam a ideia principal dos cientistas.

Primeiros seres vivos

Primeiras moléculas com função genética

Acredita-se que a primeira molécula com função genética tenha sido o RNA, e não o DNA. Alguns cientistas propõem, por exemplo, que as primeiras moléculas de RNA, provavelmente "genes primitivos", podem ter sido produzidas na argila, usando como fonte de energia o calor da crosta, ou do Sol, ou ainda a radiação ultravioleta.

Na época de Oparin ou Haldane, não era sequer conhecido o fato de que os genes são pedaços de DNA. Não é de estranhar, portanto, que os pesquisadores nunca tivessem mencionado os ácidos nucleicos, dando toda ênfase às proteínas: acreditava-se, erroneamente, que os genes tivessem natureza proteica. No entanto, fica claro que qualquer hipótese atual sobre a origem da vida deve levar em conta que os ácidos nucleicos apareceram em algum momento, atuando como material genético e hereditário.

Uma descoberta muito interessante foi feita nos últimos anos: verificou-se que certas moléculas de RNA podem funcionar como verdadeiras enzimas de duplicação. Essas moléculas, chamadas **ribozimas**, possibilitam que se formem novas fitas de RNA a partir de um molde de RNA e de nucleotídeos. Isso lembra o que ocorre em certos vírus, como o HIV, causador da aids. Nele, o material genético é o RNA, capaz de produzir uma molécula de DNA usando a enzima transcriptase reversa. Veja a figura a seguir.

Henning Dalhoff/SPL/Fotoarena

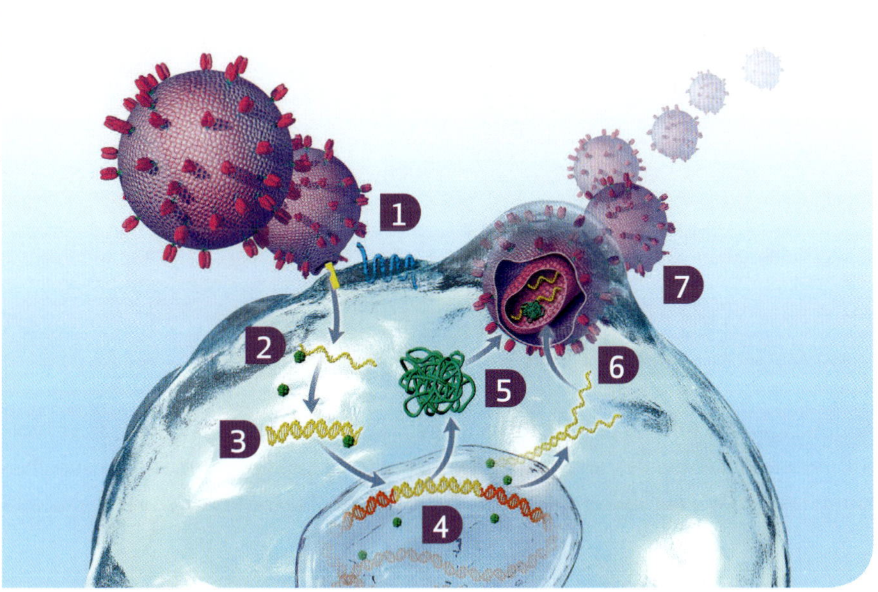

Esquema simplificado da replicação do vírus HIV. (1) O vírus se liga a receptores específicos da superfície da célula hospedeira. (2) Ocorre a fusão do envelope do vírus com a membrana da célula hospedeira e a liberação do conteúdo viral no citoplasma celular. (3) Transcrição do RNA viral em DNA com auxílio da transcriptase reversa. (4) No núcleo, DNA viral é integrado ao genoma da célula hospedeira. (5) São produzidas novas proteínas virais. (6) RNA e proteínas virais produzidas por meio do aparato da célula hospedeira seguem para a superfície celular, formando novos vírus. (7) Liberação de um novo vírus. (Elementos fora de proporção de tamanho entre si. Cores fantasia.)

A hipótese mais aceita hoje é a de um "mundo de RNA" inicial no qual posteriormente, como um segundo passo na evolução do material genético, teria surgido o DNA, fabricado a partir de moldes de RNA.

Ajuda extraterrestre

O químico sueco Svante August Arrhenius (1859-1927), ganhador do Prêmio Nobel de Química em 1903, sugeriu no início do século XX que os primeiros organismos vivos chegaram à Terra por meio de meteoritos. Embora nenhuma evidência desse fato tenha sido encontrada até hoje, aspectos de sua hipótese, que ficou conhecida como **panspermia cósmica**, têm sido revisitados pela **Astrobiologia**. Esse campo multidisciplinar de estudo é atualmente definido como a ciência que estuda a vida na Terra, considerando os efeitos de ordem astronômica e a expansão da vida para além da Terra, inclusive pela ação humana. Segundo a biofísica Cláudia Lage, da UFRJ, a Terra não é um sistema fechado e todos os anos 10 mil toneladas de grãos de cometa caem sobre a sua superfície. Contudo, lançamos no espaço partículas que sobem à atmosfera e são levadas por fenômenos como os ventos solares. Estudos astrobiológicos comprovaram que a formação de moléculas orgânicas não está restrita à Terra. Moléculas orgânicas já foram encontradas em meteoritos caídos na Terra; em 2014, a sonda espacial Rosetta pousou na superfície do cometa 67P/Churyumov-Gerasimenko, onde detectou a presença de fósforo (P), um elemento fundamental na composição de moléculas de DNA e RNA, e de glicina, um aminoácido componente de proteínas. Entretanto, apesar de fornecer uma explicação plausível para a origem da vida na Terra, essas hipóteses ainda não foram comprovadas e deixam muitas lacunas a serem resolvidas.

Origem da célula procariótica e da célula eucariótica

Em algum momento da história da vida, os primeiros organismos passaram a ter uma membrana, que lhes conferia proteção. O envoltório ideal deveria ser resistente e, além disso, ser elástico e ter o grau de permeabilidade necessário para que as trocas com o ambiente não fossem muito dificultadas. Vários tipos de membranas podem ter surgido ao longo do processo evolutivo. A que perdurou até os dias atuais reúne todos esses atributos: a **membrana lipoproteica**. Os primeiros organismos dotados desse tipo de membrana provavelmente tiveram estrutura semelhante à dos procariontes atuais.

É possível, no entanto, que, ao longo da evolução, essa membrana tenha se dobrado para fora (evaginando-se) com a vantagem de aumentar a superfície de contato com o meio, facilitando a obtenção de alimento.

A **hipótese de Robertson** propõe que os componentes membranosos das células eucarióticas atuais teriam se originado das dobras da membrana inicial. Há dois argumentos a favor dessa ideia:

- as membranas das organelas de uma célula atual, em sua maioria, comunicam-se umas com as outras: retículo com a membrana plasmática e retículo com o envoltório nuclear, por exemplo;
- a constituição química das membranas da célula é sempre lipoproteica.

Esses argumentos reforçam a ideia de que todas as estruturas membranosas da célula teriam tido a mesma origem.

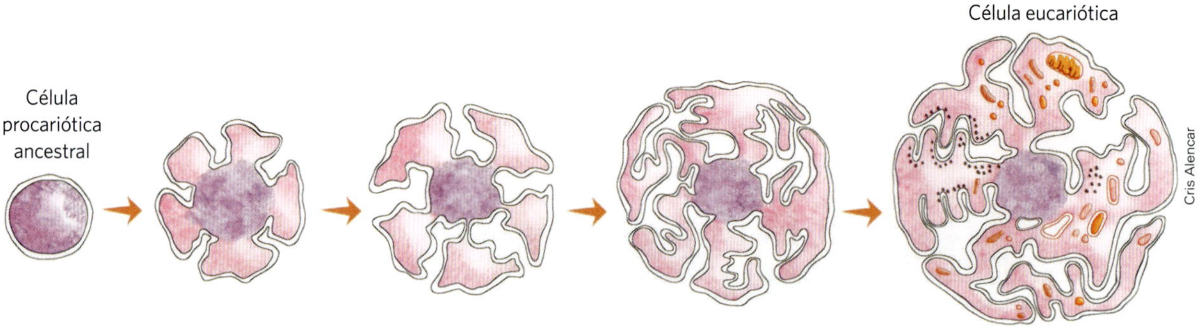

Esquema da evolução da célula, segundo Robertson. (Elementos fora de proporção de tamanho entre si. Cores fantasia.)

Dessa forma, o material genético teria ficado na parte central da célula, envolto por uma carioteca (envoltório nuclear). As demais estruturas membranosas estariam dispostas ao redor do núcleo, formando o que chamamos hoje de citoplasma, com o retículo e o complexo golgiense, por exemplo. Na parte mais externa, ficaria a membrana plasmática.

Mitocôndrias e cloroplastos: antigas bactérias?

A bióloga estadunidense Lynn Margulis (1938-2011) propôs em 1970 a **teoria endossimbiótica**. Essa teoria defende a ideia de que certas organelas, como as mitocôndrias e os cloroplastos, podem ter se originado de uma relação de simbiose entre duas células, uma maior e a outra menor.

Segundo a teoria de Margulis, as mitocôndrias atuais teriam sido, um dia, bactérias independentes com a capacidade de realizar o processo de respiração. Algumas dessas bactérias podem ter sido englobadas por um organismo maior, fermentador (talvez eucarionte), sem que, no entanto, elas fossem digeridas. Daí para a frente, as duas células conviveriam, uma dentro da outra, cada qual obtendo vantagens da associação: a célula menor (que viria a se tornar a mitocôndria) ficaria protegida, recebendo alimento mais facilmente; a maior passaria a ter uma grande disponibilidade de energia, por adotar o método mais eficiente de combustão da glicose: a **respiração celular**.

Se a célula maior tivesse englobado procariontes fotossintéticos, como as cianobactérias, e se estabelecesse entre eles uma relação de associação, estaria explicada a origem dos cloroplastos atuais e dos eucariontes capazes de realizar **fotossíntese**.

Cada vez que a célula maior se reproduzisse, as células-filhas receberiam algumas das bactérias, que também se duplicariam. Assim, estaria assegurada a continuidade dessa associação no decorrer do tempo.

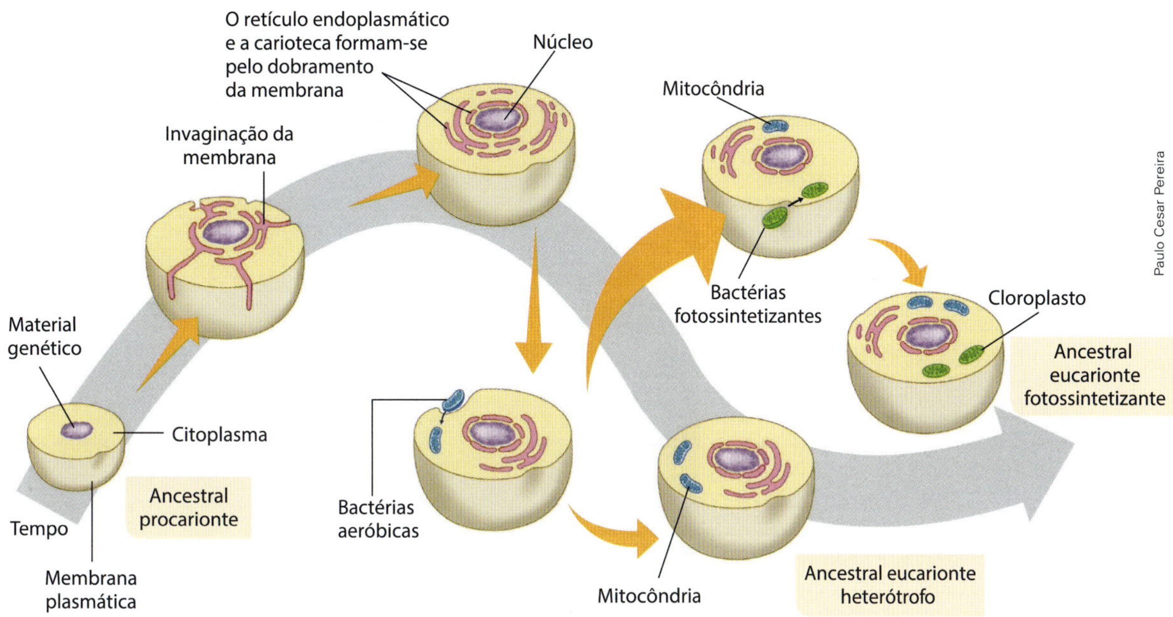

Paulo Cesar Pereira

Elaborado com base em: REECE, J. *et al. Campbell Biology*. 10. ed. Glenview: Pearson, 2014.

Esquema da hipótese de Robertson combinada à teoria endossimbiótica de Margulis. (Elementos fora de proporção de tamanho entre si. Cores fantasia.)

Alguns indícios reforçam essa teoria: a mitocôndria e o cloroplasto têm moléculas de DNA circular, semelhante ao de bactérias, e se replicam. Há, em ambos, ribossomos, que produzem suas próprias enzimas. Além disso, mitocôndrias e cloroplastos se multiplicam dentro da célula, sendo o tamanho deles semelhante ao de bactérias atuais.

Evolução do metabolismo energético

Autótrofos ou heterótrofos?

A **hipótese autotrófica** postula que os primeiros organismos eram autótrofos, portanto, fabricavam o próprio alimento. Já a **hipótese heterotrófica** defende a ideia de que os organismos iniciais precisavam obter seu alimento de fontes externas, no caso, dos mesmos coacervados orgânicos que os originaram e que permaneciam ao seu redor no fundo do oceano ("sopa primitiva").

Inicialmente a hipótese heterotrófica foi a mais aceita, pois o equipamento bioquímico de um autótrofo fotossintetizante atual é muito mais complexo do que o de um heterótrofo. Portanto, parecia mais provável que os primeiros organismos tivessem sido os "mais simples".

No entanto, foram descobertas bactérias autotróficas que não usam a luz do Sol para produzir alimento, ou seja, não fazem fotossíntese. Essas bactérias vivem em rochas profundas que armazenam água no interior de formações basálticas. Dentro da rocha, ocorre uma reação espontânea entre a água e os silicatos da rocha vulcânica. Nessa reação é liberado hidrogênio, que as bactérias combinam ao CO_2 dissolvido na água, fabricando metano. A energia liberada nessa reação é usada pelas bactérias para produzir alimento orgânico. Essas bactérias são denominadas **litoautotróficas** (do grego *lito* = "pedra") e produzem matéria orgânica usando a energia de reações que ocorrem entre substâncias minerais da crosta terrestre.

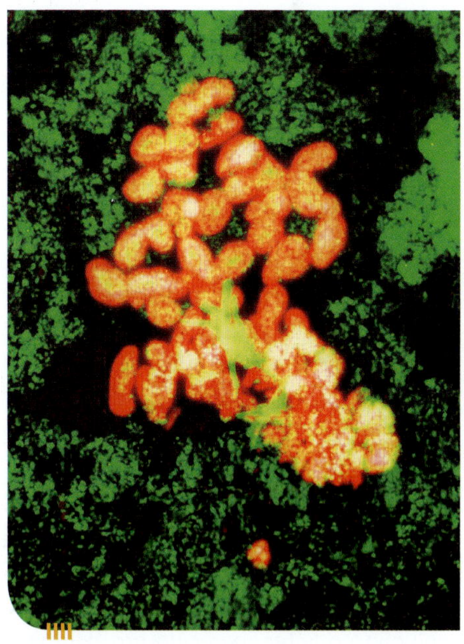

T. Stevens & P. Mckinley, Pacific Northwest Laboratory/SPL/Fotoarena

Fotografia de bactérias litoautotróficas obtida em microscópio confocal de varredura a laser. As bactérias são vistas em vermelho e a rocha de basalto é vista em verde. (Aumento desconhecido. Cores artificiais.)

Fontes termais submarinas

Existe, também, a possibilidade de que a vida tenha se iniciado em ambientes semelhantes àqueles que foram descobertos ao redor de **fontes termais submarinas**. Nesse caso, o papel principal caberia a **bactérias autotróficas quimiossintetizantes**, que podem sobreviver na ausência total de luz solar.

Em certos locais do assoalho do oceano ocorrem fraturas e fissuras por onde a água se infiltra e é aquecida à medida que se aprofunda, pois recebe o calor do magma subjacente. Essa água então é impulsionada de volta pelas fissuras nas rochas e quando entra em contato novamente com a água do mar, ocorre um choque térmico (pois a água ascende com alta temperatura), formando um precipitado de cor escura semelhante à fumaça desprendida pelas chaminés de uma fábrica. Isso ocorre em virtude da grande quantidade de sulfetos (H_2S) retirados das rochas pelas quais a água passou.

OAR/National Undersea Research Program/Universal Images Group/Getty Images

Fonte termal submarina. Ao expelirem sais minerais, gases e elementos metálicos, as fendas no fundo do mar constituem um ambiente propício à sustentação da vida microscópica naquele ecossistema.

Bactérias autotróficas quimiossintetizantes (ou quimioautotróficas) oxidam os sulfetos em uma reação que libera grande quantidade de energia. Essa energia é então empregada na síntese da matéria orgânica, usando o CO_2 como fonte de carbono. O alimento assim produzido sustenta uma fauna muito peculiar que vive ao redor desses ambientes.

O surgimento da fotossíntese

Em algum momento da história evolutiva, certos organismos passaram a ser capazes de realizar fotossíntese usando a água, o gás carbônico e a luz do Sol. Considere, em primeiro lugar, que, desse momento em diante, a matéria orgânica tornou-se muito abundante, de forma rápida, sem depender do lento processo de evolução química das moléculas; em segundo lugar, um dos subprodutos da fotossíntese, o gás oxigênio, aparece agora na atmosfera, acumulando-se aos poucos. Está claro que a abundância de matéria orgânica pode ter significado um grande impulso para o desenvolvimento da vida a partir de então.

Depois, a respiração

Os primeiros organismos, muito provavelmente, retiravam energia do seu alimento orgânico por meio do processo de fermentação.

No entanto, a fotossíntese mudou a composição do ar atmosférico, que se tornou rico em gás oxigênio. Por evolução, pode ter aparecido, em algum momento, um organismo capaz de usar esse gás para oxidar seu alimento, de forma muito mais eficiente do que na fermentação.

O surgimento da respiração aeróbica, portanto, pode ter sido outro marco importante na história da vida. A fotossíntese, quando apareceu, fez com que o alimento e o gás oxigênio se tornassem abundantes. A respiração, por sua vez, utilizando o oxigênio, otimizou o uso desse alimento para a obtenção de energia.

Desenvolvendo habilidades

1 Leia a seguir o texto de divulgação científica sobre as nebulosas planetárias.

[...] Assim chamadas pelo astrônomo inglês William Herschel porque ao telescópio lembram o planeta Urano, as nebulosas planetárias nada têm a ver com planetas. São importantes porque guardam informações de um passado distante do Universo. Depois de queimar o seu estoque de hidrogênio por períodos que em geral variam de 1 bilhão a 10 bilhões de anos, estrelas como o Sol incham rapidamente e lançam suas camadas mais externas para o meio interestelar, liberando uma nuvem de gás e poeira rica em carbono, nitrogênio e oxigênio. Geradas a partir de estrelas com massa semelhante ou um pouco superior à do Sol, as nebulosas planetárias exibem elementos produzidos pela estrela que as formou. Os demais elementos que lançam ao espaço foram produzidos pela geração anterior de estrelas, que viveram até 10 bilhões de anos antes. [...]

ZORZETTO, R. Poeira de estrelas. Revista *Fapesp*. Disponível em: https://revistapesquisa.fapesp.br/2007/11/01/poeira-de-estrelas/. Acesso em: jan. 2020.

a) Com base em seus conhecimentos, como foram formados os átomos de carbono, nitrogênio e oxigênio mencionados no texto?

b) Qual etapa da evolução estelar é mencionada no texto?

c) Como a composição química de uma estrela pode afetar a composição de estrelas futuras?

2 "A descoberta de água líquida em outro planeta tem grande importância no que diz respeito à existência de vida no planeta Terra." Como você justifica essa afirmação? Produza uma pequena nota de divulgação científica explicando a importância de tal descoberta. Lembre-se de que a divulgação científica é lida com a apresentação cuidadosa, e atrativa, de dados científicos para um público leigo no assunto.

3 Baseando-se nas ideias de Oparin e Haldane sobre a origem da vida, elabore um pequeno texto que contenha os seguintes tópicos:

- as substâncias que faziam parte da atmosfera primitiva;
- as fontes de energia utilizadas para a recombinação dessas substâncias em compostos novos;
- as condições necessárias para o surgimento dos mares primitivos;
- o motivo de muitas reações químicas ocorrerem mais facilmente na água.

4 Considere os seguintes experimentos. No século XIX, o cientista Adolph Strecker (1822-1871) foi capaz de sintetizar, de forma artificial, alanina, um tipo de aminoácido que compõe proteínas. A seguir, diversos cientistas conseguiram sintetizar lipídios e açúcares a partir de substâncias mais simples sob a energia de descargas elétricas. No século XX, foi demonstrada a síntese de aminoácidos a partir de formas simples com auxílio de radiação ultravioleta e descargas elétricas. Como os resultados descritos suportam a hipótese de evolução química de origem e evolução da vida?

5 A teoria sobre a origem da vida ainda encontra conflitos entre a hipótese heterotrófica e a hipótese autotrófica. Explique as diferenças entre as hipóteses, mencionando os argumentos a favor de cada uma.

6 Leia o texto a seguir.

Quando se originou a vida?

Evidências sugerem que a vida surgiu pela primeira vez por volta 3,5 bilhões de anos atrás. As evidências são formadas por microfósseis (fósseis que são muito pequenos para serem vistos sem a ajuda do microscópio) e estruturas rochosas antigas encontradas no Sul da África e Austrália chamadas estromatólitos. Estromatólitos são produzidos por micróbios (maioria cianobactérias fotossintetizantes) que formam filmes microbianos que aprisionam lama; com o tempo, camadas desses micróbios e de lama podem formar uma estrutura rochosa estratificada – o estromatólito. Estromatólitos ainda são produzidos por micróbios hoje. Esses estromatólitos modernos são incrivelmente similares aos antigos estromatólitos que fornecem evidências de algumas das mais antigas formas de vida na Terra. [...]

De sopa a células – A origem da vida. Tradução em espanhol do *site* Entendendo a Evolução para Professores da Sociedade Espanhola de Evolução Biológica. Feita pelo Departamento de Ecologia do Instituto de Biociências da Universidade de São Paulo (USP). Disponível em: http://ecologia.ib.usp.br/evosite/evo101/IIE2aOriginoflife.shtml. Acesso em: abr. 2020.

a) Como o estudo de fósseis contribui para o entendimento da origem e evolução da vida?

b) "Procariontes fotossintetizantes sugiram há apenas 2 milhões de anos, refutando a hipótese autotrófica da origem da vida." Você concorda com a afirmação? Justifique.

CAPÍTULO 13

Evolução: a vida em transformação

Os processos evolutivos atuam sobre todas as formas de vida, modificando-as ao longo das gerações. A teoria da evolução unifica todos os campos da Biologia, além de encontrar suporte em outras áreas, como na Química e na Geologia. Desde as moléculas de DNA até a divisão dos continentes, muitas evidências explicam cientificamente a origem e diversidade das espécies.

Este capítulo favorece o desenvolvimento das habilidades:

EM13CNT201

EM13CNT202

EM13CNT301

EM13CNT302

EM13CNT303

Evolução: um fato científico

É consenso entre os biólogos, na atualidade, a ideia de que as espécies se modificam ao longo do tempo, por meio de mudanças evolutivas. Essas mudanças são transmitidas geneticamente, ou seja, são passadas aos descendentes pela reprodução. Algumas mudanças evolutivas podem tornar as espécies mais aptas a sobreviver no ambiente, sendo consideradas **adaptações**. Porém, algumas mudanças que ocorrem ao longo do desenvolvimento de um indivíduo não são consideradas mudanças evolutivas. Por exemplo: algumas tonalidades de pele ficam bronzeadas ao serem expostas ao sol; ou, ainda, os músculos ficam mais desenvolvidos ao serem submetidos a esforço físico frequente. Essas adaptações individuais não são hereditárias e, portanto, não têm relação com o processo evolutivo.

Já as adaptações como processo evolutivo, em geral, são percebidas apenas em um intervalo muito grande de tempo. O processo torna os grupos mais "encaixados", mais ajustados em seu ambiente, tendo melhores condições de sobrevivência e de reprodução. As pequenas e lentas mudanças, neste caso, são transmitidas de geração em geração, fazendo com que a população, como um todo, tenha sua composição genética alterada ao longo do tempo.

A evolução é um fato aceito cientificamente. Na atualidade, há muita investigação sobre os mecanismos responsáveis por sua ocorrência. As explicações clássicas, baseadas principalmente nas ideias de Darwin, e que serão estudadas no Capítulo 14 - As teorias da evolução, podem não esclarecer todas as dúvidas, mas continuam válidas em termos gerais. A essas ideias foram incorporados modernamente os conhecimentos da área da Genética.

! Dica

Coleções virtuais

https://artsandculture.google.com/partner/smithsonian-national-museum-of-natural-history

Por meio do aplicativo *Google Arts & Culture* você pode acessar as coleções do Smithsonian National Museum of Natural History de Washington D.C. (EUA). Somente a coleção de insetos apresenta mais de 34 000 itens!

Romulo Fialdini/Tempo Composto/Museu Nacional - Universidade Federal do Rio de Janeiro, Rio de Janeiro, RJ

Coleções de insetos do Museu Nacional de História Natural do Rio de Janeiro (RJ). As coleções científicas são fundamentais para reunir evidências e testemunhos da diversidade de vida na Terra. Com base nesses dados, inúmeros estudos genéticos, evolutivos e ecológicos podem ser realizados. Devemos muito do que sabemos atualmente sobre evolução biológica às coleções científicas.

Evidências da evolução

Há um número muito grande de evidências que demonstram que a evolução realmente ocorreu e continua ocorrendo. Neste capítulo, discutiremos quatro frentes de estudo importantes:

- a **anatomia** e a **embriologia** comparadas;
- a **bioquímica comparada**, ou seja, a comparação entre as moléculas que compõem os organismos.
- o estudo dos **fósseis**;
- a **biogeografia**, ou seja, a correspondência entre a história da Terra e a evolução biológica.

Anatomia e embriologia comparadas

Os estudos da **anatomia comparada** dos organismos reforçam e legitimam a teoria da evolução. Por meio deles procurou-se entender, por exemplo, por que animais aparentemente muito diferentes, como o ser humano e o cavalo, parecem ser "construídos" segundo um mesmo plano básico: um eixo, formado por uma coluna vertebral e um crânio, ao qual se prendem as cinturas ósseas que sustentam os membros superiores e inferiores. Outra correspondência é a que ocorre entre os ossos que formam os membros anteriores de alguns vertebrados, embora sua função como um todo, em cada animal, seja diferente. Por exemplo: os membros anteriores das baleias auxiliam na natação; os dos pássaros, no voo.

Com base nesses dados, inferiu-se a origem evolutiva comum dessas estruturas.

- **Órgãos homólogos** têm a mesma origem embrionária, mesmo que apresentem funções diferentes, e indicam ancestralidade comum.

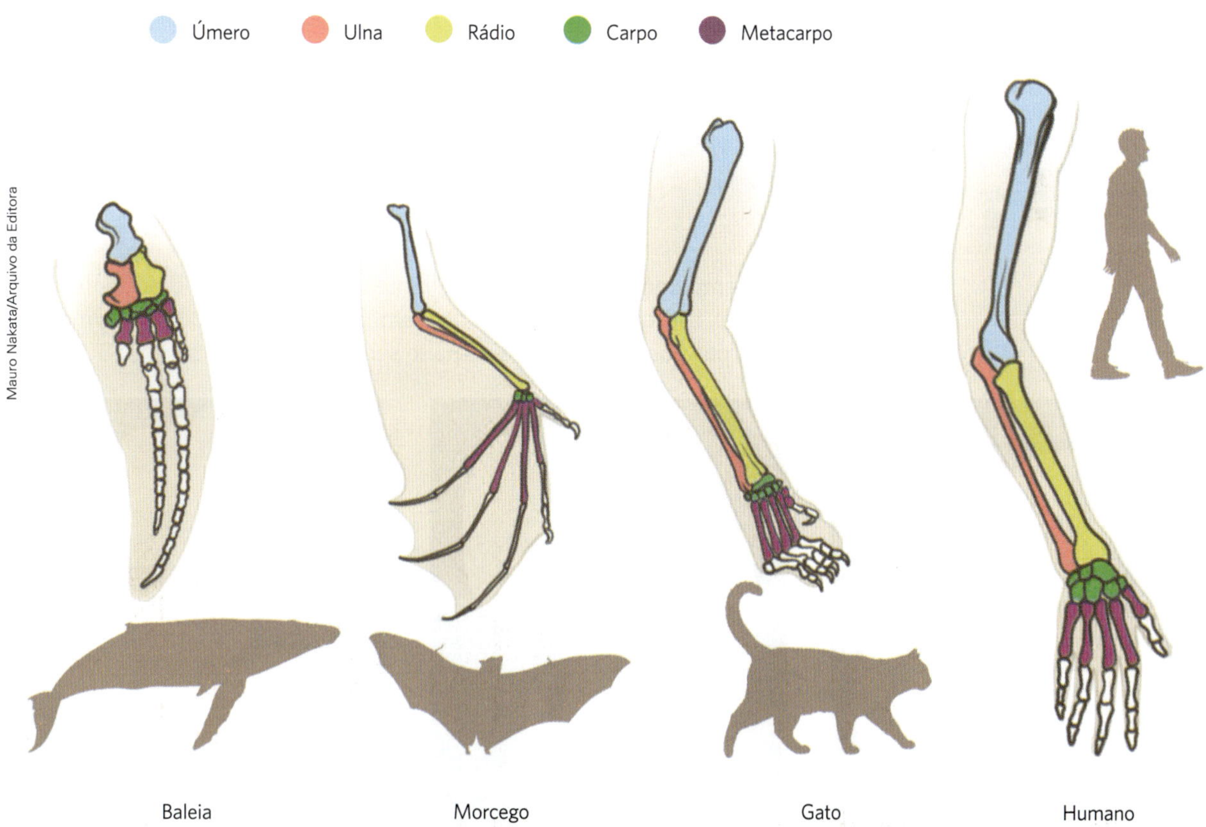

Elaborado com base em: REECE, J. B. *et al. Campbell Biology*. 10. ed. Glenview: Pearson, 2014. p. 473.

Nos mamíferos a estrutura dos membros anteriores (superiores, no caso dos seres humanos) é semelhante: um osso superior (úmero) é ligado a um par de ossos (rádio e ulna), seguidos dos ossos do carpo e do metacarpo. (Elementos fora de proporção de tamanho entre si. Cores fantasia.)

- **Órgãos análogos** têm a mesma função, porém com estruturas e origens embrionárias diferentes. É o caso das asas de insetos e de aves, por exemplo.

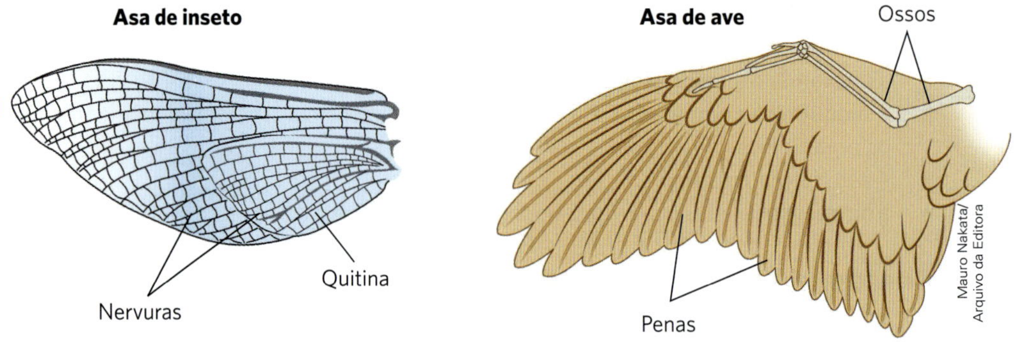

As asas de insetos e de aves são análogas porque ambas servem para o voo, mas suas origens evolutivas são totalmente diferentes, pois **não** derivam de um ancestral comum. (Elementos fora de proporção de tamanho entre si. Cores fantasia.)

- **Órgãos vestigiais** podem não desempenhar nenhuma função em certas espécies, mas são homólogos a órgãos essenciais para outras espécies. É o caso do apêndice vermiforme, localizado no intestino grosso dos seres humanos, que em outros mamíferos é muito maior.

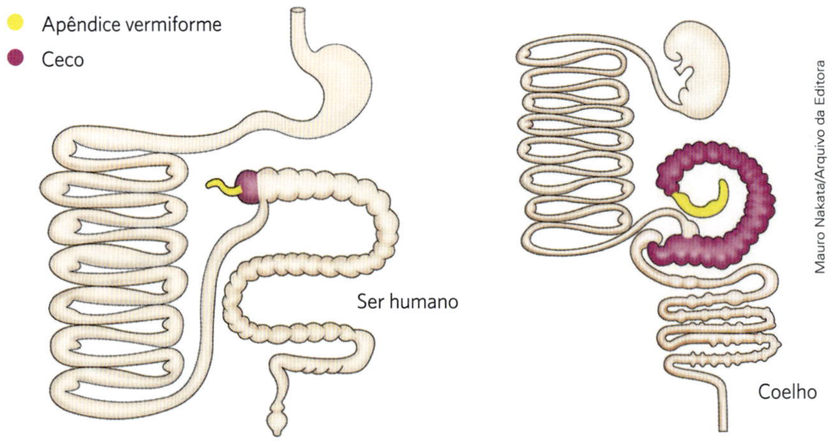

Esquema comparativo de parte dos sistemas digestórios de um ser humano (à esquerda) e de um coelho (à direita). Neste, o apêndice vermiforme desempenha um papel importante na digestão, o que não ocorre no caso dos seres humanos. (Elementos fora de proporção de tamanho entre si. Cores fantasia).

A **embriologia comparada** também é uma frente de investigação importante das evidências da evolução. Estudos demonstram que, em certas fases do desenvolvimento embrionário, os embriões dos vertebrados são muito semelhantes entre si.

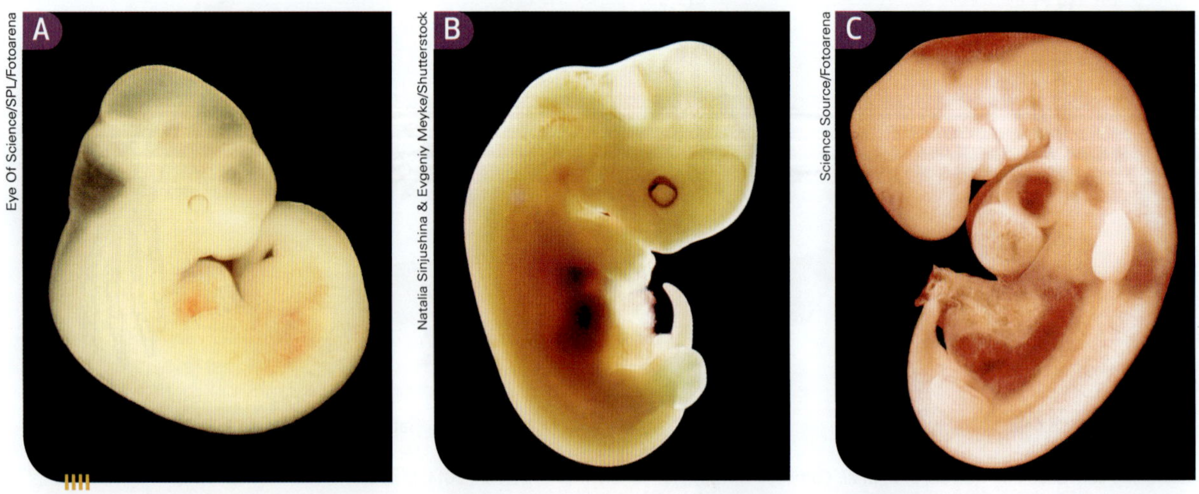

Quando se trata de mamíferos, a semelhança entre os embriões é ainda maior. (**A**) Embrião de rato (*Mus musculus*), 1 dia de gestação; (**B**) embrião de ser humano, 7 semanas de gestação; (**C**) embrião de gato, 2 semanas de gestação. (Elementos fora de proporção de tamanho entre si.)

A bioquímica comparada

Nas últimas décadas, foram desenvolvidas algumas técnicas bioquímicas que auxiliam nos estudos evolutivos. Elas estão baseadas na seguinte ideia: espécies muito próximas evolutivamente, que descendem de um ancestral comum recente, têm maior semelhança na sua composição química do que espécies mais distantes evolutivamente. Por exemplo, uma grande semelhança entre o DNA de duas espécies diferentes denota um parentesco evolutivo próximo.

Outro exemplo são os estudos feitos para comparação da composição de uma mesma proteína, como a hemoglobina, em duas espécies. Nesse tipo de análise, verificam-se as diferenças na sequência dos aminoácidos que a compõem. Por exemplo: a alfaglobina (uma das cadeias proteicas da molécula de hemoglobina) dos seres humanos difere da globina do macaco Rhesus em quatro aminoácidos; em relação à globina do boi, a diferença sobe para 17 aminoácidos; já a comparação entre a globina humana e a da carpa mostra uma diferença de 71 aminoácidos.

anyaivanova/Shutterstock

Estudos com bioquímica comparada podem fornecer dados a respeito da evolução de grupos de seres vivos.

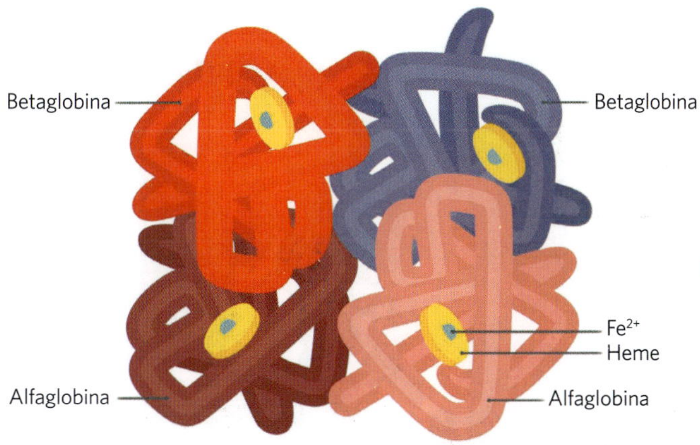

ShadeDesign/Shutterstock

Esquema da molécula de hemoglobina. A estrutura das quatro cadeias proteicas (duas alfaglobinas e duas betaglobinas) que compõem a hemoglobina em diferentes espécies pode ser usada para estudos de bioquímica comparada. (Elementos fora de proporção de tamanho entre si. Cores fantasia.)

O número de aminoácidos que diferenciam uma proteína em duas espécies biológicas reflete, na verdade, o número de mutações que ocorreram no gene que produz essa proteína.

Quanto maior o número de mutações, mais tempo terá se passado, provavelmente, desde que as duas espécies se tornaram grupos distintos. Assim, podemos dizer que os seres humanos e as carpas diferenciaram-se há bastante tempo na história da vida, já que as diferenças entre suas proteínas são muitas. Já a espécie humana e a do macaco Rhesus se diferenciaram mais recentemente.

Uma estimativa avalia que, em uma proteína comum, a substituição de um aminoácido ocorreria, em média, a cada milhão de anos. Assim, esse "relógio molecular" permite avaliar, de forma aproximada, a época em que espécies novas apareceram a partir de um ancestral comum.

Imagebroker Rm/Diomedia

Indivíduo jovem da espécie *Macaca mulatta*, conhecida como Rhesus. (Até 53 cm de altura, sem considerar a cauda.)

Fósseis: mais uma evidência

Os **fósseis** são vestígios de organismos que existiram no passado, alguns dos quais estão extintos, e que se mantiveram preservados. Podem ser pedaços de troncos, conchas, ossos, dentes, cascas de ovo e carapaças. Pegadas, impressões da pele de animais e da textura de plantas também podem constituir fósseis.

Veja, a seguir, etapas de um possível processo de fossilização.

A descoberta do fóssil do *Uberabatitan riberoi*, até 12 m de altura, ocorreu em 2004, a 30 km da cidade de Uberaba (MG), no momento em que obras na rodovia BR-050 expuseram alguns fósseis no acostamento. Este gigante viveu há aproximadamente 65 milhões de anos, no período Cretáceo.

Além da observação das características da camada de rocha em que se encontra o fóssil, que nos dá uma noção da idade relativa, existem hoje formas mais precisas de datação.

Infográfico: Rodolfo Nogueira e Mario Kanno

1 O corpo submerso do animal morto sofre a ação de organismos detritívoros e decompositores, que consomem todas as suas partes moles. O próprio esqueleto poderia ser destruído se ficasse exposto ao ar livre.

2 Os ossos são cobertos por camadas de sedimentos, como areia e lama, que se solidificam, protegendo-os dos fatores ambientais.

3 À medida que os sedimentos se acumulam, os ossos podem sofrer modificações químicas, com a infiltração de uma solução de sais minerais que preenche os ossos antes de se solidificar (**permineralização**). Outras vezes, o osso é substituído, cristal por cristal, por outro mineral duro, como a sílica, ficando "petrificado" (**substituição**).

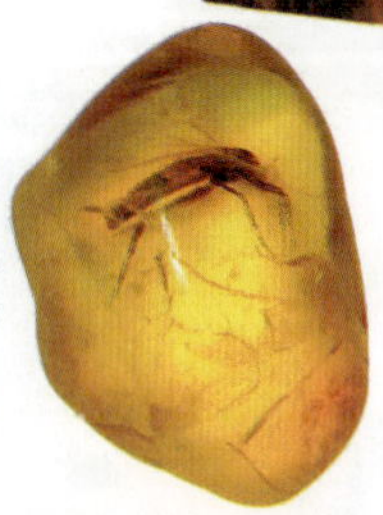

Kev Gregory/Shutterstock

Mais raramente, o organismo como um todo pode ser fossilizado: é o caso deste inseto preso em âmbar, uma resina de plantas fósseis solidificada há milhões de anos. (Esta peça tem o tamanho de uma ervilha.)

Reprodução/Arquivo pessoal

Os fósseis são um dos objetos de estudo da Paleontologia. Na fotografia, a bióloga e doutora em Geologia Aline Ghilardi trabalha em vestígios fósseis encontrados no Vale dos Dinossauros, um dos sítios paleontológicos mais importantes do país. Sousa, Paraíba, 2016.

O mito do carbono 14 na paleontologia

Muitas vezes, em notícias disseminadas pela internet ou em veículos de informação não especializados, há certo descuido na hora de descrever um processo ou uma técnica investigativa utilizada nas ciências. Frequentemente, a análise do carbono-14 vem sendo caracterizada equivocadamente como a solução de todos os problemas relacionados à datação, inclusive em estudos paleontológicos.

A técnica baseia-se no fato de que todos os seres vivos apresentam carbono em sua constituição. A maior parte desse carbono é estável, mas sempre há uma quantidade do isótopo radioativo (C^{14}). Enquanto o organismo estiver vivo, a relação entre o carbono estável e o radioativo permanece a mesma, uma vez que há intercâmbio entre esses átomos e o ambiente. Quando o organismo morre, essas trocas cessam, e a concentração de C^{14} no fóssil diminui ao longo do tempo. A variação da massa do isótopo radioativo constante em um determinado tempo, estimada pelas leis do decaimento radioativo, indica com boa precisão o período em que o organismo viveu.

Decaimento do C^{14}

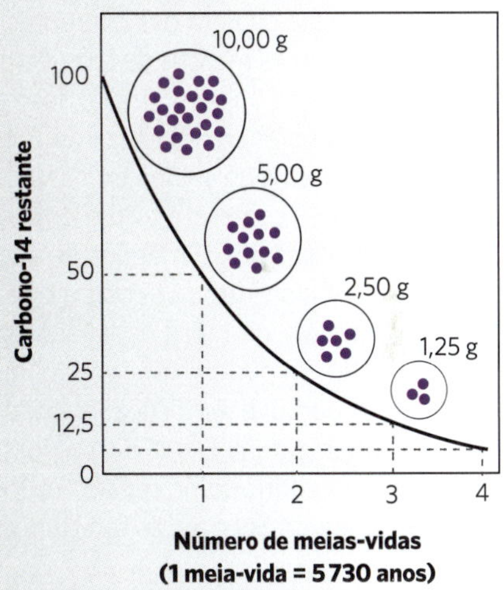

Exemplo de decaimento do C^{14} ao longo do tempo (meias-vidas). (Elementos fora de proporção de tamanho entre si. Cores fantasia.)

No entanto, como o C^{14} é muito raro em proporção nos materiais a serem analisados, após 10 decaimentos suas porcentagens são tão pequenas que é quase impossível detectá-lo.

Portanto, essa técnica permite estimar com precisão a idade de fósseis não tão antigos – de até mais ou menos 50 mil anos de idade –, o que representa um intervalo muito recente para o escopo de análise dos estudos paleontológicos. Além disso, essa técnica requer matéria orgânica para ser utilizada, e, como visto anteriormente, os fósseis podem sofrer permineralização e não preservar nenhum resquício de matéria orgânica em sua composição.

Divulgação/Jornal da USP

Fósseis de impressão são formados quando ocorre a dissolução total do corpo de um ser vivo, mantendo-se apenas sua forma no sedimento. Essa impressão pode ser preenchida com minerais, gerando um contramolde do esqueleto, que também é considerado um fóssil.

4

Com o tempo, as camadas de sedimentos podem ser dobradas ou levantadas por movimentos da crosta terrestre, ou ainda sofrer erosão, deixando as peças fósseis expostas.

Esquema de alguns dos processos possíveis de fossilização. (Elementos fora de proporção de tamanho entre si. Cores fantasia.)

Biogeografia: a história da Terra e a evolução biológica

No início do século XX, o meteorologista e geofísico alemão Alfred Wegener (1880-1930), notando que as formas da África e da América do Sul lembram peças de um quebra-cabeça, capazes de se encaixar, elaborou a teoria de que todos os continentes atuais, em determinada época, formavam um único supercontinente, que chamou de **Pangeia**. Este teria começado a se dividir 180 milhões de anos atrás, em várias massas de terra, em um processo chamado de **deriva continental**.

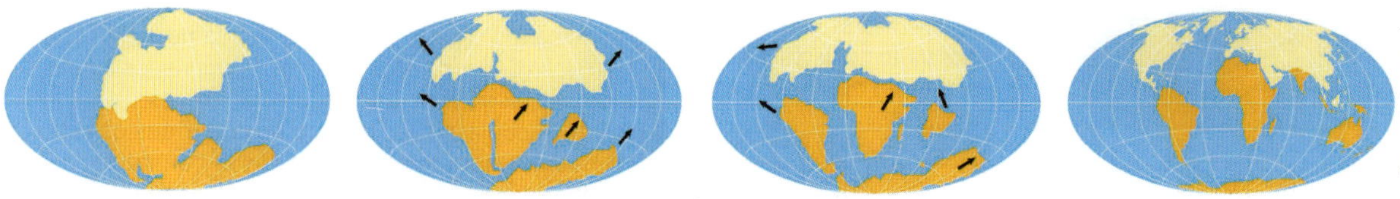

Banco de imagens/Arquivo da editora

1 Segundo a teoria de Wegener, inicialmente, houve uma divisão entre as terras do norte (**Laurásia**) e as do sul (**Gondwana**).

2 Gondwana se dividiu em três partes: uma delas formada pelas atuais **África** e **América do Sul**, ainda ligadas entre si; outra formada por **Austrália** e **Antártica**, também ligadas; e, por fim, a **Índia**.

3 Há mais ou menos 65 milhões de anos, a África e a América do Sul se separaram, formando-se entre elas o Atlântico Sul.

4 A separação entre **América do Norte** e **Europa** ocorreu após mais ou menos 22 milhões de anos. A Índia derivou para o norte e colidiu com a **Ásia**. A **Austrália** separou-se da Antártica e, mais tarde, as Américas ficaram ligadas pelo istmo do Panamá, que surgiu em decorrência da atividade vulcânica.

Esquema de uma possível evolução da divisão dos continentes na história da Terra. (Elementos fora de proporção de tamanho entre si. Cores fantasia.)

O estudo da fauna e da flora das diferentes regiões reforça essas ideias. Verificou-se, por exemplo, que a fauna se assemelha mais entre as massas de terra do norte (América do Norte, Europa e Ásia) do que entre os continentes do sul (África, América do Sul e Austrália). Isso pode ser interpretado levando-se em conta o fato de que Gondwana começou a se desmembrar em América do Sul, África e Austrália bem antes da separação das terras da Laurásia. Assim, as faunas das terras do sul teriam ficado separadas entre si durante um tempo maior do que as do norte.

A fauna australiana contrasta fortemente com a do resto do planeta, provavelmente pelo fato de a Austrália ter ficado isolada há mais de 50 milhões de anos. Os mamíferos placentários não são encontrados - exceto seres humanos, ratos, coelhos (introduzidos pelo ser humano) e animais domesticados. Há, entretanto, uma grande variedade de marsupiais, que têm papel ecológico semelhante ao dos mamíferos placentários nas outras partes do globo. Os marsupiais podem ter surgido inicialmente na América do Norte e, em seguida, alcançado a Austrália pela América do Sul e Antártica, quando ainda ligadas. A Austrália se separou repleta de marsupiais, que evoluíram e se diversificaram. Em 1982, paleontologistas estadunidenses retornaram da Antártica com o primeiro fóssil de mamífero encontrado na região - o fóssil de um marsupial. O fato reforça a ideia de que esses animais migraram da América do Sul para a Antártica e de lá para a Austrália, antes da fragmentação de Gondwana.

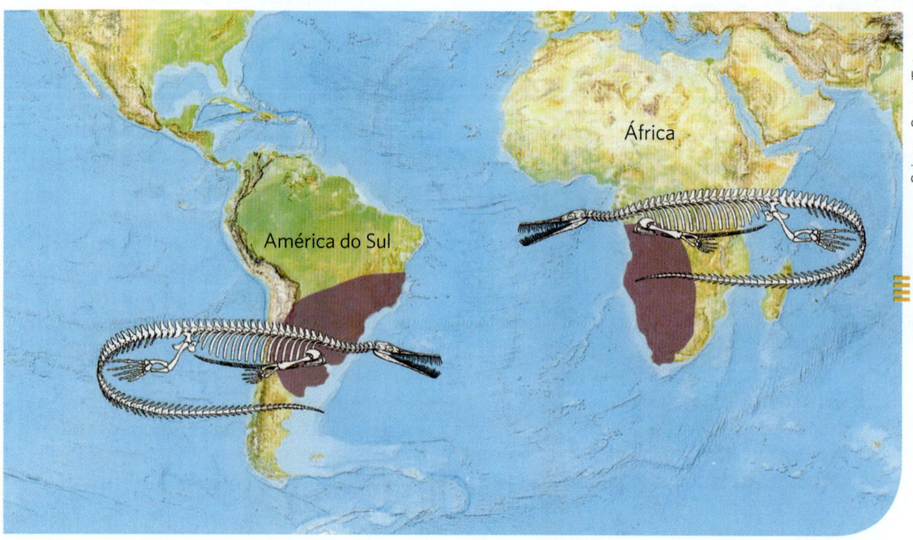

Planet Observer/Alamy/Fotoarena; Science Source/Fotoarena

Os fósseis de um pequeno réptil marinho, o *Mesosaurus* sp., são encontrados apenas em alguns locais do Brasil e da África, constituindo outro exemplo que reforça a teoria da antiga ligação entre essas regiões. (Elementos fora de proporção de tamanho entre si. Cores fantasia.)

Desenvolvendo habilidades

1 Por muito tempo, acreditou-se que os seres vivos não mudavam ao longo do tempo. Esse tipo de pensamento, chamado fixismo, se manteve em vigor até o século XIX, quando diversos naturalistas passaram a defender a evolução biológica. Com suas palavras, explique a teoria evolutiva e as evidências a seu favor, e que são contrárias ao fixismo.

2 Nos vertebrados, a hemoglobina é uma proteína encontrada nas hemácias, que se relaciona principalmente com o transporte de oxigênio. A análise da sequência dos aminoácidos em certo polipeptídeo das hemoglobinas de diferentes vertebrados mostrou diferenças na composição dos aminoácidos. Essas diferenças estão retratadas no gráfico ao lado. Analise-o e faça o que se pede a seguir.

Número de aminoácidos diferentes em relação ao homem, em um dos polipeptídeos da molécula de hemoglobina

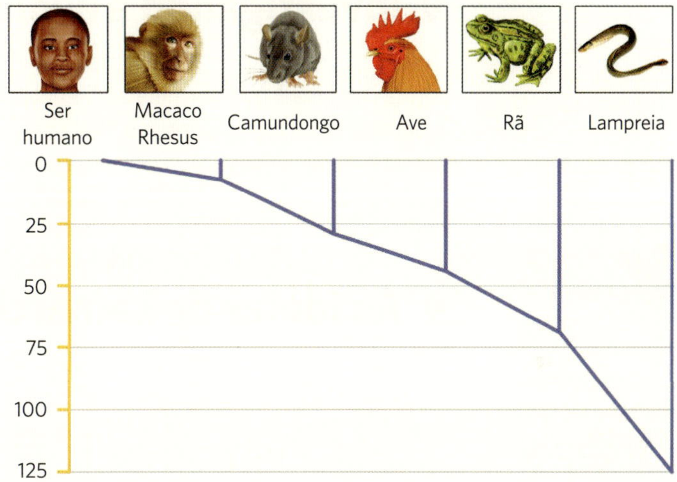

(Elementos fora de proporção de tamanho entre si. Cores fantasia.)

a) Anote no caderno o número aproximado de aminoácidos que diferencia cada espécie em relação à espécie humana.

b) Levando em conta o último parágrafo do item "A bioquímica comparada", estime o tempo decorrido desde que os ancestrais da rã e da espécie humana se separaram evolutivamente.

c) Com base no gráfico, você considera que existe maior parentesco entre o macaco Rhesus e o ser humano ou entre o macaco Rhesus e o camundongo? Justifique sua resposta.

3 Como se explicam as diferenças de fauna que existem hoje entre a África e a América do Sul, dado que um dia esses continentes foram ligados? Sugestão: sua resposta pode ser na forma de uma HQ, de modo que a sequência dos quadrinhos represente a passagem do tempo.

4 Nos trechos a seguir, o biólogo inglês Richard Dawkins discorre sobre algumas propriedades apresentadas por certos tipos de cristais, que permitem a sua multiplicação em um processo análogo ao que ocorre entre os seres vivos:

> [...] Argilas, barros e rochas são feitos de minúsculos cristais. [...] Quase todos os cristais que ocorrem naturalmente têm falhas. E, quando uma falha aparece, tende a ser copiada à medida que camadas subsequentes de cristal incrustam-se sobre ela.
>
> [...] Se fragmentos de cristal com as falhas apropriadas se desmembrassem, poderíamos imaginá-los atuando como "sementes" para novos cristais, cada qual "herdando" o padrão de falhas de seu "genitor".
>
> [...] Os cristais alterados poderiam, por exemplo, ter maior tendência a fragmentar-se ("reproduzir-se"). A argila formada de cristais alterados poderia ter maior poder de represamento em qualquer uma dentre várias maneiras bem diversificadas. Poderia rachar mais depressa dado um certo grau de exposição ao sol. Poderia pulverizar-se mais rapidamente. As partículas de pó poderiam ser mais facilmente levadas pelo vento [...].

DAWKINS, R. *O relojoeiro cego*: a teoria da evolução contra o desígnio divino. São Paulo: Cia. das Letras, 2001.

Você conseguiria estabelecer uma relação entre o que é descrito no texto acima e algum processo (ou processos) que ocorra(m) com os seres vivos? Descreva-os brevemente.

CAPÍTULO 14

As teorias da evolução

As ideias dos naturalistas a partir do século XIX, transformaram nossa visão sobre a evolução biológica. A mudança das espécies ao longo do tempo, a partir de um ancestral comum, é a base das teorias evolucionistas, que também tentam explicar, com algumas limitações, o surgimento de novas espécies.

Este capítulo favorece o desenvolvimento das habilidades:

EM13CNT201

EM13CNT202

EM13CNT203

EM13CNT301

EM13CNT302

EM13CNT303

EM13CNT305

! Dica

Jogo Galápagos

http://www.biologia.seed.pr.gov.br/arquivos/File/jogos/manual_galapagos.pdf

Jogo desenvolvido pela revista *Genética na escola*. Para o jogo ficar mais interessante, antes de montar e jogar com os colegas, sugerimos ler apenas os conteúdos da página 50 até o item "Regras do jogo" e utilizar as figuras em anexo para montar o jogo. O restante dos textos podem ser lidos após jogarem algumas partidas.

Investigando a evolução

Vimos no capítulo anterior que a evolução é um processo fundamental para todas as formas de vida e que permeia as Ciências Biológicas. Graças a naturalistas do século XIX - entre eles Lamarck, Darwin e Wallace -, a evolução das espécies pôde ser inicialmente caracterizada e investigada. Assim, conceitos como luta pela sobrevivência, ancestralidade e seleção natural entraram definitivamente para o repertório que utilizamos hoje para compreender a diversidade da vida.

As ideias de Lamarck

Um dos primeiros pensadores que rejeitaram a ideia de que as espécies seriam fixas e imutáveis (fixismo) foi o francês Jean-Baptiste Pierre Antoine de Monet. Portador do título honorífico de "Cavaleiro de Lamarck", ficou conhecido como **Jean-Baptiste Lamarck**. Encarregado do departamento de invertebrados do Museu de História Natural de Paris, Lamarck, em sua pesquisa, comparava fósseis com organismos viventes e percebia a ocorrência de mudanças. Ele, então, buscou explicar cientificamente o mecanismo pelo qual essas mudanças ocorriam. Suas ideias foram reunidas no livro *Philosophie zoologique*, publicado em 1809.

Lamarck sabia que os fatores ambientais podiam modificar os indivíduos. A exposição ao sol altera a coloração de peles mais claras; fatores nutricionais podem interferir no crescimento de um indivíduo etc. Lamarck também observava que o uso constante de certos órgãos, como os músculos, podia fazê-los aumentar em tamanho; inversamente, seu desuso tenderia a fazê-los diminuir em tamanho ou atrofiar. Essa ideia foi chamada de **lei do uso e desuso**. Essas noções são corretas quando aplicadas à história de vida de um indivíduo. Lamarck acreditava, porém, que **características adquiridas** (como as citadas anteriormente) pudessem ser transmitidas aos descendentes. Assim, os filhos de um homem moreno pela exposição constante ao sol nasceriam com a pele mais escura; o filho de um ferreiro com músculos desenvolvidos adquiriria, por sua vez, estrutura muscular robusta. Nesse ponto, as previsões de Lamarck não tinham correspondência com a realidade, pois tais mudanças não são herdáveis.

Lamarck defendia também que a necessidade de uma característica determinaria seu aparecimento, enquanto sua inutilidade a faria desaparecer. Por exemplo, a necessidade que certos peixes tinham de respirar ar atmosférico no período da seca teria estimulado o aparecimento de pulmões. Esses órgãos teriam permanecido nos descendentes, que ficavam mais tempo no meio terrestre. As brânquias teriam finalmente desaparecido, já que eram inúteis fora da água. Era, *grosso modo*, por essa linha de raciocínio que Lamarck explicava a origem de novas espécies.

Reprodução de retrato de Jean-Baptiste Lamarck (1744-1829), naturalista francês. Esta gravura pertence ao acervo do Museu de História Natural de Londres, Inglaterra.

As ideias de Darwin

O naturalista inglês **Charles Darwin** (1809-1872) fez, a bordo do navio HMS Beagle, uma viagem de cinco anos ao redor do mundo. Das observações feitas durante a viagem e da análise do material coletado, elaborou o conceito da **seleção natural**, que será detalhado adiante. Esse conceito foi central na sua teoria da evolução.

Fonte: REECE, J. B. *et al. Campbell Biology*. 10. ed. Glenview: Pearson, 2014. p. 466.

A viagem de Darwin a bordo do Beagle

Banco de imagens/Arquivo da editora

O Beagle saiu da Inglaterra em dezembro de 1831, chegando ao Brasil em fevereiro de 1832. Percorreu a costa da América do Sul, parando mais de um mês nas ilhas Galápagos, no Pacífico. Passou em seguida pela Nova Zelândia, Austrália, algumas ilhas do oceano Índico, pelo Brasil novamente, voltando então para a Inglaterra, em outubro de 1836. Darwin estudou, coletou e analisou diversas espécies de animais e plantas, além de realizar estudos paleontológicos e geológicos.

Darwin também foi bastante influenciado pela leitura de um ensaio de Thomas Malthus - *Principles of populations*, de 1838 - e pelas ideias de Lamarck. Em 1844, começou a escrever um longo ensaio sobre seleção natural e sua relação com a origem de novas espécies. Mas Darwin relutava em publicar seu trabalho, por saber que entraria em choque com as ideias da época, muito influenciadas pela religião e por conceitos fixistas.

No entanto, em 1858, o naturalista **Alfred Russel Wallace** (1823-1913) enviou a Darwin um ensaio que apresentava uma teoria sobre a origem das espécies com ideias muito semelhantes às dele próprio. Um amigo comum de Darwin e Wallace, o famoso geólogo Charles Lyell (1797-1875), apresentou à Linnean Society of London o trabalho de Wallace com extratos do ensaio inédito de Darwin. Em seguida, Darwin terminou às pressas o manuscrito do seu livro *A origem das espécies*, publicando-o no ano seguinte (1859).

A

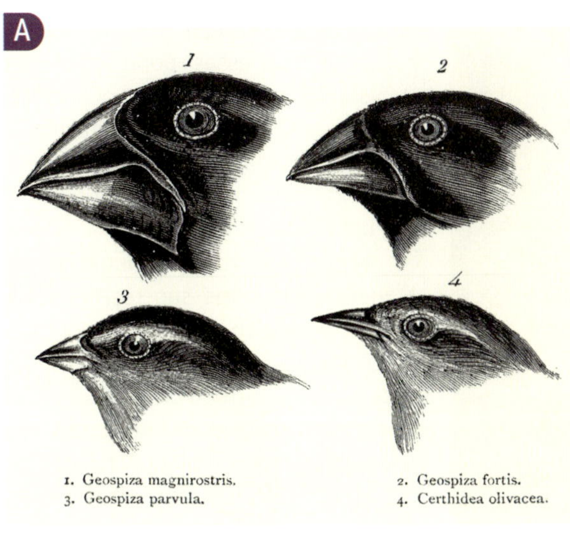

Paul D Stewart/SPL/Fotoarena/Coleção particular

B

Gerald & Buff Corsi/Visuals Unlimited/SPL/Fotoarena

(A) Ilustração que representa a variação dos bicos de diferentes espécies de tentilhões de Galápagos; integra um estudo de Darwin publicado em 1845; (B) Tentilhão da espécie *Geospiza fuliginosa* que habita a ilha de Santa Cruz, Galápagos.

The Print Collector/Getty Images/Coleção particular

Fotografia de Charles Darwin, naturalista inglês que, em 1859, publicou o livro *A origem das espécies*. (Cores artificiais.)

A seleção natural

As ideias de Darwin e Wallace influenciaram profundamente o mundo intelectual do século XIX. Provocaram polêmica, sustentada, por exemplo, pelos defensores de ideias fixistas. Uma reconstrução simplificada do raciocínio de Darwin em seu livro, que o levou à ideia de seleção natural, seria a seguinte.

- Os organismos se reproduzem e se multiplicam. Poucos indivíduos, no entanto, chegam à idade de procriação, já que a quantidade de recursos que existe no ambiente é limitada.
- Isso ocorre porque organismos que têm necessidade dos mesmos recursos (como alimento ou abrigo), competem entre si, "lutando" constantemente pela sobrevivência.
- Existe variabilidade de uma série de características (transmitidas aos descendentes) dentro de um mesmo grupo. As variações surgem ao acaso e, em certo ambiente, algumas podem ser mais favoráveis à sobrevivência do que outras.
- Assim, organismos com características mais favoráveis, ou seja, mais bem adaptados a determinado ambiente, têm maiores probabilidades de sobrevivência e reprodução do que os demais. Dessa maneira, as características mais favoráveis tendem a ser transmitidas às gerações futuras, em detrimento das características menos favoráveis.

Anemia falciforme: um exemplo de seleção natural

Nessa doença hereditária, também conhecida como siclemia, é produzida uma hemoglobina modificada que deforma as hemácias (para um formato semelhante ao de foice), tornando-as ineficientes no transporte de oxigênio. Essa anomalia é causada por um gene com dois alelos: o alelo **S** condiciona a produção de uma hemoglobina defeituosa, enquanto o alelo **s** condiciona a produção de hemoglobina normal. Os indivíduos **SS** (portadores de dois alelos **S**) morrem com pouca idade. Indivíduos **Ss** apresentam variante mais branda da anemia e têm expectativa de vida maior. Uma vez que os indivíduos **SS** não chegam à idade de reprodução, o alelo **S** se mantém em taxas baixas na população.

Fotomicrografia de hemácias falciformes (em forma de foice) e de hemácias sem alteração (de 6-8 μm de diâmetro), obtidas ao microscópio eletrônico de varredura. (Cores artificiais.)

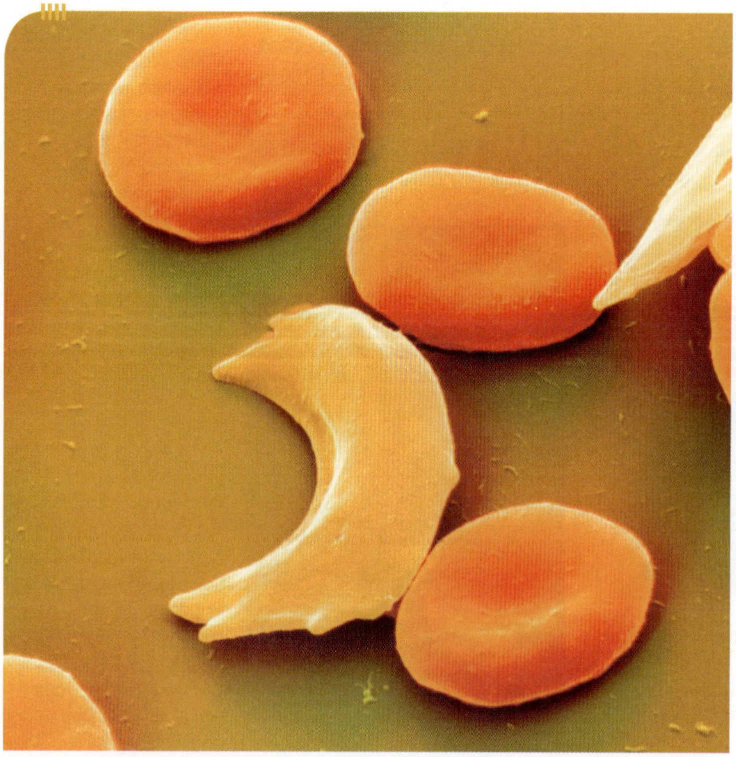

Eye Of Science/SPL/Fotoarena

Verificou-se, de forma surpreendente, no entanto, que em certas populações da África, da Índia e do Oriente Médio a taxa do alelo **S** é muito mais alta do que em outras regiões do mundo. Sabe-se também que as regiões habitadas por essas populações são locais com alto índice de ocorrência de malária. Que relação haveria entre a malária, causada por um protozoário – o *Plasmodium* sp. –, e a anemia falciforme, uma doença hereditária?

Verificou-se que indivíduos **Ss** para a anemia falciforme são resistentes à malária, enquanto os não portadores de traços da siclemia que contraem a doença podem morrer. Portanto, em ambiente com malária, indivíduos **Ss** são favorecidos e têm maiores chances de sobreviver e de transmitir seus genes, em comparação aos indivíduos **ss**.

Melanismo industrial: um exemplo controverso

Como exemplo de seleção natural, foi bastante explorado o caso das mariposas da espécie *Biston betularia*, que existem sob duas formas condicionadas geneticamente: uma clara, com leves manchas escuras, que se confunde com o ambiente quando pousa sobre troncos cobertos de liquens; e outra, uniformemente escura.

Em regiões da Inglaterra que se industrializaram no século XIX, a fuligem das fábricas escureceu os muros e troncos de árvores. Notou-se, nesses ambientes, que a variedade escura de mariposas ficou cada vez mais numerosa, substituindo a variedade clara. Esse fenômeno recebeu o nome de **melanismo industrial**.

Experimentos feitos pelo biólogo Bernard Kettlewell (1907-1979), na década de 1950, pretenderam esclarecer o mecanismo de mudança de cor na população desses insetos. Concluiu que em ambientes sem fuligem, mariposas claras confundem-se com o ambiente, sendo menos predadas que as escuras; nos ambientes com fuligem, as mariposas escuras levam vantagem, por se camuflarem melhor. Em qualquer um dos casos, as mariposas que escapam à predação têm maior chance de sobrevivência e, consequentemente, de reprodução. Dessa maneira, transmitem sua cor aos descendentes, determinando o aspecto predominante da população.

Houve várias críticas aos métodos usados por Kettlewell. Um dos primeiros críticos foi o geneticista inglês Michael Majerus (1954-2009). Ainda assim, apesar das ressalvas, o próprio Majerus está convencido de que a explicação de Kettlewell representa um modelo útil: a predação, associada à presença ou à ausência de fuligem, realmente determina a mudança na cor das populações de mariposas por seleção natural.

Além do caso das mariposas, centenas de outros estudos já foram feitos com diversos grupos de organismos, desde bactérias e plantas até seres humanos, evidenciando a ação da seleção natural sobre diferentes características.

Mariposa *Biston betularia* (6 cm de comprimento de envergadura sobre tronco escuro (A) e sobre tronco recoberto por liquens (B). Dependendo do ambiente em que vivem, as mariposas claras ou escuras podem ficar mais visíveis ou menos visíveis aos predadores.

A

Martin Fowler/Shutterstock

B

Henrik Larsson/Shutterstock

Camuflagem e mimetismo: dois tipos de adaptações

Na natureza, as adaptações aumentam as chances de sobrevivência do indivíduo. Um exemplo é a camuflagem, um disfarce do organismo que o confunde com o ambiente a seu redor. Ao ficar camuflado, um animal tem menos chances de ser visto pelo seu predador. Por sua vez o predador camuflado pode passar despercebido pela presa, o que lhe possibilita uma caça mais eficiente. A semelhança visual dos indivíduos de uma espécie em relação a outra ou a imitação de certos comportamentos também podem ser meios de obtenção de alguma vantagem. Esses casos são chamados de **mimetismo** (do grego *mímeses*, = 'imitação').

A

Danita Delmont/Shutterstock

B

Sari ONeal/Shutterstock

A borboleta-vice-rei (A) tem grande semelhança com outra espécie, chamada borboleta-monarca (B), que tem gosto desagradável; por isso, é rejeitada por pássaros. Essa semelhança faz com que a borboleta-vice-rei também seja rejeitada por pássaros.

A seleção artificial

Vimos que, na seleção natural, as condições do ambiente determinam as características mais vantajosas e, portanto, melhor adaptadas. Entretanto, o ser humano também pode ser um agente decisivo na seleção. Há milhares de anos, as pessoas realizam a domesticação de algumas espécies vegetais e animais. Esse processo é a **seleção artificial**, na qual se escolhem os tipos de cruzamentos que vão acontecer em função de determinada característica, considerada adequada aos propósitos do ser humano.

Andre Dib/Pulsar Imagens

Após várias gerações de cruzamentos entre boas vacas produtoras de leite e touros que descendem de vacas com essa mesma característica, obtém-se gado leiteiro de melhor qualidade. A mesma lógica se aplica a todas as espécies animais e vegetais domesticadas pelo ser humano no decorrer de sua história.

Nicolle Rager Fuller, National Science Foundation/ SPL/Fotoarena

Ilustração de milho atual domesticado (*Zea mays*, à esquerda) e teosinto (*Balsas teosinte*, à direita), sua espécie ancestral não domesticada pelos seres humanos. Repare na proporção de tamanho das espigas, indicadas pelos círculos vermelhos, em comparação com as moedas.

Na seleção artificial, portanto, não é o ambiente que escolhe quem vai se reproduzir e transmitir suas características, mas sim o ser humano, de acordo com seus interesses.

O ambiente segundo Lamarck e segundo Darwin

Para Lamarck, o ambiente é, quase sempre, o responsável direto pela mudança evolutiva. Ele afirmava que, em certo ambiente, o indivíduo seria estimulado a adquirir determinadas características adaptativas que seriam, então, transmitidas aos descendentes.

Para Darwin, o ambiente tem outro papel: exercer pressão seletiva em grupos de organismos de mesma espécie, que já apresentam variações de características entre si. Os indivíduos com maior chance de sobrevivência e reprodução, diante dessa pressão seletiva, transmitem as características favoráveis aos descendentes. Esse processo torna os indivíduos da população de tal espécie, de geração em geração, cada vez mais aptos a sobreviver nesse ambiente específico, desde que este não sofra alterações expressivas.

De maneira simplificada, poderíamos dizer que, para Lamarck, o ambiente modifica as características dos organismos; para Darwin, o ambiente as escolhe.

Apesar de hoje reconhecermos que as ideias de Darwin sobre seleção natural regulam grande parte dos processos evolutivos, novas evidências fizeram autores do meio científico repensarem as ideias de Lamarck. Alguns cientistas comentam que a herança de alguns caracteres adquiridos ao longo do desenvolvimento de um organismo é possível, em alguns casos, por meio de mecanismos epigenéticos. A Epigenética aborda a herança de características celulares e a maneira como os genes se expressam, em função de algumas influências do ambiente. Avanços nessa área reforçam a construção do conhecimento científico como um processo histórico e dependente de novos métodos e evidências.

Ferramentas digitais

Você conhece *podcasts*? Esse é o nome dado a arquivos digitais de áudio, transmitidos por meio da internet, geralmente com o propósito de apresentar e discutir um dado tipo de informação ou conteúdo. Quer saber mais sobre evolução? Experimente ouvir os *podcasts* de divulgação científica a seguir:

- **#011 Darwin vs. Lamarck**
  Disponível em: https://alociencia.com.br/podcast/011-darwin-vs-lamarck/. Acesso em: abr. 2020.
- **#150 Evolução**
  Disponível em: http://dragoesdegaragem.com/podcast/dragoes-de-garagem-150-evolucao/. Acesso em: abr. 2020.

Após essa inspiração, que tal fazer seu próprio *podcast*? Reúna-se com os colegas e criem *podcasts* para discutir mais exemplos e investigações, por exemplo, sobre evolução experimental, neodarwinismo e seleção sexual.

Atividade prática

Simulando a seleção natural

Algumas espécies de pássaros, em sua busca por alimento, procuram por frutos e sementes de variados tamanhos. Uma vez que essas espécies têm bicos de diferentes formas e dimensões, será que têm igual sucesso na obtenção desses alimentos? Anote no caderno sua hipótese para essa questão.

Nesta atividade simularemos essa situação. Os instrumentos representam bicos de diferentes espécies hipotéticas, e as sementes e frutos secos, o alimento disponível.

Material

- Instrumentos variados que representarão os bicos dos pássaros (por exemplo: pinça de sobrancelha, pinça cirúrgica, pegador de macarrão, prendedor de roupas e alicate).
- Cinco tipos de semente ou frutos secos de tamanhos variados (por exemplo: arroz, feijão, alpiste, grão-de-bico, pinhão, castanha-do-pará).
- Uma bandeja grande transparente.
- Recipientes (por exemplo: copos plásticos) para a coleta das sementes e dos frutos secos.
- Cronômetro.

Procedimentos

1. Formem grupos com quatro integrantes. Cada integrante deve escolher um tipo de instrumento.
2. Coloquem as sementes e os frutos secos misturados sobre a bandeja, em igual quantidade entre os tipos.
3. Após acionarem o cronômetro, cada estudante com seu "bico" deverá pegar o maior número e a maior variedade de alimentos que conseguir durante 20 segundos.
4. Contem as sementes e os frutos secos retirados. Criem uma tabela (vejam um modelo a seguir) e registrem os dados de todos os participantes.

Bico (instrumento)	Tipo de alimento (semente ou fruto seco)	Quantidade de sementes ou frutos secos coletados
Pinça de sobrancelha	Alpiste	//////////////////
	Arroz	//////////////////
	Feijão	//////////////////
	Grão-de-bico	//////////////////
	Castanha-do-pará	//////////////////
...	Alpiste	//////////////////

Analise

Faça análise dos dados obtidos pelo grupo, considerando, para cada instrumento utilizado, a soma de cada tipo de alimento (sementes e frutos secos) coletado.

Na prática

1. Como você avalia sua hipótese inicial?
2. Em vista dos resultados obtidos, é possível afirmar a existência de uma relação entre o tipo de instrumento (bico) e a quantidade de um dos tipos de semente ou de fruto seco coletado (alimento)? Em caso afirmativo, elabore um parágrafo descrevendo essa relação.
3. Imagine que na área onde viviam essas hipotéticas aves houvesse apenas uma ou duas espécies de planta. Quais pássaros teriam maior chance de sobreviver? E quais teriam menor chance? O que você considerou para chegar a essa conclusão?
4. Depois de realizada esta atividade, como você explica a existência de espécies com diferentes tipos de bico que surgiram a partir de uma única espécie ancestral?
5. Pesquise ao menos três espécies de aves que possuem bicos muito distintos entre si. Por exemplo: tucano, pica-pau e gavião. Pesquise também a dieta desses animais e compare os resultados com a atividade realizada.

Comunique!

A comunicação é um passo fundamental na construção e divulgação do conhecimento científico. Utilizando a atividade como exemplo, elabore com os colegas um material informativo para explicar o que é evolução e seleção natural. Se possível, escolham um formato digital que possa ser postado nas redes sociais e enviado a amigos e familiares. Assim reduzimos o uso de papel e alcançamos um público maior.

Atenção: Lembrem-se que vocês são responsáveis pelas informações que serão veiculadas, então, devem garantir que não exista nenhum erro ou imprecisão. Peça ajuda aos colegas e ao professor para fazer a revisão final do material.

Teoria sintética da evolução

Apesar de Darwin compreender a importância de haver variabilidade nas populações, ele não conseguiu explicar, de forma satisfatória, a origem dessas variações hereditárias. Isso porque as noções de gene, alelo, mutação, cromossomos e dos fenômenos da meiose não existiam à sua época.

Somente a partir do início do século XX, reconheceu-se que as fontes da variabilidade são: **mutações**, **recombinação gênica** (proporcionada pela reprodução sexuada), **migrações** (fluxo gênico entre populações diferentes e **deriva genética**. Esse conjunto de conhecimentos se estabeleceu com base na redescoberta e reinterpretação dos estudos de Mendel, em 1900; no reconhecimento dos cromossomos como portadores dos genes; na descrição dos tipos de divisão celular; e na elaboração das teorias sobre mutação.

Diante disso, a teoria atualmente mais completa é a **teoria sintética da evolução**, que considera o binômio variação/seleção, levando em conta as causas da variação.

Origens da variabilidade

Até agora, vimos alguns exemplos da atuação da seleção natural. Daqui em diante, vamos apresentar os mecanismos que levam à variabilidade nas populações.

Steve Gschmeissner/SPL/Fotoarena

Fotografia de moscas-da-fruta (*Drosophila melanogaster*, até 3 mm de comprimento), em vista ventral, obtida em microscópio eletrônico de varredura. Mosca com asas normais (à esquerda) ao lado de mosca mutante, com asas vestigiais (à direita). (Cores artificiais.)

Mutação

As mutações podem ser descritas como modificações na sequência de bases nitrogenadas do DNA. Nas populações naturais, as mutações ocorrem ao acaso e podem ser transmitidas aos descendentes. Repare que dizer que a mutação ocorre "ao acaso" significa que não é possível prever o local - gene, célula, órgão - ou o instante em que ela irá ocorrer. Mutações gênicas podem ser consideradas fonte de alelos novos na natureza. As mutações serão detalhadas na Unidade 8 - Genética.

Recombinação gênica

A recombinação gênica, que ocorre na reprodução sexuada, na partenogênese e na conjugação (em bactérias), proporciona o aparecimento de novos conjuntos de alelos, sobre os quais age a seleção natural. Considerando a reprodução sexuada, três mecanismos básicos promovem essa recombinação: a **segregação cromossômica**, a **fecundação** e o ***crossing-over*** (permutação).

Segregação cromossômica e fecundação

Na meiose, em situações normais, apenas um cromossomo de cada par vai para o gameta. Assim, podem ser formados vários tipos de gametas, cada qual com uma combinação diferente de cromossomos paternos e maternos.

Desconsiderando variações cromossômicas causadas por permutação (ou *crossing-over*), em um indivíduo $2n = 6$ (3 pares de cromossomos homólogos), há quatro possibilidades de segregação. Assim, podem ser formados 8 tipos de gametas diferentes (2^3). A figura a seguir representa esse mecanismo.

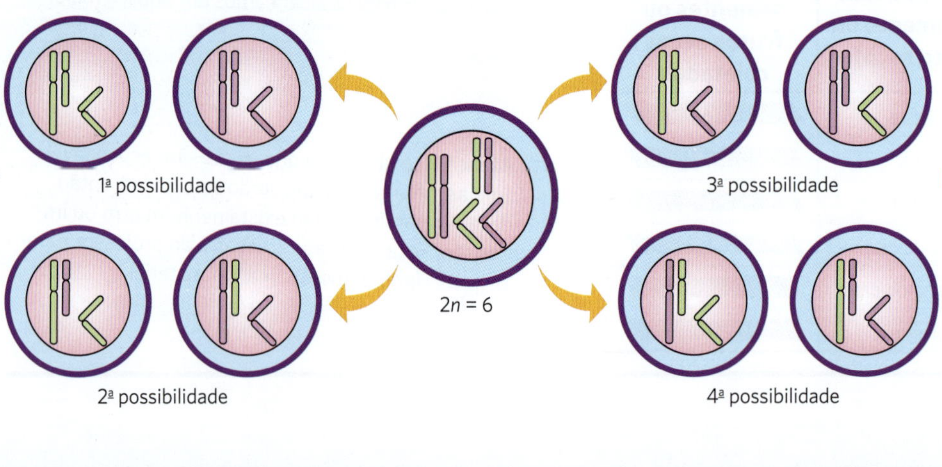

Banco de imagem/Arquivo da editora

Esquema representando as quatro possibilidades de segregação cromossômica em um indivíduo $2n = 6$. (Elementos fora de proporção de tamanho entre si. Cores fantasia.)

Na espécie humana, por exemplo, há 23 pares de cromossomos na célula diploide. Isso significa que pode haver 2^{23} tipos de gametas, ou seja, 8 388 608 tipos possíveis! Como isso vale para o homem e para a mulher, um casal poderia originar, a partir da fecundação, $8\ 388\ 608^2$ encontros gaméticos diferentes, que equivalem a aproximadamente 70 trilhões de tipos de filhos geneticamente distintos. Fica fácil entender, assim, por que irmãos com os mesmos pais podem ser tão diferentes um do outro.

Crossing-over

Esse fenômeno, que estudamos no capítulo de núcleo e divisão celular, é mais um fator que influencia a variabilidade nas populações, pois, em conjunto com a segregação cromossômica, aumenta muito o número de tipos de gametas que o indivíduo pode produzir. Repare que o cálculo feito acima, para filhos de casais na espécie humana, não levou em consideração o *crossing-over*!

Mutação e recombinação gênica: qual a diferença?

A **mutação gênica** possibilita o surgimento de alelos que não existiam anteriormente. É uma fonte de variabilidade que pode ocorrer tanto na reprodução assexuada quanto na reprodução sexuada.

A **recombinação gênica** não faz surgirem alelos novos, mas novos conjuntos de alelos. Promove variabilidade principalmente na reprodução sexuada e, mais raramente, na reprodução assexuada por partenogênese e por conjugação (em bactérias).

Migração

Outro mecanismo que influencia a variabilidade nas populações são as migrações - entrada (imigração) ou saída (emigração) de indivíduos de uma população de mesma espécie.

Tome como exemplo a população humana do Brasil: ao longo do tempo, ocorreram muitas variações nos alelos que compõem a população em razão dos diversos povos que imigraram para cá em diferentes épocas, além das migrações internas de povos nômades que aqui preexistiam. Dessa maneira, a miscigenação entre esses povos (indígenas nativos e imigrantes) resultaram e continuam a resultar em contínuas mudanças nas porcentagens dos alelos que compõem a população humana brasileira.

Andre Dib/Pulsar Imagens

Guarás-vermelhos (*Eudocimus ruber*) são uma espécie migratória. (entre 55 cm e 76 cm de comprimento). A migração é um dos fatores que geram variabilidade na população.

Deriva genética

Outro fator que altera a frequência dos alelos de uma população é a deriva genética. Esse processo ocorre aleatoriamente e, portanto, não é influenciado por seleção natural.

Considere o seguinte exemplo: uma população de castores é formada por indivíduos que apresentam uma marca na orelha, condicionada pelo alelo **a**, e por indivíduos com o alelo **A**, que não apresentam essa marca. Um dia, ocorre o rompimento de uma barragem construída por esses castores, causando, aleatoriamente, a morte de 75% dos castores com a marca (**aa**) e de 10% dos castores sem a marca (**AA** e **Aa**). Nesse caso, o rompimento da barragem, um evento totalmente casual, não selecionou a característica genética dos castores, mas alterou a frequência dos alelos **A** e **a** nessa população.

Quanto menor a população, maior o efeito da deriva genética, pois os efeitos de eventos casuais têm mais impacto sobre a frequência dos alelos na população.

A formação de novas espécies

O surgimento de novas espécies é um processo evolutivo. A partir de uma espécie ancestral, diversas novas espécies surgem ao longo do tempo, com características genéticas, morfológicas e fisiológicas distintas. O conceito de espécie é fundamental para a Biologia, porque permite a organização da diversidade de vida ao nosso redor.

O que é espécie biológica?

Em 1942, o biólogo estadunidense Ernst Mayr (1904-2005) propôs o critério da reprodução para formular o que ficou conhecido como **conceito biológico de espécie**. Segundo ele, a espécie biológica seria o grupo de organismos capazes de se cruzar na natureza, produzindo descendentes férteis. Em outras palavras, populações de organismos dentro das quais possa haver **fluxo de genes** por meio da reprodução sexuada.

O conceito biológico de espécie com base na capacidade de reprodução sexuada é muito útil e de fácil compreensão; entretanto, tem algumas limitações. Não pode ser aplicado, por exemplo, a organismos que apenas se reproduzem assexuadamente, como alguns protistas e bactérias.

No caso da comparação entre dois fósseis de espécies extintas, a decisão sobre se pertencem ou não à mesma espécie, evidentemente, não poderá basear-se no critério reprodutivo, mas sim em critérios morfológicos.

Embora existam outros conceitos de espécie hoje utilizados, optamos por utilizar, ao longo dessa obra, o conceito biológico de espécie, baseado na reprodução.

Kalidron.Photography/Shutterstock

A mula (cerca de 1,6 m de altura), animal estéril, é o resultado do cruzamento de um jumento (*Equus asinus*) com uma égua (*Equus caballus*).

Os mecanismos de especiação

Veja o esquema a seguir e acompanhe no texto.

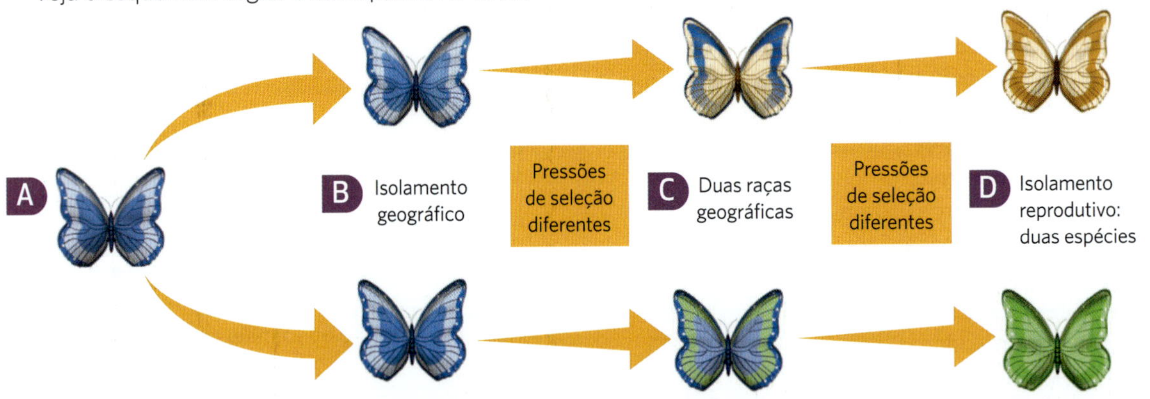

Studio Caparroz

Esquema do surgimento de duas espécies a partir de uma espécie ancestral. (Elementos fora de proporção de tamanho entre si. Cores fantasia.)

Uma população original (**A**), bastante homogênea em termos genéticos, divide-se em dois grupos (**B**), separados por uma barreira geográfica qualquer, como uma montanha ou um rio. Suponha que essa barreira isole os indivíduos desses dois grupos, que ficam, assim, impedidos de se cruzar. Esse processo representa um caso de **isolamento geográfico**. A partir desse momento, os grupos vão evoluir separadamente. Durante muito tempo, os dois grupos são submetidos a diferentes pressões de seleção natural, já que vivem em ambientes distintos. Com isso, diferentes alelos serão selecionados nas duas populações. Além disso, devido ao isolamento geográfico, os genes de uma população não têm a oportunidade de serem transmitidos à outra. Com o decorrer dos anos, a composição gênica desses dois grupos torna-se cada vez mais diferenciada. Essas duas populações passam a constituir o que chamamos de **raças geográficas** (**C**).

Em uma determinada fase, as raças geográficas podem ter se diferenciado a tal ponto que os indivíduos são incapazes de cruzar e gerar descendentes férteis, mesmo que colocados em contato. Dessa maneira, estabelece-se o que chamamos de **isolamento reprodutivo** e têm-se duas espécies diferentes (**D**).

Cada uma das espécies recém-formadas, por sua vez, pode sofrer um ciclo semelhante, fragmentando-se em raças geográficas, e, finalmente, originando espécies novas.

Irradiação adaptativa

Uma população ou uma espécie que vive em certa área tende a dispersar-se, ocupando e explorando o maior número de *habitat* possível. A seleção natural faz com que esses grupos, ao longo do tempo, diferenciem-se bastante uns dos outros, já que cada um deles é submetido a pressões seletivas específicas nos diferentes ambientes ocupados. Dessa maneira, uma única espécie ancestral pode dar origem a uma grande variedade de espécies, cada uma adaptada a determinado conjunto de condições de vida. A diversificação de formas originadas de uma única espécie chama-se **irradiação adaptativa**.

Os bicos dos tentilhões

Nas ilhas Galápagos, visitadas por Darwin, existem 14 espécies de pequenos pássaros, os tentilhões, que constituem um bom exemplo de irradiação adaptativa. Cada espécie apresenta um bico adaptado ao tipo de alimento que consome. No passado, uma espécie ancestral deve ter chegado a uma das ilhas maiores e, decorrido algum tempo, indivíduos migraram para as outras ilhas, onde ficaram isolados tempo suficiente para que ocorresse especiação. Em cada ilha, teria sido selecionado um tipo de bico adequado ao alimento disponível.

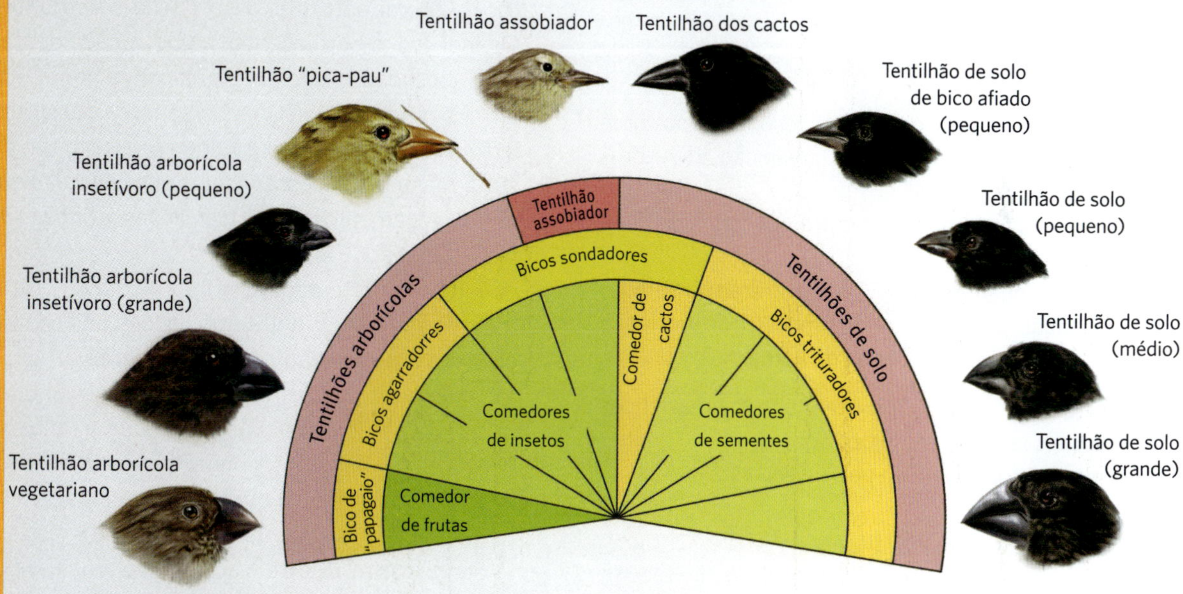

Os tentilhões de Darwin surgiram a partir de uma única espécie ancestral e compreendem uma grande diversidade de tamanhos e formatos de bicos, relacionados diretamente com o tipo de alimento que cada uma das espécies consome. (Elementos fora de proporção de tamanho entre si. Cores fantasia.)

Convergência adaptativa

Na **convergência adaptativa** (ou evolução convergente), organismos de espécie e origens diferentes que vivem em condição ecológica semelhante por muito tempo tendem a apresentar características similares, pelo fato de essas espécies serem submetidas a pressões de seleção semelhantes. Aqui, portanto, a semelhança não ocorre devido ao parentesco evolutivo. Por isso, a forma do corpo dos golfinhos e dos tubarões é bastante semelhante, uma vez que ambos são animais adaptados à natação. O golfinho, no entanto, é um mamífero e respira por pulmões, sendo, do ponto de vista evolutivo, bastante distanciado dos tubarões, que são peixes cartilaginosos. Veja, ao lado, o exemplo das euforbiáceas e cactáceas.

(A) *Euphorbia candelabrum*, uma espécie da família das euforbiáceas, que ocorre naturalmente em regiões desérticas da África. (B) Facheiro (*Pilosocereus pachycladus*), cactácea muito comum da Caatinga. Essas plantas apresentam origens evolutivas diferentes, mas constituem exemplo de convergência adaptativa relacionada ao clima desértico.

Desenvolvendo habilidades

1 Confira o texto a seguir.

[...]

O senso comum tem consagrado uma oposição completa entre as teorias evolucionistas de Jean-Baptiste Lamarck e de Charles Darwin. A teoria do naturalista francês seria errada e o naturalista inglês teria conseguido produzir a correta explicação da evolução. Suas teorias, portanto, seriam totalmente distintas. Essa concepção tem sido repetida há longo tempo pelos textos de divulgação científica e até mesmo pelos livros didáticos de biologia. [...]

FREZZATTI JR., W. A. A construção da oposição entre Lamarck e Darwin e a vinculação de Nietzsche ao eugenismo. Disponível em: http://www.scielo.br/scielo.php?script=sci_arttext&pid=S1678-31662011000400004. Acesso em: jan. 2020.

Analisando de modo histórico, reconhecemos hoje que as teorias de Lamarck e Darwin não eram completamente opostas.

a) Quais as semelhanças entre as teorias de cada naturalista?

b) Quais ideias de Darwin se mostraram mais adequadas para explicar o processo de evolução em comparação com as de Lamarck?

2 Leia o texto a seguir que discute problemas éticos e sociais resultantes do uso equivocado do conhecimento proporcionado pelas ciências.

[...]

Todavia, difundira-se no século XIX e XX interpretações que utilizavam a Teoria da Seleção Natural como instrumento de análise do meio social. [...]

As ideias difundidas pelo Darwinismo social acreditam que as sociedades evoluem naturalmente de um estágio inferior para os estágios superiores e mais complexos de organização social. Assim, povos ditos civilizados (os europeus) têm o dever de ocupar, dominar e explorar as culturas "mais atrasadas", a fim de levar-lhes desenvolvimento, progresso, avanços tecnológicos e permitir-lhes que alcancem os estágios superiores de civilização.

Desafortunadamente, no Brasil do século passado, não faltaram aqueles que deturparam o conceito evolucionista consagrado por Darwin, ora a serviço dos interesses dominantes, ou de nações estrangeiras, ora de grupos racistas ou em defesa de suas convicções pessoais ou interesses financeiros. [...]

SANTOS, Rodrigo. Darwinismo social, racismo e dominação – Uma visão geral. *Gelédes*. Disponível em: https://www.geledes.org.br/darwinismo-social-racismo-e-dominacao-uma-visao-geral/. Acesso em: jan. 2020.

Em pequenos grupos, façam uma discussão sobre o uso indevido do conhecimento científico e seus impactos na sociedade. Quais medidas são necessárias para combater o racismo e promover a equidade e respeito à diversidade? Em seguida, comuniquem os principais pontos discutidos ao restante da turma.

3 Leia com atenção o texto a seguir e responda às perguntas que se seguem.

Há na América do Norte uma determinada espécie de rã (*Rana pipiens*), encontrada desde o Canadá (no norte, portanto) até o México (no extremo sul). Os indivíduos pertencentes a populações dessas duas localidades diferem significativamente, em termos morfológicos. Quando se tenta cruzar um indivíduo de uma população do norte com um do sul, a maioria dos descendentes é inviável. No entanto, cruzamentos entre populações vizinhas são bem-sucedidos. Dessa maneira, um gene existente no extremo norte pode, por intermédio de cruzamentos sucessivos entre populações adjacentes, chegar a um indivíduo de uma população do sul.

a) O texto diz que o cruzamento entre indivíduos de populações afastadas não costuma ser bem-sucedido. Sabemos, porém, que espécie biológica é um grupo de organismos que podem se intercruzar, originando descendentes férteis. Sendo assim, é correto aceitar que todas as populações desse tipo de rã pertencem à mesma espécie? Comente.

b) Suponha que cinco dessas populações de rãs (A, B, C, D e E) sejam vizinhas umas da outras, na ordem em que foram citadas. Os genes existentes nas populações extremas (A e E) podem fluir livremente por intermédio dos cruzamentos entre populações vizinhas. Imagine, agora, que duas dessas populações desapareçam (C e D), por algum acidente ou catástrofe hipotética. Supondo que o cruzamento seja somente possível entre populações diretamente vizinhas, o que você diria sobre o número de espécies que existe agora?

c) Por que as populações do extremo norte são morfologicamente diferentes das do extremo sul? Tente explicar isso usando os conceitos de evolução que aprendeu nos últimos capítulos.

CAPÍTULO 15

A origem da espécie humana

Somos todos da espécie *Homo sapiens*, que se originou há cerca de 300 mil anos. A história evolutiva dos hominídeos é marcada pelo desenvolvimento da cognição, da vida em sociedade e da comunicação. Diversos estudos interdisciplinares, como na área da Antropologia (estudo do ser humano e da humanidade), da Primatologia (estudo dos primatas) e da Etologia (estudo do comportamento animal), têm contribuído para dar pistas de como foi esse processo evolutivo.

Este capítulo favorece o desenvolvimento das habilidades:

EM13CNT202
EM13CNT203
EM13CNT207
EM13CNT208
EM13CNT301
EM13CNT302
EM13CNT303
EM13CNT305

Dica

Museu Virtual da Evolução Humana

http://evolucaohumana.ib.usp.br/

Acervo digital de materiais do *Laboratório de estudos evolutivos humanos*, do Instituto de Biociências da Universidade de São Paulo (IB-USP). Entre outros materiais sobre Evolução humana, apresenta fotos, filogenias e mapas de posicionamento geográfico dos fósseis encontrados.

A história evolutiva dos primatas

Os primatas são animais que descendem de mamíferos ancestrais de florestas tropicais. Muitas de suas características são adaptações ao modo de vida arborícola, ou seja, à vida em árvores.

Os primatas têm: cinco dedos nas mãos e nos pés, com polegar opositor; cérebro grande em relação ao tamanho do corpo, quando comparados a outros mamíferos; visão mais apurada, quando comparada ao olfato. Em geral, são animais sociais, com hierarquias muito complexas.

A ordem dos primatas é tradicionalmente dividida entre prossímios e antropoides. Os **prossímios** constituem um grupo de animais típicos da fauna de Madagascar, das Filipinas e da região tropical da Ásia, tais como lêmures e társios, entre outros. Os antropoides, que incluem os macacos e os seres humanos, podem ser divididos em:

- **macacos do Novo Mundo** (ou seja, do continente americano), como saguis, macacos-prego, macacos-aranha, micos-leões, muriquis, bugios;
- **macacos do Velho Mundo** (ou seja, dos continentes asiático, africano e europeu), como babuínos, mandris, colobos, macacos rhesus;
- **hominoides**, incluindo gibões - das florestas tropicais da Índia, Indonésia e China -, os grandes macacos hominídeos (gorilas, chimpanzés, bonobos, orangotangos) - do continente africano - e os humanos - também de origem africana.

Holger Mette/iStockphoto/Getty Images
kjorgen/iStockphoto/Getty Images

(A) Társio da espécie *Tarsius syrichta* (cerca de 35 cm de comprimento) é um representante atual dos prossímios. Repare nos grandes olhos, típicos de animais de hábitos noturnos. (B) Chimpanzé do gênero *Pan* (cerca de 1,2 m de altura). Esses animais são encontrados em florestas, bosques e savanas de algumas localidades da África central e da África ocidental.

O esquema a seguir propõe uma hipótese atualizada sobre a evolução dos primatas durante os últimos 65 milhões de anos.

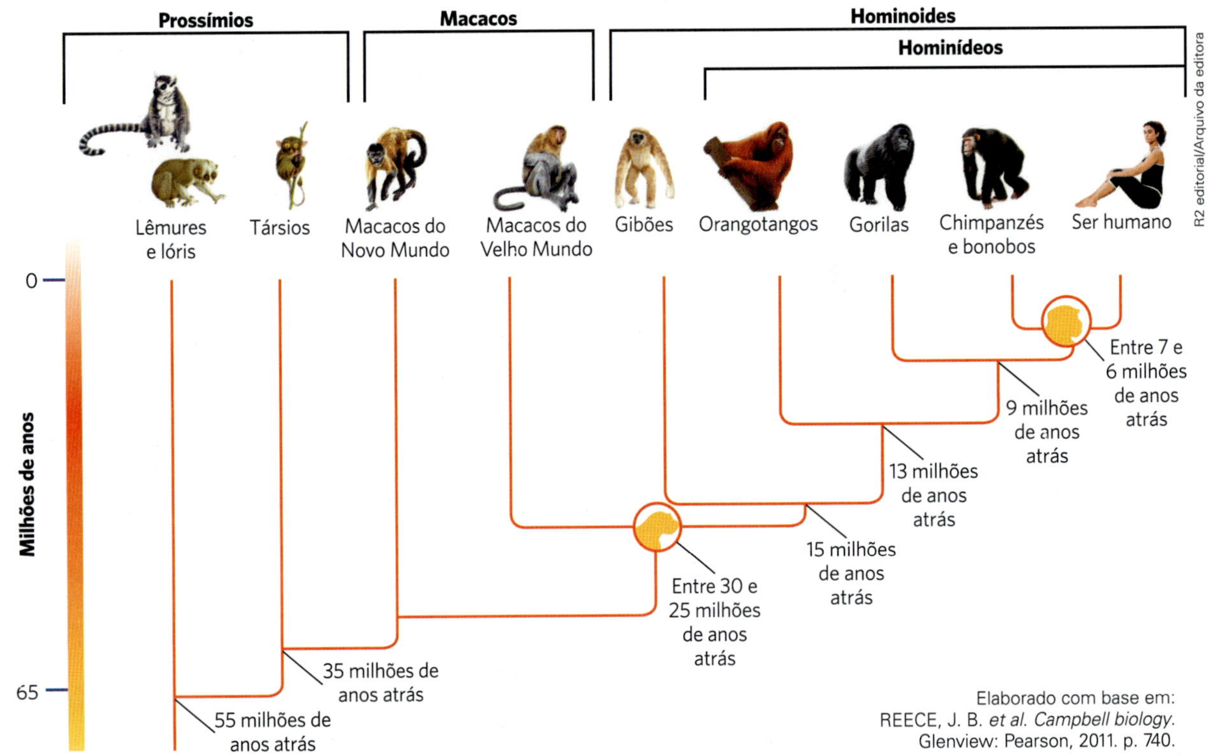

Árvore filogenética com relações de parentesco entre alguns grupos de primatas. O esquema ilustra a ideia de que a evolução ocorre de maneira ramificada (em vez de linear), como os galhos de uma árvore. (Elementos fora de proporção de tamanho entre si. Cores fantasia.)

O ramo que parte do primata ancestral, há 65 milhões de anos, divide-se em vários outros ramos em diferentes momentos, assemelhando-se a uma árvore. Imagine, ao longo de cada linha, a presença de muitas espécies extintas, parentes dos primatas atuais. Repare que entre 7 e 6 milhões de anos atrás, a linhagem que originou os chimpanzés, os bonobos e os seres humanos se separou. Em outras palavras, há aproximadamente 7 milhões de anos atrás havia um ancestral comum do qual surgiram as linhagens evolutivas que resultaram na espécie humana e nos chimpanzés e bonobos.

Os hominoides

O esquema ao lado mostra algumas relações de parentesco dentro da superfamília Hominoidea. Repare, por exemplo, que ela é dividida em duas famílias: Hylobatidae, à qual pertencem os gibões; e Hominidae, que reúne gorilas, orangotangos, chimpanzés, bonobos e seres humanos.

Análises genéticas recentes indicam que, em termos evolutivos, gorilas, chimpanzés e bonobos estão mais próximos dos seres humanos do que os orangotangos, como mostra o esquema ao lado. Além disso, é muito grande a similaridade anatômica, fisiológica e bioquímica entre humanos e animais do gênero *Pan* (bonobos e chimpanzés). Estudos de sequenciamento indicam semelhanças de 98% a 99,4% no DNA dessas três espécies.

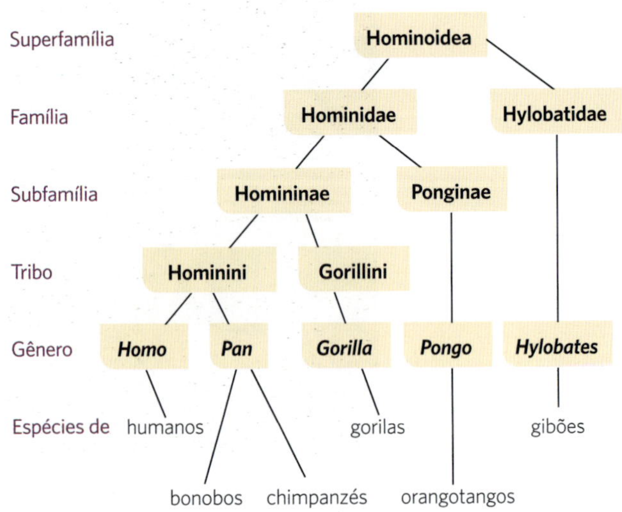

Esquema das relações de parentesco entre os táxons do grupo dos hominoides.

Tendências na evolução dos hominídeos

Postura ereta e bipedia

Os macacos do Novo Mundo e do Velho Mundo usam os quatro membros para a locomoção, mas são capazes de sentar em posição ereta. Gorilas, orangotangos, chimpanzés e bonobos conseguem manter a postura ereta, parados ou caminhando, embora se cansem rapidamente. Na evolução do gênero *Homo*, a postura ereta e a locomoção bípedes são características que apareceram no início da diversificação do grupo. Uma vantagem da postura ereta é deixar os membros superiores livres, o que permite apanhar alimentos ou carregar a cria.

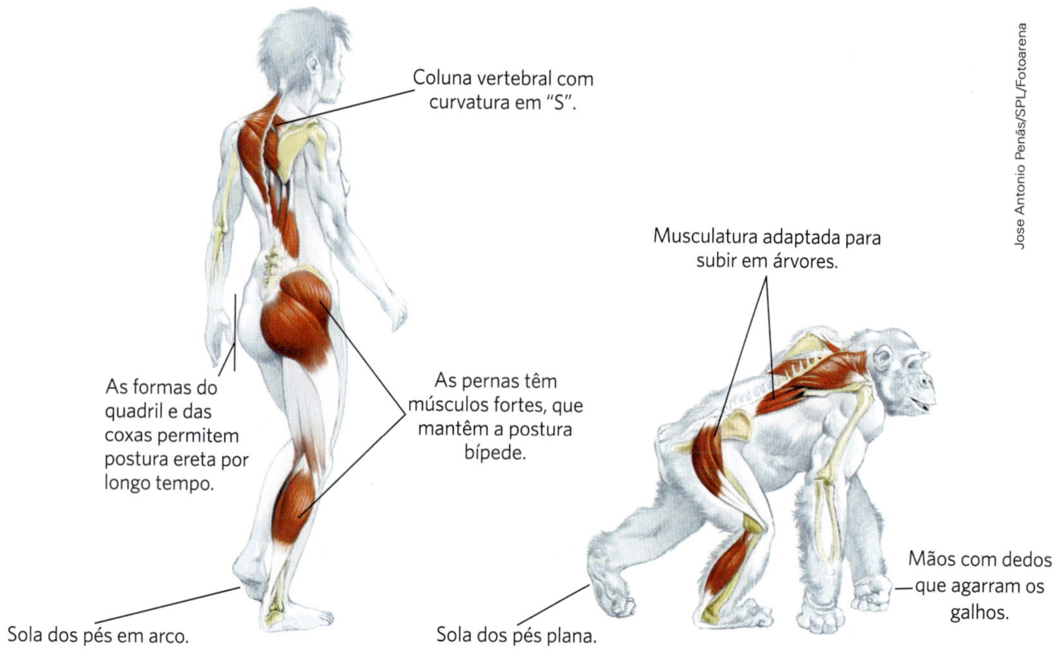

Esquema de algumas diferenças físicas entre o ser humano e o chimpanzé que possibilitaram a locomoção bípede no gênero *Homo*. (Cores fantasia.)

Evolução da mão

A mão dos primatas modernos tem cinco dedos. Um deles, o polegar, faz oposição aos demais. Essa característica melhora muito a capacidade de agarrar objetos e aumenta a destreza com que são manipulados. Ao longo da evolução dos primatas, a habilidade manual tende a ficar mais refinada.

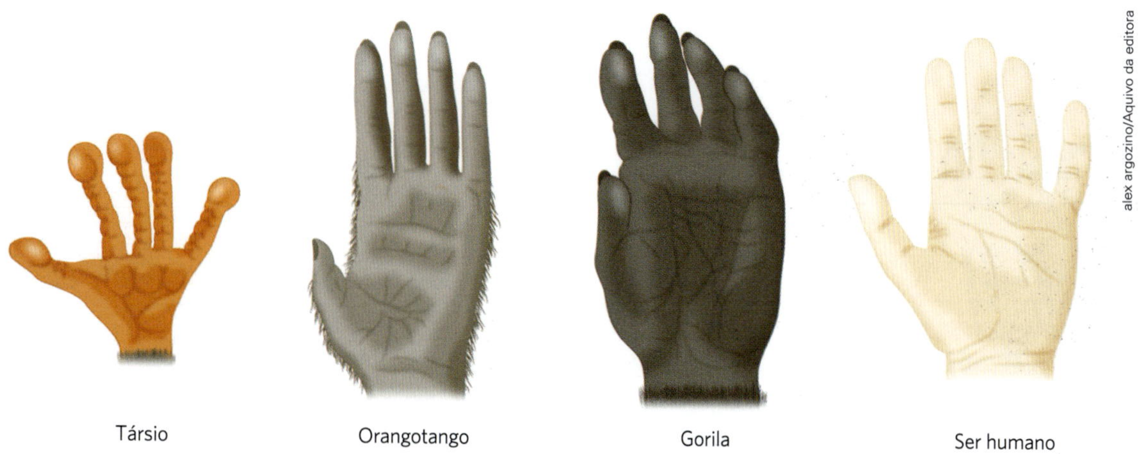

Esquema da evolução da mão nos primatas. (Elementos fora de proporção de tamanho entre si. Cores fantasia.)

Comparação da duração das fases de vida de três primatas

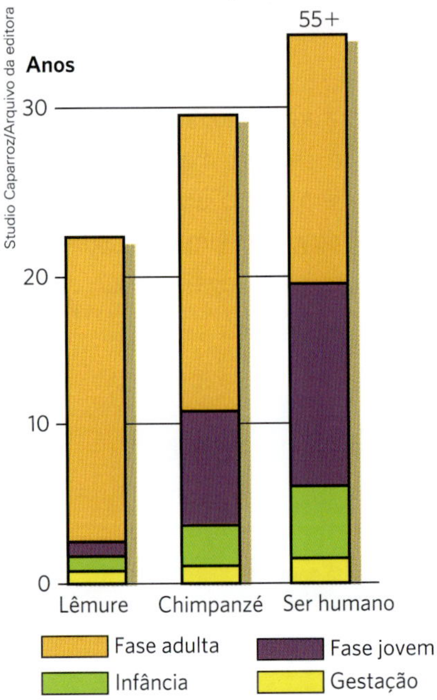

Fonte: BOGIN, Barry. Introduction: The rise of auxological paleontology. *American Journal of Physical Anthropology*. p. 41-42. 2001.

Cuidados com a prole

Outra tendência observada nos primatas é um aumento nos cuidados com os filhotes. Geralmente, quanto mais recente for a espécie de primata considerada, maior será o período em que o jovem fica dependente dos pais, o que também implica em maior tempo de aprendizado. As divisões que formaram os prossímios atuais, por exemplo, ocorreram há aproximadamente 65 milhões de anos e eles apresentam período de cuidado parental muito menor do que os hominoides, grupo estabelecido há aproximadamente 25 milhões de anos.

Eric Gevaert/iStockphoto/Getty Images

Mãe orangotango do gênero *Pongo* amamentando seu filhote.

Capacidade cognitiva

O cérebro dos hominídeos se desenvolveu tanto em termos de tamanho quanto de complexidade. Os primeiros representantes do gênero *Homo* apresentavam uma capacidade craniana significativamente maior que a de seus antecessores, os australopitecíneos. Com isso, verifica-se um aumento da capacidade cognitiva e simbólica, o que possibilitou o desenvolvimento de uma complexa organização social e de sistemas de comunicação.

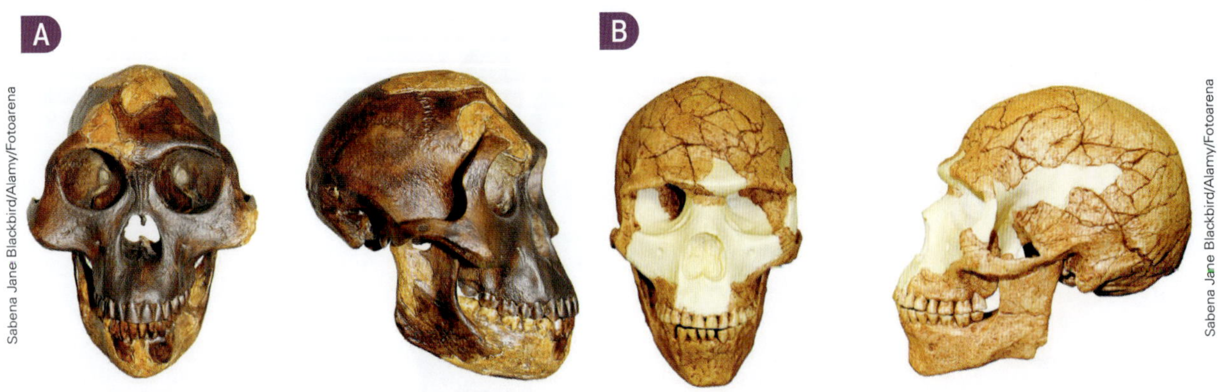

Sabena Jane Blackbird/Alamy/Fotoarena

(**A**) Crânio de *Australopithecus afarensis* em vista frontal e lateral. (**B**) Crânio de *Homo sapiens* em vista frontal e lateral. Observe a diferença de volume na caixa craniana entre as duas espécies.

Compreendendo o contexto evolutivo do ser humano

Alguns fatos interessantes podem ser notados na evolução do ser humano. Destaca-se o desenvolvimento cognitivo; assim, o uso da memória e a interpretação de dados permitiram a geração de conhecimentos e de novas ferramentas e tecnologias. Verificam-se, ainda, o surgimento de sociedades de organização complexa, a elaboração de trabalhos artísticos e a diversificação das formas de comunicação. Em conjunto, essas habilidades possibilitaram que o ambiente fosse alterado de acordo com as necessidades do ser humano.

É importante lembrar, ainda, que a evolução não é um processo linear, o que pode ser ilustrado em um diagrama com aspecto de uma árvore, com várias ramificações, como mostra o esquema a seguir.

Vagner Coelho/Arquivo da editora

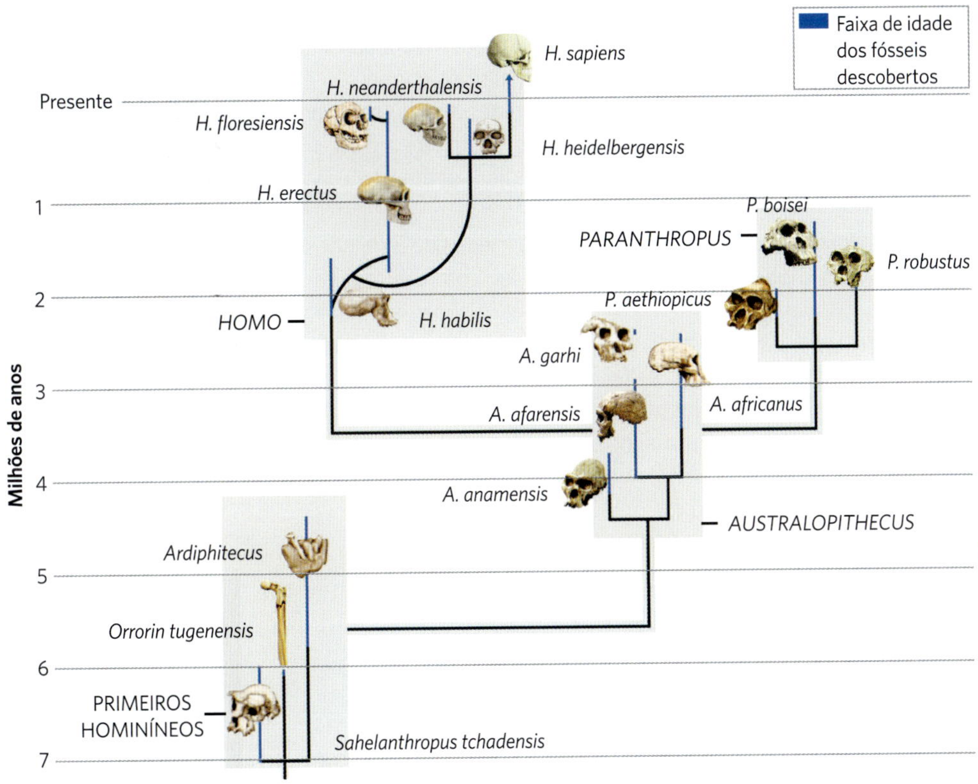

Elaborado com base em: ZIMMER, Carl. *Smithsonian intimate guide to human origins*. Washington, DC: Smithsonian Books, 2005. Disponível em: www.pbs.org/wgbh/nova/evolution/whos-who-human-evolution.html. Acesso em: jun. 2020.

Esquema com as possíveis relações de parentesco entre os hominíneos. (Elementos fora de proporção de tamanho entre si. Cores fantasia.)

Várias espécies de hominíneos habitaram o planeta ao mesmo tempo, inclusive nos mesmos lugares. Há cerca de 2 milhões de anos, conviveram na África cinco diferentes espécies de hominíneos, três delas na África oriental, possivelmente competindo em um mesmo ambiente.

Evidências fósseis apontam que a bipedia surgiu na linhagem hominínea em duas etapas. Os ancestrais humanos que viveram entre 7 e 2,5 milhões de anos atrás apresentavam tanto características arborícolas quanto as que possibilitavam a vida no solo. Assim, esses indivíduos usavam as árvores como abrigo e fonte de alimento, mas também exploravam ambientes com menos árvores, adotando um caminhar bípede. O caminhar bípede é menos custoso, em termos energéticos, do que o caminhar com quatro membros, praticado pelos chimpanzés atuais.

Há cerca de 2,5 milhões de anos, por motivos pouco conhecidos, ocorreu diminuição de áreas florestais e aumento de desertos e de savanas, o que alterou as pressões seletivas. As populações em que ocorreu aperfeiçoamento da bipedia puderam explorar, com vantagem, novas fontes de alimentos, como as carcaças de animais pastadores que viviam em abundância nas savanas. Além disso, o aumento na destreza manual possibilitou a produção de ferramentas, como lascas de pedra, o que propiciava retirada mais eficiente da carne das carcaças.

Outro importante evento evolutivo se deu, por fim, com a descoberta do fogo, que levou ao cozimento da carne. Muitos autores argumentam que a ingestão de carne cozida tornou possível que processos de seleção natural levassem a um aumento significativo da capacidade cerebral e cognitiva, pois o encéfalo gasta muita energia para funcionar e a carne cozida fornece mais energia do que carne crua.

Alguns parentes conhecidos do gênero *Homo*

As linhagens mais próximas do gênero *Homo*

Entre as linhagens de hominíneos (que incluem a espécie humana moderna e seus parentes extintos), as mais próximas ao gênero *Homo* são *Australopithecus* e *Paranthropus*.

Os australopitecos viveram entre cerca de 4,2 milhões e 2,5 milhões de anos atrás. Embora tivessem crânio e dentes semelhantes aos chimpanzés, apresentavam traços característicos dos hominíneos. A seguir, veja as características das espécies mais conhecidas.

- O *Australopithecus afarensis* tinha postura ereta ao caminhar e viveu, aproximadamente, entre 3,7 e 2,5 milhões de anos atrás. O fóssil mais conhecido é o de uma fêmea, batizada de Lucy. O estudo desse exemplar permitiu estimar que Lucy, quando viva, apresentava cerca de 23 kg e de 1,10 m de altura. O volume craniano do *A. afarensis* era de 400 mL, em média - semelhante ao de um chimpanzé.
- O *Australopithecus africanus*, por sua vez, viveu há pouco menos de 3 milhões de anos. De pequena estatura, pesava mais ou menos 30 kg, com volume craniano de 440 mL.
- O *Paranthropus robustus* (que viveu entre 2 e 1 milhões de anos atrás, mais ou menos) tinha caixa craniana com cerca de 530 mL. Esses hominíneos apresentavam molares grandes e se alimentavam, provavelmente, de material vegetal de constituição dura, como raízes, nozes e frutos de casca grossa.
- O *Paranthropus boisei* viveu há cerca de 1,75 milhão de anos. Com capacidade craniana de 500 mL, tinha molares ainda maiores do que o *P. robustus*.

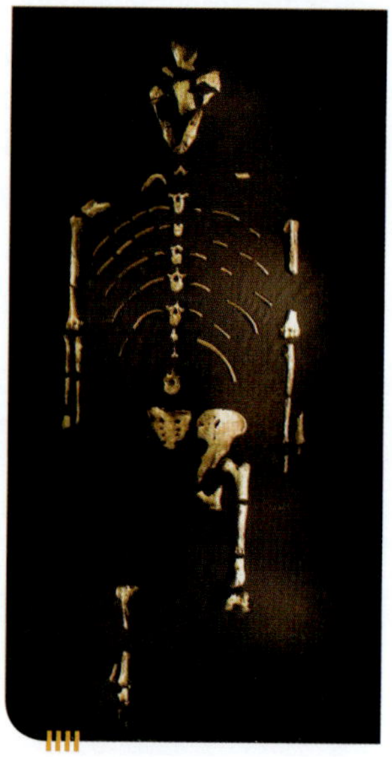

Dave Einsel/Getty Images

Alguns dos ossos de Lucy, uma fêmea pertencente à espécie *Australopithecus afarensis*, da qual foram encontrados 40% do esqueleto.

A filha de Lucy

Foi localizado na Etiópia um exemplar fóssil incrivelmente completo de *Australopithecus afarensis*. Trata-se do esqueleto de uma menina de 3 anos que foi apelidada de "bebê de Lucy", embora tenha vivido 100 mil anos antes de Lucy. Esse fóssil reacende uma velha polêmica: muitos estudiosos acreditam que o *A. afarensis* andava sobre duas pernas, em razão das adaptações da parte inferior do corpo. Entretanto, algumas adaptações da parte superior, como longos dedos curvos, que deviam servir para se agarrar nos ramos, parecem indicar uma capacidade de vida nas árvores. É possível, portanto, que *A. afarensis* usasse uma combinação do "andar" com o "escalar".

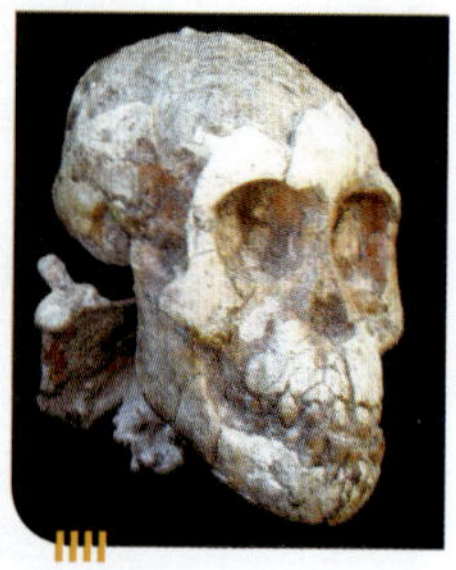

SIPA/Newscom/Glow Images

Crânio do "bebê de Lucy", encontrado na Etiópia (África), no ano 2000.

Homo habilis: utilizando ferramentas

Louis Leakey (1903-1972), membro de uma família de famosos paleoantropologistas, encontrou na Tanzânia fósseis de 1,7 milhão de anos de idade. Esses fósseis foram batizados por ele de *Homo habilis*, que significa "homem hábil". Isso porque, nas mesmas camadas em que os fósseis foram encontrados, descobriram-se as ferramentas de pedra mais antigas de que se tinha conhecimento, provavelmente produzidas e utilizadas pelo *H. habilis*. Também chama atenção o volume craniano dos fósseis entre 600 mL e 700 mL, o que representa aumento razoável em relação aos australopitecos. O *H. habilis* viveu entre 2 milhões e 1,7 milhão de anos atrás.

John Reader/SPL/Fotoarena

Lascas de pedra trabalhadas da cultura Acheulense, usadas para uma série de tarefas. Elas foram produzidas entre o período de 1,5 milhão e 200 mil anos atrás. Essas ferramentas foram encontradas na garganta de Olduvai, Tanzânia, África.

Homo erectus: controlando o fogo

O primeiro fóssil de *Homo erectus* foi encontrado em Java (ilha localizada na Indonésia), no fim do século XIX, e outros exemplares foram localizados na China, mais tarde. Seu volume craniano variava entre 850 mL e 1100 mL (o volume craniano do ser humano moderno adulto é, em média, de 1350 mL). Produzia ferramentas mais sofisticadas do que o *H. habilis*, e as utilizava para a caça. O *H. erectus* aprendeu a controlar o fogo: foram descobertos restos de carvão, cinzas e ossos queimados em cavernas, na China. Assim, partes de vegetais que eram muito duras quando cruas podiam ser ingeridas após cozimento. É provável que o *H. erectus* se abrigasse nas cavernas para se proteger do frio e que também usasse fogo para espantar predadores. Essa espécie viveu entre 2 milhões e 1,4 milhão de anos atrás.

Homo neanderthalensis

O *Homo neanderthalensis* viveu, aproximadamente, de 200 mil a 30 mil anos atrás. Essa espécie se espalhou por toda a Europa, Oriente Médio e partes central e ocidental da Ásia. Mais robusto do que o ser humano moderno, tinha volume craniano pouco maior que o nosso (cerca de 1 450 mL), face saliente e fronte baixa. Usava ferramentas mais sofisticadas que as do *H. erectus*, que lhe permitiam, provavelmente, manipular peles de animais, usadas para protegê-lo do frio. Isso foi importante, pois, entre 100 mil e 18 mil anos atrás, houve um grande avanço do gelo, que recobriu boa parte do hemisfério norte.

Os *H. neanderthalensis* provavelmente tinham algum tipo de comunicação verbal rudimentar. Há vários indícios de que eles tinham certo grau de organização social. Além disso, enterravam seus mortos, muitas vezes com alimentos, armas e flores. Há 30 mil anos, os *H. neanderthalensis* desapareceram abruptamente, sem que se saiba o porquê.

Mauricio Anton/SPL/Fotoarena

Representação artística de homens de Neandertal. (Cores fantasia.)

Homo sapiens: a nossa espécie

Homo sapiens é a única espécie de hominíneos que sobreviveu até hoje. Os fósseis mais antigos, com origem africana, têm cerca de 300 mil anos.

As primeiras populações de *H. sapiens* que migraram para o continente europeu, cerca de 48 mil anos atrás, são comumente chamados de "homens de Cro-Magnon", por causa da região da França em que foram descobertos seus primeiros fósseis. Fabricavam ferramentas sofisticadas e bastante variadas, nem todas de pedra: ossos e marfim eram usados para confeccionar pontas de projéteis e de lanças, arpões, anzóis e agulhas. Também produziam trabalhos artísticos, como esculturas de marfim e pinturas nas paredes de cavernas.

Foram encontradas, principalmente na Espanha e na França, pinturas e gravações em mais de 200 cavernas, que datam de 25 mil até 10 mil anos atrás. Essas pinturas, geralmente situadas na parte mais interior das cavernas, retratam animais, formas geométricas e, ocasionalmente, figuras humanas. Nas cavernas de Altamira, na Espanha, e de Lascaux, na França, as pinturas multicoloridas foram feitas com pigmentos minerais misturados a gordura animal. Os temas tratados com maior frequência eram a caça e a fertilidade.

O verdadeiro significado dessas pinturas ainda é controverso. Uma interpretação diz que os animais retratados eram migratórios e, assim, "desapareciam" em determinada época do ano, retornando misteriosamente, muitas vezes prenhes, em outra época. As pinturas teriam, então, o significado mágico de solicitar o retorno dos animais, tão importantes para a sobrevivência dos seres humanos mais antigos.

Heritage-Images/TopFoto/AGB Photo Library

Cena pintada na caverna de Lascaux, na França, representando um homem com uma cabeça de ave, ao lado de um bisão atravessado por uma lança e uma haste com uma ave em cima. Alguns pesquisadores dizem que esta imagem representa a caça. Outros dizem que era uma forma de representar as constelações, e a ave na haste representaria a estrela Altair, a mais brilhante da constelação de Águia.

Diálogos

Desigualdades de gênero e o mercado de trabalho

O trabalho, em suas mais variadas formas, sempre esteve presente na evolução de nossa espécie e na construção das sociedades, seja como meio de subsistência e obtenção de recursos, seja como expressão artística e cultural.

Socialmente, o papel desempenhado por homens e mulheres é, em geral, bastante diferente. Leia o texto a seguir a respeito de desigualdade entre os gêneros no mercado de trabalho.

[...]

Para cada hora trabalhada, as mulheres recebem uma renda do trabalho que é, em média, 17% inferior à dos homens com a mesma idade, nível educacional, presença de crianças em suas casas, condição rural e tipo de trabalho, destacou um novo relatório regional da OIT [(Organização Internacional do Trabalho)]. [...]

O relatório da OIT [...] enfatiza a necessidade de reconhecer que "uma parte importante das limitações do progresso das mulheres reside nos lares", em particular porque a distribuição por gênero das tarefas domésticas ainda é esmagadoramente desigual. "As mulheres são responsáveis por 80% das tarefas domésticas, o que restringe sua participação efetiva no mundo do trabalho", destaca o documento. [...]

LACUNAS de gênero persistentes no trabalho exigem a adoção de medidas transformadoras na América Latina e no Caribe. *Organização Internacional do Trabalho*. 27 ago. 2019. Disponível em: www.ilo.org/brasilia/noticias/WCMS_716777/lang--pt/index.htm. Acesso em: jan. 2020.

A desigualdade entre homens e mulheres é também tema de diversas expressões artísticas. Confira a seguir exemplos de uma letra de música e de um **estêncil**.

Desconstruindo Amélia

Já é tarde, tudo está certo/Cada coisa posta em seu lugar/
Filho dorme, ela arruma o uniforme/Tudo pronto pra quando despertar
O ensejo a fez tão prendada/Ela foi educada pra cuidar e servir
De costume, esquecia-se dela/Sempre a última a sair
Disfarça e segue em frente/Todo dia até cansar
E eis que de repente ela resolve então mudar/Vira a mesa, assume o jogo
Faz questão de se cuidar/Nem serva, nem objeto
Já não quer ser o outro/Hoje ela é um também
A despeito de tanto mestrado/Ganha menos que o namorado
E não entende porque/Tem talento de equilibrista
Ela é muita, se você quer saber
[...]

PITTY; MARTIN. Desconstruindo Amélia. In: Pitty. *Chiaroscuro*. Deckdisc Polysom. 2009. 1 CD. Faixa 7.

Alicia Vera/Bloomberg/Getty Images

Estêncil com a frase *Yo decido* (Eu decido) sendo criado por uma artista visual.

Em ação!

1 Qual é a relação que se pode estabelecer entre as mensagens passadas por meio da notícia, da letra de música e do estêncil?

2 Em grupos – preferencialmente compostos de meninas e de meninos – produzam um breve documentário em vídeo (de até 8 minutos) que explore o tema "Equidade de gênero no mercado de trabalho". Como ponto de partida, avaliem como ocorre a divisão de tarefas na escola em que vocês estudam, desde a distribuição de empregos até a manutenção do espaço. Lembrem-se de coletar informações de fontes seguras e expressar suas opiniões sobre o assunto. Entrevistas com diferentes trabalhadoras e trabalhadores são ótimas estratégias para enriquecer o documentário.

Perspectivas

plurall

Ciência, tecnologia e sociedade

Vivemos um mundo profundamente modificado pela ciência e tecnologia. Muitas mudanças foram positivas e contribuíram para o bem-estar das populações humanas. Outras geraram consequências bem graves.

O conhecimento científico atual é gigantesco e pode ser bastante complexo e inacessível para muita gente. Durante um tempo, houve a crença de que o desenvolvimento científico resolveria todos os problemas da humanidade. Hoje, reconhece-se que a ciência é um fazer humano, afetado por questões sociais e políticas (por que algumas pesquisas são consideradas mais importantes do que outras?). O que fazer para que todas as pessoas sejam beneficiadas por avanços científicos e tecnológicos? Mais recentemente, a ciência tem ainda enfrentado uma "crise de credibilidade", na qual conhecimentos já estabelecidos são rejeitados por grupos de pessoas.

Diante desses problemas contemporâneos, relacionados ao diálogo entre ciência, tecnologia e sociedade, é possível pensar um projeto de vida preocupado com a construção de um presente e um futuro mais dialógico e esclarecido.

Nos textos disponíveis no Plurall você vai conhecer:

- Motivações do avanço científico e tecnológico.
- Relação entre ciência, tecnologia e sociedade.
- Aspirações dos adolescentes sobre o mundo do trabalho e o futuro de diferentes carreiras.

Por dentro da informação

A valorização da diversidade de saberes humanos ajuda na compreensão do mundo do trabalho, que inclui carreiras voltadas para os meios científico, tecnológico e social.

1 "Tim Nichols, um reconhecido pesquisador norte-americano, chegou a anunciar a 'morte da expertise', título de seu livro sobre o conhecimento na sociedade atual." Explique o que seria a "morte da expertise" e identifique no Texto 1 exemplos de fenômenos sociais que corroboram a ideia.

2 O físico Carl Sagan (1934-1996) disse: "Vivemos em uma sociedade dependente da ciência e da tecnologia, em que quase ninguém sabe sobre ciência e tecnologia". Em sua opinião, é importante entender o que é ciência? Por quê?

3 Localize nos três textos exemplos de conquistas científicas que impactaram ou vão impactar a forma de vida da população humana.

4 De acordo com o Texto 1, qual é o impacto que a sociedade pode ter na produção científica?

5 Identifique nos textos os empregos que correm o risco de desaparecer. Relacione-os com as carreiras mais populares entre os participantes do Programa Internacional de Avaliação de Estudantes (Pisa, sigla em inglês).

Para além da informação

Reunidos em grupos, discutam sobre as conclusões de cada um acerca dos textos para, então, responderem às atividades a seguir.

6 Discutam como a ciência e a tecnologia estão presentes no cotidiano de cada um. Listem os principais exemplos citados.

7 Será que alguma pesquisa científica considera as necessidades da sua escola e do seu bairro? Liste demandas locais e investigue se algum problema semelhante já foi solucionado graças a avanços da ciência ou da tecnologia.

8 Como a ciência e a tecnologia influenciam o mercado de trabalho e o futuro das profissões? Pensem além da automação de serviços e analisem o impacto de outras mudanças na sociedade, como as ocorridas durante a pandemia de covid-19, que teve início em 2019 e atingiu o mundo mais fortemente em 2020.

9 Como considerar avanços da ciência e da tecnologia durante o planejamento de um projeto de vida?

A informação e você

Em síntese: ciência e tecnologia têm grande impacto na vida das pessoas. Portanto, é extremamente importante considerar o impacto delas em um projeto de vida.

10 Como a ciência e a tecnologia impactam seu projeto de vida? Pense em sua relação com elas hoje e, a seguir, pense na carreira que aspira, no seu esti lo de vida e na sociedade na qual está inserido. Elabore um plano para viabilizar as suas aspirações.

Desenvolvendo habilidades

1 Reveja o diagrama da página 206, que mostra relações de parentesco entre os primatas.

a) Localize a linhagem ancestral de onde derivaram os macacos do Velho Mundo e os seres humanos. Quando ocorreu essa separação?

b) Todos os primatas são bípedes. Essa afirmação é correta? Identifique no diagrama onde e quando o bipedismo teria inicialmente se desenvolvido.

2 O fóssil do crânio humano mais antigo da América tem mais de 11 mil anos de idade e faz parte do acervo recuperado após o incêndio do Museu Nacional, no Rio de Janeiro, em 2018. Apelidado de Luzia, o crânio é de uma mulher de *Homo sapiens* e contribuiu para reavaliar o processo de dispersão da nossa espécie pelos continentes. Em pequenos grupos, façam uma pesquisa sobre a importância de Luzia para a ciência brasileira e a teoria de ocupação humana da América. Produzam um painel para comunicar essas informações a um público que deseja saber mais sobre a evolução humana.

Rômulo Fialdini/Tempo Composto/Museu Nacional, Rio de Janeiro, RJ.

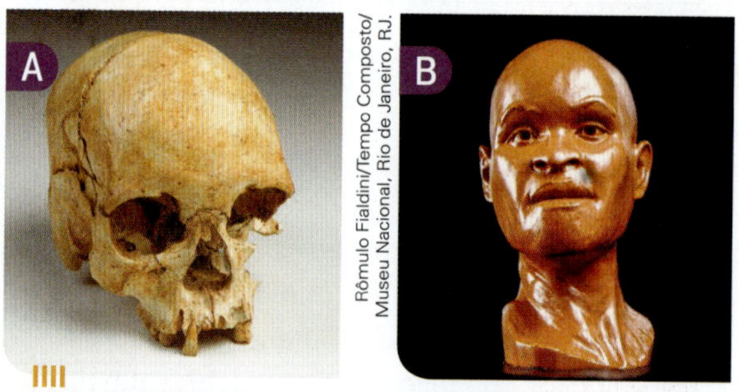

Rômulo Fialdini/Tempo Composto/Museu Nacional, Rio de Janeiro, RJ.

(A) Crânio humano feminino batizado de Luzia, com mais de 11 mil anos de idade, encontrado em Minas Gerais. **(B)** Reconstrução facial de como seria Luzia, mulher pertencente aos primeiros povos que ocuparam o território sul-americano.

3 O que se observa com relação ao volume da caixa craniana, quando se estudam fósseis de primatas, dos mais antigos aos mais recentes?

Pascal Goetgheluck/SPL/Fotoarena

Da esquerda para a direita: *Adapis*, ancestral dos lêmures; *Proconsul*, ancestral dos grandes macacos; *Australopithecus africanus*; *Homo habilis*; *Homo erectus*; e *Homo sapiens*.

Justifique com base em informações trabalhadas neste capítulo e retratadas na imagem anterior.

4 Leia o trecho a seguir.

[...] uma forma de afirmação da soberania humana na natureza é recorrer aos atributos ainda considerados por muitos como exclusivos dos seres humanos. Solidariedade, bondade, empatia, inteligência, raciocínio, aversão ao incesto, consciência, cognição, cultura, comunicação, tradição, produção e uso de ferramentas seriam alguns deles, certo? Errado. Frustrante ou instigante pode ser a descoberta de que todos esses atributos são, na verdade, exibidos também por primatas (chimpanzés, bonobos, gorilas e orangotangos). Afinal, é isso que os cientistas têm revelado nos últimos 20 anos. [...]

BORJA, Caroline. Desconstruindo o homem. *ComCiência*. Disponível em: www.comciencia.br/comciencia/handler.php?section=8&edicao=31&id=363. Acesso em: jan. 2020.

Releia os atributos mencionados no texto. Você considera frustrante ou instigante que eles sejam compartilhados com outros primatas? Por quê? Converse com os colegas e compare as opiniões.

5 Leia o texto a seguir.

[...] A capa da edição de 25 de julho [de 2017] da revista PNAS traz [...] a foto de um macaco-prego [...] comendo uma castanha que conseguiu quebrar com a ajuda de uma grande pedra redonda, observado de perto por um jovem. [...] chama a atenção a tolerância dos adultos em relação aos jovens aprendizes que olham de perto e até comem pedaços dos cocos partidos. [...] os quebradores de coco influenciam a atividade dos outros, sobretudo os jovens, que também começam a manipular pedras e cocos. [...]

Quando quebram tucum, um coquinho menos resistente, os macacos ajustam a força das pancadas depois de ouvirem o som da superfície rachando [...]. Para cocos mais difíceis, eles escolhem pedras que podem chegar a ser mais pesadas do que o próprio corpo. [...]

Essas sociedades primatas alteram o ambiente. Macacos escolhem pedras ou troncos achatados como base para quebrar coco, e para lá carregam as raras pedras grandes e duras que encontram no ambiente. Essa conformação é importante não só por criar oficinas de quebra, mas por canalizar a possibilidade de aprendizado, já que todos sabem onde a atividade acontece e pode ser observada. [...]

OTTONI, E. Cultura primata. Revista *Pesquisa Fapesp*. Disponível em: https://revistapesquisa.fapesp.br/2017/09/22/cultura-primata. Acesso em: jan. 2020.

Compare o comportamento desses macacos, que "alteram o ambiente" ao utilizar ferramentas, com os comportamentos de *Homo habilis* e *Homo sapiens*.

Em contexto

A Genética de populações

A formação de novas espécie e raças geográficas ou o estabelecimento de novas características em uma espécie pode levar milhões de anos para ocorrer, o que dificulta observarmos e percebermos a evolução nos seres ao nosso redor. Vamos chamar essas mudanças de "**macromudanças**".

No entanto, muitos fatores evolutivos atuam o tempo todo nas populações: mutações, recombinação gênica e migrações. Vamos chamar esses fatores de "**micromudanças**".

A Genética de populações, um ramo do estudo da Evolução, desenvolveu métodos para detectar essas "micromudanças" e investigar como seu acúmulo resulta, ao longo do tempo, no surgimento das "macromudanças".

A genética de uma população de formigas

Pense em uma população de formigas com indivíduos sensíveis a um inseticida e indivíduos resistentes a ele. Suponha que o alelo **A** determine resistência, enquanto **a**, quando em dose dupla, ocasione sensibilidade ao inseticida. Assim, as formigas **AA** e **Aa** são resistentes; enquanto as formigas **aa** morrem em presença da substância. Lembre-se de que cada indivíduo recebe um alelo de cada um de seus progenitores.

Steve Goossen/Alamy/Fotoarena

Formigas-cortadeiras (*Pogonomyrmex californicus*); as operárias retratadas na fotografia medem de 5,5 mm a 8,7 mm de comprimento.

Imagine que, nessa população, as taxas de **A** e **a** sejam, respectivamente, 20% e 80% (estamos nos referindo à porcentagem de alelos, e não de indivíduos). Dez anos depois, uma nova avaliação da frequência dos alelos, na mesma população, mostra que a taxa de **A** é de 48%, enquanto a de **a** é de 52%.

Podemos afirmar que houve atuação de processos evolutivos nessa população, pois sua composição gênica sofreu alteração durante o período estudado. Uma hipótese que explicaria essa diferença é que o ambiente exerceu pressão seletiva sobre a população; por exemplo, a aplicação do inseticida pode ter selecionado, de maneira favorável, o alelo **A**, cuja taxa aumentou.

Fatores que mudam a taxa dos alelos

A seguir, revise os fatores evolutivos que podem alterar as taxas de alelos de uma população.

Seleção natural: faz com que a porcentagem de certo alelo aumente, quando favorável; ou diminua, se desfavorável.

Mutação: por exemplo, caso o alelo **A** tenda a sofrer mutação e se transformar em alelo **a**, mais frequentemente do que a mutação de **a** para **A**.

Migração: populações que vivem em ambientes distintos têm, provavelmente, taxas diferentes de alelos para determinada característica. A entrada ou a saída de indivíduos em uma certa população afeta o "estoque" original de alelos nessa população.

Deriva genética: principalmente em populações muito pequenas, o acaso pode modificar muito as taxas dos alelos. Esses fatores casuais são chamados de deriva genética ou oscilação genética.

O princípio de Hardy-Weinberg

Em 1908, o matemático inglês Godfrey Hardy e o médico alemão Wilhelm Weinberg demonstraram o seguinte:

> Se nenhum fator evolutivo atuar sobre uma população, as taxas de alelos e de genótipos **não se alteram** de uma geração para outra.

Isso significa que, caso as frequências dos alelos não mudem, mesmo após longos períodos, pode-se afirmar que essa população está em equilíbrio - diferentemente do que ocorreu com a população de formigas-cortadeiras do exemplo anterior. Para se verificar esse equilíbrio, no entanto, não deve ocorrer seleção, mutações ou migrações. Além disso, a população deve ser suficientemente grande e **panmítica** - em que os cruzamentos ocorrem ao acaso. No entanto, na natureza, essas condições nunca ocorrem ao mesmo tempo.

Esse princípio possibilita, por meio de cálculos, estimar a frequência de determinado alelo, em certo instante. Novas avaliações podem ser feitas ao longo do tempo; e qualquer modificação nas frequências alélicas será um indício de que a população sofreu "micromudanças", ou seja, um processo evolutivo. Isso constatado, são levantadas hipóteses acerca do fator que causou o processo: a seleção, a migração, a mutação ou a deriva genética.

Calculando as frequências de alelos e genótipos

Consideremos, inicialmente, que uma população esteja em equilíbrio de Hardy-Weinberg e que apresenta um gene A com alelos **A** e **a**. Vamos simbolizar a frequência do alelo **A** por **p** e do alelo **a** por **q**. Está claro que $\mathbf{p + q = 1}$, pois a frequência dos dois alelos na população deve totalizar 100%.

Para calcular a frequência de genótipos **AA** (ou seja, de indivíduos **AA**), calculamos a probabilidade de um espermatozoide com alelo **A** (de probabilidade igual a **p**) fecundar um óvulo com alelo **A** (de probabilidade igual a **p**); portanto essa frequência será de $\mathbf{p^2}$ (regra do "E"). O mesmo raciocínio pode ser feito com relação à frequência de indivíduos **aa**, que será de $\mathbf{q^2}$. A frequência de **Aa** é igual a **2pq**, já que, para nascer indivíduo heterozigoto, tanto pode haver encontro entre um espermatozoide **A** (de probabilidade **p**) com um óvulo **a** (de probabilidade **q**), como o encontro entre um espermatozoide **a** com um óvulo **A**.

Em resumo, em uma população em equilíbrio temos:

- f(A) = **p** e f(a) = **q**;
- f(AA) = $\mathbf{p^2}$, f(Aa) = **2pq** e f(aa) = $\mathbf{q^2}$

Podemos calcular as frequências de alelos e genótipos nessa população a partir das equações:

$$\mathbf{p + q = 1}$$
$$\mathbf{p^2 + 2pq + q^2 = 1}$$

1 Leia a seguinte frase com atenção:

"O processo de evolução pode ser observado diretamente".

Elabore uma argumentação favorável e outra contrária a essa afirmação. Em seguida, discuta com seus colegas os dois pontos de vista.

2 Considere que a capacidade de enrolar a língua em U seja determinada por um alelo dominante **R**. Em uma população de 1000 indivíduos, 51% enrolam a língua em U, enquanto 49% não são capazes de fazer isso. Admitindo-se que essa população esteja em equilíbrio de Hardy-Weinberg, responda:

a) Qual é a frequência dos alelos **R** e **r**?

b) Qual é o número esperado de heterozigotos nessa população?

3 A ação da deriva genética, em uma população pequena, pode alterar muito as frequências dos alelos. Elabore um exemplo da influência da deriva genética em uma população hipotética.

Você no Enem e nos vestibulares

1 (Enem)

Darwin, em viagem às Ilhas Galápagos, observou que os tentilhões apresentavam bicos com formatos diferentes em cada ilha, de acordo com o tipo de alimentação disponível. Lamarck, ao explicar que o pescoço da girafa teria esticado para colher folhas e frutos no alto das árvores, elaborou ideias importantes sobre a evolução dos seres vivos.

O texto aponta que uma ideia comum às teorias da evolução, propostas por Darwin e por Lamarck refere-se à interação entre os organismos e seus ambientes,que é denominada de

a) mutação.
b) adaptação.
c) seleção natural.
d) recombinação gênica.
e) variabilidade genética.

2 (PUCC-SP)

Sobre o tema evolução fizeram-se as afirmações abaixo.

I. As espécies dos seres vivos são passíveis de modificação, podendo sofrer alterações morfofisiológicas ao longo do tempo.
II. Prova de que nosso planeta foi habitado por seres diferentes dos que existem atualmente é a existência de fósseis.
III. Os que admitem que as espécies não se alteram no decorrer do tempo são adeptos da teoria do fixismo.

Está correto o que se afirma em:

a) I, apenas.
b) I e II, apenas.
c) I e III, apenas.
d) II e III, apenas.
e) I, II e III.

3 (Uerj)

Em plantas carnívoras, a folha não é utilizada apenas para realização de fotossíntese, mas também para alimentação, através da captura de insetos. Como as plantas com muitas adaptações para o carnivorismo apresentam um gasto energético extra em estruturas como glândulas e pelos, suas folhas são, em geral, menos eficientes fotossinteticamente.
Considere três tipos de plantas:

- não carnívoras;
- carnívoras pouco modificadas para tal função;
- carnívoras altamente modificadas para tal função.

Com o objetivo de estudar a adaptação para esse modo de alimentação, os três tipos foram colocados em quatro meios experimentais diferentes. Observe a tabela:

Meio experimental	Quantidade de sais minerais	Condição de iluminação
W	alta	baixa
X	baixa	baixa
Y	alta	alta
Z	baixa	alta

As plantas carnívoras altame nte modificadas tiveram melhor adaptação, sobretudo, no seguinte meio experimental:

a) W
b) X
c) Y
d) Z

4 (PUC-RS)

Uma revolução no pensamento científico ocorreu quando Charles Darwin explicou a origem das espécies de seres vivos. O desenho, com tal explicação, está em uma de suas cadernetas de anotações. Graças a esses estudos, afirma-se:

I. Todas as espécies encontradas no planeta têm um ancestral comum.
II. Uma espécie pode desaparecer se houver fracasso reprodutivo nas populações.
III. Mutações genéticas podem originar uma nova espécie se transmitidas à descendência.
IV. Mudanças morfológicas adquiridas em resposta a variações ambientais são passadas à geração seguinte.

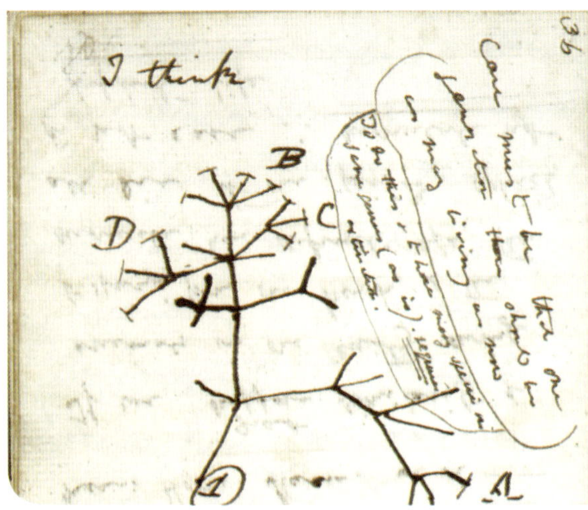

Figura disponível em: http://darwin-online.org.uk/. Acesso em: 24 abr. 2015.

Estão corretas apenas as afirmativas

a) I e II.

b) II e IV.

c) III e IV.

d) I, II e III.

e) I, III e IV.

5 (Enem)

Algumas raças de cães domésticos não conseguem copular entre si devido à grande diferença em seus tamanhos corporais. Ainda assim, tal dificuldade reprodutiva não ocasiona a formação de novas espécies (especiação).

Essa especiação não ocorre devido ao(à)

a) oscilação genética das raças.

b) convergência adaptativa das raças.

c) isolamento geográfico entre as raças.

d) seleção natural que ocorre entre as raças.

e) manutenção do fluxo gênico entre as raças.

6 (Unesp-SP)

Aristóteles procurou explicar os fenômenos naturais a partir de argumentos teleológicos. A palavra teleologia provém de dois termos gregos, *telos* (fim, meta, propósito) e *logos* (razão, explicação), ou seja, uma "razão de algo em função de seus fins" ou uma "explicação que se serve de propósitos ou de fins". Na explicação teleológica, se algo existe e tem uma finalidade, é porque existe uma razão para essa finalidade. Neste sentido, uma explicação teleológica estará centralizada na finalidade de alguma coisa. Por exemplo, na explicação teleológica, nossos dedos são articulados para que possamos manipular objetos, ao contrário da explicação não teleológica, que afirma que manipulamos objetos porque nossos dedos são articulados.

(Matheus de M. Silveira et al. Argumentos - *Revista de Filosofia*, julho/dezembro de 2016. Adaptado.)

Considerando as características adaptativas dos organismos, a teleologia

a) refuta a proposta de Lamarck, no que concerne à transmissão dos caracteres adquiridos.

b) contribui para a explicação da origem da variabilidade a partir da ocorrência de mutações.

c) contraria as fundamentações teóricas propostas pela Teoria Sintética da Evolução.

d) fortalece as explicações da Teoria Sintética da Evolução, quanto ao resultado da ação da Seleção Natural.

e) sustenta tanto as ideias evolucionistas de Lamarck como as de Charles Darwin e da Teoria Sintética da Evolução.

7 (Unicamp-SP)

No ano de 2015, foi descrito o fóssil de um réptil que viveu há 150 milhões de anos onde hoje é a região Nordeste do Brasil. Conforme ilustra a figura a seguir, esse animal apresenta corpo alongado, com muitas vértebras e costelas, e membros anteriores e posteriores reduzidos (a seta indica a região ampliada no canto inferior esquerdo). Por sua anatomia peculiar, um grande debate teve início sobre a posição que esse animal deveria ocupar na árvore da vida.

(David M. Martill e outros, A four-legged snake from the Early Cretaceous of Gondwana. *Science*, Nova Iorque, v. 349, fasc. 6246, p. 416-419, jul. 2015.)

Sabe-se que os lagartos (que geralmente têm membros) e as serpentes (seres ápodes) que vivem atualmente têm um ancestral comum. Sendo assim, o organismo ilustrado na figura

a) não pode pertencer à linhagem evolutiva das serpentes, pois a perda dos membros anteriores e posteriores levaria a um prejuízo à vida do animal, e a evolução resulta apenas em melhoria dos organismos.

b) não pode pertencer à linhagem evolutiva das serpentes, pois a evolução é gradual e incapaz de gerar mudanças drásticas na morfologia de um ser vivo, como a perda de membros anteriores e posteriores.

c) pode pertencer à linhagem evolutiva das serpentes, sendo que seu ancestral comum com os lagartos possuía membros, depois perdidos por processos evolutivos, originando as serpentes ápodas atuais.

d) pode ser um fóssil de transição, pois os ancestrais das serpentes que não utilizavam seus membros com tanta frequência sofreram atrofia desses membros, deixando de transferir tal característica para seus descendentes.

8 (FGV-SP)

A figura a seguir ilustra o processo de transformação do milho moderno cultivado, atualmente, a partir do teosinto, uma gramínea silvestre ancestral. Ambos os vegetais são classificados dentro da espécie *Zea mays*.

O processo que gerou as variedades agrícolas cultivadas hoje em larga escala está fundamentado:

a) na seleção natural, promovida pelo ambiente, de variedades mais produtivas e mais resistentes às variações ambientais.

b) nas mutações induzidas, e posteriormente selecionadas, a partir de cruzamentos com espécies de gramíneas diferentes.

c) no cultivo sob diferentes condições ambientais, o que promove maior diversidade genética dentro da espécie ancestral.

d) na seleção artificial de características de interesse, a partir do cruzamento de variedades cultivadas em diferentes regiões.

e) nos cruzamentos dentro das mesmas variedades, o que promove a homogeneização das características.

9 (Unesp-SP)

Na figura estão representados exemplares de peixes, de aves e de mamíferos.

As semelhanças de formato dos corpos e dos membros locomotores nos animais representados decorrem

a) da mutação que ocorre nos indivíduos em resposta às exigências adaptativas de ambientes com diferentes características, o que leva à irradiação adaptativa.

b) da ação da seleção natural atuando sobre indivíduos em ambientes com diferentes características, o que leva à convergência adaptativa.

c) da ação da seleção natural atuando sobre indivíduos em ambientes com as mesmas características, o que leva à convergência adaptativa.

d) da mutação que ocorre casualmente em indivíduos que vivem em ambientes com as mesmas características, o que leva à irradiação adaptativa.

e) da ação da deriva genética, que permite a fixação de diferentes fenótipos em ambientes com diferentes características, o que leva à convergência adaptativa.

10 (Enem)

As cobras estão entre os animais peçonhentos que mais causam acidentes no Brasil, principalmente na área rural. As cascavéis (*Crotalus*), apesar de extremamente venenosas, são cobras que, em relação a outras espécies, causam poucos acidentes a humanos. Isso se deve ao ruído de seu "chocalho", que faz com que suas vítimas percebam sua presença e as evitem. Esses animais só atacam os seres humanos para sua defesa e se alimentam de pequenos roedores e aves. Apesar disso, elas têm sido caçadas continuamente, por serem facilmente detectadas.

Ultimamente os cientistas observaram que essas cobras têm ficado mais silenciosas, o que passa a ser um problema, pois, se as pessoas não as percebem, aumentam os riscos de acidentes. A explicação darwinista para o fato de a cascavel estar ficando mais silenciosa é que:

a) a necessidade de não ser descoberta e morta mudou seu comportamento.

b) as alterações no seu código genético surgiram para aperfeiçoá-la.

c) as mutações sucessivas foram acontecendo para que ela pudesse adaptar-se.

d) as variedades mais silenciosas foram selecionadas positivamente.

e) as variedades sofreram mutações para se adaptarem à presença de seres humanos.

11 (UFRJ)

De acordo com a Teoria de Hardy-Weinberg, em uma população em equilíbrio genético as frequências gênicas e genotípicas permanecem constantes ao longo das gerações. Para tanto, é necessário que

a) a população seja infinitamente grande, os cruzamentos ocorram ao acaso e esteja isenta de fatores evolutivos, tais como mutação, seleção natural e migrações.

b) o tamanho da população seja reduzido, os cruzamentos ocorram ao acaso e esteja sujeita a fatores evolutivos, tais como mutação, seleção natural e migrações.

c) a população seja infinitamente grande, os cruzamentos ocorram de modo preferencial e esteja isenta de fatores evolutivos, tais como mutação, seleção natural e migrações.

d) a população seja de tamanho reduzido, os cruzamentos ocorram de modo preferencial e esteja sujeita a fatores evolutivos, tais como mutação, seleção natural e migrações.

12 (PUC-SP)

Uma barreira geográfica separou a população A em dois grupos designados por A1 e A2. Com o decorrer do tempo A1 e A2 foram se diferenciando e deram origem, respectivamente, a duas populações designadas por B1 e B2. Indivíduos de B1 e B2 foram levados para laboratório e, cruzados, produziram todos os descendentes estéreis e com sérios problemas genéticos. Com relação à descrição acima, foram aventadas as seguintes hipóteses:

I. A1 e A2 podem ter passado por estágios em que deram origem a subespécies;

II. B1 e B2 podem ser duas espécies distintas;

III. As proteínas produzidas por indivíduos das populações A1 e A2 devem apresentar maior semelhança entre si do que as produzidas por B1 e B2.

Pode-se considerar

a) apenas I e II viáveis.

b) apenas I e III viáveis.

c) apenas II e III viáveis.

d) I, II e III viáveis.

e) apenas uma delas viável.

13 (Fuvest-SP)

Considere uma população em que metade dos indivíduos mantém-se heterozigota para um dado gene (**Aa**), enquanto a outra metade é composta por indivíduos duplo-recessivos (**aa**). Nessa população, a frequência do alelo **A** é:

a) impossível de se determinar.

b) 1,00.

c) 0,75.

d) 0,50.

e) 0,25.

14 (Unesp-SP)

A especiação do *Homo sapiens* tem pouca chance de ocorrer, considerando-se a atual condição da espécie humana. Assinale a afirmação que melhor sustenta essa hipótese.

a) A ciência moderna tem eliminado as mutações humanas.

b) Os medicamentos atuais diminuem a incidência de doenças.

c) Os postulados de Darwin não se aplicam à espécie humana.

d) As alterações ambientais que favorecem a especiação são cada vez menores.

e) Os meios modernos de locomoção e comunicação têm diminuído ou eliminado os isolamentos geográficos.

15 (Enem)

Foi proposto um novo modelo de evolução dos primatas elaborado por matemáticos e biólogos. Nesse modelo o grupo de primatas pode ter tido origem quando os dinossauros ainda habitavam a Terra, e não há 65 milhões de anos, como é comumente aceito.

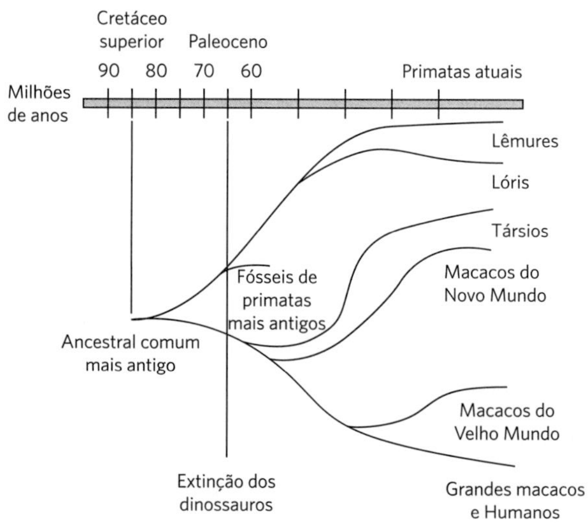

Examinando essa árvore evolutiva, podemos dizer que a divergência entre os macacos do Velho Mundo e o grupo dos grandes macacos e de humanos ocorreu há aproximadamente:

a) 10 milhões de anos.

b) 40 milhões de anos.

c) 55 milhões de anos.

d) 65 milhões de anos.

e) 85 milhões de anos.

UNIDADE 5

Diversidade da vida

Quando pensamos em seres vivos, em geral imaginamos aqueles que podemos ver: pessoas, cachorros, aves, árvores, etc. Por muito tempo, os seres macroscópicos eram as únicas formas de vida conhecidas.

Há cerca de 350 anos, o cientista holandês Antonie van Leeuwenhoek (1632-1723) foi um dos primeiros a observar microrganismos ao microscópio: "Jamais meus olhos se depararam com visão mais agradável do que esta: a de tantos milhares de criaturas vivendo em uma gotícula de água" - escreveu ele. O estudo desses seres que não podemos ver a olho nu mudou completamente nossa perspectiva sobre a vida. Descobrimos que eles são muito mais numerosos e diversos do que imaginávamos. Mais importante ainda são as funções ecológicas que desempenham, das quais todos os seres vivos dependem. Por fim, sabemos que os microrganismos foram os primeiros seres a surgir no planeta. Podemos dizer que todas as espécies, inclusive a nossa, são, de alguma forma, descendentes de linhagens de microrganismos.

Marek Mis/SPL/Fotoarena

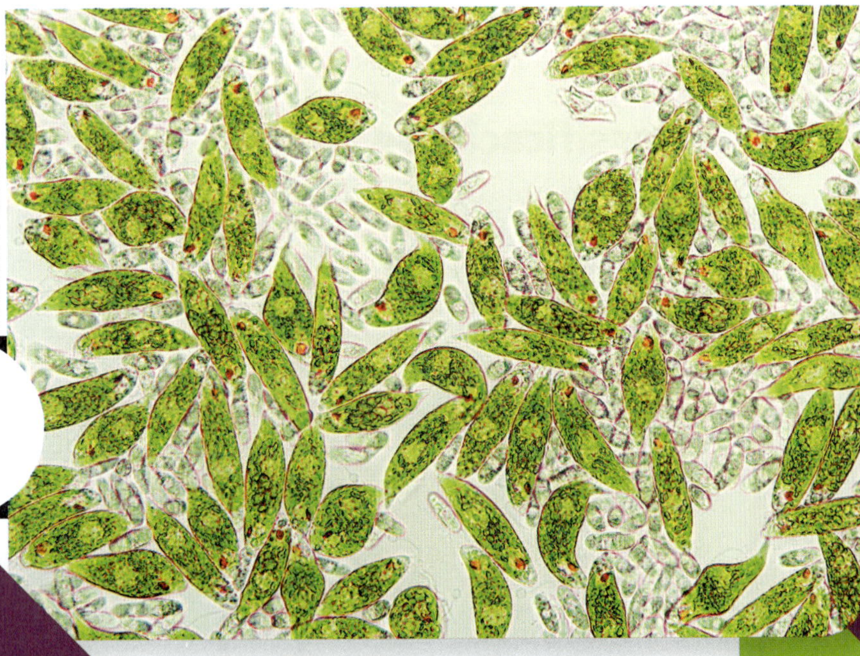

O aperfeiçoamento dos microscópios e das técnicas de observação revelou um fantástico mundo microscópico. Fotografia de algas unicelulares do gênero *Euglena* obtida em microscópio óptico. (Aumento aproximado de 110 vezes.)

1. A maior parte das formas de vida pode ser vista a olho nu? Você já pensou como seria se olhasse ao seu redor e pudesse ver os microrganismos? Onde você acha que eles estariam?
2. Existem diversos tipos de microrganismos, você conhece alguns?
3. Você conhece alguma função ecológica desempenhada pelos microrganismos?

CAPÍTULO 16

Classificação dos seres vivos

Já pensou em como organizar suas músicas ou fotografias? Às vezes, até mesmo sem perceber, estabelecemos classificações e categorias, criando um sistema próprio de organização. A grande diversidade de seres vivos também levou o ser humano a estabelecer sistemas para classificá-los. Nos sistemas mais antigos, os critérios adotados eram por semelhança; atualmente, as classificações passaram a considerar as relações evolutivas entre os grupos.

Este capítulo favorece o desenvolvimento das habilidades:

EM13CNT201

EM13CNT202

EM13CNT301

EM13CNT302

EM13CNT303

! Dica

Museu de Zoologia da USP

www.mz.usp.br/pt/pagina-inicial/

Site que apresenta as linhas de pesquisas de diversos taxonomistas e sistematas da área da Zoologia. É possível, ainda, checar as exposições em cartaz e visitá-lo.

Diferentes formas de classificar

Desde microscópicas bactérias até seres gigantescos, como baleias e dinossauros, todos os seres que existem ou existiram no planeta são parte de uma mesma história que começou há cerca de 3,6 bilhões de anos, com o surgimento da vida, e que prossegue até os dias de hoje. Durante a história da vida na Terra, inúmeras espécies surgiram e inúmeras foram extintas. Todos esses seres vivos - atuais ou extintos - apresentam, de alguma forma, parentesco evolutivo.

Porém, até meados do século XIX, a maior parte das pessoas, incluindo muitos cientistas da época, acreditava que as linhagens de espécies nunca se modificavam com o decorrer do tempo. O estudo dos seres vivos tinha como base principalmente as características anatômicas, como a presença ou a ausência de asas, número de pernas, etc. Os estudiosos da natureza passaram a descrever, nomear e classificar os diferentes seres vivos, ordenando-os em grupos de acordo com certos critérios. Essas atividades são desempenhadas pela área da Biologia chamada **Taxonomia**.

A classificação de Lineu

Em 1735, o botânico sueco Lineu (Carl von Linné, ou Carolus Linnaeus, 1707-1778) publicou um trabalho intitulado *Systema Naturae*, no qual propôs a classificação dos seres vivos em grupos - ou **táxons** - de maior a menor abrangência, organizando-os em uma hierarquia. Nesse sistema de classificação, o táxon mais abrangente é o **reino**, que, por sua vez, compreende táxons sucessivamente menores até a **espécie**, a menor unidade de classificação.

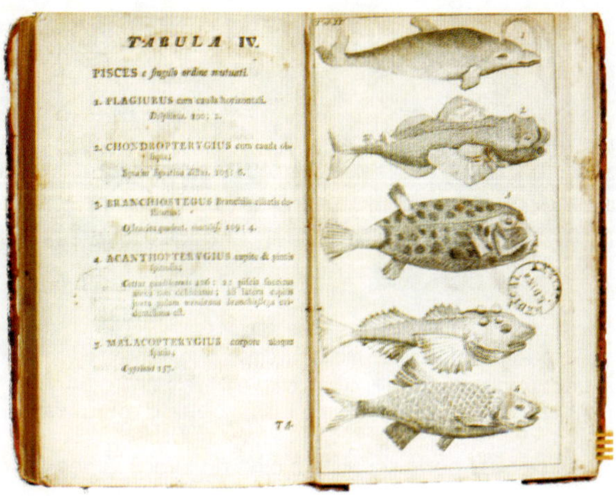

Corbis/Getty Images/Coleção particular

Páginas do livro *Systema Naturae*, de Lineu, publicado pela primeira vez em 1735.

O critério básico da classificação de Lineu era a **semelhança anatômica** entre os organismos; as espécies eram consideradas tipos padrões e imutáveis, conceito chamado **fixismo**. Até então, não se pensava na hipótese de que poderia ocorrer um processo de evolução biológica.

Um exemplo de classificação

O esquema a seguir mostra a classificação de um animal da espécie *Canis familiaris*, o cão doméstico, nas diversas categorias taxonômicas, os táxons.

Na época de Lineu, o latim era a língua mais usada nos textos científicos, por isso é comum encontrarmos os nomes dos táxons nessa língua, como na figura (observe que não se usam acentos). Porém, ao longo do livro, vamos dar preferência aos termos traduzidos para a língua portuguesa.

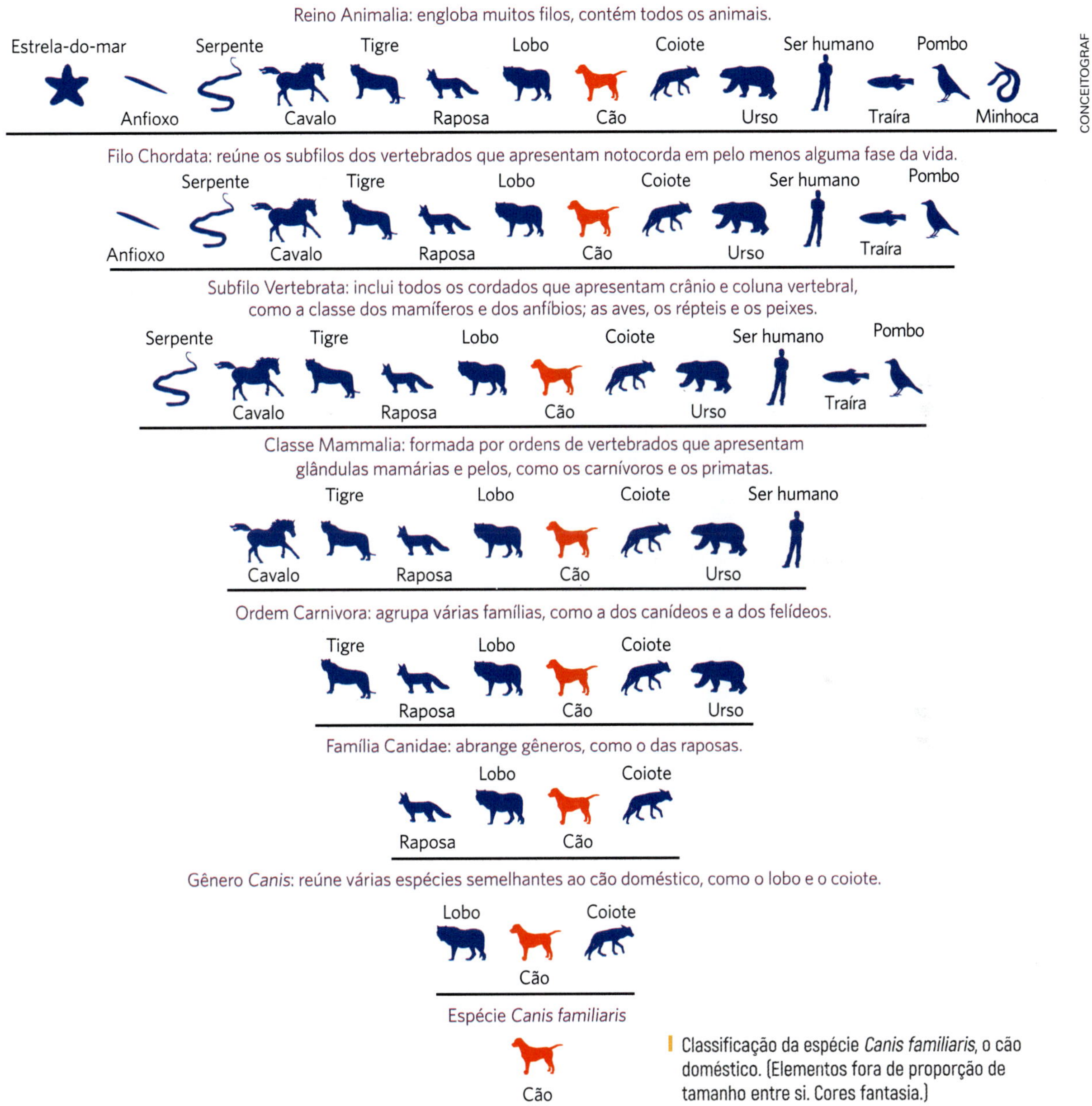

Classificação da espécie *Canis familiaris*, o cão doméstico. (Elementos fora de proporção de tamanho entre si. Cores fantasia.)

O conceito biológico de espécie

Com o advento da evolução biológica e após muitas discussões sobre os critérios mais adequados de classificação, o conceito de espécie mudou bastante. Por enquanto, vamos considerar que cada espécie é caracterizada por indivíduos muito semelhantes entre si nos aspectos morfológicos, genéticos, bioquímicos, etc., e que são capazes de cruzamento em condições naturais, gerando descendência fértil.

Embora essa definição de espécie seja suficiente no momento, é fácil perceber que nem sempre o critério de compatibilidade sexual pode ser empregado. No caso de fósseis de espécies extintas, ou de certos microrganismos que se reproduzem assexuadamente, esse conceito não se aplica.

Nomenclatura biológica

Lineu nomeou mais de 11 mil espécies, inclusive a nossa: *Homo sapiens*, que significa, 'homem sábio'. Em seu sistema de classificação, ele propôs a **nomenclatura binomial** ou binária, que designa a espécie com duas palavras latinas, escritas em *itálico* ou grifadas separadamente. Assim, para designar nossa espécie, podemos escrever *Homo sapiens* ou Homo sapiens.

A primeira palavra indica o gênero e deve ter a inicial maiúscula; já a segunda deve ter inicial minúscula. Juntas, as duas palavras indicam a espécie. Assim, por exemplo, *Homo sapiens* é o nome científico da espécie humana; *Coffea arabica* é o nome científico de uma espécie de café, e este último, "café", é o nome comum ou popular.

Às vezes aparece uma terceira palavra, também com inicial minúscula e em itálico ou grifada: nesse caso, está sendo indicada a subespécie, grupo derivado à espécie. Por exemplo "*Turdus rufiventris juensis* Cory, 1916", indica o gênero (*Turdus*), a espécie (*Turdus rufiventris*) e a subespécie (*Turdus rufiventris juensis*) do passarinho cujo nome popular é sabiá-laranjeira. Nesse caso, também está indicado o nome do pesquisador (Cory) que a descreveu e o ano (1916) de publicação do trabalho.

Fabio Colombini/Acervo do fotógrafo

Marcos Amend/Pulsar Imagens

(A) O *Turdus rufiventris rufiventris* ocorre nas regiões Sul e Sudeste do Brasil e apresenta uma coloração da barriga mais próxima do vermelho. (B) Já o *Turdus rufiventris juensis* ocorre no Nordeste do país e apresenta uma coloração mais clara e alaranjada. (Ambas as subespécies medem entre 20 e 25 cm de comprimento.)

Se o nome científico de uma espécie já foi citado em um texto, ele pode ser abreviado dali em diante, como em *T. rufiventris*. Quando apenas a segunda palavra é abreviada e substituída por "sp.", como em *Turdus* sp., significa que estamos nos referindo a uma espécie qualquer desse gênero, sem identificá-la. No exemplo foi citado o termo subespécie; da mesma forma podem ser empregados os prefixos sub e super para os demais grupos, como em subfilo, superclasse e superordem.

Diferentemente dos nomes dos grandes grupos, que comumente são traduzidos para outras línguas, o latim ainda é a língua usada para se referir aos nomes científicos das espécies. Dessa maneira, cientistas do mundo inteiro se comunicam usando o mesmo nome científico, evitando possíveis mal-entendidos causados pelo uso de línguas diferentes.

A evolução como base da classificação

Como vimos na unidade anterior, a partir do século XIX, Lamarck, Darwin e outros pensadores publicaram ideias sobre as espécies se modificarem ao longo do tempo, pressuposto básico do que, com o tempo, veio a consolidar a teoria da evolução biológica.

Essa teoria se tornou, a partir da segunda metade do século XX, a base dos sistemas de classificação atuais. Hoje a classificação das espécies considera diversos critérios (principalmente genéticos e moleculares) que buscam desvendar as relações de parentesco evolutivo entre os seres vivos.

Para descobrir o parentesco evolutivo de dois ou mais seres vivos, os cientistas analisam as semelhanças entre eles. É de se esperar que parte dessas semelhanças tenha sido herdada da espécie ancestral que deu origem a eles. Pela análise das semelhanças, os biólogos traçam **filogenias**, isto é, a história evolutiva das espécies. Há semelhanças, no entanto, que não indicam proximidade evolutiva entre espécies, como você verá no boxe a seguir.

Homologias e analogias

Em Biologia, o conceito de **homologia** se refere a estruturas de espécies diferentes que compartilham uma mesma origem evolutiva. Um exemplo clássico é o dos membros anteriores dos vertebrados, que apresentam o mesmo número de ossos na fase embrionária, dispostos da mesma forma. Durante o desenvolvimento, os membros se modificam, mostrando-se adaptados para funções diversificadas: asas no morcego, nadadeiras na baleia, patas no cavalo e braços nos seres humanos. Todos, porém, são derivados da mesma estrutura de um ancestral comum. As homologias também podem ser genéticas e moleculares, como a presença de genes e substâncias semelhantes em seres vivos bem diferentes.

Já as **analogias** referem-se apenas a estruturas que compartilham uma mesma função, mas que não indicam parentesco evolutivo. As asas dos insetos e as das aves, por exemplo, embora tenham função e forma similares, não têm qualquer semelhança em termos de origem embrionária e de estrutura anatômica básica. São, assim, chamadas de órgãos análogos, pois, embora exerçam função semelhante, não têm relação evolutiva próxima entre si e, portanto, não são consideradas em uma classificação que se baseie no parentesco evolutivo.

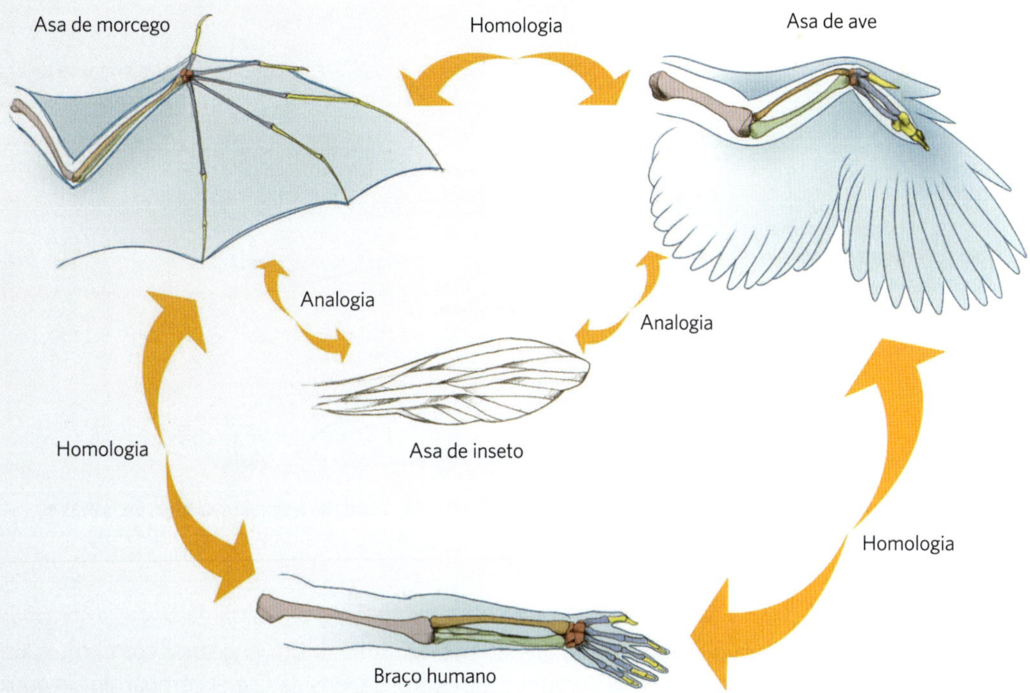

Mauro Nakata/Arquivo da editora

Esquema comparando órgãos homólogos e órgãos análogos. (Elementos fora de proporção de tamanho entre si. Cores fantasia.)

Sistemática filogenética

A **Sistemática** é o ramo da Biologia que se dedica ao estudo da história evolutiva dos seres vivos e dos vírus, e das suas relações de origem e descendência. As hipóteses sobre a filogenia (história evolutiva) de um grupo de organismos podem ser representadas em um diagrama chamado **árvore filogenética**.

Veja na figura a seguir uma árvore **filogenética** de quatro táxons fictícios: A, B, C e D. Esses táxons podem ser espécies, gêneros, famílias, etc.

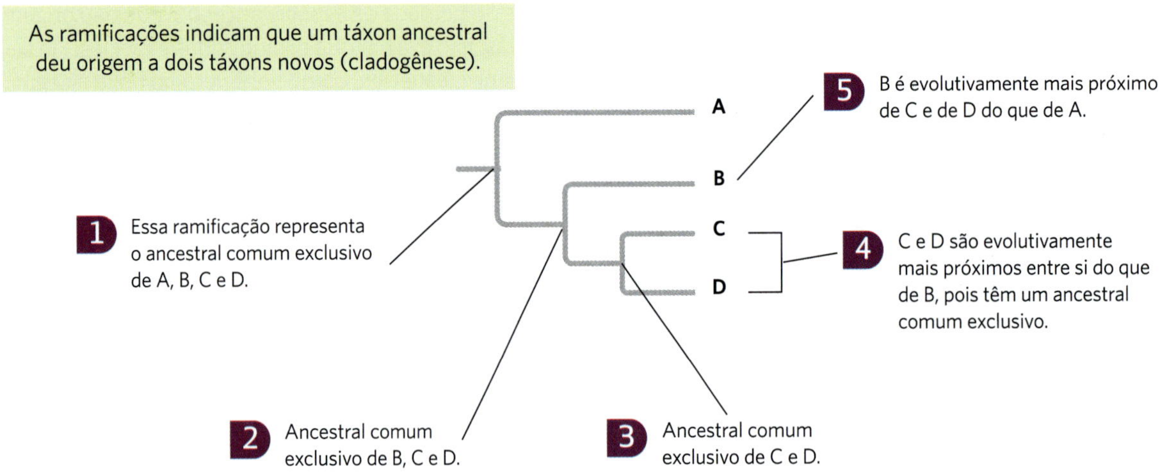

Representação de árvore filogenética evidenciando os ancestrais comuns e a proximidade evolutiva entre os táxons fictícios A, B, C e D.

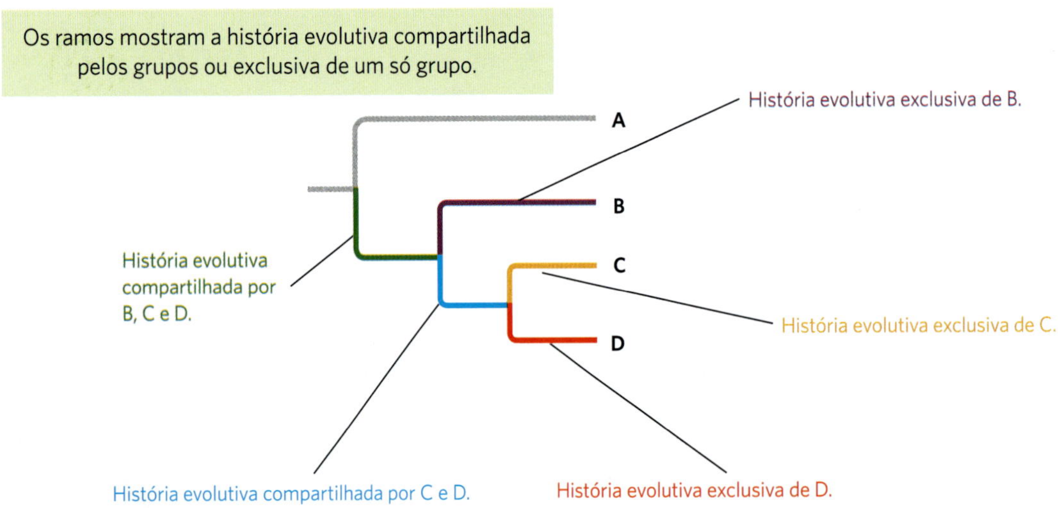

Representação de árvore filogenética para os táxons fictícios A, B, C e D evidenciando as histórias evolutivas exclusivas e compartilhadas pelos grupos.

As árvores acima mostram que existem táxons que compartilham um ancestral comum exclusivo: B, C e D, por exemplo, compartilham um ancestral comum a esses três táxons, já C e D compartilham outro ancestral comum exclusivo apenas desses dois grupos. Não podemos dizer o mesmo dos táxons A, C e D, pois o ancestral desses grupos também deu origem a B. O grupo formado por uma espécie ancestral e todos os seus descendentes é chamado de **grupo monofilético** ou **clado**. As árvores filogenéticas que representam clados, como as mostradas neste exemplo, são chamadas **cladogramas**.

Uma mesma árvore filogenética pode ser construída de diversas formas desde que mantenha a filogenia, ou seja, os mesmos grupos monofiléticos e as mesmas relações de parentesco entre eles. Veja na figura abaixo dois modelos diferentes que representam a mesma filogenia da página anterior.

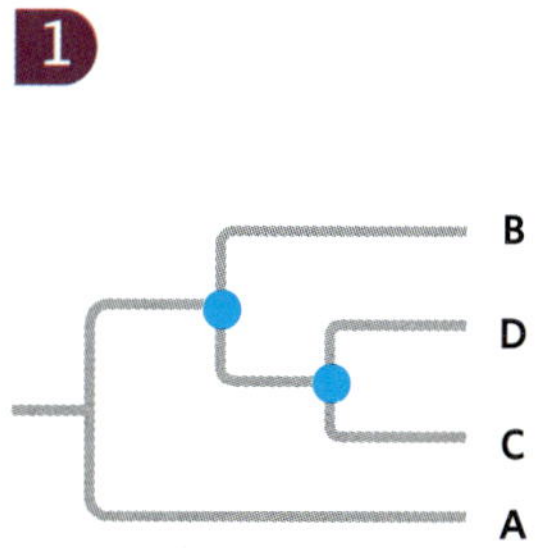

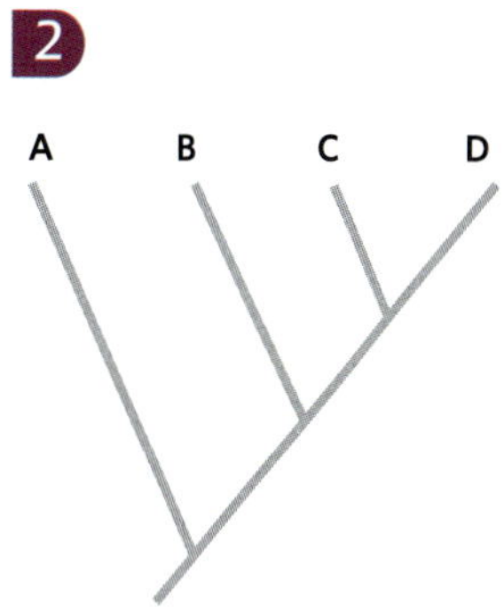

A árvore 1 mostra a mesma história evolutiva da árvore da figura da página anterior. Os ramos foram apenas girados nos pontos azuis. A árvore 2 também mostra a mesma filogenia, porém representada de uma forma diferente.

Veja agora uma árvore filogenética simplificada que representa as relações evolutivas no reino das plantas. Observe que o surgimento de algumas características - ou caracteres - foi indicado em certos ramos. São características derivadas, isto é, características que não estavam presentes no ancestral, ou seja, são **novidades evolutivas**. Repare que todos os organismos que partem da mesma ramificação apresentaram característica(s) derivada(s) em comum.

Julio Dian/Arquivo da editora

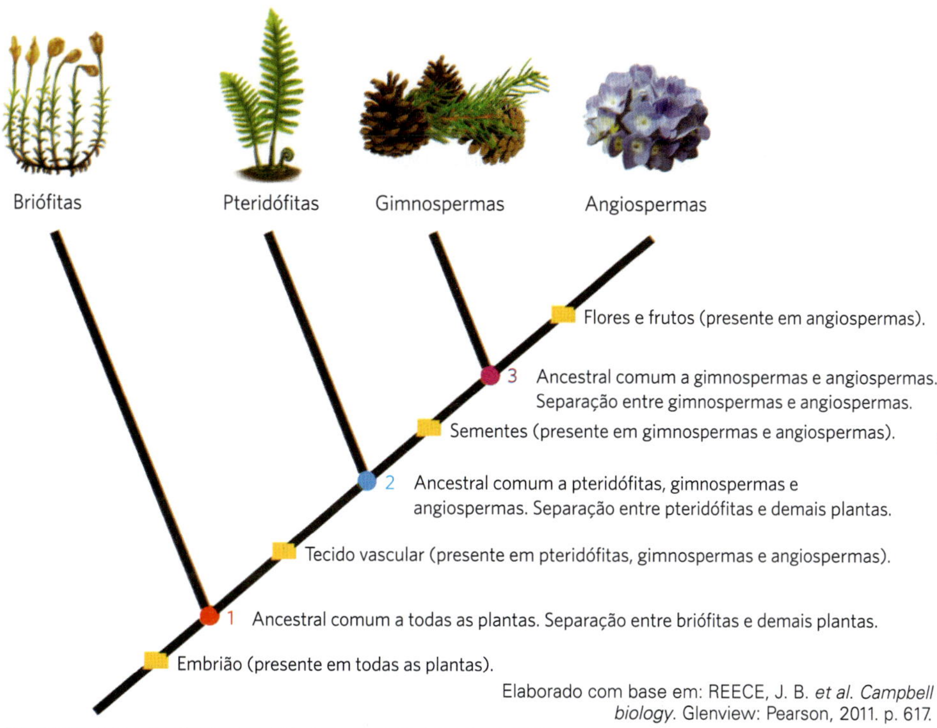

Elaborado com base em: REECE, J. B. *et al. Campbell biology*. Glenview: Pearson, 2011. p. 617.

Árvore filogenética representando a relação de parentesco entre alguns grupos de plantas. Os retângulos amarelos indicam o surgimento de características derivadas (novidades evolutivas). (Elementos fora de proporção de tamanho entre si. Cores fantasia.)

Ferramentas digitais

Sistematas (pesquisadores que estudam e criam sistemas de classificação) utilizam *softwares* específicos, como o Mesquite Project (https://www.mesquiteproject.org) (acesso em: abr. 2020) para elaborar as filogenias dos grupos de seres vivos que estudam. Porém, o domínio dessas ferramentas requer prática, tempo de uso e informações específicas sobre os grupos de seres vivos.

As representações visuais dessas filogenias por meio de diagramas filogenéticos, no entanto, também podem ser elaboradas com material simples, como régua, papel e caneta. Aplicativos e programas de criação e edição gráfica disponíveis em muitos sistemas operacionais também são uma opção. Para treinar, escolha uma filogenia apresentada neste capítulo e tente reproduzi-la por meio de uma dessas ferramentas. Você também pode criar um arquivo físico ou digital para registrar as filogenias de alguns grupos de seres vivos estudados ao longo das unidades de diversidade da vida. Não se esqueça de compartilhar sua produção com os colegas.

Domínios e reinos

Na época de Lineu eram considerados apenas dois reinos para os seres vivos: o vegetal e o animal. Devemos nos lembrar de que Lineu baseou sua classificação apenas nas estruturas visíveis dos organismos vivos. Em 1866, o zoólogo alemão Ernst Haeckel (1834-1919) propôs o termo "protista" para designar o conjunto de organismos simples, eucariontes, que não eram caracterizados nem como vegetais nem como animais. Mais tarde, o novo reino Protista incluiria as bactérias, os protozoários, os fungos e as algas.

Em 1956, o biólogo estadunidense Herbert F. Copeland (1902-1968) propôs a criação de um novo reino, Monera, que abrigaria os seres de natureza celular mais simples - as bactérias, que diferem de todos os demais por serem organismos procariontes. Logo depois, em 1969, o zoólogo estadunidense Robert Whittaker (1920-1980) sugeriu que os fungos fossem elevados à categoria de um novo reino. Surgia, assim, o sistema de cinco reinos (Monera, Protista, Fungi, Animalia e Plantae).

No final do século passado, novas descobertas sobre evolução e genética levaram a uma nova reformulação na classificação dos seres vivos. Uma delas, sugerida em 1982 por Lynn Margulis (1938-2011) e Karlene. V. Schwartz (1936-), indica a existência de dois super-reinos: Prokarya, que abriga os seres procariontes (reino Monera), e Eukarya, no qual estão reunidos os demais organismos celulares (reinos Protista, Fungi, Animalia e Plantae). Mais tarde, o reino Protista, que reunia apenas seres unicelulares (as algas unicelulares e os protozoários), foi substituído pelo reino Protoctista, que inclui algas macroscópicas anteriormente classificadas no reino das plantas.

Em 1977, o microbiologista estadunidense Carl Woese (1928-2012) propôs que a diversidade de seres vivos poderia ser distribuída em três grandes grupos, ou **domínios**. São eles: Bacteria, Archaea e Eukarya. O domínio **Bacteria** (eubactérias) inclui diversos grupos de microrganismos procariontes (células sem membrana nuclear). O domínio **Archaea** (arqueas ou arqueobactérias) inclui espécies de microrganismos procariontes. **Eukarya**, por sua vez, inclui todos os organismos eucariontes (células com membrana nuclear), separados entre si em diversos grupos, entre eles fungos, plantas, animais e grupos independentes que são usualmente reunidos como protoctistas.

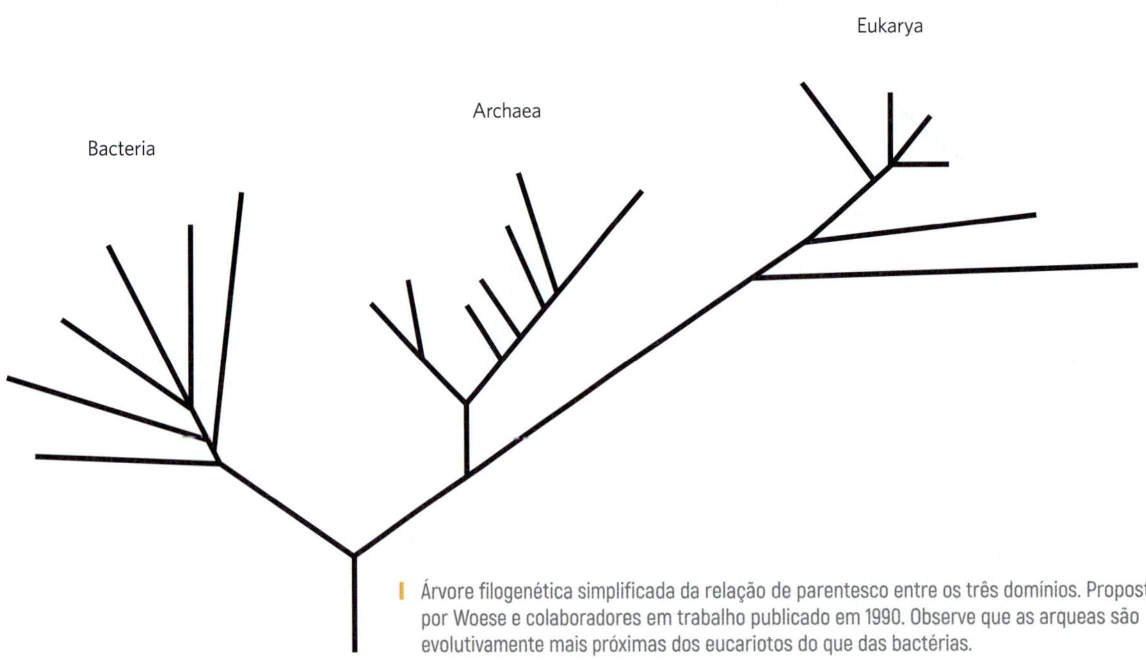

Árvore filogenética simplificada da relação de parentesco entre os três domínios. Proposta por Woese e colaboradores em trabalho publicado em 1990. Observe que as arqueas são evolutivamente mais próximas dos eucariotos do que das bactérias.

Este livro adota a classificação dos seres vivos em cinco reinos sugerida por Margulis e Schwartz: Monera, Protoctista (incluindo os protozoários e todas as algas), Fungi, Plantae e Animalia. No entanto, atualmente, a maioria dos biólogos considera dois dos cinco reinos como grupos artificiais (sem valor taxonômico, por não apresentarem ancestral comum exclusivo): Protoctista, pois agrupava seres mais próximos de outros grupos (fungos, animais e plantas) do que de outros protoctistas; e Monera, pois abriga seres de dois domínios diferentes - Bacteria e Archaea. Dessa forma, apenas Fungi, Plantae e Animalia apresentam valor taxonômico. Os protistas e moneras são considerados grupos artificiais (sem ancestral exclusivo) e deixam de ser classificados como reinos.

À medida que novos estudos moleculares avançam, é provável que a classificação em reinos passe por atualizações. De fato, novas propostas têm sido discutidas pelos cientistas. Afinal, não existe uma classificação definitiva, a ciência e a sistemática estão constantemente sujeitas a modificações.

O que são os vírus?

Os vírus não entram na classificação dos reinos e domínios apresentada anteriormente. Eles são **acelulares**, ou seja, sua estrutura não corresponde à de uma célula.

Basicamente, os vírus são formados por ácido nucleico (DNA ou RNA) envolto por uma cápsula proteica (**capsídeo**). O capsídeo é formado por um número variável de subunidades proteicas e apresenta formas muito diversificadas: há vírus cilíndricos, alongados, poliédricos ou com formas arredondadas. Certos vírus de animais apresentam ainda um **envelope membranoso** externo ao capsídeo formado por fosfolipídeos e proteínas da membrana plasmática da célula hospedeira. O envelope auxilia a entrada do vírus em novas células.

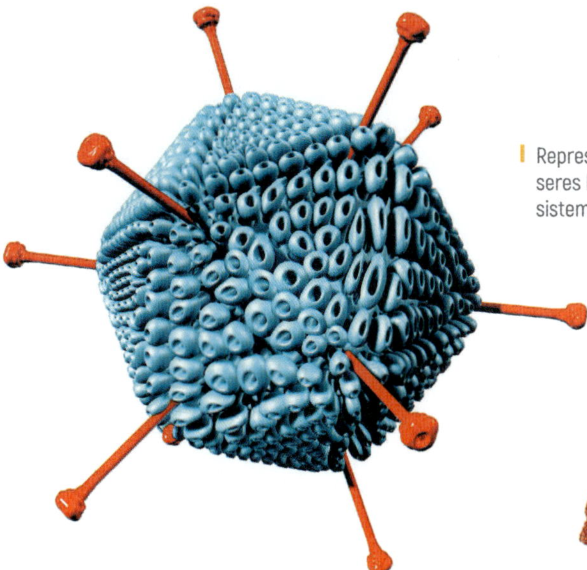

Lightspring/Shutterstock

Representação artística de adenovírus, vírus com capsídeo poliédrico. Em seres humanos, pode causar infecções em diversos órgãos, principalmente no sistema respiratório. (Cores fantasia.)

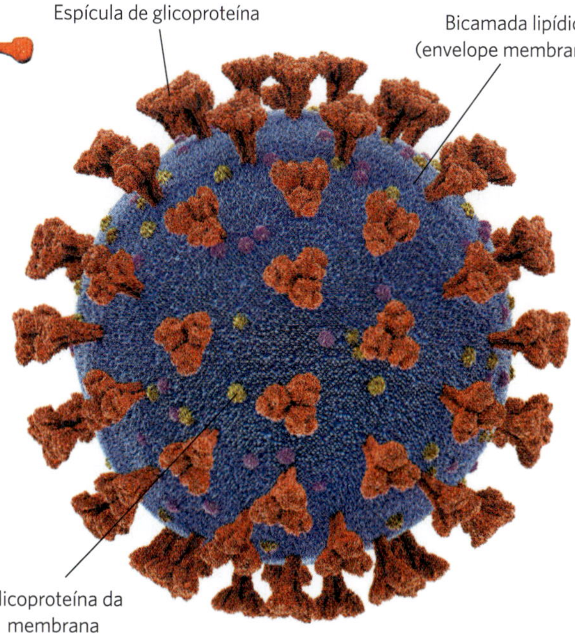

Ktsdesign/SPL/Fotoarena

Representação artística da estrutura externa de coronavírus (CoV). Os coronavírus fazem parte de uma grande família viral, Coronoviridae, de forma esférica, que causam infecções respiratórias em seres humanos e em outros animais. Na imagem, podemos observar a representação do SARS-CoV-2 (ou 2019-nCov), causadora da covid-19, que se alastrou pelo mundo em 2020 causando milhares de mortes. Repare que o envelope membranoso apresenta diversas estruturas, que estão relacionadas ao formato do vírus e à maneira como interage com as células, se liga a elas e as infecta. (Cores fantasia.)

No interior de um vírus não há toda a "maquinaria" necessária para o desempenho de um metabolismo pleno. Dessa forma, os vírus só podem se multiplicar usando os recursos de uma célula. Dizemos, assim, que são **parasitas intracelulares obrigatórios**, ou seja, eles precisam infectar células de outros organismos, como bactérias, plantas e animais para se multiplicar. Quando não estão infectando uma célula, os vírus são metabolicamente inertes, podendo até mesmo se cristalizar e permanecer nessa forma por tempo indefinido.

Esse conjunto de características coloca os vírus numa categoria à parte dos seres vivos. Porém, são capazes de evoluir, adaptando-se a seus hospedeiros. Atualmente, a maioria dos cientistas não considera os vírus como seres vivos, no entanto essa questão permanece em discussão.

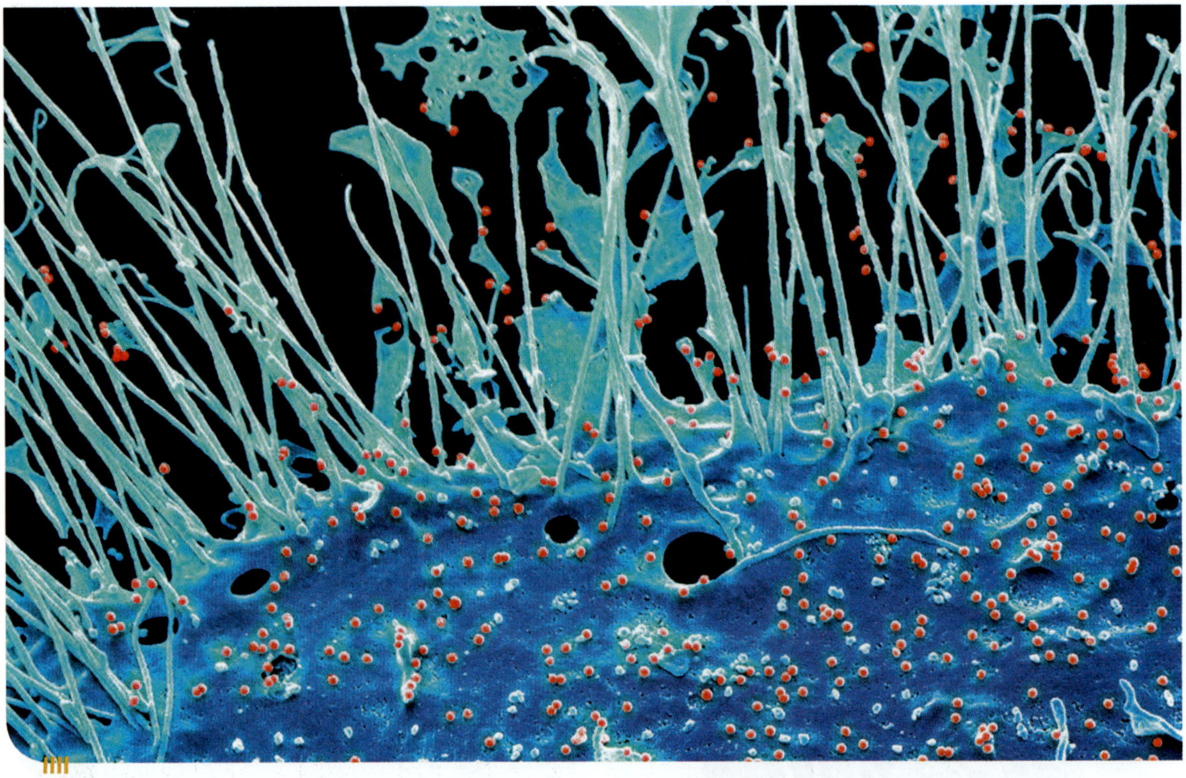

Steve Gschmeissner/SPL/Fotoarena

Fotografia de vírus da imunodeficiência humana (HIV) obtida em microscópio eletrônico de varredura. Os vírus são os pontos vermelhos na superfície da célula. (Aumento aproximado de 7 800 vezes. Cores artificiais.)

Bacteriófago: um DNA-vírus

Os **bacteriófagos** (ou simplesmente **fagos**) são vírus parasitas de bactérias que apresentam uma estrutura característica dividida em cabeça e cauda. Veja na figura ao lado a estrutura do fago T2, que parasita a *Escherichia coli* (bactéria comum no intestino humano).

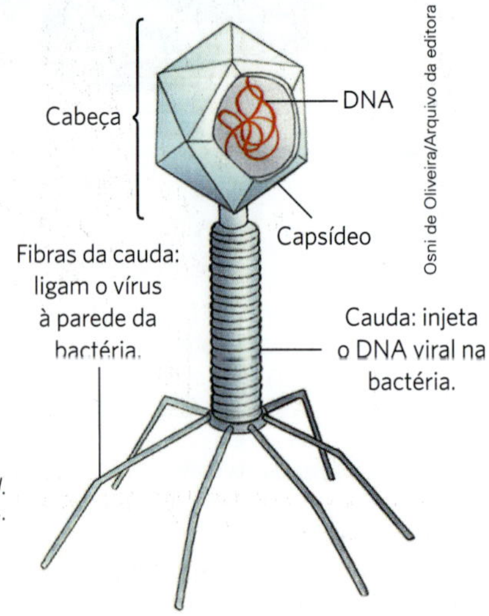

Osni de Oliveira/Arquivo da editora

Elaborado com base em: REECE, J. B. *et al.* *Campbell biology*. Glenview: Pearson, 2011. p. 394.

Esquema da estrutura de um bacteriófago (fago T2). (Elementos fora de proporção de tamanho entre si. Cores fantasia.)

Ao se instalar em uma bactéria, o bacteriófago inicia um ciclo vital que pode seguir dois caminhos: o **ciclo lítico** ou o **ciclo lisogênico**. Veja o esquema desses dois ciclos na figura a seguir.

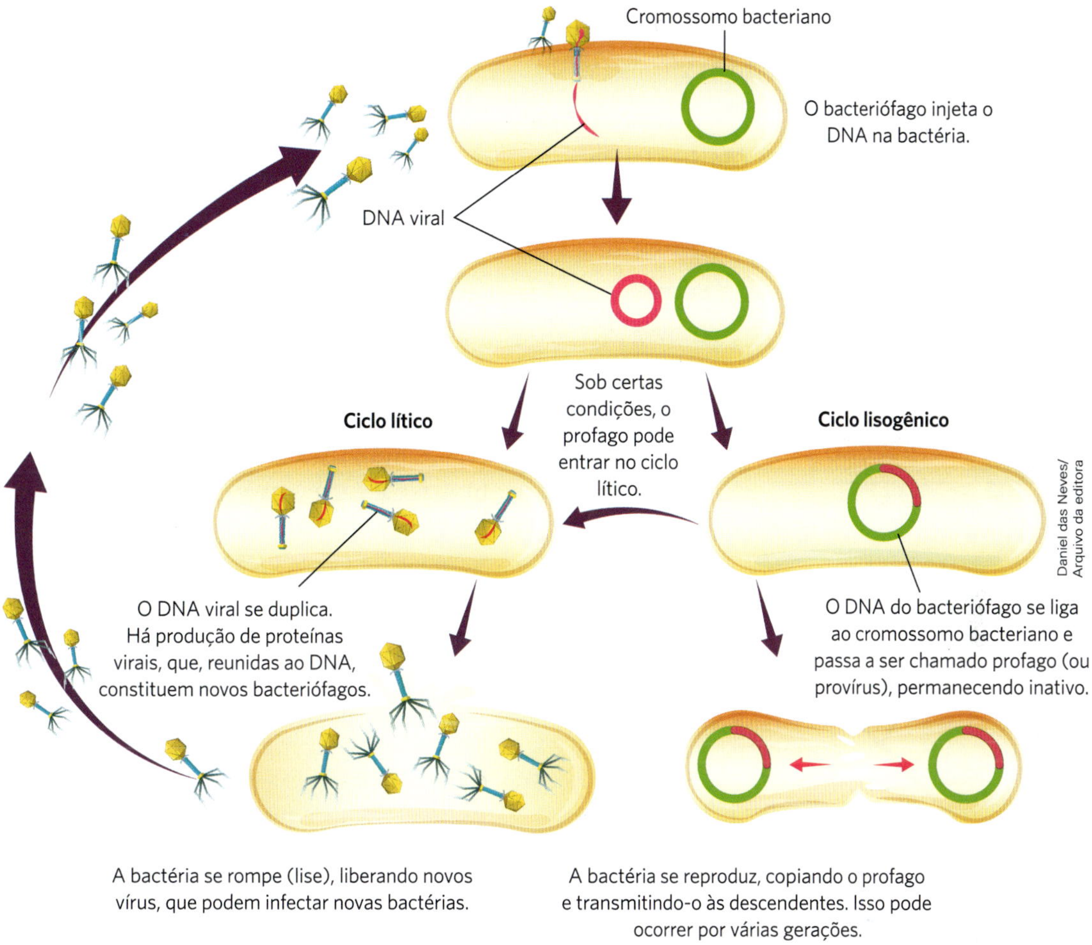

Daniel das Neves/Arquivo da editora

Esquema dos ciclos lítico e lisogênico de um bacteriófago. (Elementos fora de proporção de tamanho entre si. Cores fantasia.)

No ciclo lítico, o vírus multiplica-se dentro da bactéria, que se rompe (lise), liberando novos vírus no ambiente. Já no ciclo lisogênico, o vírus permanece dormente, sendo chamado **profago** ou **provírus**, uma vez que não se multiplica e não destrói a bactéria. Seu DNA fica ligado ao DNA do cromossomo bacteriano e ambos se duplicam a cada divisão da bactéria, podendo permanecer nessa situação por várias gerações.

Sob certas condições, no entanto, o profago pode entrar no ciclo lítico, retornando, assim, à fase virulenta, com a destruição da bactéria e a liberação de novas cópias do vírus.

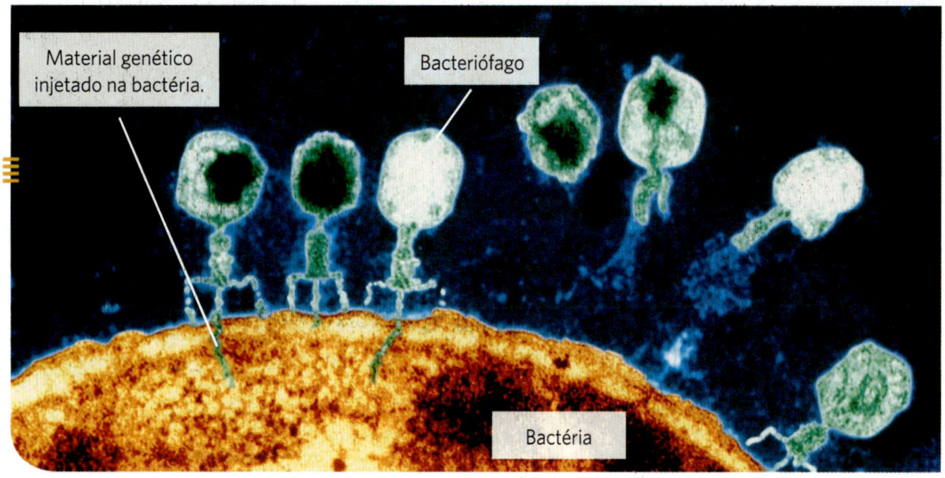

Eye Of Science/SPL/Fotoarena

Fotografia de bacteriófagos T obtida em microscópio eletrônico de transmissão. Os bacteriófagos estão atacando uma bactéria *Escherichia coli*. Observe a molécula de DNA sendo injetada na célula bacteriana (fio azul abaixo dos fagos). (Aumento aproximado de 105 300 vezes. Cores artificiais.)

Desenvolvendo habilidades

1 No quadro a seguir, há a classificação biológica de dois animais. Identifique quais são os grupos (táxons) representados pelos números.

Táxon	Ser humano	Cão doméstico
1	Animalia	Animalia
2	Chordata	Chordata
3	Mammalia	Mammalia
4	Primatas	Carnivora
5	Hominidae	Canidae
6	*Homo*	*Canis*
7	*Homo sapiens*	*Canis familiaris*

2 Observe a árvore filogenética abaixo.

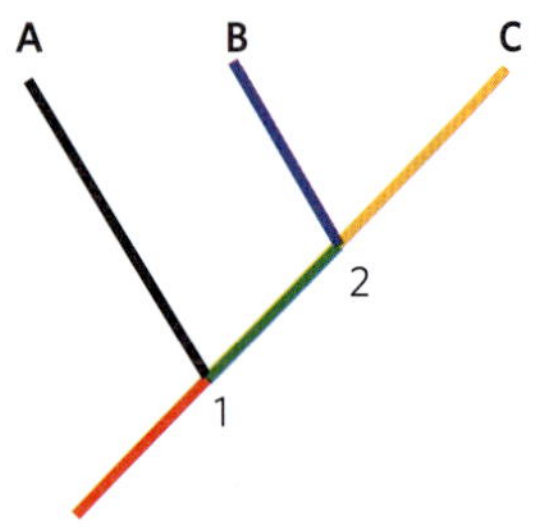

a) Quais são os táxons mais próximos entre si?

b) Que cor representa a história evolutiva comum aos táxons A, B e C?

c) Que cor representa a história evolutiva comum somente aos táxons B e C? E a exclusiva do táxon B?

d) Que número representa o ancestral comum dos táxons B e C?

e) As árvores filogenéticas abaixo representam a mesma história evolutiva mostrada na árvore acima? Explique.

1

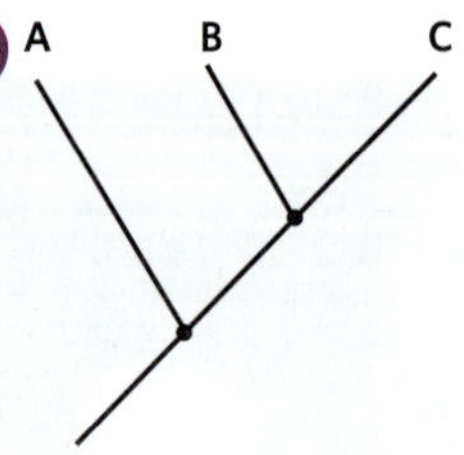

2

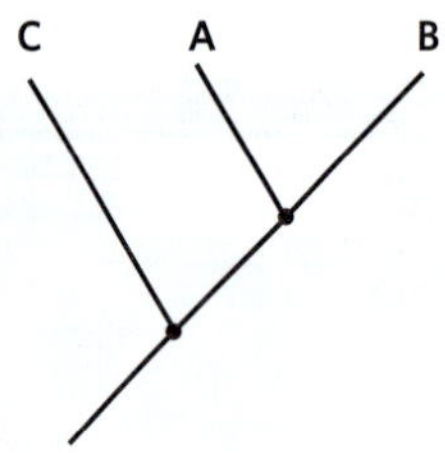

3 Observe a árvore filogenética que mostra a história das plantas na página 227.

a) Qual é o grupo evolutivamente mais próximo das gimnospermas? Justifique.

b) Podemos dizer que todas as plantas têm embrião? E sementes? Justifique.

4 Veja a seguir uma árvore filogenética dos vertebrados.

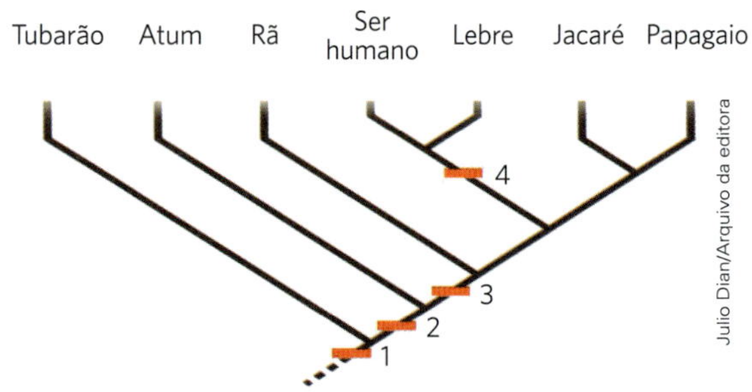

Julio Dian/Arquivo da editora

a) Qual dos seres vivos é evolutivamente o mais próximo do jacaré?

b) Associe cada uma das novidades evolutivas a seguir a um número da árvore filogenética: presença de pelos, presença de esqueleto ósseo, presença de vértebras, presença de quatro apêndices locomotores.

5 Leia o trecho abaixo a respeito de um estudo realizado por pesquisadores brasileiros e colaboradores internacionais sobre a história evolutiva de um grupo de amebas.

Ao reconstruir a história evolutiva das amebas, pesquisadores brasileiros demonstraram que a Terra [...] há, pelo menos, 750 milhões de anos – era muito mais diversa do que sugeria a teoria clássica. [...]

[...] A descoberta de maior diversidade de espécies de amebas tem impacto também nas interpretações sobre a evolução da atmosfera terrestre e das mudanças climáticas. [...]

Ao montar a nova árvore filogenética a partir de algoritmos matemáticos – e com base no estudo da expressão gênica [...], os pesquisadores também conseguiram estabelecer a morfologia e a composição dos ancestrais hipotéticos desse grupo de amebas. [...]

Amebas se diversificaram há pelo menos 750 milhões de anos. Disponível em: jornal.usp.br/?p=228303. Acesso em: abr. 2020.

a) Por que pesquisas como essa, sobre a história evolutiva dos organismos, são importantes?

b) Apesar de dividirmos o conhecimento em áreas, como ciências biológicas e ciências humanas, a integração de conhecimentos é necessária para o estudo de fenômenos complexos. Como o texto exemplifica essa situação?

CAPÍTULO 17

Procariontes

Este capítulo favorece o desenvolvimento das habilidades:

- EM13CNT103
- EM13CNT104
- EM13CNT201
- EM13CNT202
- EM13CNT203
- EM13CNT205
- EM13CNT206
- EM13CNT207
- EM13CNT301
- EM13CNT306

Dica

Museu de Microbiologia do Instituto Butantan

www.butantan.gov.br/atracoes/museu-de-microbiologia

Acesse o *site* para obter informações e agende uma visita para conhecer mais sobre o mundos dos microrganismos!

Você sabe quem são os habitantes mais antigos, numerosos e, provavelmente, mais poderosos do planeta? Durante bilhões de anos, a atividade desses microrganismos modificou radicalmente a Terra. A esses seres unicelulares, de estrutura simples, sem núcleo organizado, devemos nossa sobrevivência diária.

Características gerais

Os procariontes compõem dois dos três domínios de seres vivos: Bactéria e Arquea. Na classificação de cinco reinos proposta por Margulis e Schwartz (2001), esses seres formam o reino Monera. A maioria dos cientistas hoje questiona a validade desse reino, pois seus integrantes não compõem um grupo monofilético, ou seja, não têm um ancestral comum exclusivo.

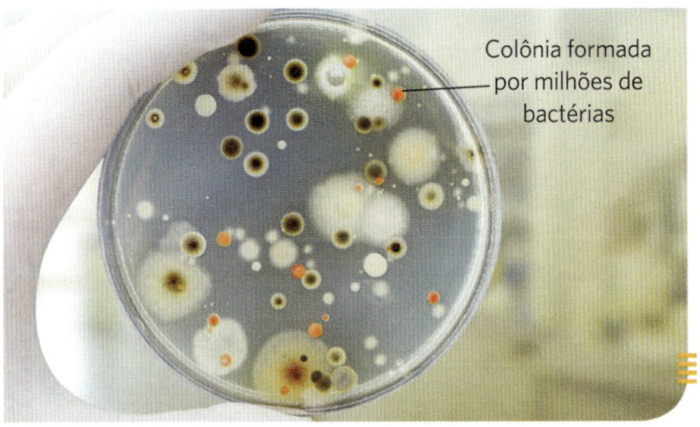

Kateryna Kon/Shutterstock

As células de bactérias e arqueas são muito pequenas para serem vistas a olho nu. Contudo, podemos ver colônias, isto é, milhões de células reunidas. Na foto, além de fungos, podemos observar várias colônias circulares de bactéria cultivadas em um recipiente chamado placa de Petri. Os cientistas conseguem cultivar apenas 1% das bactérias que existem, o restante só pode ser conhecido por análises de DNA.

Independentemente da classificação adotada, este capítulo é dedicado às bactérias e às arqueas, **seres vivos microscópicos**, **procariontes** e **unicelulares**. Em certas espécies, as células permanecem unidas após a divisão celular, o que leva alguns cientistas a considerá-las multicelulares.

Nesse reino estão agrupados dois grupos distintos de organismos: as **arqueas** (domínio Archaea) e as **bactérias** (domínio Bacteria).

Vistas ao microscópio, arqueas e bactérias têm formatos e tamanhos semelhantes. Contudo, análises de DNA mostraram que elas são tão geneticamente diferentes entre si quanto dos eucariontes (domínio Eukaria).

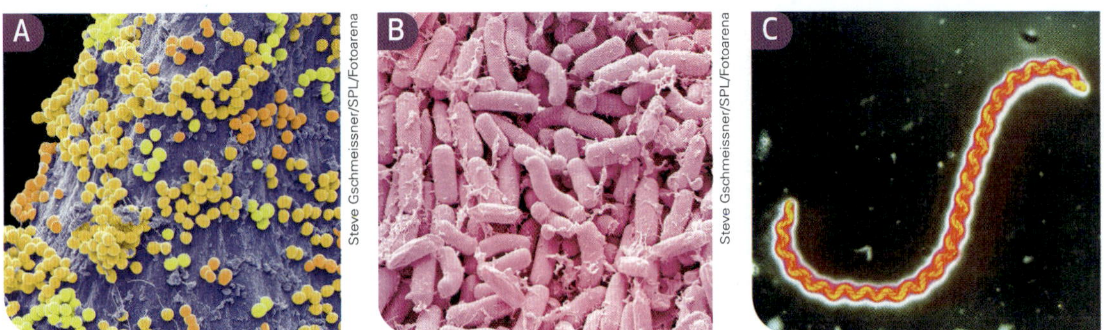

Steve Gschmeissner/SPL/Fotoarena; Steve Gschmeissner/SPL/Fotoarena; CNRI/SPL/Fotoarena

Bactérias e arqueas podem ter várias formas. As mais comuns são os cocos, esféricos, que podem ocorrer isolados ou agrupados (**A**); bacilos, que têm a forma de bastão (**B**) e as formas espiraladas (**C**). Essas bactérias incluem espirilos e espiroquetas em forma de saca-rolhas e os vibriões, com formato de vírgula. Fotografias de bactérias de diferentes formatos obtidas em microscópio eletrônico de varredura (**A** e **B**) e em microscópio eletrônico de transmissão (**C**). (Aumentos aproximados de 2 000 vezes (**A**), 2 500 vezes (**B**) e 21 400 vezes (**C**). Cores artificiais.)

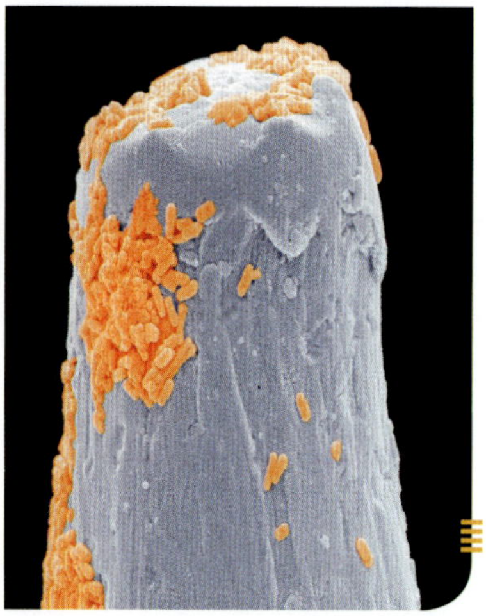

Power And Syred/SPL/Fotoarena

Os seres procariontes são muito antigos. Eles estão entre os primeiros seres vivos que surgiram na Terra há mais de 3,5 bilhões de anos, quando não havia oxigênio no ar e radiações nocivas atingiam o planeta. Desde então, esses seres não apenas adaptaram-se ao ambiente, mas também transformaram-no, alterando radicalmente as condições de vida na Terra.

Atualmente, são encontrados praticamente em qualquer ambiente: ar, solo, água, gelo, material em decomposição, dentro e fora do corpo de quase todos os seres vivos, com os quais estabelecem relações como o parasitismo e o mutualismo. Certas espécies podem viver até mesmo em condições extremas, em locais onde outros seres vivos não sobreviveriam.

Fotografia de bactérias (em laranja) sobre a ponta de um alfinete obtida em microscópio eletrônico de varredura. Esses seres são incrivelmente pequenos e numerosos. Estima-se que exista 1 milhão de bactérias em uma gota de água do mar. (Aumento aproximado de 960 vezes. Cores artificiais.)

Extremófilos

Organismos que são capazes de viver em condições extremas de temperatura, pH, pressão, salinidade, escassez de água, radiatividade, etc., como muitas bactérias e arqueas, são denominados **extremófilos**. Essas espécies são de grande interesse para a ciência, pois podem ser utilizadas nos processos em que bactérias comuns não sobrevivem. Foi assim, por exemplo, que se extraiu da bactéria *Thermus aquaticus* uma enzima resistente a altas temperaturas, a **taq DNA polimerase**, fundamental para a técnica de amplificação de amostras de DNA, conhecida como PCR (reação em cadeia da polimerase).

Peter Barritt/Alamy/Fotoarena

A bactéria *Thermus aquaticus* foi descoberta no Parque Nacional Yellowstone, nos Estados Unidos, na década de 1960. O parque apresenta uma variedade grande de condições ambientais, incluindo altas temperaturas, e é um dos locais que mais concentra espécies extremófilas no planeta.

Microscópicas e indispensáveis

Quando pensamos em bactérias e arqueas, em geral as associamos a sujeira e doenças. Porém, apenas uma pequena parcela das bactérias é patogênica, ou seja, pode causar doenças.

A maior parte desses seres é inofensiva ou até mesmo benéfica para nós. Na verdade, seria impossível vivermos sem elas. Cerca de metade das células que formam nosso corpo não são nossas, mas de microrganismos - principalmente bactérias e arqueas - que vivem sobre e dentro de você, sobretudo nos intestinos, na pele e nos órgãos genitais (alguns estudos estimam que o número de microrganismos pode ser maior do que o número de células humanas). Esses seres desempenham papéis importantíssimos para a saúde, como produção de vitaminas, digestão de certos nutrientes e até proteção contra microrganismos patogênicos.

Muito além da importância que têm para nosso organismo, os procariontes são indispensáveis à vida na Terra. Há bilhões de anos, bactérias fotossintetizantes começaram a produzir gás oxigênio, que posteriormente deu origem à camada de ozônio, essencial para a sobrevivência dos seres vivos atuais porque filtra radiações nocivas vindas do Sol. Sem os gases oxigênio e ozônio, a vida no planeta não teria evoluído da forma como a conhecemos e as espécies que conhecemos - inclusive a nossa - jamais teriam existido.

Ainda hoje, cerca de metade do gás oxigênio atmosférico vem de bactérias e microalgas fotossintetizantes. Bactérias capazes de transformar o gás nitrogênio do ar em amônia e outros produtos desempenham um papel fundamental no ciclo desse elemento (reveja o ciclo do nitrogênio no Capítulo 3 - Conceitos básicos em Ecologia). Por fim, por meio da decomposição, bactérias e fungos realizam a ciclagem de nutrientes, transformando restos de seres vivos em substâncias inorgânicas que são reaproveitadas pelos organismos produtores.

Podemos perceber, então, que os procariontes realizam diversos serviços ecológicos imprescindíveis para a manutenção da vida na Terra. No entanto, a poluição dos oceanos e o mau uso do solo - entre outros exemplos - têm impactado a comunidade microbiana em certos locais. Uma das grandes preocupações da atualidade é que esses impactos ganhem proporções globais, o que causaria consequências catastróficas.

Worachat Tokaew/Shutterstock

Raiz de ervilha com nódulos de *Rhizobium* sp., bactéria fixadora de nitrogênio.

Procariontes usados por seres humanos

Um dos primeiros cientistas a observar as bactérias foi o holandês Antoni van Leeuwenhoek (1632-1723), em 1676. Porém, muito antes disso os seres humanos já utilizavam várias espécies desses organismos para finalidades diversas. Atualmente, com o avanço do conhecimento científico e do surgimento de novas tecnologias, ampliaram-se as aplicações das bactérias. Vejamos alguns exemplos.

Alimentos, como coalhadas, queijos e iogurtes são obtidos a partir da fermentação láctica promovida por bactérias (veja o tópico *Nutrição das bactérias*), em geral, pertencentes aos gêneros *Lactobacillus* e *Bifidobacterium* - conhecidos, respectivamente, como lactobacilos e bifidobactérias. É também o caso dos alimentos probióticos, como os leites fermentados, que contêm lactobacilos. A fermentação bacteriana é empregada também na produção das conservas de picles, chucrute e azeitonas. O vinagre, por sua vez, é produzido com o auxílio de determinadas bactérias, como as pertencentes aos gêneros *Acetobacter* e *Gluconobacter*,que realizam a oxidação do álcool (etanol) a ácido acético, chamadas de bactérias acéticas.

Chatham172/Shutterstock

Queijos, coalhadas e iogurtes são fabricados a partir do leite por meio de fermentação láctica.

Há bactérias que produzem antibióticos, como a estreptomicina e a eritromicina, amplamente usados no combate a infecções bacterianas. Outras são capazes de degradar substâncias contaminantes e/ou tóxicas e, por isso, são utilizadas na biorremediação - como ocorre, por exemplo, quando há derramamentos de petróleo nos mares. Arqueas que produzem metano são frequentemente empregadas como decompositoras em estações de tratamento de esgoto.

Além disso, cabe lembrar que, atualmente, com o auxílio das técnicas de biotecnologia, tornou-se possível realizar a transformação de bactérias por meio da inserção, em seu DNA, de um ou mais genes cujos produtos sejam de interesse médico ou científico. Essas bactérias modificadas (transgênicas) contribuem para a produção de centenas de produtos de uso médico, como hormônios humanos (como a insulina, o hormônio do crescimento e o hormônio que estimula a multiplicação de glóbulos brancos no sangue), moléculas importantes para o metabolismo normal do organismo (como o fator VIII de coagulação do sangue, fundamental no tratamento de hemofílicos, e o interferon, usado no combate ao câncer) e vacinas (como a que confere proteção contra a hepatite B).

Fora da área farmacêutica, bactérias transgênicas são usadas principalmente na produção de enzimas. Estas são empregadas em processos tão variados quanto a produção de alimentos e a fabricação de sabão em pó; algumas marcas, por exemplo, apresentam em sua composição uma enzima - produzida por bactérias transgênicas - que retira manchas de gordura com maior facilidade. Além dessa aplicação, cerca de 50% das enzimas utilizadas na produção de alimentos hoje são obtidas a partir de microrganismos modificados geneticamente.

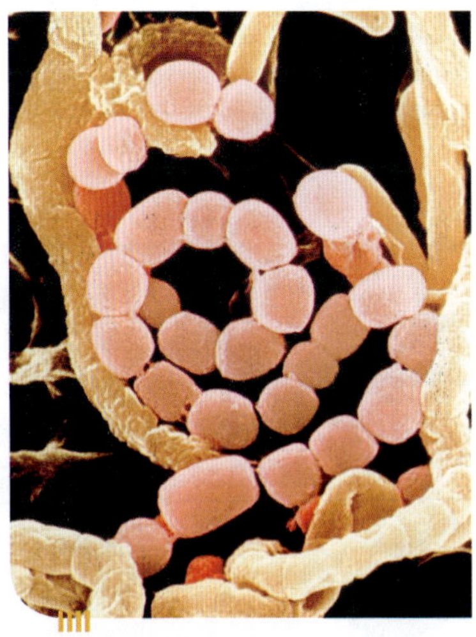

Dr. Jeremy Burgess/SPL/Fotoarena

Fotografia de esporo em espiral de bactéria da espécie *Streptomyces lividans* obtida em microscópio eletrônico de varredura. Esta bactéria é utilizada para produzir o antibiótico estreptomicina. (Aumento aproximado de 7500 vezes. Cores artificiais.)

Reprodução das bactérias e arqueas

Bactérias e arqueas se reproduzem assexuadamente por **bipartição simples**, também conhecida como **divisão binária** ou **cissiparidade**. Nesse processo, uma célula se divide em duas células-filhas geneticamente idênticas. É um processo rápido: algumas espécies podem se dividir em 20 minutos, de forma que uma única bactéria pode gerar 1 bilhão de descendentes em apenas 10 horas.

Bactérias também podem trocar plasmídeos (pedaços de DNA) umas com as outras ou simplesmente absorver plasmídeos do ambiente. O processo de troca se chama **conjugação**: duas células se conectam, o que possibilita trocas de DNA, resultando em maior variabilidade genética na descendência. Essa capacidade de trocar DNA horizontalmente (isto é, dentro da mesma geração) é uma das razões pelas quais as bactérias evoluem tão rapidamente. Existem evidências de que a conjugação também aconteça entre as arqueas.

Certas bactérias, como as causadoras do tétano, são capazes de produzir **esporos**, que são células muito resistentes, capazes de sobreviver em dormência por longos períodos, mesmo em condições adversas. Quando as condições do ambiente voltam a ser adequadas, o esporo germina e se desenvolve em uma nova bactéria ativa.

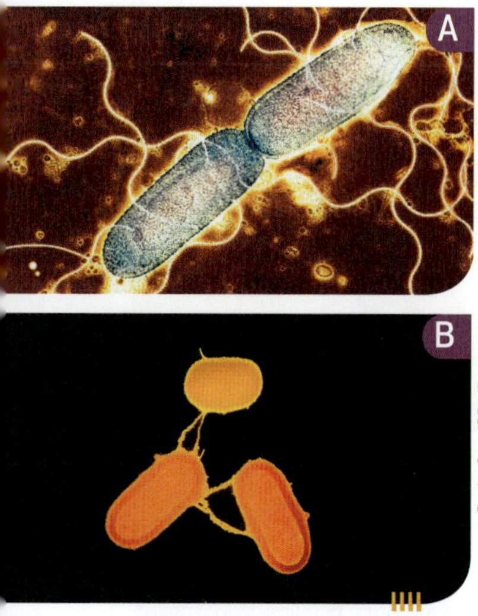

Centre For Infections/Public Health England/SPL/Fotoarena

Dr. L. Caro/SPL/Fotoarena

(**A**) Fotografia de bactéria da família *Enterobacteriaceae* reproduzindo-se por cissiparidade obtida em microscópio eletrônico de transmissão. (Aumento aproximado de 40 800 vezes. Cores artificiais.). (**B**) Fotografia de conjugação na espécie *Escherichia coli* obtida em microscópio eletrônico de transmissão. (Aumento aproximado de 16 000 vezes. Cores artificiais.)

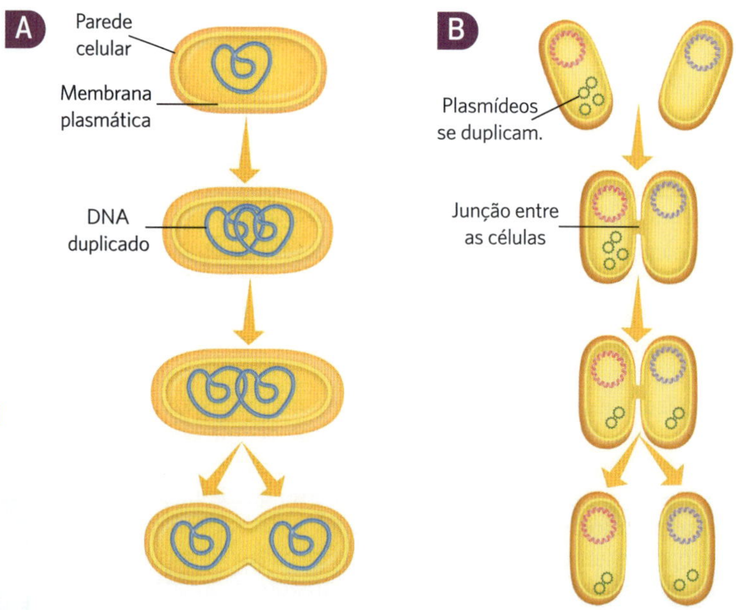

Selma Caparroz/Arquivo da editora

As bactérias podem se reproduzir por divisão binária (cissiparidade), originando bactérias idênticas à bactéria inicial (A) ou podem trocar material genético pelo processo de conjugação (B). (Elementos fora de proporção de tamanho entre si. Cores fantasia.)

As arqueas

As arqueas são frequentemente encontradas em locais inóspitos para a maior parte dos seres, como fontes vulcânicas ou muito salgadas. A maioria das arqueas são **autótrofas quimiossintetizantes** (ou **quimioautótrofas**). Existem espécies metanogênicas, que produzem metano como subproduto da respiração, sendo muito empregadas no tratamento de esgoto.

Uma das diferenças entre arqueas e bactérias está na composição química da parede celular. A parede das arqueas pode ser composta por polissacarídeos, glicoproteínas ou proteínas. Já a parede celular das bactérias contém peptideoglicanos, uma substância formada por carboidratos e proteínas. A parede celular presente nas células das plantas e dos fungos são constituídas, respectivamente, por celulose e quitina.

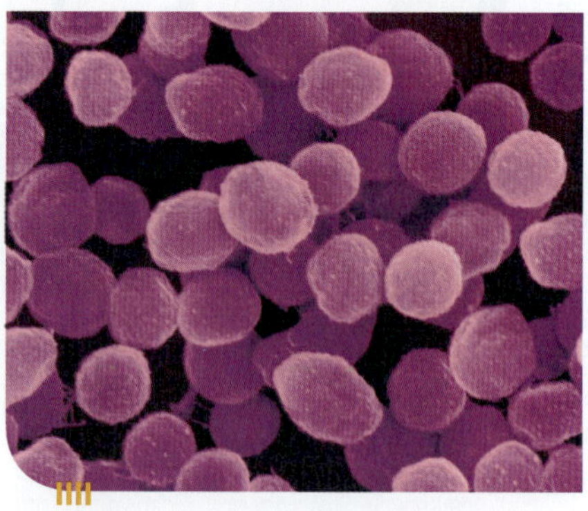

Dennis Kunkel Microscopy/SPL/Fotoarena

Fotografia de arqueas metanogênicas (*Methanococcus jannaschii*) obtida em microscópio eletrônico de varredura. (Aumento aproximado de 11 800 vezes. Cores artificiais.)

As bactérias

Como outros seres vivos, as bactérias se alimentam, se reproduzem e desempenham muitas outras atividades. Porém, sendo unicelulares e procariontes, tudo isso é realizado por apenas uma célula sem núcleo organizado. Veja na figura ao lado a estrutura de uma célula bacteriana.

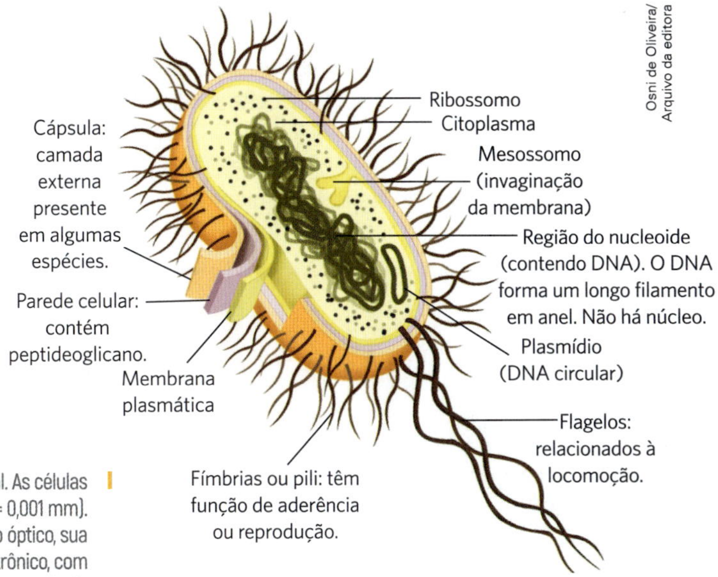

Osni de Oliveira/Arquivo da editora

Esquema de uma célula bacteriana em corte longitudinal. As células bacterianas são muito pequenas, da ordem de 1 μm (1 μm = 0,001 mm). Por isso, embora possam ser visualizadas ao microscópio óptico, sua estrutura só pode ser bem estudada ao microscópio eletrônico, com milhares de vezes de aumento. (Elementos fora de proporção de tamanho entre si. Cores fantasia.)

Tamanhos que não enxergamos

Como não enxergamos elementos microscópicos, é muito difícil perceber o quão diferente é o tamanho entre alguns deles. Para se ter uma ideia, considerando a escala da ilustração ao lado, não conseguiríamos enxergar um ribossomo ou uma molécula de hemoglobina e muitos vírus pareceriam pontinhos indistinguíveis.

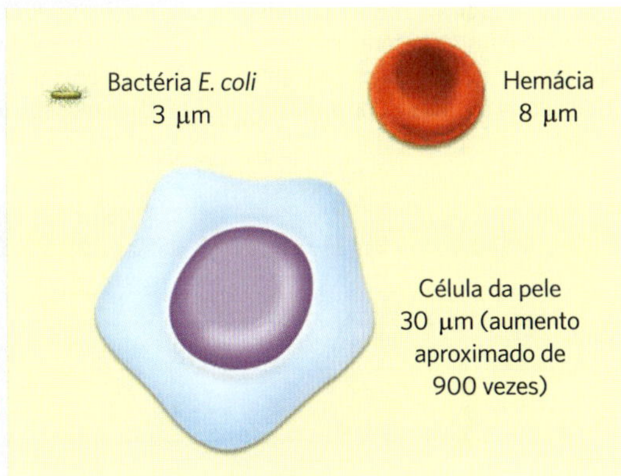

Selma Caparroz/Arquivo da editora

As células bacterianas são em geral muito menores do que as células humanas. (Cores fantasia.)

Nutrição das bactérias

Algumas bactérias são autótrofas, fazem fotossíntese ou quimiossíntese (oxidam substâncias inorgânicas, como sulfetos ou amônia). Outras são heterótrofas, alimentando-se de matéria orgânica.

A maior parte das espécies é anaeróbia e não precisa de gás oxigênio para sobreviver (algumas morrem na presença desse gás). Espécies aeróbias precisam de gás oxigênio. As bactérias anaeróbias facultativas podem viver em ambientes com e sem gás oxigênio.

Bactérias autótrofas

As **bactérias fotossintetizantes** apresentam bacterioclorofila, um pigmento fotossensível semelhante à clorofila encontrada nas algas e nas plantas. A capacidade de realizar fotossíntese desenvolveu-se, ao longo da evolução, entre vários grupos de bactérias, dos quais se destaca o das **cianobactérias**. Vivem em solos úmidos e em água doce e marinha, fazendo parte do plâncton ou junto aos sedimentos do fundo dos lagos. Podem formar colônias de células ou filamentos que chegam a atingir centímetros de comprimento.

As **bactérias quimiossintetizantes** não usam a energia solar para sintetizar glicose. A energia vem das reações químicas de oxidação de certas moléculas inorgânicas, como a amônia, os nitritos e os sulfetos de hidrogênio. As **bactérias nitrificantes** são responsáveis por tornar o nitrogênio disponível para as plantas, pela transformação da amônia (NH_3) em nitritos (NO_2^-), e destes em nitratos (NO_3^-).

Bactérias heterótrofas

A maioria das bactérias é **heterótrofa**, ou seja, não é capaz de produzir seu próprio alimento orgânico. Muitas delas são **saprófitas**, pois se nutrem de restos orgânicos - como fezes, cadáveres e matéria vegetal acumulada sobre o solo -, auxiliando na putrefação e decomposição desse material. A degradação da matéria orgânica pode ocorrer por meio da respiração celular ou da fermentação.

Outras são **parasitas** que vivem dentro de seus hospedeiros ou sobre eles, obtendo deles os nutrientes de que necessitam.

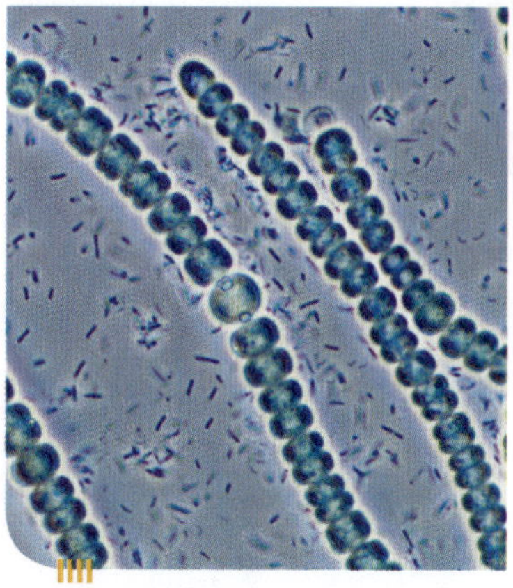

Michael Abbey/Science Source/Fotoarena

Fotografia de colônia de cianobactérias fotossintetizantes do gênero *Anabaena* obtida em microscópio óptico. (Aumento aproximado de 685 vezes. Cores artificiais.)

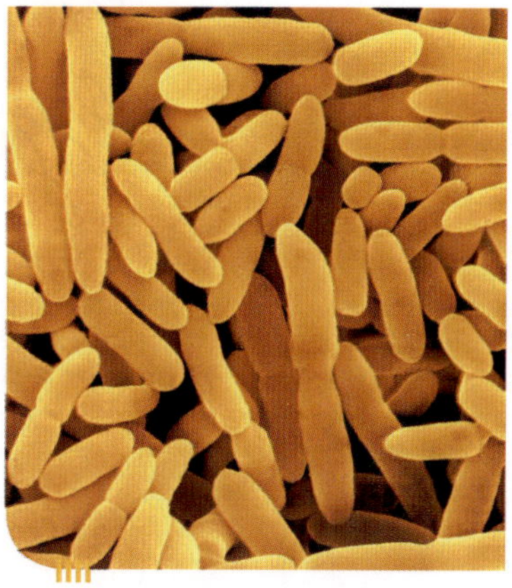

Dennis Kunkel Microscopy/SPL/Fotoarena

Fotografia de bactérias quimiossintetizantes do gênero *Nitrobacter* obtida em microscópio eletrônico de varredura. (Aumento aproximado de 4 300 vezes. Cores artificiais.)

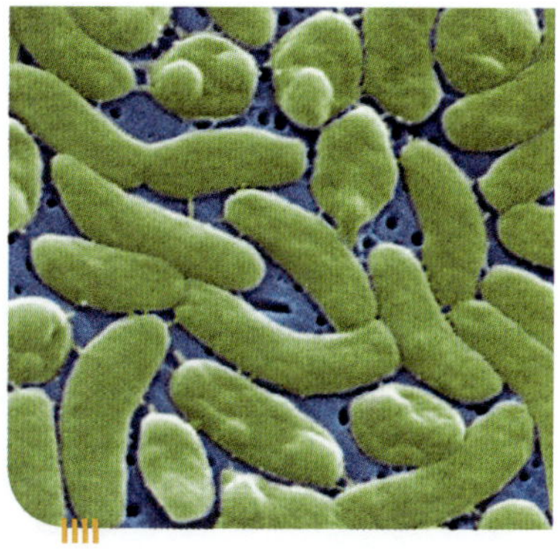

CDC/SPL/Fotoarena

Fotografia de bactéria heterotrófica (*Vibrio vulnificus*) obtida em microscópio eletrônico de varredura. Esta espécie pode causar diferentes sintomas dependendo do órgão afligido e da saúde da pessoa. (Aumento aproximado de 14 400 vezes. Cores artificiais.)

Gram-positivas e gram-negativas

UNI AZTRENAM
aztreonam

Pó para solução injetável

IDENTIFICAÇÃO DO PRODUTO

FORMA FARMACÊUTICA E APRESENTAÇÃO
Pó para solução injetável 1 g: embalagem contendo frasco-ampola + ampola diluente de 3 mL.

USO INTRAMUSCULAR / ENDOVENOSO

USO ADULTO E PEDIÁTRICO

COMPOSIÇÃO:
Cada frasco-ampola contém:
aztreonam .... 1 g
Excipientes: arginina.

Cada ampola diluente contém:
água para injetáveis .... 3 mL

Reprodução/União Química

Bula do antibiótico aztreonam apresentando as características do medicamento e seu espectro de ação.

Ao ler a bula de um antibiótico é comum encontrarmos as expressões gram-positivas e gram-negativas. Essas expressões vêm de uma técnica de coloração chamada **método de Gram**: as bactérias gram-positivas se coram em violeta, e as bactérias gram-negativas adquirem a coloração vermelha.

As cores indicam diferenças na composição da parede celular, como a maior ou menor quantidade de peptideoglicano e a presença ou não de uma membrana externa.

A separação das bactérias entre gram-positivas e gram-negativas é de grande importância na medicina, uma vez que as diferenças presentes na estrutura da parede bacteriana levam a condutas específicas de tratamento no caso de infecções.

Diálogos

Combate ao *bullying*

A acne inclui o aparecimento de cravos e espinhas, muitas vezes dolorosos. É mais comum na adolescência, quando a pele produz substâncias oleosas em maior quantidade. Frequentemente as lesões se tornam infeccionadas pela ação de bactérias e, em muitos casos, tratamentos mais intensos com antibióticos são necessários. Embora seja menos grave do que outras doenças bacterianas, a acne pode afetar a autoestima das pessoas, sobretudo quando há *bullying* por parte dos colegas.

"A acne não deixa você feio, um coração cheio de ódio, sim."

Com essa frase, a adolescente blogueira estadunidense Hailey Wait rebateu críticas às fotos de seu rosto com acne.

A mensagem de Hailey teve milhares de curtidas e compartilhamentos, mostrando que ela - e outras pessoas com acne - definitivamente não estão sozinhas. Desde então, a blogueira fez questão de postar mais fotos em que as espinhas apareçam, como forma de mostrar que perfeição não existe e que o *bullying* deve ser combatido.

Em vigor desde 2016, a Lei n. 13.185/16 classifica o *bullying* (palavra de origem inglesa) como intimidação sistemática, quando há violência física ou psicológica em atos de humilhação ou discriminação. A classificação também inclui ataques físicos, insultos, ameaças, comentários e apelidos pejorativos, entre outros que ocorrem de forma rotineira.

Segundo avaliação do Programa Internacional de Avaliação de Estudantes (Pisa) de 2015, um em cada dez estudantes brasileiros é vítima de *bullying*. Além disso, o Brasil tem o segundo maior índice de jovens vítimas de *bullying* pela internet.

Reprodução/Instagram

Mensagem e imagens de Hailey Wait em uma página de mídia social.

EstherQueen999/Shutterstock

O *cyberbullying* corresponde à prática de *bullying* pela internet. Imagens e comentários depreciativos podem se espalhar rapidamente por *e-mails*, celulares e mídias sociais. A situação se agrava, pois nem sempre o agressor pode ser identificado.

Em ação!

1. Em uma folha, responda às seguintes questões e entregue ao(à) professor(a). (1) Você já sofreu *bullying*? (2) Você já praticou *bullying*? (3) Você já presenciou situações de *bullying*? Essas respostas são pessoais e não devem ser identificadas, pois apenas serão contabilizadas.

2. Pense em uma situação em que você foi vítima de intimidação física ou psicológica, incluindo discriminação virtual e presencial. Entregue ao(à) professor(a) uma folha digitada e impressa contendo uma descrição de seus sentimentos com relação à situação lembrada (até 5 linhas). Não identifique seu depoimento.

3. As folhas serão misturadas pelo(a) professor(a). De forma aleatória, o(a) professor(a) selecionará o maior número possível de estudantes para realizar a leitura de alguns depoimentos para a turma.

4. Conversem entre si sobre as possíveis medidas para combater o *bullying* e promover maior respeito, tolerância e empatia no cotidiano. As respostas do questionário vão integrar um painel que se chamará "Combate ao *bullying*". Esse painel deverá ser construído de modo coletivo, juntamente com mensagens relacionadas à importância do combate à discriminação, baseadas na conversa realizada anteriormente.

Desenvolvendo habilidades

1 As células das bactérias e arqueas podem ter formatos variados. Porém, têm características em comum. Entre as três células desenhadas abaixo, qual certamente não pertence ao reino Monera? Como você chegou a essa conclusão?

(Elementos fora de proporção de tamanho entre si. Cores fantasia.)

2 Depois de identificada a bactéria causadora da infecção, é preciso realizar um antibiograma, um teste que permite descobrir qual antibiótico é eficiente para combatê-la. Para isso, a bactéria é cultivada em toda a superfície de uma placa de Petri. Em seguida, são colocados discos de papel contendo vários tipos de antibiótico. Depois de algumas horas ou dias, observa-se se houve crescimento bacteriano. A foto abaixo mostra o resultado de um antibiograma.

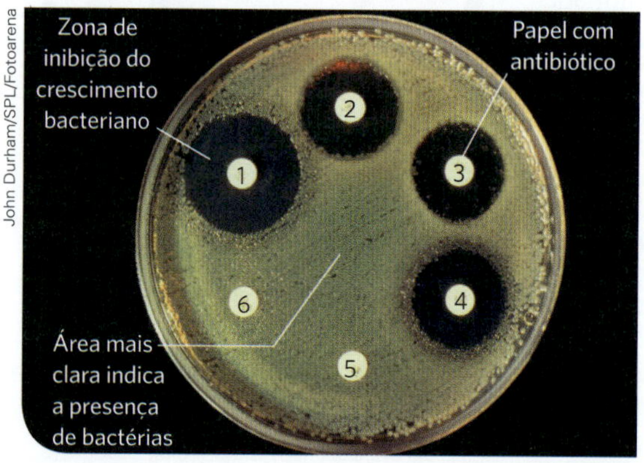

a) Quantos antibióticos foram testados?

b) Os antibióticos tiveram o mesmo efeito sobre a bactéria? Como você sabe?

c) Imagine que você é o médico. Qual antibiótico você prescreveria: o número 1 ou o número 6? Por quê?

3 Um técnico em microbiologia cultivou quatro espécies de bactérias em tubos de ensaio contendo meio de cultura (figura 1). Após análise, concluiu que as espécies tinham diferentes níveis de tolerância ao gás oxigênio. Elas apresentavam respiração aeróbia, anaeróbia obrigatória, anaeróbia facultativa e microaerófila. As bactérias microaerófilas se desenvolvem bem apenas em ambientes com taxas médias de oxigênio, não suportando nem altas taxas desse gás nem a ausência dele. Já as anaeróbias facultativas se desenvolvem indiferentemente nos meios com e sem oxigênio. Em seguida, fez-se contagens das quatro populações bacterianas, pipetando amostras de vários pontos de cada tubo, gerando o gráfico da figura 2.

Figura 1

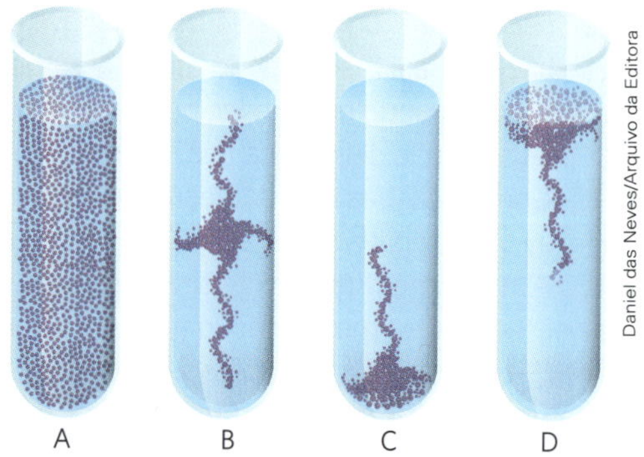

Culturas bacterianas. (Elementos fora de proporção de tamanho entre si. Cores fantasia.)

Figura 2

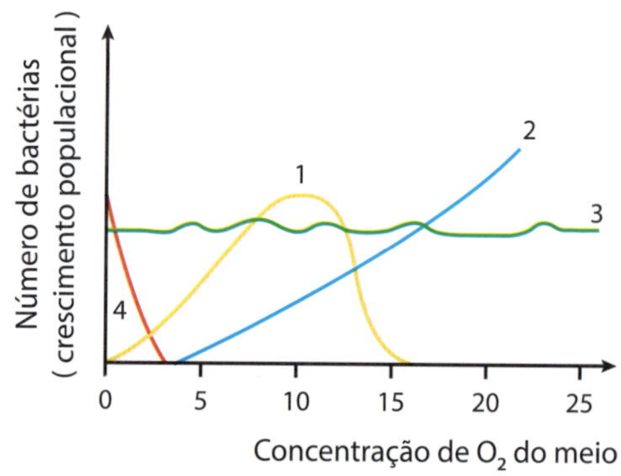

Gráfico que relaciona o crescimento bacteriano à concentração de gás oxigênio do meio.

a) Classifique as bactérias dos quatro tubos quanto ao tipo de respiração. Dica: a quantidade de oxigênio no tubo é maior perto da superfície e menor perto do fundo.

b) Qual cultura corresponde a cada curva do gráfico?

c) Uma das culturas bacterianas foi preparada com uma amostra retirada de uma salsicha, cuja lata estava bem fechada, e que havia causado a intoxicação e morte de um cão. Qual dos tubos (A, B, C ou D) contém a cultura com a bactéria causadora da intoxicação? Justifique sua resposta.

CAPÍTULO 18

Algas e protozoários

Algas e protozoários são muito diferentes entre si: alguns servem de alimento, alguns auxiliam na digestão de outros seres vivos, outros ainda contribuem para a produção de gás oxigênio na atmosfera e uma pequena parte pode causar doenças. São reunidos em um grupo, pois são eucariontes que não pertencem ao grupo das plantas, dos animais ou dos fungos.

Este capítulo favorece o desenvolvimento das habilidades:

EM13CNT202
EM13CNT203
EM13CNT205
EM13CNT206
EM13CNT301
EM13CNT302
EM13CNT303
EM13CNT306
EM13CNT308

Características gerais

Algas e protozoários são incluídos no **reino Protoctista**, um agrupamento considerado artificial, pois reúne organismos que não têm um ancestral comum exclusivo, ou seja, este reino não é um grupo monofilético. Seus integrantes têm diferentes ancestrais e, portanto, diferentes histórias evolutivas. Há espécies de protoctistas que são evolutivamente mais próximas dos fungos do que de outros protoctistas. Outras são mais próximas dos animais ou das plantas. Por essa razão, a maior parte dos cientistas já não considera que os protoctitas constituam um reino, embora o termo "protoctista" continue a ser usado para designar os organismos eucariontes que não são fungos, animais nem plantas.

Para facilitar o estudo, optamos por usar a classificação de Margulis e Schwartz de 1982, com uma simplificação adicional meramente didática dividindo o reino em duas categorias: os **autótrofos** (algas microscópicas e macroscópicas) e os **heterótrofos** (protozoários, unicelulares). Porém, nem sempre é simples dividir os protoctistas dessa forma, pois há espécies que podem ser autótrofas e heterótrofas. Vale dizer que algas e protozoários são apenas termos didáticos, isto é, não correspondem a nenhum táxon como classe ou família.

Dica

Algas marinhas: muitos benefícios além da famosa culinária japonesa

www.ecycle.com.br/component/content/article/62-alimentos/2165-alga-marinha-saude-alimentacaoverde-culinaria-iodo-clorofila-fotossintese-sushi-nutrientes-biofertilizanteagricultura.html

Conheça mais sobre a importância das algas marinhas.

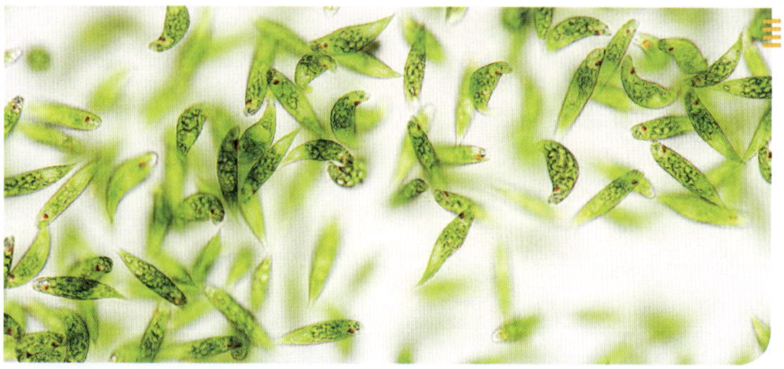

Marek Mis/SPL/Fotoarena

Euglenas (*Euglena* sp.) são protoctistas unicelulares que podem fazer fotossíntese. Na ausência de luz, comportam-se como heterótrofos, alimentando-se de nutrientes do ambiente ou de outros microrganismos. (Fotografia obtida em microscópio óptico. Aumento aproximado de 90 vezes.)

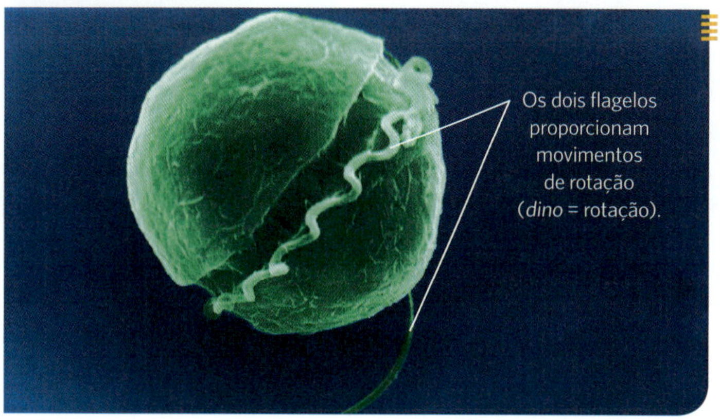

David M. Phillips/Science Source/Fotoarena

Dinoflagelados, são unicelulares e planctônicos. Cerca de metade das espécies desse grupo são heterótrofas. As autótrofas são importantes componentes do fitoplâncton. (Fotografia obtida em microscópio eletrônico de varredura. Aumento aproximado de 1085 vezes. Cores artificiais.)

Todos os protoctistas são eucariontes, porém a estrutura corporal e os modos de vida são bastante variados. A maior parte é unicelular, outros são multicelulares. A maioria das espécies conhecidas é aquática, mas também pode viver em ambientes terrestres úmidos; algumas habitam o corpo de outros organismos, em associações de mutualismo ou parasitismo.

Algas: protoctistas autótrofos

A maioria das algas vive em meio aquático, em ambientes marinhos ou de água doce. Algumas espécies também podem ser encontradas em ambientes terrestres úmidos.

A maior parte das espécies unicelulares é plânctônica. Algas multicelulares podem viver flutuando na superfície ou fixas em rochas e em outros substratos. O corpo das algas multicelulares é geralmente formado por um talo, que pode ser um simples filamento ou formar lâminas. Não há, porém, raízes, caules e folhas, como ocorre com a maioria dos grupos de plantas. Embora seja possível determinar algumas características comuns a todos os seres incluídos em algas, eles são divididos em diversos grupos, como veremos nas imagens a seguir. Estudos com base em dados moleculares têm mostrado, inclusive, que alguns grupos não estão relacionados entre si. Alguns cientistas, por exemplo, sugerem que as algas verdes e vermelhas deveriam ser incluídas no reino das plantas.

As algas, sobretudo as microscópicas, merecem destaque pela sua importância nos ecossistemas aquáticos, constituindo a base da teia alimentar, junto das cianobactérias. Por meio da **fotossíntese**, são responsáveis pela liberação de grandes quantidades de gás oxigênio na atmosfera.

Há diversos grupos de algas, veja alguns nas imagens abaixo.

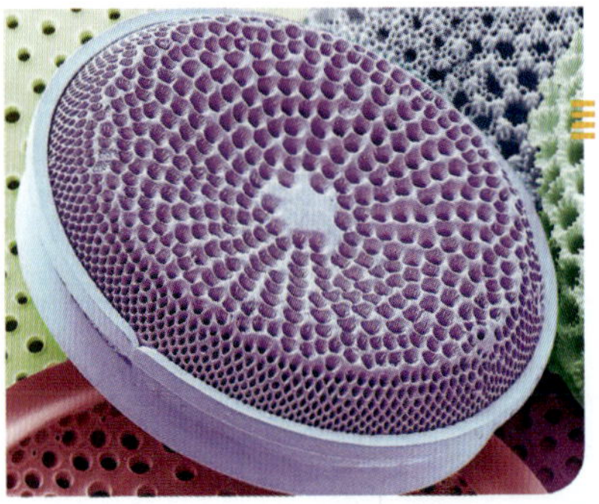

Steve Gschmeissner/SPL/Fotoarena

Fotografia de diatomácea obtida em microscópio eletrônico de varredura. (Aumento aproximado de 675 vezes. Cores artificiais.)

A maioria das **diatomáceas** é marinha e planctônica. A célula única apresenta uma parede rígida, formada por um material semelhante ao vidro. A parede é formada por metades que se encaixam, como uma caixa e sua tampa. Daí vem o termo diatomáceas (*diatomos* = cortado em dois). Esses organismos são considerados uma importante fonte de gás oxigênio para a atmosfera.

Andrew b Stowe/Shutterstock

Floresta de kelp formada por algas pardas de grandes dimensões.

As **algas pardas** (ou marrons) são multicelulares, como o **sargaço** (*Sargassum* sp.), que é flutuante, e o **kelp** (gêneros *Macrocystis* e *Laminaria*), cujo talo pode atingir dezenas de metros de comprimento.

Science Source/Fotoarena

Alface-do-mar (*Ulva lactuca*) sobre uma rocha. (Tamanho dos talos: 10 a 20 cm de comprimento.)

As **algas verdes** podem ser uni ou multicelulares e viver em água doce, no mar ou em ambientes úmidos. Existem evidências de que as algas verdes sejam os ancestrais das plantas.

Damsea/Shutterstock

Alga vermelha (*Asparagopsis armata*) no mar Mediterrâneo. (Cerca de 20 cm de comprimento.)

Algas vermelhas devem sua coloração à presença de outros pigmentos, além da clorofila. São multicelulares e marinhas.

Algumas espécies são comestíveis, como a nori, usada para envolver sushis.

Reprodução das algas

Em muitas espécies de algas, particularmente naquelas que são unicelulares, é comum a **reprodução assexuada** por divisão binária simples. Isso quer dizer que, em certo momento, a célula se divide por mitose, originando duas células-filhas iguais a ela.

A **reprodução sexuada** pode acontecer de várias maneiras. Muitas espécies de algas apresentam um **ciclo de vida haplodiplobionte**, com indivíduos haploides (n) e diploides (2n) que se alternam. Por isso, diz-se que nesse tipo de ciclo de vida ocorre o fenômeno da **alternância de gerações**.

Acompanhe as etapas desse ciclo na figura abaixo.

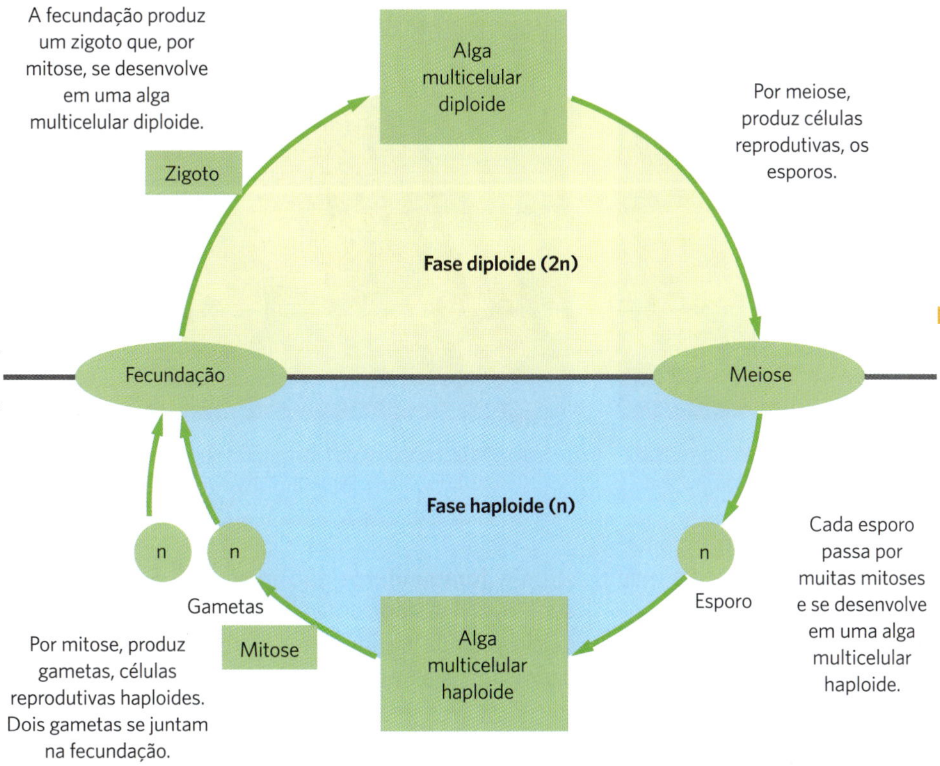

Banco de imagens/Arquivo da editora

Esquema do ciclo de vida haplodiplobionte, no qual ocorre a alternância de gerações. (Elementos fora de proporção de tamanho entre si. Cores fantasia.)

Note alguns pontos importantes: nesse tipo de ciclo de vida a **meiose** ocorre na formação de esporos (meiose espórica). Isso é característico da maioria das algas e também de todas as plantas, enquanto nos animais a meiose ocorre na formação de gametas (meiose gamética). Um esporo é capaz de, sozinho, desenvolver-se e dar origem a um novo organismo. Já um gameta precisa fundir-se a outro gameta para produzir uma célula diploide (o zigoto), que, então, vai se desenvolver em um novo organismo. Essa é a diferença fundamental entre esporos e gametas.

Marés vermelhas

A proliferação de dinoflagelados nos oceanos é conhecida como **maré vermelha**. A presença dessas microalgas deixa a superfície das águas com extensas manchas avermelhadas e pode levar à morte peixes e outros animais marinhos pela liberação de toxinas. Em água doce também pode haver proliferação excessiva de microalgas verdes, que se apresentam como uma espessa camada verde cobrindo a superfície de represas, lagoas, etc. A causa mais comum dessa proliferação é a chamada **eutrofização**, o excesso de nutrientes provenientes de fertilizantes, esgotos, etc., despejado nos ambientes aquáticos.

Protozoários: protoctistas heterótrofos

Os **protozoários** são organismos **unicelulares** e **heterótrofos** que vivem em uma grande diversidade de *habitat*: solo úmido, água doce, ambiente marinho e, até mesmo, no interior de outros organismos. Em geral, nutrem-se pela ingestão de alimentos e restos orgânicos de várias origens, presentes no ambiente. Há espécies predadoras e outras que vivem em mutualismo com muitos animais, como as que habitam o intestino dos cupins promovendo a digestão da celulose, principal alimento desses insetos. Muitas espécies são parasitas que se nutrem absorvendo alimentos em solução nos tecidos dos hospedeiros.

Veja, a seguir as características de alguns grupos de protozoários.

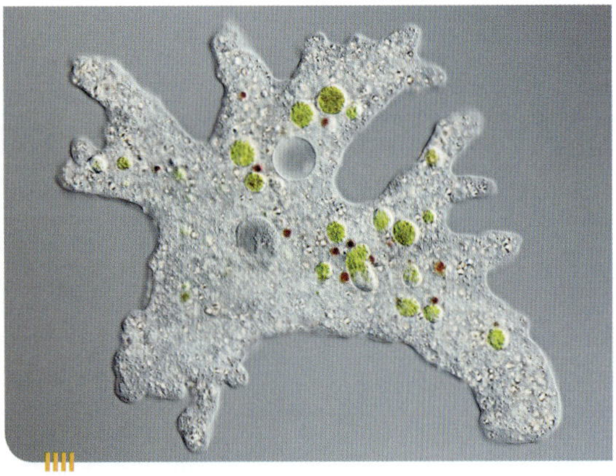

Lebendkulturen.de/Shutterstock

Fotografia de ameba (*Amoeba proteus*) obtida em microscópio óptico. (Entre 0,25 mm e 0,75 mm de comprimento.) (Aumento desconhecido.)

As **amebas** podem ter vida livre ou serem parasitas (como a *Entamoeba histolytica*). Alimentam-se por fagocitose. Para chegar ao alimento, movimentam-se estendendo e retraindo pseudópodes, que são expansões da célula.

Steve Gschmeissner/SPL/Fotoarena

Fotografia de carapaças de foraminíferos obtida em microscópio eletrônico de varredura. (Aumento aproximado de 30 vezes. Cores artificiais.)

Os **foraminíferos** são marinhos. Suas células são envolvidas por uma carapaça de carbonato de cálcio provida de inúmeras perfurações, por onde saem longos e finos pseudópodes.

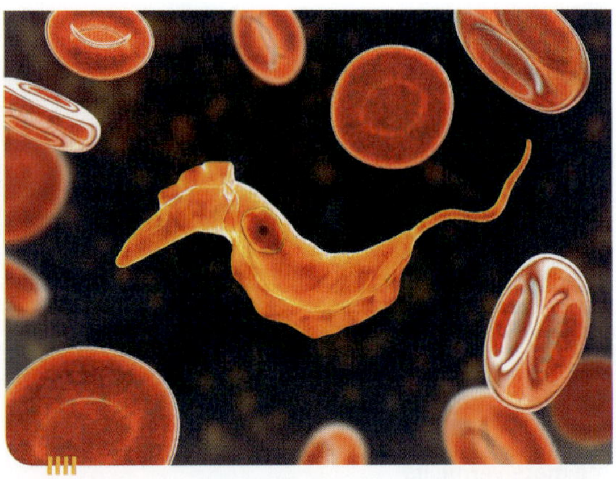

Kateryna Kon/SPL/Fotoarena

Representação artística de protozoário flagelado *Trypanosoma cruzi*, ao centro. (Tamanho aproximado de 15 μm a 24 μm.)

Protozoários **flagelados** como os do gênero *Trypanossoma* são parasitas de seres humanos e outros animais. O *Trypanossoma cruzi* é causador da doença de Chagas.

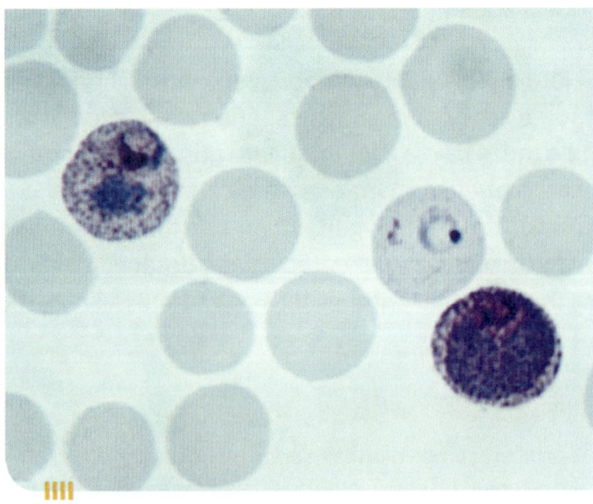

Ed Reschke/Stone/Getty Images

Fotografia de parasita causador da malária (*Plasmodium vivax*) obtida em microscópio óptico. (Aumento aproximado de 1 000 vezes. Cores artificiais.)

O grupo dos **apicomplexos** é formado por parasitas, como o *Plasmodium* sp., causador da malária.

O grupo dos **ciliados**, como o nome diz, se locomove por meio de cílios. A maioria das espécies é predadora de bactérias e outros protozoários. Veja abaixo a estrutura da célula de um paramécio.

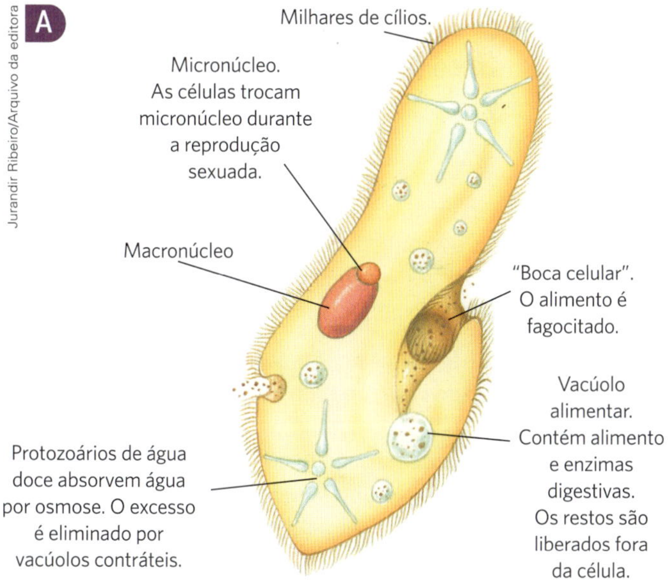

(A) Esquema representando as estruturas celulares de um paramécio. (Elementos fora de proporção de tamanho entre si. Cores fantasia.). (B) Fotografia de *Paramecium* sp. obtida em microscópio eletrônico de varredura. (Aumento aproximado de 365 vezes. Cores artificiais.)

A reprodução dos protozoários

Os protozoários apresentam vários tipos de reprodução assexuada, sendo mais comum a **cissiparidade** (ou bipartição simples). Muitos parasitas formam **cistos**, isto é, células especiais que suportam condições ambientais desfavoráveis.

A reprodução sexuada pode se dar por meio da troca de núcleos entre duas células que se unem temporariamente. Note a presença do micronúcleo na figura do paramécio (acima). Esse processo é chamado **conjugação**.

A importância dos protoctistas

Assim como os moneras, os protoctistas desempenham papéis essenciais nos ecossistemas. Eles constituem grande parte do fito e do zooplâncton. São, portanto, a base de inúmeras teias alimentares aquáticas. Dos protoctistas vem o alimento que, em última instância, chega aos peixes e a outros animais. As algas, junto das cianobactérias, desempenham o relevante papel de produzir cerca da metade do gás oxigênio da atmosfera. Porém, esses seres podem ser altamente afetados pelo aumento da temperatura dos oceanos, em decorrência do aquecimento global.

Protoctistas também fazem parte de importantes relações de mutualismo. Protozoários que vivem no intestino de baratas e cupins digerem substâncias da madeira que esses animais ingerem. O capim ingerido por bois também é parcialmente degradado, no estômago dos ruminantes, por protozoários que digerem celulose.

O *Trichonympha* sp. digere a celulose que compõe a madeira ingerida pelo cupim (gênero *Reticulitermes*). Este, por sua vez, beneficia-se da presença do protozoário, pois não poderia fazê-lo por si só. No destaque, fotografia de protozoário (*Trichonympha campanula*) obtida ao microscópio óptico. (Aumento aproximado de 130 vezes.).

Desenvolvendo habilidades

1 Assim como as bactérias, os protoctistas unicelulares foram observados há mais de 300 anos, pelo cientista holandês Antoni van Leeuwenhoek, um construtor de microscópios. Isso significa que, durante milênios, nossa espécie desconhecia a existência da maior parte das formas de vida do planeta: os microrganismos.

a) Como, em sua opinião, a descoberta dos microrganismos afetou nosso entendimento sobre a vida?

b) Em 300 anos houve grandes aperfeiçoamentos nos microscópios, produzindo imagens antes inimagináveis, como algumas das mostradas neste capítulo. Qual dessas imagens mais impressionou você? Com que tipo de microscópio ela foi obtida?

c) Investigue o funcionamento desse equipamento e de que maneira ele produz as ampliações. Pesquise quais foram os impactos do microscópio na sociedade, na saúde e no ambiente, compartilhando seus achados com os colegas.

2 Até 1866, todos os seres vivos eram classificados como animais ou plantas (protozoário vem de *proto* + *zoo*, ou seja, animal primitivo). Nesse ano, foi criado o reino Protista que, ao longo do tempo passou por várias modificações e chegou a conter até mesmo bactérias e fungos. Em 1982, foi proposta a criação do reino Protoctista, que conteria apenas protozoários e algas uni e multicelulares. Porém, novos estudos moleculares mostram que o reino Protoctista contém seres mais próximos de animas, plantas ou fungos. Assim, a classificação dos protoctistas ainda é alvo de muitos estudos.

a) A classificação dos seres vivos mudou com o passar do tempo. Você acha que alguma das propostas apresentadas no enunciado acima é correta ou incorreta? Justifique.

b) Você acha que um dia haverá uma classificação definitiva para os seres vivos? Justifique.

3 Substâncias produzidas a partir de protoctistas são utilizadas como ingredientes em vários produtos. É comum encontrar em rótulos compostos como o ágar e a carragenina produzidos por algas pardas e vermelhas, usados para encorpar alimentos.

a) Faça uma pesquisa e indique um exemplo de usos das algas nos seguintes casos.

- Medicamentos ou suplementos alimentares
- Produtos de higiene pessoal
- Agricultura
- Alimentação

b) A produção e venda de algas marinhas e seus derivados é importante para a economia do Japão, do Chile e de outros países. Considerando as características naturais do nosso país, o Brasil teria capacidade para esse tipo de atividade? Explique.

4 Paramécios foram retirados de um pequeno lago e colocados em um tubo de ensaio com meio de cultura. Após alguns minutos, seus vacúolos contráteis pararam de pulsar. O que você pode concluir sobre o meio de cultura: ele era mais ou menos concentrado do que a água do lago?

5 A figura a seguir representa uma teia alimentar marinha. Observando-a, um estudante escreveu: "É incrível como grandes animais, como baleias, dependem de seres microscópicos, como cianobactérias e protoctistas".

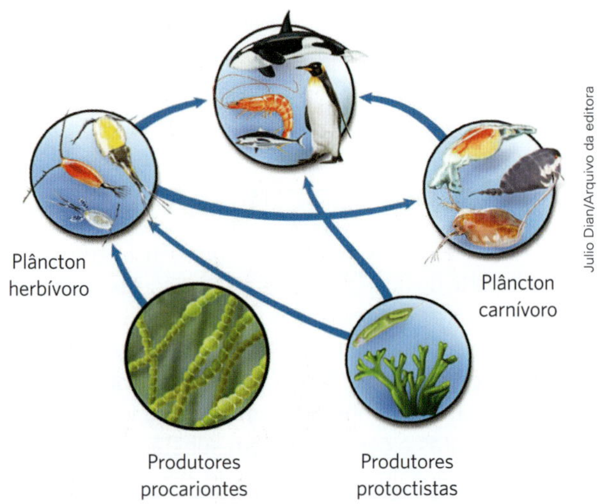

(Elementos fora de proporção de tamanho entre si. Cores fantasia.)

a) Você concorda com ele? Por quê?

b) O que aconteceria se houvesse contaminação do ambiente e as cianobactérias e os protoctistas desaparecessem desse ecossistema?

CAPÍTULO 19

Fungos

Este capítulo favorece o desenvolvimento das habilidades:

EM13CNT202

EM13CNT203

EM13CNT205

EM13CNT206

EM13CNT301

EM13CNT303

EM13CNT306

EM13CNT309

Quem vê um cogumelo no solo provavelmente não imagina que ele é uma pequenina parte de um gigantesco ser vivo que cresce silenciosamente, estendendo-se por vários metros de profundidade. Os fungos são seres que frequentemente passam despercebidos, mas são essenciais para a biosfera.

Características gerais

Os fungos são organismos eucariontes e heterótrofos. Desenvolvem-se com extrema facilidade nos mais diversos ambientes, terrestres e aquáticos, além de estabelecerem diferentes tipos de associações com muitos outros grupos de seres vivos.

Diferentemente dos animais, que ingerem alimento, os fungos absorvem nutrientes do meio em que vivem. Em geral, secretam enzimas que digerem a matéria orgânica que lhes serve de alimento. Alguns usam enzimas para penetrar nas células de outros seres, parasitando-os. Em resumo, realizam digestão extracelular do alimento e, em seguida, absorção dos nutrientes.

Há fungos unicelulares (conhecidos como **leveduras**), porém a maioria é pluricelular. O corpo dos fungos pluricelulares é constituído de células que formam filamentos finíssimos, chamados **hifas**. As hifas finas e numerosas aumentam enormemente a superfície de absorção do fungo. O alimento é usado para produzir novas hifas e assim o fungo se espalha por uma área cada vez maior.

Dica

Como árvores conversam entre si por uma rede subterrânea

https://www.youtube.com/watch?v=UirW2aBP-PY

Analisando o solo onde vivem as árvores, os cientistas descobriram uma rede subterrânea de fungos que conecta as árvores, uma espécie de internet das plantas.

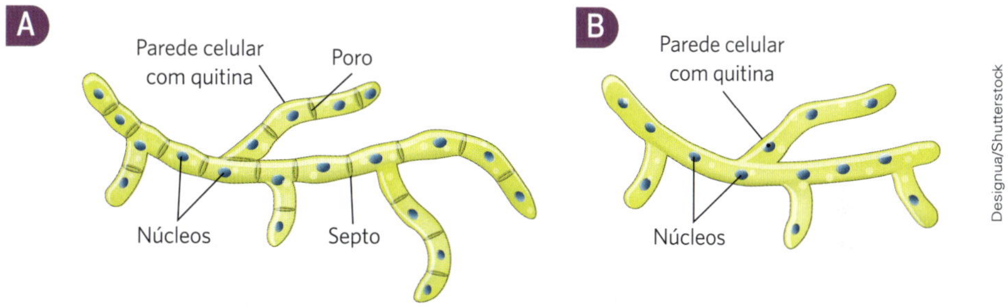

Esquema de dois tipos de hifas dos fungos pluricelulares. (**A**) Em geral, as células das hifas são **septadas** – separadas por paredes (septos) com orifícios que permitem a passagem de organelas e até do núcleo. (**B**) Em algumas espécies, porém, não há divisão entre as células: esse tipo de fungo é chamado **cenocítico**. (Elementos fora de proporção de tamanho entre si. Cores fantasia.)

Normalmente, as longas e ramificadas hifas formam um denso emaranhado, o micélio, que cresce por dentro do alimento, do corpo parasitado ou do solo.

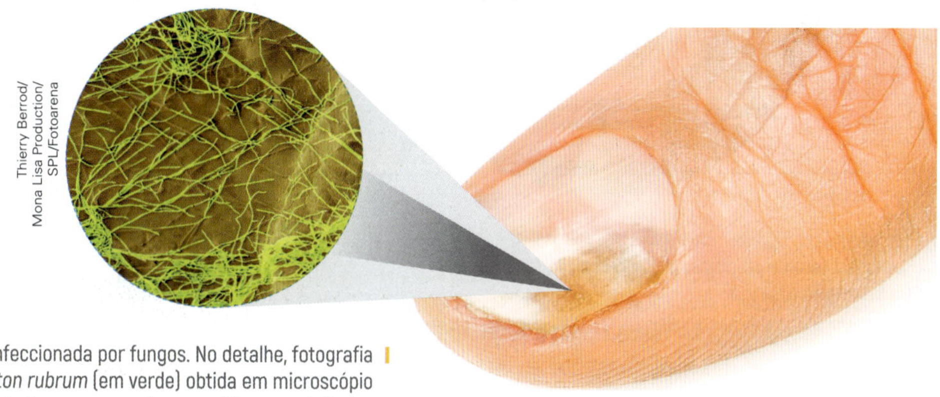

Polegar humano com unha infeccionada por fungos. No detalhe, fotografia de hifas do fungo *Trichophyton rubrum* (em verde) obtida em microscópio eletrônico de varredura. Este fungo causa micoses cutâneas ao infectar pelos, unhas e pele. (Aumento desconhecido. Cores artificiais.)

Fungo imenso

O maior ser vivo conhecido é um fungo do gênero *Armillaria* que vive há mais de dois mil anos em uma floresta no estado americano do Oregon. Estima-se que seu micélio se espalhe por uma área de 880 hectares, cerca de 1220 campos de futebol.

Em alguns fungos, parte do micélio forma cogumelos, bolores, orelhas-de-pau e outras estruturas de reprodução. Essas estruturas são chamadas de **corpos de frutificação**. Quando corpos de frutificação surgem na superfície do solo, por exemplo, é sinal de que existe um micélio subterrâneo com vários metros de extensão.

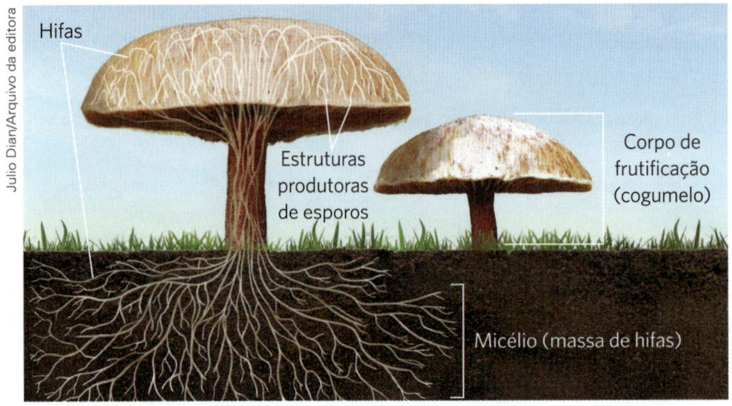

Esquema de parte de um fungo. Em 1 cm^2 de solo pode haver 1 km de hifas muito finas. (Elementos fora de proporção de tamanho entre si. Cores fantasia.)

Reprodução dos fungos

Em geral, os fungos são haploides que se reproduzem por meio de esporos que podem ser produzidos assexuadamente ou sexuadamente. Algumas espécies produzem milhões de minúsculos esporos que são levados por grandes distâncias pelo ar ou pela água. Se chegarem a um local úmido e com alimento, os esporos vão germinar e formar um novo micélio.

A figura abaixo representa um ciclo de vida comum entre os fungos.

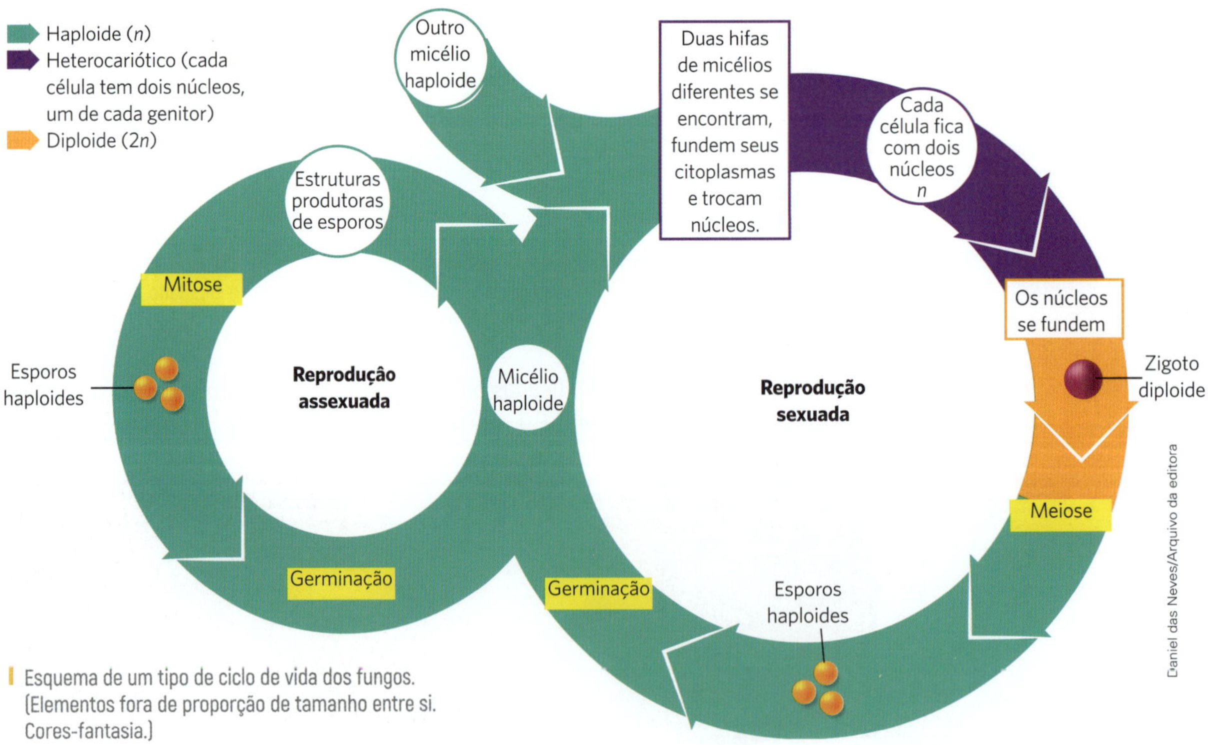

Esquema de um tipo de ciclo de vida dos fungos. (Elementos fora de proporção de tamanho entre si. Cores-fantasia.)

A reprodução assexuada também pode ocorrer por fragmentação do micélio ou, no caso das leveduras, por divisão celular e brotamento - neste processo, da célula-mãe surgem "brotos" que se destacam e se desenvolvem como células independentes. No próximo tópico, é possível observar a presença de brotos na fotografia de levedura (Ascomicetos).

Diversidade dos fungos

Os fungos provavelmente evoluíram de protoctistas unicelulares há centenas de milhões de anos. Hoje, o reino Fungi é composto por mais de 150 mil espécies conhecidas e as estimativas afirmam que esse número pode ser até dez vezes maior.

A classificação dos fungos leva em conta características como o tipo de corpo de frutificação (se houver), a estrutura e organização das hifas e o tipo de reprodução. Veja um pouco da variedade dos fungos.

Basidiomicetos

- Corpo de frutificação chamado basidiocarpo.
- Hifas septadas.
- Reprodução com alternância de gerações (esporos haploides geram hifas que se fundem e formam um novo micélio diploide).

Zbigniew Dziok/Shutterstock

Fungo da espécie *Armillaria mellea* (cogumelo cresce até cerca de 20 cm de altura). Muitos fungos produzem cogumelos (corpos de frutificação como este).

Ihor Hvozdetskyi/Shutterstock

Orelha-de-pau da espécie *Daedaleopsis tricolor* (cogumelo cresce até cerca de 10 cm de diâmetro). Estes fungos são importantes decompositores de madeira.

Ascomicetos

- Corpo de frutificação – chamado ascocarpo.
- Hifas septadas.
- Reprodução com alternância de gerações (semelhante à dos basidiomicetos).

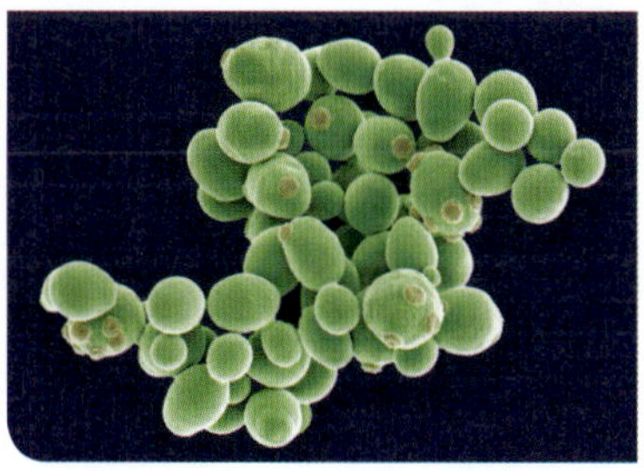

Steve Gschmeissner/SPL/Fotoarena

Fotografia de células de leveduras da espécie *Saccharomyces cerevisiae* (cada célula mede cerca de 10 μm) obtida em microscópio eletrônico de varredura. Alguns fungos microscópicos, como estas leveduras, são utilizados na indústria alimentícia para a produção de massas e bebidas fermentadas. (Aumento aproximado de 1 410 vezes. Cores artificiais.)

nito/Shutterstock; Eye Of Science/SPL/Fotoarena

Densa camada de hifas do gênero *Penicillium* sp. (cinza e branco) sobre uma laranja. No detalhe, fotografia de estruturas produtoras de esporo obtida em microscópio eletrônico de varredura. Fungos como os do gênero *Penicillium* podem ser empregados na produção de alguns tipos de queijo e de antibióticos, como a penicilina. (Aumento aproximado de 375 vezes. Cores artificiais.)

Zigomicetos

- Produção ocasional de esporângios.
- Hifas cenocíticas.
- Reprodução sexuada com formação de zigoto diploide pela fusão de hifas haploides.

Kumpanat Phewphong/Shutterstock; Gregory G. Dimijian/Science Source/Fotoarena

Mofo causado pelo crescimento de fungo da espécie *Rhizopus nigricans* em fatia de pão. No detalhe, fotografia das suas hifas obtida em microscópio óptico. Cada esporângio (estrutura preta arredondada) mede cerca de 250 μm.

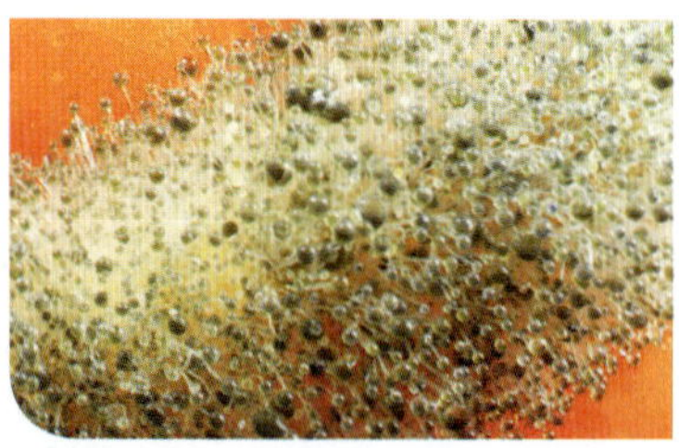

lombrock/Shutterstock

Fungo do gênero *Mucor* crescendo sobre tomate. (Aumento desconhecido.)

Muito além da decomposição

Fungos, assim como bactérias, são seres decompositores. Sem eles, os nutrientes presentes nos restos de seres vivos não retornariam ao ambiente e, consequentemente, não seriam absorvidos pelos produtores.

A importância dos fungos para as plantas, no entanto, vai além. Certos fungos têm hifas especiais que se associam às células das raízes de algumas plantas em uma relação de mutualismo: o fungo recebe compostos orgânicos da planta e proporciona um aumento na absorção de nutrientes do solo pela planta. Essa associação, chamada **micorriza**, acontece com a maior parte das plantas. Além de beneficiar os seres vivos envolvidos diretamente na associação, as micorrizas facilitam a recuperação de áreas degradadas e solos empobrecidos, proporcionando a diminuição do uso de fertilizantes no solo.

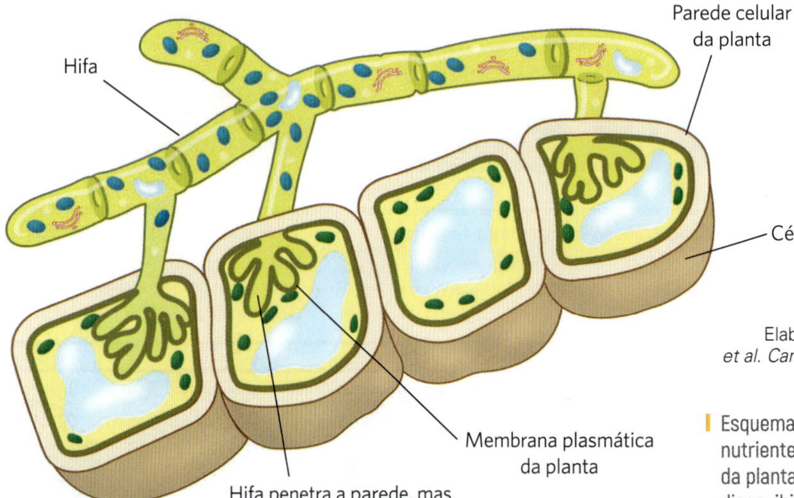

Elaborado com base em: REECE, J. B. *et al. Campbell Biology*. Glenview: Pearson, 2011. p. 650.

Esquema de uma micorriza. A hifa absorve nutrientes das células vegetais. As raízes da planta absorvem sais minerais disponibilizados pelo fungo. (Elementos fora de proporção de tamanho entre si. Cores fantasia.)

Relações de mutualismo existem também entre fungos e animais. Talvez a mais conhecida seja a das formigas que cortam folhas, como a saúvas e as quenquéns. As formigas não se alimentam de folhas, mas do fungo *Leucoagaricus gongylophorus* que elas cultivam cuidadosamente dentro do formigueiro. Suas hifas são, na verdade, o alimento das formigas.

Os pesquisadores acreditam que a relação simbiótica entre as formigas-cortadeiras e esse tipo de fungo se desenvolveu ao longo dos últimos 50 milhões de anos. A interdependência entre eles tornou-se tão grande que uma espécie depende da outra para sobreviver.

Existem também fungos parasitas, que absorvem nutrientes de células vivas de animais e plantas. As doenças provocadas por fungos - genericamente chamadas de micoses - podem ser leves, como pé-de-atleta, ou causar lesões severas, que podem levar à morte, como criptococose.

Muitos quadros de alergia que afetam o sistema respiratório (rinites, asma e bronquites) são provocados pela exposição aos esporos de indivíduos dos gêneros *Penicillium* e *Aspergillus*. Esses esporos estão presentes na poeira e em restos de matéria orgânica acumulados em tapetes, carpetes, cortinas, brinquedos, livros, aparelhos de ar condicionado, travesseiros, colchões, etc.

Formigas saúvas cultivando fungos no interior do formigueiro (*Atta* sp., até 2 cm de comprimento). Esses insetos mantêm o ambiente adequado para o crescimento do fungo, removendo outras espécies que poderiam competir com ele.

Os liquens

Os liquens resultam da associação mutualística entre fungos e algas verdes unicelulares ou fungos e cianobactérias. Essa associação é tão completa que durante muito tempo, antes dos avanços das técnicas da microscopia, os liquens foram considerados vegetais, pois pareciam um organismo só.

Eles crescem em ambientes em que normalmente o fungo ou a alga não sobreviveriam de forma independente, como em regiões muito frias ou ambientes terrestres relativamente secos. Entre outras trocas, a alga cede ao fungo produtos da fotossíntese e recebe sais minerais e proteção contra desidratação.

Os liquens crescem sobre troncos de árvores, rochas e no solo. Eles são **pioneiros** no processo de **sucessão ecológica**, pois provocam a lenta erosão de rochas e solos duros, preparando o terreno para o crescimento das primeiras plantas.

Embora muito resistentes à dessecação sob sol forte, os liquens são muito sensíveis à poluição ambiental. Isso acontece porque eles absorvem com facilidade vapor de água e íons em solução, portanto traços mínimos de poluentes. Por isso são considerados bons indicadores da qualidade do ar.

HAOS/Shutterstock

Eye Of Science/SPL/Fotoarena

(A) Liquens sobre tronco de árvore. (B) Fotografia de líquen da espécie *Physcia adscendens* obtida em microscópio eletrônico de varredura. Este líquen é formado pela associação entre fungo (estrutura cinzenta) e alga (esferas verdes). (Aumento aproximado de 510 vezes. Cores artificiais.)

Aplicação dos fungos

Há milênios, os seres humanos utilizam fungos em proveito próprio. Leveduras já eram empregadas por civilizações antigas para produzir pão e bebidas alcoólicas. Esses fungos se alimentam de farinha, sucos de frutas, além de outros produtos com carboidratos, e produzem álcool e gás carbônico como subproduto (fermentação alcoólica). No Brasil, também são largamente usados na fabricação do combustível etanol, produzido a partir da fermentação da cana-de-açúcar. Diversas espécies de cogumelos são consumidas na culinária ou usadas para produzir e saborizar queijos. Porém, certas espécies produzem fortes toxinas que podem levar ao óbito, por isso nunca se deve manusear e ingerir fungos encontrados no ambiente.

Além dessas aplicações, os fungos podem produzir enzimas e muitos deles produzem antibióticos. A penicilina foi o primeiro antibiótico a ser descoberto: em 1928, o cientista escocês Alexander Fleming (1881-1955) notou que fungos do gênero *Penicillium* (mofos de cor esverdeada, veja a fotografia da página 249) inibiam o crescimento de bactérias em uma placa de Petri. Hoje a maior parte dos antibióticos é produzida sinteticamente. A esse gênero também pertencem os fungos usados na produção dos queijos *camembert* e *roquefort*.

Mais recentemente, fungos têm sido empregados em biotecnologia. Leveduras foram geneticamente modificadas para produzir hormônios humanos, e existem pesquisas promissoras sobre o uso de fungos na produção de biocombustíveis.

Desenvolvendo habilidades

1 Fungos são excelentes decompositores. Podem se alimentar de praticamente qualquer substância que contenha carbono, como madeira, couro, papel e certas tintas. Em geral percebemos a presença do fungo quando vemos cogumelos ou bolores, ou então, ao apresentar alguma alergia respiratória.

a) Que característica dos fungos permite a eles decompor tantas substâncias?

b) Bolores e cogumelos correspondem a que parte do corpo do fungo? Por que em geral não percebemos logo a presença do fungo?

c) Que estrutura do fungo provoca as alergias respiratórias em algumas pessoas? Se uma pessoa apresenta alergia respiratória, o que deve ser feito para minimizar os efeitos e a intensidade da resposta alérgica?

2 Alimentos expostos ao ar podem ficar embolorados, evidenciado a presença de fungos.

a) É seguro consumir alimentos mofados, retirando apenas a parte embolorada? Por quê?

b) De onde vêm os fungos que contaminam os alimentos? Como você poderia verificar essa origem e o que pode ser feito para reduzir a contaminação?

c) Em geral, os alimentos conservam-se mais tempo em geladeira. O que isso indica sobre a temperatura adequada para o desenvolvimento de fungos?

3 Às vezes é possível ver cogumelos em círculo no solo. Conhecendo como acontece o crescimento do fungo, como você explica esse formato?

Allen J.M. Smith/Shutterstock

Cogumelos em formação circular em campo aberto.

4 Leveduras são o chamado fermento biológico, usado para fazer pães. Ao seguir uma receita de pão, um jovem misturou o fermento com água fervendo em vez de misturá-lo com água morna. O que você acha que aconteceu com o pão? Explique sua resposta.

5 Em municípios pequenos, ainda é possível ver liquens sobre o tronco das árvores em praças e parques. No entanto, isso é muito mais raro em grandes centros urbanos, normalmente restringindo-se a parques com grande área verde. Como você explica essa situação?

Leo Burgos/Pulsar Imagens

Líquen vermelho sobre tronco de árvore em Ribeirão Pires (SP), 2019.

6 Uma amostra de solo foi esterilizada, matando microrganismos e outros seres vivos presentes nela. Em seguida, o solo foi colocado em dois vasos, nos quais foram plantadas sementes da mesma espécie. O solo de um dos vasos foi inoculado com fungos. As demais condições, como rega e luminosidade, foram idênticas em ambos os vasos.

Alisa/Shutterstock

a) Como você explica a diferença no desenvolvimento das plantas nos dois vasos?

b) Qual vaso foi inoculado com fungos?

c) Explique por que queimadas afetam a fertilidade do solo.

Em contexto

A vida secreta dos micróbios

Quantos microrganismos existem na gente? Somos constituídos por uns 10 trilhões de células humanas, mas existem cerca de 100 trilhões de células microbianas dentro e fora do nosso corpo. Ou seja: você praticamente não é você.

Tampouco somos, como pensávamos, meros e infelizes hospedeiros de micróbios maléficos que, eventualmente, nos trazem infecções. Na verdade, vivemos o tempo todo em equilíbrio com uma vasta comunidade de microrganismos. Além de não serem passageiros neutros, esses pequenos organismos desempenham um papel essencial na maior parte dos processos fundamentais da nossa vida, como na digestão, nas reações imunológicas e até mesmo no comportamento.

A nossa comunidade interna de microrganismos está mais para um conjunto de diferentes comunidades. Espécies distintas habitam partes distintas do corpo, onde desempenham papéis especializados. Os microrganismos que moram em nossa boca são diferentes dos que residem em nossa pele ou nos intestinos. Não somos indivíduos, somos ecossistemas. [...]

A incrível diversidade desse mundo microbiano fica ainda mais fantástica quando se pensa que até cerca de quarenta anos atrás não tínhamos nenhuma ideia de quantos organismos unicelulares existiam nem de quantos tipos. [...] [A] concepção tradicional da vida foi baseada no que as pessoas conseguiam enxergar no mundo a sua volta ou através de microscópios: seres vivos maiores foram classificados como plantas, animais e fungos. Os organismos unicelulares restantes foram amontoados em duas categorias básicas: protistas e bactérias. Estávamos corretos em relação às plantas, aos animais e aos fungos. No entanto, nossa descrição dos organismos unicelulares estava completamente equivocada. [...] Woese e Fox revelaram que os organismos unicelulares são mais variados que todas as plantas e animais juntos. Acontece que todos os animais, plantas e fungos, todos os seres humanos, águas-vivas e besouros, qualquer pedacinho de alga, de musgo e de uma sublime sequoia, e os liquens e os cogumelos - toda a vida que enxergamos a olho nu - equivalem a três galhinhos da ponta de um ramo da árvore da vida. Os organismos unicelulares - bactérias, archaea, ou arqueia (que foram descobertas por Woese e Fox), leveduras e outros - predominam.

Knight, Rob. *A vida secreta dos micróbios*. São Paulo: Alaúde. 2016. Edição do Kindle.

Steve Gschmeissner/SPL/Fotoarena

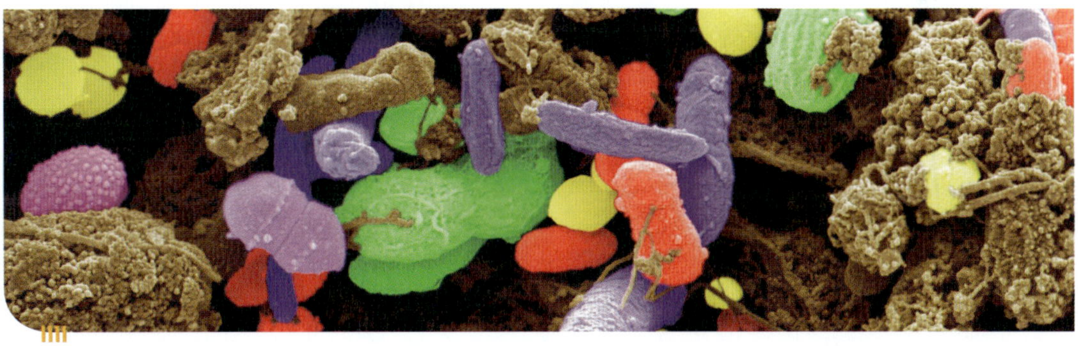

Fotografia de amostra fecal humana evidenciando parte da variedade de microrganismos que compõe a microbiota intestinal (ou flora intestinal) obtida em microscópio eletrônico de varredura. (Aumento aproximado de 11200 vezes. Cores artificiais.)

1 O que o autor do texto quer dizer com as frases: "Ou seja: você praticamente não é você." e "Não somos indivíduos, somos ecossistemas".

2 Por que o autor diz que a classificação dos microrganismos em protistas e bactérias estava completamente equivocada?

3 O texto afirma que os organismos unicelulares predominam entre as formas de vida do planeta. Cite os reinos em que não há organismos unicelulares.

Você no Enem e nos vestibulares

1 (Enem) A classificação biológica proposta por Whittaker permite distinguir cinco grandes linhas evolutivas utilizando, como critérios de classificação, a organização celular e o modo de nutrição. Woese e seus colaboradores, com base na comparação das sequências que codificam o RNA ribossômico dos seres vivos, estabeleceram relações de ancestralidade entre os grupos e concluíram que os procariontes do reino Monera não eram um grupo coeso do ponto de vista evolutivo.

Whittaker (1969) Cinco reinos	Woese (1990) Três domínios
Monera	Archaea
	Eubacteria
Protista	Eukarya
Fungi	
Plantae	
Animalia	

A diferença básica nas classificações citadas é que a mais recente se baseia fundamentalmente em

a) tipos de células.

b) aspectos ecológicos.

c) relações filogenéticas.

d) propriedades fisiológicas.

e) características morfológicas.

2 (UnB-DF)

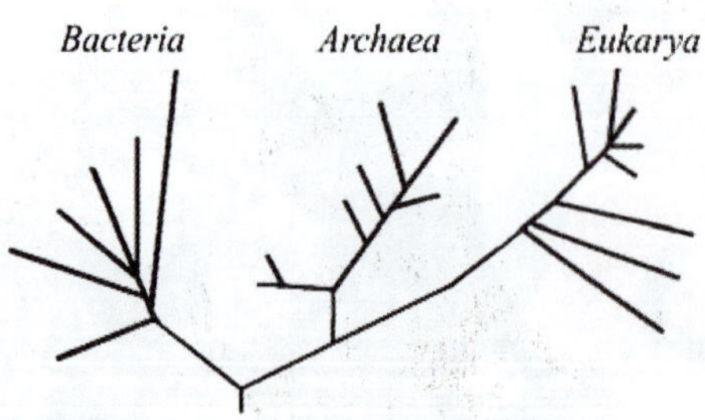

Reprodução/UnB, 2012.

O esquema acima ilustra o sistema de classificação dos seres vivos com base em aspectos filogenéticos definidos por meio da comparação das sequências de RNA ribossômico de diferentes organismos. Os organismos do domínio Bacteria e Archaea são procariontes e os do domínio Eukarya são eucariontes.

Com base nessas informações e no esquema apresentado, é correto afirmar que os organismos:

a) dos três domínios evoluíram de ancestrais diferentes.

b) do domínio Archaea são constituídos de células com envoltório nuclear.

c) do domínio Eukarya evoluíram a partir de um organismo do domínio Archaea.

d) do domínio Eukarya estão filogeneticamente mais próximos dos organismos do domínio Archaea do que dos organismos do domínio Bacteria.

3 (Ufop-MG) Nos sistemas mais antigos de classificação, os fungos e as plantas pertenciam ao mesmo reino, o que não ocorre atualmente. Com base nesse fato:

a) cite duas características que justifiquem a retirada dos fungos do reino vegetal.

b) cite os atuais reinos de classificação biológica.

c) dê exemplos de seres vivos pertencentes a cada reino de classificação biológica.

4 (UFPR) O conhecimento da biodiversidade é fundamental para sua conservação e para o uso sustentável. No entanto, a biodiversidade sobre a terra é tão grande que, para estudá-la, faz-se necessário inicialmente nomeá-la. Os seres vivos não podem ser discutidos ou tratados de maneira científica sem que sejam denominados e descritos previamente. Os nomes científicos dão um significado universal de comunicação, uma linguagem essencial do conhecimento da biodiversidade, servindo também como um banco de dados único de informação.

É inerente ao ser humano a necessidade de organização dos objetos em grupos, simplificando a informação a fim de facilitar seu entendimento. Nesse contexto se insere a classificação biológica. Considere as afirmativas a seguir, correlacionadas com o texto acima.

1. As categorias taxonômicas são, em ordem hierárquica: reino, filo, família, ordem, classe, gênero e espécie.
2. Os seres vivos estão distribuídos nos seguintes reinos: Monera, Protista, Fungi, Metaphyta (Plantae) e Metazoa (Animalia).
3. A partir do texto, deduz-se que as regras de nomenclatura garantem uma única linguagem universal da informação biológica.
4. O processo de identificação de um ser vivo consiste em estabelecer uma correlação de identidade entre o exemplar objeto da identificação e aquele que já foi classificado, definindo assim seu nome científico.

Assinale a alternativa correta:

a) somente as afirmativas 2 e 3 são verdadeiras.

b) somente as afirmativas 2, 3 e 4 são verdadeiras.

c) somente as afirmativas 1, 3 e 4 são verdadeiras.

d) somente as afirmativas 1 e 2 são verdadeiras.

e) somente as afirmativas 1 e 4 são verdadeiras.

5 (UFRGS-RS) Considere as seguintes afirmações em relação à classificação dos seres vivos.

I. Semelhanças morfológicas entre diferentes grupos de seres vivos implicam uma mesma origem evolutiva.

II. A família, hierarquicamente, é uma categoria taxonômica que engloba uma ou mais classes.

III. A nomenclatura binária, utilizada para designar os seres vivos, indica seu gênero e sua espécie.

Quais estão corretas?

a) apenas I.

b) apenas III.

c) apenas I e II.

d) apenas II e III.

e) I, II e III.

6 (UEM-PR) Com base na sistemática e na classificação biológica, assinale a(s) alternativa(s) correta(s).

a) O leão (*Panthera leo*) e o tigre (*Panthera tigris*) pertencem à mesma ordem.

b) Na natureza, ocorre cruzamento com produção de descendentes férteis entre membros de duas populações pertencentes a gêneros diferentes de uma mesma família.

c) O sistema de nomenclatura dos seres vivos, originalmente proposto por Lineu, é chamado de categoria taxonômica.

d) A cladística é uma regra de nomenclatura biológica que tem como foco a evolução.

e) A divisão dos seres vivos em grupos, de acordo com suas semelhanças, é chamada taxonomia.

7 (Enem)

Moradores sobreviventes da tragédia que destruiu aproximadamente 60 casas no Morro do Bumba, na Zona Norte de Niterói (RJ), ainda defendem a hipótese de o deslizamento ter sido causado por uma explosão provocada por gás metano, visto que esse local foi um lixão entre os anos 1960 e 1980.

Jornal Web. Disponível em: http://www.ojornalweb.com. Acesso em: 12 abr. 2010 (adaptado).

O gás mencionado no texto é produzido

a) como subproduto da respiração aeróbia bacteriana.

b) pela degradação anaeróbia de matéria orgânica por bactérias.

c) como produto da fotossíntese de organismos pluricelulares autotróficos

d) pela transformação química do gás carbônico em condições anaeróbias

e) pela conversão, por oxidação química, do gás carbônico sob condições aeróbias

8 (UFC-CE) Analise o texto adiante.

Nas bactérias, o material genético está organizado em uma fita contínua de ________ que fica localizado em uma área chamada de ________ . A reprodução das bactérias se dá principalmente por ________, que produz ________.

Assinale a alternativa que completa corretamente o texto:

a) cromossomos - nucleossomo - brotamento - duas células-filhas idênticas;

b) DNA - nucleossomo - reprodução sexuada - uma célula-filha idêntica à mãe;

c) plasmídio - nucleoide - conjugação - várias células-filhas diferentes entre si;

d) DNA - nucleoide - fissão binária - duas células-filhas idênticas;

e) RNA - núcleo - reprodução sexuada - duas células-filhas diferentes.

9 (Enem) Na embalagem de um antibiótico, encontra-se uma bula que, entre outras informações, explica a ação do remédio do seguinte modo: "O medicamento atua por inibição da síntese proteica bacteriana". Essa afirmação permite concluir que o antibiótico:

a) impede a fotossíntese realizada pelas bactérias causadoras da doença e, assim, elas não se alimentam e morrem.

b) altera as informações genéticas das bactérias causadoras da doença, o que impede a manutenção e a reprodução desses organismos.

c) dissolve as membranas das bactérias responsáveis pela doença, o que dificulta o transporte de nutrientes e provoca a morte delas.

d) elimina os vírus causadores da doença, pois não conseguem obter as proteínas que seriam produzidas pelas bactérias que parasitam.

e) interrompe a produção de proteína das bactérias causadoras da doença, o que impede sua multiplicação pelo bloqueio de funções vitais.

10 (UFPB) A seguir, estão listadas características de três diferentes grupos de arqueobactérias ou arqueas: termófilas extremas (ou termoacidófilas), halófitas extremas e metanogênicas.

I. São anaeróbicas estritas e importantes decompositoras de matéria orgânica, sendo comuns em áreas pantanosas desprovidas de oxigênio.

II. São encontradas em estações de tratamento de lixo e no aparelho digestório de cupins e herbívoros.

III. Ocorrem em lagoas rasas de evaporação, formadas por água do mar, nas quais se obtém o sal de cozinha.

IV. Obtêm energia da oxidação do enxofre, sendo quimiossintetizantes, e ocorrem em fontes termais ou fendas vulcânicas, localizadas nas profundezas oceânicas.

A correspondência entre as características descritas e os três grupos de arqueobactérias está corretamente apresentada em:

	Termófilas extremas	Halófitas extremas	Metanogênicas
a)	IV	II	I e III
b)	I e II	III	IV
c)	IV	III	I e II
d)	IV	II e III	I
e)	II e III	IV	I

11 (Ufop-MG) Os arranjos desenvolvidos pela natureza, guardadas as devidas proporções e particularidades, repetem-se frequentemente. Comparando um ser pluricelular, como o homem, com um ser unicelular, como o paramécio, correlacione os órgãos do indivíduo pluricelular com os do unicelular que exerçam funções semelhantes:

I. aparelho locomotor	a. poro excretor
II. boca	b. vacúolo digestivo
III. cérebro	c. cílios
IV. ânus	d. vacúolos contráteis
V. estômago	e. citóstoma
VI. coração	f. núcleos

A correlação correta é:

a) I - c, II - b, III - e, IV - a, V - f, VI - d.

b) I - c, II - e, III - f, IV - a, V - b, VI - d.

c) I - d, II - c, III - e, IV - a, V - f, VI - b.

d) I - d, II - f, III - a, IV - b, V - c, VI - e.

e) I - d, II - c, III - f, IV - e, V - b, VI - a.

12 (Ufac) As algas microscópicas que flutuam nas camadas superiores das águas dos lagos e mares fazem parte da comunidade aquática denominada plâncton. Essas algas constituem o plâncton fotossintetizante ou fitoplâncton. A vida nos mares depende das algas do fitoplâncton, constituído principalmente por:

a) diatomáceas e dinoflagelados.

b) diatomáceas e sarcodíneos.

c) dinoflagelados e sarcodíneos.

d) dinoflagelados e esporozoários.

e) sarcodíneos e esporozoários.

13 (UFMT) Três quartos da superfície terrestre são cobertos por água que contém uma grande diversidade de organismos, dentre os quais as algas que ocupam os mais diferentes mananciais: mares, lagos, rios e superfícies úmidas.

Sobre as algas, assinale a afirmativa incorreta.

a) São organismos eucariontes que produzem oxigênio.

b) São, sem exceção, organismos procariontes autotróficos.

c) Compreendem organismos unicelulares e multicelulares.

d) Não formam tecidos nem órgãos diferenciados.

e) São seres autotróficos cujos cloroplastos variam de forma e tamanho.

14 (Unicamp-SP) Considere os seguintes componentes celulares:

I. parede celular

II. membrana nuclear

III. membrana plasmática

IV. DNA

É correto afirmar que as células de

a) fungos e protozoários possuem II e IV.

b) bactérias e animais possuem I e II.

c) bactérias e protozoários possuem II e IV.

d) animais e fungos possuem I e III.

15 (PUC-RS) Uma ameba que tivesse seu *habitat* no meio marinho, sendo isotônica em relação a esse meio, com certeza poderia dispensar em sua estrutura a presença de:

a) membrana plasmática.

b) pseudópodes.

c) vacúolo contrátil.

d) membrana nuclear.

e) microtúbulos.

16 (Enem)

A relação simbiótica entre plantas e certos microrganismos tem sido explorada pela agricultura para aumentar a produtividade. Um exemplo conhecido são as micorrizas, fungos associados a raízes de plantas que as ajudam a absorver nutrientes do solo. Recentemente, pesquisadores conseguiram inocular, em tomateiros, fungos simbiontes de plantas que crescem naturalmente em áreas próximas a fontes de águas quentes e que resistem a temperaturas em torno de 65 °C.

Scientific American Brazil, n. 97, jun. 2010 (adaptado).

A vantagem da inoculação desses fungos nos tomateiros deve-se à possibilidade de aumentar a produtividade, pois

a) o cultivo de tomate poderá ser feito em regiões de águas termais ricas em nutrientes.

b) as novas plantas de tomate serão mais resistentes a fungos patogênicos.

c) as novas plantas de tomate poderão ser cultivadas em regiões de temperaturas extremas.

d) a área de cultivo de tomate poderá ser ampliada para regiões com temperaturas mais quentes.

e) os frutos produzidos por essas plantas não serão suscetíveis a decomposição por fungos.

17 (UFPE) Com relação às algas e aos fungos, é **incorreto** afirmar que:

a) o fenômeno das marés vermelhas, um sério problema ambiental, é provocado pela proliferação intensa de algas do grupo dos dinoflagelados.

b) entre as algas, observa-se reprodução sexuada e assexuada, podendo esta última se dar por divisão binária.

c) além de servir de alimento para praticamente todos os organismos marinhos, as algas do fitoplâncton produzem a maior parte do oxigênio da atmosfera terrestre.

d) certas espécies de fungos são parasitas, vivendo à custa de plantas e de animais vivos. Outras espécies vivem em associações harmoniosas com outros organismos, trocando benefícios.

e) certas espécies de fungos, como as micorrizas e os liquens, são importantes para o reaproveitamento da matéria orgânica dos seres mortos, devido a seus papéis como agentes decompositores.

18 (PUC-RS) A seguir são relacionados processos que ocorrem em vegetais. Qual deles é também comum aos fungos?

a) Fabricação de amido como reserva.

b) Condução da seiva por vasos.

c) Formação de esporos.

d) Síntese de matéria orgânica via inorgânica.

e) Crescimento por tecidos meristemáticos.

19 (UFMA) Indique a afirmativa falsa com relação a algumas características gerais dos fungos:

a) Alguns são parasitas e outros são saprófitos.

b) Podem viver em simbiose.

c) São autótrofos.

d) Podem formar micorrizas.

e) Possuem reprodução sexuada e assexuada.

20 (Uerj) Recentemente, uma empresa italiana lançou o Muskin, um "couro vegetal" 100% biodegradável, produzido a partir do corpo de frutificação do *Phellinus ellipsoideus*, uma espécie de fungo macroscópico que cresce sobre os troncos de árvores das florestas subtropicais.

Phellinus ellipsoideus

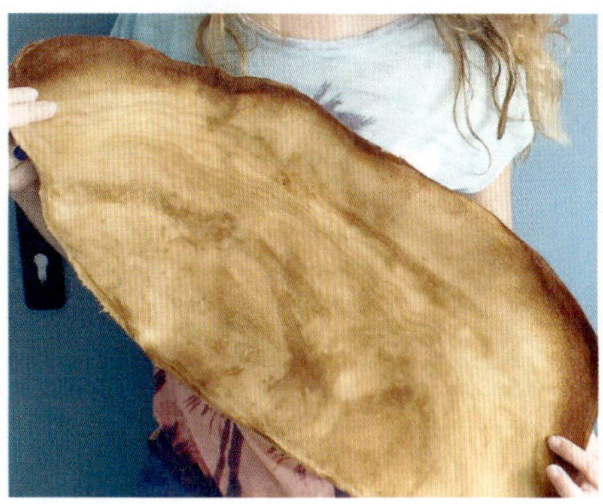

Reprodução/UERJ, 2019.

Aponte a função do corpo de frutificação presente nos fungos. Em seguida, indique se a retirada dessa estrutura compromete a sobrevivência da espécie *Phellinus ellipsoideus*, justificando sua resposta.

UNIDADE 6

Diversidade das plantas

O que você observa na fotografia desta página? Provavelmente, você notou a escadaria e o mural de grafite. Mas será que também reparou nas plantas existentes? Se não reparou, você não está sozinho.

Em 2001, os botânicos estadunidenses Elisabeth Schussler e James Wandersee criaram a expressão cegueira botânica para designar a "inabilidade de reconhecer a importância das plantas para a biosfera e para a humanidade".

Muitas vezes criamos a ideia equivocada de que as plantas são menos relevantes do que os animais e não conseguimos reconhecer de maneira clara a importância desses organismos. Você reconhece como as plantas estão presentes no cotidiano?

Munique Bassoli/Pulsar Imagens

Que legenda você proporia para essa fotografia? Crie uma legenda com base nos elementos observados na imagem.

1 Você conhece plantas nativas da região em que mora? E animais?

2 No dia a dia, você usa ou consome algum material ou produto feito de plantas?

3 Se fosse possível medir a massa de todas as plantas e todos os animais que existem no planeta, qual grupo você acha que teria maior biomassa?

CAPÍTULO 20

Os grupos de plantas

Se fosse possível voltar mais de 500 milhões de anos atrás, você veria que a superfície terrestre era muito diferente: coberta por uma massa escura e gelatinosa de algas, protoctistas, bactérias e fungos. Entre 500 e 450 milhões de anos atrás, surgiriam as primeiras plantas terrestres, que mudariam o planeta para sempre.

Este capítulo favorece o desenvolvimento das habilidades:

EM13CNT201

EM13CNT202

EM13CNT206

EM13CNT301

EM13CNT302

EM13CNT307

EM13CNT309

! Dica

O que é "cegueira vegetal" e por que ela é vista como ameaça ao meio ambiente

https://www.bbc.com/portuguese/vert-fut-48359845

Reportagem sobre os impactos da "cegueira vegetal" ("ou cegueira botânica"), e como é possível incentivar o interesse das pessoas pelas plantas.

Importância das plantas

A colonização do ambiente terrestre pelas plantas abriu caminho para a sobrevivência de muitos outros seres nesse ambiente. Por realizarem fotossíntese, elas são indispensáveis para a manutenção das cadeias alimentares terrestres. Também participam de processos essenciais, como a formação e proteção do solo contra erosão e ciclagem de nutrientes. Ao liberarem grandes quantidades de água na forma de vapor durante a transpiração, as plantas também desempenham importante papel na manutenção do clima e dos regimes de chuva.

É muito difícil imaginar a vida sem plantas, pois somos completamente dependentes delas. Elas são nosso alimento (e alimento dos animais que consumimos), fonte de combustíveis (como carvão e etanol), madeira, papel, fibras têxteis, medicamentos e diversos outros produtos.

Características das plantas

Acredita-se que o reino Plantae é representado por mais de 300 mil espécies. Sua história evolutiva foi marcada pela grande capacidade de adaptar-se ao ambiente terrestre.

As plantas são organismos **eucariontes**, **pluricelulares**, **autótrofos fotossintetizantes** e apresentam algumas características em comum:

- presença de **cloroplastos** com clorofila, responsáveis pela fotossíntese;
- parede celular resistente de **celulose**, um polissacarídeo;
- produção de **amido**, um polissacarídeo e principal substância de reserva;
- presença de um **embrião** multicelular, que é inicialmente protegido por estruturas da planta-mãe;
- ciclo de vida **com alternância de geração**, como o das algas pluricelulares, com uma fase diploide, o **esporófito**, que produz esporos, e uma fase haploide, o **gametófito**, que produz gametas.

John Sibbick/SPL/Fotoarena

Ilustração da flora no período Cretáceo (cerca de 145 a 66 milhões de anos atrás) em que ocorreu grande diversificação nos grupos de plantas.

De modo simplificado, a reprodução das plantas pode ser dividida em um ciclo de cinco etapas, como no esquema a seguir. Mas atenção! A reprodução de cada grupo de plantas tem características próprias, não representadas no esquema, que vamos estudar ao longo do capítulo.

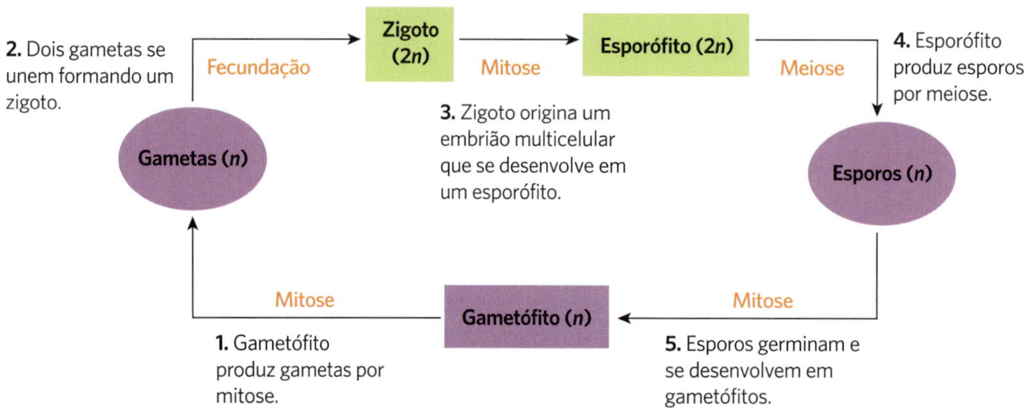

Esquema das principais etapas do ciclo de vida de uma planta.

Evolução das plantas

Ao falar em plantas, logo pensamos em flores e frutos, que foram as últimas grandes novidades evolutivas deste reino. No entanto, o caminho foi longo desde as algas verdes, grupo do qual provavelmente se originaram as primeiras plantas, até as angiospermas atuais. Nessa história evolutiva, uma conquista crucial foi a transição do meio aquático para o terrestre.

A árvore filogenética a seguir, já apresentada no Capítulo 16, retrata as principais novidades evolutivas que surgiram durante a evolução das plantas. Atualmente, existem outras propostas de filogenias, já que nem todos os grupos de plantas aqui apresentados são monofiléticos, ou seja, compartilham um único ancestral comum. Mas, por motivos didáticos, estudaremos esses quatro grandes grupos de plantas: **briófitas**, **pteridófitas**, **gimnospermas** e **angiospermas**.

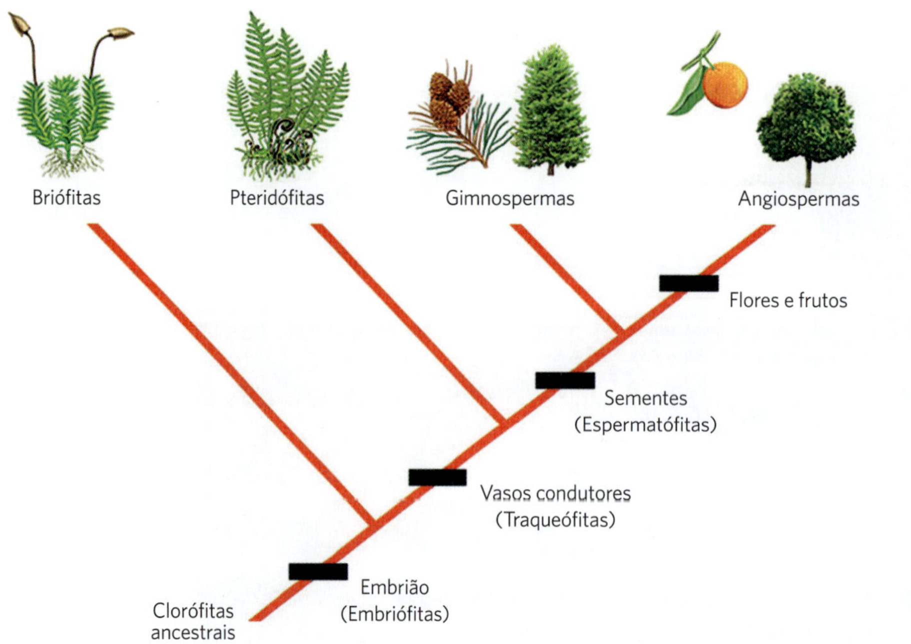

Luiz Moura/Arquivo da editora

Árvore filogenética simplificada indicando a hipótese evolutiva dos grupos de plantas. (Elementos fora de proporção de tamanho entre si. Cores fantasia.)

As briófitas

Nesse grupo, estão reunidas plantas conhecidas como musgos, hepáticas e antóceros. São, em sua maioria, seres de pequeno porte que vivem em locais úmidos.

Os musgos geralmente formam "tapetes verdes" sobre solo úmido, rochas ou troncos de árvores. Quando vemos musgos - ou outra briófita -, estamos vendo principalmente gametófitos, isto é, seres haploides (n). Os esporófitos (seres $2n$) surgem apenas na época da reprodução e são dependentes do gametófito, pois não fazem fotossíntese.

As briófitas não têm raiz, caule e folhas verdadeiros; os gametófitos geralmente são divididos em filoides, cauloides e rizoides. Veja detalhes da estrutura de um musgo na figura a seguir.

Alvin Staffan/Science Source/Fotoarena

Hepática (*Marchantia polymorpha*, até 10 cm de altura).

Anest/Shutterstock

Mauro Nakata/Arquivo da editora

Musgos são bem adaptados à baixa luminosidade do interior das matas tropicais: suas células são ricas em cloroplastos. (A) Fotografia de musgos (*Pohlia nutans*, até 2 cm de altura). (B) Ilustração do corpo desses seres. (Elementos fora de proporção de tamanho entre si. Cores fantasia.)

Os rizoides fixam a planta no solo e absorvem água e sais minerais. Os cauloides mantêm a planta ereta e os filoides são capazes de absorver água direto do meio. Essas estruturas não têm vasos condutores de seiva, por isso, as briófitas são chamadas de **plantas avasculares**. O transporte de água, sais minerais e produtos da fotossíntese é muito lento e acontece por difusão, de célula para célula, o que limita muito o seu tamanho.

Quanto à reprodução, os gametófitos podem ser femininos ou masculinos. Em certas épocas do ano, formam estruturas chamadas **arquegônios** no ápice da planta feminina, que produzem gametas femininos, chamados de **oosferas**; na planta masculina formam-se **anterídios**, que produzem gametas masculinos flagelados, os **anterozoides**. Para que haja fecundação, os anterozoides precisam nadar até a oosfera, por isso, dizemos que a reprodução das briófitas depende de água.

O zigoto formado na fecundação desenvolve-se em cima do gametófito feminino, formando o embrião e posteriormente o esporófito.

O esporófito tem em sua extremidade superior um grande esporângio (estrutura produtora de esporos) chamado **cápsula**. Dentro dela originam-se os esporos, por meiose. A cápsula é recoberta por uma espécie de capuz, chamado caliptra. A queda da caliptra expõe a abertura da cápsula. Os esporos são expelidos e cada um, caindo na terra, pode germinar, formando gametófitos masculinos ou femininos. Veja essa sequência na figura a seguir.

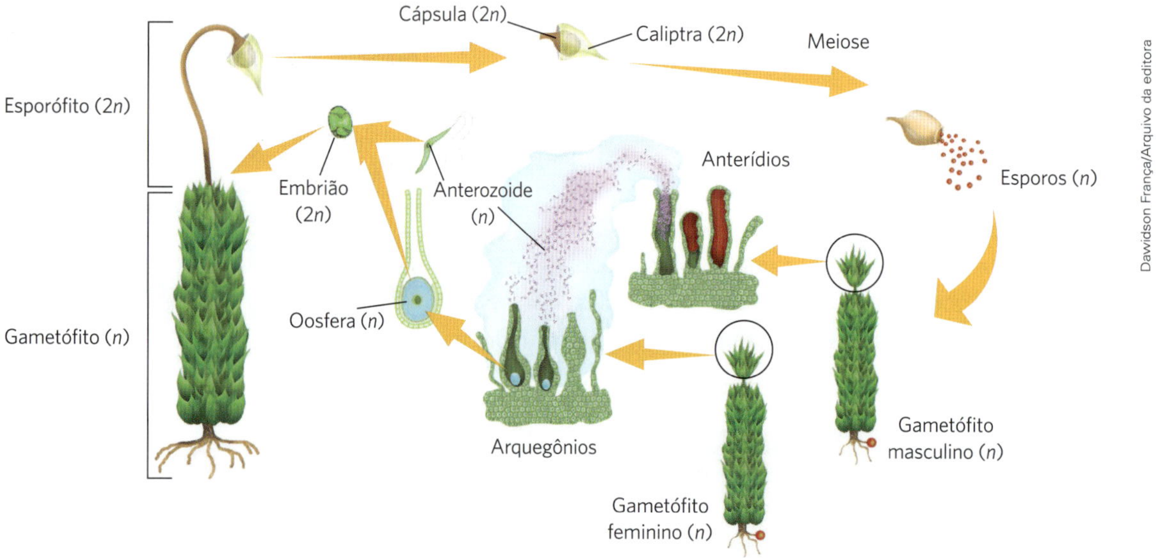

Elaborado com base em: REECE, J. B. *et al. Campbell Biology*. Glenview: Pearson, 2011. p. 619.

Esquema do ciclo reprodutivo de um musgo. (Elementos fora de proporção de tamanho entre si. Cores fantasia.)

As pteridófitas

As pteridófitas incluem samambaias, avencas, licopódios, cavalinhas, entre outros grupos. Há pteridófitas pequenas, de caules rentes ao solo; epífitas; aquáticas flutuantes; e com vários metros de altura, como as samambaiaçus.

Evolutivamente, as pteridófitas são o primeiro grupo de plantas a ter vasos condutores de seiva e, portanto, são **plantas vasculares** (também chamadas de **traqueófitas**). Em todas as plantas vasculares há dois tipos de vasos condutores: o **xilema**, que transporta água e sais absorvidos pelas raízes, e o **floema**, que transporta uma solução orgânica com os produtos da fotossíntese. Veremos mais sobre o funcionamento desses vasos condutores no capítulo seguinte.

Cavalinha (*Equisetum* sp., até 1,5 m de comprimento). Algumas espécies de cavalinha podem ser encontradas em áreas pantanosas no Brasil. Costuma ser utilizada como planta medicinal em algumas regiões do país.

Por causa da forma enrolada de suas folhas jovens (báculos), que lembram a posição fetal, as samambaias também são chamadas de fetos em algumas regiões. Na fotografia, *Asplenium scolopendrium* (até 45 cm de comprimento).

Nas samambaias, a planta inteira, com raízes, caule e grandes folhas, corresponde ao esporófito (2*n*). Diferentemente das briófitas, o esporófito é a fase duradoura do ciclo de vida das pteridófitas. As raízes fixam a planta no solo e absorvem água e sais minerais, enquanto o caule sustenta a planta e conduz seiva. As folhas, em geral, têm função dupla: fotossíntese e reprodução.

Na parte inferior dos folíolos distribuem-se grupos de esporângios, os **soros**, que, em algumas espécies, ficam protegidos por uma fina lâmina de cobertura. Cada esporângio é uma estrutura fechada na qual muitas células-mães sofrem meiose e originam dezenas de esporos. Ao ser liberado para o ambiente, o esporo pode atingir o solo e se desenvolver em uma estrutura chamada de **protalo**, que mede apenas alguns milímetros e corresponde ao gametófito.

O protalo possui clorofila e rizoides, que o fixam no solo. Na face inferior, há vários arquegônios e anterídios. Dos anterídios são liberados muitos anterozoides flagelados, que nadam na película de água que envolve o protalo e podem chegar à abertura dos arquegônios, que abrigam oosferas; portanto, assim como as briófitas, a reprodução das pteridófitas também depende da presença de água no ambiente.

Após originar-se da fusão entre anterídio e oosfera, o zigoto permanece preso ao protalo. Desenvolve-se em embrião e dá origem a uma pequena planta, o novo esporófito. Veja na figura a seguir como ocorre a reprodução de uma samambaia.

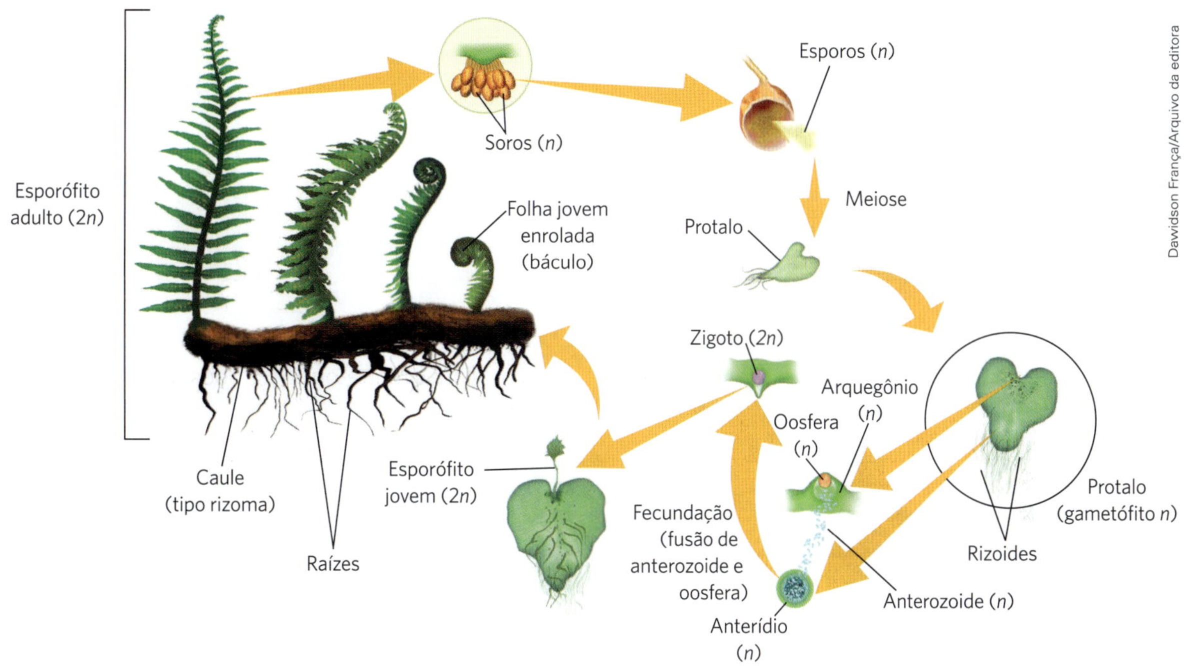

Elaborado com base em: REECE, J. B. *et al. Campbell Biology*. 10. ed. Glenview: Pearson, 2011. p. 624.

Esquema do ciclo reprodutivo de uma samambaia. (Elementos fora de proporção de tamanho entre si. Cores fantasia.)

As primeiras florestas da Terra

No período geológico Carbonífero, há cerca de 360 milhões de anos, quando havia muitos ambientes quentes e úmidos em todo o planeta, as pteridófitas eram as plantas mais abundantes da Terra. No entanto, ao longo do tempo, mudanças climáticas e a competição com espécies de outros grupos, como as gimnospermas e as angiospermas, mudaram esse cenário. Atualmente, a maioria das espécies de pteridófitas é encontrada nas florestas úmidas das regiões tropicais ou em locais com condições climáticas semelhantes.

As samambaias arborescentes típicas daquela época, conhecidas hoje apenas por meio do registro fóssil, eram semelhantes às atuais samambaiaçus. Elas formavam, então, extensas florestas, com plantas que atingiam mais de 30 metros de altura. As pteridófitas do Carbonífero formaram as primeiras florestas do planeta e contribuíram para a redução do gás carbônico atmosférico, já que parte desse gás foi incorporado a essas plantas pela fotossíntese.

Os restos dessas florestas, submetidos às lentas transformações geológicas, formaram imensas **jazidas de carvão mineral**, ainda presentes no subsolo de muitos locais. Desde a Revolução Industrial, a partir do século XVIII, o carvão passou a ser intensamente usado como combustível fóssil, liberando gás carbônico novamente na atmosfera e contribuindo para o aquecimento global do planeta. Para evitar os problemas causados pelo uso do carvão mineral e outros combustíveis fósseis, é importante buscar fontes alternativas de combustíveis, como biomassa de plantas, radiação solar e ventos.

As gimnospermas

As gimnospermas são plantas cujas sementes não ficam protegidas no interior de um fruto. Daí o significado do nome, "sementes nuas".

As gimnospermas compreendem diversos grupos vegetais, entre elas as coníferas que, em geral, são nativas de regiões de clima temperado. Nesse grupo estão incluídos, por exemplo, pinheiros, ciprestes, araucárias (pinheiro-do-paraná), sequoias, tuias, podocarpos, cedros e *Ginkgo biloba*.

Uma das características das gimnospermas é a existência dos **estróbilos**, órgãos de reprodução que contêm esporângios protegidos por folhas em forma de escamas. Veja nas fotografias a seguir exemplos de estróbilos femininos e masculinos.

Antonio Meneghini/Shutterstock

Pinheiro-do-paraná (*Araucaria angustifolia*, até 50 m de altura) do Parque Estadual de Campos do Jordão (SP).

Roberta Fonseca/Shutterstock

Estróbilo feminino (cerca de 20 cm de diâmetro) da araucária com seus pinhões, sementes comestíveis muito apreciadas pelo ser humano e outros animais.

Knumina Studios/Shutterstock

Estróbilos masculinos de *Pinus* sp. (até 6 cm de comprimento).

vladdon/Shutterstock

Estróbilos femininos nos ramos de *Pinus* sp. (até 10 cm de comprimento).

Nas gimnospermas, assim como nas pteridófitas, o esporófito é a geração mais desenvolvida. Portanto, quando vemos um pinheiro, uma cica ou outra gimnosperma, estamos diante de um esporófito, que apresenta raiz, caule, folha, estróbilos e sementes.

Os gametófitos são muito reduzidos, em geral microscópicos. Eles se desenvolvem dentro dos estróbilos do esporófito. Assim, ficam mais protegidos e não precisam sobreviver por conta própria, como acontece nas pteridófitas.

No caso de um pinheiro adulto, há estróbilos (também chamados de cones) masculinos e femininos que produzem, respectivamente, **grãos de pólen** (gametófito masculino imaturo) e **óvulos** (onde se forma o gametófito e o gameta femininos).

Os grãos de pólen podem ser levados pelo vento até os estróbilos femininos. Eles atingem o óvulo por meio do crescimento de **tubos polínicos**, que levam os gametas masculinos ao encontro das oosferas (no interior dos arquegônios). Cada óvulo fecundado, já com um embrião, torna-se uma semente, com membrana protetora e reserva de nutrientes (chamada de **endosperma**). A semente desprende-se do cone feminino e, após cair no solo, pode germinar e dar origem a uma nova planta.

Veja na figura a seguir como ocorre a reprodução em um pinheiro.

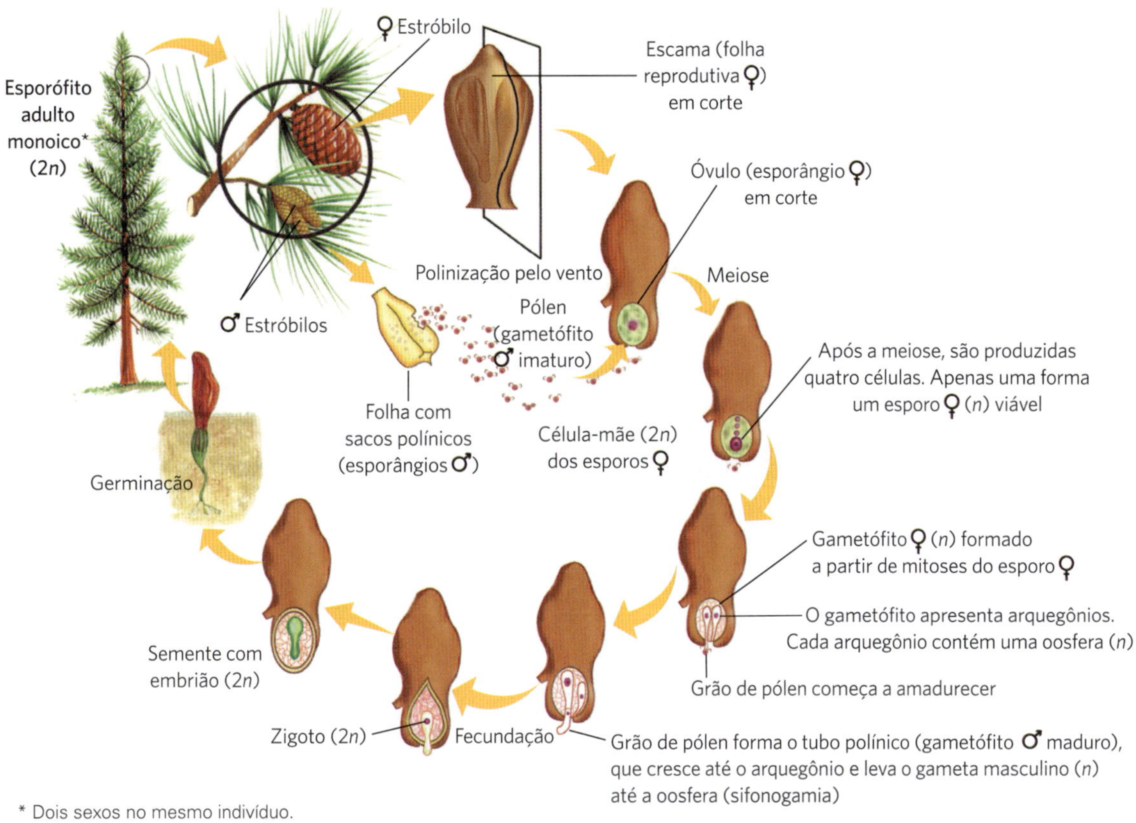

* Dois sexos no mesmo indivíduo.

Elaborado com base em: SADAVA, D. *et al. Vida: a ciência da biologia*. Porto Alegre: Artmed, 2009. 3 v. v. II: Evolução, diversidade e ecologia. p. 367.

Esquema do ciclo reprodutivo de um *Pinnus* sp. (Elementos fora de proporção de tamanho entre si. Cores fantasia.)

Diferentemente dos grupos anteriores, a reprodução das gimnospermas não depende diretamente da água. Essas duas características, independência da água para reprodução e redução do gametófito, provavelmente foram de grande contribuição para o sucesso evolutivo das plantas com sementes, permitindo que as gimnospermas colonizassem ambientes terrestres mais secos.

A semente também foi uma importante novidade evolutiva para a conquista desses ambientes, já que contém os nutrientes necessários ao embrião durante a germinação. Dentro dela, o embrião pode permanecer vivo por longos períodos, mesmo em condições adversas. Ela também pode ser levada para longe da planta-mãe pelo vento, pela água ou por animais, facilitando a dispersão da espécie no ambiente.

As angiospermas

As angiospermas apresentam duas características exclusivas bem evidentes: as **flores** e os **frutos**. Essas estruturas desempenham papel central no sucesso evolutivo desse grupo, que abrange mais de 80% das plantas atuais.

Ao longo de milhões de anos, as angiospermas e os animais estabeleceram muitas relações de mutualismo e interdependência que são essenciais para a manutenção dos ecossistemas terrestres atuais. Por sua importância e grande diversidade, as angiospermas serão estudadas com mais detalhes nos capítulos seguintes desta unidade.

Ipê-amarelo em época de floração (*Handroanthus ochraceus*, até 15 m de altura), angiosperma típica do Cerrado.

Os grupos de angiospermas

As angiospermas eram classicamente divididas em dois grandes grupos: as monocotiledôneas e as dicotiledôneas. Esses nomes referem-se a características do **cotilédone** - uma folha embrionária que contém reservas nutritivas para o embrião da planta. Nas monocotiledôneas, as sementes apresentam apenas um cotilédone reduzido. Já nas dicotiledôneas, as sementes apresentam dois grandes cotilédones.

No entanto, pesquisas genéticas mais atuais mostraram que as dicotiledôneas não são um grupo monofilético, ou seja, não têm um ancestral comum exclusivo. Por isso, ele foi subdividido em novos grupos: as "angiospermas basais", mais primitivas; e as das eudicotiledôneas, grande grupo que inclui leguminosas, orquídeas, gramíneas e muitas outras famílias bem conhecidas de angiospermas. Veja na figura a seguir as principais características das **monocotiledôneas** e das **eudicotiledôneas**.

Principais diferenças morfológicas entre monocotiledôneas e eudicotiledôneas

	Características das eudicotiledôneas		Características das monocotiledôneas	
Embriões	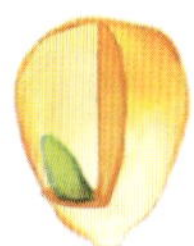	Um cotilédone		Dois cotilédones
Venação foliar		Nervuras geralmente paralelas		Nervuras geralmente ramificadas
Caules	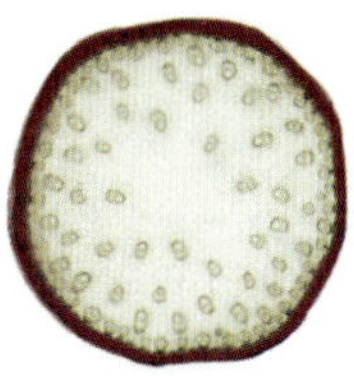	Sistema vascular disperso		Sistema vascular geralmente organizado em anel
Raízes	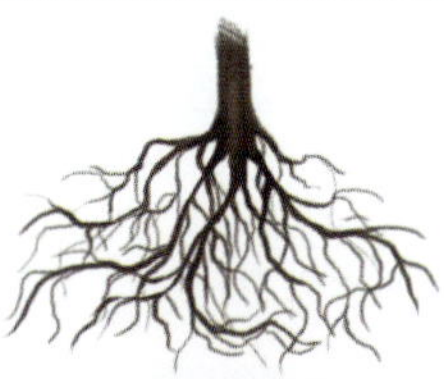	Raiz fasciculada (sem raiz principal)	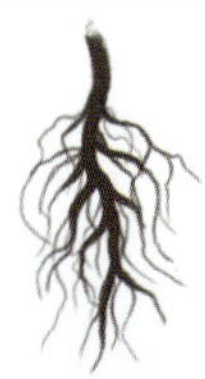	Raiz pivotante (com raiz principal)
Flores		Elementos florais (pétalas, sépalas, etc.) geralmente em número múltiplo de três		Elementos florais (pétalas, sépalas, etc.) geralmente em número múltiplo de quatro ou cinco
Pólen		Grão de pólen com uma abertura		Grão de pólen com três aberturas

Mauro Nakata/Arquivo da editora

(Elementos fora de proporção de tamanho entre si. Cores fantasia.)

Desenvolvendo habilidades

1 Leia o quadro abaixo com o nome comum de algumas plantas e responda às questões.

alface	musgo
erva-doce	capim cidreira
boldo	renda-portuguesa
ipê	vitória-régia
araucária	milho

a) Quais dessas plantas produzem flores? A que grupos pertencem as plantas que não têm flores? Se for preciso, faça uma pesquisa na internet sobre aquelas que você não conhece pelo nome.

b) Você conhece as flores das angiospermas citadas no quadro? Por que é raro observarmos as flores de algumas espécies de angiospermas?

2 A maior parte dos pinheiros é encontrada em clima temperado. Entre as espécies nativas do Brasil estão a araucária e algumas espécies de podocarpo.

a) Em que região do país você espera encontrar essas plantas? Justifique sua resposta.

b) O que significa dizer que o *Pinus elliottii* é uma planta exótica no Brasil?

3 Observe o gráfico abaixo. Qual letra representa uma briófita? Justifique.

Ploidia da geração dominante

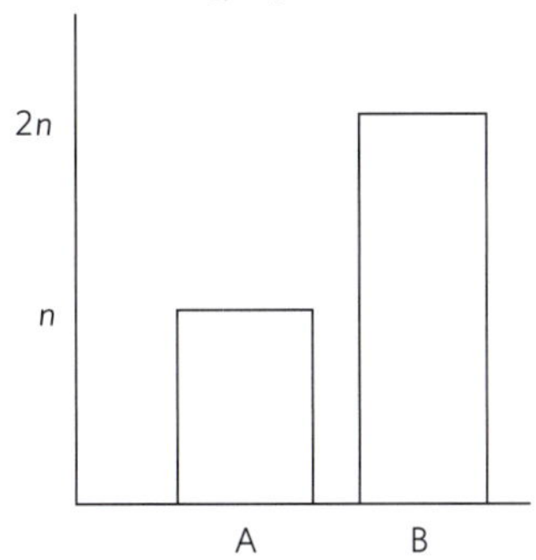

4 O xaxim (*Dicksonia sellowiana*), também chamado de samambaiaçu ou samambaiaçu-imperial, é uma planta nativa da Mata Atlântica. Por muito tempo essa espécie foi intensamente extraída para fabricação e comercialização do vaso xaxim, utilizado para cultivo de plantas ornamentais por reter bem água e nutrientes. No entanto, por ter um crescimento e um ciclo de vida lento, a rápida extração logo diminuiu as populações dessa espécie. Desde 2004, a extração e comercialização do xaxim é proibida por lei.

Zé Paiva/Pulsar Imagens

Samambaiaçu (*Dicksonia sellowiana*, pode chegar até 5 m de altura).

a) A que grande grupo de plantas a samambaiaçu pertence?

b) O que poderia acontecer à espécie se essa legislação não fosse criada? Você consideraria o xaxim um recurso renovável? Justifique.

c) Atualmente, existem alternativas mais sustentáveis para o cultivo de plantas ornamentais, como vasos do tipo xaxim que são produzidos com outros materiais. Em grupo, pesquisem algumas dessas alternativas e descreva que características dos materiais utilizados permitem efeitos semelhantes ao do xaxim tradicional.

5 No caderno, escreva ***n*** ou **2*n*** para indicar a ploidia das seguintes estruturas de uma planta: gameta, esporo, zigoto, folha de pinheiro e fruto de angiosperma. Em seguida, escreva o tipo de divisão celular envolvida nos seguintes processos: produção de gametas nas plantas, produção de esporos nas plantas, produção de gametas nos animais.

6 O levantamento de flora (ou florístico) é um estudo técnico realizado por profissionais habilitados, como biólogos e engenheiros florestais, para catalogar a diversidade e abundância de espécies de plantas em certa região, por exemplo, em um local onde está sendo realizado um licenciamento ambiental para alguma construção.

a) Em grupo, escolham um local com vegetação, como o jardim da escola ou de sua residência, para simular um levantamento florístico. Para isso, registrem as plantas encontradas e, com base em suas principais características, identifiquem a que grande grupo de plantas elas pertencem.

b) Com o levantamento pronto, produzam um cartaz ou um *folder* descritivo e ilustrado desse local, apresentando as principais características da região e da flora encontrada. Apresentem os resultados no *site* da escola ou compartilhem com outras turmas em redes sociais.

CAPÍTULO 21

Como o corpo das plantas funciona

O que é necessário para uma planta nascer e se desenvolver? Que mecanismos controlam esse desenvolvimento? O corpo de uma planta é formado por órgãos e sistemas complexos cujo funcionamento, assim como nos animais, depende de diversos fatores internos e externos.

Este capítulo favorece o desenvolvimento das habilidades:

EM13CNT202

EM13CNT301

EM13CNT303

! Dica

Universo das plantas / National Geographic

http://www.esalq.usp.br/lepse/galeria-de-videos?v=507

Vídeo que apresenta diversas estratégias das plantas para obter nutrientes e inibir predadores.

Plantas e ambiente

Todos os seres vivos enfrentam o mesmo desafio: obter recursos do ambiente para sua sobrevivência. As plantas, por exemplo, produzem seu próprio alimento por meio da fotossíntese, mas para isso precisam obter água, gás carbônico e luz. Também precisam de sais minerais - como fosfatos e nitratos - para a produção de proteínas, enzimas, ácidos nucleicos e outras substâncias.

Ao contrário da maioria dos animais, as plantas não se locomovem ativamente em busca de água e alimento. Ainda assim, habitam diversos ambientes: algumas vivem fora do solo, como as plantas aquáticas, presentes em rios, lagos e oceanos, e as epífitas, que se apoiam sobre outras plantas.

A incrível capacidade de adaptação das plantas é melhor entendida quando estudamos o funcionamento de seu corpo. Neste capítulo e no seguinte usaremos como modelo as angiospermas, grupo que representa a maioria das espécies de plantas atuais.

O corpo de uma angiosperma

Assim como acontece na maior parte dos animais, o corpo das angiospermas tem órgãos, tecidos e células especializadas que desempenham funções específicas.

Veja na ilustração a seguir as principais funções da raiz, do caule e das folhas, órgãos relacionados à sobrevivência e ao crescimento das plantas. Outros órgãos, como flor e fruto, relacionados à reprodução das angiospermas, serão estudados no capítulo seguinte.

Representação de três órgãos básicos das angiospermas: folha, caule e raiz. (Elementos fora de proporção de tamanho entre si. Cores fantasia.)

vilax/Shutterstock

David Dohnal/Shutterstock

No grupo das angiospermas há uma grande variedade de plantas, por isso o modelo acima pode ter diferentes variações, como mostrados na planta de milho (*Zea mays*, até 2,5 m de altura, à esquerda) e do morangueiro (*Fragaria* sp., 15 a 30 cm de altura, à direita).

Tecidos vegetais

A organização dos tecidos das angiospermas pode variar de um grupo para o outro. O exemplo do esquema abaixo mostra a localização e as funções dos principais tecidos que compõem o corpo de uma angiosperma eudicotiledônea.

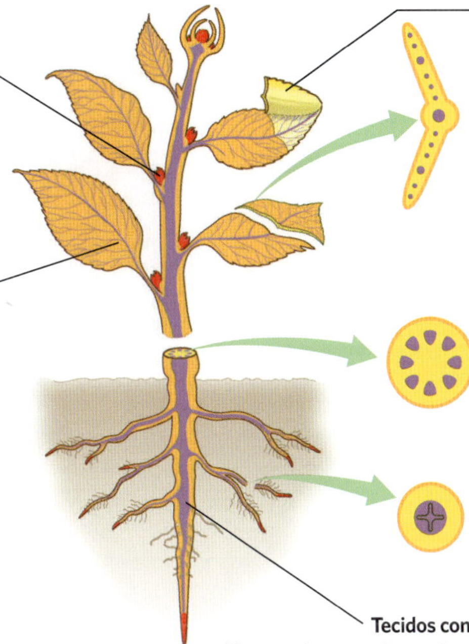

Elaborado com base em: REECE, J. B. *et al. Campbell biology*. Glenview: Pearson, 2011. p. 760.

Representação dos quatro tipos básicos de tecidos de uma angiosperma eudicotiledônea. Os detalhes à direita mostram cortes transversais para indicar como os três tipos de tecidos se distribuem na raiz, no caule e nas folhas. Os meristemas responsáveis pelo engrossamento da planta (crescimento em espessura) não foram representados nestes cortes. (Elementos fora de proporção de tamanho entre si. Cores fantasia.)

Xilema e floema

O transporte da seiva inorgânica (anteriormente denominada seiva bruta) é feito por células do xilema que são chamadas de **elementos traqueais**. Entre essas células, dois tipos se destacam: os **elementos de vaso** e as **traqueídes**. Essas células, ao atingirem a maturidade, perdem o protoplasto (citoplasma e núcleo) e recebem reforços de lignina, um polímero que garante mais rigidez à parede celular, fazendo com que o xilema também auxilie na sustentação da planta.

(A) O elemento de vaso, predominante nas angiospermas e algumas gimnospermas, apresenta perfurações, que são verdadeiros poros, pelos quais a seiva pode passar. (B) As traqueídes são tubos contendo pontuações, locais em que a parede celular secundária é ausente, facilitando a circulação de seiva. (Elementos fora de proporção de tamanho entre si. Cores fantasia.)

O floema, responsável pelo transporte de seiva orgânica (anteriormente chamada de seiva elaborada), também apresenta células típicas: os **elementos crivados**. Os principais tipos são as **placas crivadas** e os **elementos de tubo crivado**. Diferentemente do xilema, as células do floema são vivas e não têm reforços de lignina. Essas células apresentam septos que conectam os protoplastos das células vizinhas e facilitam o transporte da seiva.

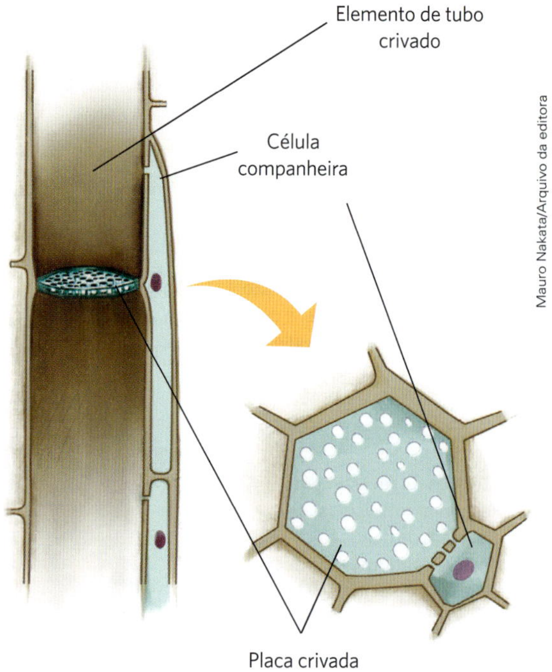

À esquerda, esquema de elemento de tubo crivado em corte lateral, e célula companheira, com detalhe da placa crivada, à direita, em vista transversal. A placa crivada permite total continuidade da matéria viva entre duas células superpostas. As células companheiras, exclusivas das angiospermas, contribuem para a manutenção fisiológica da célula condutora. (Elementos fora de proporção de tamanho entre si. Cores fantasia.)

De onde vem a madeira

Os tecidos vasculares do caule - xilema e floema - são produzidos por um meristema (tecido de crescimento) chamado **câmbio vascular**, que produz células do floema, em direção à periferia, e células do xilema, voltadas para o interior do caule.

Conforme as plantas crescem e formam troncos, apenas o xilema mais recente (chamado alburno) conduz seiva. O xilema mais antigo, localizado no centro do tronco, serve de sustentação. Esse xilema duro e compacto, chamado cerne, corresponde à madeira.

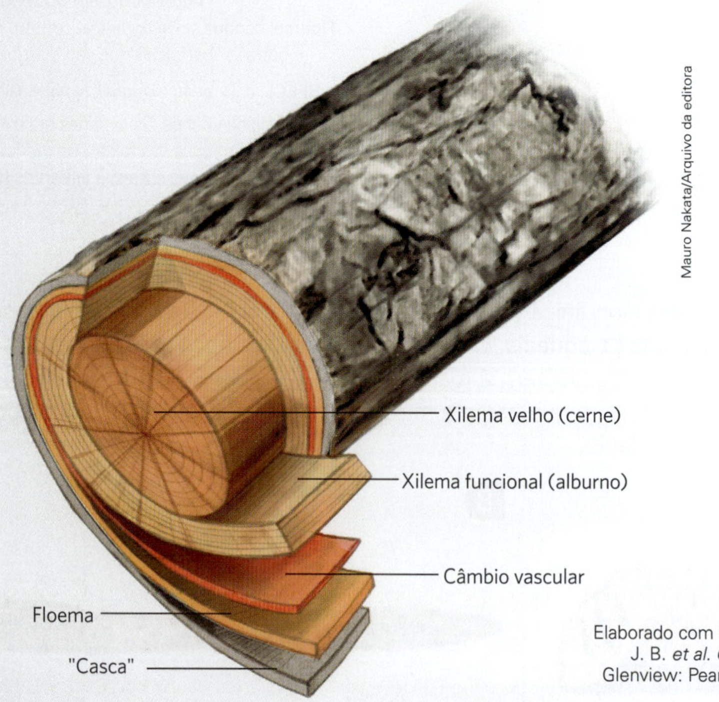

Elaborado com base em: REECE, J. B. *et al. Campbell Biology*. Glenview: Pearson, 2011. p. 768.

Esquema simplificado, em corte, das camadas de um caule com crescimento em espessura. (Elementos fora de proporção de tamanho entre si. Cores fantasia.)

Adaptações das plantas ao ambiente

Ao longo de milhões de anos, inúmeros processos evolutivos levaram ao surgimento de características adaptativas às mais diversas condições ambientais. Em muitos casos, órgãos como raízes, caules ou folhas sofreram modificações e assumiram outras funções especializadas.

Por exemplo, plantas de regiões áridas podem ter folhas com parênquima aquífero, um tecido armazenador de água. As folhas costumam ser pequenas e duras em virtude da presença de tecidos de sustentação, além de ter uma camada mais espessa de cutícula e a presença de tricomas (estruturas semelhantes a "pelos", que refletem a luz do Sol e retêm a água da chuva). Os estômatos podem se localizar em cavidades microscópicas na face inferior da folha, adaptação que ajuda a evitar a perda de água pela transpiração. Em certas espécies, as folhas ficam reduzidas a pequenas escamas ou transformam-se em espinhos, como nos cactos. Nessas plantas, a fotossíntese é realizada pelo caule clorofilado.

Fabio Colombini/Acervo do fotógrafo

Mandacaru (*Cereus jamacaru*, até 6 m de altura), cactácea nativa com caule verde e folhas modificadas em espinhos.

Nas plantas de regiões úmidas, ao contrário, as folhas são em geral grandes, com poucos tecidos de sustentação, com cutícula fina ou inexistente. Plantas que vivem no interior de florestas e matas fechadas, locais de baixa luminosidade, geralmente têm mais clorofila em suas folhas do que plantas de locais ensolarados.

Orquídeas, bromélias e outras plantas epífitas desenvolveram adaptações que permitem obter mais luz: suas raízes são aéreas, em geral prendendo-se ao caule de outras plantas. As epífitas geralmente absorvem a água da chuva e os nutrientes de que necessitam a partir da chuva e da matéria orgânica que cai sobre elas. Nas bromélias, a água da chuva pode ser acumulada na base das folhas, onde forma uma pequena "poça", que abriga grande diversidade de pequenos seres vivos.

Em locais alagadiços, como manguezais, as raízes de *Avicennia* sp., conhecido como mangue-preto, crescem para fora da água e, por meio de poros, absorvem o ar, melhorando a captação do oxigênio. Já o caule do mangue-vermelho (*Rhizophora mangle*) emite ramos que penetram o fundo lamacento do mangue, auxiliando na sustentação da planta.

Raththaphon Wanjit/Moment/Getty Images

Orquídea da espécie *Rhynchostylis coelestis* (cerca de 30 cm de altura) com raízes aéreas sobre tronco de árvore.

Daniel Carlson/Shutterstock

Avicennia sp. cerca de 3 m em manguezal. Suas raízes absorvem o gás oxigênio diretamente da atmosfera.

Fabio Colombini/Acervo do fotógrafo

Caules-escora, uma adaptação de *Rhizophora mangle* (cerca de 6 m de altura).

Ao longo da evolução das angiospermas, muitas espécies retornaram aos ambientes de água doce, vivendo inteiramente submersas ou com partes flutuantes. Nesse caso, as folhas em geral têm parênquimas que acumulam ar, facilitando a flutuação.

Fletcher & Baylis/Science Source/Fotoarena

Nepenthes tentaculata com folhas modificadas (com cerca de 5 mm de diâmetro) em formato de jarro, nas quais insetos e outros animais ficam presos para serem digeridos.

Plantas carnívoras geralmente vivem em solos pobres em sais minerais. Elas apresentam folhas modificadas que capturam e digerem pequenos animais, obtendo os sais minerais de que necessitam. Ainda assim, são plantas fotossintetizantes.

Nem todas as plantas fazem fotossíntese. O cipó-chumbo é uma planta parasita: suas finas raízes são especializadas em perfurar o caule de plantas hospedeiras e absorver a seiva inorgânica e orgânica. Essa espécie de parasita não tem folhas nem clorofila e, portanto, não faz fotossíntese, sendo considerada um parasita completo (holoparasita). Já a espécie conhecida como erva-de-passarinho apresenta ramos verdes e fotossintetizantes e é um parasita parcial (hemiparasita), pois suas raízes sugam apenas a seiva inorgânica da planta hospedeira, sendo capaz de produzir a própria seiva orgânica por meio da fotossíntese.

RealityImages/Shutterstock

Cipó-chumbo (*Cuscuta* sp.) sobre uma árvore. Seu aspecto é de longos e finos fios amarelos, emaranhados sobre a hospedeira. Pode atingir grandes proporções dependendo da espécie parasitada.

Raízes, caules e até folhas subterrâneas podem armazenar grandes quantidades de reservas nutritivas, especialmente amido. Com frequência, estruturas de reserva subterrâneas permitem que a planta rebrote, caso folhas e ramos aéreos sejam destruídos. São exemplos as raízes tuberosas (batata-doce), os caules tipo tubérculos (batata comum) e os bulbos (cebola e alho), formados por raízes, um pequeno caule achatado e folhas suculentas.

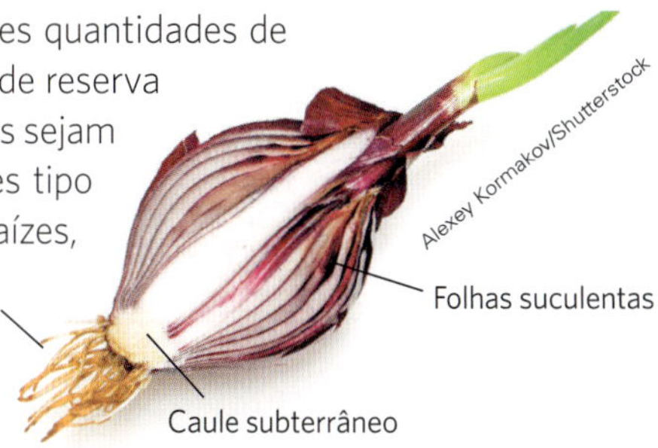

Bulbo de cebola. As folhas são a parte comestível.

Raiz tuberosa, com reservas, da batata-doce.

Tubérculo de batata, rico em amido, com brotos. O caule é a parte comestível.

Obtendo recursos do ambiente

Quem vê uma árvore qualquer em uma praça ou jardim não imagina o que acontece dentro dela. Para garantir sua sobrevivência e crescimento, ela precisa transportar dezenas de litros de água do solo até as folhas, vários metros acima. Você já pensou como isso acontece?

A figura a seguir representa um resumo de como a planta obtém recursos do ambiente e transporta os produtos da fotossíntese para todas as suas partes.

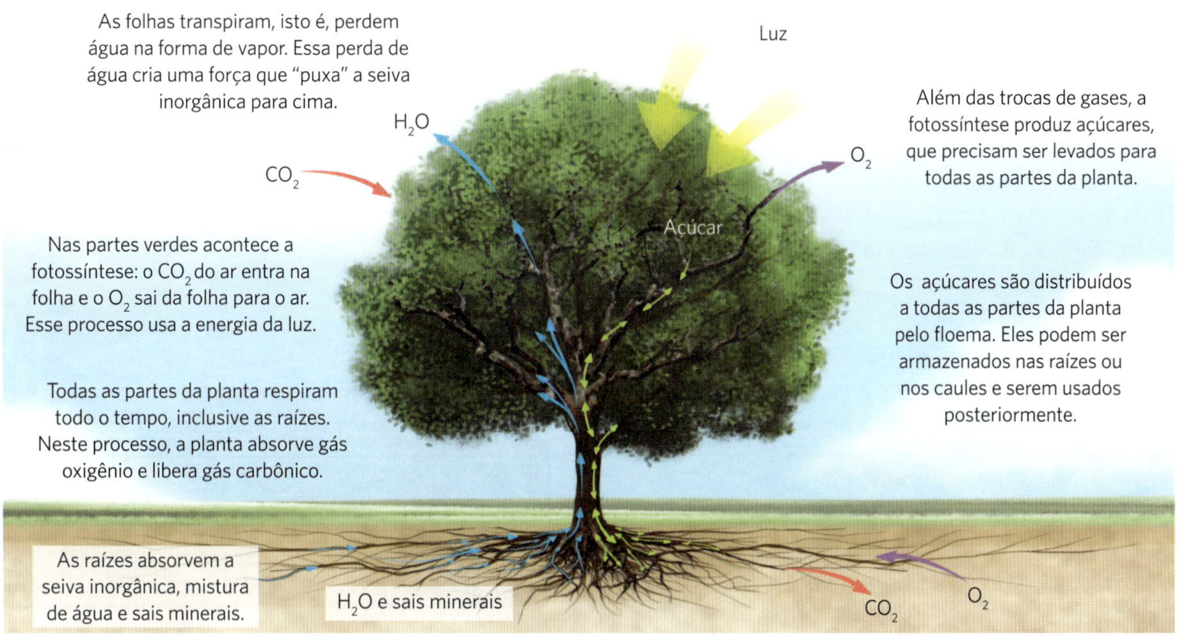

Esquema simplificado dos processos vitais de uma planta. As setas com duas pontas indicam que o açúcar se move pela planta a favor de um gradiente de concentração: das regiões com mais açúcar para as regiões com menos. (Elementos fora de proporção de tamanho entre si. Cores fantasia.)

Trocas gasosas e a transpiração

Os órgãos das plantas mantêm comunicação direta com o ar para realizar as **trocas gasosas** (CO_2 e O_2), indispensáveis à fotossíntese e à respiração.

A maior parte dessas trocas gasosas acontece através dos **estômatos**, estruturas encontradas geralmente na epiderme das folhas. Por eles também sai o vapor de água decorrente da **transpiração** vegetal.

Os estômatos

Cada estômato é formado por duas **células-guardas** clorofiladas e com reforço nas paredes celulares. Entre as células-guardas abre-se uma fenda, o **ostíolo**, por onde os gases entram e saem da planta.

Uma das adaptações mais importantes para a conquista do ambiente terrestre pelas plantas foi proteger-se da excessiva perda de água. De acordo com a quantidade de água nas células-guardas, o ostíolo pode abrir ou fechar-se, regulando as trocas gasosas e a perda de água por transpiração. Apesar da proteção proporcionada pela cutícula, as folhas também perdem água pelas paredes das células epidérmicas. Embora pequena, essa perda não pode ser controlada pela planta.

Vários fatores influenciam no controle da abertura e do fechamento dos estômatos, como quantidade de água das folhas, intensidade luminosa, porcentagem de CO_2 no ar e temperatura.

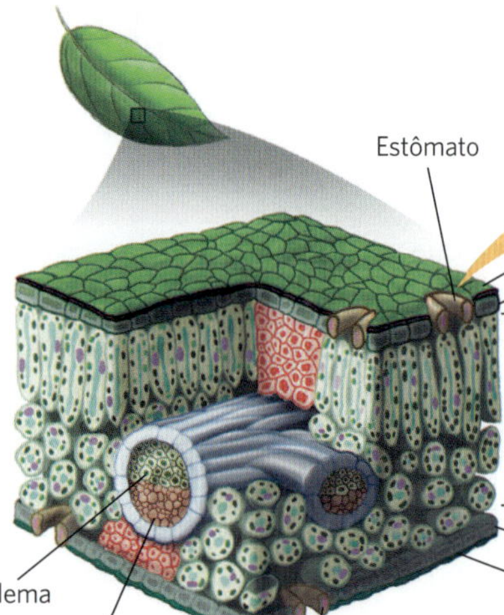

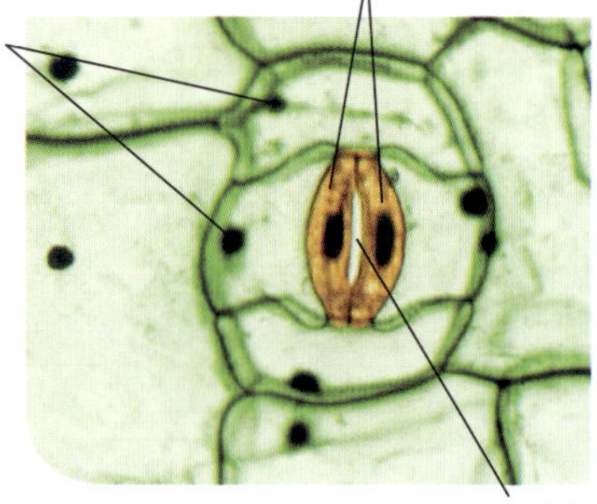

Elaborado com base em: REECE, J. B. *et al. Biologia de Campbell*. São Paulo: Artmed, 2015. p. 765.

Esquema simplificado dos principais tecidos de uma folha. (Elementos fora de proporção de tamanho entre si. Cores fantasia.) No destaque, estômato aberto (cerca de 30 μm de comprimento) visto ao microscópio óptico.

Água e sais minerais

Como qualquer ser vivo, as plantas precisam captar água do ambiente para dentro dos seus corpos. Em geral, isso é feito pelas raízes, que absorvem água do ambiente (do solo, em plantas terrestres, da água em plantas flutuantes ou até mesmo da atmosfera ou de superfícies úmidas, como plantas epífitas).

Em geral, a raiz é um órgão sem clorofila e ramificado. Nas eudicotiledôneas, a epiderme de parte da raiz forma prolongamentos (chamados de pelos radiculares), o que aumenta muito a área de absorção.

Junto com a água, a raiz absorve sais minerais (também chamados nutrientes minerais) presentes no solo. Essa mistura de água e sais minerais, a seiva inorgânica, entra pela epiderme e pode passar por dentro das células do parênquima (via chamada rota simplástica) ou pelos espaços entre elas (via chamada rota apoplástica) até chegar ao xilema da raiz.

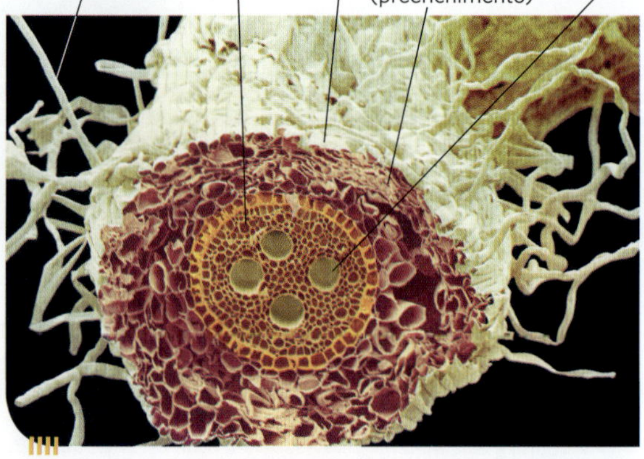

Corte transversal de uma raiz jovem de eudicotiledônea. Observe a presença dos três tecidos básicos da planta. Foto obtida por microscópio eletrônico de varredura. (Aumento aproximado de 300 vezes. Cores artificiais.)

Transporte de seiva inorgânica

A subida da seiva inorgânica pelo xilema depende de alguns fatores que atuam em conjunto.

As raízes de algumas plantas podem "empurrar" a seiva para cima. Isso acontece porque as células da raiz transportam íons ativamente para dentro do xilema, tornando-o hipertônico. Como consequência, a água tende a ir do solo para dentro do xilema. Esse fenômeno é conhecido como **pressão positiva** da raiz, porém não é forte o bastante para empurrar a água por vários metros.

No fim do século XIX, os cientistas John Joly (1857-1933) e Henry Dixon (1869-1953) propuseram a hipótese da **coesão-adesão-tensão**, segundo a qual a seiva é "puxada" para cima pela transpiração das folhas. Dentro do xilema, a coluna de água fica sob forte tensão, mas não se rompe, porque as moléculas de água fazem ligações de hidrogênio entre si (coesão) e com as paredes (adesão). Assim, nessa coluna de água, uma molécula "puxa" a outra. À medida que a água é perdida por transpiração na folha, essas moléculas arrastam as adjacentes, e assim por diante, desde a folha até a raiz, puxando a seiva inorgânica em direção às folhas. A figura a seguir ilustra como esse processo acontece.

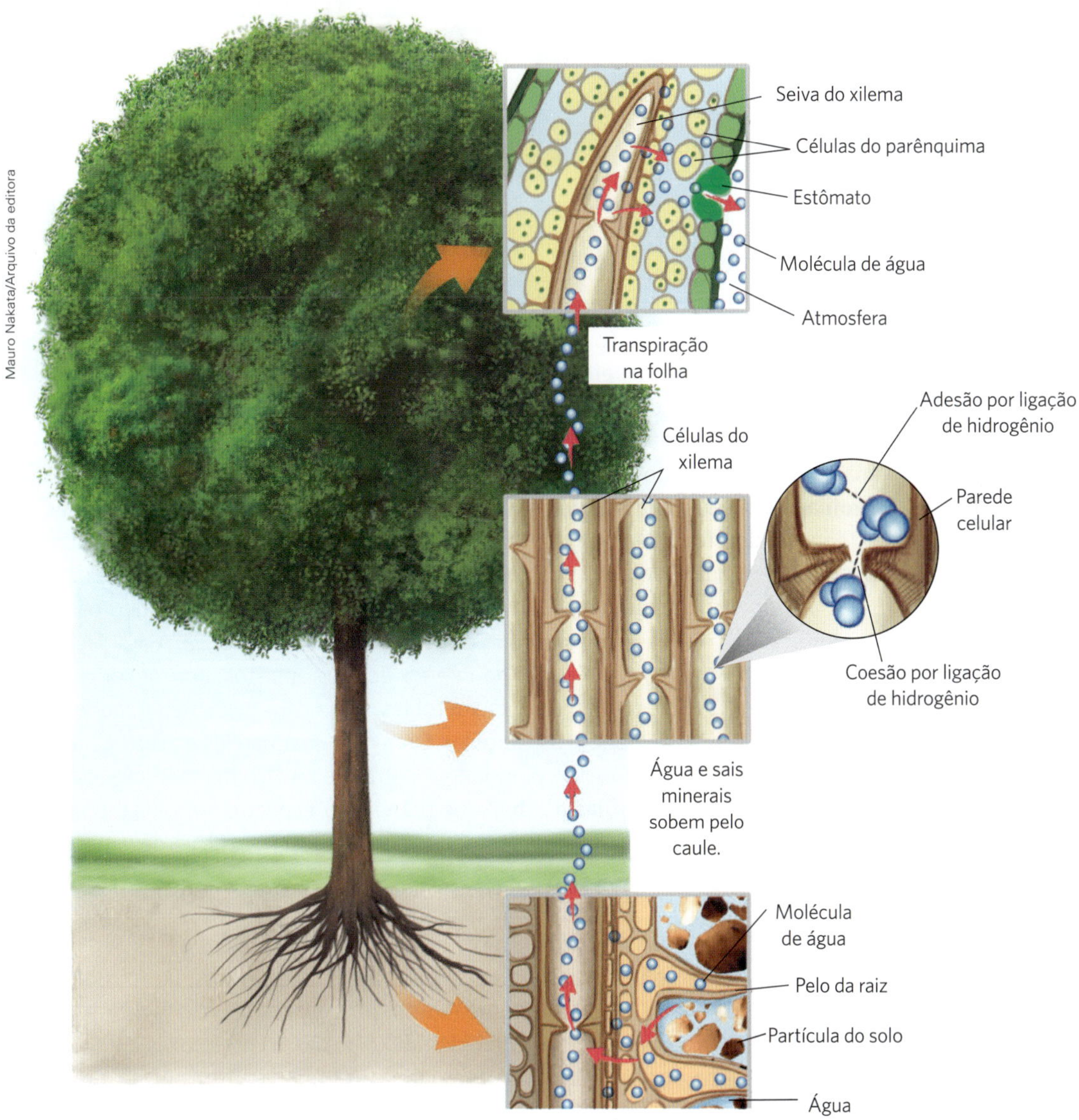

Elaborado com base em: REECE, J. B. *et al.* *Biologia de Campbell*. Glenview: São Paulo: Artmed, 2015. p. 789.

Esquema do processo de transporte da seiva inorgânica no xilema. As setas vermelhas indicam o movimento da água pela planta. (Elementos fora de proporção de tamanho entre si. Cores fantasia.)

Luz

A luz é a fonte de energia para a fotossíntese, por isso é indispensável para vida da planta. O tamanho, o formato e a disposição das folhas nos ramos são importantes adaptações que maximizam a área exposta à luz.

Representação de uma planta vista de cima. Observe que, juntas, as folhas ocupam uma grande área, maximizando a área exposta ao sol.

De toda a energia luminosa que atinge uma planta, apenas uma pequena fração é efetivamente usada para a fotossíntese. Um dos principais motivos para isso é que os pigmentos fotossintetizantes conseguem aproveitar apenas uma pequena faixa do espectro de luz que chega à planta, refletindo os demais comprimentos de onda.

A clorofila, assim como outros pigmentos fotossintetizantes, absorve melhor certos comprimentos de onda. Quando falamos em clorofila, devemos destacar que existem várias formas dessa substância, com pequenas diferenças em relação à sua estrutura. A **clorofila a** está sempre presente em todos os eucariontes fotossintetizantes e nas cianobactérias. A **clorofila b** — presente nas plantas, algas verdes e euglenas — ao absorver luz, transfere energia para a clorofila a. A **clorofila c** (encontrada nas algas pardas e diatomáceas), a bacterioclorofila (das bactérias púrpura) e a clorofila das bactérias sulfurosas têm todas a mesma função de transferência de energia. Além das clorofilas, existem, ainda, no interior dos cloroplastos, em menor quantidade, os carotenos e as xantofilas, que ficam evidentes quando as folhas degradam as clorofilas, tornando-se amarelas e avermelhadas.

O gráfico ao lado mostra o espectro de absorção da luz pelas **clorofilas a** e **b**. A luz branca, ou espectro luminoso, pode ser decomposto inúmeros tons de violeta, anil, azul, verde, amarelo, laranja e vermelho.

Note que as clorofilas absorvem a luz (linha **A**) principalmente nas faixas de 450 nm (azul) e 650 nm (vermelho). A curva tracejada (linha **B**) mostra o rendimento ou a taxa de fotossíntese nos vários comprimentos de onda do espectro luminoso. Note, também, que os picos coincidem, isto é, as maiores taxas de fotossíntese ocorrem nos mesmos pontos que indicam maior absorção de luz pelas clorofilas. Isso se explica pelo fato de as clorofilas serem os pigmentos fotoativos, responsáveis pela fotossíntese. Observe ainda que na faixa do verde a fotossíntese é praticamente nula, uma vez que as clorofilas refletem esse comprimento de onda (por isso são verdes), não absorvendo sua energia.

Absorção de luz e taxa de fotossíntese

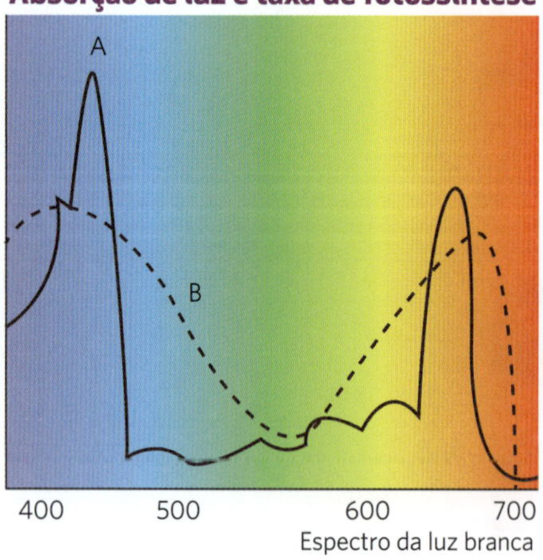

Fonte: RAVEN, H. *et al. Biologia vegetal.* Rio de Janeiro: Guanabara Koogan, 2014.

Relação entre a absorção da luz pelas clorofilas a e b (**A**) e a taxa de fotossíntese de uma planta (**B**), ao longo do espectro de absorção da luz.

Respiração e fotossíntese

Todos os órgãos de uma planta respiram de dia e à noite, consumindo gás oxigênio e liberando gás carbônico o tempo todo. De dia, no entanto, as partes clorofiladas não somente respiram, mas também realizam a fotossíntese.

Em dias de muita luz, a planta produz mais oxigênio durante a fotossíntese do que o consumido na respiração. Isto significa que ela também produz glicose suficiente para se manter viva e crescer. Por outro lado, se a luminosidade for baixa, a planta não conseguirá repor a glicose consumida na respiração.

Veja o gráfico ao lado. Ele mostra que a velocidade da fotossíntese aumenta quando há mais luz, já a respiração mantém-se aproximadamente constante durante todo o dia. A intensidade de luz na qual a fotossíntese se iguala à respiração é o **ponto de compensação fótico** ou, simplesmente, ponto de compensação (PC).

Ponto de compensação fótico (PC)

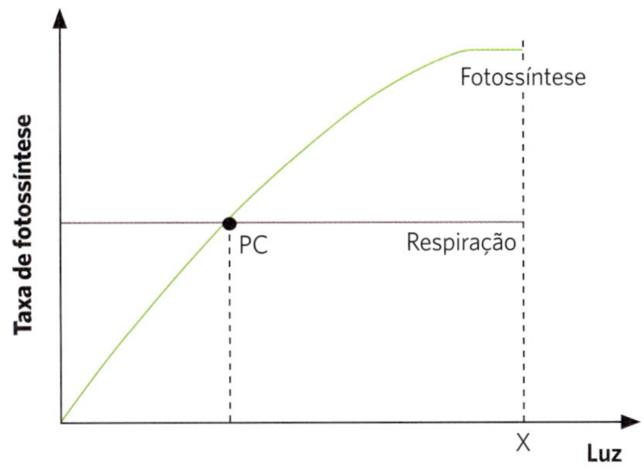

Gráfico da relação entre a taxa de fotossíntese e a intensidade da luz.

No ponto de compensação fótico, a planta está em equilíbrio energético, pois todo o açúcar produzido pela fotossíntese é consumido na respiração; não há, portanto, um saldo energético. Além disso, todo o O_2 liberado na fotossíntese é usado na respiração e, inversamente, todo o CO_2 liberado na respiração é usado na fotossíntese. As plantas não podem permanecer por longos períodos no PC ou abaixo dele, já que, nessas condições, não acumulam açúcar para consumir nas horas sem iluminação. É por isso que muitas plantas, quando colocadas em ambiente pouco iluminado, morrem por deficiência de nutrição orgânica. Por outro lado, a partir de uma certa intensidade luminosa (ponto **X**) não há mais aumento na taxa de fotossíntese, o que significa que a luz está em excesso. Se ficar exposta por tempos prolongados nessas condições a planta também pode sofrer danos.

É importante lembrar que não é apenas a luminosidade que influencia a taxa de fotossíntese; a disponibilidade de gás carbônico, de água e a temperatura do ambiente também são **fatores limitantes**, ou seja, fatores que interferem no rendimento desse processo.

Fotossíntese: produção de alimento

É nas folhas - e em partes verdes de algumas plantas - que acontece a **fotossíntese**. Como vimos no *Capítulo 10 - Metabolismo energético*, esse é o processo por meio do qual determinados organismos (plantas, algas e cianobactérias) transformam a **energia luminosa** em **energia química**, a qual é armazenada nas moléculas de glicose e em outras moléculas orgânicas.

Em linhas gerais e de forma resumida, a equação que descreve a fotossíntese pode ser expressa desta forma:

$$6CO_2 + 6H_2O + luz \rightarrow C_6H_{12}O_6 + 6O_2$$

O **gás carbônico** do ar entra na planta por difusão, através dos estômatos, e se difunde por todas as células clorofiladas.

A **luz** é usualmente do Sol, embora seja possível manter uma planta viva iluminada apenas por luz artificial.

Parte do **gás oxigênio** produzido na fotossíntese é aproveitada pela própria célula vegetal no processo da respiração celular, enquanto o restante sai da planta por difusão e é liberado na atmosfera.

A **água** é retirada do solo pelas raízes e conduzida até as folhas por meio do xilema.

A **glicose** produzida nas células clorofiladas da planta é lançada no interior do floema e distribuída por todo seu corpo. Ela é usada na respiração celular, síntese de lipídios, proteínas, celulose e outras moléculas, podendo ser também armazenada sob a forma de amido, sacarose ou outros carboidratos.

Distribuição do alimento pela planta

Inicialmente, pensava-se que o transporte da seiva no floema dependia apenas da força de gravidade, mas essa hipótese não explicava a velocidade de deslocamento ao longo do caule. Propôs-se, posteriormente, que a pressão de deslocamento é originada por forças osmóticas e mantém um gradiente decrescente dos órgãos produtores para os órgãos consumidores.

A seiva que circula pelo floema tem alta concentração de açúcares solúveis (glicose, frutose, sacarose), hormônios e vitaminas, além de aminoácidos e íons inorgânicos. Essa alta concentração de solutos faz com que a água das células vizinhas entre no floema por osmose, forçando a seiva a fluir. À medida que os açúcares são absorvidos pelas células da planta, a seiva do floema fica menos hipertônica.

Crescimento e hormônios vegetais

A maioria dos animais cresce durante o início de sua vida, até atingir o tamanho característico de sua espécie. As plantas têm crescimento indeterminado, ou seja, podem crescer durante toda a vida porque têm tecidos de crescimento - meristemas - que se dividem gerando novas células. Por outro lado, alguns órgãos, como folhas, flores e frutos, crescem apenas até atingir certo tamanho. Em ambos os casos, esse crescimento é regulado por **hormônios vegetais**, que também controlam outros processos, como floração, germinação, queda de folhas, maturação de frutos e brotamento de gemas (agrupamento de células meristemáticas). Em geral, esses hormônios se concentram em órgãos jovens, sementes em germinação e meristemas.

O crescimento indeterminado das plantas permite que cresçam na direção dos recursos necessários à sua sobrevivência, aproximando-se deles. Esse crescimento orientado por algum fator externo é chamado de **tropismo**.

Você já deve ter notado, por exemplo, plantas que crescem em direção à luz. Nesse caso, o fenômeno é chamado de **fototropismo** e é regulado pelo hormônio auxina. Algumas experiências simples mostram como a auxina regula o crescimento das plantas. Ao ser exposta à luz, a auxina, migra para o lado escuro, "fugindo" da luz. Essa migração aumenta a concentração desse hormônio no lado menos iluminado, o que estimula o crescimento maior deste lado (menos iluminado) da planta e causa uma curvatura. Veja o esquema a seguir.

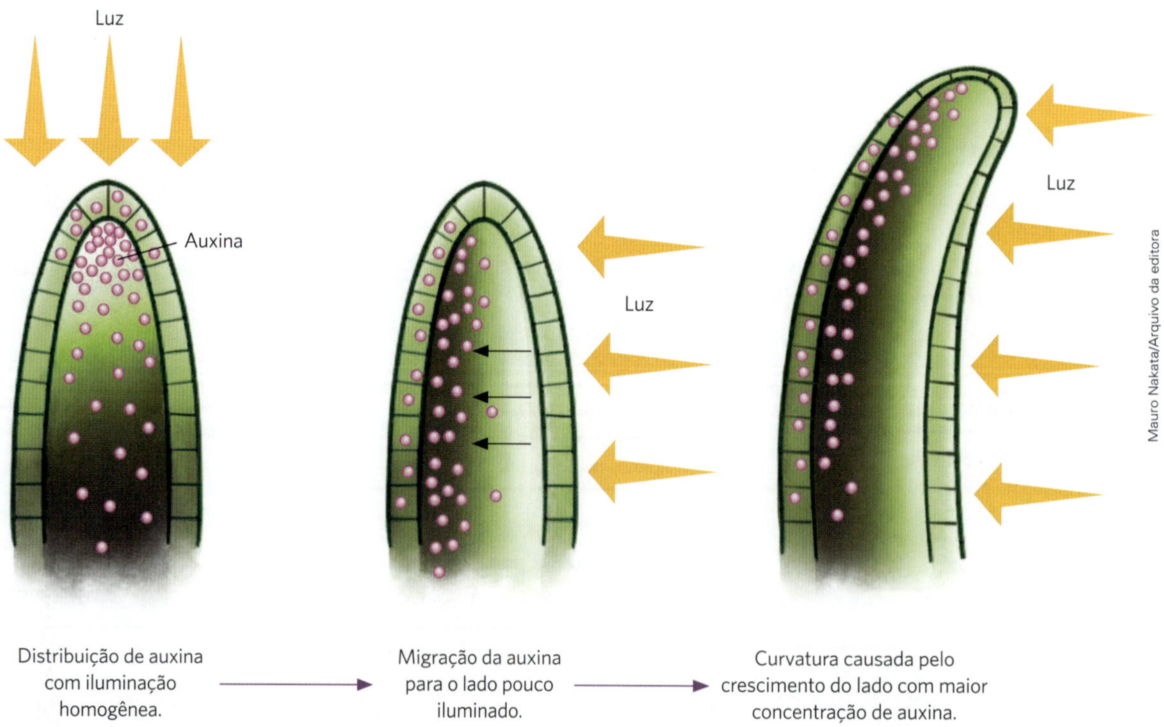

Esquema representando o fototropismo, em que ocorre migração das auxinas para o lado mais escuro, levando à consequente curvatura da planta. (Elementos fora de proporção de tamanho entre si. Cores fantasia.)

Além da luz, outro importante agente indutor de tropismo é a força gravitacional. Fala-se, nesse caso, em **gravitropismo** (ou geotropismo). A raiz tem **gravitropismo positivo**, pois cresce para baixo, no sentido do solo; já o caule tem **gravitropismo negativo**, porque cresce em sentido contrário ao da gravidade. Assim como no fototropismo, o gravitropismo é influenciado pela distribuição desigual de auxina.

Martin Shields/Science Source/Fotoarena

Em razão do gravitropismo, o caule cresce no sentido oposto ao da força gravitacional.

A auxina também está envolvida na formação do fruto e no enraizamento de estacas, pois ela estimula a formação de tecido nas raízes quando cortadas. Além da auxina, existem outros hormônios mais conhecidos: **citocininas**, **giberelinas**, **etileno** e **ácido abscísico**.

As citocininas estão relacionadas principalmente ao desenvolvimento celular. Elas estimulam a divisão e a diferenciação celular e, junto com as auxinas, influenciam a **dominância apical**, fenômeno na qual a gema apical impede o crescimento das gemas laterais (que podem formar novos ramos laterais ou folhas). Podemos considerar que as auxinas estimulam a dominância apical, enquanto as citocininas estimulam o desenvolvimento das gemas laterais, porém, esses fenômenos dependem da concentração de cada hormônio no local.

As giberelinas estão envolvidas principalmente no estímulo ao alongamento do caule, na formação dos frutos (em geral junto com a auxina) e na germinação de sementes.

O etileno em geral é produzido quando a planta está sob algum fator de estresse (como falta de água ou infecção), mas participa na indução da floração em algumas plantas e no amadurecimento de frutos. Associado a uma baixa produção de auxina, ele também estimula a queda de folhas, como a que se observa no outono em muitas espécies de plantas.

O ácido abscísico costuma ter uma ação antagonista à de outros hormônios, impedindo, por exemplo, o alongamento de raízes, o brotamento de gemas e a germinação.

shapencolour/Alamy/Fotoarena

A perda da clorofila nas folhas dos plátanos (*Platanus* sp., 40 m a 50 m) prenuncia a queda das folhas, que é induzida pelo etileno.

Os movimentos das plantas

Embora não tão frequente e perceptível como nos animais, as plantas podem apresentar alguns tipos de movimento. É o caso, por exemplo, da planta carnívora *Dionaea* sp.; quando há um inseto entre suas folhas, elas se fecham rapidamente. Essas plantas, no entanto, não se alimentam de insetos da mesma maneira que outros animais. Elas retiram deles sais minerais que em geral não estão disponíveis no solo de seu ambiente natural. Assim como as outras plantas, elas realizam fotossíntese.

Paul Starosta/Stone/Getty Images

Paul Starosta/Stone/Getty Images

Quando o inseto caminha sobre a folha da dioneia (*Dionaea* sp., 3 cm de comprimento), ela se fecha rapidamente, aprisionando-o.

Você já viu que os tropismos são crescimentos orientados por algum estímulo. Os movimentos chamados **nastismos** não são orientados. Não importa a direção do estímulo, o movimento sempre ocorrerá de acordo com um determinado padrão. Um exemplo bastante conhecido ocorre na *Mimosa pudica*, espécie conhecida como dormideira ou sensitiva. A folha, ao ser tocada, fecha seus folíolos e em seguida se dobra, inclinando o pecíolo, como se estivesse inteiramente murcha.

A

NOPPHARAT789/Shutterstock

B

NOPPHARAT789/Shutterstock

Mimosa pudica (até 1,5 m de altura).
(A) Folha antes de ser tocada. (B) Folha após ser tocada.

Desenvolvendo habilidades

1 Para sua sobrevivência, as plantas precisam absorver nitratos e outras substâncias do solo. É correto dizer que as plantas retiram seu alimento do solo? Explique.

2 O gráfico a seguir representa a perda de água de uma folha devido ao processo de transpiração.

Curva de transpiração

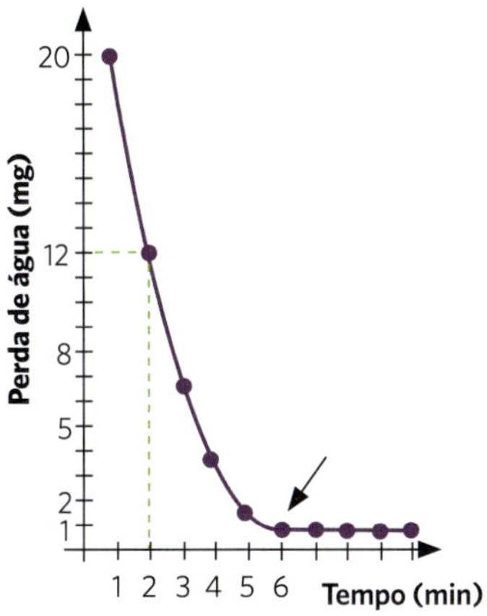

a) Podemos perceber que a perda de água é intensa até o sexto minuto. A partir de então, a perda é reduzida. O que provavelmente causou essa redução?

b) Embora reduzida, a perda de água continua após o sexto minuto. O que provavelmente continua causando a perda de água?

3 Os gráficos a seguir representam três fatores que influenciam a taxa de fotossíntese: concentração de CO_2, temperatura e luminosidade. Com base na observação dos gráficos, qual(is) das afirmações a seguir pode(m) ser considerada(s) verdadeira(s)? Justifique.

Fotossíntese × Concentração de CO_2

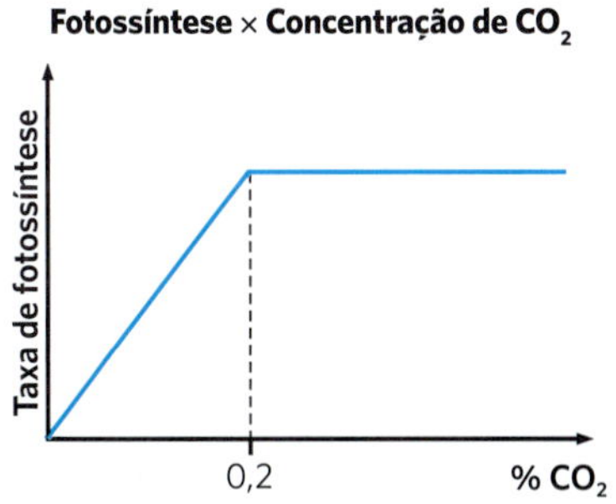

Conceitograf/Arquivo da editora

Fotossíntese × Temperatura

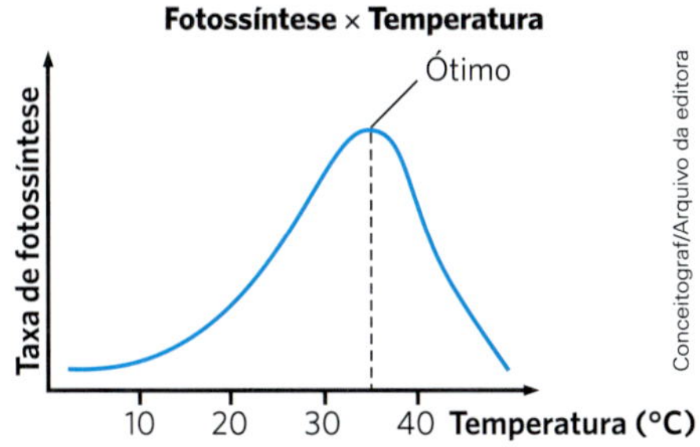

Conceitograf/Arquivo da editora

Fotossíntese × Luz

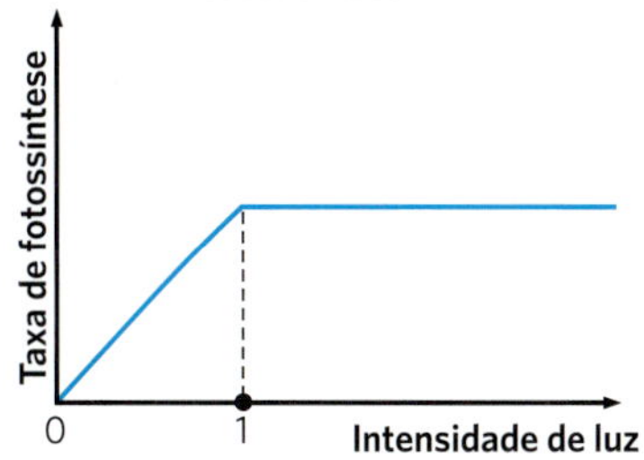

Conceitograf

Elaborado com base em: Universidade Federal do Ceará (UFC). *Fotossíntese*. Disponível em: www.fisiologiavegetal.ufc.br/APOSTILA/FOTOSSINTESE.pdf. Acesso em: jun. 2020.

a) Até 40 °C, o aumento de temperatura aumenta a taxa de fotossíntese.

b) A luz é necessária para a fotossíntese, porém muita luz reduz a eficiência desse processo.

c) O gás carbônico também é um fator limitante da fotossíntese.

4 A retirada de uma faixa contendo casca e floema ao redor de todo o tronco de uma árvore (anel de Malpighi) provoca o aparecimento de um "inchaço" acima do corte e, posteriormente, leva a planta à morte em alguns meses. Considerando o fluxo das seivas, explique por que a árvore morre.

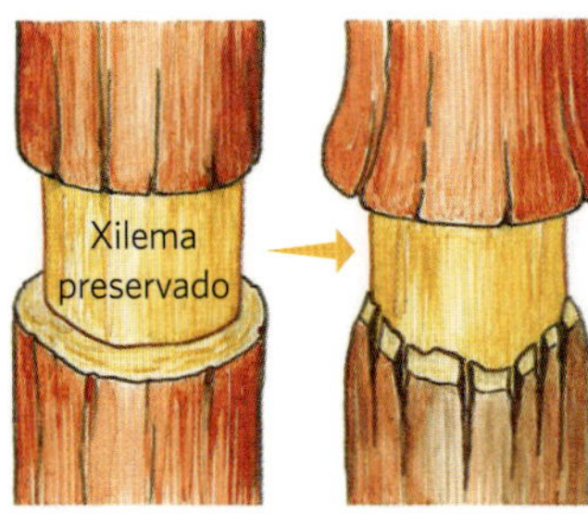

Osni de Oliveira/Arquivo da editora

Anel de Malpighi (Elementos fora de proporção de tamanho entre si. Cores fantasia).

5 A HLB, conhecida como amarelão, é uma doença que ataca espécies do gênero citrus. Ela é causada por subespécies da bactéria *Candidatus liberibacter*, que vivem e se desenvolvem no floema das plantas infectadas. A bactéria é transmitida pelo inseto *Diaphorina citri*, que a adquire ao se alimentar de uma planta infectada. Os sintomas da doença (deformação, queda prematura dos frutos e manchas amareladas nas folhas) surgem em um ramo e se espalham por toda a planta após algum tempo.

a) A remoção apenas do ramo com os sintomas iniciais seria suficiente para eliminar totalmente a bactéria da planta?

b) Em grupo, pensem em maneiras de diminuir a incidência dessa doença. Pesquisem quais são as soluções atualmente utilizadas no combate a HLB, bem como novas soluções em fase de pesquisa e desenvolvimento. Compartilhem com os outros grupos o que vocês descobriram.

CAPÍTULO 22

Reprodução das angiospermas

Mesmo a menor das flores representa uma revolução evolutiva no reino das plantas. É nesse órgão que acontecem os eventos relacionados à reprodução sexuada das angiospermas, desde a produção do pólen até a formação das sementes.

Este capítulo favorece o desenvolvimento das habilidades:

EM13CNT202

EM13CNT203

EM13CNT205

EM13CNT206

EM13CNT207

EM13CNT301

EM13CNT302

EM13CNT303

! Dica

Jardim Botânico do Rio de Janeiro

http://www.jbrj.gov.br/

Espaço para conhecer mais sobre diferentes tipos de plantas e local de pesquisa científica. É possível agendar visitas escolares. No *site* do museu há publicações e catálogos sobre plantas disponibilizados.

Tipos de reprodução

A reprodução é uma etapa necessária para a continuidade de qualquer espécie. O surgimento das flores e dos frutos representou uma verdadeira revolução evolutiva no mundo das plantas. A própria palavra "angiosperma" (do grego *angios*, que significa 'recipiente') é uma referência aos frutos, estruturas que protegem a semente.

Além da reprodução sexuada, que gera descendentes geneticamente diferentes de seus pais, as angiospermas podem se reproduzir por processos assexuados, como você verá no tópico a seguir.

Reprodução assexuada

Na reprodução assexuada, uma nova planta se desenvolve a partir de um órgão da planta-mãe, como raízes, folhas ou uma região do caule. Nesse processo não há fusão de gametas de plantas diferentes, a planta-filha é geneticamente idêntica à planta que lhe deu origem. Esse tipo de reprodução é possível porque os meristemas (tecidos de crescimento) e os parênquimas (tecidos de preenchimento) podem se dividir e dar origem a outros tecidos.

NOPPHARAT789/Shutterstock

A folha-da-fortuna, *Kalanchoe pinnata* (de 30 cm a 1,5 m de altura), produz novas plantas a partir de suas folhas.

A reprodução assexuada é comum nas plantas e ocorre naturalmente. Entre as vantagens desse tipo de reprodução estão a capacidade de gerar descendentes sem o gasto energético de produzir flores, frutos e sementes e não depender de polinizadores. Por outro lado, os descendentes tendem a crescer próximos da planta-mãe e são geneticamente idênticos.

Ao longo da história, seres humanos observaram o desenvolvimento das plantas e passaram a induzir a reprodução assexuada em espécies cultivadas como estratégia para obter clones de indivíduos selecionados. Atualmente, a multiplicação de certas variedades é feita apenas por processos artificiais. É o caso de plantas que não formam sementes, como o limão-taiti e a laranja-baía. Veja algumas técnicas empregadas nesse tipo de reprodução no esquema a seguir.

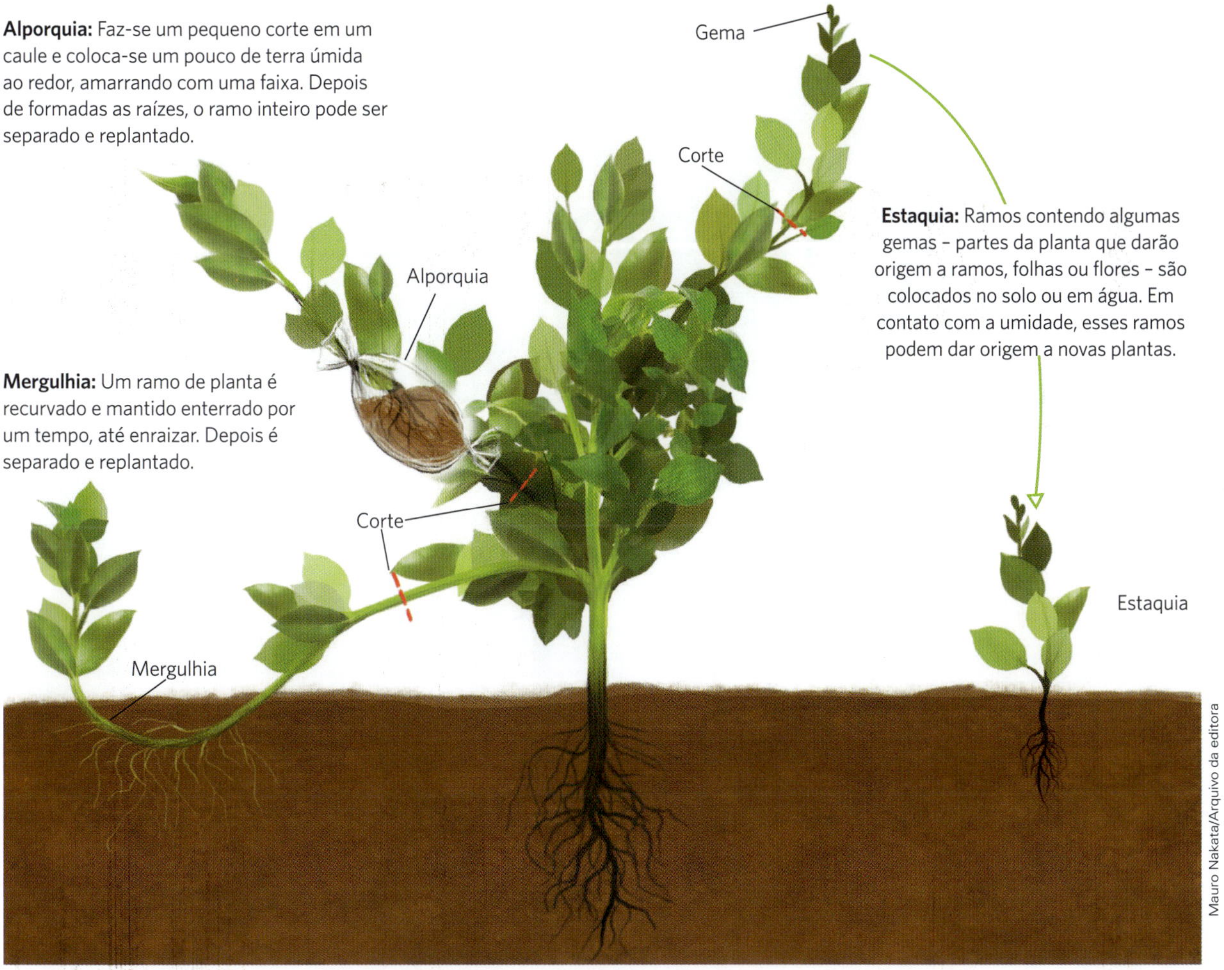

Esquema de algumas técnicas de reprodução assexuada em angiospermas. (Elementos fora de proporção de tamanho entre si. Cores fantasia.)

Reprodução sexuada

A reprodução sexuada depende da fusão dos gametas masculinos e femininos por meio da fecundação e resulta na formação de novos indivíduos geneticamente diferentes dos pais.

Esse aumento da variabilidade genética pode ser vantajoso para a espécie, por exemplo, em uma população podem existir indivíduos mais resistentes a uma doença, ou indivíduos que sejam mais adaptados a certas variações ambientais.

Além da semente, já presente no grupo das gimnospermas, duas novidades evolutivas moldaram a reprodução sexuada nas angiospermas, a flor e o fruto. Veremos a seguir essas estruturas em mais detalhes e, por fim, apresentaremos o ciclo de vida de uma angiosperma por reprodução sexuada.

A flor

Vistosas e perfumadas ou pequenas e despercebidas, as flores são uma novidade evolutiva das angiospermas. Cada flor é um órgão sexual que, dependendo da espécie, pode ter partes femininas e masculinas ou de apenas um sexo. Em algumas plantas, as flores ficam reunidas em conjuntos chamados de **inflorescências**.

Amawasri Pakdara/Shutterstock

A dama-da-noite (*Cestrum nocturnum*, cerca de 2 m) apresenta inflorescência organizada em cachos.

A flor é composta por conjuntos de folhas modificadas que formam os **verticilos florais**: cálice (conjunto de sépalas), corola (conjunto de pétalas), androceu (conjunto de estames) e gineceu (conjunto de carpelos). As partes reprodutivas ficam no centro da flor, protegidas pelas pétalas e sépalas. Veja a figura a seguir.

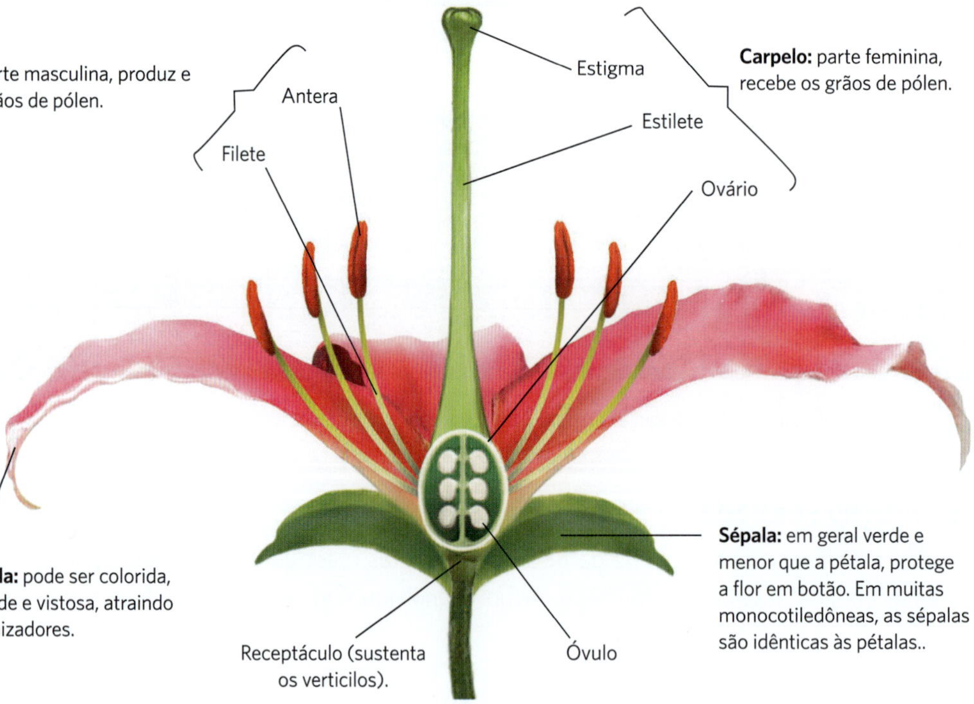

Mauro Nakata/Arquivo da editora

Fonte: REECE, J. B. *et al. Campbell Biology*. 10. ed. Pearson, 2011. p. 638.

Modelo didático de flor em corte com todas as suas partes representadas.. (Elementos fora de proporção de tamanho entre si. Cores fantasia.)

Muitas espécies que apresentam flores com estruturas femininas e masculinas na mesma flor têm mecanismos para evitar que a fecundação aconteça entre os gametas da mesma planta, isto é, que a planta fecunde a si própria. Em algumas espécies, por exemplo, a parte feminina da flor somente amadurece depois que a parte masculina já liberou o pólen.

Polinização

A polinização é o transporte dos grãos de pólen das anteras para o estigma das flores. Em muitas espécies esse transporte ocorre por meio de insetos, aves, morcegos e outros animais que visitam as flores em busca de pólen ou de néctar, um líquido açucarado que elas produzem. Os grãos de pólen ficam aderidos ao corpo do polinizador e são levados para outras plantas quando esses animais as visitam. Podemos encontrar nas angiospermas notáveis especializações relacionadas a esses polinizadores, como pétalas vistosas, estruturas produtoras de néctar e de odores que atraem os polinizadores.

Já em outras espécies, a polinização é realizada pelo vento. Em geral, esse tipo de polinização ocorre em flores pequenas, que apresentam pétalas não atrativas e grandes anteras pendentes na flor, que produzem muito pólen e são facilmente agitadas pelo vento. É o caso das gramíneas, nas quais os estigmas das flores são longos e até ramificados, com substâncias viscosas que prendem o pólen trazido pelo vento.

Dolkanoy/Shutterstock

Inflorescência de gramínea (*Paspalum* sp., as flores têm alguns milímetros). Note que as flores são verdes e os estames, pretos. Nessa espécie, a polinização é feita pelo vento.

Ferramentas digitais

Somos completamente dependentes das plantas. Um exemplo disso é que a maior parte de todo o alimento consumido no planeta vem, direta ou indiretamente, de cerca de duas dúzias (ou menos) de espécies de plantas com sementes, que dependem de agentes polinizadores, especialmente abelhas.

Há vários anos, apicultores e pesquisadores de todo o mundo têm reportado grandes mortandades desses insetos. A causa mais provável desse fenômeno é o uso de agrotóxicos. Além da drástica redução na produção de frutos e outros alimentos, a morte das abelhas e outros polinizadores silvestres pode ter consequências imprevisíveis. Afinal, o desaparecimento das plantas de um *habitat* afeta todos os outros seres vivos, além de modificar componentes não vivos do ambiente, como umidade, temperatura e ciclagem de nutrientes.

Pessoas preocupadas com as consequências da morte das abelhas estão criando diversas campanhas sobre o assunto.

Lu Mikhaylova/Shutterstock

Exemplos de alimentos disponíveis em um café da manhã. (**A**) Situação em que as abelhas estão presentes. (**B**) Situação em que as abelhas estão ausentes.

Você já pensou como seria sua vida sem as abelhas? Faça uma lista dos alimentos que você consome diariamente e pesquise quais deles dependem da polinização. Em seguida, produza fotografias mostrando como seriam suas refeições com e sem os polinizadores. Junto com os colegas, organizem um álbum com as fotos produzidas e o publiquem, se possível, na página da escola.

O fruto

O fruto também é uma novidade evolutiva das angiospermas. Um fruto nada mais é do que o ovário da flor desenvolvido. A fecundação desencadeia mudanças hormonais que induzem transformações no ovário; em muitas espécies, seu interior se torna carnoso e adocicado enquanto as demais partes da flor murcham e caem. Enquanto o ovário se desenvolve em fruto, os óvulos também passam por mudanças, transformando-se em sementes.

Esquema da formação do fruto (no caso, o tomate) a partir do ovário da flor. (Elementos fora de proporção de tamanho entre si. Cores fantasia.)

Há grande variedade de frutos: alguns são secos e se abrem quando maduros (como a vagem do feijão), outros são carnosos e não liberam as sementes mesmo quando maduros. Há frutos com apenas uma semente (coco, azeitona) ou várias (tomate, laranja).

As plantas investem muita energia na produção de frutos, um gasto que pode ser compensado pelo seu sucesso na reprodução. Frutos comestíveis são atraentes para muitos animais. Ao consumi-los, esses animais facilitam a dispersão das sementes, muitas vezes ao eliminá-las com as fezes em locais distantes da planta de origem.

Em várias espécies, outras partes da flor tornam-se carnosas e suculentas, substituindo o desenvolvimento do ovário. Nesse caso, o verdadeiro fruto, originado do ovário e contendo as sementes, é reduzido e, em geral, não é comestível. Nesses casos, as partes carnosas com reservas que se assemelham a um fruto, são, na realidade, **pseudofrutos**, isto é, frutos falsos.

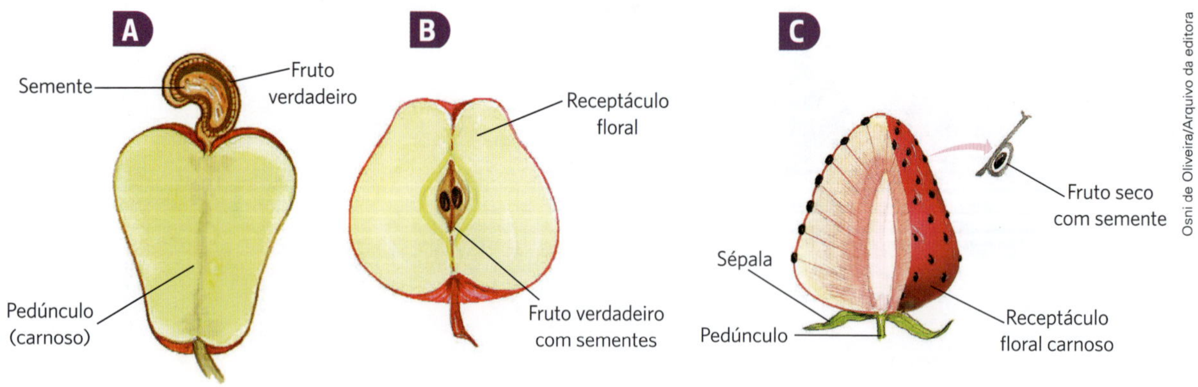

Esquemas, em corte, do caju (A), da maçã (B) e do morango (C), exemplos de pseudofrutos. (Elementos fora de proporção de tamanho entre si. Cores fantasia.)

Existem ainda frutos que se desenvolvem sem sementes, chamados de **frutos partenocárpicos**, como a banana, a laranja-baía e o limão-taiti. Frutos sem sementes podem ser produzidos naturalmente pela planta ou artificialmente com o uso de hormônios que induzem o desenvolvimento do ovário.

Fruto ou fruta?

Fruto é o termo botânico que se refere ao órgão originado do desenvolvimento do ovário da flor. Nem sempre estamos ingerindo frutos verdadeiros. Como vimos, o caju, por exemplo, é considerado uma fruta, mas seu verdadeiro fruto é seco, lenhoso e abriga uma única semente, a castanha-de-caju. A berinjela, o quiabo, o jiló e o chuchu são frutos, porém no dia a dia nós os chamamos de legumes. Pode-se dizer então que o termo popular **fruta** é geralmente atribuído a estruturas comestíveis, carnosas e adocicadas originadas de flores, mas que nem sempre são frutos verdadeiros.

A semente

Na reprodução sexuada das angiospermas, o óvulo fecundado que se desenvolve no interior do ovário dá origem à semente. Cada semente contém um embrião ($2n$) protegido dentro dela, além do tecido de reserva (endosperma) e do cotilédone. Como vimos, nas monocotiledôneas há apenas um cotilédone na semente, enquanto nas eudicotiledôneas há dois cotilédones. Dependendo das condições ambientais, o embrião pode permanecer vivo, porém praticamente inativo, por longos períodos.

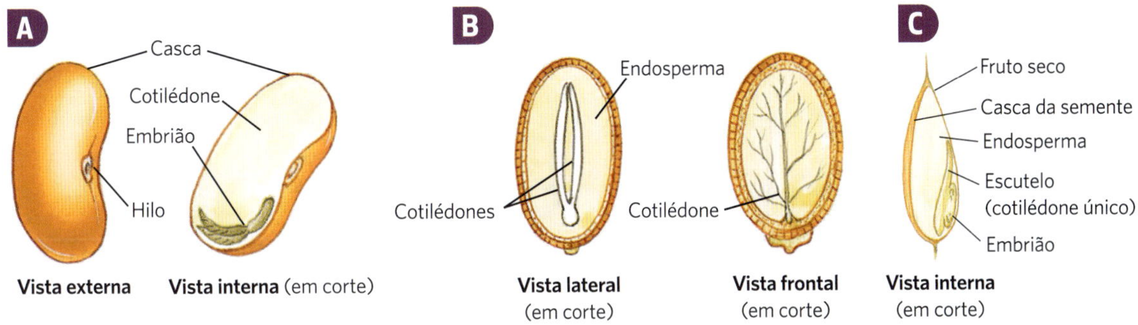

(**A**) Esquema de semente do feijão, os dois cotilédones dessa semente são ricos em reservas nutritivas e o endosperma é reduzido. (**B**) Esquema de semente de mamona, que tem dois cotilédones sem reservas, mas endosperma muito desenvolvido. (**C**) Esquema de fruto seco do trigo, a camada mais externa do grão de trigo é parte do fruto, que fica aderido à semente. Esta tem apenas um cotilédone, sem reservas, que absorve substâncias nutritivas do endosperma para garantir o desenvolvimento do embrião. (Elementos fora de proporção de tamanho entre si. Cores fantasia.)

Dispersão das sementes

A dispersão das sementes no ambiente é um dos processos responsáveis pelo sucesso evolutivo das angiospermas. Quando espalhadas em diferentes locais e afastadas entre si, as sementes podem ter melhores condições para germinar e crescer, já que essa dispersão pode diminuir a competição e aumentar as probabilidades de ocupação de novos ambientes, o que é vantajoso para a espécie.

A história evolutiva das angiospermas mostra a grande diversidade de adaptações dessas plantas: dependendo da espécie, as sementes são dispersadas pelo vento (anemocoria), pela água (hidrocoria) ou por animais (zoocoria). Muitas vezes, a semente é espalhada ainda dentro do fruto.

Frutos de dente-de-leão (*Taraxacum officinale*, a infrutescência tem cerca de 5 cm de diâmetro) sendo disseminados pelo vento.

Ciclo de vida das angiospermas

Como nas demais plantas, no ciclo de vida das angiospermas existe alternância entre gerações haploides e diploides: esporófitos (2*n*) são a geração dominante e, a partir de esporos, produzem gametófitos (*n*) muito reduzidos que, por meio da fecundação dos gametas, desenvolvem zigoto (2*n*), que dará origem a um novo esporófito.

Todas as angiospermas que vemos são esporófitos. Os gametófitos são produzidos na flor, na época da reprodução. Nas plantas, o óvulo não é o gameta feminino, mas uma estrutura multicelular que dá origem ao gametófito feminino em seu interior. O gametófito feminino das angiospermas é microscópico e, em geral, formado por apenas oito células haploides, sendo uma delas a oosfera, o gameta feminino. Veja o esquema a seguir.

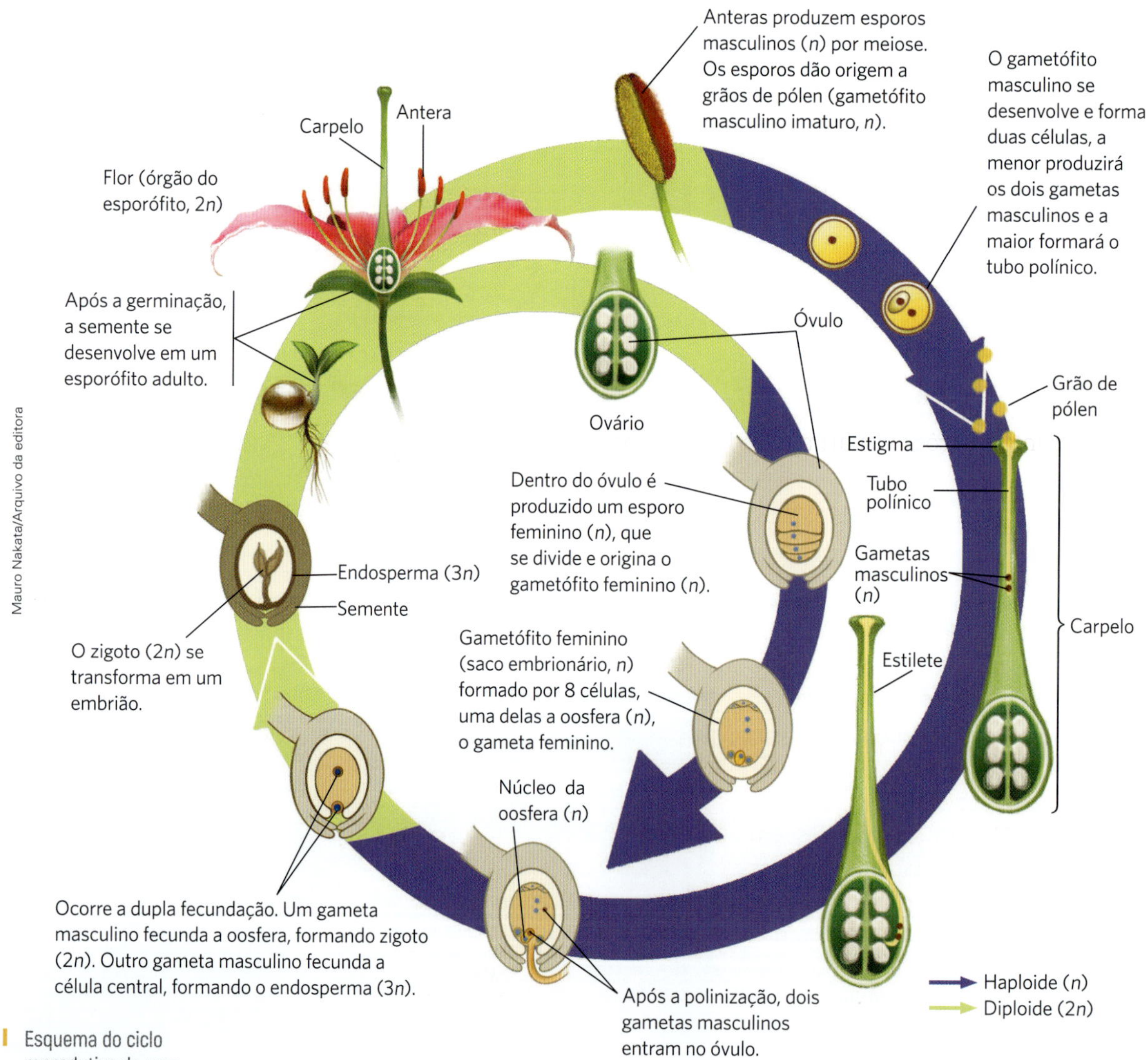

Esquema do ciclo reprodutivo de uma angiosperma. (Elementos fora de proporção de tamanho entre si. Cores fantasia.)

Elaborado com base em: REECE, J. B. *et al. Biologia de Campbell*. 10. ed. São Paulo: Artmed, 2015.

Note que nas angiospermas ocorre um fenômeno chamado **dupla fecundação**, em que um gameta masculino fecunda o gameta feminino (oosfera), gerando um **zigoto** (2n). O outro gameta masculino fecunda a célula central do gametófito, que tem dois núcleos haploides; assim, é produzida uma célula 3*n*, que dá origem ao tecido de reserva da semente, o endosperma. A dupla fecundação é outra novidade evolutiva exclusiva das angiospermas.

Diálogos

Meu direito à comunicação e à liberdade de expressão

Como vimos nesta unidade, as plantas contribuem de muitas formas diferentes para o bem-estar das pessoas. Seja como alimento, seja como fonte de oxigênio ou objeto de valor estético, as plantas estão presentes no cotidiano e são um pilar na nossa relação com o meio ambiente. Desde decorações de interiores até parques florestais, a diversidade vegetal está sempre presente como lembrança de beleza natural ou mesmo como alerta sobre a delicada relação entre atividades humanas e natureza. Indo mais além, seria possível usar as plantas como um meio de expressão de identidade e cultura?

Você já ouviu falar em intervenção artística? Intervenções são manifestações organizadas por uma ou mais pessoas a fim de transmitir uma mensagem. Uma intervenção urbana, por exemplo, é um movimento artístico relacionado às intervenções visuais realizadas em espaços públicos. Em geral, as intervenções buscam provocar o público sobre questões políticas, sociais e estéticas. Confira alguns exemplos.

Pedro De Paula/Código 19/Folhapress

Intervenção artística em homenagem à Marielle Franco, vereadora do Rio de Janeiro morta em 2018. Rua do Sossego, Recife (PE), 2019.

Rubens Chaves/Pulsar Imagens

Tronco de árvore decorado com crochê típico. Jijoca de Jericoacoara, Ceará, 2016.

Em ação!

1. Os exemplos apresentados revelam diferentes intervenções urbanas que também se utilizam de elementos naturais, como plantas. Em suas palavras, como esse tipo de arte pode servir para expressar e comunicar ideias?

2. Converse com os colegas sobre questões relacionadas a esses assuntos que poderiam ser mais discutidas em sua escola. Podem ser assuntos políticos, culturais, ou mesmo de sustentabilidade. Por exemplo, há áreas verdes na escola? Os estudantes têm espaço e condições para expressar suas ideias? Há respeito entre os jovens? Após entrar em um acordo, qual seria a principal mensagem que vocês gostariam de passar ao bairro e à comunidade escolar?

3. Hora da intervenção! Com o auxílio dos professores e da diretoria, discutam uma possível intervenção para ser implementada no espaço escolar com o objetivo de dar visibilidade à resposta da questão anterior. De forma coletiva, planejem e executem a combinação de técnicas artísticas e elementos da paisagem para transmitir a sua mensagem.

Desenvolvendo habilidades

1 Um pequeno agricultor tem um pomar de laranjas. Ele notou que uma das laranjeiras é mais resistente a doenças e produz mais flores que as demais. Ele deseja obter mais plantas com essas características. Qual procedimento é mais indicado: plantar as sementes produzidas por essa árvore ou usar seus ramos para produzir novas mudas por estaquia? Justifique.

2 Quais são as três novidades evolutivas presentes na reprodução sexuada das angiospermas? Por que a presença de sementes não está entre elas?

3 Um pesquisador está cultivando algumas linhagens de certa espécie de planta. Para garantir que os cruzamentos entre essas plantas ocorram da maneira que ele deseja, o cultivo é mantido em um local controlado e a polinização das flores é realizada manualmente. Essa espécie, no entanto, apresenta estruturas femininas e masculinas em todas as flores. Que procedimentos o pesquisador pode realizar nas flores para evitar que ocorra a autofecundação?

4 Pense em uma fruta que você costuma comer no dia a dia, em seguida, responda às questões.

a) Você acha que essa fruta é um fruto verdadeiro? Que características permitiram que você chegasse a essa conclusão?

b) Pesquise mais informações sobre essa fruta, por exemplo: De que parte da planta ela se origina? Trata-se de um fruto verdadeiro? Como é realizada a polinização das flores dessa espécie? A espécie é nativa do Brasil? Existem plantações dessa fruta na região onde você mora?

5 Você já ouviu falar em coevolução? Esse termo é usado para descrever processos evolutivos nos quais duas ou mais espécies que interagem entre si afetam a evolução umas das outras reciprocamente. A coevolução é observada entre algumas espécies de angiospermas e seus polinizadores, como em certas flores, cujo tamanho ou formato parecem adaptados ao corpo do polinizador. Por exemplo, em Madagascar existe uma orquídea com um tubo muito alongado. Com base nela, Darwin previu a existência de uma mariposa com espirotromba (órgão de alimentação) longa o suficiente para atingir o néctar na base da flor. De fato, uma mariposa polinizadora com espirotromba de 28 cm foi descoberta nessa região após a morte do cientista.

Considerando a teoria da evolução por seleção natural proposta por Darwin e Wallace, elabore uma hipótese para explicar como o formato da flor atua como agente de seleção para a mariposa, e vice-versa.

(A) Orquídea *Angraecum sesquipedale* (a flor pode chegar a 16 cm de diâmetro). (B) Mariposa *Xanthopan morganii praedicta* (até 20 cm de envergadura).

6 Muitos estudos relatam uma drástica diminuição mundial nas populações de polinizadores nas últimas décadas, com isso, diversas pesquisas sobre a importância dos polinizadores nos ecossistemas estão sendo realizadas, entre as quais se encontra a publicação do *1º Relatório Temático sobre Polinização e Produção de Alimento no Brasil*, lançado no início de 2019. Segundo esse documento, 76% das espécies cultivadas relativas à alimentação tem certo grau de dependência dos polinizadores, e para 59% das espécies essa relação é essencial ou alta. O estudo também aponta que, em 2018, o serviço de polinização realizado por animais na produção de alimentos no Brasil, ao ser valorado, representa 43 bilhões de reais.

a) Quais são as principais ameaças hoje para a biodiversidade de polinizadores e quais são as consequências da diminuição das populações de animais polinizadores?

b) Considerando a importância da manutenção de áreas naturais para a conservação dos polinizadores, pesquise que medidas atuais buscam garantir a preservação dessas áreas, tanto fora quanto dentro das propriedades rurais. Em seguida, compartilhe as informações encontradas com os colegas e conversem sobre essas medidas: O que é necessário para que elas sejam eficazes? Como poderiam ser melhoradas? Que outras medidas você acha que seriam necessárias?

Em contexto

Como as plantas "reagem" aos gases estufa?

Sabe-se que, atualmente, as plantas e o solo absorvem cerca de 25% de todos os gases de efeito estufa que são liberados na atmosfera terrestre. Com o aumento das emissões de CO_2, seria possível prever que as plantas passariam a absorver mais gás carbônico, afinal, com maiores concentrações de CO_2, aumenta-se também a taxa de fotossíntese das plantas.

Com esse aumento, as plantas se tornariam maiores e mais abundantes por todo o planeta, como já ocorreu em eras geológicas anteriores nas quais a concentração de CO_2 atmosférico era mais elevada. Não é, contudo, o que tem acontecido.

Um grupo de pesquisadores de diversas universidades do mundo constatou que, na realidade, pode acontecer exatamente o contrário. Segundo o estudo que publicaram na revista *Nature* em 2019, com o aumento do CO_2, as plantas e o solo podem, ao contrário do esperado, começar a absorver menos desse gás, acelerando ainda mais sua taxa de concentração na atmosfera.

Isso aconteceria, de acordo com os pesquisadores, porque o aumento do CO_2 atmosférico está diretamente relacionado com intensificação das mudanças climáticas, ou seja, o aumento da temperatura média global e a ocorrência de eventos climáticos extremos, como períodos de seca ou chuva acima do normal. Ao comparar o efeito dessa gangorra climática sob as plantas por meio de simulações e modelos, eles constataram que a os efeitos não se compensam: analisando a umidade do solo, um aspecto de grande relevância para o desenvolvimento vegetal, chegaram à conclusão de que as plantas e o solo realmente podem absorver mais CO_2 durante os períodos chuvosos, porém, durante as secas, essa absorção seria tão reduzida que não chegaria a compensar o aumento de absorção dos períodos chuvosos. Além disso, em períodos mais quentes e secos, os microrganismos do solo liberam ainda mais CO_2, agravando essa diferença.

Assim, considerando essa variação climática, a soma total dos efeitos da maior concentração de CO_2 atmosférico implicaria uma redução da absorção desse gás pelas plantas e pelo solo, o que reforçaria sua concentração atmosférica, intensificando as mudanças climáticas.

Elaborado com base em: PIERRE-LOUIS, Kendra. *As Climate Warms, Plants Will Absorb Less CO_2, Study Finds*. Disponível em: www.nytimes.com/2019/01/23/climate/plants-co2-climate-change.html. Acesso em: set. 2019.

Biomassa dos seres vivos

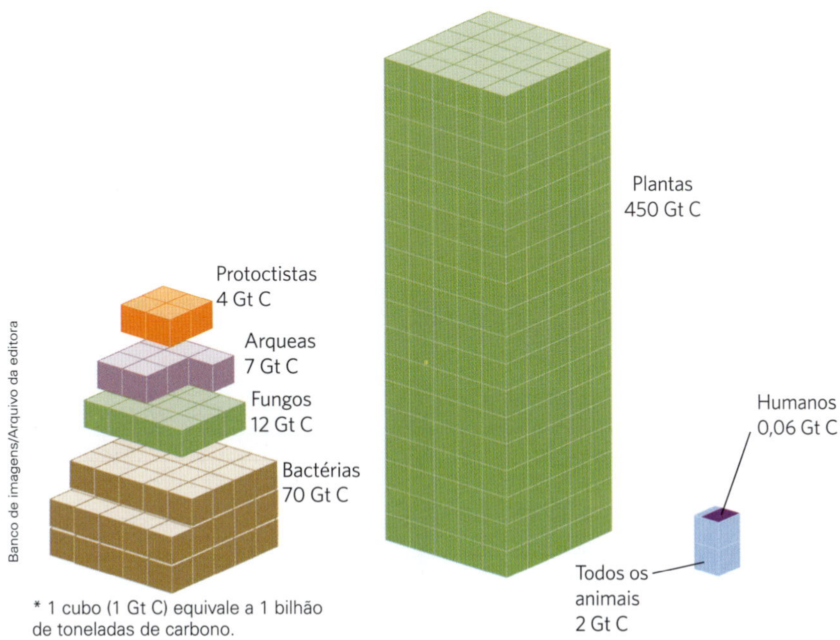

* 1 cubo (1 Gt C) equivale a 1 bilhão de toneladas de carbono.

Elaborado com base em: RESNICK, B; ZARRACINA, J. *All life on Earth, in one staggering chart*. Vox. Disponível em: www.vox.com/science-and-health/2018/5/29/17386112/all-life-on-earth-chart-weight-plants-animals-pnas. Acesso em: dez. 2019.

1 Segundo o texto, as plantas absorvem parte dos gases de efeito estufa (GEE) liberados na atmosfera.

a) A qual gás o texto se refere?

b) Explique o papel desse gás na vida das plantas.

2 De acordo com o texto, havia uma expectativa de que o aumento dos gases de efeito estufa levaria a um maior crescimento das plantas.

a) Essa expectativa se baseava em qual dos fatores que influenciam na fotossíntese? Analise os gráficos a seguir e faça uma pesquisa para explicar o comportamento da curva escolhida.

Ilustrações: Banco de imagens/Arquivo da editora

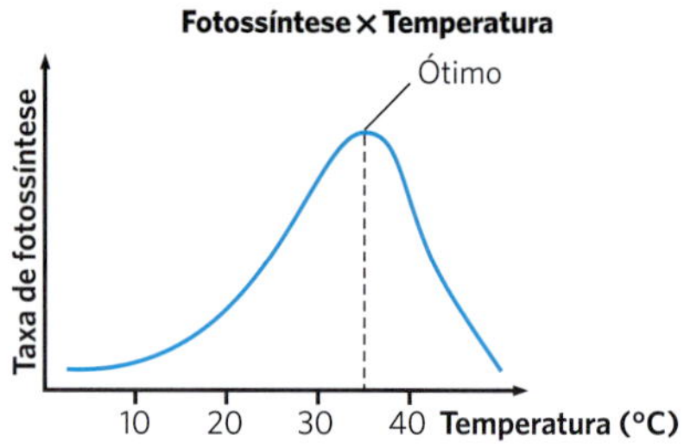

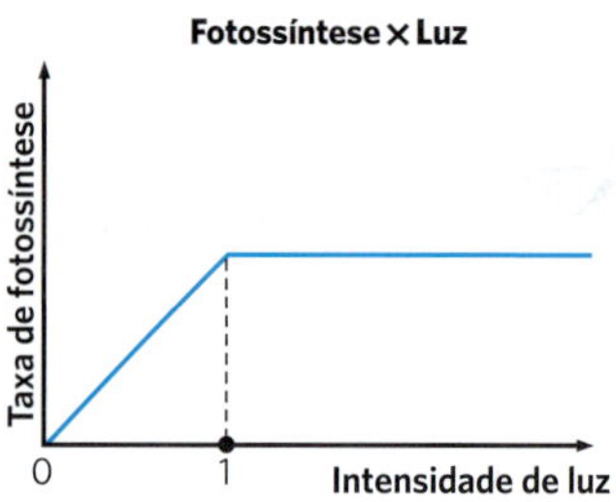

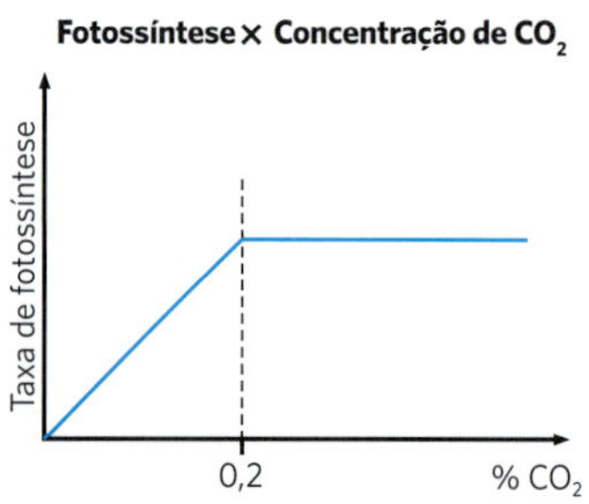

Elaborado com base em: Universidade Federal do Ceará (UFC). Fotossíntese. Disponível em: www.fisiologiavegetal.ufc.br/APOSTILA/FOTOSSINTESE.pdf. Acesso em: jun. 2020.

b) O que deve acontecer com a taxa de fotossíntese se houver um aumento muito grande de gases de efeito estufa na atmosfera?

3 Ao longo da história geológica do planeta, a concentração dos gases da atmosfera passou por variações. Os primeiros autótrofos, por exemplo, teriam sido responsáveis por introduzir o gás oxigênio. Muito mais tarde, as plantas também tiveram papel relevante influenciando a concentração de certos gases. Comente a participação das plantas, sobretudo das pteridófitas, na concentração de gás carbônico durante o período Carbonífero.

Sheila Terry/SPL/Fotoarena/Coleção particular

Ilustração de 1868 que mostra a flora do período Carbonífero (340-280 milhões de anos atrás) com grande diversidade de pteridófitas.

4 Observe o gráfico da página anterior, que representa a estimativa da biomassa dos principais grupos de seres vivos.

a) Compare a biomassa das plantas com a dos demais grupos. Você já esperava esse resultado? Por quê?

b) O carbono é um elemento abundante no corpo de todos os seres vivos e, portanto, sua quantidade está diretamente relacionada com a biomassa. Qual característica da célula vegetal está relacionada à grande quantidade de carbono contida no corpo das plantas?

c) Como você imagina que essa estimativa foi feita? Como os dados podem ter sido obtidos?

5 Ainda considerando o gráfico da página anterior, explique por que o desmatamento e a queima de combustíveis fósseis, como petróleo e carvão, estão associados ao aquecimento global.

Marcos Amend/Pulsar Imagens

Área recém-desmatada para abertura de pastagem para pecuária, Alta Floresta (MT), 2019.

Você no Enem e nos vestibulares

1 (UEMG) A classificação dos seres vivos se baseia em uma série de características anatômicas, morfológicas, fisiológicas, bioquímicas, evolutivas, etc. Analise esse cladograma que mostra as principais aquisições evolutivas na classificação das plantas.

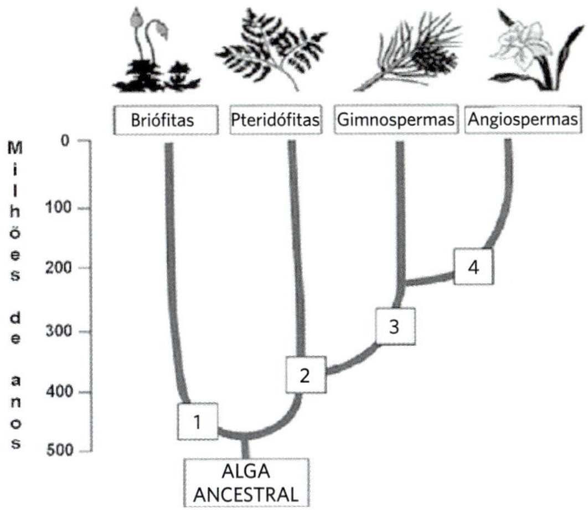

Reprodução/UEMG, 2016.

O critério presença de sementes estaria indicado corretamente pelo número:

a) 1. **b)** 2. **c)** 3. **d)** 4.

2 (Fuvest-SP) Um organismo multicelular, fotossintetizante, que possui sistema vascular e não possui frutos ou sementes é uma

a) alga.
b) briófita.
c) pteridófita.
d) gimnosperma.
e) angiosperma.

3 (Fuvest-SP) O esquema representa um ciclo de vida, com alternância de gerações, típico de planta.

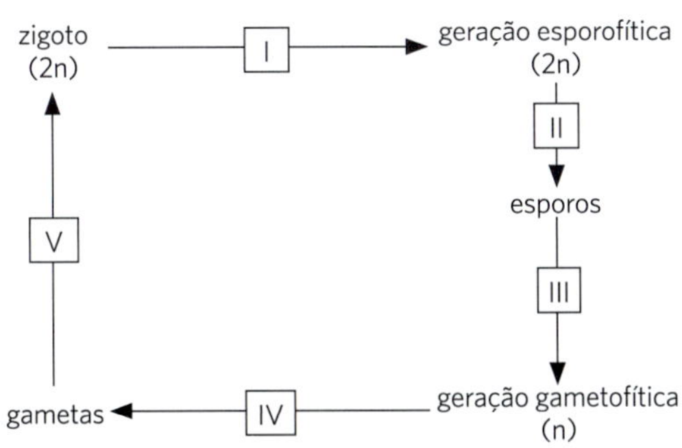

a) Escreva o nome dos processos biológicos que correspondem a I, II, III, IV e V.

b) Comparando-se os ciclos de vida, desde briófitas até angiospermas, quanto à dominância das gerações gametofítica e esporofítica, que tendência aparece na evolução das plantas terrestres?

4 (Fuvest-SP) Assinale a alternativa que ordena corretamente três novidades evolutivas, de acordo com o seu surgimento no processo de evolução das plantas terrestres.

a) Sistema vascular, semente, flor.
b) Sistema vascular, flor, semente.
c) Semente, sistema vascular, flor.
d) Semente, flor, sistema vascular.
e) Flor, sistema vascular, semente.

5 (Enem) A figura ilustra o movimento da seiva xilêmica em uma planta.

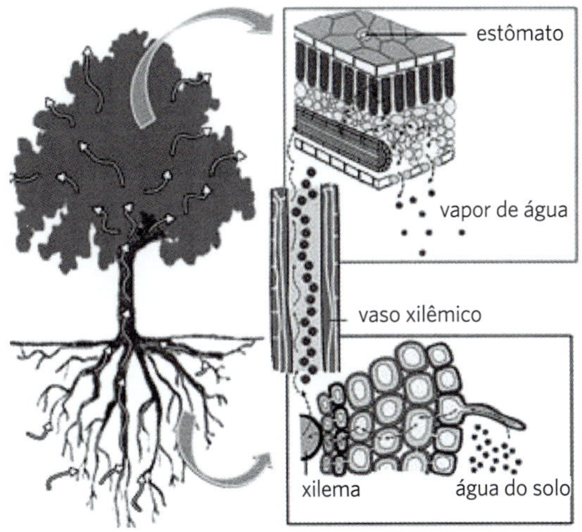

Reprodução/ENEM, 2016.

CORREIA, S. Teoria da tensão-coesão-adesão. *Revista de Ciência Elementar*. N. 1, 2014 (adaptado).

Mesmo que essa planta viesse sofrer ação contínua do vento e sua copa crescesse voltada para baixo, essa seiva continuaria naturalmente seu percurso. O que garante o transporte dessa seiva é a

a) gutação.
b) gravidade.
c) respiração.
d) fotossíntese.
e) transpiração.

6 (Uerj) A contagem e a análise dos anéis de crescimento presentes nos troncos de árvores e arbustos possibilitam estimar a idade da planta e investigar as condições climáticas de épocas pré-existentes. Sabe-se que a grande disponibilidade de água, durante os períodos úmidos, favorece o crescimento de células com grande calibre, formando anéis claros. Já em períodos mais secos, as células ficam mais compactadas, formando anéis escuros. Observe a ilustração de um corte transversal do tronco de uma árvore, com anéis de crescimento claros e escuros:

Indique o tipo de tecido condutor responsável pela formação dos anéis de crescimento. Indique, também, dentre as substâncias químicas presentes nesse tecido, aquela que confere mais rigidez às paredes das células.

Aponte, ainda, as duas principais funções desse tecido para os vegetais.

7 (Fuvest-SP) Muitas plantas adaptadas a ambientes terrestres secos e com alta intensidade luminosa apresentam folhas

a) pequenas com estômatos concentrados na parte inferior, muitos tricomas claros, cutícula impermeável e parênquima aquífero.

b) grandes com estômatos concentrados na parte inferior, poucos tricomas claros, cutícula impermeável e parênquima aerífero.

c) pequenas com estômatos concentrados na parte superior, ausência de tricomas, cera sobre a epiderme foliar e parênquima aquífero.

d) grandes com estômatos igualmente distribuídos em ambas as partes, ausência de tricomas, ausência de cera sobre a epiderme foliar e parênquima aerífero.

e) pequenas com estômatos concentrados na parte superior, muitos tricomas claros, cera sobre a epiderme foliar e parênquima aerífero.

8 (Enem) A Mata Atlântica caracteriza-se por uma grande diversidade de epífitas, como as bromélias. Essas plantas estão adaptadas a esse ecossistema e conseguem captar luz, água e nutrientes mesmo vivendo sobre as árvores.

Disponível em: www.ib.usp.br. Acesso em: 23 fev. 2013 (adaptado).

Essas espécies captam água do(a)

a) organismo das plantas vizinhas.

b) solo através de suas longas raízes.

c) chuva acumulada entre suas folhas.

d) seiva bruta das plantas hospedeiras.

e) comunidade que vive em seu interior.

9 (Enem) Pesquisadores conseguiram estimular a absorção de energia luminosa em plantas graças ao uso de nanotubos de carbono. Para isso, nanotubos de carbono "se inseriram" no interior dos cloroplastos por uma montagem espontânea, através das membranas dos cloroplastos. Pigmentos da planta absorvem as radiações luminosas, os elétrons são "excitados" e se deslocam no interior de membranas dos cloroplastos, e a planta utiliza em seguida essa energia elétrica para a fabricação de açúcares. Os nanotubos de carbono podem absorver comprimentos de onda habitualmente não utilizados pelos cloroplastos, e os pesquisadores tiveram a ideia de utilizá-los como "antenas", estimulando a conversão de energia solar pelos cloroplastos, com o aumento do transporte de elétrons.

Nanotubos de carbono incrementam a fotossíntese de plantas. Disponível em: http://lqes.iqm.unicamp.br. Acesso em: 14 nov. 2014 (adaptado).

O aumento da eficiência fotossintética ocorreu pelo fato de os nanotubos de carbono promoverem diretamente a

a) utilização de água.

b) absorção de fótons.

c) formação de gás oxigênio.

d) proliferação dos cloroplastos.

e) captação de dióxido de carbono.

10 (Vunesp) Em determinado experimento, o desenvolvimento de uma planta em um vaso em repouso em relação à Terra é acompanhado a partir da situação inicial representada na figura.
Na região do experimento, o campo gravitacional terrestre é constante e pode ser representado por linhas paralelas orientadas para o centro da Terra.

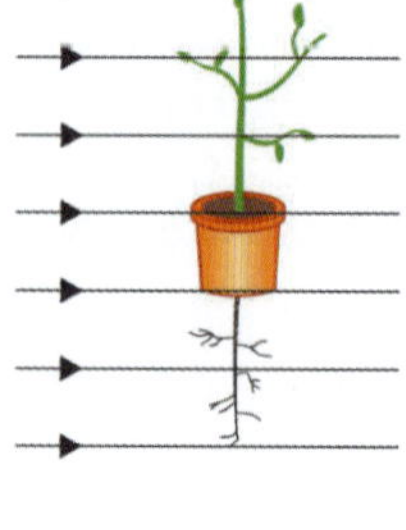

Sabendo que as raízes dessa planta apresentam geotropismo positivo, que seu caule apresenta geotropismo negativo e considerando apenas a influência do campo gravitacional no crescimento dessa planta, a posição relativa de suas raízes e de seu caule em relação ao campo gravitacional, após algumas semanas de observação, está corretamente representada em:

a) 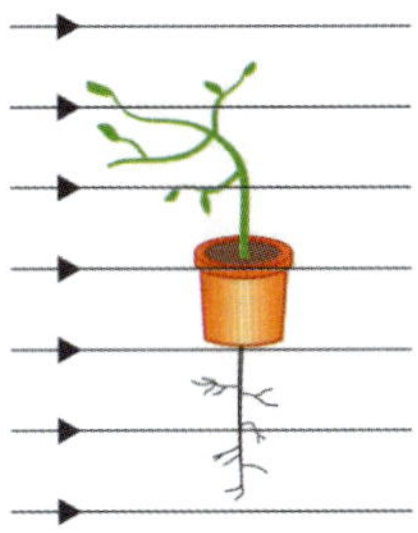

Reprodução/UNESP, 2019.

b) 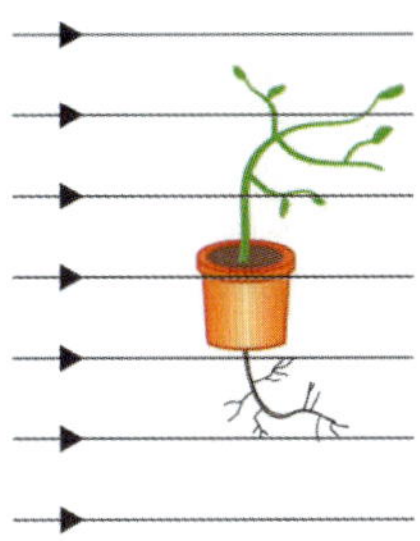

Reprodução/UNESP, 2019.

c) 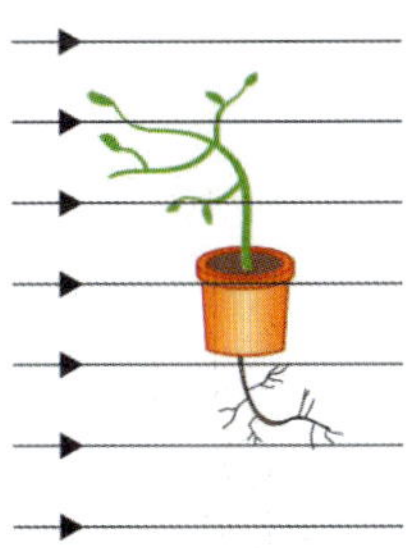

Reprodução/UNESP, 2019.

d) 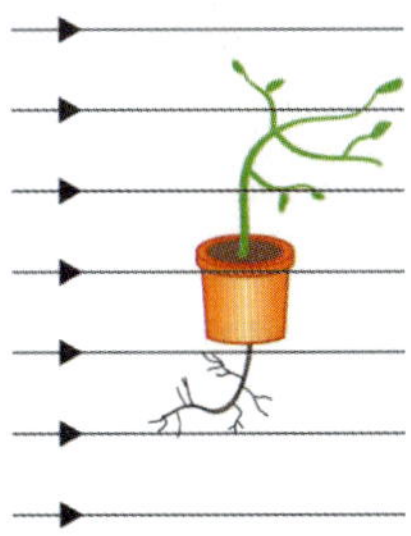

Reprodução/UNESP, 2019.

e) 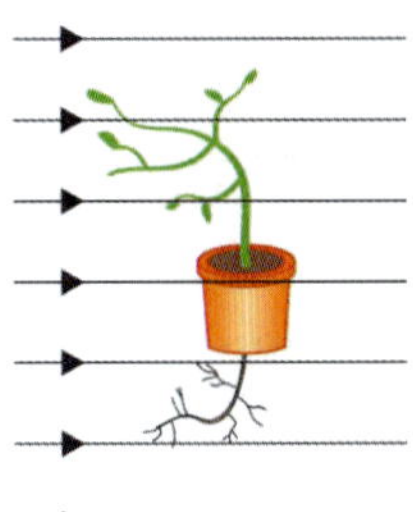

Reprodução/UNESP, 2019.

11 (Fuvest-SP) Recentemente, pesquisadores descobriram, no Brasil, uma larva de mosca que se alimenta das presas capturadas por uma planta carnívora chamada drósera. Essa planta, além do nitrogênio do solo, aproveita o nitrogênio proveniente das presas para a síntese proteica; já a síntese de carboidratos ocorre como nas demais plantas. As larvas da mosca, por sua vez, alimentam-se dessas mesmas presas para obtenção da energia necessária a seus processos vitais.
Com base nessas informações, é correto afirmar que a drósera

a) e a larva da mosca são heterotróficas; a larva da mosca é um decompositor.

b) e a larva da mosca são autotróficas; a drósera é um produtor.

c) é heterotrófica e a larva da mosca é autotrófica; a larva da mosca é um consumidor.

d) é autotrófica e a larva da mosca é heterotrófica; a drósera é um decompositor.

e) é autotrófica e a larva da mosca é heterotrófica; a drósera é um produtor.

12 (UEL-PR) Analise o cladograma a seguir.

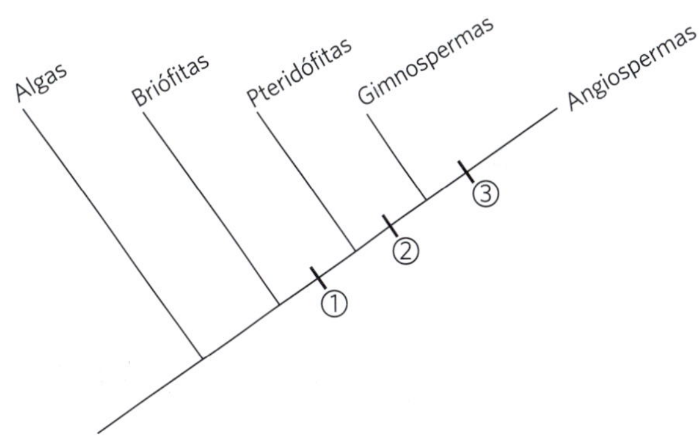

Com base no cladograma, responda aos itens a seguir.

a) Os números no cladograma representam o surgimento de características adaptativas, nos grupos vegetais, ao longo do processo evolutivo. Cite as características representadas pelos números 1 e 2.

b) Cite as duas características adaptativas representadas pelo número 3 e explique como o desenvolvimento dessas características permitiu o predomínio de espécies de angiospermas ao redor do mundo.

13 (Enem) A polinização, que viabiliza o transporte do grão de pólen de uma planta até o estigma de outra, pode ser realizada biótica ou abioticamente. Nos processos abióticos, as plantas dependem de fatores como o vento e a água.

A estratégia evolutiva que resulta em polinização mais eficiente quando esta depende do vento é o (a)

a) diminuição do cálice.

b) alongamento do ovário.

c) disponibilização do néctar.

d) intensificação da cor das pétalas.

e) aumento do número de estames.

14 (Fuvest-SP) Os esquemas mostram cortes longitudinais de flores de duas espécies diferentes (A e B).

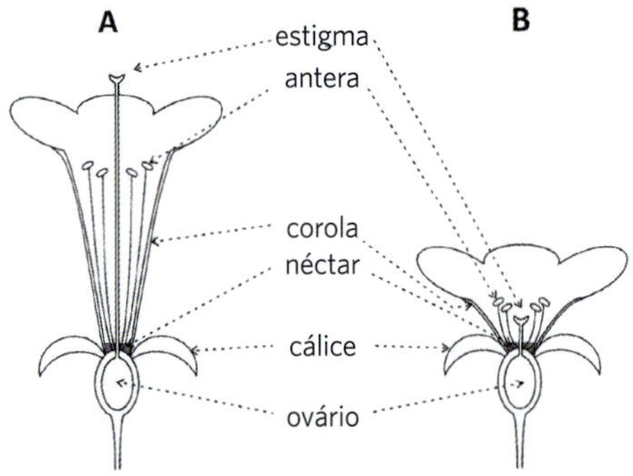

Reprodução/FUVEST, 2019.

Baseado nos elementos listados na figura, responda ao que se pede.

a) O que ocorre com o ovário após a fecundação da flor?

b) Considerando-se que a autofecundação seja possível nas duas espécies, em qual delas este mecanismo de fecundação é favorecido? Justifique.

c) Dada a morfologia da flor da espécie A, cite um animal nectarívoro (que se alimenta de néctar) que poderia polinizá-la. Justifique sua resposta levando em conta uma adaptação desse animal relacionada à capacidade de polinização dessa flor.

15 (UPF-RS) A figura apresenta duas flores representadas simbolicamente por meio de diagramas florais A e B.

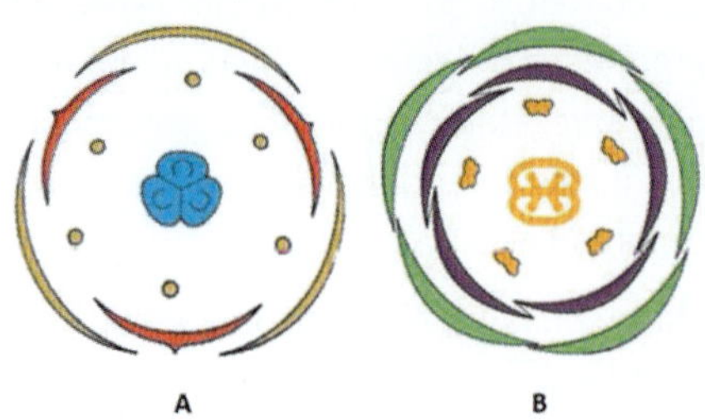

Reprodução/UPF, 2017.

Fonte diagrama A: www.thewildclassroom.com. Adaptado. Fonte diagrama B: www.sobiologia.com.br. Adaptado. Acesso em: 5 out. 2016.

Considerando esses diagramas, assinale a única alternativa **incorreta**.

a) **A** representa uma flor trímera e **B** representa uma flor pentâmera, comumente encontradas em monocotiledôneas e eudicotiledôneas, respectivamente.

b) A flor do diagrama **A** apresenta androceu composto por seis estames, mas gineceu composto por apenas três carpelos.

c) A flor do diagrama **B** apresenta cálice composto por cinco sépalas e corola composta por cinco pétalas.

d) Nos diagramas florais, os verticilos florais são projetados num plano horizontal que indica as posições relativas dos elementos que os compõem.

e) A flor do diagrama **A** apresenta três verticilos florais e a flor do diagrama **B** apresenta cinco verticilos florais.

16 (UFRGS-RS) No processo evolutivo das Angiospermas, ocorreram vários eventos relacionados à reprodução. Assinale a afirmação correta em relação a esses eventos.

a) Os insetos visitam as flores para alimentar-se dos carpelos, o que favorece a fecundação.

b) As aves que se alimentam de frutos carnosos são os principais agentes de polinização dessas espécies.

c) Estames longos favorecem a dispersão dos frutos pelo vento e por insetos.

d) A dispersão dos frutos pela água foi uma conquista das angiospermas mais evoluídas.

e) A interação entre plantas, polinizadores e dispersores de sementes é, em sua maioria, mutualística.

17 (PUC-RS) Na reprodução de angiospermas, cada óvulo desenvolve uma semente após a fecundação, e o ovário forma um _________ que encerra as sementes. A semente armazena vários nutrientes, como proteínas, óleos e amido, enquanto o embrião se desenvolve a partir do _________. Inicialmente, esses nutrientes são estocados no _________ da semente.

a) fruto óvulo cotilédone

b) fruto - zigoto - endosperma

c) tegumento - óvulo - epicótilo

d) tegumento - zigoto - cotilédone

e) pericarpo - zigoto - endosperma

UNIDADE 7

Diversidade dos animais

Quando você pensa em um animal, que bicho vem à sua cabeça? Um grande mamífero africano ou talvez um dinossauro assustador? Nós, os animais, somos um grupo muito variado e, no passado, alguns de nós foram confundidos até com plantas. A foto abaixo mostra seres vivos microscópicos, alguns deles são animais. Você consegue descobrir quais são?

Marek Mis/SPL/Fotoarena

Em uma única gota de água, é possível encontrar seres vivos diversos, como esses da imagem. Fotografia obtida ao microscópio de luz. (Aumento aproximado de 40 vezes.)

1 Você conhece os animais mostrados na foto? O que mais chama a sua atenção neles?

2 Eles são muito pequenos, mas você consegue imaginar como é o corpo deles por dentro? Que características temos em comum com eles?

CAPÍTULO 23

Origem dos animais e seus grupos

Os animais são o grupo de seres vivos mais conhecido e, mesmo assim, temos contato apenas com uma pequena fração da diversidade existente.

Este capítulo favorece o desenvolvimento das habilidades:

EM13CNT202

EM13CNT301

EM13CNT302

O que é um animal?

Os animais são um grupo bastante diversificado, que contém milhares de espécies muito diferentes entre si. Nesse reino estão a baleia-azul, o maior animal do planeta, e seres diminutos, como os da fotografia da página anterior. Existem animais terrestres e aquáticos; muitos se deslocam - seja voando, rastejando, correndo ou nadando -, mas há também animais sésseis, que vivem presos a rochas ou a outros substratos. Há animais que vivem centenas de anos e outros que morrem em poucos dias. E também animais de vários metros que vivem dentro de outros animais, como os parasitas intestinais.

Kellar Autumn/© 2020 National Academy of Sciences, EUA.

Fotografia de patas de diferentes espécies de lagartixa. Cada pata apresentada na foto tem um tipo de estrutura que permite ao animal aderir a superfícies diversificadas.

! Dica

Catavento Cultural

www.cataventocultural.org.br/home
Visite o *site* para conhecer mais sobre o espaço Catavento Cultural e agendar uma visita aos museus e exposições!

Diferentes animais apresentam formas diversas de perceber o ambiente e interagir com ele e com outros seres vivos.

A partir dessa introdução, podemos perceber que os animais apresentam diferentes histórias de vida, isto é, jeitos próprios de sobreviver e de se reproduzir, como você verá ao longo dos capítulos desta Unidade.

A estrutura e o formato do corpo dos animais são tão variados quanto seus modos de vida. Animais que se locomovem podem ter pernas, asas, nadadeiras, tentáculos ou nenhuma dessas estruturas. Por sua aparência, alguns animais sésseis foram confundidos com plantas no passado. Observe nas imagens a seguir as formas corporais que alguns animais apresentam. Repare como são muito diferentes de outros animais mais familiares para nós, como gato, mosquito ou papagaio.

A

Alvaro E. Migotto/Acervo do fotógrafo

B

Alvaro E. Migotto/Acervo do fotógrafo

(A) Fotografia de coral-sol (*Tubastraea* sp.), animais do filo dos cnidários.
(B) Fotografia de um lírio-do-mar (*Tropiometra carinata*), animal do filo dos equinodermos.

Além de haver, entre os grupos, uma grande variação nas formas corporais, também podem ocorrer variações ao longo da vida de alguns deles. Você, por exemplo, não é exatamente igual ao que era quando nasceu. Mas há animais que, ao longo do seu desenvolvimento, passam por processos que deixam os adultos completamente diferentes dos jovens.

As fotos a seguir mostram as larvas dos animais representados no início desta página. Repare como essas formas juvenis são muito diferentes das adultas. Imagine os processos pelos quais esses animais passam ao longo de seu desenvolvimento.

A
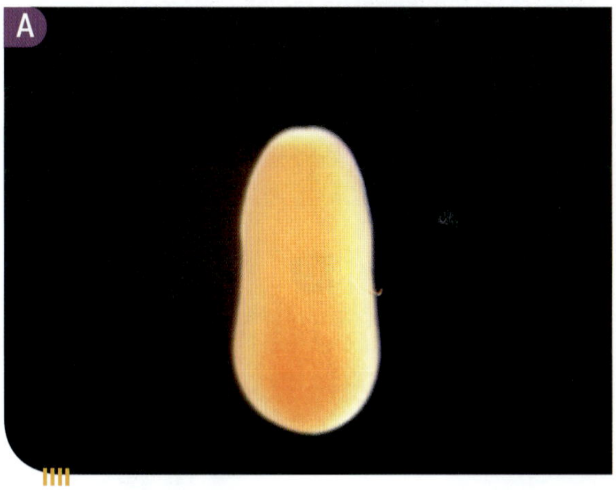
Alvaro E. Migotto/Acervo do fotógrafo

B

Alvaro E. Migotto/Acervo do fotógrafo

(A) Fotografia de larva de coral-sol (*Tubastraea* sp.). (B) Fotografia de larva de lírio-do-mar (*Tropiometra carinata*).

Diante de tanta diversidade, para encontrar características comuns aos animais (ou pelo menos à maioria deles), precisamos deixar a aparência de lado e analisar características e processos que envolvem outros níveis de organização, como células e tecidos. Os animais são **eucariontes** e **multicelulares**. Suas células não produzem parede celular nem cloroplastos. Portanto, os animais são **heterótrofos**.

A maioria dos animas tem células organizadas em tecidos, que podem formar órgãos e sistemas, como foi apresentado no primeiro capítulo deste livro. A figura a seguir representa alguns tecidos do corpo de um sapo. Nem todos esses tecidos e órgãos estão presentes em todos os grupos animais.

Esquema de alguns tecidos que compõem o corpo de um sapo. (Elementos fora de proporção de tamanho entre si. Cores fantasia.)

Simetria

Apesar das diferenças de aparência, o corpo da maioria dos animais apresenta algum tipo de simetria.

Olhe-se no espelho: seu corpo tem uma metade esquerda e uma metade direita. Imagine o plano que divide seu corpo em duas metades simétricas: ele passa entre seus olhos e pelo meio do seu umbigo. Você, como a maioria dos animais, tem **simetria bilateral**. Esse tipo de simetria é mais comum em animais que têm o sistema nervoso e os órgãos sensoriais concentrados na cabeça (se houver uma), isto é, na região anterior do corpo. Quando eles se locomovem os órgãos sensoriais são a primeira parte do corpo que percebe o ambiente.

Anêmonas, estrelas-do-mar, águas-vivas e alguns outros animais têm **simetria radial**. O corpo desses animais não tem uma metade esquerda e outra direita. Qualquer plano que passe pelo centro do animal divide-o em duas metades simétricas. A simetria radial é frequente em animais sésseis ou que se locomovem pouco. Os órgãos sensoriais podem se distribuir ao redor do corpo do animal e receber informações de seu entorno.

Há, ainda, animais como as esponjas-do-mar, que são **assimétricos**. O formato do corpo varia inclusive entre indivíduos da mesma espécie.

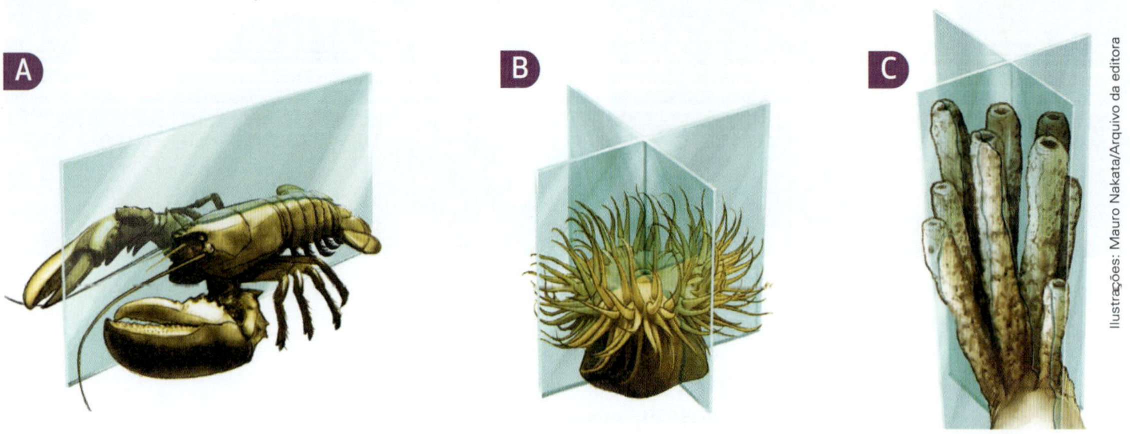

Esquemas de três animais, divididos por planos de simetria. (A) Simetria bilateral em uma lagosta. (B) Simetria radial em uma anêmona. (C) Assimetria em uma esponja-do-mar. (Elementos fora de proporção de tamanho entre si. Cores fantasia.)

Desenvolvimento do embrião

Para o estudo de classificação dos animais, são usadas, entre outras, diversas características relacionadas ao desenvolvimento na fase embrionária.

Os animais produzem gametas (n) por meiose. A fecundação entre um gameta feminino e um gameta masculino produz um **zigoto** (2n).

Em seguida, o zigoto passa pelas primeiras divisões celulares, chamadas clivagens, que resultam em um grupo maciço de células, a **mórula** (do latim *morus* = "amora"). As muitas células, ou blastômeros, que compõem a mórula são bastante semelhantes entre si, podendo variar apenas no tamanho. Elas são formadas por divisões mitóticas sem que tenha ocorrido crescimento celular, o que mantém o volume do zigoto inalterado.

Na maioria dos animais, as células da mórula se afastam e forma-se uma cavidade interna, a blastocele, visível apenas em microscópios. Nesse estágio, o embrião tem o formato de uma esfera oca e se chama **blástula** (do grego *blastos* = "broto, rebento").

No estágio seguinte, chamado **gástrula** (do grego *gastros* = "estômago"), a blastocele desaparece gradualmente e origina-se uma nova cavidade interna, o arquêntero (futuro tubo digestório), que se comunica com o exterior por um poro, o blastóporo. Nesse estágio já estão definidos os dois primeiros tecidos (folhetos embrionários), a **ectoderme** (externo) e a **endoderme** (interno), que, mais tarde, darão origem a outros tecidos e órgãos do animal adulto.

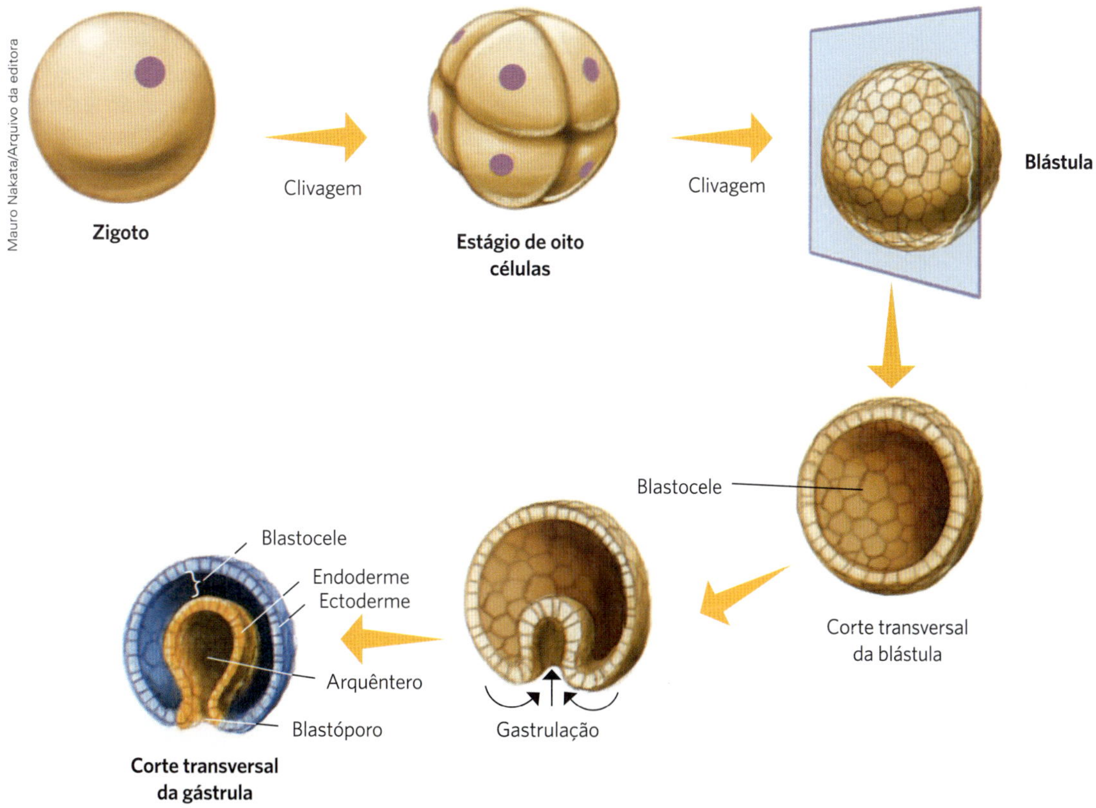

Esquema do desenvolvimento de um embrião animal, desde o zigoto até a formação da gástrula. (Elementos fora de proporção de tamanho entre si. Cores fantasia.)

Origem da boca e do ânus

Ainda no estágio inicial do desenvolvimento embrionário, na gástrula, surge uma pequena abertura, o **blastóporo**, que pode formar a boca ou o ânus do futuro animal. Se o blastóporo formar a boca, os animais são chamados de **protostômios**. Se o blastóporo não originar a boca (geralmente forma o ânus), os animais recebem o nome de **deuterostômios** (do grego *protos* = "primeiro", *deuteros* = "posterior" e *stoma* = "boca").

Os animais que têm somente a ectoderme e a endoderme são chamados **diblásticos** (ou diploblásticos). É o caso das água-vivas, hidras, anêmonas e outros cnidários e dos platelmintos, animais de corpo achatado.

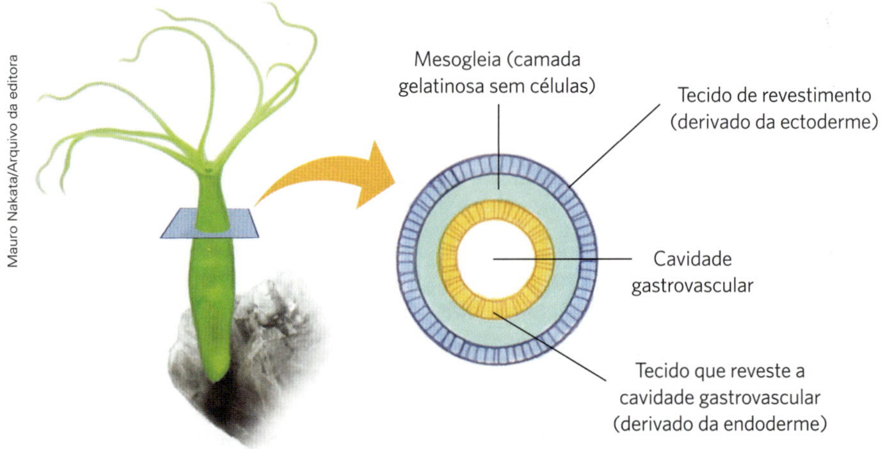

Esquema de uma hidra, um cnidário de água doce, e detalhe de um corte transversal do animal. (Elementos fora de proporção de tamanho entre si. Cores fantasia.)

Os demais filos que serão apresentados neste capítulo (com exceção do filo das esponjas) são ditos **triblásticos** (triploblásticos) porque surge um terceiro folheto germinativo entre a ectoderme e a endoderme: a **mesoderme**. Nos vertebrados, a ectoderme dá origem à epiderme, ao revestimento das cavidades nasais, bucal e anal, e ao sistema nervoso; a endoderme forma o tubo digestório e o sistema respiratório; e a mesoderme dá origem aos tecidos conjuntivos e musculares.

A mesoderme pode se diferenciar em dois folhetos: um externo, que acompanha a ectoderme, e um interno, que se liga à endoderme. Na maioria dos filos animais, surge entre os dois folhetos da mesoderme uma cavidade geral do corpo, chamada **celoma**.

Esquema simplificado de cortes transversais do corpo de um platelminto (A), um nematódeo (B) e um anelídeo (C). (Elementos fora de proporção de tamanho entre si. Cores fantasia.)

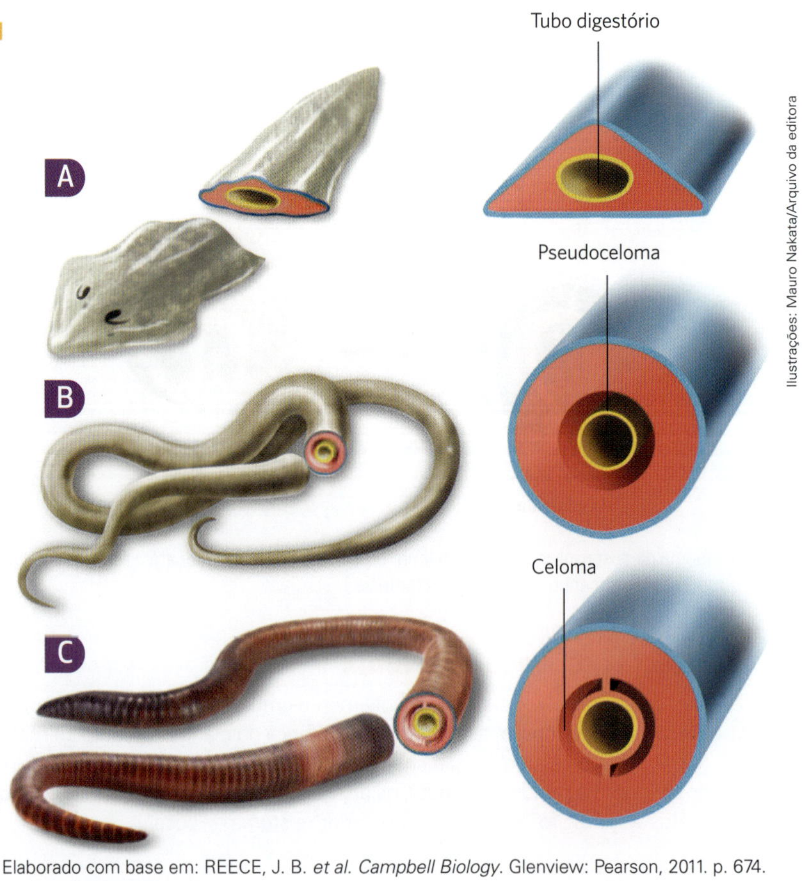

Animais acelomados têm corpo maciço, sem cavidade interna. Exemplo: platelmintos.

Animais pseudocelomados (ou **blastocelomados**) têm uma cavidade, porém não totalmente forrada pela mesoderme. É o caso dos nematódeos, como a lombriga.

Animais celomados têm uma cavidade interna forrada inteiramente pela mesoderme. Incluem anelídeos, moluscos, artrópodes, equinodermos e cordados.

Ectoderme
Mesoderme
Endoderme

Elaborado com base em: REECE, J. B. *et al. Campbell Biology*. Glenview: Pearson, 2011. p. 674.

De onde vêm os animais?

Análises da estrutura do corpo e do DNA mostram que os animais provavelmente surgiram de protozoários unicelulares que se alimentavam de partículas em suspensão na água. Hoje, são tão diversos que estão divididos em cerca de 40 filos (apenas nove serão explorados neste capítulo).

A figura a seguir mostra uma árvore filogenética dos animais. Não se preocupe se você não conhecer todos os grupos mostrados nela.

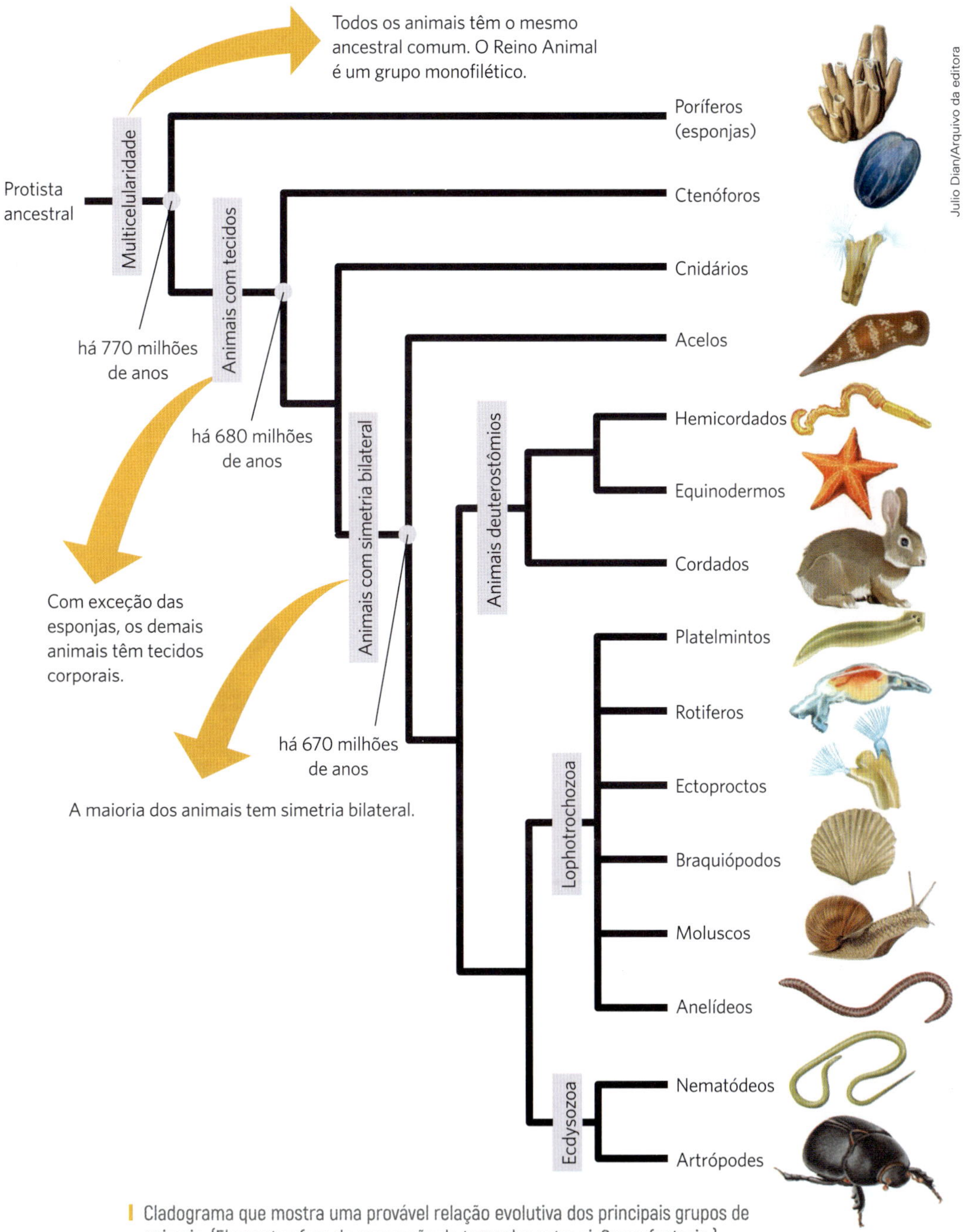

Cladograma que mostra uma provável relação evolutiva dos principais grupos de animais. (Elementos fora de proporção de tamanho entre si. Cores fantasia.)

Elaborado com base em: REECE, J. B. *et al. Campbell Biology*. Glenview: Pearson, 2011. p. 677.

Quem são os animais?

Popularmente, os animais são divididos em dois grandes grupos: os invertebrados (animais que não apresentam crânio nem coluna vertebral) e os vertebrados (animais que, tal como nós, além de crânio têm esqueleto, cujo eixo principal é a coluna, constituída por vértebras ósseas ou cartilaginosas).

Essa divisão não corresponde a uma classificação baseada em critérios evolutivos, mas, ainda assim, a separação entre "vertebrados" e "invertebrados" pode facilitar o estudo dos animais. Entre os nove filos apresentados a seguir, os vertebrados integram apenas o filo dos cordados.

Poríferos, as esponjas

O filo dos poríferos (do latim *porus* = "poro", *fero* = "possuir") é constituído pelos animais conhecidos popularmente como esponjas. São organismos exclusivamente aquáticos; a maioria das espécies é de ambiente marinho, embora também haja representantes de água doce.

As esponjas são animais sésseis, isto é, que vivem fixas a um substrato, como uma rocha ou um pedaço de coral. O corpo de uma esponja é formado por uma fina parede, composta de duas camadas de células, que envolvem uma cavidade central, o **átrio**.

Na camada externa há **células de revestimento**. A camada interna é constituída de **coanócitos**, células exclusivas das esponjas. Os coanócitos têm um colarinho e um flagelo.

Por toda a parede das esponjas existem poros, formados por **porócitos**, células perfuradas. Entre as camadas de células há um material de consistência gelatinosa com células que podem se mover, os **amebócitos**, e inúmeras **espículas** (estruturas com formas variadas, constituídas por calcário ou sílica). Os amebócitos são responsáveis pela digestão intracelular, transporte de substâncias e reprodução sexuada. As espículas conferem sustentação e proteção.

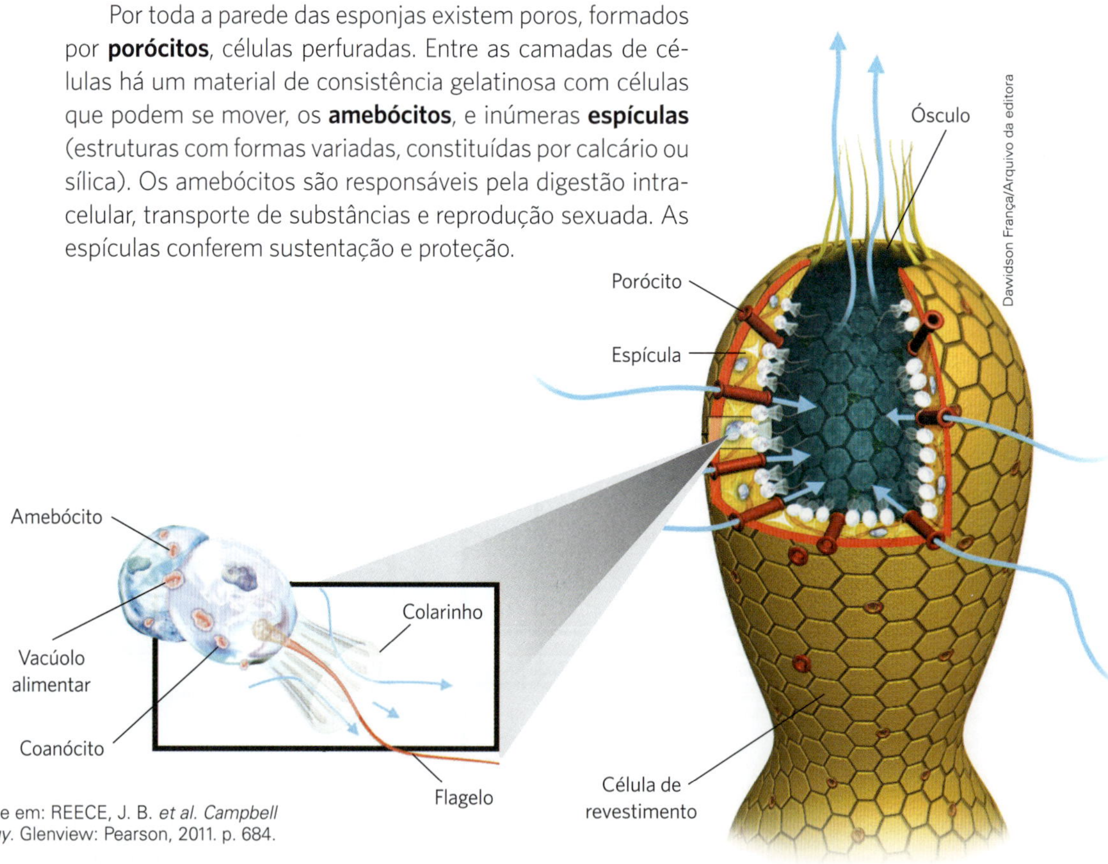

Elaborado com base em: REECE, J. B. *et al. Campbell Biology*. Glenview: Pearson, 2011. p. 684.

Esquema da organização corporal de uma esponja. As setas azuis indicam o fluxo da água. (Elementos fora de proporção de tamanho entre si. Cores fantasia.)

A água penetra no corpo das esponjas pelos poros da parede, segue para o átrio e sai por meio de uma abertura maior, o ósculo, situada na parte superior, livre, do animal. O batimento dos flagelos dos coanócitos impulsiona o fluxo de água.

Cnidários, animais urticantes

Os cnidários são animais exclusivamente aquáticos, na maioria marinhos, fixos ou de vida livre, isolados ou coloniais. O nome "cnidários" (do grego *cnido* = "urtiga") refere-se à presença dos **cnidócitos**, células que contêm um filamento urticante. Os cnidócitos disparam o filamento por simples contato, injetando uma toxina no corpo de outros animais, tanto para a captura de alimento (pequenos crustáceos e peixes) como para a defesa.

O corpo dos cnidários é formado por uma camada de revestimento externo e uma camada interna, a **gastroderme**, relacionada à digestão. Entre a camada de revestimento externo e a gastroderme há uma camada gelatinosa, a **mesogleia**.

Quanto à forma do corpo, os cnidários podem se apresentar como **pólipos** ou **medusas**.

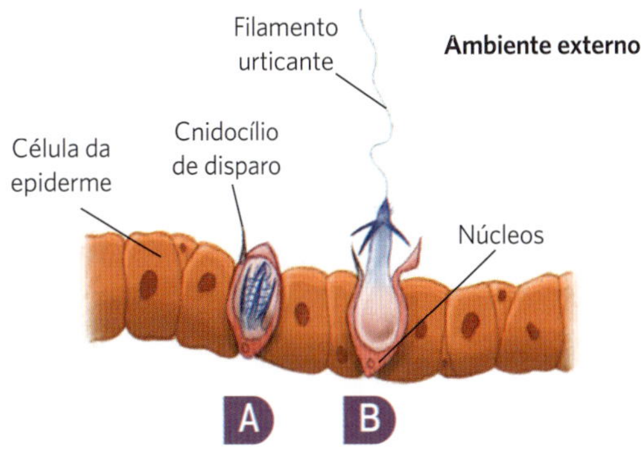

(A) Esquema de um cnidócito em repouso.
(B) Cnidócito após disparar o filamento urticante. (Elementos fora de proporção de tamanho entre si. Cores fantasia.)

Medusas

As medusas, ou águas-vivas, são livres e nadam ativamente; têm forma de calota esférica com muitos tentáculos nas bordas. São exemplos as águas-vivas e caravelas.

Ethan Daniels/Shutterstock

Fotografia de água-viva (*Chrysaora* sp.), conhecida por urtiga-do-mar. Essa medusa habita a costa atlântica dos EUA. (Cerca de 6 m de comprimento.)

Pólipos

Os pólipos são fixos, cilíndricos e apresentam uma coroa de tentáculos ao redor da boca, na extremidade livre. São exemplos as hidras, as anêmonas (rosas-do-mar) e os corais.

Mauro Nakata/Arquivo da editora

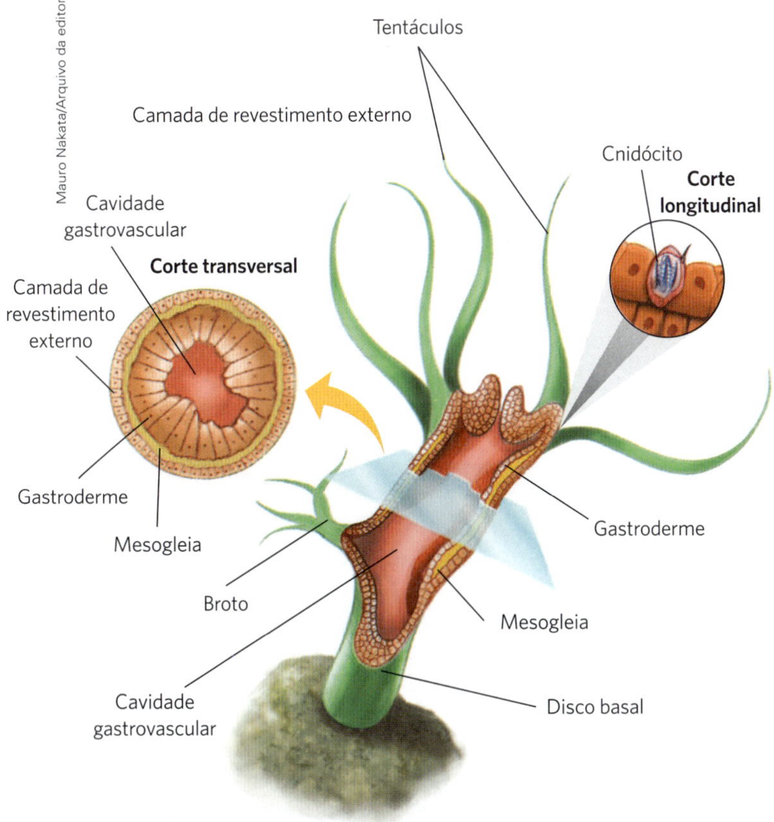

Esquema da organização corporal de uma hidra em corte longitudinal e transversal. (Elementos fora de proporção de tamanho entre si. Cores fantasia.)

Sinclair Stammers/SPL/Fotoarena

Fotografia de hidras (*Hydra* sp.), cnidários de água doce. (Até cerca de 15 mm de altura.)

NatureDiver/Shutterstock

Fotografia de anêmona-do-mar (*Urticina crassicornis*). Essa espécie habita regiões costeiras do hemisfério norte, incluindo regiões polares. Pode viver por até 80 anos. (Até cerca de 25 cm de diâmetro.)

Anêmonas × corais

Os corais diferem das anêmonas pela quantidade de tentáculos e pela capacidade de secretar esqueleto de carbonato de cálcio. As formas coloniais de coral são as que podem formar os recifes, barreiras ou atóis, resultantes da sobreposição de esqueletos formados por gerações após gerações. As comunidades de corais são ambientes de grande biodiversidade e local de reprodução de diversas espécies de peixes. A destruição desses *habitat* tem causado a redução da quantidade de pescado, entre outras consequências.

Jonne Roriz/Agência Estado

Johnson Space Center/NASA

Fotografia aérea e submersa do Atol das Rocas, Rio Grande do Norte.

Platelmintos, animais achatados

Os platelmintos são vermes achatados, alongados, em forma de lâminas ou fitas, e neles se distinguem uma cabeça e uma região caudal. São triblásticos e acelomados.

Nesse filo, existem animais de vida livre, como as planárias, e espécies parasitas, como a tênia e o esquistossomo.

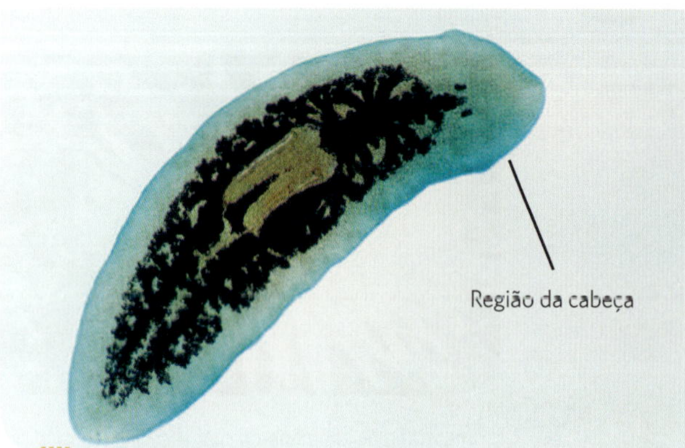

Ed Reschke/Stone/Getty Images

Fotografia de vista dorsal de planária (*Dugesia* sp.) ao microscópio de luz. (Entre 2 e 3 mm de comprimento. Cores artificiais.)

Rattiya Thongdumhyu/Shutterstock

Fotografia de parte do corpo de uma tênia (*Hymenolepis robertrauschi*), platelminto parasita (até 2 m de comprimento), vista ao microscópio de luz.

Parasitismo entre animais

O parasitismo entre animais pode ser uma relação complexa e de grande especificidade entre parasita e hospedeiro. As adaptações do parasita, em geral, envolvem reduções ou simplificações de órgãos - e até de sistemas inteiros - e maior desenvolvimento de determinadas estruturas. Muitos parasitas não têm órgãos locomotores e alguns não apresentam sistema digestório (como as tênias). Em compensação, desenvolveram aparelhos bucais de perfuração e corte (como os ancilóstomos) e de sucção de sangue (como as sanguessugas e certos insetos), além de ganchos e ventosas de fixação (como as tênias e os esquistossomos).

Há, também, parasitas capazes de resistir às enzimas digestivas e ao ácido clorídrico do estômago dos hospedeiros. As lombrigas são nematódeos que vivem dentro do intestino (local pobre em oxigênio) e têm um tipo de hemoglobina muito eficiente na captação desse gás.

Em geral, animais parasitas produzem muitos ovos (as tênias produzem milhares por dia). Em certos casos, sincronizam seus ritmos vitais com o dos hospedeiros a fim de favorecer sua reprodução e transmissão. Nas filárias (nematódeos causadores da filariose), por exemplo, as larvas migram em massa para a circulação periférica nas horas do dia em que os insetos transmissores costumam picar. O oxiúro, outro nematódeo, migra do reto para a região anal e provoca coceira local, o que pode levar à contaminação das mãos, se houver contato com os ovos, facilitando a transmissão.

Ao longo da evolução, as adaptações dos hospedeiros os tornaram capazes de equilibrar e até reduzir a ação parasitária. Mosquitos e outros parasitas externos (ectoparasitas) podem ser afugentados quando o hospedeiro se move ou, por exemplo, rolam na lama, como fazem hipopótamos e elefantes. A lama seca também pode protegê-los do ataque de artrópodes parasitas.

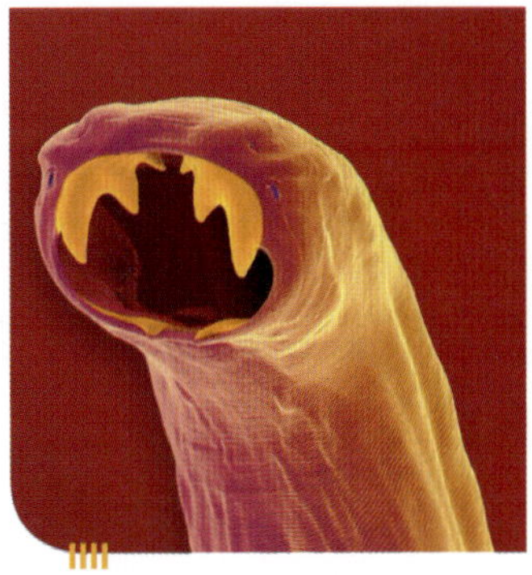

Dennis Kunkel Microscopy/SPL/Fotoarena

Fotografia ao microscópio eletrônico de varredura de ancilóstomo (*Ancylostoma braziliense*; até 1,5 mm de comprimento) mostrando seu aparelho bucal utilizado para rasgar a pele do hospedeiro. (Cores artificiais.)

Tênias

Tênias adultas vivem no intestino de muitos mamíferos, incluindo o ser humano. Elas não têm sistema digestório e, pela grande superfície de seu corpo, absorvem os produtos finais dos alimentos digeridos pelas enzimas do hospedeiro. Os sintomas da **teníase** incluem cólicas, enjoos, desnutrição e cansaço.

O corpo das tênias é, em geral, uma longa fita achatada que pode atingir metros de comprimento. A cabeça (ou escólex) é pequena e tem ventosas para fixação no hospedeiro. A partir da cabeça forma-se um grande número (até milhares) de proglótides (ou segmentos) com cerca de 0,5 cm de comprimento cada uma. Na região terminal do corpo, as proglótides contêm milhares de ovos (são as proglótides grávidas). O animal é hermafrodita e fecunda a si mesmo.

Devido ao grande tamanho e à competição entre elas, geralmente apenas uma tênia adulta permanece fixa na mucosa intestinal de uma pessoa parasitada (daí provém o nome solitária). No intestino, o crescimento da tênia é contínuo, em consequência da produção constante de proglótides na região do colo, junto ao escólex. Se quase todo o corpo do parasita for removido do hospedeiro, permanecendo apenas o escólex, ele pode se regenerar e tornar-se um adulto completo.

As larvas das tênias se alojam na musculatura, nas vísceras e no sistema nervoso de vários hospedeiros intermediários, como mamíferos e peixes.

As duas espécies mais comuns que parasitam o ser humano são a *Taenia solium* e a *Taenia saginata*, cujos hospedeiros intermediários são, respectivamente, o porco e o boi. Ambas são facilmente diferenciadas, pois apenas a *T. solium* apresenta uma coroa de ganchos no escólex.

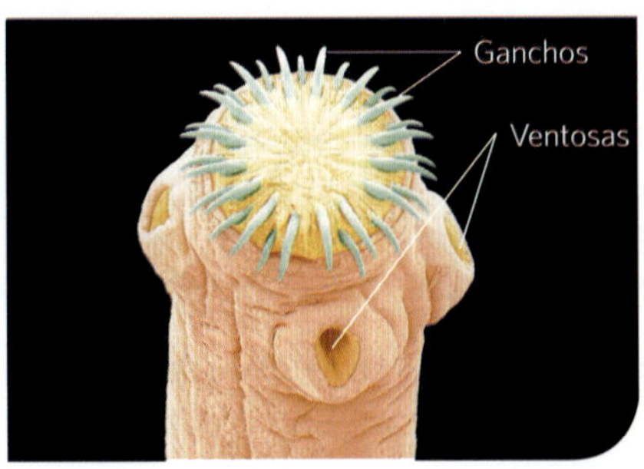

Steve Gschmeissner/SPL/Fotoarena

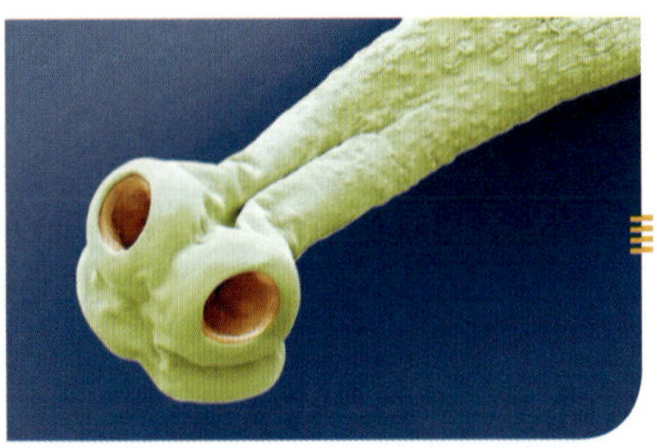

Steve Gschmeissner/SPL/Fotoarena

Fotografia de escólex da *Taenia solium* e da *Taenia saginata* ao microscópio eletrônico de varredura. (Aumento aproximado de 18 e 15 vezes, respectivamente. Cores artificiais.)

Tipos de hospedeiro

Em Parasitologia, os hospedeiros podem ser classificados em definitivo e intermediário. Denomina-se **hospedeiro definitivo** aquele que apresenta o parasita em sua fase adulta ou em que ocorre a reprodução sexuada. Chama-se de **hospedeiro intermediário** aquele que apresenta o parasita em fase larval ou em que ocorre a reprodução assexuada.

O ciclo de vida da *Taenia solium*

Em cada proglótide da tênia, há um complexo sistema reprodutor hermafrodita. Assim, torna-se possível a fecundação e a formação de milhares de ovos.

As proglótides terminais grávidas destacam-se continuamente do corpo da tênia. Por ruptura das proglótides, os ovos são liberados com as fezes humanas, quando, então, podem ser ingeridos por porcos. No estômago desses animais, ocorre liberação de larvas microscópicas chamadas oncosfera (ou hexacanto).

No intestino do porco, a oncosfera perfura a mucosa e atinge, por meio da circulação, principalmente a musculatura estriada e o sistema nervoso do animal, onde se transforma em **cisticerco**. O cisticerco tem o aspecto de um grão de canjica, é fibroso e duro, mede de 0,5 cm a 1 cm de diâmetro e tem escólex invertido em seu interior.

Quando a carne de porco é ingerida crua ou malcozida, o cisticerco desenvolve-se em um verme adulto ao atingir o intestino humano.

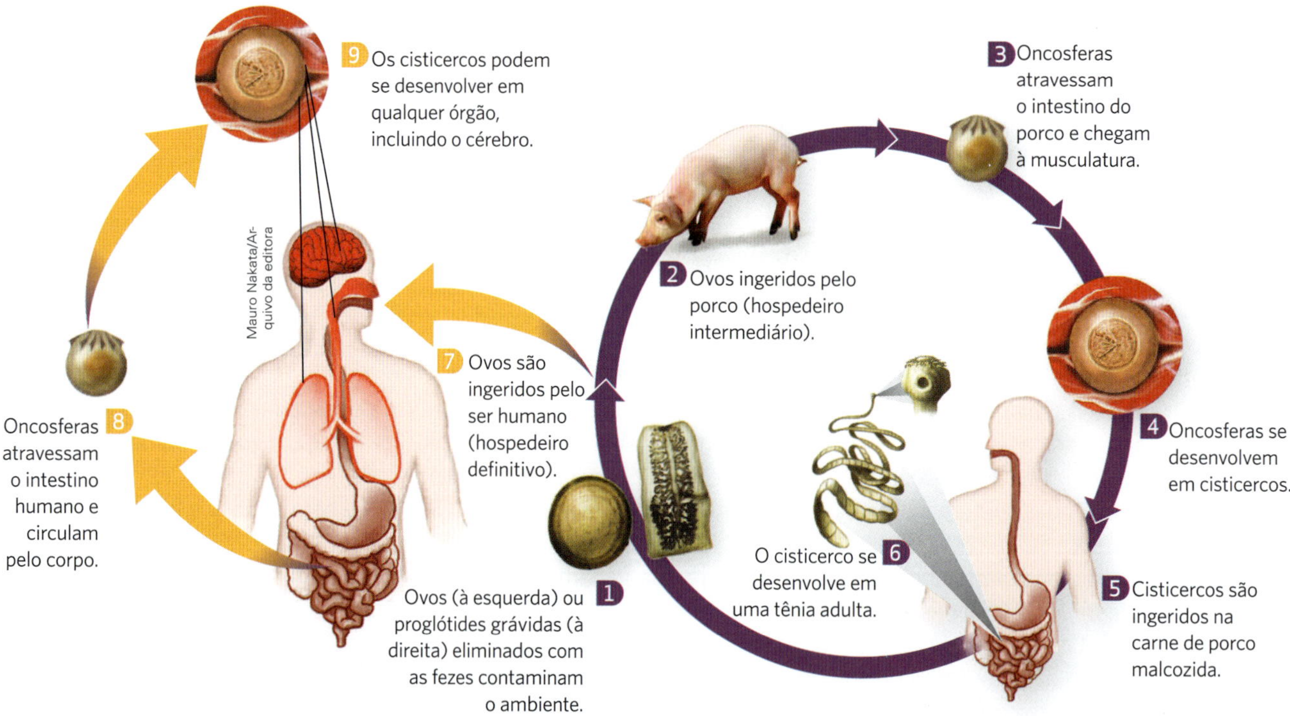

Elaborado com base em: Centers for Disease Control and Prevention (CDC). U.S. Department of Health & Human Services. Disponível em: https://www.cdc.gov/parasites/taeniasis/biology.html. Acesso em: 18 abr. 2020.

Representação do ciclo de vida da *Taenia solium*. As setas roxas indicam o desenvolvimento da teníase, e as laranja, da cisticercose. (Elementos fora de proporção de tamanho entre si. Cores fantasia.)

Cisticercose

Essa doença é causada pelos cisticercos que, com frequência, podem se alojar no cérebro, provocando graves problemas neurológicos e até mesmo a morte. Para contrair cisticercose, é preciso que a pessoa (que normalmente é o hospedeiro definitivo) ingira ovos de tênia. Dessa maneira, o ciclo que aconteceria no porco desenvolve-se na pessoa, que passa a atuar como hospedeiro intermediário.

Existem medicamentos eficazes que matam tênias e cisticercos, porém pode haver reinfestação se o ambiente continuar contaminado por ovos do parasita. A prevenção inclui serviços de saneamento básico, com destino adequado para as fezes, fiscalização sanitária das produções de carne e conscientização da população.

Moluscos, animais de corpo mole

O termo molusco origina do latim *mollis* ("mole"), característica do corpo desses animais, que geralmente é protegido por uma **concha** externa resistente, de composição calcária e orgânica, de uma ou mais peças. Em alguns moluscos, a concha é apenas uma lâmina interna de função esquelética; em outros, ela não existe. São animais triblásticos, celomados, protostômios, de simetria bilateral e não segmentados.

O corpo dos moluscos tem três partes fundamentais: **cabeça**, **pé** e **massa visceral** - onde ficam os órgãos internos do animal. A concha é produzida por uma dobra de pele chamada **manto** e é um dos critérios usados para classificar esses animais. Os três principais grupos de moluscos são os gastrópodes (representados pelos caracóis e caramujos), os bivalves (como ostras e mexilhões) e os cefalópodes (como polvos, lulas, sépias e náutilos).

Fabio Colombini/Acervo do fotógrafo

Fotografia de gastrópode (*Drymaeus* sp.) da Mata Atlântica. (Até cerca de 7 cm de comprimento.)

Vitalii Hulai/Shutterstock

Bivalve (*Dreissena polymorpha*, até 5 cm de comprimento). O pé, que nesta imagem encontra-se dentro da concha, é utilizado por algumas espécies para cavar e se enterrar na areia. Note que os bivalves não têm cabeça.

David A. Litman/Shutterstock

Fotografia de sépia (*Sepia pharaonis*). Assim como as lulas, as sépias apresentam um concha interna. Já os polvos não têm concha. (As sépias desta espécie medem até cerca de 40 cm de comprimento.)

Anelídeos, animais metamerizados

Os animais pertencentes ao filo dos anelídeos são celomados, facilmente caracterizados pela aparência: corpo alongado, cilíndrico e composto de metâmeros (segmentos semelhantes que dividem o corpo de um animal e que apresentam órgãos internos que se repetem linearmente). Externamente, esses metâmeros são bem visíveis, e na parte interna são separados por septos transversais membranosos - sua forma inspirou o nome do grupo (do latim *anellus* = "anel").

Os anelídeos mais conhecidos são as minhocas. Seu corpo tem fileiras longitudinais de pequenas cerdas na região ventral; vivem em terra úmida. No mar, vivem espécies de poliquetos que têm tentáculos e expansões laterais do corpo chamadas parapódios. Muitos poliquetos são tubículas, isto é, vivem dentro de tubos de sedimentos construídos pelo próprio animal. Nesse filo também são incluídas as sanguessugas, parasitas externos de vários animais. Elas não têm cerdas e vivem em charcos, riachos e pântanos.

British Antarctic Survey/SPL/Fotoarena

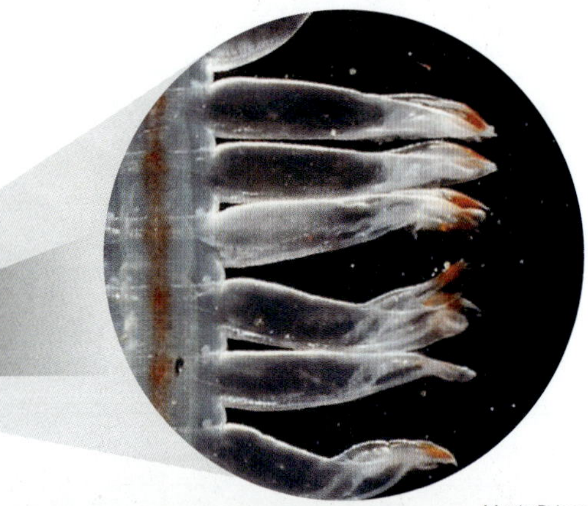

Fotografia de poliqueto de vida livre (*Tomopteris* sp.). No detalhe, parapódios - expansões laterais do corpo com tufos de cerdas - que auxiliam principalmente no deslocamento dos animais no ambiente. (Cerca de 5 cm de comprimento.)

Martin Pelanek/Shutterstock

Fotografia de sanguessuga (*Hirudo medicinalis*). Esse animal apresenta ventosas (anterior e posterior) que utiliza para se fixar aos hospedeiros. (Até cerca de 20 cm de comprimento.)

Nematódeos, corpo cilíndrico

Os nematódeos são animais de corpo alongado, filamentar, com boca e ânus em extremidades opostas. São animais triblásticos e pseudocelomados.

Eles podem ser microscópicos ou atingir vários metros de comprimento. Há espécies de vida livre, detritívoros, predadores e muitas são parasitas. A maioria das verminoses humanas é causada por nematódeos, desde os finíssimos e microscópicos ancilóstomos até as grandes lombrigas (que alcançam até 30 cm de comprimento) e as filárias (com espécies que passam de 1 m).

Steve Gschmeissner/SPL/Fotoarena

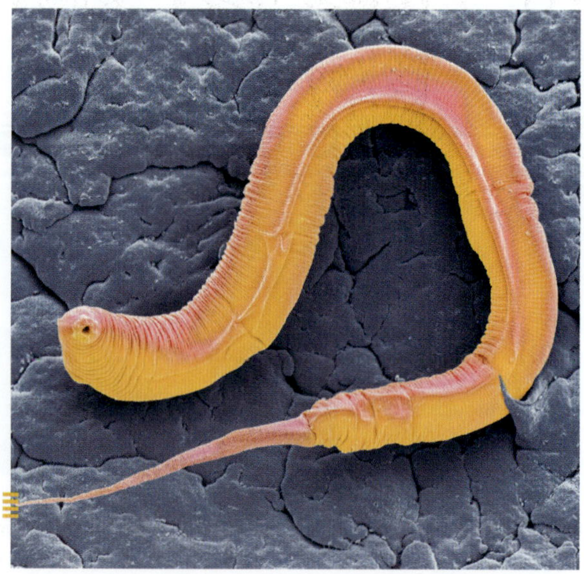

Fotografia de nematódeo de vida livre (*Caenorhabditis elegans*) em microscópio eletrônico de varredura. É encontrada no solo. (Aumento aproximado de 1100 vezes. Cores artificiais.)

Lombriga (*Ascaris lumbricoides*)

Esse nematódeo é o causador da **ascaridíase** – verminose amplamente distribuída em todo o mundo, especialmente em países em desenvolvimento e locais com saneamento básico insuficiente. A doença caracteriza-se por cólicas, vômitos, enjoo, desnutrição e até mesmo obstrução intestinal (que necessita de intervenção cirúrgica). Em casos de infestação maciça (com dezenas de indivíduos) em crianças, há risco de morte por asfixia, pois os vermes podem alcançar a faringe e causar obstrução.

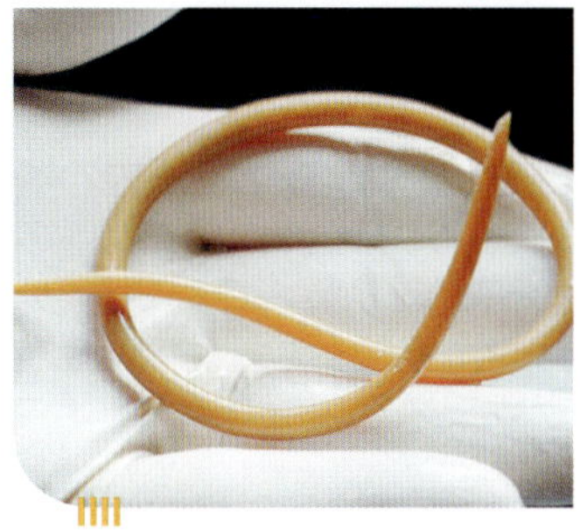

Clouds Hill Imaging Ltd/SPL/Fotoarena

Fotografia de lombriga (*Ascaris lumbricoides*), parasita do intestino humano. (Até cerca de 30 cm de comprimento.)

Ciclo de vida da lombriga

Observe o esquema do ciclo de vida do *Ascaris lumbricoides*.

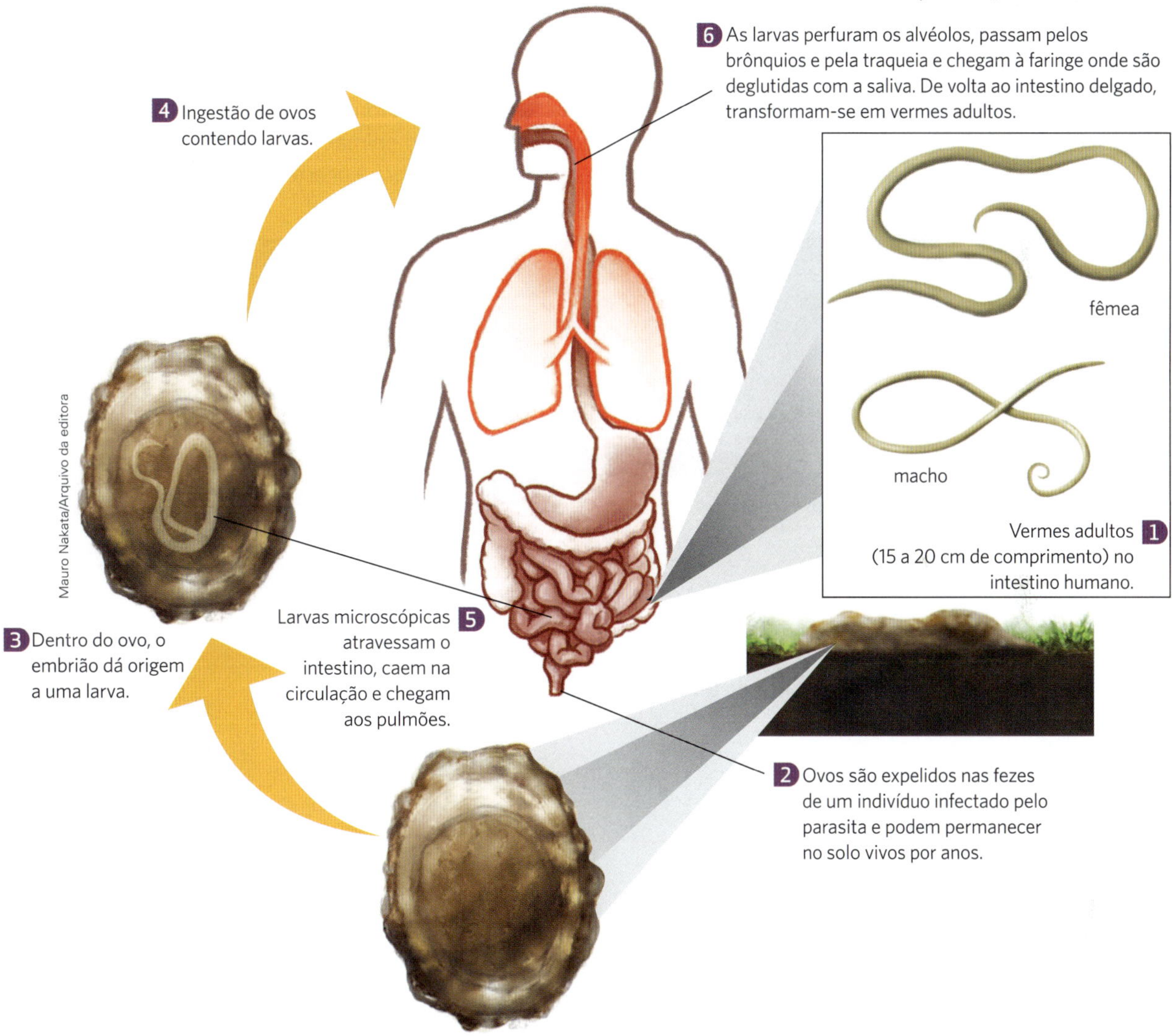

Elaborado com base em: Centers for Disease Control and Prevention (CDC). U.S. Department of Health & Human Services. Disponível em: https://www.cdc.gov/parasites/ascariasis/biology.html. Acesso em: 18 dez. 2019.

Esquema simplificado do ciclo de vida do *Ascaris lumbricoides*. Em todos os locais por onde passam, as larvas em migração provocam sintomas diversos, tais como: bronquites, infecções pulmonares, irritação nas mucosas faríngea, traqueal e nasal, tosse seca e coceira na garganta. (Elementos fora de proporção de tamanho entre si. Cores fantasia.)

O *Ascaris* pode ser eliminado com uso de medicamentos. Contudo, como medidas profiláticas, é preciso investir em saneamento básico e conscientizar a população dos cuidados necessários para evitar a ingestão dos ovos: como lavar frutas e verduras, ferver água e lavar cuidadosamente as mãos antes de levá-las à boca.

Artrópodes, animais articulados

Os artrópodes são animais de simetria bilateral, metamerizados, protostômios, triblásticos e celomados. Esse filo inclui animais como as aranhas, os escorpiões, as borboletas, as moscas, os caranguejos, os camarões, as lacraias, entre muitos outros. Duas grandes novidades evolutivas estão presentes nos artrópodes:

- **apêndices ou extremidades articuladas** (do grego *arthros* = "articulação", *podos* = "pé");
- **exoesqueleto** resistente de quitina.

As extremidades articuladas - antenas, peças bucais, asas, pernas, etc. - formam eficientes sistemas de alavancas e executam as mais diferentes funções, como salto, corrida, escavação, natação, preensão, trituração de alimentos, inoculação de veneno, percepção do ambiente e acasalamento.

O exoesqueleto, feito de peças resistentes, impermeáveis e articuladas, confere proteção e mobilidade.

Em princípio, poderíamos imaginar que a existência de um exoesqueleto impediria o crescimento, mas isso não acontece pela ocorrência de **mudas** ou **ecdises**. Nesse processo, o exoesqueleto antigo é rompido e abandonado na forma de **exúvia**. O novo esqueleto, antes de enrijecer, permite rápido crescimento do animal. Com o tempo, o esqueleto endurece e cessa o crescimento aparente, que só voltará a ocorrer após a muda seguinte. Nos vertebrados, de esqueleto interno, o crescimento é gradual.

Marek Velechovsky/Shutterstock

Fotografia de tatuzinho-de-jardim (*Amadillidium depressum*). Observe como as placas de quitina do exoesqueleto protegem o animal, ao mesmo tempo que permitem mobilidade. (Cerca de 1 a 2,5 cm de comprimento.)

Curva de crescimento de um artrópode

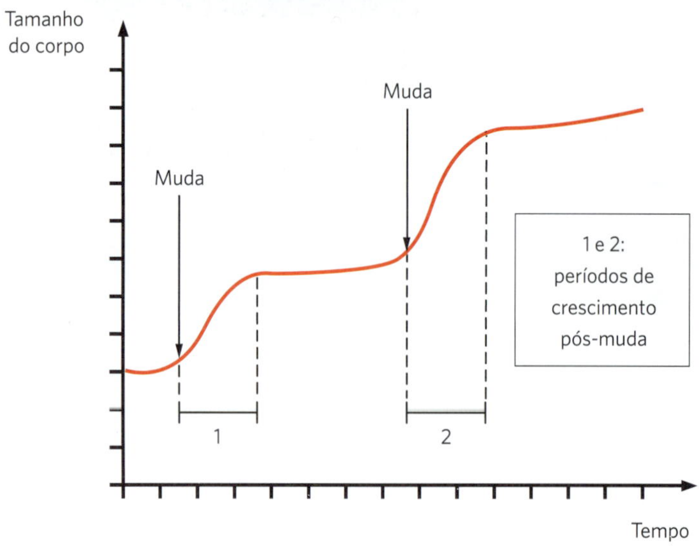

IrinaK/Shutterstock

Cigarra (*Cicada metamorphosis*) emergindo do exoesqueleto antigo (exúvia). (Essa espécie mede até cerca de 5 cm de comprimento.)

Insetos (hexápodes)

A Classe Insecta é constituída por artrópodes com três pares de pernas. Seu corpo é composto de **cabeça**, com um par de **antenas**; **tórax**, em geral com dois pares de asas, embora existam espécies com um par (moscas e mosquitos) ou sem asas (traças e pulgas, entre outros); e **abdome**. Constituem o maior grupo de animais, com cerca de 1 milhão de espécies descritas.

São predominantemente terrestres e ocupam os mais diferentes ambientes, exceto os mares, sendo os únicos invertebrados capazes de voar. Essa capacidade representa uma grande vantagem na obtenção de alimentos, na fuga de predadores e na dispersão.

As espécies desse grupo estabelecem importantes relações ecológicas nos ecossistemas: polinizam flores; vivem associadas a outras espécies de plantas e animais (inclusive como parasitas); servem de alimento a outros animais.

Detalhe da cabeça da mosca mutuca (*Hybomitra* sp.). Observe as antenas, as peças bucais e os olhos compostos, formados por milhares de subunidades.

Miriápodes

Os miriápodes são artrópodes com o corpo alongado e grande número de pernas, daí o nome do grupo (do grego *murias* = "dez mil", *podos* = "pés"). Têm um par de antenas e corpo dividido em cabeça e tronco. Exemplos: quilópodes que apresentam um par de pernas por segmento (lacraias ou centopeias) e diplópodes, que apresentam dois pares de pernas por segmento (piolhos-de-cobra ou gongolôs).

A anatomia desses animais mostra várias adaptações relacionadas ao modo de vida, predador ou herbívoro. As lacraias são carnívoras. As antenas compridas percebem a presa; o corpo achatado e flexível e as pernas compridas facilitam correr, se abrigar em fendas e caçar. O primeiro par de apêndices injeta veneno. Piolhos-de-cobra são herbívoros e saprófagos. Apresentam dois pares de pernas por segmento. As pernas e antenas são curtas e apresentam movimento lento. Como modo de defesa, enrolam-se e exalam forte odor.

Fotografia de lacraia (*Scolopendra cingulata*), um quilópode. (Até cerca de 25 cm de comprimento.)

Fotografia de piolho-de-cobra (*Tachypodoiulus niger*), um diplópode. (Até cerca de 6 cm de comprimento.)

Crustáceos

O nome do grupo vem do latim *crusta* ("crosta, carapaça"), pois seu exosqueleto é muito rígido devido à presença de calcário.

O grande grupo dos crustáceos compreende quase 70 mil espécies, que ocupam ambientes marinhos e de água doce, embora algumas vivam bem em terra úmida, como os tatuzinhos-de-jardim.

As espécies tipicamente aquáticas têm grande diversidade de formas, modo de vida e *habitat*. Siris correm nas águas rasas das praias; caranguejos abrigam-se em buracos na areia e até sobem em árvores nos manguezais; cracas fixam-se sobre rochas, cascos de navios e corpos de baleias; camarões e lagostas andam, saltam e também nadam no fundo do mar; baratinhas-da-praia correm sobre rochas e mergulham em poças dos costões rochosos; tatuís enterram-se na areia molhada nas praias; muitas espécies de microcrustáceos são importantes componentes do zooplâncton marinho e de água doce; na Antártida, o *krill* (*Euphausia* sp.) é a principal fonte de alimento para muitos animais marinhos, como peixes, focas e baleias.

Um representante típico do grupo é o camarão, um decápode (do grego *deka* = "dez", *podos* = "pernas"), ordem à qual pertencem lagostas, caranguejos e siris. O corpo dos crustáceos é dividido em cefalotórax (fusão da cabeça com o tórax) e abdome, geralmente bem desenvolvido e com vários metâmeros. Ao abdome ligam-se apêndices articulados chamados birremes (têm dois ramos), que podem ser usados em corrida, natação, escavação, respiração e até acasalamento.

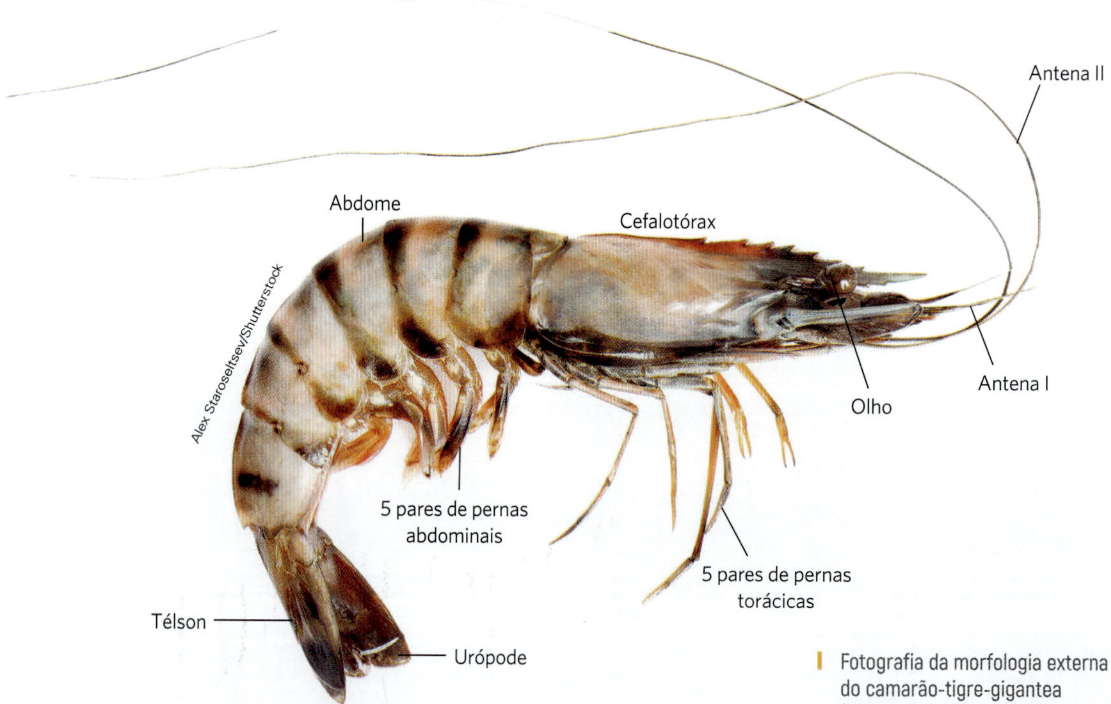

Fotografia da morfologia externa do camarão-tigre-gigantea (*Penaeus monodon*). (Até cerca de 30 cm de comprimento.)

Quelicerados

O grande grupo dos artrópodes mostra duas linhas evolutivas: a dos mandibulados ou antenados - representados por insetos miriápodes e crustáceos - e a dos quelicerados.

Os quelicerados não têm antenas; no entanto, apresentam um par de **quelíceras**, isto é, apêndices articulados que apresentam várias formas e funções e estão localizados na região bucal. As quelíceras podem ser inoculadoras de veneno (nas aranhas), preensoras (nos escorpiões) ou, ainda, estiletes perfurantes (nos carrapatos) para sugar sangue.

O grupo mais diverso de quelicerados é o dos aracnídeos, com cerca de 70 mil espécies, em geral terrestres. Suas três principais ordens são as aranhas, os escorpiões e os ácaros. O grupo dos ácaros inclui os carrapatos, que se alimentam de sangue (hematófagos), e microscópicos habitantes dos folículos pilosos e parasitas das camadas profundas da derme de mamíferos (como o causador da sarna).

O estudo dos aracnídeos é de grande interesse, pois algumas aranhas e escorpiões têm venenos que podem ser prejudiciais ao ser humano. Além disso, os ácaros domésticos podem causar alergias em algumas pessoas. Eles vivem no pó acumulado nos móveis e tapetes, por exemplo.

O corpo dos aracnídeos é dividido em **cefalotórax** e **abdome**, podendo existir ainda uma cauda ou pós-abdome, como nos escorpiões. Além das quelíceras, os aracnídeos têm pedipalpos, segundo par de apêndices articulados.

Escorpião-amarelo (*Tityus serrulatus*, cerca de 6 cm de comprimento). Essa espécie é comum em algumas regiões do Brasil, e sua picada pode ser bastante perigosa para o ser humano, caso um soro não seja ministrado rapidamente.

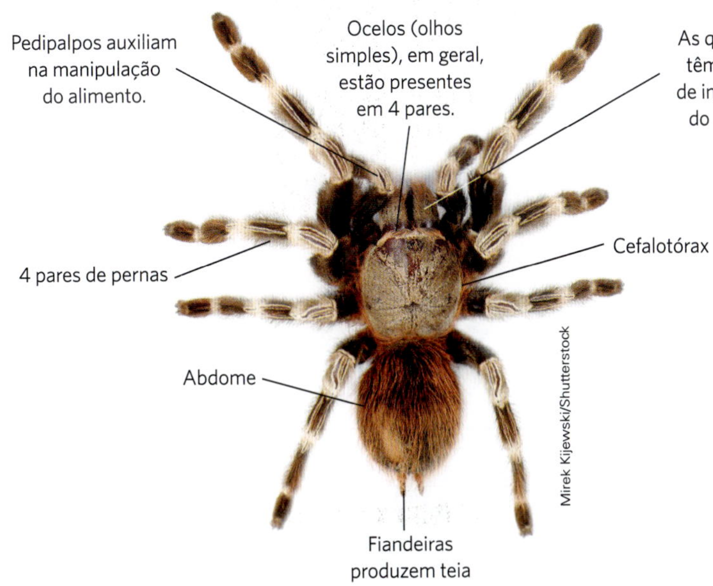

Aranha popularmente conhecida como caranguejeira (*Vitalius paranaensis*). Apesar de serem grandes (algumas espécies podem medir até cerca de 30 cm de comprimento, incluindo as pernas), as caranguejeiras não são as aranhas mais perigosas para o ser humano. As picadas das aranhas-marrons, das aranhas-armadeiras e das viúvas-negras são as que oferecem maior risco às pessoas.

Tagmose

Esse conceito está relacionado à divisão do corpo dos artrópodes em tagmas, isto é, em conjuntos de metâmeros ou segmentos especializados, formando estruturas como a cabeça. As diferentes classes de artrópodes apresentam tagmoses distintas, que auxiliam na identificação e classificação desses animais:

- Cabeça e tronco: miriápodes.
- Cabeça, tórax e abdome: insetos.
- Cefalotórax e abdome: crustáceos e aracnídeos.

Equinodermos, esqueleto interno

Os equinodermos são animais triblásticos, celomados, deuterostômios, com simetria bilateral na fase larval e simetria radial quando adultos. Neles, não há uma cabeça diferenciada.

Os animais desse filo são exclusivamente marinhos e bentônicos, ou seja, vivem sobre o substrato do fundo dos mares em várias profundidades. Algumas espécies rastejam sobre a areia e outras vivem fixas sobre rochas e outros substratos. Incluem estrelas-do-mar, ouriços-do-mar, pepinos-do-mar, lírios-do-mar e serpentes-do-mar.

O esqueleto dos equinodermos é interno e de natureza calcária. Ele é formado por placas recobertas por uma fina epiderme, o que pode dar a impressão de que o esqueleto é externo. Em muitas espécies há espinhos, daí o nome do filo (do grego *echinos* = "espinho", *derma* = "pele").

Apresentam como característica exclusiva o **sistema ambulacrário** (ou ambulacral), um tipo de sistema hidrovascular, importante na locomoção, transporte de substâncias, respiração e circulação.

Damsea/Shutterstock

Estrela-do-mar (*Oreaster reticulatus*). (Até 50 cm de diâmetro.)

De Paula/Shutterstock

Ouriço-do-mar (*Paracentrotus lividus*), no litoral do estado de São Paulo. (Até cerca de 6 cm de diâmetro, sem considerar seus espinhos.)

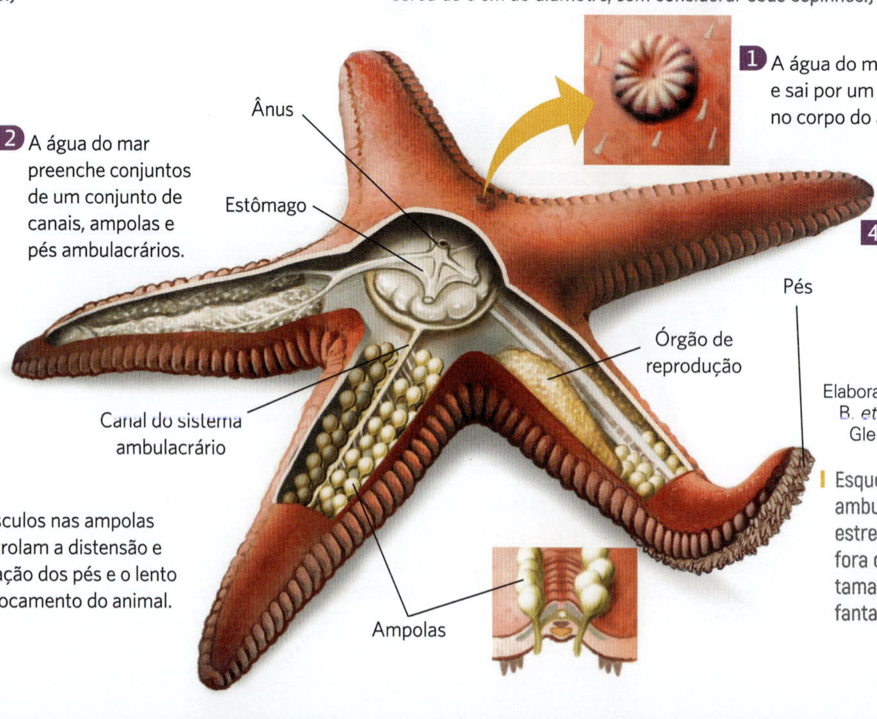

Mauro Nakata/Arquivo da editora

Elaborado com base em: REECE, J. B. *et al. Campbell Biology*. 10. ed. Glenview: Pearson, 2011. p. 708.

Esquema do sistema ambulacrário de uma estrela-do-mar. (Elementos fora de proporção de tamanho entre si. Cores fantasia.)

Cordados

Os cordados são deuterostômios segmentados, de simetria bilateral, triblásticos e celomados. Suas características fundamentais são mostradas na figura a seguir.

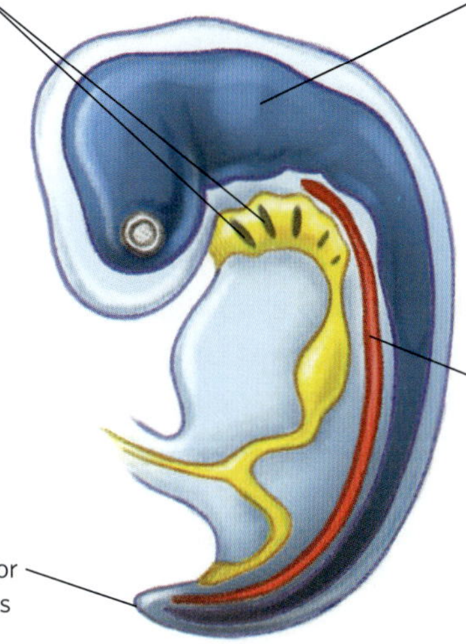

Elaborado com base em: POUGH, F. H. *et al. A vida dos vertebrados.* 4. ed. São Paulo: Atheneu, 2008. p. 26.

Mauro Nakata/Arquivo da editora

Esquema de um embrião de vertebrado. Essas quatro características também estão presentes em embriões humanos no início do desenvolvimento. (Elementos fora de proporção de tamanho entre si. Cores fantasia.)

Existem dois pequenos grupos de cordados marinhos que não pertencem ao grupo dos vertebrados:

- **Urocordados** (do grego *oura* = "cauda"): nesses animais, a pequena notocorda existe apenas na larva. Durante o desenvolvimento, a larva nadadora passa por metamorfose, perdendo a cauda, e se torna um adulto fixo, séssil. Exemplo: ascídias.
- **Cefalocordados** (do grego *kephalé* = "cabeça"): têm uma notocorda que vai da cabeça à cauda. Conhecidos popularmente como anfioxos, esses animais vivem parcialmente enterrados na areia de águas marinhas rasas. Parecem pequenos peixes, quase transparentes, em forma de lancetas que têm entre 5 e 15 cm de comprimento.

scubaluna/Shutterstock

A ascídia (*Rhopalaea crassa*; até 4 cm de comprimento) é um urocordado. A água que entra pelo sifão inalante é levada até as fendas branquiais. Pelo sifão exalante, as excretas são eliminadas com a água.

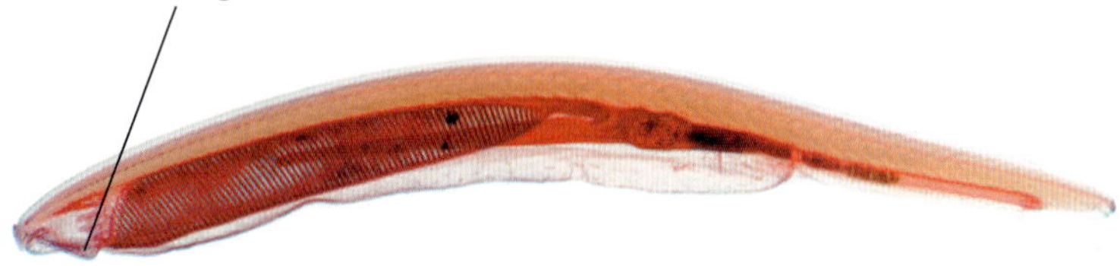

Science Stock Photography/Science Source/Fotoarena

Anfioxo (*Branchiostoma lanceolatum*). (Até 6 cm de comprimento.)

Os vertebrados constituem o maior grupo de cordados, pois têm mais de 50 mil espécies atuais descritas. Isso sem considerar as já extintas, milhares delas preservadas como fósseis.

Apresentam grande diversidade, especialmente em tamanho, forma, comportamento, metabolismo e reprodução. Nas várias classes dos vertebrados, são marcantes as adaptações à vida aquática, à transição para o meio terrestre, a ambientes áridos e até mesmo ao voo.

A partir de um plano de organização corporal e por meio de diferentes pressões seletivas ao longo do tempo, a evolução dos vertebrados irradiou a especializações extremas, o que fica evidente quando comparamos, por exemplo, peixes, morcegos, lagartixas, baleias, tartarugas, águias, sapos, tatus e seres humanos.

Características dos vertebrados

Os vertebrados têm esqueleto interno (endoesqueleto) formado por um conjunto de peças cartilaginosas e/ou ósseas, as quais, sendo tecidos vivos, acompanham o crescimento do indivíduo. Vale lembrar que, nos invertebrados de esqueleto rígido, a constituição é orgânica (quitina) e/ou mineral (calcário).

As estruturas básicas do esqueleto dos vertebrados são o crânio e a coluna vertebral (esqueleto axial), que protegem respectivamente o encéfalo e a medula espinal, e o esqueleto dos membros (esqueleto apendicular).

O cladograma a seguir ilustra a provável diversificação evolutiva dos cordados e a relação de parentesco e ancestralidade entre os grupos. Analise-o atentamente. O grupo dos craniados reúne os animais que possuem crânio, ou seja, todos os vertebrados e os ágnatos (peixes sem mandíbulas e sem vértebras desenvolvidas). Para alguns autores, os ágnatos pertencem ao grupo dos vertebrados.

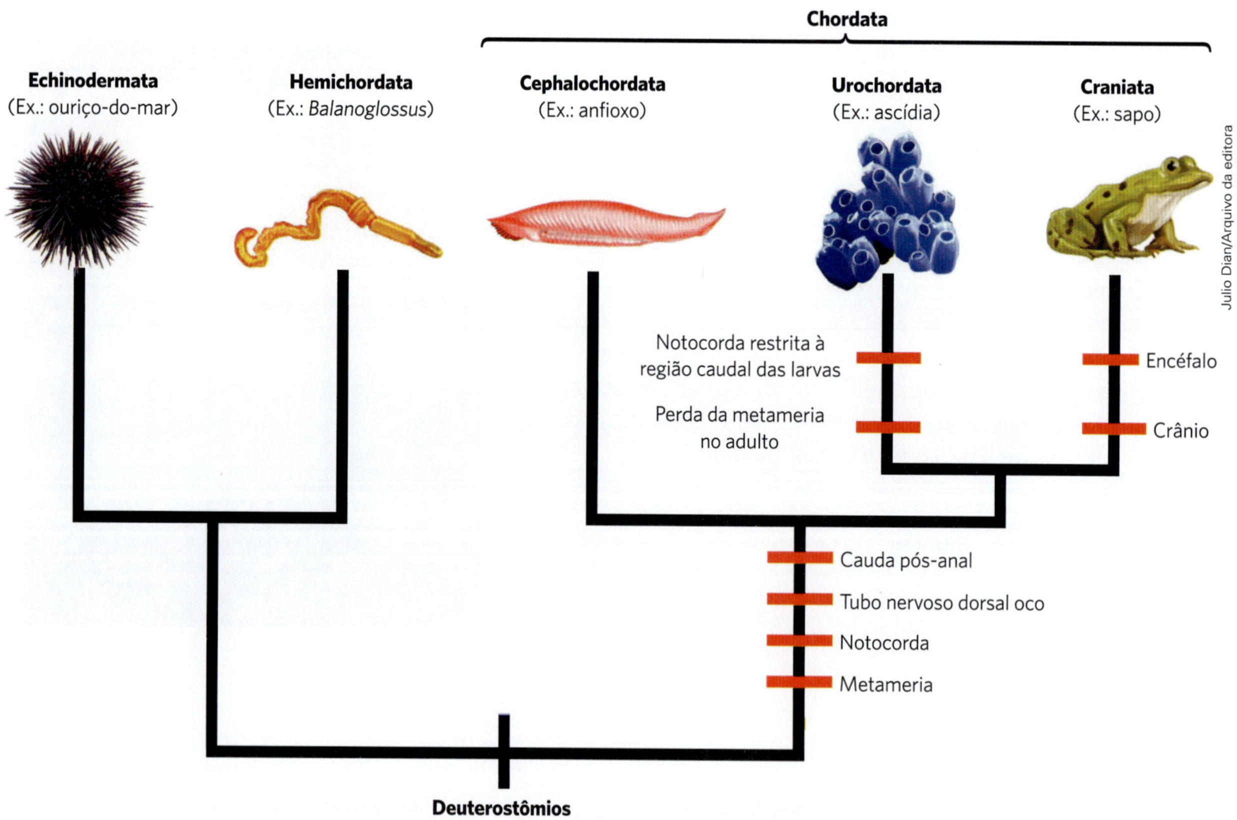

Elaborado com base em: POUGH, F. H. *et al.* *A vida dos vertebrados*. 4. ed. São Paulo: Atheneu, 2008. p. 46.

Cladograma que mostra uma relação evolutiva dos principais grupos de cordados. (Elementos fora de proporção de tamanho entre si.)

Ágnatos (ou ciclóstomos)

São craniados exclusivamente aquáticos. A locomoção no meio aquático exige alto gasto energético, em parte reduzido por causa das adaptações relacionadas à forma hidrodinâmica do corpo.

São representados pelas lampreias e pelas feiticeiras (ou peixes-bruxa), animais desprovidos de mandíbula; daí o nome do grupo: Agnatha (do grego *a* = "negação", *gnathos* = "mandíbula"). O nome ciclóstomo significa "boca circular". É por meio dela que as lampreias se fixam nos animais que parasitam, especialmente peixes.

Os ciclóstomos têm o corpo alongado e sem escamas. A notocorda persiste no adulto como estrutura de sustentação, estendendo-se da cabeça à cauda. Junto à notocorda, há pequenas peças cartilaginosas - as vértebras primitivas.

Dorit Hockman/SPL/Fotoarena

Detalhe da boca de uma lampreia (do grego *osteos* = "osso", *ichtyos* = "peixe"). Seus dentes raspadores perfuram a pele de peixes para se alimentar do sangue e de outros tecidos moles. (*Petromyzon marinus*; até cerca de 1,2 m de comprimento.)

Peixes

Já os peixes podem ser divididos em dois grupos: os osteíctes e os condrictes. Eles são gnatostomados (do grego *stoma* = "mandíbula") e constituem o maior grupo de vertebrados.

Osteíctes (peixes ósseos)

Os osteíctes (do grego *osteos* = "osso", *ichtyos* = "peixe") são peixes de esqueleto ósseo que habitam tanto a água doce quanto o ambiente marinho. A capacidade de permanecer em diferentes alturas da coluna de água é regulada pela bexiga natatória, órgão interno cheio de gás.

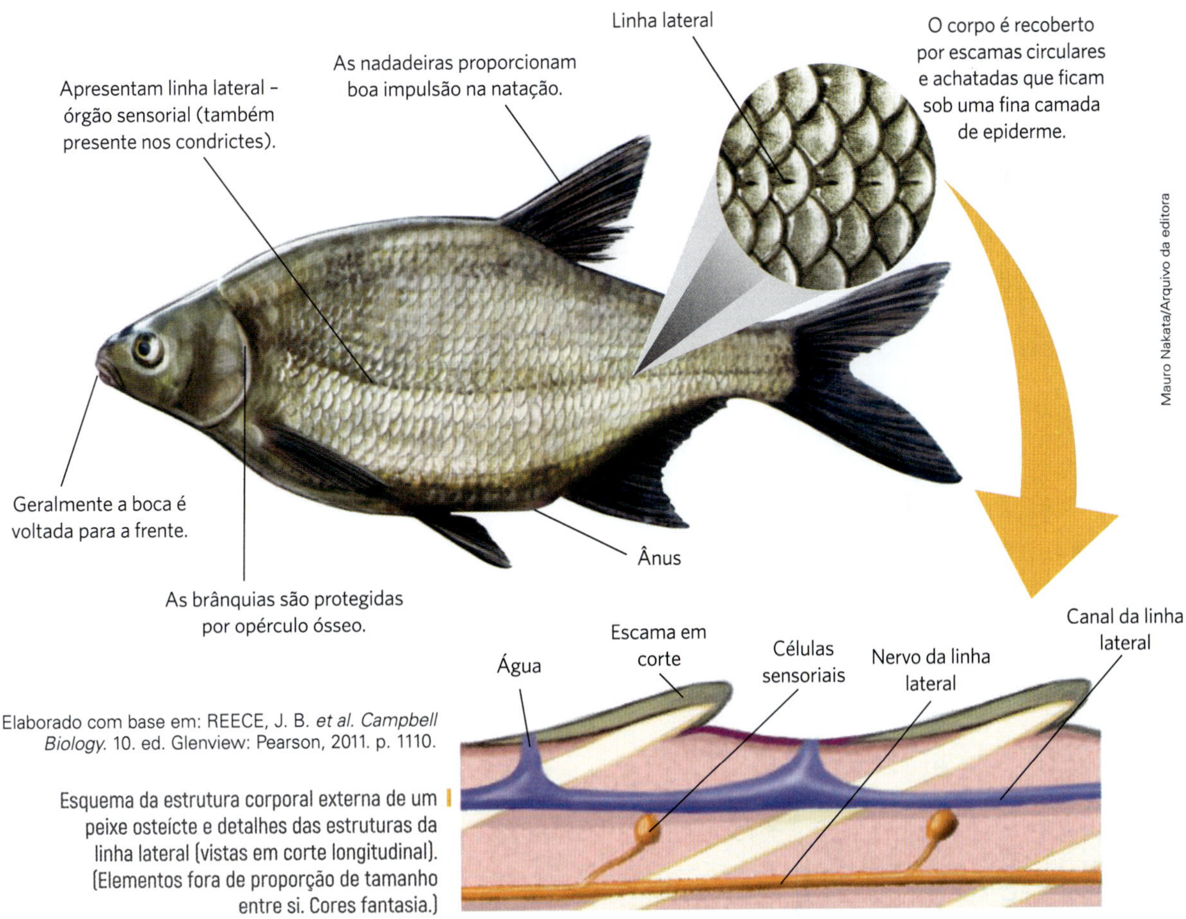

Mauro Nakata/Arquivo da editora

Elaborado com base em: REECE, J. B. *et al. Campbell Biology*. 10. ed. Glenview: Pearson, 2011. p. 1110.

Esquema da estrutura corporal externa de um peixe osteícte e detalhes das estruturas da linha lateral (vistas em corte longitudinal). (Elementos fora de proporção de tamanho entre si. Cores fantasia.)

Condrictes (peixes cartilaginosos)

Os condrictes (do grego *chondros* = "cartilagem") são peixes que apresentam esqueleto completamente cartilaginoso. A classe é representada por cerca de 800 espécies, entre tubarões, cações, raias e quimeras, a maioria marinha.

Em geral, os tubarões são carnívoros ativos, com várias adaptações para a caça, mas há espécies que se alimentam de plâncton, como o gigantesco tubarão-baleia. Os condrictes não têm bexiga natatória e precisam manter-se nadando continuamente, caso contrário, tendem a afundar. O esqueleto leve, além do fígado e outros órgãos que acumulam óleos, contribuem para melhorar a flutuabilidade desses animais.

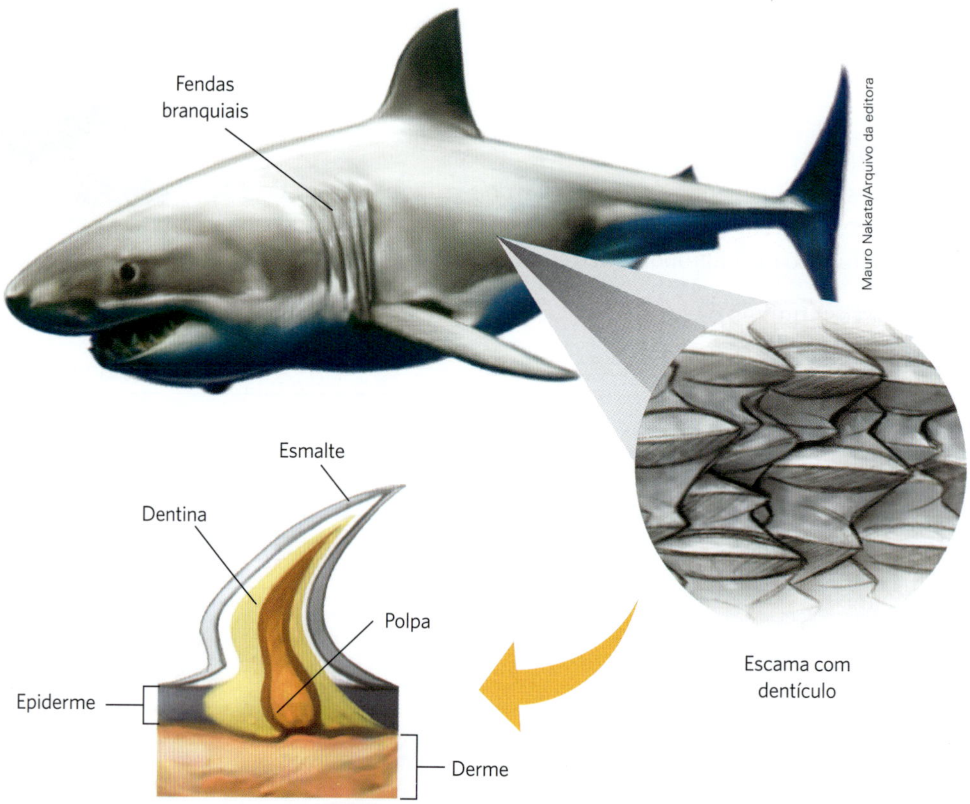

Esquema da estrutura corporal externa de um peixe condricte e detalhes de uma escama placoide em vista superior e em corte transversal. A pele dos condrictes é resistente e tem textura de lixa, pois é toda recoberta por microscópicas escamas placoides, cada uma com um dentículo pontiagudo saliente. (Elementos fora de proporção de tamanho entre si. Cores fantasia.)

Anfíbios

É provável que os anfíbios tenham se originado de peixes aparentados com os dipnoicos (peixes pulmonados) atuais. As principais adaptações dos anfíbios à vida fora da água são: dois pares de extremidades locomotoras (são **tetrápodes**), respiração pulmonar e epiderme com camada córnea fina. A pele, embora ofereça certa proteção contra a desidratação, é muito permeável, o que permite uma respiração cutânea de alta eficiência. Esse processo também é facilitado pela abundante secreção de suas glândulas mucosas que mantém a epiderme sempre úmida.

Apesar dessas adaptações, os anfíbios têm limitações no meio terrestre, ficando de certa forma dependentes da água e em geral vivendo próximos a ela. Isso porque, para a maioria das espécies de anfíbios, a fecundação e o desenvolvimento larval se processam no meio aquático, onde ocorre sua metamorfose.

São descritas mais de 4 mil espécies de anfíbios, nenhuma delas marinha. Os anfíbios podem ser classificados em três grupos: urodelos, gimnofionas e anuros.

Os urodelos têm como representante as salamandras. Esses animais têm aparência semelhante à das lagartixas, no entanto não apresentam escamas. As cobras-cegas (ou cecílias) representam o grupo gimnofiona. São animais ápodes (não apresentam membros locomotores), têm modo de vida subterrâneo e olhos atrofiados. Já os anuros são representados pelos sapos, rãs e pererecas. Eles são saltadores, de corpo curto e desprovidos de cauda. Algumas espécies apresentam glândulas de veneno na pele.

Peter Yeeles/Shutterstock

Fotografia de sapo-cururu (*Rhinella marina*, mede cerca de 20 cm de comprimento).

Matt Jeppson/Shutterstock

Fotografia de salamandra (*Ambystoma maculatum*, mede até cerca de 25 cm de comprimento).

Fabio Colombini/Acervo do fotógrafo

Fotografia de cobra-cega (*Siphonops annulatus*, mede até cerca de 30 cm de comprimento). São animais ápodes (sem membros locomotores), de vida subterrânea e de olhos atrofiados.

A taxa de gás oxigênio presente no ar é maior do que a que se encontra dissolvida na água, o que constitui uma evidente vantagem na conquista do ambiente terrestre. Outras vantagens que podem ser mencionadas são a menor competição por alimentos e o menor risco de ataque de predadores, já que se acredita que na ocupação desse novo ambiente não existiam outros vertebrados terrestres.

Répteis

Os répteis representam o primeiro grupo de vertebrados bem-sucedidos na conquista efetiva do meio terrestre, em razão de várias adaptações importantes adquiridas ao longo de milhares de anos de evolução.

Dentre as características dos répteis, podemos destacar aquelas relacionadas à conquista do ambiente terrestre: a pele seca, sem glândulas e impermeável, recoberta por espessa camada de queratina, sob a forma de escamas ou placas córneas. Os pulmões dos répteis são muito eficientes, pois apresentam alvéolos com grande superfície para a troca de gases. A eliminação de ácido úrico (insolúvel em água) como principal excreta nitrogenada permite grande economia de água na excreção. Os répteis têm fecundação interna e ovo amniótico, o que possibilita que sua reprodução seja independente do meio aquático.

Mauro Nakata/Arquivo da editora

Esquema das principais adaptações dos répteis à vida terrestre: pulmões alveolares, ovo terrestre, ácido úrico como produto da excreção e pele seca. (Elementos fora de proporção de tamanho entre si. Cores fantasia.)

Os répteis mais conhecidos são:

- Os **crocodilianos**, que habitam especialmente bacias de grandes rios, como jacarés e crocodilos.
- Os **escamados**, conhecidos popularmente como lagartos - que abrangem largartixas, calangos, iguanas, camaleões cobras-de-vidro e as cobras-de-duas-cabeças (apesar do nome popular, não são cobras, e sim lagartos sem pernas) - e as serpentes - peçonhentas ou não.
- Os **quelônios** incluem os jabutis (terrestres), as tartarugas (marinhas, com pernas e patas em forma de nadadeiras) e os cágados (de água doce, com pés palmados).

Marcos Amend/Pulsar Imagens
Dr Morley Read/Shutterstock
blue-sea.cz/Shutterstock

Fotografias de representantes de crocodiliano, escamado e quelônio. (A) Fotografia de jacaré-açu (*Melanosuchus niger*, mede até cerca de 6 metros de comprimento), espécie natural da América do Sul. (B) Fotografia de coral-verdadeira (*Micrurus lemniscatus*, mede até cerca de 1,2 metro de comprimento), espécie nativa do Brasil. (C) Fotografia de tartaruga-cabeçuda (*Caretta caretta*, cuja carapaça mede até cerca de 90 cm de comprimento), espécie habitante dos oceanos Atlântico, Pacífico e Índico e mar Mediterrâneo.

Assim como os peixes e os anfíbios, os répteis são animais **ectotérmicos** (ou seja, a temperatura corpórea varia em função da temperatura ambiental). Seu metabolismo não lhes permite produzir calor suficiente para manter a temperatura do corpo constante.

Por outro lado, esses animais podem modificar sua temperatura expondo-se mais ou menos ao calor do ambiente e à luz do Sol.

Organização do sistema nervoso nos animais

A organização do sistema nervoso dos animais varia muito de acordo com o grupo. Veja o esquema a seguir.

Mauro Nakata/Arquivo da editora

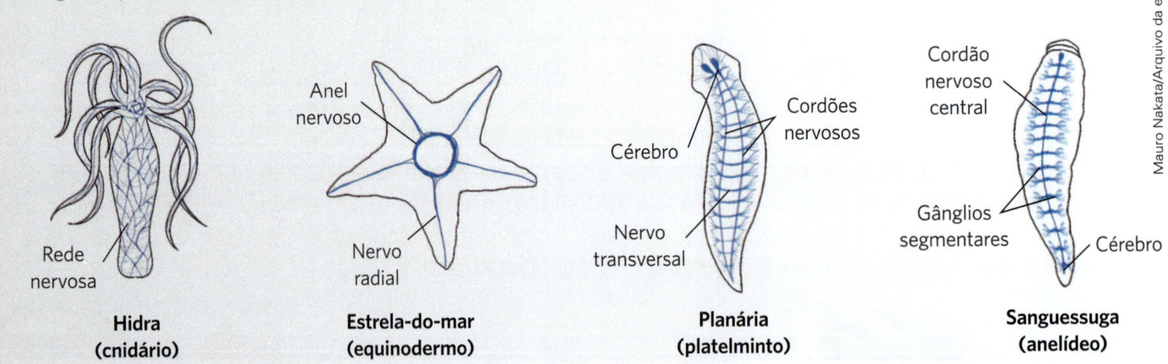

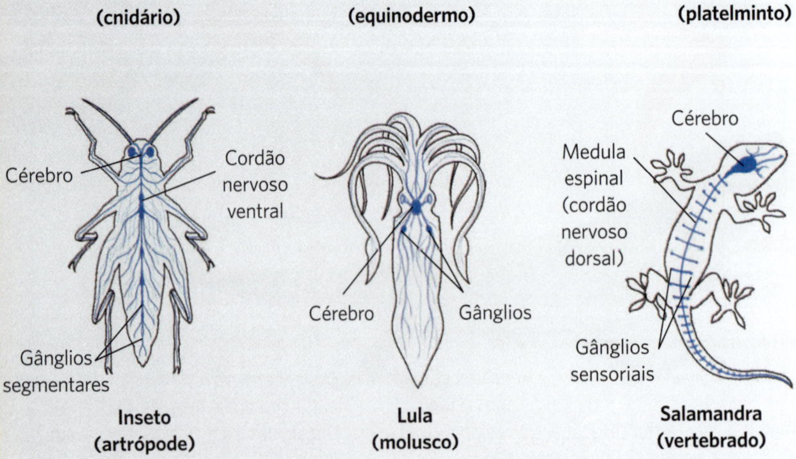

Nos animais de simetria radial (hidra e estrela-do-mar), os nervos se difundem para várias regiões do corpo, o que permite a percepção de estímulos sensoriais de diversas direções. Já nos animais bilaterais, as células nervosas se organizam em estruturas mais complexas – como gânglios e cérebro, principalmente na região da cabeça (cefalização) –, que apresentam maior capacidade de processamento de informações do ambiente. Isso permite maior eficiência na percepção e resposta a estímulos ambientais e fisiológicos. (Elementos fora de proporção de tamanho entre si. Cores fantasia.)

Aves

Evolutivamente, as aves fazem parte do grupo dos répteis. São consideradas os representantes vivos dos grupos dos dinossauros.

Nas aves voadoras (carinatas), o osso esterno tem **quilha** (carena) saliente, com ampla superfície de inserção da musculatura peitoral, responsável pelos movimentos das asas. As aves não voadoras (ratitas) têm esterno achatado e sem quilha. Além da presença de quilha, as aves apresentam diversas adaptações para o voo.

Os membros anteriores são transformados em **asas**, que, com as **penas**, impulsionam o animal e permitem modular a direção e a velocidade do voo. A **ausência de dentes** nas aves é considerada por muitos cientistas uma adaptação ao voo, pois o **bico** das aves - com uma base óssea revestida por queratina, é surpreendentemente leve, em comparação com o aparato de mandíbulas que permitem mastigação por dentição.

A ausência de dentes nas aves é suprida pela presença de um órgão triturador de alimentos, conhecido por **moela**. As aves apresentam, também, **sacos áereos**, estruturas ligadas aos pulmões. Os sacos aéreos reduzem a densidade do animal, auxiliando no voo. Além disso, as aves apresentam **ossos pneumáticos**, cujas cavidades tornam o esqueleto mais leve, facilitando o voo. Por fim, as aves **não apresentam bexiga** urinária, estrutura que acumula excretas nitrogenadas na forma de urina, reduzindo ainda mais sua massa corporal.

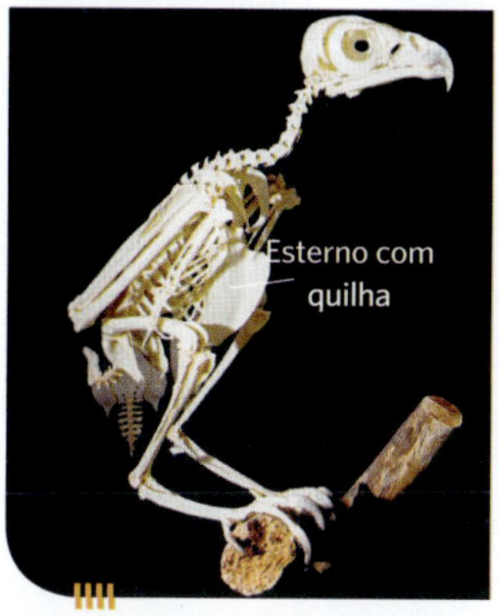

Millard H. Sharp/Science Source/Fotoarena

Fotografia de esqueleto de búteo-de-cauda-vermelha (*Buteo jamaicensis*), uma ave de rapina. (Entre 45 e 65 cm de altura.)

Ankushad/Shutterstock

Fotografia da estrutura de uma pena. De um eixo mais grosso partem filamentos que, por sua vez, originam outros filamentos finíssimos, que se entrelaçam. A maioria das aves apresenta uma secreção oleosa sobre a plumagem, o que a mantém impermeável.

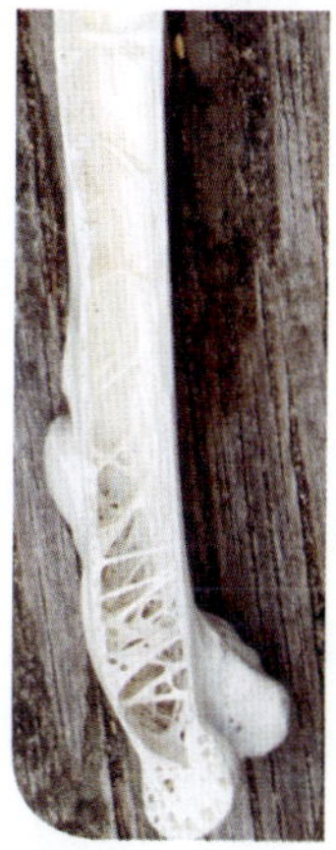

Gilbert S. Grant/Science Source/Fotoarena

Fotografia de osso pneumático (em corte).

O cladograma a seguir apresenta a história evolutiva dos répteis. Observe que as aves e os dinossauros compartilham o mesmo ancestral comum exclusivo. Por descenderem do mesmo ancestral, as aves fazem parte do grupo dos dinossauros e, consequentemente, pertencem ao grupo dos répteis. Entre os animais vivos atualmente, os crocodilos são o grupo mais próximo das aves.

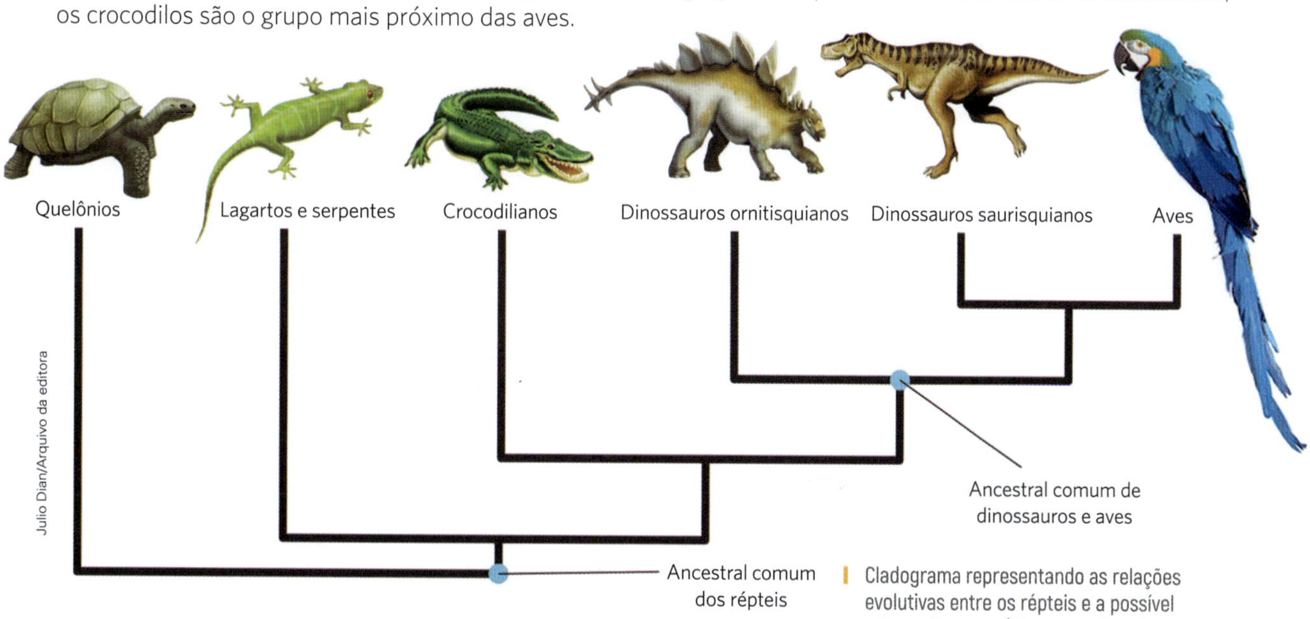

Julio Dian/Arquivo da editora

Elaborado com base em: POUGH, F. H. *et al. A vida dos vertebrados*. 4. ed. São Paulo: Atheneu, 2008. p. 271.

Cladograma representando as relações evolutivas entre os répteis e a possível origem das aves. (Elementos fora de proporção de tamanho. Cores fantasia.)

Mamíferos

Em termos evolutivos, acredita-se que os mamíferos tenham se originado de uma linhagem ancestral reptiliana há cerca de 210 milhões de anos. Sua maior expansão e diversificação ocorreu no final dessa era, quando extinções em massa levaram os grandes dinossauros ao desaparecimento. Como resultado de uma irradiação adaptativa a diferentes *habitat* e modos de vida, existem atualmente mamíferos terrestres, aquáticos e aqueles que adquiriram a capacidade de voar.

Entre as características principais do grupo, podemos destacar: a presença de pelos e de glândulas sudoríferas - atuam no mecanismo de termorregulação - e as glândulas mamárias - produzem leite, alimento para os filhotes.

Os mamíferos são animais endotérmicos (assim como as aves), isto é, o calor de que necessitam provém de seu metabolismo. Os mamíferos apresentam também um grande desenvolvimento do encéfalo e de órgãos sensoriais, diretamente relacionados à sua capacidade de aprendizado e formação de padrões de comportamento.

As espécies atuais de mamíferos estão distribuídas em três subclasses, descritas a seguir.

- **Prototérios:** Subclasse formada por uma única ordem, a dos **monotremados**. Mamíferos mais antigos, encontrados na Austrália e na Tasmânia. Apresentam algumas características de répteis, como a oviparidade e a presença de cloaca. Suas glândulas mamárias se dispõem ao longo de duas pregas abdominais da pele e não têm mamilos. São exemplos o ornitorrinco e a equidna.
- **Metatérios:** São os **marsupiais**, animais cujas fêmeas têm marsúpio, bolsa na qual os embriões ficam agarrados a um mamilo para a sucção do leite até completarem o desenvolvimento. Os marsupiais mais conhecidos são os cangurus e os coalas. No Brasil, são comuns os gambás e as cuícas.
- **Eutérios:** Animais que apresentam **placenta** (órgão que possibilita a troca eficiente de substâncias entre o sangue materno e o do embrião em desenvolvimento) durante o desenvolvimento embrionário. São exemplos de animais desse grupo: os cães, as baleias e os macacos.

Lukas_Vejrik/Shutterstock

Fotografia de ornitorrinco (*Ornithorhynchus anatinus*), um monotremado. (Entre 40 e 50 cm de comprimento.)

Vicki Cain/Shutterstock

Fotografia de equidna-de-focinho-curto (*Tachyglossus aculeatus*), outro monotremado. (Entre 30 e 45 cm de comprimento.)

Leonardo Mercon/Shutterstock

Fotografia de gambá-de-orelha-preta (*Didelphis aurita*), um marsupial brasileiro. (Entre 60 e 90 cm de comprimento, incluindo a cauda.)

O.STILL is Franck Camhi/Shutterstock

Fotografia de ariranha (*Pteronura brasiliensis*), um animal placentário. (Até cerca de 1,1 m de comprimento.)

Desenvolvendo habilidades

1 O Reino Animal engloba organismos muito diferentes entre si, como esponjas e mamíferos.

a) Em sua opinião, o Reino Animal é um reino "mal resolvido", como o Protoctista? Explique.

b) O capítulo menciona que, no passado, alguns animais foram confundidos com plantas. Considerando os animais mostrados neste capítulo, qual(is) dele(s) poderiam, em sua opinião, ter sido alvo dessa confusão? Justifique sua resposta.

2 Classifique os objetos abaixo de acordo com o tipo de simetria (se houver): radial ou bilateral. Caso o(s) objeto(s) não apresente(m) simetria, identifique-o(s) como assimétrico.

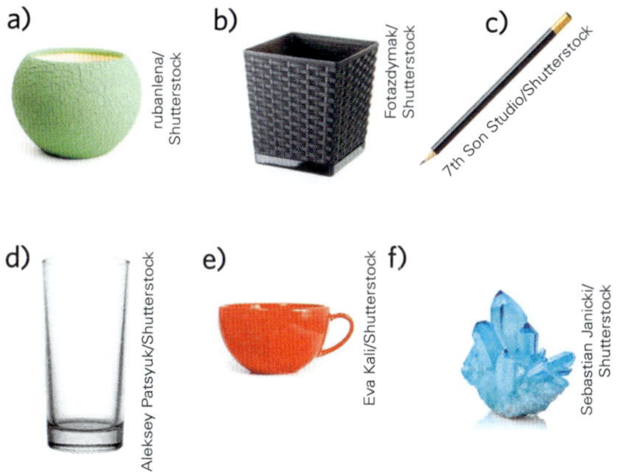

3 O gráfico abaixo representa o desenvolvimento de dois animais. Qual das linhas pode indicar um vertebrado? Qual pode indicar um artrópode?

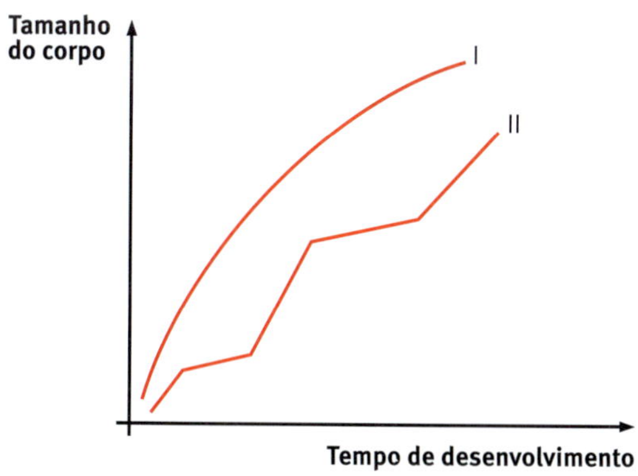

4 Observe o gráfico a seguir. Qual linha representa um mamífero? Qual representa um peixe? Explique como você chegou a essa conclusão.

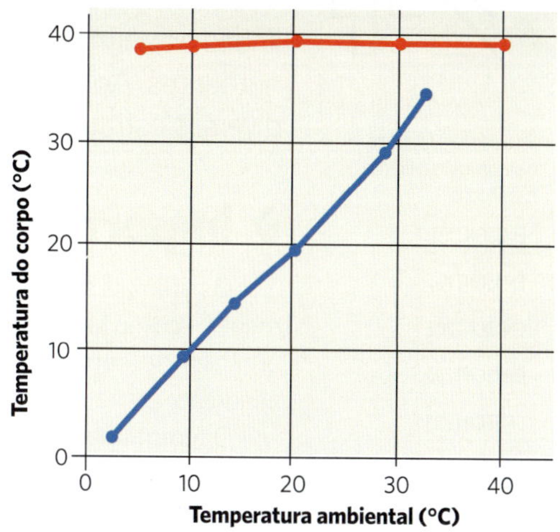

5 As imagens a seguir mostram estruturas em comum entre embriões de galinhas e de humanos. Cite outro animal em cujo embrião você também poderia encontrar essas estruturas.

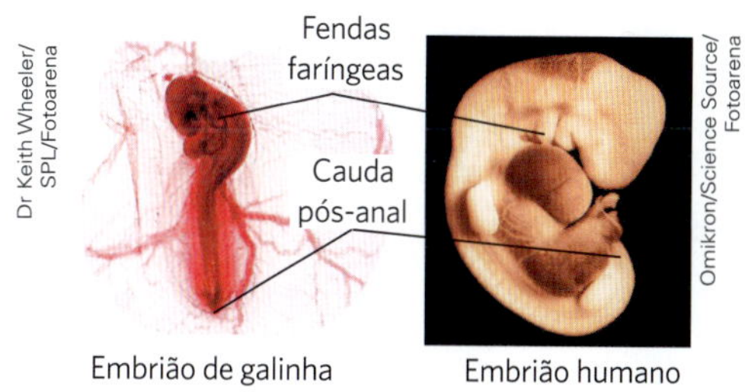

6 A tabela a seguir relaciona alguns animais a certas características. A presença da característica é indicada pelo número 1, e sua ausência, pelo número 0.

Caracteres \ Táxons	Anfioxo	Lampreia	Peixe	Sapo	Tartaruga	Leopardo
Coluna vertebral	0	1	1	1	1	1
Mandíbula articulada	0	0	1	1	1	1
Quatro membros	0	0	0	1	1	1
Âmnio	0	0	0	0	1	1
Pelo	0	0	0	0	0	1

a) No caderno, acrescente uma nova linha à tabela para representar a presença ou não de leite.

b) Com base na tabela, construa uma árvore filogenética desses animais. Indique na árvore o local em que cada característica provavelmente surgiu na história evolutiva.

CAPÍTULO 24

Alimento e nutrição

Todos os animais precisam consumir alimento para obter energia e nutrientes. Ao longo da evolução, os grupos de animais desenvolveram diversas estratégias para lidar com essa necessidade.

Este capítulo favorece o desenvolvimento das habilidades:

EM13CNT101

EM13CNT104

EM13CNT202

EM13CNT203

EM13CNT206

EM13CNT301

EM13CNT302

EM13CNT303

EM13CNT304

Importância da alimentação

Os animais são heterótrofos, o que significa que não são capazes de produzir seu alimento - como fazem as plantas, algas e cianobactérias. Isso os obriga a consumir matéria orgânica de outros seres. Os fungos também são heterótrofos, mas se alimentam por absorção, como você viu no Capítulo 19 - Fungos.

Diferentemente dos fungos, a maioria dos animais se alimenta por **ingestão**: os pedaços de alimento entram no corpo do animal, onde são digeridos, isto é, fragmentados em pedaços menores. Assim, os nutrientes contidos nos alimentos podem ser absorvidos pelas células do animal para a manutenção metabólica e construção de tecidos. Parte do que não é aproveitado é eliminada no ambiente em forma de fezes.

Existem animais que absorvem nutrientes diretamente do ambiente pela superfície do corpo. No entanto, diferentemente dos fungos, esses animais não secretam enzimas digestivas.

Os processos de ingestão e digestão do alimento e absorção dos nutrientes são chamados **nutrição**.

Dica

Zoológico de São Paulo

http://www.zoologico.com.br/bastidores/setor-de-alimentacao-animal/

Entenda como funcionam os bastidores da nutrição dos animais do Zoológico de São Paulo.

Rostislav Stefanek/Shutterstock

Fotografia de siluro (*Silurus glanis*), grande peixe europeu de água doce alimentando-se de outro peixe. (Até cerca de 5 m de comprimento.) Muitas espécies de peixes conseguem mover a boca para sugar a água com força suficiente para capturar alimentos, inclusive pequenos invertebrados ou peixes menores.

Além de comer, os animais estocam o excesso de nutrientes da alimentação na forma de glicogênio (carboidrato) e lipídeos que se acumulam em células e tecidos de reserva, como o tecido adiposo. Essa reserva energética pode ser usada em épocas de escassez de alimento.

Uma dieta para cada animal

Todos os animais são consumidores, porém o que serve de alimento a um animal pode não servir a outro.

De modo simplificado, os animais podem ser herbívoros, carnívoros, onívoros. Porém, há inúmeras variações para cada um desses modos de alimentação. Muitas espécies onívoras, como as minhocas, consomem partículas de matéria orgânica morta. De modo genérico, esses seres são chamados detritívoros.

Cada modo de alimentação está associado com adaptações corporais, como o formato dos dentes, o tamanho do intestino e até com relações de mutualismo com outros seres, como procariontes e protozoários. Algumas espécies desses microrganismos digerem celulose (carboidrato presente na parede celular de células vegetais) de diversas plantas e até madeira, permitindo que o animal aproveite a energia e os nutrientes desses compostos. Carnívoros e onívoros podem ingerir folhas e outras partes de plantas; no entanto, sem esses microrganismos, são incapazes de digerir a celulose.

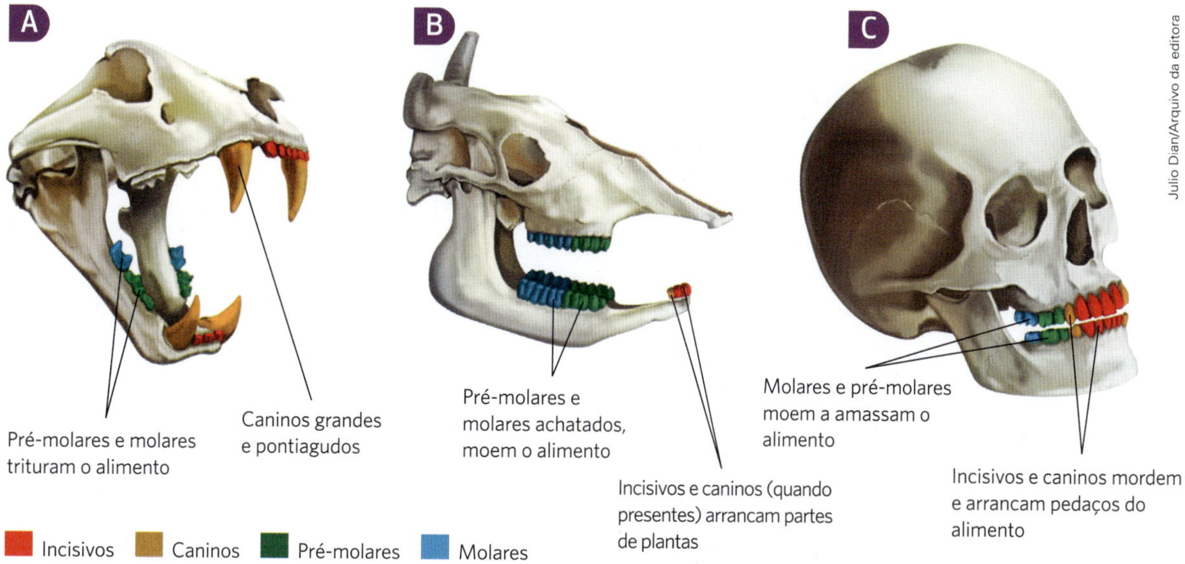

Esquema da dentição de três animais. (A) Carnívoro; (B) Herbívoro; (C) Onívoro. (Elementos fora de proporção de tamanho entre si. Cores fantasia.)

Qualquer que seja a dieta, ela deve fornecer nutrientes como proteínas, vitaminas, sais minerais e energia química (proveniente de carboidratos e lipídios). Quando o animal não consegue obter alimento em quantidade ou qualidade suficiente para suprir suas necessidades nutricionais, as reservas de glicogênio e gordura são consumidas, e o corpo começa a digerir as proteínas para obter energia. Caso a situação persista por muito tempo, o animal fica desnutrido e pode morrer.

Obtenção de alimento

Antes de consumir o alimento, o animal precisa obtê-lo. Em geral, eles dedicam boa parte de seu tempo e energia a atividades relacionadas à alimentação.

De modo simplificado, há animais que buscam ativamente seu alimento, deslocando-se para isso. É o que o fazem, por exemplo, herbívoros pastadores e carnívoros que perseguem suas presas. Outros adotam a estratégia conhecida como "senta e espera", na qual permanecem escondidos ou imóveis, aguardando uma oportunidade para atacar a presa, por meio de armadilhas ou emboscadas, como fazem as aranhas produtoras de teia e outros predadores furtivos.

Fotografia de aranha *Argiope* sp. Muitas aranhas constroem teias que funcionam como armadilha para capturar suas presas. A confecção de teias acarreta grande gasto de energia. (Cerca de 3 cm de comprimento.)

Por fim, muitos animais são sésseis, ou seja, são incapazes de se deslocar - como corais, ostras e cracas -, ou se deslocam muito vagarosamente - como anêmonas e estrelas-do-mar. Corais, anêmonas e estrelas-do-mar são carnívoros que capturam as presas que passam próximas a eles. Ostras, cracas, esponjas e muitos outros animais sésseis se alimentam de microrganismos e partículas de matéria orgânica que retiram da água - processo chamado filtração.

Entre os insetos, é comum que a mãe facilite a nutrição da prole colocando os ovos sobre o alimento ou dentro dele. Dessa maneira, as larvas começam a se alimentar assim que nascem. É o caso de borboletas e mariposas, que põem ovos sobre plantas que servem de alimento às suas larvas. Muitas moscas põem ovos em fezes, carcaças de animais mortos, ou mesmo animais vivos ou outro material que sirva de alimento para as futuras larvas. Algumas espécies de formigas e abelhas cultivam seu próprio alimento: as formigas cultivam fungos e as abelhas produzem mel.

Ingestão

A ingestão é o ato de comer, ou seja, de colocar o alimento dentro do corpo. Assim como a dieta e a obtenção de alimento, o modo de ingestão varia enormemente entre os animais. Veja alguns exemplos a seguir.

Consumidores de partículas em suspensão

Brian Lasenby/Shutterstock

O poliqueta chamado "árvore de natal" (*Spirobranchus Giganteus*) utiliza sua coroa de cerdas para a respiração e para a captura de microrganismos e partículas de matéria orgânica. (Cerca de 4 cm de altura.)

Esse modo de alimentação é característico de animais aquáticos filtradores, desde pequenos moluscos e poliquetas até imensas baleias, como a jubarte. Esses animais filtradores têm órgãos que capturam e ingerem pequenos animais ou partículas de matéria orgânica em suspensão na água.

Os órgãos de filtração, em geral, apresentam filamentos que atuam como peneiras, como as barbatanas das baleias. As barbatanas são estruturas encontradas na boca, semelhantes a pentes, que retêm pequenos animais que entram e saem da boca da baleia com a água. Outros animais têm tentáculos ou cerdas, que capturam e retêm partículas de alimento presentes na água.

Consumidores de sedimentos

São animais que ingerem grandes quantidades de sedimento (solo, lama, areia, etc.). As substâncias que servem de alimento são digeridas, enquanto o material não aproveitado é expelido com as fezes. Minhocas são o exemplo mais conhecido. Esse tipo de alimentação também é encontrado em animais aquáticos, como algumas espécies de poliquetas (anelídeos marinhos), de equinodermos (como pepinos-do-mar) e crustáceos.

Consumidores de líquidos

Os fluidos de outros seres vivos servem de alimento a esses animais. Beija-flores e borboletas sugam néctar das flores. Mosquitos, pulgas, carrapatos e barbeiros sugam sangue de seus hospedeiros.

Animais que consomem líquidos têm partes bucais especializadas para sugar ou lamber, como a espirotromba das borboletas e o bico dos beija-flores.

TippaPatt/Shutterstock

Borboleta-monarca (*Danaus plexippus*) utilizando sua espirotromba para ingestão de néctar de flor. (Cerca de 10 cm de envergadura.)

Consumidores de pedaços

É o principal modo de alimentação de animais com dentes, tentáculos, garras e outras adaptações que seguram e arrancam pedaços de alimento. Está presente em herbívoros, carnívoros e onívoros.

Alguns animais, como certas serpentes e peixes, têm especializações que lhes permitem abrir muito a boca, sendo capazes de ingerir presas inteiras.

Fotografia de louva-a-deus (*Mantis religiosa*) alimentando-se de um gafanhoto. (Cerca de 6 cm de comprimento.)

Absorvedores

Ao longo da evolução, alguns animais se tornaram extremamente especializados em absorver nutrientes do ambiente diretamente pela superfície do corpo. Muitos desses animais não têm boca, ânus ou mesmo órgãos digestórios. Vivem em ambientes ricos em nutrientes, por exemplo, dentro do corpo de outros seres. É o caso da tênia e de outros parasitas.

Mutualismo e alimentação

Não é raro que os animais desenvolvam relações de mutualismo com microrganismos que auxiliem na digestão ou produzam vitaminas, como o exemplo de herbívoros e microrganismos digestores de celulose, mencionado anteriormente. Às vezes, a relação é obrigatória; por exemplo, os cupins não podem viver sem os protozoários que habitam seu intestino, e vice-versa.

Algas e cianobactérias podem viver dentro do corpo de animais, repassando a eles parte dos produtos da fotossíntese. Em troca, recebem abrigo e compostos minerais. Essa relação é bem conhecida entre corais e algas do grupo das zooxantelas, responsáveis pelos tons coloridos que esses animais apresentam.

Fotografia de coral (*Madracis decactis*). É possível observar a cor verde resultante da associação com zooxantelas. (O diâmetro dos cálices varia entre 1,0 mm e 1,5 mm.)

Digestão

Depois de ingerido, o alimento é fragmentado em pedaços muito menores para serem absorvidos pelas células do organismo.

Em quase todos os animais, a **digestão é extracelular**, ou seja, ocorre em compartimentos especializados do corpo do animal, como o estômago e o intestino. Manter a digestão dentro de órgãos especializados evita que o animal digira seus próprios tecidos, o que causaria lesões e até a morte.

Nas esponjas, a **digestão é intracelular**. Em alguns casos, a digestão ocorre fora do corpo. Algumas aranhas lançam substâncias digestoras sobre seu alimento, antes de absorver os nutrientes. Este caso chamamos de **digestão extracorpórea**.

Órgãos digestórios

A maioria dos animais tem **boca** e **ânus**, mas, em certos grupos, a boca serve tanto para receber o alimento como para expelir restos alimentares, como ocorre em cnidários e alguns platelmintos.

Em águas-vivas, anêmonas e outros cnidários, existe uma **cavidade gastrovascular**, que, como o nome diz, participa da digestão e da circulação dos nutrientes. Cnidários são carnívoros e capturam suas presas usando seus tentáculos com células urticantes. O alimento é levado até a boca e engolido, chegando à cavidade gastrovascular, onde são secretadas enzimas que o digerem parcialmente. Os nutrientes são absorvidos pelas células que revestem a cavidade gastrovascular, onde a digestão se completa.

Nas planárias, a cavidade gastrovascular é ramificada, aumentando a superfície de absorção de nutrientes. Nesses animais, o alimento entra pela boca e seus resíduos são liberados pelo mesmo orifício.

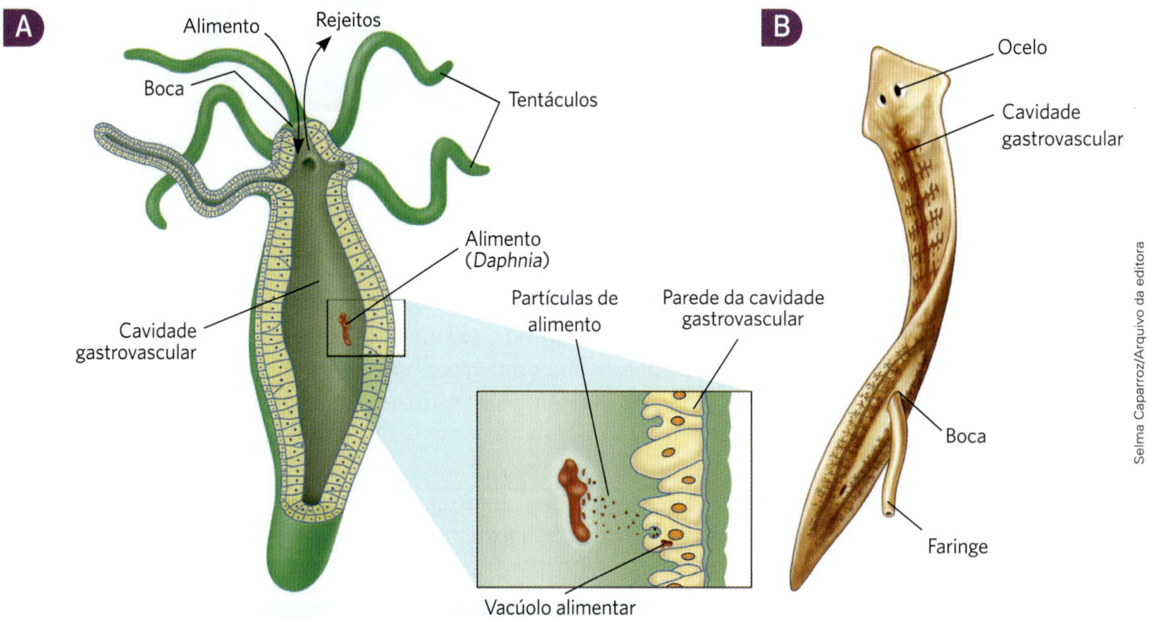

(A) Esquema da alimentação de uma hidra (cnidário) em corte e detalhe da digestão intracelular nas células que revestem a cavidade gastrovascular. (B) Esquema da estrutura interna de uma planária (platelminto). Nesses animais a digestão é parcialmente extracelular e parcialmente intracelular. (Elementos fora de proporção de tamanho entre si. Cores fantasia.)

Excluindo poríferos, cnidários e platelmintos, os demais animais, de modo geral, apresentam **tubo digestório completo**, com boca e ânus em extremidades opostas, possibilitando que o alimento percorra o corpo de forma unidirecional. Esse tubo pode ser dividido em diversos órgãos com funções específicas para digestão e absorção dos nutrientes.

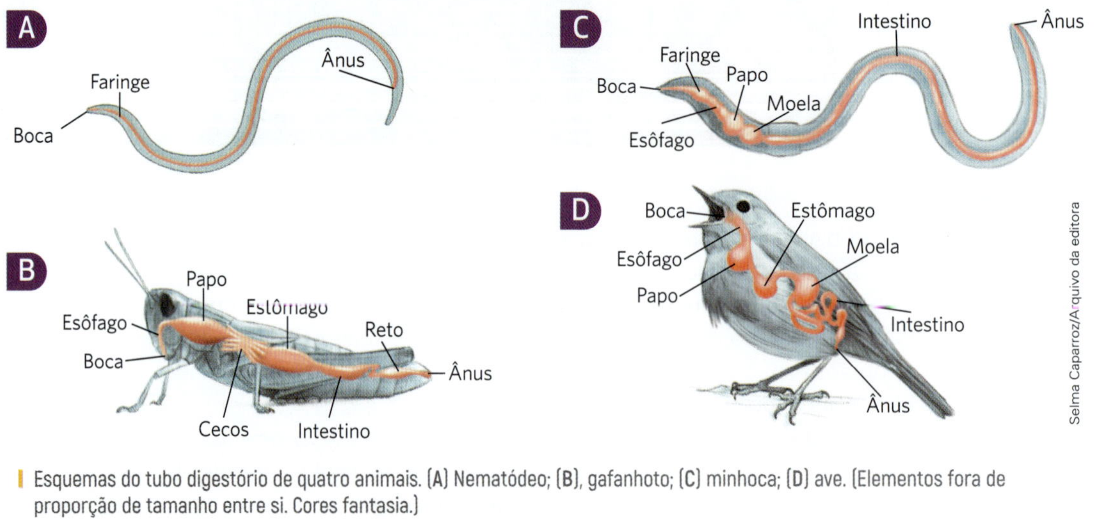

Esquemas do tubo digestório de quatro animais. (A) Nematódeo; (B), gafanhoto; (C) minhoca; (D) ave. (Elementos fora de proporção de tamanho entre si. Cores fantasia.)

Em geral, na digestão extracelular ocorrem: a **digestão mecânica**, na qual os alimentos são triturados por **dentes** ou por outras estruturas - como a moela das aves e das minhocas; e a **digestão química** - que, geralmente, ocorre no **estômago** e **intestino** -, na qual diversas enzimas "quebram" o alimento em partes menores, com o auxílio de glândulas e outros órgãos anexos, como o fígado e a vesícula biliar. Amido e outros carboidratos são transformados em açúcares simples, como a glicose; as proteínas são transformadas em aminoácidos; os lipídios em gliceróis e ácidos graxos; e os ácidos nucleicos em nucleotídeos.

Absorção

Após a digestão, os nutrientes precisam ser absorvidos, isto é, devem sair do sistema digestório para serem distribuídos a todas as células do corpo. Nos animais com tubo digestório, a absorção acontece principalmente no **intestino**. Certas moléculas, como a frutose, são absorvidas por difusão facilitada. Aminoácidos, vitaminas e outras moléculas são bombeadas para dentro das células intestinais por transporte ativo.

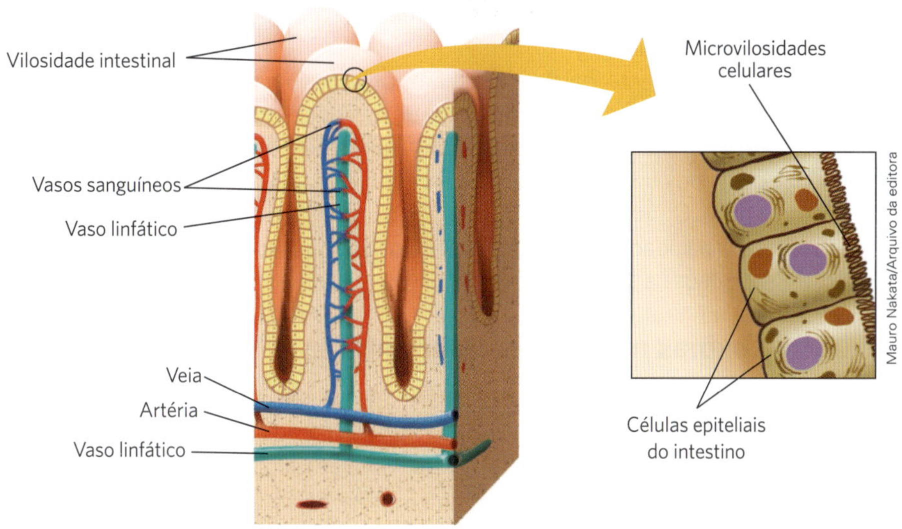

Esquema de vilosidades e de microvilosidades intestinais que aumentam a área do tecido intestinal, favorecendo a absorção dos nutrientes. O intestino humano, por exemplo, mede vários metros de comprimento, quando esticado, e apresenta vilosidades e microvilosidades - que aumentam ainda mais a área de absorção. (Elementos fora de proporção de tamanho entre si. Cores fantasia.)

Depois de atravessar as células do intestino, os nutrientes podem ser incorporados a fluidos (como o sangue), que circulam por todo o corpo do animal. Ao chegar às células de todo o corpo, os nutrientes serão usados para a obtenção de energia ou como matéria-prima para a formação de outras moléculas (como proteínas, carboidratos, lipídios e ácidos nucleicos). Porém, a utilização dos nutrientes requer gás oxigênio. Por essas razões, a nutrição dos animais está intimamente ligada não só à circulação, mas também às trocas gasosas com o ambiente, assuntos que serão vistos no próximo capítulo.

A riqueza das relações alimentares

Algumas pessoas dizem que a vida de um animal se resume encontrar alimento e evitar se tornar o alimento de outro animal. Essa anedota nem de longe mostra toda a importância que a alimentação tem para os seres vivos.

Ao longo de milhões de anos, as relações alimentares foram um importante fator de seleção natural, que teve influência sobre a evolução dos seres vivos. Dessa maneira, surgiram interações altamente especializadas, como a maior parte das relações ecológicas que envolve alimentação entre os seres vivos: predação, parasitismo, herbivoria, comensalismo e muitos exemplos de mutualismo e competição.

A alimentação não é apenas uma relação entre dois seres - o que se alimenta e o que serve de alimento. É por meio dela que a energia do Sol (transformada e armazenada como energia química por meio da fotossíntese) e as moléculas orgânicas sintetizadas pelos seres vivos são transferidas de um nível trófico para outro.

Nas cadeias alimentares, os animais são sempre consumidores. Os herbívoros (consumidores primários) e os onívoros são um elo fundamental, pois transferem a matéria e a energia que está presente no corpo dos produtores para níveis tróficos superiores (carnívoros), que são incapazes de digerir as plantas. Por sua vez, os carnívoros controlam as populações de herbívoros, evitando que comprometam os tamanhos das populações de plantas.

Dr Morley Read/SPL/Fotoarena

O fungo *Ophiocordyceps unilateralis* infecta o sistema nervoso de formigas (seu hospedeiro) e passa a controlá-las, obrigando-as a se comportar de maneira estranha: subir e se fixar em folhas altas onde morrem e liberam esporos. Nessas condições, os esporos do fungo parasita se espalham com com maior eficiência pelo vento e infectam muitos outros hospedeiros.

Consumidores de sedimentos, como minhocas, crustáceos e outros seres desempenham um papel fundamental ao triturar pedaços de matéria orgânica durante a digestão: suas fezes contêm fragmentos de matéria orgânica rapidamente colonizados por microrganismos decompositores.

Animais polinizadores participam da reprodução de grande parte das plantas; o desaparecimento (na verdade mortandade) de abelhas em todo o mundo é um sério risco para a produção de alimentos e para a biodiversidade da Terra.

A alimentação é um dos processos biológicos mais antigos do planeta. Desde o surgimento das primeiras formas de vida, os organismos retiram do ambiente e de outros seres vivos a energia e as moléculas que precisam para sobreviver. Ao longo de bilhões de anos de evolução biológica, surgiram inúmeros modos e estruturas de alimentação, e você viu apenas algumas delas neste capítulo.

No entanto, há alguns milhares de anos (um piscar de olhos em termos de tempo geológico), o ser humano, uma espécie onívora recente, vem interferindo no delicado equilíbrio das teias alimentares de todo o planeta, destruindo e poluindo os *habitat* e superexplorando espécies de animais e plantas até a extinção. O futuro dos animais e dos demais seres vivos depende grandemente da capacidade da espécie humana de conter suas ações e mitigar os impactos que causa a toda a biosfera.

Toxinas nas cadeias alimentares

A acumulação de toxinas nas cadeias alimentares, fenômeno conhecido como **bio-acumulação**, é um exemplo de como a poluição de um ecossistema pode ter grandes efeitos em outros ambientes distantes.

Milhares de substâncias - como hormônios, antibióticos, medicamentos, agrotóxicos e fertilizantes - são usadas diariamente no mundo todo para diversos fins. Muitas delas são substâncias sintéticas, que não são decompostas por microrganismos. Após o uso, restos desses produtos frequentemente chegam a rios e lagos, onde são incorporados pelos seres vivos.

Julio Dian/Arquivo da editora

Esquema do fenômeno de bioacumulação do inseticida DDT, banido do Brasil em 2009 e ainda usado em alguns países no controle da malária. Estima-se que o DDT leve trinta anos para ser degradado na natureza. Observe como a quantidade de DDT nos níveis tróficos superiores é milhares de vezes maior do que nos produtores. (PPM = partes por milhão).

O dano é amplificado à medida que as toxinas atingem níveis superiores da cadeia alimentar. Por exemplo, ao ingerir algas contaminadas com pequena quantidade de toxinas, um peixe herbívoro incorpora essas toxinas em seus tecidos, às vezes por toda a vida. À medida que o peixe se alimenta de mais algas contaminadas, aumenta a quantidade de toxinas em seu organismo. Da mesma maneira, um peixe carnívoro acumula as toxinas de todos os peixes herbívoros que consumir, e assim por diante, até os níveis mais altos da cadeia alimentar. Animais filtradores, como ostras e mexilhões, também concentram enormes quantidades de toxinas. Não raramente, seres humanos são afetados ao consumirem peixes e outros animais aquáticos. Um exemplo disso é a poluição ambiental por metais pesados (como o mercúrio), que pode levar a diversos sintomas graves, como amolecimento dos ossos, interferência no aproveitamento dos nutrientes, desidratação, irritabilidade, delírios, tremores, paralisia, coma e até mesmo o óbito.

Desenvolvendo habilidades

1 Corais são animais marinhos que secretam esqueleto calcário. Podem viver próximos uns dos outros, formando recifes, ambientes de grande biodiversidade. Muitos corais abrigam algas unicelulares em seus tecidos. As algas conferem o colorido característico dos corais e estabelecem relação de mutualismo com eles.

a) Que benefício a alga e o animal obtêm nesse mutualismo?

b) Uma das ameaças aos corais é o processo de branqueamento, em que as algas morrem e/ou deixam os corais. Pesquise as causas desse fenômeno e suas consequências para os recifes.

2 Desenhe o esquema de um animal representando o tubo digestório com as seguintes partes: boca, moela, estômago, intestino e ânus.

a) Em qual dessas partes acontecem os processos de ingestão, digestão mecânica, digestão química, absorção de nutrientes e eliminação de dejetos?

b) Você pode ter desenhado vários tipos de animais. Contudo, certamente não desenhou uma planária. Justifique.

3 Leia o texto a seguir sobre uma estratégia bastante incomum de nutrição.

Lesma do mar que parece uma vaquinha é real e faz fotossíntese

Favorito entre internautas, bichinho vive próximo ao Japão e chega a, no máximo, 5 milímetros.

É uma vaquinha? É uma ovelha? É um Pokémon? Não, é uma *Costasiella Kuroshimae*! [...]

Reprodução/Instagram

"É uma lesma movida a energia solar!", brinca o biólogo Paulo Jubilut em um texto publicado em seu *blog*. O professor explica que o bichinho pode crescer até 5 milímetros de comprimento e que é encontrado nas águas próximas ao Japão. No entanto, o mais fascinante é que ela faz fotossíntese.

– A *Costasiella kuroshimae* usa um processo conhecido como cleptoplastia para extrair os cloroplastos de sua comida e incorporá-los em seu próprio corpo. Um dos únicos organismos não vegetais no mundo que pode realizar a fotossíntese, ela pode sobreviver até alguns meses da energia produzida a partir desse processo – explica Jubilut, na publicação.

[...]

O GLOBO. *Lesma do mar que parece uma vaquinha real faz fotossíntese*. Disponível em: https://oglobo.globo.com/sociedade/lesma-do-mar-que-parece-uma-vaquinha-real-faz-fotossintese-22974364. Acesso em: abr. 2020.

a) Podemos dizer que a lesma estabelece relações mutualísticas com os seres que ingere? Explique.

b) O professor Jubilut publicou seu texto em um *blog*. Sua postagem foi vista por mais de 17 mil pessoas. Você acredita que a internet é um bom meio para divulgar informações sobre ciências?

c) Escreva uma postagem sobre algum assunto relacionado à alimentação dos animais (pode ser sobre a sua própria). Se possível, inclua fotos, vídeos e informações curiosas.

4 Orcas são predadores situados no topo das cadeias alimentares. Alimentam-se de mamíferos e peixes carnívoros. No entanto, estão ameaçadas pela poluição dos oceanos. Grande quantidade de substâncias tóxicas, algumas proibidas há décadas, tem sido encontradas no corpo desses animais. No entanto, a concentração das mesmas substâncias na água é milhares de vezes menor.

a) Como o tipo de alimentação das orcas está relacionado a esse problema?

b) Jornalistas afirmam que a contaminação afeta apenas orcas mais velhas, que já estavam vivas quando a toxina ainda era permitida. Você concorda com essa afirmação?

CAPÍTULO 25

Transporte de substâncias

A complexa estrutura corporal dos animais impõe alguns desafios ao seu funcionamento. Por exemplo, você já pensou que todos os animais, desde uma pequena formiga até uma baleia-azul, precisam garantir o fornecimento de oxigênio e outros nutrientes para todas as células do corpo?

Este capítulo favorece o desenvolvimento das habilidades:

- EM13CNT101
- EM13CNT202
- EM13CNT203
- EM13CNT301

Desafios de um multicelular

Todos os seres vivos trocam matéria e energia com o ambiente. Nos animais, a matéria entra nos organismos por meio de alimentação, consumo de água e inspiração, por exemplo. As saídas de matéria incluem as fezes formadas por alimentos não aproveitados e os restos do metabolismo, que são eliminados principalmente pela urina e pela expiração.

A energia de um animal vem dos alimentos e do calor do ambiente, que ajuda a manter sua temperatura (mesmo aqueles capazes de regular sua temperatura corpórea e viver em ambientes muitos frios não suportariam as temperaturas dos planetas mais afastados do Sol). A energia dos alimentos é transformada e utilizada para desempenhar as funções vitais - como as mostradas neste capítulo -, para o crescimento e outras atividades. Todas as transformações de energia produzem calor, que é dissipado no ambiente.

É comum pensarmos nos animais como indivíduos isolados. De fato, cada animal é um organismo. Porém, o organismo dos animais é multicelular e pode ser formado por sistemas, órgãos, tecidos e células (apenas esponjas e outros poucos animais não têm células organizadas em tecidos). Para a sobrevivência do organismo, suas células devem trocar matéria e energia com o ambiente.

Nos seres unicelulares, essas trocas ocorrem diretamente com o ambiente. Porém, nos multicelulares, muitas células não têm contato direto com o ambiente externo. Como levar nutrientes e gás oxigênio até essas células? Ao longo de quase um bilhão de anos de evolução, surgiram diferentes estratégias para lidar com esse desafio, como você verá ao longo deste capítulo.

! Dica

O Incrível Pontinho Azul - Sistema Cardiovascular: parceria entre pulmões e coração

https://www.youtube.com/watch?v=j5L5oGsWaxA

Assista a uma animação que explica de forma lúdica o sistema circulatório humano.

Juan M. Guayasamin et al/ZooKeys

Foto da rã-de-cristal (*Hyalinobatrachium yaku*, com cerca de 2 cm de comprimento) em vista dorsal, ventral, frontal e lateral. O nome é uma referência à transparência de seu corpo: observe o coração (vermelho) e os vasos sanguíneos. Essa rã está ameaçada pela destruição de seu *habitat*, a região da Amazônia peruana.

Trocas × distância

As substâncias entram e saem da célula pela membrana plasmática; os mecanismos de transporte através da membrana são detalhados no Capítulo 8. Porém, esse transporte é eficiente apenas em distâncias muito curtas, da ordem de centésimos de milímetro ou menores.

O transporte através da membrana ocorre em todos os animais. No entanto, quanto mais complexo o organismo (maior diversidade e complexidade da organização de células, tecidos, órgãos e sistemas), mais difícil para ele distribuir todos os nutrientes e gases entre as células. Por exemplo, os nutrientes absorvidos no intestino humano precisam ser distribuídos a todas as células do corpo.

De modo geral, a evolução dos animais favoreceu o surgimento de órgãos e sistemas especializados em transportar nutrientes e oxigênio para todas as células e remover os resíduos de seu metabolismo. No entanto, para diversas espécies de animais menores e de organização mais simples, muitas dessas funções ocorrem por meio de transporte célula a célula.

Trocas gasosas

As trocas gasosas consistem na difusão de gases entre o ambiente e as células. Ocorrem através de uma membrana úmida que permite a passagem de gases, mas não de sólidos (membrana semipermeável). Essas trocas são necessárias para o fornecimento de gás oxigênio à respiração celular, e para a remoção do gás carbônico produzido nesse processo.

Difusão célula a célula

Nas esponjas, cnidários e platelmintos, as células estão suficientemente próximas do ambiente, e as trocas podem ocorrer por difusão com o ambiente e entre as células mais externas e as mais internas do organismo.

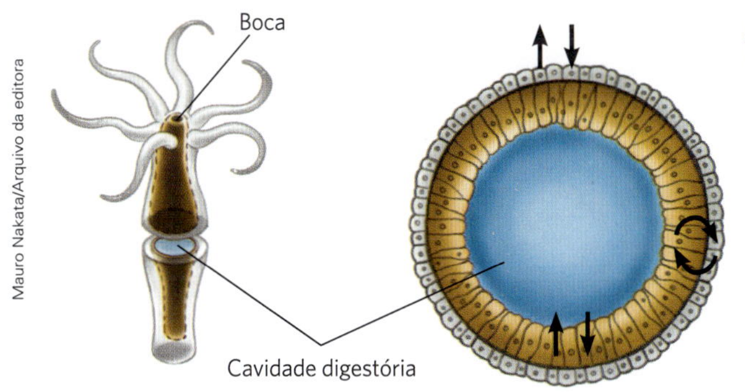

Esquema do corpo da hidra, um cnidário. O corpo dos cnidários tem apenas duas camadas de células. Isso permite que as células realizem as trocas gasosas diretamente com o ambiente. (Elementos fora de proporção de tamanho entre si. Cores fantasia.)

Nos demais animais, a maioria das células não está em contato com o ambiente. Nesses casos, existem órgãos especializados nas trocas gasosas. A membrana através da qual as trocas gasosas ocorrem é sempre úmida e, em geral, tem ramificações ou dobras que aumentam sua área de contato com o ambiente.

Superfície do corpo

Em alguns animais, a superfície do corpo é capaz de realizar trocas gasosas. Isso ocorre em muitos invertebrados marinhos e em alguns animais terrestres, como minhocas e anfíbios. Nesses casos, essa superfície compõe um órgão rico em vasos sanguíneos, que transportam gases da superfície às células do corpo, e vice versa.

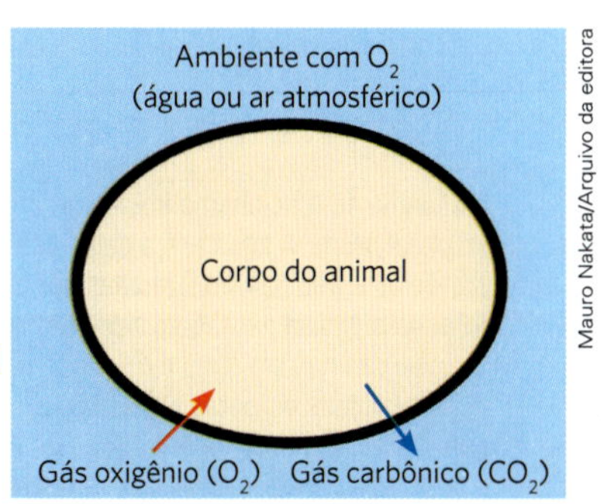

Esquema das trocas gasosas (gás carbônico e gás oxigênio) através da superfície do corpo. (Elementos fora de proporção de tamanho entre si. Cores fantasia.)

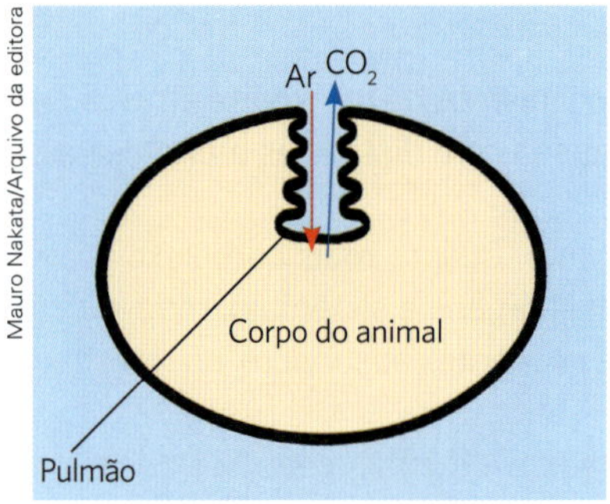

Esquema das trocas gasosas (de gás carbônico e gás oxigênio) através do pulmão. Observe que o ar atmosférico (contendo gás oxigênio) entra no corpo de determinados seres vivos preenchendo os pulmões. (Elementos fora de proporção de tamanho entre si. Cores fantasia.)

Pulmões

São órgãos presentes em animais que retiram o gás oxigênio do ar atmosférico. Isso inclui animais terrestres e animais aquáticos que vão à superfície para respirar, como baleiras e golfinhos.

Os **pulmões** são invaginações da superfície do corpo (veja nos esquemas ao lado e abaixo), em geral divididos em milhares de pequeníssimos compartimentos chamados alvéolos, que aumentam a área de contato entre os pulmões e o ar atmosférico, favorecendo as trocas gasosas. Vasos sanguíneos finos como fios de cabelo - chamados capilares - estão intimamente conectados aos alvéolos, e promovem a passagem do gás oxigênio do ar para os capilares e a passagem do gás carbônico em sentido inverso.

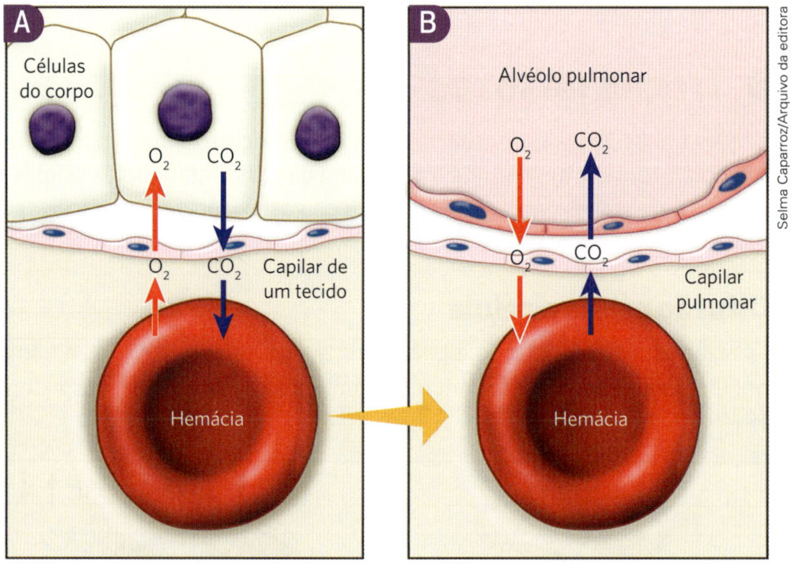

Esquema das trocas gasosas através dos alvéolos pulmonares. (**A**) O gás carbônico (CO_2) produzido pelo metabolismo das células do corpo é direcionado para o sangue, enquanto o gás oxigênio (O_2) passa do sangue para as células. (**B**) O sangue que passa pelos capilares pulmonares direciona o gás carbônico (CO_2) para os alvéolos, enquanto o gás oxigênio (O_2) passa para o sangue. Por convenção, o sangue rico em oxigênio é representado em vermelho e o sangue rico em gás carbônico é representado em azul. (Elementos fora de proporção de tamanho entre si. Cores fantasia.)

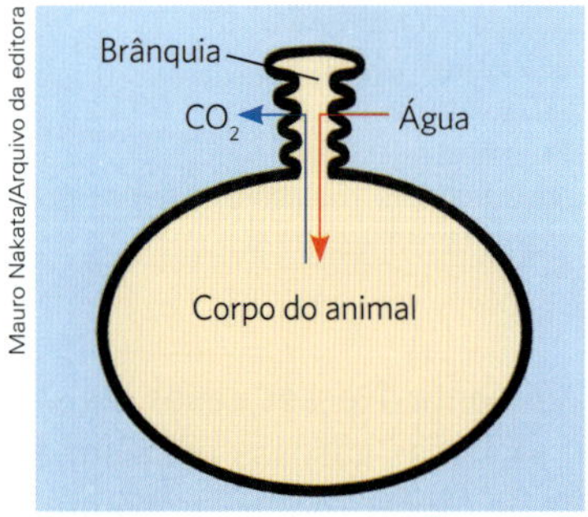

Esquema das trocas gasosas, de gás carbônico e gás oxigênio (dissolvido na água), através das brânquias. (Elementos fora de proporção de tamanho entre si. Cores fantasia.)

Brânquias

As **brânquias** são mais comuns em animais aquáticos, mas existem em seres terrestres, como o tatuzinho-de-jardim. São evaginações do corpo do animal; podem estar próximas à cabeça (como nos peixes), ou em outras partes do corpo. Em geral, as brânquias estão em contato com vasos sanguíneos, possibilitando, dessa forma, a troca de gases.

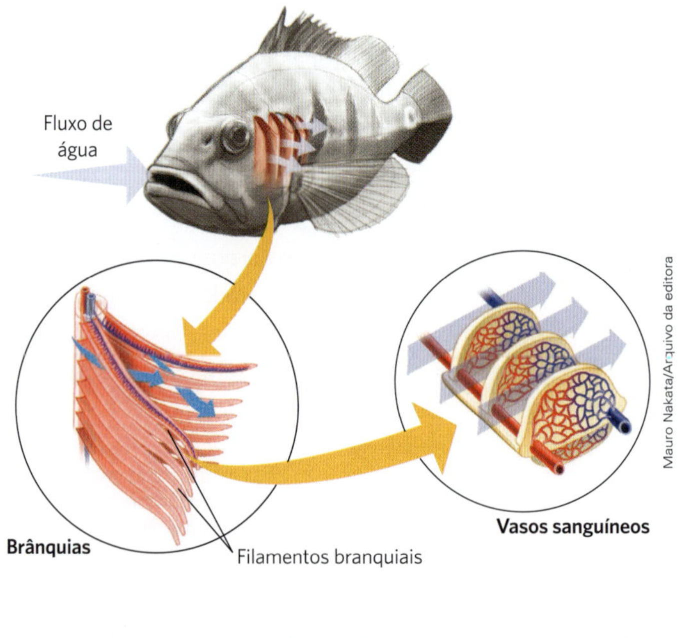

Esquema do funcionamento das brânquias em um peixe ósseo. A água entra pela boca e passa pelas brânquias, constituídas por inúmeros filamentos. Nessa passagem, ocorrem as trocas gasosas entre a água e o sangue dos vasos sanguíneos. As setas azuis indicam fluxo de água. (Elementos fora de proporção de tamanho entre si. Cores fantasia.)

A disponibilidade do gás oxigênio na água é, de modo geral, menor que no ar. A concentração desse gás na atmosfera se mantém em 21%, enquanto a concentração na água pode variar bastante. Infelizmente, rios, represas e até mesmo o mar recebem grandes quantidades de esgoto e outros poluentes. Quando o impacto afeta os organismos produtores - plantas, algas e cianobactérias -, ocorre a diminuição de oxigênio dissolvido, causando a morte de peixes e outros animais. O aumento de temperatura também exerce grande impacto nos ecossistemas aquáticos, pois o gás oxigênio é menos solúvel em temperaturas mais altas, isto é, ele escapa para o ar com mais facilidade.

Traqueias

São finíssimos tubos presentes no interior do corpo dos insetos. As traqueias principais desembocam em aberturas, denominadas **espiráculos**, na superfície do corpo do animal.

Dentro do corpo, as traqueias se ramificam enormemente, fazendo a comunicação das células do inseto com o ar atmosférico. Assim, as trocas gasosas nos insetos não dependem da circulação de um líquido como ocorre no sistema circulatório em seres humanos.

Mauro Nakata/Arquivo da editora

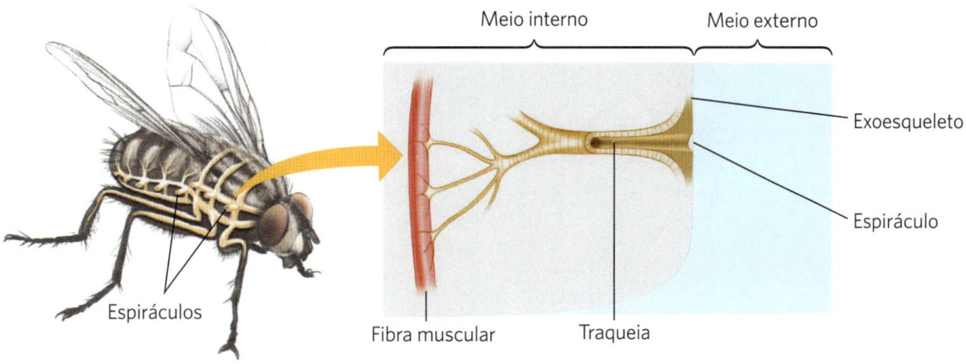

Esquema do sistema traqueal de uma mosca. (Elementos fora de proporção de tamanho entre si. Cores fantasia.)

Circulação

A circulação é o processo de transporte de substâncias no corpo do animal. Como já estudamos, poríferos, cnidários e muitos platelmintos têm uma **cavidade gastrovascular**, que se comunica com o meio externo por uma abertura. Substâncias (como água, nutrientes e gases) entram e saem da cavidade, abastecendo as células que a revestem. O corpo desses animais tem poucas camadas de células, o que favorece a difusão célula a célula.

Ed Reschke/Stone/Getty Images

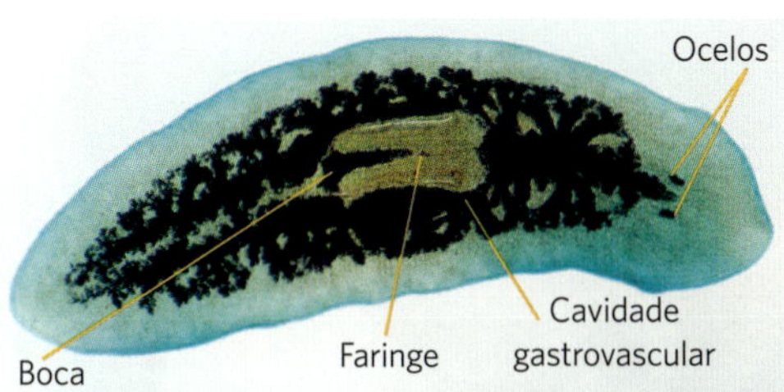

Foto de planária de água doce (*Dugesia* sp.). Observe a cavidade gastrovascular em preto. As ramificações dessa cavidade e o formato achatado do animal facilitam o processo de difusão, pois permitem que grande parte de suas células estejam em contado direto com o ambiente. (Cerca de 1,5 cm de comprimento.)

Os nematódeos não têm estruturas especializadas para a circulação. A distribuição de substâncias pelas células do organismo ocorre por difusão a partir do fluido corporal do pseudoceloma (ou blastoceloma).

Os animais celomados apresentam sistema circulatório composto de um órgão bombeador, o **coração**, que impulsiona **líquido** (sangue ou hemolinfa) através de **vasos** por todo o organismo. Em vertebrados, o líquido que circula pelo corpo do animal leva nutrientes e oxigênio às células e também carrega os restos de seu metabolismo. De acordo com sua estrutura, o sistema circulatório pode ser aberto ou fechado.

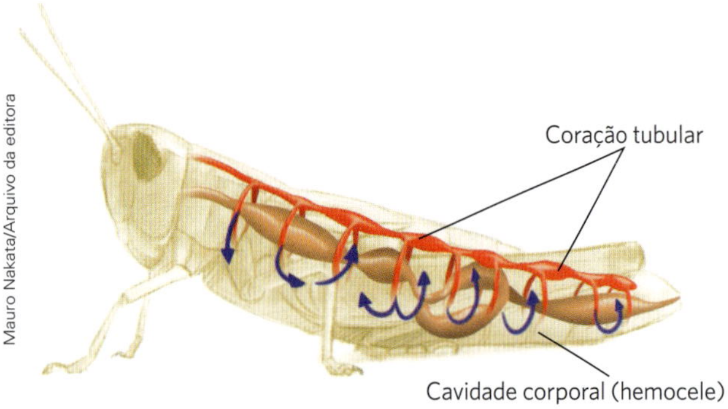

Esquema do sistema circulatório aberto de um gafanhoto (inseto). As setas indicam a circulação da hemolinfa pela cavidade corporal. (Elementos fora de proporção de tamanho entre si. Cores fantasia.)

Aranha da espécie *Loxosceles rufescens* (cerca de 7 mm de comprimento). A pressão que a hemolinfa exerce sobre as paredes do corpo das aranhas mantém suas pernas estendidas. Em razão disso, aranhas que morrem esmagadas frequentemente são encontradas com as pernas encolhidas.

Sistema circulatório aberto

Nesse tipo de sistema circulatório, o coração impulsiona o líquido circulatório - chamado **hemolinfa** - por vasos e cavidades corporais. Dessa maneira, a hemolinfa fica em contato direto com os órgãos, facilitando as trocas de substâncias.

O sistema circulatório aberto está presente em moluscos (com exceção do grupo dos polvos e lulas) e nos artrópodes. A figura ao lado representa o sistema circulatório de um gafanhoto. O coração tem formato de um tubo e impulsiona a hemofinfa dentro de pequenos vasos, que desembocam na cavidade corporal, a **hemocele**, onde as células absorvem nutrientes e eliminam excretas. Vasos também conduzem a hemolinfa de volta ao coração. Nos insetos, a hemolinfa é incolor e não transporta gás oxigênio ou gás carbônico; como vimos, essa tarefa é realizada pelas traqueias.

O funcionamento do sistema circulatório aberto exige menos energia do que o fechado. Em alguns invertebrados, a pressão exercida pela hemolinfa nas cavidades corporais ajuda a manter o formato do corpo do animal, fenômeno conhecido por **esqueleto hidrostático**.

Sistema circulatório fechado

No sistema circulatório fechado, o líquido, **sangue**, circula sempre dentro dos vasos sanguíneos, em um circuito fechado. O sangue tem composição diferente da linfa (líquido que banha as células do corpo).

Os vasos formam uma rede extremamente ramificada que atinge todos os órgãos. Assim, a distância entre o sangue e as células é razoavelmente pequena, garantindo a eficiência no transporte, na distribuição e nas trocas de substâncias no corpo. O sistema circulatório fechado exige maior gasto de energia, no entanto é mais eficiente em animais grandes e mais ativos. Está presente em todos os vertebrados, nos anelídeos e nos moluscos cefalópodes, como polvos e lulas.

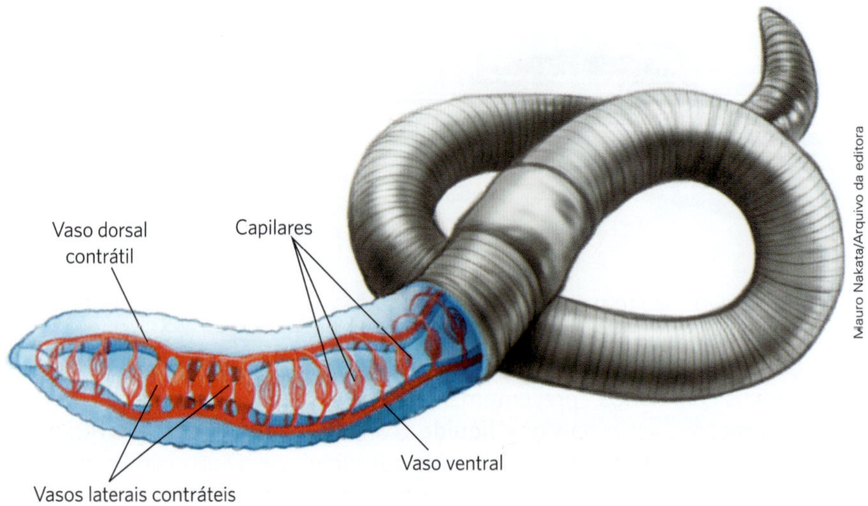

Esquema do sistema circulatório fechado de uma minhoca (anelídeo). Vasos pulsáteis funcionam como corações que impulsionam o sangue ao longo de vasos sanguíneos. (Elementos fora de proporção de tamanho entre si. Cores fantasia.)

Circulação nos vertebrados

Os vertebrados têm coração bem desenvolvido, formado por dois ou mais compartimentos. As câmaras que recebem o sangue que entra no coração são **átrios** e as que contêm o sangue que sai do coração são os **ventrículos**.

Os vasos sanguíneos dos vertebrados podem ser de três tipos: as **artérias**, que conduzem o sangue que sai do coração; as **veias** que levam o sangue ao coração; e os **capilares**, vasos sanguíneos muito finos.

As trocas gasosas entre o sangue e as células ocorrem nos capilares sanguíneos: o gás oxigênio abastece as células do corpo e o gás carbônico produzido pelas células é encaminhado ao sangue. Dessa maneira, o sangue que se encontrava rico em gás oxigênio (**sangue arterial**) torna-se pobre em gás oxigênio (**sangue venoso**).

Circulação simples × circulação dupla

Nos peixes, o sangue flui em um único circuito:

coração → brânquias (onde é oxigenado) → coração

Dizemos que essa é a circulação simples.

Os demais vertebrados têm dois circuitos de circulação, ou seja, o sangue passa pelo coração duas vezes a cada "volta" pelo corpo.

- Pequena circulação:

  lado direito do coração → pulmão (onde é oxigenado) → lado esquerdo do coração

- Grande circulação:

  lado esquerdo do coração → resto do corpo → lado direito do coração

A seguir, apresentamos a estrutura básica do sistema circulatório de alguns grupos de vertebrados.

Ao observar as figuras, tenha em mente que os conceitos de esquerda e direita se referem ao corpo dos animais, quando observados ventralmente; o lado esquerdo de cada animal está à direita de quem observa as figuras. Além disso, considere a seguinte legenda:

Sangue venoso | Sangue arterial | Mistura de sangue arterial e venoso

Peixes

- Coração com um átrio e um ventrículo (duas cavidades).
- Pelo coração passa apenas sangue venoso.
- O sangue passa pelo coração apenas uma vez a cada "volta" pelo corpo.

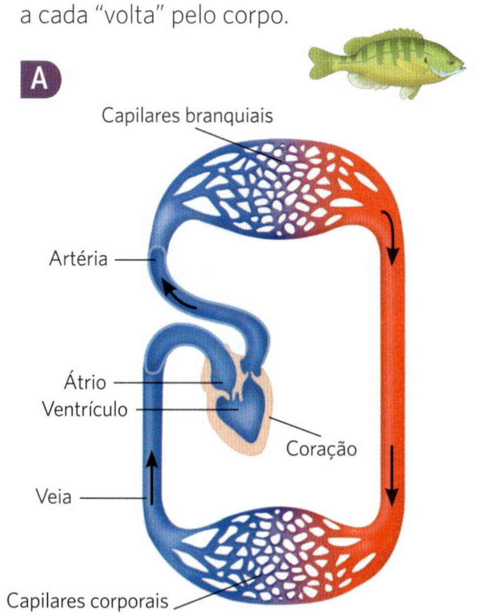

Selma Caparroz/Arquivo da editora

Anfíbios

- Coração com dois átrios e um ventrículo.
- O sangue venoso passa pelo átrio direito e o sangue arterial pelo esquerdo. O sangue se mistura no ventrículo.
- O sangue passa pelo coração duas vezes a cada "volta" pelo corpo.

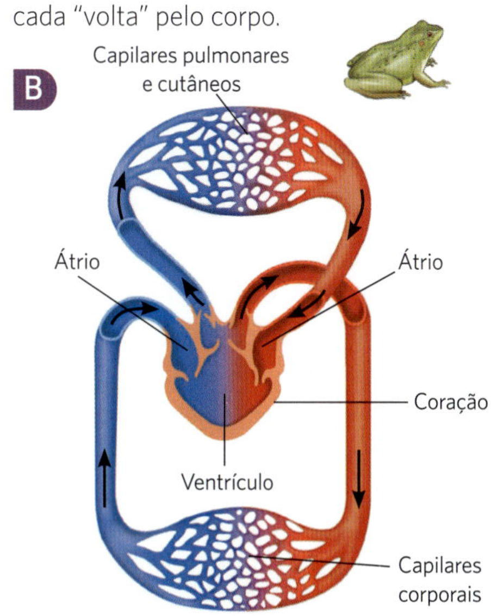

Selma Caparroz/Arquivo da editora

Esquema simplificado da circulação e do coração de (A) peixes e (B) anfíbios. (Elementos fora de proporção de tamanho entre si. Cores fantasia.)

Répteis

- Coração com dois átrios e um ventrículo parcialmente dividido por um septo.
- O sangue venoso passa pelo átrio direito e o sangue arterial pelo esquerdo. O sangue se mistura no ventrículo.
- O sangue passa pelo coração duas vezes a cada "volta" pelo corpo.
- O coração dos répteis crocodilianos é diferente; os dois ventrículos são completamente divididos. Ocorre, porém, mistura de sangue arterial com venoso nos vasos sanguíneos que saem do coração.

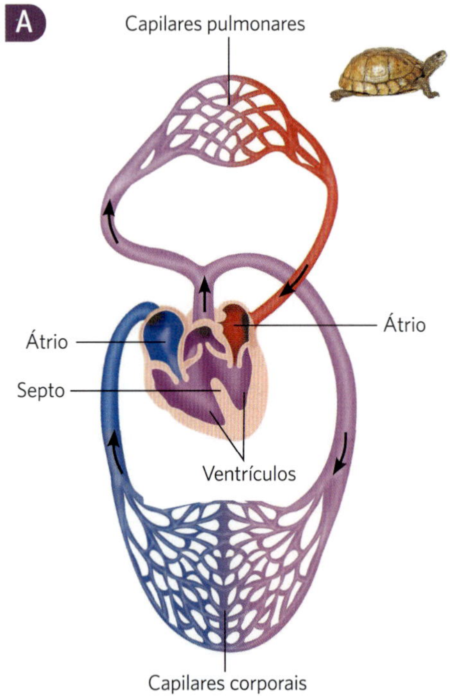

Selma Caparroz/Arquivo da editora

Mamíferos e aves

- Coração com dois átrios e dois ventrículos.
- O sangue venoso passa pelo átrio pelo ventrículo direito, o sangue arterial pelo átrio pelo ventrículo esquerdo. O sangue não se mistura.
- O sangue passa pelo coração duas vezes a cada "volta" pelo corpo.

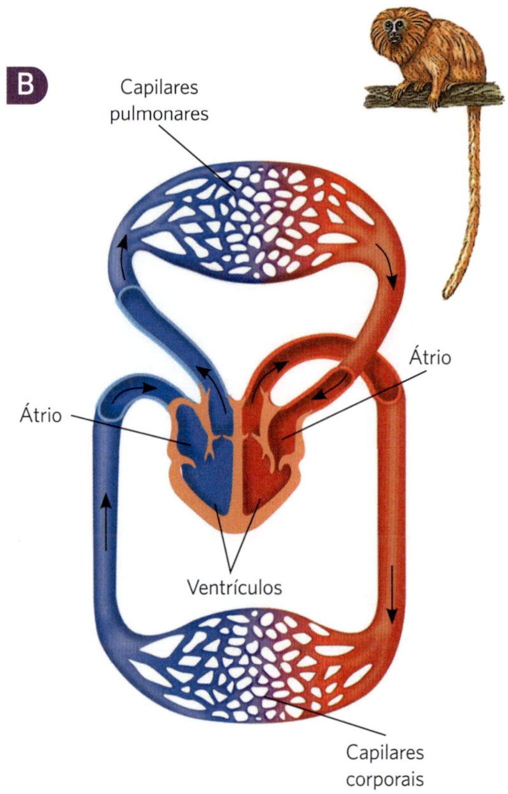

Selma Caparroz/Arquivo da editora

Esquema simplificado da circulação e do coração de **(A)** répteis e **(B)** mamíferos e aves. (Elementos fora de proporção de tamanho entre si. Cores fantasia.)

Excreção

Além de gás carbônico (CO_2), água, sais e íons (e outras substâncias que podem estar concentradas no organismo), as células precisam eliminar subprodutos de seu metabolismo, especialmente a amônia (NH_3) – substância altamente tóxica decorrente da degradação de proteínas e ácidos nucleicos –, que é solúvel em água e pode se espalhar pelos líquidos que existem dentro do corpo do animal. Para evitar danos às células, a amônia deve ser constantemente excretada, e esse processo requer grande quantidade de água.

A excreção pode ocorrer pela superfície do corpo do animal (como nos poríferos, cnidários e muitos platelmintos) ou por estruturas especializadas, que controlam a quantidade de água e de sais corporais e retiram substâncias tóxicas ou em excesso a fim de manter a homeostase e promover osmorregulação.

Homeostase é um estado de equilíbrio do organismo (interno e com o ambiente) em que ele mantém suas propriedades físico-químicas relativamente constantes. A **osmorregulação** visa manter a homeostase a partir do equilíbrio da concentração de solutos (como sais e íons) entre o organismo e o meio em que vive.

Osmorregulação nos peixes

A concentração de sais no sangue dos vertebrados é mantida constante, independentemente da água do meio, pelo mecanismo de osmorregulação promovido pelo sistema excretor. O animal em ambiente aquático hipertônico tem uma contínua perda de água, por osmose; já em ambiente hipotônico, ao contrário, a tendência é uma contínua absorção de água. Como esses animais fazem a osmorregulação?

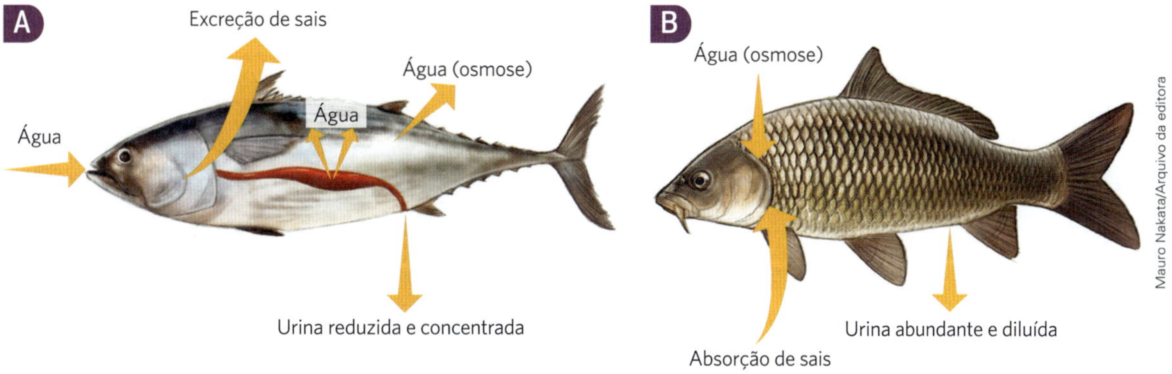

Esquema da regulação osmótica em peixes ósseos (**A**) marinhos e (**B**) dulcícolas. Como vivem em ambiente hipertônico, peixes ósseos marinhos perdem água para o ambiente por osmose; bebem grande quantidade de água do mar e excretam o excesso de sais pelas brânquias e pelos rins – estes reabsorvem a água da urina, concentrando-a. Peixes ósseos dulcícolas tendem a absorver água por osmose constantemente; absorvem sais pelas brânquias, não bebem água e excretam urina abundante e diluída. (Elementos fora de proporção de tamanho entre si. Cores fantasia.)

Formação da urina

O gasto de água para a excreção de compostos nitrogenados não é um problema para seres que vivem em ambientes de água doce e para muitos invertebrados aquáticos: por viverem em meio hipotônico, esses animais tendem a absorver água presente em grande quantidade no ambiente, por meio da osmose. Dessa maneira, a água perdida pela excreção é continuamente reposta.

O mesmo não ocorre com animais terrestres e espécies de peixes marinhas, que não podem utilizar muita água para a excreção de compostos nitrogenados. Esses seres são capazes de transformar a amônia em compostos menos tóxicos e menos solúveis em água, como a ureia – excretada pelos mamíferos, alguns peixes e anfíbios – e o ácido úrico – excretado por répteis, aves, insetos e caracóis terrestres. Essa transformação, porém, envolve gasto de energia para o animal.

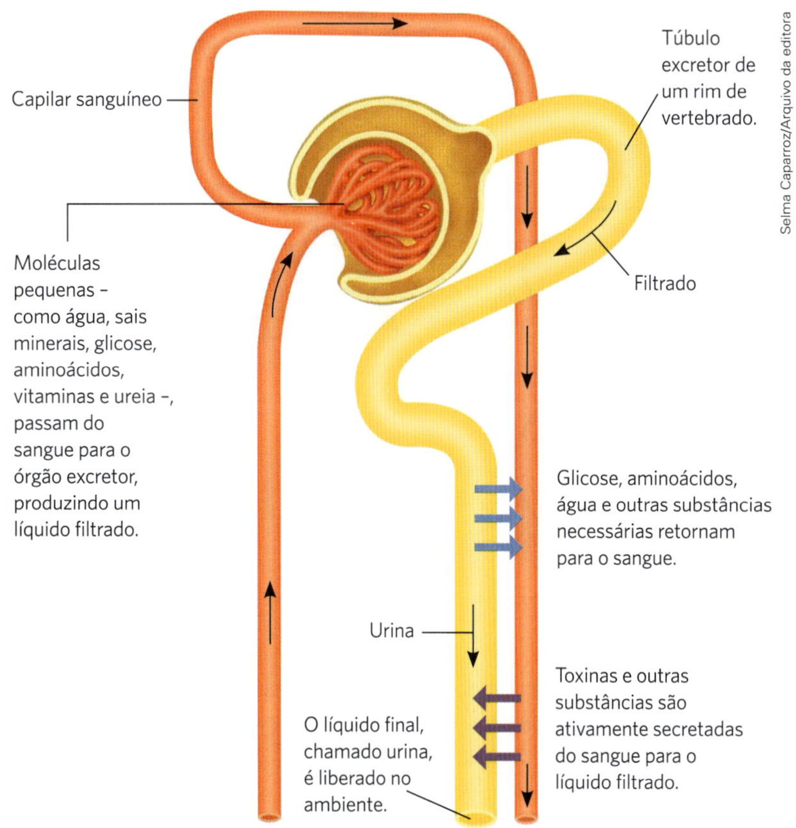

Esquema simplificado da formação de urina no ser humano. Nesses animais, os órgãos excretores – os rins – são formados por milhares de túbulos excretores como esse. As setas indicam o fluxo do sangue e do líquido filtrado. (Elementos fora de proporção de tamanho entre si. Cores fantasia.)

Desenvolvendo habilidades

1 Explique como as seguintes características favorecem os processos de trocas de gases.

a) Corpo achatado.

b) Corpo formado por poucas camadas de células.

c) Órgãos muito ramificados.

2 Considerando o conteúdo estudado, quais substâncias são transportadas

a) pelo sistema circulatório?

b) pelo sistema respiratório?

c) pelo sistema excretor?

3 As figuras abaixo representam de modo simplificado três órgãos de trocas gasosas.

a) No caderno, escreva o nome de cada órgão representado por I, II e III, respectivamente. Justifique sua resposta com elementos das imagens.

b) Associe cada animal a um tipo de órgão respiratório.

c) Qual desses órgãos respiratórios não está relacionado com o sistema circulatório do animal?

Mauro Nakata/Arquivo da editora

(Elementos fora de proporção de tamanho entre si. Cores fantasia.)

4 Agora mesmo, células do seu organismo estão recebendo e eliminando substâncias. Descreva brevemente o caminho de uma molécula de CO_2 eliminada por uma célula do seu dedão do pé até ser expelida pelo organismo.

5 É notável a diferença de velocidade e de tamanho ao compararmos uma lesma marinha e uma lula, ambos do grupo dos moluscos. A lula gigante, por exemplo, pode apresentar cerca de 18 metros de comprimento e é um predador tão rápido quanto várias espécies de peixes.
Justifique as características da lesma e da lula, citadas no texto acima, com base na diferença entre os sistemas circulatórios desses dois moluscos.

Frans Lanting/Mint Images/Agência France-Presse

Lula da espécie *Architeuthis dux* sendo estudada por biólogos marinhos. Essa espécie é a única conhecida para o gênero, cujos registros estimam variação de tamanho entre 6 m e 18 m.

6 Rãs e sapos em geral excretam amônia enquanto são jovens e ureia quando adultos. Relacione as estratégias de excreção em cada fase da vida do animal e a adaptação ao ambiente em que vivem.

Jim Zipp/Science Source/Fotoarena

Representação do desenvolvimento do sapo de madeira (*Rana sylvatica*). (Elementos fora de proporção de tamanho entre si. Cores fantasia.)

7 Além dos peixes ósseos marinhos, outros vertebrados que vivem em ambientes marinhos ou costeiros precisam controlar a concentração de sais em seus organismos. É o caso de aves, como o albatroz, e de répteis, como as tartarugas.

a) Elabore uma hipótese sobre um possível mecanismo de osmorregulação desses animais para controlar o excesso de sais.

b) Faça uma pesquisa e escreva sobre o mecanismo de osmorregulação do albatroz e da tartaruga.

c) Compare sua hipótese com o mecanismo que promove a osmorregulação nesses animais. Para isso, considere os dados que levaram você a elaborar essa hipótese e a coerência deles com o mecanismo pesquisado.

CAPÍTULO 26

Reprodução dos animais

Quando pensamos em reprodução dos animais, em geral imaginamos filhotes peludos mamando ou aves sendo alimentadas pelos pais no ninho. São exemplos próximos do cotidiano da maioria das pessoas. Porém, como você verá, não representam a grande diversidade de estratégias reprodutivas que os animais desenvolveram ao longo da história evolutiva.

Este capítulo favorece o desenvolvimento das habilidades:

EM13CNT102

EM13CNT202

EM13CNT205

EM13CNT301

EM13CNT302

EM13CNT303

! Dica

Dança dos Pássaros

Assista ao documentário para conhecer mais sobre os rituais de acasalamento das aves.
Gênero: documentário
Direção: Huw Cordey
Classificação: livre
Tempo de duração: 51 minutos
Plataforma: Netflix

A continuidade da espécie

A reprodução é parte importante do ciclo de vida de todos os seres vivos. Com os animais, não é diferente. Porém, nesse reino, as estratégias de reprodução variam grandemente - desde a simples liberação de gametas na água até comportamentos sofisticados (como escolha do parceiro, acasalamento e cuidado com os filhotes). Indivíduos de muitas espécies se reproduzem apenas uma vez na vida, morrendo em seguida. Em outras, os indivíduos podem se reproduzir várias vezes ao longo de sua vida.

Lola Fritzsche/All Angle Images

Depois de 16 anos mergulhando, a fotógrafa Lola Fritzsche registra a captura no momento exato em que essa esponja libera uma "nuvem" de gametas na água, em Fernando de Noronha, PE.

Simples ou sofisticadas, todas as estratégias reprodutivas existentes podem ser consideradas sucessos evolutivos, pois é por meio delas que as espécies se perpetuaram, desde sua origem até os dias atuais.

Porém, quando a reprodução de uma espécie é seriamente afetada, ela pode se extinguir.

Risco de extinção e reprodução

A extinção de uma espécie pode ocorrer por diversos fatores, naturais ou antrópicos. A poluição dos ecossistemas em razão do descarte incorreto de substâncias provoca impactos que podem comprometer muitas espécies, inclusive por afetar suas estratégias reprodutivas. Faltam dados sobre muitas espécies, o que dificulta a identificação do número exato de quantas estão em risco de extinção. A lista vermelha da IUCN (sigla em inglês de União Internacional para a Conservação da Natureza) estima cerca de 7 500 espécies animais ameaçadas e 750 espécies animais extintas, muitas por ação direta de seres humanos. Cientistas argumentam que a exposição de espécies filtradoras de baleias e de tubarões a microplásticos pode alterar hormônios que regulam suas funções reprodutivas.

Reprodução assexuada

É o tipo de reprodução em que não há fusão de gametas. Muitas espécies que apresentam reprodução assexuada também podem se reproduzir sexuadamente.

Geralmente, o novo indivíduo é produzido por mitoses sucessivas, sendo geneticamente idêntico ao organismo que o gerou. A reprodução assexuada ocorre no **brotamento**, quando um novo indivíduo surge do corpo de outro, e na **regeneração** (ou **fragmentação**), em que um novo organismo se forma de partes separadas do corpo do animal genitor.

Mauro Nakata/Arquivo da editora

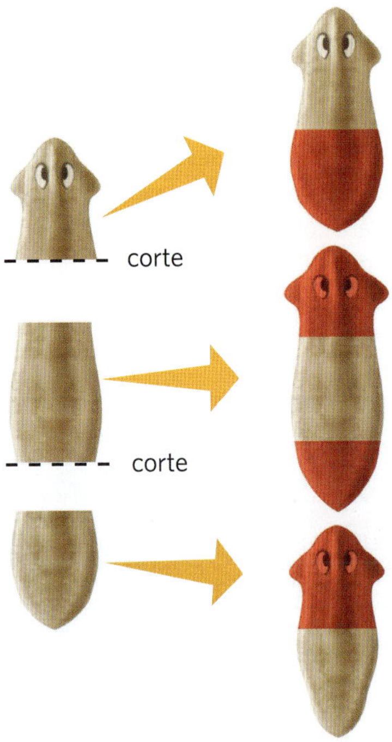

Esquema da reprodução assexuada de uma planária. O animal sofre fragmentações naturais ou provocadas por predadores. Cada fragmento do animal pode dar origem a um novo ser completo. (Elementos fora de proporção de tamanho entre si. Cores fantasia.)

Oxford Scientific/Getty Images

Fotografia de hidra (*Hydra* sp.) com um broto lateral. (Até cerca de 15 mm de altura.)

Na reprodução por **partenogênese**, um gameta feminino, o óvulo, se desenvolve sem fecundação, gerando um indivíduo haploide. Esse fenômeno é comum em abelhas: os zangões (machos) desenvolvem-se por partenogênese; as abelhas operárias e rainhas (fêmeas), de ovos fecundados.

Fabio Colombini/Acervo do fotógrafo

Escorpião-amarelo (*Tityus serrulatus*) carregando seus filhotes (7 cm de comprimento). Nesta espécie, não são conhecidos indivíduos machos, a reprodução ocorre por partenogênese. A picada desse escorpião pode causar sintomas graves e levar a óbito.

Reprodução sexuada

Neste tipo de reprodução, indivíduos adultos produzem gametas haploides por meiose. A fecundação entre um **óvulo** (gameta feminino) e um **espermatozoide** (gameta masculino) forma um zigoto diploide, que dará origem a um indivíduo adulto.

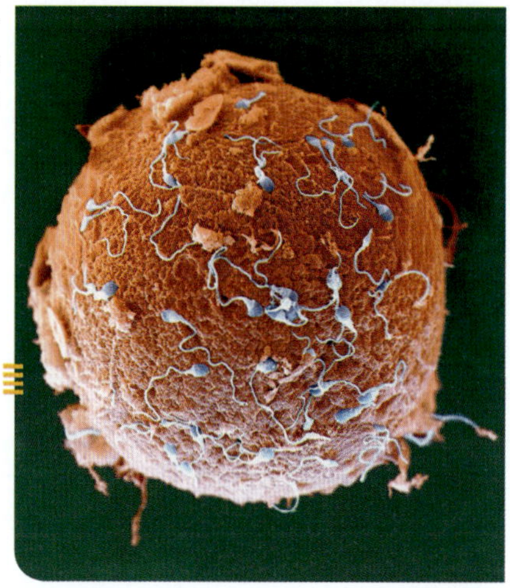

Eye Of Science/SPL/Fotoarena

Fotografia de espermatozoides e de um ovócito humanos (célula que dará origem ao óvulo) obtida em microscópio eletrônico de varredura. (Aumento de 550 vezes. Cores artificiais.) Na maioria dos animais, incluindo os seres humanos, os gametas masculinos podem se locomover e são menores que o gameta feminino. Em geral, nos seres humanos, apenas um espermatozoide consegue fertilizar o ovócito.

Os gametas dos animais podem ser masculinos ou femininos, mas os indivíduos que os produzem nem sempre são apenas machos ou apenas fêmeas. Entre os invertebrados, é comum a existência de espécies **hermafroditas** - cada indivíduo é capaz de produzir ambos os tipos de gametas. Em geral, um indivíduo hermafrodita não fecunda a si mesmo. Uma vantagem do hermafroditismo é garantir que a reprodução possa acontecer entre quaisquer dois indivíduos que se encontrem.

O fenômeno de **reversão sexual**, no qual indivíduos passam por mudanças hormonais que levam à alteração de sexo durante a vida, ocorre em certas espécies de peixes, anfíbios e invertebrados. É especialmente vantajosa quando há grande diferença na proporção de machos e fêmeas em uma população.

Por fim, alguns cnidários passam por ambos os tipos de reprodução - assexuada e sexuada - em seus ciclos de vida. Esses animais apresentam **alternância de gerações** entre pólipos e medusas.

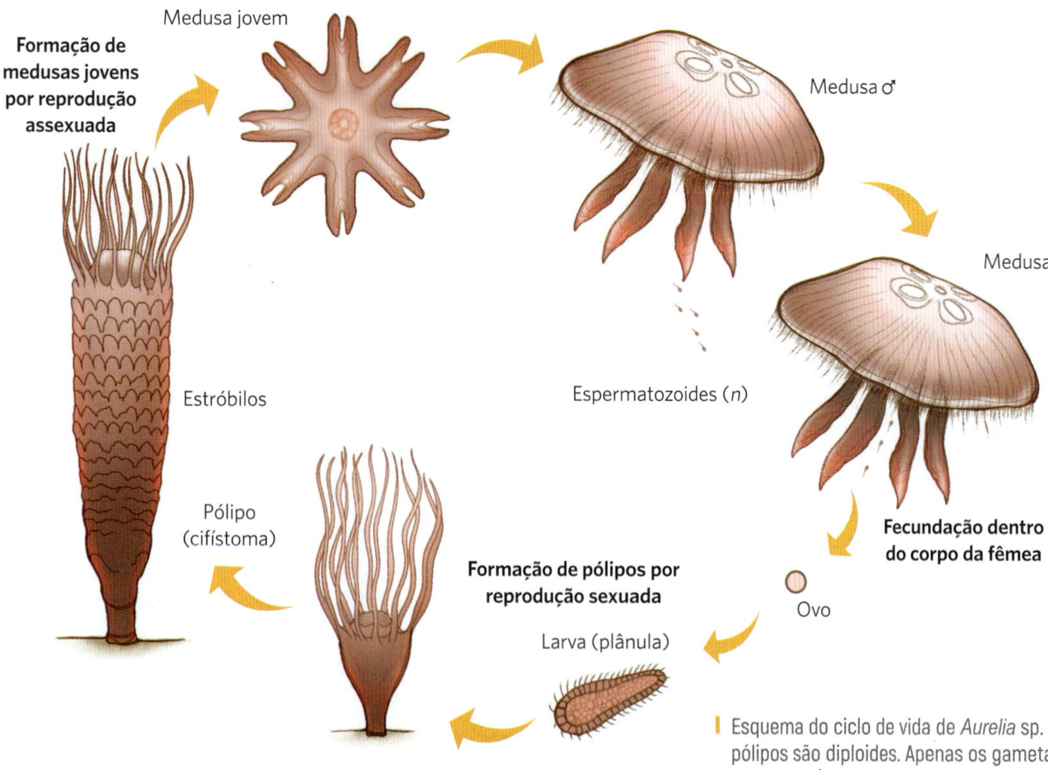

Mauro Nakata/Arquivo da editora

Elaborado com base em: RUPPERT, E. E.; FOX, R. D.; BARNES, R. D. *Zoologia dos invertebrados*. 7. ed. São Paulo: Roca, 2005. p. 132.

Esquema do ciclo de vida de *Aurelia* sp. Medusas e pólipos são diploides. Apenas os gametas são haploides. (Elementos fora de proporção de tamanho entre si. Cores fantasia.)

Época de reprodução

Como os demais seres vivos, os animais estão adaptados a seu ambiente. Não é raro que a reprodução esteja "sincronizada" com mudanças sazonais, como invernos rigorosos ou estações secas. De modo geral, os filhotes nascem quando as condições ambientais são mais favoráveis, por exemplo, na época em que o clima é mais ameno ou há mais alimentos disponíveis. Esse sincronismo aumenta as chances de sobrevivência da prole.

No entanto, as atividades humanas têm provocado alterações no regime de chuvas, secas, aumento de temperatura e outras mudanças climáticas que afetam os seres vivos em diversas regiões do planeta. O uso crescente de combustíveis fósseis - como o petróleo - libera grandes quantidades de CO_2, gás que retém o calor do Sol.

Até o momento, a temperatura global subiu cerca de 0,85 °C desde o século XIX. Parece pouco, mas é o suficiente para prejudicar muitas espécies sensíveis a variações mínimas de temperatura. Estimativas indicam que entre 70% e 90% dos recifes de corais devem desaparecer se o aumento de temperatura chegar a 1,5 °C. Se o aumento for de 2 °C, esse número sobe para mais de 99%, impactando também as pessoas que se alimentam de peixes que vivem nos recifes e todos os seres vivos que dependem deles.

A reprodução é uma etapa crucial para a sobrevivência da espécie e também um período de maior vulnerabilidade, tanto para os adultos como para os filhotes. Por isso, é importante adotar medidas de proteção, como a proibição da caça, da coleta e da pesca nos meses em que a reprodução acontece. O período de defeso varia de acordo com a espécie e, no Brasil, concentra-se entre os meses de novembro e março.

Samantha Crimmin/Shutterstock

Os pinguins-de-adélia (*Pygoscelis adeliae*) vivem na Antártica. O aquecimento global e, consequentemente, o degelo prejudicam as populações de *krill*, seu principal alimento. Temperaturas mais altas podem alterar também a época em que os filhotes saem dos ovos; às vezes coincidindo com períodos de escassez de alimento. Nas regiões mais afetadas, as populações dessas aves foram reduzidas em até 65%. (Cerca de 70 cm de altura.)

Dr. Jeremy Burgess/SPL/Fotoarena

Na maior parte do ano, pulgões se reproduzem por partenogênese, gerando filhotes de forma assexuada, como na foto. Condições ambientais desfavoráveis induzem a reprodução sexuada, que origina ovos resistentes. (Cerca de 1 mm de comprimento.)

Fecundação externa ou interna

Na fecundação externa, os gametas se fundem no ambiente, fora do organismo dos pais. É característica de muitos invertebrados aquáticos. Na época de reprodução, machos e fêmeas de uma população liberam grande número de gametas no ambiente. A fecundação ocorre quando dois gametas da mesma espécie se fundem.

Andrew J. Martinez/Science Source/Fotoarena

Ouriço-do-mar (*Tripneustes ventricosus*) liberando gametas na água. Em espécies com fecundação externa como essa, a proximidade entre o macho e a fêmea aumenta as chances de encontro dos gametas. (Cerca de 15 cm de diâmetro.)

A fecundação interna é uma importante adaptação à vida em ambiente terrestre, onde os gametas não podem nadar até se encontrarem. Nesse tipo de fecundação, o encontro dos gametas masculino e feminino ocorre dentro do corpo da fêmea.

Animais que apresentam fecundação interna, em geral, têm sistemas reprodutores mais complexos, com órgãos que realizam não apenas a produção de gametas, mas também o acasalamento. Neste caso, a chance de fecundação é muito maior, o que pode explicar por que animais com fecundação interna produzem menos gametas que animais com fecundação externa. Após a fecundação, o embrião pode se desenvolver completamente dentro do corpo da mãe, como nos mamíferos e outros vivíparos, ou completar seu desenvolvimento no ambiente, no caso dos animais ovíparos. Há também animais ovovivíparos, que retêm os ovos dentro do organismo até sua eclosão, enquanto os embriões se alimentam das reservas nutritivas do ovo.

Jia Images/Shutterstock

Borboletas (*Polyommatus amandus*) acasalando. (Cerca de 3,5 cm de envergadura.)

Do filhote ao adulto

Dentro ou fora do corpo da mãe, o zigoto unicelular passa por várias divisões e forma um embrião, como vimos no Capítulo 23 - Origem dos animais e seus grupos.

Em muitas espécies animais, o embrião não se desenvolve diretamente em adulto, mas em larva - indivíduo sexualmente imaturo e de aparência diferente do adulto. Larvas e adultos podem explorar *habitat* e nichos ecológicos muito diferentes, evitando a competição intraespecífica pelos mesmos recursos. Por exemplo: larvas de mosquito vivem na água, enquanto os adultos voam; girinos se alimentam de algas, sapos são carnívoros. As larvas crescem e, em algum momento, passam por metamorfose, processo em que seu corpo sofre mudanças radicais e se transforma em adulto - indivíduo sexualmente maduro.

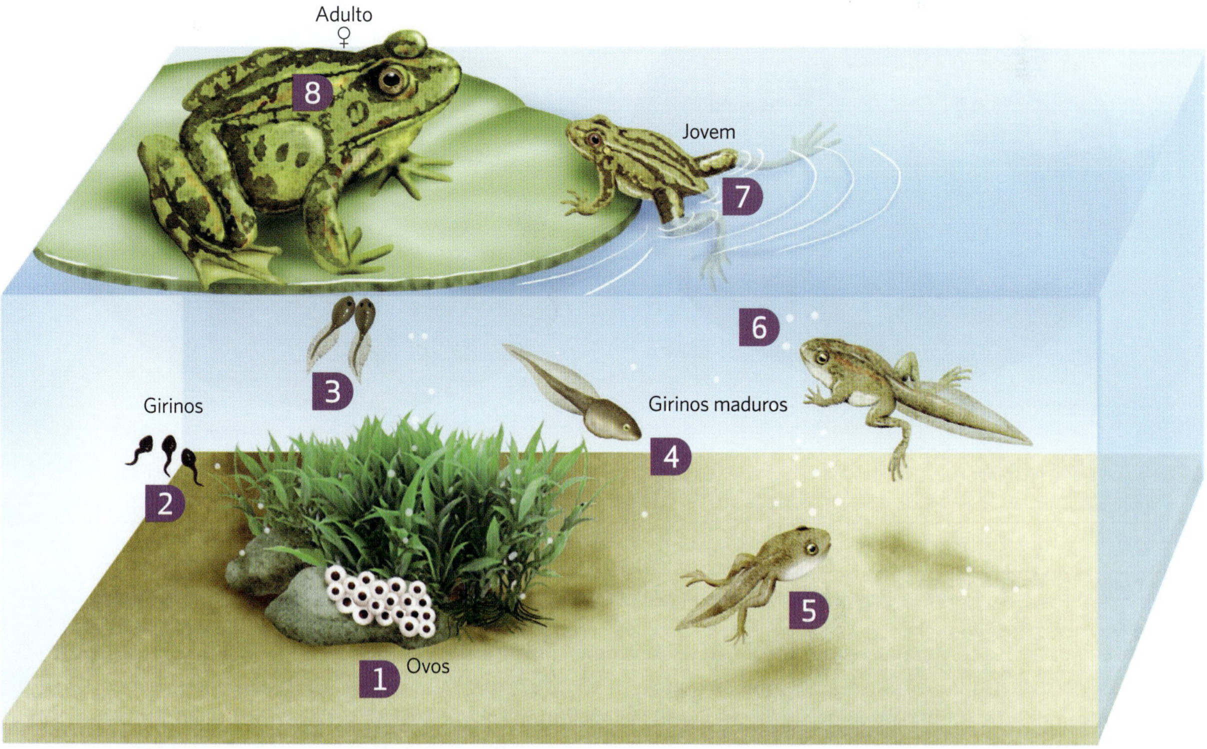

r2 editorial /Arquivo da editora

Esquema da metamorfose em anuros (sapos, rãs e pererecas). Os números indicam a sequência da metamorfose. (Elementos fora de proporção de tamanho entre si. Cores fantasia.)

Entre os insetos, há grupos com metamorfose parcial (hemimetábolos), em que o animal jovem é semelhante ao adulto, mas não tem asas e é sexualmente imaturo, sendo chamado de ninfa. Exemplos: gafanhoto, barata, barbeiro. Nos grupos de insetos com metamorfose completa (holometábolos), o ciclo de vida tem quatro etapas: ovo, larva, pupa (fase em que ocorre a metamorfose) e adulto.

Esquema de desenvolvimento hemimetábolo (gafanhoto, no exemplo) com sucessivas mudas. (Cores fantasia.)

Na sequência de fotografias é possível perceber o ciclo de vida da mariposa-do-bicho-da-seda (*Bombyx mori*), que tem metamorfose completa. Nessa espécie, a larva tece um casulo de fios de seda dentro do qual a pupa permanece abrigada.

Ovos de vertebrados

No desenvolvimento embrionário dos vertebrados formam-se várias membranas externas ao corpo do embrião (chamadas membranas extraembrionárias ou **anexos embrionários**).

Em peixes e anfíbios, animais que, via de regra, se reproduzem dentro da água, o único anexo embrionário é o **saco vitelino**, ou vesícula vitelina, que envolve todo o **vitelo** (substância de reserva nutritiva) contido nos ovos e, através de seus vasos sanguíneos, é responsável pela absorção dos nutrientes pelo embrião, durante seu desenvolvimento. Não existe casca, apenas um revestimento gelatinoso.

Com exceção das espécies aquáticas, répteis, aves e mamíferos reproduzem-se em ambiente terrestre. Além de receber nutrientes, seu embrião precisa estar protegido da desidratação. Seus ovos, assim como o das aves, são revestidos por **casca**, o que evita perda de água em excesso, além de permitir as trocas gasosas. Nos répteis, surgiram outros anexos, que garantem o desenvolvimento embrionário independente do meio aquático. Esses anexos são o **cório**, a **alantoide** e o **âmnio**, que caracterizam o **ovo amniótico**, presente também em aves e mamíferos.

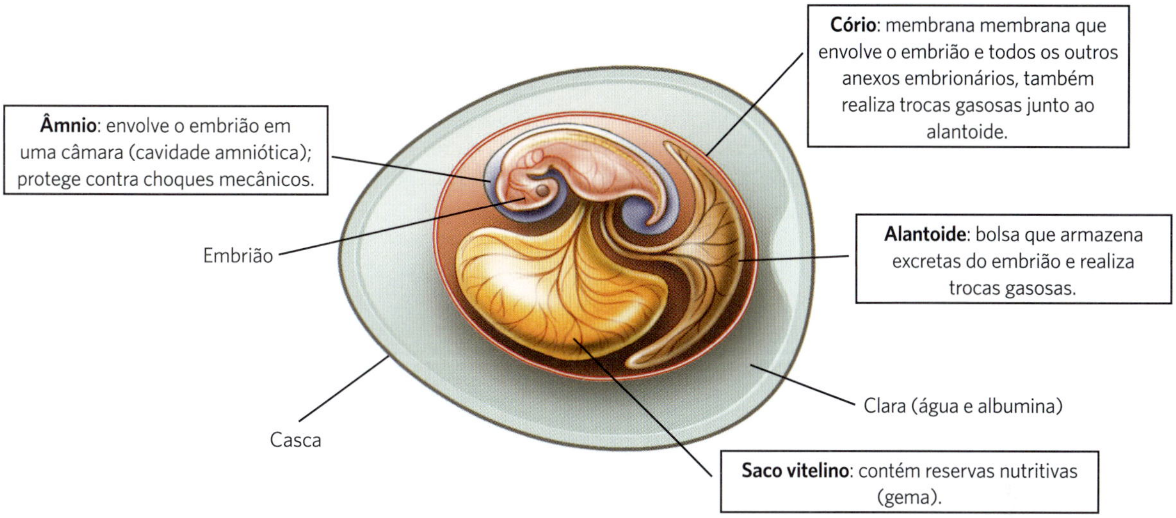

Esquema de um ovo de réptil, mostrando os anexos embrionários, que não fazem parte do corpo do embrião. (Elementos fora de proporção de tamanho entre si. Cores fantasia.)

Répteis, aves e mamíferos são animais **amniotas**, enquanto peixes e anfíbios, que não apresentam o ovo amniótico, são **anamniotas**.

Em quase todos os mamíferos, existe outro anexo, a **placenta**, responsável pela fixação do embrião no útero e por todas as trocas de substâncias efetuadas entre a mãe e o embrião.

Os mamíferos placentários são vivíparos, pois completam todo o desenvolvimento embrionário no útero materno. Neles, o alantoide e o saco vitelino são menos desenvolvidos, e suas funções são desempenhadas pela placenta. Nos monotremados (ornitorrinco e equidna), mamíferos ovíparos, essas duas vesículas são funcionais, assim como nas aves e nos répteis, e não há formação de placenta. Os embriões de cangurus, gambás e outros marsupiais não completam seu desenvolvimento no útero. Após o nascimento, os filhotes se alojam em uma bolsa (marsúpio) localizada no ventre da mãe, onde se agarram a glândulas mamárias e completam seu desenvolvimento.

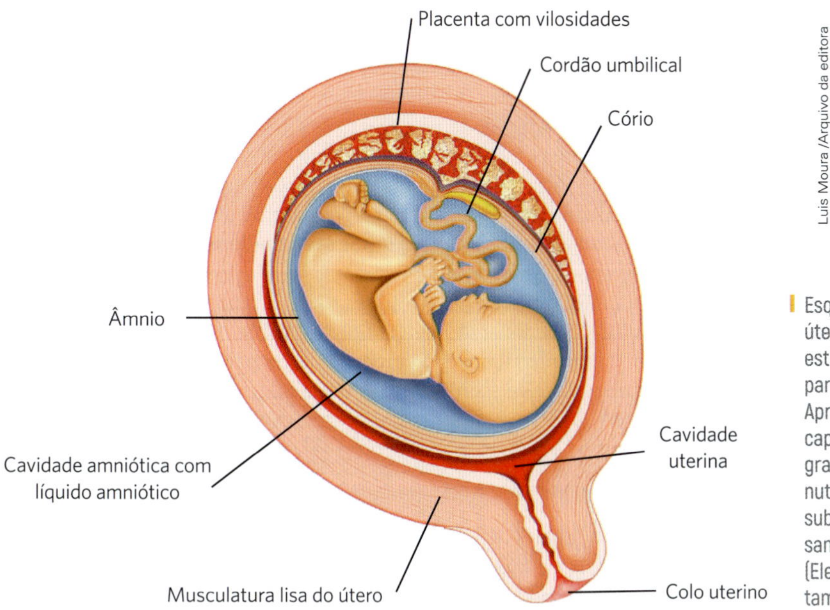

Esquema de feto humano dentro do útero. A placenta é formada por estruturas embrionárias – cório – e por parte da parede uterina da mãe. Apresenta muitas vilosidades, ricas em capilares sanguíneos. Isso promove grande superfície para trocas de nutrientes, excretas e outras substâncias que circulam entre o sangue materno e o do embrião. (Elementos fora de proporção de tamanho entre si. Cores fantasia.)

Cuidado com os filhotes

Em muitas espécies de animais, não há cuidado parental antes ou depois da formação do embrião. Este deve sobreviver por si no ambiente desde a fase de zigoto, dentro ou fora de um ovo com reservas de alimento. Nessas espécies, de milhares de ovos gerados, poucos chegam à vida adulta.

Por outro lado, em diversos animais surgiram comportamentos de cuidado com a prole, como a proteção de ovos e filhotes de predadores ou mesmo com a alimentação das crias durante certo período. Os cuidados parentais são mais elaborados entre as aves e os mamíferos, grupo no qual as fêmeas produzem leite, o alimento dos filhotes. Cuidados parentais aumentam a probabilidade de sobrevivência dos filhotes, porém requerem muita energia dos pais; de modo geral, essas espécies geram menos descendentes e a taxa de sobreviência é alta.

Ferramentas digitais

Durante muito tempo, grande parte do conhecimento científico era divulgado por meio de livros, jornais ou revistas. No entanto, as mídias digitais mudaram o modo como conhecimentos são produzidos e compartilhados. Leia o trecho a seguir.

O que é uma *wiki*?

Uma definição simples de uma *wiki* é uma página *web* que geralmente permite sua alteração por qualquer pessoa que tenha um navegador de internet e possa acessar a página *wiki*. Uma página *wiki* utiliza um código fácil de editar que permite que se utilizem textos, *links* e imagens sem a necessidade de aprendizado de códigos de programação como HTML.

O nome *Wiki* foi dado por Ward Cunningham – criador da primeira página *wiki* –, que se baseou no termo havaiano *wiki-wiki*, que significa rápido. Existem diversos sistemas *Wikis* disponíveis, pagos ou gratuitos, para as mais diversas necessidades.

WIKIVERSIDADE. *Ajuda:* O que é uma *Wiki*? Disponível em: https://pt.wikiversity.org/wiki/Ajuda:O_que_e_uma_Wiki%3F. Acesso em: 7 jul. 2020.

Talvez a *Wikipedia* seja a página *wiki* mais conhecida e acessada. Em todo o mundo, uma rede de pessoas se dispõe a escrever, corrigir, atualizar e traduzir conteúdos sobre os mais diversos assuntos. Leia a seguir um trecho de um artigo.

Sungai, uma dragão-de-komodo do Zoológico de Londres, fez uma postura de ovos no fim de 2005, depois de estar separada de qualquer companhia masculina durante mais de dois anos. Os cientistas assumiram inicialmente que ela tinha sido capaz de armazenar esperma desde [seus contatos] anteriores com um macho, uma adaptação conhecida como superfecundação.

WIKIPÉDIA. Dragão-de-komodo. Disponível em: https://pt.wikipedia.org/wiki/Dragão-de-komodo#Partenogénese. Acesso em: 7 jul. 2020.

a) Além da superfecundação, a partenogênese era outra hipótese possível para explicar a misteriosa reprodução de Sungai. No entanto, a partenogênese nunca havia sido observada em dragões-de-komodo. Que tipo de experimento poderia ser realizado para descobrir como Sungai se reproduziu?

b) Os cientistas descobriram que Sungai se reproduziu por partenogênese. Nos dragões-de-komodo, todos os filhotes gerados por partenogênese são machos. Qual é a vantagem desse tipo de reprodução nesta situação?

c) Ferramentas *wiki* têm vantagens como colaboração de diferentes pessoas para produzir e aperfeiçoar conteúdos. Porém, uma desvantagem é a possibilidade de inserção de conteúdos distorcidos. Você acha que as ferramentas *wiki* são confiáveis ou só confia em informações divulgadas por especialistas no assunto?

d) Sua turma vai criar um glossário de maneira colaborativa (semelhante ao que ocorre em uma página *wiki*) sobre reprodução animal. Cada pessoa pode escrever um ou mais verbetes sobre qualquer palavra relacionada ao assunto. Procurem escrever textos curtos, com no máximo 150 palavras, acompanhados ou não de imagens.

Desenvolvendo habilidades

1 Observe a foto ao lado, de uma estrela-do-mar.

L. Newman & A. Flowers/Science Source/Fotoarena

a) O que pode ter ocorrido com esse animal para que um de seus braços seja tão maior que os demais?

b) Faça um desenho de como essa estrela-do-mar provavelmente estará alguns meses depois.

2 A alternância de gerações é característica do ciclo de vida das plantas e de alguns cnidários. Cite duas diferenças entre a alternância de gerações nesses casos.

3 Diversos animais apresentam comportamentos curiosos em relação à reprodução. Em algumas espécies de louva-a-deus, a fêmea às vezes devora o parceiro após a cópula. O canibalismo é vantajoso para ela, pois fornece um alimento nutricionalmente valioso. Também é vantajoso para a reprodução: fêmeas que devoram seus parceiros produzem o dobro dos ovos.

a) Do ponto de vista evolutivo, ser devorado pode ser vantajoso também para o macho. Você consegue explicar por quê?

b) Que estratégia um macho que não foi devorado pode adotar para aumentar seu sucesso reprodutivo? Antes de responder, convém esclarecer de antemão que machos de louva-a-deus não realizam cuidado parental.

4 Você conhece o projeto Tamar? Ao longo de 40 anos, esse projeto protege as tartarugas marinhas e as praias onde elas desovam. Veja uma postagem do projeto Tamar em uma rede social.

Renato Barreto/Projeto Tamar

a) As tartarugas marinhas sofrem várias ameaças, algumas pouco conhecidas. Com o crescimento das cidades, prédios são construídos muito próximo às praias, sombreando a areia. Explique as consequências que isso pode ter sobre a reprodução das tartarugas marinhas que desovam nessas praias.

b) Além do Tamar, outros projetos divulgam informações, fotos, vídeos e depoimentos nas redes sociais. Busque uma postagem que faça um alerta sobre uma questão ambiental de preservação ou sustentabilidade com algum grupo de animal. Escreva um texto em que se discuta a questão levantada e, se for o caso, a viabilidade das soluções apresentadas.

5 O mosquito *Aedes aegypti* é o transmissor dos vírus da dengue, *zika* e febre *chikungunya*. Chegou a ser erradicado de algumas cidades no começo do século XX, mas reapareceu aos poucos e, atualmente, é uma das grandes preocupações da saúde pública no país. Existem várias campanhas de alerta à população e de combate ao mosquito. A figura a seguir retrata o ciclo de vida do *Aedes aegypti*.

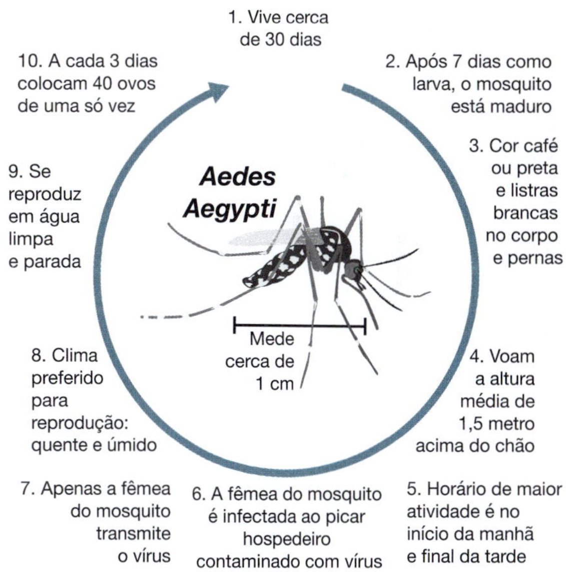

a) Qual fase da vida do mosquito não foi representada nesse esquema?

b) Em qual fase da vida o *A. aegypti* transmite doenças?

c) A campanha *10 minutos contra o Aedes* estimula a verificação de locais que servem de criadouro do mosquito toda semana. Esse hábito simples, que leva menos de 10 minutos, pode salvar vidas. Com base na figura, por que essa campanha pede que a verificação seja feita semanalmente?

Em contexto

Conheça a Wolbachia

Sobre a Wolbachia

A *Wolbachia pipientis* é uma bactéria. [...] pode ocorrer naturalmente em até 60% de todos os insetos do mundo, incluindo [...] mosquitos [...] a *Wolbachia* [...] não é capaz de infectar vertebrados, incluindo os humanos.

Cientistas [...] demonstraram, em condições de laboratório, que a *Wolbachia* é capaz de reduzir a transmissão do vírus da dengue pelo mosquito *Aedes aegypti*. [...]

Autossustentabilidade nas gerações de mosquitos

[...] fêmeas com *Wolbachia* sempre geram filhotes com *Wolbachia* no processo de reprodução [...], quando as fêmeas sem *Wolbachia* se acasalam com machos com a *Wolbachia*, os óvulos fertilizados morrem.

A reprodução do *Aedes aegypti* com *Wolbachia*

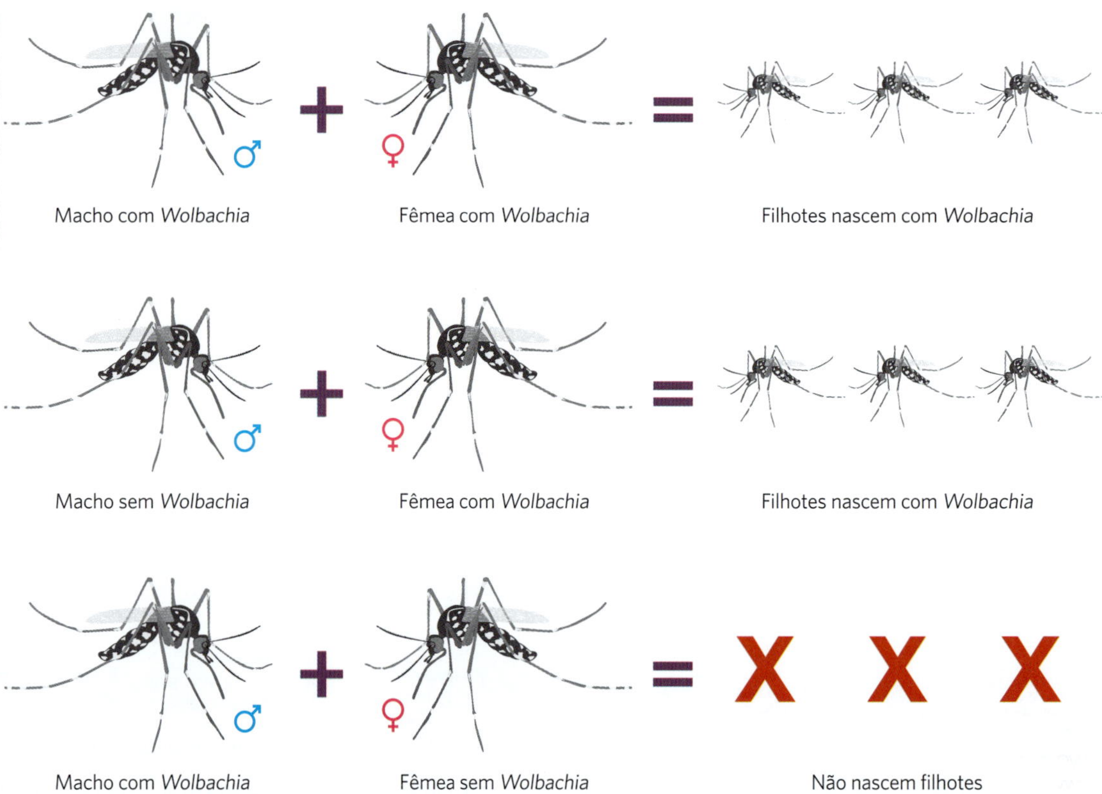

Banco de imagem/Arquivo da editora

Como a *Wolbachia* é introduzida nas células do *Aedes*

A *Wolbachia* foi inicialmente transferida da mosca-da-fruta para os ovos do *Aedes aegypti* por meio de um procedimento de microinjeção, realizado com uma agulha extremamente fina. [...]

Os ovos do *Aedes aegypti* com *Wolbachia* foram trazidos ao Brasil da Austrália, com autorização do IBAMA, autoridade competente para importação ou exportação de material biológico. A partir destes ovos, eclodiram pupas que se tornaram mosquitos adultos utilizados para o estabelecimento de uma colônia brasileira de *Aedes aegypti* com *Wolbachia*, em condições de laboratório na Fiocruz.

WORLD MOSQUITO PROGRAM. *Sobre a Wolbachia*.
Disponível em: http://www.eliminatedengue.com/brasil/wolbachia.
Acesso em: jul. 2020.

As ações do projeto seguem protocolo aprovado pela Comissão Nacional de Ética em Pesquisa (CONEP) e se dividem em diferentes etapas.

Engajamento Comunitário

Na fase de Engajamento Comunitário, as equipes do projeto interagem com a população e instituições como unidades de saúde, escolas, igrejas, associações e organizações não governamentais para compartilhar informações e explicar o Método Wolbachia e também como será o trabalho realizado em campo. [...]

Liberação de mosquitos

Após o trabalho de Engajamento Comunitário, começa a liberação dos mosquitos *Aedes aegypti* com a bactéria *Wolbachia*. [...]

Monitoramento

Cerca de um mês após o início das liberações de *Aedes* com *Wolbachia*, começa o monitoramento da população de *Aedes aegypti*. Armadilhas são instaladas na casa de anfitriões, isto é, moradores e comerciantes locais que, voluntariamente, disponibilizam um local para a instalação da armadilha. [...]

Semanalmente, técnicos vão até esses locais para fazer a coleta dos mosquitos. [...]

Na sequência, os *Aedes aegypti* são enviados para o Laboratório de Diagnóstico [...]. Essa análise tem por objetivo identificar [...] a porcentagem de mosquitos *Aedes aegypti* com *Wolbachia* em cada área.

O método não envolve modificação genética nem no mosquito, nem na bactéria [...] é autossustentável.

[...] quando inserida no mosquito *Aedes aegypti*, a bactéria *Wolbachia* é capaz de reduzir a transmissão dos vírus dengue e da febre amarela (que são da mesma família Flaviviridae) e do vírus Chikungunya (que pertence à família Togaviridae). Recentemente, os pesquisadores do projeto Eliminar a Dengue: Desafio Brasil publicaram um artigo na revista científica 'Cell Host & Microbe' no qual demonstram que a *Wolbachia* atua sobre o vírus *Zika*, que pertence à mesma família dos vírus dengue e da febre amarela. Vale acrescentar que a *Wolbachia* atua ainda na redução do parasita *Plasmodium*, causador da malária, doença transmitida por outra espécie de mosquito.

WORLD MOSQUITO PROGRAM. Disponível em: http://www.eliminatedengue.com/brasil. Acesso em: jul. 2020.

khlungcenter/Shutterstock

A bactéria *Wolbachia* reduz a transmissão de diversos vírus pelo mosquito *Aedes aegypti*. Estudos preliminares indicam que a bactéria também é capaz de atuar sobre o vírus da *Zika*.

1 As formas tradicionais de combate ao *Aedes aegypti* são a eliminação dos criadouros e a aplicação de inseticidas e larvicidas. Esses métodos precisam ser repetidos constantemente. Explique por que o método *Wolbachia* é considerado autossustentável e não influencia na eficácia dos demais métodos.

2 Antes de ser implantado, o método *Wolbachia* passou por aprovação do Ibama e de outros órgãos do governo, para atestar sua segurança e eficácia, e também pela aprovação das comunidades onde os mosquitos com *Wolbachia* são soltos. Em sua opinião, qual é a importância dessas instâncias?

3 Se mosquitos com *Wolbachia* fossem liberados no seu bairro hoje, como você poderia colaborar com o projeto?

Você no Enem e nos vestibulares

1 (Enem) O deserto é um bioma que se localiza em regiões de pouca umidade. A fauna é, predominantemente, composta por animais roedores, aves, répteis e artrópodes.
Uma adaptação, associada a esse bioma, presente nos seres vivos dos grupos citados é o(a)

a) existência de numerosas glândulas sudoríparas na epiderme.
b) eliminação de excretas nitrogenadas de forma concentrada.
c) desenvolvimento do embrião no interior de ovo com casca.
d) capacidade de controlar a temperatura corporal.
e) respiração realizada por pulmões foliáceos.

2 (Fuvest-SP) O esquema representa, de maneira bastante simplificada, uma das possíveis hipóteses de relação de parentesco entre grupos animais, assinalados pelo nome comum de alguns de seus representantes. Na base do esquema, a característica que une todos em um mesmo grupo é a deuterostomia.

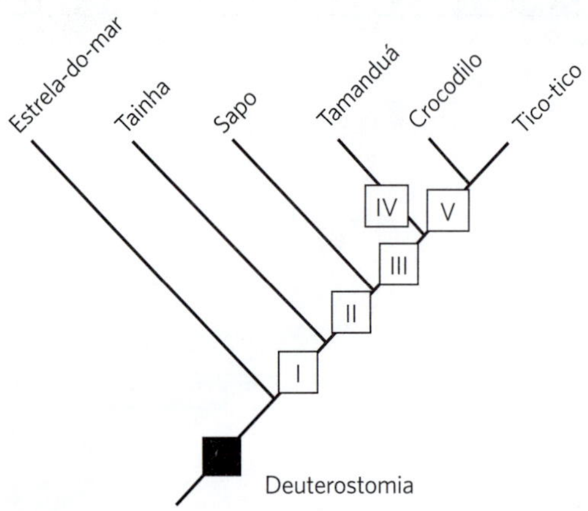

Identifique quais seriam as características I, II, III, IV, V que justificariam os respectivos grupos.

a) I-notocorda; II-pulmão; III-âmnio; IV-pelo; V-ovo com casca.
b) I-escamas; II-encéfalo; III-pulmão; IV-glândulas mamárias; V-âmnio.
c) I-mandíbula; II-4 membros locomotores; III--pulmão; IV-ventrículo subdividido em 2 câmaras; V-ovo com casca.
d) I-notocorda; II-4 membros locomotores; III--pulmão; IV-glândulas mamárias; V-pena.
e) I-âmnio; II-pulmão; III-mandíbula; IV-ventrículo subdividido em 2 câmaras; V-escama.

3 (Uece) Em setembro de 2017, o cantor e compositor Nando Reis visitou um laboratório do curso de Biologia de uma universidade cearense, antes de show em Fortaleza. "Em seu Instagram, Nando compartilhou fotos ao lado de professores do curso e ressaltou a importância do trabalho na luta pela sustentabilidade. Em seu post, o cantor demonstrou empolgação em conhecer a Coleção Malacológica Henry Ramos Matthwes - ramo da biologia que estuda os moluscos [...] Em uma das fotos, ele cita sua paixão pela ciência e o nome científico de cada uma das conchas..."

Fonte: http://blogs.diariodonordeste.com.br/playsom/nandoreis/nando-reis-visita-laboratorio-do-curso-de-biologia-daufc-antes-de-show-em-fortaleza/

No que diz respeito a moluscos, assinale a afirmação verdadeira.

a) Moluscos têm a pele grossa e geralmente usam carapaças, que são conchas mineralizadas, como proteção.
b) Polvo, lula, caracol, marisco, caramujo, lesma, pepino-do-mar e ouriço-do-mar são exemplos de moluscos.
c) Os moluscos aquáticos respiram por filamentos branquiais enquanto os terrestres respiram por pulmões ou troca gasosa pela pele.
d) Moluscos têm reprodução assexuada, sendo que a maioria apresenta sexos separados, e outros são animais hermafroditas.

4 (UEL-PR) Uma das características mais fundamentais dos metazoários são os olhos, que se apresentam em uma variedade de tipos. Quase todos são sensíveis à luz, e a maioria possui algum tipo de fotorreceptor, porém somente os representantes de alguns filos desenvolveram olhos capazes de formar imagens. Os olhos compostos compreendem de poucas a muitas unidades fotorreceptoras cilíndricas denominadas omatídios. Cada omatídio contribui com a imagem de uma parte do objeto, de modo que o conjunto forma a sua imagem total.
Assinale a alternativa que indica, corretamente, qual grupo animal é caracterizado pelos olhos descritos acima.

a) Artrópodes.
b) Anelídeos.
c) Cnidários.
d) Moluscos.
e) Platelmintos.

5 (Uerj) As aves atuais possuem peso corporal reduzido em relação a seus ancestrais, o que favorece o voo em decorrência de algumas transformações anatômicas e fisiológicas.

Aponte duas características das aves atuais decorrentes das transformações que contribuíram para a redução do peso corporal desses animais.

6 (Vassouras-RJ) Pequenos roedores sobrevivem em desertos onde a disponibilidade de água é extremamente reduzida. Essa sobrevivência é possível devido a adaptações evolutivas desses seres vivos. Uma das adaptações que esses animais apresentam é

a) ureteres curtos
b) alças néfricas longas
c) suprarenais atrofiadas
d) glomérulos desenvolvidos

7 (UEA-AM) Comparando-se a organização do sistema nervoso em cnidários, como as águas-vivas, e platelmintos, como as planárias, pode-se afirmar que:

a) nos cnidários, o sistema nervoso apresenta-se mais difuso em função da simetria bilateral corpórea.
b) em ambos os grupos, o sistema nervoso apresenta-se mais centralizado em função da simetria radial corpórea.
c) nos platelmintos, o sistema nervoso apresenta-se mais centralizado em função da simetria bilateral corpórea.
d) nos cnidários, o sistema nervoso apresenta-se mais centralizado em função da simetria radial corpórea.
e) nos platelmintos, o sistema nervoso apresenta-se mais difuso em função da simetria bilateral corpórea.

8 (Fuvest-SP) Os tatuzinhos-de-jardim, escorpiões, siris, centopeias e borboletas são todos artrópodes. Compartilham, portanto, as seguintes características:

a) simetria bilateral, respiração traqueal e excreção por túbulos de malpighi.
b) simetria bilateral, esqueleto corporal externo e apêndices articulados.
c) presença de cefalotórax, sistema digestório incompleto e circulação aberta.
d) corpo não segmentado, apêndices articulados e respiração traqueal.
e) corpo não segmentado, esqueleto corporal externo e excreção por túbulos de malpighi.

9 (Unesp-SP) Os microplásticos representam aproximadamente 92,4% da contagem global de partículas de lixo plástico. Estes pequenos plásticos de até 5 mm de tamanho estão entrando no ambiente marinho, contaminando um sistema já vulnerável.

(www.arocha.org. Adaptado.)

Os mexilhões estão entre os invertebrados marinhos diretamente afetados pela presença de partículas de microplásticos nas águas, uma vez que, para se alimentarem,

a) capturam micropartículas batendo os flagelos dos coanócitos.
b) raspam com a rádula a superfície do substrato marinho.
c) trituram com dentes calcários outros animais menores.
d) filtram partículas de alimento na água circundante.
e) circulam a água pelos canais do sistema ambulacrário.

10 (Unicamp-SP) Nos quadrinhos a seguir, o personagem Garfield questiona a relevância ecológica do animal representado à direita.

Reprodução/UNICAMP, 2019.

Assinale a alternativa que descreve corretamente aspectos zoológicos e ecológicos referentes a esse animal.

a) As minhocas são invertebrados do filo dos anelídeos, possuem corpo celomado e segmentado, convertem detritos ingeridos em matéria orgânica e melhoram o arejamento do solo.
b) As cobras-cegas são vertebrados do filo dos anelídeos, possuem corpo pseudocelomado e reprodução sexuada, são predadoras de pragas agrícolas e melhoram o arejamento do solo.
c) As cobras-cegas são invertebrados do filo dos cordados, possuem corpo celomado e não segmentado e são capazes de controlar ervas daninhas, pois consomem suas raízes.
d) As minhocas são invertebrados do filo dos anelídeos, possuem pseudoceloma e reprodução assexuada, são predadoras de pragas agrícolas e melhoram o arejamento do solo.

11 (Unicamp-SP) Organismos vivos são classificados em grupos taxonômicos, que devem preferencialmente refletir as relações de parentesco evolutivo entre as espécies.

a) A tabela apresentada abaixo contém características presentes em anelídeos, platelmintos e moluscos. Preencha corretamente todos os espaços em branco na tabela, referentes às características listadas na primeira coluna, de acordo com as opções indicadas na segunda coluna. Atenção: há duas colunas, denominadas X e Y; uma representa moluscos e a outra representa platelmintos.

Característica	Opções	X	Anelídeos	Y
Celoma	Acelomados, Pseudocelomados ou Celomados	Celomados		Acelomados
Simetria	Radial, Pentarradial ou Bilateral	Bilateral		Bilateral
Larva	X	Trocófora	Trocófora	Tipo varia com a espécie
Sistema circulatório	Ausente ou presente		Presente	
Sistema digestório	Incompleto ou completo (com boca e ânus)	Completo (com boca e ânus)		Incompleto
Carapaça calcária	Ausente ou presente	Presente (algumas espécies)	Ausente	Ausente
Eixo anteroposterior	Indefinido, definido ou variável	Variável	Definido	
Segmentação	Ausente ou presente	Ausente		Ausente
Exemplo de organismo (nome comum)	X			

b) Um dos critérios para a construção do diagrama abaixo é o número de características compartilhadas entre pares de grupos taxonômicos. Preencha os retângulos em branco do diagrama com o nome de um dos dois grupos - moluscos ou platelmintos. Explique o que representa esse tipo de diagrama.

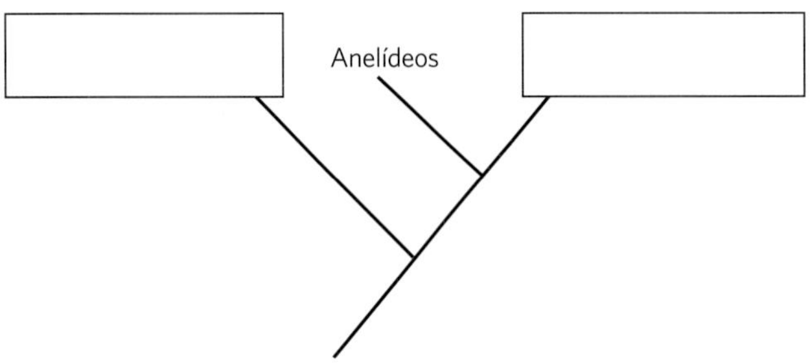

12 (Fuvest-SP) Os quatro esquemas representam cortes longitudinais de corações de vertebrado.

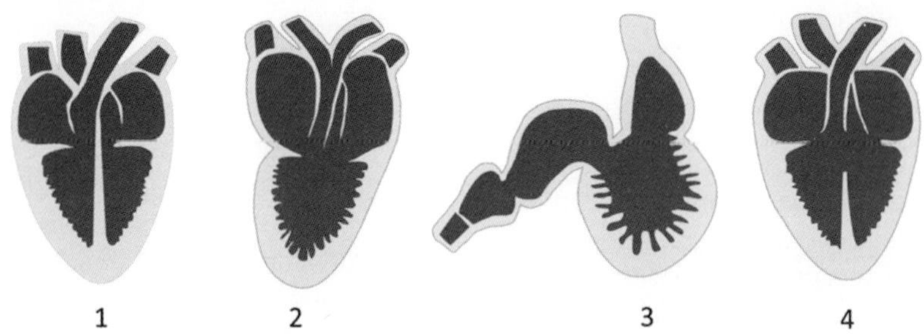

www.cardio-research.com. Adaptado.

a) Identifique os grupos de vertebrados cujos corações estão representados pelos esquemas 1, 2, 3 e 4.

b) Descreva o sentido do fluxo sanguíneo no interior de cada um desses corações e indique se neles ocorre mistura de sangue arterial e venoso.

13 (Fuvest-SP) O esquema representa, de maneira simplificada, a circulação sanguínea em peixes.

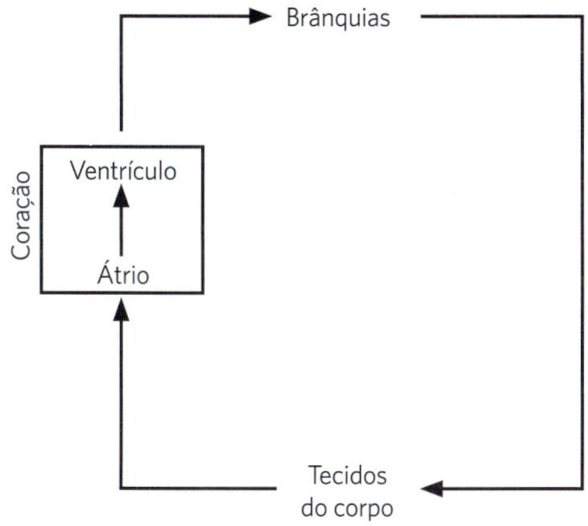

Pode-se afirmar corretamente que, nos peixes,

a) o coração recebe somente sangue pobre em oxigênio.

b) ocorre mistura de sangue pobre e de sangue rico em oxigênio, como nos répteis.

c) o sangue mantém constante a concentração de gases ao longo do percurso.

d) a circulação é dupla, como ocorre em todos os demais vertebrados.

e) o sistema circulatório é aberto, pois o sangue tem contato direto com as brânquias.

14 (Uerj) Durante a gestação humana, observa-se o aparecimento de anexos embrionários que desempenham funções importantes para o desenvolvimento do feto. Uma dessas estruturas é o saco vitelínico, destacado na imagem.

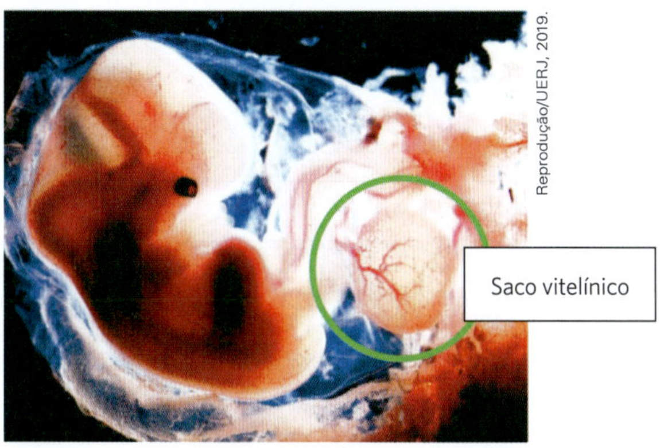

Reprodução/UERJ, 2019.

A presença do saco vitelínico evidencia a descendência humana a partir do seguinte tipo de ancestrais:

a) amoniotélicos
b) celomados
c) aquáticos
d) ovíparos

15 (Fuvest-SP) Gafanhotos alados (Orthoptera), formando nuvens, atacaram recentemente lavouras de mandioca, na região Norte do Brasil, trazendo prejuízos econômicos. Outra praga agrícola que vem causando danos para a economia é a lagarta-do-cartucho (Lepidoptera), que ataca plantações de milho e reduz a produção desse grão em até 50%.

a) Como esses insetos são classificados quanto ao tipo de desenvolvimento e ao processo de metamorfose?

b) Quais são as fases de desenvolvimento representadas pelo gafanhoto alado e pela lagarta?

16 (Fuvest-SP) Os primeiros vertebrados que conquistaram definitivamente o ambiente terrestre foram os ______ I ______, que possuem ______ II ______, aquisição evolutiva que permitiu o desenvolvimento do embrião fora da água.
Indique a alternativa que completa corretamente essa frase.

	I	II
a)	mamíferos	anexos embrionários
b)	anfíbios	ovo com casca impermeável
c)	anfíbios	fertilização interna
d)	répteis	ovo com casca impermeável
e)	répteis	fertilização interna

17 (Enem) Insetos podem apresentar três tipos de desenvolvimento. Um deles, a holometabolia (desenvolvimento completo), é constituído pelas fases de ovo, larva, pupa e adulto sexualmente maduro, que ocupam diversos habitat. Os insetos com holometabolia pertencem às ordens mais numerosas em termos de espécies conhecidas.
Esse tipo de desenvolvimento está relacionado a um maior número de espécies em razão da

a) proteção na fase de pupa, favorecendo a sobrevivência de adultos férteis.

b) produção de muitos ovos, larvas, pupas, aumentando o número de adultos.

c) exploração de diferentes nichos, evitando a competição entre as fases da vida.

d) ingestão de alimentos em todas as fases da vida, garantindo o surgimento do adulto.

e) utilização do mesmo alimento em todas as fases, otimizando a nutrição do organismo.

Projeto

Antropoceno: a era dos seres humanos

Por que estamos vivendo o Antropoceno e o que isso tem a ver comigo?

Patricia Corcoran/Acervo da fotógrafa

Plastiglomerado – rocha formada por sedimentos minerais e material plástico – encontrado na praia de Kamillo, no Havaí.

Pensando no problema...

Será que testemunhamos o surgimento de uma nova época do nosso planeta? Enquanto os cientistas da Comissão Internacional de Estratigrafia discutem se os impactos das ações humanas são um marco na história geológica da Terra, o termo Antropoceno vem sendo utilizado de modo informal.

Neste projeto, investigaremos o que é o Antropoceno, quais evidências embasam esse conceito, o que significa para os jovens da sua geração viver nesse período. Ao final, vamos expor os materiais produzidos ao longo do projeto em uma exposição temática.

Vamos nos organizar?

Antes de iniciar o trabalho em grupo, discutam, com base na experiência de vocês, quais as maiores dificuldades de se trabalhar em equipe e o que é mais interessante ou vantajoso nesse tipo de trabalho. Depois, discutam que acordos e combinados poderiam ser feitos entre vocês para tornar o trabalho mais fluido, prazeroso e produtivo. Leiam e discutam a(s) etapa(s) do projeto que será(ão) executada(s) e definam um plano de ação. Façam uma lista das tarefas que deverão ser feitas e associem cada uma aos integrantes do grupo. Utilize ferramentas de compartilhamento (na internet há várias opções gratuitas) para que todos os integrantes tenham acesso aos dados pesquisados.

Em ação!

ETAPA 1 O que é o Antropoceno?

- Nesta primeira etapa, pesquisem sobre o conceito do Antropoceno: Quem o criou? Quando? O que significa? Qual sua importância para a comunidade científica e a sociedade? Pesquisem sobre a "grande aceleração" e os indicadores ambientais relacionados a ela. Quais deles estão diretamente relacionados com a perda de grupos de animais e plantas? Para responder a essa pergunta vocês vão se dividir em seis grupos. Cada grupo deverá escolher um destes seis indicadores: pesca, concentração de CO_2, temperatura terrestre, acidificação dos oceanos, desmatamento das florestas tropicais e ocupação de solos para agricultura. Em seguida, pesquisarão sobre o que o indicador escolhido representa e quais as principais causas atribuídas às drásticas alterações desse indicador a partir da "grande aceleração".

Em grupo, compartilhem os dados pesquisados e façam um texto e/ou esquema que sintetize os principais dados levantados.

- Depois, vocês vão utilizar as informações pesquisadas anteriormente para produzir um material informativo - como um vídeo ou um áudio - que responda à seguinte pergunta: "Você sabia que estamos no Antropoceno?".

Lembre-se de que o material deverá ser curto - no máximo com 2 minutos de duração -, interessante e com linguagem acessível para público leigo.

ETAPA 2 Que mudanças climáticas estamos causando no planeta?

- Para responder a essa pergunta, vocês vão utilizar informações da ONU, Relatório especial do Painel Intergovernamental sobre Alterações Climáticas (IPCC), de 2018 (um dos principais documentos científicos sobre as mudanças climáticas), e páginas de ONGs.
- Cada grupo deverá escolher um dos temas - Atmosfera, Oceano, Criosfera, Nível do Mar e Ciclo do Carbono e Outros Ciclos Biogeoquímicos - e pesquisar alterações identificadas, dados concretos apresentados, entre outras informações que chamarem a atenção de vocês. Para a pesquisa, utilizem as fontes de informação indicadas abaixo.
  https://nacoesunidas.org/acao/mudanca-climatica/;
  https://www.ipcc.ch/site/assets/uploads/sites/2/2019/09/SR15_SPM_Portuguese.pdf;
  https://www.wwf.org.br/?67822/Relatrio-do-IPCC-2018-sobre-aquecimento-global-de-15C-incita-mais-esforos-para-ao-climtica-global.
  Acessos em: 5 mar. 2020.
- Comparem as fontes de informação: qual tem textos e imagens mais simples de entender? Qual é mais completa? Será que elas são destinadas ao mesmo tipo de público? Qual foi a mais adequada para vocês? Por quê?
- Agora é a vez de vocês divulgarem informações sobre as mudanças climáticas na forma de um fôlder. Antes de tudo, pensem no público-alvo; por exemplo, são estudantes do Ensino Fundamental ou pais da comunidade? Para que a comunicação seja eficiente, vocês devem elaborar textos e gráficos ou escolher vídeos e imagens adequados para seu público. Apresentem suas ideias aos demais grupos da sala.

ETAPA 3 Como as futuras gerações encaram e se posicionam no Antropoceno?

- Indicamos que analisem dois exemplos de mobilização de jovens na causa ambiental. O primeiro é a palestra da ativista sueca Greta Thunberg - no TED de Estocolmo em 2018 (disponível em: https://www.ted.com/talks/greta_thunberg_the_disarming_case_to_act_right_now_on_climate_change?language=pt-br, acesso em: jun. 2020). O segundo é o Engajamundo - organização formada por jovens brasileiros que busca soluções aos desafios sociais e ambientais do Brasil e do mundo. Visite o *site* https://www.engajamundo.org/ (acesso em: jun. 2020).
- Analisem os dois exemplos e anotem o que chamar atenção: Quem são os jovens que estão se mobilizando? O que pensam? O que estão fazendo, individualmente e/ou coletivamente? Você se juntaria a alguma das causas que defendem? Por quê? Você conhece outros exemplos de mobilização de jovens na causa ambiental? Formem uma roda e conversem sobre suas opiniões e impressões sobre o que pesquisaram.

ETAPA 4 O que eu penso e sinto sobre tudo isso?

- Nesta etapa final, cada grupo vai desenvolver um objeto artístico relacionado ao que vivenciaram no projeto. Pode ser: poema, música, desenho, pintura, escultura, dança, montagem teatral, etc. Reúnam-se nos grupos e conversem sobre o que mais sensibilizou cada um, que sentimentos foram despertados, o que gostariam de expressar para o mundo.
- Objetos artísticos, registros e materiais elaborados ao longo das etapas serão apresentados em uma exposição temática que vai unir arte e informação para familiares, amigos e comunidade escolar. Escolham um integrante de cada grupo para organizar a logística do festival junto ao professor - dia, data, local, atrações, programação, etc. Esse grupo também ficará responsável por elaborar um convite virtual do festival, que será veiculado nas redes sociais.

Você no Enem e nos vestibulares - Respostas

Unidade 4

1 b 4 a 7 c 10 d 13 e
2 e 5 e 8 d 11 a 14 e
3 b 6 c 9 c 12 d 15 b

Unidade 5

1 c 2 d

3 a) Fungos são seres aclorofilados, de nutrição heterótrofa (não realizam fotossíntese). Não apresentam tecidos organizados.
b) Bacteria (ou Monera), Protoctista, Fungi, Plantae e Animalia.
c) Bacteria: bactérias; Protoctista: algas e protozoários; Fungi: bolor, cogumelos; Plantae: girassol, mangueira; Animalia: cão, estrela-do-mar.

4 b 7 b 10 c 13 b 16 d 19 c
5 b 8 d 11 b 14 a 17 e
6 a; e 9 e 12 a 15 c 18 c

20 A função é de liberação de esporos, relacionada à reprodução. A retirada não compromete a sobrevivência, já que as estruturas responsáveis pela nutrição e crescimento não são afetadas.

Unidade 6

1 c 2 c

3 a) I-mitose; II-meiose; III-mitose; IV-mitose; V-fecundação.
b) Nas briófitas, a geração gametofítica (n) é dominante, de maneira que o esporófito ($2n$) é uma estrutura temporária. Já nos demais grupos, a geração esporofítica é dominante. A tendência é, portanto, da predominância da geração esporofítica.

4 a 5 e

6 O tecido responsável é o xilema e a substância é a lignina. As principais funções envolvem o transporte de seiva bruta (água e sais minerais) e a sustentação.

7 a 8 c 9 b 10 c 11 e

12 a) 1: Presença de vasos condutores de seiva; 2: Sementes.
b) Flores e frutos. A presença de flores permitiu o predomínio reprodutivo das angiospermas, por facilitar o processo de polinização. Após a polinização, desenvolve-se o fruto, que protege as sementes e auxilia sua dispersão.

13 e. O aumento do número de estames implica mais grãos de pólen.

14 a) O ovário se desenvolve e origina o fruto.
b) Na espécie B, pois a posição da antera (estrutura masculina responsável pela liberação do grão de pólen) nessa espécie é acima do estigma (estrutura do aparelho reprodutor feminino que recebe o grão de pólen), o que facilita a autofecundação.
c) Considerando a profundidade da corola, a flor A poderia ser polinizada por pássaros de bico longo, por exemplo um beija-flor.

15 e 16 e 17 b

Unidade 7

1 b 2 a 3 c 4 a

5 Exemplos de características: ossos pneumáticos, ausência de dentes, ausência de bexiga e excreção de ácido úrico.

6 b 7 c 8 b 9 d 10 a

11 a) Coluna **X**: Presente; Lula, lesma, caramujo, polvo, etc.
Coluna **Anelídeos**: Celomados; Bilateral; Completo (com boca e ânus); Presente; Minhoca, poliqueta, sanguessuga, etc.
Coluna **Y**: Ausente; Definido; Planária, tênia, etc.
b) Platelmintos (à esquerda); Moluscos (à direita). O diagrama representa uma hipótese das relações de parentesco entre os seres vivos com base nas características analisadas na questão.

12 a) 1-Mamíferos ou aves; 2-anfíbios; 3-peixes e 4-répteis (exceto crocodilianos).
b) Coração 1: não há mistura de sangue arterial e venoso. O sangue arterial passa do átrio esquerdo para o ventrículo esquerdo, enquanto o sangue venoso passa do átrio direito para o ventrículo direito. Corações 2 e 4: há mistura de sangue arterial com venoso. O sangue venoso passa do átrio direito para o ventrículo, enquanto o sangue arterial passa do átrio esquerdo para o mesmo ventrículo, onde ocorre a mistura dos dois tipos de sangue. Coração 3: Apenas sangue venoso passa pelo coração, do átrio para o ventrículo.

13 a 14 d

15 a) Ambos apresentam desenvolvimento indireto; os gafanhotos são hemimetábolos, já as lagartas são insetos holometábolos.
b) O gafanhoto é a fase adulta e a lagarta é a fase larval.

16 d 17 c

CIÊNCIAS DA NATUREZA
E SUAS TECNOLOGIAS

conecte
LIVE

VOLUME ÚNICO

CÉSAR DA SILVA JR.

Licenciado em História Natural pela Faculdade de Filosofia, Ciências e Letras da Universidade de São Paulo (FFCL-USP).

Professor de Biologia na rede particular de ensino de São Paulo.

SEZAR SASSON

Licenciado em Ciências Biológicas pelo Instituto de Biociências da Universidade de São Paulo (IB-USP).

Ex-professor e ex-supervisor de curso pré-vestibular em São Paulo.

Professor de Biologia nas redes pública e particular de ensino de São Paulo.

TEREZA COSTA

Bacharela e licenciada em Ciências Biológicas pela Universidade Federal de São Carlos (UFSCar-SP).

Mestra em Ecologia e Recursos Naturais pela Universidade Federal de São Carlos (UFSCar-SP).

Ex-professora de Biologia na rede pública de ensino do estado de São Paulo.

Tecnologista em Saúde Pública na Fundação Oswaldo Cruz (Fiocruz).

PARTE III

Biologia

Editora Saraiva

Sumário

PARTE I

PARTE II

PARTE III

Unidade 8

Genética

Unidade 9

Corpo humano, saúde e bem-estar

Genética

A noção de hereditariedade nos é bastante familiar. Em nossa espécie, a cor dos olhos; a forma do queixo; o cabelo liso, crespo ou ondulado; a tonalidade da pele e inclusive certas alterações, como o daltonismo, são algumas das características herdadas.

A compreensão de como essas características são transmitidas de geração a geração, em animais, plantas e outros seres vivos, começou há cerca de 150 anos. Atualmente, palavras como DNA, genes e cromossomos são utilizadas com frequência em conversas e notícias quando o assunto é hereditariedade. No entanto, quando os primeiros experimentos sobre a herança começaram a ser realizados, esses conceitos não existiam. Várias descobertas e conhecimentos de diferentes áreas das ciências (como Botânica, Citologia e Bioquímica) possibilitaram que se chegasse às noções atuais sobre como funcionam alguns dos mecanismos da herança.

fizkes/Shutterstock

A compreensão sobre a transmissão de características é fundamental no estudo da hereditariedade.

Nesta unidade, vamos estudar os mecanismos que possibilitam compreender a hereditariedade e, inclusive, aplicá-los para analisar cruzamentos entre seres vivos e a manifestação de características genéticas.

1 É comum que filhos apresentem características que não estão presentes em nenhum dos pais, mas são encontradas em algum dos avós. Por que você acha que isso acontece?

2 Segundo seus conhecimentos, o que é um gene? Genes existem em qualquer célula de nosso corpo, ou somente em nossos gametas, os espermatozoides e os óvulos?

CAPÍTULO 27

Os trabalhos de Mendel e as probabilidades

Este capítulo favorece o desenvolvimento das habilidades:

EM13CNT202

EM13CNT203

EM13CNT205

EM13CNT207

EM13CNT301

EM13CNT302

EM13CNT303

EM13CNT304

EM13CNT305

Dica

O legado de um monge invisível

https://revistapesquisa.fapesp.br/o-legado-de-um-monge-invisivel/

Entenda como os experimentos de Mendel, ignorados por cientistas de seu tempo, deram origem à Genética.

A Genética é uma das áreas mais recentes da Biologia e uma das que mais provoca polêmicas em virtude de questões relacionadas com a hereditariedade, a evolução, as semelhanças e as diferenças entre indivíduos - seja na comparação de uma ameba e um animal, seja na comparação de características de irmãos gêmeos.

Mendel: o pioneiro

O monge Gregor Mendel (1822-1884) nasceu na cidade de Heizendorf, na atual República Tcheca. Usando conhecimentos práticos de jardinagem, de Ciências e de Matemática, ele realizou por quase uma década, no mosteiro em que vivia, muitos cruzamentos planejados entre variedades de ervilhas a fim de investigar a herança de algumas características dessas plantas.

Em 1865, Mendel apresentou seus resultados à Sociedade de Pesquisa Natural de Brünn, cidade hoje conhecida como Brno, e enviou suas conclusões a cientistas de diversos países; no entanto, suas descobertas foram recebidas com indiferença. Foi apenas por volta de 1900, anos após a sua morte, que outros cientistas resgataram os resultados e as conclusões de Mendel e perceberam que neles havia as ideias necessárias para compreender mecanismos da herança, não apenas em ervilhas, mas em todos os seres vivos.

Os experimentos de Mendel

Vamos descrever, a seguir, um dos experimentos de Mendel, para compreendermos os métodos que usou e as conclusões a que chegou.

A escolha do material

Mendel analisou várias gerações de ervilhas (*Pisum sativum*), plantas que se reproduzem com certa rapidez. Ele controlava os cruzamentos e, assim, sabia sempre quais plantas eram os "pais" das sementes que obtinha.

Esse controle era facilitado porque na flor de ervilha ocorre, em geral, autopolinização (e, portanto, autofecundação), já que a flor é fecundada por seu próprio pólen (estrutura que originará os gametas masculinos). Dessa forma, Mendel pôde selecionar linhagens puras, isto é, com características **invariáveis** de uma geração para outra.

Quando, porém, queria cruzar duas plantas entre si (polinização cruzada), Mendel retirava os estames (parte masculina) da flor ainda jovem para evitar autofecundação. Na época certa, ele aplicava o pólen de uma planta no carpelo (parte feminina) de outra.

Esquema da flor da ervilha, que apresenta suas partes reprodutoras no interior de pétalas fechadas, o que facilita a autofecundação. Vista do interior da flor (pétalas afastadas). (Elementos fora de proporção de tamanho entre si. Cores fantasia.)

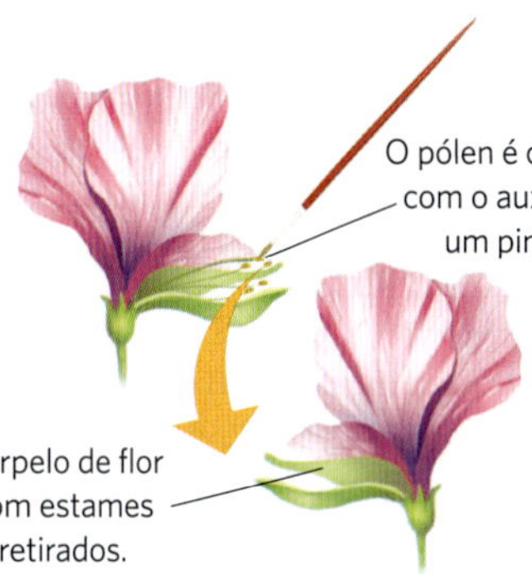

Esquema da polinização cruzada em ervilhas. Vista do interior da flor (pétalas afastadas). (Elementos fora de proporção de tamanho entre si. Cores fantasia.)

Ilustrações: Cris Alencar/Arquivo da editora

A escolha das características

Mendel escolheu, para seu estudo das ervilhas, algumas características com estados contrastantes, sem estados intermediários. Por exemplo, a semente podia ser *amarela* ou *verde*; mas não amarelo-esverdeada. Observe no quadro da página seguinte os caracteres com que Mendel trabalhou, e seus estados contrastantes.

O tratamento estatístico dos resultados

Mendel não buscava apenas resultados qualitativos. Ele também contava os descendentes que obtinha, determinando a **proporção** em que cada característica aparecia. O estudo dessas proporções foi fundamental para a montagem de um modelo teórico que explicasse os resultados obtidos.

Para iniciar seus experimentos, Mendel usava **plantas puras**, ou seja, que apresentavam sempre um mesmo estado para determinada característica. Para obter plantas puras de sementes lisas, por exemplo, Mendel selecionava plantas que, por autofecundação, originavam plantas de sementes lisas em várias gerações.

Em um de seus experimentos, Mendel cruzou plantas puras de sementes lisas com plantas puras de sementes rugosas (ou enrugadas). Chamou a essa **geração de parental (P)**. Na **primeira geração de filhos (F_1)**, Mendel obteve somente plantas de sementes lisas. O estado rugoso parecia haver desaparecido nessa geração. Da autofecundação da geração F1, observou, na **segunda geração de filhos (F_2)**, plantas de sementes lisas e plantas de sementes rugosas.

Estudando a característica forma da semente, uma de suas primeiras constatações foi a de que, na primeira geração **(F_1)**, o estado rugoso desaparece. O estado liso, por isso, foi chamado de **dominante**. Na geração F_2, porém, o estado rugoso reaparece. Isso quer dizer que, de alguma maneira, ele permaneceu nos indivíduos da geração F_1, porém "escondido", voltando a se manifestar na geração seguinte. Esse estado recebeu o nome de **recessivo**.

Mendel tentou montar um modelo teórico capaz de explicar os resultados obtidos. Fez, de forma simplificada, as seguintes suposições: deve haver na planta fatores responsáveis pela herança da forma da semente (lisa ou rugosa). Cada planta teria dois desses fatores, tendo recebido um fator de cada um de seus pais.

Por motivos didáticos, utilizaremos a convenção atual para identificar os fatores: usamos a letra inicial do termo que descreve o caráter recessivo para denominar os fatores, sendo a minúscula para representar o fator recessivo e a maiúscula para o fator dominante. Assim, para esse experimento, usaremos então **r** (minúscula) para indicar o fator rugoso e **R** (maiúscula), para liso.

Voltando ao esquema ao lado, as plantas da geração parental são puras. Portanto, são, respectivamente, **RR** (plantas com sementes lisas) ou **rr** (plantas com sementes rugosas). Na reprodução, cada indivíduo transmitiria apenas um dos dois fatores para a célula sexual que ele fosse produzir. A planta pura de semente lisa formaria somente gametas com **um fator R**; e a de semente rugosa, somente gametas com **um fator r**. Por fecundação cruzada, os indivíduos na primeira geração (F_1) ficam com os fatores **Rr**. São, portanto, **híbridos**. Nessa geração, apesar de existirem os dois fatores (**R** e **r**) em cada indivíduo, somente o fator **R** se manifesta, porque é o fator dominante. Assim, os indivíduos são lisos.

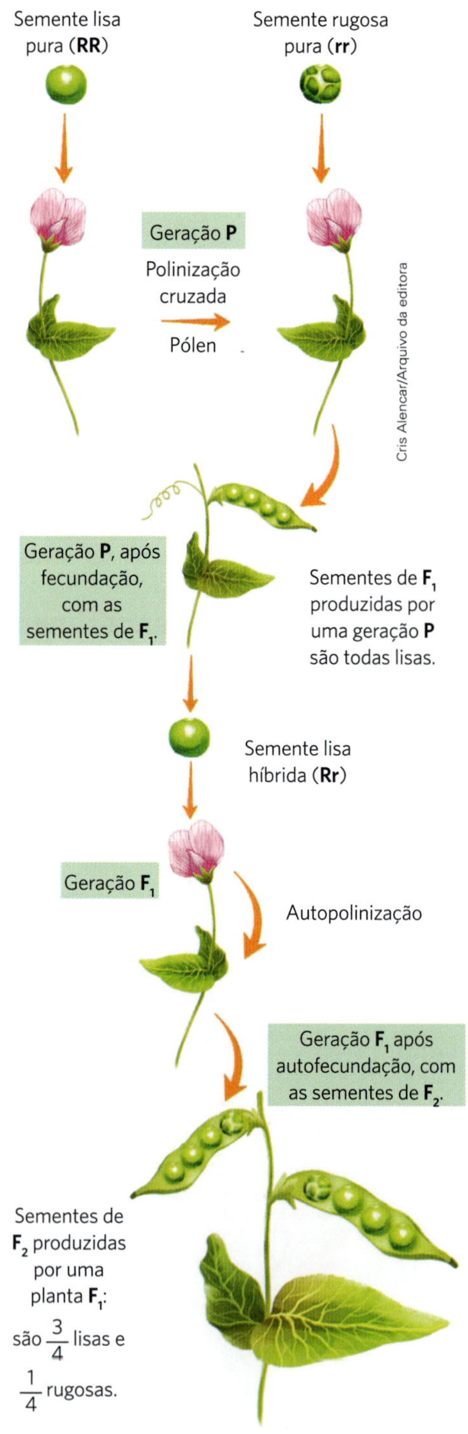

Esquema do método usado por Mendel, que, neste caso, se preocupou com a herança da forma da semente. (Elementos fora de proporção de tamanho entre si. Cores fantasia.)

As plantas da geração F_1 formam dois tipos de gametas: **R** e **r**, tanto pela parte masculina como pela feminina. É possível ocorrer, portanto, quatro tipos de encontros gaméticos, como mostrado no esquema ao lado.

Se os quatro possíveis encontros ocorrerem ao acaso e o modelo proposto for correto, deve-se esperar que três em cada quatro fecundações originem sementes lisas e uma em cada quatro, sementes rugosas.

Na contagem das sementes de F_2, Mendel havia obtido 5 474 lisas e 1 850 rugosas, o que representa uma proporção de 2,96 : 1, ou seja, praticamente a proporção de 3 : 1, o que confirmava a validade do modelo. Observe, na tabela a seguir, que resultados e proporções semelhantes foram encontradas nos demais caracteres estudados por Mendel.

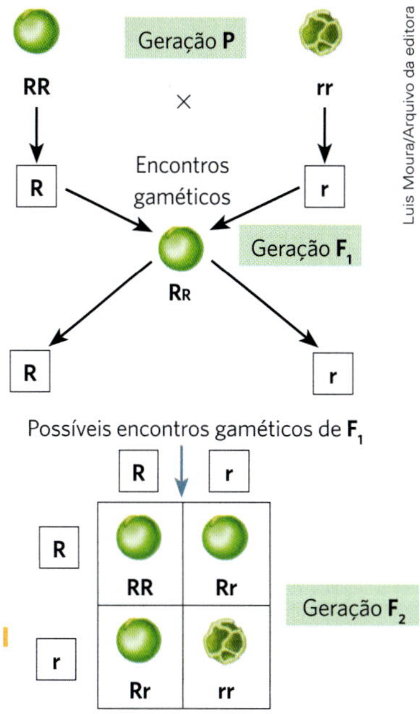

Luis Moura/Arquivo da editora

Modelo teórico que representa os cruzamentos realizados por Mendel, bem como os resultados obtidos no experimento. (Cores fantasia.)

Características de ervilhas estudadas por Mendel e proporções obtidas

Característica	Estado dominante	Estado recessivo	Geração F_2 (dominante : recessivo)	Proporção em F_2
Forma da semente	 Lisa	 Rugosa	5 474 : 1 850	2,96 : 1
Cor da semente	 Amarela	 Verde	6 022 : 2 001	3,01 : 1
Cor da flor	 Púrpura	 Branca	705 : 224	3,15 : 1
Forma da vagem	 Lisa	 Ondulada	882 : 299	2,95 : 1
Cor da vagem	 Verde	 Amarela	428 : 152	2,82 : 1
Posição da flor	 Ao longo dos ramos	 Terminal	651 : 207	3,14 : 1
Altura da planta	 Alta (160 cm)	 Baixa (40 cm)	787 : 277	2,84 : 1

Ilustrações: Cris Alencar/Arquivo da editora

(Elementos fora de proporção de tamanho entre si. Cores fantasia.)

A primeira lei de Mendel

Os experimentos de Mendel, reinterpretados no início do século XX, permitiram deduzir muitos conceitos da Genética moderna, entre eles estão aqueles contidos na primeira lei de Mendel:

> Cada característica é condicionada por dois fatores (alelos), que se separam na formação dos gametas, de maneira que cada gameta recebe apenas um fator do par.

A primeira lei de Mendel é também chamada de "lei da pureza dos gametas". É importante ressaltar que os termos genes ou alelos não eram conhecidos nos tempos de Mendel. Em suas pesquisas ele utilizava o termo fator.

Os cromossomos e a primeira lei

Mendel não conhecia os cromossomos ou a meiose. No entanto, mais tarde, a noção de que os alelos se separam na formação dos gametas foi relacionada por outros pesquisadores ao fenômeno de distribuição de cromossomos na meiose. Afinal, a primeira lei postula duas ideias básicas:

- cada caráter é determinado por um par de fatores, ou seja, por dois alelos de um certo gene;
- os dois alelos se separam (ou seja, se segregam) na formação dos gametas, indo apenas um alelo para cada gameta.

Observe no esquema a seguir que a primeira lei de Mendel é totalmente coerente com o que ocorre na meiose.

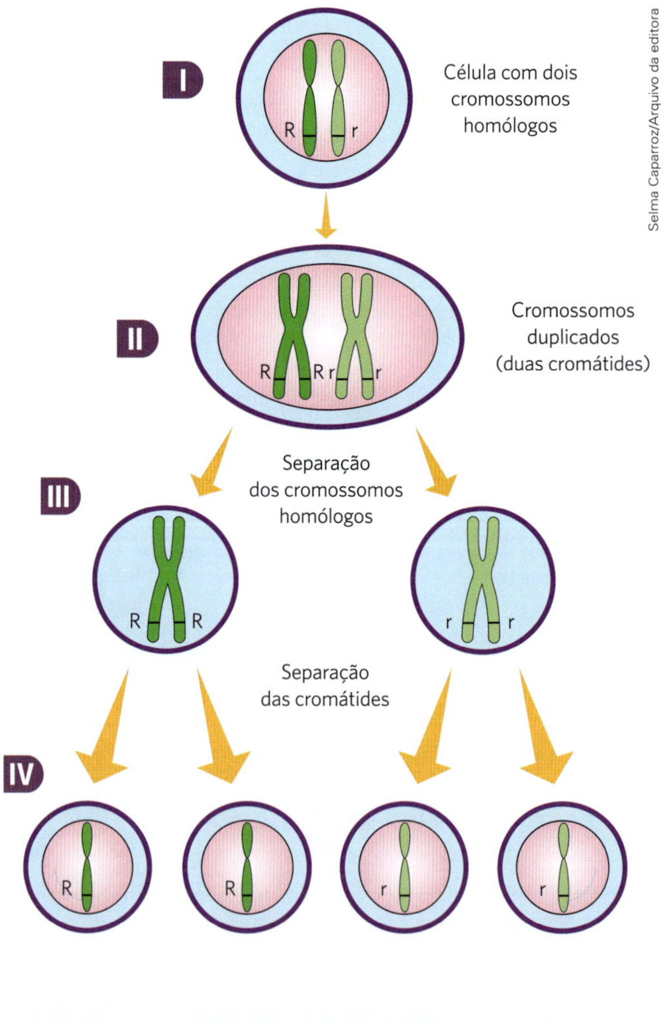

Esquema que mostra a relação entre a meiose e os resultados que possibilitaram a elaboração da primeira lei de Mendel. A célula inicial (I) pertence a um pé de ervilha híbrido para o caráter "forma da semente", ou seja, tem um alelo **R** (para lisa) e outro **r** (para rugosa), em dois cromossomos homólogos. Na primeira divisão meiótica (de II para III), os homólogos, já duplicados, se separam juntamente com os alelos. Na segunda divisão, as cromátides-irmãs se separam; ao final (IV), duas das quatro células sexuais têm o alelo **R** e duas têm o alelo **r**. (Elementos fora de proporção de tamanho entre si. Cores fantasia.)

Termos usuais em Genética

O quadro a seguir que resume alguns termos que serão utilizados nesta unidade.

Resumo de alguns termos usados em Genética

<table>
<tr><th>Termo</th><th>Definição</th><th>Algumas informações complementares</th></tr>
<tr><td>Gene</td><td>Embora o gene possa ser conceituado de outras formas, consideraremos, por enquanto, a definição clássica de gene como segmento de DNA com a informação para a produção de um polipeptídeo ou de uma proteína. É a unidade básica da hereditariedade.</td><td>Cada gene se encontra em uma região específica do cromossomo, chamada de locus gênico.</td></tr>
<tr><td>Alelo</td><td>Alelos são variantes de um gene, ou seja, as diferentes formas sob as quais ele pode se manifestar. O alelo é equivalente ao fator mendeliano. Segundo as leis de Mendel, cada caráter (por exemplo, cor da semente) é condicionado por dois alelos.</td><td>Em termos bioquímicos, diferentes alelos codificam diferentes variações de determinada proteína.</td></tr>
<tr><td>Genótipo</td><td>É a constituição genética do indivíduo. No caso descrito, como estamos trabalhando apenas com a forma da semente de ervilha, os genótipos possíveis na geração P eram RR e rr (lisa e rugosa, respectivamente).</td><td rowspan="2">O fenótipo depende do genótipo e das suas interações com fatores do ambiente. Exemplo: a quantidade de melanina na pele é determinada tanto pelos genes como pela quantidade de radiação solar a que ficamos expostos.</td></tr>
<tr><td>Fenótipo</td><td>É a manifestação do genótipo. Em outras palavras, é a modalidade da característica estudada. No caso da forma da semente, os fenótipos poderão ser liso ou rugoso.</td></tr>
<tr><td>Dominante e recessivo</td><td>O alelo dominante, mesmo em dose simples, condiciona o fenótipo. O alelo recessivo, ao contrário, precisa estar em dose dupla para condicionar o fenótipo.</td><td>Uma semente de ervilha, mesmo com apenas um alelo dominante e outro recessivo (Rr), tem o fenótipo liso. Para a semente ser rugosa, são necessários dois alelos recessivos (rr).</td></tr>
<tr><td>Homozigoto (puro) e heterozigoto (híbrido)</td><td>O homozigoto tem dois alelos iguais para a característica em questão. As plantas da geração P, nos experimentos mendelianos, eram homozigotas (ou puras). O heterozigoto tem dois alelos diferentes para a característica em questão; as plantas de F_1 eram heterozigotas (ou híbridas).</td><td>Os indivíduos que apresentam o fenótipo recessivo são sempre homozigotos (exemplo: rr). Os que têm o fenótipo dominante podem ser homozigotos ou heterozigotos (RR ou Rr, respectivamente).</td></tr>
</table>

Dominância e recessividade: uma explicação bioquímica

Pelo que dissemos até agora, pode-se ter a impressão de que o alelo recessivo, quando em companhia do dominante, "não funciona", ficando inibido. Afinal, o alelo recessivo, no heterozigoto, comporta-se como "se estivesse escondido".

As proteínas que os alelos codificam são, frequentemente, enzimas que catalisam reações químicas na célula. Cada alelo de um certo gene produz uma proteína um pouco diferente. No caso, a proteína codificada pelo alelo recessivo poderia ser inativa, quanto a sua função enzimática.

Vamos exemplificar usando o formato da semente das ervilhas. As ervilhas lisas (fenótipo dominante) podem ter genótipo **RR** ou **Rr**; as rugosas são sempre **rr**. O alelo **R** produz uma enzima que catalisa a produção de muito amido, o que dá à semente um aspecto arredondado. Mesmo nos heterozigotos, há enzima suficiente para que o fenótipo liso se manifeste. Nas ervilhas **rr**, a enzima produzida não é funcional; portanto, a produção de amido é menor e a semente fica com aspecto enrugado.

Exercício resolvido

Dominante ou recessivo: como descobrir?

Muitas vezes, em uma atividade que envolve a primeira lei de Mendel, o enunciado não informa qual dos alelos é dominante e qual é recessivo. Dependendo da situação, no entanto, é possível descobrir esse dado.

Em ervilhas existem plantas altas e plantas baixas, sendo essa característica condicionada por um par de alelos. Vamos imaginar que não sabemos qual dos dois alelos é dominante, mas temos a informação de que o cruzamento de duas plantas altas originou vários descendentes altos e alguns baixos. Qual dos fenótipos é condicionado pelo alelo dominante? E qual é o genótipo das plantas parentais?

Solução

O primeiro passo é determinar qual é o fenótipo (planta alta ou baixa) manifestado pelo alelo dominante. Podemos fazer o seguinte raciocínio: duas plantas altas tiveram descendentes baixos, isso significa que havia em ambas um alelo para o fenótipo baixo. Esse alelo estaria "escondido", não aparecendo no fenótipo. Assim, cada planta alta da geração parental teria:

- um alelo **B** para o fenótipo **alto**, que se manifestou por ser dominante;
- um alelo **b** para o fenótipo **baixo**, que não se manifestou nas plantas altas por ser recessivo, mas foi transmitido aos descendentes.

Dessa maneira, descobrimos qual é o fenótipo manifestado pelo alelo dominante e percebemos que as plantas parentais altas são heterozigotas para a característica, sendo seu genótipo **Bb**.

Podemos concluir que, nos casos de herança de um par de alelos, se os pais tiverem fenótipos iguais e um ou mais descendentes tiver fenótipo diferente do deles, o fenótipo desses filhos é condicionado por um par de alelos recessivos e os pais são obrigatoriamente heterozigotos.

O cruzamento-teste

A simples observação do fenótipo de um indivíduo condicionado por alelo dominante não permite determinar seu genótipo, uma vez que ele pode ser homozigoto ou heterozigoto. Para eliminar a dúvida, existe um método experimental: cruza-se o indivíduo de genótipo desconhecido com um parceiro homozigoto recessivo. O fenótipo dos descendentes fornecerá a resposta. Chamamos esse método de **cruzamento-teste**.

Veja o esquema a seguir que retoma o exemplo do *Exercício resolvido* anterior. Dispomos de uma planta de ervilha alta, mas não sabemos se ela é pura (homozigota) ou híbrida (heterozigota). A solução é cruzá-la com planta homozigota recessiva (de fenótipo baixo).

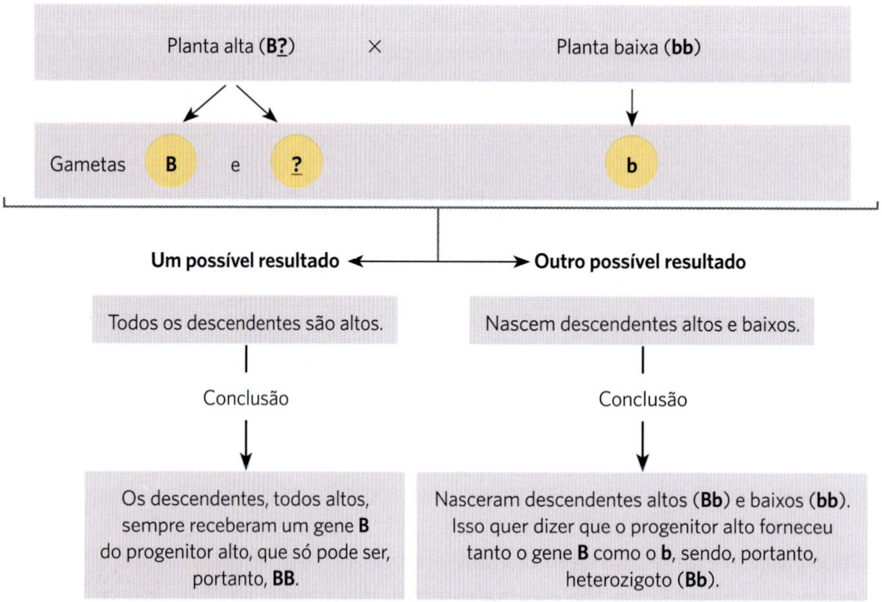

Esquema das etapas do raciocínio envolvido no cruzamento-teste do *Exercício resolvido*, descrito acima, para descobrir o genótipo das plantas parentais.

Herança sem dominância e codominância

Nem sempre há dominância entre dois alelos. No caso da planta maravilha (*Mirabilis* sp.), por exemplo, indivíduos de flores vermelhas cruzados com indivíduos de flores brancas produzem descendentes de flores rosa - fenótipo intermediário em relação ao dos pais. Em F_2, no entanto, aparecem plantas de flores vermelhas, rosa e brancas, respectivamente na proporção 1 : 2 : 1. Trata-se da proporção mendeliana 3 : 1, porém "desdobrada", e o homozigoto (**VV**) e o heterozigoto (**VB**) apresentam fenótipos diferentes. Fala-se, nesse caso, em **herança sem dominância**. Em termos bioquímicos, poderíamos imaginar que o alelo **V** codifica a enzima que produz o pigmento vermelho, enquanto o alelo **B** codifica uma enzima não funcional. Os heterozigotos (**VB**), por terem apenas um alelo **V**, produzem metade do pigmento vermelho produzido pelos homozigotos (**VV**), sendo suas flores de cor rosa, e não vermelha.

Na **codominância**, ambos os alelos contribuem para o fenótipo. É o caso dos grupos sanguíneos, que estudaremos mais adiante.

Em termos das proporções obtidas nos cruzamentos, a herança sem dominância e a codominância são idênticas: em ambos os casos, os indivíduos de F_2 apresentam-se na proporção 1 : 2 : 1, e os heterozigotos exibem um fenótipo diferente em relação aos homozigotos.

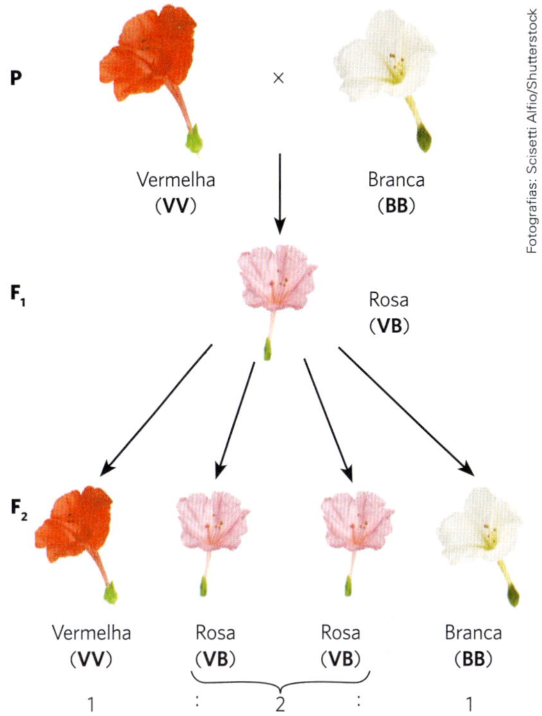

Esquema do padrão de herança da cor da flor de maravilha (*Mirabilis* sp.): caso de herança sem dominância. (Elementos fora de proporção de tamanho entre si. Cores fantasia.)

A primeira lei de Mendel e a espécie humana

Após a redescoberta dos trabalhos de Mendel, em 1900, vários pesquisadores verificaram sua validade quando aplicados a outros organismos, animais e vegetais. Por volta de 1910, por exemplo, foi inaugurada uma importante linha de pesquisa com a conhecida drosófila, a mosca-das-frutas (*Drosophila melanogaster*). Esses trabalhos reforçaram a suspeita de que os genes se localizam nos cromossomos.

Tentou-se, também, relacionar os modelos de Mendel com a herança de características na espécie humana. A dificuldade óbvia, nesse caso, é de natureza ética: não se pode fazer experimentos de cruzamentos em humanos da mesma maneira como se faz com ervilhas ou com drosófilas. Ainda assim, a observação de certos caracteres e seu acompanhamento ao longo das gerações permitiram perceber mecanismos claramente mendelianos de hereditariedade. Para muitas características, o padrão de herança é complicado, parecendo ser condicionado por vários pares de genes que agem em conjunto. Outros caracteres fenotípicos e algumas anomalias hereditárias, por outro lado, são aparentemente transmitidos de acordo com a primeira lei de Mendel, sendo condicionados por um único par de alelos.

O **albinismo** - caracterizado pela ausência do pigmento melanina - é uma característica mendeliana, determinada por um par de alelos recessivos. A **polidactilia** (dedos a mais) e a **braquidactilia** (dedos anormalmente curtos) também são alterações que obedecem à primeira lei. A **hemofilia**, caracterizada pelo retardamento da coagulação do sangue, e o **daltonismo,** no qual a visão das cores é prejudicada, constituem casos especiais da primeira lei e serão discutidos adiante, nesta unidade.

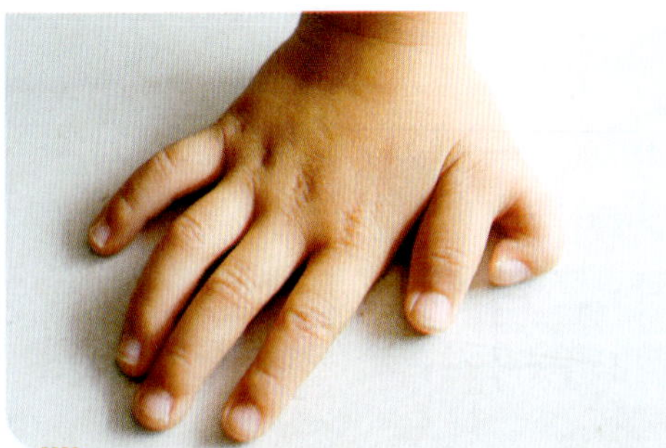

Na polidactilia, há dedos a mais nas mãos ou nos pés.

Há diversas características transmitidas por um único par de alelos que não estão relacionadas a alterações. É o caso, por exemplo, da forma do lobo da orelha (aderido ou solto), do tipo de cabelo (crespo, ondulado ou liso) e da sensibilidade ao gosto do PTC (*phenylthiocarbamide*, em inglês). Para algumas pessoas, essa substância tem gosto amargo; para outras, é totalmente insípida. Os diferentes sistemas sanguíneos – ABO, rh e MN – também se enquadram nos casos especiais da primeira lei e serão abordados no próximo capítulo, que trata da herança de alelos múltiplos.

Gang Liu/Shutterstock

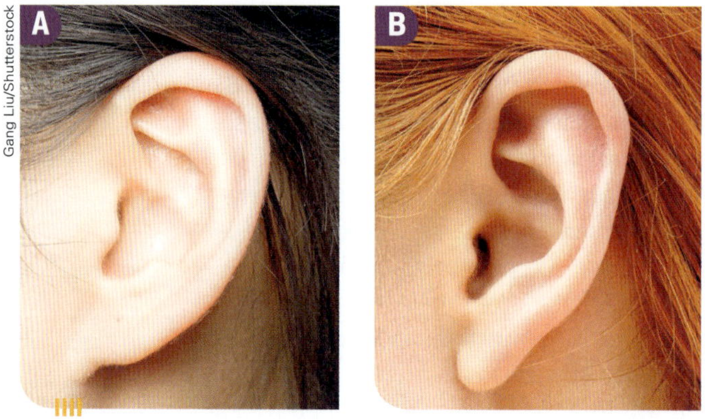

Syda Productions/Shutterstock

Lobo da orelha: (A) aderido e (B) solto.

O dominante é o mais abundante?

O alelo dominante de determinada característica genética não é, necessariamente, o mais numeroso na população. Os fenótipos recessivos não estão obrigatoriamente ligados a patologias ou a alterações. Na espécie humana, por exemplo, a polidactilia – caracterizada pela presença de um dedo a mais nas mãos ou nos pés – é causada por um alelo dominante, com baixa frequência nas populações.

As genealogias

Esquemas chamados **genealogias** ou **heredogramas** são representações gráficas das relações de hereditariedade de uma família, com relação à incidência de certa característica.

Convenções utilizadas em genealogias

a) Os quadrados representam indivíduos do sexo masculino, e os círculos, do sexo feminino.

b) 

Homens ou mulheres que não manifestam o caráter estudado.

c) 

Homens ou mulheres que manifestam a característica estudada, que pode ou não ser uma alteração.

d) 
O traço horizontal significa cruzamento.

e) 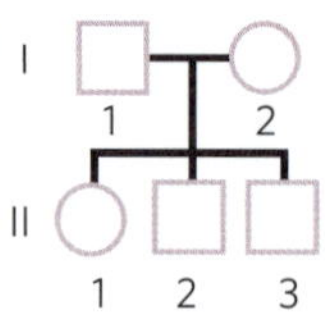

Essa representação mostra irmandade: a mulher 1 e os homens 2 e 3 (geração II) são irmãos, filhos dos indivíduos 1 e 2 (geração I).

f) 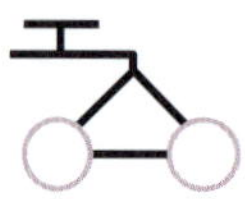
Símbolo que representa gêmeos univitelinos, ou monozigóticos (**MZ**), ou seja, provenientes de um único zigoto.

g) 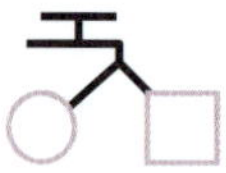
Representação que indica gêmeos fraternos, ou dizigóticos (**DZ**), originados cada um deles de um zigoto diferente.

h) 
Um traço duplo unindo o casal representa um cruzamento consanguíneo, ou seja, em que os cônjuges são parentes próximos.

i) 
Símbolo que representa uma pessoa de sexo desconhecido.

Exercício resolvido

Vamos analisar uma genealogia?

Observe a genealogia a seguir. Os indivíduos representados em preto são albinos, enquanto os demais têm pigmentação normal. Leia as duas perguntas a seguir.

a) Qual dos dois caracteres - albinismo ou pigmentação normal - é condicionado por um alelo dominante? Como você chegou a essa conclusão?

b) Qual é o genótipo de cada indivíduo apresentado?

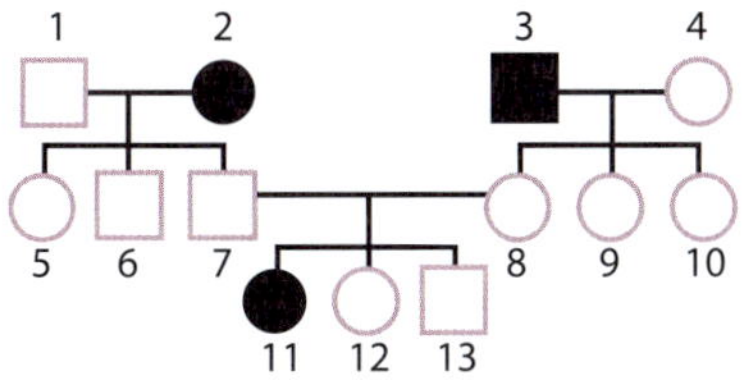

Solução

a) Para descobrir o alelo dominante e o recessivo com segurança, deve-se encontrar na genealogia um casal com o mesmo fenótipo e que tenha filho(a) com fenótipo diferente do deles. Observando os membros do casal 7-8, percebe-se que ambos têm pigmentação normal; e uma de suas filhas (11) é albina. Isso mostra que o alelo para albinismo está presente no casal, apesar de não se manifestar, o que evidencia que ele é recessivo. Portanto, o alelo dominante condiciona pigmentação normal.

b) Por convenção, na representação dos genótipos dos indivíduos, a letra **a** indica o alelo para o albinismo (recessivo) e **A** indica o alelo para a pigmentação normal. Inicialmente, indica-se o genótipo dos indivíduos recessivos na própria genealogia. Todos os indivíduos normais têm pelo menos um alelo A no seu genótipo. Foi possível determinar que os indivíduos 5, 6, 7, 8, 9 e 10 são certamente heterozigotos, pois um de seus progenitores é albino e só poderia ter fornecido alelo **a** . No caso dos indivíduos 1, 4, 12 e 13, não se pode ter essa certeza, pois faltam dados para sabermos se são homozigotos ou heterozigotos. Por isso, foram representados por **A_**.

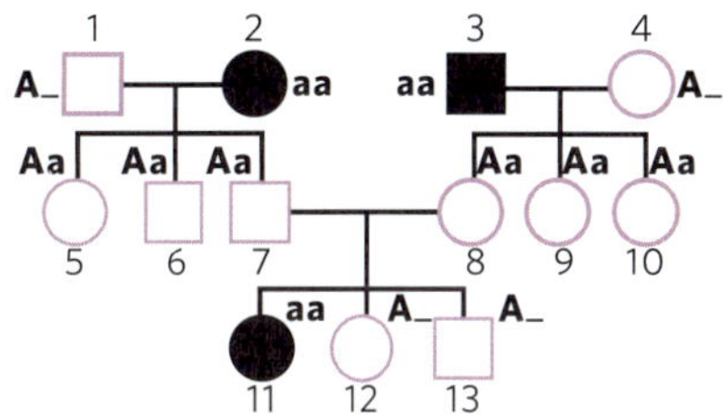

Casamentos entre parentes próximos

Popularmente, afirma-se que os filhos gerados em casamentos consanguíneos - como entre irmãos ou entre primos em primeiro grau -, terão alterações. Não é bem assim. Na verdade, o que ocorre é que, nesse tipo de união, a probabilidade de nascerem crianças com alterações genéticas aumenta bastante.

A explicação para esse fato é bastante simples. Muitas alterações hereditárias são condicionadas por alelos recessivos, que agem em homozigose. Esses alelos são relativamente raros e ocorrem nos indivíduos principalmente em heterozigose. Pela própria raridade desses alelos, é muito pequena a probabilidade de que o alelo para a **mesma** alteração esteja presente nos dois componentes de um casal sem parentesco. Mas um casal com parentesco próximo apresenta genótipos semelhantes, por terem ancestrais próximos em comum. Por isso, há maior probabilidade de haver, em ambos, alelos recessivos para as mesmas alterações. Assim, as chances de ocorrer homozigose recessiva para essas características em filhos de um casal consanguíneo são maiores. Analise o esquema a seguir.

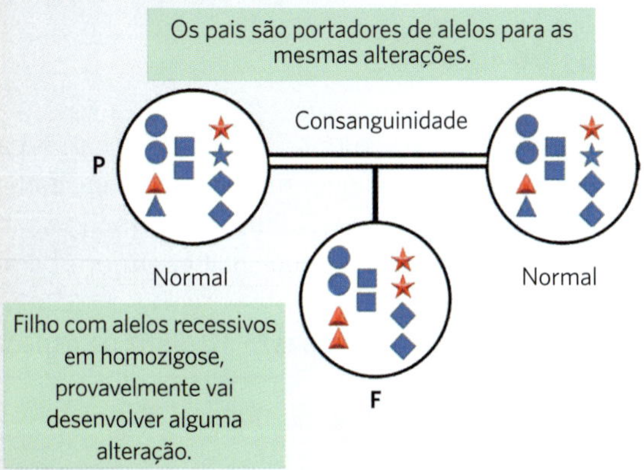

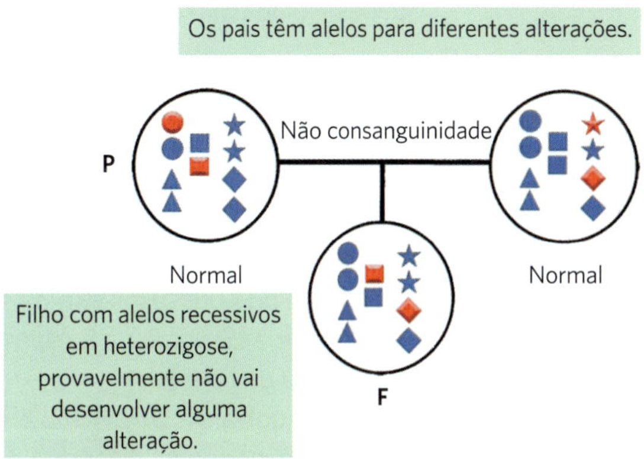

Ilustrações: Luis Moura/Arquivo da editora

Alelos dominantes que não condicionam o desenvolvimento de alteração genética.

Alelos recessivos que condicionam o desenvolvimento de alteração genética.

Esquemas de cruzamento consanguíneo e de cruzamento não consanguíneo. A consanguinidade aumenta a probabilidade de aparecerem fenótipos recessivos que manifestam alterações genéticas. (Elementos fora de proporção de tamanho entre si. Cores fantasia.)

Eventos aleatórios e probabilidades

Eventos aleatórios são aqueles cuja ocorrência não podemos prever com precisão, porque dependem do acaso. Um exemplo. Você está para jogar um dado e precisa de um 5. É possível que saia o 5? Sim. É certeza de que sairá o 5? Não, porque depende de outros fatores que você não controla. A ocorrência de um evento aleatório não pode ser adivinhada com precisão absoluta; assim mesmo, é possível fazer sobre ela alguma previsão.

Podemos dar um valor à possibilidade de sair o 5 no dado. O dado tem seis faces: 1, 2, 3, 4, 5 e 6, e todas elas têm a mesma chance de aparecer. O 5 é uma entre as seis possibilidades. Um estatístico diria: "A probabilidade de sair o 5, em qualquer jogada, é de 1/6". Assim, nossa incapacidade inicial de previsão foi substituída por um certo conhecimento, mesmo que parcial, que nos dá uma noção sobre a **tendência** do evento.

Veja outro exemplo de evento aleatório, que é o encontro de dois gametas. Imagine um homem de genótipo **Aa**, e uma mulher **aa**. A mulher produz sempre óvulos **a**; o homem produz dois tipos de espermatozoide: **A** e **a**. Tanto o espermatozoide **A** quanto o **a** podem fecundar o óvulo; o que vai ocorrer de fato depende do acaso. Intuitivamente, pode-se dizer que a chance, ou probabilidade, de cada um desses eventos ocorrer é de 1/2.

A noção de probabilidade é uma ferramenta importante para lidar com eventos aleatórios e entender melhor as leis de Mendel. Vamos definir probabilidade de forma simples, considerando que todos os eventos são igualmente possíveis:

> **Probabilidade** é o número de eventos favoráveis dividido pelo número de eventos igualmente possíveis.
> Ou: P = Número de eventos favoráveis / Número de eventos igualmente possíveis

A "certeza absoluta"

A probabilidade será sempre um valor entre 0 (zero) e 1 (um). Um evento de probabilidade igual a 1 ocorre com "certeza absoluta". Inversamente, um evento de probabilidade igual a 0 é de ocorrência "impossível".

Por exemplo: qual é a probabilidade de, ao lançarmos uma moeda, obtermos uma face qualquer? Já que qualquer face serve, os eventos favoráveis são cara e coroa. Assim, há dois eventos favoráveis e dois eventos igualmente possíveis; a probabilidade é, portanto, igual a 1.

A regra do "ou"

Pensemos novamente em um dado. Qual é a probabilidade de, em uma jogada, sair o 4 ou o 5? São dois eventos favoráveis, mutuamente exclusivos (isto é, saindo o 4, não pode sair o 5, e vice-versa). Nesse caso, a probabilidade é dada pela soma das probabilidades isoladas:

$$1/6 + 1/6 = 2/6 = 1/3$$

Em um baralho comum de 52 cartas, dividido em 4 grupos (naipes) de 13 cartas cada um, qual é a probabilidade de se obter uma dama de qualquer naipe? A probabilidade de sair uma dama de ouros é de 1/52 ; para uma dama de copas, também é de 1/52; e assim por diante. A probabilidade de se obter uma dama de qualquer naipe, em um baralho completo, pode ser expressa da seguinte forma:

P (dama qualquer) = P (dama de ouros) + P (dama de copas) + P (dama de espadas) + P (dama de paus).

Isso equivale a 1/52 + 1/52 + 1/52 + 1/52 ou seja, 4/52 (ou 1/13).

Assim, podemos dizer que:

> A probabilidade da ocorrência de dois eventos mutuamente exclusivos é dada pela **soma** das probabilidades isoladas.

A regra do "e"

Em problemas de Genética, é frequente termos de calcular a probabilidade de dois eventos independentes ocorrerem simultaneamente, ou seja, ao mesmo tempo.

Suponha que se lancem, ao mesmo tempo, um dado e uma moeda. Qual é a probabilidade de obtermos, **simultaneamente**, cara e 5? Repare que são eventos totalmente independentes: o resultado da moeda não influi sobre o resultado do dado, e vice-versa. Todos os eventos possíveis estão no quadro ao lado. Nele, você pode verificar que existem doze eventos igualmente possíveis, mas que apenas um deles é favorável (cara e 5). Aplicando o conceito de probabilidade, falamos que P (cara e 5) = 1/12.

Existe um método mais simples de obter esse resultado. A probabilidade isolada de sair cara é igual a 1/2; a probabilidade isolada de sair o 5 é de 1/6. A probabilidade de sair cara na moeda e 5 no dado pode ser obtida pelo produto das probabilidades isoladas: 1/2 x 1/6 = 1/12.

Eventos simultâneos possíveis em um lançamento de um dado e de uma moeda

Moeda / Dado	Cara $\left[P = \frac{1}{2}\right]$	Coroa $\left[P = \frac{1}{2}\right]$
1 $\left[P = \frac{1}{6}\right]$	Cara e 1	Coroa e 1
2 $\left[P = \frac{1}{6}\right]$	Cara e 2	Coroa e 2
3 $\left[P = \frac{1}{6}\right]$	Cara e 3	Coroa e 3
4 $\left[P = \frac{1}{6}\right]$	Cara e 4	Coroa e 4
5 $\left[P = \frac{1}{6}\right]$	Cara e 5	Coroa e 5
6 $\left[P = \frac{1}{6}\right]$	Cara e 6	Coroa e 6

A probabilidade de dois eventos independentes ocorrerem simultaneamente é dada pelo **produto** das probabilidades isoladas.

Exercício resolvido

Resolvendo uma questão que envolve probabilidades

Um jovem casal, heterozigoto para o albinismo, consulta um geneticista para saber a probabilidade de virem a ter um filho albino, obtendo a resposta de que essa probabilidade equivale a 1/4 .

O casal em questão teve três filhos, todos com pigmentação normal. Preferiram evitar uma quarta criança, sob a alegação de que ela seria certamente albina.

Podemos concordar com essa afirmação? Justifique sua resposta.

Solução

Ambos os componentes do casal são heterozigotos, portanto **Aa**. Os possíveis descendentes, em cada gestação, serão **AA**, **Aa**, **Aa** e **aa**. Assim, a probabilidade de ser gerada uma criança sem albinismo, a **cada gestação**, é de 3/4 . Mesmo após três crianças terem nascido sem albinismo em gestações anteriores, a probabilidade de o casal ter um filho albino na quarta gestação **continua sendo de 1/4**.

Cada gestação é um evento totalmente independente das gestações que já ocorreram. É como se a cada gestação o "jogo" fosse zerado e, assim, todos os eventos possíveis poderão ocorrer novamente. Portanto, a afirmação do casal não se sustenta.

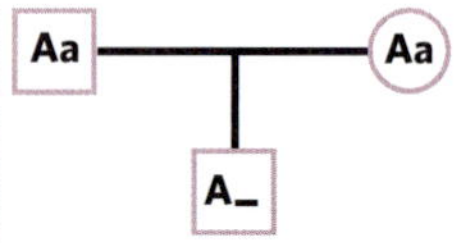

Studio Caparroz/ Arquivo da editora

Heredograma mostrando geração parental heterozigota para o albinismo.

A probabilidade condicional

Em problemas de Genética, há casos em que é preciso calcular a probabilidade de ocorrer determinado evento sobre o qual já temos uma informação, embora parcial. Veja o exemplo ao lado.

Conforme mostra a genealogia, os pais têm pigmentação normal e são heterozigotos para o albinismo. O filho do casal também nasceu com pigmentação normal. Qual é a probabilidade de que ele também seja heterozigoto?

Sendo os pais heterozigotos para o albinismo, cada um deles produz os dois tipos de gametas, com a mesma probabilidade (1/2 **A** e 1/2 **a**). Assim, há quatro possíveis encontros gaméticos, de igual probabilidade:

AA, **Aa**, **Aa** e **aa**

Você poderia ter o impulso de responder: "A probabilidade de o filho ser heterozigoto é de 2/4, ou 1/2". No entanto, você já sabe, **com certeza**, que o filho **não é albino**. Dos quatro eventos possíveis (**AA**, **Aa**, **Aa** e **aa**), um deles não aconteceu (**aa**), e pode ser excluído. Isso limita nossa incerteza a três eventos possíveis (**AA**, **Aa** e **Aa**), dois dos quais são favoráveis. Assim, a probabilidade de o filho ser heterozigoto é de 2/3.

Está claro que, se o filho ainda não tivesse nascido e, dessa forma, nada soubéssemos sobre a sua pigmentação, a probabilidade de ele ser heterozigoto seria de 2/4, ou 1/2.

Exercício resolvido

Uma questão com probabilidade condicional

O exemplo a seguir se refere a um caso de probabilidade condicional. Vamos mostrar a você como resolvê-lo, passo a passo.

O albinismo é condicionado por um alelo recessivo **a**, enquanto o alelo dominante **A** é responsável pela pigmentação normal. João tem pigmentação normal, porém é filho de pais heterozigotos para a característica. Maria, mulher de João, é albina. O casal quer saber a probabilidade de sua primeira criança ser uma menina albina.

Solução

Inicialmente, montamos a genealogia que retrata a situação familiar descrita no problema. Como você vê, o genótipo de João é **A_**, já que ele tanto pode ser **AA** como **Aa**.

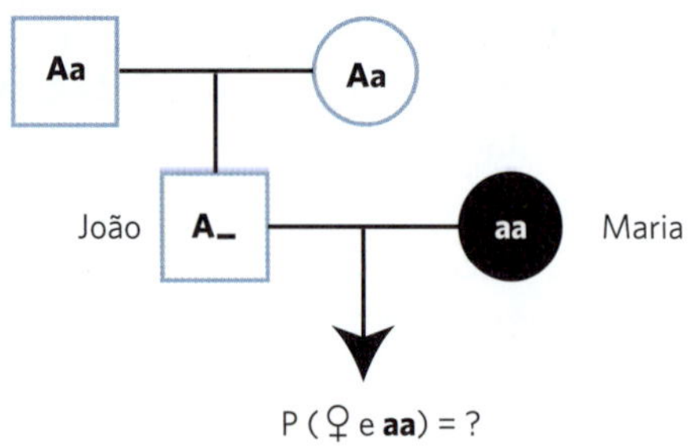

Studio Caparroz/Arquivo da editora

Para que o casal tenha uma filha albina, são necessárias as seguintes condições, simultaneamente:

- que João seja heterozigoto (**Aa**);
- que um gameta **a** de João fecunde o óvulo **a** de Maria;
- que a criança seja do sexo feminino.

Trata-se, então, de um caso de "regra do e", que pode ser expresso assim:

P (filha albina) = P [(João ser **Aa**) e (criança ser **aa**) e (criança ser menina)].

Vamos determinar cada uma das probabilidades isoladamente:

a) Sendo os pais de João heterozigotos (**Aa**), os possíveis encontros gaméticos entre eles são **AA**, **Aa**, **Aa** e **aa**. A última hipótese (**aa**) não se concretizou, já que sabemos, de antemão, que João não é albino. Sobram, então, três eventos possíveis (**AA**, **Aa** e **Aa**), dois dos quais nos interessam. Assim, a probabilidade de João ser heterozigoto é de 2/3.

b) Caso João seja heterozigoto, a probabilidade de ter com Maria uma criança **aa** é de 1/2.

c) A probabilidade de a criança ser do sexo feminino é de 1/2.

Dessa forma, a probabilidade de terem uma filha albina é de 2/3 × 1/2 × 1/2 = 2/12 ou 1/6.

Desvio: quando o esperado "não bate" com o obtido

Em Genética, como na maioria das ciências, os resultados obtidos quase nunca são exatamente iguais ao que se espera na teoria. Veja, por exemplo, no início do capítulo, a tabela com os resultados de Mendel para os caracteres das ervilhas. Perceba que os resultados obtidos para o cruzamento entre heterozigotos "não batem" perfeitamente com os resultados esperados, que eram de 3 dominantes para 1 recessivo. Por que isso ocorre? Afinal, espera-se que os heterozigotos produzam dois tipos de gametas, em proporções iguais, e haverá 4 tipos de encontro, igualmente possíveis (AA, Aa, Aa e aa). No entanto, alguns gametas podem morrer antes de chegar a fecundar, outros podem apresentar alterações e não sobreviver. Assim, a proporção de descendentes obtidos aproxima-se da esperada, mas não coincide perfeitamente com ela. Chamamos de **desvio** a diferença existente entre a proporção esperada e a proporção obtida.

Quando se trabalha com eventos que dependem do acaso, uma regra geral pode ser enunciada: quanto maior for o número de experimentos, menor deverá ser o desvio. Quando, ao contrário, o número de experimentos é pequeno, o desvio pode ser grande.

Veja o caso do lançamento de uma moeda: a probabilidade de se obter cara é de 1/2; a de se obter coroa também; espera-se, portanto, que, em certo número de lançamentos, metade dos resultados seja cara, e a outra metade, coroa. Se jogarmos a moeda apenas duas vezes, no entanto, é bem possível que se obtenha um resultado muito diferente: por exemplo, 2 caras ou 2 coroas! O desvio, aqui, tende a ser muito grande. Já quando a moeda é lançada 50 vezes, o resultado deverá se aproximar do que se espera na teoria: talvez 27 caras e 23 coroas, ou algo parecido. Em 1000 lançamentos, os resultados se aproximarão mais ainda do esperado.

Pode-se concluir que, em Genética, as proporções obtidas têm maior probabilidade de refletir as proporções esperadas quando o número de descendentes for suficientemente grande.

Agora, pense neste desafio!

Sabe-se que o albinismo é condicionado por um alelo recessivo **a**, enquanto a pigmentação normal pelo dominante **A**. Um casal heterozigoto, portanto de pigmentação normal, teve um total de cinco crianças, todas elas de pigmentação normal. Esse resultado é compatível com o que sabemos sobre a transmissão genética, ou contradiz a primeira lei de Mendel? Converse com seus colegas a respeito e levem suas conclusões ao professor, que as discutirá na classe.

UfaBizPhoto/Shutterstock

O albinismo afeta uma em cada 17 mil pessoas no mundo, sem distinção de sexo, etnia ou classe social.

Ferramentas digitais

O aplicativo gratuito *Quadro de Punnett* foi desenvolvido por iniciativa de um estudante e uma professora do Instituto Federal Farroupilha (IFFar) com a finalidade de auxiliar na resolução de questões que envolvam cruzamentos mendelianos. Se possível, baixe essa ferramenta digital no seu *smartphone* e realize testes com as atividades propostas nesta unidade. Baseando-se nessa iniciativa, você pode planejar com os colegas uma solução digital para um problema do dia a dia ou relacionada ao aprendizado dos conteúdos trabalhados nesta obra. Para desenvolver a ideia, pensem nas seguintes questões:

1. Para que servirá o aplicativo?
2. Qual é o público-alvo?
3. Como será a aparência do aplicativo?
4. Como ele vai funcionar?

Apresente o seu projeto para a turma.

Diálogos

O conceito de raça

Diversas características físicas dos organismos são geneticamente determinadas. Nos seres humanos, a variação de cor da pele é bastante ampla, contudo, do ponto de vista biológico, não há qualquer evidência que suporte a existência de raças na espécie humana. Já do ponto de vista sociológico, raça é um conceito socialmente construído. O preconceito e a discriminação racial estão por trás do assassinato de mais de 20 mil jovens negros, a cada ano, em nosso país. Racismo existe e é crime, representando a crença equivocada na superioridade de determinados grupos étnicos, linguísticos, religiosos, sobre outros. Leia mais sobre o assunto no trecho a seguir.

A ideia de "raça" há muito tempo vem sendo questionada pela chamada genética de populações, que se debruça sobre a variabilidade biológica das populações humanas. Desde as atrocidades do nazismo, no contexto da Segunda Guerra Mundial, a ideia de "raça", do ponto de vista biológico, vem sendo refutada por biólogos e cientistas sociais. Falar em "raças" humanas, do ponto de vista biológico, não faz mais sentido. Mas "raça" possui diversos outros significados. A palavra ainda vem sendo usada para se referir à cor da pele e à aparência das pessoas ou mesmo a sua ancestralidade. Politicamente, o conceito de "raça" também é utilizado por setores do movimento negro na luta contra o racismo.

COM CIÊNCIA. Nova genética desestabiliza ideia de "raça" e coloca dilemas políticos. Disponível em: http://www.comciencia.br/comciencia/handler.php?section=8&edicao=8&id=51&tipo=0.%22. Acesso em: maio 2020.

Denuncie!

Racismo é crime! Disque 100 (Direitos Humanos) e denuncie. A ligação é gratuita e pode ser feita de todo o Brasil e de telefones fixos ou móveis (celulares). A central de atendimento funciona diariamente, 24 horas por dia, incluindo sábados, domingos e feriados.

É lidando com essas e outras questões de justiça, identidade e sentimento que o *slam* surgiu na década de 80 nos Estados Unidos. Os *slams* são campeonatos de poesias faladas com objetivo de dar voz aos jovens, exercitando a expressão de ideias, emoções e vivências, mas também a capacidade de empatia ao ouvir os demais.

Jardiel Carvalho/Folhapress

A poetisa Kimani (Cinthya Santos) se apresentando no evento *Zap! Slam*, em São Paulo (SP), 2019.

Em ação!

1. Qual é a importância de compreender que não há diferentes raças humanas do ponto de vista biológico?
2. O IBGE pesquisa a cor ou raça da população brasileira com base na autodeclaração. De acordo com dados da Pesquisa Nacional por Amostra de Domicílios (PNAD) 2015, 45,22% dos brasileiros se declaram como brancos, 45,06% como pardos, 8,86% como pretos, 0,47% como amarelos e 0,38% como indígenas. Qual é a importância do reconhecimento do conceito de raça em termos políticos e de movimentos sociais? Como você argumentaria contra a seguinte afirmação "se as raças não existem, o racismo também não existe"?
3. Que tal organizar um sarau com *slam* na sua escola? Por meio das poesias, vários temas podem ser trabalhados, por exemplo: diferentes vivências de preconceito e racismo. O sarau também pode envolver dança, leitura e música. Caso haja interessados no *slam*, vale lembrar suas três regras simples: as poesias devem ser originais, de sua autoria; a *performance* deve ter até 3 minutos e não pode apresentar adereços, músicas reproduzidas por meio de aparelhos eletrônicos ou instrumentos. Desse modo, voz e interpretação são as principais ferramentas.

Desenvolvendo habilidades

1 Redija um texto curto, explicando de que maneira a divisão celular meiótica justifica a primeira lei de Mendel. Se necessário, consulte o texto teórico.

2 Usando argumentos da Bioquímica, justifique o fato de os heterozigotos, em alguns casos de herança, terem exatamente o mesmo fenótipo que o homozigoto dominante.

3 Qual é a probabilidade de uma criança nascer albina, canhota e desenvolver miopia, sabendo-se que os pais têm pigmentação normal, visão normal e são destros, porém heterozigotos para cada uma dessas características? Considere, para finalidades estatísticas, que essas três características são independentes uma da outra e que cada uma delas é condicionada por um par de alelos.

4 Observe o quadro com os resultados de Mendel, com as sete características que ele estudou. Escolha a característica em que os resultados obtidos mais se aproximaram do esperado, ou seja, em que o desvio foi menor. Escolha ainda a característica em que o desvio entre o obtido e o esperado foi maior. Levante uma hipótese sobre um possível motivo que explique a diferença entre os desvios desses dois resultados.

5 Considere que, em cobaias, a cor do pelo seja condicionada por um par de alelos. Cruzando várias vezes cobaias amarelas entre si, um geneticista sempre obtinha uma ninhada constituída por cobaias amarelas e cobaias pretas, na proporção de 2 : 1. Por outro lado, ao cruzar cobaias amarelas com cobaias pretas, sempre apareciam cobaias amarelas e pretas, na proporção de 1 : 1.

a) Considerando os resultados dos cruzamentos, qual dos alelos é o dominante, para cor amarela ou para cor preta? Justifique.

b) Em função de sua resposta anterior, escolha uma letra para indicar cada um dos alelos.

c) Na sua opinião, o que significa o fato de o cruzamento entre cobaias amarelas sempre resultar em descendentes com pelagem amarela e preta?

d) Levante uma hipótese que explique as proporções obtidas pelo geneticista.

6 Foi comentado, ao longo do capítulo, que aplicar cruzamentos controlados para a espécie humana - como ocorreu com ervilhas e drosófilas - não seria ético. No entanto, isso foi proposto na história humana por meio da eugenia.

Faça uma pesquisa sobre o assunto. Redija um texto em que descreve sucintamente o que é a eugenia e os contextos históricos em que está inserida, discuta as possíveis controvérsias dessa ideia e conclua relacionando essas controvérsias com a ética aplicada às ciências e à sociedade.

7 Um criador de gado bovino da variedade *Shorthorn* reparou que esses animais apresentam três padrões de pelagem: branco, vermelho e ruão.

A fim de investigar o padrão de herança da pelagem desse gado, o criador realizou, diversas vezes, os cruzamentos abaixo:

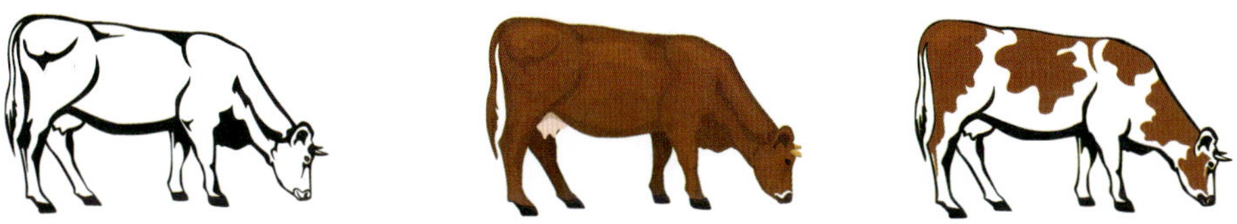

Branco Vermelho Ruão

SunshineVector/Shutterstock

- branco × branco, sempre resultando em filhotes de pelagem branca;
- vermelho × vermelho, sempre resultando em filhotes de pelagem vermelha;
- branco × vermelho, sempre resultando em filhotes de pelagem ruão;
- ruão × ruão, resultando em prole 1/4 branca, 1/4 vermelha e 1/2 ruão;
- ruão × vermelho, resultando em prole 1/2 vermelha e 1/2 ruão;
- ruão × branco, resultando em 1/2 branca e 1/2 ruão.

Sabendo que o padrão da pelagem é uma característica autossômica condicionada por um par de alelos de um gene, responda ao que se pede.

a) Esquematize os seis cruzamentos diferentes realizados pelo criador, indicando os alelos das gerações parental e $\mathbf{F_1}$.

b) Identifique o padrão de herança. Justifique.

c) Indique uma estratégia que permita investigar bioquimicamente esse padrão de herança.

CAPÍTULO

28

Alelos múltiplos e grupos sanguíneos

Este capítulo favorece o desenvolvimento das habilidades:

EM13CNT104

EM13CNT205

EM13CNT301

EM13CNT302

EM13CNT303

EM13CNT306

EM13CNT310

Nos exemplos de herança que estudamos até agora, vimos somente duas variedades de alelos, como **A** e **a** para albinismo, e apenas três diferentes genótipos (**AA**, **Aa** e **aa**, no exemplo do albinismo). Há heranças, porém, em que existem mais de dois alelos para um gene. Assim, dizemos que a herança apresenta **alelos múltiplos**.

O conceito de alelos múltiplos

Imagine uma situação em que haja, **na população**, três tipos de alelos: **A**, **a** e **a'**. Mesmo nesse caso, cada indivíduo tem **apenas dois** desses alelos, localizados no respectivo *locus* do par de cromossomos homólogos. Se considerarmos toda a população, no entanto, os genótipos possíveis são mais numerosos: **AA**, **Aa**, **Aa'**, **aa**, **aa'** e **a'a'**. É importante notar que, aqui, a primeira lei de Mendel continua válida: o caráter é condicionado por **dois alelos**, que se separam na formação dos gametas, ficando apenas **um alelo** em cada gameta. A diferença consiste somente no fato de haver, **na população**, mais de dois alelos para a característica e, portanto, maior número de genótipos possíveis.

Dica

Doação de sangue

https://saude.gov.br/saude-de-a-z/doacao-de-sangue

Fique por dentro de notícias, requisitos e locais para doação de sangue.

Os alelos diferentes surgem por mutação

Na replicação do DNA, quando um alelo **A** é duplicado, são obtidas duas cópias idênticas desse alelo, a não ser que ocorra uma **mutação**. Nesse caso, a cópia do alelo **A** pode ser modificada pela mutação, gerando um novo alelo que chamaremos de **a**, por exemplo.

É possível que, ao longo da evolução, novas mutações ocorram, tanto no alelo **A** quanto no **a**, formando novas versões do alelo original. Observe o esquema abaixo.

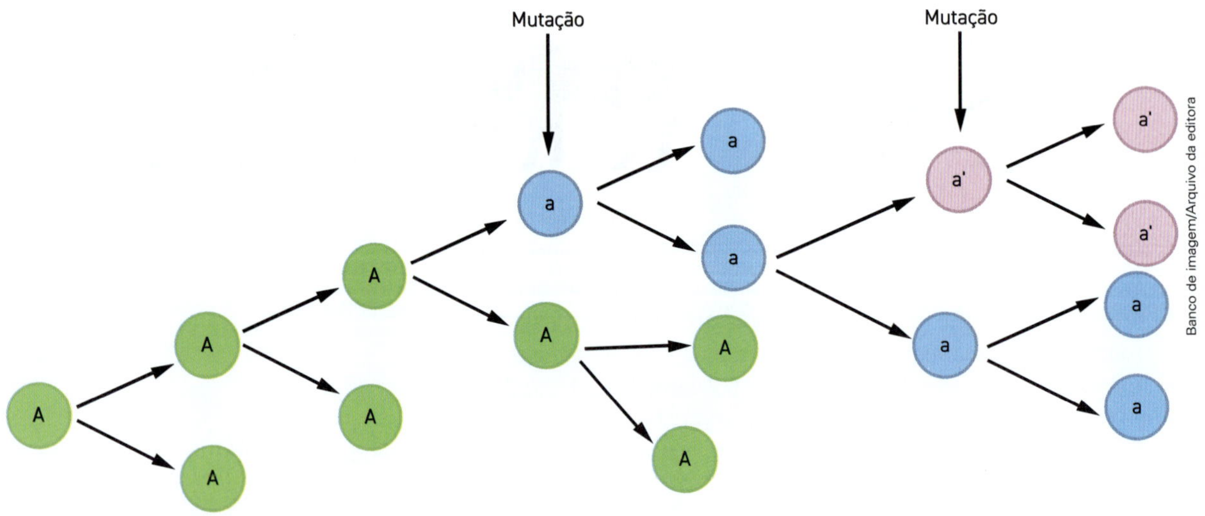

Esquema da formação de novos alelos a partir de mutações que alteram um alelo preexistente. Mutações podem ser causadas por erros acidentais na replicação do DNA. (Cores fantasia.)

A cor do pelo nos coelhos

Nos coelhos, a cor dos pelos é um caso clássico de alelos múltiplos. No quadro abaixo há uma série de quatro alelos, portanto, alelos múltiplos, em ordem de dominância.

O alelo **C**, que condiciona o pelo aguti (cinza-acastanhado), é dominante sobre todos os demais; o alelo $\mathbf{c^{ch}}$, que condiciona o pelo chinchila (cinza-claro), é dominante sobre os dois restantes; o alelo $\mathbf{c^{h}}$, para pelo himalaio (branco com as extremidades do corpo pretas), é dominante sobre o alelo $\mathbf{c^{a}}$, que condiciona o fenótipo albino (inteiramente branco).

Repare que, para alguns fenótipos, há vários genótipos possíveis. Ainda assim, cada coelho tem apenas um par de alelos para essa característica, ou seja, esse caráter obedece à primeira lei de Mendel.

buteo/Shutterstock

Coelho-europeu (*Oryctolagus cuniculus*, cerca de 35 a 50 cm de comprimento). O alelo que condiciona a pelagem cinza-acastanhada (aguti) do coelho selvagem é dominante sobre os demais.)

Relação de dominância entre os alelos múltiplos que determinam a cor do pelo nos coelhos

Fenótipo	Alelo	Relação de dominância	Possíveis genótipos
Aguti ou **selvagem** (cinza-acastanhado)	C	Dominante em relação aos demais	**CC** ou $\mathbf{Cc^{ch}}$ ou $\mathbf{Cc^{h}}$ ou $\mathbf{Cc^{a}}$
Chinchila (cinza-claro)	c^{ch}	Dominante em relação a himalaio e albino	$\mathbf{c^{ch}c^{ch}}$ ou $\mathbf{c^{ch}c^{h}}$ ou $\mathbf{c^{ch}c^{a}}$
Himalaio (branco com as extremidades da pata, da cauda, da orelha e do focinho pretas)	c^{h}	Dominante em relação a albino	$\mathbf{c^{h}c^{h}}$ ou $\mathbf{c^{h}c^{a}}$
Albino (branco com os olhos vermelhos)	c^{a}	Recessivo em relação aos demais	$\mathbf{c^{a}c^{a}}$

Os grupos sanguíneos do sistema ABO

Muito utilizadas na Medicina, as transfusões de sangue devem ser feitas seguindo certas regras de compatibilidade entre o tipo de sangue doado e o tipo de sangue de quem recebe a transfusão. Caso contrário, pode ocorrer aglutinação com o sangue do doador, provocando sérios riscos à saúde do receptor.

Hoje sabemos que, na transfusão de sangue, a aglutinação ocorre quando certas moléculas na membrana plasmática das hemácias do doador são "reconhecidas" por anticorpos existentes no soro do receptor. Em outras palavras, essas moléculas da membrana funcionam como **antígenos**. Tanto os antígenos presentes nas hemácias como os anticorpos do soro são determinados geneticamente. Note, ainda, que os anticorpos dirigidos contra os antígenos da superfície das hemácias existem no sangue de uma pessoa independentemente de uma transfusão prévia.

Veja o quadro abaixo, que indica os tipos de antígenos existentes no sangue dos indivíduos, em função de seu grupo sanguíneo, e os anticorpos presentes no seu soro.

Antígenos e anticorpos presentes nos diferentes tipos sanguíneos do sistema ABO

Tipo de sangue	Antígeno (ou aglutinogênio) na hemácia	Anticorpo (ou aglutinina) no soro
A	a	Anti-b
B	b	Anti-a
AB	a e b	-
O	-	Anti-a e anti-b

As transfusões possíveis

As transfusões não devem ser feitas quando o sangue doado contém o antígeno (nas hemácias) correspondente ao anticorpo do sangue do receptor (no plasma), pois, como vimos, sofre aglutinação, o que pode levar à morte.

Assim, se introduzirmos sangue **A** (portanto, com antígeno **a**) em um indivíduo **B** (que tem anticorpos **anti-a**), ocorrerá a aglutinação das hemácias doadas. Igualmente, se sangue **B** (com antígeno **b**) for introduzido em um indivíduo **A** (com soro contendo **anti-b**), haverá aglutinação.

O sangue de pessoas **AB**, por ter hemácias com os dois antígenos, não pode ser doado a receptor de nenhum outro grupo a não ser **AB**. No entanto, a ausência de anticorpos faz com que os indivíduos **AB** possam, com certos cuidados, receber sangue de todos os demais grupos.

As pessoas do grupo **O**, por terem os dois anticorpos, somente podem receber sangue de outros indivíduos **O**. Por não apresentarem os antígenos **a** e **b**, entretanto, podem doar sangue para indivíduos de qualquer outro grupo. Veja o esquema ao lado. No passado, pessoas do grupo **O** e **Rh**⁻ eram ditas "doadoras universais". Acreditava-se que esse tipo de sangue pudesse ser doado de maneira ampla com baixos riscos; há, no entanto, alguns problemas a serem considerados. No soro de uma pessoa do tipo **O** existem os dois anticorpos, **anti-a** e **anti-b**, que, dependendo da quantidade de sangue transfundida, podem reagir com as hemácias do receptor.

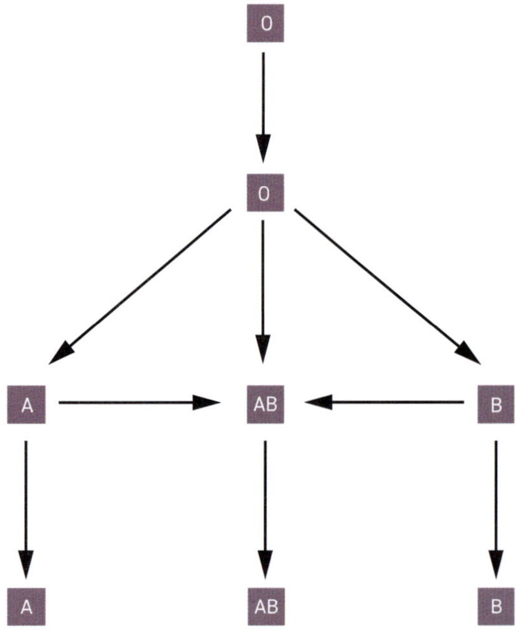

Esquema das possíveis transfusões entre os tipos sanguíneos do sistema ABO.

Determinando os grupos sanguíneos nos indivíduos

As ilustrações abaixo representam os testes de quatro amostras de sangue. Em cada lâmina, são colocadas duas gotas de cada amostra de sangue, que foram misturadas, separadamente, aos soros **anti-a** e **anti-b**. A aglutinação indicará a presença de antígeno. Observe os resultados de quatro testes de tipagem sanguínea.

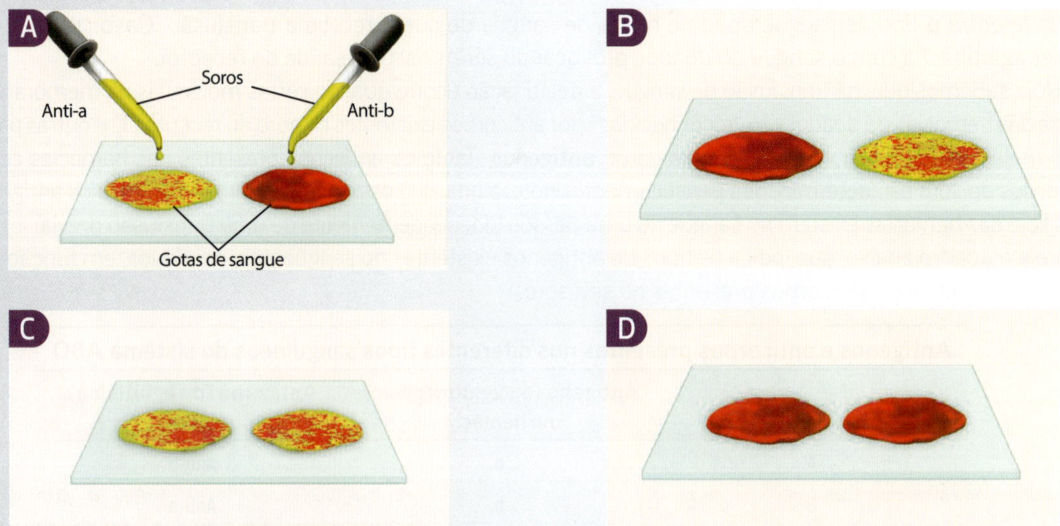

Ilustrações: Selma Caparroz/Arquivo da editora

(A) Tipagem sanguínea de uma pessoa do grupo A. (B) Tipagem sanguínea de uma pessoa do grupo B. (C) Tipagem sanguínea de uma pessoa do grupo AB. (D) Tipagem sanguínea de uma pessoa do grupo O. (Elementos fora de proporção de tamanho entre si. Cores fantasia.)

A genética do sistema ABO

O **sistema ABO** é condicionado por três alelos (**I^A**, **I^B** e **i**). Os alelos **I^A** e **I^B** apresentam entre si uma relação de codominância, mas ambos são dominantes em relação ao alelo recessivo **i**. No quadro a seguir, são dados os genótipos possíveis para cada um dos fenótipos.

Atualmente, sabe-se que a genética dos grupos sanguíneos é um pouco mais complexa: existem outros alelos que condicionam subgrupos dos grupos já conhecidos. Aqui, no entanto, trabalharemos de forma simplificada, com o clássico sistema de três alelos.

Possíveis genótipos do sistema sanguíneo ABO

Fenótipo	Genótipo
A	I^AI^A ou I^Ai
B	I^BI^B ou I^Bi
AB	I^AI^B
O	ii

Exercício resolvido

Grupos sanguíneos do sistema ABO

João, de tipo sanguíneo **A**, filho de pais **AB**, tem com a esposa, Maria, um filho do tipo **A**. Maria é filha de pai e mãe do tipo **B**, com avós paternos **AB** e **A** e avós maternos do tipo **AB**.

a) Descubra, se possível, os genótipos dos indivíduos citados.

b) Qual é o fenótipo de Maria?

c) Maria pode receber sangue do marido? Justifique.

Solução

a) O primeiro passo recomendável é construir uma genealogia que nos possibilite uma visão clara das relações de parentesco e dos fenótipos. Em seguida, escrevemos os genótipos dos indivíduos **AB** (**I^AI^B**). Esses genótipos nos permitem fazer várias observações, que relacionamos a seguir. Leia cada frase, interprete-as e verifique o genótipo de cada indivíduo citado.

- João é seguramente homozigoto (**I^AI^A**) e transmitiu um alelo **I^A** a seu filho.
- A mãe de Maria é seguramente homozigota (**I^BI^B**).
- Maria recebeu um alelo **I^B** da mãe, porém não o transmitiu ao filho, que é do grupo **A**.
- A avó paterna de Maria é seguramente heterozigota (**I^Ai**), pois, se fosse homozigota (**I^AI^A**), o pai de Maria não poderia ser **B**.
- O pai de Maria é heterozigoto (**I^Bi**), pelo motivo que explicamos anteriormente.
- Maria é obrigatoriamente heterozigota; recebeu o alelo **i** do pai, que ela transmitiu ao filho - este é **I^Ai**.

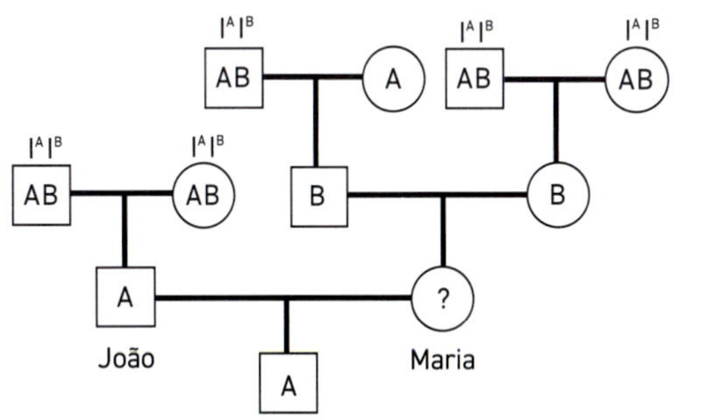

b) Maria pertence, portanto, ao grupo **B**.

c) Maria não pode receber sangue do marido, já que ele possui aglutinogênio **a**, que reagiria com as aglutininas do sangue dela (**anti-a**).

O sistema MN

Além dos antígenos do sistema **ABO**, as hemácias apresentam antígenos chamados **m** e **n**. Pessoas que apresentam o antígeno **m** são do grupo **M**; aquelas que têm o antígeno **n** são do grupo **N**; e as que têm os dois antígenos (**m** e **n**) são do grupo **MN.**

O **sistema MN** parece não ter muita importância para as transfusões de sangue, mas é utilizado na exclusão de paternidade. Podemos considerar, simplificadamente, dois alelos: L^M e L^N. Repare que não se trata de um caso de alelos múltiplos, mas sim de um par de alelos mendelianos simples, codominantes.

Genótipos do sistema sanguíneo MN

Fenótipos	Genótipos
M	L^ML^M
N	L^NL^N
MN	L^ML^N

O fator Rh

O fator Rh foi descoberto em 1940 pelos médicos Karl Landsteiner (1868-1943) - que havia descrito o sistema ABO em 1900 -, e Alex Wiener (1907-1976), quando trabalhavam com sangue de macaco Rhesus (*Macaca mulatta*). Os pesquisadores perceberam que o sangue desse animal, quando injetado em cobaias, provocava produção gradativa de anticorpos. Concluíram que havia um antígeno nas hemácias do macaco Rhesus, o qual foi então designado **fator Rh**. O anticorpo produzido pela cobaia foi denominado **anti-Rh**.

Verificou-se que 85% das amostras de sangue humano testadas com o anticorpo anti-Rh sofrem aglutinação, o que demonstra a presença do antígeno **Rh** no sangue desses indivíduos, que foram denominados **Rh^+ (Rh positivos**). Os 15% restantes, que não apresentam o fator Rh nas hemácias, foram chamados de **Rh^-** (**Rh negativos**).

Se introduzirmos sangue Rh^+ em um receptor Rh^- pela primeira vez, no entanto, não ocorrerá aglutinação, pois o anticorpo anti-Rh não existe previamente em seu plasma. Esse anticorpo será produzido aos poucos, em pequenas quantidades. No entanto, para o **sistema Rh**, transfusões subsequentes reforçam a produção de anticorpos, podendo tornar-se arriscadas e até fatais.

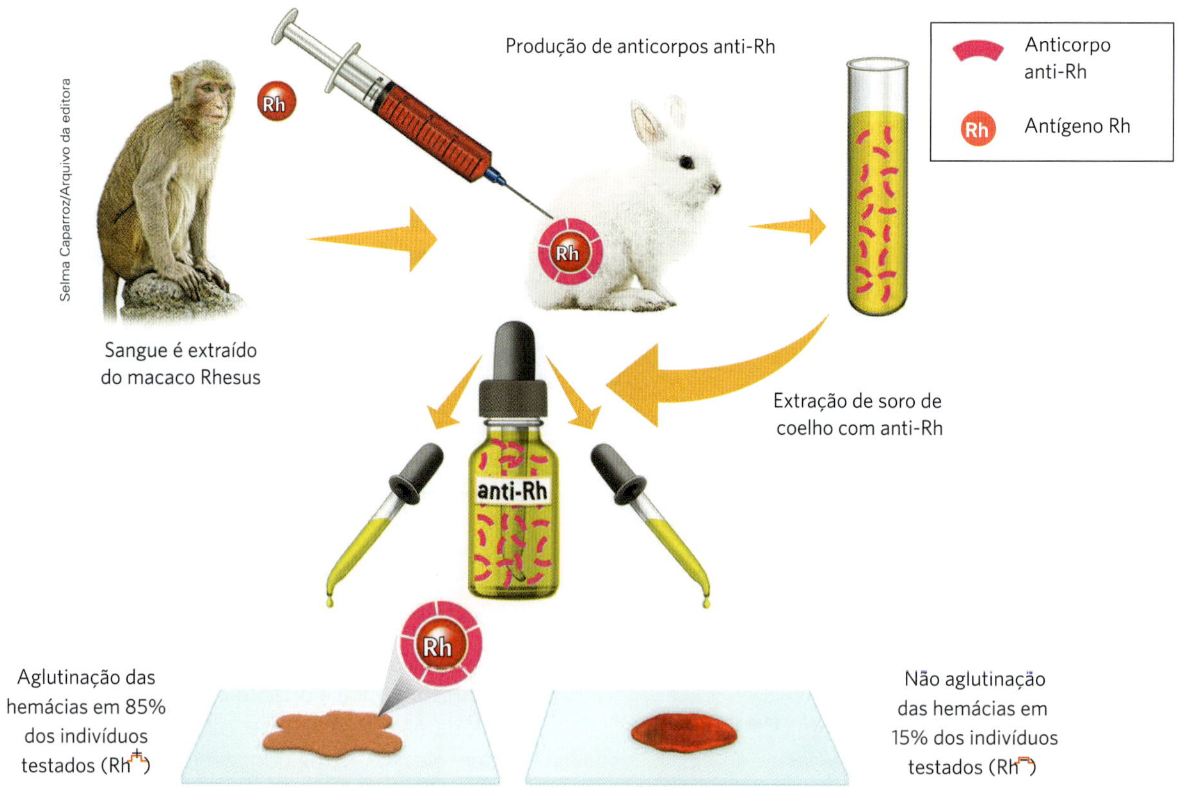

Esquema representando o processo de determinação da presença do fator Rh. (Elementos fora de proporção de tamanho entre si. Cores fantasia.)

Eritroblastose fetal

O fator Rh é determinante na manifestação da eritroblastose fetal (DHRN, **doença hemolítica do recém-nascido**), na qual as hemácias do feto são destruídas, provocando desde anemia leve até consequências mais graves, incluindo a morte durante a gestação ou após o parto.

A eritroblastose fetal relacionada ao fator Rh ocorre quando uma mãe Rh^- gera filho Rh^+. A placenta, pela qual ocorrem trocas entre mãe e filho, geralmente só possibilita a passagem de plasma. Muitas vezes, porém, há rompimento dos finos capilares placentários (principalmente na hora do parto), com passagem das hemácias do feto com fator Rh^+ para a mãe Rh^-. Como resultado, a mãe começa a produzir anticorpos anti-Rh. Como essa produção é lenta, geralmente o primeiro filho Rh^+ não é afetado pela doença.

No caso de uma segunda gravidez, se novamente o feto for Rh^-, os anticorpos anti-Rh da mãe começam a destruir as hemácias da criança. Esse filho manifestará a eritroblastose fetal.

A produção desses anticorpos também pode ocorrer caso a mulher (Rh^-) tenha recebido, por descuido médico, uma transfusão de sangue Rh^+. Nesse caso, em toda gestação de filho Rh^+ posterior a essa transfusão, haverá risco de desenvolvimento da doença.

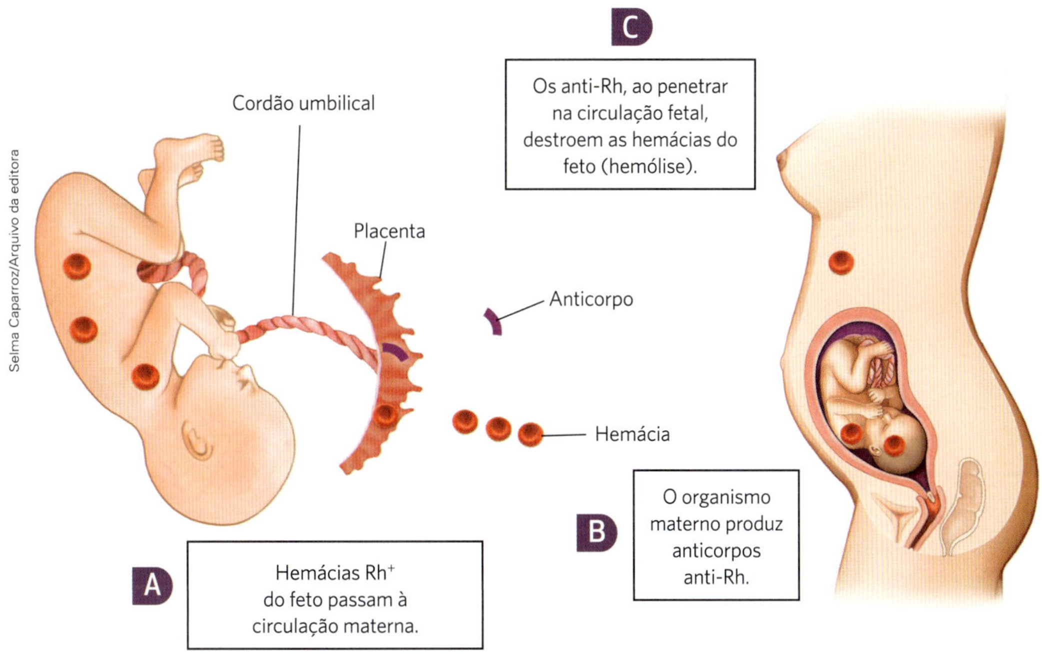

Esquema representando o mecanismo da eritroblastose fetal (A). A gestante Rh^-, quando recebe em sua circulação hemácias Rh^+ do primeiro feto (B), passa a produzir anti-Rh, (C) que destrói as hemácias de um eventual segundo feto. Geralmente, o problema ocorre do segundo filho Rh^+ em diante, já que uma primeira gestação age sensibilizando a mãe. (Elementos fora de proporção de tamanho entre si. Cores fantasia.)

Quando uma criança nasce com eritroblastose fetal, substitui-se gradualmente seu sangue Rh^+ por sangue Rh^- para eliminar os anticorpos anti-Rh que a criança recebeu da mãe.

A prevenção da eritroblastose

Conhecer o grupo Rh dos pais pode ajudar a diminuir o problema da sensibilização da mãe. Quando uma mulher Rh^- tem seu primeiro filho Rh^+, o médico receita a injeção de soro anti-Rh logo após o parto. Esse soro destrói as hemácias Rh^+ que ela possa ter adquirido do filho. Essa medida reduz consideravelmente a sensibilização da mãe, minimizando efeitos que poderiam afetar uma eventual segunda gestação.

Genética do fator Rh

De maneira simplificada, considera-se que um único par de alelos **R** (dominante) e **r** (recessivo) condicione o caráter. Os indivíduos Rh^+ serão, portanto, **RR** ou **Rr**. Os homozigotos recessivos, **rr**, serão Rh^-.

Na realidade, a herança do sistema Rh é mais complexa. Foram descobertos três antígenos diferentes, **C**, **D** e **E**, podendo estar presentes no indivíduo, isolada ou simultaneamente. Somente as pessoas com o antígeno **D**, presente na população com maior frequência, são consideradas Rh^+. Aqui, por uma questão de simplificação, vamos nos referir à herança do sistema Rh como se fosse determinada por apenas dois alelos.

Exercício resolvido

Sistema Rh e eritroblastose fetal

Uma mulher que nunca recebeu transfusão de sangue dá à luz, em uma segunda gravidez, uma criança com eritroblastose fetal. Na terceira gravidez, nasce uma criança sem a doença. Classifique, quanto ao genótipo para o fator Rh, a mulher, o pai das crianças e as três crianças.

Solução

Vamos construir uma genealogia com todas as informações disponíveis. Sabemos, de modo seguro, que a única situação em que ocorre eritroblastose fetal é aquela em que a mãe é Rh^- (rr), o filho que desenvolve a doença é Rh^+ (Rr) e o pai, naturalmente, é Rh^+ (R_).

O primeiro filho provavelmente também é Rh^+, pois a mulher nunca havia recebido transfusão sanguínea, portanto não foi sensibilizada anteriormente. Assim, ela provavelmente formou anticorpos na primeira gestação, mas não na concentração necessária para afetar o primeiro filho. Por fim, o fato de o terceiro bebê ter nascido sem a doença prova que ele é Rh^- (rr) e define o pai como heterozigoto (Rr). As duas crianças Rh^+ também são heterozigotas, já que a mãe só poderia fornecer o alelo **r**.

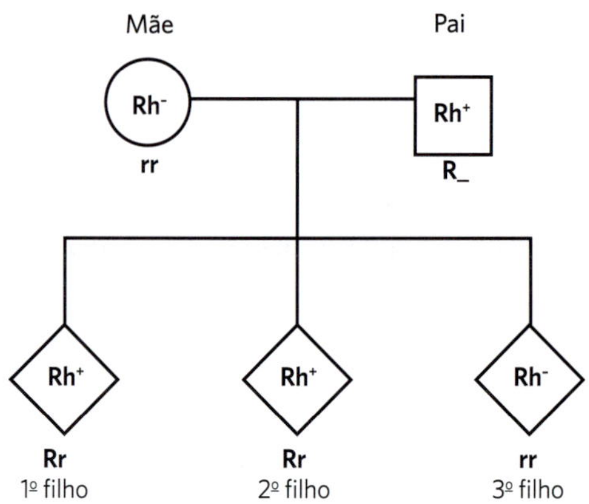

Atividade prática

Você conhece os processos pelos quais o sangue doado é submetido até ser utilizado em uma transfusão? As doações são suficientes para suprir as necessidades dos bancos de sangue? As atividades a seguir visam trabalhar a qualidade dos serviços de doação e de transfusão de sangue, bem como a efetividade da arrecadação, considerando as necessidades dos bancos de sangue.

Pesquisa e análise

1. Pesquise os procedimentos a que o sangue é submetido desde a coleta do sangue doado até a transfusão segura. Faça uma análise crítica desses procedimentos e avalie possíveis riscos e os cuidados tomados durante esses procedimentos.
2. Busque dados sobre a arrecadação e as necessidades anuais de estoques de sangue em seu estado. Pesquise notícias sobre crises em estoques estaduais de banco de sangue. Reflita sobre a efetividade da arrecadação de sangue em seu estado e, caso ela seja deficitária, proponha ações individuais e coletivas que possam ser desenvolvidas por você, por sua escola e pelas instituições governamentais do seu estado para aumentá-la.
3. Após discutir com a turma os dados obtidos, divulgue as conclusões a que chegaram. Pesquise em diferentes meios (livros, internet ou entrevistas gravadas com profissionais) e colete dados a respeito do que se aproveita do sangue doado.

Desenvolvendo habilidades

1 Que possíveis genótipos teriam os pais de quatro crianças, considerando que cada uma delas apresentasse um fenótipo diferente em relação ao sistema ABO de grupos sanguíneos?

2 A eritroblastose fetal é uma doença na qual as hemácias do feto são destruídas por anticorpos produzidos pela mãe. Resuma, em poucas linhas, as condições em que essa doença ocorre.

3 Um grupo de cientistas fez um estudo estatístico comparando duas situações familiares que favorecem a ocorrência de eritroblastose fetal.

- **Situação A:** mãe Rh^-, do grupo O, casada com pai Rh^+, do grupo A, homozigoto para ambas as características.
- **Situação B:** mãe Rh^-, do grupo O, casada com pai Rh^+, do grupo O, homozigoto para ambas as características.

Verificou-se que a frequência de crianças com eritroblastose era muito maior na situação B do que na situação A.

a) Determine, inicialmente, para facilitar a resposta do item seguinte, os fenótipos dos filhos que nascem, tanto na situação A quanto na B, com relação ao fator Rh e ao sistema ABO de grupos sanguíneos.

b) O desafio, agora, é construir uma hipótese que explique a diferença na frequência de crianças com eritroblastose, em A e em B. Leve em consideração:

I. o fato de que a sensibilização da mãe, que começa a produzir anticorpos anti-Rh, ocorre quando hemácias do feto Rh^+ penetram na circulação dela;

II. tudo que você sabe a respeito de aglutininas e aglutinogênios do sistema ABO.

4 Analise o genótipo do casal a seguir e responda ao que se pede.

♀ I^BiRrMN × ♂ I^AiRrMM

a) Quantos genótipos diferentes podem ser produzidos a partir do cruzamento desse casal? Justifique.

b) Qual é a probabilidade desse casal ter filho com genótipo de "doador universal"?

c) Qual é a probabilidade desse casal ter filho "receptor universal"?

d) Por que atualmente se evita utilizar os termos "doador universal" e "receptor universal"?

5 Analise o heredograma abaixo e responda ao que se pede.

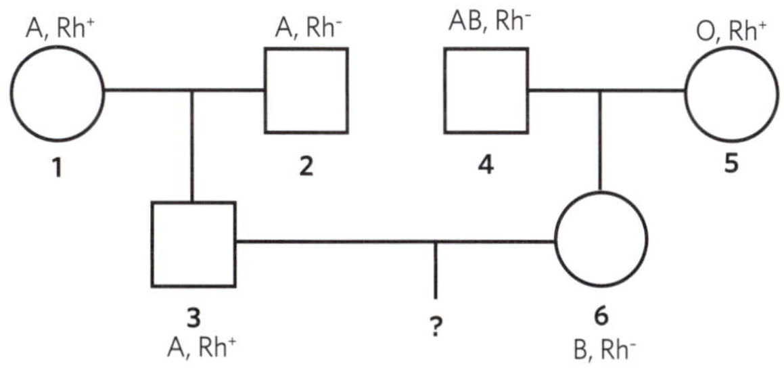

a) Indique os genótipos de todos os indivíduos possíveis de identificar. Caso não possa determinar algum alelo de determinado(s) genótipo(s), indique com "_".

b) Sabendo-se que a mulher 6 foi exposta a sangue Rh^+ na gestação de seu primeiro filho em outro casamento, qual é a probabilidade de o casal 3 e 6 terem filho com eritroblastose fetal?

c) Sabendo-se que as avós materna e paterna do indivíduo 3 apresentavam sangue O, qual é a probabilidade de o casal 3 e 6 terem um filho com sangue tipo O?

CAPÍTULO 29

Cromossomos sexuais e seus genes

Todos os casos em Genética que estudamos até agora tinham algo em comum: as características de um indivíduo dependem da combinação dos alelos herdados do pai e da mãe. Há casos, no entanto, em que a herança da característica parece depender do sexo do progenitor que transmite o alelo e do sexo da criança que recebe o alelo.

Este capítulo favorece o desenvolvimento das habilidades:

EM13CNT205

EM13CNT301

EM13CNT302

EM13CNT303

Autossomos e cromossomos sexuais

Nos mamíferos, o sexo biológico é determinado pela presença de dois cromossomos especiais, chamados **cromossomos sexuais**. Na espécie humana, por exemplo, em cada célula somática há 46 cromossomos: **44 autossomos** (simbolizados por **A**, são equivalentes em homens e mulheres) e **2 sexuais**, que diferem entre os sexos.

As mulheres têm dois cromossomos sexuais **X**; enquanto homens apresentam um cromossomo **X** e um cromossomo sexual **Y**, menor em tamanho. Nos casos de herança que dependem do sexo, os genes estão localizados em cromossomos sexuais.

! Dica

Fêmeas vivem mais que machos por causa do cromossomo X, conclui estudo

https://revistagalileu.globo.com/Ciencia/Biologia/noticia/2020/03/femeas-vivem-mais-que-machos-por-causa-do-cromossomo-x-conclui-estudo.html

O estudo propõe que o cromossomo Y é incapaz de substituir o X quando este pode carregar mutações prejudiciais ao longo dos anos.

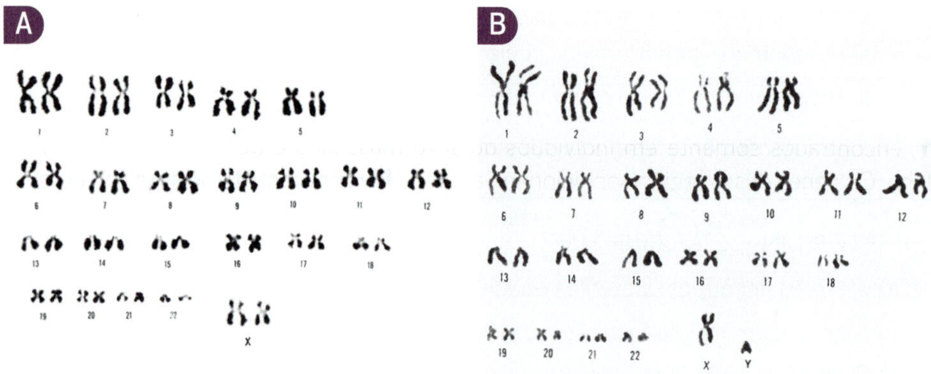

Leonard Lessin/Science Source/Fotoarena

Cariótipos de uma mulher (**A**) e de um homem (**B**); cariótipo é o conjunto diploide de cromossomos de um indivíduo. Podemos indicar o arranjo cromossômico de mulheres por 44A + XX ou 46, XX e de homens por 44A + XY ou 46, XY. (Aumento desconhecido.)

Determinação do sexo biológico

Na meiose, as mulheres produzem **óvulos** (na verdade, ovócitos de 2ª ordem) que contêm 22 cromossomos autossomos e um sexual (**X**). Os homens produzem dois tipos de espermatozoides em igual proporção: além dos 22 autossomos, há espermatozoides com cromossomo **X** e outros com cromossomo **Y**.

O sexo da futura criança depende do tipo de espermatozoide que vai fecundar o ovócito: se for o espermatozoide com o cromossomo **X**, nascerá uma menina (**XX**); se for o que possui **Y**, nascerá um menino (**XY**). A probabilidade, para cada caso, é de 1/2, ou seja, 50%.

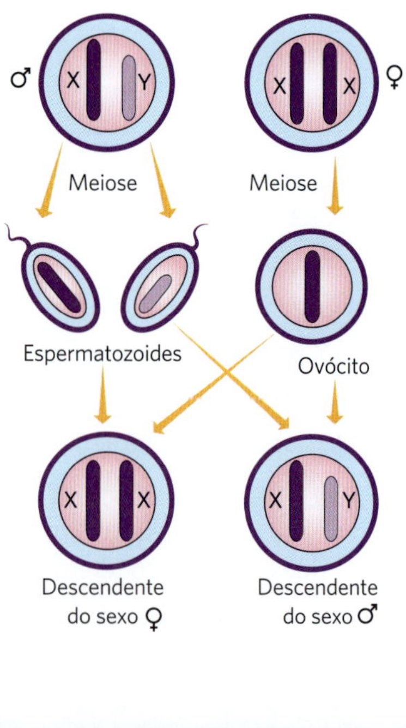

Selma Caparroz/Arquivo da editora

Esquema simplificado da distribuição dos cromossomos sexuais na meiose e dos possíveis encontros gaméticos determinantes do sexo dos descendentes. (Elementos fora de proporção de tamanho entre si. Cores fantasia.)

Cromossomos X e Y: parcialmente homólogos

O esquema a seguir mostra representações de um cromossomo **X**, maior, e de um cromossomo **Y**, menor.

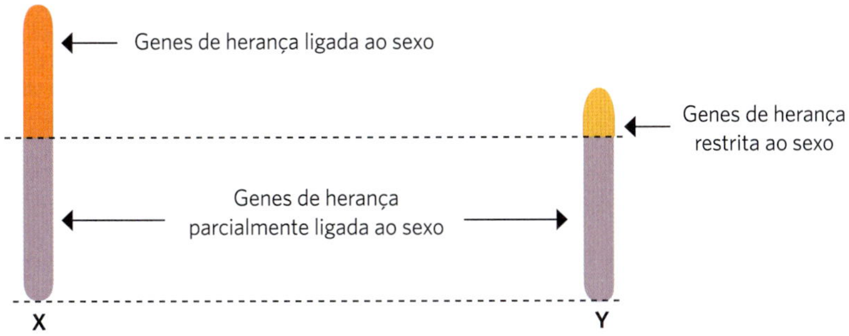

Esquema dos cromossomos **X** e **Y**, mostrando as regiões de cada tipo de herança em razão do pareamento parcial entre eles. Nesses cromossomos, durante a meiose, ocorre pareamento somente da porção representada em **lilás** no esquema; por isso, eles são considerados parcialmente homólogos. (Elementos fora de proporção de tamanho entre si. Cores fantasia.)

A cor laranja indica os genes exclusivos do cromossomo **X**, isto é, que não existem em **Y**. As mulheres (**XX**) têm dois alelos para esses genes, enquanto os homens têm apenas um, localizado no único **X** que possuem. Esses genes determinam a **herança ligada ao sexo** (ou herança ligada ao X). Na espécie humana, um dos tipos de daltonismo e a hemofilia A são exemplos de condições cuja herança é ligada ao sexo.

A região do cromossomo **Y** representada em amarelo contém genes exclusivos do **Y**, encontrados somente em indivíduos do sexo masculino e transmitidos de pai para filho. Os genes dessa região condicionam, assim, a **herança restrita ao sexo** (ou herança ligada ao Y), característica exclusiva dos indivíduos do sexo masculino. Um exemplo é o gene **SRY** (do inglês, *sex-determining region Y*), descoberto em 1990, que determina o desenvolvimento dos testículos; na ausência desse gene, formam-se ovários.

Por fim, as regiões do **X** e do **Y** representadas em lilás são homólogas. Assim, homens e mulheres apresentam genes para as características determinadas por essa região. Fala-se em herança **parcialmente ligada ao sexo**, que é semelhante, na prática, à herança autossômica.

É comum encontrarmos textos dizendo que um gene se localiza no cromossomo **Y** ou no cromossomo **X**, querendo, na realidade, se referir a genes localizados nas regiões não homólogas desses cromossomos.

Herança ligada ao sexo

Daltonismo

O daltonismo é a condição caracterizada pela incapacidade de enxergar certas cores. Um dos tipos de daltonismo, o mais comum, é determinado por um gene **D**, localizado no cromossomo **X**, na sua região não homóloga ao **Y**.

Essa alteração é determinada por um alelo recessivo **d**, e o alelo dominante **D** condiciona visão normal. É fácil entender o motivo pelo qual essa condição afeta mais os homens. Neles, basta um alelo **d** para condicionar o daltonismo, enquanto nas mulheres são necessários dois alelos recessivos. A genealogia da página seguinte mostra como essa condição é herdada.

eldramartwork/Shutterstock

Reprodução de uma imagem utilizada em testes para detecção do daltonismo.

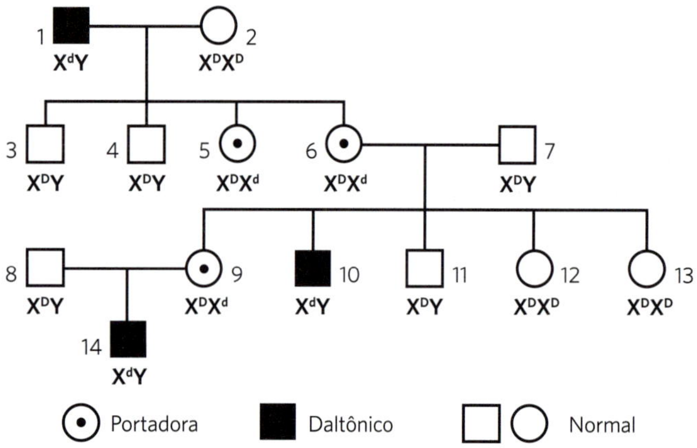

Heredograma representando um caso de herança de daltonismo. O pai daltônico (1) transmitiu seu cromossomo X^d a todas as filhas (heterozigotas portadoras do alelo **d**, X^DX^d). Os filhos do sexo masculino (3 e 4) nasceram com visão normal, já que o pai lhes forneceu o Y; a mãe forneceu o cromossomo X^D. A filha (6), ao casar-se com um homem de visão normal (7), transmitiu um cromossomo X^d a seu filho (10), que nasceu daltônico. O outro filho (11) nasceu com visão normal (X^DY), pois recebeu um cromossomo X^D da mãe. A filha (9) recebeu o cromossomo X^d da mãe e, ao casar-se com um homem de visão normal, teve um filho daltônico (14).

Mulheres daltônicas são menos comuns. Para uma mulher ser daltônica (**X^dX^d**), é preciso que o pai seja daltônico (**X^dY**) e que a mãe seja, pelo menos, portadora do alelo **d**.

Hemofilia A

É uma condição em que a capacidade de coagulação do sangue é prejudicada. Qualquer ferimento em um hemofílico, por menor que seja, pode causar hemorragias graves e levar o indivíduo à morte. A coagulação sanguínea é um fenômeno que depende de várias substâncias que agem em cadeia. Na hemofilia A, a mais comum, falta o fator VIII, uma das substâncias da cadeia de reações da coagulação do sangue. Essa alteração é ligada ao sexo, condicionada por um alelo recessivo **h** de um gene localizado no cromossomo **X**, na região não homóloga ao **Y**.

Só homens podem ter hemofilia?

A probabilidade de nascer uma mulher hemofílica é muito baixa. É necessária a união entre um homem hemofílico e uma mulher portadora do alelo **h**. A probabilidade do nascimento de um homem hemofílico é de 1 em 10 mil; entre as mulheres, a probabilidade é de 1 em 100 milhões!

As crianças afetadas pela hemofilia A geralmente são do sexo masculino e recebem o alelo da mãe (**X^h**). As filhas de homens hemofílicos não são hemofílicas, mas são heterozigotas (portadoras do alelo **h**). Na descendência dessas filhas podem aparecer também meninos hemofílicos.

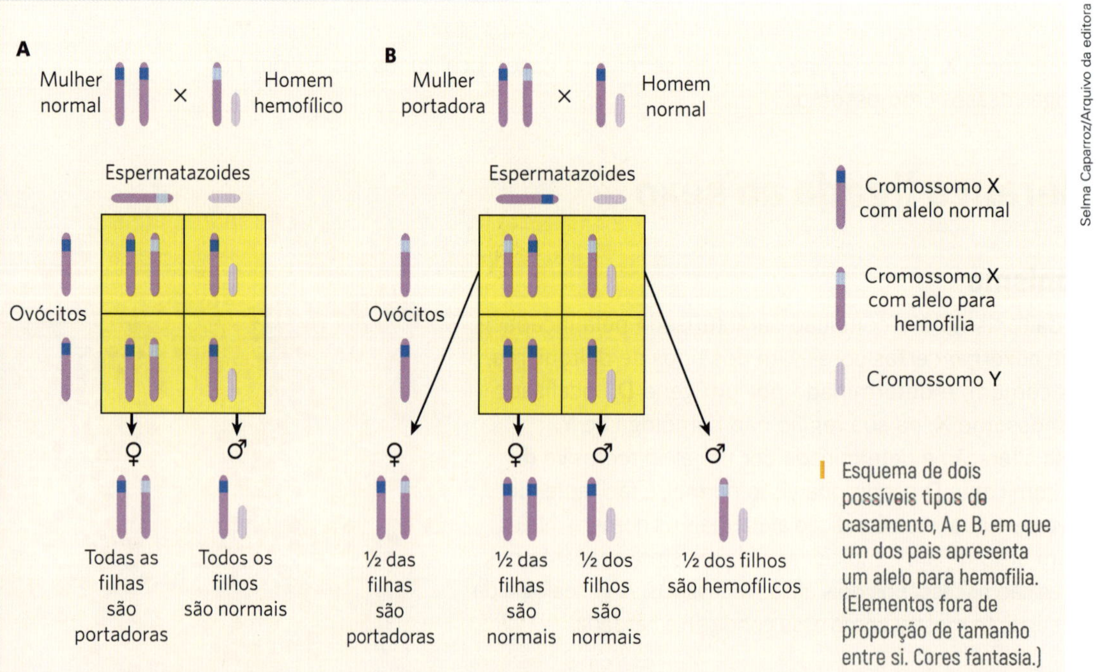

Esquema de dois possíveis tipos de casamento, A e B, em que um dos pais apresenta um alelo para hemofilia. (Elementos fora de proporção de tamanho entre si. Cores fantasia.)

Exercício resolvido

Analisando uma genealogia de herança ligada ao sexo

(UFMG) Na espécie humana, o daltonismo é condicionado por um alelo recessivo e ligado ao sexo. Um casal de visão normal tem uma criança daltônica. Com base nesses dados, responda:

a) Qual é o sexo da criança?

b) Das três pessoas citadas:

1. Qual(is) possui(em) o alelo recessivo que condiciona o daltonismo?
2. Qual(is) possui(em) o alelo que condiciona a visão normal?

c) Se os pais da mulher tiverem visão normal, pode-se dizer que ela recebeu o alelo para o daltonismo de que genitor?

d) Se a criança, quando adulta, se casar com pessoa de visão normal, cujo pai é daltônico, poderá ter filhos:

1. do sexo masculino, com que fenótipo(s)?
2. do sexo feminino, com que fenótipo(s)?

Solução

a) O pai, tendo visão normal, apresenta genótipo $\mathbf{X^DY}$; se a criança fosse menina, ela receberia um cromossomo $\mathbf{X^D}$ do pai e não poderia ser daltônica. Conclui-se que a criança é do sexo masculino e que a mãe é heterozigota ($\mathbf{X^DX^d}$) para o daltonismo. Observe o esquema abaixo.

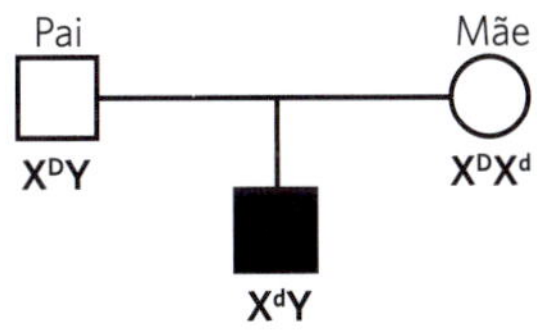

b) Basta observar o esquema da resolução do item anterior: a mãe e o filho possuem o alelo para daltonismo. O pai e a mãe possuem o alelo para visão normal.

c) Se os pais da mulher têm visão normal, o alelo para daltonismo só pode ter sido transmitido pela mãe, já que o pai é obrigatoriamente $\mathbf{X^DY}$. Veja as setas tracejadas no esquema abaixo.

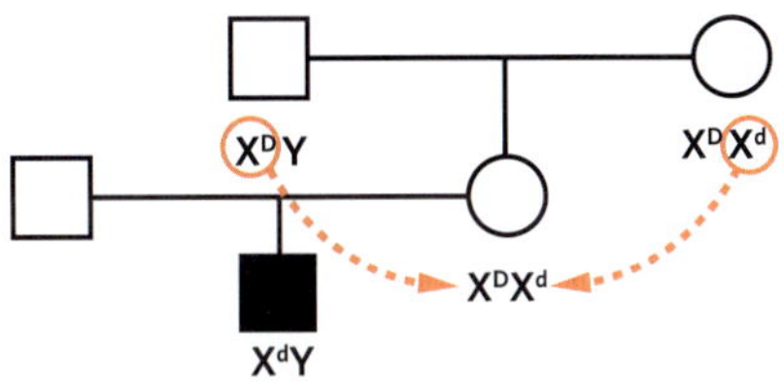

d) A futura mulher do indivíduo é heterozigota ($\mathbf{X^DX^d}$). Assim, crianças de ambos os sexos poderão ter visão normal ou ser daltônicas. Observe o quadro abaixo.

Espermatozoides \ Ovócitos	X^D	X^d
X^d	X^DX^d	X^dX^d
Y	X^DY	X^dY

Proporção fenotípica:

1 X^DX^d :	1 X^dX^d :	1 X^DY :	1 X^dY:
(Mulher normal)	(Mulher daltônica)	(Homem normal)	(Homem daltônico)

Herança autossômica ou sexual: como reconhecer?

Como descobrir o tipo de herança envolvida apenas analisando uma genealogia?

Primeiro você deve verificar se os descendentes do sexo masculino e os do sexo feminino são igualmente afetados (a genealogia deve ser grande, com muitos indivíduos).

Se homens e mulheres forem igualmente afetados, você conclui que a herança é muito provavelmente autossômica **(1)**, isto é, os genes não estão em cromossomos sexuais. Caso contrário, é possível que a herança esteja relacionada ao sexo **(2)**. Observe o quadro a seguir.

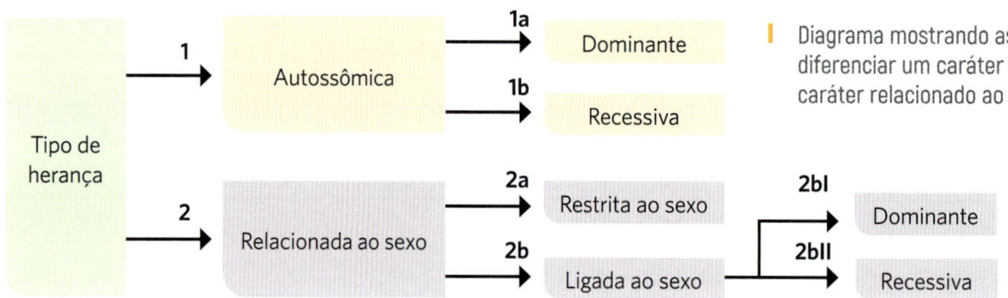

Diagrama mostrando as opções para diferenciar um caráter autossômico de um caráter relacionado ao sexo.

(1) Herança autossômica. Nesse caso, ainda resta decidir se o caráter é dominante (1a) ou recessivo (1b), lembrando a regra: se os pais tiverem fenótipos iguais e ao menos um descendente de fenótipo diferente do deles, o fenótipo desse filho é condicionado por um par de alelos recessivos, que foram transmitidos por seus pais, heterozigotos.

(2) Herança relacionada ao sexo. Aqui, você tem duas opções: ou a herança é restrita ao sexo (2a), e o gene está na região não homóloga do **Y**; ou ela é ligada ao sexo (2b), e o gene está na região não homóloga do **X**. Como decidir? É simples. Se o caráter só afeta homens e é transmitido de pai para filho, pode-se concluir que é restrito ao sexo (2a). Se essa condição não se verifica, o caráter está ligado ao sexo (2b).

(2b) Herança ligada ao sexo. De novo, você tem duas opções: o alelo que determina a condição é dominante ou recessivo. Aqui, você precisa analisar a genealogia com certo cuidado. Caso a mãe não seja afetada, quando o alelo é dominante (2bI), as filhas de homens afetados sempre apresentam a condição, mas os filhos não, já que herdam o **Y**. Quando o alelo é recessivo (2bII), considerando que a mãe não é afetada, as filhas de homens afetados são sempre portadoras do alelo, sem apresentar a condição, mas os netos desses homens podem apresentar essa característica.

Cromatina sexual

É possível saber o sexo de um mamífero observando suas células somáticas ao microscópio óptico. As células femininas têm uma "pequena mancha" junto à membrana nuclear, que em geral não se vê nas células de machos. Essa mancha é chamada de **cromatina sexual** ou **corpúsculo de Barr**.

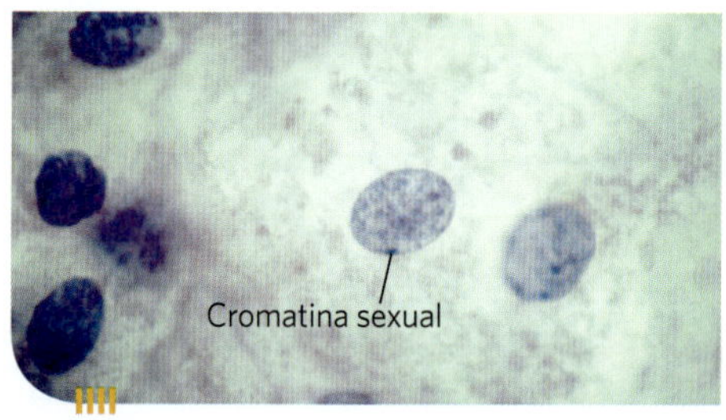

Michael Abbey/Science Source/Fotoarena

Fotografia de célula de mulher obtida em microscópio óptico. Em destaque, a cromatina sexual (ou corpúsculo de Barr), que não aparece em células de machos da espécie humana. (Aumento aproximado de 370 vezes. Cores artificiais.)

Sabemos, hoje, que essa manchinha é um dos cromossomos **X** que se apresenta condensado, inativo, apesar de a célula estar em interfase. Assim, tanto nos machos (com apenas um **X**) como nas fêmeas, somente um cromossomo **X** é geneticamente ativo, descondensado na interfase e capaz de produzir RNA. Fala-se em compensação de dose, isto é, em um indivíduo de qualquer sexo, somente um cromossomo **X** ativo deverá estar presente.

A inativação dos cromossomos **X** em uma fêmea de mamífero é aleatória e pode produzir um fenômeno denominado mosaicismo. Um exemplo dessa situação pode ser visualizado em gatas de três cores, que são sempre fêmeas heterozigotas. Nas regiões de pelagem amarela, o cromossomo **X** com o alelo para a cor amarela (X^A) está ativado; nas regiões de pelagem preta, há ativação do alelo para a cor preta (X^P). A cor branca é dada por um gene autossômico.

studiogala/Shutterstock

Gata doméstica com pigmentação da pelagem em mosaico.

Herança influenciada pelo sexo

Certos genes, mesmo não localizados em cromossomos sexuais, expressam-se de forma diferente em machos ou em fêmeas. Isso se deve, em muitos casos, à presença de hormônios sexuais em concentrações diferentes nos dois sexos. Veja o caso da calvície. O alelo **C** que expressa essa condição funciona como dominante nos homens, bastando uma cópia para causar a calvície. Nas mulheres, age como recessivo, sendo necessário estar em homozigose para que o caráter se manifeste.

Genótipos e fenótipos da calvície

Genótipo	Fenótipo	
	Homem	Mulher
CC	Calvo	Calva
CC'	Calvo	Não calva
C'C'	Não calvo	Não calva

C = calvície; **C'** = cabelos normais.

Outro exemplo famoso de herança influenciada pelo sexo é a presença, em alguns indivíduos do sexo masculino, de pelos nas orelhas (fenômeno denominado hipertricose auricular). O gene responsável por essa característica está localizado em um autossomo, e não no cromossomo **Y**, como se pensava no passado.

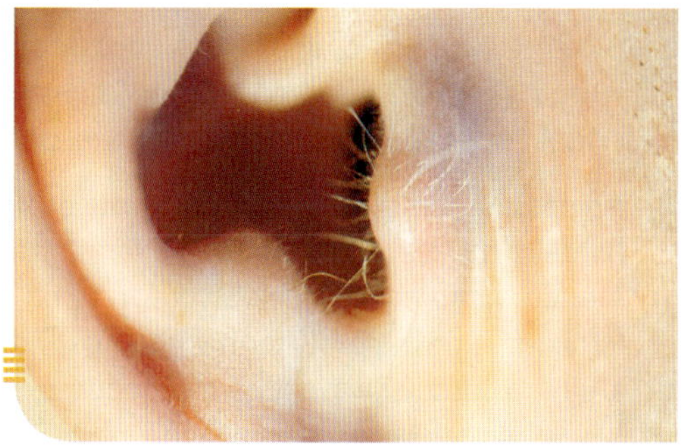

TFolsom99999/Shutterstock

A hipertricose auricular é uma herança autossômica influenciada pelo sexo.

Sistemas cromossômicos de determinação do sexo

Nos animais, frequentemente a determinação do sexo depende da presença de cromossomos sexuais. No entanto, nem sempre o sistema é semelhante àquele que existe nos mamíferos.

- **Sistema XY** - O macho é **heterogamético** por produzir dois tipos de gametas: com **X** ou com **Y**; a fêmea, por sua vez, é **homogamética**, já que produz apenas óvulos com cromossomo **X**. Ocorre em mamíferos (inclusive seres humanos) e em algumas moscas (como a drosófila, a mosca-das-frutas).
- **Sistema XO** - O macho (**XO**, lê-se *zero*) tem apenas um cromossomo sexual, enquanto a fêmea possui dois (**XX**). Ocorre em alguns insetos, como gafanhotos, percevejos e besouros.
- **Sistema ZW** - As fêmeas constituem o sexo heterogamético, pois têm dois cromossomos sexuais diferentes (**Z** e **W**), enquanto os machos representam o sexo homogamético (**ZZ**). Ocorre em aves, alguns peixes, borboletas, mariposas, entre outros animais.

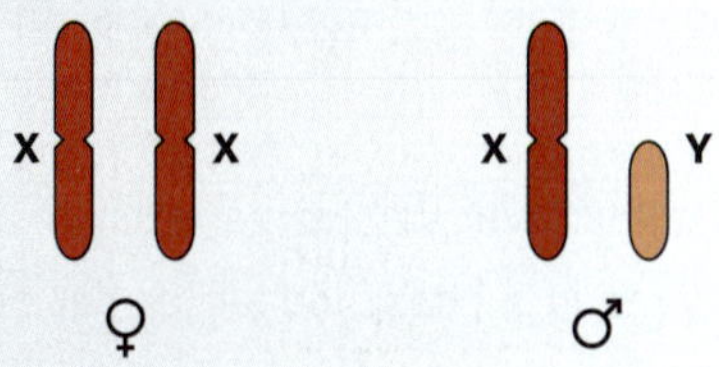

Esquema do sistema **XY** de determinação do sexo. (Elementos fora de proporção de tamanho entre si. Cores fantasia.)

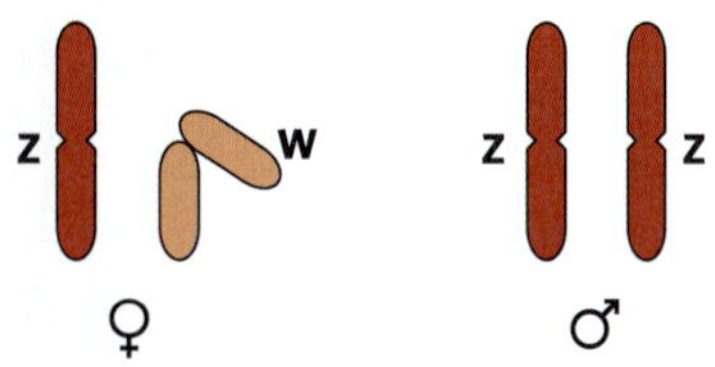

Esquema do sistema **ZW** de determinação do sexo. (Elementos fora de proporção de tamanho entre si. Cores fantasia.)

Selma Caparroz/Arquivo da editora

Desenvolvendo habilidades

1 Observe o esquema a seguir e responda ao que se pede.

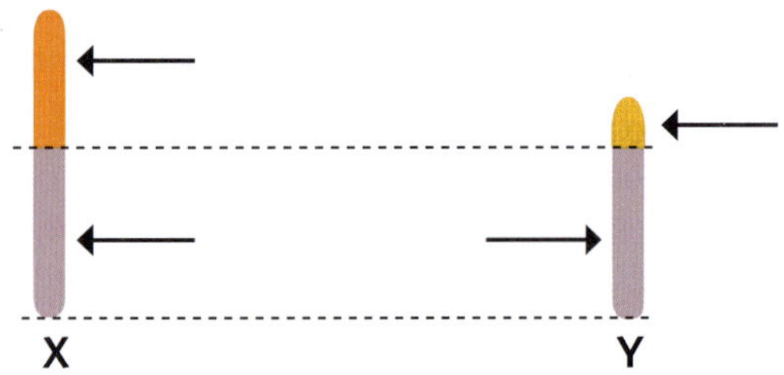

a) Identifique as regiões laranja, amarela e lilás com relação aos genes que contêm.

b) Qual tipo de herança é condicionado por cada uma dessas regiões?

c) As heranças de genes localizados nas regiões laranja e amarela dos cromossomos **X** e **Y**, respectivamente, se comportam de maneira semelhante ou diferente dos genes de herança autossômica? E as heranças de genes localizados na região lilás? Justifique sua resposta.

2 No passado, em algumas culturas, a ausência de um herdeiro do sexo masculino podia ser utilizada pelo marido como motivo para divorciar-se da esposa. Explique, por meio de conhecimentos biológicos atuais, o porquê de a esposa não poder ser responsabilizada pelo sexo de seu bebê.

3 Determinada alteração genética, muito rara na população, apresenta herança desconhecida. Estudos na população de diversos países mostram que só há registros da alteração para pessoas do sexo masculino. Desconsidere a possibilidade de herança influenciada pelo sexo.

a) Levante uma hipótese para a herança dessa alteração e justifique-a.

b) Considere uma informação adicional: a alteração causa a morte dos afetados por ela na infância, e não foram levantados dados de indivíduos afetados com idade superior a 6 anos. Essa informação altera de alguma maneira a hipótese que você levantou no item anterior? Justifique.

4 Leia o texto a seguir e responda às questões propostas.

A circuncisão (retirada cirúrgica do prepúcio, que é a pele que recobre a glande do pênis) em meninos, logo após o nascimento é um antigo costume entre judeus que permanece até hoje. Suponha que, no passado, certo rabino proibiu a circuncisão do terceiro filho de sexo masculino de qualquer mulher, caso os dois primeiros tivessem morrido por hemorragia por ocasião da circuncisão. Se o pai dessas crianças, no entanto, tivesse filhos homens com outra mulher, estes não eram isentados do ritual.

a) Interprete, utilizando o conhecimento atual, os motivos que levaram o rabino a proibir a circuncisão naquele caso específico.

b) Por que, em um casamento do pai das crianças com outra mulher, os filhos homens que fossem nascer não eram isentados da circuncisão?

5 Leia o texto a seguir.

[...] A paciente, cujo nome fictício fica sendo "Jane", precisava de um transplante de rim, e sua família realizou exames de sangue para ver se algum parente seria um doador adequado. Quando os resultados chegaram, [...] a carta dizia abertamente que dois dos três filhos não poderiam ser seus.

[...] Jane é uma quimera, a mistura de dois indivíduos – irmãs gêmeas não idênticas – que se fundiram no útero da mãe.

Algumas partes de seu corpo derivaram de uma gêmea, outras partes, da outra. [...]

Durante a gravidez, o sangue da mãe e do feto são mantidos separados, mas algumas células conseguem se insinuar. [...]

[...] Para estudar isso, Nelson e sua colega Natalie Lambert têm procurado células maternas no sangue de mulheres adultas. [...] eles descrevem como a análise do sangue de 32 mulheres saudáveis mostrou que 22% delas carregam glóbulos brancos de suas mães. [...]

AINSWORTH, Claire. *Todo ser humano pode ser uma "quimera"*. Disponível em: www1.folha.uol.com.br/fsp/ciencia/fe1311200305.htm. Acesso em: 28 nov. 2019.

Considere a seguinte situação: uma atleta do sexo feminino foi acusada de *doping* e, após alguns testes, verificou-se que células de sua mucosa bucal não apresentam cromatina sexual, mas células do folículo capilar sim. Os testes foram repetidos para células de outras regiões do corpo e os resultados se mantiveram divergentes.

Considerando a possibilidade de ser um caso de quimerismo, explique de que maneira seria possível a atleta ter cromatina sexual em algumas células, mas não possuir em outras.

CAPÍTULO 30

Segunda lei de Mendel e ligação gênica

Este capítulo favorece o desenvolvimento das habilidades:

EM13CNT205

EM13CNT301

EM13CNT303

Como ocorre a transmissão de duas características ao mesmo tempo? Essas caraterísticas são herdadas juntas, como se estivessem "amarradas", ou são herdadas de modo independente? Mendel foi o primeiro pesquisador a se interessar por essas questões.

As experiências de Mendel

Neste capítulo, vamos estudar como ocorre a transmissão de duas características ao mesmo tempo. Em seus experimentos, Mendel também estudou simultaneamente a transmissão da cor - amarela ou verde - e da forma - lisa ou rugosa - das sementes da ervilha. Veja a seguir o cruzamento realizado.

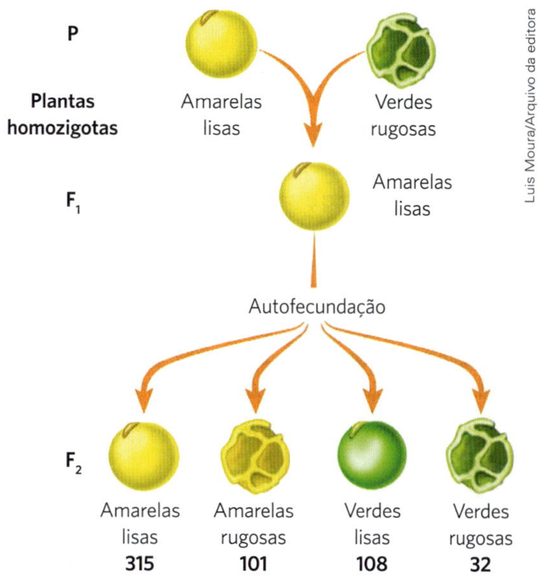

Esquema da experiência de Mendel de análise simultânea de dois caracteres: cor e forma de sementes de ervilhas. (Cores fantasia.)

Dica

Projeto Genoma Humano

https://genoma.ib.usp.br/sites/default/files/projeto-genoma-humano.pdf

Conheça o Projeto Genoma Humano, que, de 1990 a 2003, sequenciou e identificou todo o genoma humano.

As sementes de F_2 apresentavam, portanto, todas as combinações possíveis entre cor e forma das sementes, porém em proporções diferentes. Mendel inferiu que havia **independência na transmissão** desses caracteres. Em outras palavras, a herança da cor da semente (amarela ou verde) não estaria "amarrada" à da forma da semente (lisa ou rugosa).

Interpretação dos resultados

Décadas depois, com as descobertas da Genética no início do século XX, foi possível propor um modelo teórico para explicar os resultados obtidos por Mendel.

a) Sejam os fatores (ou alelos) **V** e **v** responsáveis, respectivamente, pelas cores amarela e verde, e sejam **R** e **r** responsáveis, respectivamente, pelas formas lisa e rugosa.

b) As plantas da geração P (parental) são "puras" (homozigotas) para ambos os caracteres. Assim, seus genótipos seriam **VVRR** (amarela lisa) e **vvrr** (verde rugosa), respectivamente.

c) Os gametas recebem um só alelo para cada caráter; portanto, sua constituição gênica seria **VR** e **vr**, respectivamente.

d) A fecundação origina, em F_1, apenas plantas com sementes amarelas e lisas di-híbridas (**VvRr**).

Se os genes para cor e para forma se separam de modo independente, essas plantas di-híbridas da geração F_1 devem formar quatro tipos de gametas, em igual proporção: **VR**, **Vr**, **vR** e **vr**. Ao se reproduzirem por autofecundação, poderão ocorrer 16 formas diferentes de encontros gaméticos. Desses encontros resultará a geração F_2, representada no esquema a seguir.

Luis Moura/Arquivo da editora

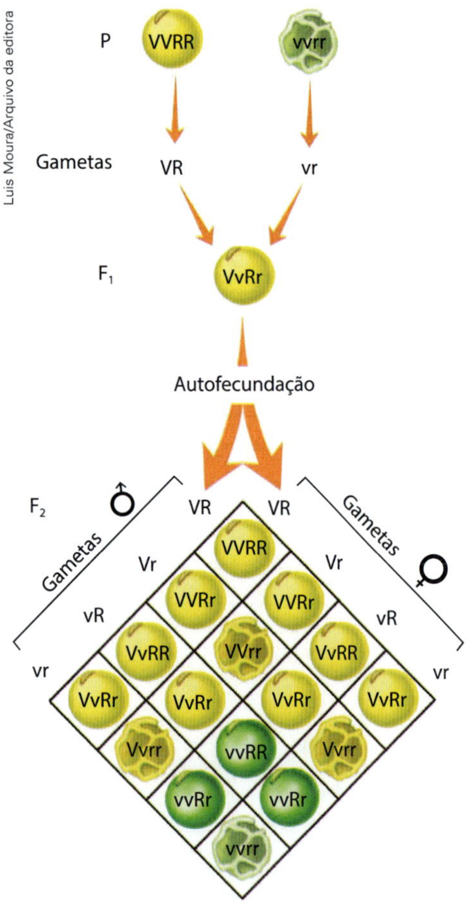

Esquema dos cruzamentos desenvolvidos por Mendel nesse experimento. (Cores fantasia.)

Assim, se as suposições acima forem corretas, deveriam ser esperados os seguintes resultados na geração F_2:

- 9/16 amarelas e lisas;
- 3/16 amarelas e rugosas;
- 3/16 verdes e lisas;
- 1/16 verdes e rugosas.

No caso, a proporção fenotípica seria de **9 : 3 : 3 : 1**.

As proporções que Mendel obteve nas 556 plantas de F_2 foram muito próximas das esperadas, com um pequeno desvio. Assim, o modelo teórico proposto estava sendo confirmado por esses resultados, evidenciando a independência entre as heranças dos dois caracteres estudados.

A segunda lei de Mendel

O mesmo tipo de experimento foi realizado por Mendel com outros caracteres, tomados dois a dois. Todos os resultados obtidos foram semelhantes e confirmavam a segregação independente dos genes para características diferentes. Essas conclusões foram enunciadas, mais tarde, como a **segunda lei de Mendel**, ou **lei da segregação independente**, que pode ser expressa do seguinte modo:

Os alelos de genes para dois ou mais caracteres são transmitidos aos gametas de modo **independente** um em relação ao outro, formando quantas combinações gaméticas possíveis e com igual probabilidade.

Os tipos de gametas e a segunda lei

Muitas vezes, são propostas atividades relacionadas à segunda lei que envolvem dois, três ou mais caracteres. Fala-se, nesses caso s, em di-hibridismo, tri-hibridismo e poli-hibridismo. Inicialmente, é preciso descobrir todos os tipos de gametas que os pais são capazes de produzir, para depois analisar os possíveis encontros entre eles. Como fazer isso?

Suponha que queiramos saber os tipos de gametas de um indivíduo **AabbCcDd**. Em cada gameta formado deverá existir: um dos alelos do gene **A** (**A** ou **a**); o alelo **b**, um dos alelos do gene **C** (**C** ou **c**) e um dos alelos do gene **D** (**D** ou **d**). Além disso, a segunda lei afirma que a segregação é **independente**, ou seja, qualquer um dos alelos do gene **A** poderá ser transmitido com qualquer um dos alelos do gene **C**, por exemplo.

Usando o sistema de chaves, procedemos como no esquema a abaixo:

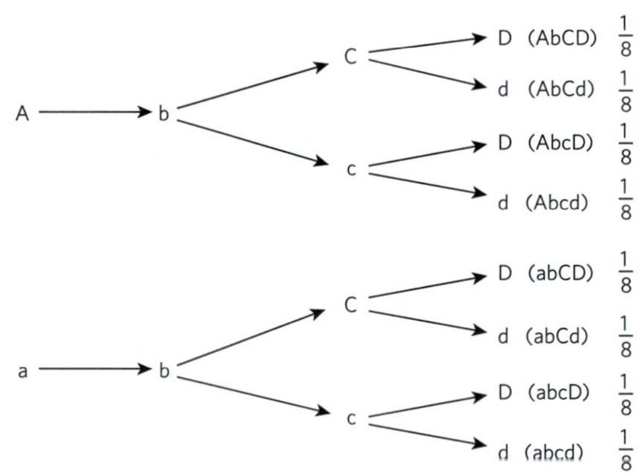

Esquema de chave para verificar os possíveis gametas formados na segregação independente de um indivíduo **AabbCcDd**. No caso dos alelos **b** do segundo gene, não foi aberta uma chave, pois há uma única opção: um alelo **b** sempre vai para qualquer gameta que o indivíduo produza. Perceba, também, que os diferentes tipos de gametas são produzidos em proporções iguais, característica da segregação independente.

Usando probabilidades em atividades relacionadas à segunda lei

Quando se trabalha com duas ou mais características que se segregam de maneira independente, não é prático fazer os quadros de cruzamentos: eles podem ficar muito grandes e a probabilidade de erros é alta.

Nesses casos, o uso de probabilidades é muito mais prático e eficiente. Veja um exemplo: duas plantas de ervilha heterozigotas (VvRr) que formam sementes amarelas e lisas são cruzadas entre si. Qual é a probabilidade de aparecerem, entre os descendentes, plantas que produzam sementes verdes e lisas?

Poderíamos achar os quatro tipos de gametas produzidos e construir o quadro de Punett, com 16 encontros gaméticos. Mais fácil, no entanto, é tratar do assunto como se fossem dois casos de primeira lei, independentes um do outro. Assim, a probabilidade de aparecerem descendentes verdes e lisos, pela **regra do "e"**, é igual a P (verde) × P (liso).

Geração	Cruzamento
P	Amarela × Amarela **Vv** **Vv**
Geração	**Resultados**
F_1	**VV** **Vv** **Vv** **vv** → Verde Assim, P (verde) = $\frac{1}{4}$

Probabilidade de aparecer uma planta de ervilha com sementes verdes.

Geração	Cruzamento
P	Lisa × Lisa **Rr** **Rr**
Geração	**Resultados**
F_1	**RR** **Rr** **Rr** → Lisos **rr** Assim, P (liso) = $\frac{3}{4}$

Probabilidade de aparecer uma planta de ervilha com sementes lisas.

Assim, P (verde e liso) = P (verde) × P (liso) = 1/4 × 3/4 = 3/16.

Se quiséssemos calcular a probabilidade de nascerem descendentes verdes e rugosos, faríamos o seguinte: P (verdes) = 1/4; P (rugosos) = 1/4; portanto, P (verdes e rugosos) = 1/4 × 1/4 = 1/16.

Enfim, se o problema envolvesse três, quatro ou mais caracteres, o método seria o mesmo. O problema seria transformado em vários casos de primeira lei. Encontraríamos a probabilidade para cada uma das características pedidas isoladamente e, por fim, aplicaríamos a regra do "e".

Descobrindo o número de tipos de gametas

Uma maneira simples de descobrir quantos tipos de gametas são possivelmente formados, nos casos de segregação independente, é calcular $\mathbf{2^n}$, em que **n** representa o **número de heterozigoses** do genótipo.

No caso do indivíduo **AaBb**, n = 2, pois é heterozigoto para dois caracteres. Assim, $2^2 = 4$ tipos de gametas. Um indivíduo **AabbCcDd** apresenta 3 heterozigoses e, portanto, $2^n = 2^3 = 8$ tipos de gametas.

Repare que a fórmula 2^n permite descobrir apenas o número de tipos, e não os tipos propriamente ditos. Para obter os tipos, o indicado é usar as chaves.

Exercício resolvido

Análise de três características genéticas

Considere três pares de alelos autossômicos, que se separam de forma independente, e que condicionam as seguintes características na espécie humana:

C → Olhos escuros	**M** → Visão normal	**I** → Sensibilidade ao sabor amargo da substância PTC
c → Olhos claros	**m** → Miopia	**i** → Insensibilidade a esse sabor

Um homem de olhos escuros, de visão normal e sensível ao feniltiocarbamida (PTC), heterozigoto para essas três características, casa-se com uma mulher de olhos claros, míope e sensível ao PTC, sendo, porém, heterozigota para essa última característica. Qual é a probabilidade de terem:

a) uma criança de olhos claros, visão normal, sensível ao PTC e do sexo masculino?

b) uma criança de olhos escuros, míope, insensível ao PTC e do sexo feminino?

Solução

Os passos principais para a resolução dessas questões são:

1) escrever os genótipos dos pais;

2) desmembrar esses genótipos como se estivéssemos considerando três cruzamentos independentes, um para cada característica;

3) calcular as probabilidades de cada evento isoladamente;

4) aplicar a regra do "e" para responder aos itens **a** e **b**, computando 1/2 para a probabilidade de menino e 1/2 para a probabilidade de menina.

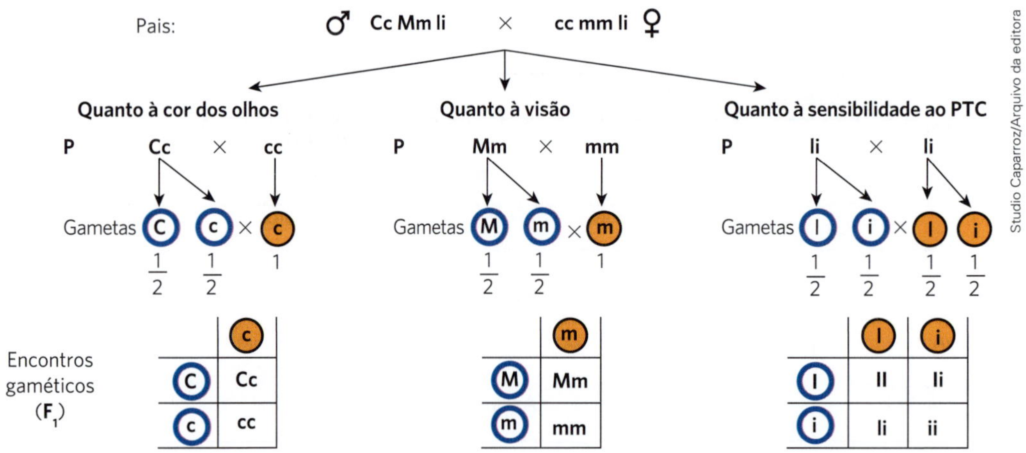

P (olhos escuros) = $\frac{1}{2}$ P (visão normal) = $\frac{1}{2}$ P (sensível) = $\frac{3}{4}$

P (olhos claros) = $\frac{1}{2}$ P (míope) = $\frac{1}{2}$ P (insensível) = $\frac{1}{4}$

a) P (olhos claros e visão normal e sensível ao PTC e ♂) = P (olhos claros) × P (visão normal) × P (sensível ao PTC) × P (♂) =
$= \frac{1}{2} \times \frac{1}{2} \times \frac{3}{4} \times \frac{1}{2} = \frac{3}{32}$

b) P (olhos escuros e míope e insensível ao PTC e ♀) = P (olhos escuros) × P (míope) ×
× P (insensível ao PTC) × P (♀) =
$= \frac{1}{2} \times \frac{1}{2} \times \frac{1}{4} \times \frac{1}{2} = \frac{1}{32}$

A meiose e a segunda lei de Mendel

A segregação independente, postulada por Mendel após suas experiências com duas características simultaneamente, pode ser compreendida também pela observação do que ocorre com os cromossomos na meiose. Perceba, no entanto, que ela só vale para o caso em que os genes para as diferentes características estejam localizados em **cromossomos diferentes**.

O esquema abaixo começa por uma célula de constituição genética **AaBb** (portanto, di-híbrida): os alelos **A** e **a** em um par de cromossomos homólogos e os alelos **B** e **b** em outro par. Cromossomos homólogos podem separar-se durante a meiose de duas maneiras diferentes. Se o número de células em meiose for grande, aproximadamente metade delas seguirá o primeiro caminho, e a outra metade, o segundo. Os gametas formados serão então de quatro tipos: **AB**, **ab**, **Ab** e **aB**, em igual proporção. Já que qualquer um dos alelos do gene **A** (**A**, **a**) é transmitido com qualquer um dos alelos do gene **B** (**B**, **b**) com igual probabilidade, fala-se em segregação independente.

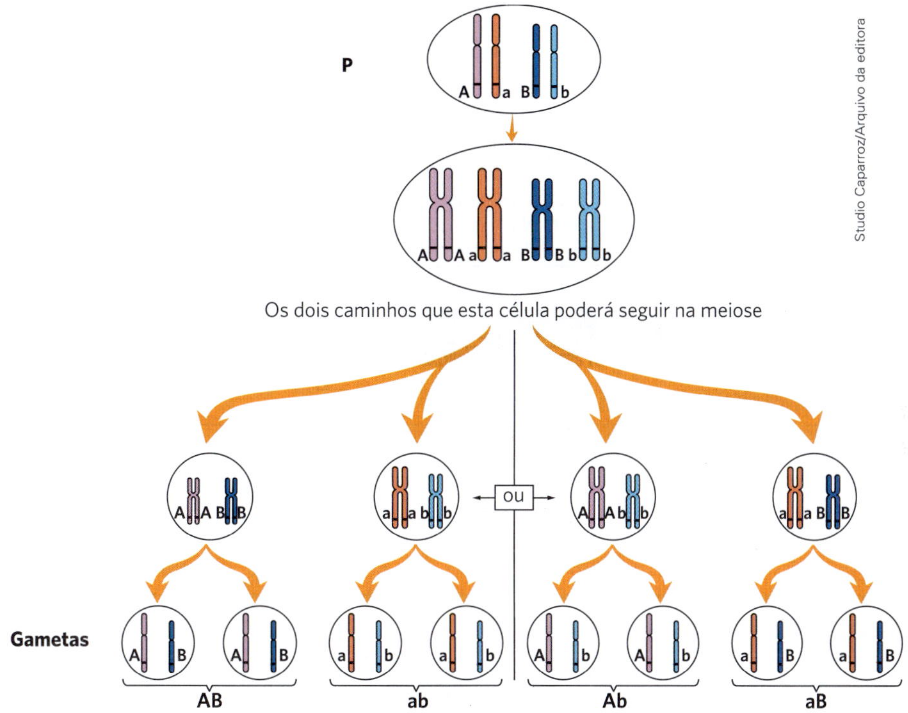

Studio Caparroz/Arquivo da editora

Esquema da relação entre meiose e segregação independente. (Elementos fora de proporção de tamanho entre si. Cores fantasia.)

Linkage ou ligação gênica

Nos casos em que ocorre ***linkage***, ou seja, quando os genes para os diferentes caracteres estão no mesmo cromossomo, a segunda lei não se aplica. Observe o esquema ao lado.

Para casos de *linkage*, não se pode falar em independência entre os genes, já que estes se comportam de forma dependente, ligada.

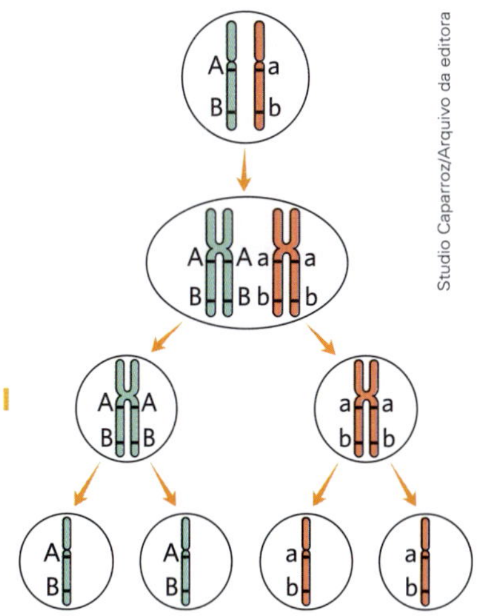

Studio Caparroz/Arquivo da editora

Esquema de uma situação em que os genes A (A, a) e B (B, b) estão ligados. Em uma meiose em que não ocorra a permutação (*crossing over*) entre esses dois *loci*, formam-se apenas dois tipos de gametas (AB e ab). Genes ligados, quando se formam os gametas, vão juntos no cromossomo para a célula-filha (a não ser que ocorra permutação): A permanece com B, formando o gameta AB; e a permanece com b, formando o gameta ab. São produzidos somente dois tipos de gametas, em vez dos quatro tipos característicos da segregação independente. (Elementos fora de proporção de tamanho entre si. Cores fantasia.)

Para distinguir a segunda lei de Mendel e *linkage*

Ao analisarmos a transmissão simultânea de duas ou mais características, a fim de identificar casos de segregação independente e de *linkage*, precisamos descobrir, inicialmente, os tipos de gametas que um heterozigoto produz e as proporções em que eles são produzidos. Com base nessas informações, é possível deduzir se os genes estão ou não em *linkage*.

O quadro a seguir mostra três casos possíveis.

Indivíduo	Tipos de gametas	1ª conclusão: tipo de herança	2ª conclusão: localização dos genes nos cromossomos	
AaBb	$\frac{1}{4}$ AB $\frac{1}{4}$ aB $\frac{1}{4}$ Ab $\frac{1}{4}$ ab	O indivíduo produz quatro tipos de gametas em proporções idênticas, portanto é um caso de segregação independente, ou seja, obedece à segunda lei de Mendel.	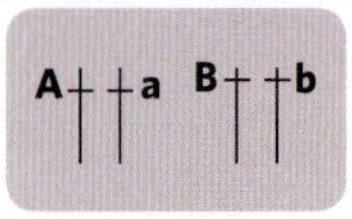	Dois genes em pares de cromossomos diferentes.
CcDd	$\frac{1}{2}$ CD $\frac{1}{2}$ cd	O indivíduo produz apenas dois tipos de gametas, com 50% de cada um. Trata-se de um caso de ligação (ou *linkage*) total, não se verificando, aqui, a segunda lei de Mendel.	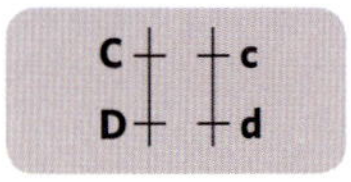	Dois genes no mesmo par cromossômico.
EeFf	40% EF 10% eF 10% Ef 40% ef	O indivíduo produz quatro tipos de gametas, porém em proporções desiguais. Portanto, é um caso de ligação (ou *linkage*) em que ocorreu permutação na formação de 20% dos gametas; aqui também não se verificou a segunda lei de Mendel.	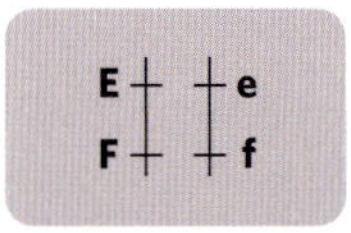	Dois genes no mesmo par cromossômico. Em alguns casos, no entanto, a ligação foi desfeita pelo *crossing-over*.

Exercício resolvido

O cruzamento-teste permite definir a herança

Imagine que tenhamos de descobrir em certa espécie de cobaia se os genes para a cor do pelo (escuro ou claro) e para o tipo de orelha (longa ou curta) estão ou não no mesmo cromossomo. O alelo **A**, para pelo escuro, é dominante sobre **a**, para pelo claro; enquanto **B**, para orelha longa, é dominante sobre **b**, para orelha curta.

Um macho de pelo escuro e orelha longa, homozigoto para ambas as características (**AABB**), é cruzado com uma fêmea de pelo claro e orelha curta (**aabb**). Todos os descendentes (F_1) são duplo-heterozigotos (**AaBb**) e têm pelo escuro e orelha longa. Imagine, agora, que esses indivíduos **AaBb** sejam cruzados com animais duplo-recessivos (**aabb**), obtendo-se os seguintes descendentes:

- 42% de pelo escuro e orelha longa;
- 42% de pelo claro e orelha curta;
- 8% de pelo escuro e orelha curta;
- 8% de pelo claro e orelha longa.

Solução

Primeiro, é preciso descobrir os tipos de gametas que o heterozigoto produziu. Isso permitirá saber se os genes para esses dois caracteres estão no mesmo cromossomo (em *linkage*) ou se têm segregação independente.

Repare que todos os descendentes sempre recebem um alelo **a** e um alelo **b** da fêmea **aabb**. Assim, fica fácil descobrir, apenas pela observação do fenótipo de cada tipo de filhote, os tipos de gameta que o outro progenitor – o duplo-heterozigoto – forneceu.

Fenótipos dos descendentes e suas porcentagens	Alelos recebidos do duplo-recessivo	1ª conclusão: pela observação do fenótipo do descendente, seu genótipo é:	2ª conclusão: os gametas que o duplo-heterozigoto forneceu e suas porcentagens são:
42% de pelo escuro e orelha longa	a, b	AaBb	AB (42%)
42% de pelo claro e orelha curta	a, b	aabb	ab (42%)
8% de pelo escuro e orelha curta	a, b	Aabb	Ab (8%)
8% de pelo claro e orelha longa	a, b	aaBb	aB (8%)

O duplo-heterozigoto produziu quatro tipos de gametas, porém em proporções desiguais. Portanto, é um caso de *linkage* com *crossing-over*, ou permutação. Os dois tipos de gametas mais numerosos (**AB** e **ab**) contêm os alelos dos cromossomos originais, que não sofreram permutação; são chamados de **gametas parentais**. Os outros dois tipos – **Ab** e **aB** –, menos numerosos, contêm os cromossomos que sofreram permutação; são chamados de **gametas recombinantes**. Veja, no esquema ao lado, a posição dos genes nos cromossomos da cobaia heterozigota.

Esquema da posição dos alelos nos cromossomos da cobaia heterozigota. (Elementos fora de proporção de tamanho entre si. Cores fantasia.)

Os mapas genéticos

Genes situados em um mesmo cromossomo estão, por definição, em *linkage*. Como os genes em *linkage* encontram-se dispostos linearmente no cromossomo, é possível descobrir a distância relativa entre eles.

Durante a meiose, podem ocorrer quebras ao longo do cromossomo em qualquer ponto, com igual probabilidade, no processo de permutação (*crossing-over*). Há maiores chances de permutação entre dois genes muito distantes um do outro no cromossomo porque, entre eles, existem muitos pontos suscetíveis de quebra. A probabilidade de permutação entre dois genes muito próximos é pequena, já que entre eles há poucos pontos que possam quebrar. A taxa de *crossing-over* entre dois genes ligados, assim, indica indiretamente a distância entre eles: altas taxas significam genes mais afastados; baixas taxas, genes mais próximos.

Imagine três genes - **A**, **B** e **C** - que estejam no mesmo cromossomo e, portanto, em *linkage*. Imagine, ainda, que os resultados experimentais de cruzamentos mostrem que a porcentagem de gametas com permutação (gametas recombinantes) entre **A** e **B** seja de 15%; entre **B** e **C**, de 6%; e entre **A** e **C**, de 21%. Qual é a disposição dos genes **A**, **B** e **C** ao longo do cromossomo?

Os genes mais distantes são **A** e **C**, já que a taxa de permutação (ou taxa de recombinação) entre eles é a maior. Já o gene **B** está entre os dois outros, porém mais próximo do gene **C** do que com o gene **A**. Estabeleceu-se, então, uma convenção: **1% de gametas recombinantes representa uma unidade de recombinação (UR)**, no mapa genético. O cromossomo que nos serviu de exemplo poderia ser representado como na figura ao lado.

Agora, tente responder: no exemplo das cobaias na seção *Exercício resolvido* anterior, qual é a distância entre o gene para cor do pelo e o gene para comprimento da orelha?

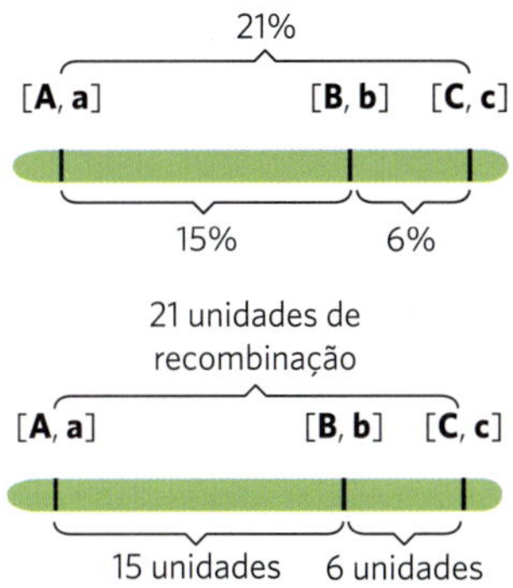

Esquema da disposição hipotética de três genes - A, B e C - em um cromossomo e a taxa de permutação indicando a distância entre eles. (Elementos fora de proporção de tamanho entre si. Cores fantasia.)

Morgan e as drosófilas

Na década de 1910, o geneticista Thomas Morgan testava as leis de Mendel com a mosca-da-fruta (*Drosophila melanogaster*). Com esse inseto de ciclo de vida curto, Morgan conseguia obter muitos resultados em pouco tempo. Morgan demonstrou, pela primeira vez, a relação entre genes e cromossomos. Concluiu que os pares de alelos ficam nos pares de cromossomos homólogos, e que, devido à meiose, apenas um alelo, carregado por um dos homólogos, migra para o gameta (o que justifica a primeira lei de Mendel). Outra conclusão foi a de que nem todos os genes, quando estudados dois a dois, obedecem à segunda lei de Mendel: somente genes em cromossomos diferentes se separam de maneira independente, enquanto os genes ao longo de um mesmo cromossomo permanecem ligados (*linkage*). Morgan conseguiu ainda elucidar os casos de herança ligados ao sexo, por observar, em drosófila, que machos e fêmeas têm um par diferente, os cromossomos sexuais.

Este novo ramo da Biologia, a **Citogenética**, que relaciona a Genética mendeliana à Citologia, elucidava, finalmente, o fato de que os fatores mendelianos correspondem, fisicamente, a estruturas celulares localizadas nos cromossomos.

Linkage: uma notação diferente

Situações de *linkage*, por convenção, são muitas vezes representadas de forma especial. Veja o esquema a seguir.

Os dois traços representam o par de cromossomos homólogos (às vezes, desenha-se apenas um traço, que vale pelo par de homólogos). Os alelos **A** e **B** estão em um dos cromossomos, enquanto **a** e **b** estão no outro. Dizemos que se trata de um **heterozigoto *cis***.

Representação de cromossomos homólogos de um heterozigoto *cis*. (Elementos fora de proporção de tamanho entre si. Cores fantasia.)

No **heterozigoto *trans***, em cada cromossomo um dos alelos é dominante e o outro, recessivo, como mostra o esquema abaixo.

Representação de cromossomos homólogos de um heterozigoto *trans*. (Elementos fora de proporção de tamanho entre si. Cores fantasia.)

Esses arranjos também podem ser representados como **AB//ab** ou **AB/ab**; **Ab//aB** ou **Ab/aB**.

Exercício resolvido

Resolvendo uma questão de *linkage*

A distância entre dois *loci* gênicos é de 17 unidades. Pergunta-se:

a) Quais são as porcentagens em que se segregam os gametas de um genótipo **AB//ab**?

b) Quais são os gametas com recombinação?

c) Se o indivíduo citado for cruzado com um duplo-recessivo, como serão os genótipos dos descendentes e em que proporção vão aparecer?

Solução

O enunciado deixa claro que se trata de um caso de genes ligados. Tanto a maneira de representar o genótipo do heterozigoto como a referência a "distância" deixam claro que os *loci* [**A**, **a**] e [**B**, **b**] estão no mesmo cromossomo. A informação "17 unidades" corresponde, como você já viu, à presença de 17% de gametas com recombinação. Em outras palavras, 17% dos gametas terão combinações cromossômicas **diferentes** das parentais, enquanto 83% terão um dos cromossomos parentais, na versão original - (**AB**) ou (**ab**).

a) e **b)** No esquema abaixo, representamos a célula do heterozigoto, mostrando os dois tipos de cromossomos que ele tem. Pela meiose, ele produzirá gametas com os cromossomos originais **AB** e **ab**. Ele formará 41,5% de cada um deles, totalizando 83%. Além disso, produzirá gametas com cromossomos provenientes de *crossing-over*, **Ab** e **aB**, em uma porcentagem de 8,5% de cada (total = 17%).

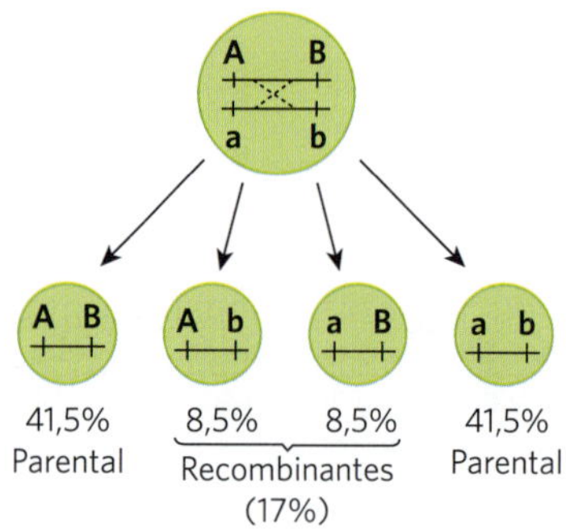

(Elementos fora de proporção de tamanho entre si. Cores fantasia.)

c) Abaixo indicamos o cruzamento entre o heterozigoto e o duplo-recessivo: $\frac{\mathbf{AB}}{\mathbf{ab}} \times \frac{\mathbf{ab}}{\mathbf{ab}}$

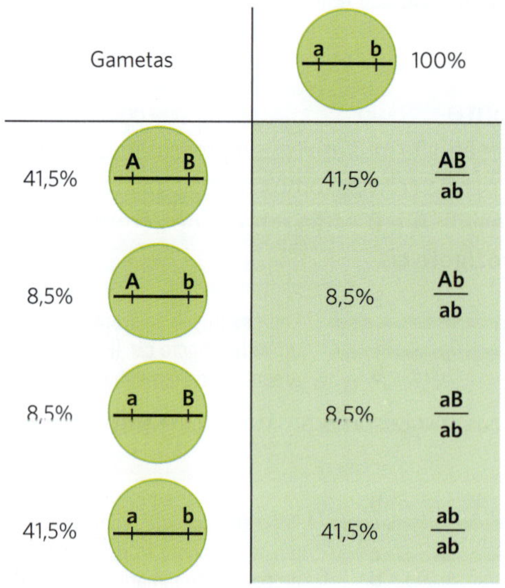

(Elementos fora de proporção de tamanho entre si. Cores fantasia.)

Desenvolvendo habilidades

1 Realizou-se um cruzamento entre dois organismos em que quatro genes se segregam independentemente: **AABBCCDD** × **aabbccdd**. Os alelos representados por letra maiúscula são dominantes. Os indivíduos da geração F1 obtidos foram cruzados entre si. Com base no que foi apresentado, qual é a probabilidade de se:

a) obter indivíduos com os quatro fenótipos dominantes?

b) obter indivíduos **AaBbCcDd**?

c) obter indivíduos **aabbccdd**?

2 Em determinado vegetal, a cor vermelha da flor é dominante sobre a cor branca; e o fruto esférico é dominante sobre o fruto achatado. Elabore um experimento que permita descobrir se os genes para cor da flor e tipo de fruto estão no mesmo cromossomo ou em cromossomos diferentes. A partir disso, descreva que tipos de resultados poderiam ser obtidos e o que você pode concluir em cada caso. Desconsidere a possibilidade de outros tipos de herança não indicadas no enunciado.

3 Leia o texto a seguir.

Existem dois tipos de hemofilia: a **A** e a **C**. A hemofilia do tipo A é um caso de herança ligada ao sexo, condicionada por um alelo recessivo. A hemofilia do tipo C é causada por um alelo de um gene autossômico, também recessivo.

Considere que ambos os alelos sejam relativamente raros na população e descarte a possibilidade de haver mutações.

Maria é filha de um hemofílico do tipo A e de uma mulher em cuja família nunca houve um caso de hemofilia. Seu marido, João, por sua vez, é normal quanto à coagulação do sangue, mas um de seus irmãos nasceu com hemofilia do tipo C.

Agora, responda às questões abaixo.

a) Qual é a probabilidade de o casal gerar uma criança que tenha, ao mesmo tempo, ambas as formas de hemofilia?

b) Mostre qual é a probabilidade de terem uma criança com hemofilia do tipo A.

c) Mostre qual é a probabilidade de terem uma criança com hemofilia do tipo C.

d) Identifique o genótipo dos pais de João e o dos pais de Maria em relação aos dois tipos de hemofilia.

4 Os genes **M** e **N** estão em um mesmo cromossomo. Sabendo-se que a porcentagem de recombinação entre eles é de 35%, pergunta-se:

a) Que tipos de gametas produzem um heterozigoto *cis* e em que proporções?

b) Que tipos de gametas produz um heterozigoto *trans* e em que proporções?

c) A que distância no mapa genético estão os *loci* [**M**, **m**] e [**N**, **n**]?

d) Que tipos de descendentes produziria o cruzamento de um heterozigoto *cis* e um birrecessivo?

e) Que tipos de descendentes produziria o cruzamento de um heterozigoto *trans* e um birrecessivo?

5 Na espécie humana, qual é o número máximo de genes que poderia ser estudado ao mesmo tempo, verificando-se segregação independente entre todos?

6 Leia o texto a seguir.

Mosca drosófila teve papel fundamental no estudo da genética

[...]

Morgan e seus colaboradores debruçaram-se sobre as drosófilas em busca da resposta para [...] encontrar os "fatores hereditários" que Mendel postulara para predizer como seria a descendência de ervilhas-de-cheiro [...].

Morgan começou a criar moscas por duvidar das conclusões de Mendel; buscava entre elas as diferentes, as "mutantes" [...]. Confirmou-o amplamente quando encontrou no *Fly Room* [termo em inglês de quarto das moscas, apelido do laboratório de Morgan, por trabalhar com drosófilas] um macho mutante de olhos brancos – olhos vermelhos é o mais comum na espécie. "Casou-o" com uma fêmea de olhos vermelhos; e acompanhou a avenida que lhe abriu o prolífico par, como antes fizera Mendel com as ervilhas-de-cheiro. [...].

Mosca drosófila teve papel fundamental no estudo da genética. *Folha de S.Paulo*. Disponível em: https://m.folha.uol.com.br/ciencia/2008/09/447418-mosca-drosofila-teve-papel-fundamental-no-estudo-da-genetica.shtml. Acesso em: jun. 2020.

Com base nas informações do texto e de pesquisas a materiais de consulta, responda às perguntas a seguir.

a) A drosófila é um modelo utilizado em estudos de Citogenética até hoje. Quais características dessa espécie a favorecem como um modelo tão importante para estudos genéticos?

b) Pesquise os estudos de Morgan com o macho de olhos brancos e escreva um texto que explique a importância desse indivíduo para a compreensão de mutações, herança ligada ao sexo e mapeamento gênico.

CAPÍTULO

31

Interação gênica e pleiotropia

Um par de alelos condiciona um caráter. Dois pares condicionam dois caracteres. Certo ou errado? Certo, mas nem sempre. Às vezes, dois pares de alelos condicionam uma mesma característica. Outras vezes, um só par condiciona várias características.

Este capítulo favorece o desenvolvimento das habilidades:

EM13CNT205

EM13CNT301

EM13CNT303

Dica

Descomplica: interação gênica

https://descomplica.com.br/artigo/mapa-mental-interacao-genica/4IG/

Acesse este mapa mental para entender mais sobre interação gênica!

Leis de Mendel: exceção ou regra?

De maneira geral, o mendelismo clássico propõe que cada caráter é condicionado por dois alelos, mas apenas um alelo do par vai para o gameta; há duas modalidades de alelo - dominante e recessivo - para cada caráter. Além disso, os alelos de diferentes caracteres são transmitidos de maneira independente.

No entanto, em vários casos, o mendelismo clássico é contrariado. Alguns exemplos: a herança na flor de maravilha (sem dominância entre os alelos), a herança sexual do daltonismo e da hemofilia (basta um alelo nos homens), os alelos múltiplos do sistema ABO (há mais de dois tipos de alelos na população) e os casos de *linkage* (nem sempre ocorre segregação independente). Será que esses casos especiais invalidam as leis de Mendel?

Neste capítulo, trataremos de mais dois casos que se afastam do mendelismo clássico: a **interação gênica** - em que um caráter pode ser condicionado pela interação de diferentes genes - e a **pleiotropia** - um par de alelos condiciona vários caracteres.

As leis de Mendel, percebe-se, constituem regras com muitas exceções. Assim mesmo, elas têm imenso mérito por constituir o modelo inicial que explicou, de maneira coerente, os mecanismos da hereditariedade.

Sergiy Kuzmin/Shutterstock

Os resultados de Mendel com ervilhas constituem exceção ou regra para padrões de herança de características genéticas?

A interação gênica

Neste mecanismo, alelos de genes localizados em *loci* diferentes colaboram para determinar uma característica. Portanto, os genes **interagem**.

Veja o esquema ao lado, que mostra um tipo de interação gênica simples de analisarmos. Certo caráter é condicionado por dois genes, de segregação independente, por se localizarem em cromossomos diferentes.

Esses tipos de interação constituem casos particulares da segunda lei de Mendel. É fácil detectá-los, porque em F_2 os resultados lembram a proporção de F_2 na segunda lei, que é:

9 A_B : 3 A_bb : 3 aaB_: 1 aabb

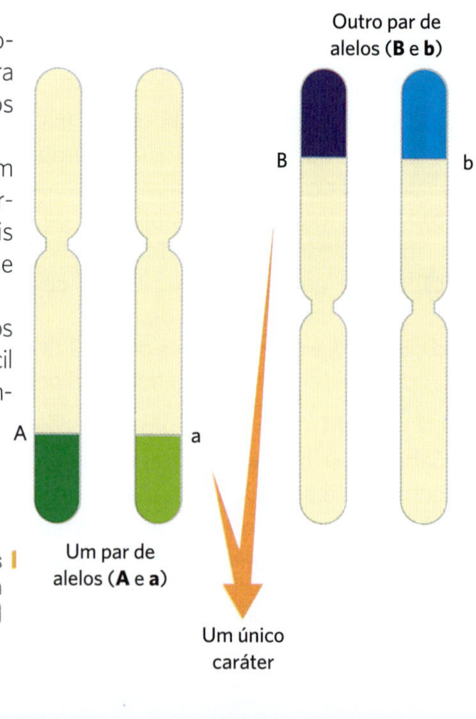

Banco de imagens/Arquivo da editora

Esquema de interação gênica de dois genes cujos alelos interagem para condicionar um só caráter. (Elementos fora de proporção de tamanho entre si. Cores fantasia.)

A forma da crista em galos e galinhas é um exemplo clássico de interação gênica. Há dois pares de alelos com dominância completa [**E**, **e**] e [**R**, **r**], localizados em cromossomos diferentes, que determinam a forma da crista. Veja as fotografias a seguir.

Crista noz	Crista ervilha	Crista rosa	Crista simples
Ken Gillespie Photography/Alamy/Fotoarena 	Ragnar Th Sigurdsson/Alamy/Fotoarena 	Eric Isselee/Shutterstock 	Bob Pool/Shutterstock 
Genótipos possíveis: **EERR, EeRr, EERr, EeRR**	Genótipos possíveis: **EErr, Eerr**	Genótipos possíveis: **eeRR, eeRr**	Genótipo possível: **eerr**

Fenótipos expressos pela interação dos alelos dos genes **E** e **R** para o caráter crista de galos e galinhas. A crista noz é expressa quando a galinha apresenta simultaneamente alelos **E** e **R** (genótipo **E_R_**); a ausência do alelo **R** e a presença do alelo **E** condicionam crista ervilha (genótipo **E_rr**); a ausência de **E** e a presença de alelo **R** (genótipo **eeR_**) condicionam crista rosa; a ausência tanto de **E** como de **R** (genótipo **eerr**) condiciona crista simples.

Veja os cruzamentos abaixo, em que a geração **P** é constituída por galinhas de crista ervilha e crista rosa, ambas homozigotas. Repare nas proporções obtidas em F_2, iguais às da segunda lei de Mendel. Lembre-se, no entanto, que apenas **um caráter** – a forma da crista – está sendo condicionado por dois pares de alelos.

Geração	Cruzamentos			
P	Crista ervilha EErr	×		Crista rosa eeRR
F_1	Crista noz EeRr	×		Crista noz EeRr
Geração	**Resultados**			
F_2	Crista noz E_R_	Crista ervilha E_rr	Crista rosa eeR_	Crista simples eerr
	Proporção			
	9 :	3 :	3 :	1

Epistasia

A epistasia é um tipo de interação em que um gene **inibe** o efeito de outro(s) gene(s), localizado(s) em outro(s) *locus* (*loci*). Apesar de ser um fenômeno semelhante à dominância, só falamos em dominância ao tratarmos de alelos do mesmo *locus*. A epistasia pode ser **dominante** – quando condicionada pelo alelo dominante do gene epistático – ou **recessiva** – quando condicionada pelos alelos recessivos em homozigose.

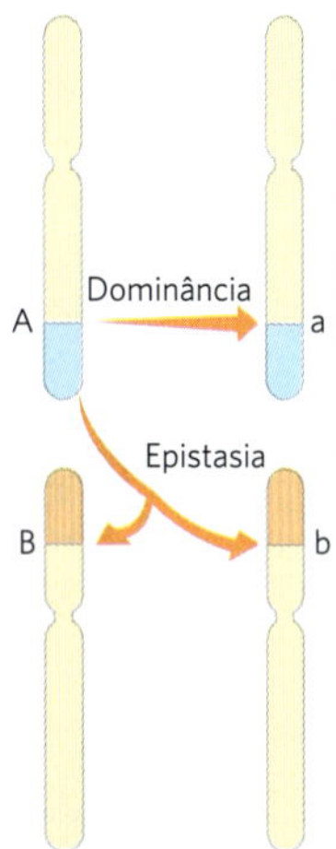

Esquema de herança com epistasia. O alelo **A** é **dominante** sobre o alelo **a** e é **epistático** ao inibir os alelos **B** e **b** de outro gene. Pode-se dizer que o gene **A** é epistático sobre o gene **B**. (Elementos fora de proporção de tamanho entre si. Cores fantasia.)

Epistasia dominante

Como exemplo de epistasia dominante, temos a cor da pelagem de cães, que depende, em parte, da ação de dois pares de alelos: [**I**, **i**] e [**B**, **b**]. O alelo **B** determina a cor preta e seu par **b** determina a cor marrom. O alelo epistático **I** inibe a manifestação da cor, enquanto o alelo recessivo **i** permite que a cor se manifeste. Do cruzamento de cães brancos di-híbridos obtêm-se:

Geração	Cruzamentos				
P	IiBb Branco	×	IiBb Branco		
Geração	**Resultados**				
F_1	9 I_B_ : 3 I_bb Branco (9 I_B_) · Branco (3 I_bb)	:	3 iiB_ Preto	:	1 iibb Marrom
Proporção	12	:	3	:	1

Perceba que o resultado obtido, de 12 : 3 : 1, é uma modificação da proporção clássica 9 : 3 : 3 : 1.

Epistasia recessiva

A coloração do pelo em ratos é uma forma de epistasia recessiva e parece depender de dois pares de alelos: [**C**, **c**] e [**A**, **a**]. O alelo **C** é responsável pela produção de pigmento preto. O alelo recessivo, **c**, quando em homozigose, condiciona a ausência total de pigmento (albinismo). O alelo **A** determina a produção de pigmento amarelo, enquanto **a** não determina. Os ratos **C_A_** produzem tanto pigmento preto quanto amarelo, tendo uma coloração pardo-acinzentada (aguti). Não existem ratos amarelos (**ccA_**), já que o par **cc** é epistático sobre o gene **A**. O cruzamento de dois ratos aguti di-híbridos resulta na seguinte proporção:

Geração	Cruzamentos				
P	CcAa Aguti	×			CcAa Aguti
Geração	**Resultados**				
F_1	9 C_A_ Aguti	:	3 C_aa Pretos	:	3 ccA_ : 1 ccaa Albinos
Proporção	9		3		4

Aqui também a proporção obtida (9 : 3 : 4) é uma modificação da proporção mendeliana clássica.

Interação gênica complementar

Neste tipo de interação gênica, a manifestação de um fenótipo depende da presença de dois ou mais genes diferentes, que se complementam. É o caso da flor-de-ervilha-de-cheiro (*Lathyrus* sp.), que pode ser colorida (púrpura) ou branca. Esse caráter é condicionado pelos genes **P** e **C**: para haver cor, é preciso que estejam presentes os alelos dominantes de ambos os genes; faltando um deles ou ambos, a flor será branca.

No quadro indicamos o cruzamento de dois heterozigotos para os dois caracteres com as proporções e correspondências entre genótipos e fenótipos. Perceba que a proporção obtida de 9 : 7 é uma modificação da proporção 9 : 3 : 3 : 1, característica do cruzamento de dois di-híbridos com segregação independente.

Geração	Cruzamentos		
P	PpCc Colorida	×	PpCc Colorida
Geração	**Resultados**		
F_1	9 P_C_ Flores coloridas (púrpura)	:	3 P_cc : 3 ppC_ : 1 ppcc Flores brancas
Proporção	9	:	7

Modificações da proporção 9 : 3 : 3 : 1

Ao lado, indicamos um esquema com as variações da proporção 9 : 3 : 3 : 1 para os casos estudados de interação gênica, partindo de heranças com dois genes de segregação independente.

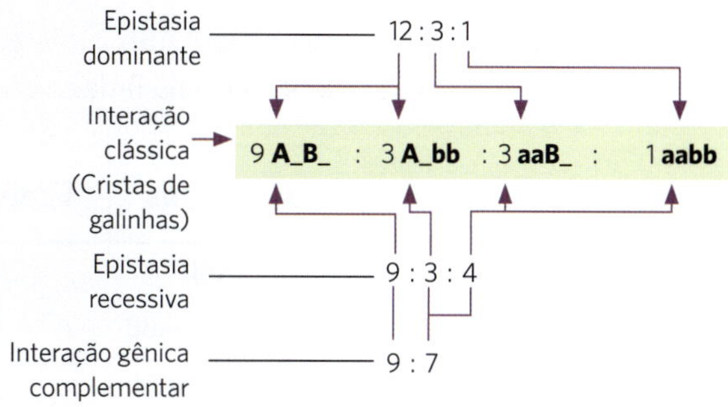

Exercício resolvido

Um problema de interação gênica

No milho, existem dois genes – **A** e **B** –, localizados em cromossomos diferentes, cujos alelos dominantes condicionam a camada de **aleurona** colorida apenas quando estão juntos. Todas as outras combinações genéticas produzem aleurona incolor. Duas linhagens, incolores e puras, foram cruzadas, dando em $\mathbf{F_1}$ todos os descendentes coloridos.

a) Quais são os genótipos dos parentais?

b) Que genótipos têm os indivíduos de $\mathbf{F_1}$?

c) Que descendência você espera entre os indivíduos de $\mathbf{F_2}$, no que se refere às proporções fenotípicas?

aleurona: camada externa de células do endosperma das sementes, na qual as proteínas são armazenadas.

Solução

De acordo com o enunciado, apenas os indivíduos **A_B_** terão aleurona colorida, enquanto a falta do alelo **A** e/ou do alelo **B** leva à produção de aleurona incolor. Trata-se, assim, de um caso de interação gênica complementar.

a) As duas linhagens incolores são puras e, quando cruzadas, produzem indivíduos coloridos. Assim, cada progenitor contribuiu com um dos dois alelos para a cor. Se um dos progenitores têm alelo **A**, o outro terá alelo **B**. Portanto, uma delas deve ser **AAbb**, enquanto a outra deve ser **aaBB**.

b) Os genótipos dos $\mathbf{F_1}$, em consequência, serão **AaBb**.

c) O cruzamento de dois duplos-heterozigotos dará, em $\mathbf{F_2}$, a proporção 9/16 **A_B_** : 3/16 **A_bb** : 3/16 **aaB_** : : 1/16 **aabb**. Em outras palavras, 9/16 terão aleurona colorida, enquanto 7/16 produzirão aleurona incolor.

A herança quantitativa

A herança quantitativa é um caso especial de interação gênica. É também chamada de **herança aditiva** ou **herança poligênica**. Nela, os caracteres variam de forma contínua, ou seja, há muitos fenótipos intermediários entre os extremos. É o caso da estatura e da cor da pele na espécie humana e da produtividade de frutos pelas plantas.

Imagine uma espécie hipotética de planta, com flores que podem variar da cor branca até o azul forte, passando por três tons intermediários de azul. Haveria cinco possíveis fenótipos. Vamos admitir que a quantidade de pigmento azul produzida dependa de dois pares de alelos de segregação independente. Qualquer um dos alelos indicados por maiúscula (**A** ou **B**) acrescenta ao fenótipo uma certa quantidade de pigmento azul (idêntica para cada alelo **A** e **B**), enquanto os alelos **a** e **b** não acrescentam pigmento. Os alelos que acrescentam intensidade ao fenótipo são chamados de **aditivos**.

Veja, no quadro da próxima página, os possíveis genótipos e os fenótipos correspondentes. O que vamos chamar de **fenótipo básico** é a planta que apresenta flores brancas, sem nenhum pigmento azul.

Perceba que a herança quantitativa é claramente um caso de herança sem dominância. Afinal, o indivíduo **AaBB** tem fenótipo igual ao indivíduo **AABb** e diferente do indivíduo **AABB**. Se fosse um caso de herança com dominância, os três teriam flores com a mesma cor.

Genótipos	Fenótipos	Número de alelos aditivos
AABB	Azul forte	4
AABb ou **AaBB**	Azul-escuro	3
AaBb ou **AAbb** ou **aaBB**	Azul médio	2
Aabb ou **aaBb**	Azul-claro	1
aabb	Branco	0

Flores da maravilha: um caso simples de herança quantitativa

Quando a flor da maravilha vermelha (**VV**) é cruzada com a flor da maravilha branca (**BB**), obtêm-se flores cor-de-rosa (**VB**). Isso representa, na verdade, um caso muito simples de herança quantitativa, condicionada por apenas um par de alelos. O alelo **V** condiciona a produção de pigmento vermelho, enquanto o **B** não produz pigmento.

Havendo dois alelos **V**, a flor é vermelha; um só alelo **V** (indivíduos **VB**) condiciona o fenótipo cor-de-rosa. Por fim, nenhum alelo **V** (indivíduos **BB**) condiciona flores brancas. Em última análise, é o número de alelos **V** presentes que define a cor da flor: vermelha, rosa ou branca.

Número de alelos e de fenótipos na herança quantitativa

Na herança quantitativa, temos que:

Número de fenótipos = Número total de alelos + 1

Na flor de maravilha, há dois alelos; aparecem 3 fenótipos: vermelho, rosa e branco. No caso da planta hipotética de flor azul, havia quatro alelos, e apareceram cinco fenótipos - azul forte, azul-escuro, azul médio, azul-claro e branco. Um caso qualquer em que participem seis alelos (três genes) apresentará sete fenótipos diferentes, e assim por diante.

De forma inversa, se soubermos o número de fenótipos de um caso de herança quantitativa, fica fácil descobrir o número de alelos envolvidos, usando-se o **número de fenótipos - 1**.

Proporções fenotípicas na herança quantitativa

Em um caso de herança quantitativa, quando cruzamos dois indivíduos heterozigotos para os alelos envolvidos no caráter, aparecem todos os fenótipos possíveis. Esses fenótipos se distribuem segundo uma curva de distribuição normal (curva de Gauss) e apresentam um número pequeno de fenótipos extremos e muitos fenótipos intermediários.

No caso da cor azul da flor do nosso exemplo, vejamos no quadro a seguir o resultado do cruzamento entre dois heterozigotos: **AaBb** x **AaBb**.

Gametas	AB	Ab	aB	ab
AB	AABB	AABb	AaBB	AaBb
Ab	AABb	AAbb	AaBb	Aabb
aB	AaBB	AaBb	aaBB	aaBb
ab	AaBb	Aabb	aaBb	aabb

Aparecem, portanto, todos os fenótipos possíveis: desde a flor azul forte até a flor branca. Repare que a menor proporção obtida é sempre a dos fenótipos extremos: 1/16 de azul forte (**AABB**) e 1/16 de branco (**aabb**). Os indivíduos intermediários, azul médio (**AAbb**, **aaBB**, **AaBb**), existem em maior proporção: 6/16 ou 3/8.

Proporções fenotípicas em F_2 para a cor da flor, em função do número de alelos aditivos presentes

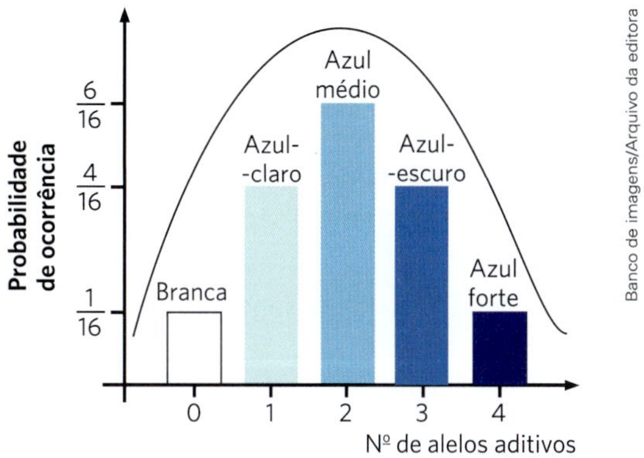

Ou seja:

Probabilidade de ocorrência	Fenótipo (número de alelos aditivos)
1/16	Azul forte (4)
4/16	Azul-escuro (3)
6/16	Azul médio (2)
4/16	Azul-claro (1)
1/16	Branco (sem alelo aditivo)

O triângulo de Pascal

Uma maneira prática de obtermos as distribuições fenotípicas resultantes do cruzamento de dois heterozigotos, na herança quantitativa, é usar o triângulo de Pascal. Esse procedimento dispensa a construção do quadro dos cruzamentos.

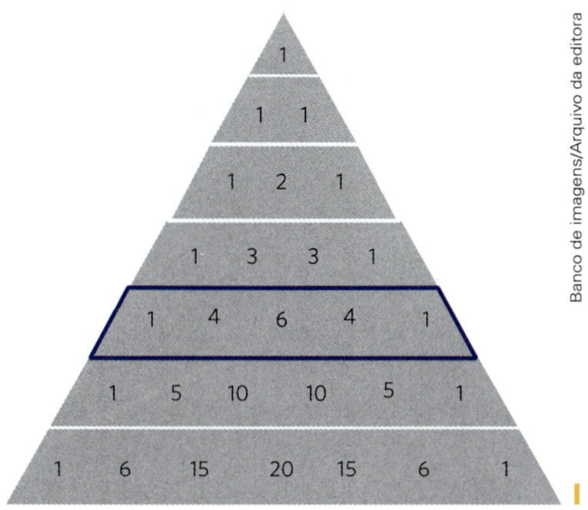

Triângulo de Pascal.

No caso da cor azul da flor, o cruzamento de indivíduos heterozigotos de cor azul médio poderia produzir 5 fenótipos, com distribuição 1 azul forte: 4 azul-escuro : 6 azul médio : 4 azul-claro : 1 branco.

Observe, agora, a linha do triângulo com cinco números e compare as proporções.

Cada número do triângulo é a soma dos dois números imediatamente acima dele. Por exemplo, o número 15, na sétima linha, é a soma de 5 e 10 da sexta linha.

Repare que a soma dos valores da quinta linha é igual a 16, que seria o denominador das frações que expressam as proporções fenotípicas esperadas na descendência do cruzamento entre dois duplos-heterozigotos nesse tipo de herança: 1/16 : 4/16 : 6/16 : 4/16 : 1/16.

Orientações para casos de herança quantitativa

- Na herança quantitativa, não há dominância; os alelos aditivos dos diferentes genes (A, B, etc.) contribuem igualmente no fenótipo.
- Número de fenótipos = número de alelos + 1; portanto, número de alelos = número de fenótipos - 1.
- No cruzamento de indivíduos de fenótipos extremos, obtêm-se sempre indivíduos de fenótipos intermediários, heterozigotos.
- No cruzamento de heterozigotos, podem ser obtidos todos os fenótipos possíveis, de um extremo a outro, distribuídos de acordo com o triângulo de Pascal.

Exercício resolvido

Atividade de herança quantitativa

Em determinada espécie, a altura da planta adulta varia de 150 cm a 180 cm, de 5 cm em 5 cm. Sabendo que se trata de um caso de herança quantitativa e ignorando a influência ambiental, responda:

a) Quantos pares de alelos estão envolvidos nessa herança?

b) Quais são os genótipos dos indivíduos com fenótipos extremos?

c) Qual é o resultado fenotípico (altura) do cruzamento entre dois tipos extremos?

d) Se dois heterozigotos forem cruzados entre si, que proporções fenotípicas serão esperadas?

Solução

a) Como visto, número de alelos = número de fenótipos - 1. É útil, portanto, determinar primeiro os fenótipos - que variam de 5 em 5 cm. Serão eles: 150 cm, 155 cm, 160 cm, 165 cm, 170 cm, 175 cm e 180 cm. Há 7 fenótipos possíveis; então, o número de alelos envolvidos é 6 (3 pares).

b) O genótipo de plantas com 150 cm é **aabbcc**, e de plantas com 180 cm é **AABBCC**. Repare que cada alelo aditivo (**A**, **B** ou **C**) acrescenta 5 cm ao fenótipo.

c) Cruzam-se os indivíduos **AABBCC** e **aabbcc**. Obtemos como resultado indivíduos **AaBbCc**, ou seja, tri-híbridos com 3 alelos aditivos, que vão acrescentar 15 cm (3 × 5 cm) ao fenótipo básico. Esses indivíduos terão, assim, 165 cm.

d) O cruzamento entre dois heterozigotos produzirá todas as classes fenotípicas existentes. Para saber as proporções, podemos recorrer à linha do triângulo de Pascal que contém 7 números. Teremos então:

1		**6**		**15**		**20**		**15**		**6**		**1**
150 cm		155 cm		160 cm		165 cm		170 cm		175 cm		180 cm
$\frac{1}{64}$	:	$\frac{6}{64}$	:	$\frac{15}{64}$	:	$\frac{20}{64}$	:	$\frac{15}{64}$	:	$\frac{6}{64}$	:	$\frac{1}{64}$

A pleiotropia

O mecanismo desse tipo de herança pode ser considerado inverso ao da interação gênica. Aqui, um único par de alelos condiciona o aparecimento de vários caracteres.

Há casos de pleiotropia em que o caráter que aparece primariamente provoca, como consequência, o surgimento de uma série de outras características. Em galinhas, por exemplo, certo alelo de um gene faz com que as penas fiquem arrepiadas para fora. Com isso, o animal perde mais calor, e, para manter a temperatura, come mais e tem a circulação sanguínea mais rápida. Além disso, essas galinhas apresentam sistemas digestório, circulatório e excretor hipertrofiados e raramente botam ovos.

Analise o esquema abaixo. Ele mostra outro caso de pleiotropia, da anemia falciforme na espécie humana, em que a molécula de hemoglobina sofre a troca de um aminoácido, acarretando uma série de consequências no organismo.

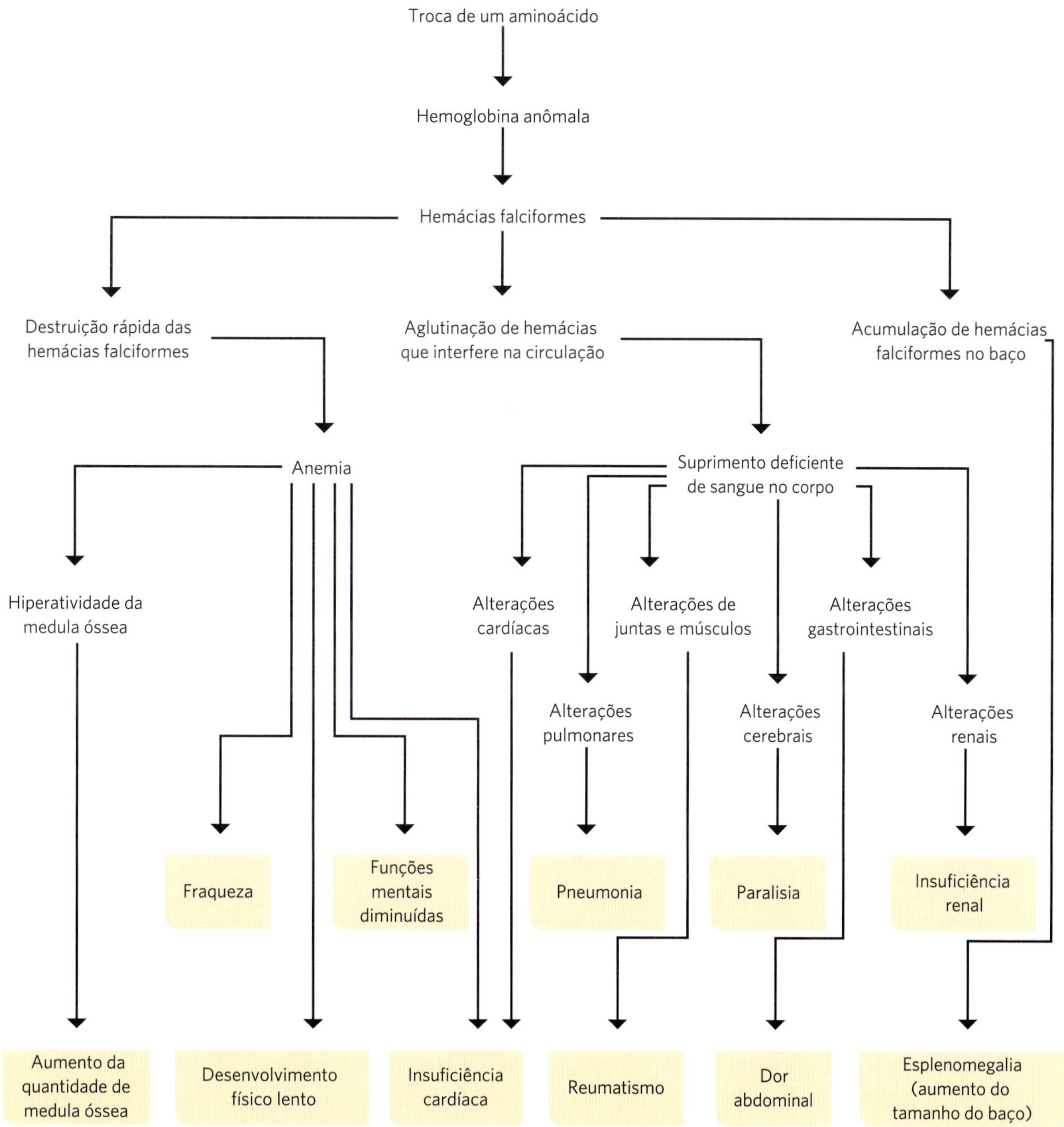

Esquema dos efeitos pleiotrópicos do alelo que determina a produção de hemoglobina, na anemia falciforme.

Desenvolvendo habilidades

1 Que resultado quantitativo de um cruzamento que envolve apenas uma característica pode permitir que se suspeite que seja um caso de interação gênica?

2 Suponha que a diferença entre o milho de 10 cm de altura e o milho de 26 cm de altura se deva a quatro pares de alelos aditivos. O indivíduo com 10 cm tem genótipo **aabbccdd** e o com 26 cm, **AABBCCDD**. Identifique como são os fenótipos dos indivíduos de $\mathbf{F_1}$ e $\mathbf{F_2}$ dos dois tipos extremos. Qual é a proporção esperada de plantas de 18 cm?

3 Um grupo de cientistas está pesquisando a cor de pelagem em cavalos com base na ação de dois genes: **B** e **W**. O alelo **B** condiciona cor de pelagem preta e o alelo **b** condiciona cor de pelagem castanha. O gene **W** apresenta epistasia dominante em relação ao gene **B**; o alelo **W** condiciona cor de pelagem branca, no entanto, os resultados das proporções de cruzamentos são curiosas, pois cruzamentos entre indivíduos brancos duplo heterozigotos produzem proporção de 8 : 3 : 1, em vez da proporção de 12 : 3 : 1, clássica para herança de epistasia dominante. Considere que as gerações de descendentes são analisadas apenas quando os indivíduos atingem maturidade sexual.

a) Monte o cruzamento dos indivíduos brancos duplo heterozigotos esperado, considerando a herança de epistasia dominante clássica.

b) Analise as informações dos genótipos, fenótipos e proporções esperadas e obtidas experimentalmente. Proponha uma hipótese para este caso e indique metodologias que permitiriam confirmar sua hipótese.

c) Pesquise na internet a respeito dessa herança para confirmar se o conhecimento atual sobre ela corrobora ou refuta sua hipótese.

4 É realizado um cruzamento entre duas plantas que produzem, respectivamente, sementes de 0,2 g e 0,4 g. Desse cruzamento são geradas plantas que têm sementes de 0,3 g. O cruzamento entre os indivíduos que produzem sementes de 0,3 g ($\mathbf{F_1}$) produz 1000 plantas: 4 produzem sementes com 0,4 g, 4 produzem sementes com 0,2 g, as demais apresentam sementes que variam entre esses dois fenótipos.

a) Quantos pares de genes devem estar envolvidos na determinação da massa das sementes?

b) Quanto cada gene aditivo acrescenta à massa?

5 Discuta a frase a seguir: "Todos os fenótipos que um gene pleiotrópico condiciona são causados diretamente pela ação desse gene".

6 Leia o texto a seguir.

A Genética e os problemas craniofaciais

As características morfológicas, tais como as inúmeras medidas utilizadas para descrever a forma da face, da mandíbula e da maxila, são resultado de uma vasta rede de processos interativos, hierárquicos, bioquímicos e de desenvolvimento.

Os genes [destas características em estudo] são capazes de influenciar muitas características morfológicas. Dessa forma, uma mutação deletéria, apesar de produzir um único efeito ao nível molecular, pode resultar em uma síndrome repleta de anomalias morfológicas [...].

CRUZ, R. M.; OLIVEIRA, S. F de. *Análise genética de problemas craniofaciais*: revisão da literatura e diretrizes para investigações clínico-laboratoriais (parte 1). Dental Press Ortodon Ortop Facial. Maringá, v. 12, n. 5, p. 133-140, set./out. 2007. Disponível em: http://www.scielo.br/pdf/dpress/v12n5/a17v12n5.pdf. Acesso em: dez. 2019.

Com base nas informações do texto e em pesquisas em material de consulta, responda às perguntas a seguir.

a) Qual o tipo de herança dos genes estudados nesse trabalho científico? Justifique com elementos do texto.

b) As informações do texto permitem afirmar que essas alterações são causadas direta e exclusivamente pela ação dos genes?

CAPÍTULO 32

DNA, RNA e síntese de proteínas

A formação e o funcionamento de um organismo vivo é resultado das interações de inúmeros fatores, como ambientais e genéticos. Do ponto de vista genético, o DNA desempenha uma função importante nesse processo. Mas como ele é capaz de controlar o metabolismo celular e determinar as características dos seres vivos?

Este capítulo favorece o desenvolvimento das habilidades:

EM13CNT201

EM13CNT202

EM13CNT205

EM13CNT301

EM13CNT302

A estrutura do DNA e do RNA

Os **ácidos nucleicos** são o **DNA** (ácido desoxirribonucleico) ou ADN e o **RNA** (ácido ribonucleico) ou ARN. Apesar dos nomes, o DNA e o RNA não ficam restritos ao núcleo celular. O DNA, por exemplo, também é encontrado no interior das mitocôndrias e dos cloroplastos das células eucarióticas, enquanto o RNA é constituinte dos ribossomos, que se encontram no citoplasma. Para compreender como essas macromoléculas atuam no controle do metabolismo celular, é importante conhecer a estrutura delas.

Dica

PhET Interactive Simulations / University of Colorado Boulder

https://phet.colorado.edu/sims/html/gene-expression-essentials/latest/gene-expression-essentials_pt_BR.html

Site interativo com simulações do mecanismo de transcrição de RNAm e síntese de proteínas.

Nucleotídeos: as unidades dos ácidos nucleicos

Tanto o DNA como o RNA são macromoléculas constituídas de unidades ligadas entre si, os **nucleotídeos** – composto de três partes: um grupo fosfato, uma pentose (açúcar com cinco carbonos) e uma base nitrogenada. Uma única molécula de DNA ou RNA pode ser formada por milhares de nucleotídeos.

Observe o esquema abaixo, que mostra a estrutura de um nucleotídeo.

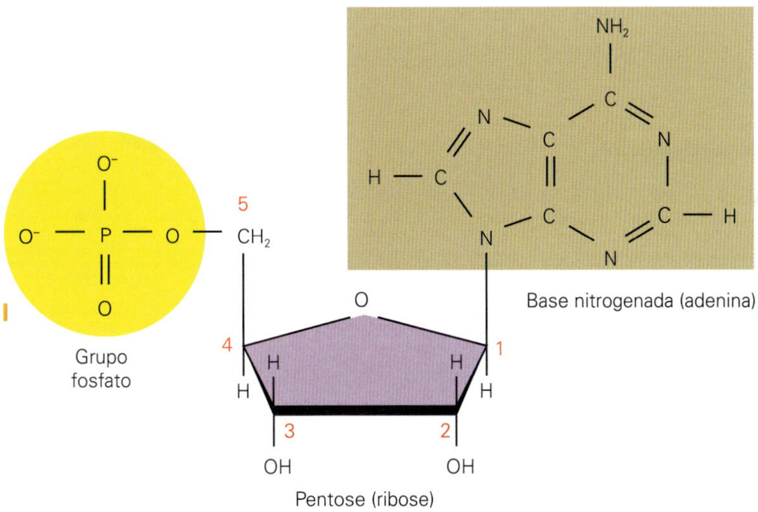

Banco de imagens/Arquivo da editora

Esquema da estrutura de um nucleotídeo. Note a numeração em vermelho atribuída, de acordo com a IUPAC, aos cinco átomos de carbono que constituem a pentose. (Elementos fora de proporção de tamanho entre si. Cores fantasia.)

Há diferenças entre os nucleotídeos do DNA e do RNA. A pentose no DNA, por exemplo, é sempre a **desoxirribose**; no RNA, é a **ribose**. Há também diferenças em relação às bases nitrogenadas. A **timina** é exclusiva do DNA e a **uracila**, do RNA.

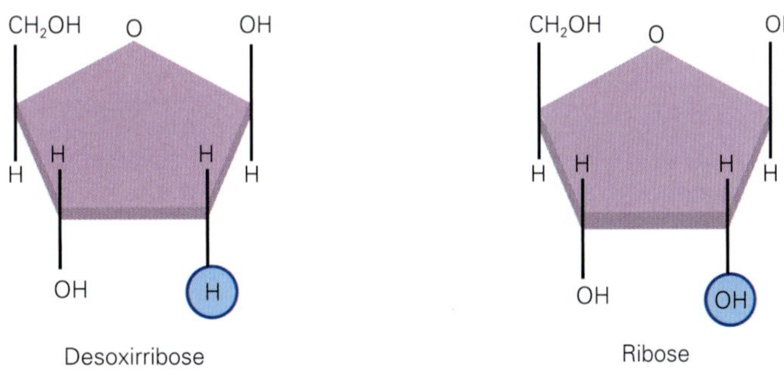

Banco de imagens/Arquivo da editora

Esquema da desoxirribose e da ribose. (Elementos fora de proporção de tamanho entre si. Cores fantasia).

Há cinco tipos de bases nitrogenadas, divididas em duas classes. Observe a figura a seguir.

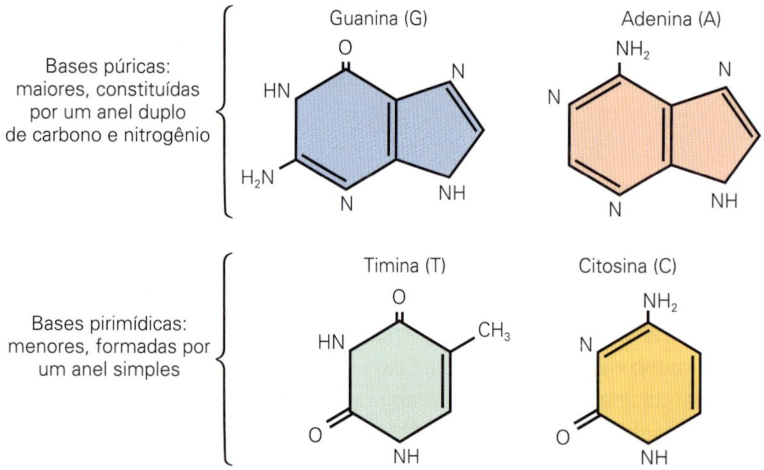

Esquema das bases nitrogenadas púricas e pirimídicas que compõem ácidos nucleicos. (Elementos fora de proporção de tamanho entre si. Cores fantasia.)

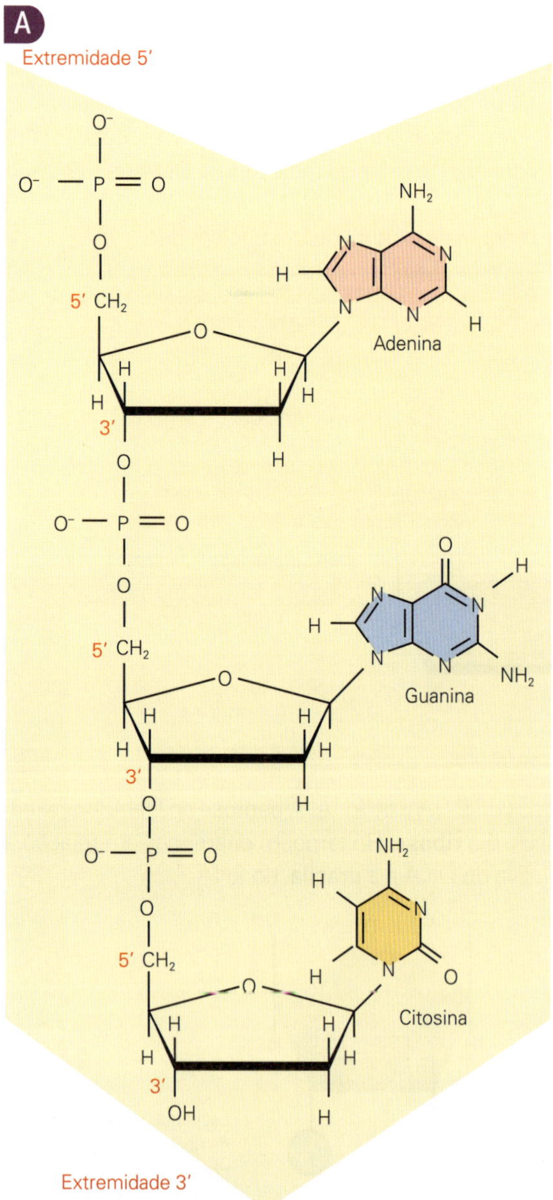

Na formação dos ácidos nucleicos, o fosfato de um nucleotídeo liga-se à pentose do nucleotídeo seguinte. Assim formam-se longas moléculas, os **polinucleotídeos**.

As extremidades dos polinucleotídeos não são iguais, o que confere polaridade às moléculas dos ácidos nucleicos. Veja nas figuras a diferença entre as extremidades **5′** e **3′**.

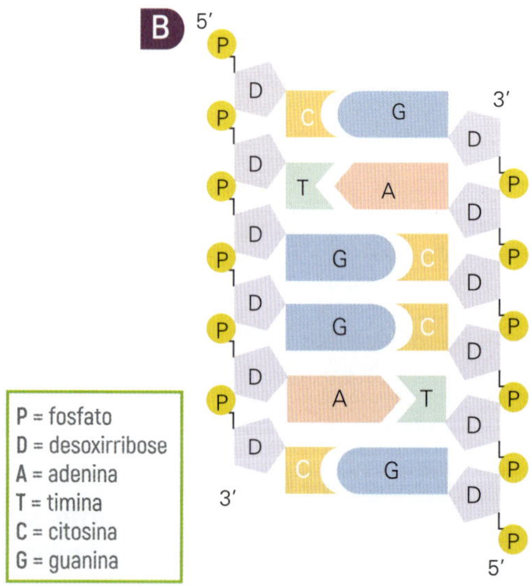

(A) Modelo estrutural de um polinucleotídeo, evidenciando sua polaridade 5′ → 3′. Observe que na extremidade 5′ o fosfato está ligado ao carbono 5 da pentose, enquanto a extremidade 3′ está ligada ao grupo hidroxila (OH), associado ao carbono 3 da pentose. (B) Esquema de duas fileiras de nucleotídeos posicionadas em direções antiparalelas – de cima para baixo, o da esquerda com orientação 5′ → 3′ e o da direita com orientação 3′ → 5′. Essa organização se verifica, por exemplo, na molécula de DNA. (Elementos fora de proporção de tamanho entre si. Cores fantasia.)

A molécula de DNA

James Watson (1928) e Francis Crick (1916-2004) propuseram, em 1953, um modelo para a estrutura da molécula de DNA a partir dos resultados pioneiros da química britânica Rosalind Franklin (1920-1958). Esse modelo propôs que a molécula de DNA é constituída por **duas cadeias** de nucleotídeos retorcidas (dupla-hélice), o que foi confirmado desde então por muitos dados experimentais.

As duas cadeias estão ligadas uma à outra por meio de **ligações de hidrogênio**, ou pontes de hidrogênio, unindo bases nitrogenadas. Por motivos de configuração molecular, essas ligações ocorrem entre pares de bases específicas. Assim, a adenina liga-se somente à timina, e a citosina liga-se sempre à guanina.

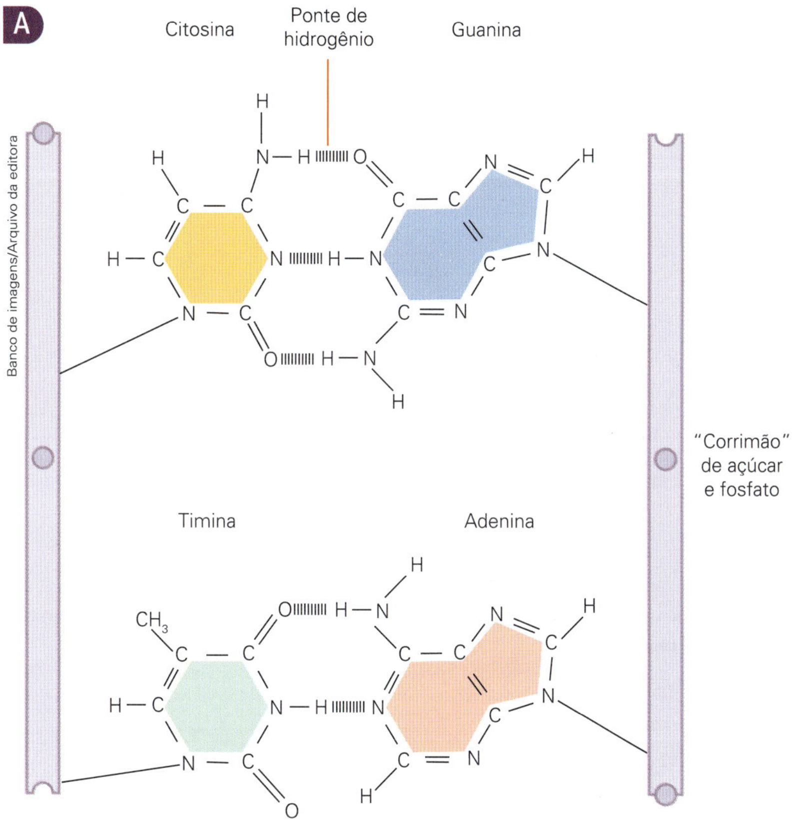

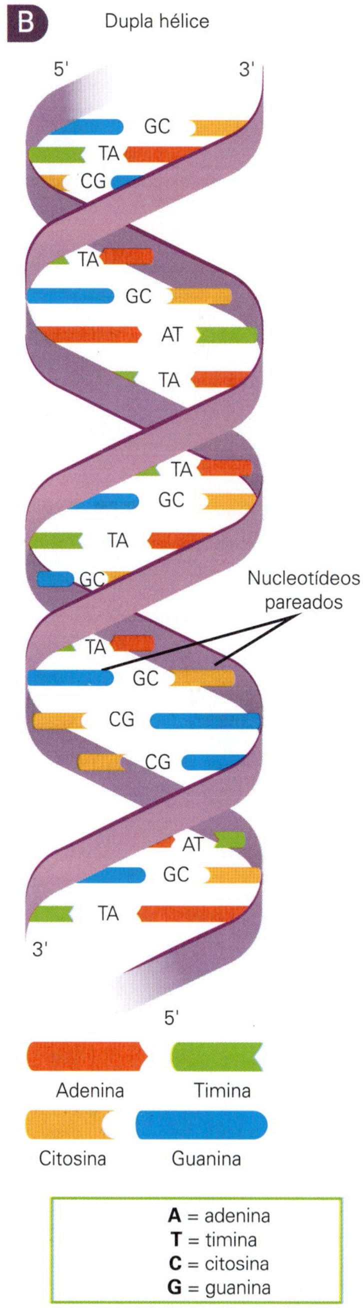

Elaborado com base em: REECE, J. B. *et al. Campbell Biology*. Glenview: Pearson, 2011. p. 317.

(A) Esquema da ligação entre as bases no DNA, que sempre se faz entre a adenina e a timina (duas pontes de hidrogênio) e a citosina e a guanina (três pontes de hidrogênio). (B) Esquema da estrutura da molécula de DNA. Em analogia, a molécula de DNA assemelha-se a uma escada: fosfatos e pentoses representam os corrimãos; os pares de bases representam os degraus. (Elementos fora de proporção de tamanho entre si. Cores fantasia.)

A diferença entre duas moléculas de DNA poderá ser tanto em relação ao seu tamanho - portanto, o número de nucleotídeos que as compõem - quanto à sequência dos pares de bases. O número de sequências possíveis é enorme, o que permite a existência de grande variedade de genes. Daí deriva a incrível diversidade genética entre os indivíduos e entre as espécies.

A molécula de RNA

O RNA é também uma longa fita de nucleotídeos ligados entre si. Diferente do DNA, a molécula de RNA é quase sempre formada por uma **fita simples**.

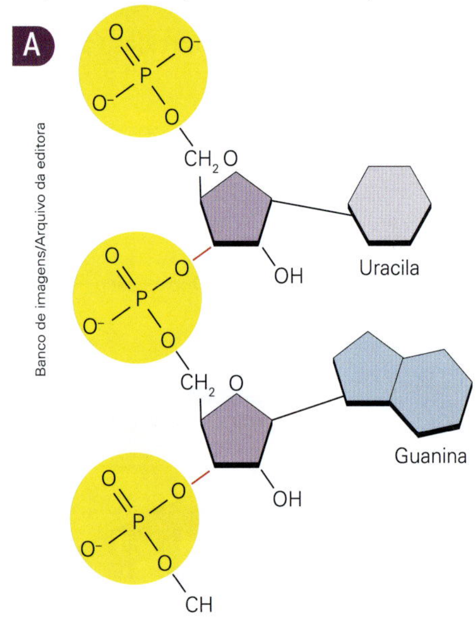

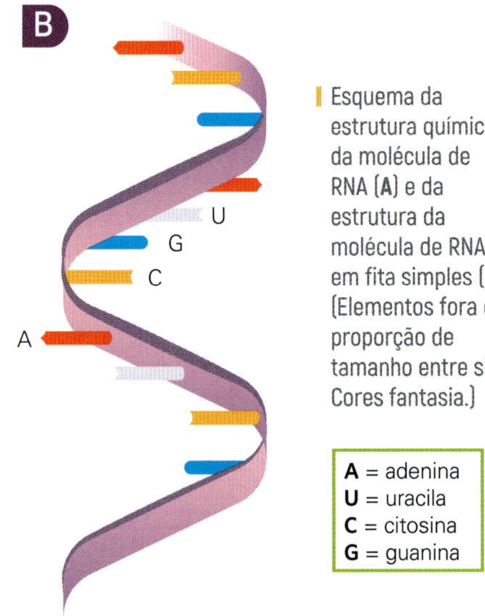

Esquema da estrutura química da molécula de RNA (**A**) e da estrutura da molécula de RNA em fita simples (**B**). (Elementos fora de proporção de tamanho entre si. Cores fantasia.)

Replicação do DNA

O esquema a seguir descreve a replicação do DNA de maneira simplificada.

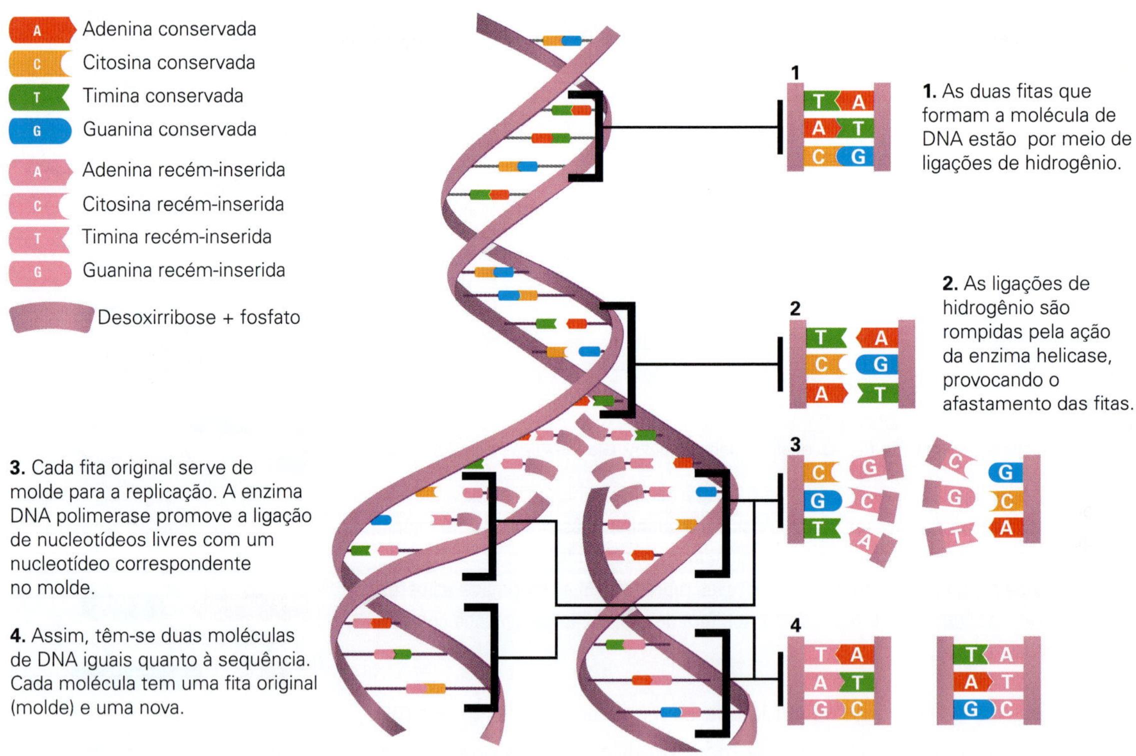

Esquema da replicação do DNA, esta é dita semiconservativa, pois cada molécula-filha conserva uma fita antiga, ou seja, a metade da molécula-mãe. No detalhe, esquema simplificado da replicação do DNA. Nesse processo, a ligação entre as bases nitrogenadas sempre ocorre entre A e T e entre C e G. (Elementos fora de proporção de tamanho entre si. Cores fantasia.)

É importante salientar que o DNA não se replica de modo autônomo, mas sim com o auxílio de um conjunto de outras moléculas (enzimas e outros fatores). O processo como um todo é bastante complexo e constitui a base para a perpetuação da vida.

Síntese de RNA: transcrição

O processo pelo qual o RNA é sintetizado com base em uma fita molde de DNA é chamado de **transcrição**. É a partir desse processo que um gene se expressa por meio da transmissão de informações, como ocorre, por exemplo, na síntese proteica.

Quando o DNA se abre na transcrição, o RNA é produzido sempre a partir do filamento 3′ ⟶ 5′ do DNA (a chamada **fita molde** ou fita ativa do DNA). Em consequência, a molécula de RNA é, sempre, um polinucleotídeo de polaridade 5′ ⟶ 3′ (pois é complementar à fita molde do DNA). A **RNA polimerase** é uma das enzimas que atuam na transcrição.

Fita complementar do DNA:	5′	... ATG GCC TGG ACT TCA ...	3′
Fita molde do DNA:	3′	... TAC CGG ACC TGA AGT ...	5′
		↓ **(transcrição a partir da fita molde)**	
RNA:	5′	... AUG GCC UGG ACU UCA ...	3′

Observe o esquema e acompanhe também o texto para melhor compreensão.

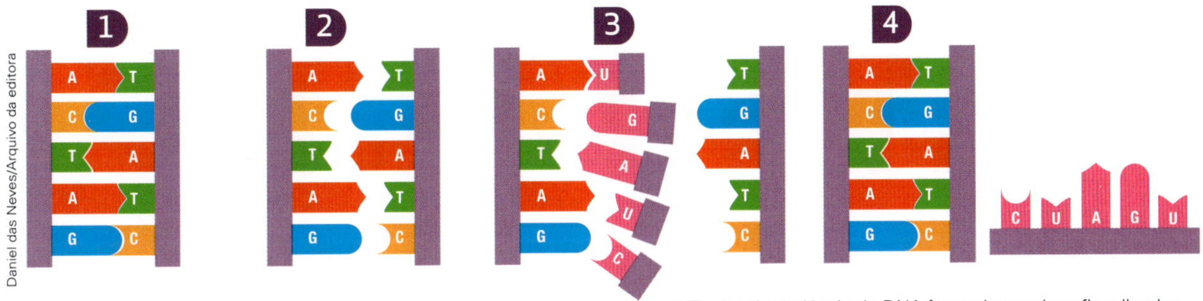

1. Trecho de molécula de DNA formado por duas fitas ligadas por meio de ligações de hidrogênio.
2. Por ação enzimática, rompem-se as ligações de hidrogênio e as duas fitas do DNA se afastam uma da outra.
3. Apenas **uma** das fitas de DNA serve de molde. Nela, são encaixados nucleotídeos de RNA já existentes no núcleo. A inserção de nucleotídeos segue a ordem de pareamento de bases nitrogenadas da fita molde de DNA.
4. Uma vez produzido, o RNA destaca-se do molde de DNA e migra para o citoplasma. Por fim, as duas fitas de DNA voltam a parear.

Elaborado com base em: ALBERT, B. *et al. Biologia molecular da célula.* Porto Alegre: Artmed, 2017.

Esquema simplificado da síntese de RNA. Com exceção da adenina do DNA que se encaixa na uracila do RNA, o pareamento das demais bases nitrogenadas ocorre de forma semelhante à replicação. (Elementos fora de proporção de tamanho entre si. Cores fantasia.)

RNA polimerase

O esquema a seguir mostra a participação da enzima RNA polimerase na transcrição. Repare que, à medida que a enzima desloca-se da esquerda para a direita, as fitas de DNA são afastadas, e uma delas é complementada por nucleotídeos de RNA. A fita de RNA recém-sintetizada se solta aos poucos de seu molde de DNA e permite que a dupla hélice seja reconstituída.

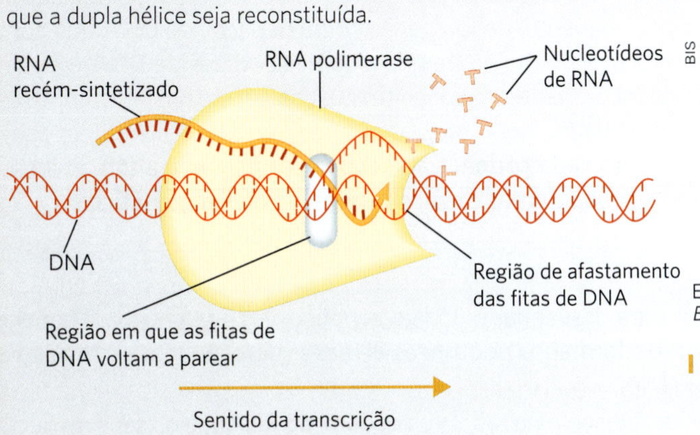

Elaborado com base em: REECE, J. B. *et al. Campbell Biology.* Glenview: Pearson, 2011.

Esquema da participação da enzima RNA polimerase no processo de transcrição. (Elementos fora de proporção de tamanho entre si. Cores fantasia.)

A síntese de proteínas

Do DNA às proteínas

O DNA presente no núcleo contém informações para a síntese de proteínas pelas células. Essa síntese é efetuada por meio de moléculas de RNAm - transcritas a partir do DNA - que passam para o citoplasma. Observe a figura a seguir.

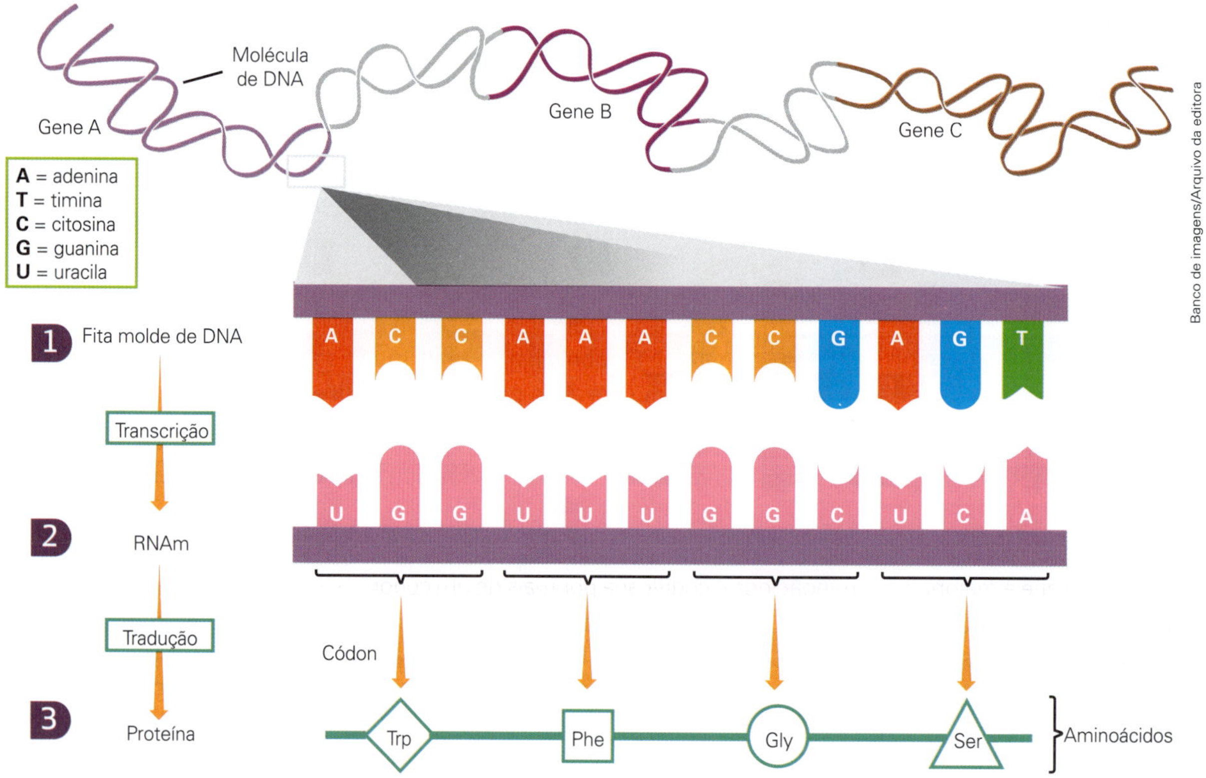

Elaborado com base em: REECE, J. B. *et al. Campbell Biology*. Glenview: Pearson, 2011. p. 338.

1. O pedaço da fita molde do gene A transcreve uma fita de RNAm, que contém a informação para a produção de um polipeptídio.

2. A fita de RNAm é transcrita a partir do pareamento de bases da fita molde de DNA.

3. A sequência das bases do RNAm condiciona a sequência de aminoácidos do polipeptídio: **três bases do RNAm** codificam **um aminoácido específico** do polipeptídio. Por exemplo: a sequência **UGG** no RNAm corresponde à inserção do aminoácido **triptofano** no polipeptídio.

Esquema da correspondência entre nucleotídeos de DNA, nucleotídeos de RNAm e aminoácidos do polipeptídio. Os aminoácidos codificados são: triptofano (Trp), fenilalanina (Phe), glicina (Gly) e serina (Ser). (Elementos fora de proporção de tamanho entre si. Cores fantasia.)

Na figura, está representado um trecho da molécula de DNA de um cromossomo. Nele, estão indicados três genes: A (lilás), B (roxo) e C (marrom). Vamos, por enquanto, definir genes como pedaços de DNA que contêm informações para produzir um polipeptídio (ou uma proteína). Repare que algumas porções de DNA (em cinza) não correspondem a genes, isto é, não codificam para proteínas. O conceito atual de gene é bastante complexo e será discutido no final do capítulo com maior profundidade.

Cada trinca de bases no DNA ou RNAm é denominada **códon.** Cada códon corresponde a um aminoácido (exceto os códons de parada, tratados mais adiante). Chamamos essa correlação de **código genético**.

O código genético

Na década de 1960 foram iniciados estudos para desvendar o código genético. Logo se chegou à conclusão de que ele seria constituído por 64 códons distintos, formados por trincas de bases nitrogenadas da molécula de DNA, transcritos em trincas nas moléculas de RNAm.

Hoje, o significado dos 64 códons é conhecido. Observe na tabela os **códons do RNAm** e os seus respectivos aminoácidos.

Relação entre a sequência de bases nitrogenadas do RNAm e o aminoácido correspondente					
	Segunda letra				
Primeira letra	U	C	A	G	Terceira letra
U	UUU, UUC – Fenilalanina UUA, UUG – Leucina	UCU, UCC, UCA, UCG – Serina	UAU, UAC – Tirosina **UAA**, **UAG** – Códons de parada	UGU, UGC – Cisteína **UGA** – Códon de parada UGG – Triptofano	U C A G
C	CUU, CUC, CUA, CUG – Leucina	CCU, CCC, CCA, CCG – Prolina	CAU, CAC – Histidina CAA, CAG – Glutamina	CGU, CGC, CGA, CGG – Arginina	U C A G
A	AUU, AUA, AUC – Isoleucina **AUG** – Metionina e códon de iniciação	ACU, ACC, ACA, ACG – Treonina	AAU, AAC – Asparagina AAA, AAG – Lisina	AGU, AGC – Serina AGA, AGG – Arginina	U C A G
G	GUU, GUC, GUA, GUG – Valina	GCU, GCC, GCA, GCG – Alanina	GAU, GAC – Ácido aspártico GAA, GAG – Ácido glutâmico	GGU, GGC, GGA, GGG – Glicina	U C A G

Repare que a maioria dos aminoácidos é codificada por mais de um códon, já que existem apenas 20 aminoácidos e 64 códons possíveis. Por isso, dizemos que o código genético é **degenerado**. No entanto, é importante ressaltar que o mesmo códon nunca codifica mais de um aminoácido.

Observe na tabela o códon **AUG**, destacado em vermelho: além de codificar a metionina, é um **códon de iniciação** – sinaliza para o ribossomo o local de início do processo de síntese proteica. Os códons realçados em roxo, por sua vez, não codificam aminoácidos: são **códons de parada**, indicam o final da síntese proteica para o ribossomo.

O código genético é quase universal, ou seja, vale para a maioria dos seres vivos. Por exemplo, o códon **UUU**, no RNAm, codifica o aminoácido fenilalanina tanto no ser humano como em um pé de alface ou em uma bactéria.

Tipos de RNA que participam da síntese proteica

RNAm (RNA mensageiro)

Leva a informação genética contida no DNA para a síntese proteica: a sequência de seus códons determina a sequência dos aminoácidos. Para a produção de proteínas, o RNAm associa-se aos ribossomos existentes no citoplasma.

RNAt (RNA transportador ou de transferência)

São moléculas que carregam aminoácidos do citoplasma para os ribossomos na síntese proteica. São moléculas relativamente pequenas, de fita única torcida sobre si mesma, com algumas regiões pareadas entre si. O RNAt apresenta uma sequência de três bases livres – chamada **anticódon** –, que variam e especificam o aminoácido transportado. Por exemplo: o RNAt com anticódon **CAA** transporta valina; o RNAt com **UGU** transporta a treonina, e assim por diante.

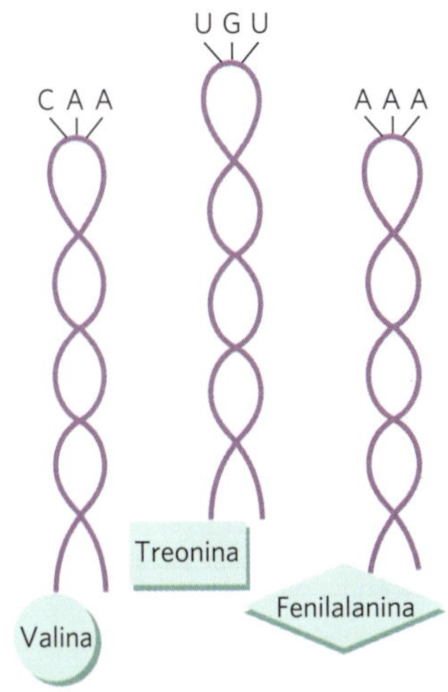

Banco de imagens/Arquivo da editora

Esquema simplificado de três moléculas de RNAt com os anticódons e os aminoácidos que transportam. (Elementos fora de proporção de tamanho entre si. Cores fantasia.)

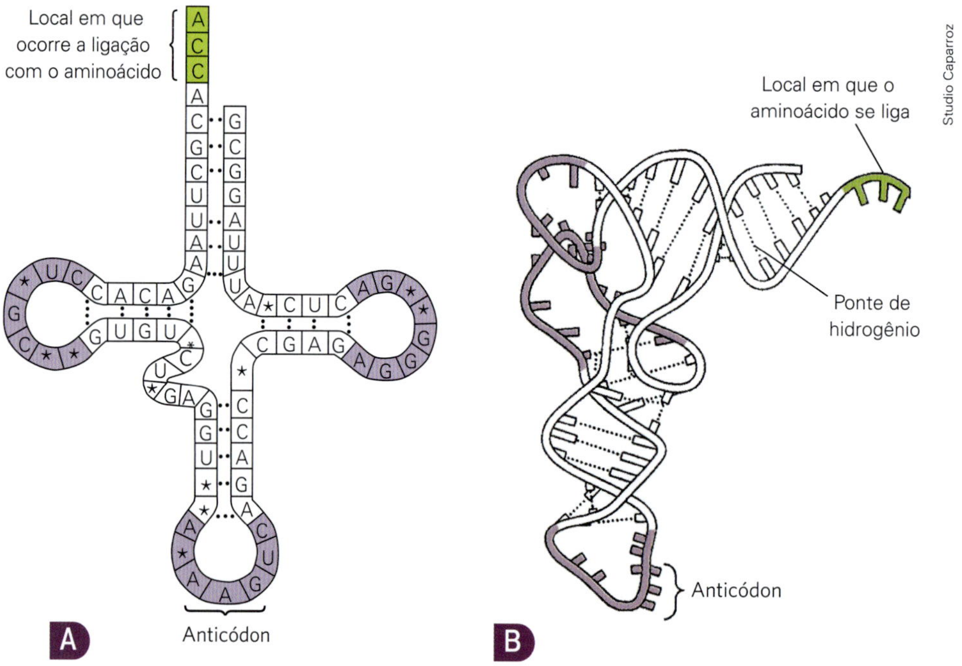

Elaborado com base em: ALBERTS, B. *et al. Biologia molecular da célula.* Porto Alegre: Artmed, 2017. p. 335.

Esquema do RNAt no plano (**A**) e em perspectiva (**B**). Os * indicam bases produzidas por modificações químicas após a síntese do RNAt. (Elementos fora de proporção de tamanho entre si. Cores fantasia.)

RNAr (RNA ribossômico)

Trata-se do RNA de fita mais comprida. Serve de matéria-prima para a constituição dos ribossomos, que são fundamentais na síntese proteica por catalisarem a formação da ligação peptídica em polipeptídios.

Síntese proteica: a tradução

As figuras abaixo representam um esquema muito simplificado do mecanismo de síntese proteica. Os aminoácidos foram representados como figuras geométricas.

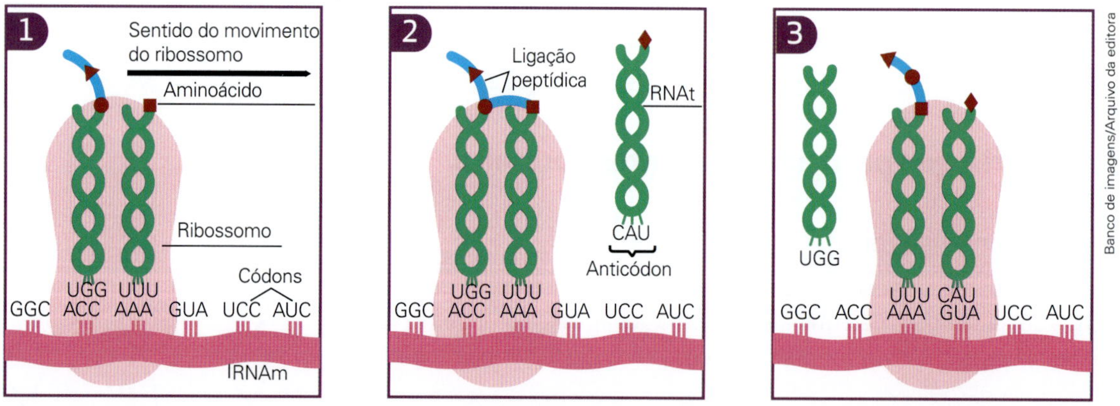

1. O ribossomo desliza ao longo da fita de RNAm, da esquerda para a direita. O RNAt de anticódon **UGG** está ligado à cadeia de aminoácidos. O RNAt, de anticódon **UUU**, encaixa-se no códon **AAA** do RNAm, trazendo o aminoácido ■.

2. Formou-se a ligação peptídica entre os aminoácidos ● (da cadeia em fabricação) e ■ trazido pelo RNAt de anticódon **UUU**. O RNAt de anticódon **CAU** está no citoplasma e pode se encaixar no códon **GUA** do RNAm.

3. O RNAt de anticódon **UGG** desliga-se da cadeia de aminoácidos e volta para o citoplasma. A proteína em formação está, agora, ligada ao transportador com o anticódon **UUU**. O ribossomo deslizou para a direita, abrangendo o códon **GUA**. O transportador com anticódon **CAU** traz o aminoácido ♦, que se conectará à cadeia principal a partir de nova ligação peptídica entre ■ e ♦. Esse processo se repetirá até o ribossomo atingir um códon de parada, indicando o fim da produção do polipeptídio.

Elaborado com base em: ALBERT, B. *et al. Biologia molecular da célula.* Porto Alegre: Artmed, 2017. p. 349.

Esquema de três momentos da síntese proteica. (Elementos fora de proporção de tamanho entre si. Cores fantasia.)

As "linhas de montagem": os polirribossomos

A uma mesma molécula de RNAm podem estar associados simultaneamente vários ribossomos, conforme vemos no esquema a seguir.

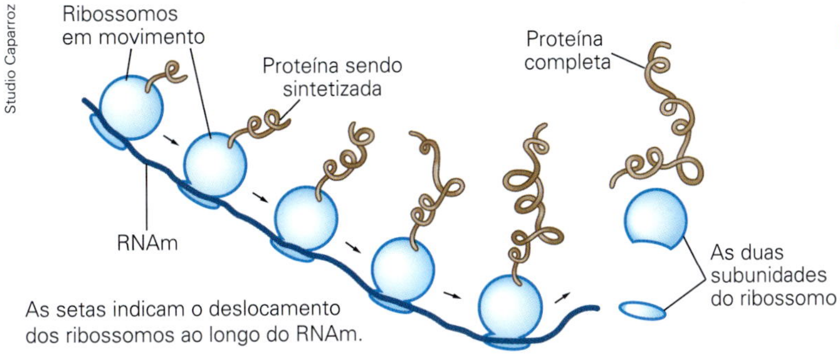

Esquema de polirribossomo (cerca de 0,2 μ de comprimento). Cada ribossomo está sintetizando uma molécula de proteína, em diferentes estágios do processo: o ribossomo no início do RNAm (na ponta esquerda) apresenta um polipeptídeo menor que o ribossomo que está no final do RNAm (na ponta direita), pois terminou a produção da proteína e logo se soltará do RNAm. (Elementos fora de proporção de tamanho entre si. Cores fantasia.)

Elaborado com base em: ALBERT, B. *et al. Biologia molecular da célula*. Porto Alegre: Artmed, 2017.

Já que os ribossomos estão percorrendo o mesmo RNAm, as proteínas produzidas por eles terão sequências de aminoácidos exatamente iguais. Assim, o tipo de proteína ou polipeptídeo a ser sintetizado não depende dos ribossomos ou dos RNAt, mas da **sequência** do RNAm.

O começo e o fim de um gene

De que maneira a RNA polimerase reconhece o ponto do cromossomo em que começa e termina um gene para transcrevê-lo? O esquema abaixo esclarece como isso ocorre.

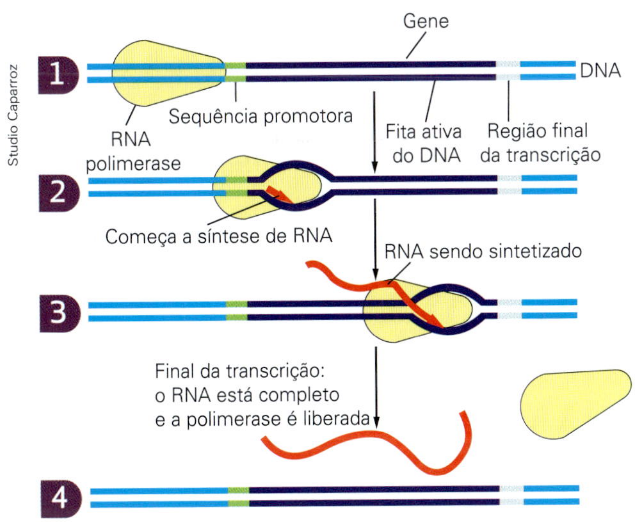

1. No início do gene, há uma sequência especial de bases em uma das fitas de DNA, chamada **sequência promotora**. A RNA polimerase reconhece essa sequência.
2. As duas fitas do DNA são afastadas e a polimerase se liga à sequência promotora. Começa a síntese de RNA.
3. À medida que a DNA polimerase se desloca enquanto produz a molécula de RNA, a estrutura do DNA vai se reconstituindo.
4. A RNA polimerase chega a outra sequência especial de bases do DNA, chamada de **região final da transcrição**. A polimerase se destaca, e a molécula de RNA está pronta para ser usada.

Esquema do início e término da transcrição de um gene. (Elementos fora de proporção de tamanho entre si. Cores fantasia.)

Mutações gênicas

Mutações são modificações eventuais na sequência de nucleotídeos da molécula de DNA. Podem ocorrer por **substituição, adição** ou **perda** de bases nitrogenadas à fita.

Por exemplo, considere as bases **ACG** em um gene, as quais produzem códon **UGC**, que sinaliza a adição de cisteína ao polipeptídio em produção. A substituição da guanina por adenina nessa parte do DNA resultaria em sequência **ACA** e produziria o códon **UGU** no RNAm, que também sinaliza a inserção de cisteína. Como a mutação não alterou o aminoácido produzido, há uma **mutação silenciosa** – que não produz alteração na expressão do gene. Se a guanina fosse substituída por uma citosina, o novo códon **UGG** do RNAm sinalizaria a inserção do aminoácido triptofano em vez da cisteína.

Sabemos que a troca de um único aminoácido pode alterar o papel biológico da proteína: a alteração de uma única base na molécula de DNA causa a **anemia falciforme**, vista no Capítulo 31 – Interação gênica e pleiotropia. Nesse caso, devido à produção de uma hemoglobina defeituosa, ocorre a deformação das hemácias, que ficam recurvadas e deixam de ser funcionais.

DNA mitocondrial

O DNA mitocondrial (mtDNA) é uma grande molécula circular que fica na matriz mitocondrial. Cada uma das centenas de mitocôndrias de uma célula eucariótica contém até 10 cópias de mtDNA. Este apresenta 37 genes já descritos, 13 dos quais codificam proteínas da respiração celular.

O mtDNA de homens e mulheres é herdado apenas das mães. Isso porque, na fecundação, o mtDNA dos espermatozoides não é incorporado ao óvulo, pelo fato de suas mitocôndrias não penetrarem nele.

O mtDNA tem taxa de mutações cerca de dez vezes maior que o DNA nuclear, causando muitas doenças humanas.

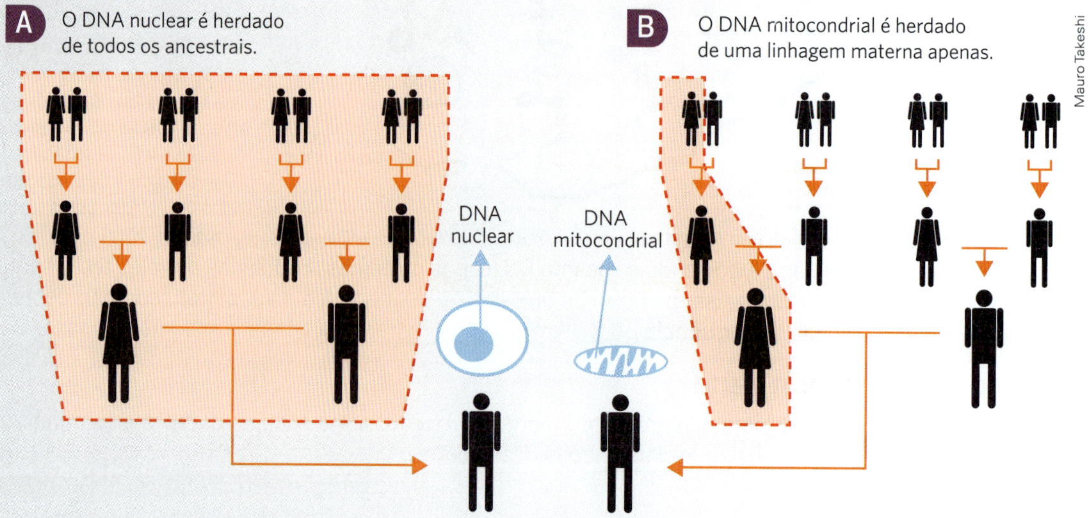

Elaborado com base em: University of California - Museum of Paleontology. *Marshalling the Evidence*. Disponível em: http://undsci.berkeley.edu/article/0_0_0/endosymbiosis_07. Acesso em: maio 2020.

Esquema da diferença no padrão de herança entre o DNA nuclear e o mitocondrial. Em cor-de-rosa, vemos como o DNA é transmitido de uma geração para a outra. (A) O DNA nuclear provém tanto de ancestrais homens quanto de ancestrais mulheres. (B) O DNA mitocondrial é herdado apenas de mulheres, ou seja, tem **origem materna**. (Elementos fora de proporção de tamanho entre si. Cores fantasia.)

Repensando o conceito de gene

O dogma central

O gene foi classicamente definido como uma sequência de nucleotídeos de DNA replicável e capaz de produzir um polipeptídeo ou uma proteína.

Esse "dogma central" propõe que a informação contida no DNA é transferida para a molécula de RNAm, que, por sua vez, determina a produção de uma proteína, com determinada sequência de aminoácidos.

Um número cada vez maior de biólogos considera hoje que essa definição de gene, em muitos casos, não é satisfatória. Vamos tentar entender o porquê.

Os muitos tipos de RNA

Grande parte do DNA dos eucariontes não é codificante, ou seja, não contém informações para a síntese de uma proteína. No entanto, sabe-se que parte deste DNA transcreve RNAs de vários tipos, diferentes do RNA mensageiro. Basta lembrar, por exemplo, dos RNAs transportadores e dos RNAs ribossômicos, produzidos por sequências não codificantes de DNA.

O DNA não codificante era chamado até o final do século XX de "DNA-lixo", nome que sugeria que ele não teria função celular. Esse termo é considerado hoje inadequado, já que uma grande parte desse DNA transcreve outros tipos de RNA, muitos deles com funções de regulação da expressão dos genes.

Foram descobertas - em seres vivos como plantas e animais - pequenas moléculas de RNA - de fita simples com 15 a 22 nucleotídeos - chamadas de microRNAs. Essas moléculas regulam como certo gene se expressa, por exemplo, a quantidade de proteínas que irá produzir.

Genes interrompidos: íntrons e éxons

Em 1977, foi demonstrado que os eucariontes apresentam genes "interrompidos", ou seja, genes que não são constituídos por um trecho de DNA contínuo, como nas bactérias. Assim, o DNA transcreve um RNA que ainda não está pronto para ser traduzido em proteínas - chamado de **pré-RNAm**. Este seria uma versão anterior ao RNA mensageiro, que precisaria ser primeiro processado no núcleo para, em seguida, exercer determinada função.

As partes vermelhas do pré-RNAm, na figura **A**, são chamadas de **éxons** e correspondem às sequências de nucleotídeos que vão fazer parte do RNAm definitivo. As partes brancas são os **íntrons**, sequências que não vão participar da síntese proteica, e são retirados do pré-RNAm por meio de enzimas especiais. Em seguida (em **B**), os éxons são unidos uns aos outros, formando assim o RNA mensageiro definitivo.

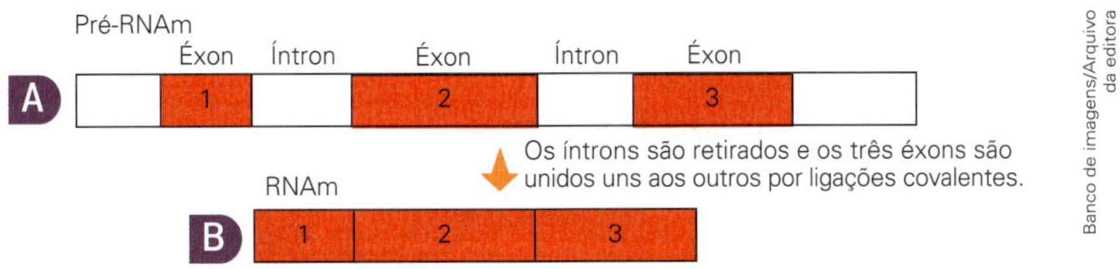

Esquema com duas versões do RNA mensageiro. (A) Um pré-RNAm, em que os íntrons ainda não foram retirados. (B) RNAm pronto para migrar ao citoplasma e ser traduzido em proteínas.

O esquema a seguir mostra a transcrição de um pré-RNAm no núcleo. Observe a retirada dos íntrons (partes em cinza). Surge, assim, o RNAm definitivo, que sai pelos poros da carioteca e se associa a um ribossomo. Este último traduz, com a participação dos RNAs transportadores, a informação presente na sequência de nucleotídeos em uma sequência de aminoácidos de um polipeptídio.

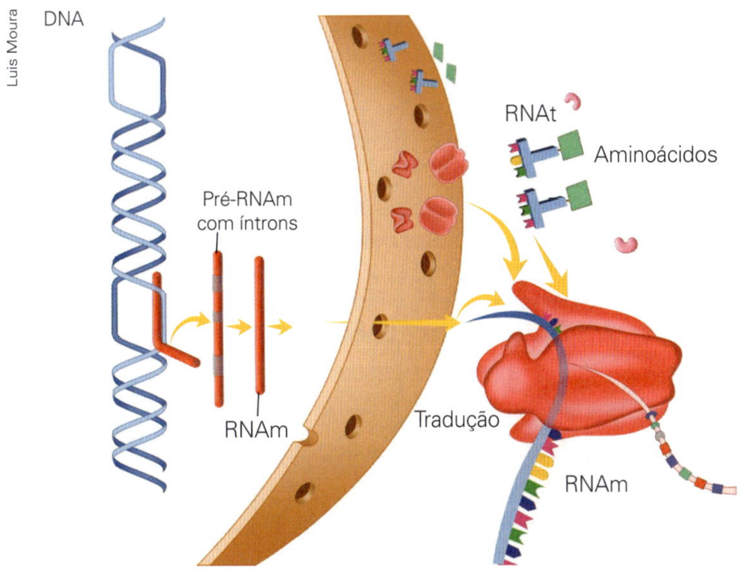

Esquema do processo de transcrição de um pré-RNAm no núcleo. Após a formação do RNAm definitivo, ele é transportado até o citoplasma para ser traduzido. (Elementos fora de proporção de tamanho entre si. Cores fantasia.)

Processamento alternativo: um pré-RNAm, vários RNAm funcionais

Em 1977, foi descoberto ainda que, em alguns casos, um mesmo gene, expresso em tecidos diferentes de um organismo, codifica mais de um tipo de proteína. Isso pode ser explicado pelo fato de que, em cada caso, o pré-RNAm é "cortado" de maneiras diferentes. Assim, embora a sequência completa do pré-RNAm seja a mesma, os diferentes tipos de corte levam à produção de mais de um tipo de RNAm definitivo, cada um dos quais é traduzido, nos ribossomos, em uma proteína diferente.

Que significado teria esse processamento alternativo para a célula e o organismo? Verificou-se que o número de genes de seres humanos, por exemplo, é relativamente modesto (aproximadamente 20.000 genes). O conjunto de proteínas que compõe o organismo, no entanto, parece ser muito mais abundante. Assim, as diversas maneiras de "editar" o pré-RNAm, levando à produção de muitos tipos de RNAm funcionais para cada sequência de DNA, seriam responsáveis pelo grande número de proteínas presentes nos organismos.

Gene: o conceito clássico posto em xeque

Embora o conceito clássico de gene, presente no "dogma central", seja útil em algumas situações, percebe-se, pelo que dissemos até agora, que ele pode ser criticado em vários aspectos.

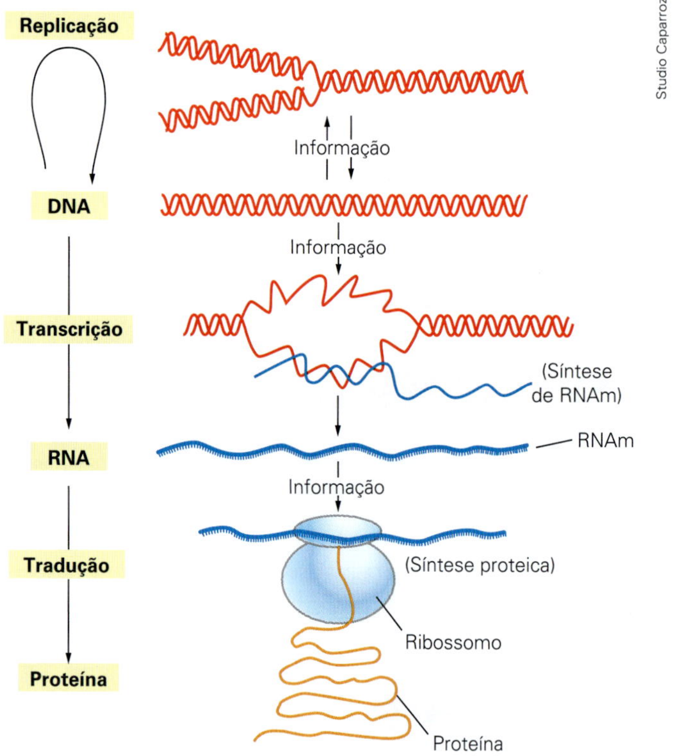

Esquema dos processos de replicação, transcrição e tradução, de acordo com o "dogma central". (Elementos fora de proporção de tamanho entre si. Cores fantasia.)

Inicialmente, vejamos a noção de gene como uma sequência de nucleotídeos de DNA com a informação para a síntese de uma determinada proteína ou polipeptídeo. Essa definição se mostra pouco adequada, se lembrarmos que o DNA relativo a determinada proteína tem sequências codificadoras (os éxons) intercaladas com outras não codificadoras (os íntrons). O gene, assim, estaria "interrompido", e a informação genética propriamente dita para certa proteína apareceria, de fato, somente após o processamento do pré-RNAm, pela retirada dos íntrons e reunião dos éxons.

Outro problema se refere à noção clássica de "um gene, um RNAm, uma proteína". Esta relação de 1 : 1 : 1 não reflete a realidade. As formas alternativas de processamento do pré-RNAm evidenciam que, a partir de uma sequência de DNA, um mesmo pré-RNAm pode originar RNAm diferentes e, portanto, proteínas diferentes, dependendo de como ele é editado ou cortado.

Além disso, vários conhecimentos atuais desafiam também a noção da autossuficiência do DNA no controle celular. O DNA pode ser regulado por fatores não diretamente ligados a ele, celulares ou extracelulares. Está claro que a replicação e a transcrição corretas dependem diretamente da sequência de nucleotídeos do DNA, já que o DNA funciona como "molde" para os dois fenômenos. No entanto, esses processos são catalisados pela presença de várias enzimas específicas, cujo aparecimento, em certo momento do ciclo celular, evidencia também uma regulação. O surgimento do RNAm definitivo a partir de um pré-RNAm também depende de regulação. Sintetizar determinada proteína, em determinada quantidade de certo tecido, também implica regulação feita por substâncias como os microRNAs.

Assim, o controle da atividade celular vai muito além das informações codificadas na molécula de DNA. Esta é certamente uma molécula importante, mas a célula, por vários mecanismos de regulação, "constrói" a maneira como essa informação deve ser compreendida.

Assim, é compreensível que, com base nos avanços das pesquisas nesse campo, o conceito de gene esteja sendo reavaliado por muitos biólogos. Provavelmente novas propostas, mais adequadas, vão surgir com o aprofundamento dessas discussões. Atualmente, o conceito mais utilizado (por ser aplicável, por exemplo, aos casos tratados aqui) é de que "são sequências de DNA que codificam RNA".

Desenvolvendo habilidades

1 Analise a frase "os ribossomos de um polirribossomo produzem, cada um deles, exatamente a mesma proteína". Você concorda com ela? Justifique sua resposta.

2 "Uma mutação em uma base nitrogenada de uma molécula de DNA implica mudança no RNAm produzido e, ainda, encaixe de um RNAt diferente do original, acarretando necessariamente a produção de uma proteína diferente." Avalie se a frase está correta, expondo seus argumentos.

3 O código genético é dito "degenerado", pois existem 64 códons para codificar 20 aminoácidos.
Em virtude dessa afirmação, um estudante escreveu em sua avaliação: "Um aminoácido pode ser codificado por mais de um códon, da mesma maneira que um códon pode codificar mais de um aminoácido".
O conceito utilizado pelo estudante está correto? Justifique.

4 Assuma que um trecho de uma dupla-hélice de DNA represente um gene. Sabemos, no entanto, que a informação para a produção da proteína se localiza apenas em uma das duas fitas. De que maneira é garantida, na célula, a transcrição da fita "correta", ou seja, daquela que contém a mensagem?

5 "Todos os genes de um indivíduo provêm tanto do pai como da mãe dele, já que o zigoto se origina da fecundação de um ovócito por um espermatozoide". Você conhece alguma exceção à afirmação sobre os genes contidos em nossas células?

6 O gene dos eucariontes foi considerado, até pouco tempo atrás, como "um trecho de molécula de DNA, com determinada sequência de nucleotídeos, que codifica para a produção de determinada proteína". Comente o motivo pelo qual essa frase pode ser criticada na atualidade.

7 Em um eucarionte, existe variedade maior de proteínas que de genes. Justifique.

8 Considere a seguinte sequência de DNA utilizada como fita molde no processo de transcrição de um gene:

3' ACG AGC CCG GAT AAT GCG CAT 5'

a) Indique: a sequência da fita complementar a essa na molécula de DNA, a fita de RNA mensageiro produzida na transcrição dessa sequência, a sequência de anticódons que vai parear com os códons do RNA mensageiro e a sequência de aminoácidos dessa proteína.

b) Em uma pesquisa laboratorial, ao sequenciarem esse gene e analisarem o polipeptídeo formado, não encontraram a sequência de aminoácidos correspondente a essa sequência. Indique uma hipótese válida para esse caso. Desconsidere variações no RNAm em razão do processamento de íntrons e éxons.

9 Muitas pessoas acreditam, de forma equivocada, que o DNA foi descoberto apenas por Watson e Crick. Na verdade, esse composto havia sido isolado quase cem anos antes, e vários cientistas, ao longo desse tempo, contribuíram para seu estudo. Como exemplo podemos citar Rosalind Franklin (1920-1958), química que obteve uma fotografia de raio-X do DNA essencial para desvendar o modelo de dupla-hélice.

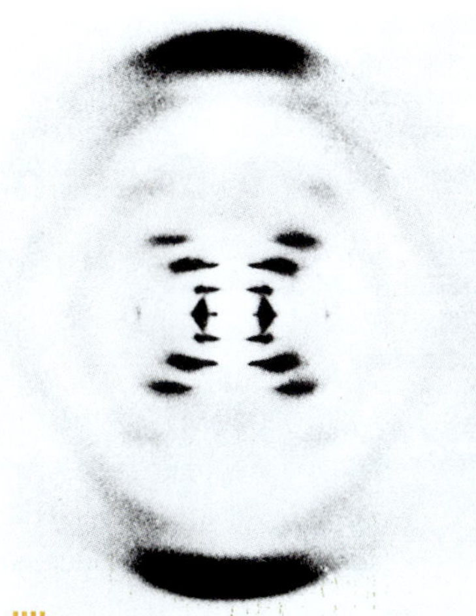
SPL/Fotoarena

Fotografia de DNA obtida por raio X.

Pesquise mais sobre a vida de Rosalind Franklin e outros cientistas que contribuíram para o estudo do DNA. Em grupos, elaborem um programa em forma de *podcast* com suas descobertas.

10 A neuropatia óptica hereditária de Leber (LHON) é um distúrbio genético causado por uma mutação no DNA mitocondrial que afeta o nervo óptico e causa perda de visão. Na maioria das pessoas com LHON os dois olhos são afetados, e a perda de visão pode ser lenta ou rápida.
O diagnóstico é feito por exame de material genético. Atualmente há tratamento, apesar de não ser completamente eficaz.

a) Um homem afetado pode ter filhos com essa doença? Justifique.

b) Esse homem herdou a doença do pai ou da mãe?

CAPÍTULO 33

Biotecnologia

De forma bastante ampla, biotecnologia pode ser compreendida como a aplicação de técnicas em organismos vivos para atender necessidades e exigências humanas. As técnicas podem ser tão antigas quanto o uso de leveduras para a produção de pão e cerveja, ou tão modernas quanto o uso de bactérias para fabricar medicamentos.

Este capítulo favorece o desenvolvimento das habilidades:

EM13CNT202

EM13CNT205

EM13CNT301

EM13CNT302

EM13CNT303

EM13CNT304

EM13CNT305

Biotecnologias antigas e atuais

Alguns dos exemplos mais antigos de biotecnologia são técnicas de melhoramento animal e vegetal por **seleção artificial**, utilizadas, provavelmente, desde que a espécie humana desenvolveu a agropecuária. Outros exemplos são: a produção de vinhos e cervejas por fermentação alcoólica de fungos; a preparação de queijos, iogurtes e alimentos em conserva por fermentação láctica de bactérias; e, mais recentemente, a descoberta e produção de antibióticos, imprescindíveis à saúde humana.

Com os progressos da Biologia Molecular, surgiram ramos das ciências, como a Engenharia Genética, que possibilitam o desenvolvimento de técnicas mais sofisticadas em laboratórios modernos, como veremos a seguir.

Dica

Embrapa Recursos Genéticos e Biotecnologia / Embrapa

https://www.embrapa.br/recursos-geneticos-e-biotecnologia

Setor da Embrapa responsável por pesquisas que buscam melhorar a agricultura por meio de recursos genéticos. O portal contém notícias, artigos e cursos sobre o assunto.

Engenharia Genética: tecnologia do DNA recombinante

Em 1973, o geneticista Stanley Norman Cohen e o bioquímico Herbert Boyer (1936-) obtiveram o primeiro **organismo transgênico**, ou **organismo geneticamente modificado (OGM)**: a bactéria *Escherichia coli*, que recebeu um segmento de DNA da rã africana *Xenopus laevis*. Aplicando essa mesma tecnologia do DNA recombinante foram desenvolvidos, mais tarde, vírus, bactérias, plantas e animais transgênicos.

Veja o esquema que mostra, de forma resumida, como essa técnica funciona.

Daniel das Neves/Arquivo da editora

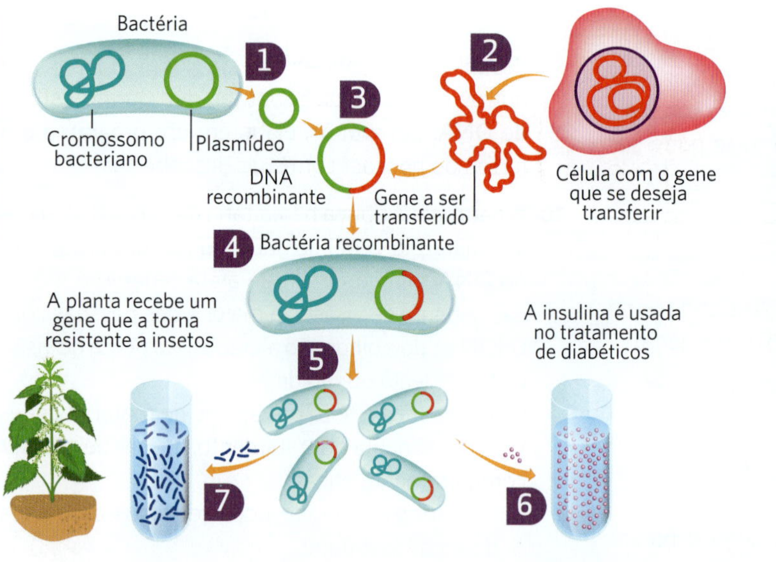

1. Plasmídeos são isolados da bactéria.
2. O gene de interesse é isolado da célula de outro organismo.
3. O gene é enxertado no plasmídeo, que se transforma em um DNA recombinante.
4. O plasmídeo é reintroduzido na célula bacteriana (bactéria recombinante).
5. As bactérias com o DNA recombinante se replicam em meio de cultura, aumentando também a quantidade do gene transplantado. A partir daí há dois caminhos possíveis (6 ou 7).
6. As bactérias recombinantes são usadas diretamente na produção do produto de interesse.
7. Cópias do gene são isoladas e transferidas para outro organismo que se queira modificar.

Elaborado com base em: REECE, J. B. *et al. Campbell Biology.* Glenview: Pearson, 2011. p. 412.

Esquema representando o uso da técnica de enxerto de gene em bactéria para a obtenção de plantas resistentes ao ataque de insetos e à produção de insulina por bactérias. (Elementos fora de proporção de tamanho entre si. Cores fantasia.)

As bactérias recombinantes podem ser usadas para produtos de interesse, como insulina e hormônio de crescimento humano (tratamento de nanismo), ou os genes de interesse podem ser transferidos para outro organismo, no caso, plantas que recebem genes que as tornam mais resistentes a ataques de insetos. Assim, culturas de *E. coli* transgênicas produzem, em laboratório, grandes quantidades de insulina humana, usada no tratamento de pessoas com diabetes. No passado, a insulina era extraída do pâncreas de animais, como bois e porcos.

Ferramentas da Engenharia Genética

Os vetores

Para a obtenção de organismos transgênicos são usados **vetores** (certos vírus e bactérias, como a *E. coli*), nos quais se insere o DNA exógeno (que vem de fora, não é encontrado no próprio organismo). Os plasmídeos de bactérias são vetores muito usados para a duplicação - ou clonagem - de genes exógenos que interessam ao ser humano. Dessa maneira, são obtidas muitas cópias do gene em questão.

Vários laboratórios de biotecnologia têm bibliotecas de genes, ou genetecas - culturas de vírus (fagos) ou de bactérias recombinados com genes específicos inseridos em seu código genético. Assim, um pesquisador pode escolher determinado gene para suas pesquisas e adquiri-lo dessas empresas.

Enzimas

As conquistas da Engenharia Genética foram possíveis devido à descoberta de determinadas enzimas, cujas principais são as seguintes:

- **Enzimas de restrição** (ou endonucleases): são aquelas que cortam o DNA em pontos específicos, funcionando como tesouras químicas de precisão. Enzimas de restrição diferentes cortam os DNAs em pontos diferentes. Veja o esquema abaixo.

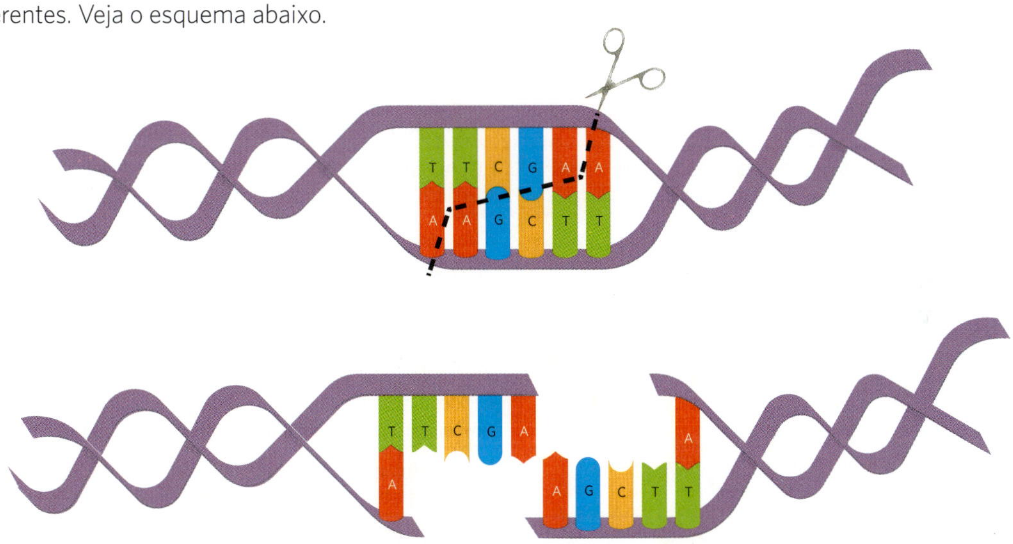

Daniel das Neves/Arquivo da editora

Elaborado com base em: REECE, J. B. *et al. Campbell Biology*. 10. ed. Glenview: Pearson, 2011. p. 413.

Esquema da ação de uma enzima de restrição. A enzima corta o DNA em um ponto específico (nesse caso, entre duas adeninas consecutivas - AA) da sequência de seis nucleotídeos: **AAGCTT/TTCGAA** nas duas fitas. (Elementos fora de proporção de tamanho entre si. Cores fantasia.)

- **Ligases**: são enzimas que unem fragmentos de DNA para a produção de moléculas recombinadas;
- **DNA polimerase**: são enzimas que sintetizam a fita complementar de DNA.

PCR: a reação da polimerase em cadeia

A PCR, da expressão em inglês *polymerase chain reaction*, é uma técnica que permite a produção de grande número de cópias, a partir de uma pequena amostra de DNA - obtida, por exemplo, de sangue, ossos, pele, esperma, pelos e até de fósseis.

Em análises forenses, por exemplo, a quantidade de DNA coletada em uma cena de crime costuma ser muito pequena para ser analisada. Com o uso da PCR, obtém-se grande quantidade de cópias, o que possibilita sua análise por peritos criminais.

Durante a pandemia da covid-19, um teste semelhante possibilitou verificar a presença do RNA do vírus em pacientes suspeitos de terem contraído a infecção.

Resultados da Engenharia Genética

Soja transgênica

O Brasil é grande produtor de soja e um dos maiores exportadores desse grão, disputando a liderança mundial com os Estados Unidos. Essa leguminosa pode ser usada na produção de bebidas, laticínios e óleo refinado, além de ser um produto importante tanto na nutrição humana quanto na de outros animais.

A soja transgênica, ou **geneticamente modificada**, desenvolvida na década de 1980, possibilitou o aumento da produtividade por hectare plantado em razão de sua resistência a um herbicida muito usado pelos agricultores para controlar ervas daninhas: o **glifosato**. Assim, o herbicida mata as plantas daninhas sem afetar a soja transgênica. Já a soja não transgênica é danificada com a aplicação do glifosato.

O consumo de alimentos transgênicos gera críticas e resistência em várias partes do mundo. Alguns países proíbem a importação de alimentos geneticamente modificados. A aprovação do cultivo de soja transgênica no Brasil ocorreu em 2005 com a publicação da Lei de Biossegurança (Lei nº 11.105/2005); no entanto, esse ainda é um assunto polêmico, com argumentos contra e a favor.

Sergio Ranalli/Pulsar Imagens

As plantações brasileiras de soja concentram-se nas regiões central e sul do país, ocupando áreas que antes eram cobertas por vegetação nativa. Cambé, Paraná, 2018.

Argumentos a favor da soja transgênica	Argumentos contra a soja transgênica
1. Com o aumento da população mundial, tanto a soja como outros transgênicos poderiam ajudar a resolver o problema da fome.	**1.** O problema da fome se relaciona mais com a distribuição da riqueza no mundo do que com as técnicas agrícolas.
2. As plantações de soja transgênica possibilitam maior produtividade por área.	**2.** Os possíveis danos de alimentos transgênicos à saúde humana não foram estudados suficientemente.
3. O cultivo da soja transgênica pode levar ao uso de menos herbicidas, o que significaria menos poluição do ambiente e menor contaminação dos alimentos.	**3.** Algumas pragas têm se tornado resistentes ao glifosato, o que leva ao uso de maior quantidade de herbicida, intensificando os problemas correlacionados a isso: maior custo e maior poluição.
	4. Poderia haver contaminação "genética" de outras culturas, que receberiam o gene "enxertado" por meio da polinização cruzada.
	5. O produtor se torna dependente de multinacionais que produzem tanto a semente transgênica como o glifosato.

Soja transgênica brasileira

Em 2015 foi lançada a primeira soja transgênica totalmente brasileira: a **Cultivance**, desenvolvida pela Embrapa em associação com a iniciativa privada. A Cultivance é resistente a uma categoria de herbicidas diferente do glifosato. A vantagem está no fato de o agricultor poder fazer rotação do tipo de semente plantada (alternando a transgênica clássica com a Cultivance, por exemplo), assim como do tipo de herbicida. O uso continuado do mesmo herbicida é prejudicial, já que facilita a seleção de ervas daninhas resistentes.

Outros vegetais transgênicos

O milho transgênico, também dito "milho Bt", foi obtido por inserção de genes da bactéria *Bacillus thuringiensis*. Ele produz um **inseticida** natural nas folhas, que o protege do ataque de insetos. Vários relatos mostram, no entanto, que a eficiência desse milho está diminuindo, por já existirem insetos resistentes à substância que a planta produz.

Foram desenvolvidas outras variedades de plantas transgênicas, como tomates "longa-vida", de amadurecimento mais demorado, e que perduram muito tempo após a colheita.

Animais transgênicos

O primeiro animal transgênico desenvolvido foi chamado de *supermouse*. Em um zigoto normal de rato, foi injetado um fragmento de DNA com o gene humano para o hormônio de crescimento. Como resultado, nasceu um filhote que cresceu mais rápido que os irmãos normais e atingiu o dobro do tamanho. Já o primeiro animal geneticamente modificado aprovado para consumo humano é uma variedade de salmão, cujo material genético envolve componentes de três tipos de peixes. Ele foi aprovado pela FDA (sigla em inglês de *Food and Drug Administration*, agência federal que regula a alimentação e os medicamentos nos Estados Unidos) e pela Anvisa (Agência Nacional de Vigilância Sanitária), em 2015.

Barrett&MacKay Photo/ AquaBounty Technologies

O animal transgênico (ao fundo) cresce duas vezes mais rápido do que o convencional (à frente; *Salmo salar*, 71 a 76 cm).

Muitos animais transgênicos são usados como **biofábricas**, pois produzem substâncias para fins medicinais a partir dos genes neles inseridos.

Terapias gênicas

Terapias gênicas são procedimentos que consistem na introdução de um ou mais genes saudáveis em um indivíduo portador de alguma doença genética ou câncer. É uma técnica ainda em fase experimental, mas há registros de casos bem-sucedidos em humanos. Veja no esquema a seguir dois métodos experimentais de terapia gênica. No caso de pessoas com hemofilia, por exemplo, em que há uma deficiência do fator VIII ou IX de coagulação do sangue, a terapia gênica permitiria a produção do fator que está ausente nesses indivíduos.

Mauro Nakata/Arquivo da editora

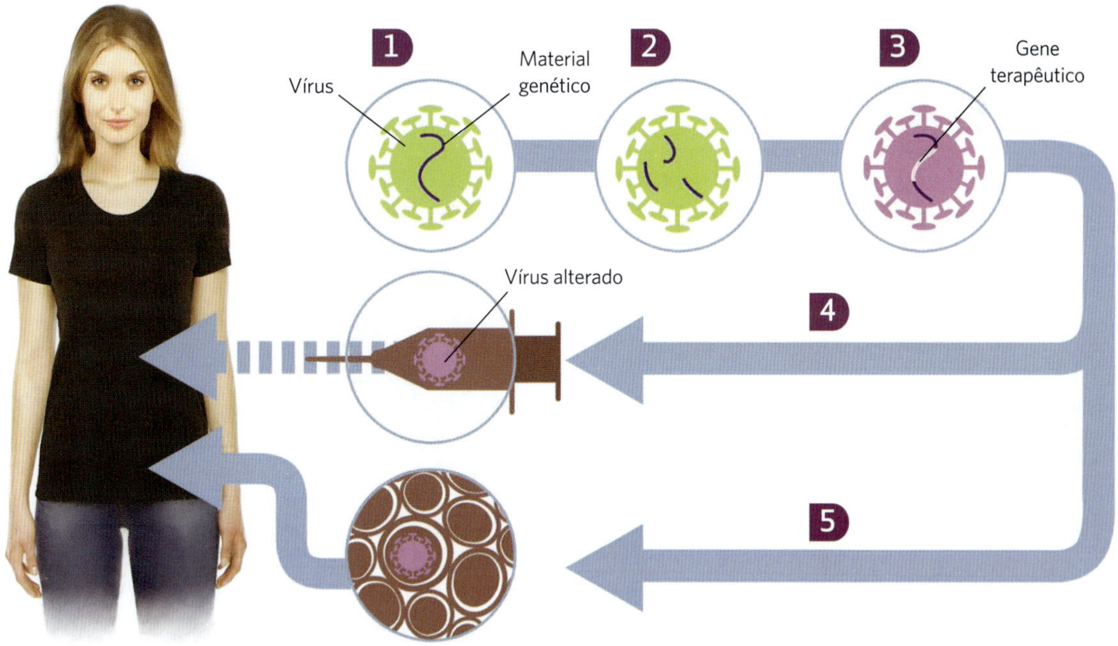

1. Vetor: os cientistas escolhem um vetor, como um vírus, para carregar o gene saudável de interesse. **2.** O material genético do vírus é alterado para torná-lo inofensivo. **3.** União: o gene saudável, chamado terapêutico, é inserido no vetor viral. **4.** Aplicação direta no paciente: o vírus com o gene terapêutico pode ser injetado diretamente no paciente no lugar-alvo do tratamento. **5.** Aplicação na célula: são retiradas células hematopoiéticas do paciente e colocadas em meio de cultura com o vetor viral contendo o gene terapêutico. Depois, essas células são inseridas novamente na pessoa.

Elaborado com base em: REECE, J. B. *et al. Campbell Biology*. Glenview: Pearson, 2011. p. 429.

Esquema simplificado dos procedimentos para aplicação da terapia gênica. (Elementos fora de proporção de tamanho entre si. Cores fantasia.)

As células-tronco

Células-tronco são aquelas capazes de originar os diferentes tipos de células do organismo, por ainda não terem sofrido **diferenciação**. A célula-tronco com maior capacidade de diferenciação é o zigoto: dele são formados todos os mais de 200 tipos de células que constituem o organismo humano (musculares, nervosas, pancreáticas, sanguíneas, hepáticas, entre outras). Por apresentar essa propriedade, o zigoto e as primeiras células do embrião são chamadas células-tronco **totipotentes**. Já a massa celular interna do blastocisto é constituída por células **pluripotentes**, isto é, que podem originar qualquer um dos folhetos embrionários, menos as dos anexos, como a placenta.

Nos primeiros estágios do desenvolvimento, à medida que sofrem divisão, as células vão se modificando até adquirirem forma e função definitivas. Esse processo é chamado **diferenciação celular**.

Na maior parte dos casos, o processo de diferenciação parece ser um caminho sem volta. A célula muscular, por exemplo, já diferenciada, perde a capacidade de se transformar em uma célula do fígado. Quanto mais uma célula caminhar na trilha da diferenciação, menores serão suas chances de retornar e tomar outros caminhos.

Agora, veja por que a célula diferenciada perde essa potencialidade. No zigoto existem todos os genes que originam os diferentes tipos celulares. A célula diferenciada também apresenta todos os genes que há no zigoto! Parece contraditório, não é? A explicação é a seguinte: na célula diferenciada, a maior parte dos genes, embora presentes, foi desativada, enquanto os que estão relacionados às funções específicas dessa célula permaneceram ativos. Assim, embora as células do fígado tenham genes relacionados ao funcionamento fisiológico do pâncreas, do músculo e da pele, eles estão **desativados**, ficando **ativados** apenas aqueles necessários à função hepática.

Células-tronco: embrionárias e adultas

Células-tronco não existem somente no embrião, elas estão também em alguns locais do organismo adulto, como cérebro, córneas, músculos, tecido adiposo e polpa dentária. No entanto, o potencial de diferenciação das células-tronco adultas é menor do que o das embrionárias, por isso, são chamadas células **multipotentes**.

No embrião de 8 células, todas ainda são totipotentes, enquanto as de massa celular interna são pluripotentes, pois podem formar apenas os tipos celulares dos três folhetos embrionários (ectoderme, mesoderme e endoderme), mas não os anexos embrionários (como a placenta).

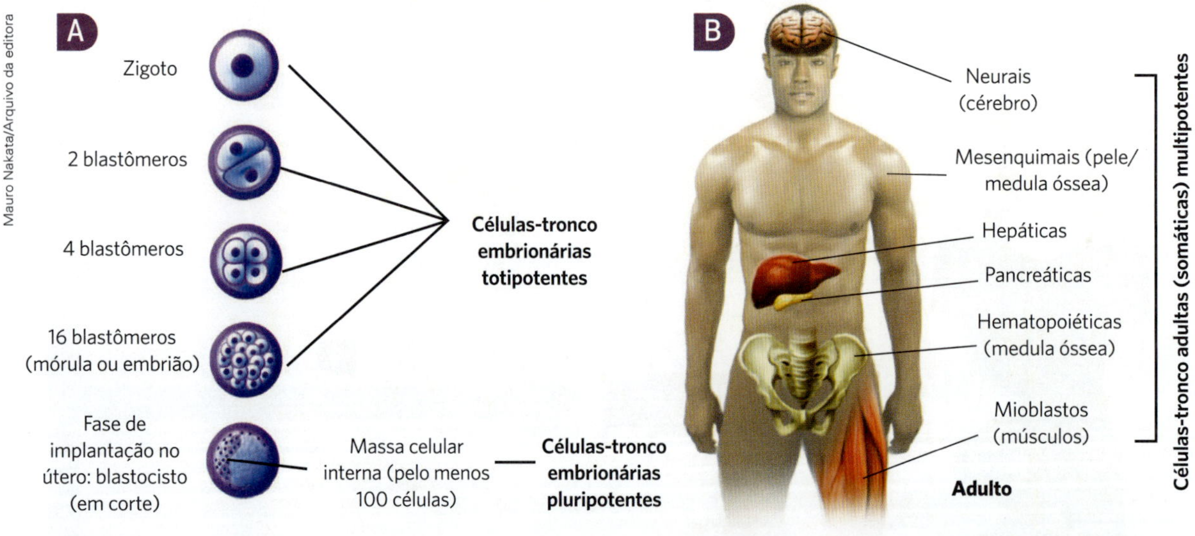

Elaborado com base em: Casa da Ciência. *Como surgem as células-tronco?* Disponível em: http://ead.hemocentro.fmrp.usp.br/joomla/index.php/publicacoes/ciencia-em-foco/101-como-surgem-as-celulas-tronco. Acesso em: maio 2020.

Esquema dos tipos da células-tronco. À esquerda, os primeiros estágios de desenvolvimento do embrião humano. À direita, órgãos em que são encontradas células-tronco adultas. (Elementos fora de proporção de tamanho entre si. Cores fantasia.)

Cordão umbilical e placenta

O cordão umbilical e a placenta são fontes de **células-tronco pós-natais**. No Brasil há vários bancos que coletam e armazenam sangue do cordão ou da placenta de doadores para uso futuro em pesquisas e terapias. Alguns pesquisadores consideram importante a criação de um banco público de células de cordão umbilical, sendo que 12 mil amostras seriam suficientes para garantir a compatibilidade com qualquer brasileiro.

Mapeamento genômico

Genoma é o conjunto do material genético de um organismo. Com exceção dos vírus de RNA, o genoma dos seres vivos é representado pelo DNA. Técnicas sofisticadas possibilitam, hoje, o mapeamento rápido da sequência de bases do DNA de um organismo.

O genoma humano, já decifrado, difere **apenas em 0,1%** entre indivíduos; e cerca de **1%** do genoma de chimpanzés. Estima-se que existam cerca de 20 mil genes, que carregam instruções para produzir cerca de 100 mil proteínas.

Em um futuro próximo, o estudo do genoma humano poderá permitir:

- a identificação de cada gene e a determinação de sua função;
- o diagnóstico precoce de muitas doenças de predisposição genética, como vários tipos de câncer;
- o aperfeiçoamento das técnicas de terapia gênica;
- a produção de drogas específicas para o tratamento de algumas doenças genéticas;
- a determinação da identidade genética das pessoas, que seria registrada como uma espécie de código de barras genético.

Todo esse conhecimento tem implicações éticas e jurídicas que merecem ampla reflexão da sociedade.

A quem pertencem as informações sobre nossos genes: elas são públicas ou privadas? Trata-se de uma pergunta de resposta difícil e bastante polêmica.

Algumas mulheres apresentam uma mutação dos genes chamados **BRCA1** e **BRCA2**. Essa mutação está associada a uma predisposição hereditária para câncer de mama e de ovário. As portadoras da mutação são suscetíveis a esse tipo de câncer, com uma probabilidade de 50% a 80% de desenvolverem a doença no futuro. Algumas mulheres, ao saberem que são portadoras dessa mutação, optam pela retirada preventiva das mamas e dos ovários, procedimento recomendado por alguns oncologistas.

Pesquisa genômica brasileira

A *Xylella fastidiosa* - bactéria que causa o **amarelinho**, doença que provoca o amarelecimento (clorose) das folhas, grande perda de frutos e a morte das laranjeiras infectadas - causa impactos econômicos consideráveis na agricultura. O trabalho de sequenciamento do genoma da bactéria *Xylella fastidiosa* foi concluído e publicado em 13 de julho de 2000, com fotografia de capa na *Nature*, uma das mais conceituadas revistas científicas do mundo.

Gustavo Roth/Folhapress

Elliot Watanabe Kitajima/USP

(A) Folha de laranjeira com a doença amarelinho. (B) Em destaque, fotografia de bactéria *Xylella fastidiosa*, obtida em microscópio eletrônico de varredura, em vaso de caule de laranjeira. (Aumento aproximado de 10 000 vezes. Cores artificiais.)

Identificação por meio do DNA

Dado que dois indivíduos sempre vão apresentar certo número de diferenças em seus genomas (exceto no caso de gêmeos idênticos), é possível usar a análise de DNA para determinar a identidade de um indivíduo. Essa particularidade no perfil genético inerente a cada um de nós mereceu o nome de *DNA fingerprint* - em inglês "impressão digital de DNA", por analogia às impressões digitais, únicas em cada pessoa.

Uma importante aplicação da técnica de *DNA fingerprint* é a determinação de paternidade pela comparação dos padrões do DNA da mãe, da criança e de seus prováveis pais. Para isso, colhem-se amostras de sangue dos envolvidos e delas se obtém o DNA a ser testado. A seguir, essas amostras são submetidas à técnica da eletroforese em gel.

A eletroforese em gel

Uma amostra de DNA é cortada em vários fragmentos por uma enzima de restrição. Esses fragmentos, de tamanhos diferentes, são inseridos em pequenos reservatórios com saída para uma fina placa de gel mergulhada em uma solução aquosa em uma bandeja. Liga-se uma corrente elétrica e os fragmentos de DNA, de carga negativa, deslocam-se ao longo do gel em direção ao polo positivo. Os fragmentos menores migram mais rapidamente que os maiores, e ocupam diferentes posições no gel, aparecendo como uma sequência de faixas (bandas).

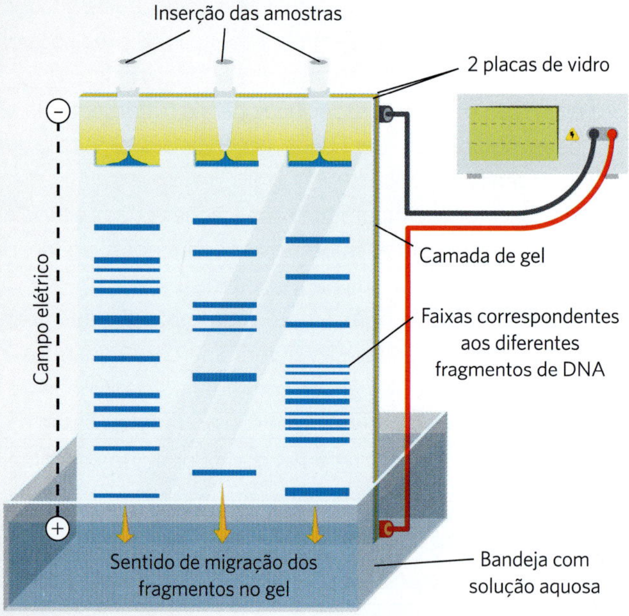

Esquema da eletroforese em placa de gel. (Elementos fora de proporção de tamanho entre si. Cores fantasia.)

Ilustrações: Daniel das Neves/Arquivo da editora

Observe, agora, os esquemas a seguir.

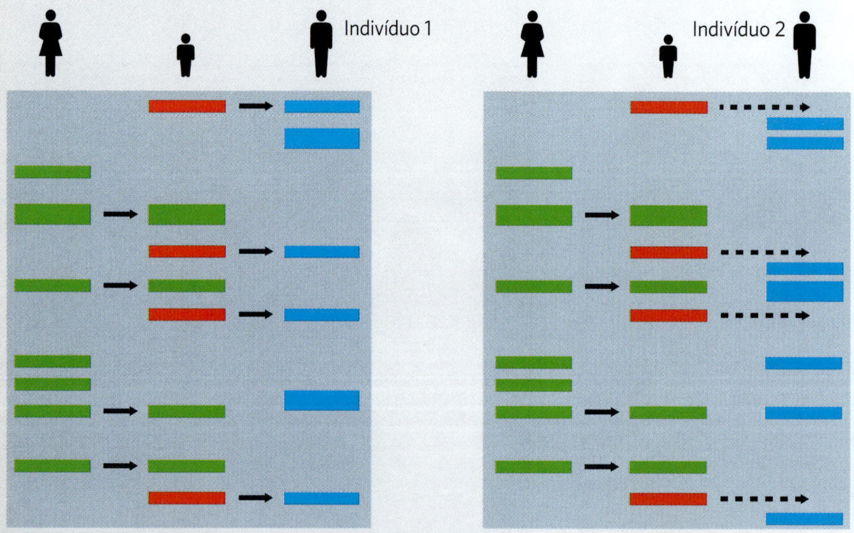

Quando fragmentos de uma mesma região do DNA de pessoas diferentes são cortados com a mesma enzima e separados por eletroforese, os fragmentos menores migram mais rapidamente. A separação ocorre por tamanho do fragmento, com os menores mais distantes de onde a amostra foi aplicada e os maiores, mais próximos. Para indicar a paternidade, o DNA da criança deve ser uma combinação entre os fragmentos do DNA da mãe e do pai. (Elementos fora de proporção de tamanho entre si. Cores fantasia.)

Na placa A foram usadas três amostras de DNA. São elas, da esquerda para a direita: da mãe, da criança e de um possível pai (indivíduo 1). Na placa B, novamente o DNA da mãe, da criança e de outro provável pai (indivíduo 2). Repare que, tanto na placa A como na placa B, existem quatro bandas de DNA da mãe que coincidem com quatro faixas da criança, o que é de esperar. Na placa A, quatro bandas do DNA do indivíduo 1 coincidem com quatro da criança, o que não ocorre na placa B. Isso mostra que o indivíduo A é o pai biológico da criança.

Inúmeros casos criminais são esclarecidos com a identificação de suspeitos que deixaram algum material biológico - sangue, pedaço de pele, pelos, esperma, por meio da comparação do material genético encontrado em um local de crime e uma amostra de referência. A eletroforese em gel, apesar de ser bastante utilizada, vem sendo substituída por tecnologias mais avançadas, mas que se utilizam de técnicas comparativas semelhantes.

Clones e clonagem

Clones são cópias geneticamente idênticas entre si obtidas de um indivíduo inicial. Bactérias cultivadas em meio de cultura controlado, por exemplo, originam, por bipartição, descendentes geneticamente iguais, que constituem clones. O mesmo ocorre com lêvedos cultivados em laboratório.

Outros organismos que apresentam reprodução assexuada, como hidras e esponjas, formam clones. Em plantas, o brotamento de seus rizomas, tubérculos, bulbos e folhas, ou quando propagadas por meio de estacas (pedaços do caule) - também representam clones geneticamente idênticos à planta inicial. Na espécie humana, os **gêmeos idênticos** (**univitelinos**), que provêm de um único zigoto, são clones, uma vez que têm o mesmo patrimônio genético.

O termo clone tem sido usado para designar não apenas organismos, mas também células ou ainda moléculas de DNA obtidas de uma amostra original e replicadas em condições de laboratório.

A ovelha Dolly

A ovelha Dolly foi o primeiro caso de um clone obtido pelo enxerto de núcleos de células **adultas** - portanto, já diferenciadas - em ovócitos de ovelha. Veja o esquema ao lado.

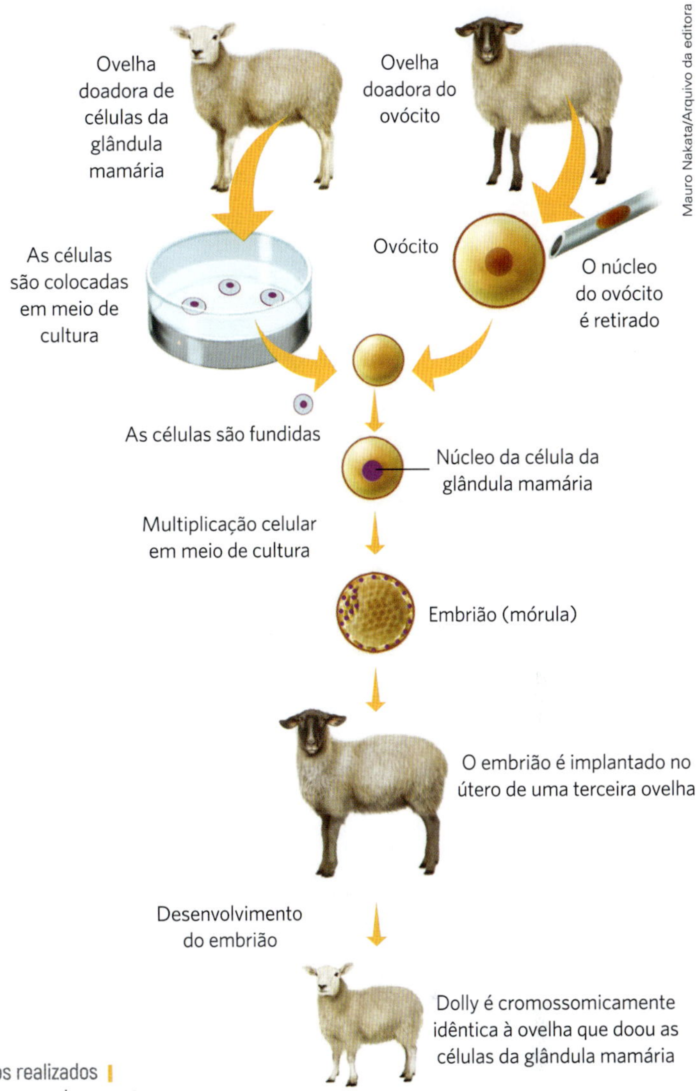

Esquema representando os procedimentos realizados para a clonagem da ovelha Dolly, o mais famoso clone animal. (Elementos fora de proporção de tamanho entre si. Cores fantasia.)

Elaborado com base em: REECE, J. B. *et al. Campbell Biology*. 10. ed. Glenview: Pearson, 2011. p. 424.

A clonagem reprodutora e a espécie humana

O exemplo da ovelha Dolly é um caso de clonagem reprodutora, em que são formados indivíduos geneticamente idênticos ao doador. Na espécie humana, a clonagem reprodutora é, teoricamente, possível, embora seja muito polêmica e tecnicamente mais complexa. Imagine o caso, por exemplo, de uma mulher cujos ovócitos sejam enucleados e recebam, em seguida, núcleos de suas próprias células. Os "zigotos" assim formados poderiam ser implantados no seu próprio útero, e os bebês gerados seriam clones da mulher em questão.

Por enquanto, os meios científicos e religiosos se opõem totalmente à clonagem reprodutora da espécie humana, e há até mesmo a proibição de pesquisas sobre isso em alguns países.

Clonagem de animais de estimação ou de animais extintos

A atriz norte-americana Barbra Streisand encomendou a uma empresa a clonagem de sua cachorra Samantha, da raça *Coton de Tulear*, que morreu em 2017. Foram produzidas as fêmeas Miss Violet e Miss Scarlet, que são clones de Samantha.

No caso de animais extintos, pensa-se na possiblidade de clonagem. Por exemplo, o material genético de mamutes, bem conservado, poderia permitir a clonagem de um desses animais, e a "mãe de aluguel", nesse caso, poderia ser uma fêmea de elefante, espécie geneticamente próxima dos mamutes.

Desenvolvendo habilidades

1 Uma célula do fígado de um indivíduo contém exatamente os mesmos genes que seus neurônios. Afinal, ambas apareceram como resultado de uma longa série de mitoses, a partir do zigoto inicial. Como se explica o fato de essas células terem sofrido diferenciação, ou seja, terem formas e funções tão diferentes uma da outra?

2 Releia o texto sobre a obtenção de clones, especificamente da ovelha Dolly. Em sua opinião, qual das duas frases a seguir explicaria melhor o sucesso do experimento? Escreva uma breve justificativa para sua escolha.

a) O núcleo de célula de glândula mamária, pelo fato de ser totalmente diferenciado, levou a célula em que foi enxertado a se comportar como um zigoto.

b) O núcleo da célula de glândula mamária sofreu, de alguma maneira, desdiferenciação, podendo depois levar a célula que o recebeu a se comportar como um zigoto.

Getty Images News/Getty Images

Ovelha Dolly, apresentada em 1997 pelos biólogos Keith Campbell e Ian Wilmut.

3 O conhecimento detalhado do genoma de uma pessoa não é mais uma ficção, e poderá ocorrer num futuro próximo. Imagine, por hipótese, que uma mulher possua mutações do **BRCA1** e **BRCA2**, que indicam uma predisposição para câncer de mama e de ovário. Na hora de ela contratar um plano de saúde, seria justo a seguradora exigir o direito de verificar a presença desses genes? O que ocorreria, nesse caso, com o custo deste plano?

4 O arroz dourado foi desenvolvido em um projeto que teve início na década de 1980 nos Estados Unidos e começou ser produzido para comercialização apenas nos anos 2000, em um laboratório nas Filipinas. Essa variedade de arroz transgênico contém um gene do milho e outro de bactéria e, ao contrário de outros tipos de arroz, produz betacaroteno, fonte de vitamina A.

Erik De Castro/Reuters/Fotoarena

Fotografia do arroz dourado.

a) Considerando o que aprendeu, explique como o gene do milho pode ter sido inserido nesse arroz transgênico.

b) Pesquise sobre esse assunto e elabore um texto com pontos positivos e negativos encontrados, concluindo ao final se concorda ou não com a comercialização do arroz dourado.

5 A fertilização in vitro (FIV) consiste na fertilização em laboratório com espermatozoides e ovócitos mantidos em meio de cultura. Nela, quase sempre são obtidos vários zigotos, mas nem todos são implantados na futura mãe. Atualmente, há uma grande discussão em torno da utilização desses embriões em pesquisas científicas e terapias celulares. Explique por que há esse interesse nos embriões e as polêmicas envolvidas no uso deles.

Em contexto

Clonagem terapêutica

[...] Dolly foi um marco na história da ciência, demonstrando pela primeira vez que uma célula já diferenciada era capaz de acessar toda a informação contida em seu genoma e dar origem a todos os tipos celulares encontrados em um indivíduo adulto. Esses mesmos mecanismos podem ser utilizados para a geração de tecidos específicos desse indivíduo, um processo chamado de clonagem terapêutica [...]. Na clonagem terapêutica, o embrião clonado, gerado pela transferência nuclear (um conglomerado de aproximadamente 100 células), é dissociado no laboratório para a obtenção das chamadas células-tronco (CTs) embrionárias, células pluripotentes, que dariam origem a todos os tipos de células do embrião. Essas células podem ser multiplicadas em cultura, mantendo essa capacidade de diferenciação quase ilimitada. Alterando suas condições de cultivo, pode-se induzir a diferenciação dessas células em tecidos específicos, como músculo, neurônios, hepatócitos e até óvulos e espermatozoides. Assim, as CTs embrionárias podem ser fonte de tecidos para transplantes. [...] A utilização de um embrião clonado como fonte de CTs embrionárias permitiria a geração de tecidos geneticamente idênticos ao paciente, logo, imunologicamente compatíveis, eliminando-se o risco de rejeição do transplante. [...]

A geração de CTs embrionárias imuno-compatíveis através da transferência nuclear e seu uso terapêutico *in vivo* (a clonagem terapêutica) já foram demonstrados em modelos animais. Resta agora decidirmos se essa metodologia será utilizada em seres humanos. A obtenção de CTs embrionárias envolve obrigatoriamente a destruição do embrião (blastocisto - um embrião pré-implantação de 5 dias - basicamente um conglomerado amorfo de 100 a 200 células), o que em certas culturas/religiões é inaceitável. Por isso, a clonagem terapêutica tem sido tema de grande polêmica em diversos países, inclusive na Organização das Nações Unidas (ONU).

[...] Essa é uma discussão complexa que envolve aspectos legais, éticos, culturais e religiosos [...].

PEREIRA, L. Clonagem terapêutica... e polêmica. *Com Ciência*. Disponível em: http://www.comciencia.br/dossies-1-72/reportagens/celulas/10.shtml. Acesso em: jun. 2020.

Selma Caparroz/Arquivo da editora

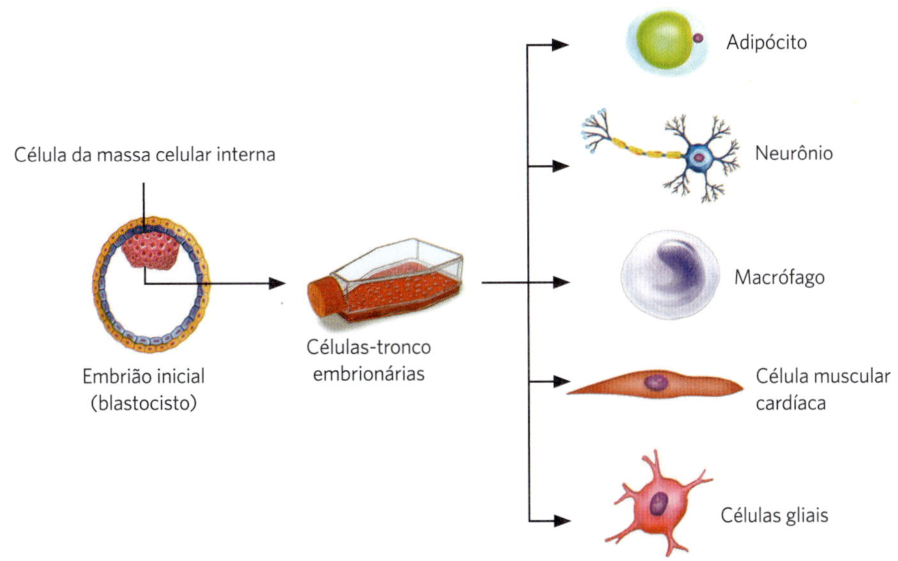

Com essa técnica, cientistas seriam capazes de criar células-tronco pluripotentes personalizadas, diminuindo os riscos de rejeição imune no indivíduo. (Elementos fora de proporção de tamanho entre si. Cores fantasia.)

1. Na sua opinião, quais são as diferenças entre clonagem reprodutora e clonagem terapêutica?
2. Que vantagens seriam obtidas com a utilização de células-tronco na técnica descrita?
3. O texto se refere a problemas éticos da clonagem terapêutica. Esses problemas fazem com que o processo ainda não seja permitido em muitos países. Na sua opinião, qual seria o principal argumento ético contra esse tipo de clonagem?

Você no Enem e nos vestibulares

1 (UFF-RJ) Considere uma certa espécie de planta que pode apresentar flores com três tipos de cor: azul, azul-clara e branca. Estas cores são determinadas por combinações de dois alelos de um único locus. Na expressão fenotípica de tais cores não há relação de dominância entre os alelos, sendo que a manifestação em homozigose de um dos alelos - **aa**, cor branca - é letal na fase adulta.

Sabe-se que:

- a flor de cor branca nunca se abre;
- em um jardim de plantas com flores de cor azul não nascem plantas com flores de cor azul-clara.

a) realizou-se o cruzamento entre as plantas com flores azul-claras e, a partir das sementes obtidas, formou-se um jardim.

Determine a cor das flores que têm menor possibilidade de se abrirem neste jardim. Justifique a resposta.

b) Realizaram-se os cruzamentos possíveis entre as plantas com flores das cores mencionadas, presentes em igual quantidade. A partir das sementes obtidas, formou-se outro jardim.

Determine a cor das flores que têm maior possibilidade de se abrirem neste jardim. Justifique a resposta.

2 (UFRGS-RS) João e Maria estão pensando em ter um filho. João tem um irmão albino e uma irmã com pigmentação normal. Seus pais não são albinos, porém João tem uma tia paterna albina e um primo, por parte de mãe, com a mesma característica. Já Maria tem um avô materno e uma irmã albinos e um irmão com pigmentação normal. Os pais de Maria também têm pigmentação normal. Que informações permitem avaliar com maior precisão as chances de João e Maria terem um filho albino?

a) O fenótipo da irmã de João e o genótipo do avô de Maria.

b) O genótipo da tia de João e o genótipo do irmão de Maria.

c) O fenótipo do irmão de João e o fenótipo da irmã de Maria.

d) O genótipo do primo de João e o fenótipo da mãe de Maria.

e) O fenótipo do pai de João e o genótipo do pai de Maria.

3 (Fuvest-SP) No heredograma abaixo, a menina II-1 tem uma doença determinada pela homozigose quanto a um alelo mutante de gene localizado num autossomo.

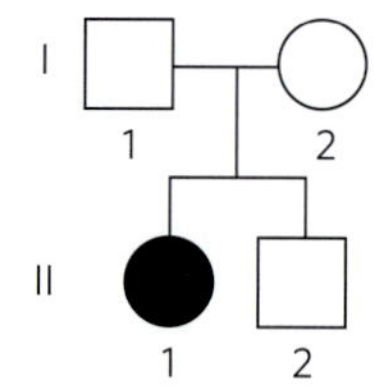

Banco de imagens/Arquivo da editora

A probabilidade de que seu irmão II-2, clinicamente normal, possua esse alelo mutante é

a) 0
b) 1/4
c) 1/3
d) 1/2
e) 2/3

4 (UEL-PR) O heredograma a seguir representa a herança de um par de genes entre os quais há dominância. Os símbolos escuros representam indivíduos que exibem a característica recessiva.

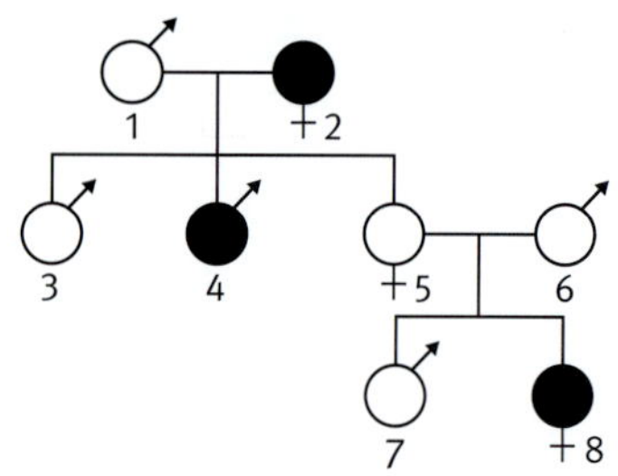

Banco de imagens/Arquivo da editora

Nesse heredograma não se pode determinar o genótipo do indivíduo:

a) 1.
b) 3.
c) 5.
d) 6.
e) 7.

5 (Uece) Em relação à anomalia gênica autossômica recessiva albinismo (**aa**), qual será a proporção de espermatozoides que conterá o gene **A** em um homem heterozigoto?

a) 1/2.
b) 1/4.
c) 1/8.
d) 1/3.
e) 1.

6 (UFV-MG) A pseudoacondroplasia é um tipo de nanismo determinado geneticamente pelo alelo **D** autossômico dominante, que interfere no crescimento dos ossos durante o desenvolvimento. A princípio, pensou-se que o fenótipo anão seria expresso pelo genótipo **D/D** ou **D/d**. Entretanto, foi considerado que a severidade do alelo dominante, quando em dose dupla, produz efeito letal durante o desenvolvimento embrionário, provocando aborto precocemente. Considere um casal de anões pseudoacondroplásicos, para responder às seguintes questões:

a) Quais são os genótipos de cada indivíduo do referido casal?

b) Caso a mulher desse casal venha a dar à luz uma criança, qual é a probabilidade de ela nascer geneticamente com a pseudoacondroplasia?

c) Como o casal já tem três crianças com a pseudoacondroplasia, qual é a probabilidade de, em um eventual quarto nascimento, a criança nascer também afetada?

d) Se o casal tem planos para ter uma menina normal em relação a essa condição genética, qual é a probabilidade que se espera para esse evento?

e) Em uma outra família, com 3 meninas e 2 meninos, todos apresentando a pseudoacondroplasia, quantas dessas crianças são homozigotas no loco correspondente a esse tipo de nanismo?

7 (Vunesp) O diagrama representa o padrão de herança de uma doença genética que afeta uma determinada espécie de animal silvestre, observado a partir de cruzamentos controlados realizados em cativeiro.

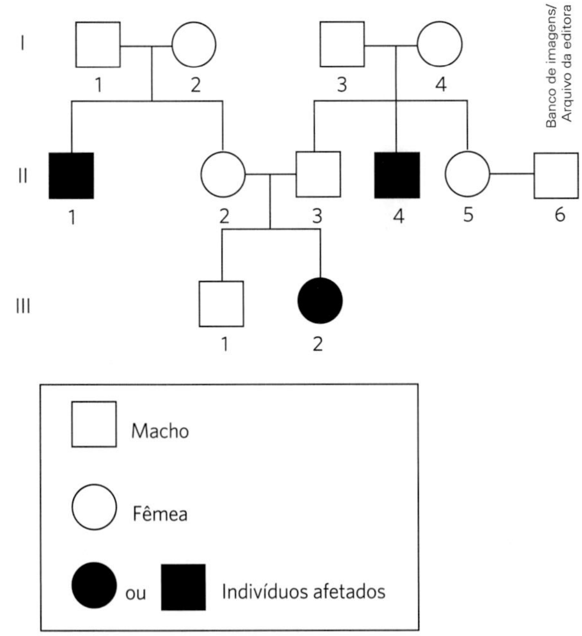

Banco de imagens/Arquivo da editora

A partir da análise da ocorrência da doença entre os indivíduos nascidos dos diferentes cruzamentos, foram feitas as afirmações seguintes.

I. Trata-se de uma doença autossômica recessiva.

II. Os indivíduos I-1 e I-3 são obrigatoriamente homozigotos dominantes.

III. Não há nenhuma possibilidade de que um filhote nascido do cruzamento entre os indivíduos II-5 e II-6 apresente a doença.

IV. O indivíduo III-1 só deve ser cruzado com o indivíduo II-5, uma vez que são nulas as possibilidades de que desse cruzamento resulte um filhote que apresente a doença.

É verdadeiro o que se afirma em:

a) I, apenas.

b) II e III, apenas.

c) I, II e III, apenas.

d) I e IV, apenas.

e) III e IV, apenas.

8 (Vunesp) A talassemia é uma doença hereditária que resulta em anemia. Indivíduos homozigotos **MM** apresentam a forma mais grave, identificada como talassemia maior, e os heterozigotos **MN** apresentam uma forma mais branda chamada talassemia menor. Indivíduos homozigotos **NN** são normais. Sabendo-se que todos os indivíduos com talassemia maior morrem antes da maturidade sexual, qual das alternativas a seguir representa a fração de indivíduos adultos, descendentes do cruzamento de um homem e uma mulher portadores de talassemia menor, que serão anêmicos?

a) 1/2 **d)** 2/3

b) 1/4 **e)** 1/8

c) 1/3

9 (Enem) Em um hospital havia cinco lotes de bolsas de sangue, rotulados com os códigos I, II, III, IV e V. Cada lote continha apenas um tipo sanguíneo não identificado. Uma funcionária do hospital resolveu fazer a identificação utilizando dois tipos de soro, anti-A e anti-B. Os resultados obtidos estão descritos no quadro.

Código dos lotes	Volume de sangue (L)	Soro anti-A	Soro anti-B
I	22	Não aglutinou	Aglutinou
II	25	Aglutinou	Não aglutinou
III	30	Aglutinou	Aglutinou
IV	15	Não aglutinou	Não aglutinou
V	33	Não aglutinou	Aglutinou

Quantos litros de sangue eram do grupo sanguíneo do tipo A?

a) 15
b) 25
c) 30
d) 33
e) 55

10 (PUC-SP) Uma mulher manifesta o daltonismo se receber um cromossomo

a) **X** de seu pai obrigatoriamente daltônico e o outro cromossomo **X** de sua mãe obrigatoriamente daltônica.
b) **X** de seu pai não daltônico e o outro cromossomo **X** de sua mãe obrigatoriamente daltônica.
c) **X** de seu pai obrigatoriamente daltônico e o outro cromossomo **X** de sua mãe não obrigatoriamente daltônica.
d) **Y** de seu pai não daltônico e o cromossomo **X** de sua mãe obrigatoriamente daltônica.
e) **Y** de seu pai obrigatoriamente daltônico e o cromossomo **X** de sua mãe não obrigatoriamente daltônica.

11 (Enem)

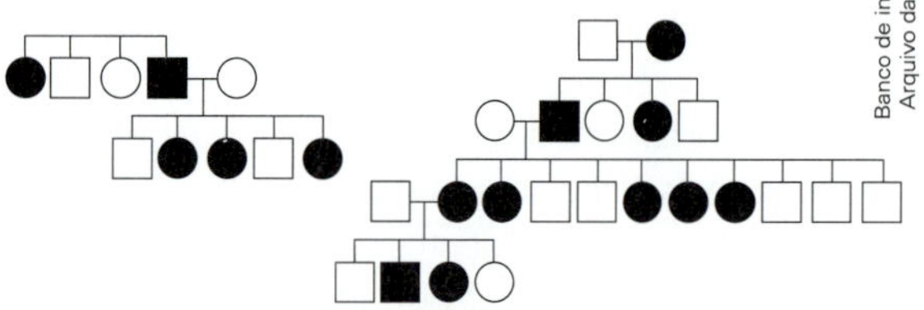

Banco de imagens/ Arquivo da editora

No heredograma, os símbolos preenchidos representam pessoas portadoras de um tipo raro de doença genética. Os homens são representados pelos quadrados e as mulheres, pelos círculos.

Qual é o padrão de herança observado para essa doença?

a) Dominante autossômico, pois a doença aparece em ambos os sexos.
b) Recessivo ligado ao sexo, pois não ocorre a transmissão do pai para os filhos.
c) Recessivo ligado ao Y, pois a doença é transmitida dos pais heterozigotos para os filhos.
d) Dominante ligado ao sexo, pois todas as filhas de homens afetados também apresentam a doença.
e) Codominante autossômico, pois a doença é herdada pelos filhos de ambos os sexos, tanto do pai quanto da mãe.

12 (Fuvest-SP) Um homem com cariótipo 47, **XYY** pode originar-se da união de dois gametas, um com 24 cromossomos e outro com 23. O gameta anormal:

a) é um óvulo.
b) é um espermatozoide.
c) pode ser um óvulo ou um espermatozoide.
d) é uma ovogônia.
e) é uma espermatogônia.

13 (PUCC-SP) Qual é a probabilidade de um casal de duplo-heterozigotos para dois pares de genes autossômicos com segregação independente vir a ter um descendente com apenas uma característica dominante?

a) 15/16
b) 19/16
c) 6/16
d) 3/16
e) 1/16

14 (Unicamp-SP) Considere um indivíduo heterozigoto para dois locos gênicos que estão em *linkage*, ou seja, não apresentam segregação independente. A representação esquemática dos cromossomos presentes em uma de suas células somáticas em divisão mitótica é:

Banco de imagens/ Arquivo da editora

a) 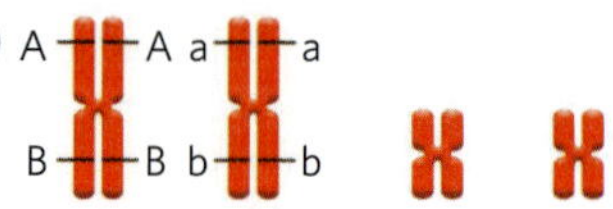

b) 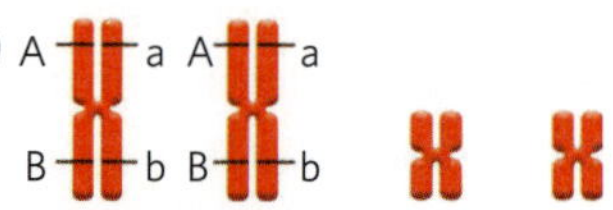

c) 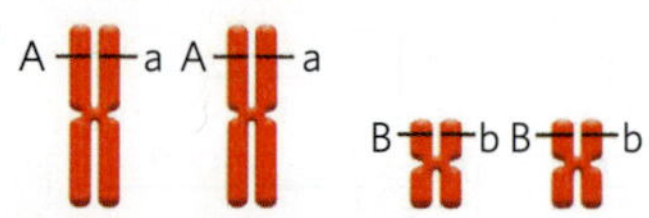

d) 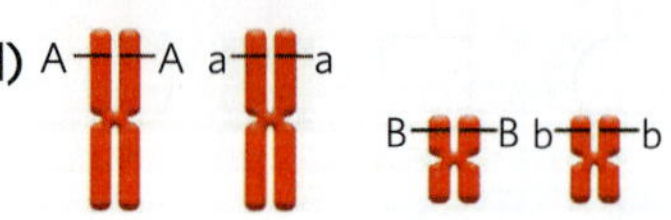

(Elementos fora de proporção de tamanho entre si. Cores fantasia.)

15 (Unirio-RJ) Um indivíduo, com o genótipo **AaBb**, produz gametas nas seguintes proporções: 25% **AB**, 25% **Ab**, 25% **aB** e 25% **ab**. Outro indivíduo, com o genótipo **DdEe**, produz gametas nas seguintes proporções: 50% **DE** e 50% **de**. Podemos concluir que:

a) os genes **D** e **E** estão ligados e entre eles não ocorre crossing-over.
b) os genes **D** e **E** estão ligados e entre eles ocorre crossing-over.

c) os genes **D** e **E** segregam-se independentemente e entre eles não ocorre crossing-over.

d) os genes **A** e **B** estão ligados e entre eles não ocorre crossing-over.

e) os genes **A** e **B** segregam-se independentemente e entre eles ocorre crossing-over.

16 (UEL-PR) Quatro genes, **A**, **B**, **C** e **D**, localizados no mesmo cromossomo, apresentam as seguintes frequências de recombinação:

A-B = 32%

A-C = 45%

A-D = 12%

B-C = 13%

B-D = 20%

C-D = 33%

A sequência mais provável desses genes no cromossomo é:

a) **ABCD**.

b) **ABDC**.

c) **ACDB**.

d) **ADBC**.

e) **ADCB**.

17 (Enade) Um floricultor cultiva uma espécie de planta diploide que produz flores cujas cores variam do branco ao vermelho. O cruzamento de duas linhagens puras, uma com flores brancas e outra com flores vermelhas, originou indivíduos da geração F_1 que, cruzados entre si, geraram, em F_2, o resultado esquematizado no gráfico.

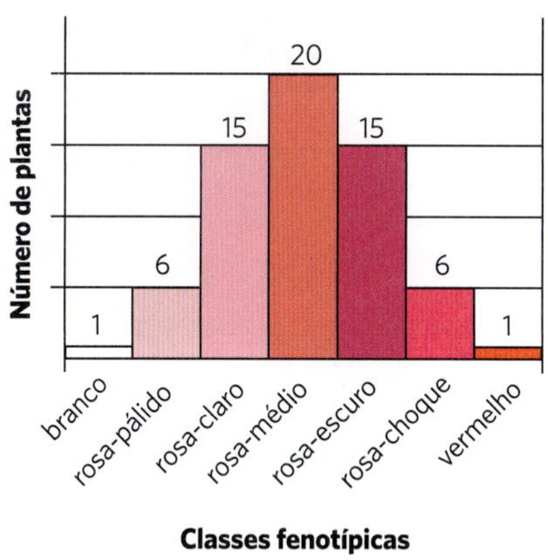

Banco de imagens/Arquivo da editora

a) A cor da flor nessa espécie de planta segue que tipo de padrão de herança? Justifique.

b) Qual o número provável de pares de genes envolvidos na cor da flor?

c) Sabendo-se que as plantas de tonalidade intermediária (rosa médio) são as de maior valor comercial, que tipo de cruzamento o floricultor deve fazer para obter a maior proporção possível de flores dessa tonalidade?

18 (UFU-MG) A cor da pelagem em cavalos depende, dentre outros fatores, da ação de dois pares de genes **Bb** e **Ww**. O gene **B** determina pelos pretos e o seu alelo **b** determina pelos marrons. O gene dominante **W** "inibe" a manifestação da cor, fazendo com que o pelo fique branco, enquanto que o alelo recessivo **w** permite a manifestação da cor. Cruzando-se indivíduos heterozigotos para os dois pares de genes, obtêm-se:

a) 3 brancos : 1 preto.

b) 9 brancos : 3 pretos : 3 mesclados de marrom e preto : 1 branco.

c) 1 preto : 2 brancos : 1 marrom.

d) 12 brancos : 3 pretos : 1 marrom.

e) 3 pretos : 1 branco.

19 (UFRRJ) Após tratar culturas de bactérias com doses de um agente mutagênico capaz de induzir uma única mutação pontual (que afeta apenas um nucleotídeo por célula), analisou-se a sequência de aminoácidos de uma determinada proteína em diversos mutantes gerados. Verificou-se que um desses mutantes produzia uma dada proteína que diferia da original pela ausência de 35 aminoácidos em uma das extremidades da cadeia peptídica. Explique como essa única mutação pontual pode fazer com que a síntese da proteína seja interrompida prematuramente.

20 (Enem) Para a identificação de um rapaz vítima de acidente, fragmentos de tecidos foram retirados e submetidos à extração de DNA nuclear, para comparação com o DNA disponível dos possíveis familiares (pai, avô materno, avó materna, filho e filha). Como o teste com o DNA nuclear não foi conclusivo, os peritos optaram por usar também DNA mitocondrial, para dirimir dúvidas.
Para identificar o corpo, os peritos devem verificar se há homologia entre o DNA mitocondrial do rapaz e o DNA mitocondrial do(a)

a) pai.

b) filho.

c) filha.

d) avó materna.

e) avô materno.

UNIDADE 9

Corpo humano, saúde e bem-estar

"Antes de julgar ou criticar alguém, caminhe em seus sapatos" é um ditado usado em várias línguas. Cada pessoa tem sua trajetória de vida, influenciada por sua história, por suas experiências e pelas escolhas possíveis de acordo com as oportunidades existentes.

Somos mais de 7 bilhões de pessoas habitando o mesmo planeta, usando os mesmos recursos e enfrentando desafios comuns e particulares. Vários desafios do século XXI são antigos e foram herdados de gerações anteriores; outros são novos e igualmente urgentes.

Darci Graves/ Acervo da fotógrafa

Em seus sapatos (em inglês: In his shoes). Fotografia que discute o contexto social e condições de inequidade e segurança que levou ao abandono deste par de sapatos. Esta imagem faz parte do acervo do projeto *Visualize Equidade em Saúde* (em inglês: *Visualize Health Equity Project*) que abre espaço para jovens apresentarem obras que contextualizem equidade e iniquidade nos locais em que vivem.

1 Pense em um desafio que afete a saúde em sua comunidade (falta de áreas para lazer, muitos casos de dengue, etc.). Que iniciativas individuais e coletivas podem ser tomadas? De que maneira você pode contribuir para mobilizar sua comunidade?

2 Embora seja impossível alguém se colocar no lugar do outro de maneira literal, é possível realizar exercícios de empatia, como: Que desafios você enfrentaria se você fosse uma pessoa idosa ou do sexo oposto?

CAPÍTULO 34

Saúde e qualidade de vida

O que significa ter saúde? Se você perguntar a várias pessoas, provavelmente terá respostas diferentes. Podemos pensar na própria saúde e na saúde coletiva. Em uma visão mais ampla, a saúde humana depende de fatores individuais e das condições de vida, que inclui a saúde do ambiente.

Este capítulo favorece o desenvolvimento das habilidades:

EM13CNT202

EM13CNT207

EM13CNT301

EM13CNT310

O que é saúde afinal?

A palavra **saúde** (assim como *salud*, em espanhol, e *salute*, em italiano) provém do latim *salus*, que indica "aquele ou aquilo que goza de boas condições e bem-estar e que está inteiro, íntegro e intacto".

O que é saúde, então? Veja a seguir duas das muitas definições facilmente encontradas nos dicionários.

- Estado de integridade e equilíbrio físico e psíquico, que possibilita o normal funcionamento do organismo humano.
- Bem-estar físico e mental; ausência de doença ou dor; normalidade das funções físicas e mentais.

Nessas definições, a ideia de saúde se contrapõe à condição de doença e à perda de integridade e equilíbrio das condições do organismo. Da mesma maneira, a saúde é vinculada à ideia de vigor físico e bem-estar geral do indivíduo. Porém, o conceito de saúde vai muito além da mera ausência de um estado doentio, ou da sensação geral de bem-estar. Podemos pensar na saúde como resultado da interação entre o organismo (inclusive por meio do funcionamento de seus componentes, como células, tecidos, órgãos e sistemas) e o ambiente (seja externo ou interno ao organismo).

De acordo com essa visão mais abrangente, a saúde humana envolve fatores ambientais, circunstâncias inerentes ao indivíduo e às condições em que ele vive.

Na segunda metade do século passado, grande parte das nações promoveram uma importante mudança no conceito de saúde, que deixou de ser uma prática de responsabilidade exclusivamente do indivíduo, para se tornar um direito, que deve ser assegurado pelo Estado a cada um de seus cidadãos. No Brasil, a constituição de 1988 afirma que a saúde é um direito de todos e um dever do Estado.

Dicas

Orientações quanto à vacinação contra a febre amarela:

http://www.saude.gov.br/o-ministro/920-saude-de-a-a-z/febre-amarela/10771-vacinacao-febre-amarela

Página com orientações do Ministério da Saúde sobre a vacinação da febre amarela: área recomendada para a vacinação, pessoas que devem ser vacinadas e recomendações específicas para a vacinação de crianças e de viajantes que visitarão áreas com incidência de febre amarela.

TriatoKey

http://triatokey.cpqrr.fiocruz.br/

Ferramenta desenvolvida pela Fiocruz Minas que permite a identificação de espécies brasileiras de triatomíneos com informações a respeito da descrição anatômica das espécies e os estados onde são encontradas.

Hans Von Manteuffel/Pulsar Imagens

Vacinação oferecida pelo Sistema Único de Saúde (SUS), em Recife (PE), 2018. Além do tratamento e cura de doenças, a prevenção e promoção da saúde são fundamentais para o bom desenvolvimento humano desde o período pré-natal.

Determinação social da saúde

Segundo a Organização Mundial de Saúde (OMS), os determinantes sociais da saúde (DSS) são fatores que influenciam na qualidade de vida das pessoas e na ocorrência de doenças. Analise o esquema a seguir.

Fonte: BRASIL. Ministério da Saúde. *Vigilância em saúde ambiental* - dados e indicadores selecionados. Brasília: Ministério da Saúde, v. 2, n. 2, 2007.

Modelo de determinação social da saúde (DSS) proposto por Dahlgren e Whitehead (1991). No centro estão os fatores individuais que não podem ser alterados. As camadas externas mostram os demais fatores que influenciam na saúde. A maioria deles não está sob o controle do indivíduo.

Vamos considerar o exemplo da tuberculose. O agente etiológico que causa essa doença é o *Mycobacterium tuberculosis* ou bacilo de Koch. Mas nem todas as pessoas que entram em contato com o bacilo desenvolvem tuberculose. No Brasil ocorrem cerca de 70 mil novos casos e cerca de 4,5 mil mortes por ano. A análise desses casos mostra que estão concentrados em grupos sociais mais vulneráveis, como pessoas soropositivas, com hanseníase, em situação de pobreza ou privadas de liberdade, e minorias étnicas (populações indígenas, por exemplo).

Isso significa que, além da presença do agente etiológico, a incidência da doença é influenciada por outros fatores, como baixa renda, moradias precárias e sem ventilação, superlotação de presídios e de unidades de ressocialização de menores, baixa escolaridade, falta de acesso a alimentos de qualidade e aos serviços de saúde. Todos esses fatores interferem na capacidade do organismo de se defender contra o bacilo e, portanto, as ações de combate à doença devem incluir não só a aplicação da vacina BCG e o tratamento, mas também enfrentar os determinantes relacionados à doença.

Termos empregados em saúde

Conheça alguns termos comumente empregados em saúde.

- Agente etiológico: agente causador da doença.
- Reservatório: qualquer local, vegetal ou animal que permite a multiplicação e a infecção do agente etiológico a outros hospedeiros.
- Hospedeiro definitivo: organismo que apresenta o parasita na sua fase adulta, em geral, capaz de efetuar reprodução sexuada.
- Hospedeiro intermediário: organismo que abriga fase intermediária (larva) do parasita.
- Vetor: organismo que transmite o parasita de um hospedeiro para outro.
- Profilaxia: conjunto de medidas que previnem determinada doença.
- Incidência: frequência com que ocorrem novos casos da parasitose em determinado período.
- Incubação: tempo decorrido entre a infestação e a manifestação dos primeiros sintomas da doença.
- Endemia: ocorrência da parasitose em certa área com frequência habitual em razão de fatores locais que favorecem a incidência da doença.
- Epidemia: ocorrência brusca de número elevado de casos da parasitose em determinada região com poucos ou nenhum caso anterior.
- Pandemia: epidemia de âmbito mundial, que atinge vários países localizados em mais de um continente.

Índice de Desenvolvimento Humano

O Programa das Nações Unidas para o Desenvolvimento (PNUD) criou, há alguns anos, uma maneira de medir o desenvolvimento de uma região. Para isso, são combinados indicadores de expectativa de vida, taxas de natalidade e de mortalidade, grau de escolaridade, condições médico-sanitárias e rendimento econômico. Essa combinação gera o índice conhecido como Índice de Desenvolvimento Humano (IDH), cujo valor varia de 0 (nenhum desenvolvimento humano) a 1 (desenvolvimento humano total).

Tales Azzi/Pulsar Imagens

Vista aérea da comunidade do Paraisópolis e de edifícios de classe média alta no bairro do Morumbi, São Paulo (SP), 2019. O Brasil ainda é formado por uma das sociedades mais desiguais do planeta.

O PNUD publicou em 2019 que o IDH do Brasil era de 0,761, ocupando a 79ª posição em 189 países. O IDH do país cresceu nos últimos trinta anos, pois houve aumento na expectativa de vida, na renda e na média de anos de estudo. Entretanto, o IDH é reduzido para 0,574, quando se consideram as imensas desigualdades sociais e econômicas. Entre as nações avaliadas, o Brasil é a que mais perde pontos em razão desse quesito: 1% da população concentra 28,3% da renda total do país.

Saneamento ambiental e saneamento básico

O conceito de **saneamento ambiental** pode ser definido como um conjunto de práticas que promovem melhoria da saúde pública, do bem-estar das pessoas e a proteção do meio ambiente. Ele inclui o saneamento básico - abastecimento de água tratada (potável), coleta de esgoto e lixo, entre outros - e também o controle do uso do solo, da qualidade do ar, etc.

Marlon Costa/Futura Press

Lixo acumulado e esgoto a céu aberto no bairro Afogados, Recife (PE), 2018. A falta de saneamento básico é responsável por inúmeros problemas de saúde pública.

A Lei nº 11.445, de 5 de janeiro de 2007, estabelece as diretrizes nacionais para o saneamento básico. De acordo com o artigo 2º dessa lei, cabe ao poder público, entre outras responsabilidades, promover a universalização dos serviços de:

> [...]
>
> III - abastecimento de água, esgotamento sanitário, limpeza urbana e manejo dos resíduos sólidos realizados de formas adequadas à saúde pública e à proteção do meio ambiente;
>
> [...]

BRASIL. Lei nº 11.445, de 5 de janeiro de 2007. Portal do Senado Federal. Disponível em: http://www.planalto.gov.br/ccivil_03/_ato2007-2010/2007/lei/l11445.htm. Acesso em: fev. 2020.

A melhoria na infraestrutura sanitária ocorrida nas últimas décadas está relacionada à redução da mortalidade infantil. No entanto, o Censo Demográfico 2010 revela a existência de déficits na cobertura desses serviços.

A falta de acesso à água potável e aos serviços de saneamento básico são fatores importantes que contribuem para a mortalidade e a morbidade associadas a certas doenças. Exemplos de algumas dessas moléstias são: diarreias de causas variadas, cólera, leptospirose, hepatites e verminoses, como esquistossomose, ascaridíase, teníase, cisticercose e ancilostomose. Ascaridíase, teníase e cisticercose foram trabalhadas no Capítulo 23 - Origem dos animais e seus grupos.

Conexões

O que é o SUS?

O Sistema Único de Saúde (SUS) é um dos maiores sistemas de saúde pública do mundo e conta com médicos, enfermeiros, nutricionistas, fisioterapeutas, agentes comunitários e outros profissionais de saúde. Os atendimentos são gratuitos para toda a população do país.

Princípios do SUS

Universalização
Saúde é um direito de todos, independente de sexo, etnia, características sociais ou pessoais, e cabe ao Estado assegurar este direito.

Equidade
Procura diminuir as desigualdades, investindo mais onde a carência é maior.

Integralidade
Considera a saúde das pessoas como um todo: promoção, prevenção, tratamento e reabilitação. Além disso, articula-se com outras políticas públicas, atuando junto a outros setores.

Você já usou o SUS?

Provavelmente sim. Isso porque o SUS oferece as vacinas do Programa Nacional de Imunização e os serviços de vigilância sanitária, epidemiológica e ambiental que beneficiam toda a população. Além disso, conta com a distribuição de medicamentos e atendimentos emergenciais complexos, como hemodiálise e transplantes de órgãos.

Estrutura do SUS

O SUS é um serviço descentralizado, cuja responsabilidade é dividida entre os governos federal, estadual e municipal. Por meio dos Conselhos e das Conferências de Saúde, a sociedade pode participar das decisões e fiscalizar as estratégias adotadas.

Portas de entrada para o SUS

Para que o sistema funcione bem, os atendimentos são divididos em níveis, de acordo com a complexidade. Veja abaixo os principais:

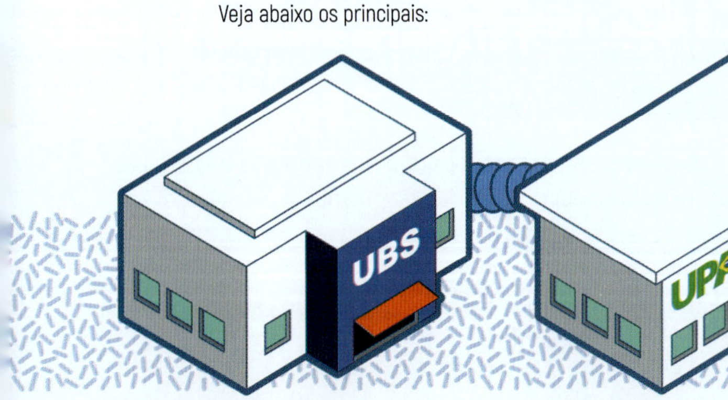

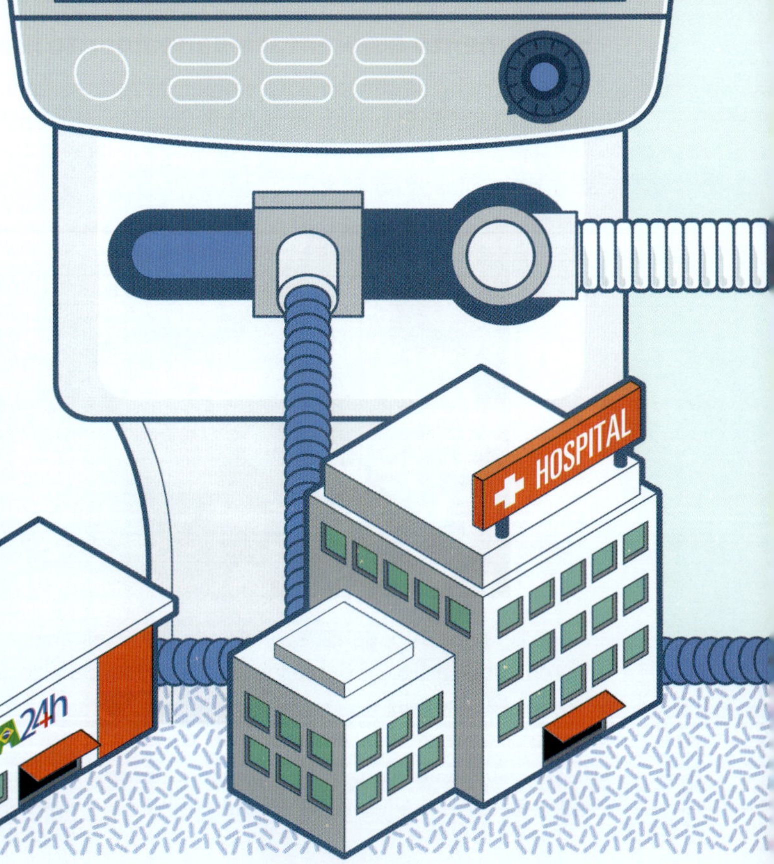

Assistência básica

As **Unidades Básicas de Saúde (UBS)** e as **Clínicas da Família** realizam ações preventivas, como consultas de rotina e vacinação. Também são responsáveis pela gestão materna e pela saúde do idoso, da criança e do adolescente.

Assistência de média complexidade

As **Unidades de Pronto-Atendimento (UPA)** e as clínicas especializadas no acompanhamento e tratamento de doenças realizam exames e dispõem de leitos de observação. Elas devem ser procuradas em casos de urgência e emergência.

Assistência de alta complexidade

Nos **hospitais** são realizados procedimentos de média e alta complexidade, como cirurgias e internações, que necessitam de maior infraestrutura. Em geral, os pacientes que vão aos hospitais devem ser encaminhados pelas UBS ou UPAs.

Como era antes do SUS

Antes da criação do SUS, hospitais e prontos-socorros públicos só atendiam quem contribuísse com a Previdência Social. Ficavam de fora pessoas desempregadas e sem carteira assinada, por exemplo. O SUS foi instituído e formalizado a partir da Lei nº 8.080 de 1990, criada em decorrência do artigo 196 da Constituição Federal de 1988, que diz:

> [...] A saúde é direito de todos e dever do Estado, garantido mediante políticas sociais e econômicas que visem à redução do risco de doença e de outros agravos e ao acesso universal e igualitário às ações e serviços para sua promoção, proteção e recuperação. [...]
>
> BRASIL. [Constituição (1988)]. Constituição da República Federativa do Brasil: promulgada em 5 de outubro de 1988.

A partir daí a saúde passou a ser considerada um bem público e não mais uma questão individual.

Mário Kanno/Arquivo da editora

1 Por que é importante conhecer a função de cada um dos tipos de unidades de atendimento de saúde?

2 Em 2020, a pandemia de Covid-19 provocou reflexões importantes sobre os sistemas de saúde de diversos países. Em sua opinião, qual é a importância dos sistemas públicos de saúde, como o SUS, nessas situações?

3 Selecione um dos tipos de unidades de atendimento de saúde apresentados nesta seção e faça uma pesquisa para analisar o funcionamento desse tipo de unidade em sua cidade. Há unidades suficientes para atender a população local? Quais são os principais tipos de atendimento realizados? Quais são as maiores dificuldades encontradas pelos funcionários? E pelos pacientes? Como você poderia contribuir para melhorar os serviços prestados pela rede de saúde da sua cidade?

De onde vem o dinheiro?

Vem da população, por meio de uma parcela das contribuições para o INSS (Instituto Nacional de Seguro Social) e de impostos como o ICMS (Imposto sobre Circulação de Mercadorias e Prestação de Serviços), o IPTU (Imposto Predial e Territorial Urbano), entre outros.

Desafios do SUS

O SUS é eficiente em muitos serviços, como fornecimento de vacinas, mas enfrenta desafios, como **filas de espera** e hospitais lotados. Isso não significa que o sistema seja ruim; ao contrário, indica que o SUS precisa do apoio da sociedade, porque a saúde pública é um bem de todos.

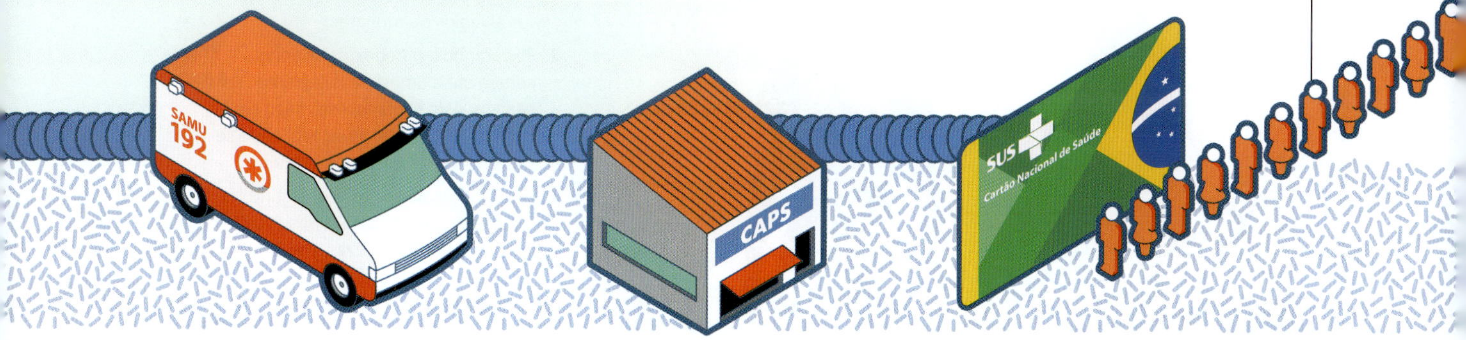

Serviço de Atendimento Móvel de Urgência (SAMU 192)

Tem como objetivo chegar à vítima rapidamente, após ter ocorrido alguma situação de urgência ou emergência. O **SAMU** funciona por 24 horas e conta com médicos, enfermeiros, auxiliares de enfermagem e condutores socorristas. Pode ser acessado por telefone pelo número 192.

CAPS

Os **CAPS** atendem às demandas relacionadas à saúde mental. São centros de caráter aberto – para o qual não é necessário encaminhamento –, constituídos por equipes especializadas e multiprofissionais.

Cartão Nacional de Saúde

O **Cartão Nacional de Saúde** agiliza e facilita o atendimento no SUS. Ele pode ser solicitado nas UBS ou nas Secretarias Municipais de Saúde.

Elaborado com base em: BRASIL. Ministério da Saúde. *Sistema Único de Saúde (SUS)*: estrutura, princípios e como funciona. Disponível em: https://www.saude.gov.br/sistema-unico-de-saude; BRASIL. Ministério da Saúde. *Serviço de Atendimento Móvel de Urgência (SAMU 192)*. Disponível em: https://www.saude.gov.br/saude-de-a-z/servico-de-atendimento-movel-de-urgencia-samu-192. Acessos em: abr. 2020.

Doenças negligenciadas

O que há em comum entre ancilostomose, esquistossomose, dengue e teníase? Não é a forma de contágio nem o agente causador. O critério que reúne essas e outras doenças está relacionado às condições socioeconômicas das populações afetadas; em geral, associadas à pobreza e a grupos marginalizados.

O termo "negligenciadas" vem, historicamente, da pouca atenção que essas doenças têm recebido de governos e de indústrias farmacêuticas. No período entre janeiro de 2012 e setembro de 2018, 256 novos medicamentos entraram no mercado; apenas 8 (3,1%) são destinados a essas doenças que, em conjunto, afetam cerca de 1 bilhão de pessoas em todo o mundo.

Podem ser doenças crônicas e debilitantes que causam sequelas e levam à morte indivíduos que vivem em situação de vulnerabilidade. Por isso, elas também perpetuam a pobreza e são um obstáculo ao desenvolvimento de muitas comunidades.

Além das citadas, são exemplos muitas das doenças tropicais e parasitárias - como o mal de Chagas, a malária, a leishmaniose, a filariose e a febre amarela - e outras de caráter global - como a tuberculose e a hanseníase. Para várias delas, não há cura. Para outras, o tratamento e as medidas de prevenção são conhecidos e, muitas vezes, baratos; no entanto, nem sempre estão disponíveis nas regiões mais pobres do mundo.

Veja a seguir informações sobre algumas doenças negligenciadas importantes no Brasil.

Ancilostomose (ou amarelão)

No organismo humano, a ancilostomose (ou amarelão) é provocada pelos nematódeos *Ancylostoma duodenale* e *Necator americanus*. Enquanto em *A. duodenale* a boca é provida de ganchos (do grego *ancylos* = gancho; *stoma* = boca), em *N. americanus* a boca apresenta lâminas cortantes (do grego *necator* = matador).

Esses vermes vivem no intestino humano, onde se fixam à mucosa intestinal e se alimentam dos tecidos e do sangue que flui das lesões que provocam. A contínua perda de sangue (causada pelas hemorragias decorrentes das lesões) leva o indivíduo afetado a um estado de profunda anemia, causando a palidez que dá à pele a cor amarelada - de onde provém o nome popular amarelão.

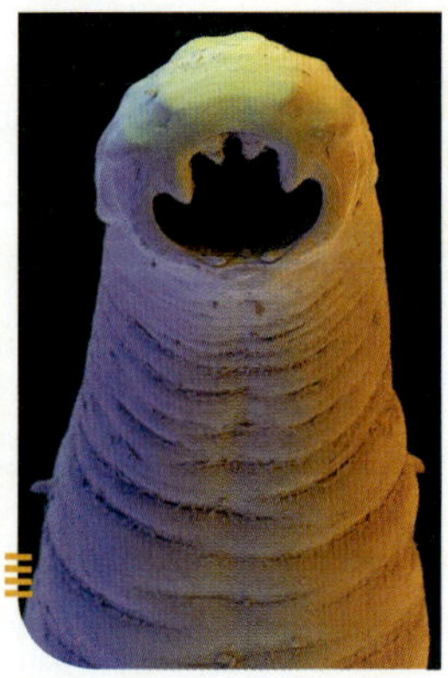

David Scharf/SPL/Fotoarena

Fotografia de detalhe da cabeça de *Ancylostoma duodenale* obtida em microscópio eletrônico de varredura evidenciando os ganchos na boca do animal. (Aumento aproximado de 80 vezes. Cores artificiais.)

Mauro Nakata/Arquivo da editora

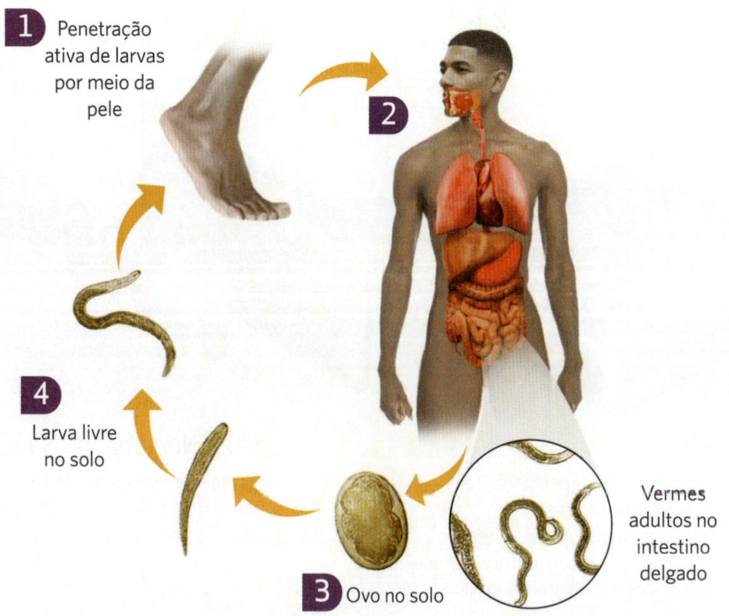

1. As larvas penetram ativamente através da pele fina, atingem a circulação e migram por vários órgãos, até chegar aos alvéolos pulmonares.
2. Perfurando a parede dos alvéolos, sobem até a faringe; em seguida, seguem pelo esôfago, estômago e, finalmente, intestino delgado, onde se transformam em vermes adultos.
3. Após o acasalamento no intestino, as fêmeas iniciam a postura dos ovos, que, misturados às fezes, chegam ao ambiente. Se depositados em solo úmido e sombroso, os ovos eclodem e liberam larvas.
4. As larvas podem permanecer vivas no solo por vários dias. Após algumas mudas, as larvas se tornam infectantes. Se houver oportunidade, infectam um novo hospedeiro, penetrando através da pele e reinicia o ciclo.

Elaborado com base em: RUPPERT, E. E.; FOX, R. S. & BARNES, R. D. *Zoologia dos invertebrados*. 7. ed. São Paulo: Roca, 2005.

Esquema simplificado do ciclo de vida do parasita causador da ancilostomose. (Elementos fora de proporção de tamanho entre si. Cores fantasia.)

As medidas de combate à doença incluem saneamento básico, tratamento dos doentes e uso de calçados, pois a infestação se dá pela penetração ativa de larvas do parasita através da pele.

Esquistossomose

É causada por um platelminto, o *Schistosoma mansoni*, cujos adultos vivem no interior das veias do fígado e das veias da parede intestinal do ser humano (hospedeiro definitivo). A fêmea fica alojada no corpo do macho e seus ovos são expelidos com as fezes humanas. Na água, as larvas que eclodem dos ovos (miracídios) penetram em um caramujo planorbídeo (da família Planorbidae e gênero *Biomphalaria*). Dentro dele, reproduzem-se assexuadamente e geram novas larvas (cercárias), que saem e permanecem livres em meio aquático. Essas larvas perfuram a pele humana e atingem a circulação, onde crescem, desenvolvem-se e dão origem a novos vermes.

A esquistossomose tem uma fase inicial aguda, que provoca mal-estar, cansaço, problemas gastrointestinais e dores de cabeça. Ela é seguida por uma fase intestinal, em que ocorrem graves distúrbios digestivos, cólicas e fezes com muco e sangue. Na fase crônica, ocorre inflamação do fígado e do baço, além da típica ascite (popularmente chamada de barriga-d'água), característica marcante dessa doença.

No Brasil, a doença afeta milhões de pessoas de 18 estados (sendo endêmica em áreas de 8 estados); apenas entre 2016 e 2017 causou cerca de mil óbitos. A profilaxia da esquistossomose implica construir redes de tratamento de água e esgoto, exterminar o caramujo hospedeiro e evitar o contato com águas contaminadas por cercárias.

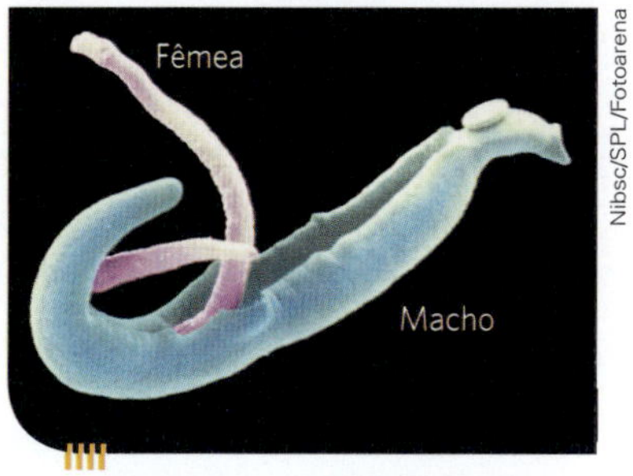

Fotografia de casal de *Schistosoma mansoni* obtida em microscópio eletrônico de varredura. Observe a diferença no corpo do macho – maior e com um sulco onde a fêmea se aloja – e da fêmea – menor e mais afilada. (Aumento aproximado de 34 vezes. Cores artificiais.)

Caramujo planorbídeo (*Biomphalaria glabrata*, até 4 cm de diâmetro), transmissor da esquistossomose.

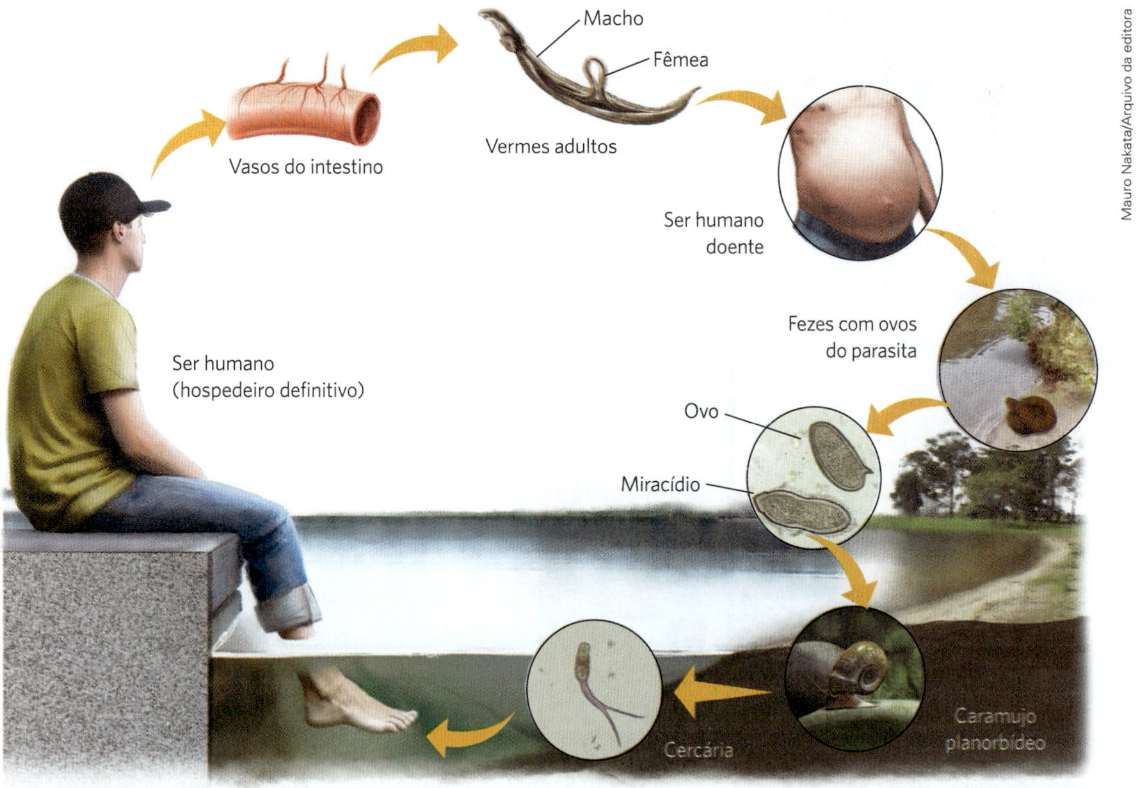

Elaborado com base em: RUPPERT, E. E.; FOX, R. S. & BARNES, R. D. *Zoologia dos invertebrados*. 7. ed. São Paulo: Roca, 2005.

Esquema do ciclo de vida do *Schistosoma mansoni*. (Elementos fora de proporção de tamanho entre si. Cores fantasia.)

Leishmaniose

Doença causada por protozoários do gênero *Leishmania*, um parasita intracelular. Espécies de animais silvestres e domésticos foram descritas como hospedeiros e possíveis reservatórios naturais desse protozoário. É transmitida por meio da picada de fêmeas de mosquitos flebotomídeos, principalmente do gênero *Lutzomyia* (antes classificados no gênero *Phlebotomus*). Esses insetos são conhecidos popularmente como mosquito-palha, birigui ou cangalhinha.

No Brasil, a doença se apresenta de duas maneiras distintas: a leishmaniose tegumentar americana (provocada pela *Leishmania braziliensis*) e a leishmaniose visceral (causada pela *Leishmania chagasi*).

A **leishmaniose tegumentar americana**, como o nome indica, atinge as mucosas do corpo e causa lesões (úlceras) na pele. A **leishmaniose visceral**, também conhecida como calazar, é uma doença crônica, sistêmica e caracterizada por febre de longa duração, perda de peso, fraqueza e anemia. É fatal em mais de 90% dos casos que não são tratados. Presente em todo o país, a leishmaniose visceral tem avançado rapidamente, aumentando a preocupação dos órgãos responsáveis pela saúde pública.

Malária

É causada por um protozoário do gênero *Plasmodium*, que ataca células do sangue (hemácias) e de órgãos como o fígado, o baço e a medula óssea vermelha. Os sintomas incluem anemia, enfraquecimento, graves lesões no fígado, no baço e na medula óssea, além de estado de prostração durante e após as crises. Afeta centenas de milhões de pessoas em todo o mundo, especialmente em regiões tropicais.

A transmissão se dá pela picada da fêmea do mosquito-prego, o *Anopheles* sp.

A figura a seguir representa o ciclo da doença. Em síntese, no ciclo vital do plasmódio ocorrem reproduções assexuadas no fígado e nas hemácias do ser humano e na parede estomacal do inseto. Ocorre, ainda, um tipo de reprodução sexuada na luz estomacal do inseto.

Mauro Nakata/Arquivo da editora

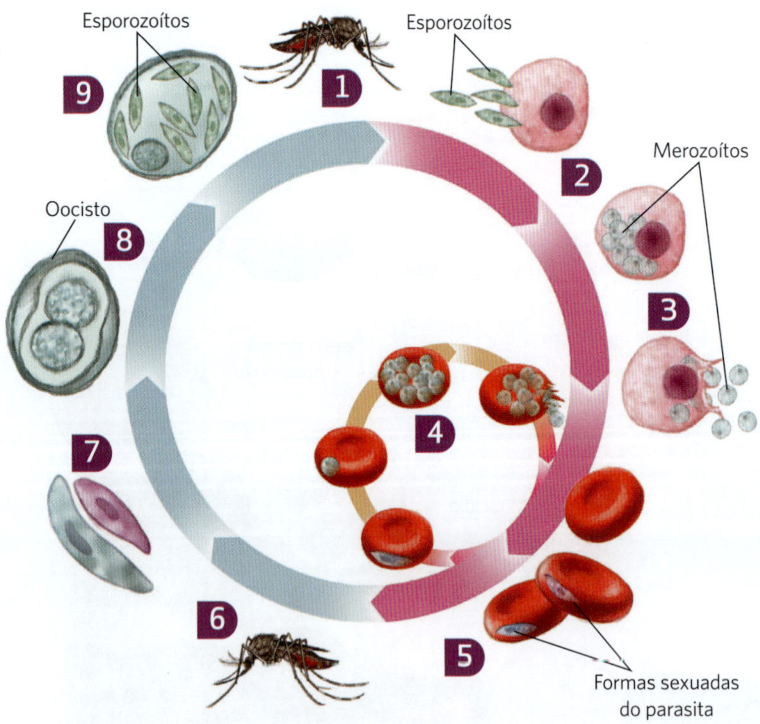

Elaborado com base em: Center For Disease Dynamics, Economics & Policy (CDDEP). *Life Cycle of the Malaria Parasite*. EUA, 2013.

1. Os esporozoítos do plasmódio ficam nas glândulas salivares do mosquito e são inoculados na circulação por meio da picada.
2. Os esporozoítos penetram nas células do fígado, onde se reproduzem assexuadamente por mitose (esquizogonia) durante alguns dias, produzindo muitos merozoítos.
3. As células do fígado se rompem, liberando grande número de merozoítos no sangue.
4. Merozoítos penetram nas hemácias e sofrem esquizogonia. As hemácias se rompem e liberam novos merozoítos, que penetram outras hemácias e recomeçam o ciclo. O rompimento das hemácias causa sintomas como tremores, suor, prostração e febre.
5. No interior de algumas hemácias originam-se formas sexuadas do parasita.
6. O mosquito ingere hemácias contaminadas com as formas sexuadas do parasita.
7. As formas sexuadas se unem no estômago do inseto produzindo o **ovo** (**oocisto**).
8. Oocistos formam cistos na parede estomacal.
9. Cada ovo origina, por reprodução assexuada (esporogonia), muitos esporozoítos, dos quais alguns atingem as glândulas salivares do inseto. Assim, no ato da picada, os esporozoítos podem ser inoculados no ser humano.

Esquema do ciclo de vida do *Plasmodium vivax*. As setas azuis indicam as etapas que ocorrem dentro do mosquito e as rosas, dentro do corpo humano. (Representações fora de proporção de tamanho entre si. Cores fantasia.)

A profilaxia abrange medidas de saneamento para a erradicação do inseto (cujas larvas são aquáticas) e o uso preventivo de quinino e derivados (substâncias que interferem no ciclo vital do parasita). A administração dessas substâncias é feita por via oral e indicada a pessoas que vivem em zonas onde, sabidamente, há risco de se contrair a doença, e também a pessoas que viajam para essas áreas. Não existe vacina.

É importante saber reconhecer o *Anopheles* sp., que se diferencia dos mosquitos do gênero *Culex* sp. (grupo que inclui o pernilongo comum) pela posição das larvas na água e pela posição dos adultos quando pousam em um substrato qualquer. Observe essas diferenças nas fotografias.

Alamy/Fotoarena/CDC/SPL/Fotoarena

blickwinkel/Teigler/Alamy/Fotoarena/ Torbjrn Arvidson/Alamy/Fotoarena

(A) Larva aquática (cerca de 6 mm de comprimento) e mosquito adulto (menos de 1 cm de comprimento) do gênero *Anopheles*. Repare a posição dos dois animais: a larva aquática na horizontal, paralela à superfície, e o adulto inclinado sobre a pele (daí o nome popular "mosquito-prego"). **(B)** Larva aquática (cerca de 6 mm de comprimento) e mosquito adulto (cerca de 6 mm de comprimento) do gênero *Culex*. A larva aquática permanece verticalmente (perpendicular) à superfície, e o adulto se posiciona horizontalmente sobre a pele.

Doença de Chagas (tripanossomíase)

É causada por um protozoário flagelado chamado tripanossomo, normalmente encontrado no sangue de vários animais, como tatus, tamanduás, gambás, raposas e cutias, que são reservatórios naturais desse protozoário.

O cientista brasileiro Carlos Chagas iniciou, em 1909, os estudos que o levaram a descobrir os principais fatos relativos ao ciclo biológico do parasita *Trypanosoma cruzi* (*cruzi* em homenagem ao médico Oswaldo Cruz). Chagas descobriu não somente o agente causador da doença (agente etiológico), como o inseto transmissor e os reservatórios naturais desse protozoário. Além disso, descreveu os sintomas da doença no ser humano.

O inseto hematófago (que se alimenta de sangue) do gênero *Triatoma*, popularmente conhecido como barbeiro ou chupança, esconde-se dentro das casas. Durante a noite, ele pica pessoas, sobretudo nas partes descobertas, como o rosto. Após sugar o sangue, o barbeiro defeca. Nas suas fezes, são comuns as formas infestantes do *T. cruzi*, que podem penetrar na pele quando a pessoa coça o local da picada, causando pequenas escoriações. A partir da década de 2000, foram registrados dezenas de casos da doença de Chagas causados pela ingestão do tripanossoma. Essa forma de transmissão oral pode levar ao desenvolvimento de formas graves da doença. Em geral, a contaminação ocorre pelo consumo de alimentos infectados pelo barbeiro e suas fezes (como caldo de cana e açaí) ou da carne mal cozida de mamíferos infectados. Infelizmente, essa parasitose ainda é incurável. A prevenção envolve a melhoria das condições de vida e de moradia nas áreas endêmicas e cuidados no preparo de alimentos.

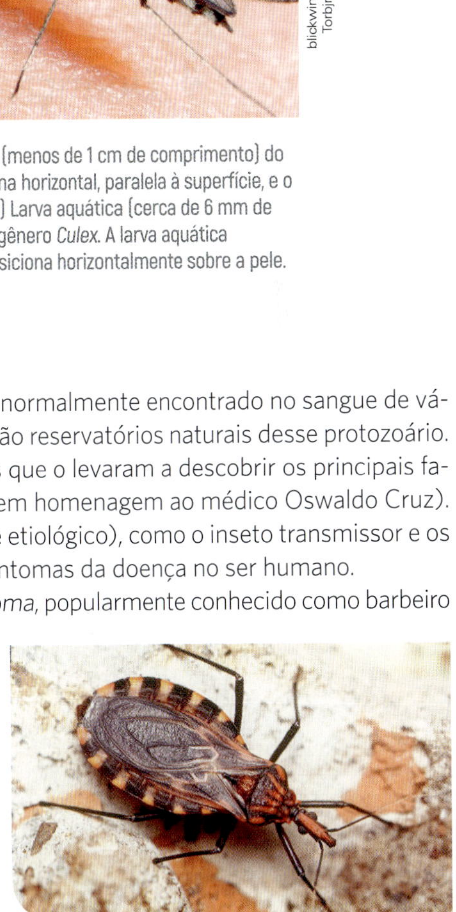

Fabio Colombini/Acervo do fotógrafo

O percevejo conhecido como barbeiro (gênero *Triatoma*, entre 2 cm e 3 cm de comprimento) é o principal transmissor da doença de Chagas em seres humanos.

A figura a seguir representa o ciclo da doença de Chagas:

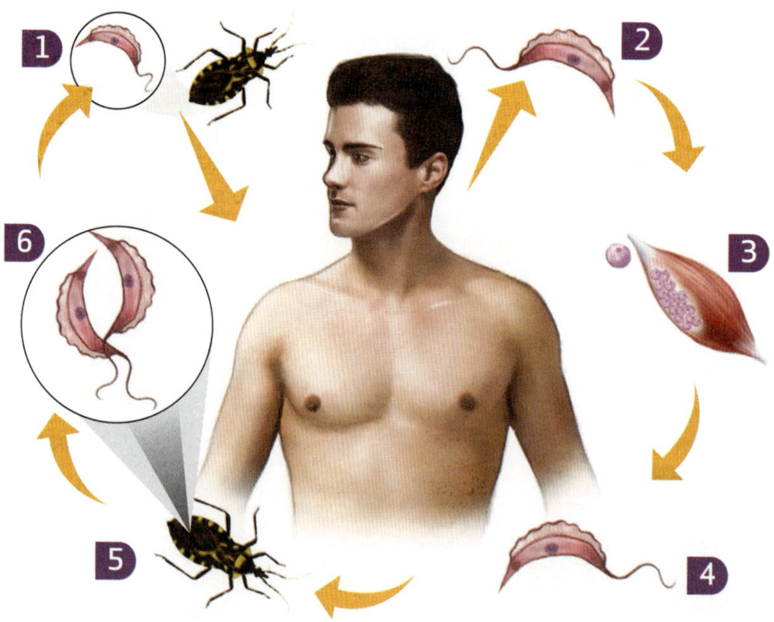

1. O barbeiro defeca sobre a pele humana. Nas fezes do inseto estão as formas infestantes (flageladas) do *T. cruzi*, que penetram pela ferida da picada.
2. O parasita atinge o sangue e circula pelo corpo, instalando-se no tecido muscular (especialmente do coração).
3. No interior das fibras musculares, o *T. cruzi* se apresenta sob a forma esférica, sem flagelo e em ativa reprodução assexuada.
4. O parasita adquire sua forma típica (flagelada) e passa, em grande número, para a circulação periférica do doente.
5. O doente, ao ser picado pelo barbeiro, transmite-lhe o parasita.
6. O *T. cruzi* se reproduz assexuadamente no intestino do inseto.

Elaborado com base em: ARGOLO, A. M. *et. al. Doença de Chagas e seus principais vetores*. Rio de Janeiro: Fiocruz, 2008.

Esquema da transmissão do *Trypanosoma cruzi*. (Elementos fora de proporção de tamanho entre si. Cores fantasia.)

Doenças emergentes

Mudanças no comportamento humano, assim como alterações provocadas pelos seres humanos nos ambientes naturais, contribuíram para que doenças até então desconhecidas surgissem no último século. Essas doenças infecciosas (em geral, causadas por vírus) são chamadas de **doenças emergentes** e constituem nova ameaça à saúde humana em escala global. Em certos casos, a expansão humana sobre áreas antes inexploradas pode estar relacionada ao surgimento de certas doenças desconhecidas até então. Supõe-se, por exemplo, que a exposição dos indivíduos a determinados agentes biológicos com os quais não haviam entrado em contato (como vírus, bactérias e fungos presentes no solo, em plantas ou em animais) pode estar ligada à origem dessas doenças. Síndromes hemorrágicas extremamente graves, como a causada pelo vírus **ebola**, são exemplos de doenças originadas nessas circunstâncias. Alguns estudiosos também empregam o termo **reemergentes** para qualificar doenças que, embora já conhecidas, apresentaram aumento significativo no número de casos registrados atualmente.

Exemplos recentes de doenças emergentes são a ***zika***, a ***chikungunya***, a **gripe A** (causada pelo subtipo H1N1 do vírus *influenza* A) e, mais recentemente, a Covid-19 (causada pelo coronavírus Sars-CoV-2). Já a **dengue** e a **febre amarela** podem ser consideradas doenças reemergentes, pois, embora controladas no passado, voltaram a ter grande impacto sobre a saúde humana recentemente. No Brasil, o retorno dessas doenças se deve, principalmente, às dificuldades no controle do mosquito *Aedes aegypti*, que também é vetor da *zika*, da *chikungunya* e da febre amarela em ambientes urbanos.

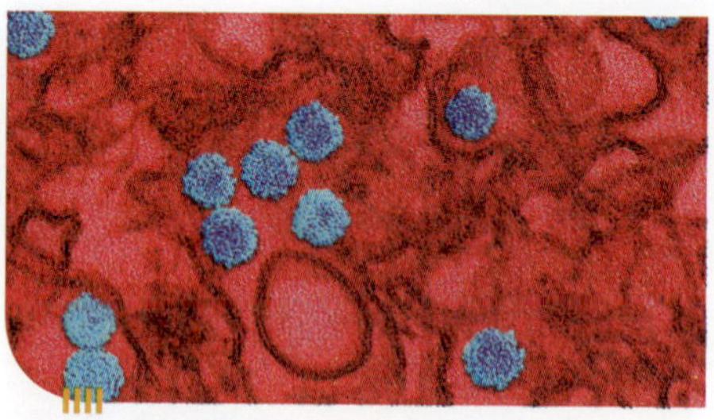

Fotografia de partículas virais da *zika* (em azul, 40 nm de diâmetro) obtida em microscópio eletrônico de transmissão. (Aumento aproximado de 114 000 vezes. Cores artificiais.)

Também gera preocupação o fato de algumas espécies de bactérias patogênicas terem se tornado resistentes aos medicamentos (antibióticos) disponíveis. É o caso, por exemplo, das bactérias *Mycobacterium* spp. (causadoras da tuberculose) e *Staphylococcus aureus* (causadora de vários tipos de infecção).

A pandemia de covid-19

Os coronavírus compõem uma família de vírus que atinge várias espécies animais. Nos seres humanos são causadores de resfriados comuns e outras infecções respiratórias.

No fim de 2019, foi descoberto na China um novo tipo de coronavírus capaz de infectar seres humanos. Em poucos meses esse vírus, chamado de **SARS-CoV-2**, se espalhou por mais de duzentos países e territórios, infectando milhões de pessoas e levando parte delas a óbito.

A infecção pelo Sars-CoV-2, chamada **covid-19**, pode não provocar sintomas ou causar desde sintomas leves - como tosse e coriza - até quadros graves associados a problemas respiratórios e necessidade de internação em UTI. Além da gravidade da infecção em si, a rápida disseminação da covid-19 levou ao aumento exponencial do número de casos, provocando colapso dos sistemas de saúde em vários países, incluindo o Brasil.

Embora a origem exata do Sars-CoV-2 seja incerta, os cientistas encontraram semelhanças genéticas com outros tipos de coronavírus já presentes em certos mamíferos. No entanto, não se sabe ao certo em que espécie aconteceu a mutação que permitiu ao vírus infectar seres humanos. A partir de então, a transmissão passou a ocorrer de uma pessoa para outra: ao falar, tossir ou espirrar, gotículas de saliva e secreções respiratórias contendo vírus são lançadas no ar, onde podem permanecer por certo tempo até se depositar em superfícies e objetos, contaminando-os por horas ou dias, dependendo do material. O vírus pode ser transmitido por pessoas antes mesmo da manifestação dos primeiros sintomas, o que favorece o contágio.

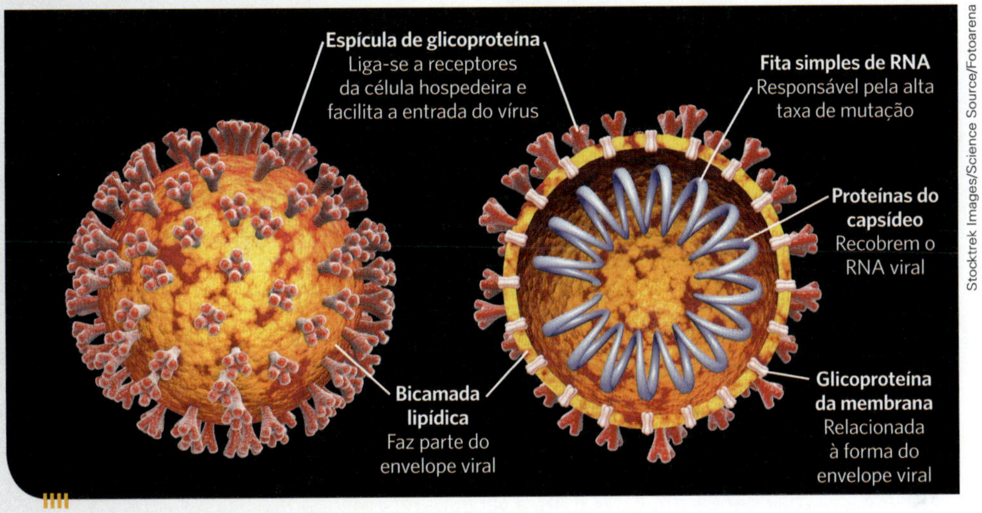

Esquema da estrutura do Sars-CoV-2. Os vírus dessa família se parecem com uma coroa (*corona*, em latim). O RNA encontra-se recoberto pelas proteínas do capsídeo. O vírus mede entre 65 nm e 125 nm. (Cores fantasia.)

O Sars-CoV-2 não é o primeiro coronavírus a causar síndromes respiratórias graves. Em 2002, a sudoeste da China, o coronavírus tipo Sars provavelmente teve origem em vírus de morcegos que infectaram civetas (nome popular de um grupo de mamíferos que habita a região). Em 2012, na Arábia Saudita, surgiu o coronavírus tipo Mers, adquirido pelo contato ou consumo de camelos.

Efeitos da pandemia

No início de 2020, a pandemia de covid-19 alterou profundamente o modo de vida de sociedades em todo mundo.

Na ausência de vacinas ou medicamentos comprovadamente eficazes, a OMS (Organização Mundial de Saúde) recomendou medidas de distanciamento social para tentar conter a expansão do vírus e o crescimento do número de casos. Diversos países adotaram medidas para evitar aglomerações (incluindo o fechamento de fábricas, comércios e escolas e a proibição de *shows* e eventos), com o objetivo de "achatar a curva" de pessoas infectadas, ou seja, evitar grande número de pessoas doentes na mesma época e também ganhar tempo para que os sistemas de saúde expandissem sua capacidade de atendimento. Muitos dos países mais afetados pela pandemia adotaram medidas mais restritivas, como fechamento de fronteiras terrestres e de portos e aeroportos. Alguns países adotaram o chamado *lockdown*, ou seja, bloqueio total de determinada região, por iniciativa do Estado, em que o cidadão é impedido de circular por áreas públicas e de cruzar fronteiras, exceto por motivos emergenciais. O *lockdown* envolve fiscalização governamental e pode apresentar toque de recolher.

O enfrentamento da pandemia também suscitou questões políticas, econômicas e sociais dentro e fora do Brasil. Diante das consequências da paralisação de grande parte das atividades produtivas, a OMS e o FMI (Fundo Monetário Internacional) consideraram o combate à pandemia como prioridade.

Febre amarela

É provocada por um vírus pertencente à mesma família do vírus da dengue. No ciclo silvestre, os macacos são os principais hospedeiros do vírus, que é transmitido principalmente por meio de mosquitos do gênero *Haemagogus*, cujos hábitos são estritamente silvestres. Nesse ciclo, o ser humano é hospedeiro acidental do vírus. No ciclo urbano, o ser humano passa ser o hospedeiro de maior relevância e a transmissão ocorre por meio da picada de mosquitos *Aedes aegypti*. Os casos de febre amarela registrados nos últimos anos estão relacionados ao ciclo silvestre da doença. De acordo com dados do Ministério da Saúde, desde 1942 não há casos de febre amarela urbana no país, isto é, transmitidos pelo *A. aegypti*.

Para que a transmissão ocorra, o mosquito deve estar contaminado com o vírus previamente adquirido de um indivíduo doente ou de **reservatórios** naturais da doença (macacos). A febre amarela não é transmitida de uma pessoa a outra pelo simples contato ou proximidade. Os sintomas iniciais são: febre alta de início súbito, mal-estar, dores musculares, dor de cabeça, cansaço e, eventualmente, náusea e diarreia. Se não for tratada a tempo, a doença pode evoluir para um quadro mais grave e levar à morte.

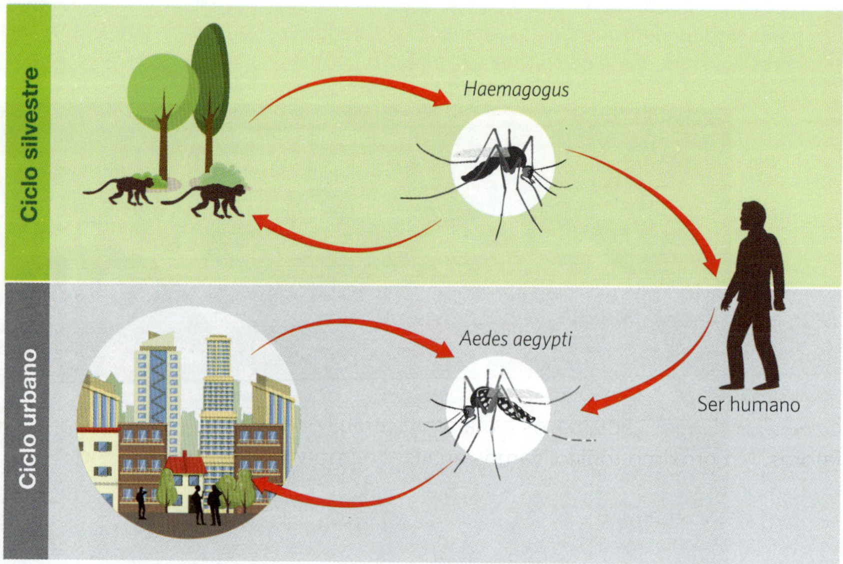

Elaborado com base em: http://www.saude.gov.br/saude-de-a-z/febre-amarela-sintomas-transmissao-e-prevencao. Acesso em: fev. 2020.

Esquema da transmissão da febre amarela no ambiente silvestre e urbano.

Após a reemergência da doença em 2017/2018, a vacina é recomendada a pessoas que viajem ou morem em 19 estados no país. A vacina deve ser aplicada com pelo menos dez dias de antecedência em relação à viagem.

Dengue

Virose transmitida por mosquitos do gênero *Aedes* (*A. aegypti* e *A. albopictus*), que também transmitem o vírus da *chikungunya* e da *zika*.

Pode se manifestar de duas maneiras: clássica e hemorrágica. Os sintomas da **dengue clássica** são semelhantes aos de uma gripe e duram cerca de uma semana: febre súbita, dores musculares e nas articulações, dor de cabeça, prostração, perda de apetite, vômito e diarreia. A **dengue hemorrágica** afeta pessoas que já tiveram dengue clássica e que estão, portanto, sensibilizadas para a doença. É mais agressiva, pois pode provocar hemorragias no sistema digestório e problemas circulatórios. Além disso, apresenta alto índice de letalidade.

As pessoas com os sintomas da dengue devem procurar atendimento médico, especialmente se já tiveram a doença. Além disso, não devem tomar medicamentos que contenham substâncias anticoagulantes, como o ácido acetilsalicílico, o que aumentaria o risco de hemorragias fatais.

Ao contrário da febre amarela, a vacina para a dengue ainda está em fase de testes e não faz parte do Programa Nacional de Imunizações. A medida mais eficaz na luta contra a dengue é a profilaxia, principalmente o extermínio do **mosquito vetor** e a eliminação de todos os possíveis focos de criação de suas larvas.

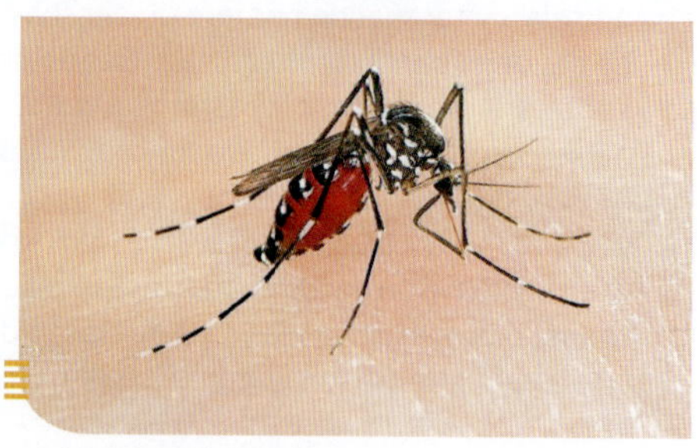

Mosquito *Aedes albopictus* (0,5 cm de comprimento) picando a pele humana.

Saúde e juventude

Quando a juventude começa e quando ela acaba? A resposta para essa pergunta apresenta viés cultural e, por isso, varia de país para país ou do órgão intergovernamental que a responde. No Brasil, o Estatuto da Juventude considera jovens as pessoas entre 15 e 29 anos de idade. Para a Organização das Nações Unidas (ONU), os jovens têm entre 15 e 25 anos. Considerando o comentário anterior, a ONU reconhece que não há uma definição exata e permanente para juventude. Em todo mundo, os jovens desempenham papéis muito diferentes de acordo com a sociedade em que vivem. Podem ser filhas/filhos, pais, estudantes, trabalhadoras/trabalhadores, atletas, etc. Por isso, falamos em juventudes, no plural, compreendendo que os jovens passam por experiências muito diferentes uns dos outros.

Ainda assim, a ideia de juventude está ligada a uma época de transformação pessoal e de transformação nas relações com o mundo ao redor. Quando pensamos em juventude, também pensamos no impacto que os valores e as atitudes dos jovens têm em modificar a realidade atual, em direção a um futuro diferente daquele que outras gerações vislumbraram. Para isso, adolescentes e jovens precisam receber, no presente, os cuidados e as oportunidades necessárias para se desenvolverem plenamente.

De acordo com a Unesco, parte da juventude do mundo, e do Brasil, vive em condições de pobreza, de precariedade em saúde e de violação dos direitos humanos. De modo geral, a desigualdade social e o acesso à educação são os principais determinantes sociais que impactam a saúde dos jovens. Receber suporte da família, da escola e dos amigos são considerados fatores de proteção à saúde.

A juventude é associada à saúde e ao vigor físico. Mas também é a época de maior exposição a riscos e maior vulnerabilidade associada a diversos fatores. No próximo tópico, vamos analisar o impacto da violência sobre a juventude. O uso de drogas, as Infecções Sexualmente Transmissíveis (IST) e os direitos sexuais serão estudados ao longo desta unidade.

Violência

Segundo o relatório lançado em 2019 pela Organização Pan-Americana da Saúde (Opas), metade de todas as mortes de pessoas entre 10 e 24 anos no continente americano apresentaram causas evitáveis: homicídios, mortes no trânsito e suicídio. Na maior parte dos casos, a vítima é do sexo masculino. Jovens em condição de maior vulnerabilidade social - como indígenas, negros, LGBTI e migrantes - também são mais afetados.

No Brasil, em 2017, mais da metade das mortes de jovens do sexo masculino entre 15 e 24 anos foi causada por homicídios. Esse fenômeno vem crescendo desde a década de 1980 e afeta toda a sociedade, pois parte da população não chega à idade adulta. Estudos estimam que a violência cause prejuízos econômicos de até 1,5% do PIB.

Adolescência e juventude são sinônimos?

Segundo a ONU e a constituição brasileira, não. Ambos definem adolescência como uma fase que compõe a juventude. As definições variam ao considerar o período: para a ONU a adolescência ocorre entre 10 e 19 anos; para a constituição brasileira, entre 12 e 18. No entanto, o documento *Marco legal: saúde, um direito do adolescente* (Ministério da Saúde, 2007), afirma que o critério cronológico da definição de adolescência é útil para especificações legais e de políticas públicas, mas é falho em outros contextos, pois ignora características individuais dos adolescentes. Assim, é importante considerar critérios biológicos, psicológicos, sociais e históricos ao trabalhar o conceito de adolescência. A puberdade é um exemplo de parâmetro que permite estabelecer conceitualmente a adolescência, mas não é o único. Considerando a própria constituição brasileira, as condições de vida de jovens entre 12 e 18 anos são muito diferentes ao compararmos os dias de hoje com o contexto histórico de 1900, pois em 1891 o Decreto nº 1.313 estipulava a idade de 12 anos como mínima para se trabalhar.

Brasil: proporção de óbitos causados por homicídios por faixa etária - Brasil (2017)

Faixa etária	10 a 14	15 a 19	20 a 24	25 a 29	30 a 34	35 a 39	40 a 44	45 a 49	50 a 54	55 a 59	60 a 64	65 a 69	Total
Masculino	18,4%	59,1%	55,7%	45,1%	35,3%	23,9%	14,3%	8,2%	4,5%	2,5%	1,4%	0,8%	14,7%
Feminino	7,4%	17,4%	15,5%	12,2%	8,8%	5,2%	3,0%	1,6%	1,0%	0,5%	0,3%	0,2%	2,2%
Total	14,1%	51,8%	49,4%	38,6%	28,6%	18,2%	10,5%	5,8%	3,2%	1,7%	0,9%	0,5%	10,4%

Fonte: MS/SVS/CGIAE - Sistema de Informações sobre Mortalidade - SIM. Os homicídios incluem agressões e intervenções legais (CID-BR-10). Não se levou em conta os óbitos cujo sexo da vítima era ignorado. Elaboração Diest/Ipea e FBSP. Disponível em: http://www.ipea.gov.br/portal/images/stories/PDFs/relatorio_institucional/190605_atlas_da_violencia_2019.pdf. Acesso em: fev. 2020.

Se a maior parte das vítimas de homicídios pertence ao sexo masculino, as mulheres são as principais vítimas de violência doméstica, quase sempre praticada por homens. A violência contra a população LGBTI também tem aumentado.

A violência tem causas complexas e variadas. Contudo, algumas das causas mais evidentes estão relacionadas com desigualdade social, marginalização, preconceito contra negros, mulheres e LGBTI e falta de oportunidades (como de trabalho, de moradia e de lazer).

Elaborado com base em: Fórum Brasileiro de Segurança Pública. Disponível em: http://www.forumseguranca.org.br/publicacoes/atlas-da-violencia-2019/. Acesso em: fev. 2020.

"Não há saúde sem saúde mental"

Muitos jovens são submetidos a uma carga diária de estresse físico e emocional que pode afetar a saúde psíquica (ou saúde mental). Como exemplos, podemos citar os quadros de **depressão** e de **síndrome do pânico** (transtorno de ansiedade caracterizado por crises de medo intenso e desespero). Como qualquer doença, os transtornos psíquicos precisam de cuidados. Entretanto, muitos jovens sofrem em segredo por vergonha ou pelo estigma associado às doenças que afetam a saúde mental.

Com frequência, os distúrbios psíquicos têm sido ignorados nos debates sobre as prioridades na área da saúde pública. O secretário-geral da ONU, António Guterres afirmou em 2019: "Não há saúde sem saúde mental".

Em casos extremos, a negligência em relação à saúde mental aumenta o risco de suicídio, uma das principais causas de mortes de jovens em todo o mundo. O suicídio afeta também pessoas próximas à vítima, que frequentemente passam por luto profundo, associado aos sentimentos de culpa e dúvidas.

A redução do número de suicídios é uma das metas dos Objetivos do Desenvolvimento Sustentável. De acordo com a ONU, "as principais intervenções que demonstraram sucesso na redução de suicídios incluem [...] orientar a mídia sobre a cobertura responsável sobre o tema; implementar programas entre os jovens para desenvolvimento de habilidades que lhes permitam lidar com o estresse da vida; identificação precoce, gerenciamento e acompanhamento de pessoas em risco de suicídio."

O dia 10 de setembro foi escolhido como Dia Mundial de Prevenção ao Suicídio. No Brasil, desde 2014, a Associação Brasileira de Psiquiatria (ABP) e o Conselho Federal de Medicina (CFM) organizam a campanha Setembro Amarelo, que busca prevenir novos casos por meio da informação sobre o tema.

Seja na saúde mental ou no combate a outras doenças, a promoção da saúde de adolescentes e jovens é um dos investimentos mais relevantes para a sociedade.

Material de divulgação da campanha Setembro Amarelo, de 2019.

Perspectivas

plurall

Qualidade de vida agora e no futuro

De acordo com a OMS, **qualidade de vida** está relacionada à percepção das pessoas de acordo com seus valores, objetivos, expectativas e também preocupações. Para muitas pessoas, tem a ver com felicidade e satisfação com as condições de vida, incluindo saúde.

Nessa perspectiva, a qualidade de vida deve fazer parte do Projeto de Vida de qualquer pessoa. Certamente, profissionais da saúde devem lidar diariamente com a qualidade de vida de outras pessoas. No entanto, ter estilo de vida saudável é importante em qualquer profissão. Além de hábitos de alimentação e exercícios físicos, ter amigos e participar da vida social e familiar também promove qualidade de vida.

Segundo dados do IBGE, a população do Brasil tende a "envelhecer" com o passar do tempo, isto é, ter proporcionalmente menos jovens e mais adultos e idosos. Essa transição demográfica é sustentada por uma série de fatores, que incluem políticas públicas de saúde, o aumento da expectativa de vida e a diminuição da taxa de natalidade.

Nos textos disponíveis no Plurall você vai conhecer:

- Dados e perspectivas sobre a transição demográfica que está acontecendo no Brasil e no mundo.
- Informações sobre a relação da qualidade de vida com a longevidade.
- Fatores de risco para um envelhecimento não saudável.
- O que é qualidade de vida.
- Como ter qualidade de vida no trabalho.
- Profissionais da saúde que ajudam na promoção da qualidade de vida.

Por dentro da informação

Atualmente, qualidade de vida vai além de índices de mortalidade, do controle de doenças ou do aumento da expectativa de vida, pois também foca nas condições de vida.

1 Localize no vídeo quais são os principais prognósticos para um envelhecimento não saudável e relacione cada um deles aos passos sugeridos no **Texto 1** (Dicas de saúde).

2 Leia no texto a definição do conceito de qualidade de vida e converse com os colegas sobre como ele está implicado na transição demográfica da população brasileira. Depois, liste os principais fatores que apoiam essa transição demográfica.

3 Identifique as estratégias adotadas pelo projeto descrito no **Texto 2** para melhorar a qualidade de vida do público-alvo e relacione cada uma delas com os seguintes aspectos: físico, mental e social.

Para além da informação

Em grupo, conversem sobre as conclusões de cada um acerca dos textos e do vídeo para então realizar as próximas atividades.

1 Na opinião de vocês, como a percepção da mudança do perfil de população e a maior atenção para a questão da qualidade de vida pode influenciar o mercado de trabalho e o futuro das profissões?

2 Façam uma lista com algumas carreiras e ocupações relacionadas ao tema saúde e qualidade de vida.

3 Considerando que planejar um projeto de vida é pensar sobre diferentes atuações no mundo, sem deixar de lado a responsabilidade social e as preferências e habilidades individuais, de que modo a saúde e a qualidade de vida podem estar relacionadas ao projeto de vida de qualquer pessoa?

4 Em grupo, criem o projeto de um serviço, *software* ou aplicativo ou mesmo de uma profissão que relacione o tema saúde e bem-estar às demandas atuais.

A informação e você

Em síntese, podemos dizer que construir um projeto de vida é como planejar o caminho a ser percorrido ao longo da vida, considerando o ponto onde se encontra hoje (quem você é hoje) e aonde se quer chegar (quem você quer ser no futuro).

5 Como a saúde e a qualidade de vida se encaixam no seu projeto de vida? Justifique sua resposta e, se for o caso, defina um plano de ação para atingir seu objetivo. Compartilhe seu plano com os colegas, você pode inspirá-los.

Desenvolvendo habilidades

1 A tuberculose tem cura. O tratamento leva no mínimo seis meses, mas, após as primeiras semanas, o paciente já se sente melhor. E é nesse momento que algumas pessoas abandonam o tratamento (observe o gráfico a seguir). Uma das preocupações atuais é que o abandono favoreça o aumento do número de casos de tuberculose resistente aos medicamentos (TB-DR), mostrados no quadro a seguir.

Casos novos de TB-DR*. Brasil, 2001 a 2018

Ano	2001	2003	2005	2007	2009	2011	2013	2015	2017
TB-DR	331	317	389	331	398	712	741	1100	1067

*TB-DR: tuberculose drogarresistente

Fonte: SITE TB/MS. Disponível em: http://portalarquivos2.saude.gov.br/images/pdf/2019/dezembro/06/APRES-PADRAO-NOV-19.pdf. Acesso em: fev. 2020.

Percentual de cura e abandono de casos novos de tuberculose no Brasil

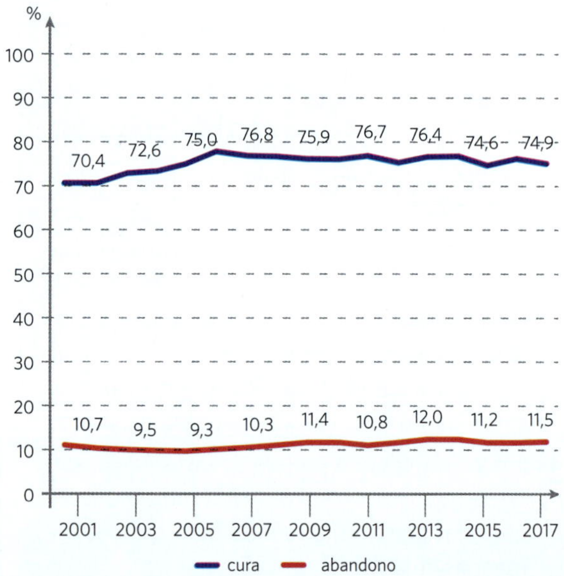

Fonte: SES/MS/SINAN. * Dados preliminares, sujeitos a revisão. Retirados da análise os encerramentos por: Mudança de diagnóstico, TBDR, Mudança de esquema e falência. Disponível em: http://portalarquivos2.saude.gov.br/images/pdf/2019/dezembro/06/APRES-PADRAO-NOV-19.pdf. Acesso em: fev. 2020.

Explique por que o abandono do tratamento pode aumentar os casos de TB-DR.

2 Algumas pessoas dizem que o código de endereçamento postal (CEP) de uma pessoa pode influenciar mais sua saúde, dado o acesso a políticas públicas governamentais, do que fatores genéticos. Justifique a diferença na influência desses fatores - CEP e fatores genéticos - nos DSS.

3 Quando uma pessoa com tuberculose fala, tosse ou espirra, ela lança no ar gotículas de saliva contendo bacilos. A transmissão pode ocorrer quando as gotículas são inaladas por outra pessoa. Os bacilos que se depositam em roupas e objetos dificilmente se dispersam pelo ar e a tuberculose geralmente não é transmitida por objetos compartilhados. O bacilo morre em presença da luz solar. A circulação de ar também diminui os riscos de contaminação.

Considerando as informações indicadas anteriormente, observe o modelo de DSS de Dahldren e Whitehead na página 442 e cite um DSS de grande influência para a transmissão da tuberculose. Justifique sua resposta.

4 O personagem Jeca Tatu, criado pelo escritor Monteiro Lobato (1882-1948) no início do século passado, foi usado em campanhas a favor do saneamento. Esse personagem reflete as precárias condições de vida do brasileiro da zona rural da época, que não tinha acesso a medidas de higiene básica e não usava calçados. De acordo com a história, Jeca Tatu vivia desanimado e sem forças nem vontade para nada. Mais tarde, ao ser examinado pelos médicos, descobriu-se que ele sofria de anemia profunda, como resultado de uma doença mencionada neste capítulo. Que doença é essa? Por que a falta de saneamento básico favorece sua disseminação?

5 O gráfico a seguir compara a importância de alguns determinantes sociais da saúde ao longo de toda a vida.

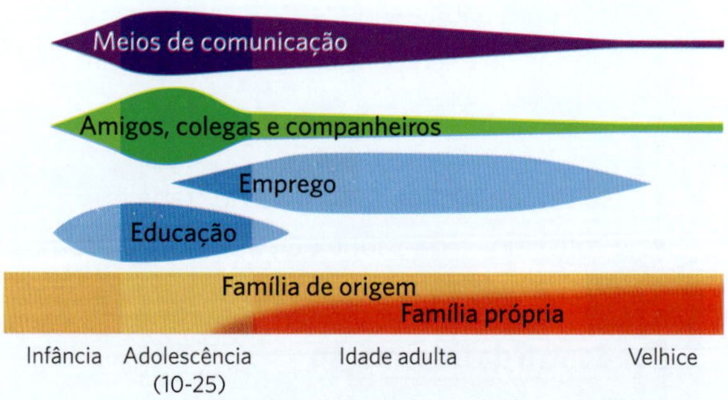

Elaborado com base em: The Health of Adolescents and Youth in the Americas. Implementation of the Regional Strategy and Plan of Action on Adolescent and Youth Health 2010-2018. *Organização Pan-Americana da Saúde*. Disponível em: http://iris.paho.org/xmlui/bitstream/handle/123456789/49545/9789275119938_eng.pdf?sequence=17&isAllowed=y. Acesso em: fev. 2020.

Como você acha que cada um desses determinantes pode influenciar, positiva ou negativamente, na vida de um jovem?

CAPÍTULO

35

Nutrição e transporte de substâncias

O funcionamento e a sobrevivência do corpo humano dependem da entrada constante de matéria e energia, obtidas dos alimentos. Dentro do corpo, matéria e energia passam por diversas transformações até retornarem ao ambiente.

Este capítulo favorece o desenvolvimento das habilidades:

- EM13CNT101
- EM13CNT104
- EM13CNT202
- EM13CNT207
- EM13CNT301
- EM13CNT302
- EM13CNT303
- EM13CNT310

Matéria e energia no corpo humano

O corpo humano é constituído de matéria e de energia. A matéria é composta pelas moléculas das substâncias - como a água - enquanto a energia é fundamental para reorganizar a matéria, transformando uma substância em outra por meio de reações químicas.

A matéria e a energia do nosso corpo vêm do ambiente, por meio dos alimentos que ingerimos. Estes contêm substâncias usadas como matéria-prima para a síntese de proteínas e de outros componentes do corpo. A energia, por sua vez, chamada **energia química**, fica armazenada nas ligações entre os átomos das substâncias, como na glicose.

Metabolismo

O conjunto de todas as reações químicas que acontecem em um organismo é chamado de **metabolismo**. As reações que transformam moléculas complexas em outras mais simples, como a respiração celular, fazem parte do **catabolismo**, isto é, do metabolismo de degradação ou quebra de moléculas. Por outro lado, as reações que produzem moléculas mais complexas a partir de outras mais simples fazem parte do **anabolismo**.

Dica

Alimentação saudável

https://oxfam.org.br/noticias/grandes-supermercados-alimentam-a-desigualdade-e-sofrimento-nas-cadeias-de-fornecedores-de-alimentos/

Você sabia que o local onde você compra seus alimentos pode ter uma grande impacto social? Confira os resultados de um relatório internacional que traz esse assunto de grande relevância.

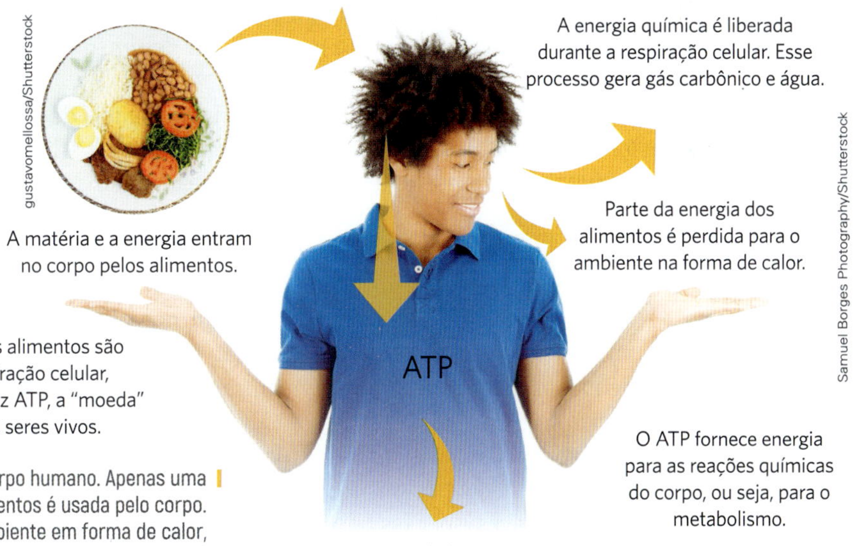

Esquema do fluxo de energia no corpo humano. Apenas uma parte da energia química dos alimentos é usada pelo corpo. Parte da energia é dissipada no ambiente em forma de calor, fezes, etc. (Elementos fora de proporção de tamanho entre si.)

Alimentos e nutrientes

Nutrientes são substâncias, encontradas nos alimentos, que são necessárias e aproveitadas por nosso corpo. De modo simplificado, essas substâncias podem ser classificadas em três tipos.

As substâncias **energéticas**, especialmente os carboidratos (glicídios), funcionam como combustível, pois, ao serem quebradas na respiração celular, liberam energia para as funções vitais.

As substâncias **plásticas** são principalmente as proteínas, que constroem e constituem células, tecidos e órgãos.

As substâncias **reguladoras** são as vitaminas, responsáveis pela regulação do desenvolvimento e das funções orgânicas.

Algumas substâncias podem apresentar mais de uma função, os lipídios, por exemplo, compõem algumas estruturas do corpo, como a membrana plasmática, mas também podem ser armazenados como reserva de energia, podendo ter, portanto, função plástica ou energética. Outro exemplo são as proteínas; se houver falta de carboidratos, essas substâncias plásticas podem ser degradadas para fornecer energia. Diferentemente dos exemplos anteriores, as vitaminas são exclusivamente reguladoras e não têm função plástica ou energética.

Monkey Business Images/Shutterstock

Uma alimentação equilibrada deve garantir matéria e energia necessárias para a manutenção do nosso corpo.

É importante lembrar que se alimentar é mais do que ingerir os nutrientes necessários ao corpo. O modo como os alimentos são escolhidos, combinados, preparados e consumidos tem grande impacto na saúde. Estudos mostram que a ingestão de nutrientes por meio de suplementos ou medicamentos não tem o mesmo efeito proporcionado pelo consumo de alimentos *in natura*, isto é, pouco processados, como frutas, legumes e verduras frescos.

Alimentação, sociedade, saúde e ambiente

Os hábitos alimentares têm mudado acompanhando as mudanças na sociedade. Atualmente, em geral, as pessoas têm menos tempo para cozinhar e fazer refeições em família. Com isso, o consumo de alimentos *in natura* é frequentemente substituído por alimentos industrializados, processados ou ultra processados, que já vêm prontos para consumo. Tornou-se comum o hábito de comer a qualquer hora e em qualquer lugar: caminhando na rua, dentro do ônibus ou enquanto vemos TV. Em linhas gerais, esses hábitos alimentares tendem a promover a ingestão excessiva de calorias, açúcares e gorduras em detrimento de vitaminas, sais minerais e fibras alimentares.

Em muitos países, incluindo o Brasil, houve aumento na incidência de doenças relacionadas ao alto consumo de alimentos ultra processados, como diabetes, obesidade e hipertensão arterial. Antes consideradas doenças de pessoas adultas ou idosas, hoje são cada vez mais comuns em jovens, adolescentes e até crianças. Por outro lado, o Brasil ainda lida com a desnutrição e com doenças relacionadas à ingestão de água e alimentos contaminados, como hepatites e verminoses.

As pressões sociais que impõem padrões de beleza e de consumo podem influenciar os hábitos alimentares. Os jovens são mais vulneráveis aos chamados **transtornos alimentares**, como a anorexia nervosa e a bulimia nervosa. Ambas estão relacionadas à preocupação exagerada com a forma do corpo, o que leva ao uso de recursos inadequados e excessivos para emagrecer, desde medicamentos (laxantes e diuréticos) até indução do vômito e jejum prolongado. Pessoas com anorexia nervosa ingerem quantidades mínimas de alimento, podendo atingir um grau extremo de desnutrição. Já a bulimia nervosa é caracterizada pelo consumo de alimentos seguido de sentimentos de culpa e autopunição, que levam a pessoa a provocar vômitos. Esses transtornos alimentares são graves e necessitam de tratamento e acompanhamento de profissionais da saúde.

Além dos impactos na saúde humana, a alimentação afeta o ambiente e a sociedade. O modo como os alimentos são produzidos, embalados, distribuídos e vendidos pode acentuar desigualdades sociais, por meio da exploração da mão de obra barata, e impactar o solo, a água e outros recursos naturais. Esses impactos incluem dispersão e acúmulo de agrotóxicos e fertilizantes no ambiente, desmatamento, uso de grandes quantidades de água e geração de poluentes e resíduos.

De modo geral, a preferência por alimentos de origem vegetal, como arroz, feijão, milho, legumes, verduras e frutas, causa menos impactos no ambiente, principalmente quando adquiridos de pequenos produtores locais. Diminuir o consumo de carnes e outros alimentos de origem animal reduz o desmatamento para a criação de novas áreas de pastagens, além de diminuir a volume de água usado na criação desses animais e a emissão de gases de efeito estufa.

Alimentação diária

Com a finalidade de orientar a população brasileira sobre a importância de uma alimentação saudável na manutenção da boa saúde, uma pesquisadora da Universidade de São Paulo propôs uma **pirâmide alimentar** adequada aos hábitos alimentares brasileiros. Nessa pirâmide, os alimentos estão distribuídos em oito grupos e em quatro níveis, de acordo com o principal nutriente presente em sua composição. Essa pirâmide alimentar prevê um consumo diário total de cerca de 2 000 kcal. É importante lembrar que a necessidade calórica diária de cada indivíduo varia em função do sexo, da idade e do nível de atividade física.

Sonia Tucunduva Philippi/Arquivo da editora

Pirâmide alimentar para a população brasileira. (Elementos fora de proporção de tamanho entre si. Cores fantasia.)

Elaborado com base em: PHILIPPI, S. T. (org.). *Pirâmide dos alimentos:* fundamentos básicos da nutrição. Barueri: Manole, 2014.

Além das pirâmides alimentares, existem outros modelos nutricionais para orientar uma alimentação equilibrada, como o diagrama a seguir criado por especialistas da escola de nutrição da Universidade de Harvard (EUA). Os espaços ocupados no prato pelos grupos de alimentos representam as proporções em que eles devem ser consumidos diariamente.

A diversidade de alimentos garante que o organismo receba as vitaminas e os minerais de que necessita. Esses componentes, em doses mínimas, são indispensáveis para as atividades metabólicas do corpo, por exemplo, para a síntese de proteínas (como as enzimas). Ainda assim, em alguns casos, a critério de profissionais da saúde, pode ser recomendável realizar uma suplementação vitamínica.

Luis Moura/Arquivo da editora

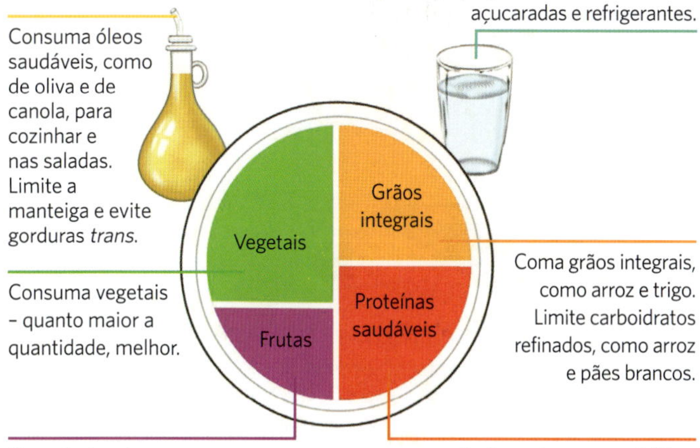

Elaborado com base em: Harvard T. H. Chan School of Public Health. *Prato*: alimentação saudável. Disponível em: www.hsph.harvard.edu/nutritionsource/healthy-eating-plate/translations/portuguese/. Acesso em: jun. 2020.

Representação de um prato saudável. (Elementos fora de proporção de tamanho entre si. Cores fantasia.)

Quatro recomendações e uma regra de ouro

Faça de alimentos *in natura* ou minimamente processados a base de sua alimentação

Alimentos *in natura* ou minimamente processados, em grande variedade e predominantemente de origem vegetal, são a base de uma alimentação nutricionalmente balanceada, saborosa, culturalmente apropriada e promotora de um sistema alimentar socialmente e ambientalmente sustentável.

Utilize óleos, gorduras, sal e açúcar em pequenas quantidades ao temperar e cozinhar alimentos e criar preparações culinárias

Desde que utilizados com moderação em preparações culinárias [...], óleos, gorduras, sal e açúcar contribuem para diversificar e tornar mais saborosa a alimentação sem torná-la nutricionalmente desbalanceada.

Limite o uso de alimentos processados, consumindo-os, em pequenas quantidades [...]

Os ingredientes e métodos usados na fabricação de alimentos processados – como conservas de legumes, compotas de frutas, queijos e pães – alteram de modo desfavorável a composição nutricional dos alimentos dos quais derivam.

Evite alimentos ultraprocessados

Devido a seus ingredientes, alimentos ultraprocessados – como biscoitos recheados, "salgadinhos de pacote", refrigerantes e "macarrão instantâneo" – são nutricionalmente desbalanceados [...]. Suas formas de produção, distribuição, comercialização e consumo afetam de modo desfavorável a cultura, a vida social e o meio ambiente.

A regra de ouro. Prefira sempre alimentos *in natura* ou minimamente processados e preparações culinárias a alimentos ultraprocessados

BRASIL. Ministério da Saúde. Secretaria de Atenção à Saúde. Departamento de Atenção Básica. *Guia alimentar para a população brasileira*. 2. ed. Brasília: Ministério da Saúde, 2014.

Digestão

A digestão transforma as moléculas grandes e complexas dos alimentos em outras, pequenas e mais simples, de modo que o organismo possa absorvê-las e utilizá-las.

A digestão abrange processos mecânicos, como a mastigação, a deglutição e o peristaltismo; e processos químicos, que envolvem transformação de substâncias por meio de enzimas. Veja na figura abaixo os principais órgãos, glândulas e etapas envolvidos na digestão.

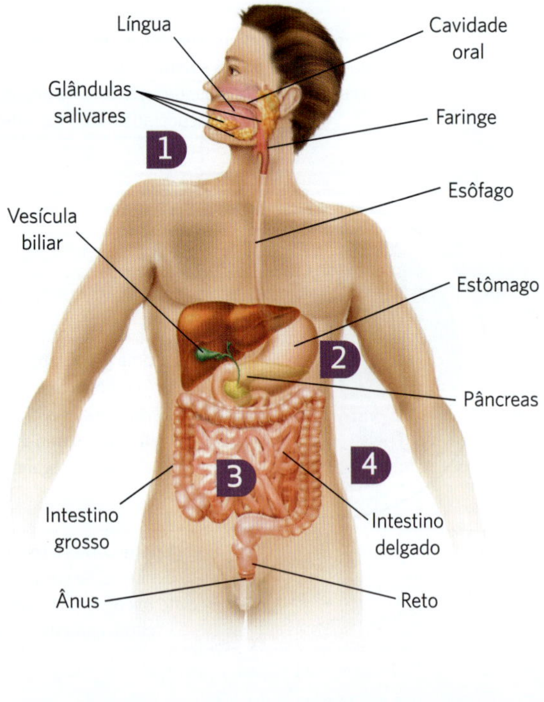

Dawidson França/Arquivo da editora

1. Na boca, o alimento é triturado e misturado à saliva, que contém a enzima amilase salivar.
2. O suco gástrico liberado no estômago contém ácido clorídrico, tornando o pH muito ácido (entre 1,5 e 2). Essa acidez é ideal para a atuação da pepsina, enzima que digere proteínas.
3. As secreções do fígado e do pâncreas são liberadas no duodeno, parte do intestino delgado. No intestino também são liberadas enzimas que atuam na digestão de carboidratos, lipídios e proteínas. A presença de vilosidades e microvilosidades na superfície desse órgão aumentam sua superfície, facilitando a absorção dos nutrientes.
4. No intestino grosso, a maior parte da água é reabsorvida. Os restos não digeridos são eliminados como fezes através do ânus.

Elaborado com base em: TORTORA, G. J.; DERRICKSON, B. *Principles of Anatomy and Physiology*. Nova Jersey: Willey, 2014. p. 968.

Esquema do sistema digestório humano. (Elementos fora de proporção de tamanho entre si. Cores fantasia.)

O sistema digestório apresenta importantes glândulas anexas: as glândulas salivares, o fígado e o pâncreas. As **glândulas salivares** são responsáveis pela produção de amilase salivar, uma enzima que atua na quebra do amido. O **fígado** é responsável por diversos mecanismos de regulação metabólica, além de atuar na degradação de substâncias tóxicas e produzir bile, uma mistura de substâncias que não contém enzimas, mas que fragmenta a gordura em gotículas menores, facilitando a ação enzimática. A bile, produzida no fígado, é armazenada na **vesícula biliar**. A porção exócrina do **pâncreas** é responsável pela produção de bicarbonato de sódio, substância que auxilia na regulação do pH, e de suco pancreático, que contém diversas enzimas digestivas.

Respiração

Como vimos, uma alimentação adequada é essencial para a manutenção do metabolismo. No entanto, nosso corpo necessita de outro componente fundamental para obter energia, o oxigênio. As células humanas obtêm energia por meio da **respiração celular**. Nesse processo, moléculas orgânicas dos alimentos são decompostas, disponibilizando energia que fica armazenada nas moléculas de ATP. A respiração aeróbia produz CO_2 e íons H^+. Esses íons combinam-se com O_2, formando moléculas de água.

Como acontece em muitos animais, a maior parte das células humanas não tem acesso direto ao oxigênio atmosférico. Esse gás entra no corpo por meio do sistema respiratório e, assim como os nutrientes, chega até as células transportado pelo sangue.

O sistema respiratório humano é formado por um conjunto de tubos por onde o ar passa e pelos pulmões, órgãos em que ocorrem as trocas gasosas. Cada pulmão tem cerca de 150 milhões de minúsculas estruturas em forma de saco, os alvéolos.

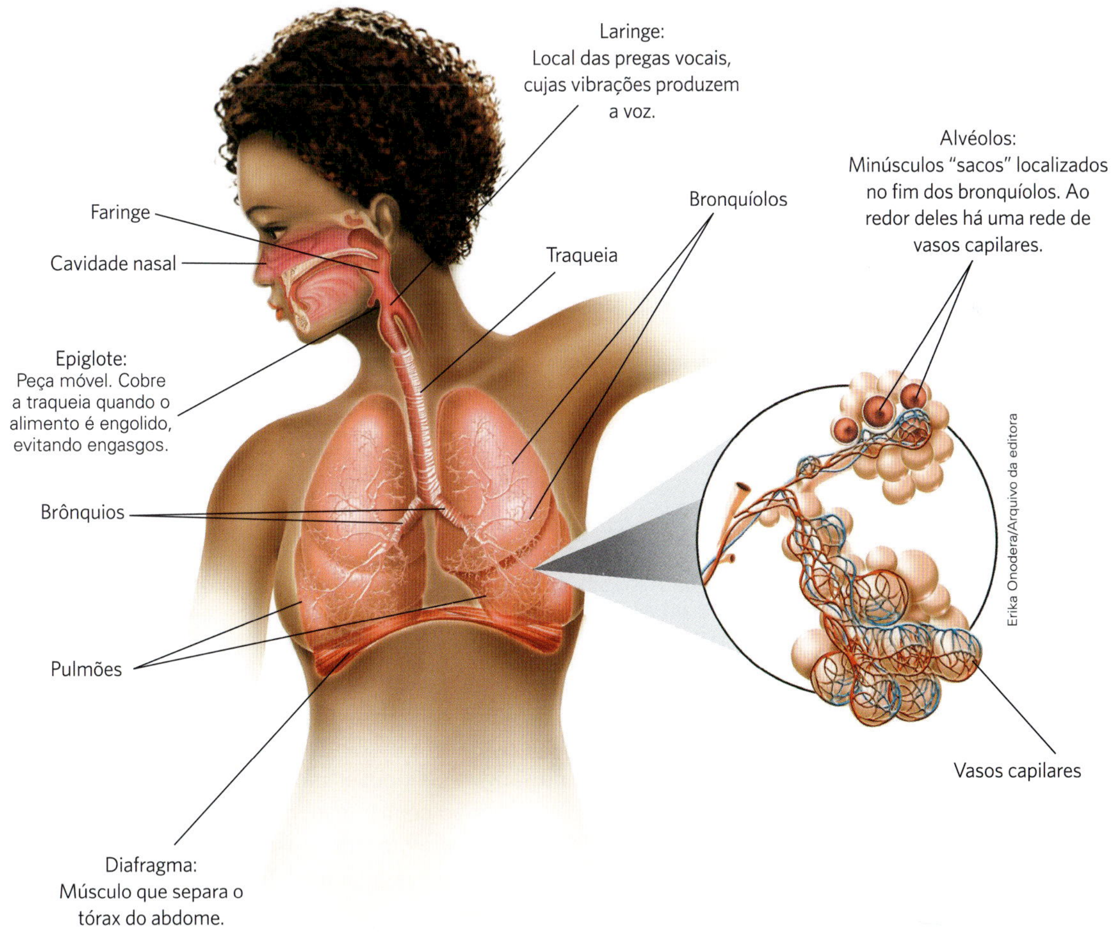

Elaborado com base em: TORTORA, G. J.; DERRICKSON, B. *Principles of Anatomy and Physiology*. Nova Jersey: Willey, 2014. p. 920.

Esquema do sistema respiratório humano. A epiglote, os vasos capilares e o diafragma não são órgãos do sistema respiratório, mas são estruturas que atuam nesse sistema. (Elementos fora de proporção de tamanho entre si. Cores fantasia.)

Movimentos respiratórios

Os movimentos de inspiração e expiração dependem da ação dos músculos intercostais, situados entre as costelas, e do diafragma.

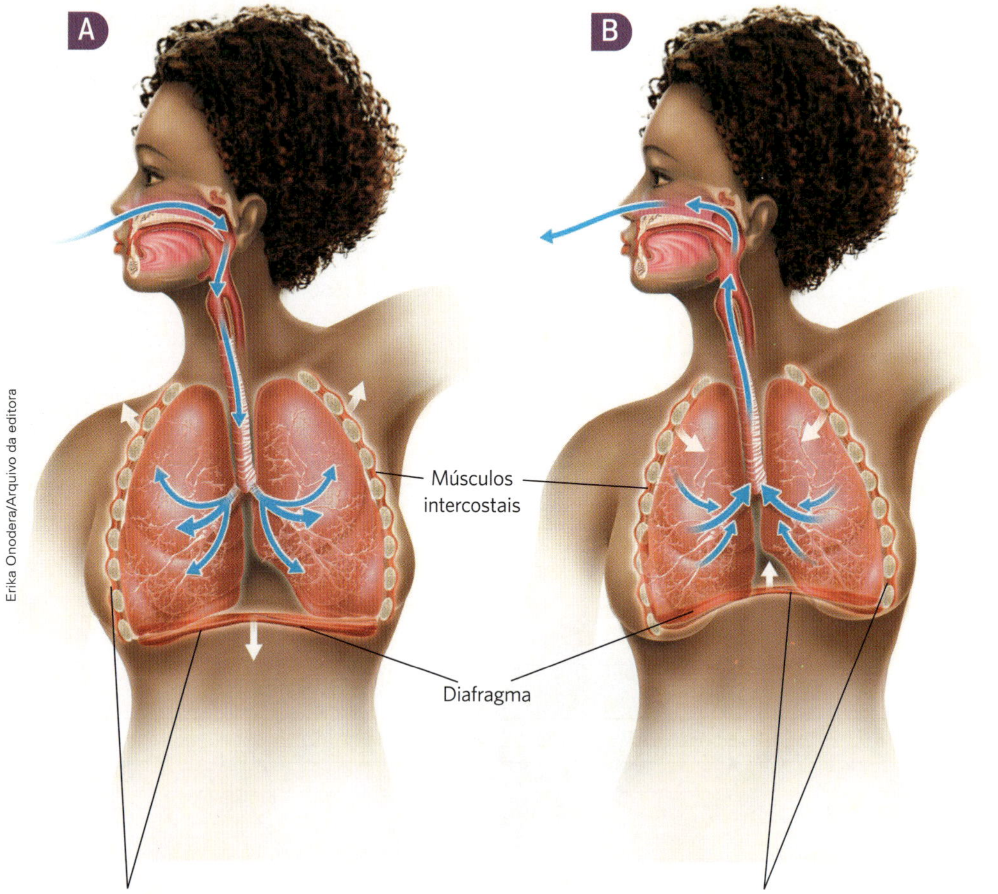

Os músculos intercostais se contraem, expandindo a caixa torácica. Os pulmões se dilatam, recebendo ar do exterior.

Os músculos intercostais relaxam, e a caixa torácica se retrai. Os pulmões se contraem, expulsando o ar de dentro deles.

Setas azuis indicam o movimento do ar.

Setas brancas indicam o movimento da caixa torácica.

Elaborado com base em: TORTORA, G. J.; DERRICKSON, B. *Principles of Anatomy and Physiology*. Nova Jersey: Willey, 2014. p. 938.

Esquemas dos movimentos respiratórios: (**A**) o processo de inspiração; (**B**) o processo de expiração. Em ritmo respiratório normal (12 a 14 vezes por minuto) um adulto inspira cerca de 6 litros de ar, valor que pode se alterar em função da frequência e da amplitude da respiração. (Elementos fora de proporção de tamanho entre si. Cores fantasia.)

O ritmo e a intensidade desses movimentos respiratórios variam com a necessidade do organismo. Nas artérias carótidas e na aorta existem regiões com receptores sensíveis a variações das taxas de gases no sangue. Se houver uma grande queda de O_2 no sangue, esses receptores mandam impulsos ao centro respiratório, localizado no bulbo. Em seguida, esse centro envia estímulos aos músculos intercostais e ao diafragma, para que o ritmo dos movimentos respiratórios seja acelerado, melhorando, desse modo, o suprimento de O_2 nos tecidos.

Outro mecanismo de regulação do ritmo respiratório é a concentração de CO_2 no sangue que circula pelo bulbo. Quando essa concentração aumenta, o centro respiratório envia impulsos nervosos para acelerar os movimentos respiratórios. Isso acontece, por exemplo, quando ficamos ofegantes durante ou após um exercício intenso.

Trocas gasosas

As **trocas gasosas** são essenciais para garantir a respiração celular, é por meio delas que o corpo consegue captar oxigênio do ar e liberar o gás carbônico do corpo.

Nesse processo, também chamado de **hematose**, o gás oxigênio passa do ar presente nos alvéolos para o sangue, e o gás carbônico passa do sangue para os alvéolos. O nitrogênio, um gás que se encontra em grande quantidade no ar atmosférico, não sofre qualquer tipo de troca gasosa, já que não é assimilado pelo corpo durante a respiração.

A troca gasosa ocorre por difusão passiva, dependendo do gradiente de concentração, isto é, os gases se difundem no sentido da maior para a menor concentração. Em outras palavras, as trocas acontecem porque há diferença na concentração dos gases CO_2 e O_2 entre o sangue venoso dos capilares ao redor do alvéolo e o ar inspirado que chega aos alvéolos. Como a concentração de O_2 no sangue venoso é menor do que a concentração desse gás no ar, ocorre difusão passiva de O_2 do ar para o sangue. Já o CO_2 segue o caminho inverso: passa do sangue para o ar dentro do alvéolo. Apenas uma parte do oxigênio presente no ar inspirado sofre essa troca, de modo que o ar expirado, apesar de apresentar maior concentração de CO_2 do que o ar inspirado, ainda contém O_2.

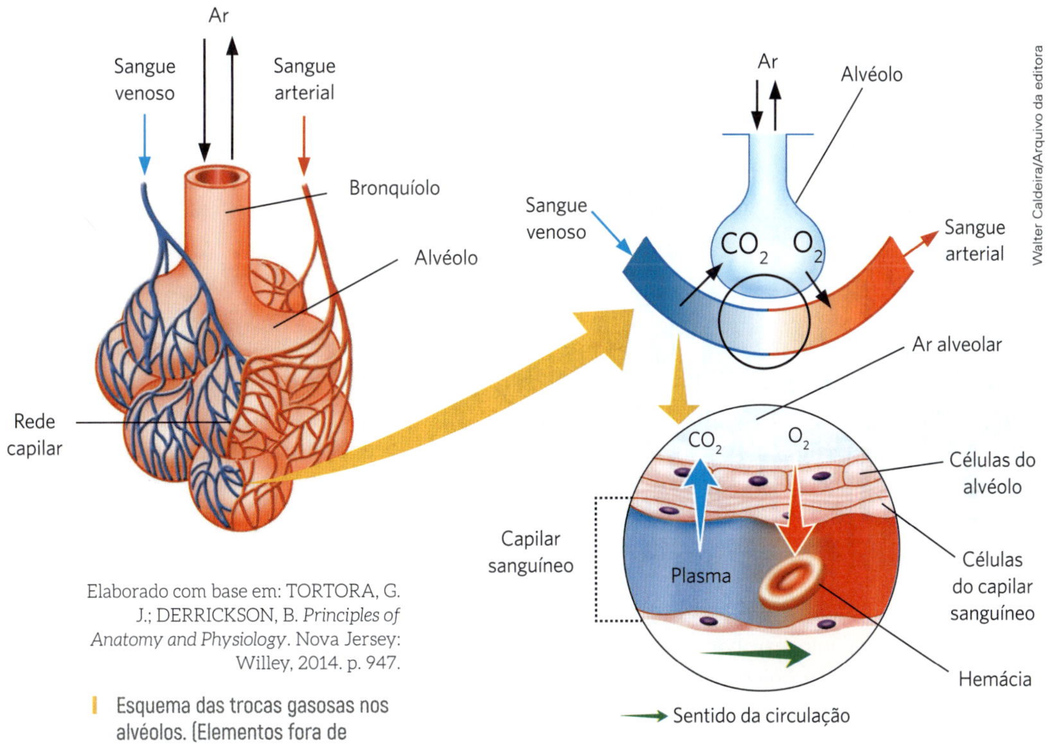

Elaborado com base em: TORTORA, G. J.; DERRICKSON, B. *Principles of Anatomy and Physiology*. Nova Jersey: Willey, 2014. p. 947.

Esquema das trocas gasosas nos alvéolos. (Elementos fora de proporção de tamanho entre si. Cores fantasia.)

Transporte de gases

As hemácias desempenham um papel essencial no transporte de gases. Cada hemácia contém milhões de moléculas de **hemoglobina**. A presença de ferro nessas moléculas confere a cor vermelha às hemácias.

A hemoglobina forma compostos instáveis com os gases oxigênio e carbônico, ou seja, pode recebê-los e doá-los com facilidade.

Hemoglobina + O_2 $\longrightarrow$ **Oxiemoglobina** (HbO_2) (instável)

Hemoglobina + CO_2 $\longrightarrow$ **Carboemoglobina** ($HbCO_2$) (instável)

Dessa forma, praticamente todo o gás oxigênio que entra pelos alvéolos e segue em direção aos tecidos é transportado pela hemoglobina. Já o CO_2, muito mais solúvel em água do que o O_2, tem outras formas de transporte que, em valores aproximados, são:

- 9% dissolvidos no plasma;
- 27% combinados à hemoglobina (carboemoglobina);
- 64% sob a forma de íons HCO_3^- (íons bicarbonato) no plasma.

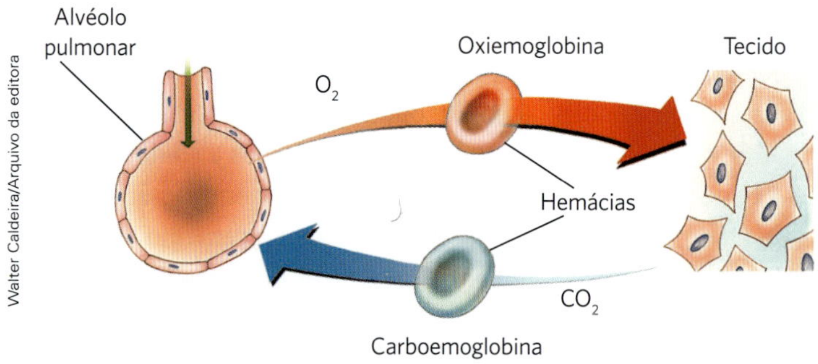

Esquema representando o transporte de O_2 e CO_2 pelas hemácias. (Elementos fora de proporção de tamanho entre si. Cores fantasia.)

A hemoglobina também pode combinar-se com outros gases. É o caso do monóxido de carbono (CO), um gás inodoro e asfixiante produzido na queima de carvão, lenha e combustíveis de automóveis, por exemplo. O CO apresenta alta afinidade pela molécula de ferro e combina-se facilmente com a hemoglobina, formando um composto muito estável, a **carboxiemoglobina**. As moléculas de hemoglobina ficam, então, bloqueadas para novas ligações químicas, uma vez que se encontram associadas ao CO, impedindo o transporte do gás oxigênio.

Hemoglobina + CO ⟶ **Carboxiemoglobina** (HbCO) (estável)

Dependendo da quantidade de CO no ar inspirado, os tecidos passam a não receber oxigênio suficiente. Por isso, a pessoa exposta a esse gás por um longo período ou em alta concentração, principalmente estando em um local fechado e mal ventilado, passa a sentir sonolência e dor de cabeça, podendo desmaiar e correr sério risco de morte por asfixia.

Circulação

Vimos anteriormente que as células humanas necessitam receber nutrientes e gás oxigênio. Também precisam se livrar dos resíduos produzidos por seu metabolismo, como gás carbônico e excretas. A maior parte das células do corpo não tem acesso direto ao ambiente externo; assim, o sistema cardiovascular é o responsável pelo transporte de substâncias entre as células e os órgãos encarregados da absorção de nutrientes, trocas gasosas e excreção.

Ao circular pelos pulmões, o sangue possibilita a troca dos gases respiratórios e, nos rins, a eliminação de excretas. Em todos os outros órgãos ele faz uma contínua troca de substâncias, como nutrientes, enzimas e hormônios, possibilitando uma integração funcional e contribuindo para a manutenção da homeostase do organismo.

O sistema cardiovascular é basicamente constituído por extensa rede de canais - vasos sanguíneos - distribuída por todo o corpo. Nesses canais circula o sangue, bombeado pelas contrações rítmicas do coração, que são reguladas por estimulação direta do sistema nervoso autônomo, involuntário.

O **sangue** é um fluido corpóreo, considerado um tipo de tecido conjuntivo de matriz líquida, composto por células, fragmentos de células e pelo plasma, um líquido incolor, com sais minerais e substâncias orgânicas dissolvidas. Além de transportar substâncias, distribui calor pelo corpo e tem papel importante na proteção contra agentes infecciosos. As células do sangue são produzidas na medula óssea vermelha a partir de **células-tronco hematopoiéticas** (do grego *hematos* = sangue; *pesis* = origem).

As células do sangue

Célula ou fragmento de célula	Característica	Função	Quantidade em 1 mm^3 de sangue	Representação
Hemácias (eritrócitos ou glóbulos vermelhos)	Células discoidais, sem núcleo, vivem cerca de 4 meses.	Transporte de gases	5 milhões a 6 milhões	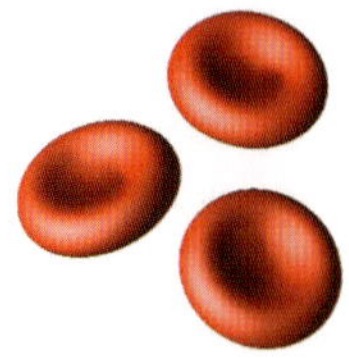 (Elementos fora de proporção de tamanho entre si. Cores fantasia.)
Leucócitos (glóbulos brancos)	Apresentam diferentes formas, tamanhos e funções. O núcleo pode ser simples ou lobulado, e o citoplasma pode ter grânulos.	Defesa do organismo. Atravessam as paredes dos vasos capilares (**diapedese**) e deslocam-se em vários tecidos. Alguns tipos formam pseudópodes, com os quais podem fazer fagocitose de microrganismos e corpos estranhos.	5 mil a 10 mil	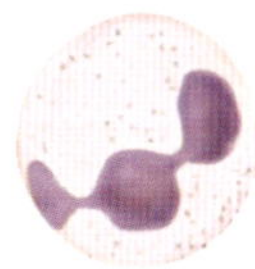 Neutrófilo  Linfócito  Monócito 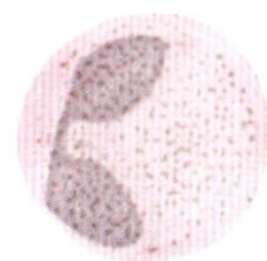 Acidófilo 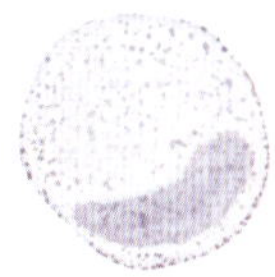 Basófilo (Elementos fora de proporção de tamanho entre si. Cores fantasia.)
Plaquetas	São fragmentos de células maiores, os megacariócitos.	Desempenham um papel fundamental na reparação de feridas e na coagulação do sangue.	250 mil a 400 mil	 (Elementos fora de proporção de tamanho entre si. Cores fantasia.)

Ilustrações: Dawidson França/Arquivo da editora

Elaborado com base em: REECE, J. B. *et al. Biologia de Campbell*. Porto Alegre: Artmed, 2015.

Vasos sanguíneos

Os **vasos sanguíneos** conduzem o sangue por todo o corpo e, de acordo com sua estrutura e localização, recebem diferentes nomes. As **artérias** são vasos que saem do coração; as **veias**, vasos que levam o sangue de volta ao coração.

As artérias se ramificam em **arteríolas**, e estas, em redes de **capilares**, que realizam trocas de gases, nutrientes e excretas com os tecidos. Os capilares unem-se constituindo **vênulas**; estas, por sua vez, reúnem-se em veias, que levam o sangue de volta ao coração.

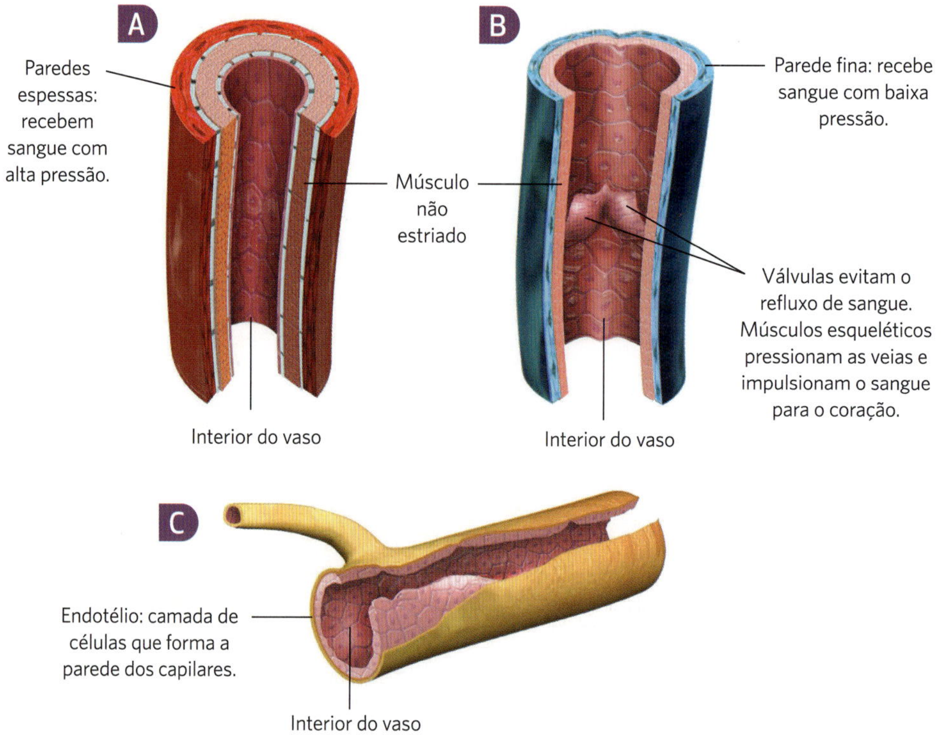

Esquema da estrutura dos vasos sanguíneos : (**A**) artéria; (**B**) veia; (**C**) capilar. (Elementos fora de proporção de tamanho entre si. Cores fantasia.)

A coagulação

No ponto de ruptura de um vaso sanguíneo, os tecidos lesionados e as plaquetas que ali se aglomeram liberam a tromboplastina (tromboquinase), uma enzima que, em presença de vitamina K e íons cálcio, desencadeia a reação de conversão de uma proteína plasmática, a **protrombina**, em **trombina**. Esta, por sua vez, converte o **fibrinogênio** do plasma em **fibrina**, que é uma proteína filamentar. Irradia-se então, da massa de plaquetas, uma rede de filamentos de fibrina, que vai aprisionando células, enquanto o plasma acumulado torna-se mais viscoso. O coágulo é essa densa placa gelatinosa que funciona como um tampão no local do ferimento, que precede a cicatrização.

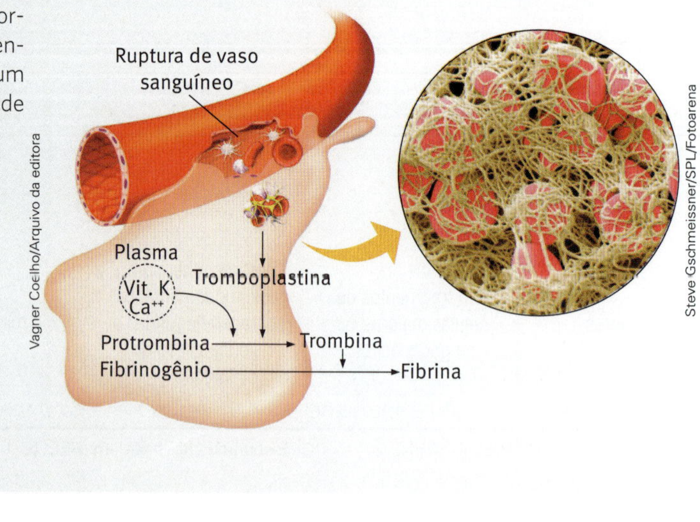

Esquema dos mecanismos de coagulação. (Elementos fora de proporção de tamanho entre si. Cores fantasia.) No detalhe, fotografia de glóbulos vermelhos emaranhados pelas fibrinas obtida em microscópio eletrônico de varredura. (Aumento aproximado de 2000 vezes. Cores artificiais.)

A circulação dupla

No ser humano, o coração tem quatro câmaras - dois **átrios** e dois **ventrículos**. Na metade direita circula sangue venoso (alta taxa de CO_2) e na metade esquerda, sangue arterial (alta taxa de O_2).

Veja ao lado os tipos de sangue dos grandes vasos. Em geral, artérias têm sangue arterial, e veias, sangue venoso. No entanto, a **artéria pulmonar**, que sai do coração, transporta sangue venoso para os pulmões, e as **veias pulmonares**, que chegam ao coração, transportam sangue arterial vindo dos pulmões.

O átrio direito recebe sangue venoso vindo da cabeça e do restante do corpo. O átrio esquerdo recebe sangue arterial das veias pulmonares. O sangue atravessa as valvas e passa para os dois ventrículos dilatados (em **diástole**), as valvas impedem o refluxo do sangue. Em seguida, a contração dos ventrículos (**sístole**) impele o sangue para fora do coração. O sangue venoso segue pela artéria pulmonar até os pulmões e o sangue arterial segue pela artéria aorta, que o distribui para a cabeça e o restante do corpo.

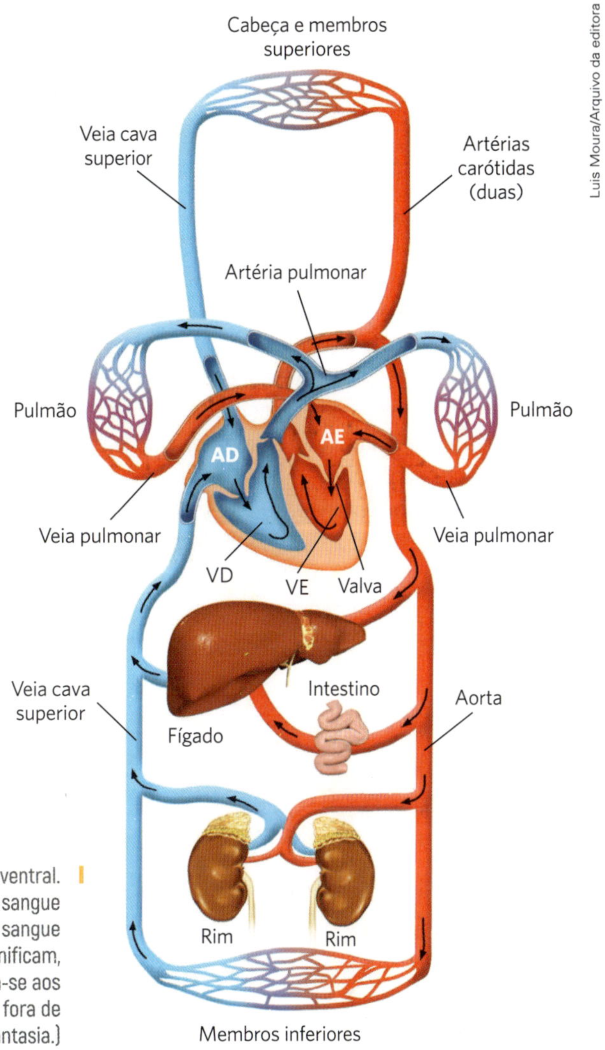

Esquema simplificado do sistema circulatório humano em vista ventral. As setas indicam o sentido do fluxo sanguíneo. A cor azul indica sangue com alta concentração de CO_2 (sangue venoso), e a vermelha, sangue com alta concentração de O_2 (sangue arterial). AD e AE significam, respectivamente, átrios direito e esquerdo. VD e VE referem-se aos ventrículos direito e esquerdo, respectivamente. (Elementos fora de proporção de tamanho entre si. Cores fantasia.)

O trabalho cardíaco

A contração (sístole) da musculatura cardíaca (miocárdio) provoca uma pressão no sangue que sai do coração. Essa **pressão arterial**, medida no momento da sístole, é de mais ou menos 120 mmHg, e cai para cerca de 80 mmHg no momento da diástole. Dizemos então que, em condições normais, a pressão arterial deve ser por volta de 120 por 80 mmHg, ou, simplificando, 12 por 8. Entretanto, esses valores variam de pessoa para pessoa. Se esses valores são permanentemente altos, pode haver o diagnóstico de um quadro de **hipertensão arterial**. Segundo dados da Organização Mundial da Saúde (OMS), essa doença, que ataca vasos, coração, rins e cérebro, afeta mais de 1 bilhão de pessoas em todo o mundo.

Outro fator importante a ser considerado é a **frequência cardíaca**, que se refere ao número de contrações por minuto. Ela pode ser medida em qualquer artéria, como as do pulso ou as do pescoço (carótidas). No ser humano adulto em repouso, essa frequência varia de 70 a 80 contrações por minuto. Em cada uma dessas contrações, os ventrículos ejetam entre 120 e 140 mL de sangue.

Os batimentos cardíacos não dependem de estimulação do sistema nervoso central. Um grupo de células ("marca-passo", ou *pacemaker*) localizadas na parte superior do átrio direito, chamada nó sinoatrial, gera estímulos que provocam a contração dos átrios e ventrículos.

Ainda assim, esse órgão é inervado por ramos do sistema nervoso autônomo, de modo que o ritmo de seus batimentos pode ser acelerado (pela adrenalina) ou retardado (pela acetilcolina) em resposta às atividades do organismo.

Excreção

Além de obter os recursos necessários à manutenção do metabolismo, para manter seu equilíbrio interno, o corpo humano elimina diversas substâncias tóxicas ou em excesso no organismo. Portanto, a excreção contribui ativamente na homeostase do corpo, atuando na:

- eliminação de substâncias tóxicas resultantes do metabolismo das proteínas, especialmente a amônia, a ureia e o ácido úrico;
- eliminação de substâncias estranhas ao organismo (medicamentos, drogas, etc.);
- regulação do volume sanguíneo;
- manutenção do equilíbrio de sais (osmorregulação), pois as células devem se manter em equilíbrio osmótico com os fluidos corpóreos;
- manutenção do equilíbrio acidobásico, mantendo um pH por volta de 7,4 nos fluidos corpóreos.

O processo da excreção é executado pelo **sistema urinário**. Os **rins** são órgãos localizados na linha da cintura, um de cada lado da coluna vertebral. Têm a forma de um grão de feijão e medem cerca de 10 cm de comprimento; sua função é filtrar o sangue e produzir a urina. É grande a participação dos rins na manutenção da homeostase dos fluidos corporais, uma vez que eles aceleram a remoção de substâncias em excesso e retêm aquelas que são necessárias e estão em baixas quantidades no plasma sanguíneo.

Cada rim está ligado a um **ureter**, um longo e fino canal que leva a urina à **bexiga urinária**. Da região inferior da bexiga sai a **uretra**, o canal de expulsão da urina, que, no homem, se dispõe ao longo do pênis e, na mulher, localiza-se na região de trás do púbis e se abre acima da vagina.

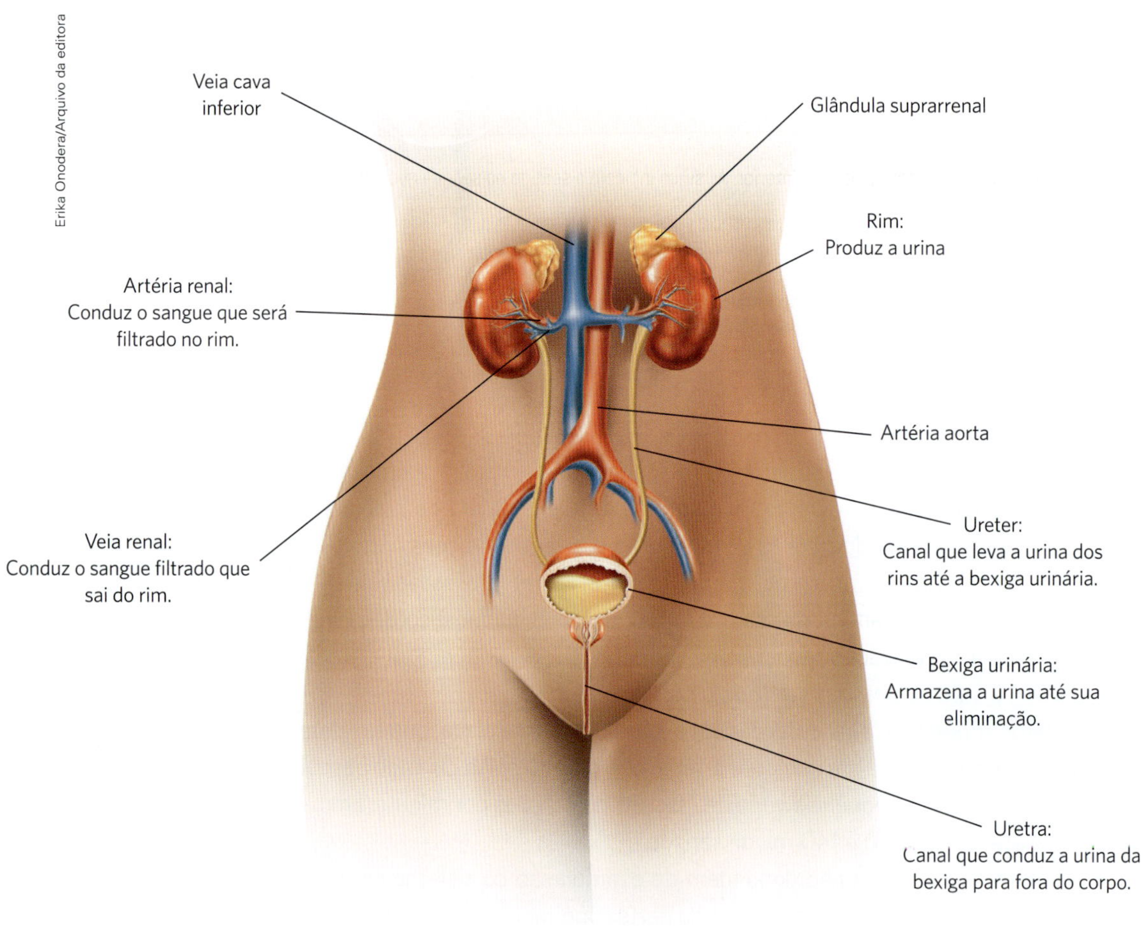

Elaborado com base em: TORTORA, G. J.; DERRICKSON, B. *Principles of Anatomy and Physiology*. Nova Jersey: Willey, 2014. p. 1066.

Esquema do sistema urinário no corpo humano. O sistema urinário é composto pelos rins, ureteres, uretra e bexiga urinária. O esquema representa também outras estruturas que não fazem parte desse sistema. (Elementos fora de proporção de tamanho entre si. Cores fantasia.)

Formação da urina

Cada rim contém cerca de 1 milhão de microfiltros denominados **néfrons**. São os néfrons que filtram o sangue e produzem a urina. Em cada néfron há um capilar sanguíneo enrolado (**glomérulo**), envolvido por uma cápsula que se conecta a um longo túbulo. Os túbulos dos néfrons desembocam em ducto coletor, de maior calibre, de onde a urina segue até o ureter.

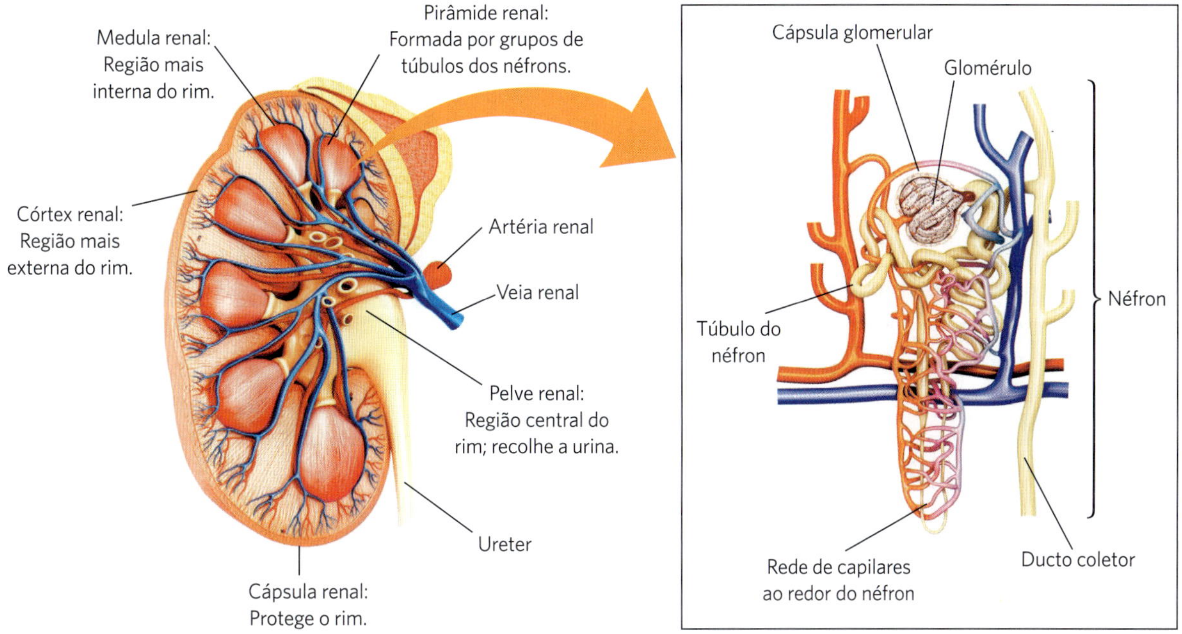

Pixologicstudio/SPL/Fotoarena

Esquema de rim em corte, mostrando seu interior. As setas indicam o sentido do sangue que entra e sai do órgão. O detalhe mostra a estrutura de um néfron, as setas indicam o sentido da urina. (Elementos fora de proporção de tamanho entre si. Cores fantasia.)

A formação da urina consiste em um processo de filtração do sangue e reabsorção/excreção seletiva de algumas substâncias. Veja o esquema ao lado.

A urina apresenta 95% de água e 5% de substâncias orgânicas e inorgânicas dissolvidas. Em 1 litro de urina, cerca de 25 g são de ureia, e o restante são sais (9 g de NaCℓ), creatinina, ácido úrico e amônia.

A eliminação da urina (diurese) regula a quantidade de água no corpo, tanto no plasma sanguíneo como no líquido intersticial que existe entre as células. Há dois mecanismos que atuam nessa regulação.

- **Hormônio antidiurético (ADH)**: O hipotálamo produz o ADH, que passa para o lóbulo posterior da hipófise (neuro-hipófise) e daí pode ser liberado no sangue. A função do ADH é aumentar a reabsorção de água no néfron e, portanto, diminuir a diurese.
- **Aldosterona**: Sobre os rins, ficam as **glândulas suprarrenais** (**adrenais**), que produzem vários hormônios. A região cortical dessas glândulas fabrica o hormônio aldosterona, cuja função é aumentar a reabsorção (ativa) de sódio nos túbulos renais. Com isso, aumenta a retenção de água no organismo.

1. No glomérulo, a pressão do sangue força parte do plasma a passar do capilar para a cápsula do néfron. O líquido filtrado (filtrado glomerular) contém principalmente água, sais, glicose, aminoácidos, vitaminas e ureia.
2. Glicose, aminoácidos, sódio e outros íons (eletrólitos) presentes no filtrado são reabsorvidas por transporte ativo, de volta para o sangue.
3. Cerca de 99% da água do filtrado é reabsorvida por osmose.
4. Íons H^+ são ativamente secretados do plasma para o interior dos túbulos dos néfrons.

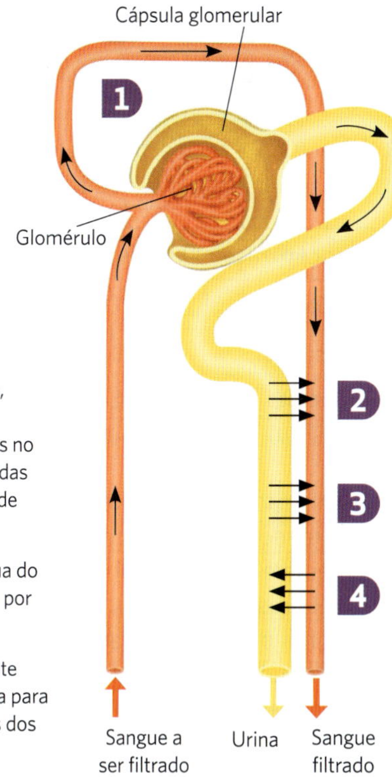

Luis Moura/Arquivo da editora

Representação do processo de formação da urina. (Elementos fora de proporção de tamanho entre si. Cores fantasia.)

Desenvolvendo habilidades

1 O quadro abaixo mostra os locais de digestão de três nutrientes: amido, lipídios e proteínas.

	Digestão nutriente 1	Digestão nutriente 2	Digestão nutriente 3
Boca	não	não	sim
Estômago	sim	não	não
Intestino	sim	sim	sim

a) Associe cada número a um desses nutrientes.

b) Explique como você chegou a essa conclusão.

2 O gráfico a seguir representa a pressão do sangue dentro de vasos sanguíneos.

Pressão nos vasos sanguíneos

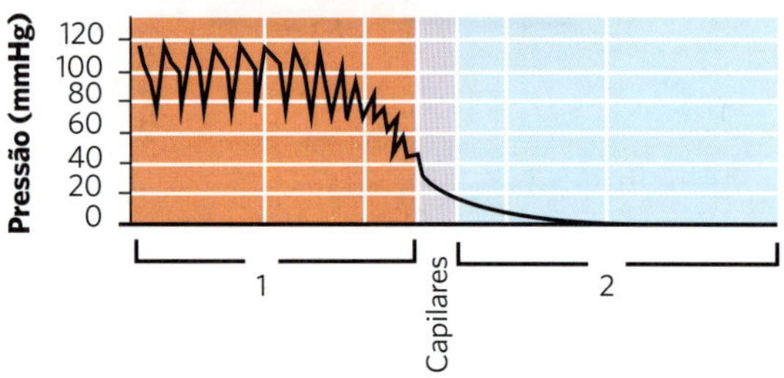

Elaborado com base em: REECE, J. B. *et al. Campbell Biology.* Glenview: Pearson, 2011. p. 924.

a) Indique qual número corresponde à artéria aorta e à veia cava. Justifique sua resposta.

b) Qual é a causa das variações de pressão que ocorrem em 1? O que significam os picos e vales do gráfico?

3 O quadro a seguir mostra a concentração de O_2 e CO_2 no ar inspirado e no ar expirado.

Concentração dos gases durante a respiração

Gases	O_2	CO_2
Inspirado	20,8%	0,04%
Expirado	15,7%	3,6%

Elaborado com base em: HALL, J. E. Guyton & Hall. *Tratado de fisiologia médica.* 12 ed. Rio de Janeiro: Elsevier, 2011.

a) No caderno, desenhe uma terceira coluna mostrando a concentração de gás nitrogênio. Como esse elemento é obtido pelo nosso corpo?

b) Na respiração boca a boca, o ar expirado por uma pessoa é soprado para dentro do pulmão de outra. Como é possível que o ar expirado, rico em gás carbônico, ainda possa ser utilizado na respiração?

4 O gráfico a seguir mostra os processos que levam ao ganho e à perda diária de água pelo corpo humano.

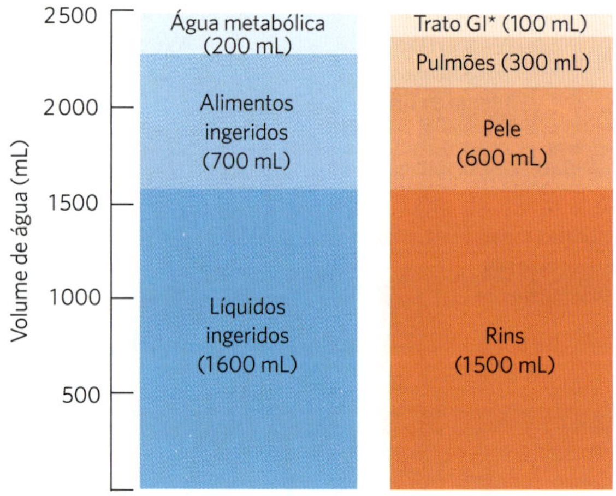

*gastrointestinal

Elaborado com base em: TORTORA, G. J.; DERRICKSON, B. *Principles of Anatomy and Physiology.* Nova Jersey: Willey, 2014. p. 1112.

a) A água metabólica é produzida dentro do nosso corpo como resultado de reações do metabolismo. Que reação metabólica leva à produção de moléculas de água?

b) Os rins produzem, diariamente, cerca de 150 L de filtrado glomerular, mas apenas 1,5 L de urina. Qual processo explica essa diferença?

c) Pessoas com diarreia severa podem urinar menos. Com base nas informações do gráfico, elabore uma explicação para essas diferenças.

5 Embora os efeitos nocivos do fumo sejam, de modo geral, conhecidos pelos adolescentes, esse público é especialmente vulnerável ao uso de cigarros eletrônicos, narguilés e cigarros de palha (erroneamente considerados menos danosos). Em um estudo recente publicado Escola Nacional de Saúde Pública (Ensp/Fiocruz), constatou-se que campanhas divulgadas por meio de redes sociais são eficientes para alcançar fumantes, levando-os a aderir a programas de cessação do tabagismo.

a) Em grupo, façam uma pesquisa sobre os efeitos do uso de cigarros eletrônicos, narguilés e cigarros de palha na saúde.

b) Pensando na eficácia das redes sociais para atingir o público jovem, elabore uma campanha de conscientização dos efeitos do consumo desses produtos com base nas informações obtidas na pesquisa realizada.

CAPÍTULO 36

Defesas do corpo

Quem já teve uma gripe sabe quais são os sintomas: nariz escorrendo, dor no corpo e, às vezes, febre. Depois de alguns dias, eles simplesmente começam a desaparecer. Mas por que isso acontece? Como o corpo se cura de uma gripe? O que fazer para "ensinar" o corpo a se defender melhor contra certas doenças?

Este capítulo favorece o desenvolvimento das habilidades:

- EM13CNT103
- EM13CNT202
- EM13CNT207
- EM13CNT301
- EM13CNT303
- EM13CNT304
- EM13CNT305
- EM13CNT306
- EM13CNT310

Imunidade

A imunidade é a capacidade do corpo de se defender contra agentes estranhos, como microrganismos causadores de doenças.

Entre os diversos mecanismos de defesa da nossa imunidade, existem alguns que são inatos, isto é, já estão presentes desde o nascimento e fazem parte da **imunidade inata**. Incluem a barreira física da pele e a capacidade do corpo de reagir por meio de inflamações e da febre (processos que envolvem a ação de leucócitos, ou glóbulos brancos do sangue). Esse tipo de imunidade oferece proteção contra um amplo leque de microrganismos e outros agentes causadores de doenças.

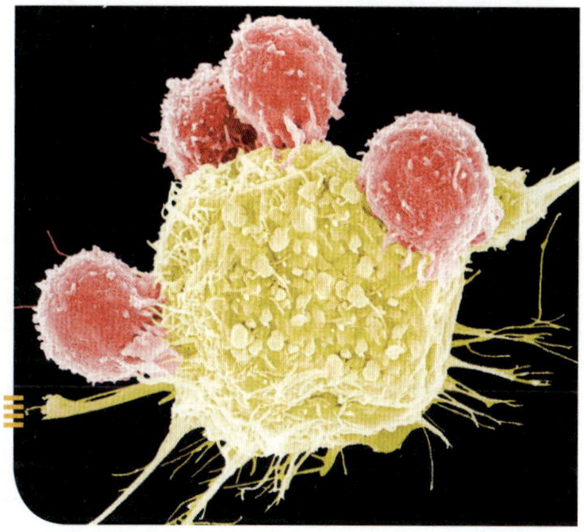

Dennis Kunkel Microscopy/SPL/Fotoarena

Fotografia de linfócitos (em rosa) atacando célula cancerosa, obtida em microscópio eletrônico de varredura. (Aumento aproximado de 1425 vezes. Cores artificiais.)

Já a **imunidade adaptativa** combate microrganismos específicos. Essa imunidade também está relacionada com a ação dos linfócitos (um dos tipos de leucócitos do sangue), e pode ser induzida no organismo por meio de vacinas.

Dica

Confira mais informações sobre imunização e segurança das vacinas no *Blog* da saúde

http://www.blog.saude.gov.br/index.php/promocao-da-saude/53712-confira-respostas-as-duvidas-frequentes-sobre-imunizacao-e-seguranca-das-vacinas

Site do Ministério da Saúde com perguntas e respostas sobre vacinação.

Rawpixel.com/Shutterstock

A vacinação estimula o corpo a desenvolver imunidade adaptativa para determinada doença.

A imunidade também nos protege ao identificar e destruir células danificadas ou mutantes - sendo a primeira linha da defesa contra o câncer -, e ao reconhecer e rejeitar células estranhas ao nosso organismo. No entanto, ao mesmo tempo que nos protegem, essas reações podem levar a respostas indesejáveis, como rejeição de um órgão transplantado, choque causado por uma transfusão sanguínea inadequada, reações alérgicas e doenças autoimunes.

Imunidade inata

A imunidade inata inclui barreiras físicas e químicas e processos que impedem agentes estranhos de entrarem no corpo ou, caso isso aconteça, oferecem uma resposta rápida no combate a qualquer invasor. Por outro lado, ela não reconhece os invasores que já infectaram o corpo, isto é, não guarda memória imunológica. A imunidade inata atua sempre da mesma maneira, independentemente do agente estranho.

Veja a seguir os principais mecanismos desse tipo de imunidade.

Pele e mucosas

A pele é o maior órgão do corpo humano. Ela **protege** o corpo do atrito, de substâncias tóxicas, de microrganismos, de perda de água em excesso e da radiação solar, por exemplo. Também recebe estímulos do ambiente por meio do tato, atua na regulação da temperatura corporal e na produção de vitamina D. A pele é formada por duas partes bem definidas: a **epiderme** (superficial), um epitélio de revestimento, e a **derme**, um tecido conjuntivo.

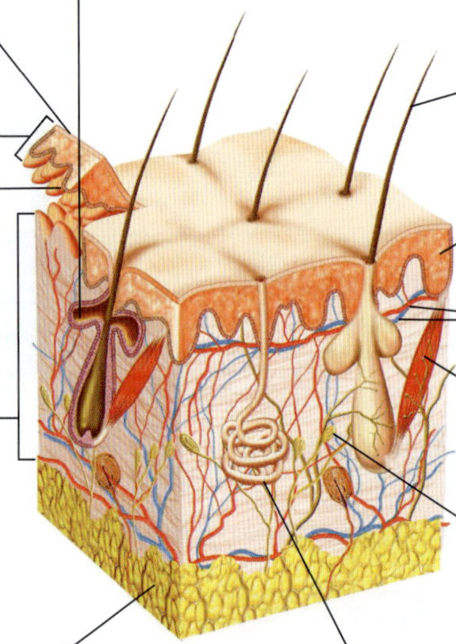

Elaborado com base em: TORTORA, G. J.; DERRICKSON, B. *Principles of Anatomy and Physiology*. Nova Jersey: Wiley, 2014. p. 154.

Esquema representando a pele humana em corte. (Elementos fora de proporção de tamanho entre si. Cores fantasia.)

A pele humana é sensível à radiação solar, e essa sensibilidade varia de acordo com a quantidade de **melanina** presente. Essa substância absorve parte dos raios ultravioleta da luz solar, diminuindo o risco de lesões, como queimaduras e câncer de pele. Não ficar exposto ao sol nas horas mais quentes, cobrir o corpo com roupa e chapéu e usar filtro solar são maneiras de se proteger.

As **mucosas** também são formadas por tecido epitelial e conjuntivo e revestem as cavidades que se abrem para o exterior do corpo, como a boca e o nariz. Também revestem os sistemas digestório, respiratório e os órgãos do sistema genital e urinário. As mucosas são úmidas porque as células epiteliais produzem muco, uma substância viscosa que também representa um mecanismo de defesa, pois captura partículas e microrganismos, purificando o ar que chega aos pulmões, por exemplo.

Além de atuarem como barreira mecânica, a pele e as mucosas secretam substâncias que ajudam a eliminar microrganismos. As lágrimas, por exemplo, contêm lisozima (enzima que destrói certas bactérias) e "lavam" os olhos constantemente. O fluxo de saliva, secreções vaginais e urina também auxilia na remoção de microrganismos.

Defesas inatas internas

Os processos de defesa que vamos explorar neste capítulo envolvem os órgãos e as células encontrados no **sistema linfático**.

Um exemplo são as defesas inatas internas, que atuam sobre os agentes estranhos que passaram pela pele ou pelas mucosas. É o que acontece em cortes e ferimentos, por exemplo.

O sistema linfático é formado pela **linfa**, um líquido transparente de composição semelhante ao plasma sanguíneo, pelos **vasos linfáticos** e por vários órgãos e tecidos com grande número de células de defesa. Observe a figura a seguir.

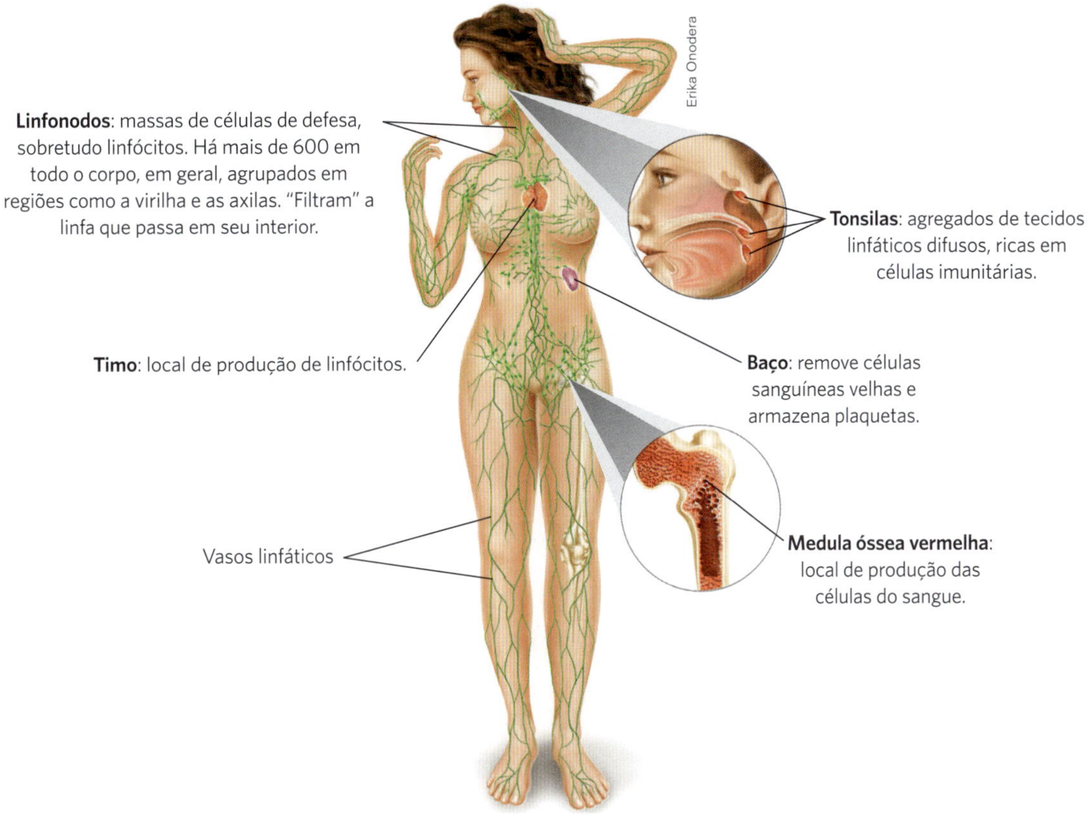

Elaborado com base em: SILVERTHORN, D. U. *Fisiologia humana*: uma abordagem integrada. Porto Alegre: Artmed, 2010. p. 786.

Representação do sistema linfático. (Elementos fora de proporção de tamanho entre si. Cores fantasia.)

A linfa circula em uma extensa rede de vasos que acompanham os capilares sanguíneos dos tecidos. Além de efetuar respostas imunes, o sistema linfático transporta lipídios e drena o excesso de líquido entre as células, conduzindo-o de volta ao sangue.

Leucócitos e a defesa inata

Leucócitos (glóbulos brancos) são células sanguíneas com função específica de **defesa do organismo**. Eles atuam tanto na imunidade inata como na adaptativa.

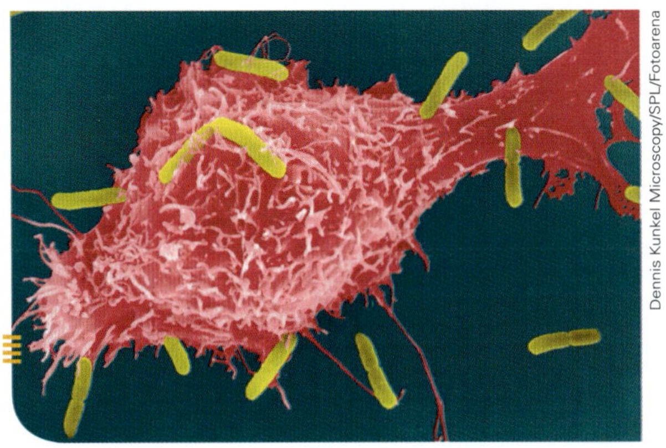

Fotografia de um leucócito (em vermelho) atacando bactérias (em amarelo) obtida em microscópio eletrônico de varredura. (Aumento aproximado de 2970 vezes. Cores artificiais.)

Todos os leucócitos são produzidos na medula óssea a partir de células-tronco pluripotentes; antes de chegar ao sangue, alguns tipos deles passam por linfonodos ou outros órgãos até amadurecer.

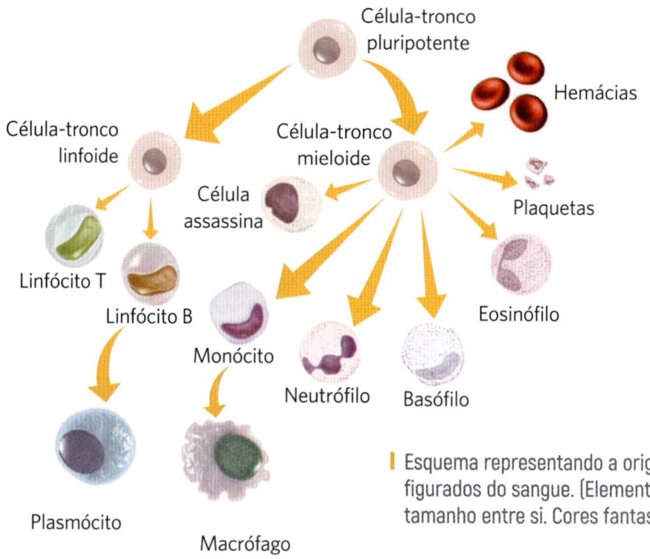

Dawidson França/Arquivo da editora

Elaborado com base em: TORTORA, G. J.; DERRICKSON, B. *Principles of Anatomy and Physiology*. Nova Jersey: Wiley, 2014. p. 733.

Esquema representando a origem dos elementos figurados do sangue. (Elementos fora de proporção de tamanho entre si. Cores fantasia.)

Os vários tipos de leucócitos existentes desempenham papéis diferentes na imunidade. Por exemplo, um corte na pele estimula **basófilos** e outras células do local a liberar histamina, uma substância que aumenta a quantidade de sangue na região, causando rubor e aumento da temperatura no local. Parte do plasma sanguíneo atravessa os vasos sanguíneos, causando inchaço (edema e dor). Neste caso, dizemos que o local está **inflamado**. Outros tipos de leucócitos participam desse processo, como mostra o esquema a seguir.

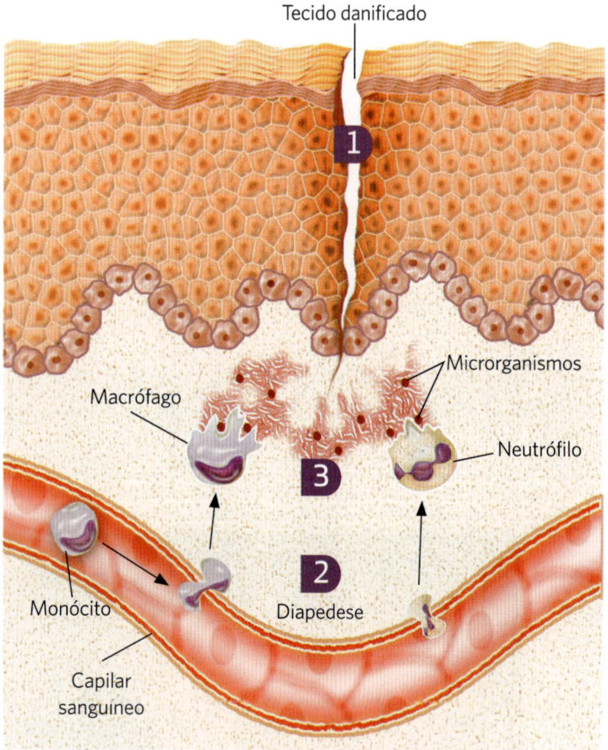

Dawidson França/Arquivo da editora

1. As células lesadas e os microrganismos invasores produzem ou apresentam substâncias que atraem os leucócitos.
2. Os leucócitos saem do sangue passando por entre as células dos capilares sanguíneos (diapedese) e migram para os locais do ferimento.
3. Durante a migração, os **monócitos** se transformam em **macrófagos** que, assim como os **neutrófilos**, fagocitam microrganismos e células mortas. Há também participação das **células assassinas**, que destroem, além de microrganismos, células cancerosas. Ao fim do processo, resta o pus: uma massa branca formada por líquido e leucócitos mortos.

Elaborado com base em: TORTORA, G. J.; DERRICKSON, B. *Principles of Anatomy and Physiology*. Nova Jersey: Wiley, 2014. p. 889.

Representação do processo inflamatório. (Elementos fora de proporção de tamanho entre si. Cores fantasia.)

Durante infecções e inflamações, pode haver aumento da temperatura do corpo. A **febre** é uma defesa inata, pois inibe o crescimento de alguns microrganismos, acelerando o combate aos invasores. Contudo, febres muito altas, acima de 40 °C, podem prejudicar o organismo e por isso devem ser controladas.

Imunidade adaptativa

A imunidade adaptativa age de forma mais lenta, mas tem a vantagem de guardar uma memória imunológica dos agentes combatidos e reconhecê-los mais tarde, caso voltem a infectar o corpo.

Os mecanismos de imunidade adaptativa são desencadeados por antígenos. Um **antígeno** é qualquer substância reconhecida como estranha pelo organismo, capaz de estimular uma resposta imune - produção de proteínas chamadas **anticorpos**. Em geral, os antígenos são proteínas ou carboidratos presentes em microrganismos, por exemplo. Existem antígenos que causam reações imunitárias exacerbadas em certas pessoas, provocando alergias e, em casos muito graves, choque anafilático, condição que pode levar à morte.

Pode-se dizer que a imunidade adaptativa se resume à produção de células ou anticorpos específicos para combater um determinado antígeno. Os pequenos **linfócitos B** e **T** são as células envolvidas nesses processos.

Dentro dos linfonodos (veja a figura ao lado) há milhões de linfócitos B e T capazes de identificar diferentes antígenos. Na membrana plasmática dessas células há moléculas que "reconhecem" antígenos específicos, ligando-se a eles, como uma chave se liga a uma fechadura. Uma vez ocorrida a ligação, o linfócito correspondente se multiplica, diferencia-se e produz uma população de clones, isto é, células idênticas. Produz também **células de memória**, que serão ativadas se o corpo entrar novamente em contato com o mesmo antígeno.

A diferenciação do linfócito B produz plasmócitos, células que produzem anticorpos e os liberam no sangue. O linfócito T não produz anticorpos, mas desempenha complexas interações entre os linfócitos B e outras células relacionadas à imunidade. Ele também destrói as células do corpo que já estão infectadas.

Os anticorpos circulam pelo sangue e, se encontrarem um antígeno correspondente, ligam-se a ele, mas não o destroem. Impedem, no entanto, que ele infecte células saudáveis e funcionam como um sinal para que sejam fagocitados.

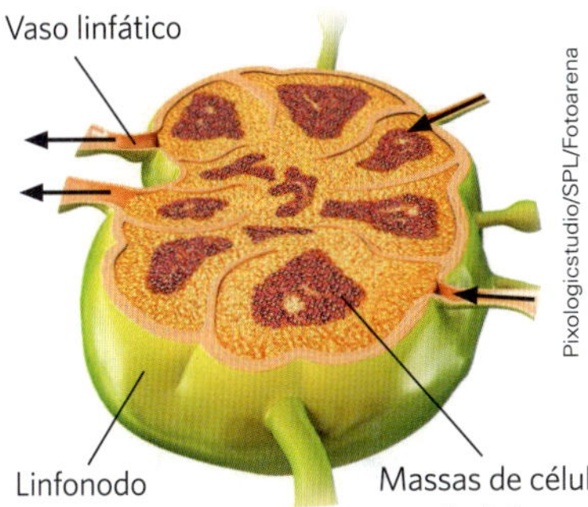

Elaborado com base em: SILVERTHORN, D. U. *Fisiologia humana*: uma abordagem integrada. Porto Alegre: Artmed, 2010. p. 786.

Representação do interior de um linfonodo em corte. (Elementos fora de proporção de tamanho entre si. Cores fantasia.)

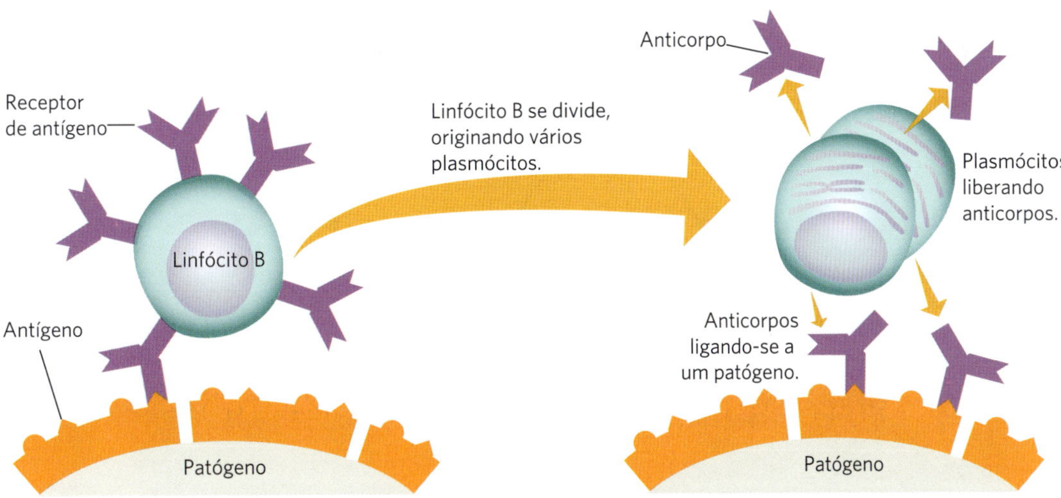

Elaborado com base em: REECE, J. B. *et. al. Campbell Biology*. Glenview: Pearson Education, Inc., 2014. p. 953.

Representação da atuação do linfócito B. **À esquerda**, um linfócito liga-se ao antígeno de um patógeno que circulava na linfa (note o encaixe entre o antígeno do patógeno e o receptor do linfócito). **À direita**, os plasmócitos produzidos liberam anticorpos no sangue. Dois anticorpos já se ligaram aos antígenos do patógeno correspondente. (Elementos fora de proporção de tamanho entre si. Cores fantasia.)

Se um novo antígeno invadir o corpo, haverá produção de linfócitos com receptores correspondentes. Porém, por ser lento, esse processo nem sempre impede que a doença se desenvolva. Por outro lado, se o corpo entrar em contato com o mesmo antígeno pela segunda vez, a resposta será muito mais rápida, prevenindo novas infecções. Neste caso, diz-se que houve **imunização**.

Imunização ativa e passiva

A **imunização ativa** ocorre, como o próprio nome indica, quando o organismo produz os anticorpos que vão reagir contra determinado antígeno. É o que acontece naturalmente quando nosso corpo entra em contato com microrganismos patogênicos, como vírus, bactérias, fungos ou protozoários.

A imunização ativa também pode ser realizada artificialmente, como ocorre quando alguém recebe uma **vacina**. Em geral, as vacinas contêm antígenos inativados ou atenuados, o que desencadeia uma resposta imune sem, no entanto, provocar a doença. A invenção da vacina foi uma das maiores revoluções da história da saúde, salvando milhões de vidas e erradicando doenças graves, como a varíola. É também um dos melhores investimentos em saúde pública, pois a prevenção é muito mais simples e barata do que o tratamento.

A **imunização passiva** ocorre quando o organismo recebe **anticorpos prontos**, produzidos por outro organismo. É o que acontece de forma natural durante a gestação e amamentação, quando o bebê recebe anticorpos maternos que conferem uma primeira proteção contra os agentes infecciosos. Já a imunização passiva artificial consiste na administração dos chamados soros terapêuticos, que promovem combate imediato aos antígenos que possam estar presentes no organismo (por exemplo, soro antiofídico e soro antitetânico).

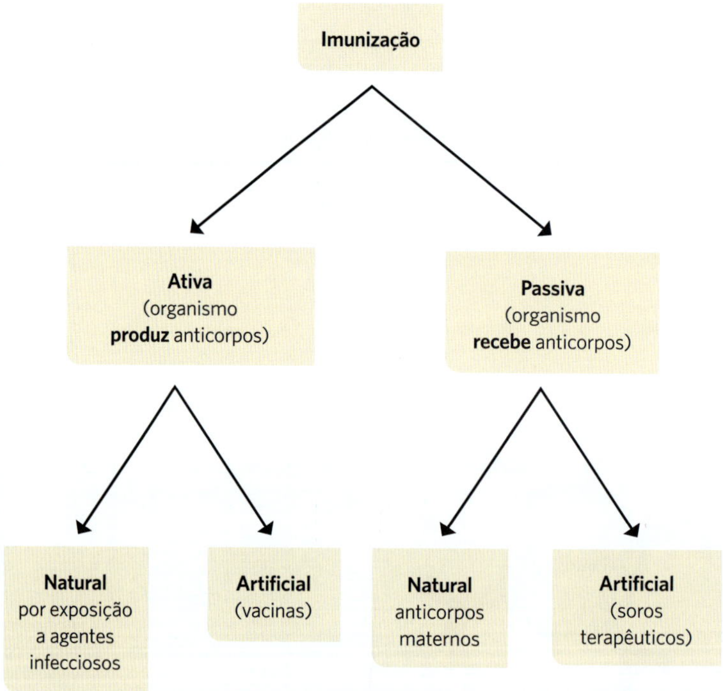

Diagrama dos tipos de imunidade presentes no organismo humano.

Respostas imunes primária e secundária

A resposta imune é o mecanismo ativo de imunização pela produção de imunoglobulinas (anticorpos). Alguns dias após receber um antígeno, o organismo passa a liberar no plasma sanguíneo uma taxa crescente do anticorpo específico para esse antígeno. Essa é a **resposta imune primária**.

Existe, no organismo, a chamada **memória imunológica**, segundo a qual determinadas células que já produziram um anticorpo podem reter essa informação e voltar a fabricá-lo mais rapidamente, uma vez detectado o mesmo agente infeccioso (antígeno).

Portanto, uma segunda exposição ao mesmo antígeno eleva mais rapidamente - e a um nível ainda mais alto - a taxa do respectivo anticorpo no sangue. É a **resposta imune secundária**, resultado da atividade de alguns linfócitos B que sofreram diferenciação, transformando-se em células de memória.

Isso explica por que algumas vacinas, tomadas com doses de reforço, garantem uma boa proteção contra doenças infecciosas, pois garantem por mais tempo os altos níveis de anticorpos no plasma sanguíneo.

Veja no gráfico a concentração de anticorpos sanguíneos ao longo do tempo, após a primeira e a segunda exposição a um mesmo antígeno.

Respostas imunes primária e secundária

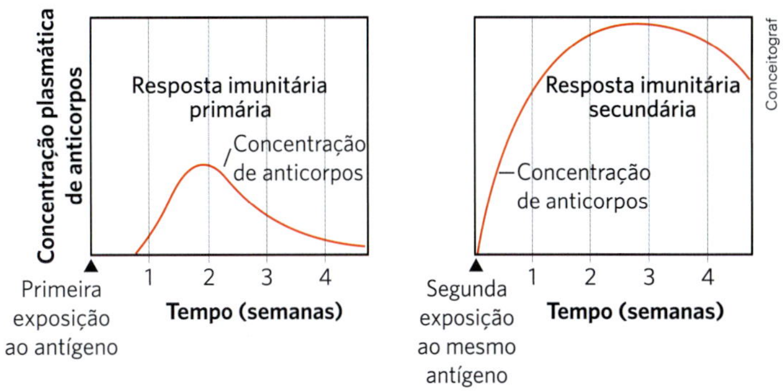

Fonte: SILVERTHORN, D. U. *Fisiologia humana*: uma abordagem integrada. Porto Alegre: Artmed, 2010. p. 786.

Programa Nacional de Imunização (PNI)

O Programa Nacional de Imunização (PNI), vinculado ao SUS, distribui gratuitamente para a população todas as vacinas recomendadas pela Organização Mundial da Saúde (OMS). São 19 vacinas que protegem desde o recém-nascido até as pessoas idosas. Veja a seguir quais vacinas os adolescentes devem receber.

Adolescentes

A caderneta de vacinação deve ser frequentemente atualizada. Algumas vacinas só são administradas na adolescência. Outras precisam de reforço nessa faixa etária. Além disso, doses atrasadas também podem ser colocadas em dia. Veja as vacinas recomendadas a adolescentes:

Público-alvo	Vacinas
Meninas - 9 a 14 anos Meninos - 11 a 14 anos	• **HPV** Previne o papiloma, vírus humano que causa cânceres e verrugas genitais - 2 doses (seis meses de intervalo entre as doses).
Ambos - 11 a 14 anos	• **Meningocócica C (conjugada)** Previne doença invasiva causada por *Neisseria meningitidis* do sorogrupo C - Dose única ou reforço (a depender da situação vacinal anterior).
Ambos - 10 a 19 anos	• **Hepatite B** 3 doses (a depender da situação vacinal anterior). • **Febre amarela** 1 dose (a depender da situação vacinal anterior). • **Dupla adulto (dT)** Previne difteria e tétano - Reforço a cada 10 anos. • **Tríplice viral** Previne sarampo, caxumba e rubéola - 2 doses (de acordo com a situação vacinal anterior). • **Pneumocócica 23 Valente*** Previne pneumonia, otite, meningite e outras doenças causadas pelo Pneumococo - 1 dose (a depender da situação vacinal anterior). *Está indicada para população indígena e grupos-alvo específicos.

Fonte: MINISTÉRIO DA SAÚDE. *Calendário Nacional de Vacinação*. Disponível em: http://www.saude.gov.br/saude-de-a-z/vacinacao/calendario-vacinacao. Acesso em: jan. 2020.

Além de vacinas, o PNI oferece soros que protegem contra venenos de serpentes, escorpião e outros animais, e contra doenças como tétano, botulismo e raiva.

Deficiência de imunidade

Há várias causas para deficiências de imunidade ou imunodeficiência. Em certos casos, há um defeito genético que leva ao comprometimento da imunidade de uma pessoa desde seu nascimento.

A **imunodeficiência adquirida** (ou imunodepressão) também pode se dar por várias razões, como exposição excessiva à radiação ultravioleta, diabetes, malária ou o uso de medicamentos imunossupressores, por exemplo, em casos de transplante de órgãos.

A aids (síndrome da imunodeficiência adquirida) é uma doença causada pelos vírus HIV. O vírus ataca os linfócitos T do tipo CD4 e provoca imunossupressão severa. Na década de 1980, quando a doença foi descoberta, não havia muito conhecimento sobre o modo de ação do vírus e o número de pessoas infectadas crescia.

Após décadas de pesquisa e estudo, o cenário atual é bastante diferente. Com o uso de drogas capazes de inibir o vírus (popularmente chamadas de coquetel), nem todas as pessoas com o HIV desenvolvem a aids. Seguindo o tratamento e as recomendações da equipe de saúde, é possível conviver com o vírus mantendo a qualidade de vida. O Brasil é referência mundial no tratamento da aids, fornecendo gratuitamente preservativos (camisinhas) para prevenção, testes para identificação do vírus e medicamentos.

Infelizmente, hoje em dia, muitas pessoas, sobretudo adolescentes e jovens, ignoram comportamentos de segurança. Pesquisas realizadas com jovens mostram que 98% dos entrevistados sabia que o uso da camisinha nas relações sexuais evita a transmissão do HIV, no entanto, apenas 66% disse ter usado camisinha em sua primeira relação sexual. Além da camisinha, o SUS disponibiliza métodos de profilaxia pré-exposição (Prep) e pós-exposição (Pep) para pessoas com risco maior de contrair o vírus.

O HIV também pode ser transmitido pelo contato com o sangue contaminado, por isso, usuários de drogas injetáveis não devem compartilhar seringas, por exemplo. Veja abaixo situações que apresentam e não apresentam risco de contágio.

Assim pega	Assim não pega
Sexo vaginal sem camisinha; sexo anal sem camisinha; sexo oral sem camisinha; uso de seringa por mais de uma pessoa; transfusão de sangue contaminado; da mãe infectada para seu filho durante a gravidez (no parto e na amamentação); uso de instrumentos que furam ou cortam não esterilizados.	Sexo desde que se use corretamente a camisinha; masturbação a dois; beijo no rosto ou na boca; suor e lágrima; picada de inseto; aperto de mão ou abraço/talheres/copos; sabonete/toalhas/lençóis; assento de ônibus; piscina; banheiro; doação de sangue; pelo ar.

Fonte: SP SAÚDE. *Uso de preservativo é a melhor prevenção contra o vírus do HIV.* Disponível em: http://www.portaldenoticias.saude.sp.gov.br/uso-de-preservativo-e-a-melhor-prevencao-contra-o-virus-do-hiv/. Acesso em: maio 2020.

O número de pessoas infectadas com HIV cresceu nos últimos anos, especialmente entre jovens de 15 a 24 anos. Embora o uso da medicação melhore significativamente a sobrevida, algumas pessoas abandonam o tratamento, dentre outros fatores, por causa dos efeitos colaterais e do preconceito associado à doença.

Assim, as estratégias atuais de enfrentamento ao HIV buscam conscientizar a população, principalmente os jovens, sobre a necessidade de prevenção, testagem e tratamento, além de combater o preconceito contra os portadores.

Taxa de detecção de HIV em jovens entre 15 e 24 anos (por 100 mil hab.)

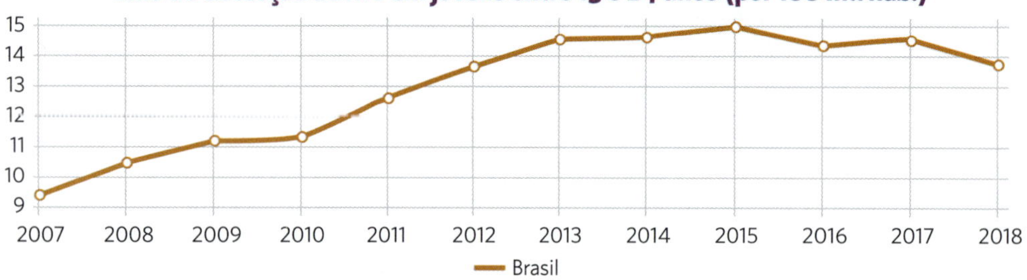

Fonte: MS/SVS/DCCI - *Departamento de Doenças de Condições Crônicas e Infecções Sexualmente Transmissíveis.* Disponível em: http://indicadores.aids.gov.br/. Acesso em: jan. 2020.

A partir de 2010 houve aumento na taxa de detecção de jovens entre 15 a 24 anos. Isso significa que o número de casos nessa faixa etária também está aumentando.

Desenvolvendo habilidades

1 Tomar sol estimula a atividade de melanina. Esse pigmento é produzido por melanócitos e incorporado às células da epiderme da pele, provocando alteração na sua cor.

a) O efeito, no entanto, começa a desaparecer após algumas semanas ou meses sem nova exposição ao sol. Explique por que isso acontece, considerando as características da epiderme.

b) A exposição solar também pode provocar danos cumulativos em qualquer pessoa, mesmo as de pele preta (com mais melanina). O que você pode fazer para se proteger desses danos?

2 Durante gripes e resfriados, aumenta a produção de muco nas vias respiratórias. Isso pode ser considerado uma defesa do corpo? Por quê?

3 A linfa tem composição semelhante ao plasma sanguíneo e contém algumas de suas células. No entanto, sua coloração é diferente da composição do sangue. Como você explica essa diferença?

4 Durante uma infecção podem surgir "caroços" ou ínguas, especialmente nas virilhas e axilas ou, ainda, na região pescoço. Que tipo de órgão linfático existe nestas regiões? Como você explica esse aumento em caso de infecções?

5 Botulismo, tétano e raiva são doenças graves, que podem levar à morte. O soro contra essas doenças é distribuído pelo Programa Nacional de Imunização (PNI).

a) O soro contra tétano pode ser usado contra a raiva? Por quê? Que tipo de substância presente no soro promove a imunização?

b) Tétano e raiva também podem ser prevenidos por vacinas. Explique a diferença entre os modos de atuação do soro e da vacina.

c) Imagine que uma pessoa recebeu soro contra tétano e outra recebeu a vacina. Qual delas estará imunizada por mais tempo? Por quê?

d) Soros e vacinas são produtos diferentes, com indicações específicas. Quando é mais indicado tomar o soro? Quando é mais indicado receber a vacina?

6 O texto a seguir retrata o aumento do número de casos de sarampo no Brasil e no mundo.

Sarampo causou 142 mil mortes no mundo em 2018, diz OMS

Dados da organização mostram que surtos em áreas com baixa cobertura vacinal fizeram com que o número de mortes fosse 15% maior do que no ano anterior.

[...] No total, 142 mil pessoas morreram de sarampo no mundo em 2018. [...] As crianças representam a maior parte das mortes.

O sarampo é um vírus muito contagioso, que [...] ressurgiu com epidemias nos cinco continentes desde 2018, sobretudo, em cidades ou vizinhanças com baixos níveis de vacinação.

Em 2019, quase 12 mil pessoas tiveram sarampo no Brasil, principalmente jovens. Antes considerado um país livre do sarampo, o Brasil perdeu o certificado de eliminação da doença concedido pela Organização Pan-Americana da Saúde (OPAS) em fevereiro deste ano [2019], após registrar mais de 10 mil casos em 2018. [...]

Nos países ricos, o sarampo mata pouco, ou nada. Na RDC [República Democrática do Congo], porém, esse vírus matou o dobro do que o do perigoso vírus ebola, com mais de 5 mil mortes neste ano.

[...]

"Todos sabem que existe uma vacina segura e eficaz contra o sarampo em todos os lugares há 50 anos", disse Kate O'Brien, diretora de imunização da OMS.

"Realmente é um fracasso coletivo viver esses surtos", completou.

FRANCE-PRESSE Sarampo causou 142 mil mortes no mundo em 2018, diz OMS. Disponível em: https://g1.globo.com/bemestar/sarampo/noticia/2019/12/05/sarampo-causou-140-mil-mortes-no-mundo-em-2018-diz-oms.ghtml. Acesso em: jan. 2020.

a) Explique por que os casos de sarampo eram raros em 2016 e chegaram a milhares em 2019.

b) As vacinas conferem proteção individual (para quem a recebe). Porém, nem todas as pessoas podem ser vacinadas. A vacina de sarampo, por exemplo, é contraindicada para gestantes, pessoas imunodeprimidas e bebês com menos de seis meses de idade. Explique por que a ampla cobertura vacinal beneficia também as pessoas que não podem receber a vacina.

c) Explique como a amamentação pode ajudar a proteger crianças com menos de seis meses de idade.

d) Algumas vacinas são obrigatórias, mas há pessoas que se recusam a tomá-las por motivos pessoais ou religiosos. Você acha certo que elas tenham essa escolha? Em grupo, discuta com os colegas.

CAPÍTULO 37

Controle do corpo

Enquanto lê este texto, seu corpo realiza muitas outras atividades sem que você perceba. Isso é possível porque existem sistemas e processos que controlam e regulam as funções corporais.

Este capítulo favorece o desenvolvimento das habilidades:

- EM13CNT104
- EM13CNT202
- EM13CNT207
- EM13CNT301
- EM13CNT302
- EM13CNT303
- EM13CNT306
- EM13CNT310

! Dica

Ted Talks - Como meu cérebro funciona? (*How does my brain work?*)

https://www.ted.com/playlists/1/how_does_my_brain_work

Com legendas em português, esta série de palestras (com 15 minutos de duração cada) desvenda aspectos fascinantes de nosso cérebro.

Werayuth Tes/Shutterstock

O suor durante as atividades físicas é uma reação de homeostasia, um processo de regulação térmica.

O que é homeostase?

A sobrevivência do corpo depende, em última instância, da sobrevivência de suas células, que precisam receber nutrientes e gás oxigênio e eliminar os produtos de seu metabolismo. O interior do corpo também deve manter condições constantes de temperatura, de pH e de outros fatores, independentemente das condições do ambiente.

O corpo dispõe de diversos mecanismos que atuam na **homeostase** (do grego *homeo* = similar, igual; *stase* = estático), isto é, na manutenção do equilíbrio das suas diversas funções e composição química. De modo geral, existem estruturas que atuam como **receptores** para monitorar as condições - internas e externas - do corpo. As informações recebidas são enviadas a um **centro de controle** (em geral, o encéfalo) que as analisa e manda sinais para estruturas que efetuam respostas.

Em nosso corpo, cada sistema de órgãos contribui para a homeostase, ajustando seu funcionamento para que o ambiente interno permaneça estável, com pequenas variações dentro de certos limites. Veja um exemplo no esquema abaixo.

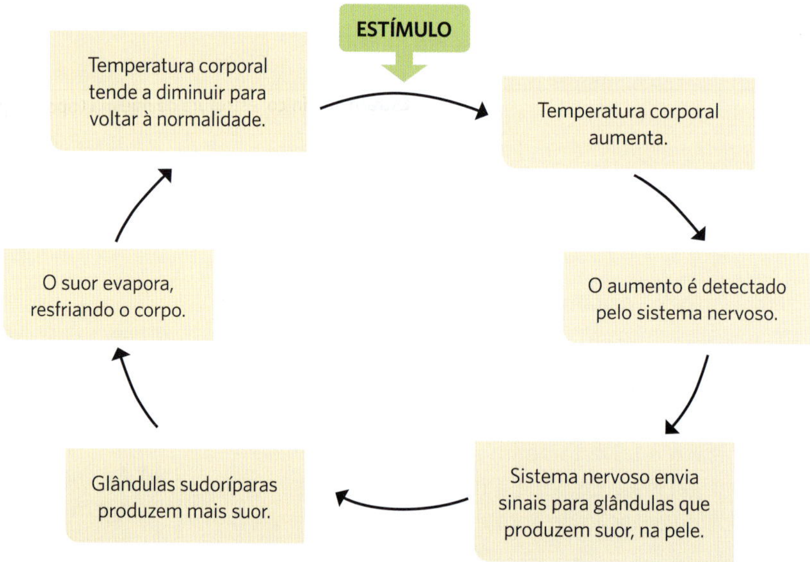

A temperatura do corpo humano em condições normais varia de 36 °C a 37 °C. Em dias quentes, porém, ou após atividades físicas intensas (estímulos), a temperatura pode subir.

O corpo dispõe de diversos processos como esse - chamados **mecanismos de retroalimentação** (ou ***feedback***) -, que verificam e mantêm as condições internas o tempo todo, isto é, a homeostase.

De modo geral, esses mecanismos estão sob o controle do sistema nervoso (que atua rapidamente por meio de sinais nervosos) e do sistema endócrino (que atua mais lentamente, por meio da liberação de hormônios). Esses dois sistemas estão integrados: as mensagens do sistema nervoso influenciam a atividade de glândulas endócrinas e estas, por sua vez, produzem hormônios que atuam diretamente sobre o sistema nervoso.

Todo o corpo trabalha de forma integrada para retornar à homeostase. Porém, nem sempre isso acontece, ocasionando desequilíbrios cada vez maiores, que podem resultar na morte do organismo.

O sistema nervoso

O sistema nervoso controla a maior parte das funções corporais, incluindo as **involuntárias** (que não estão sob nosso controle consciente), como a passagem do alimento pelo tubo digestório ou o crescimento do corpo. Informações vindas de todas as partes do corpo e do ambiente são recebidas e interpretadas pelo sistema nervoso, que também envia **respostas** aos mais diferentes órgãos. Por exemplo: ao atravessar uma rua, prestamos atenção ao redor para evitar acidentes; como resposta, nosso corpo fica em estado de alerta, pronto para uma reação em caso de perigo.

Do ponto de visa anatômico, o sistema nervoso pode ser dividido desta forma:

- **Sistema nervoso central (SNC)**, constituído por encéfalo e medula espinal.
- **Sistema nervoso periférico (SNP)**, constituído por nervos e gânglios.

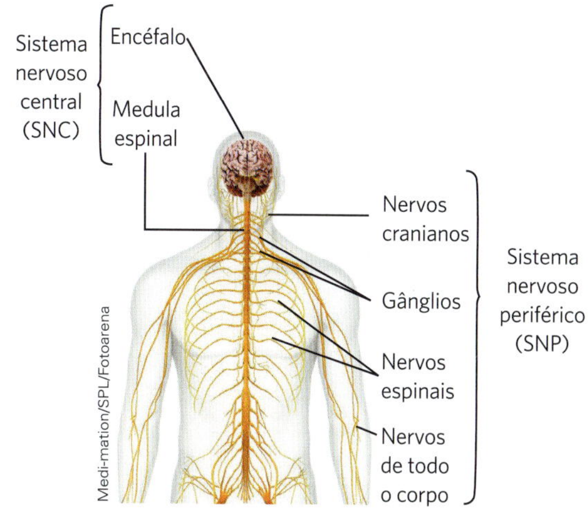

Esquema simplificado da localização do sistema nervoso em vista frontal. (Elementos fora de proporção de tamanho entre si. Cores fantasia.)

Células do tecido nervoso

O tecido nervoso que compõe o sistema nervoso é formado por **neurônios** - células que produzem impulsos nervosos - e **neuróglia** (ou células da glia, como as células de Schwann), que executa funções auxiliares.

A ilustração abaixo mostra um neurônio. Neurônios recobertos com **estrato mielínico** (ou bainha de mielina) conduzem impulso nervoso a velocidades de mais de 100 m/s. Já os sem mielina conduzem o impulso mais lentamente.

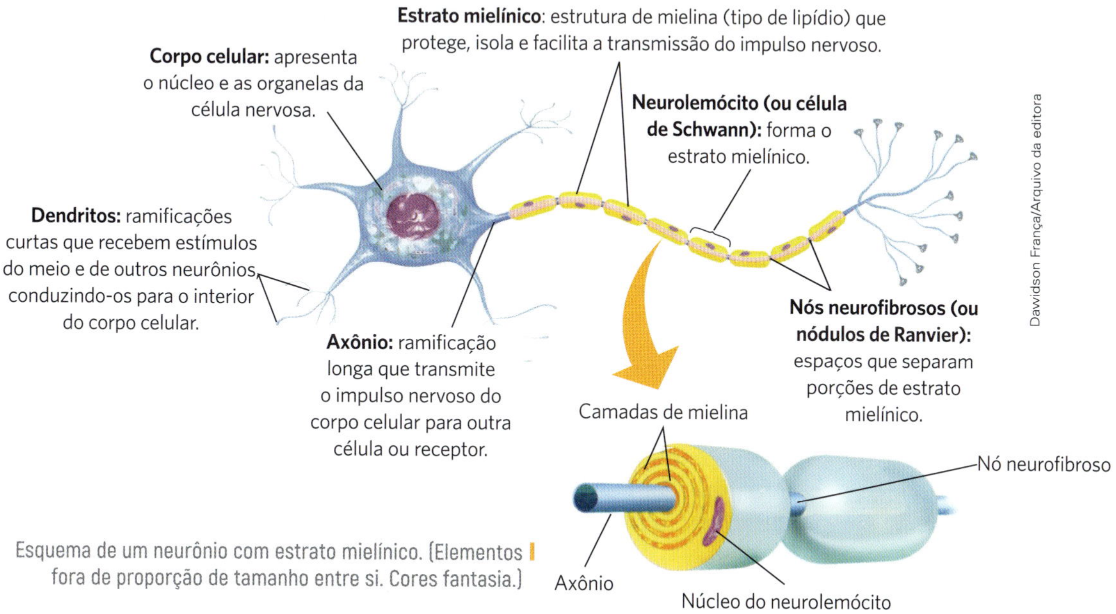

Esquema de um neurônio com estrato mielínico. (Elementos fora de proporção de tamanho entre si. Cores fantasia.)

Impulso nervoso

O interior da membrana de um neurônio em repouso (que não está enviando impulsos nervosos) tem carga elétrica negativa, enquanto o exterior (meio extracelular) tem carga positiva. Nessa condição, diz-se que a membrana está **polarizada**. Isso se deve à diferente distribuição de íons dentro e fora da célula. Em um neurônio, assim como em outras células, a concentração do íon sódio é muito mais alta no exterior do que no interior, e o inverso ocorre com o íon potássio. O que mantém essas diferenças de concentração é a bomba de sódio e potássio, que consome constantemente energia. A diferença de potencial (ddp) entre cargas dentro e fora da célula é chamada de **potencial de membrana**.

Um **impulso nervoso** é uma alteração do potencial de membrana no axônio, que cria um sinal elétrico que pode ser transmitido a outra célula.

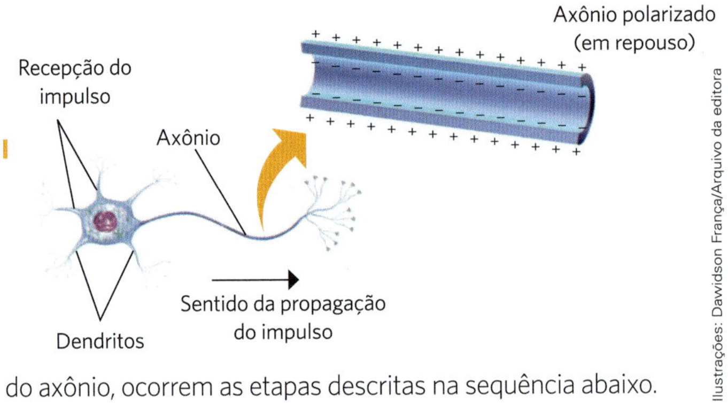

O tubo azul, visto em corte, representa uma parte de um axônio polarizado, isto é, com diferença de potencial entre as cargas elétricas dentro e fora da célula. Os sinais de mais (+) indicam carga positiva e os sinais de menos (-) indicam carga elétrica negativa. (Elementos fora de proporção de tamanho entre si. Cores fantasia.)

Quando um estímulo é aplicado em um ponto do axônio, ocorrem as etapas descritas na sequência abaixo.

1. Fase de despolarização (ou de inversão da polaridade): a membrana plasmática torna-se muito permeável ao sódio, que entra rapidamente na célula. Essa invasão de íons positivos torna o interior do axônio positivo em relação ao exterior. Cada ponto do axônio despolarizado estimula o ponto seguinte; dessa forma, uma rápida onda de despolarização se propaga em direção à extremidade do axônio.

2. Fase de repolarização: inicialmente, saem íons potássio de dentro do neurônio; essa saída de íons positivos compensa momentaneamente a entrada do sódio, e a membrana do neurônio volta a se repolarizar. A bomba de sódio e potássio restabelece o gradiente anterior nas concentrações interna e externa, expulsando os íons sódio em excesso e recapturando os íons potássio.

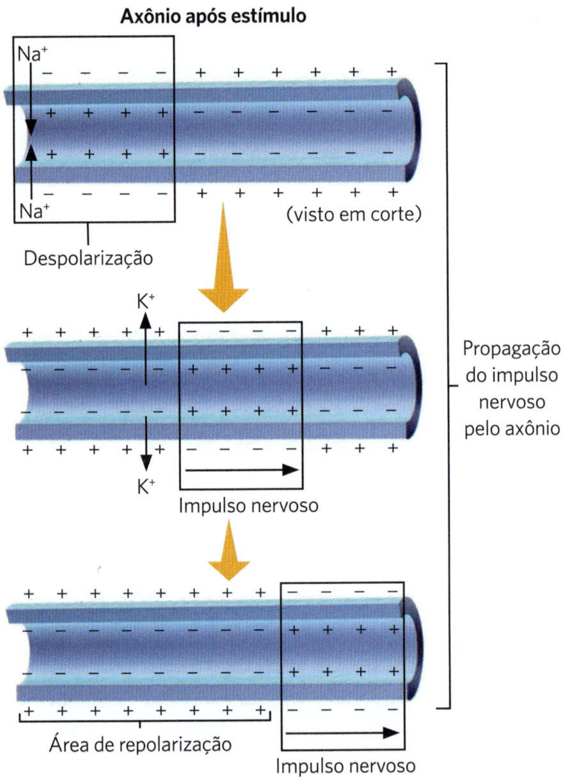

Condução do impulso nervoso em neurônios sem mielina. Cada ponto despolarizado estimula o ponto seguinte, e o impulso se propaga pelo axônio. (Cores fantasia.)

Nos axônios com estrato mielínico há inversão de polaridade apenas nas regiões dos **nós neurofibrosos** (nódulos de Ranvier), pois a mielina é um isolante elétrico e inibe a inversão das cargas nas regiões mielinizadas. A onda, então, "salta" diretamente de um nó para outro – processo denominado **condução saltatória** –, o que resulta em grande aumento de velocidade do impulso nervoso, quando comparado aos neurônios desmielinizados.

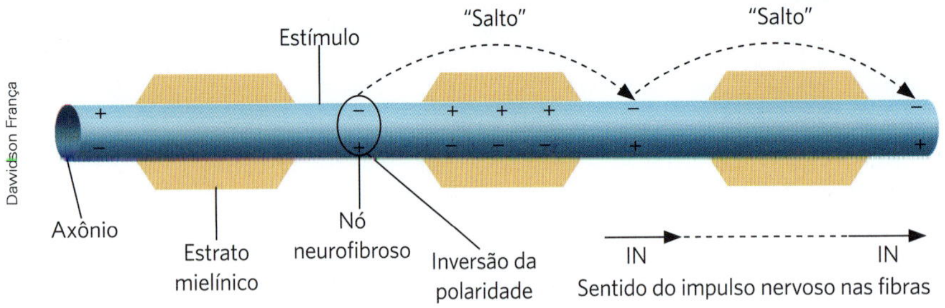

Lei do tudo ou nada
Estímulos muito fracos, quando aplicados a um neurônio, não geram impulso nervoso. No entanto, a partir de certa intensidade, o neurônio passa a responder e o impulso ocorre.

Esquema da transmissão do impulso nervoso (IN) nas fibras mielinizadas. (Elementos fora de proporção de tamanho entre si. Cores fantasia.)

Sinapses

Sinapses são regiões de comunicação entre um neurônio e outra célula, geralmente outro neurônio ou célula muscular. Nessa região, as células ficam muito próximas. Em geral, os neurônios secretam substâncias chamadas **neurotransmissores**, que se ligam à célula receptora, desencadeando novo impulso nervoso (no caso de um neurônio) ou, se for outro tipo de célula, uma resposta diferente, como contração em uma célula muscular.

Cada neurônio pode gerar mais de mil sinapses com outros neurônios, formando uma complexa rede de comunicação intercelular.

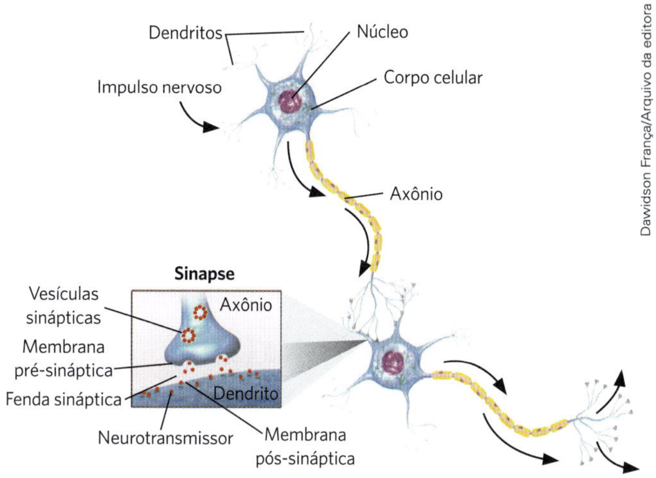

Elaborado com base em: HALL, J. E. *Guyton & Hall*: tratado de fisiologia médica. Rio de Janeiro: Elsevier, 2011.

Esquema do processo de liberação de neurotransmissores na sinapse. (Elementos fora de proporção de tamanho entre si. Cores fantasia.)

Sistema nervoso central (SNC)

Como vimos no início do capítulo, a parte central do sistema nervoso é composta do **encéfalo**, um dos maiores e mais complexos órgãos do corpo humano, que atua como seu centro de controle. Esse conjunto de estruturas especializadas tem em média 1,3 kg e é composto por cerca de 85 bilhões de neurônios e até 50 trilhões de células da glia. A **medula espinal**, sua continuação, encarrega-se de transportar as informações do corpo para o encéfalo e do encéfalo para o corpo, bem como integrar respostas simples a certos tipos de estímulos. Observe na figura as estruturas que compõem o encéfalo.

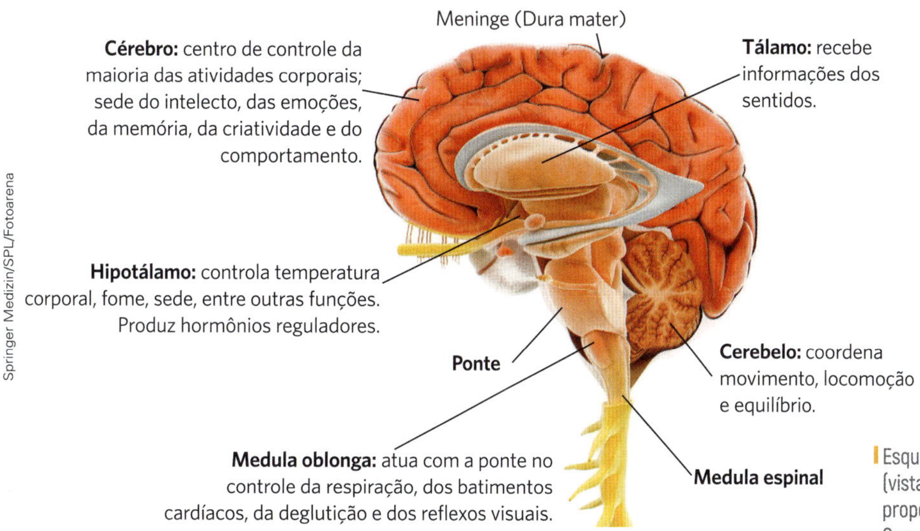

Esquema das partes do encéfalo (vista lateral). (Elementos fora de proporção de tamanho entre si. Cores fantasia.)

Proteção para o SNC

O encéfalo e a medula espinal são órgãos vitais e, ao mesmo tempo, frágeis. Sua integridade é garantida não só pela caixa craniana e pelas vértebras, mas também por três resistentes invólucros, as **meninges**. Entre duas das três meninges há um espaço preenchido pelo **líquido cefalorraquidiano** (liquor) – fluido incolor que amortece choques mecânicos e regula a pressão no interior do sistema nervoso.

Ao observar cortes do encéfalo e da medula espinal, é fácil perceber regiões brancas e cinzentas. A **substância cinzenta** é formada por corpos celulares de neurônios, dendritos e células da glia; sua coloração cinza é proveniente das organelas celulares. A **substância branca** é formada principalmente por axônios recobertos por estrato mielínico, que confere a ela a cor esbranquiçada.

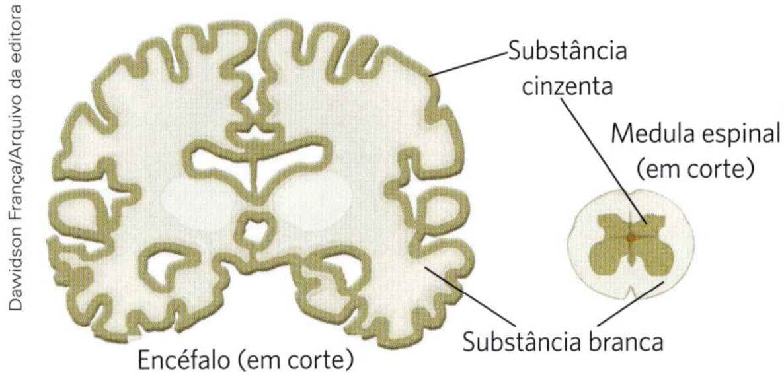

No encéfalo, a substância cinzenta forma uma fina camada na parte mais externa (**córtex cerebral**) e a substância branca (medula) ocupa a maior parte desse conjunto de órgãos. Na medula espinal as posições se invertem. (Elementos fora de proporção entre si. Cores fantasia.)

Sistema nervoso periférico (SNP)

A parte periférica do sistema nervoso é composta de **nervos** formados por conjuntos de axônios revestidos de tecido conjuntivo e **gânglios** - centros nervosos formados por concentrações de corpos celulares de neurônios. Além de interligados, os gânglios também estão conectados aos órgãos por nervos, respondendo pela regulação de inúmeras funções viscerais.

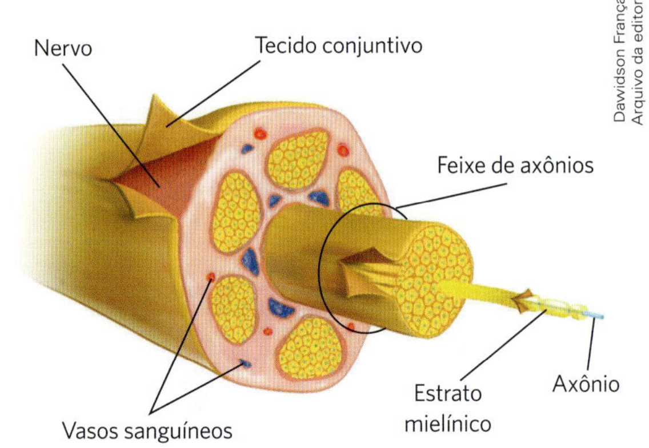

Esquema da estrutura de um nervo espinal em corte. (Elementos fora de proporção de tamanho entre si. Cores fantasia.)

No aspecto funcional, os nervos podem ser:

- **sensoriais ou sensitivos:** apresentam axônios sensoriais e levam o impulso nervoso aos centros nervosos, por isso também são chamados **aferentes**;
- **motores:** apresentam axônios motores e levam a resposta do encéfalo ou medula para os órgãos efetuadores (músculos e glândulas), por isso também são chamados **eferentes**;
- **mistos:** contêm axônios sensoriais e motores.

Controle voluntário e involuntário

O sistema nervoso controla ações **voluntárias**, como escrever, andar, etc., e também ações **involuntárias**. Você não ajusta a dilatação das pupilas ou controla a passagem do alimento pelo tubo digestório, por exemplo.

Axônios sensoriais (que compõem nervos sensoriais e mistos) da parte periférica do sistema nervoso levam informações vindas de todo o corpo para serem processadas em diferentes partes do encéfalo ou da medula espinal, que envia respostas transmitidas pelos axônios motores (que compõem nervos motores e mistos).

De modo simplificado, há axônios motores que fazem sinapses com músculos esqueléticos. Esses axônios compõem a **divisão somática** do SNP e, em geral, enviam respostas geradas pelo córtex do cérebro, ou seja, respostas voluntárias. Algumas respostas involuntárias, como levantar a perna ao receber uma leve pancada na patela (reflexo patelar) também são transmitidas por nervos mistos da parte motora ligados à medula espinal.

Há também axônios motores da **divisão autônoma** do SNP, que se conectam a glândulas, músculo cardíaco e músculos não estriados. Em geral, esses axônios conduzem respostas envidas pelo hipotálamo e tronco encefálico, independentemente do córtex cerebral. Isso significa que o controle desses órgãos não está sob controle voluntário. É o caso de funções vegetativas, como a respiração, a circulação ou a digestão.

Divisão somática	Divisão autônoma
Atua sobre músculos esqueléticos.	Atua sobre glândulas, músculo não estriado e músculo cardíaco.
Controle em geral voluntário e alguns reflexos.	Controle em geral involuntário.
Causa contração muscular.	Aumenta ou diminui a contração do músculo não estriado, a frequência cardíaca e a ação de glândulas.
Os axônios estendem-se do encéfalo ou medula e fazem sinapse diretamente com células do músculo esquelético.	Neurônios do encéfalo ou medula fazem sinapses com outros neurônios, dentro de gânglios. Destes saem outros neurônios que chegam aos órgãos viscerais e às glândulas.

A divisão autônoma do sistema nervoso periférico pode ser separada em duas grandes vias, a **simpática** e a **parassimpática**. De modo geral, a via simpática transmite mensagens que aumentam o uso de energia, preparando o corpo para a ação (reações de luta ou fuga): o coração bate mais rápido, aumenta a quantidade de glicose no sangue. A via parassimpática promove o relaxamento, como ações ligadas ao descanso e à digestão.

Os órgãos viscerais recebem nervos da via simpática e da via parassimpática, que quase sempre atuam antagonicamente, ou seja, estimulando ou inibindo suas funções. O mecanismo de regulação desses órgãos depende basicamente da ação integrada dessas duas vias. Qualquer aumento de estimulação em um órgão provoca aumento proporcional de inibição, por parte do nervo antagônico, que leva ao equilíbrio da função. Veja o esquema a seguir.

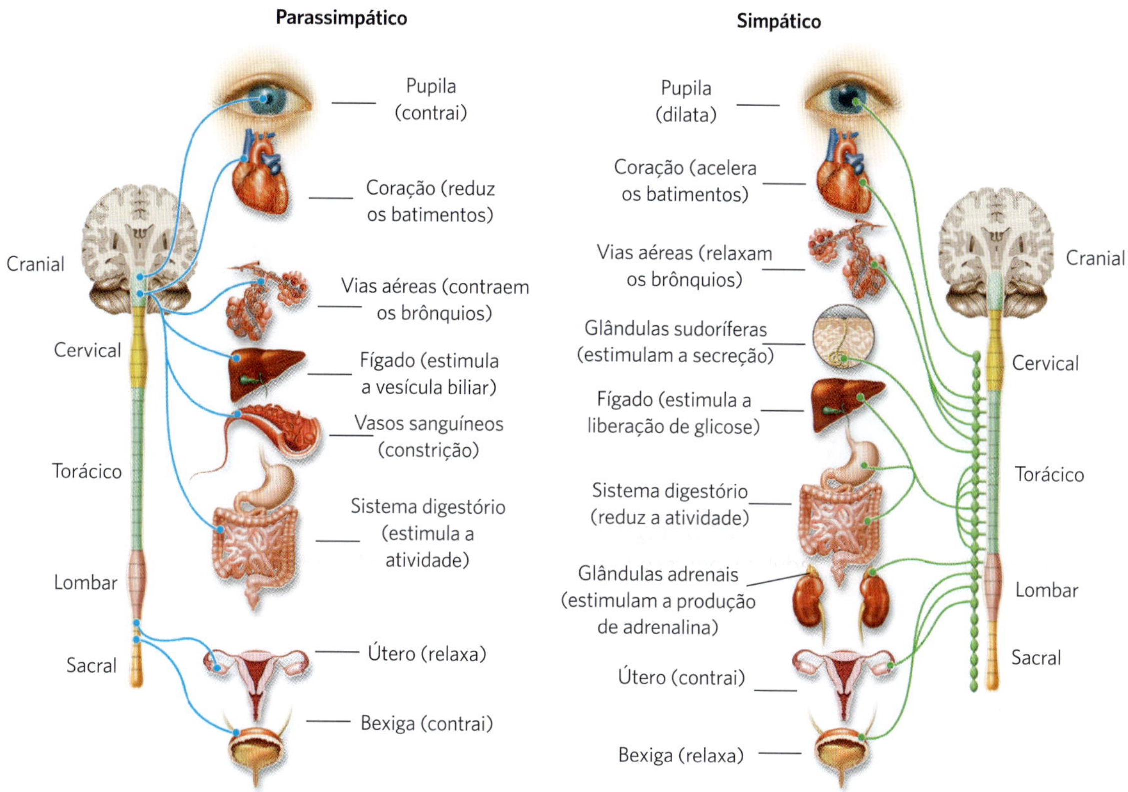

ERIKA ONODERA

Esquema representando a divisão autônoma do sistema nervoso periférico e os efeitos sobre alguns órgãos. (Elementos fora de proporção de tamanho entre si. Cores fantasia.)

Reflexos

Quando, distraidamente, colocamos a mão em algo muito quente, há uma retração brusca e automática do braço, mesmo antes de nos darmos conta do calor. Essa reação rápida de defesa, que pode evitar queimadura mais séria, é um exemplo de **reflexo**.

Reflexos são atos involuntários, rápidos, que visam à proteção ou à adaptação do organismo quando este recebe um estímulo periférico. A figura ao lado mostra um reflexo simples, que tem como centro nervoso a medula e, portanto, a ação não depende do encéfalo.

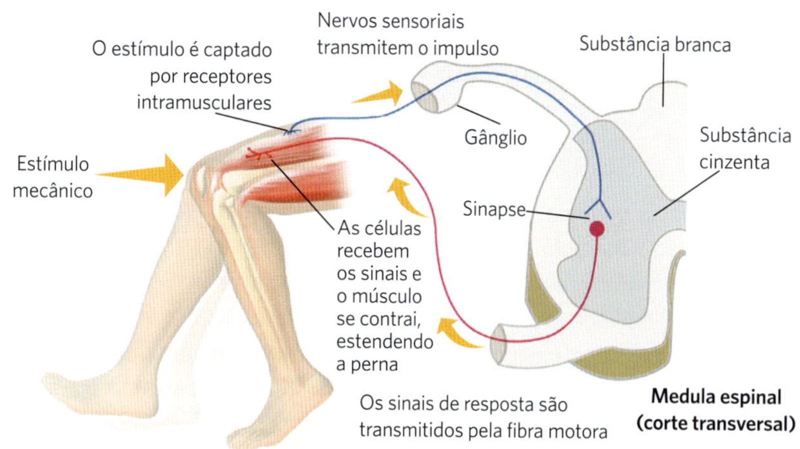

Davidson França/Arquivo da editora

Esquema da ocorrência de reflexo (medular) simples. (Elementos fora de proporção entre si. Cores fantasia.).

Recompensa e prazer

Dormir ao ter sono, comer ao ter fome, beber para saciar a sede. A satisfação das necessidades ativa certos neurônios que liberam a **dopamina**, um neurotransmissor que promove sensação de bem-estar. Essa sensação funciona como uma espécie de recompensa, que incentiva a realização de atividades essenciais para a nossa sobrevivência.

Pesquisas mostram que alimentos como o chocolate e o açúcar, bem como atividades que nos trazem prazer ao realizá-las, podem aumentar a liberação natural de dopamina no organismo. Nesses casos, a liberação é interrompida pela saciedade.

Algumas substâncias, entretanto, interferem no "circuito cerebral" da dopamina, bloqueando o mecanismo de saciedade natural e mantendo-a em picos elevados até o esgotamento da sua produção. Essas substâncias, chamadas de **psicoativas**, podem estar presentes em medicamentos e **drogas** lícitas ou ilícitas.

Segundo a OMS, droga é qualquer substância não produzida pelo organismo capaz de atuar sobre um ou mais sistemas, produzindo alterações em seu funcionamento.

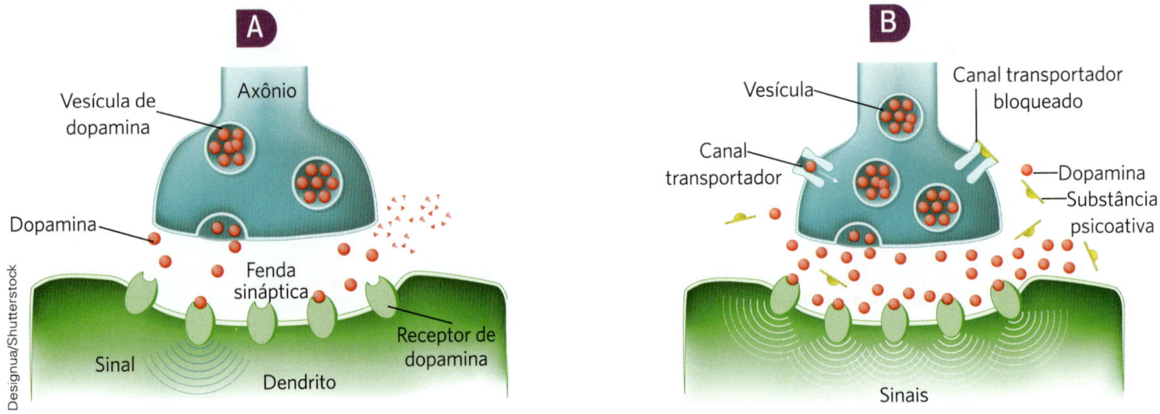

(A) Esquema representando a ação da dopamina na sinapse em uma situação normal. (B) A substância psicoativa bloqueia os canais que reabsorvem a dopamina, mantendo-a por mais tempo na fenda sináptica, perpetuando assim a sensação de prazer.

A relação dos seres humanos com substâncias psicoativas existiu em muitas culturas humanas. Seja como subterfúgio diante de problemas, por motivos médicos ou religiosos, para transgredir, transcender ou por qualquer outro motivo. A relação com cada substância, no entanto, deve ser observada, pois pode trazer diversos prejuízos biológicos, psicológicos e sociais para o indivíduo.

A sensação causada pelas drogas e/ou o desconforto causado pela abstinência delas leva a pessoa a querer consumir novamente, cada vez em maiores quantidades. Isso acontece devido à capacidade dessas substâncias de estimular esse **sistema de recompensa**. A repetição do uso, porém, torna os neurônios envolvidos cada vez mais insensíveis à ação da substância, fenômeno conhecido como **tolerância**. Em outras palavras, o cérebro, ao tentar se adaptar à substância, torna-se tolerante a ela.

Tal comportamento de busca recorrente das sensações causadas pela substância psicoativa pode levar à **dependência química**, uma doença crônica definida pela OMS, como "estado psíquico e algumas vezes físico resultante da interação entre um organismo vivo e uma substância, caracterizado por modificações de comportamento e outras reações que sempre incluem o impulso a utilizar a substância de modo contínuo ou periódico com a finalidade de experimentar seus efeitos psíquicos e, algumas vezes, de evitar o desconforto da privação". A dependência é um fenômeno complexo, que envolve alterações no funcionamento cerebral e superá-la não é apenas uma questão de força de vontade. Existem pessoas mais ou menos susceptíveis à dependência, e a existência de certa predisposição genética não está descartada.

Algumas drogas podem gerar mais dependência do que outras. Por exemplo: cerca de 50% ou 60% dos usuários de nicotina se tornam dependentes. Além disso, o consumo e o tráfico de drogas ilícitas têm profundas consequências sociais. Por isso, os esforços para a prevenção são tão importantes.

Veja no quadro abaixo informações sobre os principais grupos de drogas e seus efeitos.

Atuação no sistema de recompensa	Tipos	Efeitos e consequências
Depressoras	Benzodiazepínicos (tranquilizantes ou ansiolíticos)	Sonolência, vertigem e confusão mental, dificuldade de concentração e de memorização; náusea, dor de cabeça, ansiedade e depressão.
	Solventes ou inalantes (colas, lança-perfume, tíner, gasolina, acetona, etc.)	Vertigem, alucinações, sonolência, desorientação, visão embaçada, confusão mental, depressão, agressividade, reflexo diminuído, entre outros efeitos.
	Opiáceos (ópio, morfina, codeína, heroína)	Acalmia (calma momentânea após um período de agitação), analgesia (elimina a sensação de dor); forte prisão de ventre, sonolência, diminuição da frequência cardíaca e respiratória, diminuição da pressão arterial a níveis graves.
	Álcool (etanol). Há grande diversidade de bebidas alcoólicas com diferentes teores de álcool em sua composição.	Inicialmente (doses baixas ou na fase inicial do efeito de doses altas) age como um estimulante do SNC, levando a sensações de euforia, desinibição, sociabilidade, prazer e alegria. Em um segundo momento, age como um "depressor", reduzindo a ansiedade, causando lentificação psicomotora (fala "pastosa" ou "arrastada"), redução dos reflexos, sonolência, vômitos, visão "dupla" ou borrada, perda de memória, diminuição da resposta a estímulos.
Estimulantes	Cocaína (aspirada sob forma de pó, fumada como *crack* ou pasta-base ou diluída e injetada por via intravenosa)	Euforia (sensação de alegria e bem-estar), grandiosidade (sensação de poder), hipervigilância (estado de alerta exacerbado), irritabilidade; agitação, prejuízo do julgamento, taquicardia, arritmia, aumento da pressão arterial, suor, calafrios, dilatação das pupilas; alucinações ou ilusões visuais e táteis, ideias paranoides (sensação de ser perseguido). A abstinência é marcada por depressão, ansiedade, irritabilidade, fadiga, exaustão, insônia, agitação, ânsia/fissura (vontade muito intensa).
	Anfetaminas	
	Nicotina (cigarros, charutos, cachimbos e narguilé)	Tem efeitos semelhantes aos dos demais estimulantes, porém de forma mais branda. Induz dependência intensa e rápida. A abstinência da substância é marcada por irritabilidade, ansiedade, humor depressivo, lentificação da frequência cardíaca, aumento do apetite.
Perturbadoras	Indólicos (LSD, cogumelos e cipó *ayahuasca*)	Podem causar distorções perceptivas (cores e formas alteradas), sinestesia (fusão dos sentidos: "ver um som", "ouvir uma cor"), perda da discriminação de tempo e espaço, alucinações visuais e auditivas, *flashback* (retorno de sensações experimentadas anteriormente).
	Feniletilaminas (êxtase e MDMA líquido)	Podem causar ansiedade e percepções alteradas (menos intensas que o LSD), sentimentos de cordialidade e empatia; redução do apetite, frequência cardíaca e pressão arterial aumentadas, sudorese e boca seca, fadiga e espasmos musculares, hipertermia, bruxismo.
	Canabinoides (maconha, haxixe)	Leve estado de euforia, relaxamento (redução da ansiedade); afetam sensações ligadas à música, ao paladar e ao sexo; alteram a percepção de tempo; pode causar desinibição, risos imotivados e delírios; olhos avermelhados, boca seca e taquicardia.

FORMIGONI, M. L. O. de Souza. Sistema para detecção do Uso abusivo e dependência de substâncias Psicoativas: Encaminhamento, intervenção breve, Reinserção social e Acompanhamento (Supera). *Efeitos de substâncias psicoativas:* módulo 2. 7. ed. Brasília: Secretaria Nacional de Políticas sobre Drogas, 2014.

Drogas na juventude

Em muitos casos, o primeiro contato com drogas ocorre durante a juventude, fase na qual as pessoas ampliam seus relacionamentos e conquistam certa autonomia na busca pelo seu espaço no mundo e por sua identidade. Nessa jornada, o jovem tende a ficar mais exposto a situações que podem aproximá-lo não apenas das drogas, mas também da violência e de outros graves problemas sociais.

A atitude da sociedade – e consequentemente a dos jovens – com relação a essas questões é muito complexa. Por exemplo: ao completar 18 anos, o jovem passa a ter autorização para consumir álcool e tabaco, drogas legalizadas que, assim como as ilícitas, também podem provocar dependência e levar à morte. Até os 24 anos, o sistema nervoso ainda está em formação e os danos causados a ele podem ser mais graves e irreversíveis.

O modo como cada um lida com as questões da vida adulta, entretanto, depende de muitos fatores, entre eles o conhecimento que tem sobre os desafios que vai encontrar pela frente e o conhecimento sobre si mesmo, suas aptidões e fragilidades. De modo geral, sentir-se integrado à comunidade, ter laços familiares, ter acesso à educação e saúde, ter amigos e um projeto de vida podem ser considerados importantes **fatores de proteção**.

Sistema endócrino

O sistema endócrino atua por meio de mensageiros químicos, os **hormônios**. Eles são substâncias especiais, transportadas pelo sangue, que agem em órgãos e células-alvo específicos, ativando ou inibindo suas funções. Mensagens químicas, no entanto, são demoradas se comparadas com as mensagens transmitidas pelo sistema nervoso, limitando, de certa maneira, a velocidade da resposta.

Quanto à natureza química, os hormônios podem ser polipeptídios simples (hormônio antidiurético - ADH), proteínas (insulina), esteroides (hormônios sexuais) e derivados de aminoácidos (hormônios da glândula tireóidea). Muitas outras substâncias (prostaglandinas e endorfinas), produzidas por vários tecidos, também agem como hormônios, atuando como estimulantes ou inibidores de processos relacionados a dor, inflamação, coagulação do sangue, contração muscular, etc.

Os hormônios podem ser produzidos em **glândulas endócrinas** ou por células dispersas em diferentes órgãos, como no coração, na mucosa do tubo digestório e nos rins. Observe a localização das principais glândulas na figura ao lado e a ação dos principais hormônios delas no quadro.

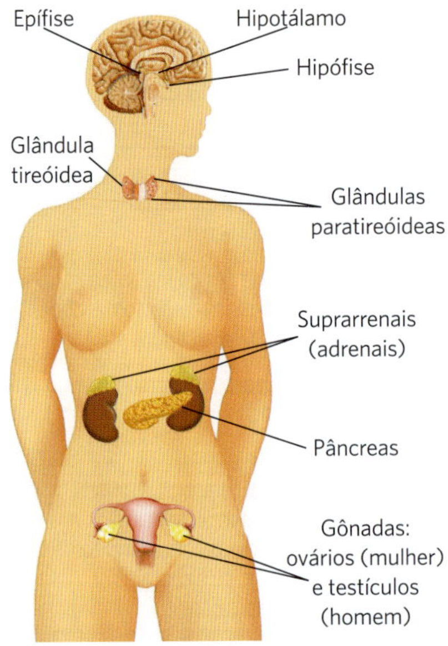

Dawidson França

Localização das glândulas endócrinas humanas. Os testículos não foram representados. (Elementos fora de proporção de tamanho entre si. Cores fantasia.)

Glândulas	Hormônios	Ações/funções
Hipófise	Hormônio do crescimento (GSH) ou somatotropina	Estimula o crescimento. Níveis alterados podem provocar acromegalia (crescimento alterado de partes do corpo), gigantismo ou nanismo.
	Adrenocorticotrópico (ACTH)	Controla a ação das glândulas suprarrenais no balanço hídrico corporal.
	Tireoideotrópico (TSH)	Controla a ação da glândula tireóidea no metabolismo.
	Prolactina	Estimula secreção de leite em mamíferos.
	Folículo estimulante (FSH)	Atua na espermatogênese (no homem) e estimula os folículos ovarianos (na mulher).
	Luteinizante (LH)	Estimula o desenvolvimento das gônadas e a produção de andrógenos (hormônios sexuais masculinos).
Hipotálamo	Hormônio antidiurético (ADH) ou vasopressina	Estimula a reabsorção de água pelos rins, deixando a urina mais concentrada. Níveis abaixo do normal desse hormônio estão relacionados com a diabetes insípida.
	Ocitocina	Estimula contrações uterinas.
Paratireóideas	Paratormônio	Aumenta a concentração de cálcio no sangue. Apresenta ação oposta à calcitonina.
Tireóidea	Tiroxina (T4) e tri-iodotironina (T3)	Regulam o metabolismo. Níveis alterados podem provocar hipertireoidismo ou hipotireoidismo.
	Calcitonina	Diminui a concentração de cálcio no sangue. Apresenta ação oposta ao paratormônio.
Epífise	Melatonina	Atua no ritmo biológico de dia e noite.
Suprarrenais (Adrenais)	Adrenalina (epinefrina)	Promove mecanismo de luta e fuga a partir de algumas respostas do corpo, como rápido aumento da taxa metabólica, estado de alerta, diminuição das atividades digestivas e renais, aumento da perfusão sanguínea e taquicardia.
	Glicocorticoides	Atuam no metabolismo da glicose e como anti-inflamatórios.
	Mineralocorticoides (como a aldosterona)	Regulam os níveis de íons sódio e potássio no sangue e no equilíbrio hídrico do organismo.
Pâncreas	Insulina	Reduz a concentração de glicose no sangue. Sua carência é característica em casos de diabetes melito tipo I.
	Glucagon	Tem efeito oposto ao da insulina: aumenta o nível de glicose no sangue.
Ovários	Estrógenos e progesterona	Estrógenos estimulam as características sexuais secundárias femininas, além atuarem junto à progesterona nas fases do ciclo menstrual.
Testículos	Hormônios andrógenos, entre eles a testosterona	Junto com o LH e o FSH, estimula o desenvolvimento dos órgãos genitais (caracteres sexuais primários), bem como características sexuais secundárias.

Desenvolvendo habilidades

1 Na figura a seguir, círculos e losangos representam a presença de íons K^+ e Na^+ dentro e fora de um neurônio em estado de repouso. Qual íon corresponde a qual forma geométrica? Como você descobriu?

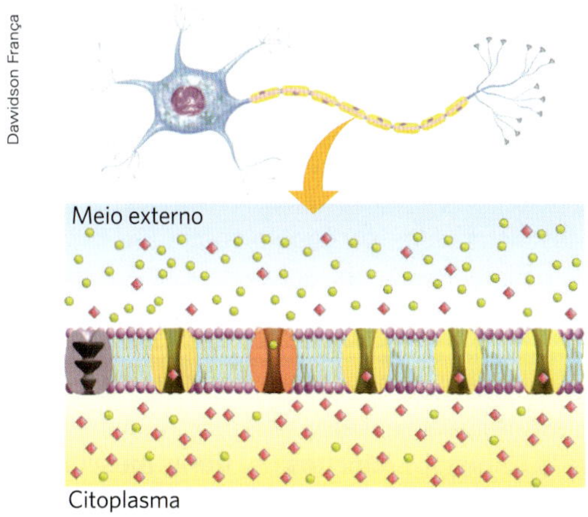

2 No que você está pensando? O cérebro produz pensamentos a todo momento. Na sua opinião, atividades como pensar e sonhar gastam energia? Justifique.

3 O gráfico representa a variação da velocidade de condução do impulso nervoso em relação à espessura do axônio e à presença ou não de mielina. M indica fibra mielinizada e Dm, fibra desmielinizada.

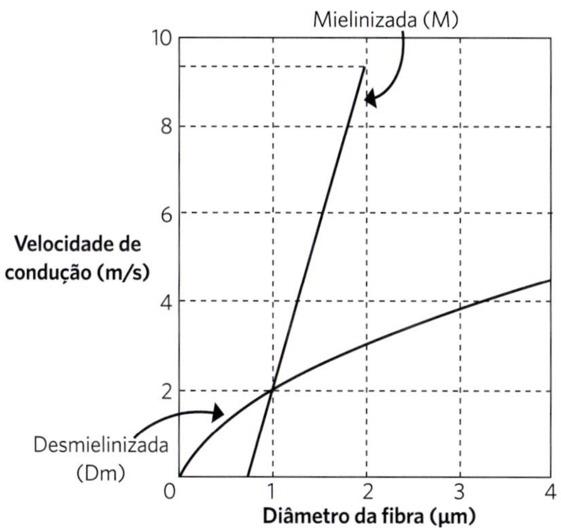

a) Segundo as informações obtidas pela leitura do gráfico, quais são os fatores que interferem na velocidade da condução?

b) Quando se consideram fibras de diâmetro muito pequeno (menores que 1 μm), qual delas teria maior velocidade de condução, a **M** ou a **Dm**? Por quê?

c) Quais são os valores da velocidade de condução para fibras **M** e **Dm** com diâmetro de 2 μm?

4 Você já ouviu falar em detectores de mentiras? Seu uso, bastante controverso, baseia-se no princípio de que mentir causa reações quase imperceptíveis no corpo da pessoa, como alteração da pressão sanguínea ou do ritmo da respiração e dos batimentos cardíacos. Esses aparelhos captam essas reações enquanto a pessoa responde a um questionário. O que essas reações têm em comum?

5 O esquema abaixo representa o funcionamento do sistema nervoso. Os retângulos simbolizam o Sistema Nervoso Central e o Sistema Nervoso Periférico. Qual retângulo representa cada uma dessas partes?

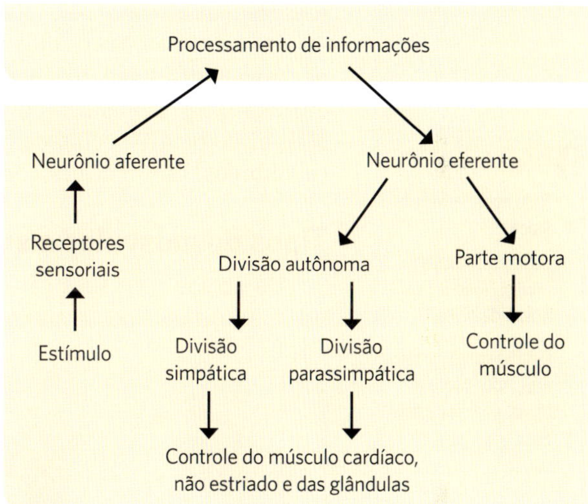

6 O iodo é um mineral essencial para a produção dos hormônios T3 e T4 pela glândula tireoide. A falta desse mineral leva ao mau funcionamento e aumento do tamanho da glândula, condição conhecida como bócio.
Para prevenir o bócio, em 1953 foi criada uma lei que obriga a adição de iodo no sal de cozinha refinado. Peixes marinhos e frutos do mar são alimentos naturalmente ricos em iodo.

a) O número de casos de bócio era maior nas regiões do interior do país. A doença não era comum no Rio de Janeiro (capital do país na época) e em outras cidades litorâneas. Como você explica essa distribuição? A ocorrência do bócio pode ser um exemplo de como os determinantes sociais de saúde (DSS) influenciam na saúde? Explique.

b) Em sua opinião, é importante que a adição do iodo ao sal de cozinha esteja prevista em lei ou bastaria que houvesse uma recomendação?

c) Em sua opinião, por que o sal foi o alimento escolhido para receber iodo?

CAPÍTULO 38

Corpo e movimento

Andar, mexer o braço e a mão para virar a página deste livro e muitos outros movimentos envolvem a ação conjunta de músculos, ossos e articulações controlados por você. O trabalho dos músculos mantém funções vitais, como os batimentos cardíacos e a entrada e saída de ar nos pulmões.

Este capítulo favorece o desenvolvimento das habilidades:

- EM13CNT202
- EM13CNT207
- EM13CNT301
- EM13CNT303
- EM13CNT310

Músculos

Popularmente, o que chamamos de músculos são apenas aqueles controlados por nossa vontade. Esses músculos, chamados de músculos esqueléticos, correspondem a cerca de 40% da massa corporal.

Além deles, há outros tipos de músculos distribuídos por todo o corpo. São músculos que realizam os movimentos respiratórios, o batimento do coração, a retenção e eliminação de urina e de fezes, a acomodação do olho a ambientes com diferentes luminosidades, a passagem do alimento pelo tubo digestório, a ejaculação e os tremores causados pelo frio.

Em comum, todos os músculos têm a capacidade de se contrair, isto é, de modo geral, de diminuir de tamanho quando recebem estímulos do sistema nervoso. A contração de um músculo é resultado da contração de suas células, os **miócitos** (ou **fibras musculares**). Mais exatamente, a contração ocorre por meio do encurtamento de filamentos proteicos (**miofibrilas**) dos miócitos, como você verá ao longo deste capítulo.

Dica

Tudo sobre atividade física

https://saude.abril.com.br/tudo-sobre/atividade-fisica/

Confira neste portal novidades sobre a atividade física e seus benefícios para a saúde.

Tipos de músculos e suas células

De acordo com suas características, os músculos podem ser classificados em três tipos. Veja esses tipos e suas principais características no esquema a seguir.

Erika Onodera/Arquivo da editora

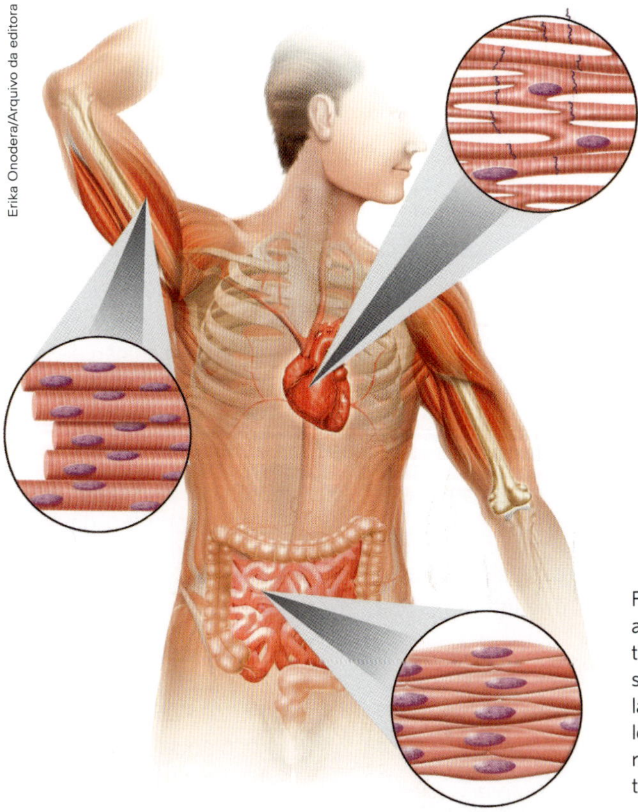

Músculo estriado esquelético
Em geral, são músculos que se ligam aos ossos. As células musculares estriadas esqueléticas podem ter até 30 cm de comprimento e formam sincícios - apresentam vários núcleos em uma massa citoplasmática comum a todas as células do tecido, sem separação por membranas. A contração é rápida e voluntária.

Músculo estriado cardíaco
Forma as paredes do coração (miocárdio). As células musculares estriadas cardíacas se contraem rápida e involuntariamente. Apresentam um núcleo e muitas linhas claras e escuras (estrias) e finas membranas transversais que limitam células vizinhas. As células musculares cardíacas são ramificadas, ao contrário das células dos músculos estriado esquelético e não estriado.

Músculo não estriado
Forma camadas que envolvem alguns órgãos (como tubo digestório, bexiga urinária, útero, vasos sanguíneos). As células musculares não estriadas se contraem lentamente e de modo involuntário. Apresentam um núcleo e não têm estrias.

Esquema dos tipos de músculos encontrados no ser humano. (Elementos fora de proporção de tamanho entre si. Cores fantasia.)

Cada célula muscular (miócito) contém **miofibrilas** - filamentos proteicos contráteis que se dispõem paralelamente ao longo de toda a célula. Os miócitos são ricos em glicogênio (carboidrato de reserva), ATP, glicose e enzimas, devido a sua intensa atividade metabólica. A riqueza em mitocôndrias está diretamente relacionada a essa composição e ao alto consumo energético dos miócitos ao se movimentar.

Contração da célula muscular estriada

Para compreender como as células musculares se contraem, é preciso conhecer a estrutura de suas miofibrilas, formadas por duas proteínas: **actina** e **miosina**. Como modelo, utilizaremos um músculo estriado esquelético que diminui de tamanho ao se contrair. Nele, essas proteínas estão dispostas de forma regular e determinam um padrão de estrias transversais claras e escuras, alternadas, visíveis ao microscópio óptico. As estrias claras (faixas **I**) são formadas principalmente por finos filamentos de actina. As estrias escuras (faixas **A**) são formadas pela sobreposição de filamentos de actina e de miosina (mais grossos).

No meio da faixa **I**, há uma fina lâmina escura (linha **Z**), e, no meio da faixa **A**, uma estreita zona clara (zona **H**). O segmento formado pelo espaço entre duas linhas **Z** consecutivas corresponde a uma unidade contrátil, ou seja, a menor porção de miofibrilas, que mostra um encurtamento na contração; portanto, têm maior comprimento na célula em repouso do que em contração. As unidades contráteis são chamadas **miômeros** (ou **sarcômeros**).

Durante a contração, os filamentos de actina e de miosina se encaixam e deslizam um em direção ao outro, até se encontrarem no meio do miômero. Com isso, as duas linhas **Z** que limitam o sarcômero se aproximam. A faixa **A** não se altera, enquanto a faixa **I** fica muito estreita, quase desaparecendo. A soma dos encurtamentos simultâneos dos milhares de sarcômeros das miofibrilas e destas no interior de uma fibra torna o encurtamento visível e mensurável. Observe que não há alteração em tamanho dos filamentos de actina e miosina.

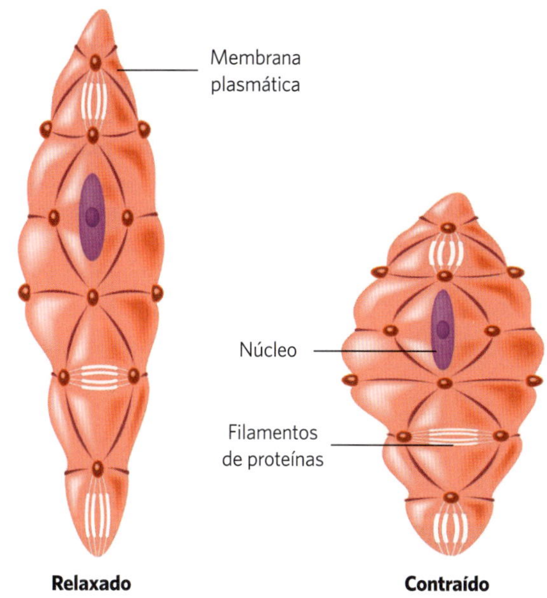

gritsalak karalak/Shutterstock

Esquema de um miócito (fibra muscular) relaxado e contraído. (Elementos fora de proporção de tamanho entre si. Cores fantasia.)

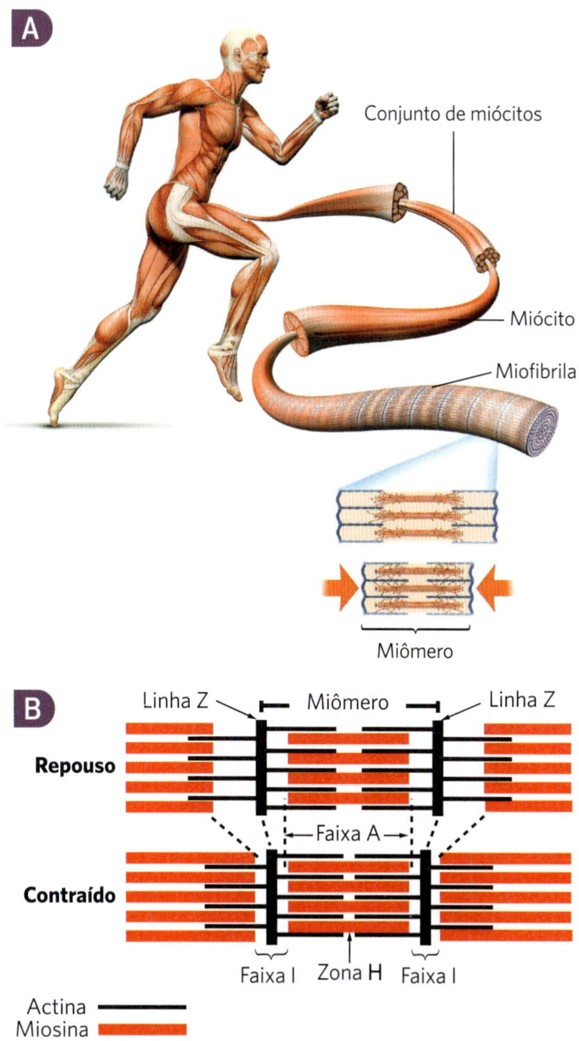

Claus Lunau/SPL/Fotoarena

Selma Caparroz/Arquivo da editora

Elaborado com base em: TORTORA, G. J.; DERRICKSON, B. *Corpo humano*: fundamentos de anatomia e fisiologia. 8. ed. Porto Alegre: Artmed, 2012.

(A) Esquema de feixe de células musculares estriadas esqueléticas. **(B)** Modelo para a disposição das moléculas do miômero durante o relaxamento e a contração. (Elementos fora de proporção de tamanho entre si. Cores fantasia.)

A cor avermelhada dos músculos se deve à grande irrigação sanguínea presente nesses tecidos e ao pigmento **mioglobina**, que armazena oxigênio.

A contração dos músculos esqueléticos geralmente é controlada por impulsos nervosos. A partir de um órgão nervoso, como o encéfalo, o impulso nervoso percorre um axônio e chega à região de sinapse. Essa "ordem motora" provoca a liberação de **neurotransmissores**, na superfície da fibra muscular, que responde com uma contração.

Chamamos de **placa motora** o local em que o axônio estabelece contato com o miócito. Um axônio pode ter diversas ramificações terminais e, assim, formar inúmeras placas motoras, possibilitando a contração simultânea de muitos miócitos.

A contração das miofibrilas depende de um conjunto de reações químicas que implica gasto energético. A energia é fornecida primariamente pela glicose (obtida da corrente sanguínea ou da reserva muscular de glicogênio) e armazenada na forma de ATP e fosfocreatina (FC).

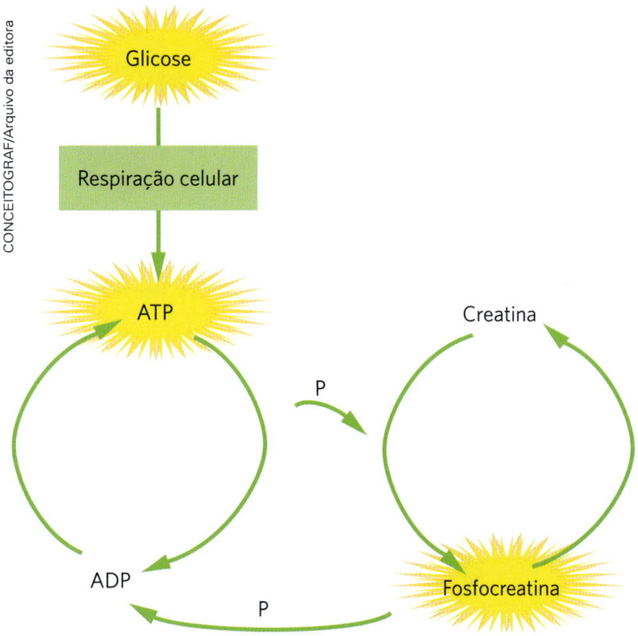

Quando há deficiência no suprimento de oxigênio (anaerobiose), causada pelo trabalho muscular excessivo, o ácido pirúvico resultante da glicólise é convertido em ácido láctico, um dos fatores que causam a chamada **fadiga muscular**. No estado de fadiga, o músculo é incapaz de se contrair, e o ácido láctico, que é tóxico, provoca dores musculares. Após algum tempo, esse ácido é metabolizado no fígado e o músculo volta à sua capacidade normal de contração.

A **cãibra**, por sua vez, é a ocorrência de dor junto à contração muscular. Embora no passado tenha sido atribuída ao acúmulo de ácido láctico, não há consenso hoje entre os especialistas sobre suas causas.

Esquema das trocas energéticas que ocorrem na contração. A fosfocreatina funciona como reserva energética. Se necessário, ela pode transferir fosfato (P) e energia para produzir ATP a partir de ADP.

Movimento: contração e relaxamento

A musculatura esquelética é responsável pelos movimentos corporais voluntários, desde um simples sorriso até as complexas proezas realizadas pelos ginastas.

No corpo, há diversos **músculos antagônicos**; enquanto um deles se contrai, o outro relaxa.

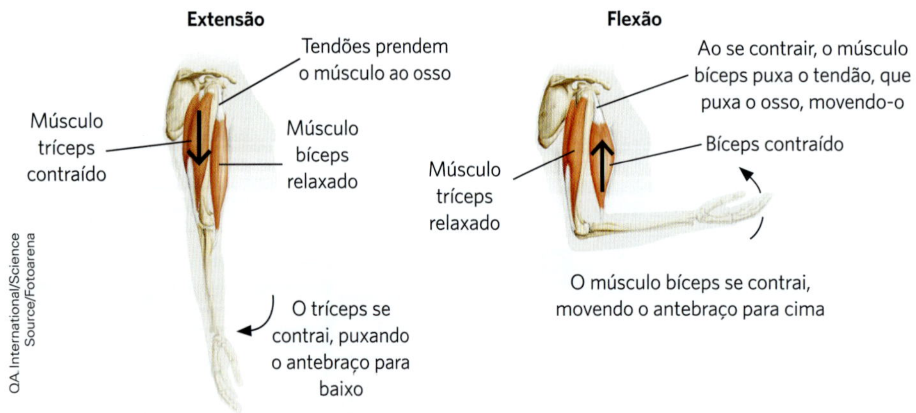

Esquema de ação muscular antagônica nos movimentos de extensão e flexão do antebraço. (Elementos fora de proporção de tamanho entre si. Cores fantasia.)

Hipertrofia e atrofia muscular

Os músculos podem aumentar muito em tamanho e força se forem exercitados. Esse aumento não é consequência do maior número de miócitos, mas do aumento de seu diâmetro - a hipertrofia -, que acarreta maior capacidade contrátil do músculo. Ao contrário, a falta de exercícios provoca uma perda de massa muscular, e a inatividade prolongada causa atrofia.

Ossos

Os ossos são órgãos formados por diferentes tecidos: cartilaginoso, hematopoiético, adiposo, nervoso, além do tecido ósseo.

O conjunto de ossos forma o **esqueleto**, responsável pela sustentação mecânica ao corpo, proteção e, inclusive, produção de células sanguíneas.

Ossos podem ser longos (úmero e fêmur), chatos (bacia e ossos do crânio) ou curtos (carpos e vértebras). Muitos ossos protegem outros órgãos ou partes moles do organismo; por exemplo, as vértebras protegem a medula espinal, as costelas protegem órgãos da cavidade torácica (como pulmões e coração) e o crânio protege o encéfalo. O esqueleto também atua como reserva, armazenando certos elementos, como cálcio, fósforo e magnésio.

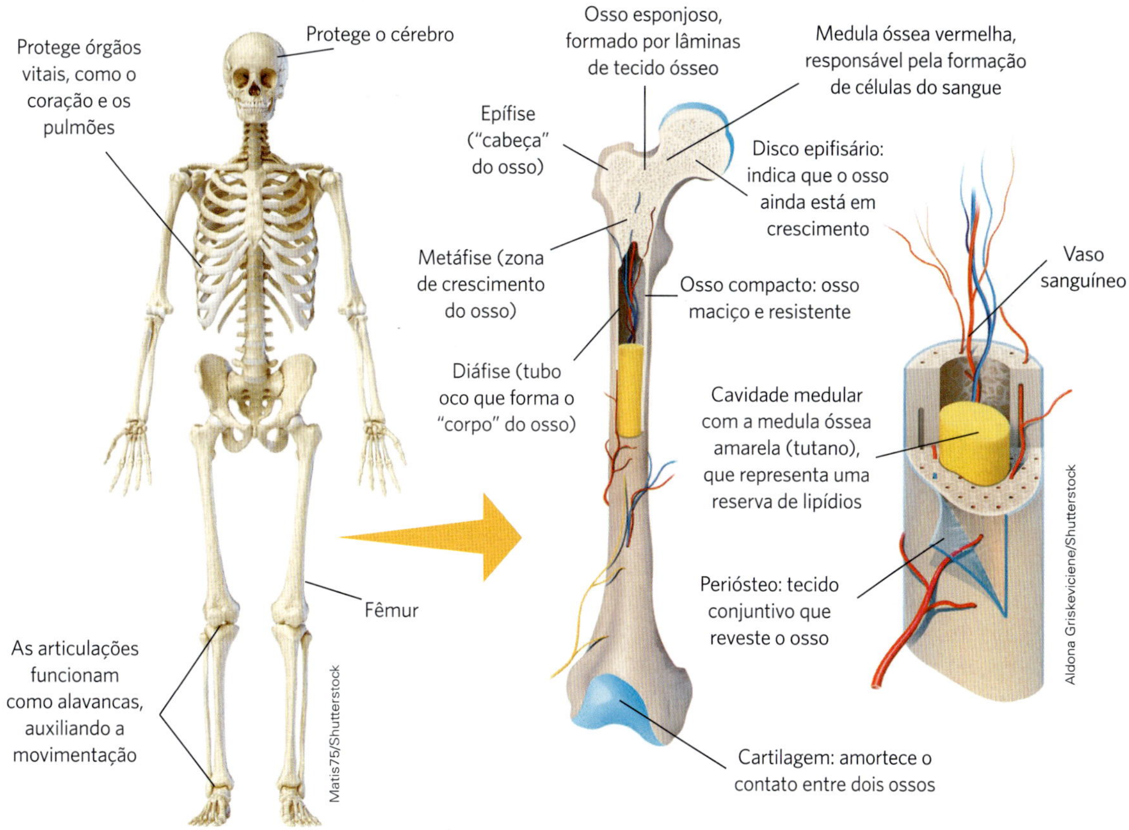

Esquema do esqueleto humano, com destaque para a estrutura do fêmur (em corte longitudinal parcial) e detalhe ampliado de parte do fêmur mostrando periósteo. (Elementos fora de proporção de tamanho entre si. Cores fantasia.)

O tecido ósseo

O tecido ósseo é um tipo especial de tecido conjuntivo, duro e resistente. É produzido por células jovens, chamadas **osteoblastos**, que secretam matriz extracelular rica em colágeno. Sais minerais depositam-se sobre a matriz, endurecendo-a. Ao amadurecerem, os osteoblastos ficam "presos" em pequenas cavidades dentro da matriz rígida, mas se comunicam entre si por meio de finas ramificações. Quando os osteoblastos estão maduros, são chamados **osteócitos**. Estes mantêm a comunicação com outros osteócitos e com novos osteoblastos; também são responsáveis pela manutenção do metabolismo do tecido ósseo.

Mesmo em pessoas adultas, os ossos são continuamente remodelados em resposta às forças que atuam sobre ele, como a gravidade, o peso do corpo, os esforços das atividades físicas (ou a falta delas), fraturas ósseas e outras lesões. Células chamadas **osteoclastos** digerem a matriz extracelular, que é refeita pelos osteoblastos. De modo geral, a prática regular de atividades físicas torna os ossos mais resistentes. Da mesma maneira, o sedentarismo e a imobilidade levam à perda de tecido ósseo.

Ao observar uma amostra de osso compacto ao microscópio de luz, é possível ver estruturas de forma cilíndrica, os **osteônios**. Cada osteônio é formado por lâminas ósseas concêntricas, ao redor de um canal central, por onde passam vasos sanguíneos e linfáticos e nervos. Os canais, tanto o central quanto o transversal, garantem a troca de substâncias com o sangue e a capacidade de regeneração do tecido em casos de fraturas.

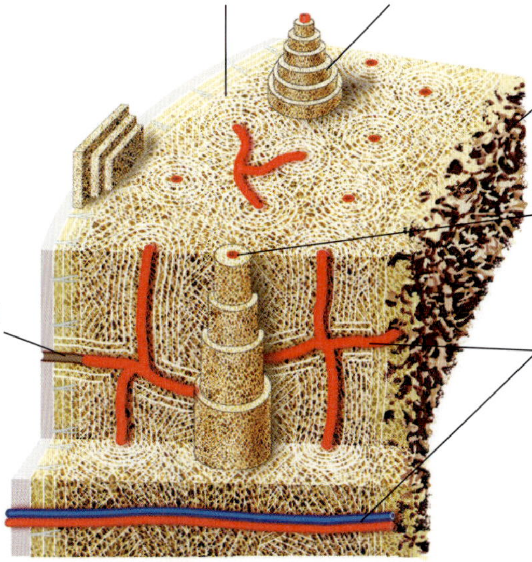

Asklepios Medical Atlas/SPL/Fotoarena

Esquema de osso em corte, mostrando **osteônios**. (Elementos fora de proporção de tamanho entre si. Cores fantasia.)

Cartilagens

O **tecido cartilaginoso**, ou simplesmente cartilagem, é um tipo de tecido conjuntivo com as funções de **sustentação mecânica** e de **proteção** de algumas partes do organismo.

As cartilagens são encontradas em diversos órgãos, como nariz, laringe, orelhas externas, meniscos, discos intervertebrais, entre outros. Nas articulações - junções entre dois ou mais ossos -, as cartilagens formam uma espécie de cápsula protetora que recobre a superfície dos ossos, diminuindo o atrito entre eles. Já os meniscos têm a função de amortecer choques mecânicos.

O tecido cartilaginoso é formado por células chamadas **condrócitos**, que ficam no interior de cavidades da matriz extracelular. A matriz é homogênea, quase transparente e rica em fibras elásticas e de colágeno, além de açúcares e glicoproteínas; essa constituição é responsável pela consistência firme e flexível do tecido cartilaginoso. Não há vasos sanguíneos ou nervos na cartilagem. Sua nutrição é feita pela lenta difusão de substâncias a partir de vasos sanguíneos periféricos.

Ed Reschke/Photolibrary/Getty Images

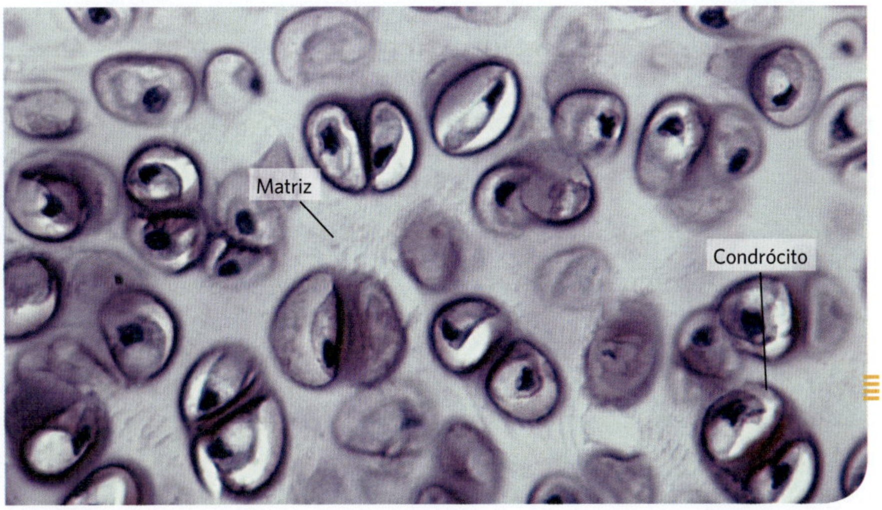

Cartilagem da traqueia humana, vista ao microscópio óptico. (Aumento aproximado de 350 vezes. Cores artificiais.)

Desenvolvendo habilidades

1 Praticar atividades físicas regularmente é benéfico para o corpo e para a mente. Durante a atividade, o cérebro libera substâncias que promovem bem-estar. No entanto, a prática de atividades físicas depende de muitos fatores, tanto individuais como relacionados às condições de vida de cada pessoa.

a) Que circunstâncias facilitam ou atrapalham a prática de atividade física na sua vida?

b) Leia o texto a seguir, de autoria da artista belga Véronique Vanblaere.

"Nós precisamos de mais áreas verdes em nossa comunidade. Espaços onde as pessoas se sintam seguras para caminhar, correr, respirar ar puro durante o almoço, antes ou depois de irem para o trabalho ou para substituir a pausa para o cigarro. Quando colocamos nosso corpo em movimento, isso expande nossa mente."

Como são as condições para a prática de atividades físicas na sua comunidade? Existem praças e aparelhos de ginástica de uso livre? O que poderia ser mudado para incentivar as pessoas a se exercitarem mais?

2 A tabela abaixo indica informações da composição e de características de amostras retiradas de tecidos humanos. No entanto, em razão de um engano, as informações da coluna "Características" foram trocadas entre as três amostras.

	Composição	Características
AMOSTRA I	Apresenta filamentos proteicos de actina e miosina, glicogênio, fosfocreatina e mioglobina.	Tecido duro e resistente composto de células vivas. Apresenta canais por onde passam nervos e vasos sanguíneos.
AMOSTRA II	Rica em colágeno e sais minerais, principalmente cálcio.	Tecido firme e flexível composto de células vivas. Não é irrigado por vasos sanguíneos ou nervos.
AMOSTRA III	Rica em fibras elásticas e de colágeno, açúcares e glicoproteínas.	Apresentam vários núcleos em uma massa citoplasmática comum às células do tecido.

a) Considerando que as informações na coluna "Composição" estão corretas, indique os tecidos que compõem cada amostra.

b) Refaça a tabela no caderno corrigindo as informações na coluna "Características".

c) Explique de que maneira o tecido da Amostra III mantém sua nutrição, considerando que não é irrigado por vasos sanguíneos.

3 Em razão de uma fratura óssea, um jovem atleta teve a perna imobilizada por uma tala durante dois meses.

a) Ao retirar a tala ele notou que a perna imobilizada estava mais fina do que a outra. Explique por que isso aconteceu.

b) Que célula do tecido ósseo regenera a região da fratura?

4 Observe a imagem a seguir e responda às questões.

Reprodução/Centro de Hematologia e Hemoterapia do Ceará

a) De qual parte do osso – esponjoso ou compacto – a medula óssea é retirada?

b) Que tipo de célula é produzida pela medula óssea vermelha?

c) Qual é a importância de promover ações como a do Centro de Hematologia e Hemoterapia do Ceará (Hemoce), representada na imagem acima?

d) Faça uma pesquisa e descubra:

- Quem pode se tornar um doador de medula óssea?
- O que é o REDOME?
- Como se dá o procedimento de transplante?
- Na cidade em que você vive existem hemocentros ou outros locais de coleta desse material?

5 Sente-se em uma cadeira com as costas apoiadas. Nessa posição, sem mover nenhuma outra parte do corpo, flexione o joelho para deixar uma perna completamente paralela ao assento e a outra na mesma posição em que estava. Pesquise o(s) músculo(s) da perna que contrai(em) para a realização desse movimento e descreva os mecanismos que ocorrem nos miômeros desse(s) músculo(s) durante a contração.

CAPÍTULO 39

Reprodução e saúde

A reprodução e a sexualidade envolvem conhecer o funcionamento do corpo, compreender seus sentimentos e respeitar a si mesmo e a outras pessoas.

Este capítulo favorece o desenvolvimento das habilidades:

EM13CNT202

EM13CNT207

EM13CNT301

EM13CNT302

EM13CNT303

EM13CNT304

EM13CNT305

EM13CNT306

EM13CNT310

! Dica

Câmara Ligada: Sexualidade

www.youtube.com/watch?v=P_H62FcEFgU

Assista ao vídeo da Câmara Ligada para entender as diferenças entre sexo biológico, orientação sexual, identidade de gênero e expressão de gênero.

A reprodução humana

Na espécie humana, a reprodução é sempre sexuada. Nesse tipo de reprodução, órgãos especializados (as **gônadas**) produzem células reprodutivas (os **gametas**) por meiose. A fecundação é interna e, em geral ocorre na tuba uterina. A célula resultante da fecundação - o **zigoto** - passa por inúmeras mitoses, dando origem a um novo ser humano.

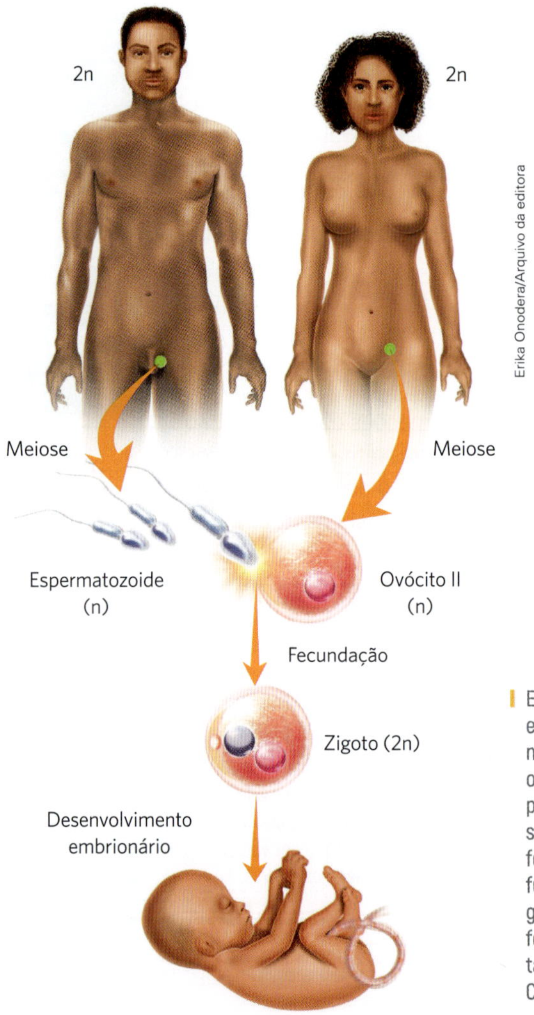

Esquema de algumas estruturas envolvidas na origem de um organismo humano por reprodução sexuada. Após a fecundação, ocorre fusão dos núcleos dos gametas. (Elementos fora de proporção de tamanho entre si. Cores fantasia.)

Características sexuais humanas

As gônadas (testículos, no homem; ovários, na mulher) são responsáveis pela produção de gametas e de hormônios sexuais. No homem, o hormônio sexual mais importante é a **testosterona**. No organismo feminino são produzidos o **estrógeno** e a **progesterona**. Todos eles têm natureza lipídica (são esteroides). A produção de hormônios sexuais pelas gônadas é controlada por hormônios hipofisários, as **gonadotrofinas**.

De modo geral, a função dos hormônios sexuais é estimular a produção dos gametas (processo conhecido por gametogênese) e promover o desenvolvimento e a manutenção dos caracteres sexuais típicos de cada sexo.

Na espécie humana, a determinação do sexo biológico de uma pessoa ocorre no instante da fecundação: masculino (se apresentar cromossomos X e Y) ou feminino (se houver dois cromossomos X). No entanto, o desenvolvimento dos genitais masculinos ou femininos - **características sexuais primárias** - só se completa com a ação das gonadotrofinas ainda na fase embrionária.

Mais tarde, na puberdade (por volta dos 10 aos 14 anos de idade, em média), as gonadotrofinas estimulam as gônadas, levando ao desenvolvimento das **características sexuais secundárias** - relacionadas à maturação sexual do indivíduo - e a **produção de gametas**.

Nos meninos, as principais características sexuais secundárias são aumento do pênis e dos testículos, alteração da voz e surgimento de pelos no rosto e nas axilas. Nas meninas, as principais transformações são o início da menstruação, o desenvolvimento dos seios e o alargamento da bacia.

O sistema genital masculino

O sistema genital masculino é formado por órgãos externos (localizados fora da cavidade abdominal, como o pênis e os testículos) e internos (como a próstata e a vesícula seminal), como mostrado na figura a seguir.

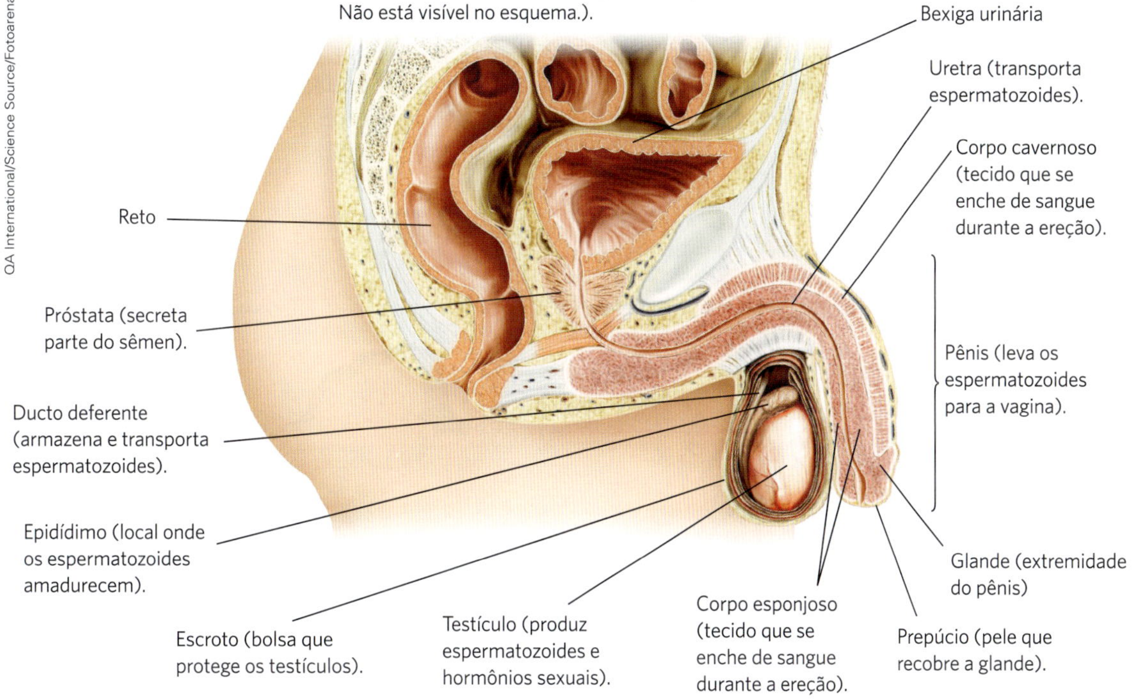

Elaborado com base em: WIDMAIER, E. P. *et al. Fisiologia humana*: os mecanismos das funções corporais. Rio de Janeiro: Guanabara Koogan, 2006.

Esquema do sistema genital masculino, em corte lateral. (Elementos fora de proporção de tamanho entre si. Cores fantasia.)

Os testículos

São dois órgãos ovais, envolvidos por uma bolsa - o escroto. Por se localizarem externamente à cavidade abdominal, ficam menos sujeitos às temperaturas do interior do corpo, que prejudicam a formação dos espermatozoides.

Internamente, os testículos são compostos por muitos **túbulos seminíferos**, onde se formam os espermatozoides. A produção desses gametas é contínua, iniciando-se na puberdade e seguindo durante toda a vida do homem, embora diminua com o aumento da idade.

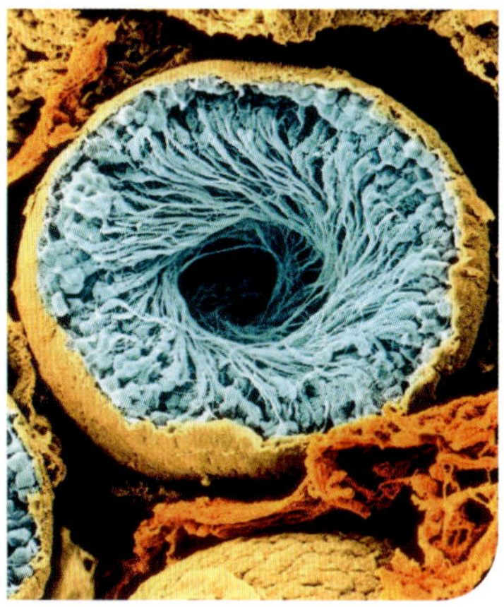

Fotografia de túbulo seminífero em corte, obtida em microscópio eletrônico de varredura. Dentro do túbulo, há muitos espermatozoides em formação (em azul). (Aumento aproximado de 1200 vezes. Cores artificiais.)

Os pequenos espaços entre os túbulos seminíferos são preenchidos por grupos de células produtoras dos hormônios masculinos conhecidos como **andrógenos**.

O mais importante desses hormônios é a **testosterona**, responsável pelo desenvolvimento do sistema genital, pelos caracteres sexuais secundários (voz, pelos, etc.) e pela maturação dos espermatozoides. No entanto, a ativação da espermatogênese e das células depende do estímulo direto da hipófise - glândula endócrina situada na base do cérebro - por meio dos hormônios gonadotróficos **FSH** (foliculestimulante) e **LH** (luteinizante).

O sistema genital feminino

O sistema genital feminino também tem órgãos internos e externos. Os órgãos internos são os **ovários**, as **tubas uterinas**, o **útero** e a **vagina**.

A parte externa recebe o nome de **pudendo feminino** (anteriormente chamado vulva) e é formado pelos **lábios maiores** e **menores**, mais internos. Entre eles, fica a entrada da vagina. Acima dela está a saída da uretra e, mais acima, o **clitóris**, também constituído por tecido erétil.

Na parte interna dos lábios menores, há duas **glândulas vestibulares**. Sua secreção é um líquido claro, viscoso, que pode ser expulso no orgasmo, semelhante a uma ejaculação. Na mesma região há muitas glândulas vestibulares menores, de função lubrificante.

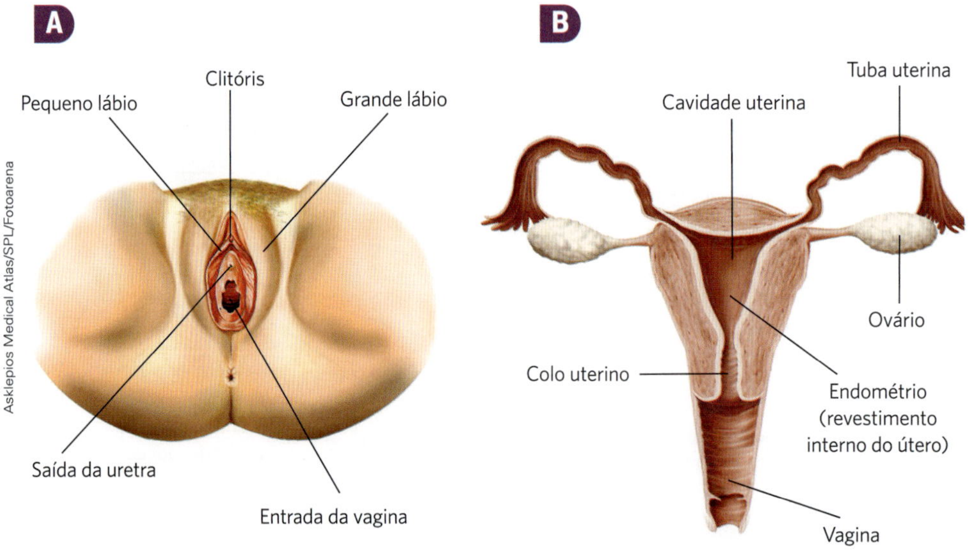

Elaborado com base em: WIDMAIER, E. P. *et al. Fisiologia humana*: os mecanismos das funções corporais. Rio de Janeiro: Guanabara Koogan, 2006.

(**A**) Esquema do sistema genital feminino em vista externa. (**B**) Esquema dos órgãos internos do sistema genital feminino visto de frente, em corte. (Elementos fora de proporção de tamanho entre si. Cores fantasia.)

Os ovários

Os ovários são revestidos por um tecido chamado epitélio germinativo. Logo abaixo dele ficam milhares de pequenas estruturas esféricas, os **folículos ovarianos**, que, na puberdade, reduzem-se a cerca de 400.

Durante a vida fértil da mulher, em geral um desses folículos amadurece e libera um ovócito II a cada 28 a 30 dias. Essa expulsão do ovócito II é a **ovulação**, que ocorre, aproximadamente, duas semanas antes da menstruação.Durante o amadurecimento, o folículo cresce até se romper, expulsando o ovócito II em direção à **tuba uterina**. Se na tuba houver espermatozoides, provenientes de uma relação sexual, o ovócito pode ser fecundado.

No ponto de ruptura do folículo, na parede do ovário, as células foliculares formam um tecido de cicatrização de função endócrina, o chamado corpo lúteo (corpo amarelo). Se não houver fecundação, o corpo lúteo degenera após cerca de 10 dias. Havendo fecundação e posterior implante do zigoto no útero, o corpo lúteo cresce e permanece alguns meses produzindo progesterona, principal hormônio da gravidez.

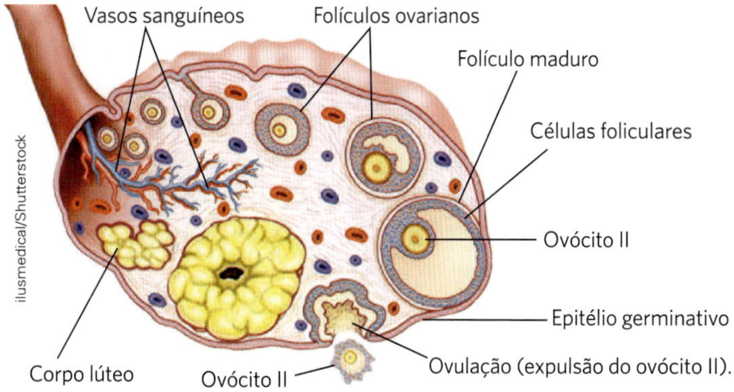

Esquema de um ovário em corte e liberação do ovócito II. (Elementos fora de proporção de tamanho entre si. Cores fantasia.)

Os gametas e a gametogênese

A gametogênese é o processo pelo qual se formam os gametas. A produção dos gametas femininos e masculinos ocorre, respetivamente, por meio dos processos **ovogênese** - nos ovários - e **espermatogênese** - nos testículos - e podem ser divididos em três fases.

- **Período de multiplicação:** células germinativas primordiais passam por muitas mitoses e formam células diploides chamadas **gônias**.
- **Período de crescimento:** as gônias acumulam substâncias de reserva, aumentam em volume, recebendo o nome de **cito I** (como o ovócito I), também diploides.
- **Período de maturação:** ocorre meiose. Na telófase I originam-se os **citos II**, como o ovócito II. Nos testículos, a meiose chega ao fim, com a formação de espermátides (n). Nos ovários, a meiose é interrompida nessa etapa.

Na realidade, no momento da ovulação, o que é expelido não é um óvulo, mas um ovócito II, pois a meiose ainda não está terminada. É apenas durante a fecundação, com a penetração do espermatozoide, que esse ovócito II completa a meiose, separando o pequeno polócito II. Assim, ele se torna um óvulo cujo núcleo funde-se ao do espermatozoide, formando o zigoto, diploide.

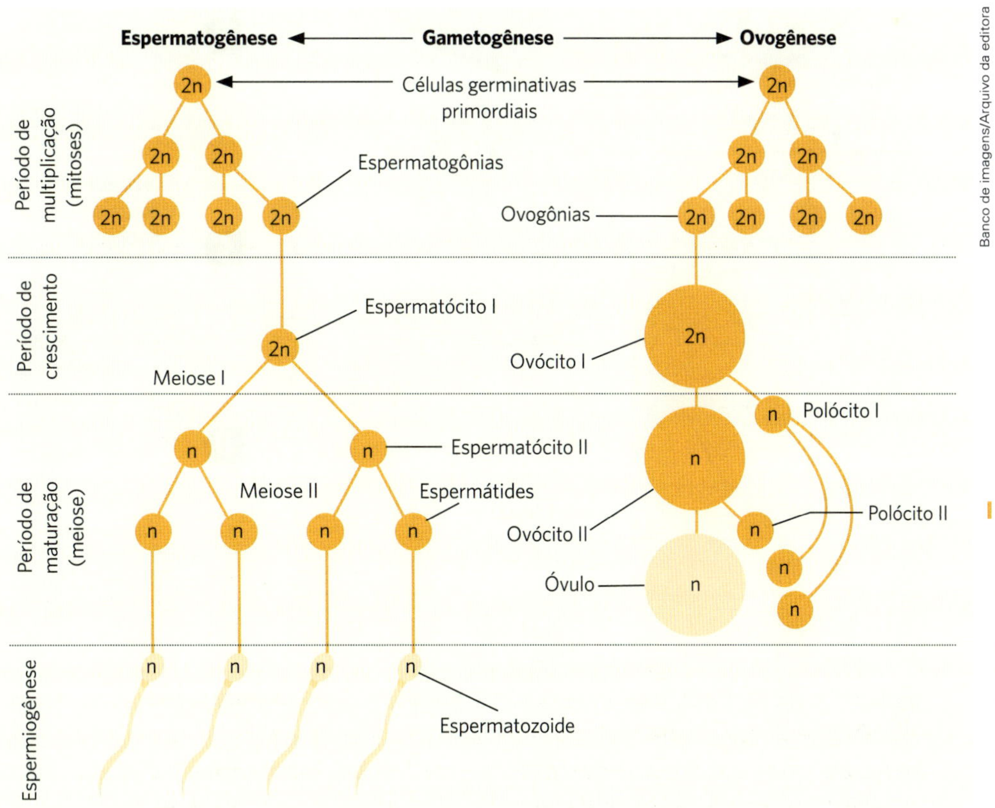

Esquema das fases da gametogênese. O óvulo é formado somente após a entrada do espermatozoide no ovócito II. (Elementos fora de proporção de tamanho entre si. Cores fantasia.)

Espermatogênese e ovogênese diferem em relação ao número e tamanho dos gametas férteis resultantes ao final das meioses. No caso da ovogênese, das quatro células resultantes da meiose, apenas a maior poderá formar o óvulo; as outras três, pequenas, são os corpúsculos polares (polócitos), estéreis. No caso da espermatogênese, as espermátides são células imóveis que se transformarão em espermatozoides flagelados, células móveis, na espermiogênese.

Os hormônios femininos e o ciclo menstrual

A atividade dos ovários é cíclica, mensal e, durante os ciclos, há interação hormonal entre eles, a hipófise e o útero, preparando esse último para a possível implantação de um embrião.

A parede uterina é formada por uma espessa camada de musculatura lisa - o **miométrio** -, que passa por uma fase de hipertrofia durante a gravidez e é responsável pelas contrações no parto. O **endométrio** reveste a cavidade interna e apresenta glândulas (cuja secreção alimenta o embrião implantado no início da gravidez).

Normalmente, o ciclo menstrual dura em torno de 28 a 30 dias, durante o qual se origina um ovócito II, que, se não for fecundado, é expulso ou reabsorvido. No final do ciclo, secreções, sangue e restos do endométrio desprendem-se da parede uterina e são eliminados: é o **fluxo menstrual**. O primeiro dia da menstruação marca o início de um novo ciclo. Caso haja fecundação do ovócito II, o embrião formado se implanta no endométrio, que continua se desenvolvendo para garantir a fixação, a proteção e a nutrição do embrião.

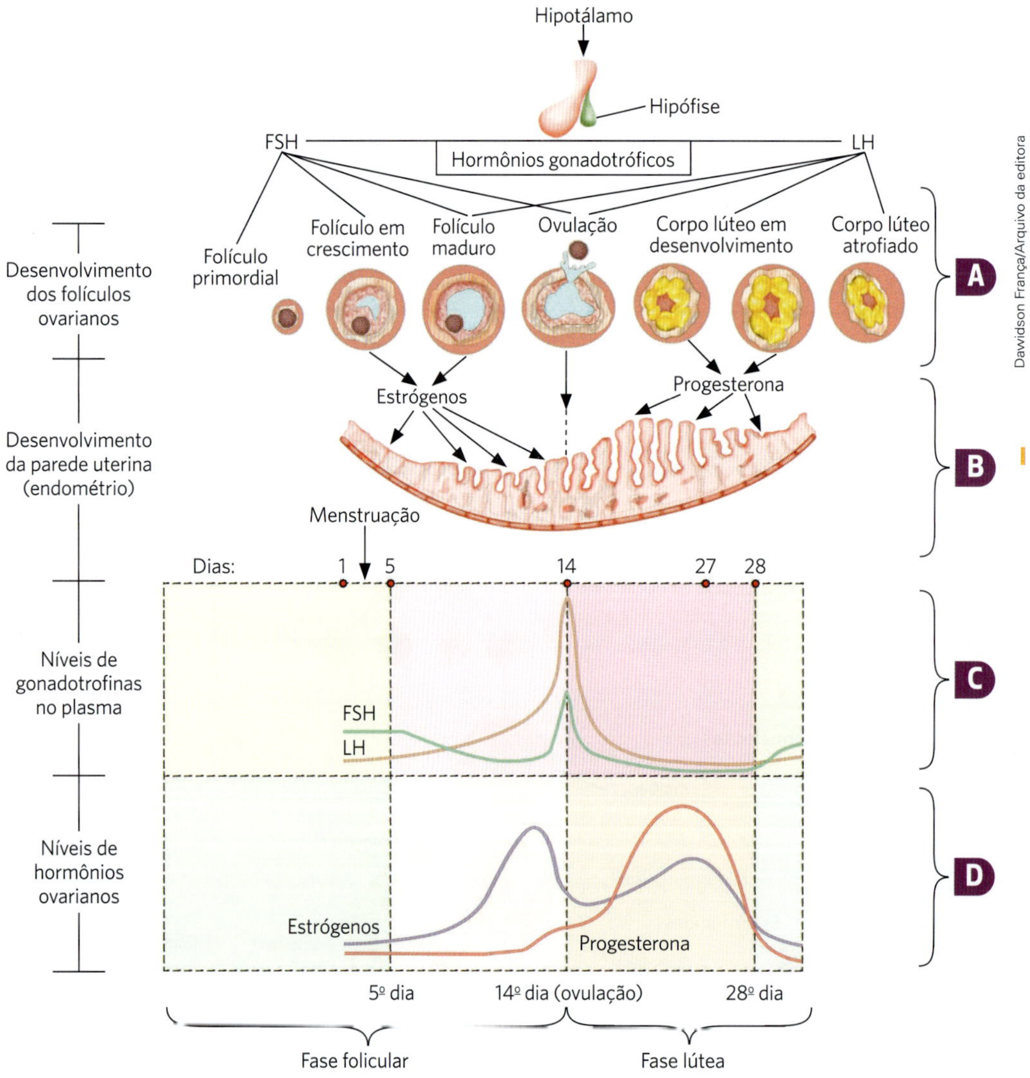

Elaborado com base em: TORTORA, G. J.; DERRICKSON, B. *Principles of Anatomy and Physiology.* Nova Jersey: Willey, 2014. p. 1162.

Esquema de ciclo menstrual regular de 28 dias. (**A**) Representação do desenvolvimento dos folículos ovarianos. (**B**) Representação do desenvolvimento do endométrio. (**C**) Gráfico representando a variação de concentração de gonadotrofinas no plasma sanguíneo. (**D**) Gráfico representando as variações nos níveis de concentração de hormônios ovarianos. (Elementos fora de proporção entre si. Cores fantasia.)

Na primeira parte do ciclo, que dura cerca de 14 dias (**fase folicular**), a hipófise, por meio do FSH (folículo-estimulante), estimula a maturação de um folículo ovariano. Durante o processo, o folículo ovariano produz estrógenos, hormônios que chegam ao útero pelo sangue e promovem o crescimento do endométrio. Por atuação da hipófise, há aumento gradativo do hormônio luteinizante (LH) nesse período. Pouco antes da ovulação, há um pico de LH que sinaliza a liberação do ovócito II pelo folículo.

Após a ovulação, durante o restante do ciclo (**fase lútea**), a hipófise mantém a alta taxa de LH, que estimula o desenvolvimento do **corpo lúteo**, o qual produz estrógeno e principalmente progesterona - o hormônio da gravidez -, que continua estimulando o crescimento do endométrio, preparando-o para receber o zigoto (esquemas **A** e **B**).

O aumento da taxa de estrógeno e progesterona atua sobre a hipófise, inibindo a produção do LH e FSH (é um caso de retroalimentação). Assim, o corpo lúteo degenera, cai a produção de estrógeno e progesterona e ocorre o desprendimento do endométrio (fluxo menstrual). Veja no gráfico **C** que os níveis mais altos de gonadotrofinas no plasma sanguíneo são atingidos durante a ovulação. Observe no gráfico **D** que os níveis mais altos de hormônios ovarianos ocorrem antes e após a ovulação até diminuírem antes da menstruação.

Fecundação

Após a ovulação, o ovócito II pode ser fecundado durante cerca de 24 horas. Já os espermatozoides, depois de chegarem ao útero, podem sobreviver por dois ou três dias. Assim, se a relação sexual ocorrer alguns dias antes ou depois da ovulação, há probabilidade de fecundação. Esse é o chamado **período fértil** do ciclo.

Se relação sexual ocorrer próximo à menstruação, haverá pouca probabilidade de fecundação; esse período é chamado de **período estéril** do ciclo. Esses cálculos são, no entanto, valores médios, sujeitos a variações, mesmo porque nem sempre os ciclos ocorrem com a regularidade aqui descrita.

O encontro dos gametas masculino e feminino ocorre usualmente na tuba uterina. Para que ocorra a **fecundação**, os espermatozoides devem atravessar a **membrana plasmática** do ovócito II.

Apenas um espermatozoide penetra o ovócito II. Quando isso ocorre, forma-se um revestimento no ovócito - a **membrana de fecundação** -, que impede outros espermatozoides de penetrar no óvulo.

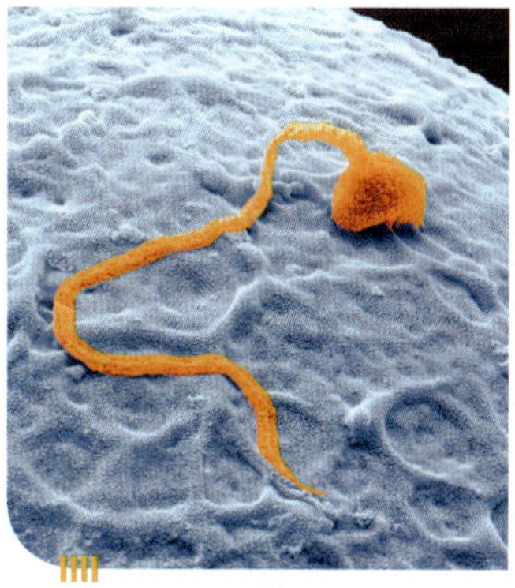
Thierry Berrod, Mona Lisa Production/SPL/Fotoarena

Fotografia de espermatozoide fecundando ovócito II, obtida em microscópio eletrônico de varredura. (Aumento aproximado de 3 000 vezes. Cores artificiais.)

No processo da fecundação, o núcleo do espermatozoide se desenvolve e passa a ser chamado de **pronúcleo masculino**. Ele se aproxima do núcleo do ovócito secundário (**pronúcleo feminino**) e ocorre a união dos dois núcleos, formando-se assim o núcleo diploide do zigoto.

Logo depois, tem início o desenvolvimento embrionário que forma a mórula e em seguida o **blastocisto**, que vai se fixar na parede do útero por meio de um fenômeno chamado **implantação** ou **nidação**. A implantação se completa por volta do 11º dia do desenvolvimento (isto é, por volta do 27º ou 28º dia do ciclo).

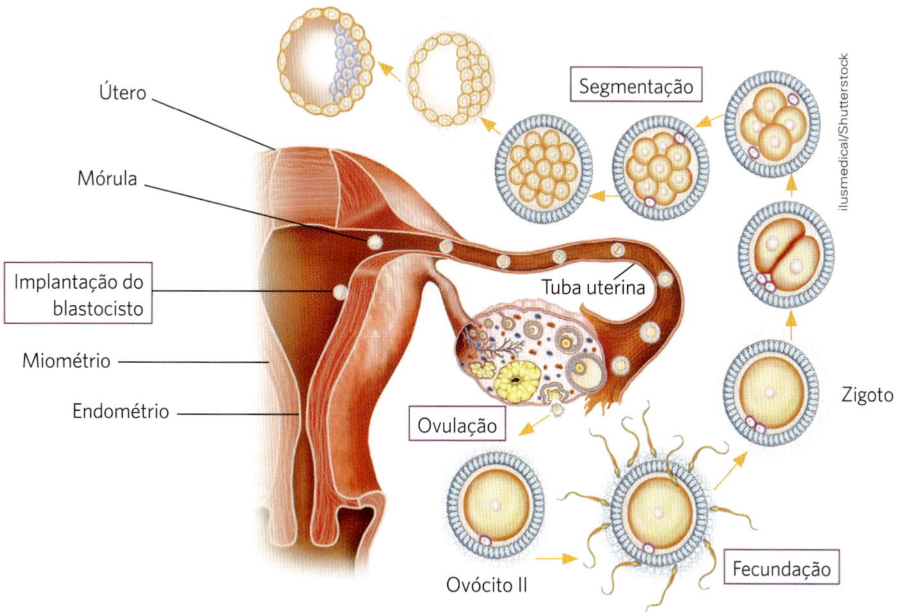

Esquema de ovócito II, tuba uterina e útero vistos em corte, representando diferentes processos: ovulação, fecundação e implantação, respectivamente. (Elementos fora de proporção de tamanho entre si. Cores fantasia.)

Gravidez

A gravidez inicia-se quando o blastocisto se implanta no endométrio, que cresce, envolvendo-o. Na 2ª semana, diferencia-se um disco embrionário na massa celular, que dará origem ao corpo do embrião. Junto ao embrião, inicia-se a formação de estruturas derivadas dele, que são chamadas de anexos embrionários. Na 4ª semana, o embrião triplica em tamanho. Na 7ª semana, adquire aspecto humano. A partir da 8ª semana, com cerca de 3 cm de comprimento e 15 g, já é chamado de **feto**. Após 20 semanas, o embrião ganha bastante massa e, na 28ª semana, tem cerca de 1,3 kg e condição de sobreviver fora do útero (caso ocorra parto prematuro). Em média, o nascimento ocorre entre a 38º semana e a 40º semana de gestação.

Durante todo o período de gestação, o embrião permanece mergulhado no líquido amniótico. A **placenta** é um órgão derivado do córion e do endométrio com grande irrigação sanguínea e é rica em vilosidades - que aumentam a superfície para a troca de substâncias entre o sangue da mãe e o do embrião. Além disso, ela produz hormônios (gonadotrofina coriônica e progesterona) e funciona como barreira contra certos agentes causadores de doenças.

O embrião e a placenta são ligados pelo cordão umbilical, que tem duas artérias e uma veia. As artérias levam o sangue pobre em oxigênio do embrião para a placenta, e a veia leva sangue rico em oxigênio de volta ao embrião. A circulação materno-fetal permite a contínua troca de nutrientes, excretas e outras substâncias entre os dois organismos.

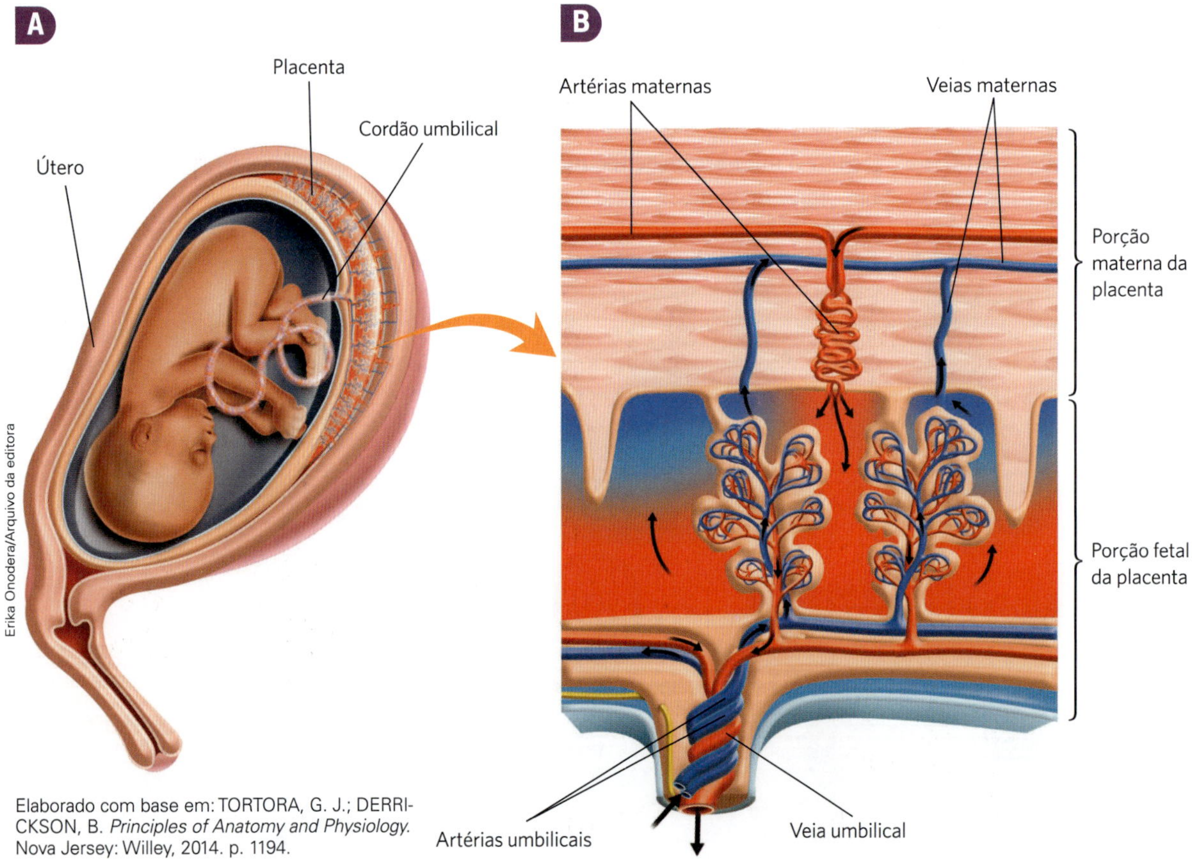

Elaborado com base em: TORTORA, G. J.; DERRICKSON, B. *Principles of Anatomy and Physiology.* Nova Jersey: Willey, 2014. p. 1194.

(A) Esquema de feto em placenta humana em corte e **(B)** destaque de porção da placenta. Repare que não há contato direto entre o sangue da mãe e o do feto através da placenta. (Elementos fora de proporção de tamanho entre si. Cores fantasia.)

Durante a gravidez, a gestante deve ter acompanhamento pré-natal, que inclui exames clínicos, controle da pressão arterial e das taxas de glicose e de ureia no sangue, entre outras substâncias. É fundamental que a gestante faça testes para detectar HIV, sífilis, entre outras doenças, pois o tratamento durante a gravidez evita a contaminação do bebê. No Brasil, o pré-natal e o parto podem ser realizados gratuitamente pelo Sistema Único de Saúde (SUS).

Regulação hormonal na gravidez

Se o ovócito II é fecundado, surgem novas interações hormonais e o organismo materno sofre grandes transformações, preparando-se para a gravidez. Nesse caso, é fundamental a ação da progesterona, hormônio que inibe a secreção de FSH e, consequentemente, a maturação de novos folículos.

O corpo lúteo passa a ser estimulado por outro hormônio produzido pela placenta, a gonadotrofina coriônica (HCG). Este, ao se desenvolver, produz altos níveis de progesterona, que age: nas glândulas mamárias, causando hipertrofia de suas regiões secretoras; na inibição das contrações uterinas; no desenvolvimento da placenta.

Um teste precoce da gravidez é possível pela detecção de gonadotrofina coriônica no plasma sanguíneo da mulher, pois esse hormônio aparece no sangue cerca de uma semana após a implantação do zigoto na parede uterina.

Outro sinal da gravidez é a suspensão das menstruações, pois a progesterona inibe a secreção do FSH, impedindo a maturação de novos folículos ovarianos.

Nascimento

O parto normal se inicia com contrações da musculatura do útero, que vão se tornando mais frequentes, e com a dilatação do **colo uterino**. Então, rompe-se a bolsa de água, expulsando o líquido amniótico, que lubrifica as vias genitais e facilita a saída do bebê. Essas modificações são induzidas pelo hormônio **ocitocina**, liberado pela hipófise.

As fortes contrações do útero, auxiliadas por contrações voluntárias da musculatura abdominal da parturiente, forçam a expulsão do bebê, que permanece ligado à placenta pelo cordão umbilical. Ao final do parto, o cordão umbilical é pinçado e cortado e a placenta é expulsa em seguida.

Às vezes ocorrem complicações que dificultam o parto e põem em risco a vida da mãe e do bebê - como dilatação pequena do colo ou má posição fetal. Nesse caso, é indicada a cirurgia - a **cesariana** -, que consiste em retirar o bebê por um corte no abdome.

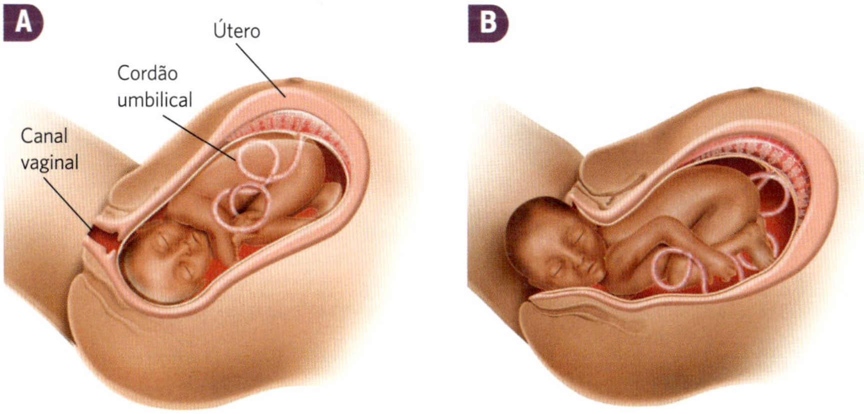

Erika Onodera/Arquivo da editora

Esquema simplificado de parte do corpo de uma mulher em corte, em dois momentos do trabalho de parto: (**A**) a criança encontra-se na posição de nascimento, com a cabeça encaixada no colo uterino; (**B**) e o momento do nascimento, quando a criança é empurrada, pelas contrações, para o meio externo. (Elementos fora de proporção de tamanho. Cores fantasia.)

Elaborado com base em: TORTORA, G. J.; DERRICKSON, B. *Principles of Anatomy and Physiology.* Nova Jersey: Willey, 2014. p. 1207.

Saúde sexual e reprodutiva

A saúde sexual e reprodutiva visa possibilitar a vida sexual segura, consciente e prazerosa. Os direitos sexuais são parte do conjunto dos direitos humanos e, assim como eles, são regidos por leis que asseguram sua aplicação na sociedade. Alguns desses direitos são:

- Escolher livremente o parceiro sexual.
- Escolher se quer ou não ter relações sexuais.
- Ter relações sexuais independentemente da reprodução.
- Exercer a sexualidade e a reprodução livre de imposição, violência ou discriminação.
- Receber informações sobre sexualidade e sobre prevenção e tratamento de infecções sexualmente transmissíveis (IST) (como aids).
- Decidir de forma livre e responsável se quer ou não ter filhos, quando deseja ter filhos e quantos filhos deseja ter, planejando o intervalo de tempo entre eles.
- Receber informações e ter acesso aos métodos de contracepção.

5 IGUALDADE DE GÊNERO

Reprodução/ONU

Assegurar o acesso universal à saúde sexual, reprodutiva e aos direitos reprodutivos é uma das metas do quinto Objetivo do Desenvolvimento Sustentável, definido pelas Nações Unidas.

Sexualidade e sociedade atual

Atualmente, as discussões sobre sexualidade envolvem pelo menos três elementos diferentes.

- **Sexo biológico:** tem relação direta com os cromossomos sexuais. Na espécie humana há indivíduos do sexo masculino, feminino e casos raros de pessoas intersexuais.
- **Identidade de gênero:** refere-se ao modo como cada pessoa se reconhece em relação aos papéis culturais que a sociedade define para mulheres e homens. Nas pessoas transexuais (ou transgênero), a identidade de gênero não corresponde ao sexo biológico. Quando há correspondência, usa-se o termo cisgênero.
- **Orientação afetivo-sexual:** está relacionada com a atração física e emocional por outras pessoas. Em geral, pessoas homossexuais sentem-se atraídas por pessoas do mesmo sexo biológico, enquanto heterossexuais têm atração por pessoas do sexo oposto. Há também pessoas bissexuais, que podem se sentir atraídas por pessoas de ambos os sexos; e assexuais, que não sentem atração sexual.

A figura a seguir mostra que os três elementos abrangem uma faixa de gradação.

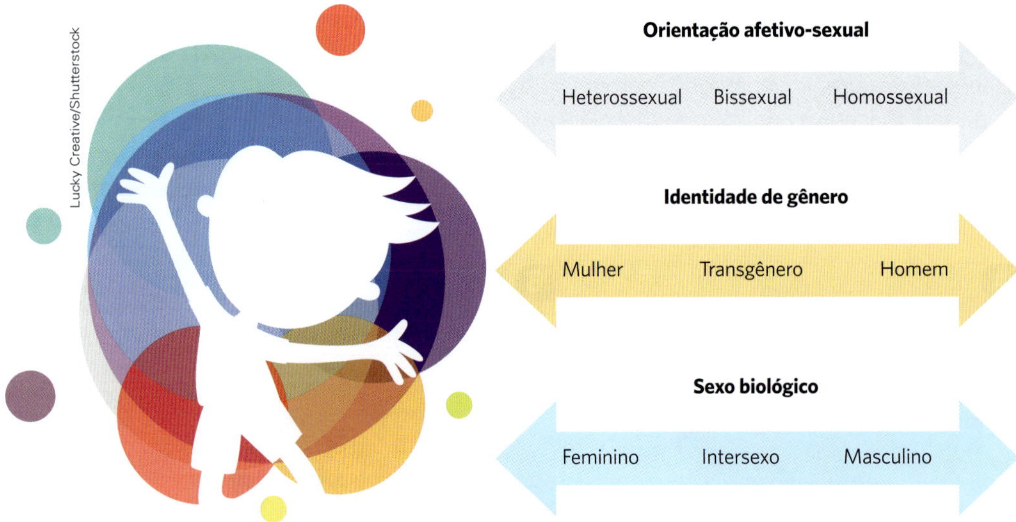

Ilustração representando três dos elementos que fazem parte da sexualidade humana.

Há vários anos, a Organização Mundial de Saúde (OMS) e outras instituições nacionais e internacionais reconhecem que a homossexualidade, a bissexualidade e a transexualidade não são doenças nem desvios. No Brasil, a união estável de pessoas do mesmo sexo é permitida desde 2011 e a homofobia (discriminação por orientação sexual e identidade de gênero) é considerada crime desde 2019.

Também foram criadas leis, no Brasil e no mundo, para coibir a violência contra as mulheres - como a lei Maria da Penha, sancionada em 2006 - e garantir sua igualdade de direitos perante os homens. Em 2015, o assassinato de mulheres por razões de gênero - feminicídio - passou a ser considerado como crime hediondo no país.

No Brasil, porém, mulheres e pessoas não heterossexuais ainda estão em condição de desigualdade social em diversos aspectos. Mulheres são as maiores vítimas de violência doméstica e, de modo geral, têm salários menores, mesmo quando ocupam o mesmo cargo que um homem. O preconceito que menospreza homossexuais e transexuais pode levar à exclusão social, tornando-os mais vulneráveis à evasão escolar, violência e desemprego. O quadro é ainda mais grave em relação a mulheres e não heterossexuais negros ou de baixa renda.

Por outro lado, a informação e a educação são aliadas poderosas contra o preconceito e a discriminação. A busca por uma sociedade com mais respeito e menos violência deve combater atitudes de discriminação e preconceito.

A equidade entre homens e mulheres é fundamental para tornar realidade os direitos humanos

[...]

Para o pleno desenvolvimento de homens e mulheres, é importante a construção de parcerias igualitárias, baseadas no respeito entre os parceiros e em responsabilidades compartilhadas. Portanto, é fundamental o envolvimento dos homens com relação à paternidade responsável, à prevenção de gestações não desejadas ou de alto risco, à prevenção das DST/HIV/Aids, dividindo também com as mulheres as responsabilidades no cuidado dos filhos e na vida doméstica.

BRASIL. Ministério da Saúde. Secretaria de Atenção à Saúde. *Saúde sexual e saúde reprodutiva*: Cadernos de Atenção Básica, nº 26. Brasília. DF. 2013. Disponível em: http://bvsms.saude.gov.br/bvs/publicacoes/saude_sexual_saude_reprodutiva.pdf. Acesso em: jan. 2020.

Sexualidade e juventude

É importante discutir a reprodução e a sexualidade na adolescência e na juventude, pois são nessas fases que o corpo amadurece sexualmente e surgem dúvidas e inseguranças sobre as mudanças corporais e psicológicas. O desenvolvimento emocional e do senso crítico - característicos dessas fases - estão relacionados ao estabelecimento dos valores morais e éticos. É também na juventude que muitas pessoas vivem as primeiras experiências sexuais.

Os direitos dos adolescentes e dos jovens incluem acesso a informações e medidas para lidar com a sexualidade de maneira saudável e responsável. É fundamental favorecer comportamentos que levem ao cuidado de si e do outro, alertando sobre o risco de abuso sexual e promovendo a prevenção a infecções sexualmente transmissíveis e gravidezes indesejadas.

Reprodução/Anistia Internacional

A campanha global Meu Corpo, Meus Direitos, da Anistia Internacional, tem como objetivo chamar atenção para o tema dos direitos sexuais e reprodutivos, com ênfase no acesso de mulheres e meninas a esses direitos.

Gravidez e adolescência

A adolescência é um período de intensas mudanças na vida do jovem. Ter filhos nesse período acarreta muitos desafios e responsabilidades que sobrecarregam os jovens pais e podem comprometer o convívio social e o projeto de vida do jovem. De acordo com dados do Ministério da Educação, a gravidez na adolescência é uma das principais causas da evasão escolar.

A gravidez na adolescência pode ocorrer desde a primeira ovulação, isto é, até mesmo antes da primeira menstruação (menarca). No Brasil, uma em cada cinco crianças nasce de mãe adolescente (entre 10 e 19 anos de idade), número maior do que a média mundial. Muitas vezes, o pai também é adolescente.

Abuso sexual

O abuso sexual é todo o tipo de comportamento indesejado de caráter sexual. Nos casos mais graves, há uso de violência e de ameaça contra a vítima. Pode haver contatos físicos forçados, incluindo beijos, e também atitudes sem contato físico, como abuso verbal e situações vexatórias. Muitas vezes, o abusador é uma pessoa conhecida da vítima. Sentimentos como constrangimento e vergonha podem inibir denúncias.

Não guarde segredo. Em caso de qualquer abuso contra você ou um conhecido, não se sinta culpado e converse com uma pessoa de sua confiança ou procure uma delegacia.

Imagem da campanha publicitária "Juntos Podemos Parar o Abuso Sexual nos Transportes", promovida por instituições públicas e privadas.

Anticoncepção

Ter acesso à informação e aos métodos contraceptivos é direito de todos. No Brasil, o SUS oferece vários tipos de contraceptivos (incluindo o DIU) gratuitamente, além de cirurgias para esterilização.

Os casais devem decidir e optar pelo método anticoncepcional mais adequado, sendo recomendável orientação médica. Alguns métodos podem ser combinados, como pílula e camisinha.

Os chamados **métodos naturais**, que evitam as relações sexuais durante o período fértil, dependem da ocorrência de ciclos menstruais regulares, o que nem sempre ocorre. O risco de falha desses métodos é grande.

Há também diversos **métodos mecânicos**, destacando-se o mais simples, que é o **preservativo** (*condom*, camisa de vênus ou camisinha), incluindo a camisinha feminina, de uso mais recente. Além de ser um bom método anticoncepcional, é **o único eficaz na prevenção de IST**. Vale lembrar que a distribuição das camisinhas feminina e masculina é gratuita nos postos de saúde.

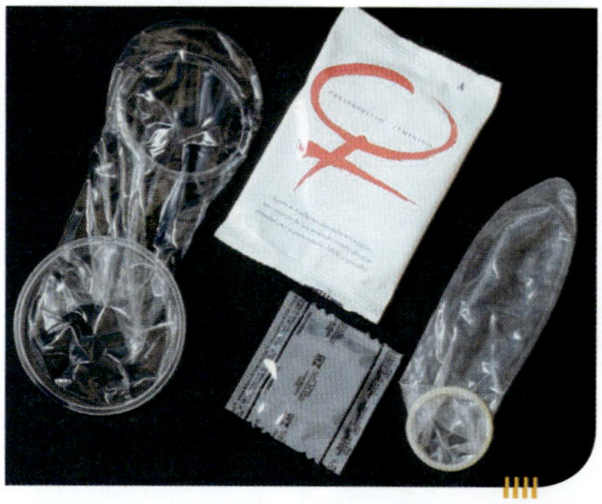

Fabio Colombini/Acervo do fotógrafo

Os preservativos feminino e masculino são distribuídos gratuitamente pelo SUS.

O diafragma é uma espécie de capuz de borracha (látex) que é introduzido na vagina e encaixado no colo do útero antes da relação sexual e retirado cerca de oito horas depois dela. Age como uma barreira mecânica para impedir o acesso dos espermatozoides à cavidade uterina. Para maior garantia, pode-se aplicar espermicida (substância que mata espermatozoides) na parte interna do anel. Procure a orientação de um médico, que indicará o tamanho e o modo de uso mais adequado.

Os **anticoncepcionais hormonais** são combinações de estrógenos e progesterona ou compostos similares que impedem a ovulação. Eles só devem ser usados com orientação médica. Em geral, são comercializados na forma de pílulas, injeções ou adesivos. A anticoncepção de emergência (popularmente conhecida como **pílula do dia seguinte**) visa evitar a gravidez após a relação sexual. Contém altas doses de hormônios e deve ser tomada com orientação médica e apenas em situações de emergência.

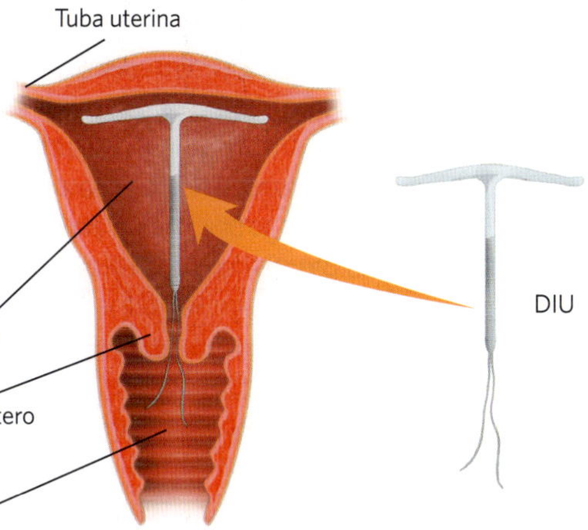

Esquema da posição do dispositivo intrauterino (DIU), que apresenta entre 2 e 3 cm, e tem a forma de T. O DIU libera hormônios ou íons de cobre, letais para os espermatozoides. (Elementos fora de proporção de tamanho entre si. Cores fantasia.)

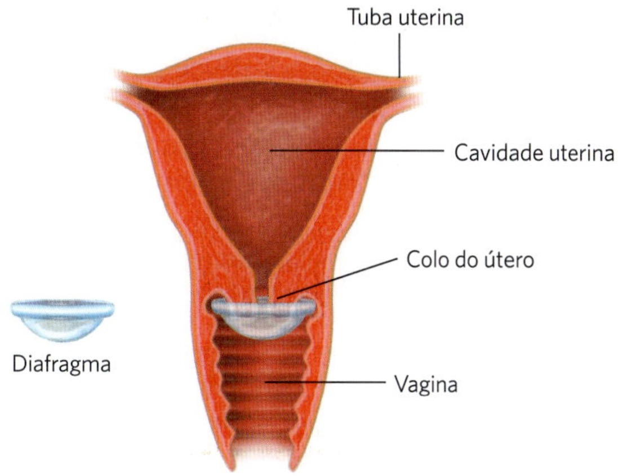

Ilustrações: Dawidson França/Arquivo da editora

Esquema da posição do diafragma ao ser aplicado no sistema genital feminino. (Elementos fora de proporção de tamanho entre si. Cores fantasia.)

A esterilização é a solução mais radical, opção de muitas pessoas que buscam **método definitivo** de anticoncepção. É importante ressaltar que esses métodos não comprometem as funções sexuais. Na mulher, é feita a cirurgia de laqueadura das tubas uterinas, que consiste em amarrar e/ou cortar as duas tubas, interrompendo a ligação entre o ovário e o útero. Essa cirurgia é praticamente irreversível. No homem pode ser feita a vasectomia; cirurgia bem mais simples, na qual são seccionados ou ligados (amarrados) os dois ductos deferentes, na sua parte superior, dos dois lados do escroto. A incisão é pequena e a anestesia, local.

O homem não deixa de produzir líquido espermático, mas ele não conterá espermatozoides. A vasectomia dificilmente é reversível.

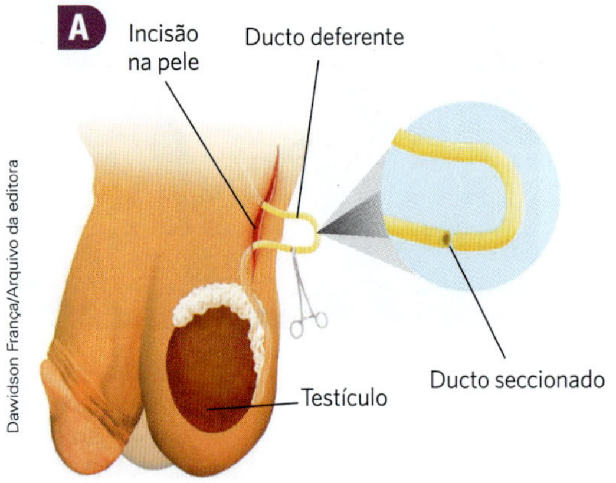

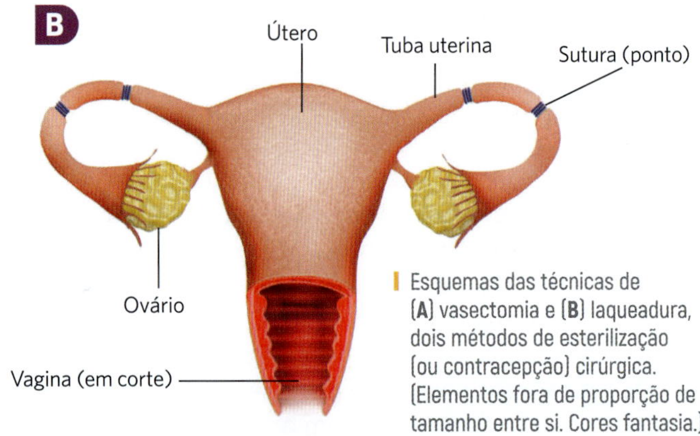

Esquemas das técnicas de (A) vasectomia e (B) laqueadura, dois métodos de esterilização (ou contracepção) cirúrgica. (Elementos fora de proporção de tamanho entre si. Cores fantasia.)

Infecções Sexualmente Transmissíveis (IST)

As IST são transmitidas por diferentes tipos de contato sexual. Também podem ser transmitidas de outras maneiras, que variam de uma infecção para outra. O quadro abaixo apresenta algumas informações sobre as principais IST.

A maioria das IST tem cura e tratamentos bastante eficientes, além de medidas de profilaxia. Porém, as IST representam sério problema de saúde pública. O número de casos de sífilis, por exemplo, tem aumentado nos últimos anos. Embora tenha cura para o adulto, a doença pode ser transmitida ao bebê durante a gestação, causando consequências graves.

Em qualquer caso, diagnosticar a doença é o primeiro passo para o tratamento. O SUS oferece testes rápidos gratuitamente para detectar hepatite, sífilis e HIV.

Principais IST

Patógeno	Infecção	Agente etiológico	Sintomas
Vírus	Aids	HIV	Febre; prostração; tosse; diarreia; emagrecimento; inflamação nos linfonodos; suor noturno; micoses oportunistas; manchas na pele; pneumonia.
	Herpes genital	HSV-2 (vírus herpes simples-2)	Bolhas e ulcerações dolorosas no pênis e no pudendo feminino; ínguas; febre.
	Condiloma (verrugas venéreas)	HPV (papiloma vírus humano)	Verrugas genitais simples ou massas irregulares no ânus, no pênis, no escroto, na vagina e no colo uterino.
	Hepatite B, C e D	HBV, HCV, HDV	Amarelamento da pele e dos olhos, urina escura, fadiga. Pode não apresentar sintomas.
Bactéria	Sífilis (cancro duro)	*Treponema pallidum*	Evolução lenta. A lesão primária é uma ulceração dura e indolor, ocorrendo dispersão pelo sangue. Tardiamente podem surgir graves lesões no SNC e distúrbios mentais.
	Gonorreia (blenorragia)	*Neisseria gonorrhoeae*	Uretrite com ardência ao urinar e corrimento; vaginite com corrimento; inflamação pélvica; dor abdominal.
	Clamidíase	*Chlamydia trachomatis*	Sintomas semelhantes aos da gonorreia; corrimento na uretra e na vagina; dor abdominal por infecções internas; lesões que podem levar à esterilidade.
	Cancro mole	*Haemophilus ducreyi*	Múltiplas ulcerações dolorosas e purulentas; íngua.
Protozoário	Tricomoníase	*Trichomonas vaginalis*	Na mulher, vaginite, inflamação pélvica, dor abdominal e corrimento de forte odor. No homem, uretrite com coceira.
	Candidíase (monilíase)	*Candida albicans*	Lesões em mucosas genitais e no sistema digestório; corrimento vaginal.

Desenvolvendo habilidades

1 Compare a ovogênese com a espermatogênese quanto:

a) ao local em que ocorrem.

b) ao número de gametas gerados e suas características.

2 Atualmente, o Brasil é um dos países que mais realiza partos por cesariana. Em grupo, faça uma pesquisa sobre o atual cenário da cesariana no Brasil, apontando seus riscos e benefícios. Ao final, apresente os resultados da pesquisa à turma ou à escola.

3 A Lei nº 13.798, criada em 2019, instituiu a semana do dia 1º de fevereiro como a Semana Nacional de Prevenção da Gravidez na Adolescência. O objetivo é divulgar informações sobre a prevenção da gravidez nessa faixa etária por meio de atividades para público adolescente.

a) Um estudo indica que 66% das gravidezes na adolescência foram acidentais, isto é, não planejadas. A maior parte das gravidezes acontece entre adolescentes de classes sociais mais baixas. Em sua opinião, quais fatores contribuem para uma gravidez acidental?

b) Imagine que a escola em que você estuda vai participar da semana de prevenção. Que atividade você proporia? Qual seria o público-alvo? Por que você acha que essa atividade seria eficaz?

4 A figura a seguir representa esquematicamente três processos interligados: o ciclo ovariano, o desenvolvimento e descamação do endométrio e a variação dos hormônios ovarianos, no interior do útero.
Observe-a atentamente e responda às perguntas a seguir, justificando sua resposta.

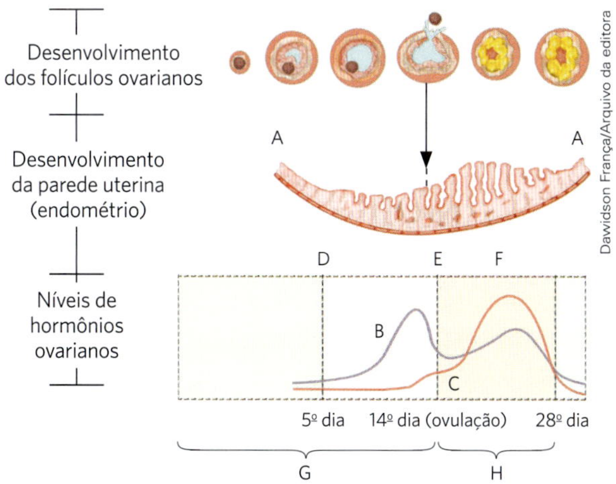

(Elementos fora de proporção de tamanho entre si. Cores fantasia.)

a) Qual letra indica a ovulação?

b) O zigoto tem mais chances de se desenvolver no período G ou no H?

c) Relacione a ocorrência de A em função de C.

d) Podemos afirmar que não houve gravidez no período mostrado na figura?

e) Sabendo que a figura representa uma mulher que não deseja engravidar, que tipo de método anticoncepcional está sendo usado? Que tipo não está sendo usado?

5 Considere dois homens da mesma idade. O primeiro se submeteu a uma vasectomia; o segundo teve de remover ambos os testículos por causa de um câncer.

a) Podemos dizer que ambos são inférteis? Explique.

b) Qual desses homens provavelmente fez reposição hormonal? Qual é o hormônio reposto?

6 Na espécie humana, em geral apenas um feto é gerado a cada gravidez. No entanto, alguns eventos podem levar à gestação de gêmeos, como a divisão do embrião em estágios iniciais do desenvolvimento ou a liberação de mais de um ovócito secundário no mesmo período.
Utilizando seus conhecimentos sobre Genética e determinação de sexo na espécie humana, explique qual evento pode dar origem a gêmeos de sexos diferentes.

7 Saúde e sexualidade devem andar juntas. Contudo, tabus e preconceitos podem afastar pessoas de exames que identificam tumores malignos precocemente em órgãos sexuais. Em certos locais, a falta de equipamentos também leva a demora no diagnóstico. Para reverter esse quadro, foram criadas campanhas para promover a realização de exames preventivos. Duas das mais conhecidas são Outubro Rosa e Novembro Azul.
Converse com os colegas.

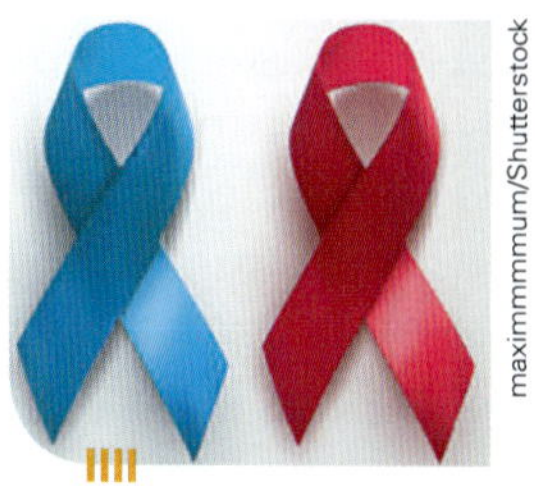

Laços simbolizando as campanhas Outubro Rosa e Novembro Azul.

a) Vocês já ouviram falar dessas campanhas? Qual é seu alvo?

b) Como as doenças-alvo dessas campanhas podem ser prevenidas? Façam uma pesquisa para saber mais e divulguem no ambiente escolar.

Em contexto

Leia os textos abaixo que tratam de epidemias e *fake news*.

Pandemia de coronavírus é um teste de nossos sistemas, valores e humanidade

Se nós precisávamos lembrar que vivemos em um mundo interconectado, o novo coronavírus tornou isso mais claro do que nunca.

Nenhum país pode resolver esse problema sozinho, e nenhuma parcela de nossa sociedade pode ser desconsiderada se quisermos efetivamente enfrentar este desafio global.

O Covid-19 é um teste não apenas de nossos sistemas e mecanismos de assistência médica para responder a doenças infecciosas, mas também de nossa capacidade de trabalharmos juntos como uma comunidade de nações diante de um desafio comum.

É um teste da cobertura dos benefícios de décadas de progresso social e econômico em relação aqueles que vivem à margem de nossas sociedades, mais distantes das alavancas do poder. [...]

Além desses desafios muito imediatos, o coronavírus também testará, sem dúvida, nossos princípios, valores e humanidade compartilhada. [...]

Quando o medo e a incerteza surgem, os bodes expiatórios nunca estão longe. Já vimos raiva e hostilidade dirigidas a algumas pessoas de origem do leste asiático. [...]

O pânico e a discriminação nunca resolveram uma crise. Os líderes políticos devem assumir a liderança, conquistando confiança através de informações transparentes e oportunas, trabalhando juntos para o bem comum e capacitando as pessoas a participar na proteção da saúde.

Ceder espaço a boatos, medos e histeria não apenas prejudicará a resposta, mas poderá ter implicações mais amplas para os direitos humanos e para o funcionamento de instituições democráticas responsáveis.

[...]

A Organização Mundial da Saúde (OMS) está fornecendo experiência, vigilância, sistemas, investigação de casos, rastreamento de contatos, pesquisa e desenvolvimento de vacinas. [...]

Se nossa resposta ao coronavírus estiver fundamentada nos princípios de confiança pública, transparência, respeito e empatia pelos mais vulneráveis, não apenas defenderemos os direitos intrínsecos de todo ser humano; usaremos e criaremos as ferramentas mais eficazes para garantir que possamos superar essa crise e aprender lições para o futuro.

BACHELET, M.; GRANDI, F. Organização das Nações Unidas no Brasil. *Pandemia de coronavírus é um teste de nossos sistemas, valores e humanidade*. Disponível em: https://nacoesunidas.org/artigo- pandemia-de-coronavirus-e-um-teste-de-nossos-sistemas-valores-e-humanidade/. Acesso em: maio 2020.

Fake News e movimento antivacina

[...]

Regina [Flauzino, professora do Instituto de Saúde Coletiva da Universidade Federal Fluminense] acredita que é necessário trazer dados corretos para os cidadãos, a fim de combater as premissas falsas e folclores que abordam o tema: "A importância de debater *fake news* na ciência e na saúde é a de desmistificar a ciência e os cientistas, apresentar informações de qualidade para combater a influência da divulgação de materiais elaborados por grupos antivacinistas, através de mídia sensacionalista, que provocam a insegurança das pessoas em relação aos imunobiológicos", explica. A relutância das pessoas para se vacinarem – ou vacinarem seus filhos – foi considerada pela Organização Mundial de Saúde (OMS) como uma das dez ameaças à saúde global a serem combatidas em 2019. Isto é porque estes grupos, que muitas vezes também disseminam alertas falsos sobre o método de prevenção, colocam em risco o progresso no combate às epidemias evitáveis por imunização.

A Organização Pan-Americana de Saúde (OPAS/OMS) registra que evitam-se de 2 a 3 milhões de mortes por ano com a imunização, mas que doenças erradicadas em vários países estão aumentando em todo o mundo – apesar da disponibilidade da tecnologia. O Brasil também é cenário da volta de doenças consideradas extintas, ainda que seja referência mundial no Programa Nacional de Imunizações (PNI). É o caso do sarampo: em 2016 o país recebeu da OPAS o certificado de eliminação do vírus, mas já em 2019 apresenta um novo surto da doença. Também houve um alerta contra a volta da poliomielite, ainda em 2018, quando dados do Ministério da Saúde apresentaram uma queda na cobertura vacinal.

[...] "A não adesão à vacinação está relacionada à falta de percepção de parte da população sobre a importância de prevenir doenças infecciosas pela imunização. O sucesso das ações de imunizações gerou uma falsa sensação de segurança de que muitas doenças imunopreviníveis não existem mais e os pais não veem mais essas doenças como um risco, e acreditam que não existe necessidade de se vacinar ou vacinar seus filhos. Por outro lado, a divulgação de informações incorretas pela mídia e redes sociais de eventos adversos e efetividade das vacinas gera medo e insegurança, o que ajuda a explicar a persistência de grupos antivacinais no país".

[...] "Quando as informações sobre a saúde são divulgadas para a população através da internet, em matérias de jornais, revistas, entrevistas em rádio e TV, com conteúdos elaborados por profissionais comprometidos que procuram fontes seguras de informação, a mídia torna-se uma aliada de extrema importância para a área da saúde", explica. [...]

ABRASCO. *Fake news* e movimento antivacina: Abrasco no Pint of Science 2019. Disponível em: www.abrasco.org.br/site/outras-noticias/institucional/fake-news-ciencia-e-movimento-antivacina-abrasco-no-pint-of-science-2019/40685/. Acesso em: 29 jan. 2019.

1 Covid-19 significa ***Co**rona**vi**rus **D**isease 2019* (ou, em português, doença coronavírus 2019). A escolha desse nome busca dissociar a doença de um país, uma etnia ou uma espécie (como a gripe aviária, por exemplo). Em sua opinião, por que essa escolha é importante?

2 Infelizmente, inúmeras *fake news* sobre a covid-19 foram largamente divulgadas. Algumas pregavam alimentos milagrosos para evitar a infecção, outras chegaram a duvidar da gravidade da pandemia ou mesmo da existência do vírus em si. Numa tentativa de conter a disseminação de informações falsas, algumas redes sociais apagaram postagens de usuários, incluindo líderes mundiais. Discuta com seus colegas: por que notícias falsas com frequência se viralizam? Que consequências a desinformação pode trazer para a saúde individual e a saúde pública? Como vocês identificam se uma informação é verdadeira ou falsa? O que vocês fazem ao receber uma notícia duvidosa?

3 Ao dizer que pandemia de covid-19 é um teste à nossa solidariedade, o primeiro texto cita exemplos de organizações internacionais. Por outro lado, inúmeras ações solidárias foram desenvolvidas por pessoas e coletivos. Converse com seus colegas: que exemplos vocês conhecem de pessoas ajudando outras durante a pandemia?

4 Os gráficos abaixo mostram diferentes dados sobre a cobertura vacinal no Brasil.

Cobertura da vacina contra poliomielite

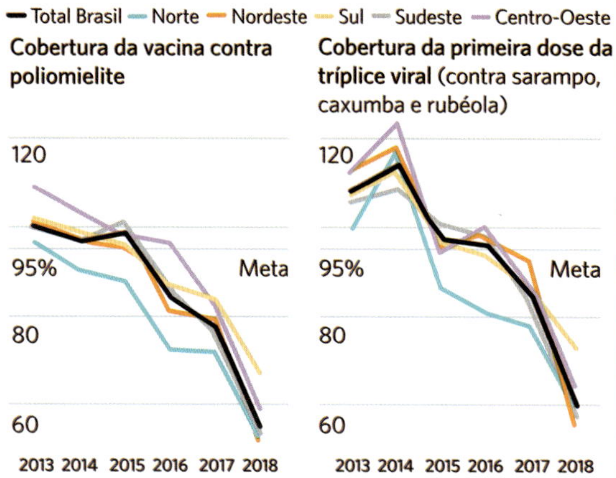

Projeções populacionais imprecisas influenciam em índices acima de 100%

Principais justificativas apontadas pelas pessoas que não compareceram à campanha de multivacinação em 2015.

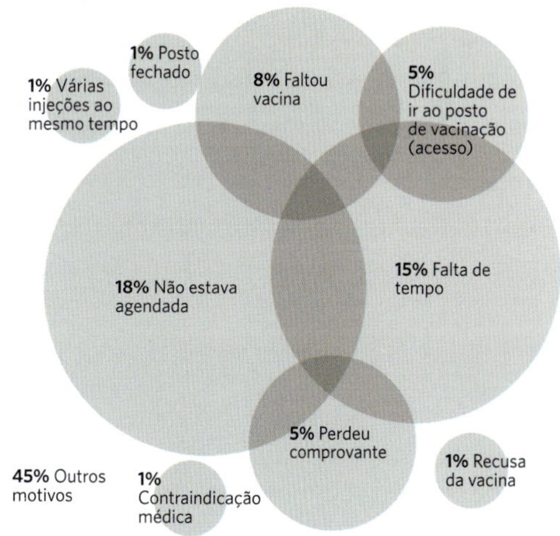

Fonte: Vacinação em queda no Brasil. *Gazeta do povo*. Disponível em: https://infograficos.gazetadopovo.com.br/saude/vacinacao-em-queda-no-brasil/. Acesso em: jun. 2020.

O último caso de poliomielite no Brasil aconteceu em 1989. Entretanto, a redução da cobertura vacinal é uma das preocupações atuais. Proponha estratégias que possam ser adotadas para aumentar o número de crianças vacinadas, considerando: público-alvo da campanha, classes socioeconômicas e região do país.

Você no Enem e nos vestibulares

1 (Enem) A utilização de extratos de origem natural tem recebido a atenção de pesquisadores em todo o mundo, principalmente nos países em desenvolvimento que são altamente acometidos por doenças infecciosas e parasitárias. Um bom exemplo dessa utilização são os produtos de origem botânica que combatem insetos.
O uso desses produtos pode auxiliar no controle da

a) esquistossomose.

b) leptospirose.

c) leishmaniose.

d) hanseníase.

e) aids.

2 (Enem) Anabolismo e catabolismo são processos celulares antagônicos, que são controlados principalmente pela ação hormonal. Por exemplo, no fígado a insulina atua como um hormônio com ação anabólica, enquanto o glucagon tem ação catabólica e ambos são secretados em resposta ao nível de glicose sanguínea.
Em caso de um indivíduo com hipoglicemia, o hormônio citado que atua no catabolismo induzirá o organismo a

a) realizar a fermentação lática.

b) metabolizar aerobicamente a glicose.

c) produzir aminoácidos a partir de ácidos graxos.

d) transformar ácidos graxos em glicogênio.

e) estimular a utilização do glicogênio.

3 (Enem) Portadores de diabetes *insipidus* reclamam da confusão feita pelos profissionais da saúde quanto aos dois tipos de diabetes: *mellitus* e *insipidus*. Enquanto o primeiro tipo está associado aos níveis ou à ação da insulina, o segundo não está ligado à deficiência desse hormônio. O diabetes *insipidus* é caracterizado por um distúrbio na produção ou no funcionamento do hormônio antidiurético (na sigla em inglês, ADH), secretado pela neuro-hipófise para controlar a reabsorção de água pelos túbulos renais.
Tendo em vista o papel funcional do ADH, qual é um sintoma clássico de um paciente acometido por diabetes *insipidus*?

a) Alta taxa de glicose no sangue.

b) Aumento da pressão arterial.

c) Ganho de massa corporal.

d) Anemia crônica.

e) Desidratação.

4 (Fuvest-SP) A esquistossomose é uma doença que tem forte impacto na saúde pública brasileira. Os grupos do parasita (I) e do seu hospedeiro intermediário (II) e a forma de infestação (III) são:

a) I-protozoário; II-artrópode; III-picada de mosquito.

b) I-nematódeo; II-molusco; III-penetração pela pele.

c) I-protozoário; II-artrópode; III-picada de barbeiro.

d) I-platelminto; II-mamífero; III-ingestão de carne crua.

e) I-platelminto; II-molusco; III-penetração pela pele.

5 (Vunesp) A profilaxia pré-exposição (PrEP) ao vírus HIV é um tratamento que consiste no consumo diário do antirretroviral Truvada® e tem como público-alvo pessoas com maior vulnerabilidade a adquirir o vírus. Segundo o Ministério da Saúde, o uso correto do medicamento reduz o risco de infecção por HIV em mais de 90%. Esse uso, porém, não barra a entrada do vírus no organismo, apenas bloqueia a ação da enzima transcriptase reversa.

(https://g1.globo.com. Adaptado.)

O tratamento com Truvada®

a) é profilático porque combate o agente transmissor da AIDS.

b) evita que a célula infectada produza moléculas de DNA viral.

c) dispensa o uso de métodos contraceptivos de barreira.

d) impede a entrada do vírus em células humanas de defesa.

e) pode ser eficaz contra outros vírus constituídos por DNA.

6 (Unicamp-SP) Recentemente, inúmeros casos de *doping* esportivo foram noticiados, como, por exemplo, aqueles envolvendo a delegação russa nos Jogos Olímpicos do Rio de Janeiro em 2016. Um dos métodos mais utilizados no exame *antidoping* é a coleta e análise da urina de atletas, para verificação da presença de medicamentos proibidos. O composto furosemida foi banido pela Agência Mundial Antidoping. Sua principal ação é reduzir a reabsorção de sódio e cloro a partir da alça do néfron (alça de Henle) em direção aos vasos sanguíneos adjacentes.
Considerando essas informações e os conhecimentos sobre a fisiologia renal e a excreção em seres humanos, é correto afirmar que a furosemida

a) diminui a produção de urina, impedindo que medicamentos proibidos sejam eliminados nas amostras a serem analisadas nos testes *antidoping*.

b) diminui a produção de amônia, mas aumenta a eliminação de medicamentos pelo rim, resultando em diluição das amostras analisadas nos testes *antidoping*.

c) aumenta a produção de urina, resultando na diminuição da concentração de medicamentos nas amostras, o que dificulta sua detecção nos testes *antidoping*.

d) aumenta a produção de ureia, o que resulta na diluição das amostras a serem analisadas nos testes *antidoping* e na diminuição da concentração dos medicamentos.

7 (Unicamp-SP) A malária representa um dos principais problemas de saúde pública no mundo. Embora a dimensão geográfica da transmissão esteja encolhendo no Brasil, o país ainda registra 42% dos casos da doença nas Américas. A Fundação Oswaldo Cruz, do Rio de Janeiro, recentemente desenvolveu um preparado com alta eficácia antimalárica, agora em fase de ensaios clínicos.

(Fontes: "Desafios para eliminação da malária", Agência Fapesp, 2017; MAÍRA Menezes, "Malária: ensaio clínico aponta alta eficácia e ausência de resistência a medicamento", Portal Fiocruz, 2016.)

Levando em conta seus conhecimentos sobre o ciclo de vida do *Plasmodium*, assinale a alternativa que indica um possível mecanismo de ação do preparado antimalárico.

a) Alterar a morfologia das hemácias dos mosquitos, diminuindo a taxa de infecção pelo parasita.

b) Impedir a entrada de parasitas nos linfócitos, reduzindo a carga de gametócitos circulantes.

c) Promover a multiplicação de esporozoítos no fígado, reduzindo o número de gametócitos.

d) Inibir a multiplicação de merozoítos nos eritrócitos, diminuindo a carga de parasitas circulantes.

8 (Uerj) O diabetes mellitus é uma síndrome metabólica que interfere na produção do hormônio insulina, alterando os níveis de glicose no sangue. Admita que os gráficos a seguir apresentam as taxas de glicose e de insulina presentes no sangue de três indivíduos.

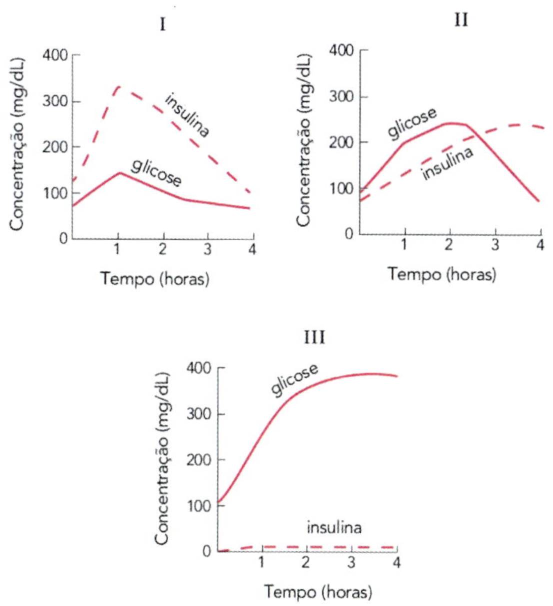

Identifique o gráfico que corresponde ao indivíduo com diabetes mellitus, justificando sua resposta com base nas taxas de glicose e insulina.

Em seguida, nomeie o órgão responsável pela produção da insulina e aponte a função exercida por sua porção exócrina

9 (Uerj) Durante a digestão, o alimento é transportado ao longo do tubo digestório por meio de contrações involuntárias denominadas peristaltismo, o que impede o refluxo do alimento. Para tanto, essas contrações são mantidas até a chegada do alimento ao intestino delgado, onde diminuem de intensidade.

Aponte duas consequências da redução do peristaltismo no intestino delgado que favorecem a digestão e absorção dos alimentos.

10 (Fuvest-SP) A reação da pessoa, ao pisar descalça sobre um espinho, é levantar o pé imediatamente, ainda antes de perceber que o pé está ferido. Analise as afirmações:

I. Neurônios sensoriais são ativados, ao se pisar no espinho.

II. Neurônios motores promovem o movimento coordenado para a retirada do pé.

III. O sistema nervoso autônomo coordena o comportamento descrito.

Está correto o que se afirma em

a) I, II e III.

b) I e II, apenas.

c) I, apenas.

d) II, apenas.

e) III, apenas.

11 (Fuvest-SP) Considere as informações abaixo, relativas a mulheres e homens saudáveis.

Tempo de viabilidade do óvulo, após sua liberação pelo ovário: 24 horas.

Tempo de viabilidade do espermatozoide no corpo de uma mulher, após a ejaculação: 72 horas.

Período fértil: período do ciclo sexual mensal feminino em que a mulher apresenta maiores chances de engravidar.

Com base nessas informações,

a) no calendário abaixo, assinale com X os dias que correspondem ao período fértil de uma mulher que tenha ovulado no dia 15 do mês;

Dias do mês

1	2	3	4	5	6	7	8	9	10
11	12	13	14	►15	16	17	18	19	20
21	22	23	24	25	26	27	28	29	30

Ovulação

b) considerando as taxas dos hormônios luteinizante (LH), folículo-estimulante (FSH) e progesterona no sangue, indique aquele(s) hormônio(s) que atinge(m) seu nível mais alto no período fértil da mulher.

12 (UFLA) Considerando a anatomia do aparelho reprodutor feminino, a fecundação e a gestação ocorrem, respectivamente:

a) no ovário e no útero.

b) na tuba uterina e no útero.

c) no útero e na tuba uterina.

d) no ovário e na tuba uterina.

13 (Fuvest-SP) Na gametogênese humana,

a) espermatócitos e ovócitos secundários, formados no final da primeira divisão meiótica, têm quantidade de DNA igual à de espermatogônias e ovogônias, respectivamente.

b) espermátides haploides, formadas ao final da segunda divisão meiótica, sofrem divisão mitótica no processo de amadurecimento para originar espermatozoides.

c) espermatogônias e ovogônias dividem-se por mitose e originam, respectivamente, espermatócitos e ovócitos primários, que entram em divisão meiótica, a partir da puberdade.

d) ovogônias dividem-se por mitose e originam ovócitos primários, que entram em meiose, logo após o nascimento.

e) espermatócitos e ovócitos primários originam o mesmo número de gametas, no final da segunda divisão meiótica.

14 (UFLA) Entre os métodos contraceptivos apresentados a seguir, é eficaz na prevenção de doenças sexualmente transmissíveis o(a):

a) diafragma

b) preservativo

c) dispositivo intrauterino

d) pílula anticoncepcional

15 (Vunesp) Marina não menstruou na data prevista e então comprou um teste para gravidez. A figura ilustra a realização do teste, que indicou que Marina estaria grávida.

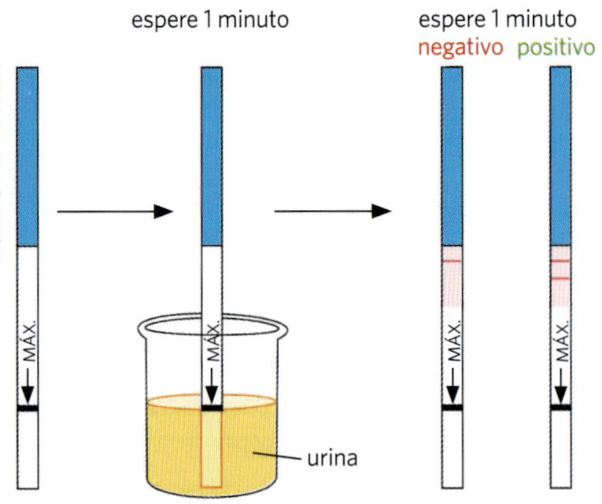

Reprodução/UNESP, 2018.

(www.mdsaude.com)

No mesmo dia, Marina procurou um laboratório especializado para realizar o exame sanguíneo de gravidez, que confirmou o resultado do teste anterior.

Considere o hormônio que evidenciou a gravidez nos dois testes realizados. O resultado positivo indica que a concentração de

a) gonadotrofina coriônica humana (HCG) era baixa na urina e alta no sangue circulante.

b) progesterona era baixa na urina e baixa no sangue circulante.

c) hormônio folículo-estimulante (FSH) era alta na urina e alta no sangue circulante.

d) progesterona era alta na urina e baixa no sangue circulante.

e) gonadotrofina coriônica humana (HCG) era alta na urina e alta no sangue circulante.

16 (Enem) A Síndrome da Imunodeficiência Adquirida (aids) é a manifestação clínica da infecção pelo vírus HIV, que leva, em média, oito anos para se manifestar. No Brasil, desde a identificação do primeiro caso de aids em 1980 até junho de 2007, já foram identificados cerca de 474 mil casos da doença. O país acumulou, aproximadamente, 192 mil óbitos devido à aids até junho de 2006, sendo as taxas de mortalidade crescentes até meados da década de 1990 e estabilizando-se em cerca de 11 mil óbitos anuais desde 1998. [...] A partir do ano de 2000, essa taxa se estabilizou em cerca de 6,4 óbitos por 100 mil habitantes, sendo esta estabilização mais evidente em São Paulo e no Distrito Federal.

Disponível em: http://www.aids.gov.br. Acesso em: 01 de maio 2009 (adaptado).

A redução nas taxas de mortalidade devido à aids a partir da década de 1990 é decorrente

a) do aumento do uso de preservativos nas relações sexuais, que torna o vírus menos letal.

b) da melhoria das condições alimentares dos soropositivos, a qual fortalece o sistema imunológico deles.

c) do desenvolvimento de drogas que permitem diferentes formas de ação contra o vírus HIV.

d) das melhorias sanitárias implementadas nos últimos 30 anos, principalmente nas grandes capitais.

e) das campanhas que estimulam a vacinação contra o vírus e a busca pelos serviços de saúde.

17 (Vunesp) Um casal procurou ajuda médica, pois há anos desejava gerar filhos e não obtinha sucesso. Os exames apontaram que a mulher era reprodutivamente normal. Com relação ao homem, o exame revelou que a espermatogênese era comprometida por uma alteração cromossômica, embora seu fenótipo e desempenho sexual fossem normais. Por causa dessa alteração, não ocorria o pareamento dos cromossomos homólogos, a meiose não avançava além do zigóteno e os espermatócitos I degeneravam. Desse modo, é correto afirmar que a análise do esperma desse homem revelará

a) secreções da próstata e das glândulas seminais, mas não haverá espermatozoides, em razão de não se completar a prófase I.

b) sêmen composto por espermátides, mas não por espermatozoides, em razão de não se completar a espermatogênese pela falta de segregação cromossômica.

c) espermatozoides sem cromossomos, em função da não segregação cromossômica, e sem mobilidade, em razão do sêmen não ter secreções da próstata e das glândulas seminais.

d) uma secreção mucosa lubrificante, eliminada pelas glândulas bulbouretrais, além de espermatogônias anucleadas, em razão da não formação da telófase I.

e) secreções das glândulas do sistema genital masculino, assim como espermatozoides com 2n cromossomos, em razão da não segregação das cromátides na anáfase II.

18 (UFSC)

A Europa vai decidir como controlar mais uma fonte de poluição: a urina das mulheres que tomam pílulas anticoncepcionais. Um dos componentes mais usados na composição de pílulas anticoncepcionais é o etinilestradiol (EE2), uma molécula semelhante ao estrógeno. Ao contrário do estrogênio produzido pelo corpo, o EE2 não é rapidamente degradado pelo fígado e, portanto, pode ser administrado em doses extremamente baixas. Mas este fato tem uma consequência importante: ele é retirado intacto do sangue pelos rins e excretado na urina de todas as mulheres que tomam anticoncepcionais. A urina acaba no sistema de esgoto das cidades, que, depois de tratado, é despejado nos rios.

Diversos experimentos demonstram os efeitos nocivos do EE2 sobre a reprodução de peixes. Em algumas espécies de peixes, as doses de EE2 despejadas nos rios provocam alterações nos testículos e impedem sua reprodução; em outras, provocam o aparecimento de indivíduos transexuais.

Disponível em: http://www.estadao.com.br/noticias/impresso,o-impacto-do-filho-evitado-,889291,0.htm. [Adaptado] Acesso em: ago. 2012.

Considerando o acima exposto, assinale a(s) proposição(ões) CORRETA(S).

01. As pílulas anticoncepcionais contêm hormônios que mimetizam a ação dos estrógenos e da progesterona, bloqueando a produção de óvulos pelos ovários.

02. Além dos hormônios encontrados nas pílulas anticoncepcionais, outras substâncias lançadas no ambiente podem interferir no desenvolvimento do sistema reprodutor dos animais.

04. O estrógeno é naturalmente produzido no ovário humano e é responsável por provocar a proliferação das células do endométrio.

08. A menstruação é resultado da queda nas taxas de estrógenos e progesterona, o que, em mulheres que utilizam pílula anticoncepcional, é mimetizado pela interrupção da ingestão do anticoncepcional por alguns dias.

16. A urina produzida pelo sistema excretor contém apenas substâncias tóxicas ao organismo, como representado pelo EE2.

32. As alterações apresentadas nos peixes do sexo masculino se explicam porque o EE2 bloqueia a produção de testosterona.

Projeto

O que os genes não nos contam?

É possível influenciar nossos genes e transmitir essa influência para filhos e netos?

Daniel das Neves/Arquivo da editora

Até que ponto o ambiente age nos genes que transmitimos aos nossos descendentes, como sugere o esquema acima? Futuras pesquisas nos darão respostas mais precisas.

Pensando no problema...

Somos formados por trilhões de células com o mesmo DNA. No entanto, temos cerca de duzentos tipos diferentes de células no nosso corpo. Uma célula do encéfalo, por exemplo, envia impulsos nervosos, tarefa que uma célula muscular não realiza. Esta última, no entanto, pode contrair e relaxar, possibilitando a movimentação, habilidade que a célula nervosa não desempenha. Da mesma maneira, gêmeos univitelinos, com o mesmo material genético, criados pelos mesmos pais e em um mesmo ambiente, se desenvolvem em indivíduos, embora muito semelhantes, com hábitos, preferências e comportamentos distintos.

Somos certamente mais do que apenas nossos genes. O ambiente em que vivemos, a qualidade do ar, da água e dos alimentos a que temos acesso podem levar à ativação (ou não) de determinados genes, fazendo com que se expressem, por meio da produção de RNAs ou de proteínas, sem alterar a sequência de bases no DNA. Esta é a ideia central da Epigenética, área da ciência que tem despertado muito interesse nos últimos anos. Estudos têm demonstrado que os elementos que "ligam e desligam" os genes podem, em certos casos, ser transmitidos aos descendentes.

Estudo de fenômenos e mecanismos que causam alterações na expressão gênica que não dependem de alterações na sequência do DNA.

Neste projeto, vocês vão conhecer a **Epigenética** e entender seu possível papel em nosso cotidiano e suas eventuais implicações na saúde e nas doenças que podem acometer o ser humano. Ao final, vão elaborar um infográfico sobre o tema que divulgue as conclusões do grupo e que incentive as pessoas a usar esse conhecimento.

Vamos nos organizar?

Leiam e discutam as etapas a serem executadas e definam, em seguida, um calendário para as reuniões do grupo. Usem aplicativos de mensagens instantâneas, além de ambientes virtuais de compartilhamento de informações: tudo isso tornará a comunicação mais rápida e eficiente. Sempre que houver dificuldades ou desentendimentos, conversem de maneira respeitosa, ouçam e considerem as opiniões dos colegas. Assim, todos se sentirão confortáveis.

Em ação!

ETAPA 1 Como ocorrem as mudanças epigenéticas?

- Nesta etapa, vocês vão pesquisar sobre modificações (ou alterações) epigenéticas. Como elas ocorrem? Que relação elas têm com a diferenciação celular e a expressão gênica? Por que a Epigenética trouxe implicações profundas no que se acreditava sobre os mecanismos da hereditariedade? Para responder a essas perguntas vocês deverão pesquisar textos na internet em fontes confiáveis de conhecimentos científicos.

- Primeiramente, respondam às questões no caderno com base nas informações pesquisadas. Depois, reúnam-se em grupos e compartilhem suas respostas. Conversem sobre as dúvidas que surgiram, o que entenderam dos textos pesquisados e indiquem os pontos que acharam mais interessantes.
- Com base nessa conversa, elaborem um esboço de um infográfico que explique como as modificações epigenéticas ocorrem. Usem a imaginação e testem diferentes maneiras de organizar as informações para representar melhor o que vocês pretendem que o infográfico transmita.

Este esboço deve expressar a relação entre as imagens (desenhos, formas, símbolos, etc.) e os textos (legendas, blocos de textos, tópicos, etc.) para compor um esquema que facilite o entendimento do que vocês querem passar ao leitor.

ETAPA 2 Como as mudanças epigenéticas podem nos afetar?

- Nesta etapa, vocês vão assistir à palestra "Epigenética e a influência de nossos genes", da cientista estadunidense Courtney Griffin, disponível no canal do TEDX no YouTube. Façam anotações ao longo do vídeo e respondam às questões a seguir.
  a) A relação que a cientista faz entre a Epigenética e a diferenciação celular foi semelhante à que vocês fizeram na etapa anterior?
  b) A palestra trouxe informações novas sobre o que vocês viram na etapa anterior? Quais?
  c) A cientista apresenta dois experimentos científicos com animais. Descreva que experimentos são esses e que aspecto da Epigenética os experimentos demonstram.
  d) Ao final da palestra, a cientista vê as implicações da Epigenética de uma forma otimista. Por quê?
- Organizem-se em uma roda de conversa para discutir as questões acima. Discutam também a relação da Epigenética com vocês.
  a) Adotar estilo de vida mais saudável é acessível a todas as pessoas, considerando condições de alimentação e de trabalho, por exemplo?
  b) De que maneira as pessoas podem se mobilizar em torno de questões ambientais que podem influenciar a expressão gênica, como a poluição do ar, a contaminação das águas e o uso excessivo de agrotóxicos?
  Façam uma lista com as informações discutidas.

ETAPA 3 Empoderando a todos!

- Nesta etapa final, vocês vão usar o que aprenderam sobre Epigenética para produzir o infográfico definitivo que encoraje e empodere as pessoas a fazerem escolhas que impactem positivamente seus genes e sua saúde em longo prazo. Usem o esboço que fizeram na etapa 1 e a lista da etapa 2 para elaborarem o conteúdo do infográfico. Consultem também os infográficos das seções *Conexões* e pensem nos seguintes itens como ponto de partida para a elaboração:
  a) Infográficos são narrativas que devem prender a atenção do leitor. Qual "história" vocês querem contar no infográfico?
  b) De que maneira os recursos utilizados no infográfico transmitem as informações pretendidas? Como os recursos se relacionam entre si para contar a narrativa que desejam?
  c) Será feito à mão ou com ferramentas virtuais?
- Apresentem o infográfico para a turma e relatem de maneira resumida como foi o processo de produção e de definição do objetivo do infográfico e as principais dificuldades que enfrentaram, além de outras informações que acharem relevantes. Depois, exponham os infográficos na escola e escolham aqueles que serão divulgados nas redes sociais da comunidade escolar.

Recursos gráficos de um infográfico:

- **fichas e listas ilustradas auxiliam falar sobre "algo ou alguém".**
- **linhas do tempo e cronologias ilustradas possibilitam falar sobre "quando ocorreu um evento".**
- **esquemas e fluxogramas para relatar "como ocorreu algum processo".**
- **mapas para indicar "onde ocorreu um evento".**
- **esquemas e diagramas para indicar "por que ou de que maneira" algo ocorreu.**
- **gráficos e tabelas para informar "dados numéricos e frequência".**

Você no Enem e nos vestibulares - Respostas

Unidade 8

1 **a)** Genótipos: Azul - **AA**; azul-clara - **Aa**; branca - **aa**. Assim, em um cruzamento entre flores de cor azul-clara, temos: AA - 25%; Aa - 50%; aa - 25% (plantas que morrem na fase adulta e não apresentam flores abertas). De acordo com o exposto, as flores que têm menor possibilidade de se abrirem são as de cor azul.

b) Possibilidades de cruzamentos: 1º : **AA × AA** - 100% de cor azul. / 2º : AA × Aa - 50% de cor azul e 50% de cor azul-clara. / 3º : **Aa × Aa** - aproximadamente 33,33% de cor azul e 66,66% de cor azul-clara. Como o cruzamento entre **aa × aa** não é possível devido à letalidade desses indivíduos, nesse jardim as flores com maior possibilidade de se abrir são as de cor azul.

2 c

3 e

4 e

5 a

6 **a)** O casal é constituído por indivíduos heterozigotos (**Dd**).

b) 2/3.

c) 2/3.

d) 1/6.

e) Nenhuma. O alelo dominante **D** é letal em homozigose.

7 a

8 d

9 b

10 c

11 d

12 b

13 c

14 a

15 d

16 d

17 **a)** Trata-se de um caso de herança quantitativa, pois é possível notar pelo gráfico uma variação fenotípica contínua de um extremo ao outro, com um efeito aditivo dos genes envolvidos.

b) Provavelmente estão envolvidos 3 pares de alelos.

c) O cruzamento entre os extremos (branco × vermelho), que resultaria em 100% de descendentes produtores de flores rosa-médio.

18 d

19 Uma única mutação pontual que transformasse um códon qualquer em um códon de parada faria com que, a partir daquele ponto, a síntese de proteínas parasse, não sendo lido todo o restante do RNAm.

20 d

Unidade 9

1 c

2 e

3 e

4 e

5 b

6 c

7 d

8 O gráfico III, pois a produção de insulina é muito baixa, enquanto a taxa de glicose se mantém alta. A porção exócrina do pâncreas é responsável pela produção e liberação de enzimas digestivas.

9 O alimento demora mais tempo para percorrer o intestino delgado. Em razão disso, as enzimas digestivas e as vilosidades intestinais atuam por mais tempo sobre o bolo alimentar, favorecendo, respectivamente, a digestão e a absorção.

10 b

11 **a)** Devem ser assinalados os dias 12, 13, 14, 15 e 16.

b) O hormônio luteinizante (LH) e o folículo-estimulante (FSH) atingem seus níveis mais altos no período fértil.

12 b

13 a

14 b

15 e

16 c

17 a

18 15 (1+2+4+8)

BNCC do Ensino Médio: habilidades de Ciências da Natureza e suas Tecnologias

(EM13CNT101) Analisar e representar, com ou sem o uso de dispositivos e de aplicativos digitais específicos, as transformações e conservações em sistemas que envolvam quantidade de matéria, de energia e de movimento para realizar previsões sobre seus comportamentos em situações cotidianas e em processos produtivos que priorizem o desenvolvimento sustentável, o uso consciente dos recursos naturais e a preservação da vida em todas as suas formas.

(EM13CNT102) Realizar previsões, avaliar intervenções e/ou construir protótipos de sistemas térmicos que visem à sustentabilidade, considerando sua composição e os efeitos das variáveis termodinâmicas sobre seu funcionamento, considerando também o uso de tecnologias digitais que auxiliem no cálculo de estimativas e no apoio à construção dos protótipos.

(EM13CNT103) Utilizar o conhecimento sobre as radiações e suas origens para avaliar as potencialidades e os riscos de sua aplicação em equipamentos de uso cotidiano, na saúde, no ambiente, na indústria, na agricultura e na geração de energia elétrica.

(EM13CNT104) Avaliar os benefícios e os riscos à saúde e ao ambiente, considerando a composição, a toxicidade e a reatividade de diferentes materiais e produtos, como também o nível de exposição a eles, posicionando-se criticamente e propondo soluções individuais e/ou coletivas para seus usos e descartes responsáveis.

(EM13CNT105) Analisar os ciclos biogeoquímicos e interpretar os efeitos de fenômenos naturais e da interferência humana sobre esses ciclos, para promover ações individuais e/ou coletivas que minimizem consequências nocivas à vida.

(EM13CNT106) Avaliar, com ou sem o uso de dispositivos e aplicativos digitais, tecnologias e possíveis soluções para as demandas que envolvem a geração, o transporte, a distribuição e o consumo de energia elétrica, considerando a disponibilidade de recursos, a eficiência energética, a relação custo/benefício, as características geográficas e ambientais, a produção de resíduos e os impactos socioambientais e culturais.

(EM13CNT107) Realizar previsões qualitativas e quantitativas sobre o funcionamento de geradores, motores elétricos e seus componentes, bobinas, transformadores, pilhas, baterias e dispositivos eletrônicos, com base na análise dos processos de transformação e condução de energia envolvidos - com ou sem o uso de dispositivos e aplicativos digitais -, para propor ações que visem a sustentabilidade.

(EM13CNT201) Analisar e discutir modelos, teorias e leis propostos em diferentes épocas e culturas para comparar distintas explicações sobre o surgimento e a evolução da vida, da Terra e do Universo com as teorias científicas aceitas atualmente.

(EM13CNT202) Analisar as diversas formas de manifestação da vida em seus diferentes níveis de organização, bem como as condições ambientais favoráveis e os fatores limitantes a elas, com ou sem o uso de dispositivos e aplicativos digitais (como *softwares* de simulação e de realidade virtual, entre outros).

(EM13CNT203) Avaliar e prever efeitos de intervenções nos ecossistemas, e seus impactos nos seres vivos e no corpo humano, com base nos mecanismos de manutenção da vida, nos ciclos da matéria e nas transformações e transferências de energia, utilizando representações e simulações sobre tais fatores, com ou sem o uso de dispositivos e aplicativos digitais (como *softwares* de simulação e de realidade virtual, entre outros).

(EM13CNT204) Elaborar explicações, previsões e cálculos a respeito dos movimentos de objetos na Terra, no Sistema Solar e no Universo com base na análise das interações gravitacionais, com ou sem o uso de dispositivos e aplicativos digitais (como *softwares* de simulação e de realidade virtual, entre outros).

(EM13CNT205) Interpretar resultados e realizar previsões sobre atividades experimentais, fenômenos naturais e processos tecnológicos, com base nas noções de probabilidade e incerteza, reconhecendo os limites explicativos das ciências.

(EM13CNT206) Discutir a importância da preservação e conservação da biodiversidade, considerando parâmetros qualitativos e quantitativos, e avaliar os efeitos da ação humana e das políticas ambientais para a garantia da sustentabilidade do planeta.

(EM13CNT207) Identificar, analisar e discutir vulnerabilidades vinculadas às vivências e aos desafios contemporâneos aos quais as juventudes estão expostas, considerando os aspectos físico, psicoemocional e social, a fim de desenvolver e divulgar ações de prevenção e de promoção da saúde e do bem-estar.

(EM13CNT208) Aplicar os princípios da evolução biológica para analisar a história humana, considerando sua origem, diversificação, dispersão pelo planeta e diferentes formas de interação com a natureza, valorizando e respeitando a diversidade étnica e cultural humana.

(EM13CNT209) Analisar a evolução estelar associando-a aos modelos de origem e distribuição dos elementos químicos no Universo, compreendendo suas relações com as condições necessárias ao surgimento de sistemas solares e planetários, suas estruturas e composições e as possibilidades de existência de vida, utilizando representações e simulações, com ou sem o uso de dispositivos e aplicativos digitais (como *softwares* de simulação e de realidade virtual, entre outros).

(EM13CNT301) Construir questões, elaborar hipóteses, previsões e estimativas, empregar instrumentos de medição e representar e interpretar modelos explicativos, dados e/ou resultados experimentais para construir, avaliar e justificar conclusões no enfrentamento de situações-problema sob uma perspectiva científica.

(EM13CNT302) Comunicar, para públicos variados, em diversos contextos, resultados de análises, pesquisas e/ou experimentos, elaborando e/ou interpretando textos, gráficos, tabelas, símbolos, códigos, sistemas de classificação e equações, por meio de diferentes linguagens, mídias, tecnologias digitais de informação e comunicação (TDIC), de modo a participar e/ou promover debates em torno de temas científicos e/ou tecnológicos de relevância sociocultural e ambiental.

(EM13CNT303) Interpretar textos de divulgação científica que tratem de temáticas das Ciências da Natureza, disponíveis em diferentes mídias, considerando a apresentação dos dados, tanto na forma de textos como em equações, gráficos e/ou tabelas, a consistência dos argumentos e a coerência das conclusões, visando construir estratégias de seleção de fontes confiáveis de informações.

(EM13CNT304) Analisar e debater situações controversas sobre a aplicação de conhecimentos da área de Ciências da Natureza (tais como tecnologias do DNA, tratamentos com células-tronco, neurotecnologias, produção de tecnologias de defesa, estratégias de controle de pragas, entre outros), com base em argumentos consistentes, legais, éticos e responsáveis, distinguindo diferentes pontos de vista.

(EM13CNT305) Investigar e discutir o uso indevido de conhecimentos das Ciências da Natureza na justificativa de processos de discriminação, segregação e privação de direitos individuais e coletivos, em diferentes contextos sociais e históricos, para promover a equidade e o respeito à diversidade.

(EM13CNT306) Avaliar os riscos envolvidos em atividades cotidianas, aplicando conhecimentos das Ciências da Natureza, para justificar o uso de equipamentos e recursos, bem como comportamentos de segurança, visando à integridade física, individual e coletiva, e socioambiental, podendo fazer uso de dispositivos e aplicativos digitais que viabilizem a estruturação de simulações de tais riscos.

(EM13CNT307) Analisar as propriedades dos materiais para avaliar a adequação de seu uso em diferentes aplicações (industriais, cotidianas, arquitetônicas ou tecnológicas) e/ou propor soluções seguras e sustentáveis considerando seu contexto local e cotidiano.

(EM13CNT308) Investigar e analisar o funcionamento de equipamentos elétricos e/ou eletrônicos e sistemas de automação para compreender as tecnologias contemporâneas e avaliar seus impactos sociais, culturais e ambientais.

(EM13CNT309) Analisar questões socioambientais, políticas e econômicas relativas à dependência do mundo atual em relação aos recursos não renováveis e discutir a necessidade de introdução de alternativas e novas tecnologias energéticas e de materiais, comparando diferentes tipos de motores e processos de produção de novos materiais.

Bibliografia

ALBERTS, B. *et al. Biologia molecular da célula.* Porto Alegre: Artmed, 2017.

______. *Fundamentos de Biologia celular.* 2. ed. São Paulo: Artmed, 2017.

ALTERTHUM, F.; TRABULSI, L. R. *Microbiologia.* 5. ed. São Paulo: Atheneu, 2008.

ANDREWS, Peter *et al. The Book of Life.* New York: Norton, 1993.

ATKINS, P. W. *Moléculas.* São Paulo: Edusp, 2000.

BARNES, R. S. K.; CALOW, P.; OLIVE, P. J. W. *Os invertebrados*: uma síntese. 2. ed. São Paulo: Atheneu, 2007.

BENDER, W. N. *Aprendizagem baseada em projetos*: educação diferenciada para o século XXI. Porto Alegre: Penso Editora, 2014.

BRASIL. Ministério da Saúde. *Guia alimentar para a população brasileira.* Brasília, 2014.

______. Ministério da Educação. Secretaria de Educação Básica. Diretoria de Currículos e Educação Integral. *Diretrizes Curriculares Nacionais Gerais da Educação Básica.* Brasília, 2013.

______. Ministério da Educação; Secretaria de Educação Básica; Conselho Nacional de Educação; Câmara de Educação Básica. *Base Nacional Comum Curricular.* Brasília, 2018. Disponível em: http://portal.mec.gov.br/conselho-nacional-de-educacao/base-nacional-comum-curricular-bncc-etapa-ensino-medio. Acesso em: jul. 2020.

______. Ministério da Educação. *Novo Ensino Médio* - O que muda para você?. Disponível em: http://novoensinomedio.mec.gov.br/#!/pagina-inicial#changes. Acesso em: jul. 2020.

BRUSCA, G. J.; BRUSCA, R. C. *Invertebrados.* 2. ed. Rio de Janeiro: Guanabara Koogan, 2007.

CAMPBELL, N. A. *et al. Biologia.* Porto Alegre: Artmed, 2015.

CARNEIRO, J.; JUNQUEIRA, L. C. U. *Histologia básica.* 13. ed. Rio de Janeiro: Guanabara Koogan, 2017.

CORNWELL, Alan; MILLER, Ruth. *Biology.* Londres: Longman, 1997.

CROSBY, Alfred W. *Imperialismo ecológico*: a expansão biológica da Europa: 900-1900. São Paulo: Companhia das Letras, 1993.

DAVIES, Paul. *O quinto milagre*: em busca da origem da vida. São Paulo: Companhia das Letras, 2000.

FERNANDES, Jayme. *Biologia básica experimental.* São Paulo: Hemus, [s.d.].

FUNDAÇÃO BIODIVERSITAS. *Livro vermelho dos mamíferos brasileiros ameaçados de extinção.* Belo Horizonte, 1994.

GIORDAN, André *et al. Conceptos de Biología.* Barcelona: Labor, 1988. 2 v.

GUIAS PHILIPS. *Parques nacionais.* São Paulo: Horizonte Geográfico, 2003.

GUYTON, A. C.; HALL, J. E. *Guyton & Hall*: tratado de fisiologia médica. 13. ed. Elsevier: Rio de Janeiro, 2017.

HALE, W. G.; MARGHAM, J. P.; SAUNDERS, V. A. *Collings Dictionary of Biology.* Glasgow: HarperCollins, 1995.

HERNÁNDEZ, F. *Transgressão e mudança na educação*: os projetos de trabalho. Porto Alegre: Artes Médicas, 1998.

KERBAUY, G. B. *Fisiologia vegetal.* 2. ed. Rio de Janeiro: Guanabara Koogan, 2012.

KIPFER, Barbara A. *The Order of Things.* Nova York: Random House, 1997.

LEÃO, G.; DAYRELL, J. T.; REIS, J. B. Juventude, projetos de vida e Ensino Médio. *Educação e Sociedade*, v. 32, n. 117, Campinas, out./dez. 2011. Disponível em: http://www.scielo.br/scielo.php?script=sci_arttext&pid=S0101-73302011000400010. Acesso em: jul. 2020.

LEITÃO, Candido de M. *Zoogeografia do Brasil.* Mossoró: Escola Superior de Agricultura, 1980.

MAJOR, Michael; MAJOR, Janet. *Work out Science.* Londres: Macmillan, 1996.

MARGULIS, Lyn; SANGAN, Dorion. *O que é sexo?* Rio de Janeiro: Jorge Zahar, 2002.

______. *O que é vida?* Rio de Janeiro: Jorge Zahar, 2002.

MARTINS, C. H. dos S.; CARRANO, P. C. R. A escola diante das culturas juvenis: reconhecer para dialogar. *Educação*, v. 36, n. 1. Santa Maria: Universidade Federal de Santa Maria, jan./abr. 2011. Disponível em: https://periodicos.ufsm.br/reveducacao/article/view/2910/1664. Acesso em: jul. 2020.

MENEZES, L. C. de. O aprendizado do trabalho em grupo. *Nova Escola*, 1º maio 2009. Disponível em: https://novaescola.org.br/conteudo/605/o-aprendizado-dotrabalho-em-grupo. Acesso em: jul. 2020.

ODUM, E. P.; BARRETT, G. W. *Fundamentos de Ecologia.* São Paulo: Cengage Learning, 2007.

PEARCE, Fred. *Earth Then and Now*: Potent Visual Evidence of our Changing World. Londres: Octopus, 2007.

PONNAMPERUMA, Cyril. *As origens da vida.* Lisboa: Editorial Verbo, 1973.

RAVEN, P. H. *et al. Biologia vegetal.* Rio de Janeiro: Guanabara Koogan, 2014.

REECE, J. B. *et al. Campbell Biology.* Glenview: Pearson Education, 2016.

RICKLEFS, R. E. A. *Economia da natureza.* Rio de Janeiro: Guanabara Koogan, 2016.

SOBOTTA, J. *Atlas de anatomia humana.* Rio de Janeiro: Guanabara Koogan, 2018.

STRIER, Karen B. *Faces na floresta.* Rio de Janeiro: Sociedade para a Preservação do Muriqui, 2007.

STRYER, Lubert. *Bioquímica.* Barcelona: Reverte, 1979.

SUSSMAN, Art. *Guia do Dr. Art para a Ciência.* São Paulo: Cultrix, 2008.

THOMAS, Keith. *O homem e o mundo natural.* São Paulo: Companhia das Letras, 1988.

TORTORA, G. J.; DERRICKSON, B. *Corpo humano*: fundamentos de Anatomia e Fisiologia. Porto Alegre: Artmed, 2017.

TOWNSEND, C. R.; BEGON, M.; HARPER, J. L. *fundamentos em Ecologia.* 2. ed. Porto Alegre: Artmed, 2010.

WILSON, Edward O. *A criação*: como salvar a vida na Terra. São Paulo: Companhia das Letras, 2008.